| 제4판 |

원격탐사와 디지털 영상처리

John R. Jensen 지음 | 임정호, 손홍규, 박선엽, 김덕진, 최재완, 이진영, 김창재 옮김

Σ 시그마프레스

원격탐사와 디지털 영상처리, 제4판

발행일 | 2016년 9월 19일 1쇄 발행

저자 | John R. Jensen
역자 | 임정호, 손홍규, 박선엽, 김덕진, 최재완, 이진영, 김창재
발행인 | 강학경
발행처 | (주)시그마프레스
디자인 | 송현주
편집 | 김성남

등록번호 | 제10-2642호
주소 | 서울특별시 영등포구 양평로 22길 21 선유도코오롱디지털타워 A401~402호
전자우편 | sigma@spress.co.kr
홈페이지 | http://www.sigmapress.co.kr
전화 | (02)323-4845, (02)2062-5184~8
팩스 | (02)323-4197
ISBN | 978-89-6866-790-9

Introductory Digital Image Processing:
A Remote Sensing Perspective, 4th Edition

* 책값은 뒤표지에 있습니다.
* 이 도서의 국립중앙도서관 출판예정도서목록(CIP)은 서지정보유통지원시스템 홈페이지(http://seoji.nl.go.kr)와 국가자료공동목록시스템(http://www.nl.go.kr/kolisnet)에서 이용하실 수 있습니다.(CIP제어번호 : CIP2016021442)

역자 서문

2010년대에 들어오면서 천리안(COMS) 위성과 아리랑(Kompsat) 3A, 5호 위성의 성공적인 발사에 힘입어 우리나라도 위성 강국의 대열에 들어서게 되었다. 또한 다양한 분야에서 위성자료에 대한 수요가 급격히 증가하면서 국토관측위성, 방재위성, 기상위성, 해색위성, 환경위성 등 많은 위성센서들이 개발되거나 계획 중에 있다. 전 세계적으로 원격탐사 기술은 지속적으로 발전하고 있고, 다양한 분야에서의 수요도 계속 증가하고 있기 때문에 원격탐사의 미래는 매우 밝다고 볼 수 있다. 물론 원격탐사의 지속 가능한 발전을 위해서는 정책적으로 많은 부분 개선이 필요하다. 특히 국가 주도로 원격탐사 시스템 개발이 이루어지는 우리나라의 경우에는 위성센서 개발과 발사에만 집중적으로 투자할 것이 아니라 센서가 수집하는 자료로부터 양질의 정보를 추출하여 일반 국민을 포함한 사용자에게 제공하여 활용하는 부분에도 지원을 아끼지 말아야 할 것이다.

이처럼 우리나라의 원격탐사 수준이 점차 높아져 가고는 있지만 아직까지 국내에는 원격탐사와 관련된 서적이 많지 않다. 이는 원격탐사 분야의 역사가 짧은 이유 때문이기도 하겠지만 이러한 한계를 극복하고 앞으로 우리나라 원격탐사의 지속적인 발전을 위해서는 관련 분야에서 유용하게 참고할 만한 서적의 출간이 중요하다. 현재 원격탐사와 관련된 번역서 몇 권이 출간되어 있으나 일부는 출판된 지 오래되어 현재의 원격탐사 기술을 충분히 반영하고 있지 못하며, 일부는 원격탐사의 기초를 다루는 개론서에 불과한 실정이다. 실제로 원격탐사를 전공하고자 하는 사람들은 원격탐사의 기초를 넘어서 다양한 영상처리 알고리듬을 이용하여 수많은 원격탐사 자료를 다루어 볼 수 있는 길잡이가 필요하다. 이러한 상황에서 원격탐사를 전공하고 있는 역자들은 원격탐사의 개념을 포함하여 원격탐사 자료의 영상처리를 체계적이고 포괄적으로 다루고 있는 서적의 필요성에 공감하였으며, 8년 만에 새롭게 출간된 **원격탐사와 디지털 영상처리**(*Introductory Digital Image Processing : A Remote Sensing Perspective*) 개정판이 그 목적에 가장 적합한 것으로 판단되어 이를 번역하게 되었다.

원격탐사와 디지털 영상처리, 제4판은 급속도로 발전하고 있는 원격탐사 기술에 발맞추어 다양한 활용분야에서 각종 원격탐사 자료를 분석하고 유용한 정보를 추출하기 위해 필요한 수많은 영상처리 기법을 고찰하고 있다. 이 책은 원격탐사를 처음 접하는 초보자뿐만 아니라 관련 분야의 전문가들에게도 최신 지식과 정보를 제공해 줄 수 있을 것으로 판단된다. 이번 제4차 개정판은 총 13개 장으로 이루어져 있으며, 그 순서는 디지털 원격탐사 자료가 분석되는 일반적인 흐름과 방법에 따라 구성되어 있다. 제1장은 원격탐사의 개념과 처리과정을 요약하고, 디지털 영상처리의 최신 기술들을 반영하고 있다. 제2장은 과거, 현재, 그리고 계획 중인 원격탐사 자료원에 대한 정보를 상세하게 제공한다. 양질의 원격탐사 디지털 영상처리 시스템을 구성하기 위해 필요한 하드웨어 및 소프트웨어 고려사항 및 최신 개선 부분은 제3장에 논의되어 있다. 영상분석은 우선 디지털 원격탐사 자료의 기초적인 단변량 및 다변량 통계값을 계산함으로써 시작되는데, 이 내용과 함께 지리통계 분석 방법이 제4장에 나와 있다. 이어 제5장에서는 컴퓨터 화면 상으로나 다양한 하드카피 장치를 이용하여 영상의 품질을 육안으로 분석하고 과학적으로 시각화하는 내용을 다루고 있다. 여러 가지 환경 및 원격탐사 시스템에 의한 영상의 왜곡이 생기게 되는데 이는 전처리과정을 통하여 어느 정도 줄일 수 있다. 이 전처리 과정은 일반적으로 방사 및 기하보정을 포함하며, 전자기 복사 원리 및 방사보정은 제6장에, 그리고 기하보정은 제7장에 자세히 설명되어 있다. 육안 분석을 향상시키기 위해서나 이후의 디지털 영상처리에 효과적이게끔 영상을 강조하는 경우가 있는데 제8장에서는 다양한 영상강조 기법을 살펴본다. 그런 다음 감독 및 무감독 기법이나 보다 진일보된 기계학습 기법 및 초분광 영상처리 기법 등을 이용하여 원격탐사 영상으로부터 주제정보를 추출하게 된다. 이러한 주제정보 추출 내용이 제9장부터 제11장에 걸쳐 자세히 논의되어 있다. 또한 제12장은 다중시기의 영상을 이용하여 변화를 분석하고 확인하는 최신 변화탐지 기법을 다루고 있다. 끝으로 원격탐사에서 추출한 주제도의 정확도를 평가하는 방법이 제13장에 요약되어 있다.

이 책의 저자인 John R. Jensen 교수는 사우스캐롤라이나주립대학 지리학과 명예교수로 있으며 원격탐사와 관련된 다양한 분야에서 40여 년 이상 연구에 매진하며 주옥같은 저서와 논문들을 발표하였다. 이 책은 현재 미국 내 수많은 대학에서 원격탐사 관련 과목의 교재로 사용되고 있다. Jensen 교수의 또 다른 주요 저서인 *Remote Sensing of the Environment : An Earth Resource Perspective*(한국 번역서 : **환경원격탐사**) 역시 대학 교재로 널리 사용되고 있다. **원격탐사와 디지털 영상처리, 제4판**은 2000년대 이래로 급격히 발달하고 있는 원격탐사 영상처리 분야를 집중적으로 보강한 만큼 원격탐사 초보자뿐만 아니라 관련 분야의 전문가에게도 좋은 길잡이가 될 것으로 믿는다.

아직까지 국내에서 원격탐사 관련 용어들은 통일되어 사용되지 못하고 있다. 일부 번역 용어는 여전히 논란의 대상이 되고 있으며, 각 활용 분야에 따라 서로 다른 이름으로 부르는 경우도 있다. 번역 시 그러한 문제점을 모두 해결할 수는 없었지만 나름대로 일관성 있게 번역하고자 노력하였다. 이 책을 읽어가면서 생소한 용어나 잘 이해되지 않는 부분들은 모두 역자들이 가진 능력의 한계 때문이라고 생각한다. 이 책과 관련된 어떠한 질문이나 조언이 있다면 독자들은 이메일(ersgis@gmail.com)을 이용하여 많은 지도편달을 바란다.

일반인들에게 보편적이지 않은 전공서적은 번역 출판이 어렵지만 기꺼이 이 책의 출간을 맡아 준 ㈜시그마프레스의 강학경 사장님 이하 관계자 여러분께 진심으로 감사드린다. 또한 번역과정 중에 아낌없는 조언을 해 준 Jensen 교수와 여러 가지로 많은 도움을 준 박혜미 박사와 최민지 씨, UNIST IRIS 소속 연구원들에게도 감사의 말을 전한다. 이 번역서에 이어 훌륭한 원격탐사 관련 서적이 계속 출간되기를 바라마지 않는다.

2016년 9월
역자 일동

저자 서문

제4판의 새로운 내용

원격탐사와 디지털 영상처리 제4판은 디지털 원격탐사 자료를 분석하기 위해 사용된 최신 기법들에 대한 정보를 제공하고 있다. 이 책은 지리공간정보에 관련된 문제해결을 위해 항공 또는 위성에서 취득된 원격센서 자료를 다루는 지리학, 지질학, 해양학, 산림학, 인류학, 생물학, 토양학, 농경학, 도시계획학 등을 포함하는 대학원 수준의 교육을 위한 소개서로 이상적이다.

이 책은 컬러판으로 출판되었다. 많은 디지털 영상처리의 개념들이 1) 컬러 도표와 삽화, 2) 원래 컬러로 표현된 디지털 원격탐사 자료, 3) 컬러 영상이나 주제도로 나타내진 디지털 영상처리 등을 통하여 잘 설명되고 실증되기 때문에 이는 매우 중요하다 할 수 있다. 독자는 이제 특정한 색상판을 찾아서 볼 필요 없이 이 책 내에서 적절한 위치에 놓인 삽화와 영상을 검토해 볼 수 있게 되었다.

이 책의 목적은 상대적으로 복잡한 디지털 영상처리 기법들과 알고리듬을 학생들과 원격탐사 관련 분야 연구자들이 가능한 쉽게 이해할 수 있도록 만드는 것이다. 따라서 독자들은 각 장의 말미에 디지털 영상처리 프로젝트나 연구를 위한 시발점으로 이용할 수 있는 상당한 양의 참고문헌들을 포함하고 있음을 알아야 한다. 다음은 제4판의 주요 내용과 보강된 부분들에 대한 요약이다.

제1장 : 원격탐사와 디지털 영상처리

이 장에서는 원격탐사 자료의 보정과 주제도와 같은 원격탐사 결과물들의 정확도를 평가하는 데 사용되는 지상기준점 정보의 중요성이 강조되었다. "원격탐사 처리과정"에서는 디지털 영상처리의 최신의 획기적인 기술들을 반영하여 갱신하였다. 국지적인 고해상도의 문제해결뿐만 아니라 지구단위의 기후변화 연구를 위한 원격탐사의 이용이 강조되었다. 이 장은 또한 원격탐사 디지털 영상처리를 위해 필요한 숙련된 인력의 수요 증가에 대한 상세한 정보도 포함하고 있다. 이러한 정보들은 NRC (2013) *Future U.S. Workforce for Geospatial Intelligence* 연구와 2012년부터 2022년 사이에 계획된 39,900개의 원격탐사 과학자, 전문가, 기능사 구인에 관한 미국노동부(U.S. Department of Labor Employment and Training Adminstration, USDOL/ETA, 2014)로부터 획득되었다. 이들 지리공간정보 직업군들의 상당수는 원격탐사 디지털 영상처리에 관한 숙련을 필요로 한다.

제2장 : 원격탐사 자료수집

이 장은 과거, 현재, 그리고 계획된 원격탐사 자료원에 대한 정보를 제공한다. 새롭게 제안된 위성 원격탐사 시스템(예 : Astrium의 Pleiades와 SPOT 6, DigitalGlobe의 GeoEye-1, GeoEye-2, WorldView-1, WorldView-2, WorldView-3, 인도의 CartoSat과 ResourceSat, 이스라엘의 EROS A2, 한국의 KOMPSAT, NASA의 Landsat 8, NOAA의 NPOESS, RapidEye 등)과 항공 원격탐사 시스템(예 : PICTOMETRY, Microsoft사의 UltraCAM, Leica의 Airborne Digital System 80)이 이번 개정판에 포함되었다. 퇴역하거나(예 : SPOT 1, SPOT 2, Landsat 5), 성능이 저하되거나(예 : Landsat 7 ETM^{+}), 또는 실패한(예 : European Space Agency Envisat) 센서 시스템들에 대한 상세한 기술적 설명 또한 언급되었다.

제3장 : 디지털 영상처리 하드웨어와 소프트웨어

기대했던 바와 같이 컴퓨터 하드웨어(예 : CPU, RAM, 대용량 저장, 디지타이징 기술, 디스플레이, 전송/저장 기술)와 디지털 영상처리 수행에 필수적인 소프트웨어(예 : 다중분광, 초분광, 화소기반·객체기반 영상분석)는 지난 제3판 이후 급격히 발전해 왔다. 디지털 영상처리를 수행하기 위해 사용되어 온 컴퓨터 하드웨어의 향상에 대하여 논의되었으며, 주요 디지털 영상처리 소프트웨어의 가장 중요한 기능들, 특성들 그리고 자료들에 대하여 언급되었다.

제4장 : 영상 품질 평가 및 통계적 평가

히스토그램의 중요성과 더불어 기초적인 디지털 영상처리 수학 표기법이 검토되었다. 메타데이터의 중요성도 소개되었다. 3차원 표현과 더불어 영상의 품질을 평가하는 가시적인 방법들에 대해서도 언급되었다. 디지털 원격탐사 데이터의 초기 품질을 평가하는 단변량 및 다변량 방법들에 대해서도 다시 언급되었다. 지리통계분석, 자기상관분석, 그리고 크리깅 보간법에 대한 새로운 절이 추가되었다.

제5장 : 표현방식 및 과학적 시각화

LCD, 영상 압축 기법, 색상 좌표 시스템(RGB, IHS), 8비트와 24비트 컬러 조견표의 사용, 이종 영상의 융합 기법들(예 : Gram-Schmidt, regression Kriging)에 대한 새로운 정보가 제공되었다. 디지털 영상을 이용하여 거리, 둘레, 형상, 면적을 측정하는 방법에 대한 추가적인 정보 또한 제공되었다.

제6장 : 전자기 복사 원리 및 방사보정

전자기 복사 원리(예 : Fraunhofer absorption features)와 선택된 자연 및 인공 물질의 분광반사 특성에 대한 추가적인 정보가 제공되었다. 절대적인 방사보정(예 : ACORN, FLAASH, QUAC, ATCOR, 경험적 선형 보정)과 상대적인 방사보정(예 : 단일시기 및 다중시기 영상 정규화)을 포함하는 매우 중요한 방사보정 알고리듬들에 대한 정보가 갱신되었다.

제7장 : 기하보정

영상 대 지도 등록과 영상 대 영상 등록의 기존 방법들과 더불어 향상된 방법들이 언급되었다. 추가적으로 이번 개정판은 가전면(可展面, developable surfaces)에 대한 확장된 논의와 더불어 광범위하게 사용되는 원통, 방위, 원추 지도 투영법의 특성과 장단점에 대하여 언급하고 있다. MODIS 위성영상은 선정된 지도 투영법들(예 : Mercator, Lambert Azimuthal Equal-area)에 의해 투영되었다. 영상 모자이킹에 관한 절은 새로운 예시들을 포함하고 있으며, Landsat ETM$^+$ 데이터(*WELD* : *Web-enabled Landsat Data* 프로젝트)를 이용하여 USGS가 매년 제작하는 모자이크의 특성들에 대하여 실증하고 있다.

제8장 : 영상강조

이 장에서는 영상 확대 및 축소에 관한 절들이 갱신되었다. 또한 밴드 비, 근린 래스터 연상, 공간 컨벌루션 필터링과 경계(에지) 강조, 공간 주파수 필터링, 텍스처 추출, 주성분 분석 등과 같은 영상강조 기법들이 갱신되었다. 식생지수에 관한 절에서는 잎의 반사를 통제하는 주요 인자들에 대한 새로운 정보가 상당히 추가되었으며, 다수의 새로운 지수들이 도표 예시를 통하여 소개되었다. 몇몇 새로운 텍스처 변형이 소개되었으며(예 : Moran's *I* Spatial Autocorrelation), GLCM(Grey-level Co-occurrence Matrices)을 이용한 텍스처 추출에 대한 새로운 정보가 제공되었다. 이 장은 원격탐사 데이터에서 추출할 수 있는 자연생태지표에 대한 새로운 논의로 마무리된다.

제9장 : 주제정보 추출 : 패턴인식

APA(American Planning Association)의 토지기반 분류 표준(Land-Based Classification Standard, NLCS), 미국 토지피복 데이터베이스(U.S. National Land Cover Database, NLCD) 분류 시스템, NOAA의 해안 변화 분석 프로그램(Coastal Change Analysis Program, C-CAP) 분류 운영계획, IGBP 토지피복 분류 시스템에 대한 최신 정보들이 추가되었다. 지물(밴드) 선택의 새로운 방법들(예 : Correlation Matrix Feature Selection)이 소개되었다. 객체기반 영상분석(Object-Based Image Analysis, OBIA) 분류 기법들에 대한 추가적인 정보와 새로운 예시들이 제시되었다.

제10장 : 인공지능을 이용한 정보 추출

기계학습 결정나무, 회귀나무, 랜덤 포레스트(Random Forest), 서포트 벡터 머신(SVM)을 이용한 영상 분류에 대한 새로운 정보를 제공하고 있다. 산출 규칙(예 : CART, S-Plus, R Development Core Team, C4.5, C5.0, Cubist)의 개발에 사용될 수 있는 다수의 기계학습, 데이터 마이닝 결정나무/회귀나무 프로그램에 대한 상세한 정보가 제공되었다. 원격탐사 자료를 이용한 최신 신경망 분석에 대한 새로운 정보가 다중 레이어 퍼셉트론(Multi-layer Perceptrons), 코호넨 자기조직화 맵(Kohonen's Self-Organizing Map), 퍼지(fuzzy) ARTMAP을 대상으로 설명되었다. 또한 인공 신경망의 장단점에 대한 새로운 논의도 언급되었다.

제11장 : 영상분광학을 통한 정보 추출

항공과 위성 초분광 자료수집의 최신 발전에 대하여 논의되었다. 또한 종점 선정과 분석, 지도화 알고리듬, 분광 혼합 분석(Spectral Mixture Analysis, SMA), 연속체 제거, 분광 라이브러리 매칭 기술, 기계학습 초분광 분석 기술, 신 초분광 지표, 파생분광학 등과 같이 초분광 영상을 처리하고 분석하기 위한 최신 기술들이 언급되었다.

제12장 : 변화탐지

이 책은 상세한 디지털 변화탐지 정보를 항시 포함해 왔다. 센서 시스템 관측각의 영향과 나무 혹은 건물의 차폐 정도에 대한 새로운 정보도 제공하고 있다. 변화 임계값을 인지하는 데 사용되는 새로운 분석적 방법들과 ESRI의 *Change Matters*와 MDA의 *National Urban Change Indicator*와 같이 새로운 상업용 변화 탐지 제품들을 포함하는 최신의 변화/비변화 알고리듬들이 제시되었다. 사진측량과 LiDAR를 이용한 변화탐지, 객체기반 영상분석(OBIA) 후분류 비교 변화탐지, 그리고 최근린 상관영상(Neighborhood Correlation Image, NCI) 변화탐지를 포함하는 주제중심의 변화탐지 알고리듬들에 대한 중대한 최신 발전이 논의되었다.

제13장 : 원격탐사기반 주제도의 정확도 평가

단일시기 영상으로부터 얻은 원격탐사기반 주제도 또는 다중시기 영상으로부터 얻은 원격탐사기반 주제도(예 : 변화탐지)의 정확도를 결정하기 위한 최적의 방법에 대하여 상당히 많은 논문들과 논쟁들이 있어 왔다. 그 논쟁의 특성과 정확도 평가를 위한 대안들에 대해 보다 철저히 논의하였다.

요약 차례

제 1 장 원격탐사와 디지털 영상처리 1

제 2 장 원격탐사 자료수집 37

제 3 장 디지털 영상처리 하드웨어와 소프트웨어 113

제 4 장 영상 품질 평가 및 통계적 평가 135

제 5 장 표현방식 및 과학적 시각화 157

제 6 장 전자기 복사 원리 및 방사보정 189

제 7 장 기하보정 237

제 8 장 영상강조 275

제 9 장 주제정보 추출 : 패턴인식 361

제10장 인공지능을 이용한 정보 추출 427

제11장 영상분광학을 이용한 정보 추출 457

제12장 변화탐지 499

제13장 원격탐사기반 주제도의 정확도 평가 557

차례

제1장
원격탐사와 디지털 영상처리

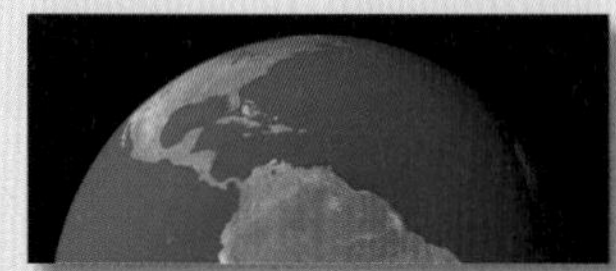

개관 1

현장 자료수집 1

원격탐사 자료수집 3

원격탐사에 대한 고찰 5

원격탐사 : 예술인가 과학인가? 5

개체 혹은 영역에 대한 정보 7

관측기구(센서) 7

거리 : '원격'의 개념 7

원격탐사의 장점과 한계점 7

원격탐사의 장점 7

원격탐사의 한계점 8

원격탐사 처리과정 8

문제 정의 9

현장 및 원격탐사 자료 필요조건의 식별 10

부가적 자료의 필요조건 10

원격탐사 자료의 필요조건 10

원격탐사 자료수집 12

분광정보와 해상도 12

공간정보와 해상도 13

시간정보와 해상도 15

방사정보와 해상도 17

편광정보 18

각도정보 19

항공기를 이용한 원격탐사 시스템 19

위성 원격탐사 시스템 20

원격탐사 자료 분석 24

아날로그(육안) 영상처리 24

디지털 영상처리 25

정보의 표현방식 28

지구관측의 경제학 28

공공 및 민간 부문의 원격탐사/디지털 영상처리 관련 직종 29

공공부문의 원격탐사/디지털 영상처리 관련 직종 30

민간부문의 원격탐사/디지털 영상처리 관련 직종 31

지구 자원 분석적 견지 31

책의 구성 31

■ 참고문헌 33

제2장
원격탐사 자료수집

개관 37

아날로그(하드카피) 영상의 디지털 변환 37

디지털 영상 용어 37

극소농도계를 이용한 디지털 변환 38

비디오를 이용한 디지털 변환 41

선형 및 면형배열 CCD를 이용한 디지털 변환 41

NAPP의 디지털 변환 자료 42

디지털 변환 시 고려사항 44

디지털 원격탐사 자료수집 44

분리형 감지기 및 스캐닝 거울을 사용한 다중분광 영상 47

선형배열을 이용한 다중분광 영상 47

선형 및 면형배열을 이용한 영상 분광측정 49

항공 디지털 카메라 49

위성 아날로그 및 디지털 사진 시스템 49

분리형 감지기와 스캐닝 거울을 이용한 다중분광 영상 49

ERTS 프로그램과 Landsat 1~7 센서 시스템 50

Landsat 다중분광 스캐너 54

Landsat TM 55

Landsat 7 ETM+ 56

NOAA의 다중분광 스캐너 센서 62

GOES 63

AVHRR 66

NOAA Suomi NPP 69

SeaStar 위성과 SeaWiFS 71

SeaWiFS 71

선형배열을 이용한 다중분광 영상 73

NASA EO-1 ALI 73

ALI 73

NASA Landsat 8(LDCM – Landsat Data Continuity Mission) 74

OLI 75

SPOT 센서 시스템 75

SPOT 1, 2, 3호 76

SPOT 4, 5호 79

SPOT 6, 7호 81

Pleiades 81

Pleiades 1A, 1B 82

인도의 원격탐사 시스템 82

IRS-1A, -1B, -1C, -1D 82

CartoSat 82
ResourceSat 84
한국항공우주연구원(KARI) KOMPSAT 85
Astrium사의 Sentinel-2 87
ASTER 87
MISR 89
GeoEye사, IKONOS-2, GeoEye-1, GeoEye-2 90
IKONOS-1, -2 90
GeoEye-1, -2 91
EarthWatch/DigitalGlobe사, QuickBird, WorldView-1, WorldView-2, WorldView-3 91
QuickBird 92
WorldView-1, -2, -3 92
ImageSat International사, EROS A와 EROS B 92
EROS A와 EROS B 92
RapidEye사 94
RapidEye 94
DMC International Imaging사 SLIM-6과 NigeriaSat-2 94
SLIM-6 94
DMC NigeriaSat-2 94
선형 및 면형 배열을 이용한 영상 분광측정 95
NASA EO-1 Hyperion Hyperspectral Imager 96
Hyperion 96
NASA Airborne Visible/Infrared Imaging Spectrometer(AVIRIS) 97
AVIRIS 97
MODIS 97
NASA HyspIRI 98
Itres사 Compact Airborne Spectrographic Imager-1500 99
CASI-1500 99
SASI-600 99
MASI-600 99
TASI-600 100
HyVista사, HyMap 101
Airborne Digital Cameras 101
소형 디지털 카메라 101
중형 디지털 카메라 102
Leica Geosystems, Ag., RCD30 102
대형 디지털 카메라 102
Leica Geosystems, Ag., ADS80, Z/I Imaging DMC Aerial Photography 103
Microsoft사, UltraCam Eagle 105
디지털 경사 항공사진 105
Pictometry International사 경사 및 연직 항공사진 105
위성 디지털 프레임 카메라 시스템 105
미 유인우주선에서 촬영한 사진 105
유인우주선 아날로그 카메라 105
유인우주선 및 우주정거장에서 촬영한 디지털 사진 106
디지털 영상 자료 포맷 107
BIP 포맷 107
BIL 포맷 108
BSQ 포맷 108
요약 108
■ 참고문헌 109

제3장 디지털 영상처리 하드웨어와 소프트웨어

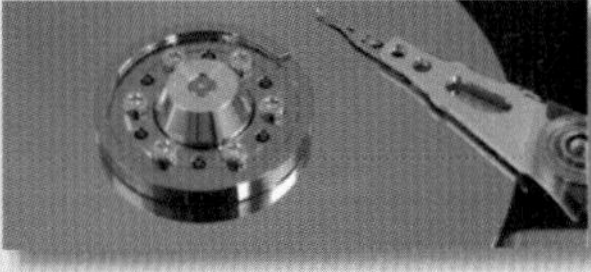

개관 113
디지털 영상처리 하드웨어 고려사항 113
중앙처리장치 고려사항 114
중앙처리장치의 역사와 능률 측정 114
컴퓨터의 종류 116
개인용 컴퓨터 117
컴퓨터 워크스테이션 117
메인프레임 컴퓨터 117
읽기전용 기억장치와 주기억장치 118
직렬 및 병렬 영상처리 118
운영 및 사용자 인터페이스 방식 121
운영 방식 121
대화식 그래픽 사용자 인터페이스 121
일괄처리 122
컴퓨터 운영체제와 컴파일러 123
입력 장치 124
출력 장치 124
데이터 저장 및 파일보관 고려사항 124
고속 액세스 대용량 저장 장치 125
파일보관 고려사항 - 수명 125
컴퓨터 디스플레이의 공간 및 컬러 해상도 127
컴퓨터 화면 디스플레이 해상도 127
컴퓨터 화면 컬러해상도 127
디지털 영상처리 소프트웨어 고려사항 128
영상처리 기능 128
디지털 영상처리 소프트웨어 128
다중분광 디지털 영상처리 소프트웨어 131
공간 객체기반 영상분석(GEOBIA) 131
초분광 디지털 영상처리 소프트웨어 131
LiDAR 디지털 영상처리 소프트웨어 131
RADAR 디지털 영상처리 소프트웨어 131
사진측량을 통한 지도제작 소프트웨어 131
변화탐지 131
디지털 영상처리 및 GIS 기능의 통합 132
가격 132

개방 소스 디지털 영상처리 소프트웨어 132
디지털 영상처리에 사용될 수 있는 개방 소스 통계분석 소프트웨어 132
디지털 영상처리 및 국가공간자료기반(NSDI) 132
■ 참고문헌 133

제4장 영상 품질 평가 및 통계적 평가

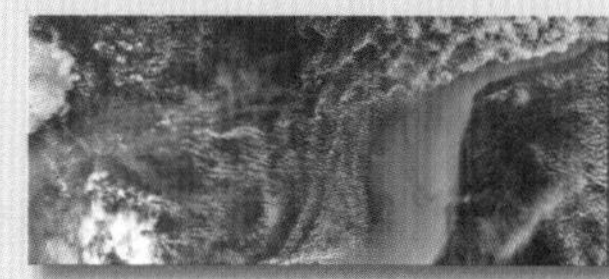

개관 135
영상처리의 수학적 표기법 135
표집이론 136
표집의 종류 136
디지털 영상처리에서의 히스토그램과 그 중요성 137
메타데이터 138
특정 위치나 지리 영역 내에 위치하는 개개 화소값 보기 141
커서를 이용한 개개 화소의 밝기값 평가 141
지리적 영역 내의 화소 밝기값의 2차원 및 3차원 평가 141
단변량 영상 통계값 142
원격탐사 자료의 중심경향 측정 142
산포 측정 142
분포(히스토그램)의 비대칭 및 뾰족한 정도 측정 145
다변량 영상 통계 145
원격탐사 자료의 다중 밴드에서의 공분산 146
원격탐사 자료의 다중 밴드 사이의 상관관계 146
피처공간 그래프 148
지리통계 분석, 자기상관 및 크리깅 내삽법 149
평균 준분산 계산 151
경험적 준변동도 153
■ 참고문헌 155

제5장 표현방식 및 과학적 시각화

개관 157
영상 표현 고려사항 157
흑백 하드카피 형태의 영상 표현 159
라인 프린터/플로터를 이용한 밝기 지도 159
레이저 혹은 잉크젯 프린터를 이용한 밝기 지도 160
임시 비디오를 이용한 영상 표현 160
흑백 및 컬러 밝기 지도 161
영상자료 형식 및 압축 설계 161
비트맵 그래픽 161
RGB 컬러 좌표시스템 164
컬러 조견표 : 8비트 164
컬러 조견표 : 24비트 168
컬러조합 168
최적지수인자 168
Sheffield 지수 171
초분광 영상의 컬러 표현방식에 대한 독립성분 분석(ICA)기반 융합 171
원격탐사 자료 융합 171
단순 밴드치환 173
컬러공간 변환 및 성분치환 173
RGB-IHS 상호변환 173
색도 컬러 좌표시스템 및 Brovey 변환 176
주성분 분석(PCA), 독립성분 분석(ICA), 또는 Gram-Schmidt 치환 177
고주파수 정보의 화소별 추가 179
회귀크리깅을 이용한 융합 179
평활화 필터를 이용한 강도조절 영상 융합 179
길이(거리) 측정 180
피타고라스 정리를 이용한 선형거리 측정 180
맨해튼 거리 측정 181
둘레, 면적, 모양 측정 183
둘레 측정 183
면적 측정 184
모양 측정 184
■ 참고문헌 185

제6장 전자기 복사 원리 및 방사보정

개관 190
전자기에너지 상호작용 190
전도, 대류, 복사 190
전자기 복사 모델 191
전자기에너지의 파동 모델 191
입자 모델 : 원자구조로부터 복사 193
대기의 에너지-물질 상호작용 198
굴절 198
산란 200
흡수 201
반사 203
지표의 에너지-물질 상호작용 204
반구반사도, 흡수도 및 투과도 205
복사속 밀도 205
복사조도와 방출도 206

복사휘도 206
대기의 두 번째 에너지-물질 상호작용 207
센서 시스템에서의 에너지-물질 상호작용 207
원격탐사 시스템 감지기 에러 보정 207
임의 오류화소(산탄잡음) 208
열손실 혹은 행손실 208
부분적인 열손실 혹은 행손실 209
열시점 오류 210
N라인 줄무늬 잡음 210
원격탐사 대기보정 213
대기보정이 불필요한 경우 214
대기보정이 필요한 경우 214
대기보정의 종류 215
절대 방사보정 215
대상 및 경로 방사도 215
대기 투과도 218
대기발산 복사조도 218
방사전달모델에 기초한 대기보정 219
경험적 선형보정 기법을 이용한 절대 대기보정 224
상대 방사보정 227
히스토그램 조정을 이용한 단일영상 정규화 227
회귀분석을 이용한 다중시기 영상 정규화 227
경사 및 향 효과 보정 232
코사인 보정 233
Minnaert 보정 233
경험적 통계 보정 233
C 보정 233
국지적 연관 필터 234
■ 참고문헌 234

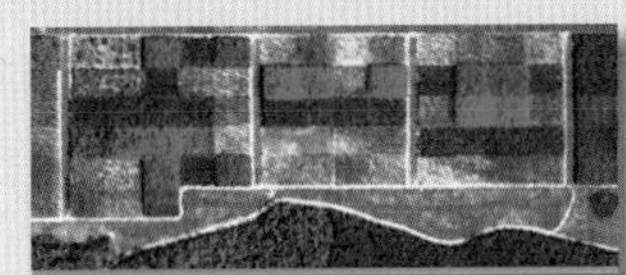

제7장 기하보정

내부 및 외부 기하오차 237
내부기하오차 237
지구자전효과에 의한 휨 현상 237
스캐닝 시스템에 의한 지상 해상도 셀 크기의 변화 240
스캐닝 시스템에 의한 1차원 기복변위 241
스캐닝 시스템에 의한 접선방향 축척 왜곡 242
외부기하오차 242
고도 변화 242
자세 변화 243
지상기준점 244
기하보정의 종류 244
영상 대 지도 보정 244
영상 대 영상 등록 245
혼성 방법을 이용한 기하보정 245
영상 대 지도 기하보정 논리 246
좌표변환을 이용한 공간내삽 246
강도내삽 252
영상 대 지도 보정의 예 254
지도투영법의 선정 254
지도투영법에 사용되는 전개가능면 255
지도투영법의 특징 255
원통도법 257
평면도법 260
원추도법 262
기타 기하보정에 유용한 투영법과 좌표계 263
지상기준점 수집 265
총 RMS 오차를 평가함으로써 최적의 기하보정 계수를 결정 266
다중회귀계수 계산 266
공간 및 강도내삽 재배열을 이용하여 출력 행렬 채우기 268
모자이크 영상 제작 268
기하보정된 영상을 이용한 모자이크 영상 제작 268
결론 271
■ 참고문헌 273

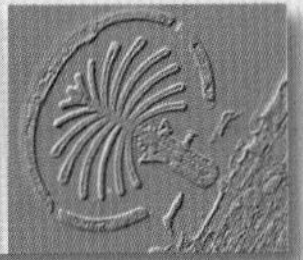

제8장 영상강조

개관 275
영상 축소 및 확대 275
영상 축소 275
영상 확대 276
단면도(공간 프로파일) 277
분광 프로파일 280
대비강조 283
선형 대비강조 284
최소-최대 대비확장 284
비율 선형 대비확장 및 표준편차 대비확장 284
구분적 선형 대비확장 286
비선형 대비강조 288
밴드 비 291
이웃 래스터 연산 293
정성적 래스터 이웃 모델링 294
정량적 래스터 이웃 모델링 294
공간 필터링 294
공간 회선 필터링 295
공간 영역에서 저주파수 필터링 295

공간 영역에서 고주파수 필터링 298
공간 영역에서 경계 강조 기법 299
푸리에 변환 302
주파수 영역에서 공간 필터링 307
주성분 분석(PCA) 310
식생지수 315
잎의 반사도를 제어하는 주요 인자 316
책상엽육세포 내 색소와 가시광선의 상호작용 317
해면조직세포 내에서 근적외선 에너지의 상호작용 321
해면조직 내의 수분과 중적외선 에너지의 상호작용 323
원격탐사에서 파생된 식생지수 325
단순 비율－SR 325
정규식생지수(NDVI) 327
Kauth-Thomas Tasseled Cap 변환 327
정규습윤 혹은 수분지수(NDMI 혹은 NDWI) 332
수직식생지수(PVI) 333
엽수분함량지수(LWCI) 334
토양보정 식생지수(SAVI) 334
대기보정 식생지수(ARVI) 335
토양 대기보정 식생지수(SARVI) 335
에어로졸보정 식생지수(AFRI) 336
강화식생지수(EVI) 336
삼각식생지수(TVI) 337
축소 단순 비율(RSR) 337
엽록소 흡수지수(CARI), 수정된 변환 엽록소 흡수지수(MTCARI), 최적 토양보정 식생지수(OSAVI), TCARI/OSAVI 비 338
가시광선 보정지수(VARI) 338
정규시가지지수(NDBI) 339
식생조정 야간 빛(NTL) 시가지지수(VANUI) 339
적색 경계 위치 결정(REP) 339
광화학 반사도 지수(PRI) 339
광합성 식생, 비광합성 식생 및 나지의 피복비율을 정량화하기 위한 NDVI와 섬유소흡수지수(CAI) 339
MERIS 지상 엽록소지수(MTCI) 340
정규연소비율(NBR) 340
식생 억제 340
질감 변환 341
공간 영역에서 일차 통계값 341
경계보존 분광 평활화(EPSS) 분산 질감 342
조건부 분산탐지 343
최소-최대 질감 연산자 344
질감측도로서의 Moran의 I 공간 자기상관 344
공간 영역에서의 이차 통계값 344
질감 스펙트럼의 요소로서의 질감단위 348
준변동도에 기초한 질감 통계값 350
경관생태지수 350
경관 지표와 패치 지수 351
■ 참고문헌 353

제9장
주제정보 추출 : 패턴인식

개관 361
도입 361
감독 분류 362
토지이용 및 토지피복 분류체계 364
미 계획협회의 토지기반 분류표준(LBCS) 366
USGS의 원격탐사 자료를 이용한 토지이용/토지피복 분류시스템 367
국가 토지피복 데이터베이스(NLCD)의 분류시스템 368
NOAA 해안변화 분석 프로그램(C-CAP)의 분류체계 368
미 어류 및 야생생물국의 습지와 심수 서식지 분류 368
미 국가식생 분류표준(NVCS) 374
MODIS 토지피복 타입 결과물을 만들기 위한 IGBP 토지피복 분류시스템 수정본 374
분류체계에 대한 고찰 376
훈련지역 선택 및 통계값 추출 376
영상 분류를 위한 최적 밴드 선택 : 피처선택 382
그래픽을 이용한 피처선택 382
피처선택의 통계적 방법 386
적합한 분류 알고리듬의 선택 393
평행육면체 분류 알고리듬 393
평균에서 최소거리 분류 알고리듬 395
최근린 분류자 396
최대우도 분류 알고리듬 397
무감독 분류 402
체인 방법을 이용한 무감독 분류 402
패스 1 : 군집 생성 402
패스 2 : 최소거리 분류 논리를 이용하여 C_{max} 군집 중 하나에 화소를 할당하기 404
ISODATA 방법을 이용한 무감독 분류 405
ISODATA 초기의 임의 군집 할당 407
ISODATA 첫 번째 반복 407
ISODATA 두 번째에서 *M*번째 반복 407
무감독 군집 분할 409
퍼지 분류 412
객체기반 영상분석(OBIA)에 기초한 분류 413
공간 객체기반 영상분석 및 분류 413
OBIA 분류 시 고려사항 419
분류과정에서 보조자료의 활용 420
보조자료와 관련된 문제점 421
원격탐사 분류지도를 향상시키기 위해 보조자료를 사용하는 법 421
지리적 층화 421
분류자 연산 421
분류 후 구분 422
■ 참고문헌 423

제10장 인공지능을 이용한 정보 추출

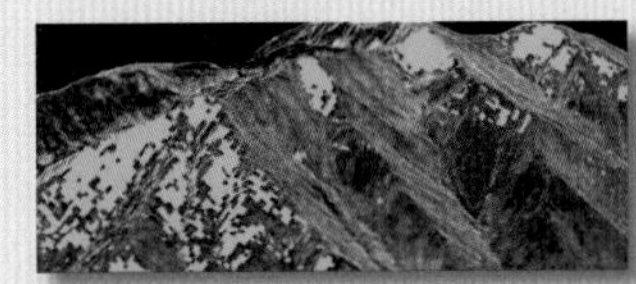

개관 428
전문가 시스템 428
전문가 시스템 사용자 인터페이스 428
지식기반 구축 429
알고리듬을 이용한 문제해결 방식 430
자기발견적인 지식기반 전문가 시스템을 이용한 문제해결 방식 430
지식표현처리 431
추론 엔진 433
온라인 데이터베이스 433
원격탐사 자료에 응용된 전문가 시스템 434
전문가에 의해 도출된 규칙에 근거한 결정나무 분류 434
검증할 가설 434
규칙(변수) 434
조건 434
추론 엔진 436
기계학습 결정나무와 회귀나무에 기초한 분류 438
기계학습 438
결정나무 훈련 439
결정나무 생성 440
결정나무로부터 생성규칙 만들기 440
사례연구 441
결정나무 분류자의 장점 441
랜덤 포레스트 분류자 443
서포트 벡터 머신 443
인공신경망 444
원격탐사 자료로부터 정보를 추출하는 데 사용되는 전형적인 인공신경망의 구성요소와 특성 444
인공신경망 훈련 445
검증(분류) 446
인공신경망의 수학 446
전방향 다층 퍼셉트론(MLP) 역전파(BP) 신경망 447
코호넨 자기조직화 맵(SOM) 신경망 448
퍼지 ARTMAP 신경망 450
인공신경망의 장점 450
인공신경망의 한계 452
■ 참고문헌 453

제11장 영상분광학을 이용한 정보 추출

개관 457
전정색, 다중분광, 초분광 자료수집 457
전정색 458
다중분광 458
초분광 458
위성 초분광 센서 458
항공 초분광 센서 459
항공 열적외선 초분광 센서 459
초분광 자료에서 정보를 추출하는 단계 461
비행경로로부터 연구지역의 선정 461
초기 영상 품질 평가 461
초분광 컬러조합 영상을 이용한 시각적 조사 461
개별 밴드의 시각적 조사 463
애니메이션 465
개별 밴드의 통계적 조사 465
방사보정 466
현장 자료수집 466
절대 대기보정 467
방사전달기반 절대 대기보정 467
경험적 선형보정 기법을 이용한 절대 대기보정 469
초분광 원격탐사 자료의 기하보정 469
초분광 자료의 차원 축소 470
최소잡음비율(MNF) 변환 470
종점 결정 : 분광학적으로 가장 순수한 화소의 위치 결정 471
화소 순수도 지수 매핑 472
*n*차원 종점 시각화 473
초분광 자료를 이용한 매핑 및 매칭 477
분광각 매퍼 477
부분화소 분류, 선형 분광 순수화 혹은 분광 혼합 분석 478
연속체 제거 482
분광 라이브러리 매칭 기법 482
초분광 자료의 기계학습 분석 485
초분광 자료의 결정나무 분석 486
초분광 자료의 SVM 분석 489
초분광 자료 분석을 위하여 선정된 유용한 지수 489
축소된 단순비율(RSR) 490
정규식생지수(NDVI) 490
초분광 강화 식생지수(EVI) 490
황색지수(YI) 490
생리반사도지수(PRI) 491
정규수분지수(NDWI) 491
선형 적색 경계 위치(REP) 491

적색 경계 식생스트레스지수(RVSI) 492
농작물의 엽록소 함량 예측 492
수정된 엽록소 흡수 비율지수(MCARI1) 492
엽록소 지수 492
MERIS 지상 엽록소 지수(MTCI) 492
도함수 분광학 493
협밴드 도함수기반 식생지수 493
도함수 비율 기반의 적색 경계 위치 494
■ 참고문헌 494

제12장 변화탐지

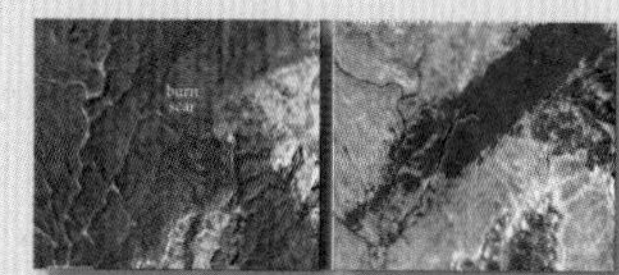

개관 499
변화탐지 수행에 요구되는 단계 499
관심지표 혹은 주제속성의 명확화 499
변화탐지의 지리적 관심지역(ROI)의 명확화 500
변화탐지 기간의 명확화 500
적합한 토지이용/토지피복 분류시스템의 선택 500
범주형 변화탐지와 퍼지 변화탐지 논리 500
화소기반 변화탐지와 객체기반 변화탐지의 선택 502
원격탐사 시스템 변화탐지 고려사항 502
시간해상도 502
촬영각 503
공간해상도 503
분광해상도 504
방사해상도 504
변화탐지 수행 시 고려해야 할 주요 환경/발달 조건 504
대기조건 504
토양 수분조건 505
생물계절학적 주기 특성 506
차폐고려 510
변화탐지에 대한 조석의 영향 511
최적의 변화탐지 알고리듬의 선택 512
'변화/미변화' 정보를 제공하는 이진 변화탐지 알고리듬 512
아날로그 화면 육안 변화탐지 512
Esri사의 ChangeMatters® 512
영상대수를 사용한 이진 변화탐지 516
영상차 변화탐지 516
영상대수 밴드비율 변화탐지 518
통계적 혹은 대칭 임계값을 이용한 영상대수 변화탐지 520
비대칭 임계값을 이용한 영상대수 변화탐지 520
이동 임계값 창(MTW)을 이용한 영상대수 변화탐지 520
다중시기 조합영상 변화탐지 520
변화탐지를 위한 다중시기 조합영상의 감독 및 무감독 분류 522
주성분 분석(PCA) 조합영상 변화탐지 522
MDA 정보시스템 LLC, 국가 도시 변화 지표(NUCI)® 523
Landsat 자료를 이용한 연속적인 변화탐지와 분류(CCDC) 527
주제의 '변화 추세' 변화탐지 알고리듬 527
사진측량학 변화탐지 528
LiDAR 측량학 변화탐지 528
분류 후 비교 변화탐지 531
화소기반 분류 후 비교 532
OBIA 분류 후 비교 534
근린 상관 영상(NCI) 변화탐지 537
분광 변화 벡터 분석 539
시기 1에 보조자료를 이용한 변화탐지 543
시기 2에 적용된 이진 마스크를 이용한 변화탐지 543
카이제곱 변환 변화탐지 544
교차상관 변화탐지 545
화면 상에서 육안판독을 이용한 변화탐지와 디지타이징 546
허리케인 휴고의 예 546
허리케인 카트리나의 예 546
아랄 해의 예 546
중국 국가 토지이용/피복 데이터베이스의 예 549
변화탐지를 위한 대기보정 549
대기보정이 필요할 때 549
대기보정이 불필요할 때 549
요약 551
■ 참고문헌 551

제13장 원격탐사기반 주제도의 정확도 평가

개관 557
정확도 평가 단계 557
원격탐사로부터 추출된 주제 결과물의 오차 원인 558
오차행렬 561
훈련 및 지상참조 검증 정보 562
표본 크기 563
이항확률이론에 근거한 표본 크기 563
다항분포에 근거한 표본 크기 563
표집설계(계획) 565
단순 임의 표집 565
계통 표집 565
층화임의 표집 565
층화계통 비할당 표집 567
군집 표집 567
반응설계를 이용한 지상참조 정보 수집 569

오차행렬 평가 569
오차행렬의 기술적 평가 569
오차행렬에 적용되는 이산 다변량 분석 기법 570
Kappa 분석 570
오차행렬의 퍼지화 572
변화탐지 지도 정확도 평가 575
변화탐지 연구에서 사용된 개별 주제도의 정확도 평가 576
'변화 추세' 변화탐지 지도의 정확도 분석 576
반응설계 576
표집설계 576
분석 577
이진 변화탐지 지도의 정확도 평가 577
객체기반 영상분석(OBIA) 분류지도의 정확도 평가 578
정확도 평가를 위한 지리통계 분석 578
원격탐사 결과물에 대한 영상 메타데이터 및 연혁정보 579
영상 메타데이터 579
원격탐사 결과물의 연혁 579
■ 참고문헌 580

찾아보기 583

1 원격탐사와 디지털 영상처리

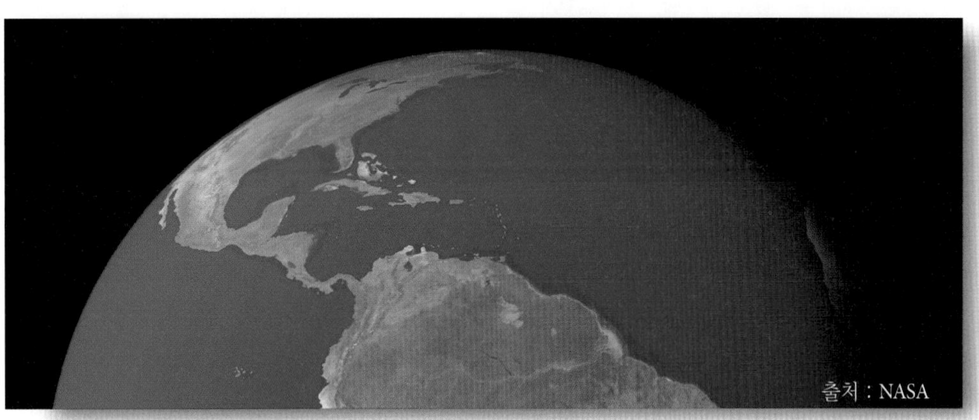

과학자들은 자연적 현상과 인위적 현상을 관찰, 측정하고 이와 관련된 가설을 검정한다. 자료는 현장에서 직접 수집하거나(*in situ*, 현장 자료수집), 대상 물체로부터 멀리 원격으로 수집할 수 있다(환경 원격탐사). 원격탐사 기술은 이제 매일의 날씨와 장기적인 기후변화 연구, 도시 및 교외의 토지이용/피복 감시, 식생, 수체, 적설, 결빙의 생태 모델링, 식량 안보, 군사 정찰 등 다양한 응용분야에서 정확하고 시기적절한 정보를 얻기 위해 일상적으로 쓰이고 있다(NRC, 2007ab, 2009, 2013, 2014). 원격탐사 자료의 대부분은 디지털 영상처리 기술을 이용하여 분석된다.

개관

이 장에서는 기본적인 현장 자료수집을 소개한 다음 그 장점 및 한계점과 함께 원격탐사를 정의하고 있다. 원격탐사 과정은 a) 문제점의 서술, b) 필요한 현장 자료 및 원격탐사 자료의 규명, c) 위성 및 항공기 센서 시스템을 이용한 원격탐사 자료의 수집, d) 아날로그 및 디지털 영상처리 기술을 이용하여 원격탐사 자료를 정보로 전환하는 과정, e) 정확도 평가 및 정보 표출의 대안에 중점을 두어 소개한다. 지구관측과 관련된 자본 환경은 공공 및 민간 부문의 원격탐사와 디지털 영상처리 관련 직종을 포함한다. 이 책은 지구 자원 분석의 관점에 따라 구성되었다.

현장 자료수집

현장 자료수집의 한 형태로 과학자는 관심을 가지는 현상을 설문할 수 있다. 예를 들어 인구조사원이 집집마다 방문하여 거주자들의 나이, 성별, 교육수준, 소득 등을 묻는 것이다. 이러한 자료는 인구통계학적 특성을 기록하는 데 사용된다.

반면, 측정을 위해 변환기(transducer)나 다른 현장 관측 기구를 사용할 수도 있다. 변환기는 보통 관심 대상에 직접 물리적으로 접촉시켜 사용하는데 여러 다양한 형태의 변환기가 존재한다. 예를 들어, 온도계로 대기 · 토양 · 수체의 온도를 측정할 수 있고, 풍속계(anemometer)로 풍속을 측정하며, 건습계(psychrometer)로 대기 습도를 측정할 수 있다. 측정하는 물리량의 강도는 아날로그 전기 신호인 전압의 변이로 기록된다. 이러한 아날로그 신호는 종종 아날로그-디지털 변환과정을 통해 디지털값으로 변환된다. 변환기를 이용한 현장 자료수집은 험한 날씨 속에서 힘들게 자료수집을 해야 하는 과학자에게 많은 도움이 된다. 또한 연구지역에 여러 변환기를 배치하여 많은 지점에서 동일한 형태의 측정값을 동시에 획득할 수 있다. 신

현장 관측

a. 유타 주 몬티셀로 근처
식생 수고 및 GPS 위치 측정

b. 유타 주 몬티셀로 근처 초지의
분광반사도 측정

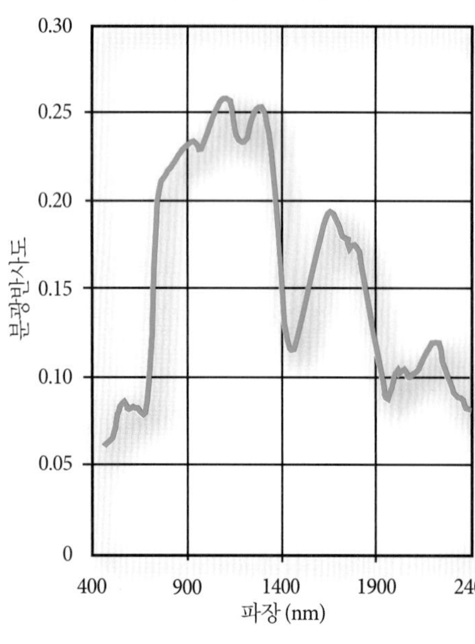

c. 그림 1-1b에서 측정한 초지의 분광반사도 특성

d. 유타 주 몬티셀로 근처에서
엽면적지수(LAI) 측정을 위해 사용된
ceptometer의 수관 상부 보정

그림 1-1 현장 자료수집의 예. a) 단순한 금속 자를 이용하여 식생 수고(vegetation height)를 측정하고 휴대용 GPS 단말기로 지리적인 위치를 측정하고 있다. b) 분광복사계를 이용하여 대략 수관 1m 상부에서 식생의 분광반사도 정보를 수집하고 있다. 현장 관측된 분광반사도는 원격탐사 시스템을 통해 얻은 분광반사도를 보정하는 데 사용할 수 있다. c) 그림 1-1b에서 측정한 분광반사도 특성. d) 초지의 잎면적지수(LAI)는 식생 수관을 통과하는 '광반(sunflecks)'의 수를 기록하는 ceptometer를 이용하여 측정할 수 있다. Ceptometer를 이용한 관측은 그림에서 보이는 바와 같이 수관 바로 상부에서 할 수도 있고 수관 하부인 바닥에서 이루어질 수도 있다. 이렇게 측정된 자료로 현장 LAI를 산정하며 원격탐사를 통해 얻은 LAI 추정값을 보정하는 데 사용할 수 있다.

속한 평가와 보관을 위해 변환기에서 수집된 자료는 종종 중앙 자료수집소에 원격으로 전송되기도 한다.

유타 주 몬티셀로 근처 초지에서 이루어진 현장 자료수집의 여러 예를 그림 1-1에 제시하였다. 현장 표본의 위치를 표시하기 위해 'UPL 5'라고 쓰인 막대기를 사용했으며(그림 1-1a), 막대기 기저에 휴대용 GPS(Global Positioning System, 범지구위치측정시스템) 단말기를 두어 표본의 정확한 *x*, *y*, *z* 위치정보를 대략적인 수평정확도 ±0.25m 수준으로 얻어 내었다. 표본 위치에서 초본의 수고를 측정하기 위해 치수안정성(dimensionally-stable)을 지닌 금속 자를 사용하였다. 휴대용 분광복사계를 이용하여 지상 복사계의 순간시야각(Instantaneous-Field-Of-View, IFOV) 내에서 대상의 분광복사도 특성을 측정하였다(그림 1-1b). 순간시야각 내에서 초지의 분광복사도 특성이 400~2,400nm 범위에 대해 그림 1-1c에 나타나 있다. 그림 1-1d에서는 식생 수관 상부의 입사광선에 대한 정보를 수집하고자 휴대용 ceptometer를 사용하고 있다. 식생 수관 상부 측정 이후에는 ceptometer를 식생 수관 하부인 바닥에 위치시켜 측정할 것이다. 선형의 ceptometer에 있는 대략 80개의 광다이오드가 식생 수관을 뚫고 ceptometer에 이르는 빛의 양을 측정한다. 상부 및 하부의 측정값은 표본 위치에서의 잎면적지수(Leaf-Area-Index, LAI)값을 산정하는 데 이용된다. 식생의 양이 많을수록 LAI값이 커진다. 흥미롭게도 이 모든 측정 기술은 식생의 채집 등을 필요로 하지 않으므로 현장을 손상시키지 않는 방식으로 이루어진다.

현장에서 과학자가 수집하거나 설치된 계측기를 통해 수집한 자료는 물리적, 생물학적, 사회과학적인 연구 등에 제공된다. 그러나 과학자가 아무리 주의를 기울여도 현장 자료수집 과정에서 오차가 생길 수 있다. 첫째로, 과학자는 현장을 교란시킨다. 즉 굉장히 주의를 기울이지 않으면 과학자는 자료수집 과정에서 측정하고자 하는 현상의 특성을 실제로 변경시킬 수 있는데, 예를 들어 식생의 분광반사도를 측정하려는 과학자는 표본 지역에 어쩔 수 없이 들어가서 자료수집 전에 식생을 건드릴 수 있다.

또한 과학자는 잘못된 과정을 통해 자료를 수집할 수 있는데, 이는 **방법오차**(method-produced error)를 야기한다. 잘못된 표본 추출 방법을 이용하거나 측정기구를 반복적으로 잘못 사용하는 경우가 있을 수 있다. 마지막으로 잘못 보정된 현장 자료수집 기구를 이용하는 경우가 있는데, 이 경우 심각한 **관측기구 보정오차**(measurement-device calibration error)가 발생한다.

표본을 교란시키는 현장 자료수집, 방법오차, 관측기구 보정오차는 모두 현장 자료수집의 오차를 유발한다. 따라서 현장 자료를 현장사실자료(ground truth data)라고 말하는 것은 잘못된 것이다. 대신에 단순히 **현장참조자료**(ground reference data)로 불러야 하며, 그 자체가 오차를 가지고 있음을 알아야 할 것이다.

원격탐사 자료수집

다행히 떨어져 있는 대상 물체나 지리적인 지역에 대한 정보는 **원격탐사**(remote sensing) 기구를 이용하여 수집할 수 있다(그림 1-2). 원격탐사 자료수집은 원래 비궤도(suborbital) 항공기에 설치한 카메라를 통해 이루어졌다. **사진측량**(photogrammetry)은 사진측량학 매뉴얼(*Manual of Photogrammetry*) 초판에 다음과 같이 정의되어 있다.

> 사진촬영술을 통해 신뢰할 수 있는 측정값을 얻는 예술 또는 과학기술(American Society of Photogrammetry, 1952; 1966).

사진판독(photographic interpretation)은 다음과 같이 정의된다.

> 물체를 판별하거나 그 중요성을 판단할 목적으로 사진 영상을 조사하는 행위(Colwell, 1960).

원격탐사는 공식적으로 ASPRS(American Society for Photogrammetry and Remote Sensing)에 의해 다음과 같이 정의되었다.

> 대상 물체나 현상에 대한 물리적이거나 밀접한 접촉 없이 기록 장치를 이용하여 어떠한 특성을 측정하거나 정보를 습득하는 것(Colwell, 1983).

1988년에 ASPRS는 **사진측량과 원격탐사를 포괄하는 정의**를 채택했다.

> 사진측량과 원격탐사는 비접촉 센서 시스템으로부터 추출된 에너지 패턴의 영상 및 디지털 표출을 기록하고 측정하고 판독하는 과정을 통해 물리적인 물체와 환경에 대한 신뢰할 만한 정보를 얻는 예술이자 과학, 기술이다(Colwell, 1997).

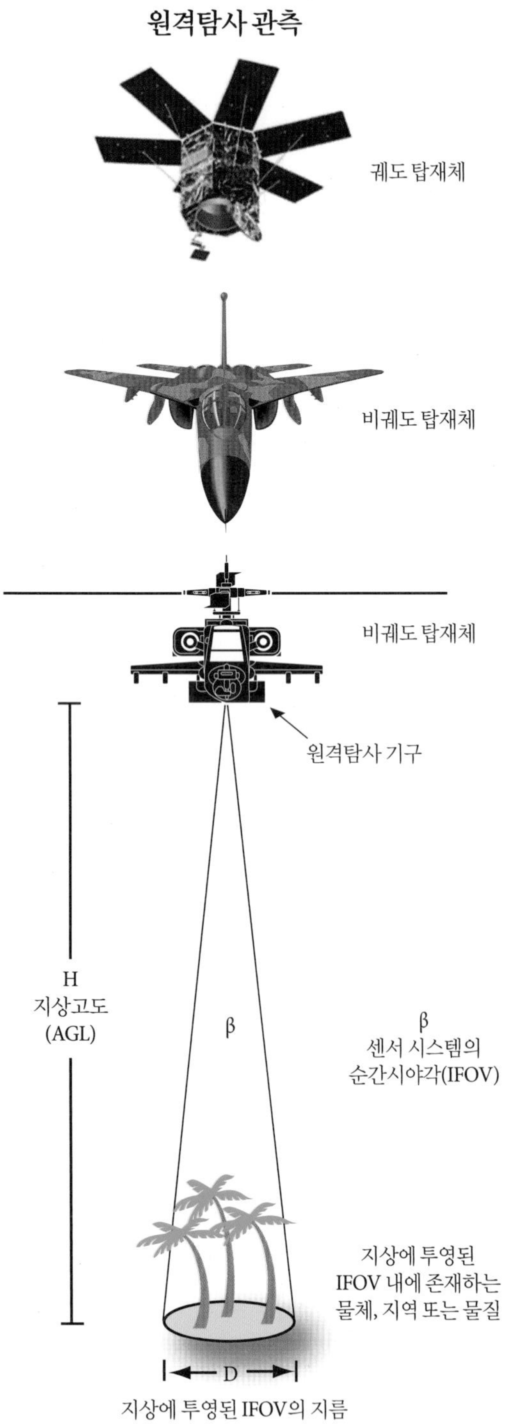

그림 1-2 원격탐사 기구가 직접적인 물리적 접촉 없이 센서 시스템의 IFOV 안의 물체나 현상에 대한 정보를 수집하고 있다. 원격탐사 기구는 지상 수 미터에 위치할 수도 있으며 항공기나 위성 탑재체에 탑재될 수도 있다.

그런데 **원격탐사**라는 용어는 어디에서 왔을까? 이 용어의 사용은 사실 1960년대 초기에 ONR(Office of Naval Research)의 지리분과(Geography Branch) 직원의 출판되지 않은 보고서로 거슬러 올라간다(Pruitt, 1979; Fussell et al., 1986). Evelyn L. Pruitt이 해당 보고서를 작성했으며 Walter H. Bailey가 연구를 보조하였다. 제2차 세계대전 당시 항공사진판독이 매우 중요해졌다. 1957년 구소련(U.S.S.R.)의 스푸트니크호 발사, 1958년 미국의 익스플로러 1호의 발사, 그리고 1960년에 시작된 당시 기밀 CORONA 프로그램을 통한 사진수집과 함께 우주 시대가 시작되고 있었다(표 1-1, 11쪽). 게다가 ONR의 지리분과는 카메라 이외의 기구의 사용(스캐너, 분광계 등)과 가시광선, 근적외선 외 영역(열적외선, 마이크로파 등)으로의 확장을 시도하고 있었다. 따라서 1950년대 후반에는 **사진측량**에서 말 그대로 '[가시]광선으로 기록하는 것'을 의미하는 'photo'라는 접두어의 본뜻에서 명백히 멀어져 버렸다(Colwell, 1997). Evelyn Pruitt(1979)은 다음과 같이 서술하였다.

> 분야 전체가 변화하고 있었으므로 지리학 프로그램에서도 어느 방향으로 움직여야 할지 알기 힘들었다. 1960년에서야 이 같은 문제를 자문위원회(Advisory Committee)에 상정하기로 결정하였다. Walter H. Bailey와 나는 이 상황을 어떻게 표현할지 그리고 프로그램 내에서 항공사진판독을 대체할 만큼 포괄적인 방대한 분야를 뭐라고 불러야 할지 오랜 시간 고심하였다. '사진'이라는 용어는 너무 제한적이었는데 이는 '가시광선' 영역 이외의 자기스펙트럼 영역을 포함하지 못하며 앞으로의 판독은 가시광선 영역을 제외한 주파수에 있었기 때문이다. '항공'이라는 용어도 앞으로 우주에서 지구를 관측할 수 있다는 점을 볼 때 역시 제한적이었다.

원격탐사라는 용어의 사용은 1960년대와 1970년대 초반 미시간주립대학교 Willow Run Laboratories에서 ONR과 미국 국립연구회의(National Research Council)가 함께 주관한 일련의 심포지엄에서 촉진되었으며 이후 계속 사용되고 있다(Estes and Jensen, 1998).

카메라, 다중분광 및 초분광 센서, 열적외선 탐지기, RADAR(Radio Detection and Ranging) 센서, LiDAR(Light Detection and Ranging) 센서 등의 원격탐사 기구는 위성이나 비행기, 헬리콥터, 무인항공기(Unmanned Aerial Vehicles, UAVs) 등의 비궤도 항공기에 탑재된다(그림 1-2). SONAR(Sound Navigation and Ranging) 센서는 배나 잠수함에 탑재되어 수면 아래 지형의 수심을 측량한다.

관련 과학 분야

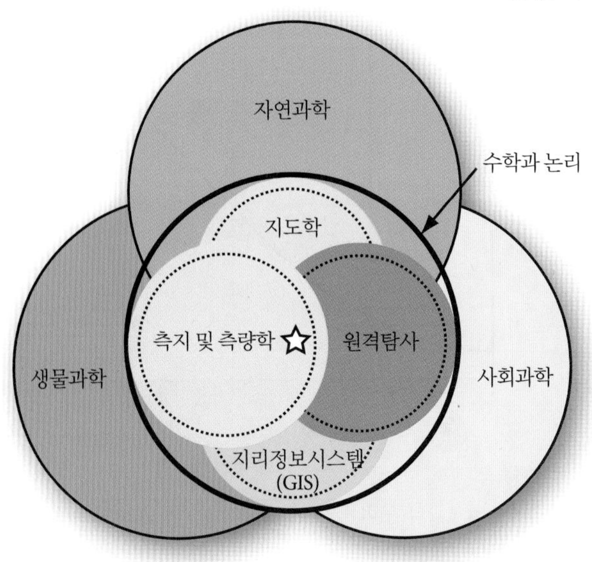

a. 지리정보과학(GIScience)과 연관된 다른 과학의 상호작용

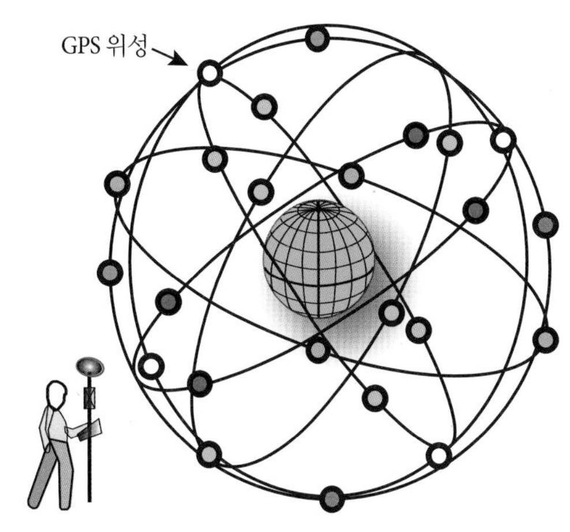

b. 측지 및 측량학

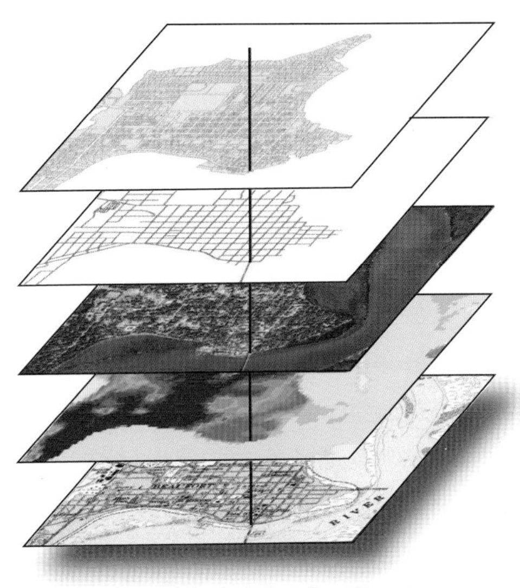

c. 지도학 및 지리정보시스템(GIS)

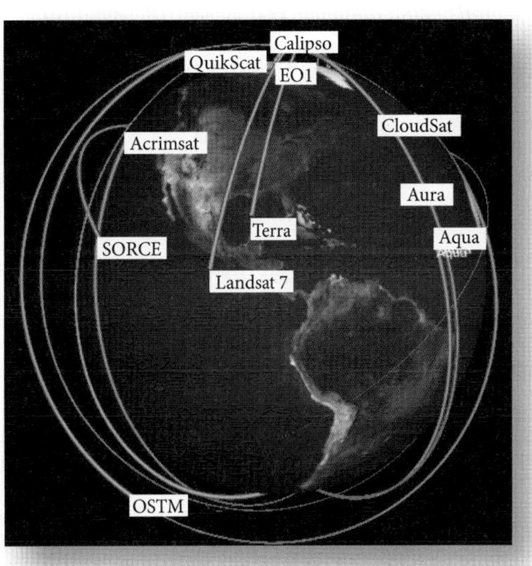

d. 원격탐사

그림 1-3 a) 지리정보과학(측지학, 측량학, 지도학, GIS, 원격탐사)과 연관된 수학과 논리, 자연과학, 생물과학, 사회과학과의 상호작용모델. b) 측지 및 측량학은 측지 기준 및 상세한 지역의 지리공간정보를 제공한다. c) 지도학자들은 지리공간정보를 지도로 나타내며 GIS를 이용하여 지리공간정보를 모델링한다. d) 위성 및 비궤도 원격탐사 시스템은 지도학자, GIS 종사자와 다른 과학자들에게 유용한 지리공간정보를 제공한다.

원격탐사에 대한 고찰

다음의 간략한 논의는 원격탐사의 공식적인 정의에서 발견되는 다양한 용어에 관한 것이다.

원격탐사 : 예술인가 과학인가?

과학 : 과학(science)이란 원리(규칙)에 의해 유지되고 있는 사실과 연관된 인간 지식의 광범위한 영역으로 정의된다. 과학자들은 문제를 해결하기 위한 질서정연한 시스템인 과학적인 방법을 통해 사실과 원리를 발견하고 검정한다. 과학자들은 일반적으로 인간이 과학적인 방법과 다른 특별한 사고 규칙을 이용하여 연구할 수 있는 어떠한 주제는 과학으로 불릴 수 있다고 여긴다. 과학은 1) **수학 및 논리**, 2) 물리학이나 화학과 같은 **자연과학**, 3) 식물학이나 동물학과 같은 **생물과학**, 4) 지리학, 사회학, 인류학과 같은 **사회과학**을 포함한다(그림 1-3a). 흥미롭게도 일

부 사람들은 수학이나 논리를 과학으로 간주하지 않는다. 그러나 수학과 논리와 연관된 지식의 영역은 과학에 있어 매우 귀중한 **도구**이므로 무시할 수 없다. 인류의 최초 질문들은 '얼마나 많이'와 '무엇이 서로 유사한가' 등과 관련된 것이었다. 그들은 숫자를 세고, 분류하고, 체계적으로 사고하며, 정확하게 묘사하려고 노력했다. 많은 측면에서 과학의 발달 정도는 수학을 이용하는 정도에 의해 알 수 있다. 과학은 무언가를 측정하기 위한 단순한 수학에서 출발하여 설명하기 위한 보다 복잡한 수학으로 나아간다.

원격탐사는 수학과 마찬가지로 도구이자 기술이다. 멀리 떨어진 물체 또는 지리적 영역에서 나오는 전자기에너지의 양을 측정하기 위해 복잡한 센서를 이용하고 수학적, 통계적 기반의 알고리듬을 이용해서 자료로부터 귀중한 정보를 도출하는 것은 과학적인 활동이다. 원격탐사는 종종 **GIScience**라고 일컬어지는 측지학, 측량학, 지도학, 지리정보시스템(GIS)의 다른 지리정보과학과 조화를 이루어 작동한다(그림 1-3b~d). 그림 1-3a의 모델은 이 지리정보과학의 각 분야들이 서로 상호작용을 하며, 어느 하나가 우세한 것이 아니라 서로 고유하지만 겹치기도 하는 지식과 지적 활동의 영역을 가지고 자연과학, 생물과학, 사회과학의 연구에 활용되고 있는 것을 보여 준다.

이 모든 과학기술은 지속적으로 발전할 것이며 서로 좀 더 통합될 것이다. 예를 들어 GIS 네트워크 분석 활용 분야는 특별한 차량에 장착된 GPS나 고해상도 원격탐사 자료로부터 얻은 보다 정확한 도로 네트워크 중심선 자료를 굉장히 유용하게 사용한다. 모든 산업이 구글어스(Google Earth), 구글맵(Google Map), 빙맵(Bing Map)과 같은 검색엔진의 지리적 배경 영상과 같은 고해상도 위성 및 항공 원격탐사 자료에 의존한다. 원격탐사 자료수집은 GIS 응용분야에서 대단히 많이 활용되는 영상 또는 영상 기반 제품의 기하학적 정확도를 향상시키기 위한 GPS 측정의 진보에 도움을 받아 왔다. GPS 기술의 향상으로 x, y, z 방향으로 ±1~3cm까지 정확한 측정이 가능하게 되었으며 이로 인해 육상 측량학은 혁명적으로 발전하였다.

과학의 이론에 의하면 과학적 분야는 전형적인 네 가지 발전 단계를 거친다. Wolter(1975)는 원격탐사와 같이 고유한 기술, 방법론, 지적인 방향을 가진 한 과학적 분야의 성장은 그림 1-4에 나와 있는 것과 같이 S자 형태(sigmoid 또는 logistic)의 곡선을 그린다고 제안하였다. 과학적 분야의 발전 단계에서 1단계는 관련 문헌이 조금씩 증가하는 예비 성장 기간, 2단계는 출판물의 수가 규칙적으로 배가되는 지수적 성장 기간, 3단계는 성장 속도가 줄어들기는 하지만 연간 성장은 지속되는 기간, 4단계는 성장률이 멈추는 최종적인 기간이다. 각 단계의 학술적 분야에서의 특성을 보면 1단계에서는 사회적 모임이 없거나 아주 적고, 2단계에서는 공동 연구자들의 모임이나 임시적인(ad hoc) 형태의 연구 기관 등이 형성되며, 3단계에서는 분야가 특화되고 논쟁이 증가하며, 4단계에서는 연구자들의 모임이나 기관의 구성원이 감소하게 된다.

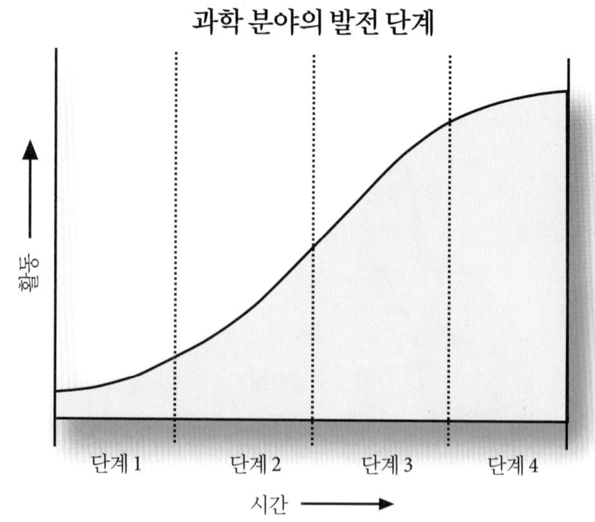

그림 1-4 과학 분야의 발전 단계(출처 : Wolter, 1975; Jensen and Dahlberg, 1983)

이러한 논리에 의하면 원격탐사는 1960년대 중반 이후로 출판물의 수가 일정 간격으로 배가되는 지수적인 성장을 경험하는 2단계에 있다. 그 증거로 1) 원격탐사와 관련된 많은 훌륭한 특화된 연구 기관들이 구성되어 있고, 2) 원격탐사 연구에 중점을 둔 수많은 전문가 학회가 형성되어 있고, 3) 새로운 원격탐사 학술 저널이 많이 출간되며, 4) 센서 시스템과 영상분석 방법의 개선 등과 같은 중대한 기술적 진보가 있으며, 5) 활발한 자기 진단(self-examination)이 있다. 분야가 특화되고 논쟁이 증가하는 3단계에 접근하고 있을 수도 있다. 그러나 원격탐사의 성장률은 아직 감소하지 않았다. 사실 지난 30년간 원격탐사 전문가의 수나 원격탐사를 활용하는 기업체의 수는 놀랄 만큼 증가했다. 위성 원격탐사 공간해상도의 현저한 개선(예 : 1×1m 고해상도의 전정색 자료)은 더 많은 사회과학 분야의 GIS 사용자를 끌어들였다. 매달 수백 편의 새로운 원격탐사 연구 논문이 출판되고 있다.

예술 : 사진이나 영상을 시각적으로 해석하는 과정은 과학적인

지식에만 의존하는 것이 아니라 사람이 그 일생 동안 경험해 온 배경 모두를 포함한다. 그러한 배움은 측정하거나 프로그래밍하기 힘들며, 완전히 이해할 수도 없다. 과학적 지식과 실제 분석가의 경험을 합하여 생겨나는 공동 상승작용, 즉 시너지 효과를 통해서 분석가는 영상으로부터 정보를 추출해 내는 총체적 경험 규칙들을 만들어 낸다. 일부 분석가들이 다른 영상분석가들보다 뛰어난 이유는 1) 그들이 과학적인 원리를 더 잘 이해하고, 2) 보다 더 많이 여행하고 더 많은 경관 유형과 지리적 영역들을 보았으며, 3) 논리적이고 정확한 결론에 이르도록 과학적인 원리와 실제 지식을 통합하는 능력을 가지고 있기 때문이다. 그래서 원격탐사 영상판독은 예술이자 과학이다.

개체 혹은 영역에 대한 정보

센서는 예를 들면 미루나무 수관의 직경과 같은 어떤 개체 혹은 미루나무 숲 분포지역의 경계와 같은 지리적 영역에 대한 매우 구체적인 정보를 획득하는 데 사용될 수 있다. 조사 대상 개체 혹은 지리적 영역에서 반사, 방출 혹은 후방산란된 전자기에너지는 실제 속성값을 대신하게 된다. 전자기에너지 측정값은 반드시 보정되어야 하고, 시각적인 방법이나 디지털 영상처리 기법을 이용하여 유용한 정보로 변환되어야 한다.

관측기구(센서)

원격탐사는 센서라 불리는 장비를 이용하여 수행된다. 원격탐사 장비의 대부분은 대상물로부터 3×10^8m/s의 속도(광속)로, 진공상태인 우주를 직접 통과하고, 대기권 내에서 반사 혹은 재복사되어서 센서에 도달한 EMR(electromagnetic radiation)을 기록한다. EMR은 센서와 원격에 위치한 현상 사이를 매우 효율적으로, 그리고 초고속으로 연결시킨다. 우리는 빛보다 빠르게 움직이는 것을 알지 못한다. 센서에 기록된 EMR의 양과 속성의 변화는 온도나 색채 등 현상의 중요한 속성을 해석하는 데 필요한 자료가 된다. EMR을 대신하여 음파와 같은 다른 형태의 에너지원을 사용할 수도 있다. 그러나 지구 자원 응용을 위해 수집된 원격탐사 자료의 대부분은 전자기에너지를 기록하는 센서로부터 수집된다.

거리 : '원격'의 개념

원격탐사는 연구하고자 하는 개체나 영역으로부터 멀리 떨어져서 수행된다. 흥미롭게도 이 거리가 얼마 정도 되어야 한다는 것에 대해서는 명확한 구분이 없다. 관심 대상 물체 혹은 지역으로부터의 거리는 1cm, 1m, 100m, 혹은 백만 m 이상이 될 수도 있다. 천문학의 대부분은 원격탐사에 기초를 두고 있다. 사실 가장 혁신적인 원격탐사 시스템과 시각적/디지털 영상처리 기법의 대부분은 원래 달, 화성, 토성, 목성 등과 같은 천체를 원격탐사하기 위해 NASA JPL(Jet Propulsion Laboratory) 연구자들에 의해 개발되었다. 그러나 이 책에서는 주로 비궤도 항공기나 진공상태의 우주에서 지구 궤도를 돌고 있는 위성 탑재체에 부착된 센서를 이용한 지구관측용 원격탐사를 중심으로 다룬다.

원격탐사와 디지털 영상처리 기법은 또한 대상물의 내부를 분석하는 데 사용될 수 있다. 예를 들어, 전자현미경은 피부나 눈에 있는 아주 미세한 개체들의 사진을 얻는 데 사용될 수 있다. 엑스선 역시 원격탐사의 일종으로서, 피부나 근육을 대기와 같이 통과하여 관심 대상이 되는 뼈의 내부 혹은 신체 내부를 탐사한다.

원격탐사의 장점과 한계점

원격탐사는 몇 가지 독특한 장점을 갖지만 동시에 약간의 한계점도 있다.

원격탐사의 장점

원격탐사는 만약 센서가 관심 대상 현상에 의해 반사 혹은 방출된 전자기에너지를 수동적으로 기록하면 대상물에 아무런 지장을 주지 않는다. 수동형 원격탐사는 관심 대상 물체 혹은 지역을 전혀 교란시키지 않는다.

원격탐사 장치는 9×9in. 프레임의 정사항공사진이라든지 Landsat 5 Thematic Mapper 자료의 행렬(래스터)과 같이 자료를 체계적으로 수집하도록 프로그래밍되어 있다. 이러한 체계적인 자료수집은 일부 현장조사에서 발생되는 표집오차를 제거할 수 있다.

원격탐사 과학은 다른 이들이 수집하거나 생성한 자료에 의존하는 지도학이나 GIS와는 다르다. 원격탐사는 근본적인, 새로운 과학적 자료나 정보를 제공한다. 잘 제어된 상황하에서 원격탐사는 위치(x, y), 고도나 깊이(z), 생물량, 온도 및 수분함량과 같은 기초적인 생물리적 정보를 제공할 수 있다. 이러한 의미에서 원격탐사는 측량과 매우 비슷하게 과학적 조사를 수행할 때 사용할 수 있는 기초적 정보를 제공한다. 그러나 원격탐사는 단순히 하나의 지점을 관측하는 것이 아니고 매우 광범위한 지리적 영역에 걸쳐 자료를 체계적으로 획득할 수 있다. 사실 원격탐사로부터 추출된 정보는 현재 물공급 예측, 부영양화, 비점 오염원 등의 자연현상과, 도시근교에서의 토지 이용 변화, 물수요 예측, 인구 추정, 식량 안보 등과 같은 문화적 현상을 성공적으로 모델링하는 데 필수적이다(NRC, 2007a; 2009). 현재 많은 GIS 모델에서 매우 중요하게 사용되고 있는 수치고도모델(Digital Elevation Model, DEM)은 좋은 예가 된다. DEM은 현재 대부분 LiDAR(Light Detection And Ranging; 예 : Renslow, 2012), 입체항공사진, RADAR(RAdio Detection And Ranging), 또는 간섭계 합성 개구 레이다(Interferometric Synthetic Aperture Radar, IFSAR 혹은 InSAR) 영상을 이용하여 만들어진다.

원격탐사의 한계점

원격탐사 과학은 어느 정도 한계점을 갖고 있다. 가장 큰 한계점은 아마 활용가능성을 너무 과장하는 것일 것이다. 원격탐사는 물리학, 생물학, 사회과학 부분의 연구를 수행하는 데 있어 필요한 모든 정보를 제공하는 만병통치약은 아니다. 그것은 단지 효과적이고 경제적인 방식으로 가치 있는 공간, 분광, 그리고 시간 정보를 제공하는 것일 뿐이다.

인간은 자료를 수집하는 데 가장 적합한 원격탐사 시스템을 선택하고, 원격탐사 자료의 다양한 해상도를 결정하며, 센서를 보정하고, 센서를 운반하는 탑재체를 선택하고, 언제 자료가 수집되는지와 그 자료가 어떻게 처리되는지를 결정한다. 따라서 인간에 의해서 원격탐사 장치와 임무 변수를 설정하는 과정에서 조사방법상 오차가 발생할 수 있다.

LiDAR, RADAR, SONAR와 같이 스스로 전자기에너지를 방출하는 강력한 능동형 원격탐사 시스템은 연구하고자 하는 현상에 개입하고 부작용을 초래할 수 있다. 이들 능동형 센서가 초래하는 부작용의 정도를 알기 위해서는 더 많은 연구가 필요하다.

원격탐사 장치가 제대로 보정되어 있지 않을 수도 있으며, 이런 경우 수집한 원격탐사 자료 역시 부정확하게 된다. 끝으로, 원격탐사 자료는 수집하고 분석하는 데 상당한 비용이 들 수도 있다. 원격탐사 자료로부터 추출한 정보는 소요된 비용을 정당화시킬 정도로 가치가 있어야 할 것이다. 보통 가장 큰 비용은 원격탐사 자료가 아니라 잘 훈련된 영상분석가의 인건비에서 발생한다.

원격탐사 처리과정

과학자들은 150년 이상 원격탐사 자료를 수집하고 분석하는 과정을 개발해 왔다. 1858년 스스로를 나다르(Nadar)라고 부른 프랑스인 사진가 Gaspard Felix Tournachon이 열기구를 이용해 첫 항공사진을 찍었다. 제1, 2차 세계대전, 한국전쟁, 쿠바미사일 위기, 베트남전쟁, 걸프전, 보스니아내전, 그리고 테러와의 전쟁을 통해 항공사진과 다른 원격탐사 자료수집에 대한 연구가 많이 이루어졌다. 기본적으로 민간기업의 군사 용역으로 인해 제2장에서 다루고 있는 복잡한 전자광학 다중분광 원격탐사 시스템과 열적외선 및 마이크로파(레이다) 센서 시스템이 개발되었다. 대부분의 원격탐사 시스템은 초기에는 군사적인 용도로 개발되었으며 이제는 지구의 천연자원을 모니터링하는 데 사용되고 있다.

지구 자원 응용분야에 사용되는 원격탐사 자료수집과 분석 절차는 종종 **원격탐사 처리과정**(remote sensing process)이라고 하는 체계적인 방식으로 구현된다. 원격탐사 처리과정의 단계는 그림 1-5에 나와 있으며 다음과 같이 요약할 수 있다.

- 검정할 가설은 귀납적 혹은 연역적 논리 형태와 결정모델 혹은 확률모델과 같은 적절한 처리모델을 이용하여 구체적으로 정의한다.
- 원격탐사 자료를 보정하고, 자료의 기하학적 · 방사적 · 주제적 특성을 판단하는 데 필요한 현장 및 보조 자료를 수집한다.
- 아날로그 혹은 디지털 원격탐사 장치를 이용하여 수동적(디지털 카메라 등) 혹은 능동적으로(RADAR, LiDAR 등) 원격탐사 자료를 수집하며, 이상적으로는 현장 자료의 수집과 동시에 이루어져야 한다.
- 아날로그 영상처리, 디지털 영상처리, 모델링, n차원 시각화 등을 이용하여 현장 및 원격탐사 자료를 처리한다.
- 메타데이터, 처리 연혁, 그리고 정보의 정확도를 제공하고, 영상, 그래프, 통계표, GIS 데이터베이스, 공간의사결정지원 시스템(SDSS) 등을 이용하여 결과물을 제공한다.

이들 원격탐사 처리과정 단계의 특성을 검토하는 것은 대단히 유익하다.

그림 1-5 원격탐사 자료로부터 정보를 추출할 때 일반적으로 사용되는 원격탐사 처리과정

문제 정의

보통 사람들, 심지어 어린이들도 항공사진이나 다른 원격탐사 자료를 보고 유용한 정보를 추출할 수가 있다. 일반적으로 그들은 정상적인 방법으로 가설을 설정하지 않는다. 그들이 자료를 수집하는 데 사용된 원격탐사 시스템의 속성을 이해하지 못하거나 연직 혹은 경사 방향의 투시 속성을 모르는 경우에는 영상에 기록된 지형을 부정확하게 판독할 수 있다.

반면에 원격탐사를 사용하는 과학자들은 일반적으로 과학적인 방법을 이용하여 문제를 정의하고 그 해결책을 찾는 일련의 사고방식에 훈련되어 있다. 그들은 최소한 5가지 요소, 즉 1) 문제 정의, 2) 연구가설 설정, 3) 관측 및 실험, 4) 자료 해석, 5) 결론 도출의 정형적인 계획을 사용한다. 그러나 이러한 일련의 정형적인 계획을 그대로 따를 필요는 없다.

과학적인 방법은 보통 다음 두 가지 논리 형식에 기초한 환경모델과 연계하여 사용된다.

- 연역적 논리
- 귀납적 논리

연역적 혹은 귀납적 논리에 기초한 모델은 그것이 결정론적으로 처리되느냐 아니면 확률론적으로 처리되느냐에 따라 더 세분화될 수 있다. 어떤 과학자들은 때때로 연역적 혹은 귀납적 논리를 이용하지 않고 원격탐사 영상으로부터 바로 새로운 정보를 추출할 수도 있다. 그들은 단지 적절한 방법과 기술을 이용하여 영상으로부터 정보를 도출하는 데 관심이 있을 뿐이다. 이러한 기술적 접근은 아주 활발히 이루어지지는 않지만 응용원격탐사에서는 보편적이며 역시 새로운 지식을 생성할 수 있다.

원격탐사는 지식을 얻기 위한 연역적이고 귀납적인 과학적인 접근방법과 기술적인 접근방법에 모두 이용된다. 원격탐사 처리과정에 사용된 다양한 논리적 접근이 어떻게 새로운 과학적 지식을 양산하는지에 대한 논의가 있다(예 : Fussell et al., 1986; Curran, 1987; Fisher and Lindenberg, 1989; Dobson,

1993; Skidmore, 2002; Wulder and Coops, 2014).

현장 및 원격탐사 자료 필요조건의 식별

만약 귀납적 혹은 연역적 논리를 이용하여 가설을 형성하였다면 연구과정 중에 사용될 변수와 관측 목록을 식별해야 한다. 가장 중요한 변수의 정보 수집에는 현장 관측과 원격탐사가 사용될 수 있다.

원격탐사 기술을 사용하는 과학자는 현장 및 실험실 자료수집 절차에 잘 훈련되어 있어야 한다. 예를 들어, 만약 과학자가 호수의 표면 온도를 지도로 만들고 싶다면 원격탐사 자료가 수집되는 시간과 동일한 시점에서 현장의 정확한 호수 온도 측정값이 필요하다. 이러한 현장 관측값은 1) 원격탐사 자료를 보정하는 데 사용될 수 있으며, 2) 최종 결과의 정확도를 공평하게 평가하는 데 사용될 수 있다(Congalton and Green, 2009). 원격탐사 관련 참고서적들은 현장 및 실험실에서의 표집 방법에 대해 여러 정보를 제공하고 있다(예 : Jensen, 2007). 그러나 현장 표집 절차는 화학, 생물학, 임학, 토양, 수문학, 기상학 등의 해당 과학 분야의 공식적인 강좌를 통해 습득되는 것이 바람직하다. 또한 도시환경에서 사회경제적인 정보와 인구통계 정보를 정확하게 수집하는 인문지리학, 사회학 등의 방법을 아는 것도 중요하다(예 : McCoy, 2005; Azar et al., 2013).

오늘날 대부분의 현장 자료는 GPS 자료와 연계하여 수집되고 있다(Jensen and Jensen, 2013). 과학자들은 각 현장 자료수집 장소에서 GPS 자료를 수집하는 방법을 알아야 하고, 정확한 위치좌표(*x*, *y*, *z*)를 얻기 위해 어떻게 GPS 자료를 보정하는지 알아야 한다.

부가적 자료의 필요조건

많은 경우, 수치고도모델, 토양도, 지질도, 정치적 경계, 블록별 인구통계와 같은 부가적 혹은 보조 자료는 원격탐사 처리에서 매우 중요하다. 이상적으로 이러한 부가적 공간 자료는 디지털 GIS 형태로 존재한다(Jensen and Jensen, 2013).

원격탐사 자료의 필요조건

일단 변수 목록이 있으면, 변수들 중 어떤 것을 원격탐사할 수 있는지를 결정하는 것이 편리하다. 원격탐사는 생물리적 변수와 혼성 변수의 두 가지 서로 다른 형태의 변수에 대한 정보를 제공할 수 있다.

생물리적 변수 : 어떤 생물리적 변수들은 원격탐사 시스템으로부터 직접 측정될 수 있다. 이는 원격탐사 자료가 기본적인 생물학적 그리고/또는 물리적(생물리적) 정보를 다른 보조 자료의 사용 없이 직접 제공할 수 있다는 것을 의미한다(Wulder and Coops, 2014). 예를 들어, 열적외선 원격탐사 시스템은 암석 노두 부분이나 농경지의 온도를 그 표면에서 방출되는 에너지를 측정함으로써 기록할 수 있다. 마찬가지로, 스펙트럼의 특정 영역을 원격탐사하여 대기 중의 수증기량을 측정하는 것도 가능하다. 또한 능동형/수동형 마이크로파를 이용한 원격탐사 기술을 통해 토양의 수분함량을 직접 측정하는 것도 가능하다. NASA의 MODIS(Moderate Resolution Imaging Spectrometer)는 흡수 광합성 유효광(Absorbed Photosynthetically Active Radiation, APAR)과 잎면적지수(LAI)를 측정하는 데 사용될 수 있다. 어떤 개체의 정밀한 위치(*x*, *y*)와 높이(*z*)는 입체항공사진, 위성영상(예 : SPOT), LiDAR 자료, 혹은 간섭계 합성 개구레이다(IFSAR 혹은 InSAR) 영상을 중첩하여 직접 추출될 수 있다.

원격탐사로 측정 가능한 생물리적 변수와 그 자료를 얻기에 유용한 센서들 중 일부가 표 1-1에 정리되어 있다. 이들 중 많은 원격탐사 시스템들을 제2장에서 논의한다. 이러한 생물리적 변수들에 대한 원격탐사 연구가 활발히 진행되어 왔다. 이러한 연구는 지구환경을 모델링하려는 국가 및 국제적 차원의 노력에 대단히 중요하다(예 : NRC, 2012; Brewin et al., 2013).

혼성 변수 : 원격탐사로 측정 가능한 두 번째 변수 형태는 혼성 변수로서, 하나 이상의 생물리적 변수를 체계적으로 분석함으로써 만들어진다. 예를 들어, 어떤 식물의 엽록소 흡수 특성, 온도, 수분함량을 원격탐사로 측정함으로써 이러한 자료를 이용하여 식생 스트레스라는 혼성 변수를 모델링하는 것이 가능하다. 혼성 변수의 다양성은 실로 크다고 할 수 있기 때문에 변수 하나하나를 일일이 열거할 필요는 없다. 그러나 명목척도인 토지이용이나 토지피복이 혼성 변수라는 것은 알아 둘 필요가 있다. 예를 들어, 한 영상의 특정 지역의 개체 위치(*x*, *y*), 높이(*z*), 색조나 컬러, 생물량, 온도 등의 기본적인 생물리적 변수를 동시에 평가함으로써 토지피복을 추출할 수 있다. 이러한 명목척도의 혼성 변수는 원격탐사에서 상당히 중요시되어 와서 등간척도 혹은 비율척도의 생물리적 변수들은 1980년대 중반까지 대부분 무시되어 온 경향이 있다. 명목척도인 토지이용 및 토지피복 지도를 만드는 것은 중요한 원격탐사 기술이며 결코 무

표 1-1 정보 획득에 사용되는 생물리적 변수, 혼성 변수 및 이용 가능한 원격탐사 시스템

생물리적 변수	이용 가능한 원격탐사 시스템
x, y, z 위치와 측지 제어 **정사보정 영상에서의 x, y 위치**	– 범지구위치측정시스템(GPS) – 아날로그 및 디지털 입체항공사진, GeoEye-1, WorldView-2, SPOT 6 및 7, Landsat 7 및 8, ResourceSat, ERS-1 및 -2, MODIS, Pleiades, LiDAR, RADARSAT-1 및 -2
z 고도 또는 수심 – 수치고도모델(DEM) – 수치수심모델(DBM)	 – GPS, 입체항공사진, LiDAR, SPOT 6, RADARSAT, GeoEye-1, WorldView-2 및 -3, Shuttle Radar Topography Mission(SRTM), IFSAR – SONAR, 수심측정용 LiDAR, 입체항공사진
식생 – 색소(예 : 엽록소 a, b) – 수관 구조 및 높이 – 식생지수로부터 도출된 생물량 – 잎면적지수(LAI) – 흡수 광합성 유효광(APAR) – 증발산	 – 컬러항공사진, Landsat 8, GeoEye-1, WorldView-2 및 -3, ASTER, MODIS, Pleiades, 항공기를 이용한 초분광 시스템(예 : AVIRIS, HyMap, CASI) – 입체항공사진, LiDAR, RADARSAT, IFSAR – 컬러-적외선(CIR) 항공사진, Landsat 8, GeoEye-1, WorldView-2, AVHRR, MISR, Pleiades, 위성(EO-1 Hyperion) 및 항공기를 이용한 초분광 시스템(예 : AVIRIS, HyMap, CASI-1500)
표면 온도(육상, 수계, 대기)	– ASTER, AVHRR, GOES, Hyperion, Landsat 8, MODIS, 항공기를 이용한 열적외선 센서
토양 및 암석 – 수분함량 – 광물조성 – 분류 – 열수 변성작용	 – ASTER, 수동형 마이크로웨이브(SSM/I), RADARSAT-2, MISR, ALMAZ, Landsat 8, ERS-1 및 -2 – ASTER, MODIS, 항공기 및 위성을 이용한 초분광 시스템 – 컬러 및 컬러-적외선 항공사진, 항공기를 이용한 초분광 시스템 – Landsat 8, ASTER, MODIS, 항공기 및 위성을 이용한 초분광 시스템
표면 거칠기	– 항공사진, RADARSAT-1 및 -2, IKONOS-2, WorldView-2, ASTER
대기 – 에어로졸(예 : 광학심도) – 구름(예 : 비율, 광학적 두께) – 강수량 – 수증기(강수 가능한 수분) – 오존	 – NPP, MISR, GOES, AVHRR, MODIS, CERES, MOPITT, MERIS – NPP, GOES, AVHRR, MODIS, MISR, CERES, MOPITT, UARS, MERIS – TRMM, GOES, AVHRR, SSM/1, MERIS – NPP, GOES, MODIS, MERIS – NPP, MODIS
수계 – 색상 – 지표 수문학 – 부유 광물질 – 엽록소/gelbstoffe – 용존유기물질	 – 컬러 및 컬러-적외선 항공사진, Landsat 8, SPOT 6, GeoEye-1, WorldView-2, Pleiades, ASTER, MODIS, 항공기 및 위성을 이용한 초분광 시스템, AVHRR, NPP, GOES, 수심측정용 LiDAR, MISR, CERES, TOPEX/POSEIDON, MERIS
눈 및 해빙 – 크기 및 특성	– 컬러 및 컬러-적외선 항공사진, NPP, AVHRR, GOES, Landsat 8, SPOT 6, GeoEye-1, WorldView-2, Pleiades, ASTER, MODIS, MERIS, ERS-1 및 -2, RADARSAT-1 및 -2
화산작용 – 온도, 가스	 – ASTER, Landsat 8, MISR, Hyperion, MODIS, 열 초분광 시스템
양방향반사분포함수(BRDF)	– MISR, MODIS, CERES
주요 혼성 변수	**이용 가능한 원격탐사 시스템**
토지이용 – 상업, 주거, 교통 등 – 토지대장(부동산) **토지피복** – 농경지, 산림, 도시 등	 – 고해상도 전정색, 컬러 및 컬러-적외선 입체항공사진, 고해상도 위성영상(<1×1m : GeoEye-1, WorldView-3), SPOT 6 및 7, LiDAR, 고해상도 초분광 시스템 – 컬러 및 컬러-적외선 항공사진, Landsat 8, SPOT 6 및 7, ASTER, AVHRR, RADARSAT, GeoEye-1, WorldView-2 및 -3, Pleiades, LiDAR, IFSAR, MODIS, MISR, MERIS, 항공기 및 위성을 이용한 초분광 시스템
식생 – 스트레스 – 구성/종류	 – 컬러 및 컬러-적외선 항공사진, Landsat 8, GeoEye-1, WorldView-2, AVHRR, SeaWiFS, MISR, MODIS, ASTER, MERIS, 항공기 및 위성을 이용한 초분광 시스템

시될 수 없다. 많은 사회과학자 및 자연과학자들은 일상적으로 이러한 자료를 연구에 사용한다. 그러나 현재 원격탐사를 이용해 등간척도 및 비율척도의 생물리적 자료를 구축하는 것이 크게 증가 추세에 있으며, 이렇게 구축된 생물리적 자료는 공간적으로 분포된 정보를 받아들일 수 있는 정량적인 모델에 통합되어 활용되고 있다.

원격탐사 자료수집

원격탐사 자료는 수동형 혹은 능동형 원격탐사 시스템을 이용하여 수집된다. **수동형 센서**(passive sensor)는 지표면으로부터 반사되거나 방출되는 전자기 복사에너지를 기록한다. 예를 들어, 카메라와 비디오 녹화기는 지표면으로부터 반사되는 가시광선 및 근적외선 영역의 에너지를 기록하는 데 사용될 수 있다. 다중분광 스캐너는 지표면에서 방출되는 열복사에너지를 기록하는 데 사용될 수 있다. 마이크로파(RADAR)나 수중 음파 탐지기와 같은 **능동형 센서**(active sensor)는 지표면을 향해 기계로부터 생성된 전자기에너지를 쏘아서 다시금 센서 시스템 쪽으로 분산되어 되돌아오는 복사속(radiant flux)을 기록한다.

원격탐사 시스템은 하드카피 형태의 항공사진 혹은 비디오 자료와 같은 아날로그 자료 및 스캐너, 선형배열, 면형배열 센서를 이용하여 획득된 밝기값의 행렬(래스터) 같은 디지털 자료를 수집한다.

광학 원격탐사 시스템의 순간시야각(예 : 디지털 영상 내의 한 화소) 내에 기록되는 전자기, 방사도(L, watts $m^{-2}sr^{-1}$)는 다음의 함수와 같다.

$$L = f(\lambda, s_{x,y,z}, t, \beta, \theta, P, \Omega) \tag{1.1}$$

여기서

λ = 파장(다양한 밴드나 특정 주파수에서 측정된 분광 반응). 파장(λ)과 주파수(ν)는 $c = \lambda \times \nu$에서 광속(c)과의 관계식에 기초하여 서로 호환할 수 있다.

$s_{x,y,z}$ = 화소의 위치(x, y, z)와 크기(x, y)

t = 시간 정보, 즉 자료의 수집시기 및 수집 빈도에 대한 정보

β = IFOV

θ = 광원(예 : 태양), 지표면 관심 대상물(예 : 밀밭), 원격탐사 시스템 사이의 기하학적 관계를 나타내는 각도

P = 센서에 기록된 후방산란된 에너지의 편광

Ω = 반사, 방출, 혹은 후방산란된 복사에너지가 원격탐사 시스템에 의해 기록되는 자료의 방사해상도(정밀도)

식 1.1과 관련된 변수들의 특징과 함께 수집되는 원격탐사 자료의 속성에 어떤 영향을 미치는지 간략히 살펴볼 필요가 있다.

분광정보와 해상도

대부분의 원격탐사 연구는 특정 밴드 혹은 주파수에서 반사, 방출, 후방산란된 전자기에너지와 밀밭과 같은 조사 대상 간의 화학적·생물리적 특성 사이의 결정론적인 관계, 즉 모델을 개발하는 것을 기본으로 한다. **분광해상도**(spectral resolution)는 원격탐사 기구가 감지하는 전자기 스펙트럼 상의 구체적인 파장대 간격, 즉 밴드 혹은 채널의 수와 크기를 뜻한다.

다중분광 원격탐사 시스템(multispectral remote sensing)은 전자기 스펙트럼의 여러 개의 파장대 구간에서 에너지를 기록한다. 예를 들어, 1970년대와 1980년대 초에는 Landsat MSS(Multispectral Scanner)가 지표면의 많은 부분에 대해 원격탐사 자료를 수집했으며, 현재까지도 변화탐지 연구에 중요하게 사용되고 있다. 4개의 MSS 밴드의 밴드폭은 그림 1-6a에 나와 있다(밴드 1 = 500~600nm, 밴드 2 = 600~700nm, 밴드 3 = 700~800nm, 밴드 4 = 800~1,100nm). 한 밴드의 명목상 크기는 MSS 센서의 근적외선 밴드(800~1,100nm)처럼 클 수도 있고, 밴드 3(700~800nm)처럼 비교적 작을 수도 있다.

Landsat MSS의 4개 밴드폭을 그림 1-6a에 나타나 있는 전형적인 디지털 프레임 카메라와 비교하였다. 카메라의 감지기는 스펙트럼의 네 영역의 정보를 기록한다(밴드 1 = 450~515nm, 밴드 2 = 525~605nm, 밴드 3 = 640~690nm, 밴드 4 = 750~900nm). 사실 감지기들의 스펙트럼 민감도 제약에 따라서 분광대의 일부는 누락되고 있다. 각각의 밴드 영상이 그림 1-6c에 나타나 있다. 각각의 밴드를 이용하여 만든 자연 및 컬러-적외선 컬러조합이 그림 1-6d, e에 나타나 있다.

실제로는 그림 1-6a에서 볼 수 있는 것과 같이 밴드 간의 경계가 아주 정밀하게 나눠지 않는다. 대신에 감지기는 밴드폭의 중간쯤에 위치하는 최대강도를 가진 스펙트럼 영역에 민감하다. 따라서 개별 밴드의 밴드폭은 그림 1-6b에 있는 것과 같이 센서 민감도의 정규분포곡선을 이용해서 **FWHM**(Full Width at Half Maximum)으로 정한다. 이러한 가상의 예에서 밴드 2(녹색)의 FWHM은 525~605nm가 된다. 즉 우리는 이 밴드폭 밖으로도 어느 정도의 민감도를 가지고 있는 걸 알면서도 이것이 이

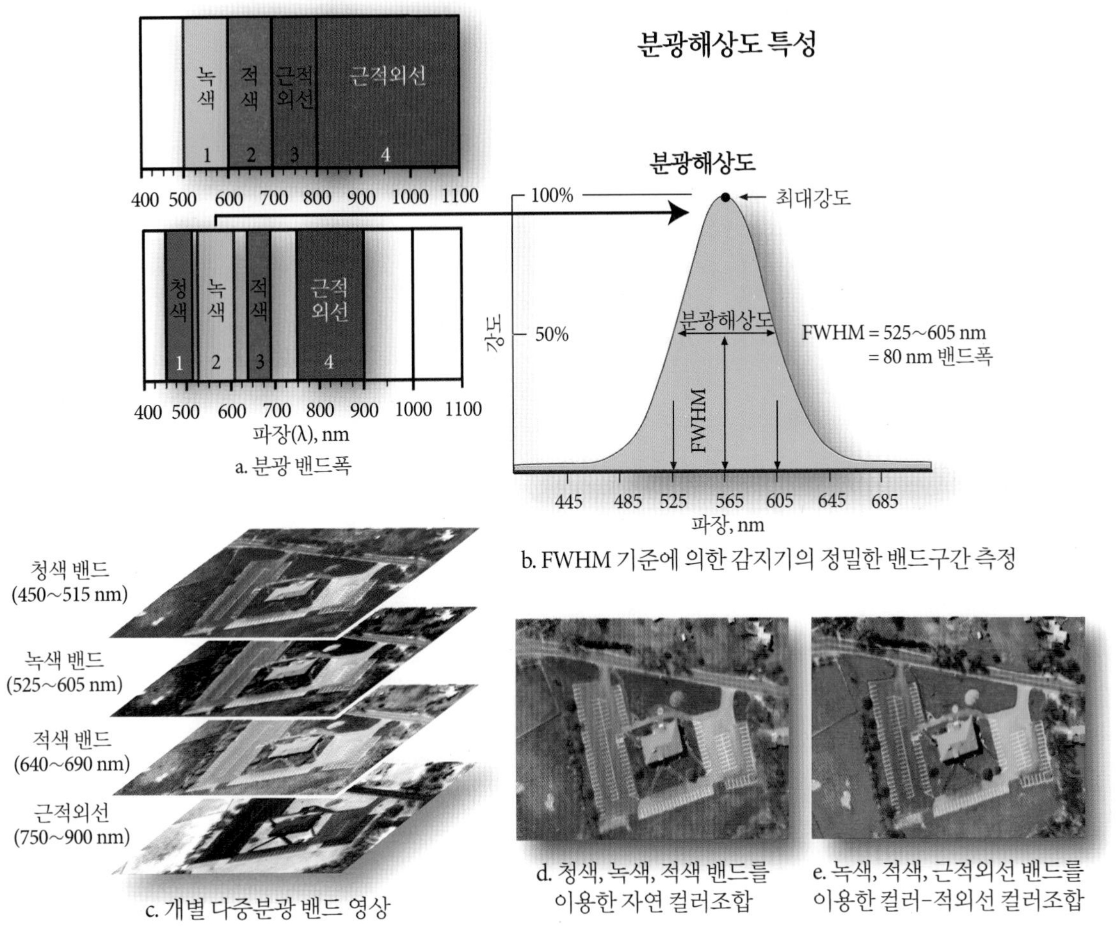

그림 1-6 a) 4개의 Landsat MSS 밴드와 전형적인 디지털 프레임 카메라의 밴드폭 비교. b) 실제 밴드폭은 정규분포 형태에서 FWHM 강도를 기반으로 한 폭. 예를 들어, FWHM에서 녹색 밴드는 525~605 nm 사이의 80nm 범위를 가진다. c) 1×1ft. 공간해상도의 개별 디지털 프레임 카메라 영상 예시. d) 청색, 녹색, 적색 밴드를 이용한 자연 컬러조합. e) 녹색, 적색, 근적외선 밴드를 이용한 컬러-적외선 컬러조합.

특정한 밴드의 분광 밴드폭이라고 이야기할 수 있다. 밴드의 중심은 565nm가 된다. 때때로 과학자들은 특히 초분광 영상을 분석할 때 밴드 중심 정보를 이용하기도 한다.

초분광 원격탐사(hyperspectral remote sensing) 장비는 수백 개의 분광 밴드로부터 영상을 얻는다. 예를 들어, AVIRIS (Airborne Visible and Infrared Imaging Spectrometer)로부터 얻은 미국 사우스캐롤라이나 주 설리반 섬(Sullivan's Island)의 영상이 그림 1-7a에 나와 있다. AVIRIS는 400~2,500nm 사이에서 FWHM 기준에 기초하여 10nm 간격으로 있는 224개의 밴드를 이용해서 자료를 수집한다(NASA AVIRIS, 2014). 비교를 위해 Landsat 8 센서 시스템의 9개의 밴드폭을 그림 1-7b에 나타내었다(Irons et al., 2012). AVIRIS는 400~2,500nm 영역에 대해 화소별로 수백 개의 측정값을 얻는다. 어떤 과학자들은 400~2,500nm 전체 영역의 정보를 얻고자 하고, 어떤 사람들은 Landsat 8과 연관 있는 밴드와 같이 상대적으로 작은 일부 밴드의 정보만 필요로 한다. **울트라분광 원격탐사**(ultraspectral remote sensing)는 수백 개 이상의 밴드에서 자료를 수집한다.

일반적으로 어떤 생물리적 변수에 대한 정보를 수집하는 데 가장 적합한 스펙트럼 상의 영역이나 밴드가 존재하기 마련이다. 이러한 밴드는 보통 관심물체와 그 배경 사이의 대비를 최대화할 수 있도록 선정한다. 밴드를 잘 선택하면 원격탐사 자료로부터 원하는 정보를 추출할 수 있는 확률이 높아질 수 있다.

공간정보와 해상도

대부분의 원격탐사 연구는 지표면 물체에 대한 공간적 속성을 기록한다. 예를 들어, 항공사진의 각 할로겐화은 결정입자와 디지털 원격탐사 영상의 각 화소는 영상의 구체적인 위치에 있으며 동시에 지상의 (x, y) 좌표와 연관된다. 일단 표준지도 투

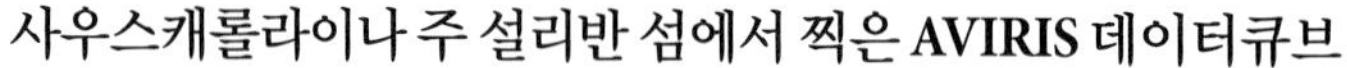

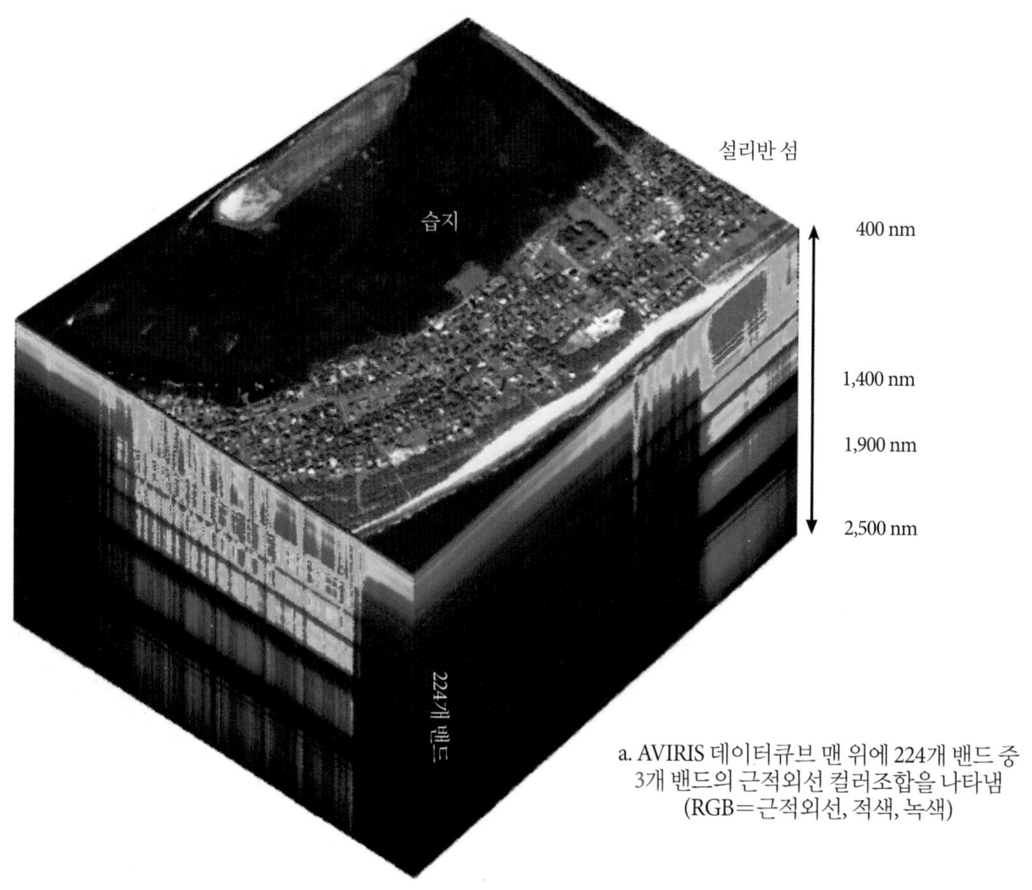

a. AVIRIS 데이터큐브 맨 위에 224개 밴드 중 3개 밴드의 근적외선 컬러조합을 나타냄 (RGB＝근적외선, 적색, 녹색)

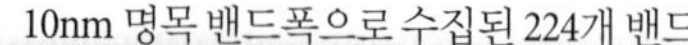

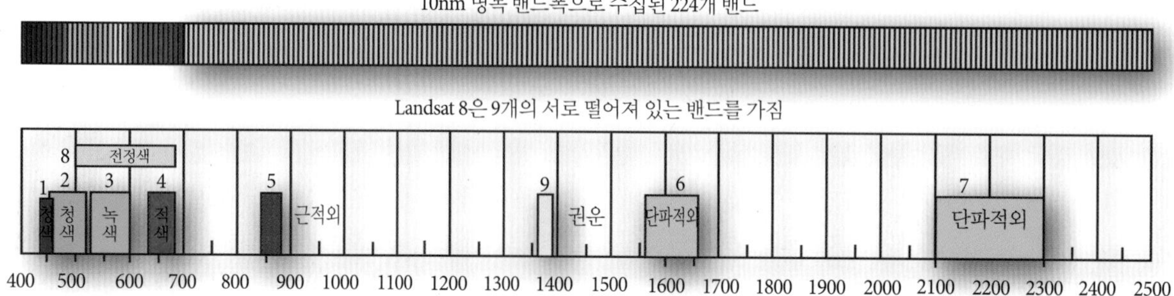

b. 400∼2,500nm 영역에서의 10nm 명목 밴드폭으로 수집된 AVIRIS 분광 밴드와 Landsat 8의 서로 떨어진 9개 밴드의 비교

그림 1-7 a) 사우스캐롤라이나 주 설리반 섬의 AVIRIS 초분광 데이터큐브. 맨 위에 224개 밴드 중 3개 밴드의 컬러조합을 나타냄(RGB＝근적외선, 적색, 녹색). b) 400∼2,500nm 영역에서의 10nm 명목 밴드폭으로 수집된 AVIRIS 분광 밴드와 Landsat 8의 서로 떨어진 9개 밴드의 비교(자료 출처 : NASA).

영법으로 변환되면(제7장) 각 할로겐화은 결정입자나 화소와 연관된 공간정보는 GIS나 공간의사결정지원시스템(SDSS)에서 다른 공간 자료와 함께 사용될 수 있기 때문에 상당한 가치를 갖게 된다(Jensen et al., 2002).

식별대상 물체 혹은 지역의 크기와 원격탐사 시스템의 공간해상도 사이에는 일반적인 관계가 성립한다. **공간해상도**(spatial resolution)는 원격탐사 시스템에 의해서 분리될 수 있는 두 개체 사이의 최소 각도 혹은 직선 간격을 나타내는 측정값이다. 항공사진의 공간해상도는 1) 현장에 방수천을 놓고 그 위에 흑선과 백선을 교대로 평행하게 위치시키고, 2) 연구지역의 항공사진을 수집한 뒤, 3) 그 사진 상에서 mm당 분해 가능한 흑백선의 수를 계산함으로써 산정할 수 있다. 또한 변조전달함수

(modulation transfer function)[1]를 계산하여 구할 수도 있으나, 이 책의 범위를 넘기 때문에 자세한 설명은 생략한다.

많은 위성 원격탐사 시스템은 일정한 순간시야각(IFOV)을 갖는 광학기기를 사용하고 있다(그림 1-2). 그러므로 센서 시스템의 명목 공간해상도는 지상에 투영되는 순간시야각의 크기를 미터나 피트로 나타낸 것으로 정의된다. 예를 들어, 지상의 어떤 원의 직경(*D*)은 순간시야각(β)과 센서의 지상으로부터 높이(*H*)의 곱으로 정의된다(그림 1-2).

$$D = \beta \times H \tag{1.2}$$

화소는 일반적으로 컴퓨터 화면과 하드카피 형태의 영상에서 길이와 폭을 가진 직사각형으로 표현된다. 그러므로 전형적으로 어떤 센서 시스템의 명목 공간해상도는 10×10m 혹은 30×30m 등으로 표현한다. 예를 들어, DigitalGlobe사의 WorldView-2는 전정색 밴드에 대해 0.46×0.46cm, 다중분광 밴드에 대해서는 1.85×1.85m의 명목 공간해상도를 가진다. Landsat 7 ETM^+(Enhanced Thematic Mapper Plus)는 전정색 밴드에 대해 15×15m, 다중분광 밴드 중 6개에 대해서는 30×30m의 명목 공간해상도를 가진다. 일반적으로 명목 공간해상도가 작을수록 원격탐사 시스템의 공간해상력은 커진다.

그림 1-8은 사우스캐롤라이나 주 힐턴 헤드(Hilton Head) 섬에 있는 어떤 지역을 대상으로 디지털 카메라의 해상도를 0.5×0.5m에서 80×80m로 변화시키면서 찍은 영상을 보여 주고 있다. 육안을 이용한 판독과정에서는 0.5×0.5m, 1×1m의 영상에서도 뚜렷한 차이가 없다. 그러나 5×5m 영상에서는 도시정보의 내용이 급속히 줄어드는 것을 알 수 있고, 10×10m 이상의 영상은 도시분석에 거의 쓸모가 없다. 과거의 Landsat MSS 자료(79×79m)는 대부분의 도시환경분석에 부적합하다(Jensen and Cowen, 1999).

어떤 물체를 탐지하기 위한 경험 법칙 중 하나는 센서 시스템의 명목 공간해상도가 탐지대상 물체 중 가장 작은 물체 크기의 절반보다 반드시 작아야 한다는 것이다. 예를 들어, 만약 도시공원 내의 모든 떡갈나무 위치를 식별하고자 한다면, 허용될 수 있는 센서의 최소 공간해상도는 가장 작은 떡갈나무 수관(樹冠) 직경의 반 이하가 되어야 한다. 그러나 이 정도의 공간해상도라 하더라도 떡갈나무와 주변의 토양이나 잔디의 분광 반응 사이에 뚜렷한 차이가 없으면 식별하기 힘들다.

LiDAR와 같은 몇몇 센서 시스템은 지표면 전체를 관측하지 않는다. 그 대신 일정한 시간 간격을 두고 레이저파를 이용해서 지표면을 표집한다(Renslow, 2012). 지상에 투영된 레이저파는 직경 10~15cm 정도로 매우 작을 수도 있으며, 대략 지상에 1~6m 간격으로 표집한다. 공간해상도는 지상에 투영된 레이저 펄스(예 : 15cm)로 나타내는 것이 적절하며, 표본밀도 즉 단위면적당 표본 수는 지상 관측의 빈도를 나타낸다(Hodgson et al., 2005).

행렬에서 각 화소(*x*, *y*)의 위치에 대한 공간정보를 가지고 있기 때문에 화소와 그 주변 사이의 공간적인 관계를 조사하는 것도 가능하다. 그러므로 영상 내에 존재하는 공간정보를 기초로 하여 분광 자기상관 및 다른 공간 지리통계 척도를 파악할 수 있다.

시간정보와 해상도

원격탐사를 이용함으로써 가치 있는 것 중 하나가 어떤 정해진 시간에서의 지표면 경관 및 대기의 정보를 수집하는 것이다. 동일 지역의 영상에서 시간 경과에 따른 변화를 분석하면 생태과정 혹은 인간간섭의 상태를 확인할 수 있고, 미래의 변화를 예측할 수 있다.

원격탐사 시스템에서 **시간해상도**(temporal resolution)는 센서가 특정한 지역의 영상을 얼마나 자주 수집하는가를 나타내는 것이다. 예를 들어, 그림 1-9는 어떤 센서 시스템의 16일 주기의 시간해상도를 보여 주고 있다. 조사대상 물체의 독특한 판별 특징을 찾아내기 위해서 반복적으로 자료를 수집한다. 예를 들어, 농작물은 각 지역마다 독특한 **생물계절 주기**(phenological cycles)를 가지고 있다. 특정한 농업변수를 관측하기 위해서는, 생물계절 주기상에서 중요한 날짜에 원격탐사 자료를 수집해야 한다. 다중시기 영상분석을 통해 어떤 변수가 시간이 흐르면서 어떻게 변하는지에 대한 정보를 알 수 있다. 변화정보는 작물의 생육에 영향을 주는 과정들을 파악할 수 있게 해 준다. 다행히 SPOT 4 및 5, GeoEye-1, ImageSat, WorldView-2와 같은 몇몇 위성 센서 시스템은 필요하면 경사방향(off-nadir)에 있는 관심 대상 지점의 영상을 수집할 수 있기 때문에 매우 유용하다. 연직방향(nadir)은 위성 탑재체와 지구 중심을 연결하는 선이 지표면과 만나는 점을 뜻한다. 따라서 위 센서들은 작물 생장기나 비상시기 등에 필요한 영상을 얻을 수 있는 확률을 크게 증가시킨다. 그러나 경사방향으로 촬영한 영상은 다음

1 역주 : 정현파를 촬영해 영상과의 진폭비를 구한 뒤 공간주파수에 대한 진폭을 작성함으로써 영상의 공간적 변화에 반응하는 정도를 표시하는 함수

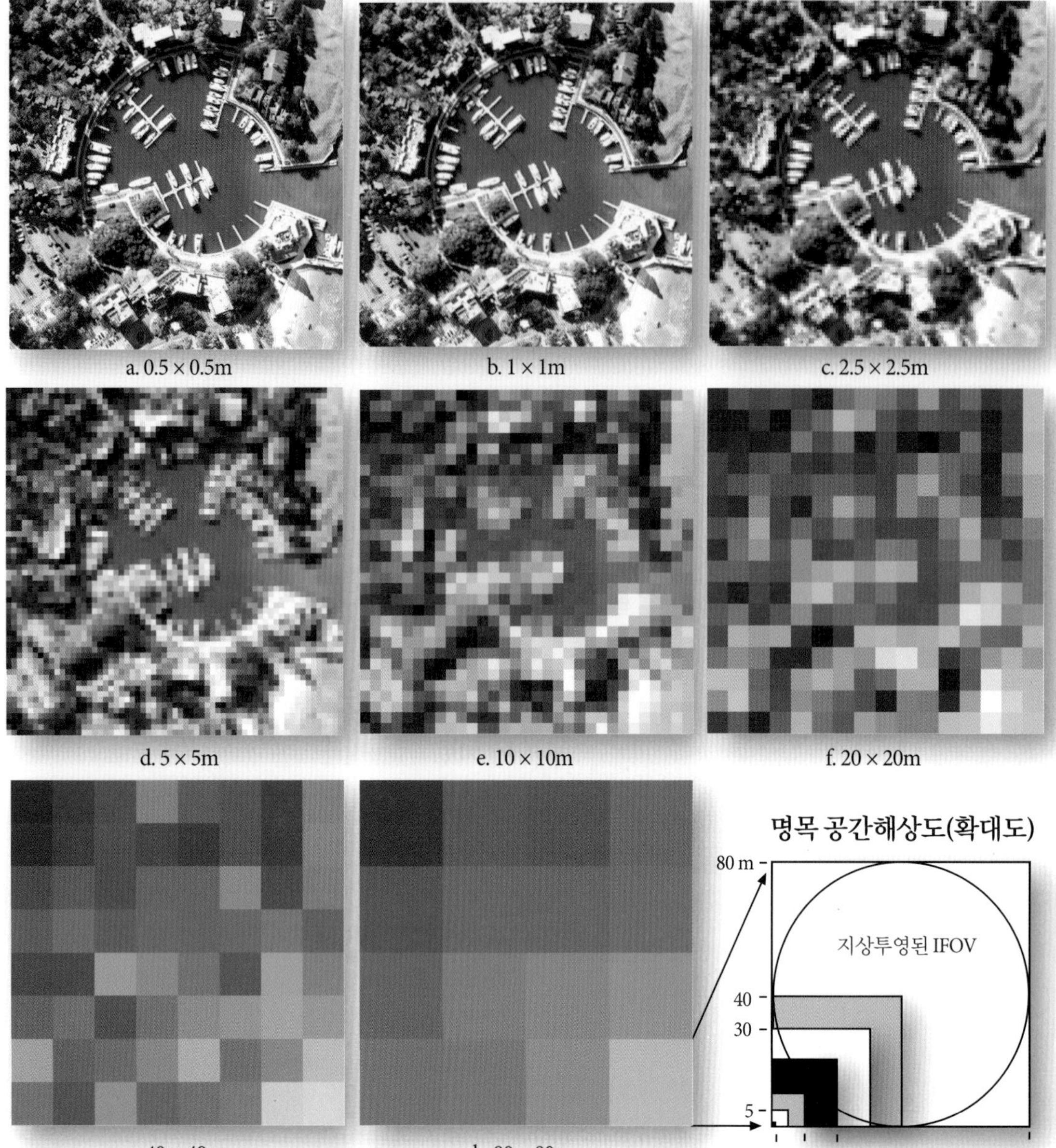

그림 1-8 명목 공간해상도 0.3×0.3m로 수집된 사우스캐롤라이나 주 하버 타운 근처 주거지의 영상. 원래의 영상을 다양한 해상도로 재배열하여 나타내었다.

절에서 설명하는 양방향반사분포함수(Bidirectional Reflectance Distribution Function, BRDF) 문제를 발생시킬 수 있다.

원격탐사 자료수집 시 종종 다양한 해상도 간에 상충관계가 발생한다(그림 1-10). 일반적으로 높은 시간해상도가 요구될수록(예 : 허리케인을 30분마다 감시하는 경우), 낮은 공간해상도가 요구된다(예 : NOAA GOES 기상위성은 4×4에서 8×8km 화소의 영상을 기록한다). 반대로, 높은 공간해상도가 요구될수록(예 : 도시지역 토지이용의 변화를 1×1m 자료로 감시) 낮은 시간해상도가 요구되기도 한다(예 : 1~10년마다). 예를 들어, 그림 1-11은 사우스캐롤라이나 주 화이트 록 근처 지역의 단일가구 주거 토지이용 개발을 2004, 2007, 2009년에 수집된 1×1ft.의 고해상도 디지털 항공사진으로 나타내었다. 곡물 종류나 생산량을 예측하는 등의 경우에는 상대적으로 높은 시간해상도의 자료(예 : 생장철 동안에 여러 영상을 수집)와, 중간 공간해상도(NASA MODIS 센서의 250×250m 화소)를 필요로 할 수 있다. 응급 대응의 경우 매우 높은 공간 및 시간해상도의

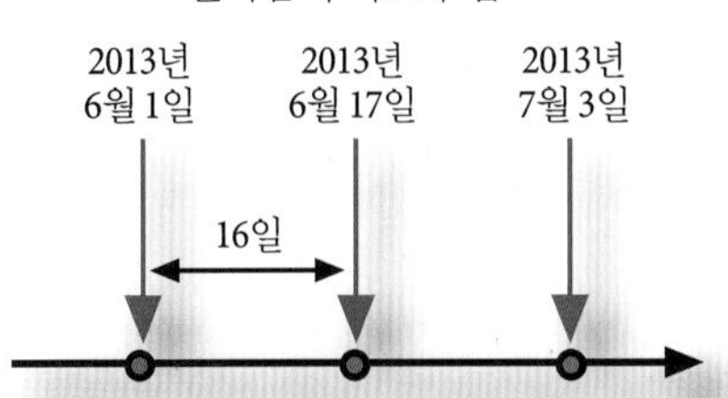

그림 1-9 원격탐사 시스템의 시간해상도는 특정 지역의 영상을 얼마나 자주 기록하느냐를 나타낸다. 이 예는 매 16일마다 거의 동일한 시간대에 자료를 체계적으로 수집하는 것을 보여 주고 있다. Landsat TM 4와 5는 16일 주기를 가지고 있다. NOAA GOES(Geostationary Operational Environmental Satellites) 위성은 자료를 30분 간격으로 수집하여 폭풍우를 근 실시간으로 감시하는 데 특히 유용하다.

자료가 필요할 수 있으며 이 경우 상당한 양의 자료가 생성된다(예 : 5시간마다 0.5×0.5m 공간해상도의 자료 생성).

시간해상도의 또 다른 측면은 LiDAR와 같은 능동형 센서가 지표면으로 쏘는 에너지의 단일 펄스로부터 기록하는 관측값의 수를 의미한다. 예를 들어, 대부분의 LiDAR 센서는 하나의 레이저 펄스를 방출하고 이 펄스로부터 되돌아오는 여러 개의 반응을 기록한다. 다중반응 사이의 시간차를 측정함으로써 물체의 높이나 지형구조를 파악할 수 있다.

방사정보와 해상도

일부 원격탐사 시스템은 다른 시스템보다 반사, 방출 혹은 후방산란된 전자기에너지를 보다 정밀하게 기록한다. 이는 줄자를 가지고 길이를 재는 것과 유사하다. 만약 물체의 길이를 정밀하게 재고 싶다면, 줄자에 16개의 눈금밖에 없는 것과 1,024개의 눈금이 있는 것 중 어느 것을 선택해야 할까?

방사해상도(radiometric resolution)는 지표면에서 반사, 방출 혹은 후방산란된 복사에너지를 기록할 때의 신호강도 차이에 대한 원격탐사 센서의 민감도로 정의된다. 즉 시스템이 구분할 수 있는 신호의 단계를 정의하며, 결국 방사해상도는 대

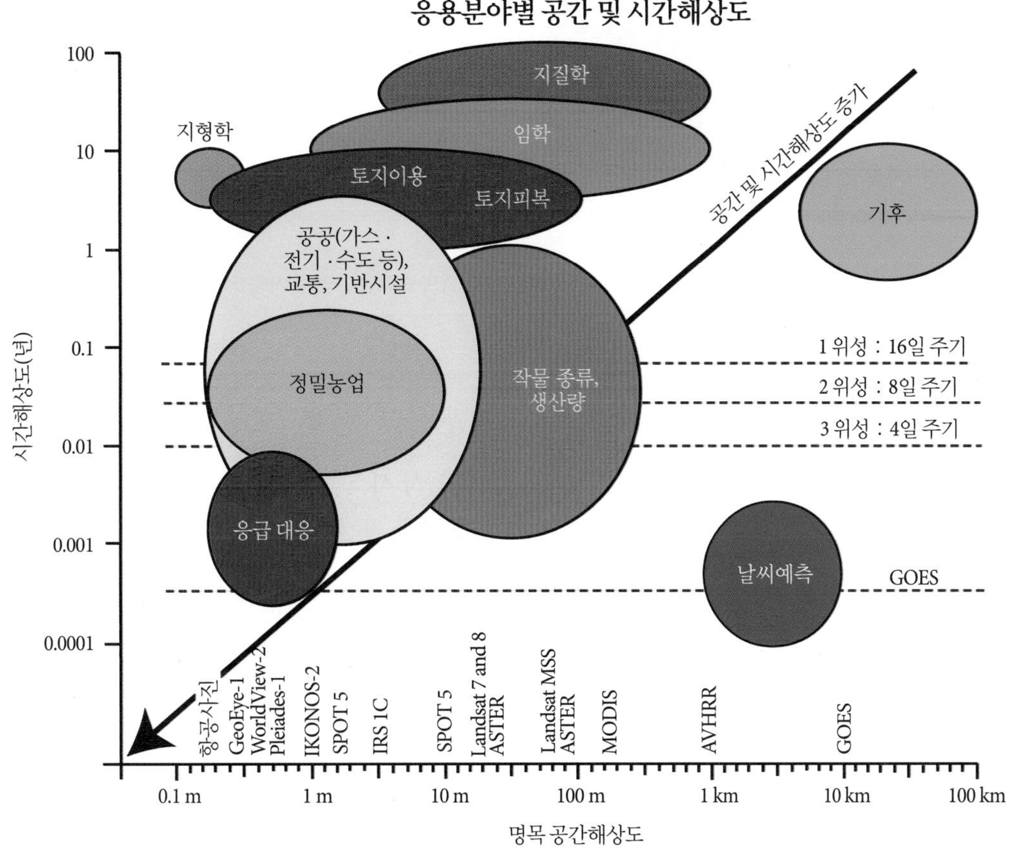

그림 1-10 해당 응용분야의 원격탐사 자료를 수집할 경우 공간 및 시간해상도의 상충관계를 살펴보아야 한다. 예를 들어, 토지이용지도 작성의 경우 일반적으로 높은 공간해상도(예 : 1~5m) 및 낮은 시간해상도(예 : 1~10년)의 영상을 필요로 한다. 반대로, 날씨예측의 경우 영상의 공간해상도가 낮아도(예 : 5×5km) 자료를 자주 수집할 수 있으면(예 : 30분마다) 일반적으로 만족한다.

a. 2004년 1×1ft. 컬러-적외선 컬러조합

b. 2007년 1×1ft. 컬러-적외선 컬러조합

c. 2009년 1×1ft. 천연색 컬러조합

사우스캐롤라이나 주 화이트 록 부근의 다중시기 디지털 프레임 카메라 항공사진

그림 1-11 2004, 2007, 2009년 수집한 사우스캐롤라이나 주 화이트 록 근처 주거지역의 디지털 프레임 카메라 항공사진. 항공사진은 Richland County GIS Division 승인하에 사용됨.

상 물체의 속성을 관측하는 우리의 능력에 중요한 영향을 미친다. 1972년에 발사된 Landsat 1 MSS 센서는 6비트(0~63)의 성밀도로 복사에너지를 기록했다. 1982년과 1984년에 각각 발사된 Landsat 4와 5의 TM 센서는 8비트(0~255)로 영상을 수집했다(그림 1-12). 따라서 Landsat TM 센서는 MSS에 비해 방사해상도가 향상되었다. GeoEye-1이나 WorldView-2와 같은 센서는 11비트(0~2,047)로 정보를 기록한다. 몇몇 새로운 센서 시스템은 12비트(0~4,095)의 방사해상도를 갖는다. 방사해상도는 때때로 **양자화 수준**(level of quantization)으로 불리기도 한다. 일반적으로 방사해상도가 높아지면, 현상이 훨씬 정확하게 탐지될 확률이 높아진다.

편광정보

원격탐사 시스템에 의해 기록되는 전자기에너지의 편광 특성은 각종 지구 자원 조사에 사용될 수 있는 중요한 변수이다. 햇빛은 약하게 편광되어 있다. 그러나 햇빛이 잔디, 산림, 콘크리트 등의 비금속 물체에 닿으면 편광이 소멸되고 입사하던 에너지는 여러 방향으로 산란하게 된다. 일반적으로 표면이 매끄러울수록 편광은 더 커진다. 항공 카메라와 같은 수동형 원격탐사 시스템에 편광 필터를 장착하여 다양한 각도에서 들어오는 편광을 기록하는 것이 가능하다. 또한 RADAR와 같은 능동형 원격탐사 시스템을 사용하여 편광 에너지를 수평송신/수직수신(HV), 수직송신/수평수신(VH), 수직송신/수직수신(VV), 수평송신/수평수신(HH)과 같이 선택적으로 송수신할 수 있다. 다

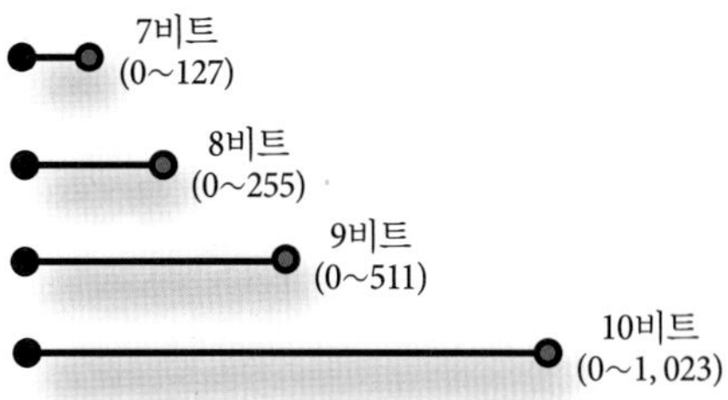

그림 1-12 원격탐사 시스템의 방사해상도는 지표면에서 반사, 방출, 혹은 후방산란된 복사속의 세기의 차이를 구분하는 감지기의 민감도를 뜻한다. 에너지는 아날로그-디지털(A-D) 변환과정에서 8비트 이상의 정규분포곡선으로 정량화되며 현재 일반적으로 8비트 이상으로 기록된다.

중편광 RADAR 영상은 편광 에너지를 유용하게 활용하는 방식이다.

각도정보

원격탐사 시스템은 노출된 할로겐화은 결정입자 혹은 화소와 연관된 매우 구체적인 각도 특성 정보를 기록한다. 각도 특성은 다음의 함수이다(그림 1-13a 참조).

- 3차원 구 상에 있는 광원, 즉 수동형 시스템의 경우에는 태양, RADAR, LiDAR, SONAR와 같은 능동형 시스템의 경우에는 센서 자체의 위치와 관련된 방위각과 천정각(태양의 경우, 천정각 = 90 − 태양고도각)
- 조사 중인 화소 혹은 지표면 식생의 향 정보
- 비궤도 혹은 궤도 원격탐사 시스템의 위치와 관련된 방위각과 천정각

지표면으로 들어오는 입사각과 지표면에서 센서 시스템으로 나가는 방출각은 항상 존재한다. 원격탐사 자료수집에 있어서 이러한 **양방향**(bidirectional) 속성은 원격탐사 시스템에 의해 기록되는 센서 방사도(L)의 분광 및 편광 특성에 영향을 미치는 것으로 알려져 있다.

방위계(goniometer)는 센서나 태양 등 광원의 위치 변화에 의해 야기되는 센서 방사도(L)의 변화를 기록하는 데 사용될 수 있다(그림 1-13b). 예를 들어, 그림 1-13c는 smooth cordgrass(*Spartina alterniflora*, 이후 편의상 '갯쥐꼬리풀'로 명명)를 밴드 624.20nm에서 2000년 3월 21일 오전 8시, 오전 9시, 정오, 그리고 오후 4시에 각각 수집한 BRDF 자료의 3차원 그래프이다. 관측하는 동안 유일하게 변화가 있는 것은 태양의 방위각과 천정각뿐이다. 분광복사계의 방위각과 천정각은 일정하게 유지한 상태에서 갯쥐꼬리풀을 관측하였다. 이상적으로는 하루 중 어느 시간대에 원격탐사 자료를 수집하든지 갯쥐꼬리풀의 분광반사 특성은 일정하기 때문에 BRDF 자료 그래프는 동일해야 한다. 그러나 그래프에서 보는 바와 같이 사실은 그렇지 않으며, 하루 중 수집하는 시간이 분광 반응에 영향을 미치고 있음이 분명하다. Terra 위성에 탑재되어 있는 MISR(Multiangle Imaging Spectrometer) 센서는 BRDF 현상을 조사하도록 설계되었다. 원격탐사 영상에 대한 이해를 향상시키기 위해서 BRDF 정보를 디지털 영상처리 시스템에 융합하는 방법에 대한 연구가 진행되고 있다(예 : Sandmeier, 2000; Schill et al., 2004).

각도 정보는 사진측량학 분야에서 원격탐사 자료를 이용할 때 핵심이 된다. 입체영상분석은 지표면 상의 물체가 두 각도로부터 원격탐사된다는 전제에 입각하고 있다. 동일한 지형을 두 위치에서 바라봄으로써 입체시차(stereoscopic parallax)를 야기하며 이는 모든 입체사진측량 및 레이다측량 분석의 기초가 된다(Wolf et al., 2013).

항공기를 이용한 원격탐사 시스템

항공기에 탑재된 고성능 카메라는 지구 자원 탐사에 필요한 많은 사진을 제공해 주고 있다. 예를 들어, Pictometry International, Inc.나 Sanborn Map Company와 같은 사진측량공학업체들은 미국의 많은 카운티에 대해 연직 및 빗각의 디지털 항공사진을 제공한다. 이러한 고해상도 자료는 수문계측망, 교통망, 수도·가스·전기 등 공공시설의 지역 기반시설 유지 및 토지이용계획, 지대 설정, 세금지도 작성, 불투수층지도 작성 등에 필수적이다.

또한 높은 공간 및 분광 해상도를 가진 다중분광 영상을 제공하기 위해 항공기에 정교한 원격탐사 시스템을 수시로 탑재하고 있는데, 대표적인 예로 제2장과 제11장에서 다루고 있는 미국 NASA의 AVIRIS, 캐나다의 CASI-1500(Compact Airborne Spectrographic Imager), 그리고 호주의 HyMap 초분광 시스템 등이 있다. 이들 센서는 재난이 발생했을 때 구름이 심하지 않은 경우에는 필요한 영상을 언제든지 수집할 수 있다. 예를 들어, NASA는 2010년 걸프 만 지역의 딥워터 호라이즌(Deepwater Horizon) 호의 기름유출이 발생했을 때 수백에 달하는 촬영항적의 AVIRIS 자료를 수집하였다. 그러나 유감스럽게도 항공기

양방향반사분포함수

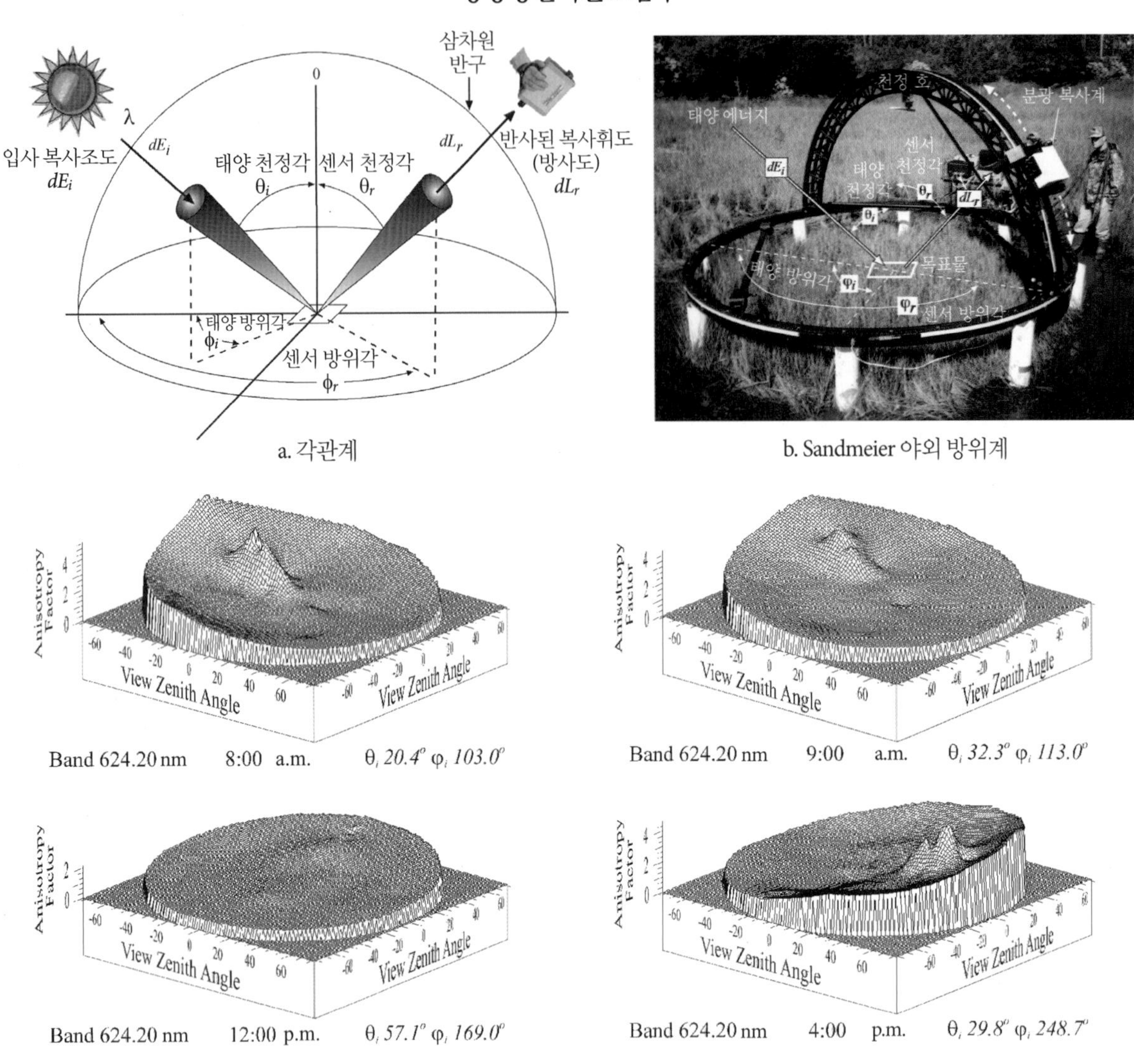

c. 2000년 3월 21~22일 오전 8시, 9시, 정오, 그리고 오후 4시에 갯쥐꼬리풀을 624.20nm 밴드에서 수집한 BRDF 자료의 각 시간별 3차원 그래프의 비교

그림 1.13 a) 양방향반사분포함수(BRDF)의 개념과 매개변수. 목표물은 특정의 태양 천정각과 방위각에서 나오는 복사조도(irradiance, dE_i)를 받으며, 센서는 관심 목표물의 특정의 천정각과 방위각에서의 복사휘도(즉 방사도, radiance, dL_r)를 기록한다. b) 사우스캐롤라이나 주 노스 인렛 지역에서 갯쥐꼬리풀의 BRDF를 측정하기 위해 만들어 놓은 Sandmeier 야외 방위계(Field Goniometer). 태양 천정각 θ_i, 태양 방위각 ϕ_i, 센서 천정각 θ_r, 센서 방위각 ϕ_r에서 분광 측정이 이루어진다. 천정 호를 따라 움직이도록 장착된 GER 3700 분광복사계는 76개의 각도에서 704개의 밴드에 대해 목표물에서 나오는 방사도를 기록한다. c) BRDF 자료를 시간별로 표현한 3차원 그래프(도식 및 사진은 Schill et al., 2004에서 수정).

에 의해 수집된 원격탐사 영상은 단위면적(km^2)당 가격이 비싸고, 난기류 등으로 인하여 기하학적 왜곡을 교정할 수 없는 경우가 종종 있다.

위성 원격탐사 시스템

위성에 탑재된 원격탐사 시스템은 단위면적(km^2)당 가격이 싸고, 품질이 우수한 자료를 제공해 준다. 미국은 1972년에 발사된 Landsat MSS 다중분광 시스템에서 2013년 2월 11일에 발사된 Landsat 8으로 스캐닝 시스템 기술을 발전시켜 왔다. 또한 미국에서는 1992년에 육상 원격탐사 정책법을 제정하여 미래의 위성에 의한 육상 원격탐사 프로그램을 구체화하였다(Jensen, 1992). 그러나 ETM을 탑재한 Landsat 6호가 1993년 10월 5일에 발사되었으나 궤도 진입에 실패하였다. 육상 원격탐사 영상을 계속 수집하기 위해 Landsat 7호가 1999년 4월 15일에 발사되었으나, 불행히도 심각한 스캔선 보정 문제를 지니고 있다.

2000년 11월 21일 시작된 NASA의 EO-1(Earth Observing-1) 계획은 Landsat 7 ETM$^+$ 이후 현저히 개선된 다중분광 관측기(Advanced Land Imager, ALI)의 성능, 초분광 육상 관측기(Hyperion)의 성능과 초분광 자료로 수행할 수 있는 고유한 과학기술, 저공간/고분광 해상도 관측기의 주로 수증기에 의한 대기효과로 생기는 겉보기 표면반사율의 계통오차를 보정할 수 있는 능력을 입증하였다. 입증된 탑재체 기술의 혁신으로 2013년 Landsat 8의 발사가 가능해졌다.

한편 프랑스의 SPOT 5 및 6과 Pleiades, 한국의 KompSat-2 및 -3, 인도의 CartoSat-2 및 ResourceSat-2 등 많은 다른 나라들이 21세기의 첫 10년 동안 중·고공간해상도의 전정색 및 다중분광 원격탐사 시스템을 발사하였다. 이러한 지구 자원 위성들은 제2장에서 다룬다.

지구기후변화와 위성원격탐사 : 지구의 물리적 기후 하부시스템은 지구복사에너지 수지의 변화에 민감하다. IGBP(International Geosphere-Biosphere Program)와 USGCRP(U.S. Global Change Research Program)는 전체 지구시스템을 제어하는 물리, 화학, 생물학적 상호작용을 규명하고 이해하는 과학적 연구를 요구하고 있다(IGBP, 2014; USGCRP, 2014). 위성원격탐사는 지구 생태계를 지속적이고 총괄적으로 관측할 수 있는 유일한 방법이기 때문에 이들 연구 프로그램의 핵심적인 부분이다.

전 세계의 많은 과학 기관들이 정확한 지구기후변화 정보를 얻기 위해 지구를 감시하는 데 초점을 맞추고 있다. NASA의 지구과학프로그램(Earth Science Program)은 지구시스템과 자연적 또는 인위적인 변화에 대한 반응을 과학적으로 이해하고 기후, 날씨, 자연재난의 예측을 개선하는 것을 목적으로 한다.

일찍이 NASA는 이 프로그램의 일환으로 수행되는 원격탐사 기본구상을 발전시켰다. 그들은 지구시스템은 2개의 하부시스템, 즉 1) 물리적 기후와 2) 생지화학적 순환으로 구성되어 있으며, 지구적인 수문학 순환이 이 두 시스템을 연결하는 것으로 제안하였다(그림 1-14; Asrar and Dozier, 1994).

물리적 기후 하부시스템(physical climate subsystem)은 지구 복사평형의 변동에 민감하다. 많은 과학자들은 인간 활동이 자연적인 변화에 필적하거나 오히려 능가할 만큼의 지구 복사가 열 메커니즘에 대한 변화를 초래하고 있다고 믿는다. 대부분은 이것이 대기 이산화탄소의 증가 때문이라고 믿고 있다. 하와이주 마우나로아 관측소의 1958년부터의 월평균 이산화탄소 관측값이 그림 1-15에 나타나 있다(NOAA CO_2, 2012). 만약 이 비율이 지속된다면 다음 세기 동안 매 10년마다 지구 전체의 평균기온이 0.2~0.5℃씩 상승하게 될 것이다. 화산폭발과 해양의 에너지 흡수가 이러한 예측에 영향을 미칠 수도 있다. 그럼에도 불구하고 원격탐사를 이용하여 다음과 같은 중요한 질문들에 답을 하려고 하고 있다.

- 지구 복사 및 열수지에서 구름, 수증기, 에어로졸은 대기의 온실가스 농도 증가에 따라 어떻게 변할까?
- 해양은 열수송과 열흡수에 있어 대기와 어떻게 상호작용할까?
- 설빙면, 증발산, 도시/교외의 토지이용, 식생과 같은 지표면 속성들이 전지구적 순환에 어떤 영향을 미칠까?

지구의 **생지화학적 순환**(biogeochemical cycles) 역시 인간에 의해 변화되어 왔다(그림 1-14). 대기의 이산화탄소는 1859년 이래로 30% 정도, 메탄은 100% 이상 증가하였다. 반면 자외선을 차단하는 역할을 하는 성층권 오존 농도는 감소하고 있어 지표면에 도달하는 자외선의 농도는 계속 증가하고 있다. 원격탐사를 이용하여 다음과 같은 질문들에 답을 하려고 하고 있다.

- 해양 및 육상 생물권 요소들이 전지구적 이산화탄소 수지 변화에서 어떤 역할을 할까?
- 이산화탄소와 산성 침적물의 증가, 강수 패턴 변화, 그리고 토양침식, 하천 화학성분, 대기 오존 농도의 변화가 자연생태계와 관리생태계에 미치는 영향은 무엇일까?

수문학적 순환(hydrologic cycle)은 물리적 기후와 생지화학적 순환을 연결시켜 준다(그림 1-14). 물의 기체, 액체, 고체 사이의 상태변화는 잠열의 저장과 방출에 개입되며, 따라서 대기순환에 영향을 미치고, 물과 열을 지구 전체에 재분포시킨다(Asrar and Dozier, 1994). 수문학적 순환은 지구시스템 성분들 중 물, 에너지, 화학적 요소들의 흐름을 결합시키는 과정이다. 이와 관련된 중요한 질문은 다음과 같다.

- 대기변동, 인간 활동, 그리고 기후변화는 습도, 강수, 증발산, 토양수분함량에 어떤 영향을 미칠까?
- 토양수분함량은 시공간적으로 어떻게 변할까?
- 현재 및 미래의 관측시스템과 모델을 이용하여 지구 규모의

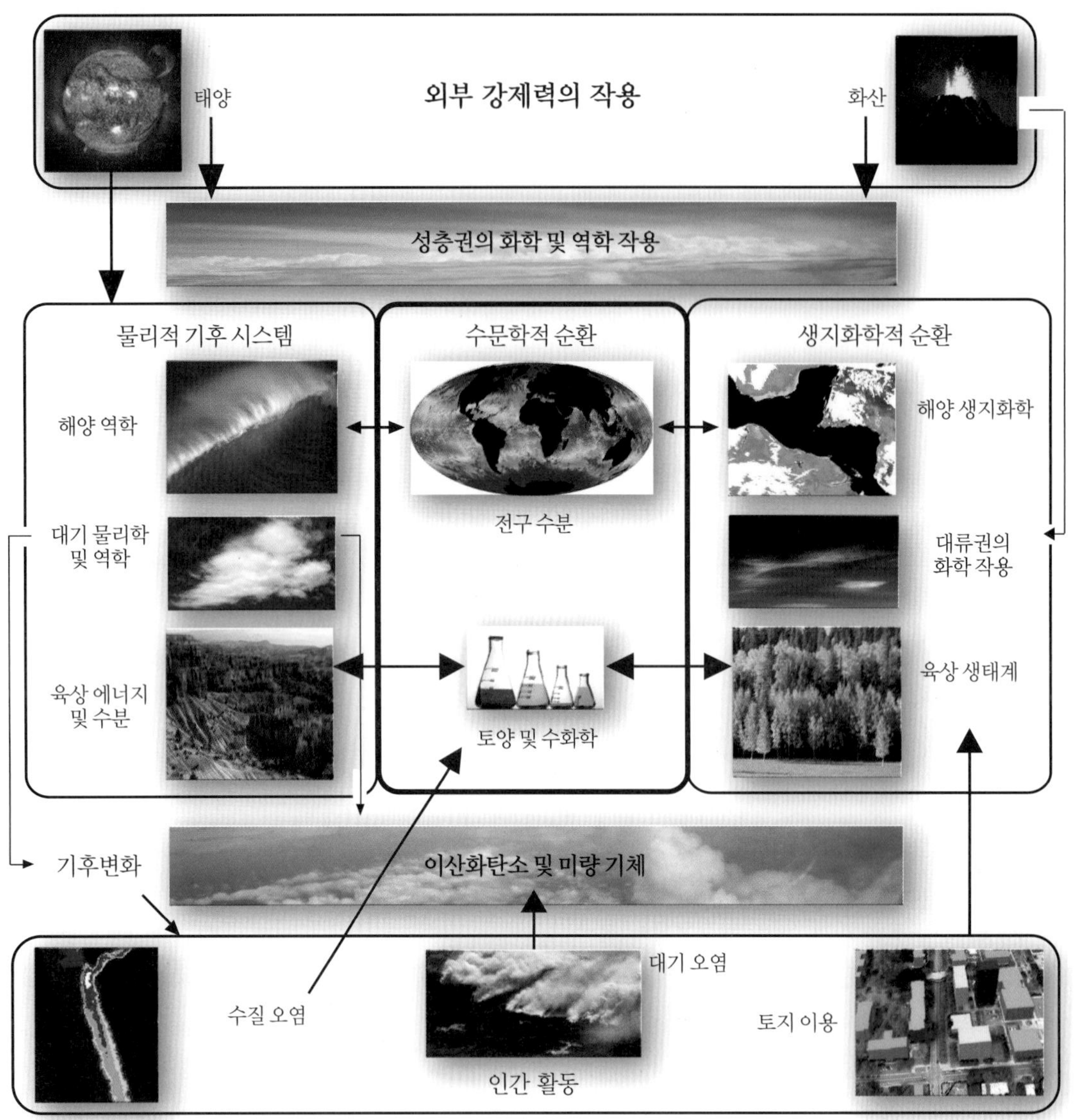

그림 1-14 지구시스템은 물리적 기후 시스템과 생지화학적 순환의 2개의 하부시스템으로 나뉠 수 있는데, 이 둘은 전구의 수문학적 순환에 의해 연결되어 있다. 외부 강제력과 인간 활동의 심각한 변화는 물리적 기후 시스템과 생지화학적 순환, 전구의 수문학적 순환에 영향을 미친다. 이러한 하부시스템과 그 연결에 대한 조사를 통해 NASA의 Earth Science Division(ESD)이 원하는 중요한 질문에 대한 답을 얻을 수 있다(Asrar and Dozier, 1994의 개념 업데이트; 영상 제공 : NASA, USGS, 저자).

수문학적 순환에 있어서의 변화를 예측할 수 있을까?

이러한 질문에 답하기 위해 NASA는 지구관측 프로그램의 일환으로 1990년대 후반과 21세기 초의 10년 동안 여러 중요한 위성을 발사하였다. 많은 센서들이 귀중한 지구 자원정보를 계속적으로 제공해 준다. 특히 EOS Terra 위성은 1999년 12월 18일 발사되었는데 제2장에서 다루고 있는 다음과 같은 5개의 원격탐사 관측장치를 포함하고 있다.

- *Moderate Resolution Imaging Spectrometer* (MODIS)
- *Advanced Spaceborne Thermal Emission and Reflection Radiometer* (ASTER)
- *Multiangle Imaging SpectroRadiometer* (MISR)
- *Clouds and the Earth's Radiant Energy System* (CERES)
- *Measurements of Pollution in the Troposphere* (MOPITT)

EOS Aqua 위성은 2002년 5월에 발사되었는데, 또한 MODIS 센서를 가지고 있다.

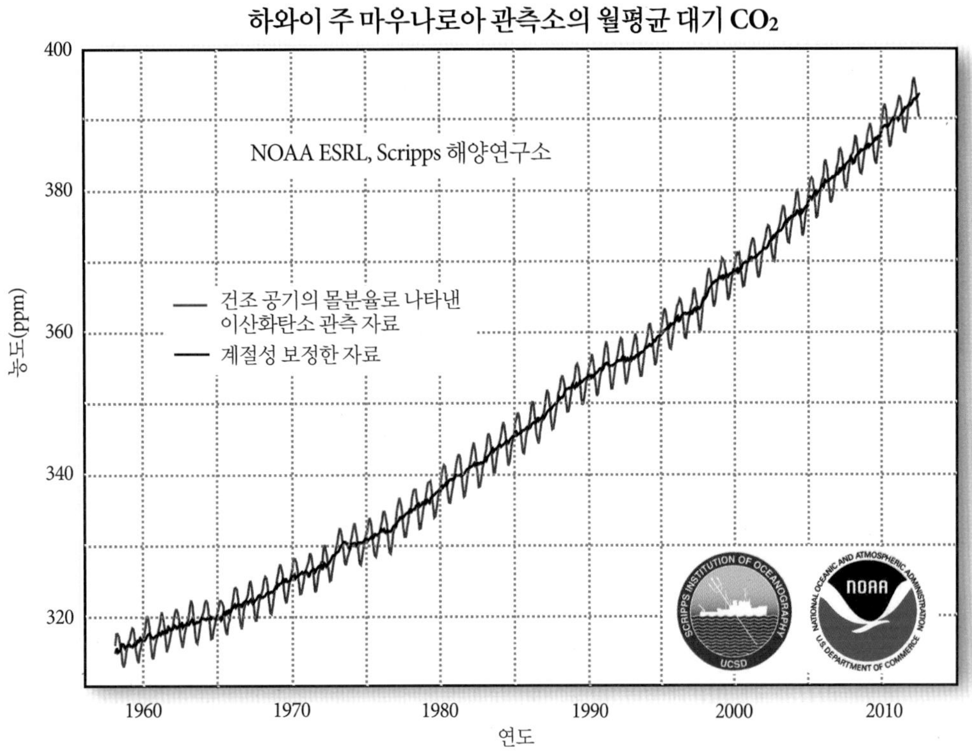

그림 1-15 1958년에서 2012년 10월까지 하와이 주 마우나로아 관측소의 월평균 대기 CO_2. 자료는 이산화탄소의 분자수를 건조한 공기의 분자수로 나눈 다음 백만을 곱한 건조 몰분율(ppm)로 주어짐(자료 출처 : Scripps Institution of Oceanography, NOAA).

최근에는 NASA의 ESD(Earth Science Division)가 육상, 생물권, 고체지구, 대기, 해양의 장기 전지구 관측을 위한 일련의 위성 및 항공 탑재체 개발을 계획하고 있다. 이러한 NASA의 계획은 기후와 환경변화의 도전에 대한 대응 : 우주로부터의 지구관측 및 응용을 위한 기후중심 구조에 대한 NASA의 계획(*Responding to the Challenge of Climate and Environmental Change : NASA's Plan for a Climate-Centric Architecture for Earth Observations and Applications from Space*) 보고서에 나타나 있다(NASA Goals, 2010). 특히 NASA는 기초위성, 새로운 10개년점검위성, 기후지속위성의 개발 및 발사를 끝마치고 있다(NASA Earth Science Program, 2013).

기초위성(Foundational missions)은 2007년 NRC(National Research Council)의 10개년점검이 발표된 시점에 이미 개발되었던 위성들로 다음을 포함한다.

- *Aquarius*
- *NPOESS Preparatory Project* (NPP)
- *Landsat Data Continuity Mission* (LDCM)
- *Global Precipitation Measurement* (GPM)

NRC는 NASA, NOAA, USGS의 요청으로 지구 과학을 위한 첫 번째 10개년점검인 우주로부터의 지구 과학 및 응용 : 다음 10년 및 이후의 국가적 의무(*Earth Science and Applications from Space : National Imperatives for the Next Decade and Beyond*)를 2007년에 완성하였다(NRC, 2007b). 이 보고서는 "미국 정부는 민간부문, 학계, 공공부문, 국제적 동맹과 함께 지구관측시스템에 대한 투자를 새로이 하고 지구 과학 및 응용에 대한 리더십을 회복해야 한다"고 권고하고 있다. 2007년 발표된 **10개년점검위성**(Decadal Survey missions)은 다음과 같다.

- *Soil Moisture Active-Passive* (SMAP)
- *Ice, Cloud and land Elevation Satellite* (ICESat-II)
- *Hyperspectral Infrared Imager* (HyspIRI)
- *Active Sensing of CO2 Emissions Over Nights, Days, and Seasons* (ASCENDS)
- *Surface Water and Topography* (SWOT)

- *Geostationary Coastal and Air Pollution Events* (GEO-CAPE)
- *Aerosol-Clouds-Ecosystems* (ACE)

기후지속위성(Climate Continuity missions)은 다음과 같다(NASA Earth Science Program, 2013).

- *Orbiting Carbon Observatory-2* (OCO-2)
- *Stratospheric Aerosol and Gas Experiment-III* (SAGE III), *Gravity Recovery and Climate Experiment Follow-on* (GRACE-FO)
- *Pre-Aerosol, Clouds, and Ocean Ecosystem* (PACE)

이 중 여러 위성을 제2장에서 다룬다.

상용 위성 원격탐사 자료 제공자 : 상용 자료 제공자들은 지구자원과 관련된 매우 정교한 원격탐사 위성을 개발해 왔다. 예를 들어, GeoEye사는 2008년 9월 6일에 0.41×0.41m 전정색 밴드와 4개의 1.65×1.65m 다중분광 밴드를 가진 GeoEye-1을 발사하였다. DigitalGlobe사는 0.46×0.46m 전정색 밴드와 4개의 1.85×1.85m 다중분광 밴드를 가진 WorldView-2를 2009년 10월 8일에 발사하였다. Astrium사는 Pleiades-1을 2011년 12월 16일에 발사하였는데, 이 위성은 4개의 2×2m 해상도의 다중분광 밴드와 0.5×0.5m 해상도의 전정색 밴드를 가지고 있다. RapidEye사는 2008년 8월 29일에 RapidEye를 발사하였는데 이는 5개의 5×5m 공간해상도의 다중분광 밴드를 가지고 있다. ImageSat International사는 2006년 4월 25일 0.7×0.7m 전정색 밴드를 가진 EROS-B를 발사하였으며 SPOT Image사는 2012년 9월 9일에 1.5×1.5m 전정색 밴드와 4개의 8×8m 다중분광 밴드를 가진 SPOT 6를 발사하였다. 이러한 상용 위성 원격탐사 시스템의 특성은 제2장에 설명되어 있다.

원격탐사 자료 분석

원격탐사 자료 분석은 다양한 영상처리 기술을 이용하여 수행된다(그림 1-5). 이러한 영상처리는 크게 두 가지로 나뉜다.

- 아날로그(육안) 영상처리
- 디지털 영상처리

원격탐사 자료의 아날로그 및 디지털 분석은 영상 내에 중요한 현상을 탐지하고 식별하고자 하는 것이다. 일단 식별된 현상은 일반적으로 측정되며, 측정된 정보는 문제를 해결하는 데 사용된다(Jensen and Hodgson, 2005; Roy et al., 2014). 따라서 수작업을 통한 분석이나 디지털 분석은 동일한 일반적인 목표를 가지고 있는 셈이다. 그렇지만 이러한 목표를 달성하기 위한 방법은 상당히 다를 수 있다.

인간은 카메라와 같은 원격탐사 장치로 만들어지는 영상을 시각적으로 해석하는 데 익숙하다. 그러면 우리는 왜 이런 능력을 모방하거나 개선하려고 하는지에 대해 질문할 수 있다. 우선, 인간이 영상에서 차이를 탐지해 내는 데 있어 어떤 한계가 있다. 예를 들어, 명암이 연속적으로 변하는 흑백항공사진을 분석할 때, 분석가는 보통 9단계의 명암을 구별할 수 있는 것으로 알려져 있다. 만약 자료가 원래 256가지의 명암으로 구성되어 있다면, 인간이 시각적으로 추출할 수 있는 정보보다 훨씬 정교한 정보들이 영상 내에 숨어 있을 수 있다. 더군다나 인간은 일상의 일로 스트레스를 받고 있기 때문에 그러한 영상판독은 주관적이며, 일반적으로 결과물의 일관성이 보장되지 않는다. 반대로 컴퓨터는 동일한 기준에서 반복적으로 결과를 제공하고, 심지어 틀리는 경우에도 일관성이 있다. 또한 농작물을 식별하기 위해 전체 생육기간 동안의 식생의 분광 특성과 같은 대단히 많은 상세한 정보를 구하려고 할 때, 컴퓨터는 그러한 지루한 정보를 저장·관리해서 무슨 작물이 자라고 있는지 보다 확실한 결론을 내리는 데 매우 숙련되어 있다. 게다가 디지털 영상처리는 효율성을 증가시키고 인간의 노동에 드는 비용을 줄여 준다. 이것은 디지털 영상처리가 영상의 육안판독보다 더 우수하다는 것을 말하는 것은 아니다. 단지 디지털 분석이 즉각적인 문제해결에 보다 더 적합할 수 있다는 것이다. 육안판독 및 디지털 영상처리를 모두 사용할 때 최적의 결과가 나오는 경우가 많다.

아날로그(육안) 영상처리

인간은 그림 1-16에 요약된 것과 같이, 영상판독의 기본적인 요소인 명암, 색상, 높이(깊이), 크기, 모양, 그림자, 질감, 입지, 관련, 배열 등을 이용한다. 이러한 **영상판독 요소**(elements of image interpretation)의 대부분은 Olson(1960)에 의해 처음 소개되었다. 인간은 영상이나 사진 등에 나타나는 이러한 복잡한 요소를 인식하는 데 대단히 뛰어난 능력을 가지고 있는데, 왜냐하면 (1) 우리는 매일 지구의 모습을 보고 있고, (2) 책, 잡지, 텔레비전, 인터넷 등에 나타나는 영상을 끊임없이 처리하고 있

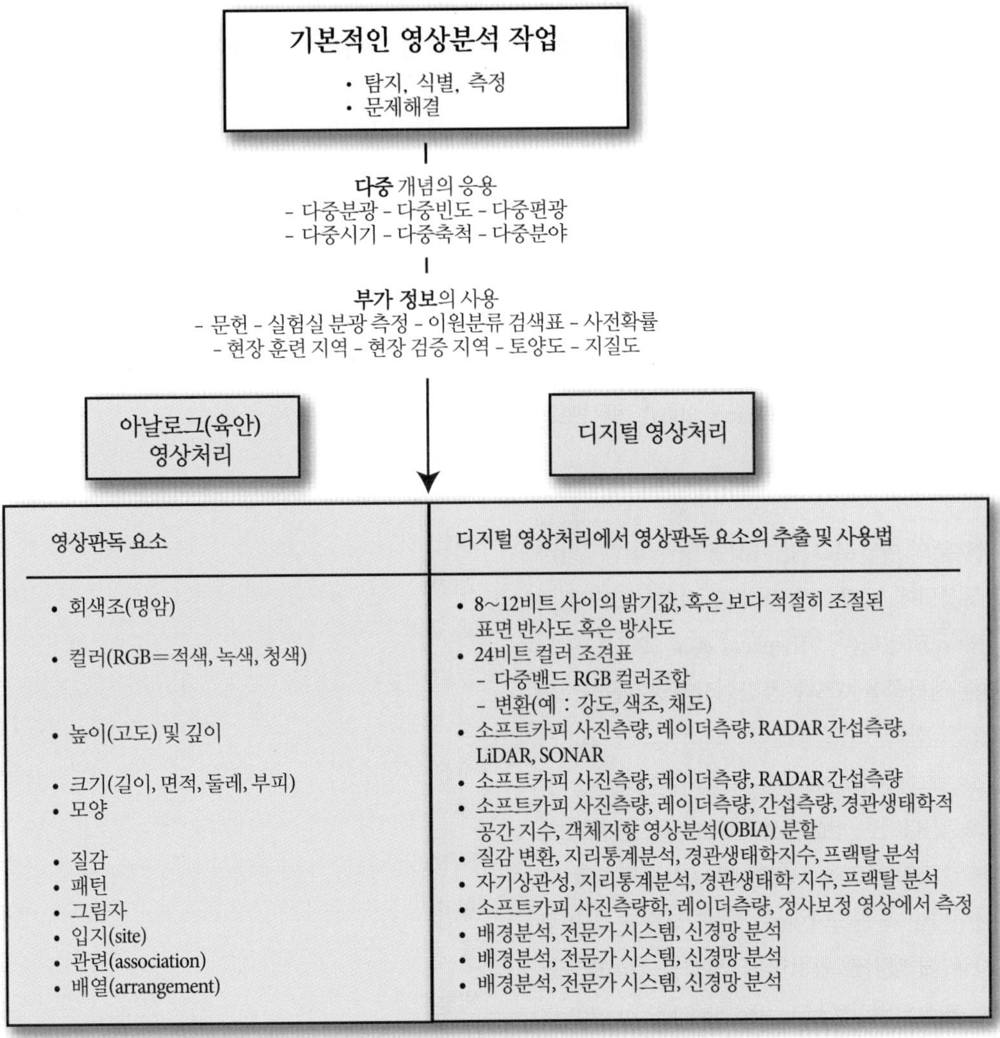

그림 1-16 원격탐사 자료의 아날로그(육안) 및 디지털 영상처리는 영상판독의 기본적인 요소들을 사용하고 있다.

기 때문이다. 더욱이 우리는 개인의 경험과 보조자료를 통해서 지식을 축적하는 데 익숙하다. 우리는 이러한 모든 증거를 사용하여 영상에 나타난 현상을 식별하고 그 중요성을 판단한다. 단일영상이나 입체영상에 적용되는 사진측량학 기술을 이용하여 물체의 길이, 면적, 둘레, 부피 등을 정확히 측정할 수 있다. 영상판독과 사진측량학에 관한 부분은 저자의 또 다른 서적에 자세히 나와 있다.

흥미롭게도, 디지털 원격탐사 시스템이 고해상도 영상을 제공함에 따라서 육안을 이용한 영상판독 관련 과학 및 기술 분야가 다시금 주목을 받고 있다. 많은 사람들이 GeoEye-1 영상이나 WorldView-2 영상을 컴퓨터 화면에 불러 놓고 자료를 육안으로 판독하고 있다. 그러한 자료는 종종 GIS 프로젝트의 기본도로 사용된다(Jensen and Jensen, 2013).

디지털 영상처리

과학자들은 과학적 시각화와 가설검증을 위해 원격탐사 자료를 디지털 영상처리하는 데 상당한 발전을 이룩해 왔다. 이러한 방법들은 이 책 및 다른 참고서적들에 요약되어 있다(예 : Lillesand et al., 2008; Jensen et al., 2009; Warner et al., 2009a; Bossler et al., 2010; Prost, 2013). 디지털 영상처리는 현재 그림 1-16에 요약되어 있는 기법들을 이용하여 영상판독의 많은 요소들을 활용하고 있다. 주요한 디지털 영상처리에는 영상전처리(방사 및 기하보정), 영상강조, 입체영상의 사진측량학적 처리, 매개변수적 및 비매개변수적 정보 추출, 전문가 시스템(예 : 결정나무) 및 신경망을 이용한 영상분석, 초분광 자료 분석, 그리고 변화탐지 등이 있다(그림 1-5).

방사보정 : 아날로그 및 디지털 형태의 원격탐사 영상은 센서 시스템(예 : 전자 잡음) 혹은 환경(예 : 센서의 시야각 내의 빛에 의한 대기산란)에 의해 야기된 잡음이나 오차를 가지고 있을 수 있다. 이러한 좋지 않은 영향을 없애기 위해 많은 방법들이 개발되어 왔으며, 대표적인 방법으로는 비교적 간단한 영상 정규화 기법과 광학자료의 보다 복잡한 절대 방사보정을 통해 표면 반사도로 변환시키는 방법이 있다(예 : He and Chen, 2014). 보정된 원격탐사 자료는 다른 시기에 수집된 영상이나 이차 생산물을 비교할 수 있도록 하며, 예를 들어 두 시기 사이의 잎면적지수(LAI)의 변화를 측정할 수 있다(Liang, 2004). 방사보정 기법은 제6장에서 자세히 논의한다.

기하보정 : 현재 대부분의 아날로그 및 디지털 형태의 원격탐사 영상은 표준지도 투영법에 맞춰 개개 화소가 적절한 평면위치 (*x*, *y*)에 있도록 처리되고 있다(예 : Shepherd et al., 2014). 이를 통해 영상이나 이차 생산물을 GIS나 공간의사결정지원시스템에서 사용할 수 있도록 한다.

영상강조 : 아날로그 및 디지털 영상에서 탐지하기가 곤란한 정보를 잘 식별할 수 있도록 영상을 디지털 방식으로 강조할 수 있다. 영상 내의 저주파수 혹은 고주파수 성분, 경계부, 그리고 질감을 향상시키기 위해 대비를 확장하고, 영상을 필터링하는 능력이 획기적으로 개선되었다(예 : Jensen and Jensen, 2013). 게다가 원격탐사 영상은 주성분 분석이나 다양한 식생지수 등과 같이 선형 혹은 비선형으로 변형시켜 정보가 보다 실세계 현상과 더 높은 상관관계를 갖도록 할 수도 있다(Nellis et al., 2009).

사진측량학 : 워크스테이션 컴퓨터와 디지털 영상처리를 위한 사진측량 알고리듬을 사용하여 항공기 혹은 위성을 이용해 수집한 입체영상의 분석이 크게 향상되었다. 소프트카피 사진측량 워크스테이션은 항공사진 또는 영상의 삼각측량 기법으로 정확한 DEM과 차별보정된 정사사진을 추출하는 데 이용될 수 있다(Leprince et al., 2007; Wolf et al., 2013). 빌딩, 교통망, 수문계측망, 공익시설 등의 대규모 지도제작은 거의 대부분 소프트카피 사진측량과 LiDAR 자료 분석으로 이루어진다(Jensen and Jensen, 2013).

매개변수를 이용한 정보 추출 기법 : 원격탐사 자료로부터 토지피복 정보를 추출하려는 과학자들은 항상 다음과 같은 구체적인 분류 방법을 선택하게 된다.

- 상호 배타적인 범주형 분류 방법을 이용하거나 각 화소 내에서 구성물질의 비율을 추출하는 **퍼지**(fuzzy) 분류 방법 이용
- 전통적인 **화소기반 분류**(per-pixel classification) 기법을 이용하거나 화소의 분광 특성뿐 아니라 주변 화소들과의 관계 특성도 고려하는 객체지향 영상분석(OBIA) 분할 알고리듬 이용(예 : Tullis and Jensen, 2003; Blaschke et al., 2014)

일단 분류의 틀을 잡은 뒤에는 매개변수, 비매개변수, 혹은 비계량 분류 기법 중 어떤 것을 사용할지 결정해야 한다. 최근까지는 최대우도 분류 알고리듬이 가장 광범위하게 사용되는 매개변수 분류 알고리듬이었다. 그러나 이 기법은 클래스 분산과 공분산 행렬을 계산하는 데 *n* 밴드상에 정규분포를 이루는 훈련자료를 필요로 하지만 실제로는 정규분포를 이루는 사례가 드물다. 영상이 아닌 범주형 자료를 최대우도 분류에 통합하는 것은 어렵다. 다행히, 퍼지 최대우도 분류 알고리듬은 현재 가능하다(예 : Shackelford and Davis, 2003; Liu et al., 2011). SVM(Support Vector Machine) 분류는 특히 분광 훈련자료가 혼합 화소로 이루어진 경우 효과적이다(Jensen et al., 2009).

비매개변수를 이용한 정보 추출 기법 : ISODATA와 같은 비매개변수를 이용한 클러스터링 알고리듬이 디지털 영상처리 연구 분야에서 광범위하게 사용되고 있다. 불행히도 이러한 알고리듬은 초기 훈련자료의 추출 방법에 의존하기 때문에 각 클러스터에 적합한 명칭을 부여하여 그 정보 클래스를 정확하게 표현하는 것이 쉽지 않다. 이러한 이유로 원격탐사 응용에서 인공신경망(Artificial Neural Networks, ANN)의 개발과 사용이 상당히 증가하였다. 인공신경망은 정규분포를 이루는 훈련자료를 필요로 하지 않는다. 유일한 단점은 때때로 인공신경망이 어떻게 특정한 결론에 다다랐는지를 정확히 판단하기 힘들다는 것이다. 왜냐하면 그 정보는 은닉층 내의 가중치들 속에 갇혀 있기 때문이다. 과학자들은 사용된 규칙을 보다 정확하게 표현할 수 있도록 하기 위해서 은닉된 정보들을 추출하는 방법을 연구하고 있다. 인공신경망의 학습능력은 과소평가되어서는 안 된다.

비계량 정보 추출 : 전문가가 영상을 판독할 때 사용하는 자기

발견적 경험 규칙 및 지식을 컴퓨터로 하여금 이해하고 사용하도록 하는 것은 어려운 일이다. 그럼에도 불구하고 인공지능을 사용하여 컴퓨터로 하여금 인간의 영상판독 방법을 이용하도록 하는 기술이 상당히 발전하고 있다. 원격탐사 영상분석에서 상당한 잠재력을 가진 인공지능의 한 분야는 전문가 시스템을 사용하는 것으로, 다른 보조자료와 적절히 결합하여 영상에 포함된 모든 정보를 파악하고, 보다 가치 있는 정보를 추출하는 데 사용될 수 있다. Duda 등(2001)은 다양한 형태의 전문가 시스템 결정나무 분류자를 비계량 방식으로 기술하고 있다.

매개변수를 이용한 디지털 영상 분류 기법은 주로 평균, 분산 및 공분산 행렬과 같은 요약 통계량에 기초하고 있다. 결정나무 및 규칙기반 분류자들은 추론적인 통계값에 기초한 것이 아니라, 대신 자료로 하여금 "스스로 설명하게끔 하는 방식"에 기초한다(Gahegan, 2003). 즉 자료는 자체 정밀도를 유지하며 평균 등을 통해 요약해서 사용되지 않는다. 결정나무를 이용한 분류자는 모든 형태의 공간분포 자료를 처리할 수 있으며, 선험확률과 함께 사용할 수도 있다(McIver and Friedl, 2002; Roberts et al., 2002; Im and Jensen, 2005). 규칙을 만드는 데 있어 다음을 포함한 여러 방식이 있다 : 1) 전문가로부터 지식을 명확하게 추출하고 규칙을 만드는 것, 2) 인지 기법을 이용하여 변수 및 규칙을 함축적으로 추출하는 것(Lloyd et al., 2002), 3) 관측된 자료와 자동적인 귀납법으로부터 경험적으로 규칙을 생성하는 것이다(Tullis and Jensen, 2003). 인간에 의해 구체화된 규칙을 이용하여 결정나무를 만드는 것은 시간이 오래 걸리고 어렵다. 그러나 이는 각 분류 결정이 어떻게 만들어지는지에 대한 상세한 정보를 사용자에게 제공한다(Zhang and Wang, 2003).

이상적으로 컴퓨터는 인간의 개입 없이도 훈련자료로부터 규칙을 유도할 수 있다. 이는 기계학습(machine-learning)으로 불린다(Huang and Jensen, 1997). 분석가는 대표적인 훈련지역들을 확인하고, 기계는 이들 훈련자료로부터 패턴을 학습하여 규칙을 만들고, 만들어진 규칙을 이용하여 원격탐사 영상을 분류한다. 규칙들은 분류 결정이 어떻게 만들어졌는지 알려 준다(Jensen et al., 2009). 인공신경망과 기계학습 분류자의 단점은 많은 수의 훈련자료가 필요하다는 것이다.

초분광 : AVIRIS나 MODIS와 같은 영상 분광복사계에 의해 수집된 초분광 영상을 처리하기 위해서는 특별한 소프트웨어가 필요하다. Viper Tools(Roberts, 2014), MultiSpec(Landgrebe and Biehl, 2014), ENVI(Environment for Visualizing Images; Exelis ENVI, 2014) 등은 초분광 영상분석 소프트웨어 개발에 선구자적인 역할을 했다. 이러한 소프트웨어는 자료의 핵심을 유지하면서도 자료의 차원, 즉 밴드의 수를 관리가능한 정도로 줄인다. 또한 특정한 상황하에서 원격탐사된 분광반사도 곡선을 분광반사도 곡선 라이브러리[2]와 비교할 수 있다. 또한 분석가는 종점(end-member) 분광혼합 분석을 통해 하나의 화소 내에 서로 다른 물질들의 비율과 종류를 확인하기도 한다(Pu et al., 2008; Roberts, 2014).

GIS 방식을 이용한 모델링 : 토양, 수문, 지형과 같은 부수적인 정보 없이 원격탐사 자료만을 분석하지 말아야 한다. 예를 들어, 수치지형모델(DTM)이나 기타 GIS 자료로부터 다양한 지형 정보를 함께 사용하면 원격탐사 자료를 이용한 토지피복도의 정확도를 훨씬 향상시킬 수 있다(예 : Recio et al., 2011). GIS 연구는 데이터베이스에서 공간적으로 분포하는 변수가 시의적절하고 정확하게 갱신되어야 하는데 이를 원격탐사가 제공할 수 있다(Jensen and Jensen, 2013). 원격탐사는 분류정확도나 다른 형태의 모델링을 향상시키기 위해서는 정확한 부가적 정보들을 필요로 한다(예 : Coops et al., 2006; Cho, 2009; Pastick et al., 2011). 이러한 시너지 효과는 전문가 시스템이나 신경망 분석을 성공적으로 수행하는 데 결정적으로 필요하다.

영상모델링 : Strahler 등(1986)은 원격탐사에서 모델링의 틀을 설명한 바 있다. 원격탐사 모델은 기본적으로 세 가지 요소를 가지고 있다. 즉 1) 영상 내의 에너지와 물질의 형태 및 성질과 그들의 시공간적 차원을 구체화하는 영상모델, 2) 대기와 들어오고 나가는 에너지 사이의 상호작용을 설명하는 대기모델, 3) 입사하는 에너지에 반응하여 영상을 구성하는 관측값을 생성하는 센서의 작용을 설명하는 센서모델이다. 이 세 가지 요소가 마련되면 이제 영상추론의 문제는 영상에서의 차원이 영상과 원격탐사 모델로부터 재구성되는, 즉 모델을 전도시키는 문제로 귀착된다고 보고하였다. 예를 들어, Woodcock 등(1997)은 Li-Strahler 임관 반사도 모델을 전도시켜서 산림 구조를 지도로 만들었으며 Deng 등(2006)은 전지구 잎면적지수 정보를 도출하는 알고리듬을 개발하였다.

기본적으로 성공적인 원격탐사 모델은 실제 접촉 없이 침엽

2 역주 : 일반적으로 통제된 실험실에서 다양한 순수물질에 대해 분광반사도 곡선을 추출하여 라이브러리 형태로 구축해 놓은 것

수의 수관과 같은 특정 물체로부터 어떤 파장의 복사속이 얼마만큼 방출되는지를 예측할 수 있다(Liang, 2009). 모델의 예측값이 센서의 측정값과 같다면 그 모델링은 정확한 것이라 할 수 있다. 이 경우 과학자는 영상에서의 에너지-물질 상호작용에 대해 보다 폭넓게 이해하게 되고 확신을 가지고 다른 지역이나 응용분야에 논리를 확장할 수 있다. 원격탐사 자료는 대규모 생태계 모델링에 대단히 중요한 수관구조, 유역유출, 순기초생산량, 그리고 증발산 모델과 같은 물리적 결정론적 모델에 더 효과적으로 이용될 수 있다(예 : Disney et al., 2006).

변화탐지 : 다중시기에 수집된 원격탐사 자료는 경관에서 발생한 변화의 공간적인 분포와 종류를 분석하는 데 사용될 수 있다(Green, 2011). 변화탐지 알고리듬은 도시토지피복의 '변화/미변화'의 이진정보를 제공할 수 있으며 또는 토지피복이 예를 들어 산림, 농지에서 거주 단지, 아파트 단지, 새로운 도로 등 도시형 토지피복으로 변화했는지 상세한 '변화 추세' 변화정보를 제공할 수도 있다(예 : Jensen et al., 2009; Im et al., 2011; Tsai et al., 2011). 변화정보는 현장에서 이루어지는 일련의 과정을 이해하는 데 필요한 통찰력을 제공한다(Jensen and Im, 2007; Purkis and Klemas, 2011). 변화탐지 알고리듬에는 화소기반 혹은 객체기반 분류 기법이 사용될 수 있다. 유감스럽게도 변화탐지나 변화탐지를 통해 만든 지도의 정확도를 평가하는 일반적인 방법은 없다(Warner et al., 2009b).

정보의 표현방식

원격탐사 자료로부터 얻어진 정보는 일반적으로 강조영상, 영상지도, 정사사진지도, 주제도, 공간 데이터베이스 파일, 통계 또는 그래프 등으로 요약된다(그림 1-5). 따라서 최종 결과물을 이해하기 위해서는 토양, 농업, 도시연구 등의 조사대상에 대한 체계적인 과학 분야와 함께 원격탐사, 지도학, GIS, 공간통계학 등에 대한 지식도 필요하다. 기술들 사이의 규칙과 시너지 관계를 잘 이해하는 과학자들은 결과물의 정보교환을 원활하게 할 수 있다. 반대로, 지도제작 이론 또는 데이터베이스 위상 설계 등의 기본적인 규칙을 위반하는 과학자들은 정보교환이 효율적이지 못한 빈약한 결과물을 생산하게 된다.

영상지도는 많은 지도활용 분야에서 기존의 선지도의 대안으로 이용될 수 있다. Landsat MSS(1 : 250,000과 1 : 500,000 축척), TM(1 : 100,000 축척), AVHRR 및 MODIS 자료를 이용하여 무수히 많은 영상지도가 제작되어 왔다. 공간해상도 1×1m 이하의 영상을 이용하면 1 : 24,000보다 큰 축척의 영상지도를 제작할 수 있다. 그리고 영상지도는 기존 지도에 비해 값이 싸기 때문에 1 : 100,000 축척 이상의 대축척 지도가 없는 대부분의 개발도상국가들의 자원탐사연구와 경제발전을 위한 국가기본도 제작의 기초를 제공할 수 있다.

표준지도 투영법에 맞춰 기하학적으로 보정된 원격탐사 자료는 첨단 GIS 데이터베이스의 필수품이 되고 있다. 특히 정사사진지도는 기존 선지도의 정확도와 항공사진이나 다른 종류의 영상이 제공하는 정보를 함께 제공하고 있다.

유감스럽게도, 오차가 원격탐사 처리 단계에서 포함될 수 있으며, 이러한 오차는 반드시 식별 및 보고되어야 한다. 오차를 줄이는 방법은 1) 원시 원격탐사 영상에 적용된 작업의 단계별 내용을 순차적으로 기록하고, 2) 개별 자료의 기하(공간)오차와 주제(속성)오차를 기록하고, 3) 특히 원격탐사 자료를 이용한 변화탐지 결과에 대해서는 범례를 개선하고, 4) 개선된 정확성 평가를 이용하는 것 등이다. 원격탐사와 GIS 분야는 최종 지도와 영상 결과물에 포함되는 오차를 추적할 수 있는 기술들을 결합시켜야 한다. 이러한 노력은 의사결정과정에 쓰이는 정보의 정확도를 개선시킬 수 있다.

지구관측의 경제학

국가연구위원회(National Research Council)는 원격탐사 자료가 지구 자원 관리를 위해 쓰일 때 적용되는 경제시스템을 파악하였다(그림 1-17; Miller et al., 2001). 이는 자료수집, 영상처리, 그리고 정보소비(사용자)의 세 요소로 이루어진 정보전달 시스템으로 구성된다.

자류수집 시스템은 원격탐사 시스템을 운영하는 상업적 판매자와 공공기관으로 구성된다. 사기업들은 시장가격에 정보를 제공하며 공공기관은 일반적으로 사용자 요구 이행 비용(Cost of Filling a User Requests, COFUR)[3]에 원격탐사 자료를 제공한다. 원격탐사는 1960년대부터 수행되었으며 영상으로부터 정확한 지리공간적 정보를 추출할 수 있는 아날로그나 디지털 영상처리 기술 전문가의 수는 증가하고 있다. 그리고 원격탐사에서 도출한 정보의 소비자(사용자)가 있다. 사용자는 일

3 역주 : 미국의 「국가 및 상업 우주 프로그램법」(U.S. Code Title 51 §60101)에 정의되어 있는데 이는 사용자의 요구에 맞추어 증강되지 않은 생산물을 생성, 재생산, 배포하는 데 관련된 추가 비용을 의미하며 사용자 요구와 명확히 관련이 없는 비용이나 미국 정부가 최초에 지불한 고정 자산의 획득, 상환, 감가상각을 포함하지 않는다.

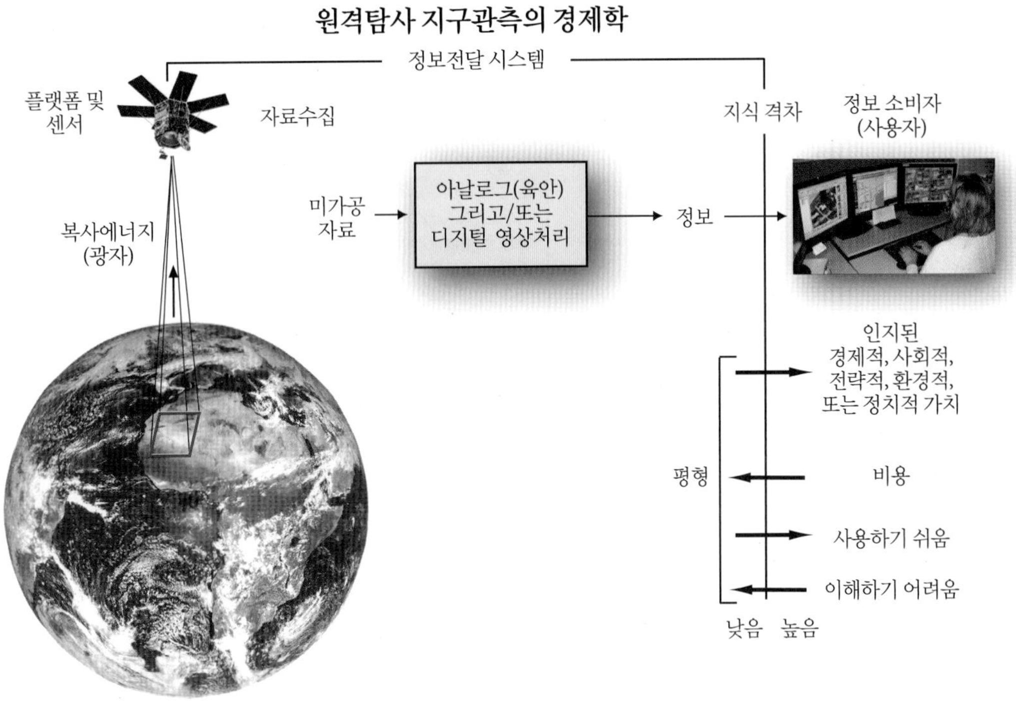

원격탐사 지구관측의 경제학

정보전달 시스템
플랫폼 및 센서
자료수집
지식 격차
정보 소비자 (사용자)
미가공 자료
아날로그(육안) 그리고/또는 디지털 영상처리
정보
복사에너지 (광자)
인지된 경제적, 사회적, 전략적, 환경적, 또는 정치적 가치
평형
비용
사용하기 쉬움
이해하기 어려움
낮음 높음

그림 1-17 원격탐사 지구관측의 경제학. 목표는 정보전달 시스템, 원격탐사 전문가, 정보 소비자(사용자) 간의 지식 격차를 줄이는 것이며 원격탐사에서 도출된 경제적, 사회적, 전략적, 환경적, 정치적 정보는 평형을 이루기 위해서 비용효과적이고 사용하기 용이해야 한다(Miller et al., 2003에서 수정).

반적으로 경제적, 사회적, 전략적, 환경적, 정치적 가치를 지닌 정보를 필요로 한다(NRC, 1998).

정보전달 시스템을 통해 얻은 수익이 시스템의 자본과 운영에 충분하려면 사용자(소비자)가 인식하는 정보의 가치와 시스템 지원에 필요한 수익 간의 균형(평형)이 이루어져야 한다(Miller et al., 2001; 2003). 항공사진측량과 LiDAR 지도제작은 수십 년에 걸쳐 평형을 이루었다. 인지된 가치와 비용 사이의 균형이 우주관측의 경우에도 이루어질 수 있는지는 시간이 지나야 알 수 있을 것이다. 업체 간의 합병이 이루어지고 있다.

이러한 평형은 사용자가 필요로 하는 정보에 대한 이해가 부족한 원격탐사 기술 전문가에 의해 영향을 받을 수 있다. 사실 어떤 원격탐사 전문가들은 왜 사용자들이 원격탐사에서 도출된 정보를 받아들이지 않는지 도무지 이해하지 못한다. 그들이 생각하지 못한 것은, 소비자들은 원격탐사가 새로운 기술이라는 이유만으로는 일반적으로 원격탐사에서 도출된 경제적, 사회적, 환경적, 전략적, 정치적 속성에 대한 정보를 사용할 동기를 가지지 않는다는 점이다. 게다가 그림 1-17의 오른쪽에 있는 소비자들은 종종 원격탐사 기술이나 여기서 도출된 정보를 어떻게 사용할 것인지에 대한 지식을 거의 가지고 있지 않다.

Miller 등(2001; 2003)은 이러한 상황이 원격탐사 전문가와 정보 소비자(사용자) 간의 지식 격차를 만들 수 있다고 보았다(그림 1-17). 지구 자원 관리 문제를 해결하기 위해 원격탐사를 사용하려면 이러한 격차를 줄이는 것이 필수적이다. 사용자 집단이 유용한 정보를 생산하기 위해 필요한 원격탐사의 물리학이나 아날로그 또는 디지털 영상처리, GIS 모델링을 배우는 데 시간을 투자할 가능성은 적다. 반면 문제의 기술적인 측면에서는 의사소통의 가교를 세우는 것이 상당한 이득이 될 것이다. 따라서 지식 격차의 크기를 줄이는 한 가지 방법은 원격탐사 기술자들이 사용자 집단의 요구사항을 이해하기 위해 그들과 더 가까이 일하는 것이다. 이를 통해 사용자 집단에 좀 더 유용한 원격탐사에서 도출한 가치 있는 자료를 생산할 수 있을 것이다.

구글사의 구글어스(Google Earth)나 마이크로소프트사의 빙맵(Bing Maps)과 같은 상업적 회사의 원격탐사 영상전달 시스템의 진보는 대중의 원격탐사 자료 사용과 인정에 막대한 영향을 미쳤다.

공공 및 민간 부문의 원격탐사/디지털 영상처리 관련 직종

다음 장으로 넘어가기 전에 왜 독자에게 원격탐사와 디지털 영상처리에 대한 지식이 가치 있을지 간략히 살펴보는 것

표 1-2 원격탐사 관련 직종과 임금, 고용 트렌드 예시(USDOL/ETA, 2013; O*NET Online, http://online.onetcenter.org/find/quick?s=remote sensing, photogrammetry, and geographic information systems)

코드	직종	임금 및 고용 트렌드
19-2099.01	**원격탐사 과학기술자**	중간 연봉(2013) : 시간당 44.82달러, 연간 93,230달러 종사자(2012) : 30,000명 성장전망(2012~2022) : 평균 이하(3~7%) 고용전망(2012~2022) : 8,300명 주요 산업(2012) : 1. 정부 2. 교육서비스
19-4099.03	**원격탐사 기술자**	중간 연봉(2013) : 시간당 21.25달러, 연간 44,200달러 종사자(2012) : 64,000명 성장전망(2012~2022) : 평균(8~14%) 고용전망(2012~2022) : 31,600명 주요 산업(2012) : 1. 정부 2. 직업, 과학, 기술서비스
17-1021.00	**지도제작자, 사진측량가**	중간 연봉(2013) : 시간당 28.29달러, 연간 58,840달러 종사자(2012) : 12,000명 성장전망(2012~2022) : 평균 이상(15~21%) 고용전망(2012~2022) : 4,900명 주요 산업(2012) : 1. 직업, 과학, 기술서비스 2. 정부
15-1199.04	**지리정보 과학기술자**	중간 연봉(2013) : 시간당 39.59달러, 연간 82,340달러 종사자(2012) : 206,000명 성장전망(2012~2022) : 평균 이하(3~7%) 고용전망(2012~2022) : 40,200명 주요 산업(2012) : 1. 정부 2. 직업, 과학, 기술서비스

성장전망은 2012~2022년의 전망기간에 대해 총고용의 변화를 예측한 값임.
고용전망은 성장 및 대체에 의한 고용을 포함.
산업은 유사한 활동을 하거나 생산품을 생산하고 서비스를 제공하는 사업체나 기관의 폭넓은 그룹을 의미하며 직종은 고용에 기반한 산업의 일부로, '정부' 산업이나 '직업, 과학, 기술서비스' 산업에는 수백 개의 직종이 포함됨. 상세한 직종 목록은 http://www.onetonline.org/에서 찾아볼 수 있음.

이 유익할 것이다. 현재 공공 및 민간 부문에 많은 지리정보과학(GIScience) 고용기회가 있다. O*NET 프로그램은 지리정보 직종 정보를 제공하는데(USDOL/ETA, 2014) O*NET 데이터베이스는 900개 이상의 표준화된 직종에 따른 서술자에 관한 정보를 포함하고 있다(표 1-2). 이는 공공에 무상으로 제공되며 각 직종의 폭넓은 종사자에 대한 조사를 통해 지속적으로 업데이트된다. O*NET 데이터베이스를 "remote sensing, photogrammetry, geographic information systems"의 키워드로 검색하면 여러 원격탐사 관련 직종과 임금, 2022년까지의 고용 트렌드를 보여 준다. 몇몇 원격탐사, 사진측량, GIS 관련 직종을 표 1-2에 나타내었다.

표 1-2에서 2012년에 30,000명의 원격탐사 과학기술자 및 64,000명의 원격탐사 기술자가 있고, 2012~2022년 기간에 3~14%의 성장 전망과 함께 원격탐사 관련 분야에 39,000명 이상의 고용에 대한 막대한 수요가 있으며 원격탐사 과학 직종이 원격탐사 기술자보다 2배 정도의 임금을 받는다는 점을 알 수 있다. 2012년에 206,000명 이상의 GIS 과학기술자가 있고 2012~2022년 기간에 대해 40,200명의 수요가 전망된다. 원격탐사 직종과 관련된 주요 산업은 '정부', '교육서비스', '직업, 과학, 기술서비스'이다.

NRC(2013)의 미래 미국의 지리공간 정보 노동력(*Future U.S. Workforce for Geospatial Intelligence*) 보고서는 원격탐사, 디지털 영상처리, 사진측량, 그 밖의 지리정보과학과 관련된 분야에 숙련된 인력이 국가지리정보원(National Geospatial-Intelligence Agency, NGA)과 국방에 지속적인 수요가 있다고 예상하였다.

공공부문의 원격탐사/디지털 영상처리 관련 직종

원격탐사 및 디지털 영상처리에 관련된 공공 직종은 원격탐사 과학을 공공의 선을 위해 사용하고 일반시민과 주기적으로 소통할 많은 기회를 줄 것이다. 원격탐사와 디지털 영상처리에 숙련된 공무원들은 자연자원을 감시하고 보고하며 도시를 계획하고 도로, 수로 등의 기반시설을 감시하고 유지한다. 국가의 국토안보나 NGA와 같은 방어 관련 기관에서 앞으로 지리정보과학 전문가를 다수 고용할 것으로 보인다(NRC, 2013).

원격탐사와 디지털 영상처리에 숙련된 많은 사람들은 고용 안정성 때문에 공공부문에 관심을 가진다. 직업마다 다르겠지만 원격탐사와 관련된 직업은 원격탐사 자료를 구하고, 의미 있는 정보를 추출하기 위해 원격탐사 자료를 분석하고, 원격탐사를 지원하기 위해 현장 자료를 수집하고, 예측모델링을 위해 GIS를 통해 다른 지리공간정보와 원격탐사에서 도출된 정보를 처리하고, 큰 지리공간 데이터베이스를 유지하는 업무를 수행한다.

공공기관에서 일을 하는 경우 시나 카운티의 위원회, 계획기관, 공공 이익그룹 등의 정부기관들에 주기적으로 보고서를 제출하거나 발표를 수행해야 한다. 따라서 특히 원격탐사와 관련된 연구의 결과와 중요성을 보여 주기 위해 구두적, 문서작성, 또는 시각적인 의사소통 기술이 필수불가결하다.

정부 보안 자료가 아니라면 공공부문에서 작업하는 대부분의 자료 및 프로젝트는 정보자유법(Freedom of Information Act)에 따라 일반대중에게 공개되어 있다. 민감한 방어나 국토안보와 관련된 직종이 아니라면 공무원들은 일반적으로 원격탐사와 관련된 연구의 결과를 유명하거나 동료심사(peer-review) 되는 문헌에 발표할 수 있다. 공립대학에서 일하는 지리정보과학 전문가들은 그들의 연구를 동료심사 저널에 발표한다.

민간부문의 원격탐사/디지털 영상처리 관련 직종

민간부문의 원격탐사나 사진측량공학업체에서 일하려면 원격탐사와 디지털 영상처리에 대해 깊이 이해하고, [종종 정부나 산업계의 제안요구서 RFP(Request for Proposal)에 맞추어] 연구제안서를 준비하고, 상대적으로 빠듯한 일정에 매우 특정한 프로젝트를 수행해야 할 것이다. 많은 민간부문 종사자들은 그들이 매우 관심을 가지는 아주 세세한 원격탐사 관련 프로젝트를 제안할 수 있으며 어떤 사람들에게는 이 점이 민간부문을 선호하는 이유가 된다. 역시 구두적, 문서작성, 시각적인 의사소통 기술이 매우 중요하다.

민간부문에서 일하며 얻어진 원격탐사와 관련된 자료 분석 결과는 해당 회사에 소유권이 있으므로, 결과를 유명하거나 심사받는 저널 문헌에 발표할 수도 있고 안 할 수도 있다. 전매 방법론, 과정, 특허 등은 살아남기 위해 경쟁적인 지적 · 경제적 장점을 유지해야 하는 많은 민간업체의 생명선과 같다.

공공부문과 민간부문에서 좋은 성과를 내기 위한 준비를 돕기 위해 원격탐사와 디지털 영상처리의 근본적인 원리에 대해 공고히 이해하고 가장 널리 사용되는 디지털 영상처리, 소프트카피 사진측량, GIS 소프트웨어의 사용에 능숙해야 한다.

지구 자원 분석적 견지

원격탐사는 골절된 팔의 엑스선 촬영과 같은 의학 분야, 조립 라인에서 생산품의 비파괴검사 및 지구 자원 분석을 포함한 수많은 분야에 응용되고 있다. 이 책은 유용한 지구 자원정보를 추출하기 위해서 원격탐사를 적용하는 기술과 과학에 초점을 맞추고 있다(그림 1-18). 지구 자원정보는 특정한 대기 특성뿐 아니라 육상 식생, 토양, 광물, 암석, 물, 그리고 도시 기반시설에 관련된 정보로 정의된다. 그러한 정보는 전지구 탄소순환, 생태계에 관한 생물학과 생화학, 전지구의 수문학적 순환 및 에너지 순환, 기후 변동과 예측, 대기화학, 고체지구의 특성, 인구예측, 그리고 토지이용변화 및 자연재해의 모니터링 등의 모델링 작업에 유용하게 이용될 수 있다(예 : Mulder and Coops, 2014).

책의 구성

이 책은 원격탐사 처리과정에 따라 구성되어 있다(그림 1-5, 1-18). 분석가는 먼저 문제를 정의하고 연구가설의 수용 혹은 기각에 필요한 자료를 확인한다(제1장). 만약 원격탐사를 이용하여 문제를 해결할 수 있는 경우에는 분석가는 전통적인 항공사진, 다중분광 스캐너, 선형 및 면형배열 다중분광 및 초분광 원격탐사 시스템 중에서 어떠한 시스템이 적절한가에 대해서 평가해야 한다(제2장). 예를 들어, 분석가는 기존의 항공사진을 스캔하여 디지털 형식으로 변환하거나 여러 공공기관이나(예 : 미국지질조사국에서 Landsat 8 자료를 획득) 상업적 회사로부터(예 : DigitalGlobe, Inc., RapidEye, Inc., Astrium Geoinformation Services, Inc., Itres, Inc., HyVista, Inc.) 디지털 형태의 자료를 제공받아 사용할 수도 있다. 만약 분석이 디지털 형태로 수행된다면 적절한 디지털 영상처리 시스템이 구성되어야 한다(제3장). 영상분석은 우선 디지털 원격탐사 원시 자료의 기초적인 단변량 및 다변량 통계값을 계산함으로써 시작된다(제4장). 그 다음 컴퓨터 화면 상으로나 다양한 하드카피 장치를 이용하여

이 책의 구성

제1장
원격탐사와 디지털 영상처리
- 문제 정의
- 적절한 논리 선택
- 적절한 모델 선택

제2장
원격탐사 자료수집
- 아날로그 영상의 디지털 형식으로의 변환
- 수동형 및 능동형 원격센서를 이용한 자료수집

제3장
디지털 영상처리 하드웨어와 소프트웨어
- 소프트웨어와 하드웨어의 구성

제4장
영상 품질 평가 및 통계적 평가
- 단변량 및 다변량 통계분석
- 지리통계분석

제5장
표현방식 및 과학적 시각화
- 8비트 흑백 및 컬러 조견표
- 24비트 컬러 조견표

제6장
전자기 복사 원리 및 방사보정
- 센서에 의해 야기된 방사오차의 보정
- 대기보정 방법

제7장
기하보정
- 영상 대 영상 등록
- 영상 대 지도 보정
- 모자이크 영상 제작

제8장
영상강조
- 단면도, 대비, 공간 필터링
- 경계탐지, 질감
- 변환

제9장
주제정보 추출 : 패턴인식
- 분류 기법
- 피처 선택
- 감독 및 무감독 분류
- 퍼지 분류
- 객체기반 분류

제10장
인공지능을 이용한 정보 추출
- 전문가 시스템
- 인공신경망

제11장
영상분광학을 이용한 정보 추출
- 방사 및 기하보정
- 차원 축소
- 종점 결정
- 매핑
- 일치화 필터링

제12장
변화탐지
- 시스템 및 환경 변수
- 적절한 알고리듬 선택

제13장
원격탐사기반 주제도의 정확도 평가
- 정확도 평가 기법
- 표집설계
- 단변량 및 다변량 통계 분석

그림 1-18 이 책은 원격탐사 처리과정에 따라 구성되었다(그림 1-5 참조).

영상의 품질을 육안으로 분석하게 된다(제5장).

이어 전처리과정을 통하여 환경 및 원격탐사 시스템에 의한 영상의 왜곡을 줄이게 된다. 이 전처리과정은 일반적으로 방사 및 기하보정을 포함한다(제6장 및 제7장). 육안분석을 향상시키거나 이후의 디지털 영상처리에 입력자료로 사용하기 위하여 다양한 영상강조 기법들을 보정된 영상에 적용하게 된다(제

8장). 패턴인식, 인공지능, 초분광 영상분석기술 등을 이용하여 영상으로부터 주제정보가 추출될 수 있다(제9~11장). 다중시기의 영상은 현장에서 작동되는 과정에 대한 통찰을 제공하는 변화를 분석하고 식별하는 데 사용될 수 있다(제12장). 원격탐사에서 추출한 주제도의 정확도를 평가하는 방법이 제13장에 요약되어 있다.

참고문헌

American Society for Photogrammetry & Remote Sensing, 1952, 1966, 2004, 2013 (6th Ed.), *Manual of Photogrammetry*, Bethesda: ASPRS.

Asrar, G., and J. Dozier, 1994, *EOS: Science Strategy for the Earth Observing System*, Woodbury, MA: American Institute of Physics, 342 p.

Azar, D., Engstrom, R., Graesser, J., and J. Comenetz, 2013, "Generation of Fine-scale Population Layers using Multi-Resolution Satellite Imagery and Geospatial Data," *Remote Sensing of Environment*, 130:219-232.

Blaschke, T., and 10 co-authors, 2014, "Geographic Object-Based Image Analysis – Towards A New Paradigm," *ISPRS Journal of Photogrammetry and Remote Sensing*, 87:180-191.

Bossler, J. D. (Ed.), 2010, *Manual of Geospatial Science & Technology*, 2nd Ed., London: Taylor & Francis, 832 p.

Brewin, R. J. W., Raitsos, D. E., Pradhan, Y., and I. Hoteit, 2013, "Comparison of Chlorophyll in the Red Sea Derived from MODIS-Aqua and *in vivo* Fluorescence," *Remote Sensing of Environment*, 136:218-224.

Cho, M., 2009, "Integrating Remote Sensing and Ancillary Data for Regional Ecosystem Assessment: *Eucalyptus grandis* Agro-system in KwaZulu-Natal, South Africa," *Proceedings of the IEEE Geoscience and Remote Sensing Symposium*, pages IV-264 to 267.

Colwell, R. N. (Ed.), 1960, *Manual of Photographic Interpretation*, Falls Church: ASPRS.

Colwell, R. N. (Ed.), 1983, *Manual of Remote Sensing*, 2nd Ed., Falls Church: ASPRS.

Colwell, R. N., 1997, "History and Place of Photographic Interpretation," in *Manual of Photographic Interpretation*, (2nd Ed.), W. Phillipson (Ed.), Bethesda: ASPRS, 33-48.

Congalton, R. G., and K. Green, 2009, *Assessing the Accuracy of Remotely Sensed Data – Principles and Practices* (2nd Ed.), Boca Raton: CRC Press, 183 p.

Coops, N. C., Wulder, M. A., and J. C. Whiete, 2006, *Integrating Remotely Sensed and Ancillary Data Sources to Characterize A Mountain Pine Beetle Infestation*, Victoria, CN: Natural Resources Canada, Canadian Forest Service, 33 p., http://cfs.nrcan.gc.ca/pubwarehouse/pdfs/26287.pdf.

Curran, P. J., 1987, "Remote Sensing Methodologies and Geography," *Intl. Journal of Remote Sensing*, 8:1255-1275.

Dahlberg, R. W., and J. R. Jensen, 1986, "Education for Cartography and Remote Sensing in the Service of an Information Society: The United States Case," *American Cartographer*, 13(1):51-71.

Deng, F., Chen, J. M., Plummer, S., Chen, M. Z., and J. Pisek, 2006, "Algorithm for Global Leaf Area Index Retrieval Using Satellite Imagery," *IEEE Transactions on Geoscience and Remote Sensing*, 44:2219-2229.

Disney, M., Lewis, P., and P. Saich, 2006, "3D Modeling of Forest Canopy Structure for Remote Sensing Simulations in the Optical and Microwave Domains," *Remote Sensing of Environment*, 100:114-132.

Dobson, J. E., 1993, "Commentary: A Conceptual Framework for Integrating Remote Sensing, Geographic Information Systems, and Geography," *Photogrammetric Engineering & Remote Sensing*, 59(10):1491-1496.

Duda, R. O., Hart, P. E., and D. G. Stork, 2001, *Pattern Classification*, NY: John Wiley, 394-452.

Estes, J. E. and J. R. Jensen, 1998, "Development of Remote Sensing Digital Image Processing Systems and Raster GIS," *History of Geographic Information Systems*, T. Foresman (Ed.), NY: Longman, 163-180.

Exelis ENVI, 2014, *Environment for Visualizing Images – ENVI Software*, Boulder: Exelis, Inc., http://www.exelisvis.com/ProductsServices/ENVIProducts/ENVI.aspx.

Fisher, P. F., and R. E. Lindenberg, 1989, "On Distinctions among Cartography, Remote Sensing, and Geographic Information Systems," *Photogrammetric Engineering & Remote Sensing*, 55(10):1431-1434.

Fussell, J., Rundquist, D., and J. A. Harrington, 1986, "On Defining Remote Sensing," *Photogrammetric Engineering & Remote Sensing*, 52(9):1507-1511.

Gahegan, M., 2003, "Is Inductive Machine Learning Just Another Wild Goose (or Might It Lay the Golden Egg)?" *Intl. Journal of GIScience*, 17(1):69-92.

Green, K., 2011, "Change Matters," *Photogrammetric Engineering & Remote Sensing*, 77(4):305-309.

He, Q., and C. Chen, 2014, "A New Approach for Atmospheric Correction of MODIS Imagery in Turbid Coastal Waters: A Case Study for the Pearl River Estuary," *Remote Sensing Letters*, 5(3):249-257.

Hodgson, M. E., Jensen, J. R., Raber, G., Tullis, J., Davis, B., Thompson, G., and K. Schuckman, 2005, "An Evaluation of LiDAR derived Elevation and Terrain Slope in Leaf-off Conditions," *Photogrammetric Engineering & Remote Sensing*, 71(7):817-823.

Huang, X., and J. R. Jensen, 1997, "A Machine Learning Approach to

Automated Construction of Knowledge Bases for Image Analysis Expert Systems That Incorporate Geographic Information System Data," *Photogrammetric Engineering & Remote Sensing*, 63(10):1185-1194.

IGBP, 2014, *International Geosphere-Biosphere Programme*, Stockholm: IGBP at the Royal Swedish Academy of Sciences, http://www.igbp.net/.

Im, J., and J. R. Jensen, 2005, "A Change Detection Model based on Neighborhood Correlation Image Analysis and Decision Tree Classification," *Remote Sensing of Environment*, 99:326-340.

Im, J., Lu, Z., and J. R. Jensen, 2011, "A Genetic Algorithm Approach to Moving Threshold Optimization for Binary Change Detection," *Photogrammetric Engineering & Remote Sensing*, 77(2):167-180.

Irons, J. R., Dwyer, J. L., and J. A. Barsi, 2012, "The Next Landsat Satellite: The Landsat Data Continuity Mission," *Remote Sensing of the Environment*, 122:11-21.

Jensen, J. R., 1992, "Testimony on S. 2297, The Land Remote Sensing Policy Act of 1992," Senate Committee on Commerce, Science, and Transportation, Congressional Record, (May 6):55-69.

Jensen, J. R. and J. Im, 2007, "Remote Sensing Change Detection in Urban Environments," in R.R. Jensen, J. D. Gatrell and D. D. McLean (Eds.), *Geo-Spatial Technologies in Urban Environments Policy, Practice, and Pixels*, (2nd Ed.), Berlin: Springer-Verlag, 7-32.

Jensen, J. R., and M. E. Hodgson, 2005, "Chapter 8: Remote Sensing of Natural and Man-made Hazards and Disasters," in Ridd, M. K. and J. D. Hipple (Eds.), *Manual of Remote Sensing: Remote Sensing of Human Settlements*, (3rd Ed.), Bethesda: ASPRS, 401-429.

Jensen, J. R., Im, J. Hardin, P., and R. R. Jensen, 2009, "Chapter 19: Image Classification," in Warner, T. A., Nellis, M. D. and G. M. Foody (Eds.), *The Sage Handbook of Remote Sensing*, LA: Sage Publications, 269-281.

Jensen, J. R., and R. R. Jensen, 2013, *Introductory Geographic Information Systems*, Boston: Pearson, 400 p.

Jensen, J. R., and D. C. Cowen, 1999, "Remote Sensing of Urban/Suburban Infrastructure and Socioeconomic Attributes," *Photogrammetric Engineering & Remote Sensing*, 65(5):611-622.

Jensen, J. R., and R. E. Dahlberg, 1983, "Status and Content of Remote Sensing Education in the United States," *International Journal of Remote Sensing*, 4(2):235-245.

Jensen, J. R., and S. Schill, 2000, "Bi-directional Reflectance Distribution Function of Smooth Cordgrass (*Spartina alterniflora*)," *Geocarto International*, 15(2):21-28.

Jensen, J. R., Botchway, K., Brennan-Galvin, E., Johannsen, C., Juma, C., Mabogunje, A., Miller, R., Price, K., Reining, P., Skole, D., Stancioff, A., and D. R. Taylor, 2002, *Down to Earth: Geographic Information for Sustainable Development in Africa*, Washington: National Academy Press, 155 p.

Jensen, J. R., Qiu, F., and K. Patterson, 2001, "A Neural Network Image Interpretation System to Extract Rural and Urban Land Use and Land Cover Information from Remote Sensor Data," *Geocarto International*, 16(1):19-28.

Landgrebe, D., and L. Biehl, 2014, *MultiSpec*, W. Lafayette: Purdue University, https://engineering.purdue.edu/~biehl/MultiSpec/.

Leprince, S., Barbot, S., Ayoub, F., and J. Avouac, 2007, "Automatic and Precise Orthorectification, Coregistration, and Subpixel Correlation of Satellite Images, Application to Ground Deformation Measurements," *IEEE Transactions on Geoscience and Remote Sensing*, 45(6):1529-1588.

Liang, S., 2004, *Quantitative Remote Sensing of Land Surfaces*, New York: John Wiley & Sons, 534 p.

Liang, S., 2009, "Quantitative Models and Inversion in Optical Remote Sensing," in Warner, T. A., Nellis, M. D. and G. M. Foody (Eds.), *The Sage Handbook of Remote Sensing*, LA: Sage Publications, 282-296.

Lillesand, T., Keifer, R., and J. Chipman, 2008, *Remote Sensing and Image Interpretation*, (6th Ed.), NY: John Wiley & Sons, 756 p.

Liu, K., Shi, W., and H. Zhang, 2011, "A Fuzzy Topologybased Maximum Likelihood Classification," *ISPRS Journal of Photogrammetry and Remote Sensing*, 66(1):103-114.

Lloyd, R., Hodgson, M. E., and A. Stokes, 2002, "Visual Categorization with Aerial Photographs," *Annals of the Association of American Geographers*. 92(2):241-266.

Lu, D., and Q. Weng, 2004, "Spectral Mixture Analysis of the Urban Landscape in Indianapolis with Landsat ETM$^+$ Imagery," *Photogrammetric Engineering & Remote Sensing*, 70(9):1053-1062.

McCoy, R., 2005, *Field Methods in Remote Sensing*, NY: Guilford, 159 p.

McIver, D. K., and M. A. Friedl, 2002, "Using Prior Probabilities in Decision-tree Classification of Remotely Sensed Data," *Remote Sensing of Environment*, 81:253-261.

Miller, R. B., Abbott, M. R., Harding, L. W., Jensen, J. R., Johannsen, C. J., Macauley, M., MacDonald, J. S., and J. S. Pearlman, 2001, *Transforming Remote Sensing Data into Information and Applications*, Washington: National Academy Press, 75 p.

Miller, R. B., Abbott, M. R., Harding, L. W., Jensen, J. R., Johannsen, C. J., Macauley, M., MacDonald, J. S., and J. S. Pearlman, 2003, *Using Remote Sensing in State and Local Government: Information for Management and Decision Making*, Washington: National Academy Press, 97 p.

NASA AVIRIS, 2014, *Airborne Visible/Infrared Imaging Spectrometer—AVIRIS*, Pasadena: NASA Jet Propulsion Laboratory, http://aviris.jpl.nasa.gov/.

NASA Earth Science Program, 2013, *NASA Earth Science Program*, Washington: NASA, http://nasascience.nasa.gov/earth-science/.

NASA Goals, 2010, *Responding to the Challenge of Climate and Environmental Change: NASA's Plan for a Climate-Centric ARchitecture for Earth Observations and Applications from Space*, Washington: NASA, 49 p.

Nellis, M. D., Price, K. P., and D. Rundquist, 2009, "Remote Sensing of Cropland Agriculture," Chapter 26 in Warner, T. A., Nellis, M. D. and

G. M. Foody (Eds.), 2009, *The Sage Handbook of Remote Sensing*, Los Angeles: Sage Publications, 368-380.

NOAA CO2, 2012, *Trends in Atmospheric Carbon Dioxide*, Washington: NOAA Earth System Research Laboratory, http://www.esrl.noaa.gov/gmd/ccgg/trends/co2_data_mlo.html.

NRC, 1998, *People and Pixels: Linking People and Social Science*, Washington: National Academy Press, 244 p.

NRC, 2007a, *Contributions of Land Remote Sensing for Decisions About Food Security and Human Health: Workshop Report*, Washington: National Academy Press, 230 p.

NRC, 2007b, *Earth Science and Applications from Space: National Imperatives for the Next Decade and Beyond*, Washington: National Academy Press, 72 p.

NRC, 2009, *Uncertainty Management in Remote Sensing of Climate Date*, Washington: National Academy Press, 64 p.

NRC, 2012, *Ecosystem Services: Charting A Path to Sustainability*, Washington: National Academy Press, 136 p.

NRC, 2013, *Future U.S. Workforce for Geospatial Intelligence*, Washington: National Academy Press, 169 p.

NRC, 2014, *Report in Brief: Responding to Oil Spills in the U.S. Arctic Marine Environment*, Washington: National Academy Press, 7 p.

Olson, C. E., 1960, "Elements of Photographic Interpretation Common to Several Sensors," *Photogammetric Engineering*, 26(40):651-656.

Pastick, N., Wylie, B. K., Minsley, B. J., Jorgensor, T., Ji, L., Walvoord, A., Smith, B. D., Abraham, J. D., and J. Rose, 2011, "Using Remote Sensing and Ancillary Data to Extend airborne Electromagnetic Resistivity Surveys for Regional Permafrost Interpretation," paper presented at the *American Geophysical Union Fall Technical Meeting*, http://adsabs.harvard.edu/abs/2011 AGUFM.C41B0390P.

Prost, G. L., 2013, *Remote Sensing for Geoscientists – Image Analysis and Integration*, (3rd Ed.), Boca Raton: CRC Press, 702 p.

Pruitt, E. L., 1979, "The Office of Naval Research and Geography," *Annals*, Association of American Geographers, 69(1):106.

Pu, R., Gong, P., Michishita, R., and T. Sasagawa, 2008, "Spectral Mixture Analysis for Mapping Abundance of Urban Surface Components from the Terra/ASTER Data," *Remote Sensing of Environment*, 112:939-954.

Purkis, S., and V. Klemas, 2011, *Remote Sensing and Global Environmental Change*, NY: Wiley-Blackwell, 367 p.

Qiu, F., and J. R. Jensen, 2005, "Opening the Neural Network Black Box and Breaking the Knowledge Acquisition Bottleneck of Fuzzy Systems for Remote Sensing Image Classification," *International Journal of Remote Sensing*, 25(9):1749-1768.

Recio, J. A., Hermosilla, L., Ruiz, A., and A. Hernandez-Sarria, 2011, "Historical Land Use as a Feature for Image Classification," *Photogrammetric Engineering & Remote Sensing*, 77(4):377-387.

Renslow, M. (Ed.), 2012, *ASPRS Airborne Topographic LiDAR Manual*, Bethesda: ASPRS, 528 p.

Roberts, D. A., 2014, *VIPER Tools Version 1.5*, Santa Barbara: Univ of California Santa Barbara, Department of Geography, http://www.vipertools.org/.

Roberts, D. A., Numata, I., Holmes, K., Batista, G., Krug, T., Monteiro, A., Powell, B., and O. A. Chadwick, 2002, "Large Area Mapping of Land-cover Change in Rondonia using Multitemporal Spectral Mixture Analysis and Decision Tree Classifiers," *J. Geophys. Res.*, 107(D20), 8073, doi:10.1029/2001JD000374.

Roy, D. P., and 33 co-authors, 2014, "Landsat-8: Science and Product Vision for Terrestrial Global Change Research," *Remote Sensing of Environment*, 145:154-172.

Sandmeier, S. R., 2000, "Acquisition of Bidirectional Reflectance Factor Data with Field Goniometers," *Remote Sensing of Environment*, 73:257-269.

Schill, S., Jensen, J. R., Raber, G., and D. E. Porter, 2004, "Temporal Modeling of Bidirectional Reflection Distribution Function (BRDF) in Coastal Vegetation," *GIScience & Remote Sensing*, 41(2):116-135.

Shackelford, A. K., and C. H. Davis, 2003, "A Hierarchial Fuzzy Classification Approach for High-Resolution Multispectral Data Over Urban Areas," *IEEE Transactions on Geoscience and Remote Sensing*, 41(9):1920-1932.

Shepherd, J. D., Dymond, J. R., Gillingham, S., and P. Bunting, 2014, "Accurate Registration of Optical Satellite Imagery with Elevation Models for Topographic Correction," *Remote Sensing Letters*, 5(7):637-641.

Skidmore, A. K., 2002, "Chapter 2: Taxonomy of Environmental Models in the Spatial Sciences," in *Environmental Modelling with GIS and Remote Sensing*, A. K. Skidmore (Ed.), London: Taylor & Francis, 8-25.

Strahler, A. H., Woodcock, C. E., and J. A. Smith, 1986, "On the Nature of Models in Remote Sensing," *Remote Sensing of Environment*, 20:121-139.

Tsai, Y. H., Stow, D., and J. Weeks, 2011, "Comparison of Object-Based Image Analysis Approaches to Mapping New Buildings in Accra, Ghana Using Multi-Temporal QuickBird Satellite Imagery," *Remote Sensing*, 2011(3):2707-2726.

Tullis, J. A., and J. R. Jensen, 2003, "Expert System House Detection in High Spatial Resolution Imagery Using Size, Shape, and Context," Geocarto International, 18(1):5-15.

USDOL/ETA, 2014, *O*Net Online*, Washington: U.S. Department of Labor/Employment and Training Administration (www.onetonline.org/find/quick?s= remote sensing).

USGCRP, 2014, *United States Global Change Research Program*, Washington, DC: USGCRP, http://www.globalchange.gov/.

Warner, T. A., Almutairi, A., and J. Y. Lee, 2009a, "Remote Sensing of Land Cover Change," in Warner, T. A., Nellis, M. D. and G. M. Foody (Eds.), *The Sage Handbook of Remote Sensing*, LA: Sage Publications, 459-472.

Warner, T. A., Nellis, M. D., and G. M. Foody (Eds.), 2009b, *The Sage*

Handbook of Remote Sensing, LA: Sage Publications, 532 p.

Wolf, P. R., Dewitt, R. A., and B. E. Wilkinson, 2013, *Elements of Photogrammetry with Applications in GIS*, 4th Ed., New York: McGraw-Hill.

Wolter, J. A., 1975, *The Emerging Discipline of Cartography*, Minneapolis: University of Minnesota, Department of Geography, unpublished dissertation.

Woodcock, C. E., Collins, J. B., Jakabhazy, V., Li, X., Macomber, S., and Y. Wu, 1997, "Inversion of the Li-Strahler Canopy Reflectance Model for Mapping Forest Structure," *IEEE Transactions Geoscience & Remote Sensing*, 35(2):405-414.

Wulder, M. A., and N. C. Coops, 2014, "Make Earth Observations Open Access," *Nature*, 513:30-31.

Zhang, Q., and J. Wang, 2003, "A Rule-based Urban Land Use Inferring Method for Fine-resolution Multispectral Imagery," *Canadian Journal of Remote Sensing*, 29(1):1-13.

2 원격탐사 자료수집

디지털 영상처리를 수행하기 위해서는 원격탐사 자료가 디지털 형식이어야 한다. 디지털 영상을 수집하는 방법에는 기본적으로 두 가지가 있다.

1. 아날로그 형식(하드카피)으로 된 원격탐사 영상을 스캔하여 디지털 형식으로 변환한다.
2. Landsat 7 ETM$^+$, Landsat 8, Pleiades, WorldView-3와 같은 디지털 형식의 원격탐사 영상을 수집한다.

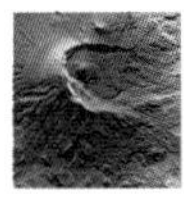

개관

이 장은 우선 디지털 영상 용어와 더불어 아날로그 영상이 디지털화를 통하여 어떻게 디지털 영상으로 변환되는지 소개한다. 이후 다양한 민관 원격탐사 위성시스템들(예 : Landsat 7, Landsat 8, SPOT 5~7, NPOESS Preparatory Project, Pleiades, GeoEye-1, WorldView-2, WorldView-3, RADARSAT-1)과 항공 시스템들(예 : Pictometry, AVIRIS, CASI 1500)에 대한 자세한 정보를 제공한다. 이 장에서는 스캐닝 시스템, 선형배열, 면형배열, 디지털 프레임 카메라와 같은 센서 시스템 하드웨어에 대하여 상세히 설명한다. 디지털 원격탐사 자료를 저장하기 위한 BSQ(Band Sequential), BIL(Band Interleaved by Line), BIP(Band Interleaved by Pixel)와 같은 포맷에 대하여 설명한다.

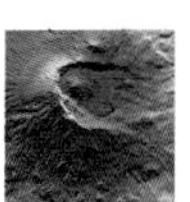

아날로그(하드카피) 영상의 디지털 변환

과학자 또는 일반인들은 종종 아날로그 방식(하드카피)의 원격탐사 영상을 수집한 뒤 디지털 영상처리 기법을 이용하여 분석하고자 한다. 물론 지구 상의 거의 모든 지역은 수차례에 걸쳐 이미 촬영되었기 때문에 아날로그 방식의 항공사진들은 어디에서나 구할 수 있다. 때때로 과학자들은 아날로그 방식의 열적외선 영상이나 능동형 마이크로파(RADAR) 영상을 다뤄야 할 때가 있다. 디지털 영상처리를 수행하는 사람은 이러한 아날로그 방식의 영상을 디지털 영상으로 변환하기 위해서 우선 디지털 영상에 관련된 용어들을 이해해야만 한다.

디지털 영상 용어

디지털 원격탐사 자료는 일반적으로 숫자의 행렬(배열)로 저장된다. 각각의 디지털값들은 이 배열의 특정한 열(i)과 행(j)에 위치하게 된다(그림 2-1). **화소**(pixel)는 '디지털 영상에서 더 이상 분해할 수 없는 2차원적인 최소 단위'로 정의된다. 영상의 특정 열(i)과 행(j)에 있는 각각의 화소는 그와 연관된 고유의 **밝기값**(brightness value, BV)[일부 과학자들은 이 용어 대신

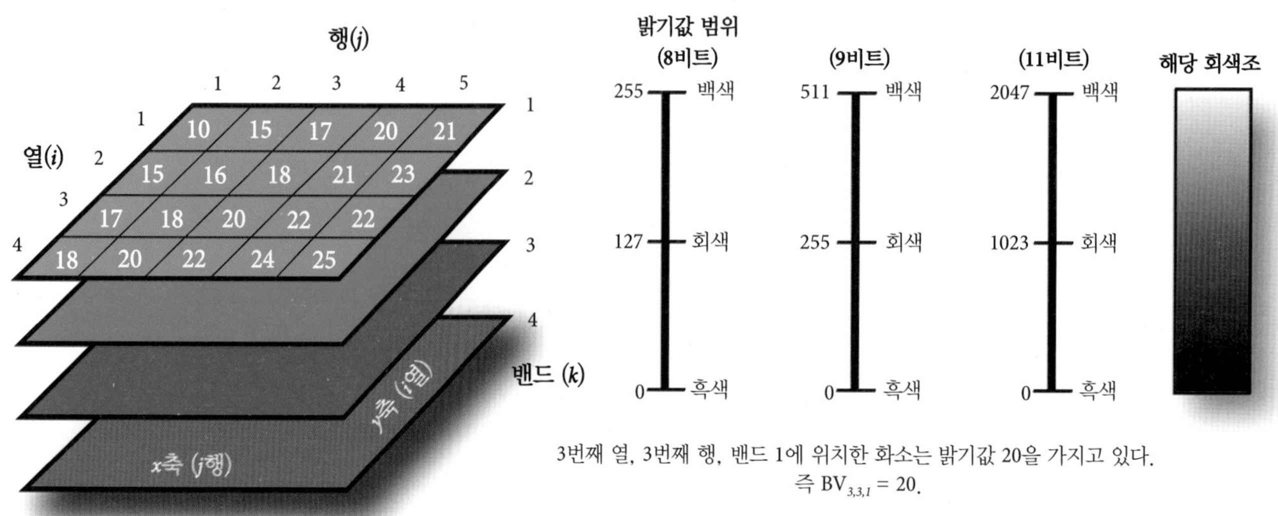

그림 2-1 디지털 원격탐사 자료는 행렬로 저장된다. 화소 밝기값(*BV*)은 다중분광, 초분광 데이터셋의 열 *i*, 행 *j*, 밴드 *k*에 위치해 있다. 디지털 원격탐사의 밝기값은 보통 0~255의 값을 갖는 8비트의 형태로 저장된다. 하지만 최근 일부 영상 스캐닝 시스템이나 원격탐사 시스템에서는 10, 11, 12비트 자료를 수집하기도 한다.

DN(digital number)값을 사용한다]을 갖는다. 데이터셋은 대체로 *n*개의 개별적인 다중분광이나 초분광 영상의 밴드(*k*)로 구성되어 있다. 따라서 데이터셋에서 특정 화소의 열(*i*), 행(*j*), 밴드(*k*)의 좌표를 지정함으로써, 예를 들어 $BV_{i,j,k}$ 같은 방식으로 특정 화소의 밝기값을 식별해 내는 것이 가능하다. *n*개의 밴드들은 모두 서로 기하학적으로 맞물려 있기 때문에 밴드 1의 3번째 열, 3번째 행($BV_{3,3,1}$)에 교차로가 존재한다면 네 번째 밴드의 동일한 열과 행의 좌표($BV_{3,3,4}$)에도 그 교차로가 위치해야 한다.

아날로그 방식의 영상에서는 밝기값(*BV*)이 실질적으로 빛을 흡수하는 은이나 특정 지역에 축적된 염료의 농도(*D*)를 나타낸다. 양화 또는 음화의 농도는 **농도계**(densitometer)를 이용하여 측정된다. 농도계는 여러 가지 종류가 있는데 그중에는 평상형과 드럼형 극소농도계(microdensitometer), 비디오 농도계, 그리고 선형 또는 면형배열 CCD(charge-coupled-device) 농도계가 있다.

극소농도계를 이용한 디지털 변환

일반적인 **평상형 극소농도계**의 특징은 그림 2-2와 같다. 이 기구는 양화 또는 음화의 농도 특성을 마이크로미터 단위의 크기까지 측정할 수 있으며 이러한 이유로 **극소농도계**라는 용어로 불린다. 기본적으로 일정량의 빛이 광원으로부터 수신되는 쪽으로 보내진다. 빛이 필름의 매우 조밀한 부분에 부딪히게 되면 매우 적은 양의 빛이 투과되고 필름의 투명한 부분을 만나게 되면 대부분의 빛이 투과될 것이다. 농도계는 사진의 각 *i*, *j*위치에서의 투과도, 불투명도, 농도에 관한 특성을 산출해 낼 수 있다. 현상된 필름의 일부분이 빛을 투과시키는 능력을 **투과도**($\tau_{i,j}$)라고 부른다. 필름의 밝은 부분에는 입사광의 거의 100%가 투과하는 반면 어두운 부분에서는 빛이 투과하지 않는다. 따라서 사진의 위치 (*i*, *j*)에서의 투과도는 다음과 같다.

$$\tau_{i,j} = \frac{\text{필름을 통과하는 빛}}{\text{전체 입사광}} \tag{2.1}$$

필름 일부분의 불투명도와 투과도 사이에는 반비례 관계가 있다. 필름에서 아주 불투명한 부분은 빛이 잘 투과하지 않으며, **불투명도**($O_{i,j}$)는 투과도의 역수이다.

$$O_{i,j} = \frac{1}{\tau_{i,j}} \tag{2.2}$$

투과도와 불투명도는 현상된 음화의 특정 부분의 암도를 측정하는 좋은 척도이다. 하지만 물리학자들은 인간의 시각 인지 시스템은 빛의 자극에 대해서 선형적이 아니라 대수적으로 반

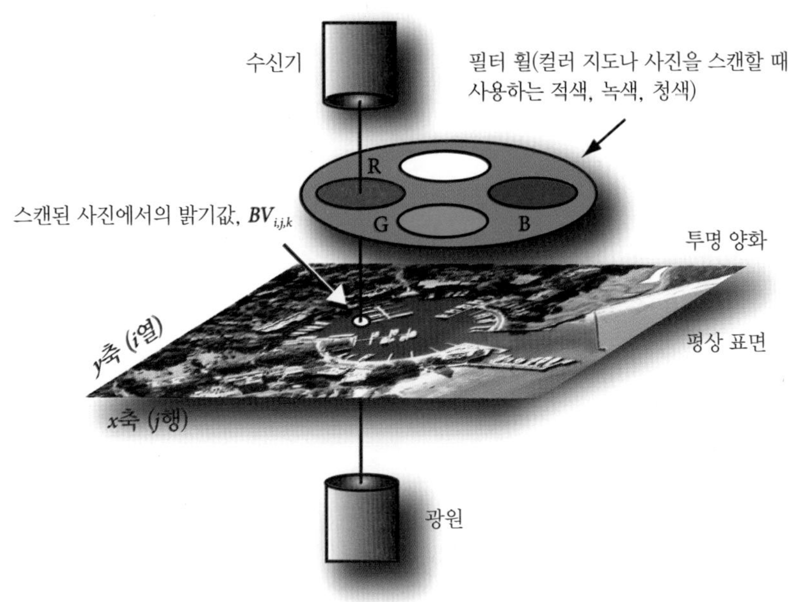

그림 2-2 평상형 극소농도계의 개요. 하드카피 형태의 원격탐사 영상(일반적으로 양화)은 평상의 표면에 위치한다. 지름 10μm 정도의 작은 광원이 기계장치에 의해 평면의 영상을 x방향으로 가로질러 일정량의 빛을 방사하면서 움직인다. 영상의 반대편에서 수신기는 투과되는 에너지의 총량을 측정한다. 한 라인의 스캔이 마무리되면 광원과 수신기는 이전에 스캔한 라인과 연속되고 평형을 이루게끔 y축 방향으로 Δy만큼 이동한다. 각각의 스캔라인을 따라 수신기에 의해 감지된 에너지의 총량은 결국엔 전자적인 신호로부터 아날로그-디지털(A-D) 변환을 통해 디지털값으로 변환된다. 이런 식으로 전체 영상이 스캔되면 디지털 영상처리를 위해 사용가능한 밝기값 행렬(2차원 배열)이 만들어진다. 만약 영상이 반드시 스캔되어야 하는 다중 염료층을 가지고 있다면 컬러 필터 장치가 이용되기도 한다. 이때 영상은 청색, 녹색, 적색 요소들 각각을 분리해 내기 위해 세 번에 걸쳐 각각 다른 필터에 의해 스캔된다. 만들어진 3개의 행렬은 거의 완벽하게 일치해야 하며 이것이 다중분광 디지털 데이터셋을 나타낸다(Jensen and Jensen, 2013).

응한다는 것을 발견했다. 따라서 우리는 디지털 변환의 기준으로서 보편적으로 불투명도에 상용로그를 취한 **농도**($D_{i,j}$)를 사용한다.

$$D_{i,j} = \log_{10} O_{i,j} = \log\left(\frac{1}{\tau_{i,j}}\right) \qquad (2.3)$$

10%의 빛이 i, j에 위치한 특정한 영역에서 필름을 투과한다면 투과도는 1/10, 불투명도는 1/0.10 또는 10, 농도는 10에 상용로그를 취한 값인 1.0이다.

이미 언급했듯이, 농도계의 수신기에 의해 측정된 빛의 총량은 보통 디지털 밝기값($BV_{i,j,k}$)으로 변환되는데, 여기서 i, j, k는 사진에서 i번째 열, j번째 행, k번째 밴드에서의 위치를 의미한다. 각 라인의 스캔이 마무리되면 광원은 이전에 스캔한 라인과 연속되고 평형을 이루게끔 y축 방향으로 임의의 Δy만큼 이동한다. 광원이 영상을 가로질러 스캔함에 따라 수신기로부터 나온 연속적인 결과물은 일련의 화소단위 방식의 불연속적인 숫자값들로 변환된다. 이러한 아날로그에서 디지털로의 변환과정은 보통 0~255 사이의 값을 가지는 8비트로 기록되는 값들의 행렬을 산출한다. 이 자료들은 나중에 분석할 때 사용하기 위해 디스크나 테이프에 저장된다.

표 2-1은 다양한 축척의 항공사진이나 영상에 있어서 DPI(dots-per-inch)나 μm(마이크로미터)로 측정된 디지타이저 스캐닝 크기(IFOV)와 화소 단위의 지상 해상도 사이의 상관관계를 요약해서 보여 준다. DPI와 μm 간의 상호 변환 알고리듬 또한 제공된다. 크기가 12μm보다 작은 점에서의 영상을 스캔할 때 그 점이 필름의 활로겐화은 결정의 크기에 육박하기 때문에 스캔 결과 영상에 잡음이 많아지게 된다는 것도 기억해 주기 바란다.

단순한 흑백 사진은 단 하나의 밴드($k=1$)를 갖는다. 하지만 우리는 컬러 사진을 스캔하고자 할 때가 있는데, 이런 경우에는 필름의 각 염료층에 의해 투과된 빛의 총량을 측정하기 위해 특별히 설계된 세 종류의 필터를 사용한다(그림 2-2). 음화와 양화는 세 번에 걸쳐($k=1, 2, 3$) 매번 다른 필터가 스캔 과정에 적용된다. 이것은 컬러 혹은 컬러-적외선 항공사진에

표 2-1 DPI 또는 마이크로미터 단위로 측정된 스캐너의 순간시야각(IFOV)과 다양한 축척의 사진에서의 화소 해상도 간의 관계

스캐너 감지기의 순간시야각		다양한 축척의 사진에서의 화소 해상도(m)					
DPI	마이크로미터(μm)	1 : 40,000	1 : 20,000	1 : 9,600	1 : 4,800	1 : 2,400	1 : 1,200
100	254.00	10.16	5.08	2.44	1.22	0.61	0.30
200	127.00	5.08	2.54	1.22	0.61	0.30	0.15
300	84.67	3.39	1.69	0.81	0.41	0.20	0.10
400	63.50	2.54	1.27	0.61	0.30	0.15	0.08
500	50.80	2.03	1.02	0.49	0.24	0.12	0.06
600	42.34	1.69	0.85	0.41	0.20	0.10	0.05
700	36.29	1.45	0.73	0.35	0.17	0.09	0.04
800	31.75	1.27	0.64	0.30	0.15	0.08	0.04
900	28.23	1.13	0.56	0.27	0.14	0.07	0.03
1,000	25.40	1.02	0.51	0.24	0.12	0.06	0.03
1,200	21.17	0.85	0.42	0.20	0.10	0.05	0.03
1,500	16.94	0.67	0.34	0.16	0.08	0.04	0.02
2,000	12.70	0.51	0.25	0.12	0.06	0.03	0.02
3,000	8.47	0.33	0.17	0.08	0.04	0.02	0.01
4,000	6.35	0.25	0.13	0.06	0.03	0.02	0.008

유용한 변환식

DPI = dots per inch, μm = 마이크로미터, I = 인치, M = 미터
DPI에서 마이크로미터로 : μm = (2.54/DPI)10,000
마이크로미터에서 DPI로 : DPI = (2.54/μm)10,000
인치에서 미터로 : M = I×0.0254
미터에서 인치로 : I = M×39.37

화소 지상 해상도 계산

PM = 화소 크기(m), PF = 화소 크기(ft.), S = 사진 또는 지도 축척
DPI 사용 : PM = (S/DPI)/39.37 PF = (S/DPI)/12
마이크로미터 사용 : PM = (S×μm) 0.000001PF = (S×μm) 0.00000328
예를 들어, 만약 1 : 6,000 축척의 항공사진을 500DPI로 스캔한다면 화소 크기는 화소당 (6,000/500)/39.37 = 0.3048미터(m), 혹은 (6,000/500)/12 = 1.0피트(ft.)가 될 것이다. 만약 1 : 9,600 축척의 항공사진을 50.8μm에서 스캔한다면 화소 크기는 (9,600×50.8)×(0.000001) = 0.49미터(m), 혹은 (9,600×50.8)×(0.00000328) = 1.6피트(ft.)가 된다

서 발견된 각각의 염료층으로부터 분광정보를 추출하여 공동등록[1]된 세 밴드로 구성된 디지털 데이터셋을 생성하며 이렇게 만들어진 디지털 영상은 이후 일련의 영상처리에 사용된다.

드럼회전형 광학(rotating-drum optical-mechanical) 스캐너는 다소 다른 방식으로 스캔 작업을 수행한다(그림 2-3). 필름 양화는 유리로 된 회전형 드럼에 올려지는데 이는 드럼의 둘레의 한 부분을 형성하며, 광원은 드럼의 안쪽에 위치하게 된다. y축으로의 스캔은 드럼의 회전에 의해 이루어진다. x축은 드럼이 회전할 때마다 광원을 받아들이는 렌즈가 점진적으로 이동함에 따라 수집된다.

평판형 및 드럼회전형 극소농도계는 지도와 영상의 가장 정확한 래스터 디지털 변환 결과를 만들어 낸다. 극소농도계는 소프트카피 사진측량과 같이 매우 정밀한 표준을 수행하는 실험실이나 높은 품질의 래스터 디지털화를 소비자들에게 제공하는 서비스 회사들이 종종 보유하고 있다.

1 역주 : 밴드 사이의 동일한 기하를 뜻하며, 앞서 설명한 것처럼 각 밴드의 동일한 열과 행에는 같은 구조물(예 : 교차로)이 위치한다.

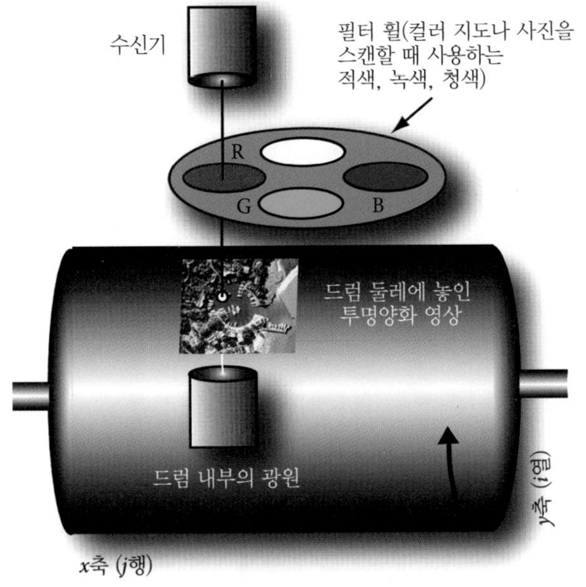

그림 2-3 드럼회전형 광학 스캐너는 원격탐사 자료가 회전하는 드럼 위에 놓여 드럼의 둘레의 한 부분을 형성하도록 하는 것을 제외하고는 평상형 극소농도계와 동일한 원리로 작동한다. 광원은 드럼 내부에 위치하며, 드럼은 y방향으로 연속적으로 회전한다. 일부 극소농도계는 필름을 스캔할 뿐 아니라 필름에 쓸 수도 있다. 그러한 경우, 광원(일반적으로 광다이오드 혹은 레이저)은 밝기값에 따라 각 화소를 노출하도록 조절된다. 이러한 것을 필름 편집기(라이터)라 부르며 상당히 괜찮은 하드카피 형태의 원격탐사 자료를 제공한다(Jensen and Jensen, 2013).

비디오를 이용한 디지털 변환

하드카피 영상을 비디오카메라로 찍은 후, 국가텔레비전시스템위원회(National Television System Committee, NTSC)에 의해 확립된 표준시야각 내에 있는 525행×512열 자료에 대한 아날로그-디지털 변환을 수행할 수 있다. 비디오를 이용한 디지털 변환은 아날로그 비디오카메라의 한 프레임을 동결하여 스캔하는 것을 의미한다. 하나의 비디오 입력 프레임은 대략 1/60초 만에 읽힐 수 있다. 프레임 입수기(frame grabber)로 알려진 고속의 아날로그-디지털 변환기는 자료를 스캔하면서 그것을 프레임 버퍼 기억장치에 저장한다. 그런 다음 기억장치는 주 컴퓨터에 의해 읽히고 디지털 정보는 디스크나 테이프에 저장된다.

비디오를 이용해 하드카피 영상을 디지털 변환하는 것은 매우 고속으로 처리된다. 하지만 그 결과물이 디지털 영상처리에 항상 도움이 되는 것은 아닌데, 그 이유는 다음과 같다.

- 다양한 비디오카메라 사이의 방사민감도 차이
- 스캔되는 영상의 중심으로부터 멀어질수록 윤곽이 흐려지는 (즉 빛이 감소하는) 현상

이러한 특징들은 영상으로부터 추출되는 스펙트럼의 특성에 영향을 줄 수 있다. 또한 비디콘 광학시스템에서 발생하는 기하학적인 왜곡현상이 디지털 원격탐사 자료로 전달되게 되는데, 이 때문에 이러한 식으로 스캔된 인접 영상들의 경계를 맞추는 것이 어렵다.

선형 및 면형배열 CCD를 이용한 디지털 변환

개인 컴퓨터 산업의 발달은 하드카피 음화나 인쇄물 또는 투명필름을 인치당 50~6,000화소로 스캔하는 데 이용할 수 있는 선형배열 CCD를 기반으로 한 평상형 및 데스크탑형 선형배열 스캐너의 발달을 촉진했다(그림 2-4a~c). 하드카피 사진은 유리 위에 놓이며, 스캐너의 광학시스템은 일정량의 빛으로 한 번에 하드카피 사진의 전체 라인을 조명한다. 선형으로 배열된 탐지기들은 배열을 따라 위치한 사진에 의해 반사 또는 투과된 빛의 총량을 기록하고 아날로그-디지털 변환을 수행한다. 선형배열은 y축 방향으로 옮겨지고, 또 다른 라인의 자료가 스캔된다.

현재 데스크탑형의 컬러 스캐너를 200달러 이하의 가격으로 구매할 수 있다. 다수의 디지털 영상처리 연구소가 하드카피 원격탐사 자료를 디지털 포맷으로 변환하기 위해 이러한 저가형 데스크탑 스캐너를 사용한다. 데스크탑형 스캐너들은 흑백 영상을 스캔할 때 놀라울 정도의 공간 정확도를 제공한다. 스캔하고자 하는 양화지에 역광조명을 부여하기 위하여 추가적으로 'transilluminator'를 구매할 수도 있다. 유감스럽게도 대부분의 데스크탑형 스캐너는 8.5×14in.에 맞추어 설계되었는데 대부분의 항공사진은 9×9in.다. 유사하게 대부분의 하드카피 지도는 8.5×14in.보다 크다. 이런 상황에서 분석가는 9×9in. 영상을 두 부분으로 나눠서(예 : 8.5×9in.와 0.5×9in.) 스캔한 다음에 두 조각을 디지털 방식으로 합쳐야 한다. 이와 같이 합치는 과정에서 방사 및 기하학적 오차가 발생할 수 있다. 따라서 이러한 모자이킹 과정을 최소화하기 위하여 품질 좋고 큰 사이즈의 스캐너를 사용하는 것이 선호된다. 좋은 품질의 12×16in.의 스캐너는 그림 2-4b에 보이고 있다.

어떤 디지타이징 시스템은 면형 CCD 기술을 사용한다(그림 2-4c). 이러한 시스템은 원본 양화와 음화 필름을 사각형의 연속적인 부분이나 타일과 같은 형태로 스캔한다. 이때 각 타일 지역에 존재하는 불규칙적인 조명 상태를 조율하기 위하여 방

선형배열 CCD

|◄— 3,000 포토사이트 —►|

a.

면형배열 CCD

c.

선형배열 CCD 평상형 스캐너

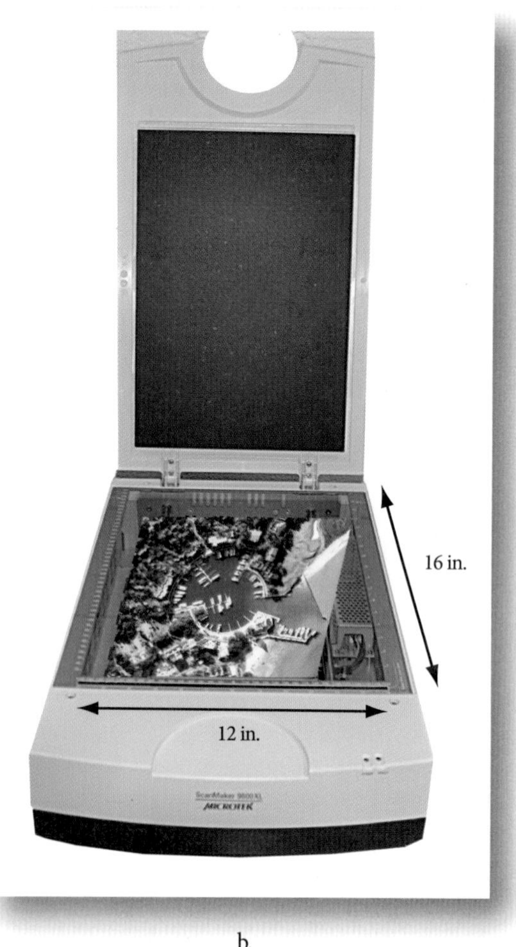

b.

그림 2-4 a) 3,000개의 포토사이트로 구성된 CCD 선형배열. b) 12×16in. 사이즈의 지도나 항공사진을 디지타이징할 수 있는 선형배열 CCD 기술에 기반한 대형 평상형 스캐너. 9×9in.의 항공사진을 한 번에 디지타이징하는 데 매우 유용하다. c) 면형배열 CCD 기술에 기초한 영상 스캐너(Jensen and Jensen, 2013).

사 보정 알고리듬이 사용된다. 컬러 영상을 스캔하는 경우에 있어서는 사각 영상 구획에 스캐너가 멈춰 서서는 각 컬러 필터(청색, 녹색, 적색)를 사용하여 연속적으로 정보를 획득하고 다른 구획으로 이동한다.

흑백 또는 컬러 영상을 스캔할 경우에 그림 2-5a, b에 보인 바와 같은 특정한 그레이 스케일(Gray Scale)과 컬러 컨트롤 패치(Color Control Patch) 카드를 사용하는 것이 현실적으로 유용하다. US NARA(U. S. National Archives and Records Administration)는 이러한 카드가 디지털화하고자 하는 지도나 영상 옆에 놓여야 한다고 권고하고 있다(Puglia et al., 2004). 디지털화를 수행한 후, 분석가는 그레이 스케일 또는 컬러 패치의 백색, 회색, 흑색 부분의 적, 녹, 청(RGB) 색상값의 품질을 컴퓨터 스크린 상에서 살펴보아야 한다. 이러한 백색, 회색, 흑색 부분의 RGB값이 목표치 범위에 존재할 경우, 디지털화가 성공적으로 이루어진 것으로 간주할 수 있다. 이들의 RGB값이 목표치 범위 밖에 존재할 경우, 색상의 조정이 수행되어야 하고 영상이나 지도는 RGB값이 목표치 범위에 들 때까지 다시 디지털화되어야 한다.

NAPP의 디지털 변환 자료

NAPP(National Aerial Photography Program)는 NHAP(National High Altitude Aerial Photography)의 대안으로서 시행되었다. NAPP의 목적은 컬러-적외선 또는 흑백필름을 이용하여 1 : 40,000 축척으로 미 전역에 대해 연속적인 자료를 수집하고 이를 보관하기 위한 것이다. 항공사진은 6in. 초점거리 카메라에 의해 지상(AGL) 20,000ft. 상공에서 수집된다. 항공사진은 주로

사진이나 지도 스캔 시 옆에 놓이는 그레이 스케일과 컬러 컨트롤 패치

© The Tiffen Company, 2000
KODAK Gray Scale
C Y M
Kodak LICENSED PRODUCT
A 1 2 3 4 5 6 M 8 9 10 11 12 13 14 15 B 17 18 19

	A 중화된 흰색점	M 중화된 중간점	19 중화된 검은점	B 대안적 검은점
목표점	R G B 242 242 242	R G B 104 104 104	R G B 12 12 12	R G B 24 24 24
목표점을 위한 수용가능 범위	239~247	100~108	8~16	20~28

a.

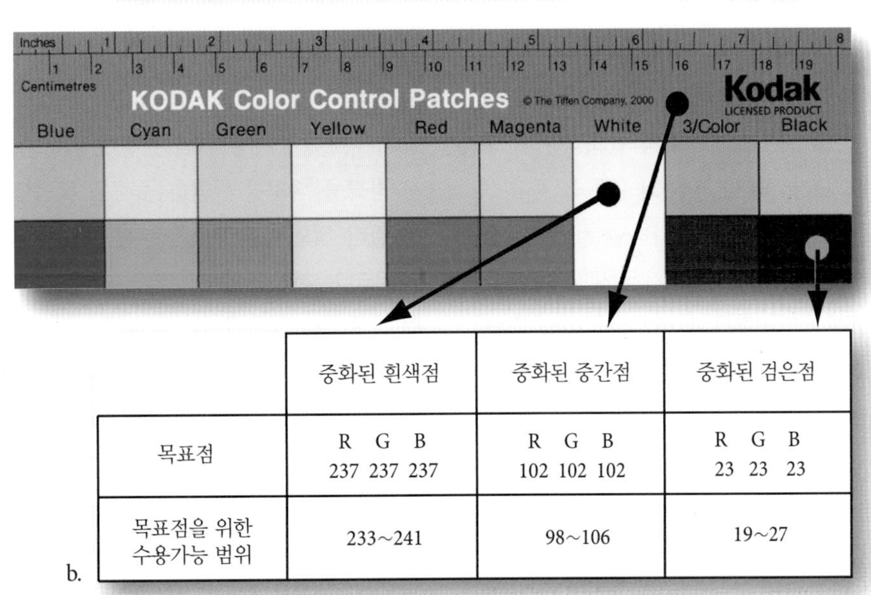

	중화된 흰색점	중화된 중간점	중화된 검은점
목표점	R G B 237 237 237	R G B 102 102 102	R G B 23 23 23
목표점을 위한 수용가능 범위	233~241	98~106	19~27

b.

그림 2-5 a) 그레이 스케일 카드는 흑백 사진이 스캔될 때 옆에 놓인다. 흰색점, 중간점, 검은점의 디지털 파일 내 RGB값이 표의 목표점들의 RGB값들과 최대한 근접한 값을 갖도록 하는 것이 목표이다. b) 컬러 컨트롤 패치 카드는 컬러 항공사진이 스캔될 때 그 옆에 놓인다(U.S. National Archives and Records Administration; Puglia et al., 2004; Jensen and Jensen, 2013 제공).

5년 단위로 얻어지는데 이로부터 범국가적인 영상 데이터베이스를 구축하고 이러한 데이터베이스는 사우스다코타 주 수폴스에 있는 EROS Data Center나 유타 주 솔트레이크시티에 있는 Aerial Photography Field Office를 통해 쉽게 이용할 수 있다.

고해상도 NAPP 사진은 사진판독을 통해 풍부한 정보를 제공하는데, 이것을 스캔하여 표준 투영법에 의해 보정한 후에는 고해상도의 기본도로 사용하여 필지경계, 공공시설라인, 조세 자료 등과 같은 다른 GIS 정보를 중첩시켜 분석할 수 있다. Light(1993)는 NAPP 자료를 국가 지도 정확도 표준에 맞는 디지털 항공사진 데이터베이스로 변환하는 최적의 방법을 요약하였다. 15μm 크기의 측점을 이용한 극소농도계로 스캔할 경우 원본 NAPP 사진에서 분해가능한 27lp/mm(밀리미터당 라인쌍)의 공간해상도를 유지한다. 이러한 과정은 일반적으로 원본의 대비에 따라 1×1m의 지상 공간해상도를 갖는 디지털 데이터셋을 산출하며, 이는 대부분의 토지피복도와 토지이용도에 대한 사용자 요구를 만족시킨다.

스캔된 정보는 원한다면 컬러별로 분리하여 각각 분리된 정보대역으로 나눌 수 있다. 15μm의 스캔 측점 크기는 좌표 측정이 컴퓨터와 모니터 화면으로 이루어지는 대부분의 디지털 소프트카피 사진측량을 지원한다(Light, 1993). 스캔된 NAPP 자료는 높은 공간해상도의 GIS 기본도만큼이나 유용하기 때문에 미국의 많은 주들은 미 지질조사국(U.S. Geological Survey, USGS)과 공동출자 협력관계를 맺었고, NAPP 자료를 스캔하여 디지털 정사사진 지도를 구축하였다. 다량의 NAPP 자료가 스캔되어 디지털 정사사진 도엽으로 변환되었다(Light, 1996).

디지털 변환 시 고려사항

항공사진이나 기타 하드카피 원격탐사 자료를 스캔하는 것과 관련하여 몇 가지 기본적인 지침이 있다.

첫째, 스캔된 원격탐사 자료를 다루는 사람은 원본 영상의 축척과 바람직한 공간해상도(예 : 1,000dpi로 스캔하여 1×1m 공간해상도의 결과물을 만드는 1 : 40,000 축척의 항공사진, 표 2-1 참조)에 기초하여 어떤 dpi(200dpi, 1,000dpi 등)를 사용할지 결정해야 한다. 예를 들어, 그림 2-6에 나타난 스리마일섬(Three Mile Island) 지역의 스캔된 NAPP 사진을 생각해 보자. 1 : 40,000 축척의 원본 전정색 사진을 1,000dpi에서 25dpi로 낮춰 가며 스캔하였다. USGS는 디지털 정사사진 도엽을 만들기 위해 일반적으로 NAPP 사진을 1,000dpi로 스캔한다. 어떠한 실용적인 목적을 위해서든 150dpi 이상으로 스캔한 경우에는 어떠한 중대한 품질 차이도 인쇄된 페이지에서는 시각적으로 분간하기 어렵다. 정보의 내용물은 72dpi에서 25dpi로 해상도를 낮춰 가며 스캔함에 따라 점진적으로 악화되고, 영상 속의 각각의 사물은 파악하기 매우 어렵게 된다. 하지만 그림 2-6의 아래쪽의 9개의 사진처럼 다양한 스캔 자료를 CRT 화면에서 보면서 확대시켰을 때, 1,000dpi와 같이 보다 높은 해상도에서 스캔한 자료가 100dpi 정도의 낮은 해상도에서 스캔한 자료보다 훨씬 많은 정보량을 갖는다는 것은 확실하다.

두 번째 일반적인 원칙은 대축척의 영상을 스캔할 때 시각적으로 허용할 만한 영상을 얻기 위해 일반적으로 300~1,000dpi 정도의 과도하게 높은 비율로 스캔할 필요가 없다는 것이다. 예를 들어서, 하와이 주 와이키키의 주차장에 있는 자동차를 헬리콥터에서 찍은 대축척의 사진을 10dpi에서 1,000dpi까지의 해상도로 스캔한 것이 그림 2-7에 나와 있다. 다시 말해, 높은 스캔 해상도(예 : 1,000, 500, 300, 200dpi)에서의 정보의 품질을 볼 때 가시적인 차이점은 거의 없다고 할 수 있다. 하지만 100dpi 또는 72dpi로 스캔한 영상이라도 원본 항공사진이 아주 큰 축척으로 제작되었기 때문에 여전히 인쇄된 출력물은 상세한 정보를 포함하고 있다는 점에 주목해야 한다.

스캔된 영상의 특정 위치에서의 밝기값($BV_{i,j,k}$) 또는 농도($D_{i,j}$)는 실세계 좌표의 동일한 위치($O_{x,y}$)에서 반사된 에너지와 어떤 관계가 있다. 과학자들은 1) $O_{x,y}$에 위치한 지구 상의 1×1m 지점의 생물량 등과 같은 현장에서의 측정값과, 2) 사진에서 정확한 지점에 위치한 사물의 밝기값($BV_{i,j,k}$) 또는 농도값을 농도계로 측정한 것을 서로 비교함으로써 이러한 관계를 활용한다. 현장과 사진 속에 충분한 양의 표본만 있다면 실세계의 공간과 영상 안에서의 공간 간의 상호관계로 발전시키는 것도 가능하다. 이것이 디지털 항공사진의 중요한 용도이다.

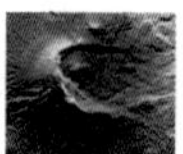

디지털 원격탐사 자료수집

앞에서는 항공사진이나 다른 형식의 하드카피 형태의 원격탐사 자료를 디지털 변환하는 것을 살펴보았다. 스캔된 컬러 또는 컬러-적외선 항공사진은 세 밴드의 다중분광 데이터셋으로 간주된다. 적절하게 스캔된 자연컬러 항공사진은 디지털 자료의 청색, 녹색, 적색 밴드로 변환될 수 있다. 스캔된 컬러-적외선 항공사진은 디지털 자료의 녹색, 적색, 근적외선 밴드로 변환될 수 있다. 비록 다양한 응용분야에서 이들 세 밴드 다중분광 데이터셋으로 충분하지만, 특정 용도에 있어서는 전자기 스펙트럼의 최적 분광대역에서 보다 많은 분광밴드가 유용할 때가 있다. 다행히 광학 공학자들은 전자기 스펙트럼 안에서 수많은 대역폭에 대해서 민감한 감지기를 발명해 왔다. 감지기에 의한 측정값들은 보통 디지털 형식으로 저장된다.

다중분광 원격탐사(multispectral remote sensing)는 전자기 스펙트럼의 다중 밴드에서 물체 또는 영역으로부터 반사, 방출, 또는 후방산란된 에너지를 수집하는 것으로 정의된다. **초분광 원격탐사**(hyperspectral remote sensing)는 수백 개의 밴드에서 영상을 수집하며 **울트라분광 원격탐사**(ultraspectral remote sensing)는 보다 더 많은 밴드에서 영상을 수집한다. 대부분의 다중분광과 초분광 원격탐사 시스템은 디지털 형식으로 영상을 수집한다. 이번 장의 나머지 부분에서는 과거, 현재, 그리고 계획 중인 다중분광 및 초분광 원격탐사 시스템의 특성에 대해 소개한다.

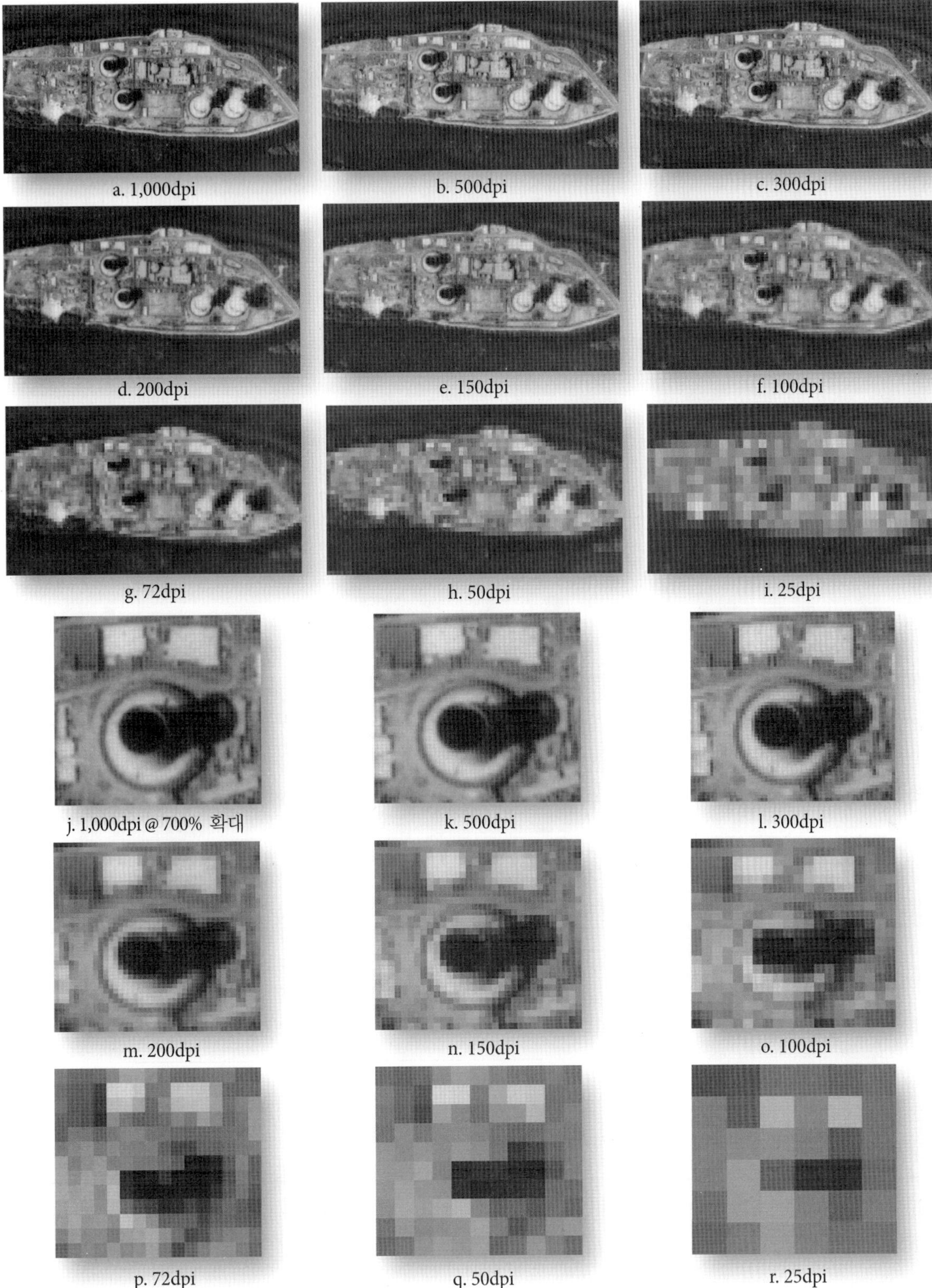

그림 2-6 펜실베이니아 주 스리마일섬의 NAPP 사진을 1,000dpi에서 25dpi까지 다양한 해상도에서 스캔하였다. 원본 9×9in. 수직 항공사진은 1987년 9월 4일에 1 : 40,000 축척으로 20,000ft. 상공에서 수집되었다. 1,000dpi에서 스캔한 결과는 1×1m 화소를 가진다(표 2-1 참조). 위쪽 9개의 영상은 대략적인 원본 축척에서 프린트된 반면 아래 9개 영상은 대략적 정보 내용을 보여 주기 위해 확대되었다(NAPP 사진 제공 : USGS).

다양한 DPI에서 스캔한 대축척 수직 항공사진

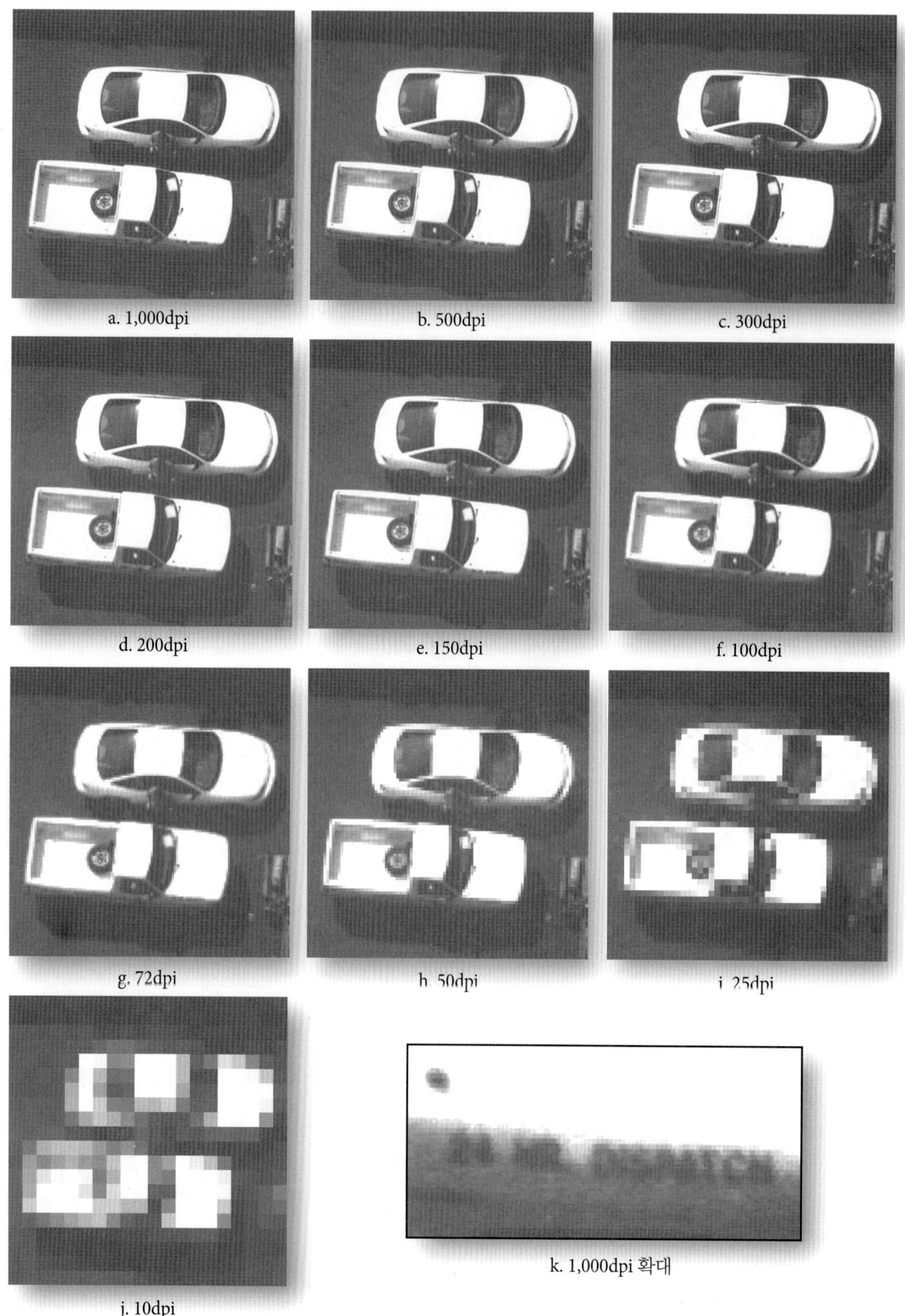

그림 2-7 하와이 주 와이키키의 주차장에 있는 차를 찍은 대축척의 전정색 항공사진을 스캔하였다. 원본 사진은 헬리콥터 탑재체에서 수집되었으며 1,000dpi에서 10dpi로 변화시키면서 스캔하였다. 사진을 1,000dpi에서 스캔하여 확대시켰을 때 차량 위의 "24HR DISPATCH"라는 문구를 확인할 수 있다.

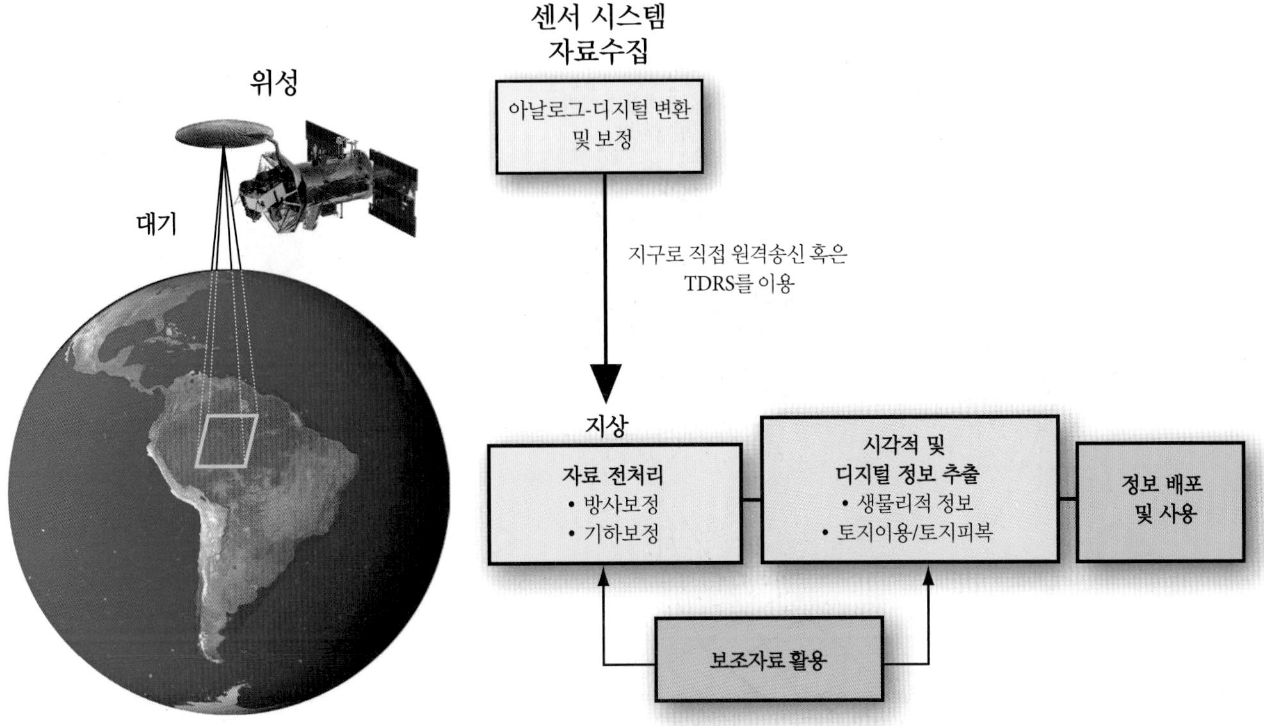

그림 2-8 디지털 원격탐사 자료를 유용한 정보로 변환하는 방법에 대한 개괄. 감지기에 의해 기록된 자료는 종종 아날로그 전자 신호에서 디지털값으로 변환되고 보정된다. 지상에서의 전처리는 방사 및 기하학적 왜곡을 제거한다. 여기에는 (*x*, *y*) 좌표를 가진 지도나 수치고도모델(DEM)과 같은 보조자료를 사용할 수도 있다. 그런 다음 자료에서 시각적 혹은 디지털 분석을 통해 생물리적 혹은 토지이용/토지피복 정보가 추출된다. 미래의 센서 시스템은 원격탐사 시스템 자체에서 전처리와 정보 추출이 이루어질 것이다(지구의 '블루 마블' 영상 제공 : NASA Earth Observatory).

디지털 원격탐사 자료가 어떻게 유용한 정보로 만들어질 수 있는가에 대한 개괄은 그림 2-8에 나와 있다. 원격탐사 시스템은 우선 관심 현상에서 나와 대기를 통과하는 전자기에너지를 감지한다. 감지된 에너지는 보통 아날로그 전자 신호로 기록되어 아날로그-디지털 변환을 통해 디지털값으로 변환된다. 항공기 탑재체가 이용된다면 디지털 자료는 간단하게 지상으로 가져올 수 있다. 하지만 위성 탑재체를 이용한다면 디지털 자료는 지구의 수신센터로 추적 및 자료 중계 위성(Tracking and Data Relay Satellites, TDRS)을 통해 직간접적으로 원격전송되어야 한다. 두 경우 모두, 디지털 원격탐사 자료의 판독성을 높이기 위해 방사 및 기하보정과 같은 전처리과정이 필요할 수 있다. 그런 다음, 자료는 이후의 인간에 의한 시각적 분석이나 디지털 영상처리 알고리듬을 이용한 분석을 위해 강조될 수도 있다. 시각적 분석 및 디지털 영상처리에 의해 추출된 생물리적 정보나 토지이용 혹은 토지피복 정보는 의사결정에 도움을 준다.

매우 다양한 디지털 다중분광 및 초분광 시스템이 존재하지만, 그들 각각의 상세한 정보를 제공하는 것은 이 책의 범위를 벗어난다. 하지만 지구 자원 탐사에 있어서 현재 중요한 가치를 갖거나 또는 앞으로 그렇게 될 만한 원격탐사 시스템을 선별하여 살펴보는 것은 가능하다. 이를 그림 2-9에 요약하였으며 사용된 원격탐사 기술의 종류에 따라 분류하였다.

분리형 감지기 및 스캐닝 거울을 사용한 다중분광 영상

- Landsat Multispectral Scanner(MSS)
- Landsat Thematic Mapper(TM)
- Landsat 7 Enhanced Thematic Mapper Plus(ETM^+)
- NOAA Geostationary Operational Environmental Satellite (GOES)
- NOAA Advanced Very High Resolution Radiometer(AVHRR)
- NPOESS Preparatory Project(NPP)

선형배열을 이용한 다중분광 영상

- Landsat 8(선형배열 '푸쉬브룸')
- SPOT Image, Inc.(SPOT 1~7 and Vegetation 센서)
- European Space Agency(Pleiades 1A & 1B)

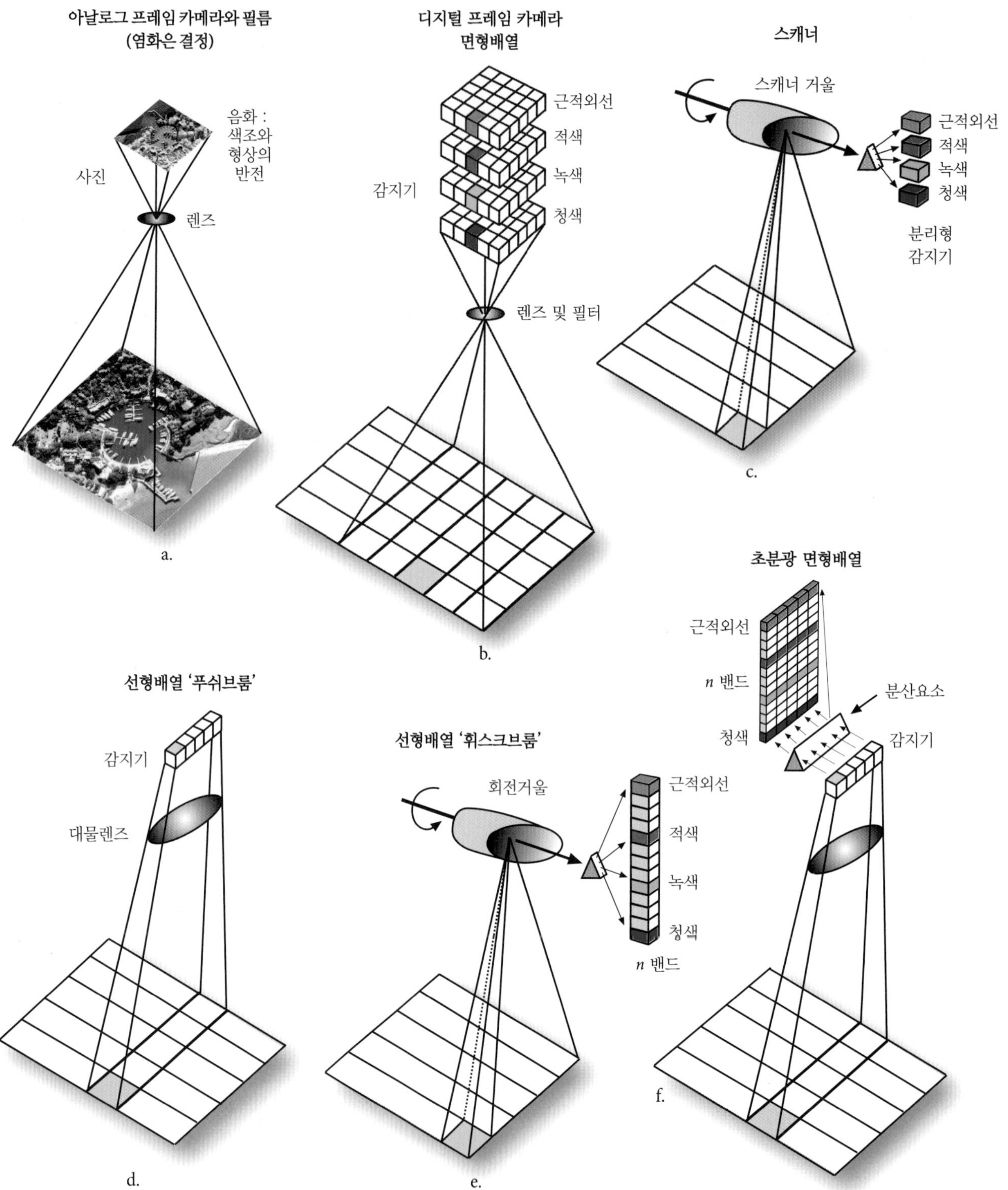

그림 2-9 다중분광 및 초분광 자료수집에 사용되는 여섯 종류의 원격탐사 시스템. a) 전형적인 아날로그 (필름) 항공사진 시스템. b) 면형배열에 기초한 디지털 프레임 카메라 항공사진 시스템. c) 스캐닝 거울 및 분리형 감지기를 이용한 다중분광 영상 시스템. d) 선형배열을 이용한 다중분광 영상 시스템[종종 '푸쉬브룸(pushbroom)' 기술이라 불림]. e) 스캐닝 거울과 선형배열을 이용한 영상 시스템[종종 '휘스크브룸(whiskbroom)' 기술이라 불림]. f) 선형 및 면형배열을 이용한 영상 분광측정 시스템.

표 2-2 Landsat MSS와 Landsat TM 4 및 5 센서 시스템 특성

	Landsat MSS		Landsat TM 4 및 5	
	밴드	**분광해상도(μm)**	**밴드**	**분광해상도(μm)**
	4[a] 녹색	0.5~0.6	1 청색	0.45~0.52
	5 적색	0.6~0.7	2 녹색	0.52~0.60
	6 근적외선	0.7~0.8	3 적색	0.63~0.69
	7 근적외선	0.8~1.1	4 근적외선	0.76~0.90
	8[b] 열적외선	10.4~12.6	5 단파적외선	1.55~1.75
			6 열적외선	10.40~12.5
			7 단파적외선	2.08~2.35
연직방향 순간시야각	밴드 4~7 : 79×79m, 밴드 8 : 240×240m		밴드 1~5, 7 : 30×30m, 밴드 6 : 120×120m	
자료수집 속도	15Mb/s		85Mb/s	
방사해상도	6비트(0~63)		8비트(0~255)	
주기	Landsat 1, 2, 3 : 18일, Landsat 4, 5 : 16일		Landsat 4, 5 : 16일	
고도	919km		705km	
관측폭	185km		185km	
경사각	99°		98.2°	

[a] MSS 밴드 4, 5, 6, 7은 Landsat 4와 5에서는 밴드 1, 2, 3, 4가 되었다.
[b] MSS 밴드 8은 Landsat 3에서만 존재했다.

- Indian Remote Sensing System(IRS, CartoSat, ResourceSat)
- Korean Aerospace Research Institute(KOMPSAT)
- Astrium, Inc.(Sentinel-2)
- NASA Terra Advanced Spaceborne Thermal Emission and Reflection Radiometer(ASTER)
- NASA Terra Multi-angle Imaging Spectroradiometer(MISR)
- Space Imaging/GeoEye, Inc.(IKONOS, GeoEye-1)
- EarthWatch/DigitalGlobe, Inc.(QuickBird, World-View-1, -2, -3)
- ImageSat International, Inc.(EROS A1 & A2)
- RapidEye, Inc.

선형 및 면형배열을 이용한 영상 분광측정

- NASA Earth Observer(EO-1) Advanced Land Imager(ALI), Hyperion, LEISA Atmospheric Corrector(LAC)
- NASA Jet Propulsion Laboratory Airborne Visible/Infrared Imaging Spectrometer(AVIRIS)
- Itres, Inc., Compact Airborne Spectrographic Imager(CASI-1500)
- NASA Terra Moderate Resolution Imaging Spectrometer (MODIS)
- NASA HyspIRI

항공 디지털 카메라

- UltraCAM
- Leica

위성 아날로그 및 디지털 사진 시스템

- NASA Space Shuttle and International Space Station Imagery

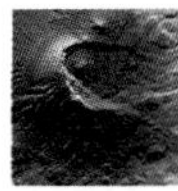

분리형 감지기와 스캐닝 거울을 이용한 다중분광 영상

분리형 감지기와 스캐닝 거울을 이용한 다중분광 원격탐사 자료의 수집은 1960년대 중반부터 시작되었다. 이 기술은 좀 오래되긴 했어도 아직까지 몇몇 새로운 원격탐사 시스템에서 사용하고 있다.

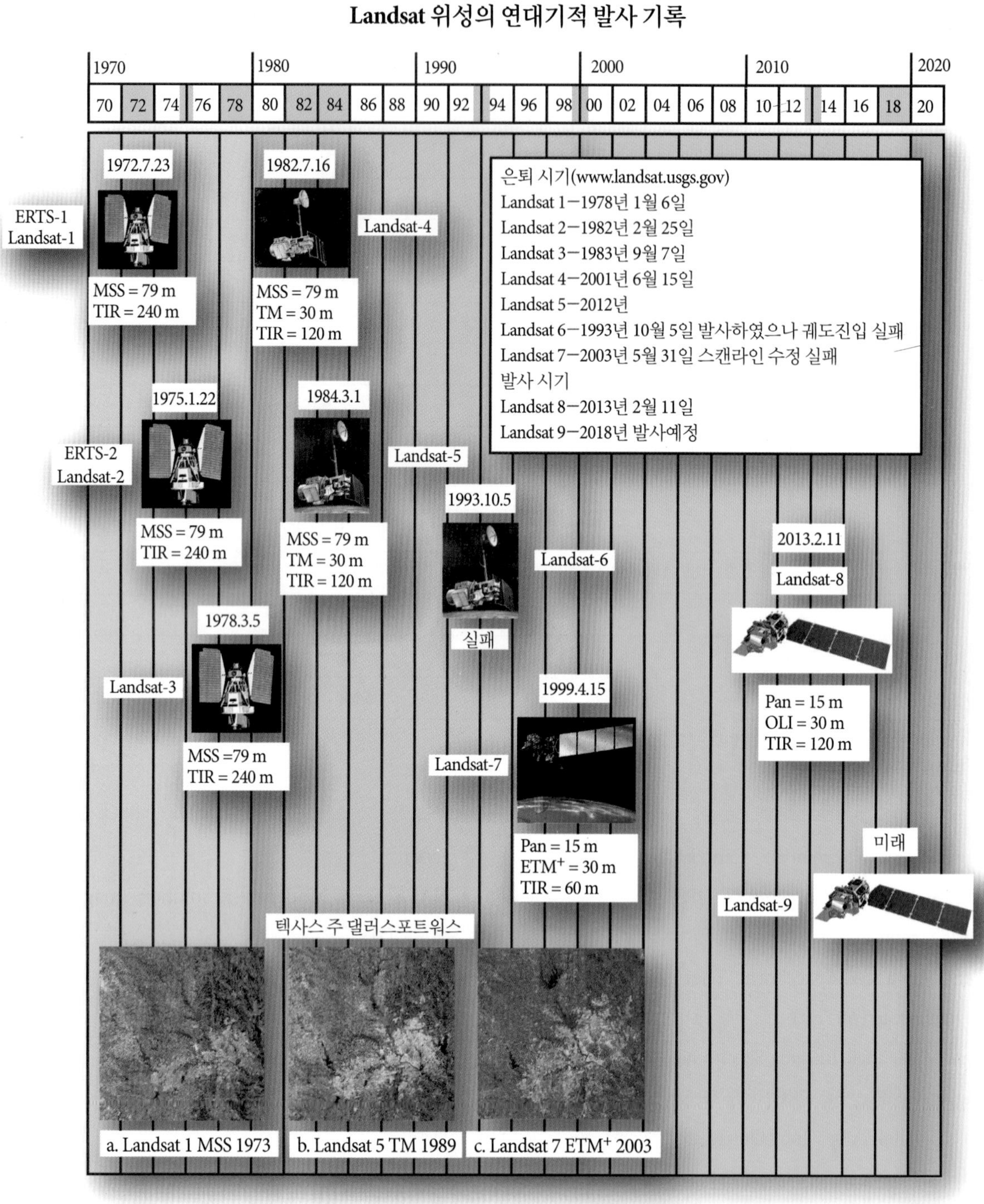

그림 2-10 Landsat 위성의 발사, 은퇴, 그리고 발사예정에 대한 연대기. 텍사스 주 댈러스포트워스의 Landsat 다중시기 영상(Jensen et al., 2012에서 업데이트)

ERTS 프로그램과 Landsat 1~7 센서 시스템

1967년, 미 항공우주국(National Aeronautics and Space Administration, NASA)은 미 내무성(U.S. Department of the Interior)의 지원을 받아 ERTS(Earth Resource Technology Satellite) 프로그램에 착수했다. 이 프로그램은 지구 자원 정보 획득에 제일 적합하도록 디자인된 다양한 원격탐사 시스템을 탑재한 5개의 위성을 궤도에 올렸으며, 이들 중 가장 주목할 만한 센서는 Landsat MSS(MultiSpectral Scanner)와 Landsat TM(Thematic Mapper)이다(표 2-2). Landsat 프로그램은 1972년 이후로 자료를 수집해 온 미국의 가장 오래된 지구관측 위성

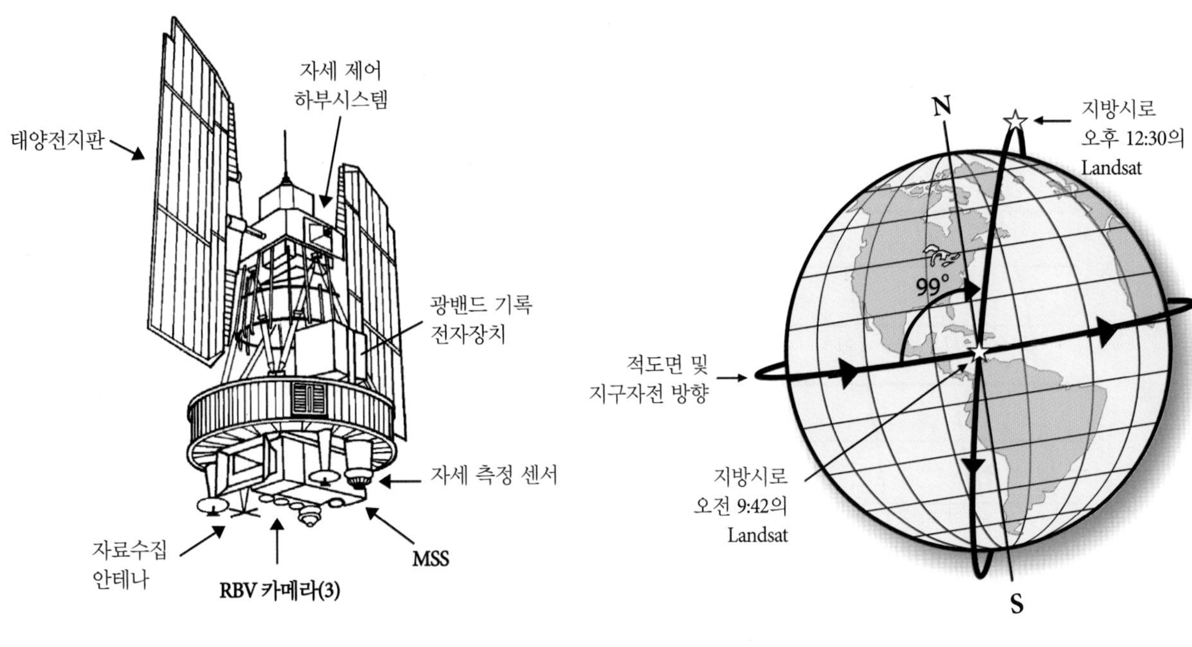

a. 난운 스타일의 Landsat MSS 1, 2, 3 플랫폼

b. 태양동주기 궤도 경사

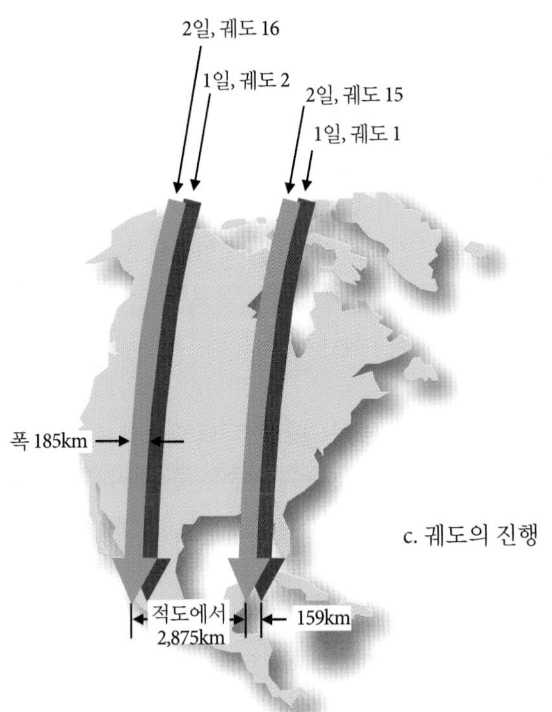

c. 궤도의 진행

그림 2-11 a) Landsat 1, 2, 3호에 사용된 난운 스타일 플랫폼과 관련된 센서 및 원격통신 시스템. b) 태양동주기 궤도를 유지하기 위한 Landsat 궤도의 경사. c) 한 궤도에서 다음 궤도까지 위성 직하부의 위치는 지구가 자전함에 따라 적도에서 2,875km 이동한다. 다음 날, 즉 14개의 궤도를 지난 다음, 원래 위치의 바로 뒤에 궤도가 위치하게 되는데 15번째 궤도가 첫 번째 궤도로부터 서쪽으로 대략 159km 정도 떨어져 위치한다. 이는 동일한 지리영역이 어떻게 반복적으로 수집되는지를 보여 준다.

시스템이다. 이 위성들은 관리와 자금원에 있어 혼란스러운 역사를 갖고 있다.

연대순으로 Landsat 위성의 역사를 보면 그림 2-10과 같다. 1972년 7월 23에 발사된 ERTS-1 위성은 무인 위성에 의한 지구자원 자료수집의 타당성을 검증하기 위해 고안된 첫 번째 실험적인 시스템이었다. NASA는 1975년 1월 22일 ERTS-B를 발사하기에 앞서 ERTS 프로그램의 이름을 1978년 6월 26일에 발사된 해색 레이다 위성 *Seasat*과 구별하여 *Landsat*으로 변경하였다. 이때 ERTS-1의 이름을 소급 적용하여 Landsat 1호로 불렀으며, ERTS-B는 발사되면서 Landsat 2호가 되었다. Landsat 3호

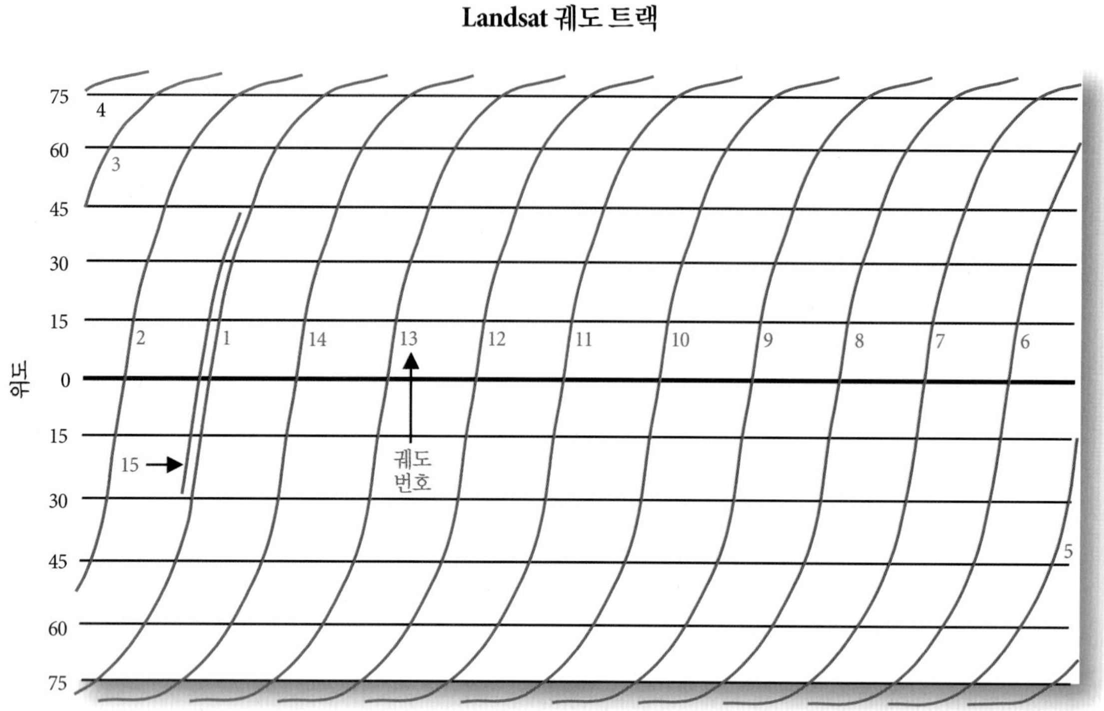

Landsat 궤도 트랙

그림 2-12 Landsat 1, 2, 3호의 하룻동안의 궤도 트랙. 위성은 매 103분마다 적도를 통과하며, 그 시간 동안의 지구자전에 의해 궤도 간 거리는 적도에서 2,875km이다. 하루에 14궤도를 돈다.

는 1978년 3월 5일 발사되었고, Landsat 4호와 5호는 1982년 7월 16일과 1984년 3월 1일에 각각 발사되었다.

EOSAT(Earth Observation Satellite Company)는 1985년 9월에 Landsat 위성의 통제권을 획득했다. 유감스럽게도 15×15m 전정색 밴드가 추가된 ETM(Enhanced Thematic Mapper) 센서를 장착한 Landsat 6호 위성은 1993년 10월 5일 궤도에 오르는 데 실패하였고, 이어 ETM^+(Enhanced Thematic Mapper Plus) 센서 시스템을 장착한 Landsat 7호가 1999년 4월 15일에 발사되었다. Landsat 계획의 보다 자세한 역사에 대해서는 EROS Data Center에서 출판한 *Landsat Data User Notes*와 Space Imaging사의 *Imaging Notes*, NASA Landsat 7 홈페이지(NASA Landsat 7, 2014)와 Irons 등(2012), Loveland와 Dwyer(2012)를 참조하기 바란다.

Landsat 1~3호는 발사되어 명목 고도 919km(570mi) 상에서 지구 주변의 원형 궤도를 돌았으며 그 탑재체는 그림 2-11a에 나와 있다. 이 위성들은 99°의 궤도 경사각을 가졌는데 이 때문에 궤도는 거의 극지방에 가깝게 통과하였으며(그림 2-11b), 적도에서는 극방향에 대해 대략 9° 기울어져 통과하게 되었다. 위성은 매 103분마다 지구를 한 바퀴씩 순회하며, 하루에 14개의 궤도를 가지게 된다(그림 2-11c). 이러한 태양동주기 궤도는 궤도면이 지구가 태양 주위를 따라 이동하는 것과 동일한 각속도로 지구 주위를 회전하는 것을 뜻한다. 이러한 궤도 특성 때문에 위성은 대략 동일한 지방시(오전 9시 30분~10시)에 적도를 지난다.

그림 2-11c와 2-12는 대상지역에 대해서 주기적으로 자료를 수집하는 과정을 설명한 그림이다. 하나의 궤도로부터 다음 궤도까지 적도 상에서 위성의 위치가 2,875km 정도 이동하게 된다. 14개의 궤도 후에 원래의 위치로 되돌아오며, 15번째 궤도는 적도 상에서 서쪽으로 159km 이동하게 된다. 이러한 과정이 18일 동안 계속되며, 따라서 Landsat 위성은 지구 전체(남북위 81° 이상은 제외)에 대한 자료를 수집하는 데 18일이 소요되며, 동일한 지역에 대한 자료는 1년에 약 20번 정도 수집된다. 서로 인접한 궤도는 약 26km 정도의 자료 중복이 발생한다. 자료의 최대 중복은 북위와 남위 81° 상에서 발생하는 약 85% 정도이며, 최소 중복은 적도 상에서 발생되는 약 14% 정도이다. 이는 중복된 지역의 입체분석에 유용하다.

원격탐사 자료(예 : Landsat MSS, Thematic Mapper, ETM^+)가 특정한 지역에서 이용될 수 있는지를 결정지을 수 있는 근

Landsat 원격 센서 자료의 위치 결정에 사용되는 USGS *Global Visualization Viewer*

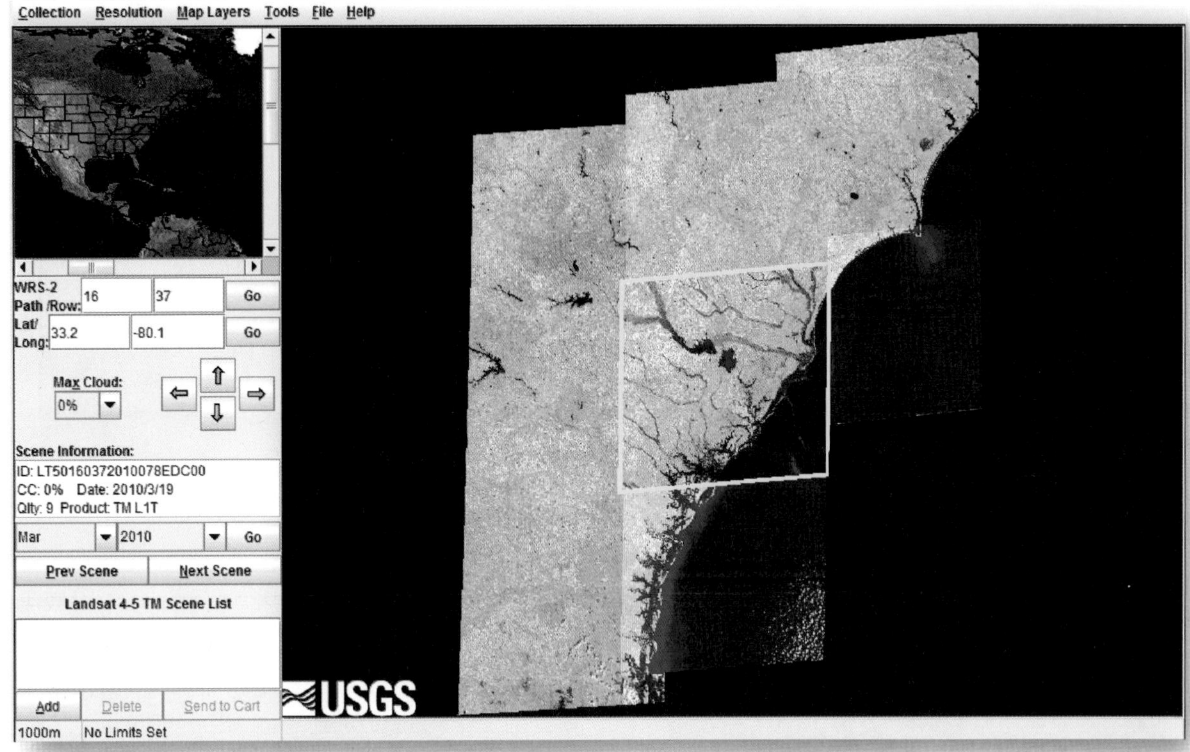

a. 사우스캐롤라이나 주 찰스턴의 Lansat 4-5 TM 영상 탐색
(탐색조건 : Path 16, Row 37, 2010년 3월, 운량 0%, 리샘플 1,000m 화소)

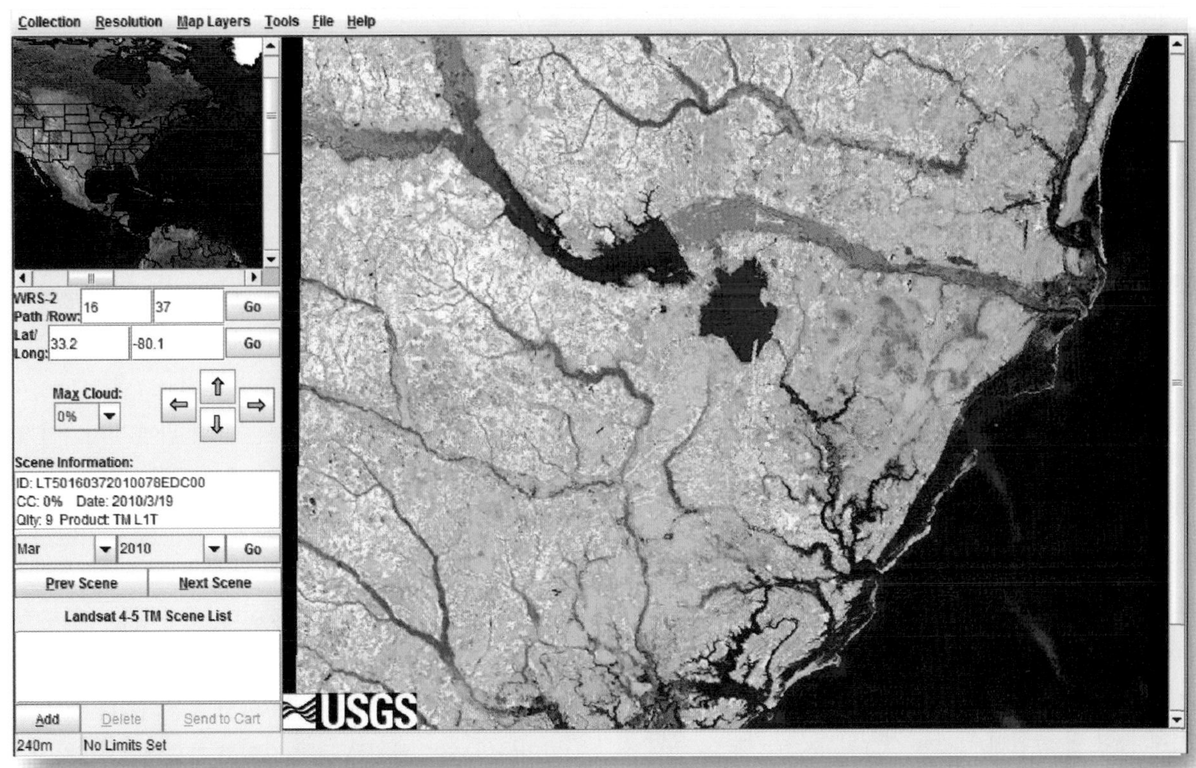

b. 사우스캐롤라이나 주 찰스턴의 Lansat 4-5 TM 영상 탐색(리샘플 240m 화소)

그림 2-13 사우스캐롤라이나 주 찰스턴의 Landsat TM 영상 위치 결정을 위한 USGS *Global Visualization Viewer* 사용

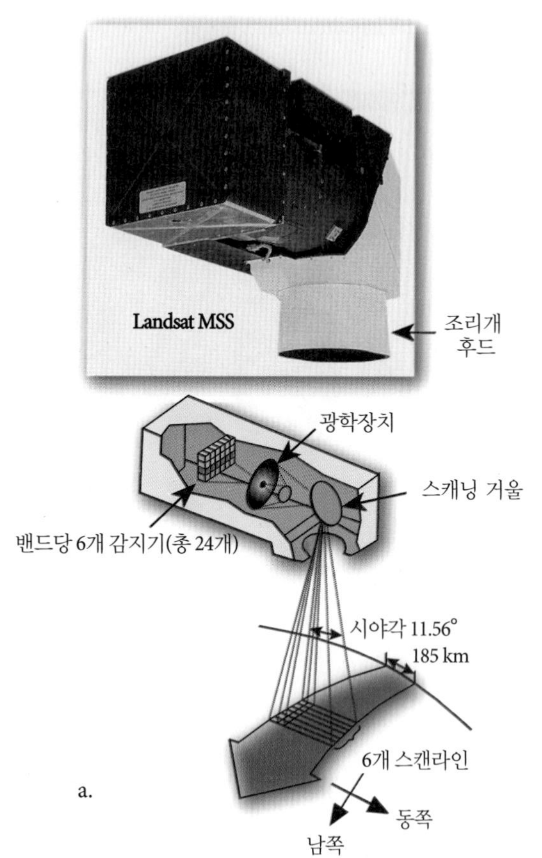

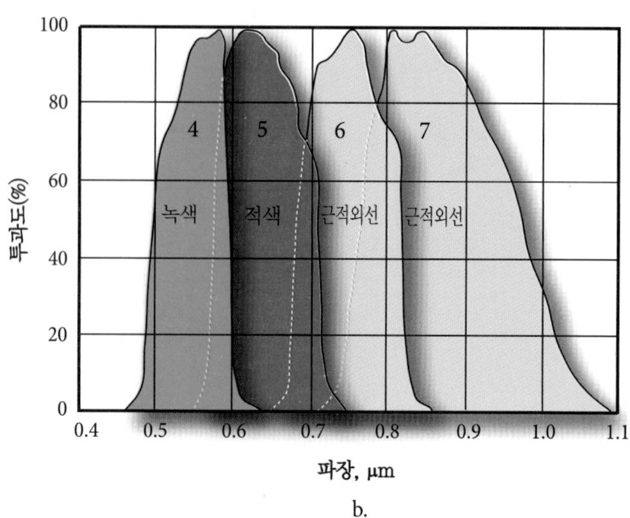

그림 2-14 a) Landsat 1~5호에 탑재된 Landsat MSS 시스템의 주요 구성성분(Landsat 3호는 또한 열적외선 밴드도 가지고 있음). 24개의 감지기(4개 밴드의 각각에 대해 6개씩)는 79×79m의 순간시야각에서 지구로부터 정보를 측정한다. b) Landsat MSS 밴드폭. 실제로는 일반적으로 분류해 놓은 구간과 시작과 끝이 일치하지 않음에 주목할 필요가 있다.

사한 방법은 USGS의 *Global Visualization Viewer*(USGS GloVis, 2014)를 사용하는 것이다. 예를 들어, 사우스캘리포니아 주 찰스턴 지역의 Landsat TM 영상의 배치에 관심을 가지고 있다고 가정하자. 우리는 Global Visualization Viewer에 들어가서 WRS Path 16과 Row 37을 입력하여 해당 데이터베이스를 찾을 수 있다(그림 2-13a 참조). 만약 우리가 해당지역의 path와 row를 알지 못할 경우, a) 커서를 지역 지도 상으로 옮겨 찰스턴 지역에 가서나 놓거나, b) 찰스턴 지역의 경위도(33.2°N, −81°W)를 입력한다. 우리는 날짜 및 연도(예 : 2010년 3월)와 허용가능 운량(예 : 0%)을 명시할 수 있다. 우리는 또한 검색이 그림 2-13a(1,000m로 리샘플링된 화소)와 같이 지역적으로 또는 그림 2-13b(240m로 리샘플링된 화소)와 같이 국지적으로 수행되어야 하는지를 명시할 수 있다.

자료 취득에 관한 본 절에서, 우리는 Landsat 위성에 탑재되어 있는 센서의 유형과 지구 자원 탐색을 위해 제공된 원격 센서 데이터의 특성 및 품질에 관심을 가지고 있다. 가장 중요한 센서는 MSS와 Landsat TM이다.

Landsat 다중분광 스캐너

MSS 센서는 Landsat 1호부터 5호까지 탑재되었으며, 그림 2-14a는 MSS 다중 감지기와 스캐닝 시스템을 나타낸 그림이다. Landsat MSS는 거울이 비행방향 직하부의 지표면을 스캔하는 광학시스템이다. 센서가 스캔하는 동안 분리형 감지기에 지표면으로부터 반사 혹은 방출된 에너지가 입사한다. 감지기는 순간시야각(Instantaneous-Field-Of-View, IFOV) 범위 내에서 측정된 복사속을 전기적 신호로 변환한다(그림 2-14a). 감지기는 스펙트럼의 대부분이 통과하는 필터 뒤에 설치되어 있으며, TM 센서가 7개의 필터와 감지기셋을 가지고 있는 반면, MSS 센서는 4개의 필터와 감지기셋을 가지고 있다. 이러한 방식을 채택하고 있는 시스템의 가장 큰 단점은 각 순각시야각 내에서 감지기의 체류시간이 짧다는 것이다. 공간해상도의 손상 없이 적절한 신호대잡음비(signal-to-noise ratio)를 획득하기 위해서는 100nm 이상의 넓은 분광밴드에서 운용되거나 매우 작은 초점거리(*f*/stop)를 가지는 광학 장치를 사용해야 한다.

MSS 스캐닝 거울은 ±5.78°의 각변위를 가지고 진동하며, 따라서 11.56°의 시야각을 가지고 약 185km 정도의 지상폭에 대해 자료를 수집한다. 6개의 평행한 감지기는 0.5~0.6μm(녹색), 0.6~0.7μm(적색), 0.7~0.8μm(적외선) 및 0.8~1.1μm(적외선) 등 4개 밴드(채널)에서 자료를 수집한다. 이 밴드들은 각각 밴드 4, 5, 6, 7로 번호가 부여되었는데, 이는 탑재된 RBV(Return-Beam-Vidicon) 센서가 밴드 1, 2, 3의 3개 밴드에 대한 자료를 수집하고 있기 때문이다.

지구를 촬영하지 않을 때 MSS 감지기는 내부의 빛과 태양 보정원에 노출되어 있다. 표 2-2는 각 밴드의 분광 민감도를 정리한 것이며, 그림 2-14b는 파장에 따른 각 밴드의 반응 양상을 나타낸 그림이다. 그림에서 밴드 사이의 분광 특성이 다소 중복되는 것을 알 수 있다.

각 감지지의 순간시야각은 정방형이며, 거의 79×79m의 공간해상도를 가진다. 각 감지기로부터 아날로그 신호는 시스템에 탑재되어 있는 아날로그-디지털 변환기에 의해서 디지털값으로 변환된다. 자료는 0~63까지의 6비트 정밀도로 수집되었으며, 밴드 4, 5, 6은 지상의 처리과정을 거쳐 7비트(0~127) 자료로 변환되었다. 1970년대 초반 수집된 MSS 자료는 6비트였지만, 1970년대 후반과 1980년대에 수집된 MSS 자료는 8비트로 기록되었다.

MSS는 위성궤도를 따라 남쪽 방향으로 진행하면서 서쪽에서 동쪽으로 각 라인을 스캔한다. MSS 영상은 185×170km의 지표면 크기를 가지고 있으며, 인접한 영상 사이에 약 10% 정도의 중복이 존재한다. 하나의 영상은 라인당 3,240개의 화소를 갖는 2,340개의 스캔라인으로 구성되어 있으며, 따라서 1개 밴드당 7,581,600개의 화소를 갖게 된다. 따라서 4개 밴드는 3,000만 개 이상의 밝기값으로 표현된다. Landsat MSS 영상은 하나의 영상을 통해서 넓은 지역을 관측할 수 있는 전례 없는 능력을 제공하였다. 예를 들어, 한 장의 Landsat MSS 영상 자료는 1 : 15,000 축척에서 수집된 5,000여 개의 항공사진에서 제공되는 지역과 동일하다. 이는 지역적인 지형분석을 위해서 필요한 많은 양의 항공사진을 한 장의 Landsat MSS로 대체하는 것이 가능하다는 것을 의미한다.

Landsat TM

Landsat TM 센서 시스템은 Landsat 4호와 5호에 탑재되어 1982년 7월 16일과 1984년 3월 1일에 각각 발사되었다. TM 센서는 가시광선, 근적외선, 중적외선 및 열적외선 영역에서의 에너지를 기록하는 휘스크브룸 방식의 광학센서 시스템이다. TM 센서는 MSS보다 더 높은 공간해상도, 분광해상도, 시간해상도,

Landsat 4 및 5호 TM 센서

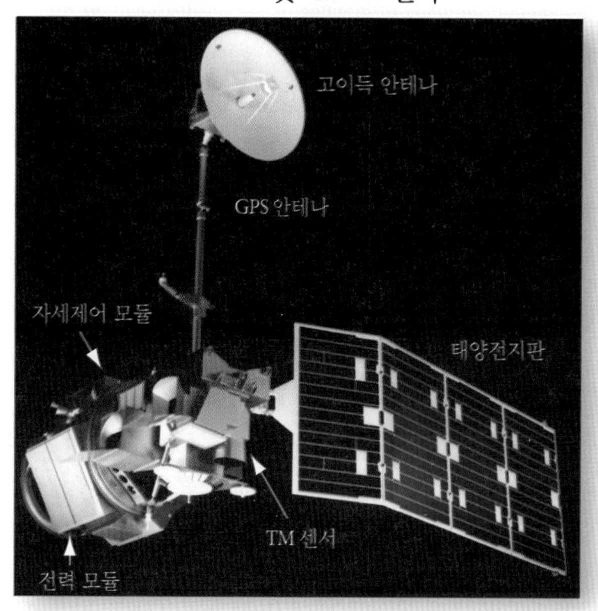

그림 2-15 Landsat 4 및 5호 플랫폼과 관련된 센서 및 원격통신 시스템

및 방사해상도를 가지는 다중분광 영상을 수집한다. TM 센서에 대한 설계와 성능 등에 대한 자세한 내용은 NASA Landsat 7(2014)에 나와 있다.

Landsat 4호와 5호 플랫폼과 센서가 그림 2-15에 나와 있고, 그림 2-16은 TM 센서 시스템의 구성도를 나타낸 것이다. 망원경은 스캔라인 보정기를 통해 스캔라인을 따라 입사하는 복사속을 1) 가시광선 및 근적외선 초점면이나 2) 중적외선 및 열적외선 냉각 초점면으로 보낸다. 가시광선 및 근적외선 밴드(밴드 1~4)에 대한 감지기는 4개의 엇갈린 선형배열로 구성되어 있으며, 각 선형배열은 16개의 실리콘 감지기로 구성되어 있다. 2개의 중적외선 감지기는 엇갈린 선형배열로 16개의 안티몬화 인듐 셀을 가지고 있다. 또한 열적외선 감지기는 4개의 수은-카드뮴-텔루르 셀로 구성되어 있다.

Landsat TM 자료는 밴드 1~5, 7의 경우 30×30m의 공간해상도를 가지며, 열적외선 영역의 자료를 수집하는 밴드 6은 120×120m의 공간해상도를 가지고 있다. TM 센서의 분광밴드는 Landsat 4호와 5호에 탑재되었던 MSS 센서와 비교해 볼 때 많은 기술적인 발전이 이루어졌다. 즉 기존 MSS의 밴드폭은 식생조사나 지질연구 등의 적용에 기초를 두고 선택된 반면, TM 밴드는 물의 투과, 식생 종류와 식생의 활력도, 식생과 토양 수분의 측정, 구름, 눈 및 얼음의 구분 및 암석에 있어서 열수변질의 구분 등에 대한 수년간의 연구를 실시한 후에 선택되었다

표 2-3 Landsat 4 및 5호에 탑재된 TM 분광밴드의 특성

밴드 1 : 0.45~0.52μm(청색). 수체의 투과 능력이 뛰어나며, 토지이용, 토양 및 식생의 특성을 분석하는 데 유용함. 아래쪽 파장 경계는 맑은 수체의 투과도 극치의 바로 다음이며 위쪽 파장 경계는 건강한 녹색 식생의 청색 엽록소 흡수 한계점을 나타낸다. 0.45μm 이하의 파장대는 대기 중 산란과 흡수에 큰 영향을 받는다.
밴드 2 : 0.52~0.60μm(녹색). 청색과 적색 엽록소 흡수 밴드 사이의 파장대. 건강한 식생의 녹색 반사도를 나타낸다.
밴드 3 : 0.63~0.69μm(적색). 건강한 식생의 적색 엽록소 흡수 밴드이며, 식생을 구별하는 데 있어 가장 중요한 밴드이다. 토양 경계와 지질 경계의 구분에 유용하며, 대기 감쇠 효과가 적으므로 밴드 1과 2보다 높은 대비를 나타낸다. 0.69μm 경계는 식생조사의 정확도를 감소시킬 수 있는 식생 반사도 교차가 발생하는 0.68~0.75μm 분광 영역의 시작 부근이기 때문에 중요하다.
밴드 4 : 0.76~0.90μm(근적외선). 바로 앞서 설명한 이유로, 0.76μm 경계는 0.75μm 바로 위에 위치한다. 이 밴드는 영상 내에 나타나는 식생의 생물량에 매우 민감하게 반응한다. 따라서 농작물 분석이나 토양과 농작물 및 육지와 수체의 구분에 유용하다.
밴드 5 : 1.55~1.75μm(중적외선). 이 밴드는 식물 내에 존재하는 수분의 팽창이나 양에 민감하다. 이러한 정보는 농작물의 가뭄 피해 분석이나 식물의 활력도 조사에 유용하다. 또한 구름, 눈 및 얼음을 구분하는 데 사용될 수 있는 몇 안 되는 밴드 중 하나이다.
밴드 6 : 10.4~12.5μm(열적외선). 이 밴드는 지표면으로부터 방출되는 복사에너지의 양을 측정한다. 표면 온도는 표면의 방사도와 실제(동역학적인) 온도의 함수이다. 이 밴드는 지열이 활발한 지역을 찾거나, 지질학적 조사를 위한 열 관성 매핑, 식생분류, 식생 스트레스 연구 및 토양 수분 측정 등에 유용하다. 또한 산악지형의 지형학적인 향의 차이에 대한 정보를 종종 제공한다.
밴드 7 : 2.08~2.35μm(중적외선). 지질학적 암석 구별이 가능하기 때문에 중요한 밴드이다. 암석이 열수변질 작용을 받은 지역을 구분하는 데 유용하다.

(표 2-3). 그림 2-17은 Landsat MSS, Landsat 4호 및 5호의 TM 센서, Landsat 7호의 ETM$^+$, SPOT 센서 시스템의 분광해상도 및 공간해상도 등을 비교하여 나타낸 것이다. 1994년에 수집된 사우스캐롤라이나 주 찰스턴 지역의 Landsat TM 영상이 그림 2-18에 나와 있다.

Landsat TM 밴드는 그림 2-19에서와 같이 엽색소, 엽구조 및 임관구조, 수분함량 등과 같은 잎의 반사도에 영향을 미치는 주요 인자들을 최대한 반영하도록 설계되었다. 밴드 1(청색)은 어느 정도 물을 투과한다. 식생은 광합성 작용을 위해 입사하는 청색, 녹색 및 적색의 복사속의 대부분을 흡수한다. 따라서 식생지역은 그림 2-18과 같이 밴드 1(청색), 밴드 2(녹색), 밴드 3(적색)에서 모두 어둡게 나타난다. 식생은 입사하는 근적외선 에너지의 50% 정도를 반사하며, 따라서 밴드 4에서는 밝게 나타난다. 밴드 5와 7은 모두 토양 및 식물의 수분 조건에 민감하기 때문에 습지에 대해 보다 자세한 정보를 제공한다. 반면, 밴드 6(열적외선)은 수온이나 지표면 온도 등과 같은 제한된 정보만을 제공한다.

98.2°의 궤도 경사각을 가지고 있는 Landsat 4 및 5호의 적도 통과시간은 오전 9시 45분이다. Landsat 1~3호의 위성고도(919km)와 Landsat 4, 5호의 고도(705km)가 서로 다르기 때문에 Landsat 4, 5호에 의해 수집된 영상의 위치를 나타내기 위해서는 별도의 WRS가 필요하다. Landsat 4, 5호의 위성고도가 상대적으로 낮기 때문에 산악지형에 대해서 수집된 영상의 경우에 기복변위가 증가하지만 반복주기, 즉 시간해상도를 18일에서 16일로 단축시키는 결과를 가져왔다.

표 2-2에서 볼 수 있는 것처럼 방사해상도도 6비트에서 8비트로 향상되었다. 이는 밴드 수의 증가와 더 높은 공간해상도와 함께 자료수집 속도를 15Mb/s에서 85Mb/s로 증가시켰으며, 지상수신소 또한 증가된 자료를 처리하기 위해서 개선되었다. Solomonson(1984)은 분광해상도, 시간해상도 및 방사해상도의 향상으로 인하여 "TM이 Landsat MSS에서 제공되는 정보에 비해 2배 정도의 정보를 제공하는 효과가 있으며, 이것은 주어진 영역에 대해 MSS보다 2배 많은 분리 가능한 클래스를 제공하는 능력, 자료 내의 독립 벡터를 2개[2] 더 제공하는 능력, 또는 2배 많은 정보가 TM 자료에 존재한다는 고전적인 정보 이론을 통한 증명에 기초하고 있다"고 주장하였다.

Landsat 프로그램을 상업적으로 이용하려는 노력은 지미 카터 정부하의 1979년에 시작되었으며 1984년에 미 해양대기국(National Oceanic and Atmospheric Administration, NOAA)이 민간부문에 이 프로그램을 이양하도록 명한 법안이 통과되었다. EOSAT(Earth Observing Satellite Company)는 1985년부터 사업을 시작하여 Landsat TM 자료의 시장에 대한 권리를 획득했다.

Landsat 7 ETM$^+$

1992년 10월 28일 클린턴 대통령은 1992년도 육상 원격탐사 정책(Land Remote Sensing Policy) 법령(Public Law 102-555)에 서명하였다. 이 법령은 Landsat 7호의 개발을 승인하였으며 Landsat 6호의 발사 후 5년 이내에 발사하도록 하였다. 의회는 Landsat 7호의 준비에 자금을 지원하였으며, Landsat과 같이 정부가 지원한 원격탐사 시스템으로 수집된 자료는 미국 정부기관과 관련 사용자에게 적정한 가격대에 판매하도록 하였다. 유감스럽게도 Landsat 6호는 1993년 10월 5일에 궤도 진입에 실패하였다.

1992년도 육상 원격탐사 정책 법령의 통과와 함께 Landsat 프

2 역주 : 열적외선을 제외하고 TM 센서가 MSS 센서에 비해 2개 더 많은 밴드로 구성되어 있다는 뜻

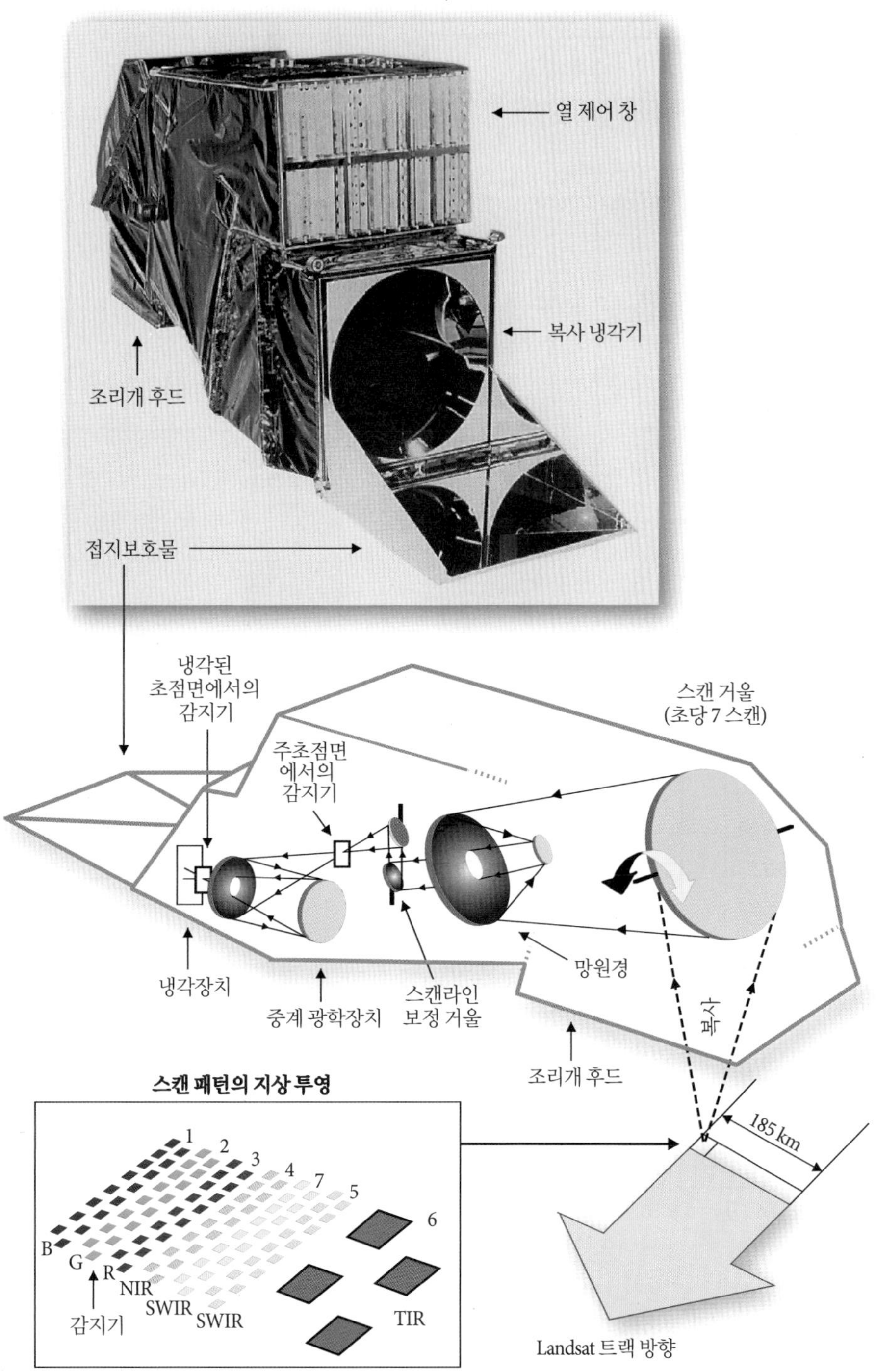

그림 2-16 Landsat 4 및 5호 TM 센서 시스템의 주요 구성성분. 센서는 표 2-2에 요약된 전자기 스펙트럼의 7개 밴드에 민감하다. 7개 밴드 중 6개는 30×30m의 공간해상도를 가지고 있으며, 열적외선 밴드는 120×120m의 공간해상도를 가진다. 아래쪽 그림은 센서가 운용되는 원리를 나타내고 있다.

로그램에 대한 감독이 상업적인 영역에서 연방정부로 이동되었다. NASA는 Landsat 7호의 설계, 개발, 발사, 궤도 진입, 지상 시스템의 설치 및 운영에 대한 책임을 맡았으며, USGS는 Landsat 7호의 자료수집, 자료 처리, 자료 공급, 비행 관리 및 자료 관리 등을 담당하였다.

Landsat 7호는 1999년 4월 15일 태양동기화 궤도로 발사되었다(그림 2-20). Landsat 7호는 NASA EOS Terra 위성과 함께 조화를 이루어 작동되도록 설계되었다. Landsat 7호의 발사 목적

일부 Landsat, SPOT, SAstrium Pleiades, Digital Globe WorldView-2 센서 시스템의 공간 및 분광해상도

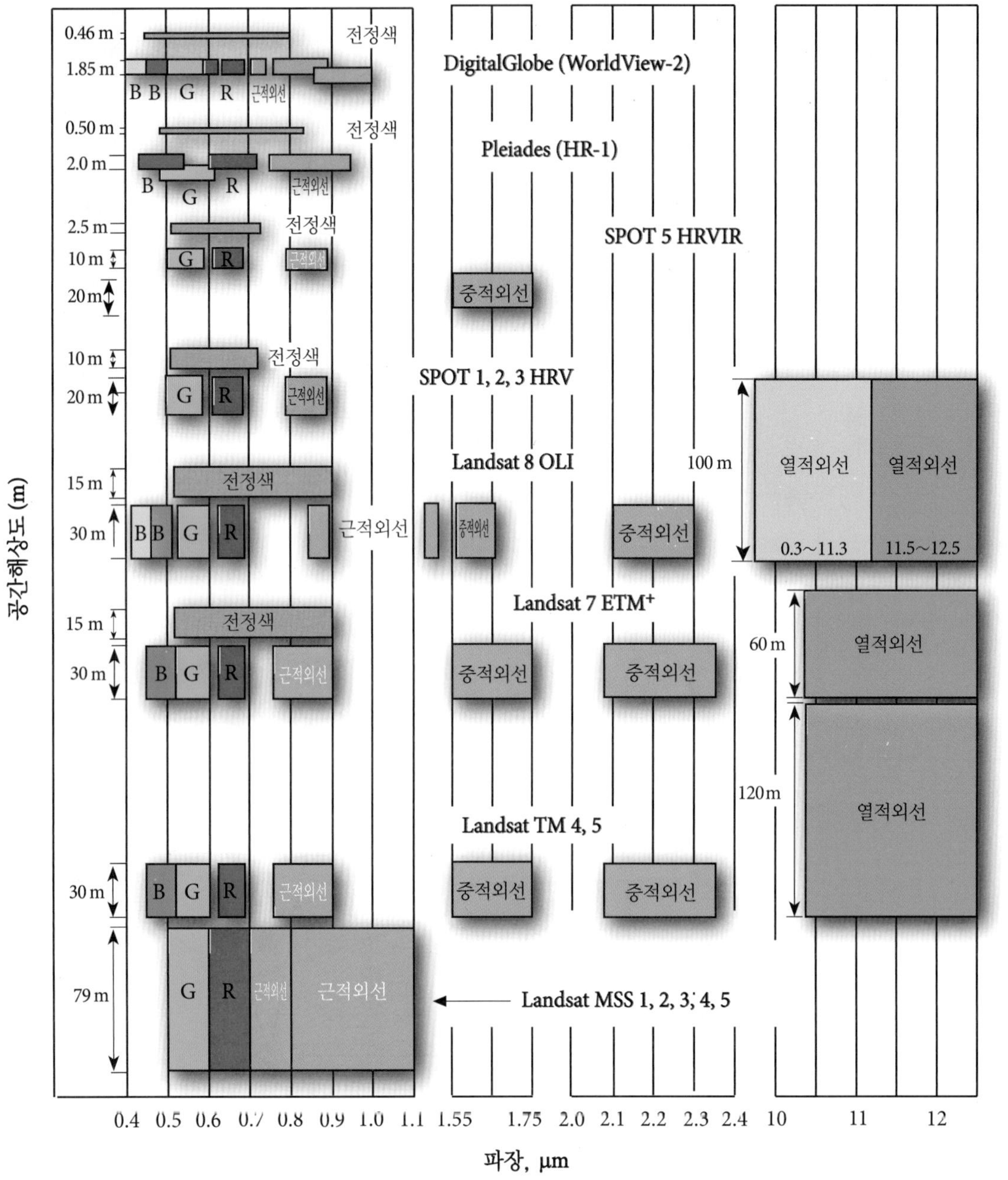

그림 2-17 Landsat MSS, Landsat 4, 5 TM, Landsat 7 ETM$^+$, Landsat 8 OLI, SPOT 1, 2, 3 HRV, SPOT 5 HRVIR, Pleiades HR-1, DigitalGlobe WorldView-2 센서 시스템의 공간 및 분광해상도. SPOT 4, 5 Vegetation 센서 특성(4개의 1.15×1.15km 밴드들로 구성)은 나와 있지 않다.

은 다음의 세 가지이다.

- 이전 Landsat 자료와 함께 기하, 공간해상도, 보정, 관측범위 및 분광 특성에 있어서 일치되는 자료를 제공함으로써 자료의 연속성 유지
- 전지구에 대한 구름이 없는 자료의 생성 및 주기적인 자료 갱신
- 미국과 전 세계 사용자들에게 Landsat 형태의 자료를 적정한 가격(COFUR)에 지속적으로 제공하고, 전지구적 변화 연구나 상업적인 목적을 위한 이용을 지속적으로 확대

Landsat 7호는 ETM$^+$ 센서를 탑재하고 있으며 3개의 축으로 안

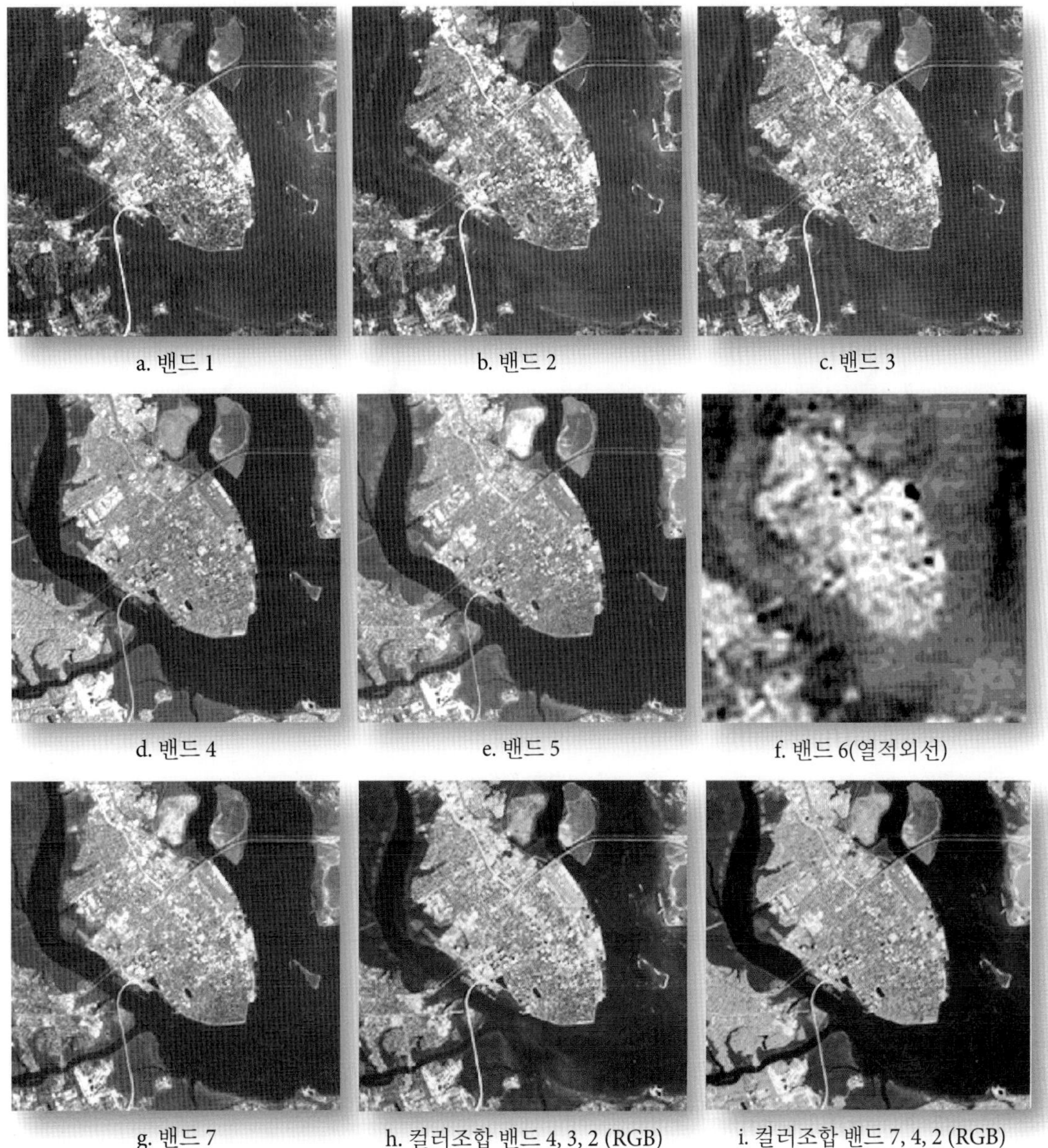

그림 2-18 1994년 2월 3일에 수집한 사우스캐롤라이나 주 찰스턴 지역의 Landsat 5 TM 자료. 밴드 1~5와 7은 30×30m 공간해상도를 가지고 있으며, 밴드 6은 120×120m의 공간해상도를 가진다(영상 제공 : NASA).

정화되어 있다(그림 2-20). ETM$^+$ 센서는 Landsat 4호와 5호의 TM 센서의 뒤를 이어 나온 센서이기 때문에 ETM$^+$ 센서의 거울과 감지기를 살펴보는 데 있어 그림 2-16을 참고할 수 있다. 1986년 SPOT 1호의 발사 이후에 '푸쉬브룸' 방식이 상업적으로 이용가능하다는 것이 입증되었음에도 불구하고 ETM$^+$ 센서는 스캐닝 기술에 기초하고 있다. 그럼에도 불구하고 ETM$^+$ 장비는 Landsat 4, 5호의 TM 센서에 비해서 몇 가지 주목할 만한 기능 향상을 보이는 뛰어난 센서이다.

Landsat 7 ETM$^+$ 센서의 특징이 표 2-3과 2-4에 요약되어 있다. ETM$^+$ 센서의 밴드 1~5, 7은 Landsat 4호와 5호에서 볼 수 있었던 것들과 동일하며, 공간해상도도 30×30m로 동일하다. 밴드 6의 열적외선 자료는 120×120m 대신에 60×60m의 공간해상도를 가지고 있어 Landsat 4호와 5호보다 향상되었다. 아마도 가장 주목할 점은 15×15m의 공간해상도를 갖는 새로운 전정색 밴드(0.52~0.90μm)가 추가된 것이다. 캘리포니아 주 샌디에이고의 Landsat 7 ETM$^+$ 영상이 그림 2-21에 나와 있

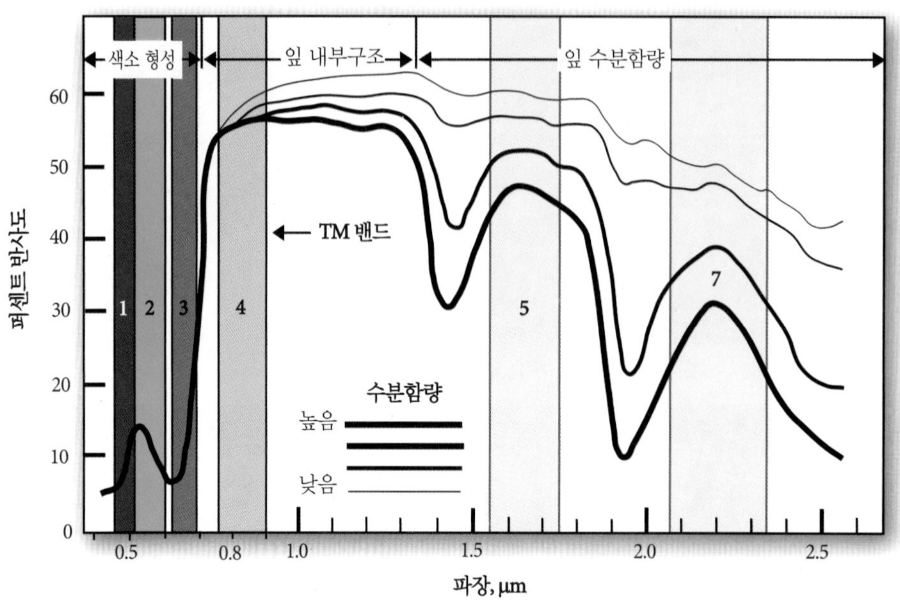

그림 2-19 건질량 수분함량이 변함에 따라 플라타너스 잎의 퍼센트 반사도의 점진적인 변화. 잎 반사도를 조절하는 주요 요소와 6개의 Landsat TM 밴드의 위치가 나와 있다.

그림 2-20 Landsat 7호 위성과 ETM+ 센서 시스템(NASA 제공)

다. 샌디에이고의 ETM+ 컬러조합 영상은 그림 2-22에 나와 있다. Landsat 7호의 고도는 705km이며, 185km의 관측폭을 가지고 경사촬영은 불가능하다. 또한 시간해상도(재방문주기)는 16일이다. ETM+는 초당 150메가비트의 자료를 수집하며, 사우스다코타 주 수폴스와 알래스카 주 페어뱅크스에 위치한 EROS 자료 센터에 직접 자료를 송신한다. 미국 이외의 지역에 대한 Landsat 7호 자료는 TDRS 위성을 이용해 재송신되거나 세계 여러 지역에 설치되어 있는 수신소에서 수집한다.

표 2-4 Landsat ETM$^+$와 EO-1 센서 비교

Landsat 7 ETM$^+$			EO-1 ALI		
밴드	분광해상도(μm)	연직방향 공간해상도(m)	밴드	분광해상도(μm)	연직방향 공간해상도(m)
1 청색	0.450~0.515	30×30	MS-1	0.433~0.453	30×30
2 녹색	0.525~0.605	30×30	MS-1	0.450~0.510	30×30
3 적색	0.630~0.690	30×30	MS-2	0.525~0.605	30×30
4 근적외선	0.750~0.900	30×30	MS-3	0.630~0.690	30×30
5 단파적외선	1.55~1.75	30×30	MS-4	0.775~0.805	30×30
6 열적외선	10.40~12.50	60×60	MS-4′	0.845~0.890	30×30
7 단파적외선	2.08~2.35	30×30	MS-5′	1.20~1.30	30×30
8 전정색	0.52~0.90	15×15	MS-5	1.55~1.75	30×30
			MS-7	2.08~2.35	30×30
			전정색	0.480~0.690	10×10
			EO-1 Hyperion 초분광 센서 30×30m 공간해상도를 가지며 0.4~2.4μm 사이의 220개 밴드		
			EO-1 LEISA 대기 보정기(LAC) 250×250m 공간해상도를 가지며 0.9~1.6μm 사이의 256개 밴드		
센서 기술	스캐닝 거울 분광계		ALI는 푸쉬브룸 복사계이다. Hyperion은 푸쉬브룸 분광복사계이다. LAC는 면형배열을 사용한다.		
관측폭	185km		ALI = 37km, Hyperion = 7.5km, LAC = 185km		
자료수집 속도	하루에 250 영상 @ 31,450km^2		–		
재방문주기	16일		16일		
궤도 및 경사	705km, 태양동주기 궤도 경사각 = 98.2° 적도 통과시간 오전 10시 ±15분		705km, 태양동주기 궤도 경사각 = 98.2° 적도 통과시간 = Landast 7 + 1분		
발사일자	1999년 4월 15일		2000년 11월 21일		

Landsat 7 ETM$^+$ 센서는 PASC(Partial Aperture Solar Calibration)와 FASC(Full Aperture Solar Calibration)를 통해서 보정을 수행하는 향상된 방사보정 기능을 가지고 있다. 지상관측 보정은 특정 지상 보정 대상물을 촬영한 영상을 수집하여 수행되며, 이들 대상물의 생물리적 특성 및 대기 특성은 지상에서 잘 제어된다.

EROS 자료 센터에서 매일 거의 250개 영상이 한 번에 처리되었다. 유감스럽게도, 2003년 3월 31일, ETM$^+$ 센서의 스캔라인 보정기(Scan Line Corrector, SLC)가 고장을 일으켜, 영상에 심각한 기하학적인 오차를 발생시켰다. SLC는 위성의 앞 방향으로의 움직임을 보완하는 역할을 한다. SLC를 복구하려는 노력은 성공하지 못했으며, 2003년 3월 31일 이후 SLC가 작동되지 않은 채 수집된 ETM$^+$ 영상은 특별한 처리를 한 후에야 사용할 수 있다(USGS Landsat 7, 2004).

USGS/NASA Landsat 팀은 다중 ETM$^+$ 취득에 의해 얻어진 데이터를 융합하는 ETM$^+$ gap-filling 기술을 향상시켰다. 이들은 또한 Landsat-7 취득 구조를 변형함으로써 gap-filling 프로세스에 사용 가능한 둘 이상의 깨끗한 영상을 거의 동시에 취득 가능하게 하였다. 이 융합된 영상들을 이용하여 손실된 데이터 문제를 해결하였다(NASA Landsat 7, 2014).

Landsat 8(LDCM – the Landsat Data Continuity Mission)은 2013년 2월 11일에 발사되었으며, 선형배열 기술을 사용한다. 이는 이후의 절에 설명된다.

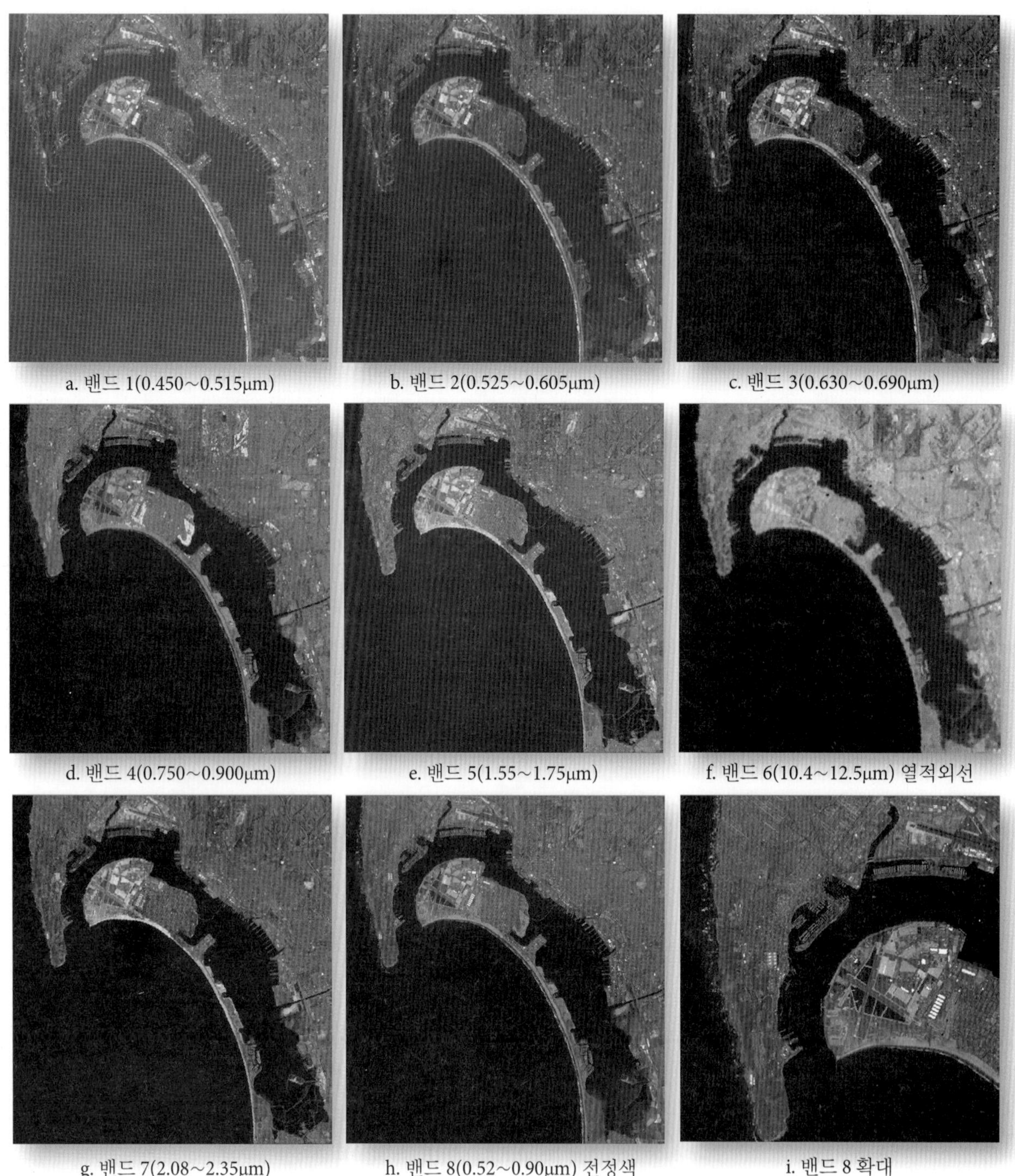

a. 밴드 1(0.450~0.515μm)
b. 밴드 2(0.525~0.605μm)
c. 밴드 3(0.630~0.690μm)
d. 밴드 4(0.750~0.900μm)
e. 밴드 5(1.55~1.75μm)
f. 밴드 6(10.4~12.5μm) 열적외선
g. 밴드 7(2.08~2.35μm)
h. 밴드 8(0.52~0.90μm) 전정색
i. 밴드 8 확대

그림 2-21 2000년 4월 24일에 수집된 캘리포니아 주 샌디에이고 지역의 Landsat 7 ETM+ 영상. 밴드 1~5, 7은 30×30m 공간해상도, 열적외선 밴드 6은 60×60m의 공간해상도를, 그리고 전정색 밴드 8은 15×15m 공간해상도를 가진다(영상 제공 : USGS와 NASA).

NOAA의 다중분광 스캐너 센서

NOAA는 다중분광 스캐너 기술을 이용한 GOES(Geostationary Operational Environmental Satellites)와 POES(Polar-orbiting Operational Environmental Satellites) 위성을 발사하여 운용하고 있다. 미 기상청(National Weather Service, NWS)은 일기예보를 위해서 원격탐사 자료를 이용하며, 특히 북미나 남미 지역에 대한 기상예보를 위해서 GOES 영상 자료를 이용한다. AVHRR(Advanced Very High Resolution Radiometer) 센서는 기

그림 2-22 2000년 4월 24일 획득된 캘리포니아 주 샌디에이고의 Landsat 7 ETM+ 영상의 컬러조합(영상 제공 : USGS와 NASA)

상관측을 위해서 개발되었으며, 식생과 해수면 온도 분포 등을 분석하여 전 세계의 기후변화를 조사하는 데 집중적으로 사용되고 있다.

GOES

GOES 시스템은 NOAA의 NESDIS(National Environmental Satellite Data and Information Service)에 의해서 운용되고 있으며, NASA와 공동으로 개발되었다. GOES-N은 2010년 4월 4일 운용을 시작하였으며 GOES-13 East가 되었다. 그러나 이

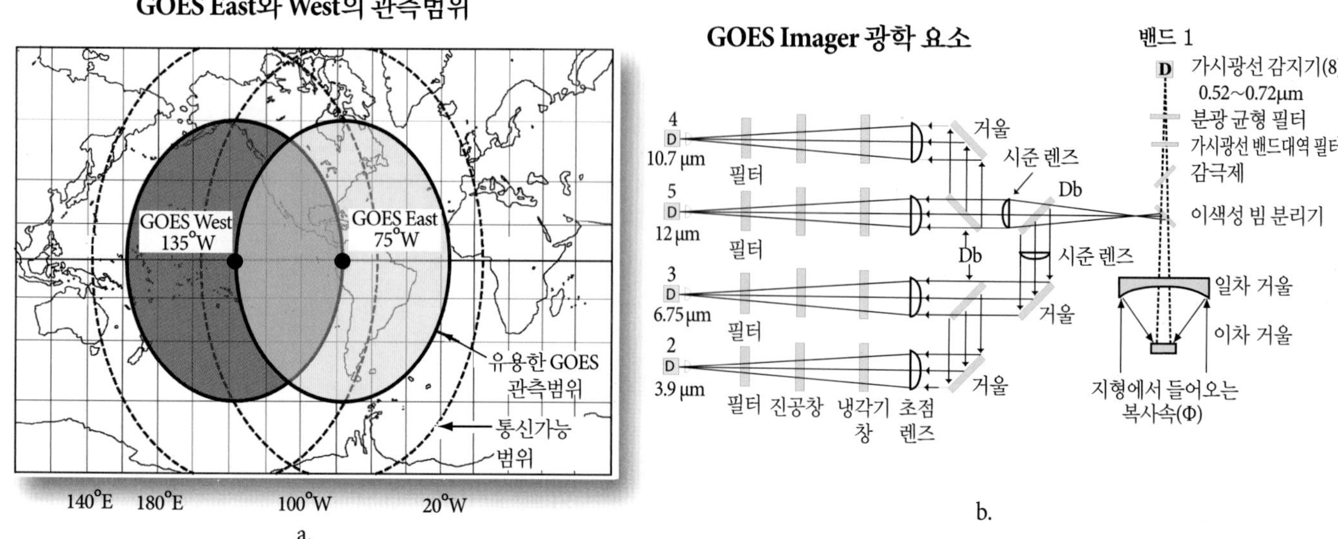

그림 2-23 a) GOES East(75°W)와 GOES West(135°W)의 지리적 관측범위. b) 지형으로부터의 복사속은 스캐닝 거울(나와 있지 않음)에 의해 반사되어 일차 및 이차 거울로 향한다. 이색성 빔 분리기는 가시광선과 열적외선 에너지를 분리한다. 이후에 이어지는 빔 분리기는 다시 열에너지를 특정 밴드로 분리시킨다.

는 불행히도 2012년 9월 24일 고장을 일으켰으며, 백업 위성인 GOES-O가 가동되어 GOES-14 East가 되었다. GOES P는 2011년 12월 6일 가동을 시작하였으며, GOES-15 West가 되었다(NOAA GOES, 2014).

GOES 위성들은 미국에서 기상예보의 중심이 되고 있다. 이들은 현재 일기예보나 단기 일기예측의 주축으로 자리 잡았다. GOES 위성으로부터 획득된 실시간 날씨 자료와 도플러 레이다와 자동화된 지표관측 시스템으로부터 획득된 데이터를 통합함으로써 뇌우, 겨울 폭풍, 홍수, 허리케인 등 극심한 날씨에 대한 예측을 지원하고 있다. 이를 통한 경고는 재산과 인명을 보호하는 데 사용되고 있다.

GOES 시스템은 다음 3개의 하부 관측 시스템으로 구성되어 있다.

- 다중분광 영상 자료를 제공하는 GOES Imager
- 매시간 19개 채널에 대해 고층기상탐측을 수행하는 GOES Sounder
- 지표면이나 표면 부근의 현장 지점에서 다른 곳으로 자료를 중계하는 자료수집 시스템(Data Collection System, DCS)

GOES 탑재체는 복사계의 광학적인 시야가 지속적으로 지구를 향하도록 세 축(*x*, *y*, *z*)으로 안정화되어 있다. GOES는 적도 상공 35,790km의 정지궤도 상에 위치하고 있으며, 지구와 동일한 속도와 방향으로 회전한다. 정지궤도 상에 위치하고 있어 대기에 존재하는 구름에 대한 영상 수집, 지구 표면 온도와 수증기의 특성 등을 관측할 수 있다.

GOES East는 경도 75°W에 위치하고 있으며, GOES West는 경도 135°W에서 운용되고 있다. 그림 2-23a는 GOES East와 GOES West의 관측 범위를 나타낸 그림이다. GOES 시스템은 경도 20°W에서 165°E와 위도 77°N과 77°S 사이를 관측할 수 있다. GOES East와 West는 미국 본토의 48개 주와 남미, 중부 및 동부 태평양과 중부 및 서부 대서양의 주요 지역을 관측한다. 태평양 영역은 하와이 및 알래스카 만을 포함하고 있으며 알래스카 만은 기상예보관들에게 '북미기상관측 시스템의 태생지'로 알려져 있다.

GOES Imager : Imager는 5개 채널을 가진 다중분광 스캐너이며, 표 2-5는 GOES 시스템의 분광해상도 및 공간해상도를 요약한 것이다. 직경 31.1cm의 카세그레인식 망원경과 연결되어 있으며 2개의 축으로 제어되는 거울이 초당 20° 속도로 동쪽에서 서쪽 혹은 서쪽에서 동쪽으로 움직이며 남북 8km의 범위에 대한 자료를 수집한다. 이러한 이동은 3,000×3,000km 박스 형태의 스캔을 미국 상공에서 41초 만에 가능하게 한다. 실제적인 스캐닝 순서는 동쪽에서 서쪽으로 취득하고 북쪽에서 남쪽으로 내려가고 다시 서쪽에서 동쪽으로 역으로 가고 북쪽에서

표 2-5 GOES I-M을 위한 NOAA GOES Imager 센서 특성

전형적인 GOES 밴드	분광해상도 (μm)	공간해상도 (km)	밴드 이용분야
1 가시광선	0.55~0.75	1×1	구름, 오염물질, 연무(안개) 감지, 심한 폭풍 식별
2 단파적외선	3.80~4.00	4×4	안개 감지, 낮 동안의 수분, 구름, 눈, 혹은 얼음 구름 사이의 구별, 화재(산불) 및 화산 감지, 야간의 해수면온도(SST)
3 수분	6.50~7.00	8×8	중간층 이상의 수증기 추정, 이류 감지, 중간 규모의 대기운동 조사
4 적외 1	10.2~11.2	4×4	구름을 이동시키는 바람, 심한 폭풍, 구름 높이, 폭우
5 적외 2	11.5~12.5	4×4	저층 수증기, SST, 먼지 및 화산재 식별

남쪽으로 내려가고 하는 식의 방법보다는 일괄적으로 동쪽에서 서쪽으로 취득하고 북쪽에서 남쪽으로 내려가는 방법을 이용한다(NOAA GOES, 2014). 지표면으로부터의 가시광선 및 열적외선 복사속이 이차 거울에 모이게 된다(그림 2-23b). 이색성 빔 분리기(dichroic beamsplitters)는 입사하는 에너지를 분리하여 8개의 가시광선 및 14개의 열적외선 감지기에 집중시킨다. 가시광선 영역의 에너지는 빔 분리기를 통과하여 8개의 실리콘 가시광선 감지기에 모이게 되며, 각 감지기는 거의 1×1km의 순간시야각을 가지고 있다.

모든 열적외선 에너지는 복사냉각기(radiative cooler) 내의 특수 감지기로 편향되며, 3.9, 6.75, 10.7, 12μm 채널로 나뉜다. 4개의 각 적외선 채널은 분리형 감지기를 가지고 있으며 밴드 2는 4개의 안티몬화 인듐(InSb) 감지기를, 밴드 3은 2개의 수은-카드뮴-텔루르(Hg : Cd : Te) 감지기를, 밴드 4와 5는 4개의 수은-카드뮴-텔루르(Hg : Cd : Te) 감지기를 갖는다.

GOES-8의 방사해상도는 10비트이며 1×1km의 공간해상도를 가지고 있는 밴드 1은 주간에 발생하는 폭풍우, 기상전선 및 열대성 저기압을 관측하는 데 이용된다. 4×4km의 공간해상도를 가지고 있는 밴드 2는 지표면에서 방출되는 복사에너지와 반사되는 태양복사에너지에 모두 반응한다. 따라서 안개를 식별하고 물과 얼음 및 눈과 구름의 구별과 대규모의 산불 및 화재를 식별하는 데 유용하다. 또한 야간에 저층 구름을 추적하고 지표면 부근에서 발생하는 바람의 순환을 모니터링하는 데 이용될 수 있다. 8×8km의 공간해상도를 가지고 있는 밴드 3은 중고층 수증기와 구름에 민감하며, 제트기류, 고층 바람장 및 뇌우를 확인하는 데 유용하다. 4×4km 공간해상도의 밴드 4는 대기 중 기체에 의한 에너지 흡수가 잘 일어나지 않는다. 따라서 밴드 4는 야간에 구름의 높이 측정, 구름 위의 형태 확인, 뇌우의 규모 평가 등에 이용할 수 있다. 4×4km 공간해상도를 가지는 밴드 5는 밴드 4와 유사하며, 저층 수증기에 민감한 파장 영역을 가지고 있다. 1998년 8월 25일 허리케인 보니(Bonnie)를 보여 주는 GOES-8 East의 가시광선, 열적외선 및 수증기 영상이 그림 2-24a~e에 나와 있다. 허리케인 카트리나(Katrina)가 GOES-12 가시광선 영상에 2005년 8월 29일 관측되었으며, MODIS 컬러조합에 덮어씌워진 영상이 그림 2-25a에 보이고 있다. 2005년 8월 28일에 획득된 GOES-12 가시광선 영상이 그림 2-25b에 보이고 있다.

Imager는 매 15분마다 미국 전체에 대한 자료를 수집하며, 북극 근처에서부터 대략 위도 20°S 지역까지 매 26분마다 자료를 수집하게 된다. 또한 매 3시간에 한 번씩 지구의 반구에 대한 자료를 수집하며, 추가적으로 시스템의 운용을 조절하여 좀 더 빠른 시간 간격으로 자료를 수집할 수 있다. GOES-14는 1분 단위로 영상을 제공하고 있으며, 이는 과학자들에게 2015년도에 발사될 GOES-R이 제공할 영상의 타입에 대하여 말해 주고 있다. 1분 단위의 영상에 놀라움을 금치 못하고 있는 것과 더불어, GOES-R은 30초 단위로 영상을 제공할 수 있는 성능을 보유할 것이며 이는 GOES가 정기적으로 영상을 제공하던 것에 비해 60배 이상 빠른 것이다(NOAA GOES, 2014).

GOES Sounder : GOES Sounder는 북에서 남으로 이동하면서 동서 방향으로 자료를 수집하며, 1개의 가시광선 영역과 18개의 적외선 고층기상탐측용(sounding) 채널을 이용한다. Sounder와 Imager는 둘 다 지구 전체 영상, 부분 영상과 국부적인 지역에 대한 자료를 제공할 수 있다. 19개 밴드는 수직 대기 온도 프로파일, 수직 습도 프로파일, 대기층 평균 온도, 대기층 평균 습도, 가능한 총강우량과 안정도를 나타내는 상승지수 등에 대

GOES 영상

a. GOES-8 East 가시광선 영상 : 1998년 8월 25일

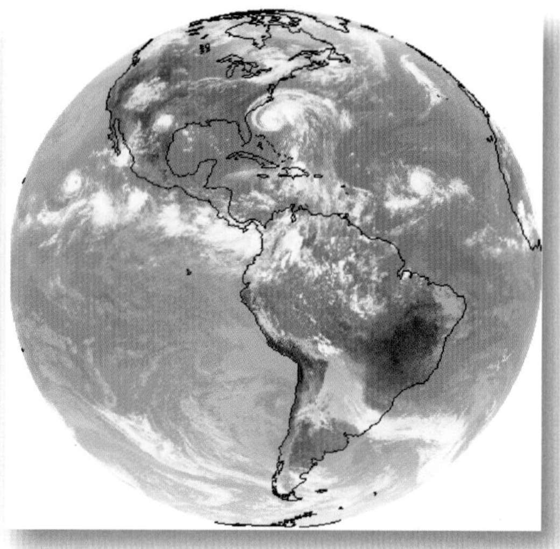

b. GOES-8 East 열적외선 영상 : 1998년 8월 25일

c. GOES-8 East 가시광선 영상 : 1998년 8월 25일

d. GOES-8 East 열적외선 영상 : 1998년 8월 25일

e. GOES-8 East 수증기 영상 : 1998년 8월 25일

f. GOES-8 위성

그림 2-24 a~e) 1998년 8월 25일에 수집된 GOES-8호 영상의 예. f) GOES-8호 위성(영상 제공 : NOAA).

한 자료를 제공한다. 이러한 자료는 Imager 자료와 함께 분석되어 대기 온도와 습도 프로파일, 지표면과 구름 상층 온도 및 대기 오존의 분포에 관한 정보를 제공한다.

AVHRR

NESDIS의 후원하에 NCDC(National Climatic Data Center)의 인공위성 서비스 분과는 NOAA 극궤도 환경위성(Polar-orbiting

허리케인 카트리나의 GOES 영상

a. 2005년 8월 29일 촬영된 MODIS 컬러조합을 덮어씌운 GOES-12 가시영역 밴드 영상

b. 2005년 8월 28일 기록된 GOES-12 가시영역 밴드 영상

그림 2-25 a) 2005년 8월 29일 촬영된 허리케인 카트리나의 GOES-12 밴드 1 가시 영상으로, MODIS 컬러조합에 덮어씌워짐(영상 제공 : GOES Project NASA Goddard Space Flight Center). b) 2005년 8월 28일 촬영된 허리케인 카트리나의 GOES-12 밴드 1 가시 영상(영상 제공 : NOAA).

Operational Environmental Satellites, POES)으로부터 수집된 디지털 자료를 보관 및 관리하고 있다. 이 위성들은 1978년 10월 발사된 TIROS-N으로 시작되었으며, 이 시리즈는 1983년 3월에 발사된 8호가 NOAA-A로 재명명되어 계속되고 있으며 2009년 현재 NOAA-19호까지 발사되었다. 위성들은 *AVHRR*(Advanced Very High Resolution Radiometer) 센서를 탑재하고 있는데, 주로 토지피복 특성과 주야간 구름의 상태, 눈, 얼음 및 표면 온도를 분석하는 데 이용된다. 16일 주기의 Landsat TM과 Landsat 7 ETM$^+$의 센서 시스템과는 달리 AVHRR 센서는 매일 두 차례 지구 전체에 대한 영상을 수집한다. 이러한 빈번한 주기 때문에 구름이 없는 자료수집이 가능하고 식물의 생육시기에 나타나는 단기간의 피복 변화를 관측할 수 있는 장점을 가지고 있다. 또한 1.1×1.1km의 공간해상도를 가지고 있어 대륙적 혹은 전지구적 규모의 자료를 수집하고 저장할 수 있다. 이러한 이유로 NASA와 NOAA는 AVHRR Pathfinder 프로그램을 시작하여 전 세계적으로 장기간 이용할 수 있는 원격탐사 데이터셋을 구축하고 있으며 이러한 자료는 세계 기후변화를 연구하는 데 사용될 수 있다.

AVHRR 위성들은 98.9°의 궤도 경사각을 가지고 있으며, 고도 833km 상공에서 2,700km의 관측폭을 가지고 1.1×1.1km 공간해상도의 자료를 수집한다. 일반적으로 2개의 NOAA 시리즈 위성들이 홀수와 짝수 형태로 운영되고 있다. 홀수로 명명된 위성들은 지방시로 오후 2시 30분과 오전 2시 30분에 적도를 통과하는 반면, 짝수로 명명된 위성들은 오후 7시 30분과 오전 7시 30분에 적도를 통과한다. 위성은 매일 14.1번(매 102분마다) 지구를 돌며 매 24시간 동안 전 세계에 대한 자료를 수집하게 된다.

AVHRR은 궤도교차 스캐닝 시스템[3]이며, 스캔 속도는 분당 360 스캔이다. 연직방향에서 ±55.4°의 각도 사이를 스캔함으로써 1개 채널당 총 2,048개 화소에 대한 자료가 수집되며, 각 밴드의 순간시야각은 대략 1.4밀리라디안으로 위성 직하부에서는 1.1×1.1km의 공간해상도를 가지게 된다. 다양한 AVHRR 위성의 밴드들에 대한 특성은 표 2-6에 요약되었다. NOAA-19의 5개 밴드에 대한 특성은 그림 2-26에 나타나 있다.

완전 공간해상도 1.1×1.1km로 얻어진 AVHRR 자료는 *LAC*(Local Area Coverage)라 불린다. 이 자료는 1.1×4km의 *GAC*(Global Area Coverage)로 리샘플링될 수 있다. GAC 자료는 3개의 원시 AVHRR 라인 중 하나만을 담고 있으며, 자료 크기와 해상도는 스캔라인을 따라 세 번째 표본에서 시작하여 다음 4개의 표본들의 평균을 이용하고 그 다음 표본은 생략하는

3 역주 : 궤도에 수직인 방향으로 스캐닝이 이루어지는 시스템

표 2-6 NOAA AVHRR 센서 시스템 특성(NOAA AVHRR, 2014; USGS AVHRR, 2014)

밴드	NOAA-6, 8, 10, 12 분광해상도 (μm)[a]	NOAA-7, 9, 11, 13, 14 분광해상도 (μm)[a]	NOAA-15, 16, 17, 18, 19 AVHRR/3 분광해상도 (μm)[a]	밴드 이용분야
1 적색	0.580~0.68	0.580~0.68	0.580~0.68	주간의 구름, 눈, 얼음 및 식생 매핑, NDVI 계산에 사용
2 근적외선	0.725~1.10	0.725~1.10	0.725~1.10	수계/내륙 경계, 눈, 얼음 및 식생 매핑, NDVI 계산에 사용
3 단파적외선	3.55~3.93	3.55~3.93	*3A* : 1.58~1.64 *3B* : 3.55~3.93	눈 및 얼음 탐지 야간의 구름 매핑 및 해수면 온도
4 열적외선	10.50~11.50	10.30~11.30	10.30~11.30	주야간 구름 및 표면 온도 매핑
5 열적외선	없음	11.50~12.50	11.50~12.50	구름 및 표면 온도, 주야간 구름 매핑, 대기 수증기 경로 방사도 제거
연직방향 순간시야각	1.1×1.1km	1.1×1.1km	1.1×1.1km	
연직방향 관측폭	2,700km	2,700km	2,700km	

[a] TIROS-N은 1978년 10월 13일에 발사, NOAA-6는 1979년 6월 27일, NOAA-7은 1981년 6월 23일, NOAA-8은 1983년 3월 28일, NOAA-9은 1984년 12월 12일, NOAA-10은 1986년 9월 17일, NOAA-11은 1988년 9월 24일, NOAA-12는 1991년 5월 14일, NOAA-13은 1993년 8월 9일, NOAA-14은 1994년 12월 30일, NOAA(K)-15은 1998년 5월 13일, NOAA(L)-16은 2000년 9월 21일, NOAA(M)-17은 2002년 6월 24일, NOAA(N)-18은 2005년 5월 20일, NOAA(M)-19은 2009년 2월 6일에 발사되었다.

방식으로 감소된다. 4개를 평균하고 하나를 생략하는 방식은 스캔라인 끝까지 계속된다. 많은 연구에서 완전 해상도의 LAC 자료가 사용되는 반면, 일부 연구에서는 GAC 자료가 사용되기도 한다. 스캔 지역의 외곽 근처에서는 AVHRR의 효율적인 공간해상도가 매우 커짐을 유념해야 한다.

AVHRR 자료는 광역적인 식생 조건과 해수면 온도에 대한 정보를 제공한다. 밴드 1은 Landsat TM의 밴드 3과 거의 동일하며, 식생지역은 적색 영역의 엽록소 흡수로 인하여 어두운 색조로 나타나고 있다. 밴드 2는 TM의 밴드 4와 거의 동일한 특성을 가지고 있다. 식생은 근적외선 복사속을 많이 반사하여 밝은 색조로 나타나고 있으며, 반면 물은 입사하는 에너지의 대부분을 흡수한다. 따라서 육지와 물의 구별이 잘 나타나고 있다. 3개의 열밴드는 지표면과 수면의 온도에 대한 정보를 제공한다. 예를 들어, 그림 2-27은 2003년 10월 16일에 획득된 NOAA-16 AVHRR 영상으로부터 얻어진 해수면의 온도지도를 보이고 있다(Gasparovic, 2003).

과학자들은 광역적인 혹은 국가 단위의 식생 상태를 지도로 작성하기 위해서 AVHRR 자료의 밴드 1(가시광선)과 밴드 2(근적외선)를 이용하여 정규식생지수(Normalized Difference Vegetation Index, NDVI)를 계산한다. NDVI는 다음의 비에 기초하여 간단하게 변환된다.

$$NDVI = \frac{\rho_{근적외} - \rho_{적색}}{\rho_{근적외} + \rho_{적색}} = \frac{AVHRR_2 - AVHRR_1}{AVHRR_2 + AVHRR_1} \quad (2.4)$$

NDVI값은 −1.0~1.0까지의 범위를 가지며, 값이 양수에서 커질수록 녹색 식생의 증가를 의미한다. 반대로 음수값은 물, 나지, 얼음, 눈 혹은 구름과 같이 식생이 존재하지 않는 지역을 나타낸다. 가장 정확한 값을 얻기 위해서 NDVI는 기하보정과 재배열 전에 대기보정한 16비트 정밀도의 AVHRR 채널 1과 2로부터 계산되어야 한다. −1.0~1.0까지의 최종 NDVI 결과는 보통 0~200의 값으로 선형 변환하여 나타낸다. 식생지수에 관해서는 제8장에 자세히 언급된다.

다중시기의 AVHRR 자료로부터 얻어진 NDVI 자료는 계절적인 정보를 제공하기 위해서 조합될 수 있다. *n*일 NDVI 조합 영상은 *n*일 동안의 각 관측에 대한 NDVI값을 조사하여 최고값을 추출하여 만든다. 각 화소에서 가장 높은 NDVI값을 선택함으로써 구름에 의해 영향받은 화소의 수를 감소시킬 수 있다.

NDVI와 다른 식생지수들(제8장 참조)은 자연 식생과 농작물 상황, 열대우림의 황폐화, 사막화와 가뭄지역을 모니터링하기 위해서 AVHRR과 함께 광범위하게 이용되어 왔다. 예를 들

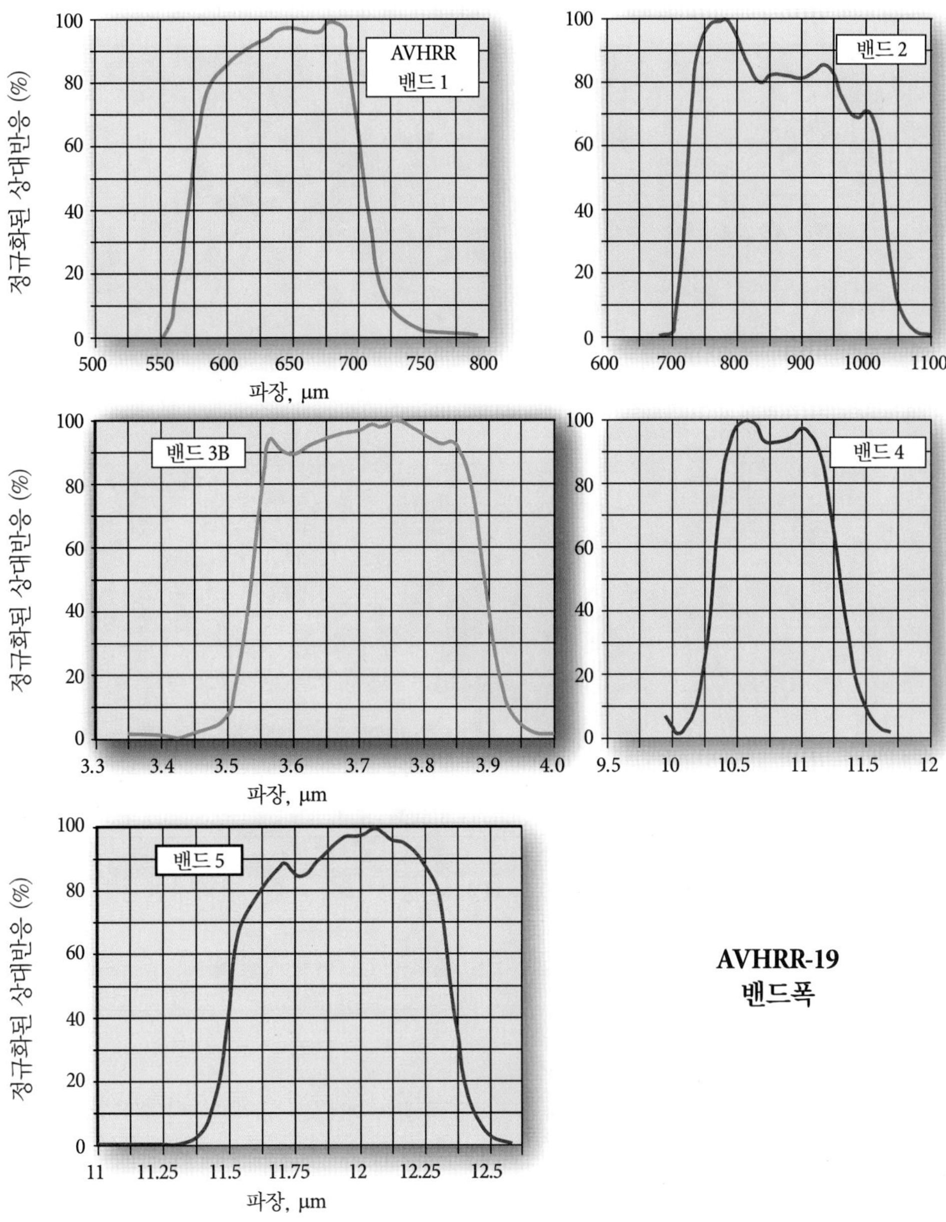

그림 2-26 NOAA-19 AVHRR 밴드폭 특성

어, USGS는 1km의 공간해상도를 가지는 10일 동안의 AVHRR NDVI 조합 영상을 이용하여 무감독 분류(제9장에서 언급)에 기초한 전 세계 토지피복 특성 데이터셋을 만들었다. 여기에 사용된 AVHRR 영상은 1992년 4월부터 1993년 3월까지 수집된 것이었다. 보조자료로는 수치고도 자료, 생태지역 판독, 그리고 국가 또는 지역 수준에서의 식생도 및 토지피복도를 사용하였다(USGS Global Landcover, 2014).

AVHRR 자료에 기초한 NOAA의 전 세계 식생지수(Global Vegetation Index, GVI) 결과물은 1기(1982년 5월~1985년 4월), 2기(1985년 4월~현재), 3기 새로운 결과물(1985년 4월~현재)과 같이 요약된다(NOAA GVI, 2014). NOAA와 NASA는 운용가능한 NPOESS를 위하여 AVHRR과 MODIS의 후속주자를 현재 개발하고 있다.

NOAA Suomi NPP

Suomi NPP(NPOESS Preparatory Project)는 2011년 10월 28일 발사되었다. 지표면으로부터 824km 상공에서 매일 지구를 14번씩 회전한다. Suomi NPP는 1997년부터 2011년까지 발사된

NOAA-16 AVHRR 영상

2003년 10월 16일 NOAA-16 AVHRR 밴드 4(10.3~11.3μm) 영상으로부터 얻어진 해수면 온도(SST) 지도

그림 2-27 NOAA-16 AVHRR 열적외선 영상으로부터 얻어진 해수면 온도 지도(NOAA 및 Ocean Remote Sensing Program at Johns Hopkins University 제공; Gasparovic, 2003)

POES(Polar Operational Environmental Satellites) 위성들을 대체하기 위한 그 첫 번째 위성이다. NPP는 주야로 1회씩 매 24시간 동안 지표면을 관측한다. NPP 위성은 위스콘신대학의 Verner E. Suomi로부터 따온 것이다.

Suomi NPP 위성은 아래와 같은 5개의 영상 시스템으로 구성되어 있다.

- 가시 근적외 영상 방사계(Visible Infrared Imaging Radiometer Suite, VIIRS)는 0.4~12μm 사이의 22채널로부터 휘스크브룸 스캐너 기술과 12비트 정량화 기술을 이용하여 데이터를 얻게 된다. VIIRS는 3,000km의 관측폭을 가지고 있다. VIIRS는 NASA의 두 위성(Terra와 Aqua)(NASA NPP, 2011; NASA VIIRS, 2014)에서 운용 중인 MODIS의 밴드들과 매우 유사한 많은 밴드를 가지고 있다. VIIRS와 MODIS 밴드 간의 비교는 표 2-7에 보이고 있다. VIIRS 플랫폼의 특성들은 그림 2-28a, b에 있다. 이로부터 취득된 데이터는 화재, 식생, 해수 색상, 도심열섬, 해수면 온도와 다른 지형지물 등의 관측에 사용되고 있다. 2012년 1월 4일에 취득된 VIIRS 영상으로부터 만들어진 지구의 블루마블 조합 영상은 그림 2-28c에 보이고 있다.
- ATMS(Advanced Technology Microwave Sounder) : 지구 단위의 수분과 온도 모델을 제작하는 데 도움을 줄 극초단파 방사계
- CrIS(Cross-Track Infrared Sounder) : 습도와 압력을 모니터링할 Michelson 간섭계
- OMPS(Ozone Mapping and Profiler Suite) : 극지방의 오존 정도를 관측하는 영상 분광계
- CERES(Clouds and the Earth's Radiant Energy System) : 태양 방사로부터 반사된 열방사와 지구로부터 방출된 열방사를 감지하는 방사계

NPP 위성

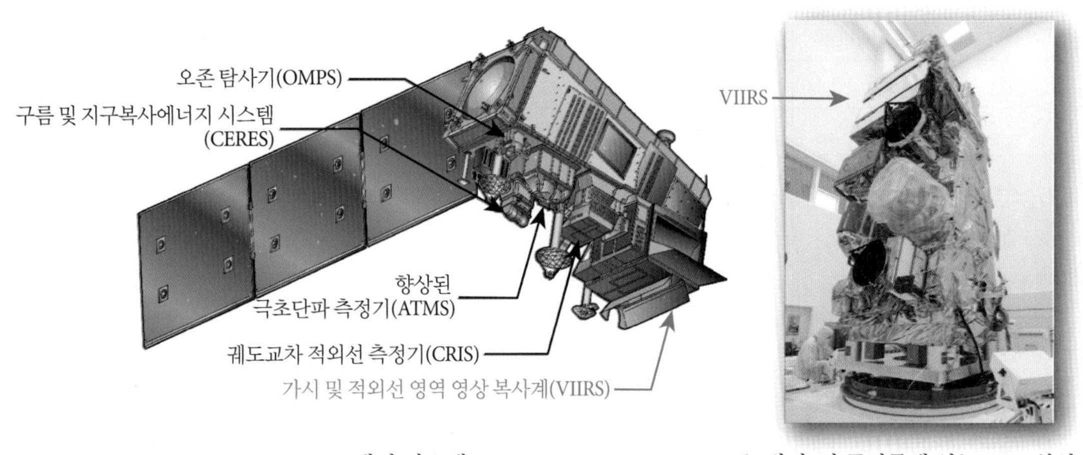

a. NPP 센서 시스템

b. 발사 전 클린룸에 있는 NPP 위성

c. 2012년 1월 4일 촬영된 VIIRS 다중 영상들로 합성된 지구('블루마블')

그림 2-28 a) NPP 위성 센서 시스템. b) 발사 전 클린룸에 있는 NPP 위성. c) 2012년 1월 4일 획득된 NPP VIIRS 다중 영상들로 합성된 블루마블(NASA/NOAA/GSFC/Suomi NPP/VIIRS/Norman Kuring).

VIIRS는 현재 운용 중인 3개의 센서를 효율적으로 대체할 수 있다 : 즉 DMSP(Defense Meteorological Satellite Program)의 OLS(Operational Line-scanning System), NOAA POES의 AVHRR, 그리고 NASA Earth Observing System(EOS Terra and Aqua)의 MODIS.

SeaStar 위성과 SeaWiFS

바다는 지구 표면의 2/3 이상을 차지하고 있으며, 전지구적 기후시스템에 중요한 역할을 한다. SeaWiFS는 해양 모니터링을 위해서 특별히 제작된 스캐닝 시스템이다. SeaStar 위성(OrbView-2)은 1997년 8월 1일 Pegasus 로켓을 사용하여 SeaWiFS(Sea-viewing Wide Field-of-view Sensor)를 궤도에 운반하였다(NASA/Orbimage SeaWiFS, 2014). 최종 궤도는 약 705km이며, 적도 통과시간은 낮 12시이다.

SeaWiFS

SeaWiFS는 1978년 발사된 Nimbus-7호의 CZCS(Coastal Zone Color Scanner)를 이용한 해양 원격탐사에 기초하여 제작되었

표 2-7 NPP VIIRS 밴드의 특성과 MODIS 밴드와의 관계(Gleason et al., 2010)

VIIRS 밴드	분광해상도(μm)	공간해상도(m)	MODIS 밴드	분광해상도(μm)	공간해상도(m)
DNB	0.5~0.9				
M1	0.402~0.422	750	8	0.405~0.420	1,000
M2	0.436~0.454	750	9	0.438~0.448	1,000
M3	0.478~0.498	750	3 또는 10	0.459~0.479 0.483~0.493	500 1,000
M4	0.545~0.565	750	4 또는 12	0.545~0.565 0.546~0.556	500 1,000
I1	0.600~0.680	375	1	0.620~0.670	250
M5	0.662~0.682	750	13 또는 14	0.662~0.672 0.673~0.683	1,000 1,000
M6	0.739~0.754	750	15	0.743~0.753	1,000
I2	0.846~0.885	375	2	0.841~0.876	250
M7	0.846~0.885	750	16 또는 2	0.862~0.877 0.841~0.876	1,000 250
M8	1.230~1.250	750	5	동일	500
M9	1.371~1.386	750	26	1.360~1.390	1,000
I3	1.580~1.640	375	6	1.628~1.652	500
M10	1.580~1.640	750	6	1.628~1.652	500
M11	2.225~2.275	750	7	2.105~2.115	500
I4	3.550~3.930	375	20	3.660~3.840	1,000
M12	3.550~3.930	750	20	동일	1,000
M13	3.973~4.128	750	21 또는 22	3.929~3.989 3.929~3.989	1,000 1,000
M14	8.400~8.700	750	29	동일	1,000
M15	10.263~11.263	750	31	10.780~11.280	1,000
I5	10.500~12.400	375	31 또는 32	10.780~11.280 11.770~12.270	1,000
M16	11.538~12.488	750	32	11.770~12.270	1,000

다. CZCS는 1986년에 작동이 중지되었다. SeaWiFS는 58.3°의 총시야각을 가지는 광학 스캐너로 구성되어 있다. 입사하는 에너지는 망원경에 의해서 수집되고 회전하는 반각 거울에 반사된다. 반사된 복사에너지는 이색성 빔 분리기로 전달되어 8개 파장으로 분리된다(표 2-8). SeaWiFS는 1.13×1.13km의 공간해상도를 가지며, 관측폭은 2,800km이다. 또한 주기는 1일이다.

SeaWiFS는 매우 좁은 파장 범위를 가진 8개의 분광밴드에 에너지를 기록하는데(표 2-8), 이는 해양 일차 생산량 및 식물성 플랑크톤의 변화, 기후변화에 있어서의 바다의 영향(열의 저장 및 연무층), 이산화탄소, 황, 질소 순환 등을 포함하는 특정한 해양 현상을 감지하고 모니터링하기 위함이다. 특히 SeaWiFS는 황색물질이 청색 파장을 흡수하는 특성을 통해 황색물질을 식별하고자 412nm에 중심을 둔 밴드를 가지고 있으며, 엽록소 농도에 대한 민감도를 높이기 위해 490nm, 대기 감쇠 효과를 제거하는 데 활용하기 위해 765와 865nm(근적외선)에 중심을 둔 밴드들을 가지고 있다.

SeaWiFS를 이용한 지구관측은 과학자들로 하여금 해양 및 연안 해류의 역학, 혼합 물리학, 그리고 해양물리학과 대규

표 2-8 SeaWiFS 센서 특성

SeaWiFS 밴드	밴드중심(nm)	밴드폭(nm)	밴드 이용분야
1	412	402~422	황색물질 식별
2	443	433~453	엽록소 농도
3	490	480~500	엽록소 농도의 증가된 민감도
4	510	500~520	엽록소 농도
5	555	545~565	Gelbstoffe(황색물질)
6	670	660~680	엽록소 농도
7	765	745~785	표면 식생, 내륙/수계 경계, 대기보정
8	865	845~885	표면 식생, 내륙/수계 경계, 대기보정

모 일차 생산량(GPP) 패턴 사이의 관계를 이해하도록 돕는다. 이 자료들은 해양생물학적 관측에 있어 CZCS와 MODIS 간 격차를 채워준다. SeaWiFS는 2011년 2월 15일 운용을 멈추었다. SeaWiFS의 데이터 취득에 대한 정보는 http://oceancolor.gsfc.nasa.gov/SeaWiFS/에서 찾을 수 있다.

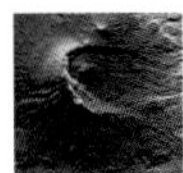

선형배열을 이용한 다중분광 영상

선형배열 센서 시스템은 다이오드나 CCD를 사용하여 지형으로부터 반사 또는 방출되는 방사도를 기록한다. 선형배열 센서는 위성이 이동하는 동안 일정하게 지표를 향하고 있기 때문에 '푸쉬브룸' 센서라고도 한다(그림 2-9d, 2-29a). 푸쉬브룸 센서는 1) 움직이는 거울이 없고, 2) 따라서 선형배열 감지기가 지형의 특정 부분을 장시간 향하고 있을 수 있기 때문에 일반적으로 반사되는 복사속을 보다 더 정확히 관측할 수 있다.

NASA EO-1 ALI

NASA EO-1(Earth Observing-1) 위성은 2000년 11월 21일에 단년도 기술검증 및 시연 임무의 일부로서 발사되었다. 3개의 진보된 지상 촬영 장비 기술을 검증하기 위하여 본 임무가 수행되었다. 이는 NASA의 새천년 프로그램하에서 날아오른 첫 번째 지구관측장비들이다. 3개의 장비는 ALI(Advanced Land Imager), Hyperion 초분광 센서, 그리고 LAC[LEISA(Linear Etalon Imaging Spectrometer Array) Atmospheric Corrector]이다. 이러한 장비들은 향후 Landsat 및 지구관측 임무들이 보다 정확하게 전지구적으로 토지의 이용을 지도화하고 분류하기 위한 것이다. EO-1은 2001년 11월 21일 극궤도 상으로 발사되었으며, 적도 통과시간은 오전 10시 3분, 고도 705km, 궤도 경사각 98.2°, 궤도주기 98분이다. NASA와 USGS는 EO-1 프로그램을 연장하기로 상호 합의하였다. EO-1 Extended Mission은 DARs(Data Acquisition Requests)의 요청에 의해 ALI 다중분광과 Hyperion 초분광 영상들을 취득하고 배포하기로 공식화했다. EO-1에 의해 취득된 영상은 USGS의 EROS(Earth Resources Observation and Science) 센터에 의해 보관되고 배포된다. 이들 자료는 http://eo1.usgs.gov에 있다.

ALI

EO-1에 장착된 ALI 푸쉬브룸 장비는 LDCM을 위한 기술을 검증 및 실증하기 위하여 사용되었다. ALI는 Landsat 7 ETM^+의 형태대로 비행을 한다(Digenis, 2005). ALI는 ETM^+보다 3개 많은 9개의 다중분광 밴드와 전정색 밴드로 구성되어 있다. 그러나 열영상밴드는 존재하지 않는다(Mendenhall et al., 2012). 밴드에 따라 다르지만 증가된 감지도를 가지고 있다. 다중분광밴드의 공간해상도는 ETM^+(30×30m)와 같으나 전정색 밴드는 보다 향상된 공간해상도(10×10m vs. 15×15m)를 가지고 있다. 해당 파장의 길이와 GSD(Ground Sampling Distance)는 표 2-9에 정리되어 있다. 9개 중 6개의 다중분광밴드가 Landsat 7에 장착된 ETM^+의 것과 동일하여 직접적인 비교가 가능하다. ALI는 관측폭이 37km이다. 하와이의 오아후를 촬영한 ALI 영상은 그림 2-30a, b에 보이고 있다.

EO-1 사양은 표 2-4에 보이고 있다. 0.4~2.35μm에 걸치며 공간해상도가 30×30m에 달하는 10개 밴드를 가지는 선형배열 ALI를 포함하고 있다. Hyperion 초분광 센서는 0.4~2.4μm에 걸치며 공간해상도가 30×30m에 달하는 220개 밴드로부터 데

그림 2-29 a) 확대된 2,048 선형배열 CCD 요소. b) 확대된 3,456×2,048 면형배열 CCD.

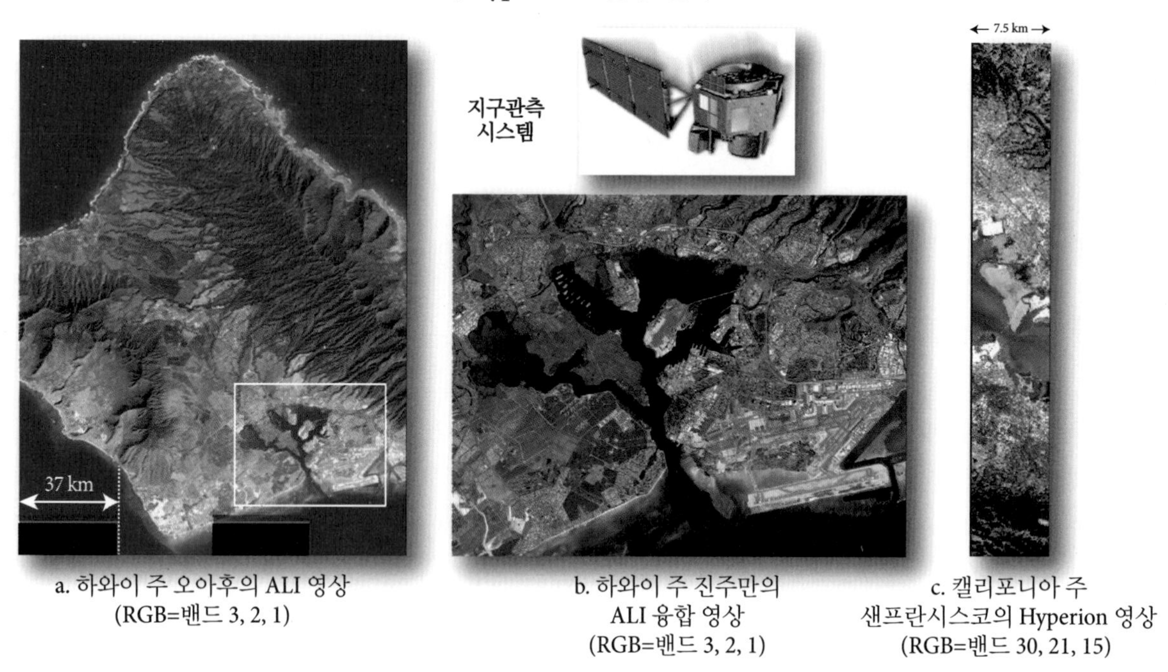

그림 2-30 a) 37km 관측폭을 갖는 EO-1 ALI 자료 4개를 이용하여 만든 하와이 주 오아후의 모자이크 영상. b) 확대된 하와이 주 진주만의 ALI 융합 영상. c) 관측폭 7.5km의 EO-1 Hyperion 초분광 영상에 촬영된 캘리포니아 주 샌프란시스코(영상 제공 : NASA Goddard Space Flight Center; Jensen et al., 2012).

이터를 취득한다. LEISA는 0.9~1.6μm에 걸치며 공간해상도가 250×250m에 달하는 특성을 갖는 256개 초분광 장비이다. 이는 대기 중의 수증기 변화량을 보정하기 위하여 설계되었다. 이 3개의 EO-1 지상관측 장비들은 Landsat 7 관측폭의 전부나 일부를 바라본다.

NASA Landsat 8(LDCM – Landsat Data Continuity Mission)

Landsat 8은 NASA와 USGS의 합작품이다. Landsat 8은 2013년 2월 11일에 발사되었다. Landsat 8의 목적은 1) 5년보다 적지 않은 기간 동안의 전지구적인 계절관측을 가능하게 하는 중해상도(15~30m 공간해상도)의 다중분광 영상을 취득하고 보관하고, 2) Landsat 8 데이터가 가존의 Landsat 임무로부터 취득된 데이터와 취득기하, 보정, 범위 특성, 분광 특성, 결과물 품질, 데이터 접근성 등의 차원에서 일관되도록 하여 지표피복 및 토지이용의 변화 연구에 사용하도록 하고, 3) Landsat 8 데이터 산물을 차별 없이 인터넷기반에서 증분원가를 넘지 않는 가격으로 사용자의 요구를 만족시키면서 배포하기 위함이다(USGS, 2010).

표 2-9 Landsat 8 센서 특성(Markham, 2011)

Landsat 8 OLI			Landsat 8 TIRS		
밴드	분광해상도 (μm)	연직방향 공간해상도 (m)	밴드	분광해상도 (μm)	연직방향 공간해상도 (m)
1 해안 및 에어로졸을 위한 군청색	0.433~0.453	30×30	10 열적외선	0.3~11.3	100×100
2 청색	0.450~0.515	30×30	11 열적외선	11.5~12.5	100×100
3 녹색	0.525~0.600	30×30	센서 기술	푸쉬브룸	
4 적색	0.630~0.680	30×30	관측폭	185km	
5 근적외선	0.845~0.885	30×30	자료수집 속도	400 WRS-2 영상/일	
6 단파적외-1	1.56~1.66	30×30	재방문주기	16일	
7 단파적외-2	2.1~2.3	30×30	궤도 및 경사	705km, 태양동주기 경사=98.2° 적도 통과시간=오전 10시	
8 전정색	0.52~0.90	15×15	방사해상도	12비트(ETM$^+$에 비해 대폭 향상)	
9 권운	1.36~1.39	30×30	신호대잡음비	1~2배 향상	

OLI

Landsat 8은 5년간의 임무를 계획하고 있으나, 10년간의 임무가 가능한 연료를 장착할 것이다. 다중분광 원격탐사 장비는 OLI(Operational Land Imager)이다. OLI는 기존의 Landsat TM과 ETM$^+$(전정영상 : 15×15m, 다중분광영상 VNIR/SWIR : 30×30m)와 일관된 공간 및 분광해상도를 가지고 지표면의 자료를 취득한다(그림 2-17). 또한 2개의 추가적인 분광 채널, 즉 해안과 대기부유물에 관한 연구를 위한 군청색(자외선 쪽 청색) 밴드와 구름 탐지를 위한 권운 밴드를 포함하고 있다. OLI는 긴 감지기 배열을 사용하는데 이는 분광밴드당 약 7,000개의 감지기를 가지고 있으며, 초점판에 가로질러 정렬되어 있다. 15×15m 전정색 밴드는 13,000개가 넘는 감지기를 가지고 있다. Silicon PIN(SiPIN) 감지기는 가시영역과 근적외선영역(밴드 1~4, 8)의 데이터를 취득한다. 수은-카드뮴-텔루르(Hg : Cd : Te) 감지기는 단파장의 적외선 밴드(밴드 6, 7, 9)를 위해 사용된다. '푸쉬브룸' 설계로 인해 보다 민감한 장비가 적은 수의 이동형 부품을 이용함으로써 향상된 지표면 정보를 제공하게 된다(Irons et al., 2012).

열적외선 센서(TIRS)는 OLI 데이터와 상호등록된 2개의 긴 파장대의 밴드로부터 데이터를 취득한다. 매일 약 400장의 영상이 취득되고 지형이 투영을 통해 보정된다. OLI와 TIRS 데이터는 통합된 산물로 배포된다. 2007년 하나의 계획이 National Land Imaging Program을 위해 제안되었는데, 이는 미래를 위해 중해상도의 지상촬영을 위한 것이다(USGS, 2010). Landsat 9은 약 2018년경의 발사를 위해 준비상태에 있다.

SPOT 센서 시스템

첫 번째 SPOT 위성은 1986년 2월 21일에 발사되었다(그림 2-31). 벨기에 및 스웨덴과 공동으로 프랑스의 CNES(Centre National d'Etudes Spatiales)에 의해 개발된 SPOT 위성은 공간해상도가 10×10m인 전정색 모드와 20×20m인 다중분광 모드를 가지고 있으며, 상세한 특징은 표 2-10에 요약하였다. 동일한 관측기기를 가진 SPOT 2호와 3호는 각각 1990년 1월 22일과 1993년 9월 25일 발사되었다. SPOT 4호는 새로운 단파장 적외선 밴드와 Vegetation 센서(1×1km)를 장착하고 1998년 3월 24일 발사되었다. SPOT 5호는 10×10m 해상도의 가시광선, 근적외선, 단파장 적외선(SWIR) 밴드와 2.5×2.5m 해상도의 전정색 밴드를 가지고 있으며 2002년 5월 3일 발사되었다. SPOT 6호는 2012년 9월 9일 발사되었다. SPOT은 선형배열 기술에 기초한 최초의 민간위성 시스템이며 최초의 목표물 지향가능 센서이다.

1986년 이후 SPOT 지구관측 위성은 시종일관 믿을 만한 고해상도 지구 자원 정보의 공급원이었다. 많은 나라에서 주로 정치적인 이유로 그들의 주 원격탐사 위성들이 생겨나고 없어

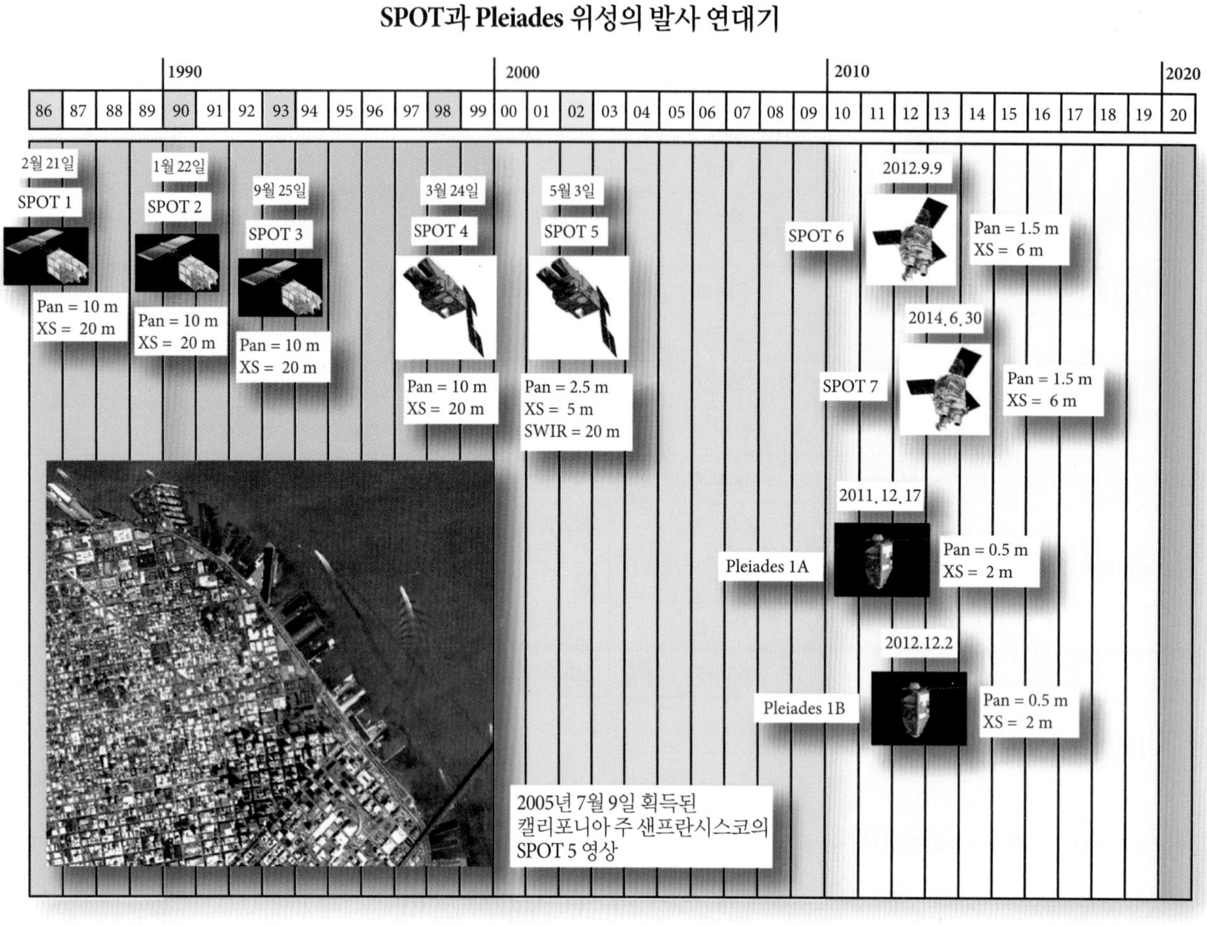

SPOT과 Pleiades 위성의 발사 연대기

그림 2-31 SPOT 위성의 발사 연대기(Jensen et al., 2012에서 업데이트; SPOT 5 영상 제공 : Airbus Defense and Space)

져 갔지만 SPOT Image사는 항상 양질의 영상을 공급함을 신뢰할 수 있었다. 유감스럽게도 SPOT 영상의 가격은 항상 다소 비싼 편이었는데, 최근에 다소 가격이 내렸다고는 해도 보통 하나의 전정색 혹은 다중분광 영상이 2,000달러 이상을 호가하고 있다. 만약 관심지역의 전정영상과 다중분광영상이 모두 필요하다면 그 비용은 상당히 커질 것이다.

SPOT 1, 2, 3호

SPOT 1, 2, 3호는 모두 동일한 특성을 가지고 있으며, SPOT 버스(bus)와 센서 시스템으로 이루어져 있다. SPOT 버스는 표준 다목적 탑재체이며, 센서 시스템은 2개의 HRV(High-Resolution Visible) 센서 시스템과 2개의 데이터 기록기 및 송신기로 구성되어 있다(그림 2-32a, b). SPOT 위성은 태양동주기 궤도를 가지고 있으며, 822km의 고도에서 근극 궤도(98.7°의 궤도 경사각)로 운용되고 있다. 위성은 동일한 태양시에 머리 위를 지나가기 때문에 지방시는 위도에 따라 달라진다.

HRV 센서는 가시광선과 적외선에서 전정색 모드와 다중분광 모드로 작동하고 있다. 전정색 모드는 전형적인 흑백 사진과 유사한 것으로, 넓은 스펙트럼 밴드에 대한 관측을 수행하는 반면, 다중분광(컬러) 모드는 3개의 좁은 스펙트럼 밴드에 대해 자료를 수집한다(표 2-10). SPOT 1~3호의 분광해상도는 Landsat TM 센서보다는 뛰어나지 않지만 공간해상도는 연직방향에서 전정색 밴드는 10×10m, 3개의 다중분광밴드는 20×20m로 상대적으로 높다.

지표면으로부터 반사된 복사속은 시스템의 스캐닝 거울을 통해 HRV 센서로 입사하여 2개의 CCD 배열 상에 투영된다. 각각의 CCD 배열은 선형으로 배열된 6,000개의 감지기로 구성되어 있다. 선형으로 배열되어 있는 감지기를 전자현미경으로 본 그림이 그림 2-33a, b에 나타나 있다. 이러한 선형배열 푸쉬브룸 센서는 센서 시스템이 북에서 남으로 진행될 때 궤도방향에 수직인 방향으로 지표면의 한 라인에 대한 자료를 수집하게 된다(그림 2-5d). 이러한 자료수집 방법은 역학적인 스캐닝

표 2-10 SPOT 1, 2, 3의 HRV, SPOT 4, 5의 HRVIR(High-Resolution Visible and Infrared), 그리고 SPOT 4, 5의 Vegetation 센서 시스템 특성

SPOT 1, 2, 3 HRV 및 4 HRVIR			SPOT 5 HRVIR			SPOT 4 및 5 Vegetation		
밴드	분광해상도 (μm)	연직방향 공간해상도 (m)	밴드	분광해상도 (μm)	연직방향 공간해상도 (m)	밴드	분광해상도 (μm)	연직방향 공간해상도 (km)
1	0.50~0.59	20×20	1	0.50~0.59	10×10	1	0.43~0.47	1.15×1.15
2	0.61~0.68	20×20	2	0.61~0.68	10×10	2	0.61~0.68	1.15×1.15
3	0.79~0.89	20×20	3	0.79~0.89	10×10	3	0.78~0.89	1.15×1.15
전정색 전정색(4)	0.51~0.73 0.61~0.68	10×10 10×10	전정색	0.48~0.71	2.5×2.5			
단파적외선(4)	1.58~1.75	20×20	단파적외선	1.58~1.75	20×20	단파적외선	1.58~1.75	1.15×1.15
센서	선형배열 푸쉬브룸		선형배열 푸쉬브룸			선형배열 푸쉬브룸		
관측폭	60km±50.5°		60km±27°			2,250km±50.5°		
자료수집 속도	25Mb/s		50Mb/s			50Mb/s		
재방문주기	26일		26일			1일		
궤도	822km, 태양동주기 경사각=98.7° 적도 통과시간=오전 10시 30분		822km, 태양동주기 경사각=98.7° 적도 통과시간=오전 10시 30분			822km, 태양동주기 경사각=98.7° 적도 통과시간=오전 10시 30분		

이 일어나지 않기 때문에 Landsat MSS, Landsat TM 및 Landsat 7 ETM$^+$ 센서 시스템의 전형을 깬 것이다. 즉 자료를 수집하기 위하여 전후방을 스캔해야 하는 거울이 없고, 따라서 감지기가 오랜 시간 동안 지표면을 응시함으로써 지표면에서 나오는 복사속을 좀 더 정확하게 관측할 수 있기 때문에 선형배열 센서는 다른 센서 시스템에 비해 뛰어난 기술이다. SPOT 위성은 1986년 이러한 선형배열 푸쉬브룸 기술을 상업적인 원격탐사에 선구적으로 이용하였다.

2개의 HRV 센서는 연직방향에서 각각 관측폭이 60km인 자료를 수집한다(그림 2-32c). 이러한 방법으로 수집한 자료의 총 관측폭은 117km이며, 두 영상은 3km가 중복된다. 그러나 지상으로부터 시스템을 제어하여 비연직방향을 향하도록 시스템의 각도를 조정할 수 있으며, 이로부터 위성 궤도를 중심으로 950km 범위 내에서 관심 부분에 대한 영상만을 수집할 수도 있다(그림 2-34a). 즉 관측 지역이 지상 트랙의 중심에 위치하지 않을 수도 있다는 뜻이다. 실제 관측폭은 연직방향에서 60km이고 시스템의 각도를 조정함에 따라 최대 80km까지 변한다.

HRV 센서가 연직방향으로만 운용된다면 특정 지역을 순회하는 주기는 26일이 될 것이다. 이 주기는 일 단위에서 몇 주 정도의 시간 변화와 관련된 현상을 관측하는 데는 종종 적절하지 않으며, 구름 역시 유용한 자료를 수집하는 데 방해가 된다. 그러나 26일의 주기 동안에 센서 시스템의 각 제어 능력을 최대한 이용하여 어떤 지역을 관측한다고 할 때, 만약 그 지역이 적도 상이라면 7개의 서로 다른 궤도에서 관측이 가능하며, 위도 45°에서는 11번 관측이 가능하다(그림 2-34b). 따라서 한 지역은 선택적으로 1~4일(가끔 5일)마다 재관측이 가능할 수 있다.

SPOT 센서는 대상 지역에 대해 궤도교차 입체영상자료를 수집할 수 있다(그림 2-34c). 두 번의 관측이 이틀 동안 연속적으로 이루어질 수 있으며, 결과적으로 두 영상은 연직방향을 중심으로 양쪽으로 일정한 각을 가지고 수집된다. 이때 관측기선(두 위성 사이의 거리)과 높이(위성 고도) 사이의 비는 적도 상공에서는 0.75가 되며, 위도 45° 상공에서는 0.50이 된다. 이러한 관측 위치와 고도 사이의 비는 지형을 매핑하는 데 사용될 수 있다.

10×10m의 SPOT 전정색 영상은 기하학적으로 매우 높은 정밀도를 가지고 있으며, 많은 예에서 볼 수 있듯이 전형적인 항공사진과 같이 판독할 수 있다. 따라서 SPOT 전정색 영상은 주로 지형도와 함께 이용되며, 정사사진지도로 활용된다. SPOT 전정색 영상은 오래전에 제작된 7.5분 지형도보다도 새로운 도로나 택지조성 등과 같은 좀 더 정확한 평면 정보를 포함하고

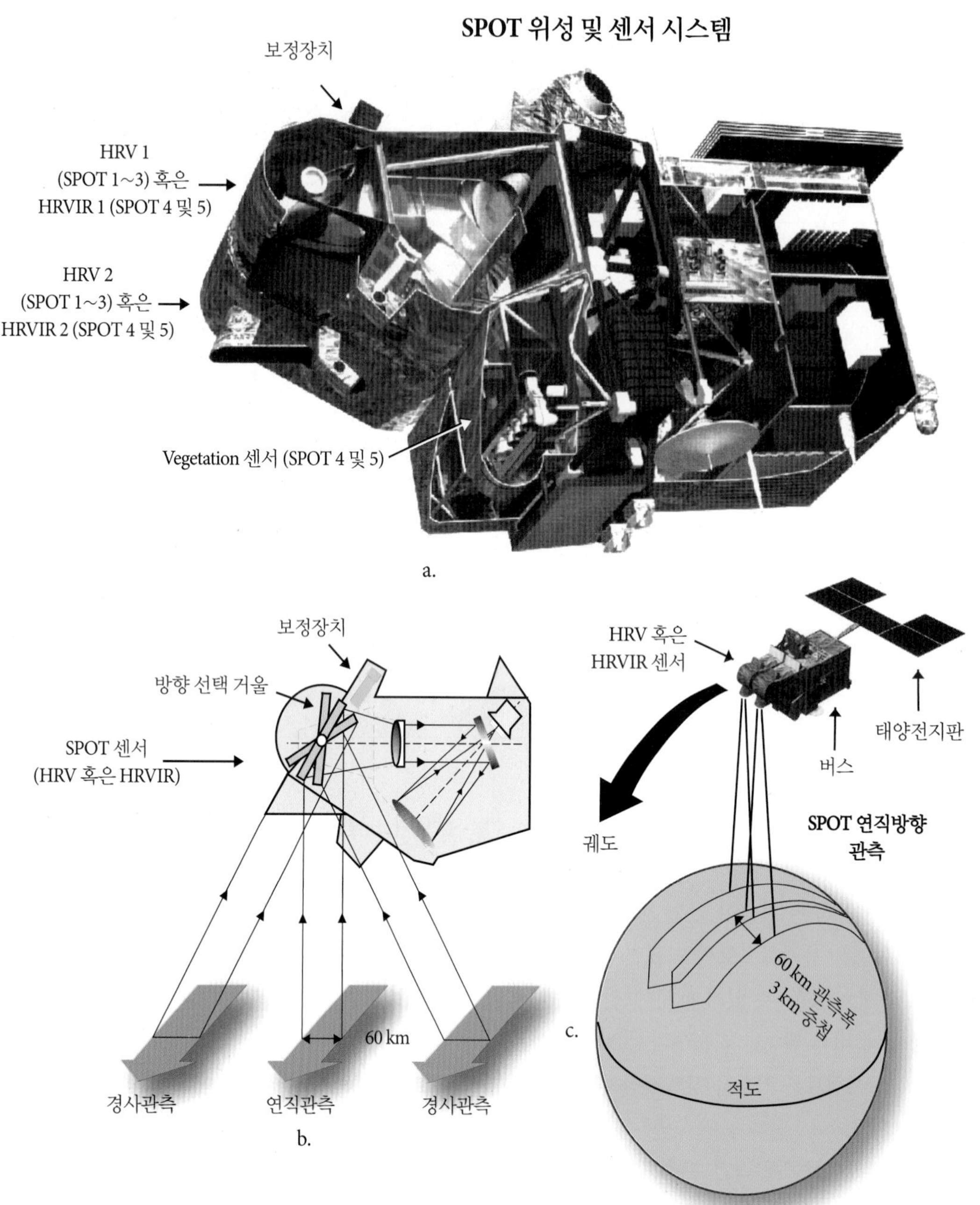

그림 2-32 a~c) SPOT 위성은 다용도의 플랫폼인 SPOT 버스와 탑재 센서 시스템으로 구성되어 있다. 2개의 동일한 HRV 센서는 SPOT 1, 2, 3호에 탑재되었고, 2개의 동일한 HRVIR 센서는 SPOT 4호에 탑재되었다. 지표면으로부터의 복사에너지가 평면 거울을 통해 HRV 혹은 HRVIR 센서로 들어가서 2개의 CCD 배열 상에 투영된다. 각 CCD 배열은 선형으로 배열된 6,000개의 감지기로 구성되어 있다. 사용되는 센서의 모드에 따라 공간해상도가 10×10m 혹은 20×20m가 된다. 연직방향에서 관측폭은 60km이다. SPOT HRV 및 HRVIR 센서는 또한 비연직방향에서 자료를 수집할 수 있다. SPOT 4호는 Vegetation 센서를 탑재하고 있으며, 공간해상도는 1.15×1.15km, 관측폭은 2,250km이다(SPOT Image, Inc.에서 수정).

있기 때문에 GIS 데이터베이스에서 매우 유용하다. 그림 2-35는 사우스캐롤라이나 주 찰스턴의 TM 3번 밴드 영상과 SPOT 전정색 영상을 함께 나타낸 것으로 SPOT 전정색 영상의 개선된 공간해상도를 볼 수 있다.

SPOT 센서들은 170×185km(31,450km^2)의 공간적인 자료수집 범위를 가지는 Landsat MSS나 TM과 비교하여 60×60km(3,600km^2) 정도의 비교적 작은 지역에 대해 영상을 수집한다(그림 2-36). 한 장의 Landsat TM이나 MSS 영상에서 수집되는 공간적인 범위에 대한 자료를 얻기 위해서는 8.74장의 SPOT 영상이 필요하다. 이것은 광범위한 지역연구에 있어서

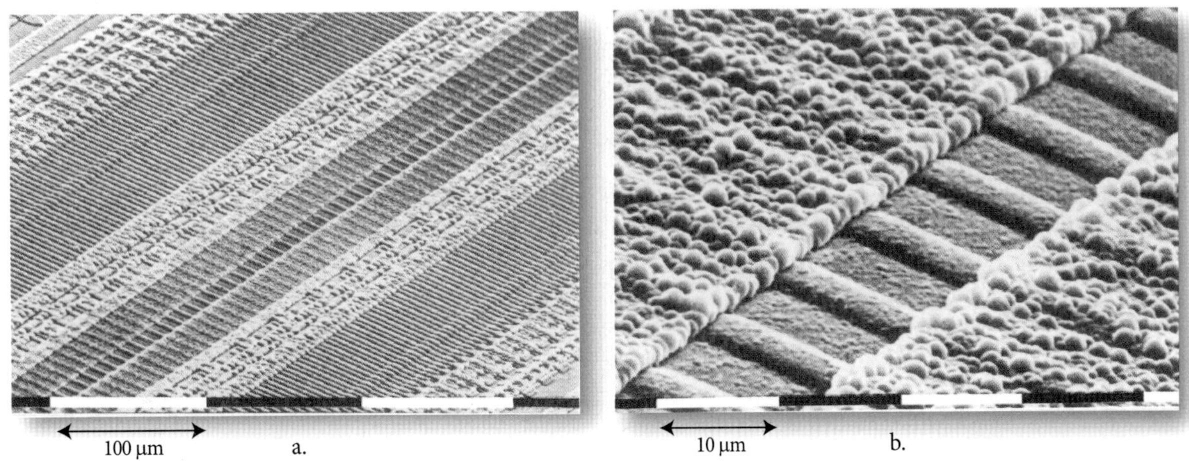

그림 2-33 a) SPOT HRV 센서 시스템에서 사용되는 것과 같은 CCD 선형배열의 앞 표면의 스캐닝 전자현미경 영상. 대략 58개의 CCD 감지기가 양쪽 면에 기록된 열과 함께 보인다. b) CCD 선형배열의 7개 감지기가 확대되어 보인다. 이 자료는 CNES 웹사이트(www.cnes.fr)에서 제공되었다.

제한사항이 되기도 한다. 하지만 SPOT 영상은 km^2 단위(예 : 수계나 구, 시와 같은 행정구역)로 구매하거나, km 단위(예 : 고속도로와 같은 선형 영역)의 좁고 긴 직사각형 형태로 구매할 수도 있다.

SPOT 4, 5호

SPOT Image사는 1998년 3월 24일에 SPOT 4호를, 2002년 5월 3일에 SPOT 5호를 발사했다. 각각의 특성은 표 2-10에 요약되어 있다. 촬영각은 ±27° 사이에서 조정 가능하다. SPOT 4, 5호는 다음과 같은 몇 가지 주목할 만한 특징을 가지고 있다.

- 20×20m에서 식생이나 토양수분 등에 적용하기 위한 1.58~1.75μm 단파적외선(SWIR) 밴드의 추가
- 소규모 식생, 지구 변화, 해양학 연구를 위한 독립 센서인 Vegetation
- SPOT 4는 원래의 HRV 전정색 센서(0.51~0.73μm)를 10m와 20m 모드에서 모두 작동되는 밴드 2(0.61~0.68μm)로 대체함으로써 분광밴드들을 탑재한 상태에서 등록하도록 함
- SPOT 5의 전정색 밴드(0.48~0.7μm)는 2.5×2.5m 해상도의 영상을 수집할 수 있다.

SPOT 4, 5호의 HRV 센서가 단파적외선(SWIR)에 매우 민감하기 때문에 HRVIR 1과 HRVIR 2라 불린다.

SPOT 4, 5호의 Vegetation 센서는 HRVIR 센서와는 완전히 다른 특성을 가진 센서이다. 4개의 분광밴드 각각에 대해 분리된 대물렌즈와 센서로 광학 파장대에서 작동하는 다중분광 전자 스캐닝 복사계이다. 4개의 분광밴드는 주로 대기보정에 이용되는 청색(0.43~0.47μm), 적색(0.61~0.68μm), 근적외선(0.78~0.89μm), 그리고 단파적외선(1.58~1.75μm)이 포함된다. 각각의 센서는 해당 대물렌즈의 초점면(focal plane)에 위치하는 1,728개의 선형배열 CCD를 가지고 있다. 각 밴드의 분광해상도는 표 2-10에 요약되어 있다. Vegetation 센서는 1.15×1.15km의 공간해상도를 가진다. 대물렌즈는 ±50.5°의 시야각을 제공하며, 2,250km의 관측폭을 가진다. Vegetation 센서는 다음과 같은 중요한 특성을 가지고 있다.

- 다중시기의 방사보정 정확도는 3% 이내이고 절대보정 정확도는 5% 이내로 AVHRR에 비해 뛰어나며, 전지구적 규모 혹은 지역적 규모의 반복적 식생 조사에 유용하다.
- 푸쉬브룸 기술을 이용함으로써 0.3화소 이하의 기하학적 정확도, 그리고 0.3km 이내의 밴드 간 다중시기 등록과 함께 전체 관측폭에 대해서 동일한 화소 크기를 가진다.
- 적도 통과시간은 오전 10시 30분이며, AVHRR의 경우에는 오후 2시 30분이다.
- 식생 매핑을 향상시킬 수 있는 단파적외선 밴드를 가지고 있다.
- Vegetation 센서에 의한 2,250×2,250km의 자료는 그 범위 내

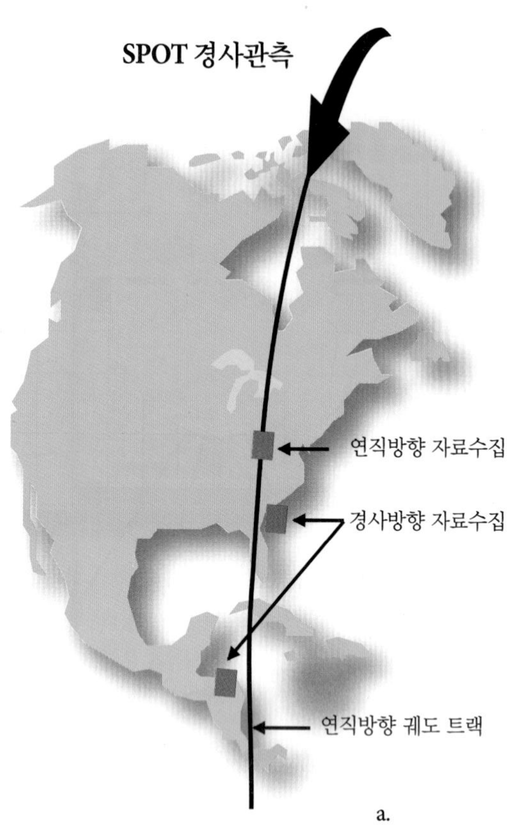

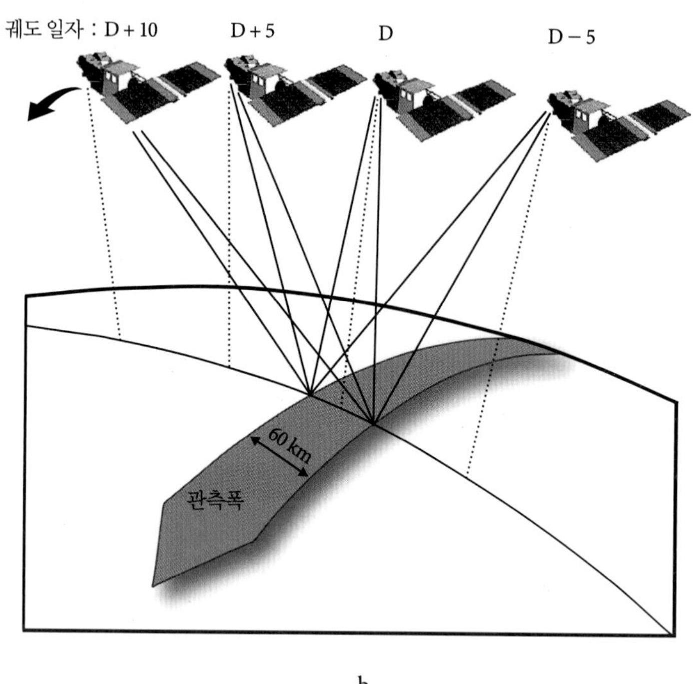

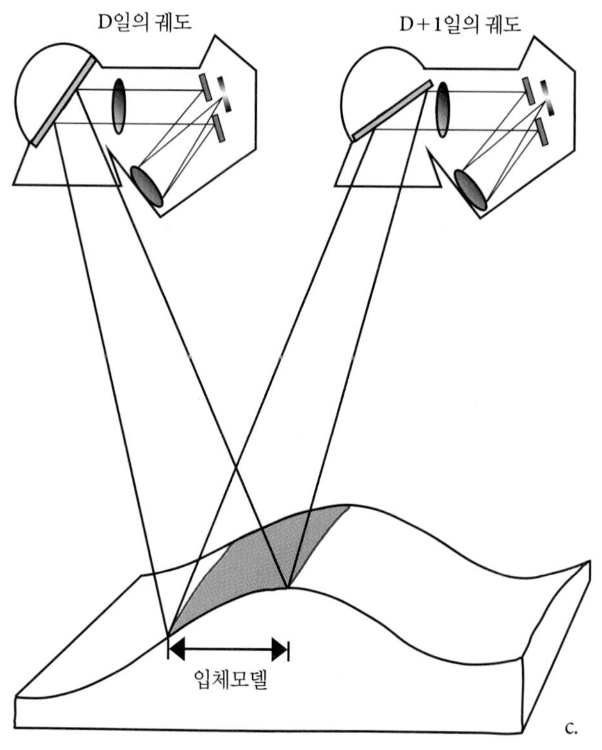

그림 2-34 a) SPOT HRV 장치는 방향조절이 가능하기 때문에 위성 바로 아래의 연직방향이 아닌 지역도 관측할 수 있다. 이는 위성 트랙이 입체영상을 수집하기에 최적이 아닐 때 발생한 재난사고에 대한 정보를 수집하는 데 유용하다. b) 2개의 연속적인 SPOT 위성이 지나가는 26일 주기 동안 지구 상의 한 지점은 만약 적도 상이라면 두 번, 위도 45° 상이라면 11번의 서로 다른 경로에서 관측될 수 있다. 일반적으로 1 혹은 4일, 가끔씩 5일마다 재방문이 가능하다. c) 이틀 동안 연달아 동일 지역에 대해 두 번의 관측을 할 수 있는데, 이때 영상은 연직에서 일정 각만큼 벗어난 양방향에서 관측된 것으로 입체영상을 만들 수 있다. 그러한 영상은 지형도나 평면도를 제작하는 데 사용될 수 있다(SPOT Image, Inc.에서 수정).

Landsat TM(30×30m)과 SPOT HRV(10×10m) 영상의 비교

a. 1994년 2월 3일에 수집된
Landsat TM 밴드 3(30×30m)

b. 1996년 1월 10일에 수집된
SPOT HRV 전정색 밴드(10×10m)

그림 2-35 사우스캐롤라이나 주 찰스턴 지역의 a) 30×30m Landsat TM 밴드 3 영상(NASA 제공)과 b) SPOT 10×10m 전정색 영상의 비교[SPOT 영상 제공 : CNES(www.cnes.fr). Protected Information. All rights reserved © CNES(2014)]

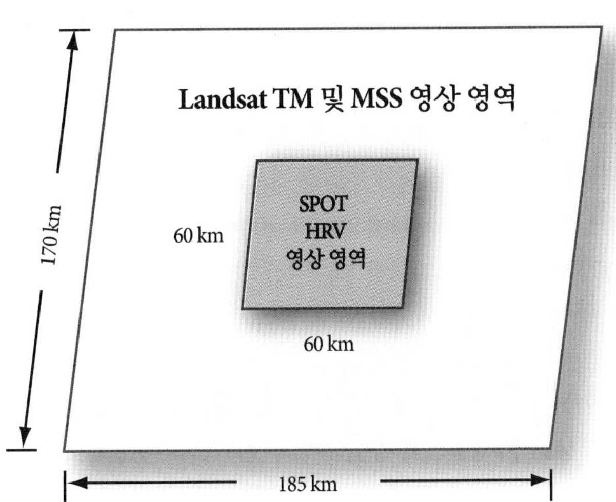

그림 2-36 SPOT HRV와 Landsat MSS 및 TM 원격탐사 시스템의 지리적 관측범위

에 포함되는 10×10m 및 20×20m의 HRVIR 자료와 서로 직접적인 연관성이 있다.

- 개별적인 영상을 얻을 수도 있고, 혹은 일별 합성영상(daily synthesis)이라고 불리는 24시간 동안의 합성영상을 제작할 수 있다. 또한 일별 합성영상은 일정 기간 *n*(일수) 동안의 합성영상으로 변환될 수 있다.

SPOT 4호와 5호는 아직도 운용 중에 있다(SPOT Image, 2014; SPOT Payload, 2014). 1986년 이래로 SPOT 영상은 2,000만 장 이상이 취득되었다.

SPOT 6, 7호

SPOT 6호는 2012년 9월 9일 발사되었다. SPOT 7호는 2014년 6월 30일 발사되었다(그림 2-31)(Astrium SPOT 6 & 7, 2014). 이들은 동일한 궤도에 놓였으며 목표물지향이 가능하다. 60km 관측폭으로 하나의 1.5×1.5m 전정색 밴드와 4개의 6×6m 다중분광밴드로 구성되어 있다. 궤도방향과 궤도에 수직인 방향으로의 데이터 취득이 모두 가능하다. Astrium GEO-Information Services는 프랑스의 SPOT 위성군과, 독일 TerraSAR-X, 대만의 FORMOSAT-2에 직접적으로 임무를 수행시켜 매일 지구 상 어느 곳에서도 신속하고 신뢰할 만한 데이터 취득이 가능하게 한다(Astrium, 2014).

Pleiades

SPOT 6호 광학 지구관측 위성은 상대적으로 넓은 영상 스캔 폭의 장점들과 1.5×1.5m의 공간해상도를 통합시킨다. 그러나 CNES는 구름이 존재하는 때나 밤에도 데이터 취득이 가능하고 보다 높은 공간해상도를 필요로 하는 민간과 군의 응용분야

들에 대해 인지하였다. 이에 프랑스-이탈리아 ORFEO(Optical and Radar Federated Earth Observation) 우주 프로그램이 시작되었다. Pleiades 광학 시스템은 프랑스 CNES에 의해 관리 감독되고 레이다 영상 시스템은 이탈리아 우주국(Italian Space Agency, ISA)에 의해 관리 감독된다(CNES Pleiades, 2014).

Pleiades 1A, 1B

2개의 Pleiades 위성이 존재하는데 우선 2011년 12월 17일 Pleiades 1A가 성공적으로 발사되어 고도 694km의 태양동주기 궤도에 안착되었다. Pleiades 1B는 2013년에 발사되었다(그림 2-31). 두 위성 모두 5년의 수명을 가지고 있다. Pleiades 위성들은 선형배열 센서 기술(그림 2-5d)을 사용하며, 연직방향으로 공간해상도 0.5×0.5m를 갖는 전정영상(0.48~0.83μm)을 취득한다(Astrium, 2014). 또한 4개의 다중분광밴드 데이터[청색(0.43~0.55μm), 녹색(0.49~0.61μm), 적색(0.60~0.72μm), 근적외선(0.75~0.95μm)]를 가지며, 연직방향으로 공간해상도가 2×2m이고 관측폭이 20km이다(Astrium Pleiades, 2014).

통합된 전정 및 다중분광 영상들은 정사사진으로 구할 수 있다. Pleiades는 목표물지향이 가능하며, 사진측량 분석을 위한 입체영상 취득을 통하여 상세한 평면 및 3차원 정보 획득이 가능하다. Pleiades는 하나의 위성으로는 재방문주기는 2일이며 2개의 위성으로는 24시간 이하가 된다. 그림 2-37에 캘리포니아주 샌프란시스코와 워싱턴 DC를 촬영한 Pleiades 영상 예를 보이고 있다.

인도의 원격탐사 시스템

ISRO(Indian Space Research Organization) 위성 시스템은 현재 세계적으로 운용되고 있는 가장 방대하고 다양한 원격탐사 위성 무리들 중의 하나이다(www.isro.org). 이는 1988년 3월 17일 IRS-1A, 1991년 8월 29일 IRS-1B, 1995년 12월 28일 IRS-1C, 1997년 9월 29일 IRS-1D를 쏘아 올리면서 시작되었다(표 2-11). 연대기적 발사 역사는 그림 2-38에 보이고 있다.

IRS-1A, -1B, -1C, -1D

- IRS-1A와 IRS-1B 위성은 공간해상도가 각각 72.5×72.5m와 36.25×36.25m인 LISS-I과 LISS-II(Linear Imaging Self-scanning Sensors) 센서를 이용하여 자료를 수집한다. 자료는 TM의 가시광선 밴드 및 근적외선 밴드와 거의 일치하는 4개의 분광밴드에서 수집된다. 위성 고도는 904km로 태양동주기 궤도이며, 주기는 적도에서 매 22일(2개의 위성을 이용하여 11일 주기 가능), 궤도 경사각은 99.5°, 관측폭은 146~148km이다.
- IRS-1C와 IRS-1D는 LISS-III 다중분광 센서, 전정색 센서 및 WiFS(Wide Field Sensor)의 3개 센서를 탑재하고 있다. LISS-III는 23.5×23.5m의 공간해상도를 갖는 녹색, 적색, 근적외선 밴드와 70.5×70.5m의 공간해상도를 갖는 단파적외선 밴드의 총 4개 밴드를 갖는다. 관측폭은 밴드 2, 3, 4에서는 141km이고, 밴드 5에서는 148km이며, 반복주기는 적도에서 24일이다.
- 전정색 센서는 공간해상도가 5.2×5.2m이고, 입체영상을 수집할 수 있다. 전정색 밴드의 자료수집 주기는 적도에서 24일이고, 관측폭은 70km이다. 그리고 경사관측 각도는 ±26°이며 경사관측을 통한 재방문주기는 5일이다.
- WiFS는 188×188m의 공간해상도를 가진다. WiFS는 NOAA의 AVHRR 위성과 비슷하게 2개의 밴드를 가지며(0.62~0.68μm와 0.77~0.86μm), 관측폭은 692km이다. 반복주기는 적도에서 5일이다.

CartoSat

ISRO는 CartoSat-1, CartoSat-2, CartoSat-2A, CartoSat-2B와 같은 다수의 위성들을 지도제작을 목적으로 쏘아 올렸다. 연대기적 발사 역사는 그림 2-38에 보이고 있다.

CartoSat-1은 2005년 5월 5일 발사되었다. 이 위성은 2.5×2.5m의 공간해상도와 30km의 관측폭을 가지는 2개의 전정색 카메라를 장착하고 있다(표 2-11). 2개의 카메라를 통하여 거의 동시적으로 동일한 지역을 다른 각도로 촬영함으로써 입체영상의 생산이 가능하다. CartoSat-1A는 2014년 8월 1일 발사되었으며, 전정(1.25×1.25m, 500~750nm, 60km 관측폭), 다중분광 VNIR(2.5×2.5m, 60km 관측폭), 그리고 초분광 영상(30×30m, 60km 관측폭, VNIR 750~1,300nm, SWIR 30×30m, 1,300~3,000nm)을 취득한다. CartoSat-1B는 2017년 유사한 장비를 장착하고 발사될 것이다(ESA CEOS, 2014).

CartoSat-2는 2007년 1월 10일 발사되었다. 이는 9.6km의 관측폭과 1×1m 이하의 공간해상도를 가지며, 500~750nm에 해당하는 전정색 카메라를 장착하고 있다. 입체영상을 얻기 위하여 이 카메라는 궤도 방향과 궤도에 직각인 방향으로 45°까지 회전이 가능하다. CartoSat-2A는 2008년 4월 28일 발사되었으며 그 사양은 CartoSat-2와 거의 동일하다. CartoSat-2B는 2010

프랑스 CNES Pleiades HR-1 위성

a. 캘리포니아 주 샌프란시스코의 Pleiades HR-1 전정색 영상(0.7×0.7m 연직방향 공간해상도)

b. 워싱턴 DC의 Pleiades HR-1 전정색-다중분광 융합 컬러조합 영상

그림 2-37 a) 캘리포니아 주 샌프란시스코의 Pleiades HR-1 전정색 영상. b) 워싱턴 DC의 전정색-다중분광 융합 영상(영상 제공 : ASTRIUM Geo-Information Services, Inc.; www.astrium-geo.com/).

년 7월 12일 발사되어 태양동주기 극궤도에 안착되었다. 지구를 매일 14번 회전하며 재방문주기는 4일이다. 센서는 공간해상도 1×1m 이하이며 하나의 전정색 밴드(500~750nm)를 보유하고 있다(ISRO CartoSat-2B, 2014). 9.6km의 관측폭을 가지며 입체영상을 얻기 위하여 궤도 방향은 물론 궤도에 직각인 방향으로 26°까지 회전이 가능하고 재방문주기는 4일이다. 이 센서는 상세한 도시 및 기간시설의 계획과 개발, 교통계획, 대축척 지도를 생산하기 위하여 설계되었다(ISRO CartoSat-2B, 2014). 유럽우주국(European Space Agency, ESA)에 따르면, CartoSat-2C는 2014년 7월 31일 발사되었으며, 1~2m의 공간해상도와

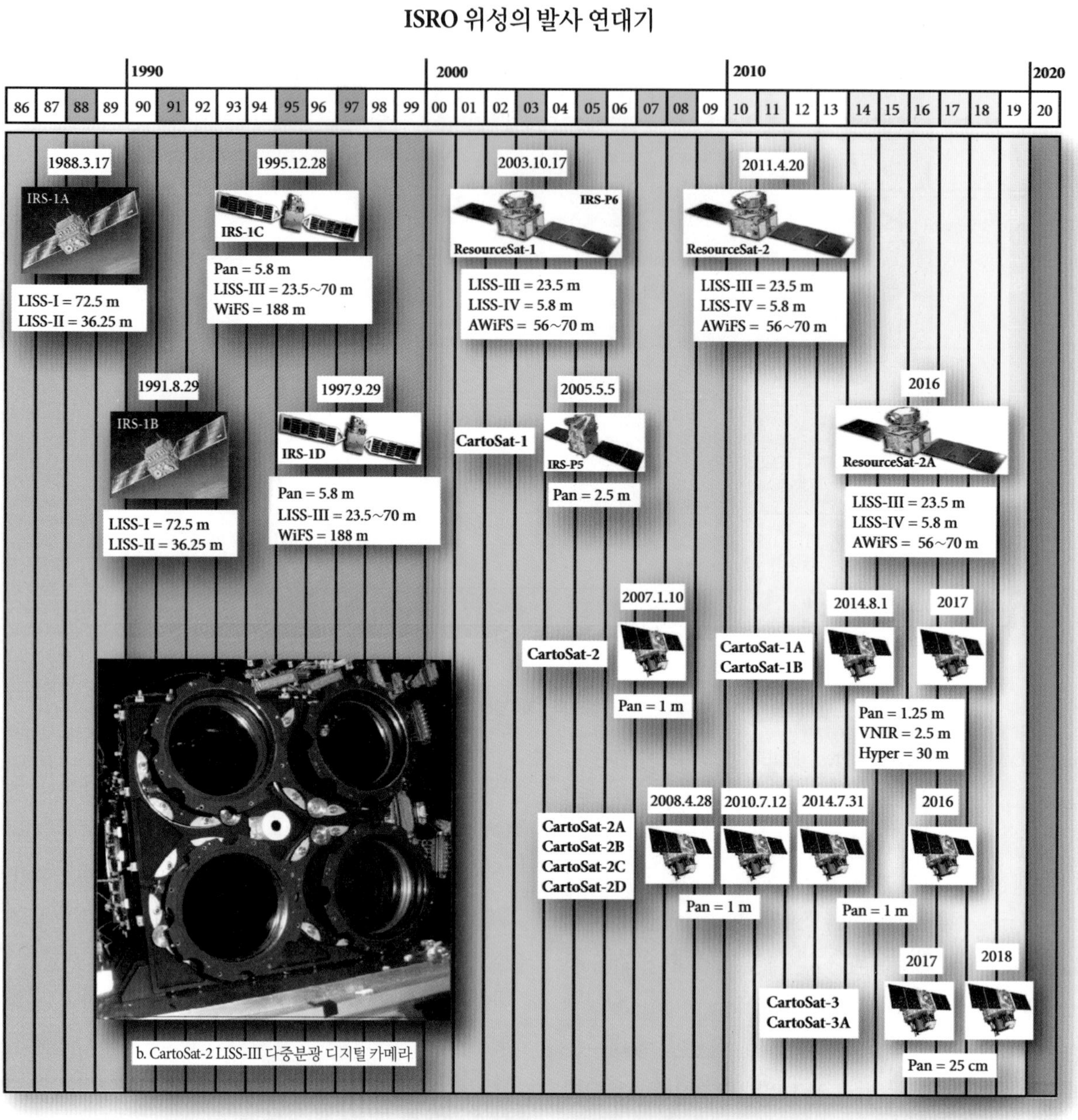

ISRO 위성의 발사 연대기

86	87	88	89	90	91	92	93	94	95	96	97	98	99	00	01	02	03	04	05	06	07	08	09	10	11	12	13	14	15	16	17	18	19	20

1990 2000 2010 2020

1988.3.17 IRS-1A
LISS-I = 72.5 m
LISS-II = 36.25 m

1995.12.28 IRS-1C
Pan = 5.8 m
LISS-III = 23.5~70 m
WiFS = 188 m

2003.10.17 IRS-P6 ResourceSat-1
LISS-III = 23.5 m
LISS-IV = 5.8 m
AWiFS = 56~70 m

2011.4.20 ResourceSat-2
LISS-III = 23.5 m
LISS-IV = 5.8 m
AWiFS = 56~70 m

1991.8.29 IRS-1B
LISS-I = 72.5 m
LISS-II = 36.25 m

1997.9.29 IRS-1D
Pan = 5.8 m
LISS-III = 23.5~70 m
WiFS = 188 m

2005.5.5 CartoSat-1 IRS-P5
Pan = 2.5 m

2016 ResourceSat-2A
LISS-III = 23.5 m
LISS-IV = 5.8 m
AWiFS = 56~70 m

2007.1.10 CartoSat-2
Pan = 1 m

2014.8.1 2017 CartoSat-1A CartoSat-1B
Pan = 1.25 m
VNIR = 2.5 m
Hyper = 30 m

2008.4.28 2010.7.12 2014.7.31 2016
CartoSat-2A CartoSat-2B CartoSat-2C CartoSat-2D
Pan = 1 m Pan = 1 m

2017 2018 CartoSat-3 CartoSat-3A
Pan = 25 cm

b. CartoSat-2 LISS-III 다중분광 디지털 카메라

그림 2-38 ISRO 광학 위성의 발사 연대기와 공간해상도 범위[정보 제공 : ISRO(www.ISRO.org)와 ESA CEOS(2014); Jensen et al., 2012]. b) CartoSat-2 LISS-III 다중분광 디지털 카메라(NRSC/ISRO).

10km의 관측폭, 그리고 VNIR(400~1,300nm) 영역대에 해당하는 4개의 밴드를 가지고 있다. CartoSat-2D는 CartoSat-2C와 유사한 사양을 가지고 2016년 발사될 것이다(ESA CEOS, 2014). 2017년 발사 예정인 CartoSat-3는 500~750nm대에 해당하며 25×25cm의 공간해상도를 가지는 영상을 취득하기 위하여 전정색 카메라를 장착할 것이다. 또한 관측폭은 15km가 될 것이다. CartoSat-3A 또한 유사한 센서 사양을 가지고 2018년 발사될 예정이다(ESA CEOS, 2014).

ResourceSat

CartoSat과 더불어 ISRO는 ResourceSat-1, ResourceSat-2와 같은 몇몇 지구 자원 원격탐사 위성들을 발사하였다. ResourceSat-1은 IRS-1C와 IRS-1D 지구 자원 위성들(그림 2-38)을 대체하기 위하여 2003년 10월 17일에 발사되었다. 여기에는 고해상도의 LISS-IV(Linear Imaging Self Scanner, 3개 밴드, 5.8×5.8m, 궤도에 직각으로 26° 회전, 5일 재방문주기), LISS-III[가시광선 및 근적외선대의 3개 분광밴드, 23.5×23.5m 공간해

표 2-11 인도의 CartoSat과 ResourceSat 위성센서 특성(ISRO ResourceSat-1, 2014; ISRO ResourceSat-2, 2014)

CartoSat			ResourceSat			
	분광해상도(μm)	연직방향 공간해상도(m)		밴드	분광해상도(μm)	연직방향 공간해상도(m)
CartoSat-1 (2대 카메라)	0.50~0.75	2.5×2.5	ResourceSat-1 ResourceSat-2			
CartoSat-2	0.50~0.75	< 1×1	LISS-IV	2	0.52~0.59	5.8×5.8
CartoSat-2A	0.50~0.75	< 1×1		3	0.62~0.68	5.8×5.8
				4	0.77~0.86	5.8×5.8
			LISS-III	2	0.52~0.59	23.5×23.5
				3	0.62~0.68	23.5×23.5
				4	0.77~0.86	23.5×23.5
				5	1.55~1.70	23.5×23.5
			AWiFS	2	0.52~0.59	56×56
				3	0.62~0.68	56×56
				4	0.77~0.86	56×56
				5	1.55~1.70	56×56
센서	선형배열 푸쉬브룸		선형배열 푸쉬브룸			
관측폭	CartoSat-1 = 30km CartoSat-2 = 9.6km CartoSat-2A = 9.6km CartoSat-2B = 9.6km		ResourceSat-1 (LISS-III = 141km, LISS-IV = 23km 다중분광모드와 70km 모노모드, AWiFS = 740km) ResourceSat-2 (LISS-III = 141km, LISS-IV = 70km, AWiFS = 740km)			

상도를 갖는 단파적외선(SWIR)대의 1개 밴드], 저해상도의 AWiFS(Advance Wide Field Sensor, 가시광선 및 근적외선대의 3개 분광밴드, 56×56m 공간해상도를 갖는 SWIR 파장대의 1개 밴드) 카메라를 장착하고 있다. 5일의 재방문주기를 가지고 있다. ResourceSat-2는 2011년 4월 20일 발사되었다. 여기에는 ResourceSat-1에 장착된 LISS-IV, LISS-III(그림 2-38), AWiFS와 유사한 3개의 카메라가 장착되어 있다. ResourceSat-1과 비교하여 ResourceSat-2의 중요한 차이점은 LISS-IV 다중분광 관측폭이 23km에서 70km로 늘어난 것과, LISS-III와 LISS-IV의 방사정확도가 7비트에서 10비트로 향상된 것, 그리고 AWIFS가 10비트에서 12비트로 늘어난 것이다. 후속 위성인 ResourceSat-2A는 2016년에 발사될 계획이다(ESA CEOS, 2014). 인도의 한 지역에서 홍수의 전과 후에 ResourceSat-2로 촬영된 영상이 그림 2-39에 보이고 있다.

한국항공우주연구원(KARI) KOMPSAT

한국의 항공우주연구원은 한국의 위성 프로그램들을 관리감독한다(GlobalSecurity.org). KOMPSAT(한국형다목적실용위성, 아리랑위성) 프로그램은 1995년에 시작되었다(그림 2-40). 지구관측을 위한 효율적인 기반시설과 더불어 국가차원의 우주부문과 원격탐사 사용자에게 서비스를 제공하기 위한 지상부문을 개발하기 위한 목적이다.

KOMPSAT-1(아리랑-1)은 1999년 12월 21일 발사되었으며, 2008년 1월 1일 퇴역하였다. 6.6×6.6m의 공간해상도와 510~730nm의 파장대를 갖는 CCD 푸쉬브룸 광전카메라(EOC)가 장착되어 있다. 28일의 재방문주기와 17km에 달하는 관측폭을 가지고 있다(그림 2-40).

KOMPSAT-2(아리랑-2)는 2006년 7월 27일 발사되었으며 매일 지구를 14회 회전한다. 1×1m 공간해상도를 갖는 전정 센서(500~900nm), 4×4m의 공간해상도를 갖는 가시 및 근적외선 영역대의 다중분광 카메라를 4대 가지고 있으며, 그 관측폭은 15km이다(그림 2-40). 대한민국의 지도제작, 도시계획, 재난관리를 처리하기 위한 VHR 영상 취득을 위하여 KARI는 EADS Astrium사와의 공동작업을 통하여 KOMPSAT-2 프로그램을 개

2012년 ResourceSat-2에 의해 찍힌 인도 브라마푸트라 강의 홍수 영상

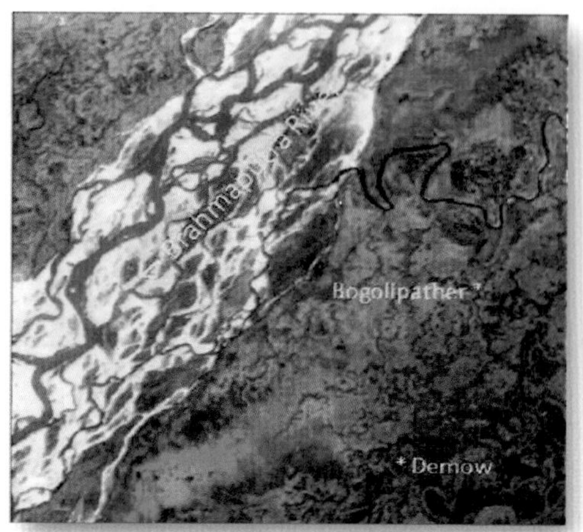

a. 2012년 2월 홍수 이전에 수집된 ResourceSat-2(LISS-III) 영상

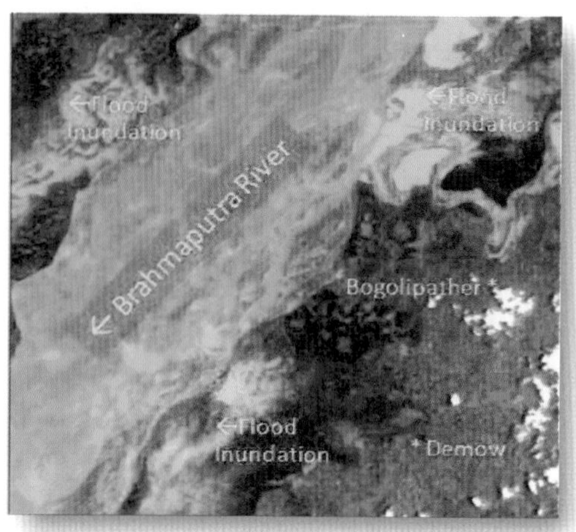

b. 2012년 6월 29일 홍수 이후에 수집된 ResourceSat-2(LISS-III) 영상

그림 2-39 인도 비브루가르, 시브사가르, 데마지 지역의 홍수 이전과 이후에 촬영된 인도의 ResourceSat-2 영상(영상 제공 : ISRO)

한국 KOMPSAT 위성의 발사 연대기

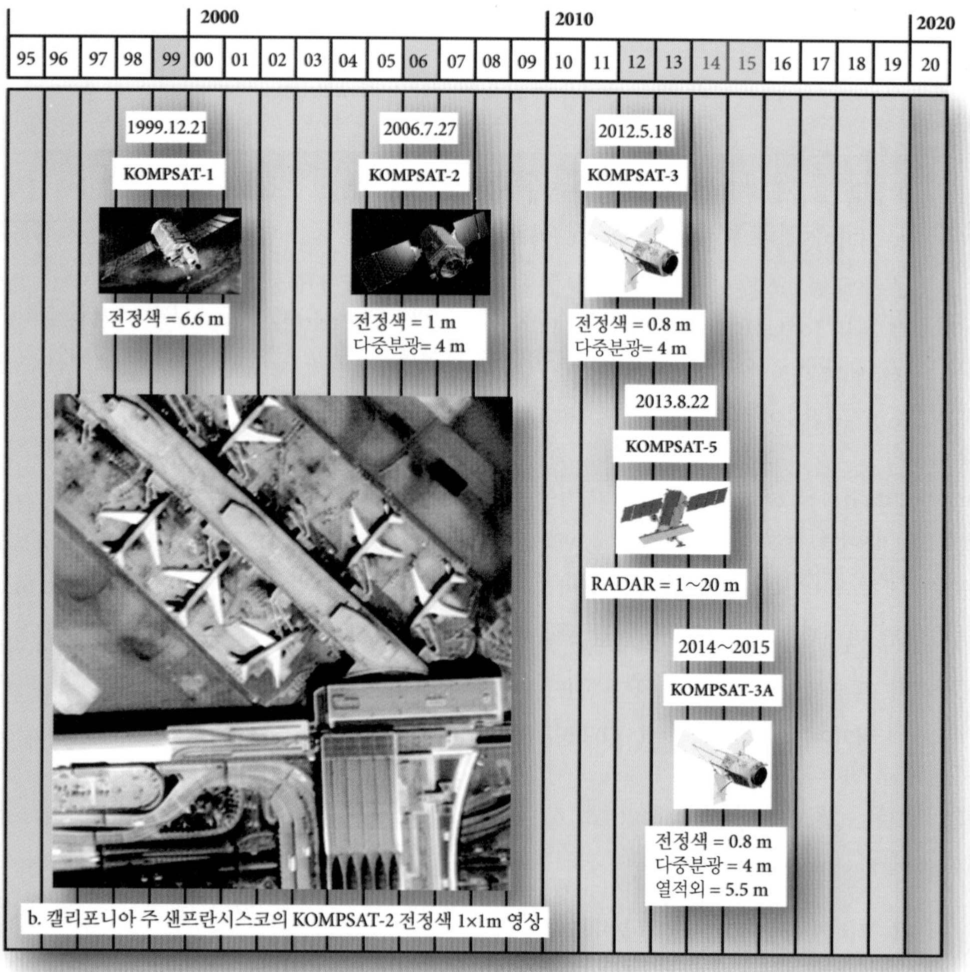

그림 2-40 한국항공우주연구원(KARI) 위성의 발사 연대기와 그 공간해상도. b) 2006년에 샌프란시스코 국제공항을 촬영한 KOMPSAT-2 1×1m 전정색 영상(영상 제공 : KARI, 2006; 정보 제공 : KARI와 SPOT Image, Inc.; Jensen et al., 2012).

발하였다. KOMPSAT-2 영상에 찍힌 샌프란시스코 국제공항이 그림 2-40에 나타나 있다.

KOMPSAT-3는 2012년 5월 18일 발사되었으며, 0.8×0.8m의 전정색 밴드와 4×4m의 VNIR 다중분광 센서 시스템을 갖춘 향상된 전자 영상 스캐닝 시스템(AEISS)을 보유하고 있다(그림 2-40). 관측폭은 15km이다.

KOMPSAT-3A는 2014~2015년 내에 발사될 것으로 예상된다. KOMPSAT-3와 유사한 전정 및 다중분광 원격탐사 성능을 가지게 될 것이며, 추가적으로 5.5×5.5m의 공간해상도와 3~6μm 영역대의 열적외선 밴드를 가지게 된다. 관측폭은 15km이다(ESA CEOS, 2014). KOMPSAT-4 프로그램은 존재하지 않는다.

KOMPSAT-5는 COSI(COrea SAR Instrument)를 이용하여 45° 입사각도로, 1×1m 공간해상도의 고해상도 SAR(Synthetic Aperture Radar) 영상과 3×3m 해상도의 표준모드 SAR 영상, 20×20m 해상도의 광폭모드 SAR 영상을 제공한다. KOMPSAT-5는 2013년 8월 22일 발사되었다. X 밴드(12.5~8GHz) SAR이 있으며 28일의 재방문주기(ESA CEOS, 2014; eoPortal KOMPSAT-5, 2014)와 100km의 관측폭을 갖는다(그림 2-40). KOMPSAT-6는 SAR 중심이 될 것이며 2019년 발사될 것이다.

Astrium사의 Sentinel-2

GMES(Global Monitoring for Environment and Security) 프로그램이 유럽공동체(EC)와 유럽우주국(ESA)의 협력을 통해 이끌어져 왔다. 본 지구관측 프로그램은 정확하고, 시기적절하며, 접근성이 용이한 정보를 제공함으로써, 환경관리를 향상시키고, 기후변화를 이해하고 완화시키며, 민간의 안전을 보장하기 위함이다. Sentinel-1a는 C밴드 레이다 위성으로 2014년 4월 3일 발사되었다(그림 2-41). Sentinel-2는 토지관련 응용분야를 위해 고해상도의 광학 다중분광 영상을 취득한다. Sentinel-3는 해양과 토지관련 응용분야를 위한 데이터를 제공할 것이다. Sentinel-4와 -5는 각각 지구정지궤도와 극궤도에 존재하면서 대기 구성성분을 위한 데이터를 제공할 것이다(ESA GMES Sentinel-2, 2014; ESA Sentinel-2, 2014). Sentinel-2는 6개의 카테고리에 해당하는 서비스를 제공한다. 즉 토지관리를 위한 서비스, 해양환경을 위한 서비스, 대기와 관련된 서비스, 응급대응을 지원하기 위한 서비스, 치안과 관련된 서비스, 기후변화와 관련된 서비스이다. Sentinel 임무는 Sentinel 데이터 정책을 따르며, 이에 모든 Sentinel에 의해 취득된 데이터에 전체적이고 개방적으로 접근할 수 있다.

한 쌍의 Sentinel-2(a, b) 위성들은 SPOT 또는 Landsat 유형의 데이터를 지속적으로 제공하면서 전지구적으로 고해상도의 광학 영상들을 전달할 것이다. 향후 18개월 이내의 2015년에 첫 번째 위성이 발사될 계획에 있다. Astrium GmbH는 주 계약자로 설계, 개발, Sentinel-2 위성의 조립에 그 책임을 가지고 있다(그림 2-41). Sentinel-2는 13개 밴드[해상도 10m의 VNIR 밴드(400~750nm) 4개, 해상도 20m의 SWIR 밴드(1,300~3,000nm) 6개, 대기보정과 구름 탐지 전용의 해상도 60m의 밴드 3개]를 가지고 있는 MSI(Multi-Spectral Instrument)를 실어 나를 것이다. 관측폭은 290km에 달한다(ESA CEOS, 2014). 위성들은 평균고도 약 800km 상공에서 회전하고 있으며, 적도에서 5일의 재방문주기(구름이 없는 조건하에서)와 중위도에서 2~3일의 재방문주기를 가지고 있다. 증가된 관측폭(동시에 짧은 재방문주기를 동반)은 생장시기 동안의 식생과 같이 빠른 변화를 모니터링할 수 있게 한다. Sentinel-2에서 취득된 데이터는 유럽과 각 국가들의 기관에 의한 토지관리, 농업 및 산림관리, 또한 재난 통제와 인도적 구호활동 등과 관련된 서비스를 유용하게 할 것이다.

토지피복도, 토지변환 탐지도, 지구물리 변수들(예 : 잎면적지수, 엽록소 농도, 수분함량)과 같은 높은 수준의 산물을 위한 영상이 제공될 것이다. 홍수, 화산폭발, 산사태 영상 또한 Sentinel-2에 의해 제공될 것이다. 요약컨대, Sentinel-2는 넓은 관측폭, 잦은 재방문, 고해상도의 체계적인 지표면 취득, 다수의 분광밴드를 포함하고 있으며, 이러한 것들을 통하여 GMES를 위한 고유의 임무를 수행하고 있다.

ASTER

ASTER(Advanced Spaceborne Thermal Emission and Reflection Radiometer)는 NASA와 일본 통상산업성이 합동으로 개발하였다. ASTER는 지표면 온도, 방출도, 반사도 및 고도에 대해 상세한 정보를 수집할 수 있다(NASA ASTER, 2014a). 이것은 Terra 위성에 탑재된 고해상도부터 중해상도까지 커버하는 장치이며, 낮은 공간해상도로 지구를 관측하는 MODIS, MISR, CERES 센서와 결합되어 사용된다. 사실상 ASTER는 다른 Terra 장치를 위한 일종의 줌 렌즈로서 영상을 제공하고, 변화탐지와 보정 및 검증연구에 특히 중요하다.

ASTER는 가시광선 영역에서 열적외선 영역에 이르는 14개

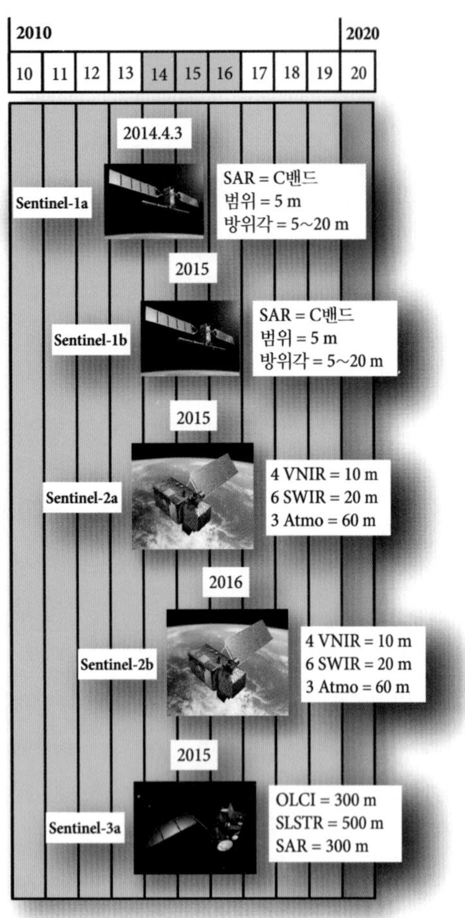

그림 2-41 GMES 프로그램 유럽항공우주국 Sentinel 1~3호의 예정된 발사시기(정보 제공 : ESA CEOS, 2014; Jensen et al., 2012에서 업데이트)

밴드에 대한 자료를 수집한다. ASTER는 3개의 분리된 하부시스템으로 구성되어 있다. 각 밴드폭과 하부시스템은 표 2-12에 나와 있다.

VNIR 하부시스템은 공간해상도가 15×15m인 가시광선과 근적외선 파장대의 3개 분광밴드에서 작동한다. 이 시스템은 2개의 망원경으로 구성되어 있는데, 하나는 3개의 분광밴드 CCD 감지기를 가지고 있으며 연직방향 관측용이고, 다른 하나는 단일밴드 CCD 감지기를 가지며 후방관측용이다. 후방관측 망원경은 입체 관측을 위해 밴드 3에서 연구지역의 이차적인 시야를 제공한다. 연직에서 24° 궤도교차 방향을 촬영하기 위해서는 망원경 전체가 회전해야 한다.

SWIR 하부시스템은 단일 연직방향 망원경을 통해 1.6~2.43μm의 6개 분광밴드에서 작동되는데, 30×30m의 공간해상도 영상을 제공한다. 궤도교차 방향(±8.55°)의 자료수집은 방향 거울을 회전시킴으로써 가능하다.

TIR 하부시스템은 위치가 고정된 하나의 연직방향 망원경을 사용하여 열적외선 영역의 5개 밴드에서 공간해상도가 90×90m인 자료를 수집한다. 다른 하부시스템과 달리, 푸쉬브룸 시스템 대신에 휘스크브룸 스캐닝 시스템을 가지고 있다. 각 밴드는 10개의 감지기를 사용하는데, 각 감지기 요소 위로 광학대역 필터를 가진 엇갈린 배열을 하고 있다. 스캐닝 거울의 기능은 지표면을 스캔하는 것뿐 아니라 궤도교차 방향(±8.55°)을 향하도록 한다. 스캐닝 동안 거울은 연직방향에서 90° 회전하여 내부 흑체를 조망한다. 하와이 주의 북동쪽 카모쿠나 해

표 2-12 NASA ASTER 특성

ASTER(Advanced Spaceborne Thermal Emission and Reflection Radiometer)					
밴드	VNIR 분광해상도(μm)	밴드	SWIR 분광해상도(μm)	밴드	TIR 분광해상도(μm)
1 (연직)	0.52~0.60	4	1.600~1.700	10	8.125~8.475
2 (연직)	0.63~0.69	5	2.145~2.185	11	8.475~8.825
3 (연직)	0.76~0.86	6	2.185~2.225	12	8.925~9.275
3 (후방)	0.76~0.86	7	2.235~2.285	13	10.25~10.95
		8	2.295~2.365	14	10.95~11.65
		9	2.360~2.430		
기술(감지기)	푸쉬브룸(Si)		푸쉬브룸(PtSi : Si)		휘스크브룸(Hg : Cd : Te)
공간해상도(m)	15×15		30×30		90×90
관측폭	60km		60km		60km
방사해상도	8비트		8비트		12비트

ASTER 광학 영상

a. 하와이 와이키키의 가시 및 근적외선 영상
(15×15m 공간해상도, RGB=밴드 2, 3, 1)

b. 3배 확대 영상

그림 2-42 하와이 오아후 섬의 와이키키와 다이아몬드헤드를 촬영한 Terra ASTER 영상(NASA/GSFC/MITI/ERSADC/JAROS, US/Japan ASTER Science Team, Caltech 제공)

하와이 섬의 용암을 촬영한 ASTER 열적외선 영상

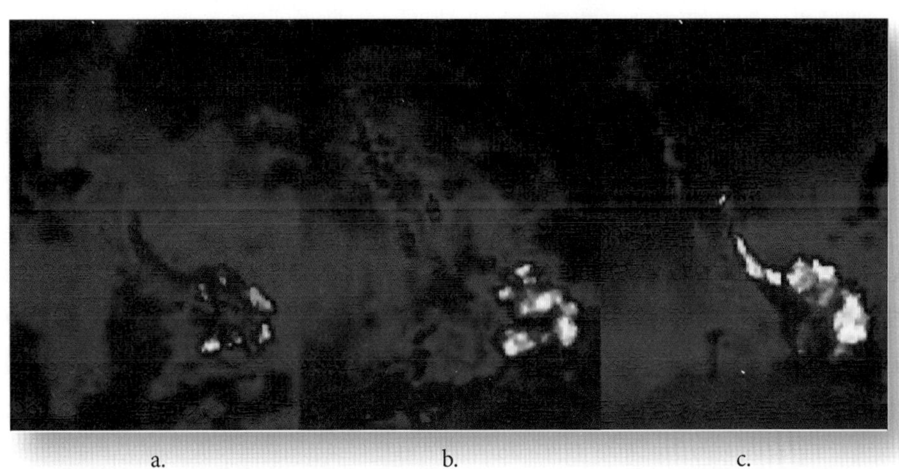

a. b. c.

그림 2-43 야간에 찍은 일련의 Terra ASTER 90×90m 열적외선 밴드 14(10.95~11.65μm) 영상들로 하와이 섬의 남동쪽에 위치한 카모쿠나에서 바다로 흘러들어가는 푸오오오 용암을 보여 준다. 각 영상은 a) 2000년 5월 22일, b) 2000년 6월 30일, c) 2000년 8월 1일에 수집되었다(NASA/GSFC/MITI/ERSADC/JAROS, US/Japan ASTER Science Team, Caltech 제공).

로 흘러들어가는 푸오오오 용암을 야간에 촬영한 90×90m 근적외선 밴드 14(10.95~11.65μm)의 다중시기 영상이 그림 2-43에 나와 있다.

MISR

MISR(Multiangle Imaging Spectroradiometer)은 NASA의 JPL(Jet Propulsion Laboratory)에 의해 제작된 것으로, 5개의 Terra 위성 장치 중 하나이다. MISR 장치는 비행 라인을 따라 전방과 후방을 향하고 있는 9개의 촬영각에서 4개의 분광밴드에 대한 밝기값을 측정한다. 공간 표본들은 275m마다 수집되며, 7분 동안에 약 360km의 관측폭을 갖는 자료가 9개의 촬영각에서 수집된다(NASA MISR, 2014).

9개의 촬영각에 대한 도해가 그림 2-44에 나와 있다. 푸쉬브룸 영상은 연직방향(0°), 전후방 26.1°, 45.6°, 60°, 70.5°에 대해 수집된다. 전후방향의 카메라 각도는 같다. 즉 카메라는 연직방향을 기준으로 대칭적으로 배치되어 있다. 일반적으로 큰 촬영각은 대기의 에어로졸 효과와 구름의 반사 효과에 대해 높은 민감도를 제공하는 반면, 보다 작은 촬영각은 지표를 관찰하는

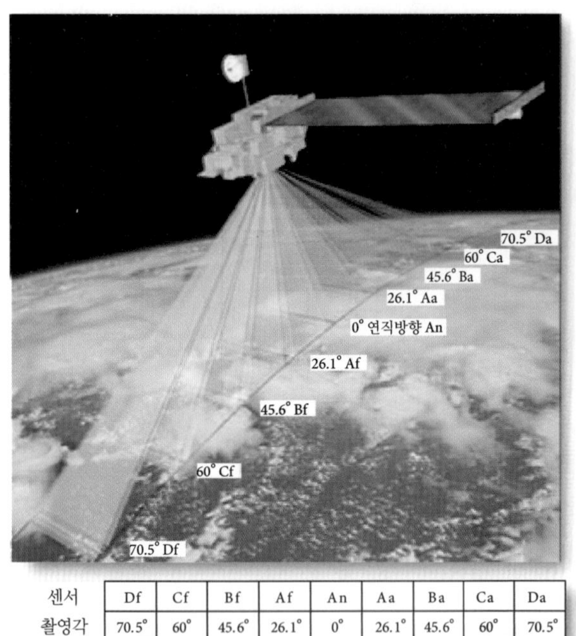

센서	Df	Cf	Bf	Af	An	Aa	Ba	Ca	Da
촬영각	70.5°	60°	45.6°	26.1°	0°	26.1°	45.6°	60°	70.5°
425~467 nm									
543~571 nm									
660~682 nm									
846~886 nm									

275 × 275 m 1.1 × 1.1 km 275 m × 1.1 km

그림 2-44 EOS *Terra* 위성에 탑재된 MISR. MISR은 선형배열 기술을 사용하여 9개 촬영각[연직(0°), ±26.1°, ±45.6°, ±60°, ±70.5°]에서 4개 밴드에 대해 지형을 관측한다(NASA JPL에서 수정).

데 적절하다.

각각의 MISR 카메라는 지상 트랙에 대해 직각방향의 단일 열의 화소를 푸쉬브룸 형태로 동시에 관찰하게 된다. 청색, 녹색, 적색 및 근적외선 4개의 밴드에 대한 자료가 저장되며, 각 밴드의 파장은 그림 2-44에 나와 있다. 각 카메라는 4개의 독립된 선형배열 CCD(필터당 하나)를 가지고 있으며, 하나의 선형배열당 1,504개 활성 화소를 가진다.

연직방향을 관측하는 카메라(그림 2-44에서 An)는 다른 어떤 카메라보다 지형 효과에 의한 왜곡이 크지 않은 영상을 제공한다. 또한 대기산란에 의한 영향도 가장 적게 받는다. An은 1) MISR 영상 전체를 조정하기 위한 참조자료로 유용하고, 2) 다른 촬영각에서 수집한 영상과 비교하기 위한 기본 영상이 된다. 이러한 비교는 제1장에서 설명된 중요한 BRDF(Bidirectional Reflectance Distribution Function) 정보를 제공한다. 연직방향 관측 카메라는 Landsat TM이나 ETM$^+$와 같은 다른 연직방향 관측 센서에서 수집한 자료와 비교할 수 있는 기회를 제공한다. 연직방향 관측 카메라는 보정 또한 용이하다.

전후 촬영각이 26.1°인 카메라(Af와 Aa)는 지형 고도와 구름의 높이를 측정할 수 있는 유용한 입체정보를 제공한다. 전후 촬영각이 45.6°인 카메라(Bf와 Ba)는 특히 대기 에어로졸 속성에 민감하다. 전후 촬영각이 60°인 카메라(Cf와 Ca)는 연직촬영과 비교해서 공기의 양이 2배인 대기를 통해 관찰하게 되는데, 이는 지표의 반구 알베도에 관한 유일한 정보를 제공한다. 전후 촬영각이 70.5°인 카메라(Df와 Da)는 경사방향 효과에 가장 민감하다. 과학 분야에서는 가능한 한 다양한 촬영각에서 구름과 지표면에 대한 정량적인 정보를 얻는 데 관심을 갖고 있다.

GeoEye사, IKONOS-2, GeoEye-1, GeoEye-2

1994년 미국 정부는 고해상도(대략 1×1~4×4m) 원격탐사 자료의 상업적 판매를 허가하기로 결정하였다. 이것은 고해상도 디지털 원격탐사 자료의 생성 및 판매를 위해 필요한 자본을 가진 수많은 상업적 회사들이 출현하는 결과를 가져왔다. 가장 주목할 만한 회사는 Space Imaging사, Orbimage사, EarthWatch사 등이다. 이 회사들은 전통적으로 항공측량산업에 의해 제공되는 지리정보시스템(GIS)과 지도제작 및 판매 시장에 중점을 두고 있었다. 지구관측 산업의 성장이 연간 50억에서 150억 달러에 이를 것으로 추정하고 있다. 상업적 원격탐사 업체들은 농업, 자원관리, 지방정부, 수송, 응급구조, 지도제작, 그리고 일반고객을 위한 응용분야(예 : 구글어스)와 같은 여러 분야에 큰 영향을 줄 것으로 기대하고 있다. 21세기 초에 발생한 전쟁들은 상업적 고해상도 위성영상의 막대한 수요를 창출했다.

모든 상업적 판매업자들은 이전까지 원격탐사 산업에서 알려지지 않았던 인터넷 온라인 주문 서비스를 제공하고 있다. 모든 판매상들은 사용자의 필요에 따라 편집할 수 있도록 표준과 비표준 상품을 제공하고 있으며, 여기에는 원격탐사 자료에서부터 수치고도모델(DEM) 제작 등이 포함된다. 상업적 원격탐사 회사는 전형적으로 주문된 상품의 종류와 요구된 지리적 영역의 크기(km^2)에 따라 영상 가격을 결정한다. 이러한 회사에서 사용된 센서는 주로 선형배열 CCD 기술에 기초하고 있다.

IKONOS-1, -2

Space Imaging사는 1999년 4월 27일에 IKONOS-1을 발사했으나, 유감스럽게도 위성은 궤도에 진입하지 못했다. Space Imaging사는 1999년 9월 24일에 IKONOS-2 발사에 성공했다(그

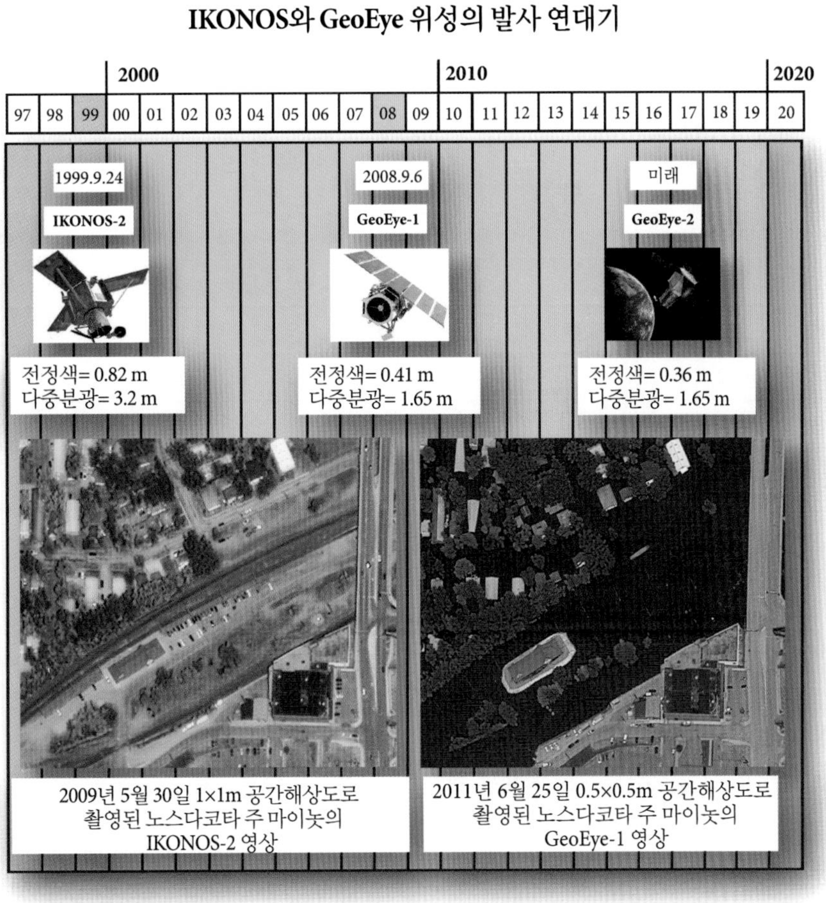

IKONOS와 GeoEye 위성의 발사 연대기

2000 2010 2020

97 98 99 00 01 02 03 04 05 06 07 08 09 10 11 12 13 14 15 16 17 18 19 20

1999.9.24
IKONOS-2
전정색= 0.82 m
다중분광= 3.2 m

2008.9.6
GeoEye-1
전정색= 0.41 m
다중분광= 1.65 m

미래
GeoEye-2
전정색= 0.36 m
다중분광= 1.65 m

2009년 5월 30일 1×1m 공간해상도로 촬영된 노스다코타 주 마이놋의 IKONOS-2 영상

2011년 6월 25일 0.5×0.5m 공간해상도로 촬영된 노스다코타 주 마이놋의 GeoEye-1 영상

그림 2-45 IKONOS와 GeoEye 위성의 발사 연대기와 그 공간해상도. IKONOS-2와 GeoEye-1로 촬영된 노스다코타 주 마이놋 영상이 보임(영상 제공 : DigitalGlobe, Inc.; Jensen et al., 2012).

림 2-45). IKONOS-2 위성의 센서는 공간해상도가 1×1m인 전정색 밴드(그림 2-45) 하나와 공간해상도가 4×4m인 가시광선과 근적외선 사이의 4개 밴드를 가지고 있다. 센서 특성은 표 2-13에 요약되어 있다. IKONOS-2는 태양동주기 궤도로 고도가 681km이며 오전 10시에서 11시 사이에 북에서 남으로 적도를 통과하게 된다. IKONOS는 자료수집을 용이하게 하고, 빠른 재촬영이 가능하도록 궤도교차 방향과 궤도 방향의 경사관측 장비를 모두 탑재하고 있다. 재방문주기는 공간해상도 1×1m가 3일 이하(촬영각<26°)이고, 4×4m는 1.5일이다. 관측폭은 11km이며, 방사해상도는 11비트이다.

GeoEye-1, -2

GeoEye사는 Orbital Imaging사와 Space Imaging사의 합병으로 2006년에 생겨났다. 2008년 9월 6일 GeoEye-1이 발사되었으며, 41×41cm 공간해상도를 갖는 1개의 전정색 밴드와 1.65×1.65m의 공간해상도를 갖는 4개의 다중분광밴드를 장착하고 있다(표 2-13). IKONOS-2와 GeoEye-1 영상이 그림 2-45에 보이고 있다. 이후 2013년 1월 29일 GeoEye사는 DigitalGlobe사에 병합되었다. WorldView-4로 알려진 GeoEye-2는 2016년에 발사될 예정이다. 이는 0.34×0.34m의 공간해상도, 4개의 다중분광 밴드, 3일 이하의 재방문주기, 14km의 관측폭, 5m 이하의 위치 정확도를 가지게 될 것이다(GeoEye, 2014).

미 연방정부는 Enhanced View 프로그램을 통해 원격탐사 분야 대표 상업회사인 GeoEye사 및 DigitalGlobe사와 10년 동안 73억 달러의 계약을 맺었다. 이들 회사는 이 프로그램을 통해 새로운 위성원격탐사 기반 기설에 10억 달러 이상 투자하였고 수익의 대부분을 정부와의 계약을 통해 창출하였다.

EarthWatch/DigitalGlobe사, QuickBird, WorldView-1, WorldView-2, WorldView-3

EarthWatch사는 고해상도 민간 원격탐사 위성 분야의 개척자 중 하나였다.

표 2-13 GeoEye사(후에 DigitalGlobe와 합병)에 의해 운용된 위성들의 센서 특징

IKONOS-2 (1999)			GeoEye-1 (2008)			GeoEye-2 (WorldView-4)		
밴드	분광해상도 (nm)	연직방향 공간해상도 (m)	밴드	분광해상도 (nm)	연직방향 공간해상도 (m)	밴드	분광해상도 (nm)	연직방향 공간해상도 (m)
1	445~516	3.2×3.2	1	450~510	1.65×1.65	1	450~510	1.36×1.36
2	506~595	3.2×3.2	2	510~580	1.65×1.65	2	510~580	1.36×1.36
3	632~698	3.2×3.2	3	655~690	1.65×1.65	3	655~690	1.36×1.36
4	757~853	3.2×3.2	4	780~920	1.65×1.65	4	780~920	1.36×1.36
전정색	526~929	0.82×0.82	전정색	450~800	0.41×0.41	전정색	450~510	0.34×0.34
센서	선형배열 푸쉬브룸		선형배열 푸쉬브룸			선형배열 푸쉬브룸		

QuickBird

EarthWatch사는 1996년에 공간해상도가 3×3m인 전정색 밴드 하나와 공간해상도가 15×15m인 가시광선에서 근적외선 사이(VNIR)의 3개 밴드를 가진 EarlyBird를 발사했으나 불행하게도 위성과의 교신은 실패했다. DigitalGlobe사는 2001년 10월 18일 65×65cm 공간해상도를 갖는 1개의 전정색 밴드와 2.62×2.62m의 공간해상도를 가지는 4개의 다중분광센서를 장착한 QuickBird를 발사했다(그림 2-46, 표 2-14). QuickBird의 궤도는 최근 482km로 상승되었고 이로 인하여 약간의 공간해상도 감소가 발생하였다(DigitalGlobe QuickBird, 2014; USGS, 2013).

WorldView-1, -2, -3

DigitalGlobe사는 0.5×0.5m 공간해상도를 갖는 1개의 전정색 밴드를 장착한 WorldView-1을 2007년 9월 18일 발사하였다(DigitalGlobe WorldView-1, 2014). WorldView-2는 46×46cm 공간해상도를 갖는 1개의 전정색 밴드와 1.85×1.85m 공간해상도를 갖는 8개의 다중분광밴드를 장착하고 2009년 10월 8일 발사되었다(표 2-14; DigitalGlobe WorldView-2, 2014; USGS, 2013). DigitalGlobe는 2014년 8월 13일 WorldView-3를 발사하였으며, 이는 31×31cm 공간해상도를 갖는 1개의 전정색 밴드(450~800nm), 1.24×1.24m 공간해상도를 갖는 8개의 다중분광밴드, 3.7×3.7m 공간해상도를 갖는 8개의 SWIR 밴드를 장착하고 있다(DigitalGlobe WorldView-3, 2014).

ImageSat International사, EROS A와 EROS B

ImageSat International사는 EROS(Earth Remote Observation Satellite)에 의해 취득된 고해상도의 지구관측 위성영상을 제공하는 민간회사이다(ImageSat EROS, 2014).

EROS A와 EROS B

ImageSat사는 그 첫 번째 위성인 EROS A를 2000년 12월 5일 성공적으로 발사하였다. 이로 인하여 ImageSat사는 정부가 소유하지 않는 고해상도 영상 위성을 성공적으로 배치한 세계에서 두 번째의 회사가 되었다. ImageSat사는 그 두 번째 위성인 EROS B를 2006년 4월 25일 성공적으로 발사하였다(그림 2-47).

EROS 위성들은 10비트의 방사해상도를 가지는 푸쉬브룸 선형배열 기술을 이용하여 고해상도의 전정색 영상(500~900nm)을 획득한다. 이 위성들은 약 500km의 고도로 극궤도 근처 태양동주기 궤도에 배치되었다. EROS A와 B 위성들은 전 세계적으로 지상국에 준실시간으로 영상을 전송하면서 매일 지구를 약 15회 회전한다. EROS A와 B 센서들은 고객이 원하는 지역의 영상을 촬영하기 위하여 연직방향(지표면에 직각) 또는 최대 45°의 경사각으로 목표물을 지향하고 안정화할 수 있다. 경사각 촬영은 위성이 지구 상의 어느 곳이든 일주일에 2~3번가량 볼 수 있도록 한다.

EROS A는 CCD 탐지기를 장착한 카메라를 이용하여 연직방향으로 공간해상도 1.9×1.9m, 관측폭 14km의 표준영상을 취득할 수 있다. EROS B 위성은 CCD/TDI(Charge-Coupled Device/Time Delay Integration) 형태의 큰 전정색 밴드 카메라를 가지고 있다. 또한 공간해상도는 0.7×0.7m이며, 대형 기록기, 향상된 지향 정확도, 그리고 빠른 데이터 통신 링크를 가지고 있다. 두 위성의 예상 수명주기는 14년이다. 최근 ImageSat사와

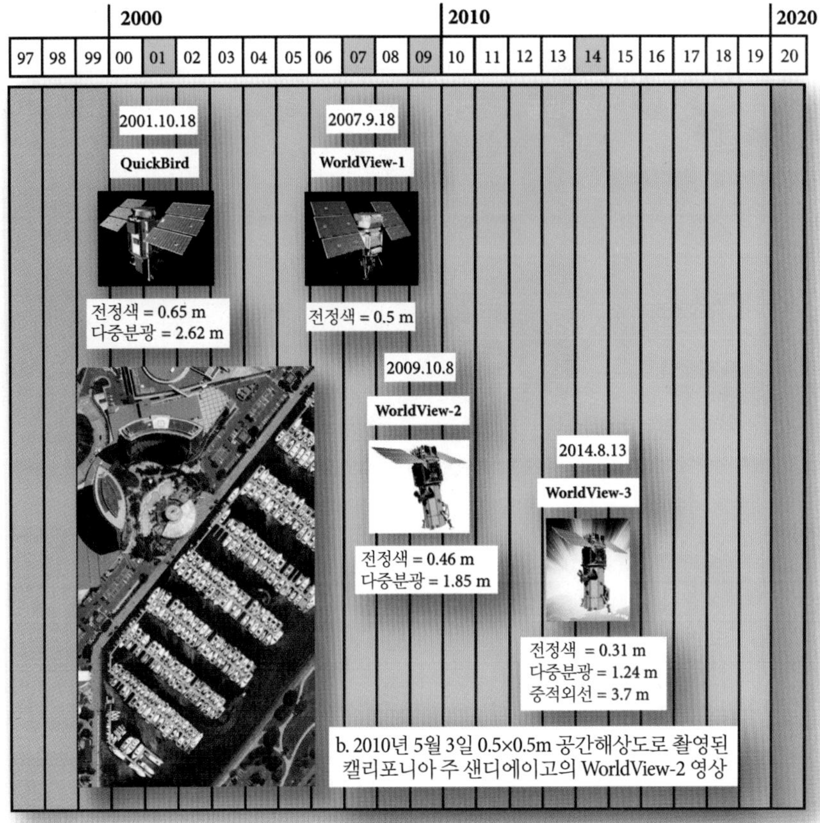

그림 2-46 QuickBird, WorldView-1, -2, -3의 발사 연대기. b) 캘리포니아 주 샌디에이고의 WorldView-2 영상(영상 제공 : DigitalGlobe Inc.; Jensen et al., 2012에서 업데이트).

표 2-14 DigitalGlobe사 QuickBird 위성 및 WorldView-1, -2 위성의 센서 특성

DigitalGlobe사 QuickBird(2001)			WorldView-1(2007)			WorldView-2(2009)		
밴드	분광해상도 (nm)	연직방향 공간해상도 (m)	밴드	분광해상도 (nm)	연직방향 공간해상도 (m)	밴드	분광해상도 (nm)	연직방향 공간해상도 (m)
1	430~545	2.62×2.62	1	397~905	0.5×0.5	1	396~458	1.85×1.85
2	466~620	2.62×2.62				2	442~515	1.85×1.85
3	590~710	2.62×2.62				3	506~586	1.85×1.85
4	715~918	2.62×2.62				4	584~632	1.85×1.85
전정색	405~1,053	0.65×0.65				5	624~694	1.85×1.85
						6	699~749	1.85×1.85
						7	765~901	1.85×1.85
						8	856~1,043	1.85×1.85
						전정색	447~808	0.46×0.46
센서	선형배열 푸쉬브룸		선형배열 푸쉬브룸			선형배열 푸쉬브룸		

ImageSat International EROS B 전정영상

a. ImageSat EROS B 위성

b. 미네소타 주 미니애폴리스의 교각붕괴현장을 촬영한 ImageSat EROS B 0.7×0.7m 전정영상

그림 2-47 a) ImageSat International EROS B 위성은 0.7×0.7m 공간해상도의 전정색(500~900nm) 영상을 취득한다. b) 미네소타 주 미니애폴리스의 교각붕괴현장을 촬영한 EROS B 영상(영상 제공 : ImageSat Internatinal, NV).

RapidEye사는 EROS 전정 데이터와 RapidEye 다중분광 데이터를 융합할 수 있도록 상호 합의하였다(ImageSat EROS, 2014).

RapidEye사

RapidEye사는 2008년 8월 29일 동일한 5개의 지구관측 위성을 개조된 ICBM 미사일을 이용하여 발사시켰고 2009년 2월부터 운용 중에 있다(그림 2-48). 이 위성들은 매일 400만 km^2에 달하는 지구의 영상을 취득하고 있으며 25억 km^2 이상에 달하는 다중분광 영상을 수집해 왔다.

RapidEye

RapidEye 위성은 2008년 8월 29일에 발사되었다. RapidEye 다중분광 푸쉬브룸 센서는 1일의 재방문주기를 가지며, 5×5m 공간해상도, 관측폭 77km를 갖는 5개의 센서를 장착하고 있다. RapidEye사의 위성들은 식생종의 분류와 식생건강상태 관측을 가능하게 하는 적색 경계 밴드(690~730nm)를 제공하는 최초의 민간위성이다(그림 2-48). 적색 경계는 도심과 식생 간의 구분에 중요한 역할을 한다(Dykstra, 2012; RapidEye, 2014). RapidEye level 1b는 방사적으로만 보정되었다. RapidEye Ortho Product에는 방사보정, 센서보정, 기하보정이 적용되었으며, DTED Level 1 SRTM DEM 또는 그 이상의 자료를 이용하여 편위수정된다. 또한 적합한 지상 기준점을 이용하여 1 : 25,000 NMAS 표준을 만족시키는 6m급의 정확도를 제공한다(RapidEye, 2014). RapidEye사의 영상은 미국 내에서 Blackbridge사(http://blackbridge.com)와 Photo Science를 통해서 배포되었다(Raber, 2012).

DMC International Imaging사 SLIM-6과 NigeriaSat-2

DMC 컨소시엄 위성들은 컨소시엄에 참여하고 있는 서로 다른 나라들에 의해 소유되고 운용되었다. 이 위성들은 1일 재방문주기를 위해 태양동주기 궤도에 배치되어 있다. 2003년에 형성된 이 컨소시엄은 정기적으로 다른 새로운 위성들을 회원으로 추가하고 있다.

SLIM-6

DMC SLIM-6 선형배열 푸쉬브룸 센서 시스템은 22×22m의 공간해상도를 갖는 3개의 다중분광 밴드(녹색, 적색, 근적외)로 구성되어 있으며, 이는 Landsat ETM^+와 동일하다. 이는 중해상도급의 원격탐사 시스템으로 기준이 되는 표준 위성(Landsat 7)에 대하여 Libya 4 site와 Dome C Antarctica 상공에서 교차 보정되었다(DMC, 2014a).

DMC NigeriaSat-2

DMC NigeriaSat-2는 2.5×2.5m 공간해상도의 전정색밴드 1개와 5×5m 공간해상도의 다중분광밴드 4개를 가지고 있으며 관측폭은 20.5km이다(DMC, 2014b). 지구 상의 어느 곳에 대해서도 목표물 지향이 가능하고 2일의 재방문주기를 갖는다.

RapidEye™ 다중분광 위성영상

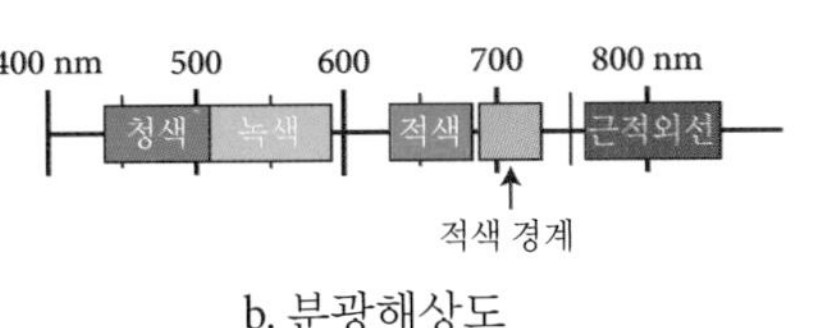

그림 2-48 a) 5개의 RapidEye 위성 배치. b) 적색 경계를 포함하는 RapidEye 센서의 분광해상도. c) 2011년 6월 18일 획득한 캘리포니아 주 샌디에이고 영상(영상 제공 : BlackBridge).

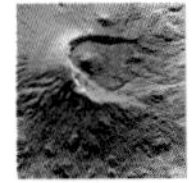

선형 및 면형 배열을 이용한 영상 분광측정

과거에 원격탐사 자료는 대부분 4~12개의 분광밴드에 대한 자료를 수집하였다. 영상 분광계는 수백 개의 분광밴드에서 동시에 자료를 수집하는 것을 가능하게 했다. 영상 분광계를 이용하여 보다 정확한 자료수집이 가능하게 됨으로써 지구 자원 문제에 대한 보다 세부적인 분석이 이루어질 수 있다.

영상 분광계의 장점은 각 화소에서 고해상도의 반사도 스펙트럼을 제공할 수 있다는 점이다. 0.4~2.5μm 영역에서의 반사도 스펙트럼은 Landsat MSS, TM 또는 SPOT과 같은 시스템의 광대역 밴드에서는 확인할 수 없는 지표피복 특성에 대한 다양한 정보를 제공할 수 있다. 상당수의 지표 물질이 단 10~30nm 폭의 진단흡수피처(diagnostic absorption features)[4]를 가지고 있다. 따라서 10nm 폭의 밴드에서 자료를 수집하는 분광 영상 시스템은 진단흡수피처를 가진 물질들을 인식할 수 있는 충분한 해상도를 제공할 수 있다. 예를 들어, 그림 2-49는 캘리포니아 주 베이커스필드 부근의 농업지역에 대해 영상 분광계를 사용하여 400~1,000nm 영역에서 수집한 높은 분광해상도 농작물 스펙트럼을 나타내고 있다. '적색 경계'가 위치하는 725nm 부근과 약 900nm 사이에는 Pima 면과 Royale 면에 대한 흡수 스펙트럼이 서로 다르며, 이로써 동일한 농작물 종류 내의 품종을 구별할 수 있다. 반면, 비교적 큰 밴드폭을 갖는 Landsat과 SPOT 자료는 이들 농작물 품종에 대한 식별이 불가능할 수도 있다.

그림 2-9e, f는 영상 분광측정에 대한 두 가지 접근 방법을 나타낸 그림이다. 휘스크브룸 방식의 선형배열 스캐너 방법(그림 2-9e)은 Landsat MSS나 ETM^+ 센서에서 사용한 스캐닝 방법과 유사하며, 단지 순간시야각 내의 복사속이 분광계를 통과하여 분산된 뒤 다시 선형배열의 감지기에 모인다는 점이 다르다.

4 역주 : 물질마다 좁은 분광구간에서의 독특한 강도변화가 있는데 이를 일컬어 진단흡수피처라고 함

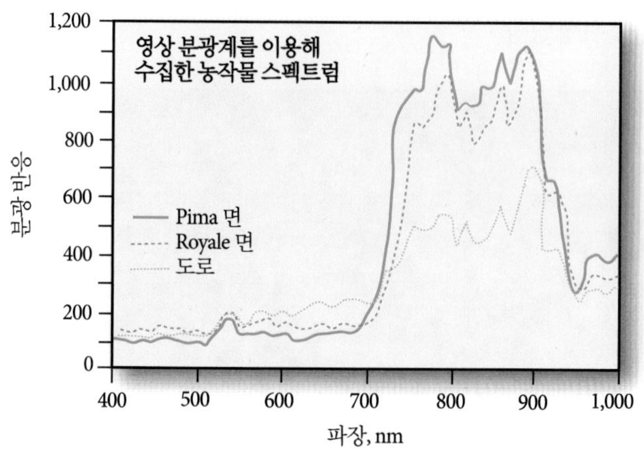

그림 2-49 캘리포니아 주 베이커스필드 주변에서 수집된 2×2m 자료에서 추출된 Pima 면, Royale 면, 그리고 도로 표면의 영상 분광계 스펙트럼

따라서 각 화소는 선형배열의 감지기 요소만큼 많은 분광밴드에서 동시에 자료를 수집한다. 위성의 경우에는 위성 자체의 속도가 빠르기 때문에, 위성에 탑재된 영상 분광계는 2차원의 면형배열을 사용해야 할 수도 있다(그림 2-9f). 이러한 사실은 광학 스캐닝 메커니즘에 대한 필요성을 제거한다. 따라서 각 선형배열의 궤도교차 화소에 대해서 전담된, 즉 보다 오랜 시간 동안 영상을 기록할 수 있는 분광 감지기 요소 행이 존재하게 된다.

따라서 Landsat MSS나 SPOT HRV 같은 전통적인 광밴드 원격탐사 시스템은 폭이 수백 나노미터에 이르는 단 몇 개의 분광밴드에서 전자기에너지를 측정함으로써 반사도 스펙트럼으로부터 이용 가능한 정보를 **과소표집**한다. 반면 영상 분광계는 수십 나노미터 폭을 가진 수많은 밴드에서 자료를 수집하며, 실험실 장치에 의해 측정되는 스펙트럼과 매우 유사한 스펙트럼을 만들 수 있을 정도로 충분한 수의 분광밴드를 가지고 있다. 영상 분광계 자료를 분석함으로써 각 화소에 대한 상세한 스펙트럼을 추출할 수 있다(그림 2-49). 이러한 스펙트럼은 센서의 순간시야각 내에서 반사 특성에 근거하여 광물, 대기가스, 식생, 눈과 얼음 및 수체에 용해되어 있는 물질 등의 분석이 가능하다.

초분광 자료 분석을 위해 제11장에서 논의할 정교한 디지털 영상처리 소프트웨어가 필요하다. 이것은 일련의 분석을 위해 처리되지 않은 초분광 방사도 자료를 비율 반사도로 보정해야 하기 때문이다. 이것은 대기 및 지형 효과(경사, 향)와 센서의 이상 등과 같은 영향을 제거하는 것을 의미한다. 이와 유사하게, 초분광 자료에서 최상의 정보를 얻으려면 1) 구성성분 물질을 결정할 수 있는 전형적인 스펙트럼을 분석할 수 있으며, 2) USGS에서 제공하는 것과 같이 휴대용 분광복사계를 이용해 수집한 스펙트럼과 비교할 수 있는 알고리듬을 사용하는 것이 필요하다.

정부기관과 일반 상업 회사는 초분광 자료를 수집할 수 있는 수백 개의 영상 분광계를 제작하였다. 수백 개의 영상 분광계 모두를 설명하기에는 이 책의 범위를 벗어난다. NASA의 EO-1 Hyperion Hyperspectral Imager, NASA JPL의 Airborne Visible/Infrared Imaging Spectrometer, NASA의 Moderate Resolution Imaging Spectrometer, NASA의 HyspIRI 위성 등과 같은 몇몇 초분광 장비들에 대하여 간략히 설명하였다. 또한 Itres사의 CASI-1500과 HyVista사의 HyMap과 같은 2개의 민간 초분광 센서들에 대해서도 설명하였다. 이 센서들에 대한 추가적인 정보는 제11장에서 언급된다.

NASA EO-1 Hyperion Hyperspectral Imager

NASA의 EO-1 위성이 Hyperion 초분광 원격탐사 시스템을 실어 날랐다.

Hyperion

Hyperion 센서는 지구관측 임무를 위한 초분광기술을 평가할 수 있는 고품질의 보정된 자료를 제공한다. Hyperion은 관측폭 7.5km의 푸쉬브룸 장치이다(그림 2-9f). Hyperion은 하나의 망원경과, 가시영역 및 근적외선영역(VNIR)에 걸치는 하나의 분광계, 그리고 단파적외선영역(SWIR)에 걸치는 또 다른 하나의 분광계로 구성되어 있다. 시스템 내의 이색필터(dichroic filter)는 400~1,000nm의 에너지를 VNIR 분광계로 반사시켜 보내고, 900~2,500nm의 에너지는 SWIR 분광계로 보낸다. VNIR을 위한 8~57번까지의 채널과, SWIR을 위한 77~224번까지의 채널을 포함하여 220개의 채널 중 198개의 유용한 채널을 포함하고 있다(http://eo1.usgs.gov/faq). SWIR 중 900~1,000nm에 해당하는 VNIR과 중첩되는 SWIR은 이들 두 분광계 간의 교차보정을 가능하게 한다. 분광범위는 400~2,500nm에 걸치며 분광해상도는 10nm이다(표 2-15). SWIR 분광계 내의 수은-카드뮴-텔루르(Hg : Cd : Te) 검지기는 향상된 TRW 극저온냉동기에 의해 냉각된다. 자료는 일반적으로 현재의 데스크탑 컴퓨터에 적합하도록 큐브 형태(횡방향 19.8km, 종방향 7.5km)로 처리된다. 각 큐브는 75MB에 해당하는 자료로 구성되어 있다. 다수의 큐브 형태로 데이터를 취득한다.

표 2-15 Hyperion 초분광 센서, NASA의 AVIRIS, ITRES Research사의 CASI-1500, HyVista사의 HyMap 센서의 특성

센서	기술	분광해상도 (nm)	분광 간격 (nm)	밴드 수	방사해상도 (비트)	순간시야각 (mrad)	총시야각 (°)
Hyperion	선형배열	400~2,500	10	220	11		
AVIRIS	휘스크브룸 선형배열	400~2,500	10	224	12	1.0	30°
CASI-1500	선형배열(1,500), 면형배열 CCD (1,500×288)	370~1,050	2.2	288 가능. 궤도교차 방향의 밴드 수와 화소 수는 프로그램화 가능	14	0.49	40°
HyMap	휘스크브룸 선형배열	450~2,480	13~17	128		2.5	61.3°

NASA Airborne Visible/Infrared Imaging Spectrometer (AVIRIS)

최초의 항공 영상 분광계(Airborne Imaging Spectrometer, AIS)는 적외선 면형배열을 이용하여 영상 분광계 개념을 시험하기 위해서 제작되었다(Vane & Goetz, 1993). 이 장치의 분광범위는 9.3nm 폭의 인접 대역에서 트리(tree) 모드의 경우 1.9~2.1μm이고, 락(rock) 모드에서는 1.2~2.4μm이다.

AVIRIS

분광해상도나 공간해상도 측면에서 보다 성능이 뛰어난 영상자료를 수집하기 위해서 캘리포니아 주 패서디나에 있는 NASA JPL은 AVIRIS를 개발했다(표 2-15). 그림 2-9e에서 볼 수 있듯이 AVIRIS는 휘스크브룸 스캐닝 거울과 실리콘(Si) 및 안티몬화인듐(InSb)의 선형배열을 사용하여 400~2,500nm 파장대 사이에 10nm 폭을 가지는 224개 밴드에서 영상을 수집한다(NASA AVIRIS, 2014). 센서는 일반적으로 NASA의 ARC ER-2 항공기에 탑재되어 지상 20km 상공에서 촬영하며 총시야각은 30°이고, 순간시야각은 1.0mrad, 즉 공간해상도가 20×20m이다. 또한 방사해상도는 12비트(0~4,095)이다.

MODIS

MODIS(Moderate Resolution Imaging Spectrometer)는 NASA의 EOS Terra(적도 통과시간 : 오전) 및 Aqua(적도 통과시간 : 오후) 위성에 탑재되었다(표 2-15). MODIS는 장기간 관측을 제공하며, 지구 표면과 대기 하층에서 발생하는 전지구적인 거동과 변화과정에 대한 보다 향상된 정보를 수집할 수 있다(NASA MODIS, 2014). 또한 MODIS는 구름과 관련된 특성 분석을 위한 대기 상층 관련 정보, 해수면 온도 및 엽록소와 같은 해양 정보 및 지표피복 변화, 지표면 온도 및 식생 특성 등과 같은 지표면 특성에 대한 관측을 제공한다.

MODIS는 태양동주기 궤도를 가지고 있으며 위성의 고도는 705km이다. MODIS는 하루 혹은 이틀에 한 번씩 지구 전체 표면을 관측하며, 시야각은 연직방향에서 ±55°이고, 관측폭은 2,330km이다(그림 2-50a). MODIS는 지구 전 지역에 대한 주간에 반사된 태양복사에너지와 주간 및 야간에 지표면의 열 방출도에 대한 정보를 12비트의 자료로 수집한다. MODIS는 궤도교차 방향의 스캐닝 거울, 집광 부분, 그리고 4개의 초점판에 위치한 분광 간섭 필터가 있는 선형 감지기 배열로 구성된 휘스크브룸 스캐닝 영상 복사계이다. 또한 0.4~3μm 사이의 파장영역에서 20개 밴드와 3~15μm 파장영역에서 16개 밴드 등 총 36개 밴드에서 자료를 수집한다. 표 2-16은 MODIS 시스템의 공간 및 분광 해상도와 각 밴드의 주된 용도를 요약한 것이다.

MODIS의 공간해상도는 세 종류가 있는데, 밴드 1과 2의 경우 250×250m, 밴드 3부터 7까지는 500×500m, 그리고 밴드 8부터 36까지는 1×1km이다. 홍해(Red Sea) 지역을 둘러싸고 있는 대부분의 지역과 나일(Nile) 삼각지, 나일강 등을 보여 주고 있는 MODIS 영상이 그림 2-50b에 나와 있다. MODIS는 지구의 어떤 위치든 최소한 이틀에 한 번씩 연속적인 자료를 수집하며, 주간에 발생하는 반사 영상 및 주간과 야간의 방출 분광 영상을 제공한다.

MODIS는 원격탐사 시스템에 장착된 것 중 가장 이해하기 쉬운 보정 하부시스템을 가지고 있다. 보정을 위한 하드웨어는 태양광 확산기, 태양광 확산기 안정화 모니터, 분광복사 보정 장치, 열 보정을 위한 흑체, 우주 관측구를 포함한다. 보정을 통해 광학자료가 비율 반사도로 변환된다. MODIS 자료를 처리해서 다음과 같은 수많은 전지구적 데이터셋을 만들 수 있다

표 2-16 Terra 위성의 MODIS 센서 특성

밴드	분광해상도(μm)	공간해상도	밴드 이용분야
1 2	0.620~0.670 0.841~0.876	250×250m 250×250m	토지피복 분류, 엽록소 흡수, 잎면적지수 매핑
3 4 5 6 7	0.459~0.479 0.545~0.565 1.230~1.250 1.628~1.652 2.105~2.155	500×500m 500×500m 500×500m 500×500m 500×500m	육지, 구름, 에어로졸 속성
8 9 10 11 12 13 14 15 16	0.405~0.420 0.438~0.448 0.483~0.493 0.526~0.536 0.546~0.556 0.662~0.672 0.673~0.683 0.743~0.753 0.862~0.877	1×1km 1×1km 1×1km 1×1km 1×1km 1×1km 1×1km 1×1km 1×1km	해색, 식물성 플랑크톤, 생지화학
17 18 19	0.890~0.920 0.931~0.941 0.915~0.965	1×1km 1×1km 1×1km	대기의 수증기
20 21 22 23	3.600~3.840 3.929~3.989 3.929~3.989 4.020~4.080	1×1km 1×1km 1×1km 1×1km	구름 표면 온도
24 25	4.433~4.498 4.482~4.549	1×1km 1×1km	대기 온도
26	1.360~1.390	1×1km	권운
27 28 29	6.535~6.895 7.175~7.475 8.400~8.700	1×1km 1×1km 1×1km	수증기
30	9.580~9.880	1×1km	오존
31 32	10.780~11.280 11.770~12.270	1×1km 1×1km	구름 표면 온도
33 34 35 36	13.185~13.485 13.485~13.785 13.785~14.085 14.085~14.385	1×1km 1×1km 1×1km 1×1km	구름 최고도

(NASA MODIS, 2014).

- 토지 생태계 변수(예 : 식생지수, 잎면적지수, 광합성 유효광 비율, 식생 일차 생산량)
- 대기 변수(예 : 구름비율, 구름의 광학적 두께, 에어로졸의 광학적 두께 등)
- 해양 변수(예 : 해수면온도, 엽록소)

NASA HyspIRI

NASA의 HyspIRI(Hyperspectral Infrared Imager)는 향후 발사될 예정으로 있으며, 전지구적 생태계를 연구하고, 화산·산불·가뭄·식생 상태와 같은 자연재해에 대한 정보를 제공하기 위하여 설계되었다. 센서는 NASA, NOAA, USGS가 요청한 NRCDS(National Research Council Decadal Survey) 내에서 추천되었다. HyspIRI 임무는 저궤도 위성에 장착된 2개의 장비를 포함하고 있다(NASA HyspIRI, 2014). 여기에는 가시영역부터 단파적외선 영역(VSWIR : 380~2,500nm)에 걸치는 10nm 간격의

MODIS 영상

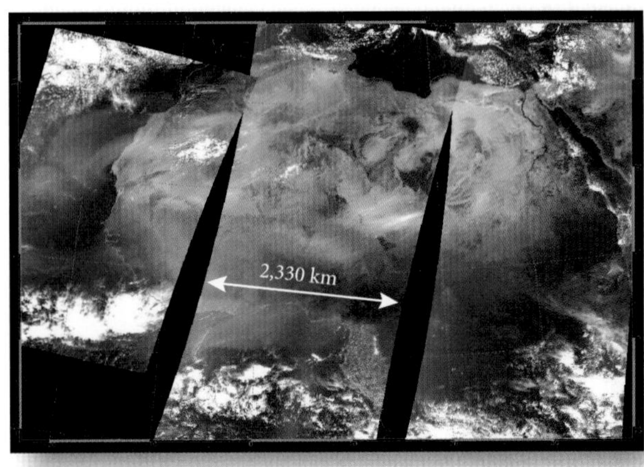

a. 2000년 2월 29일 획득된 북아프리카 상공의 3개의 MODIS 영상

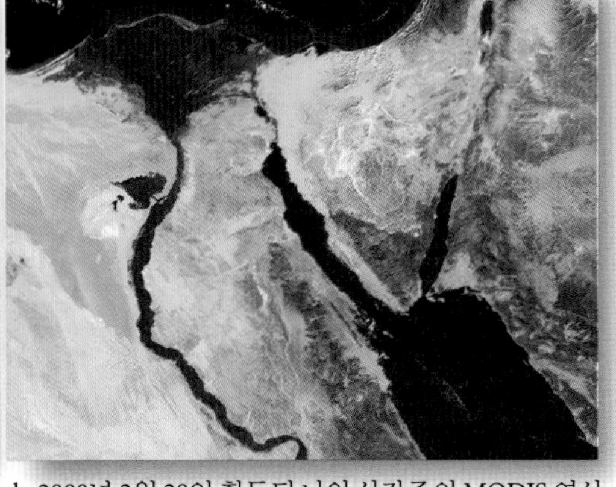

b. 2000년 2월 28일 획득된 나일 삼각주의 MODIS 영상

그림 2-50 a) 2000년 2월 29일 촬영된 북아프리카 대륙의 MODIS 조합 영상. 북서 모퉁이의 모로코 해안가로 불고 있는 먼지폭풍이 보인다. 관측폭은 2,330km이다. b) 2000년 2월 28일 나일 삼각주의 MODIS 영상(영상 제공 : NASA Visible Earth).

인접한 밴드들로 구성된 영상 분광계와, 중적외선과 열적외선(TIR : 3~12μm)에 걸치는 다중분광 분광복사계가 장착되어 있다. TIR 센서는 8개의 밴드를 가지게 된다. VSWIR과 TIR 모두 연직방향 60m의 공간해상도를 가진다. VSWIR은 19일의 재방문주기를 갖고, TIR은 5일의 재방문주기를 갖는다. HyspIRI는 또한 IPM(Intelligent Payload Module)을 포함하며 이는 취득된 데이터를 분할하여 직접적으로 송출이 가능하게 한다(Glavich et al., 2009).

Itres사 Compact Airborne Spectrographic Imager-1500

캐나다의 ITRES Research사는 가시 및 근적외선대의 CASI-1500, 단파적외선대의 SASI-600, 중적외선대의 MASI-600, 그리고 열적외선대의 TASI-600 초분광 장치들을 개발했다.

CASI-1500

CASI-1500은 1,500×288 면형배열 CCD에 기반한 푸쉬브룸 영상 분광계이다. 이 장치는 670nm의 분광범위(380~1,050nm)에서 작동하는 장치로 횡으로 1,500화소를 보는 40°의 총시야각을 가지고 있다(Itres CASI-1500, 2014). 비행경로에 대해 수직인 1,500개 화소폭의 단일 열에 대한 지형자료가 광학 분광계에 의해 기록된다(그림 2-51). 각 화소로부터 입사하는 복사속은 면형배열 CCD(그림 2-51)의 축을 따라서 분산되어 에너지 스펙트럼(청색에서 근적외선)이 관측폭에 대해 각 화소별로 기록된다. 비행경로를 따라 항공기가 이동하면서 면형배열 CCD의 기록을 반복적으로 읽음으로써 분광해상도가 높은 2차원 영상을 수집하게 된다. 특정 관측폭에서 모든 화소에 대한 복사속이 동시에 기록되기 때문에, 공간 및 분광 공동등록이 확실하다. 궤도교차 방향의 공간해상도는 CASI의 고도와 순간시야각에 의해 결정되는 반면, 궤도 방향의 해상도는 항공기의 속도와 CCD의 기록 속도에 따라 달라진다.

CASI-1500은 분광적으로 설계가 가능한 수단으로 사용자가 어떤 특정한 응용분야(예 : 식생 생물량 관측, 심해 지도화, 엽록소 *a* 집중화 목록, 도시 및 교외 분석)를 위하여 어떤 밴드들을 모을 것인지를 특성화시킬 수 있다. 결론적으로 설계 가능한 면형배열 VNIR 초분광 원격탐사 시스템이 된다.

SASI-600

SASI-600은 950~2,450nm에 걸치는 SWIR 초분광 데이터를 15nm 간격으로 나누는 100개의 밴드를 가지고 있으며 궤도교차 방향으로 600개의 화소를 보유한다. SASI-600 자료는 특히 지질탐사와 식물종형성 연구에 유용하다(Itres SASI-600, 2014).

MASI-600

MASI-600은 민간 최초의 중간파장 초분광센서로, 특히 항공기용으로 설계되었다. 이는 4~5μm 영역대에서 64개 밴드로부터 자료를 획득하고, 40°의 궤도교차 시야각과 600화소를 가지고 있다(Itres MASI-600, 2014).

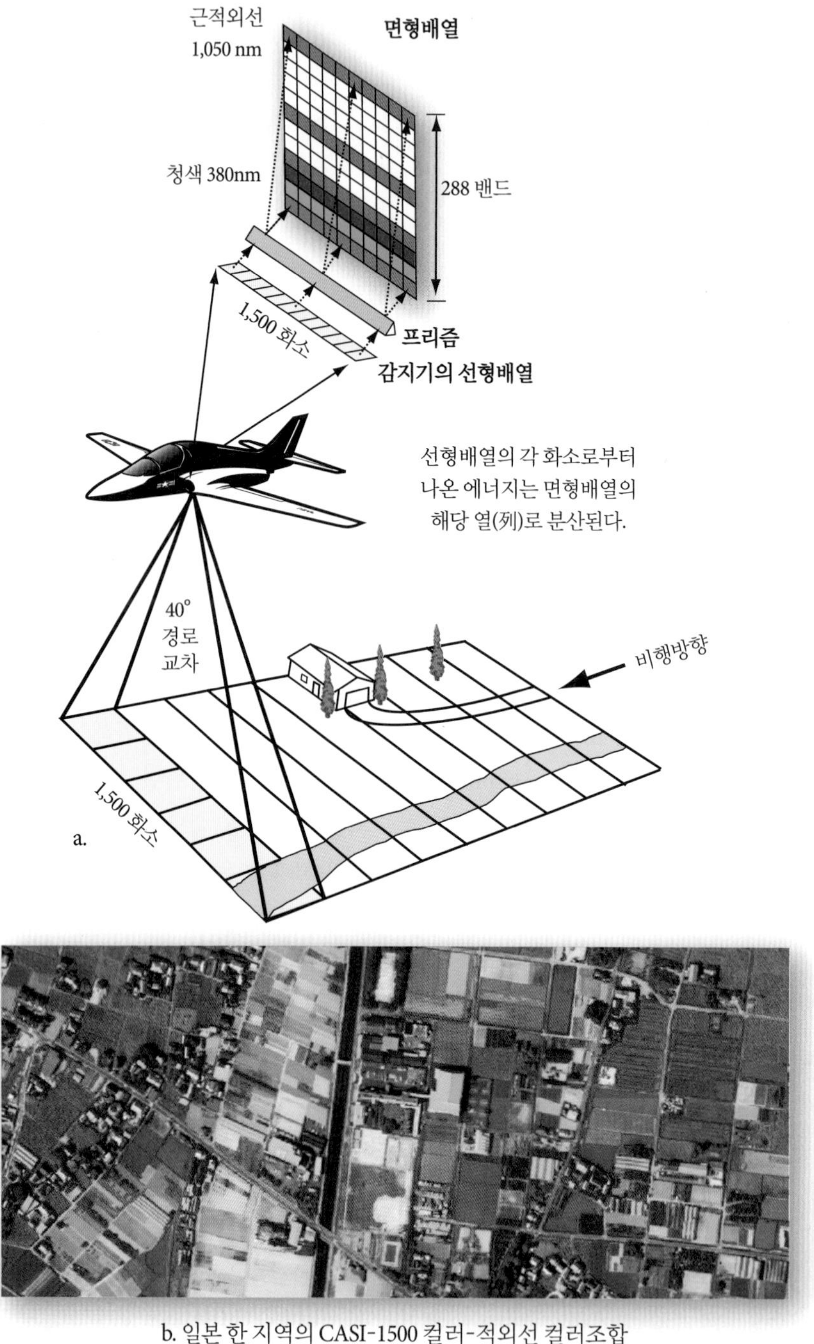

그림 2-51 a) 에너지를 1500×288 요소 면형배열(380~1,050nm에 반응) 상에 분산시키는 선형배열 푸쉬브룸 센서를 이용한 초분광 자료수집. b) 일본 한 지역의 CASI-1500 영상(영상 제공 : ITRES Research, Ltd.).

TASI-600

TASI-600은 특별히 항공기용으로 설계된 푸쉬브룸 초분광 열적외선 센서 시스템이다. 이는 8~11.5μm 영역대에서 32개 또는 64개 밴드를 가지고 있으며, 40°의 궤도교차 시야각과 600화소를 가지고 있다(Itres TASI-600, 2014).

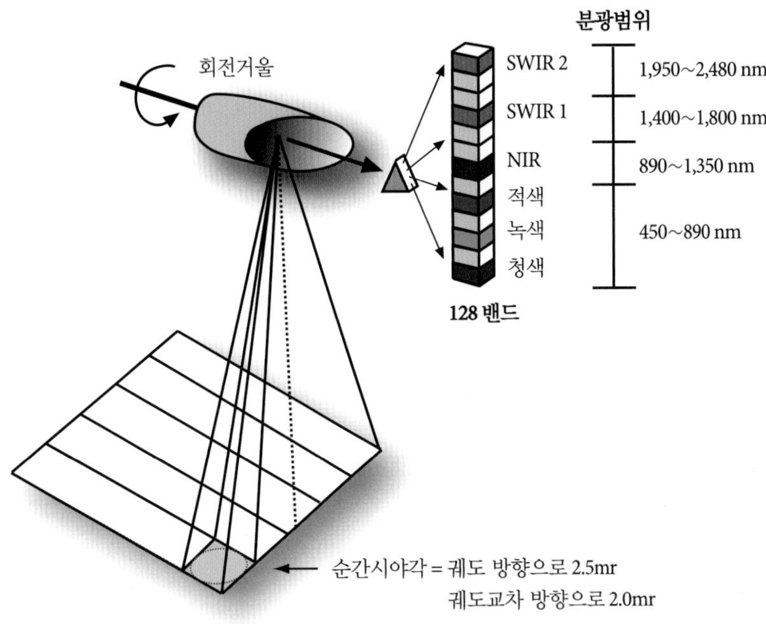

그림 2-52 HyMap 초분광 원격탐사는 450~2,480nm 범위대의 휘스크브룸 기술을 사용한다.

HyVista사, HyMap

호주의 HyVista사는 Integrated Spectronics Pty사에 의해 제작된 휘스크브룸 초분광 스캐너(그림 2-52)를 운용하고 있다(HyVista HyMap, 2014). HyMap 센서는 128개의 밴드를 450~2,480nm의 범위에 걸쳐 가지고 있으며, 이 밴드들은 평균 분광 샘플링 간격이 13~17nm로 서로 인접한 분광 영역(예외적으로 1,400~1,900nm 근처의 대기 수증기 밴드는 제외)을 가지고 있다. 일반적인 지상의 공간해상도는 그 비행고도에 따라 2~10m에 달한다.

Airborne Digital Cameras

디지털 카메라는 항공사진측량 자료수집에 혁신을 가져왔다. 디지털 카메라의 영상 센서는 주로 CCD(Charge-Coupled Device)나 CMOS(Complementary Metal-Oxide-Semiconductor) 컴퓨터칩으로 이루어져 있다. 센서 탐지기는 빛을 전자로 변환시키고, 이는 다시 방사 강도값으로 변환된다. 그림 2-9b에 보이는 것처럼, 디지털 카메라는 선형 또는 면형 배열 감지기에 기반하고 있다.

디지털 카메라는 렌즈와 *f*-stop값을 조정하기 위한 조리개, 노출시간을 조정하기 위한 셔터, 그리고 초점 조정장치를 활용한다. 그러나 주요한 차이점은 필름을 사용하는 대신 CCD 선형 또는 면형 배열이 필름 면의 자리에 놓였다는 것이다. 렌즈는 바깥세상으로부터 들어온 빛을 선형 또는 면형 배열 감지기에 모이게 한다. 각 탐지기를 비추는 빛의 광자는 입사된 방사에너지의 양에 직접적으로 비례하여 전하를 발생시킨다. 이 아날로그 신호는 전자적으로 샘플링되고 8비트(0~255)에서 12비트(0~4,095)에 걸치는 디지털 밝기값으로 변환된다. 아날로그-디지털 변환(A-to-D)으로부터 얻어진 밝기값은 저장되고 컴퓨터에서 읽힌다. CCD는 전통적인 아날로그 컬러와 컬러-적외선 항공사진에서 사용되던 할로겐화은 결정체보다 영상 내 분광반사 변화에 보다 민감하다.

소형 디지털 카메라

이런 카메라는 전형적으로 밴드당 16메가화소(megapixel, MP) 이하의 디지털 영상을 획득한다. 예를 들어 그림 2-53b에 보인 캐논 디지털 카메라는 밴드당 약 8MP를 가지는 3,456×2,304로 구성된 면형배열에 기반하고 있다. 노출이 되는 순간에 카메라는 내부 필터장치에 의하여 신속하게 3개의 영상을 만들어 낸다. 하나는 지상으로부터 반사되어 온 청색 빛에만 기반한 영상, 다른 하나는 지상으로부터 반사되어 온 녹색 빛에만 기반

소형 디지털 프레임 카메라를 이용하는 저가의 무인항공시스템

a. 무인항공시스템 기체

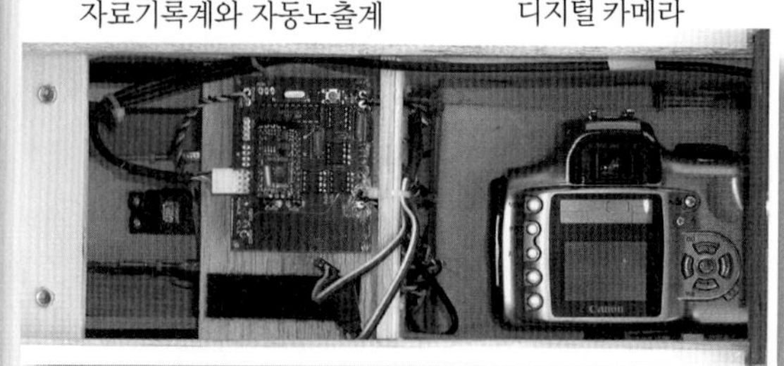

b. 시스템 구성

c. 텍사스 주 웨슬라코 근방의 감귤농장

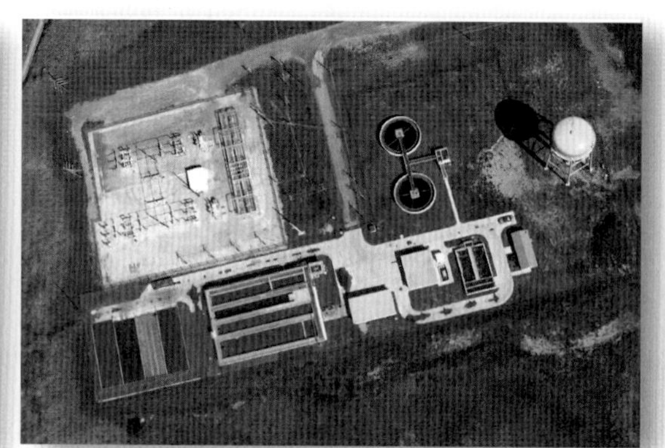
d. 텍사스 주 사우스 파드레 섬 위의 수처리시설

그림 2-53 a) 소형 디지털 카메라를 실어 나르기 위해 개조된 무인항공시스템. b) 자료기록계, 자동노출계, 그리고 GPS 안테나를 포함하는 시스템 구성. c, d) 무인항공시스템을 통하여 획득된 항공사진의 예(Brigham Young University, Department of Geography의 Perry Hardin과 Mark Jackson 제공).

한 영상, 그리고 마지막은 반사된 붉은 빛에만 기반한 영상이다. 이들 세 흑백 영상은 카메라의 RAM에 기록되며, 자연스러운 컬러 사진을 만들기 위하여 컬러 이론을 따라 컬러조합이 이루어진다. 또한 감지기를 근적외선 광선에 민감하게 반응하도록 만드는 것도 가능하다.

그림 2-53a, b에 보인 저가의 무인항공시스템(Unmanned Aircraft System, UAS)은 필요한 중첩을 얻기 위하여 사진이 일정한 간격에 따라 얻어지도록 하는 자동노출계를 장착하고 있다. 이 영상들은 데이터 기록계에 저장된다. 지상의 운용자는 장착된 GPS 안테나를 사용함으로써 비행체가 어디에 있는지를 파악할 수 있다. 저가의 디지털 카메라를 이용하여 고해상도의 영상을 얻을 수 있는데 이는 비행체가 지상으로부터 낮게 날기 때문이다(그림 2-53c, d).

중형 디지털 카메라

이 카메라들은 주로 밴드당 4,000×4,000(16MP)보다 많은 감지기를 갖는 선형 또는 면형 배열에 기반하고 있다.

Leica Geosystems, Ag., RCD30

Leica Geosystems, Ag.는 미국에서 많은 사진측량업체들에 의해 사용된 유명한 중형 또는 대형의 원격탐사 디지털 데이터 취득 센서 시스템을 생산한다(Leica, 2014a). 예를 들어, 공공의 복적[예 : USDA National Agriculture Imagery Program(NAIP)]으로 취득된 많은 영상들이 Leica 디지털 카메라를 이용하여 취득되었다. RCD30은 8,956×6,708화소의 상호 등록된 4밴드(RGB, NIR)로 구성된 다중분광자료를 제공한다. 카메라는 전방 및 측방, 두 축 방향으로 FMC(forward motion compensation)를 장착하고 있다. 이는 획득가능한 모든 중형 카메라 중 가장 정확하고 신뢰할 수 있는 카메라 중 하나이다(Leica RCD30, 2014).

대형 디지털 카메라

대형 디지털 카메라는 전형적으로 매우 큰 선형 또는 면형의

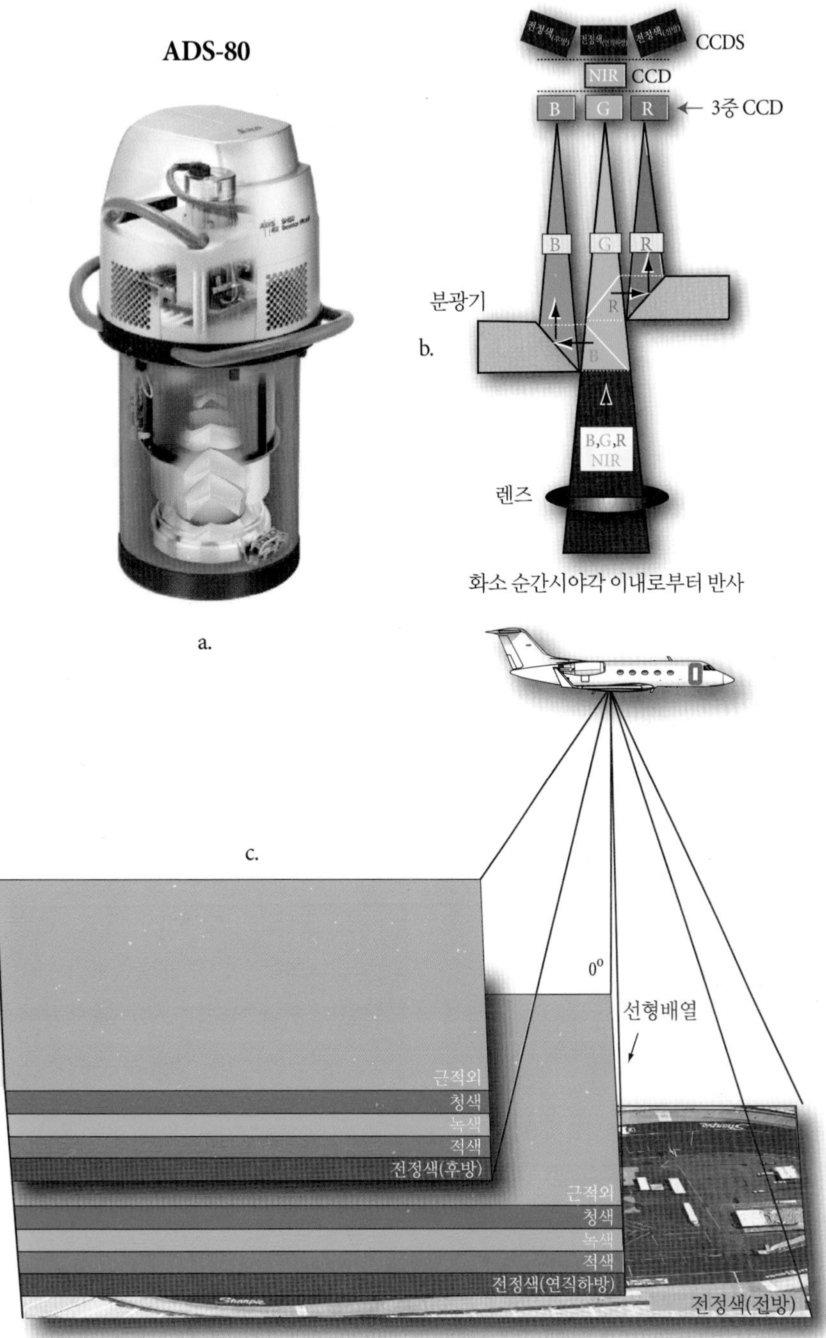

그림 2-54 a) Leica Geosystems ADS-80. b) 각 선형배열의 12,000개 감지기에 입사하는 전정색, 청색, 녹색, 적색, 그리고 근적외 에너지의 분산. c) 후방, 연직하방, 전방향 선형배열의 배치(영상 제공 : Leica Geosystems).

CCD 배열을 가지고 있다. 이 카메라들은 대형 아날로그 프레임 카메라의 성능을 월등히 뛰어넘는다. 다수의 대형 아날로그 카메라가 현재 사용되고 있으므로, 디지털 카메라는 당분간 전통적인 아날로그 카메라와 함께 사용될 것이다. 그러나 최종적으로는, 다수의 사진측량용 항공사진들은 대형 디지털 측량용 카메라에 의해 획득될 것이다. 가장 중요한 중형 및 대형 디지털 카메라를 생산하는 회사는 Leica Geosystems, Ag.와 Microsoft Ultramap사이다.

Leica Geosystems, Ag., ADS80, Z/I Imaging DMC Aerial Photography

Leica 항공용 디지털 센서인 ADS80은 전정색, 적색, 녹색, 청

빙맵 항공사진 취득에 사용된 UltraCam™ 디지털 프레임 카메라

a. UltraCam 전정 및 다중분광 렌즈

b. UltraCam 자연색 디지털 사진 c. UltraCam 컬러-적외선 디지털 사진

그림 2-55 Microsoft사, UltraCam™ 디지털 프레임 카메라의 특성. a) 전정색, 컬러, 컬러-적외선 자료수집과 관련된 렌즈들. b~c) 자연색과 컬러-적외선 UltraCam™ 항공사진의 예들(영상 제공 : Microsoft Photogrammetry Division, www.iflyultracam.com; Jensen et al., 2012에서 업데이트).

색, 그리고 적외선 영역대에서 데이터를 획득하기 위하여 선형 배열 기술을 이용한다. 각 CCD 선형배열은 12,000화소를 가지고 있으며, 선형배열 내 각 화소의 크기는 6.5μm이다(Leica, 2014a). 데이터는 그림 2-54에 보인 바와 같이 연직방향, 전방, 후방의 세 방향에서 취득된다. 모든 해당 전정 및 분광자료들은 동일한 방사해상도를 가지면서 거의 완벽하게 등록되어 있다(Leica ADS80, 2014).

Z/1 Imaging DMC(Digital Mapping Camera) 제품군은 측량용 디지털 프레임 카메라 영상을 획득하기 위한 4개의 서로 다른 형태를 가지고 있다. 기본 Z/1 RMK D(5,760×6,400화소)는 RGB와 NIR 영상을 획득하는 4개의 카메라헤드 다중분광센서이다. Z/1 DMC II140은 5개의 카메라헤드 RGB, NIR의 다중분광센서(각 6,846×6,096화소)와 Z/1 RMK D보다 공간해상도가 2배 향상된 140메가화소의 전정센서(12,096×11,200화소)를 장착하고 있다. Z/1 DMC II230은 5개의 카메라헤드 RGB, NIR의 다중분광센서(각 6,846×6,096화소)로 230메가화소 CCD(15,552×14,144화소)를 가지며, 늘어난 지상 커버리지로 인해 비행라인을 줄일 수 있다. Z/1 DMC II250은 5개의 카메라헤드 RGB, NIR의 다중분광센서(각 6,846×6,096화소)로 전정색 밴드(16,768×14,016화소)를 가진다. 또한 보다 긴 초점

거리의 렌즈를 가지고, 낮은 비행고도에서 촬영된 세밀하고 넓은 커버리지를 만들어 낸다(Leica Z/1, 2014).

Microsoft사, UltraCam Eagle

Microsoft사 사진측량부서는 기본적으로 빙맵 플랫폼 검색엔진을 위한 영상을 얻기 위하여 UltraCam 디지털 프레임 카메라를 개발했다. 게다가 그 부서는 UltraCam 카메라와 관련 산물들을 사진측량업체에 판매한다(예 : UltraCam Eagle, ULTRACAM Xp, ULTRACAM Xp-WA, ULTRACAM Lp)(Microsoft UltraCam, 2014).

UltraCam 영상은 빙맵 내에서 자동화된 3D 생산을 위한 자료원이다(Wiechert, 2009a). UltraCam 사진은 80%의 종중복도와 60%의 횡중복도를 가지고 만들어지는데(지상화소당 12개의 광선을 생성), 이는 제곱미터당 50점 이상을 가진 초고해상도의 지형 DSM(Digital Surface Models)을 만든다(Wiechert, 2009b). 획득된 DSM과 DTM(Digital Terrain Models)은 영상 분류(예 : 건물, 식생, 콘크리트 등과 같은 10~15개의 클래스로 구성)와 함께 3차원 지붕 다각형 형성, 완성된 지붕기하를 DTM까지 연장, 빙맵에서 제공되는 3차원 가상 지구를 생성하기 위하여 UltraCam 영상으로부터 획득된 사진 텍스처 적용 등에 이용된다(Wiechert, 2009a,b). UltraCam 사진측량은 ULTRAMAP Workflow Software System을 이용하여 수행된다.

UltraCam Eagle 시스템은 20,010×13,080 감지기를 가진 다른 초대형 측량용 카메라와 비교하여도 가장 큰 전정영상들 중 하나를 가진 시스템에 해당한다. 이는 주어진 프로젝트를 위하여 요구되는 데이터 취득 비행라인 수를 줄일 수 있다. 6,670×4,360 감지기로 구성된 센서를 이용하여 청색, 녹색, 적색, 그리고 근적외선 영역대의 다중분광자료를 취득할 수 있다. 방사해상도는 8~16비트에 달한다(Microsoft UltraCam, 2014). 그림 2-55에 UltraCam Eagle 다중분광 디지털 프레임 카메라로부터 취득된 사진의 품질을 보여 주는 예가 나와 있다. 프레임 자료 수집 속도는 1.8초이므로 원한다면 80~90%에 달하는 중첩이 가능해진다. Microsoft는 다른 디지털 프레임 카메라도 판매하고 있다(Microsoft UltraCam, 2014).

디지털 경사 항공사진

종종 사람들은 연직 항공사진보다 경사 항공사진을 보고 분석하는 것을 보다 편하게 느끼곤 한다(그림 2-56). 몇몇 판매회사들은 이제 수직 항공사진과 더불어 경사 항공사진도 취득한다.

Pictometry International사 경사 및 연직 항공사진

Pictometry는 5대의 카메라 배치를 통하여 매회 연직 항공사진과 4개의 추가적인 경사 사진을 동서남북 방향에서 취득한다(Pictometry, 2014). 비행라인의 중첩은 20~30% 정도로 건물과 같은 지물이 여러 다른 시점에서 보이고 촬영되도록 한다. 영상 분석가는 단순히 가장 만족스럽고 가장 유용한 주제정보를 제공하는 영상을 선택하면 된다. 사우스캐롤라이나 주 컬럼비아의 일부를 촬영한 Pictometry 항공사진이 그림 2-56에 보이고 있다. 디지털 영상처리의 혁신이 GIS에 경사 항공사진을 등록하는 것을 가능하게 만들었으며, 경사 사진을 보는 동안 구조물과 지형의 수평 및 수직 측정이 모두 가능하다.

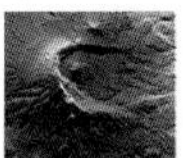

위성 디지털 프레임 카메라 시스템

전자광학 원격탐사 장비의 지속적인 발달에도 불구하고, 전통적인 광학 카메라 시스템이 우주관측 목적으로 지속적으로 사용되고 있다. 예를 들어, 미 유인우주선(U.S. Space Shuttle)과 우주정거장(Space Station)의 우주인들은 Hasselblad 카메라와 Linhof 카메라를 이용하여 주기적으로 사진을 촬영한다.

미 유인우주선에서 촬영한 사진

NASA 우주비행사들은 STS(Space Transportation System) 임무 동안 아날로그와 디지털 카메라를 이용하여 반복적으로 지구에 대한 정보를 수집하였다. 이러한 노력으로 인해 현재까지 약 400,000개가 넘는 자료가 수집되었다. 유인 우주비행 동안 지구에 대한 자료를 수집하는 것이 유인우주선 관측 프로그램의 초석이 되었으며, 이보다 앞서서는 Mercury, Gemini, Apollo 및 Skylab 관측 프로그램이 이용되었다(Lulla and Dessinov, 2000). 이를 통해 지리과학자들이 관심을 가져 왔던 250개가 넘는 지역이 촬영되고 분석되었다. 이들 지역의 자료는 유인우주선을 통해 반복적으로 촬영되며 지정된 임무(예 : STS-74)나 주제에 따라 분류되어 전자 데이터베이스에 보관되어 일반인들에게 개방된다(NASA Shuttle Photography, 2014).

유인우주선 아날로그 카메라

유인우주선에 사용된 주요 아날로그 카메라는 Hasselblad와 Linhof 시스템이다. NASA에서 변형한 Hasselblad 500EL/M 70mm 카메라는 큰 필름통을 사용하여 최대 100~130번 찍을

사우스캐롤라이나 주 컬럼비아의
Pictometry 디지털 항공사진

사진은 다수의
비행라인에서 취득되었다.

그림 2-56 기본방위(북, 동, 남, 서)와 연직하방에서 취득된 사우스캐롤라이나 주 컬럼비아의 Strom Thurmond Wellness Center의 천연색 수직 및 경사 항공사진. 명목 공간해상도는 6×6in.(사진 제공 : Pictometry International, Inc.)

수 있다.

유인우주선의 앞부분에 설치되어 있는 4개의 창은 지구에 대한 사진을 수집하는 데 사용된다. 창은 단지 0.4~0.8μm의 파장대를 가진 빛만이 통과하도록 되어 있다. 따라서 Hasselblad와 Aero-Technika Linhof 카메라 시스템에서 2개의 주요 필름을 사용하는데, 여기에는 가시광선 컬러(Kodak 5017/6017 Professional Ektachrome)와 컬러-적외선(Kodak Aerochrome 2443) 필름이 포함된다.

유인우주선에서 수집되는 사진은 1~80°까지 다양한 태양각에서 촬영할 수 있지만, 대부분 약 30°의 태양각에서 촬영된다. 매우 낮은 태양각에서 촬영한 사진은 종종 산악지역의 독특한 지형 조망을 제공한다. 다른 촬영각을 가지고 연속적으로 촬영된 사진은 입체 사진을 제공할 수 있으며, 전체 사진의 75%는 위도 28°N과 28°S 사이에서 촬영된 사진으로 잘 알려지지 않은 열대 지역을 포함한다. 그리고 나머지 25%는 30°N에서 60°N과 30°S에서 60°S 사이의 영역을 포함하고 있다.

NASA 존슨 우주센터(Johnson Space Center), 지구과학 분과의 유인우주선 지구관측 프로젝트(Space Shuttle Earth Observation Project, SSEOP)의 사진 데이터베이스는 지난 30년 동안 촬영된 400,000장 이상의 사진을 보관하고 있다. 이 중 일부 사진은 스캔되어 민간에 제공된다(http://images.jsc.nasa.gov).

유인우주선 및 우주정거장에서 촬영한 디지털 사진

국제 우주정거장(International Space Staion, ISS)은 2000년 11월 2일 발사되었으며, 이는 유인우주선에서의 지구관측이라는 NASA의 전통을 이어 갔다. ISS의 U.S. Laboratory Module은 거의 항상 지구 표면에 수직을 이루고 있는 지름 50.8cm의 특수

국제우주정거장에서 촬영된 남페루 토케팔라 구리광산의 디지털 프레임 카메라 영상

그림 2-57 Kodak DCS 760 디지털 카메라로 2003년 9월 22일, 국제우주정거장에서 촬영된 남페루 토케팔라 구리광산의 우주비행사 사진(사진 #ISS007-E-15222). 노천광산은 폭이 6.5km, 깊이 3,000m에 달한다. 광산벽의 검은 선은 바닥까지 가는 주요 접근로이다. 광산으로부터 채굴된 토사는 광산의 북서쪽 가장자리를 따라 층층이 쌓아 놓았다(NASA Earth Observatory와 NASA Johnson Space Center의 Dr. Kamlesh Lulla 제공).

제작된 광학창을 가지고 있다. 2001년에 우주비행사들은 디지털 영상을 수집하기 시작하였으며, 이는 궤도에 있는 동안 지상으로 곧바로 전송된다. ISS에서 2003년 9월 22일 Kodak DCS 760을 이용해 찍은 페루 남부의 토케팔라 구리광산에 대한 영상이 그림 2-57에 나와 있다.

디지털 영상 자료 포맷

영상분석가는 다양한 포맷의 디지털 원격탐사 영상을 주문할 수 있다. 가장 일반적인 포맷은 다음과 같다(그림 2-58).

- BIP(Band Interleaved by Pixel)
- BIL(Band Interleaved by Line)
- BSQ(Band Sequential)

이들 자료 포맷을 살펴보기 위해 육지와 수면의 경계면에서 단지 9개의 화소만을 갖는 가상의 원격탐사 자료를 생각해 보자(그림 2-58). 이 영상은 3개의 밴드로 구성되어 있다(밴드 1 = 녹색, 밴드 2 = 적색, 밴드 3 = 근적외선). 밝기값($BV_{i,j,k}$)의 행과 열, 그리고 밴드의 표시도 제공된다(그림 2-58a).

BIP 포맷

BIP 포맷은 데이터셋 안의 각각의 화소와 관련된 *n*개 밴드의 밝기값을 순차적으로 정렬한다[예 : 3개의 밴드를 포함한 자료의 경우 행렬의 첫 번째 화소 (1, 1)의 포맷은 1,1,1; 1,1,2; 1,1,3이다]. 그런 다음 화소 (1, 2)에 대한 밝기값이 위치하고(예 : 1,2,1; 1,2,2; 1,2,3), 이러한 반복이 계속된다. 파일의 끝(End-Of-File, EOF)을 알려 주는 기호는 데이터셋의 끝에 배치된다.

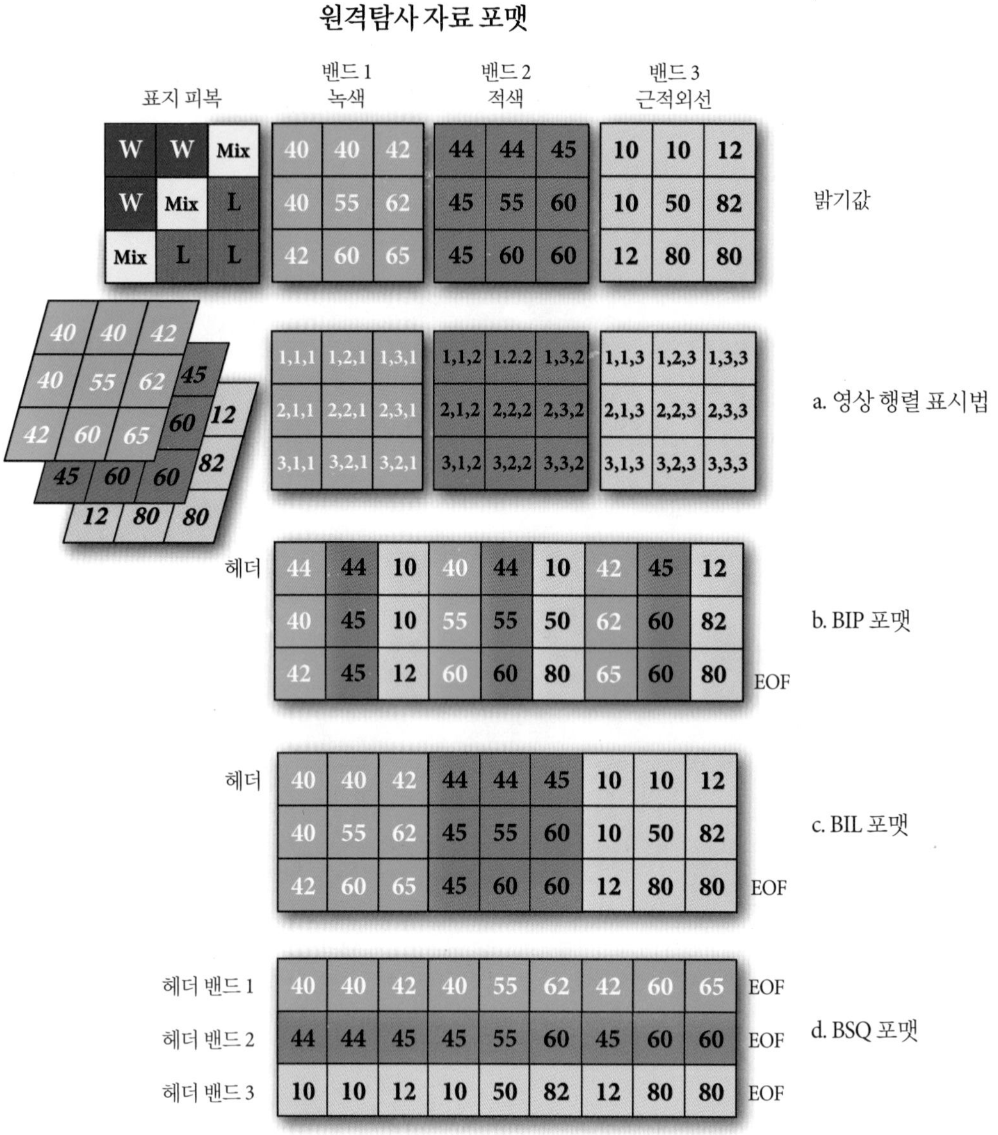

원격탐사 자료 포맷

표지 피복			밴드 1 녹색			밴드 2 적색			밴드 3 근적외선			
W	W	Mix	40	40	42	44	44	45	10	10	12	
W	Mix	L	40	55	62	45	55	60	10	50	82	밝기값
Mix	L	L	42	60	65	45	60	60	12	80	80	

밴드 1			밴드 2			밴드 3			
1,1,1	1,2,1	1,3,1	1,1,2	1.2.2	1,3,2	1,1,3	1,2,3	1,3,3	
2,1,1	2,2,1	2,3,1	2,1,2	2,2,2	2,3,2	2,1,3	2,2,3	2,3,3	a. 영상 행렬 표시법
3,1,1	3,2,1	3,2,1	3,1,2	3,2,2	3,3,2	3,1,3	3,2,3	3,3,3	

b. BIP 포맷

헤더									
44	44	10	40	44	10	42	45	12	
40	45	10	55	55	50	62	60	82	
42	45	12	60	60	80	65	60	80	EOF

c. BIL 포맷

헤더									
40	40	42	44	44	45	10	10	12	
40	55	62	45	55	60	10	50	82	
42	60	65	45	60	60	12	80	80	EOF

d. BSQ 포맷

헤더 밴드 1	40	40	42	40	55	62	42	60	65	EOF
헤더 밴드 2	44	44	45	45	55	60	45	60	60	EOF
헤더 밴드 3	10	10	12	10	50	82	12	80	80	EOF

그림 2-58 디지털 영상 자료 포맷

BIL 포맷

BIL 포맷은 데이터셋 안의 각각의 행과 관련된 n개 밴드의 밝기값을 순차적으로 정렬한다. 예를 들어, 데이터셋 안에 3개의 밴드가 있다면 첫 번째 밴드의 첫 번째 열 안에 있는 모든 화소를 배열하고, 다음에 두 번째 밴드의 첫 번째 열에 있는 화소를, 계속해서 세 번째 밴드의 첫 번째 열의 순으로 정렬된다. EOF는 데이터셋의 끝에 배치된다(그림 2-58c).

BSQ 포맷

BSQ 포맷은 각각의 밴드 안의 모든 개별적인 화소를 분리된 파일에 위치시킨다. 각각의 밴드는 고유한 시작 헤더 기록과 EOF 기호를 가진다(그림 2-58d).

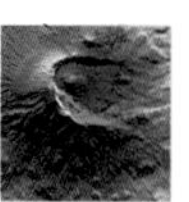

요약

일반인들과 과학자들은 영상이 어떻게 수집되는지 정확히 이해하고 난 다음에 원격탐사 자료의 디지털 영상처리 작업을 수행해야 한다. 이 장은 많은 중요한 디지털 원격탐사 시스템과 가장 빈번하게 사용되는 디지털 자료 포맷의 특성에 대한 정보를 제공한다.

참고문헌

Astrium, 2014, *Ecotechnology and Satellite Imagery*, Germany: Airbus Defense and Space, http://www.astriumgeo.com/.

Astrium Pleiades, 2014, *Pleiades Satellite Imagery*, Germany: Airbus Defense and Space, www.astrium-geo.com/pleiades/.

Astrium SPOT, 2014, *SPOT Satellite Imagery*, Germany: Airbus Defense and Space, www.astrium-geo.com/en/143-spot-satellite-imagery.

Astrium SPOT 6&7, 2014, *SPOT 6 and Spot 7 Imagery*, Germany: Airbus Defense and Space, www.astrium-geo.com/en/147-spot-6-7-satellite-imagery.

CNES Pleiades, 2014, *Pleiades: Dual Optical System for Metric Resolution Observations*, Paris: Centre National D'Etudes Spatiales, http://smsc.cnes.fr/PLEIADES/index.htm.

Digenis, C. J., 2005, "The EO-1 Mission and the Advanced Land Imager," *Lincoln Journal*, 15(2):161-164.

DigitalGlobe QuickBird, 2014, *QuickBird Specifications*, www.digitalglobe.com/sites/default/files/Basic%20Imagery%20Datasheet_0.pdf.

DigitalGlobe WorldView-1, 2014, *WorldView-1 Specifications*, www.digitalglobe.com/sites/default/files/BasicImagery-DS-BASIC-PROD.pdf.

DigitalGlobe WorldView-2, 2014, *WorldView-2 Specifications*, www.digitalglobe.com/sites/default/files/BasicImagery-DS-BASIC-PROD.pdf.

DigitalGlobe WorldView-3, 2014, *WorldView-3 Specifications*, www.digitalglobe.com/about-us/content-collection#worldview-3.

DMC, 2014a, *DMC SLIM-6*, Guildford, Surrey, UK: DMC International Imaging, www.dmcii.com.

DMC, 2014b, *NigeriaSat-2 Sensor & Data Characteristics*, Guildford, Surrey, UK: DMC International Imaging, www.dmcii.com.

Dykstra, J., 2012, "Comparison of Landsat and RapidEye Data for Change Monitoring Applications" presented at the *11th Annual Joint Agency Commercial Imagery Evaluation (JACIE) Workshop*, Fairfax, VA, April 17-19, 32 p.

eoPortal KOMPSAT-5, 2015, *KOMPSAT-5*, https://directory.eoportal.org/web/eoportal/satellite-missions/k/kompsat-5.

ESA CEOS, 2014, *Earth Observation Handbook*, www.eohandbook.com.

ESA GMES Sentinel-2, 2014, *GMES Sentinel-2 Mission Requirements Document*, European Space Agency, http://esamultimedia.esa.int/docs/GMES/Sentinel-2_MRD.pdf.

ESA Sentinel-2, 2014, *Sentinel-2*, European Space Agency, https://earth.esa.int/web/guest/missions/esa-future-missions/sentinel-2.

Gasparovic, R. F., 2003, *Ocean Remote Sensing Program*, Johns Hopkins University Applied Physics Laboratory, http://fermi.jhuapl.edu/avhrr/index.html.

GeoEye, 2014, *GeoEye*, www.digitalglobe.com/sites/default/files/Standard%20Imagery%20Datasheet_0.pdf.

Glavich, T., Green, R. O., Hook, S. J., Middleton, B., Rogez, F., and S. Ungar, 2009, *HyspIRI Decadal Survey Mission Development Status*, Washington: Decadal Survey Symposium, February 11-12, 39 p.

Gleason, J., Butler, J., and N. C. Hsu, 2010, *NPP/VIIRS: Status and Expected Science Capability*, Greenbelt: NASA Goddard Space Flight Center, http://modis.gsfc.nasa.gov/sci_team/meetings/201001/presentations/plenary/gleason.pdf.

HyVista HyMAP, 2014, *HyMap*, Sydney: HyVista, Inc., www.hyvista.com.

ImageSat EROS, 2014, *ImageSat International: EROS A and B*, www.imagesatintl.com.

Irons, J. R., Dwyer, J. L., and J. A. Barsi, 2012, "The Next Landsat satellite: The Landsat Data Continuity Mission," *Remote Sensing of the Environment*, 122(2012):11-21.

ISRO IRS-1C, 2014, *IRS-1C*, India: National Remote Sensing Agency, http://www.isro.org/satellites/irs-1c.aspx.

ISRO IRS-1D, 2014, *IRS-1D*, India: National Remote Sensing Agency, http://www.isro.org/satellites/irs-1d.aspx.

ISRO CARTOSAT-1, 2014, *CARTOSAT-1*, India: National Remote Sensing Agency, http://www.isro.org/satellites/earthobservationsatellites.aspx.

ISRO CARTOSAT-2B, 2014, *CARTOSAT-2B*, Bangalore, India: Indian Space Research Organization, www.isro.gov.in/satellites/earthobservationsatellites.aspx.

ISRO RESOURCESAT-1, 2014, *RESOURCESAT-1*, India: National Remote Sensing Agency, http://www.isro.org/satellites/earthobservationsatellites.aspx.

ISRO RESOURCESAT-2, 2014, *RESOURCESAT-2*, India: National Remote Sensing Agency, http://www.isro.org/satellites/earthobservationsatellites.aspx.

ITRES CASI-1500, 2014, *CASI-1500*, Canada: ITRES Research Ltd., www.itres.com.

ITRES MASI-600, 2014, *MASI-600*, Canada: ITRES Research Ltd., www.itres.com.

ITRES SASI-600, 2014, *SASI-600*, Canada: ITRES Research Ltd., www.itres.com.

ITRES TASI-600, 2014, *TASI-600*, Canada: ITRES Research Ltd., www.itres.com.

Jensen, J. R. and R. R. Jensen, 2013, *Introductory Geographic Information Systems*, Boston: Pearson, 400 p.

Jensen, J. R., Guptill, S. and D. Cowen, 2012, *Change Detection Technology Evaluation*, Bethesda: U.S. Bureau of the Census, Task 2007, FY2012 Report, 232 pages without appendices.

Kodak, 2001, *Press Release: NASA to Launch Kodak Professional DCS 760 Digital Camera on Mission to International Space Station*, www.kodak.com/US/en/corp/pressReleases/pr200106 26-01.shtml.

Leica ADS80, 2014, *ADS80: Airborne Data Sensor,* Heerbrugg, Switzerland,

Leica Geosystems Ag, www.leica-geosystems.us/en/Airborne-Imaging_86816.htm.

Leica RCD30, 2014, *Leica RCD30 Series*, Heerbrugg, Switzerland, Leica Geosystems Ag, www.leica-geosystems.us/en/Airborne-Imaging_86816.htm.

Leica Z/1, 2014, *Z/1 Imaging DMC*, Heerbrugg, Switzerland, Leica Geosystems Ag, www.ziimaging.com/en/zi-dmc-iiecamera-series_20.htm.

Light, D. L., 1993, "The National Aerial Photography Program as a Geographic Information System Resource," *Photogrammetric Engineering & Remote Sensing*, 48(1):61-65.

Light, D. L., 1996, "Film Cameras or Digital Sensors? The Challenge Ahead for Aerial Imaging," *Photogrammetric Engineering & Remote Sensing*, 62(3):285-291.

Light, D. L., 2001, "An Airborne Direct Digital Imaging System," *Photogrammetric Engineering & Remote Sensing*, 67(11):1299-1305.

Loveland, T. R. and J. W. Dwyer, 2012, "Landsat: Building A Strong Future," *Remote Sensing of Environment*, 122(2012):22-29.

Lulla, K. and L. Dessinov, 2000, *Dynamic Earth Environments: Remote Sensing Observations from Shuttle-Mir Missions*, New York: John Wiley & Sons, 268 p.

Markham, B., 2011, *Landsat Data Continuity Mission Overview*, Greenbelt: GSFC, http://calval.cr.usgs.gov/JACIE_files/JACIE11/Presentations/TuePM 310_Markham_JACIE_11.080.pdf

Mendenhall, J. A., Bruce, C. F., Digenis, C. J., Hearn, D. R., and D. E. Lencioni, 2012, *Advanced Land Imagery Summary*, Lexington: MIT Lincoln Lab, http://eo1.gsfc.nasa.gov/new/validationreport/Technology/Documents/Summaries/01-ALI_Rev_0.pdf.

Microsoft UltraCam, 2014, *UltraCam* Eagle, Graz Austria: Microsoft Photogrammetry Division, www.iflyultracam.com.

NASA ASTER, 2014a, *ASTER Home Page*, Washington: NASA, http://asterweb.jpl.nasa.gov/.

NASA ASTER, 2014b, *Requesting New ASTER Acquisitions*, Washington: NASA, http://asterweb.jpl.nasa.gov/NewReq.asp.

NASA AVIRIS, 2014, *Airborne Visible/Infrared Imaging Spectrometer - AVIRIS*, Pasadena: NASA Jet Propulsion Laboratory, http://asterweb.jpl.nasa.gov/NewReq.asp.

NASA EO-1, 2014, *Earth Observing-1*, Washington: NASA, http://eo1.gsfc.nasa.gov/

NASA HyspIRI, 2014, *Hyperspectral Infrared Imagery (HyspIRI) Mission Study*, Washington: NASA, http://hyspiri.jpl.nasa.gov/.

NASA Landsat 7, 2014, *Landsat 7*, http://landsat.gsfc.nasa.gov/.

NASA MISR, 2014, *Multiangle Imaging Spectrometer*, http://www-misr.jpl.nasa.gov/.

NASA MODIS, 2014, *Moderate Resolution Imaging Spectrometer*, http://modis.gsfc.nasa.gov/.

NASA NPOESS, 2014, *National Polar Orbiting Operational Environmental Satellite System*, http://science.nasa.gov/missions/npoes/.

NASA NPP, 2011, *NPOESS Preparatory Project – Building a Bridge to a New Era of Earth Observations*, Washington: NASA, 20 p.

NASA/Orbimage SeaWiFS, 2014, *Sea-viewing Wide Field-of-view Sensor*, http://oceancolor.gsfc.nasa.gov/SeaWiFS/.

NASA Shuttle Photography, 2014, *NASA Space Shuttle Earth Observation Photography*, http://spaceflight.nasa.gov/gallery/images/shuttle/index.html.

NASA VIIRS, 2014, *Visible/Infrared Imager/Radiometer Suite*, http://npp.gsfc.nasa.gov/viirs.html.

NOAA AVHRR, 2014, *Advanced Very High Resolution Radiometer*, http://noaasis.noaa.gov/NOAASIS/ml/avhrr.html.

NOAA GOES, 2014, *Geostationary Operational Environmental Satellite*, http://www.oso.noaa.gov/goes/.

NOAA GVI, 2014, *NOAA Global Vegetation Index User's Guide*, www.ncdc.noaa.gov/oa/pod-guide/ncdc/docs/gviug/index.htm.

Pictometry ChangeFindr, 2014, *Pictometry ChangeFindr Reports*, NY: Pictometry International, Inc., http://www.pictometry.com.

Pictometry International, 2014, *ChangeFindr*, NY: Pictometry International, Inc., http://www.pictometry.com.

Puglia, S., Reed, J., and E. Rhodes, 2004, *Technical Guidelines for Digitizing Archival Materials for Electronic Access: Creation of Production Master Files – Raster Images: For the Following Record Types – Textual, Graphic Illustrations/Artwork/Originals, Maps, Plans, Oversized, Photographs, Aerial Photographs, and Objects/Artifacts*, Washington: National Archives and Records Administration, 87 p. http://www.archives.gov/preservation/technical/guidelines.pdf.

Raber, S., 2012, "Photo Science Teams with RapidEye forming an International Geospatial Partnership," Lexington, KY: Photo Science, www.sraber@photoscience.com.

RapidEye, 2014, *RapidEye High Resolution Satellite Imagery*, Brandenburg an der Havel, Germany: RapidEye, Inc., www.rapideye.net.

Solomonson, V., 1984, "Landsat 4 and 5 Status and Results from Thematic Mapper Data Analyses," *Proceedings, Machine Processing of Remotely Sensed Data*, W. Lafayette, IN: Lab for the Applications of Remote Sensing, 13-18.

SPOT Image, 2014, *SPOT 1 to SPOT 5*, Paris: Airbus Defense and Space, http://www.astrium-geo.com/en/4388-spot-1-to-spot-5-satellite-images.

SPOT Payload, 2014, *SPOT 6 and SPOT 7 Satellite Imagery*, Paris: Airbus Defense and Space, http://www.astriumgeo.com/en/147-spot-6-7-satellite-imagery.

USGS AVHRR, 2014, *AVHRR Spectral Channels, Resolution, and Primary Uses*, http://ivm.cr.usgs.gov/tables.php.

USGS Global Landcover, 2014, *Global Landcover*, http://landcover.usgs.gov/glcc/index.php.

USGS, 2010, *Landsat Data Continuity Mission Fact*, # Fact Sheet 2007-3093 Revised June, 2010, Reston: U.S. Geological Survey, 4 p.

USGS, 2013, *Acquiring Commercial Satellite Imagery from the National Geospatial-Intelligence Agency through the U.S. Geological Survey*, Washington: U.S. Geological Survey and Civil Applications Committee, February, 7 p.

Vane, G. and A. F. H. Goetz, 1993, "Terrestrial Imaging Spectrometry: Current Status, Future Trends," *Remote Sensing of Environment*, 44:117-126.

Wiechert, A., 2009a, "BING maps – A Virtual World," *Photogrammetric Week*, 2009, Berlin: Vexcel Imaging GmbH, 79 p.

Wiechert, A., 2009b, "Photogrammetry Versus LiDAR: Clearing the Air," *Photogrammetric Week*, 2009, July 22, Berlin: Vexcel Imaging GmbH, 79 p.

3 디지털 영상처리 하드웨어와 소프트웨어

아날로그(하드카피)와 디지털 원격탐사 자료는 지구과학, 사회과학, 그리고 계획 분야에서 조직적으로 사용되어 왔다(예 : Jensen and Jensen, 2013). 9×9in. 해상도의 양화 항공사진과 같은 아날로그 원격탐사 자료는 기본적인 영상판독 아날로그 요소들(예 : 크기, 모양, 그림자)과 입체경(stereoscopes) 및 확대전송경(zoom-transfer-scopes)과 같은 광학기구들을 이용하여 분석된다. 디지털 원격탐사 자료는 컴퓨터 하드웨어와 전문적인 영상처리 소프트웨어로 구성된 디지털 영상처리 시스템을 이용하여 분석된다.

개관

이 장은 컴퓨터의 종류, 중앙처리장치(CPU), 주기억장치(RAM)와 전용 기억장치(ROM), 대용량 저장장치, 자료 보관 고려사항, 비디오 고해상도 및 초분광, 입출력 장치 등을 포함하는 디지털 영상처리 컴퓨터 하드웨어의 특징들을 살펴보며 시작한다. 전형적인 디지털 영상처리 연구실과 연관된 하드웨어를 다룰 것이다.

고급 디지털 영상처리 소프트웨어는 성공적인 디지털 영상처리에 필수적이다. 소프트웨어는 사용하기 쉽고 실용적이어야 한다. 가장 중요한 디지털 영상처리 시스템을 소개하고, 그 후 가장 많이 사용되는 디지털 영상처리 시스템을 그 실용적인 장점들과 함께 살펴본다. 영상처리 시스템 비용 제약 조건들에 대해서도 소개한다.

고급 디지털 영상처리 소프트웨어는 아주 중요한 기능들을 갖고 있다. 하지만 기본적인 영상처리 소프트웨어에서는 불가능한 몇몇 종류의 공간 분석을 해야 할 때가 있다. 이때는 숙련된 디지털 영상처리 전문가가 기본적인 영상처리 소프트웨어에서 작동하는 새로운 공간정보 코드를 프로그래밍할 수 있을 것이다. 사용자에게 사용자 지정 디지털 영상처리 응용 프로그램을 스스로 만들 수 있게 하는 디지털 영상처리 소프트웨어도 제시한다.

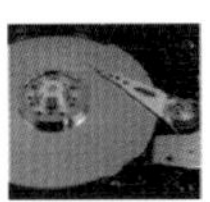

디지털 영상처리 하드웨어 고려사항

디지털 원격탐사 자료를 성공적으로 처리하기 위해서는 체계적인 전문분야(예 : 산림학/측지학, 농학, 도시계획학, 지리학, 지질학, 해양학)를 공부하고 지리정보과학 분야(지도학, 원격탐사, GIS)에도 상당한 지식을 갖춘 사람을 고용해야 할 것이다. 그들은 원격탐사 자료수집 시스템의 이론적인 기초와 다양한 디지털 영상처리(그리고 GIS) 알고리듬에 대해서 이해하고 있어야 하며, 그 기술을 자신들의 구체적인 지식체계 분야에 어떻게 적절히 사용하는지에 대해서도 이해하고 있어야 한다. 디지털 영상처리가 얼마나 유용할 것인지는 사용하고 있는 하드웨어나 소프트웨어가 아니라 분석가들의 자질과 창조성에 좌우된다.

일반적으로 적절한 디지털 영상처리 시스템의 특성은 다음과 같다.

- 합리적인 학습곡선을 가지고 있으며, 사용하기에 비교적 쉬운 시스템
- 정확한 결과를 산출하는 시스템(이상적으로 소프트웨어 판매자는 ISO 인증을 가지고 있어야 함)
- 적절한 포맷으로 결과를 산출하는 시스템(예 : 대부분의 GIS와 호환 가능한 표준지도 투영법에 기초한 자료 구조를 가진 지도)
- 담당 부서 예산 내의 비용으로 운영 가능한 시스템

표 3-1은 디지털 영상처리 시스템을 선택할 때 고려해야 하는 주요 요소들을 요약하고 있다.

표 3-1 디지털 영상처리 시스템을 선택할 때 고려 요소

디지털 영상처리 시스템 고려사항
• 컴퓨터 중앙처리장치(CPU)의 수와 속도 • 운영체제(예 : Microsoft Windows, UNIX, Linux, Apple) • 주기억장치(RAM), 비디오 RAM과 그래픽 프로세서의 크기 • 동시에 시스템을 사용하는 분석가 수와 운영 모드(예 : 쌍방향 혹은 일괄처리) • 직렬 및/혹은 병렬 처리 기능 • 산술 보조 프로세서 혹은 배열 프로세서 • 소프트웨어 컴파일러 • 대용량 저장장치의 종류(예 : 하드디스크, CD, DVD, 플래시 드라이브)와 크기(예 : 기가바이트) • 모니터 해상도(예 : 1024×768화소) • 모니터 컬러해상도(예 : 24비트의 영상처리 비디오 메모리는 1,670만 개의 컬러를 표현함) • 입력장치(예 : 광역학 드럼형 및 평상형 스캐너, 면형배열 스캐너) • 출력장치(예 : CD, DVD, 필름 편집기, 잉크젯 프린터, 염료승화 프린터) • 네트워크(예 : 로컬영역, 광영역, 인터넷) • 영상처리 소프트웨어(예 : ERDAS Imagine, ENVI, PCI Geomatica, ER MAPPER, IDRISI, Esri Image Analyst, eCognition, TNTmips, VIPER) • 주요 GIS 소프트웨어와의 호환성

중앙처리장치 고려사항

대부분의 지구 자원 분석 및 계획 프로젝트에서는 넓은 지역을 조사하고 모니터링해야 하므로 연구지역의 원격탐사 자료를 이용하는 것이 일반적이다. 유감스럽게도, 원격탐사 시스템에 의해 생성된 디지털 자료의 용량은 실로 어마어마할 수 있다. 예를 들어, 185×170km 영역에 해당하는 Landsat 5 TM 영상은 30×30m의 공간해상도(열밴드는 120×120m이지만, 30×30m로 재배열되었다는 가정하에)로 기록된 7개의 밴드로 구성되어 있고, 파일 크기는 대략 244Mb(5,666열×6,166행×7밴드/1,000,000＝244Mb)에 달한다. 변화탐지에 대한 연구는 여러 날의 원격탐사 자료를 필요로 한다(Canty, 2014).

더군다나 많은 공공기관과 지구 자원을 연구하는 과학자들은 현재 고해상도 및 초분광 원격탐사 자료를 이용하고 있다. 예를 들어, GeoEye사의 IKONOS-2 영상은 전정색 영상 하나(11×11km, 1×1m 공간해상도)만 121Mb에 달한다(8비트 화소라는 가정하에 11,000×11,000/1,000,000). 512×512화소를 가지고 있는 AVIRIS 초분광 영상(12비트 형태의 224개 밴드로 구성)은 88.1Mb에 달한다(512×512×1.5×224/1,000,000). 이처럼 고용량의 원격탐사 데이터셋을 처리하는 것은 상당히 많은 계산을 필요로 한다. 계산 및 처리가 얼마나 빠른지와 그에 따른 정밀도가 어느 정도인지는 선택된 컴퓨터의 종류에 따라 다르다.

중앙처리장치의 역사와 능률 측정

중앙처리장치(Central Processing Unit, CPU)는 컴퓨터에서 계산을 담당하는 부분이다. CPU는 제어장치와 산술논리장치로 구성되어 있다. CPU는

- 정수 및 부동소수점의 계산을 수행하고,
- 대용량 저장장치, 컬러 모니터, 스캐너, 플로터 등으로부터의 입출력을 명령한다.

CPU의 효율성은 다음 사항에 의해 측정할 수 있다.

- 1초 동안 처리할 수 있는 사이클의 수. 예를 들어 3.7GHz는 CPU가 대략 1초에 37억 사이클을 수행할 수 있다는 의미
- 1초마다 몇백만 번의 명령을 수행할 수 있는지(MIPS). 예를 들어 500MIPS
- CPU에 의해 사용된 트랜지스터의 수

MIPS는 CPU 구조와는 다르다. 사실 MacNeil(2004)은 MIPS를 "처리 속도의 인식 오류 표시기(misleading indicator of processor speed)"라고 명명해야 한다고 제안하였다. 현재 CPU의 속도를 측정하는 가장 신뢰할 수 있는 측정 방법은 CPU와 연결된 트

표 3-2 개인용 컴퓨터에 사용되는 Intel사 중앙처리장치의 개발 역사(Intel, 2014)

중앙처리장치 (개발된 날짜)	속도 (KHz, MHz, GHz)	트랜지스터	제조 기술 (μm, nm)	의의
4004 (1971)	108 KHz	2,300	10 μm	첫 번째 마이크로컴퓨터 칩
8008 (1972)	500~800 KHz	3,500	10 μm	4004보다 2배 강력
8080 (1974)	2 MHz	4,500	6 μm	비디오 게임을 만들고 집에서 컴퓨터를 사용할 수 있게 함
8086 (1978)	5 MHz	29,000	3 μm	첫 16비트 프로세서
8088 (1979)	5 MHz	29,000	3 μm	처음으로 IBM PC를 사용
286 (1982)	6 MHz	134,000	1.5 μm	8086의 3~6배 수행능력
386 (1985)	16 MHz	275,000	1.5 μm	처음으로 32비트 자료 처리, 한 번에 다수의 프로그램 가동 가능
486 (1989)	25 MHz	120만	1 μm	첫 완전한 부동소수점 장치
펜티엄 (1993)	66 MHz	310만	0.8 μm	말을 하고 소리를 낼 수 있음
펜티엄 II (1997)	300 MHz	750만	0.25 μm	MMX 미디어 개선
펜티엄 III (1999)	500 MHz	950만	0.18 μm	저전력(절전) 상태가 에너지 보존에 도움
펜티엄 IV (2000)	1.5 GHz	4,200만	0.18 μm	나노 기술 시대의 도래
펜티엄 M (2002)	1.7 GHz	5,500만	90 nm	혁신적인 휴대용 컴퓨팅
펜티엄 D (2005)	3.2 GHz	2억 9,100만	65 nm	첫 데스크톱 듀얼 코어 프로세서
쿼드 코어 Xeon (2007)	3.0 GHz	8억 2,000만	45 nm	마이크로 구조 개선
3세대, 4세대 코어 (2013~2014)	3~4 GHz	>14억	22 nm	하이퍼 스레딩 기술

랜지스터의 수를 측정하는 것이다.

오늘날 디지털 영상처리를 위해 일상적으로 사용되고 있는 컴퓨터의 품질을 평가하기 위해서는 중앙처리장치의 역사를 간략히 살펴보고 그 특성을 검토할 필요가 있다. 최초의 컴퓨터는 ENIAC이다. 이것은 1946년에 발명되었으며 무게가 대략 30톤에 달했다. 1968년에는 전 세계에 30,000대 정도의 컴퓨터밖에 없었고, 이들은 대부분 전체 방을 다 차지하는 메인프레임과 냉장고 크기만 한 소형 컴퓨터로 구성되었고, 컴퓨터는 천공 카드를 이용하여 프로그래밍되었다. 이러한 상황은 Fairchild Semiconductor사에서 일하던 일부 사람들이 나와 자신들의 회사인 Intel사를 차리면서 변하였다.

1969년에 Nippon Calculating Machine Corporation은 Intel사에 새로운 Busicom 프린팅 계산기를 위한 컴퓨터 칩을 개발해 달라고 요청하였다. Intel사는 MCS-4라고 불리는 4개의 칩을 개발하였다. 이 칩에는 CPU 칩(4004)뿐 아니라 사용자 지정 응용 프로그램을 위한 ROM 칩, 자료 처리를 위한 RAM 칩과 입출력 포트를 위한 시프트 레지스터도 포함된다. 그 후 Intel은 Nippon Calculating Machine Corporation에서 저작권을 사고, 1971년 11월 15일에 Intel® 4004 프로세서와 그 칩셋을 *Electronic News*에서 이슈가 된 광고와 함께 선보였다(표 3-2). Intel® 4004는 시장에 처음으로 나온, 프로그램을 만들 수 있는 일반용 CPU — 공학자들이 구매해서 광범위한 전자 장치들에서 서로 다른 기능을 수행하도록 소프트웨어를 맞춤화할 수 있는 '빌딩 블록(building block)'이었다(Intel, 2014).

Gordon Moore는 Intel사의 설립자 중 한 사람이다. 이미 1965년 4월 19일에 그는 반도체 산업에 대한 예측에 대한 기사를 *Electronics Magazine*에 게재하였다. 그는 새로운 칩이 이전 칩보다 대략적으로 2배에 해당하는 용량이라는 것과 18~24개월마다 새로운 칩이 등장한다는 것을 발견하였다. 그는 만약 이러한 추세가 계속된다면, 계산능력은 비교적 짧은 기간 동안 지수함수적으로 향상될 것으로 생각했다. **Moore의 법칙**(Moore's law)은 이러한 추세를 설명하고 있으며, 현재까지도 놀랄 정도로 정확하다. 예를 들어 표 3-2에 나열된 1971년부터 2012년까지의 Intel 칩에 들어 있는 많은 트랜지스터들은 2,300개에서 14억 개의 범위를 갖는다(그림 3-1a). 같은 정보를 로그함수로 나타내 주면 그림 3-1b에는 직선에 가까운 선형의 모양으로 그려

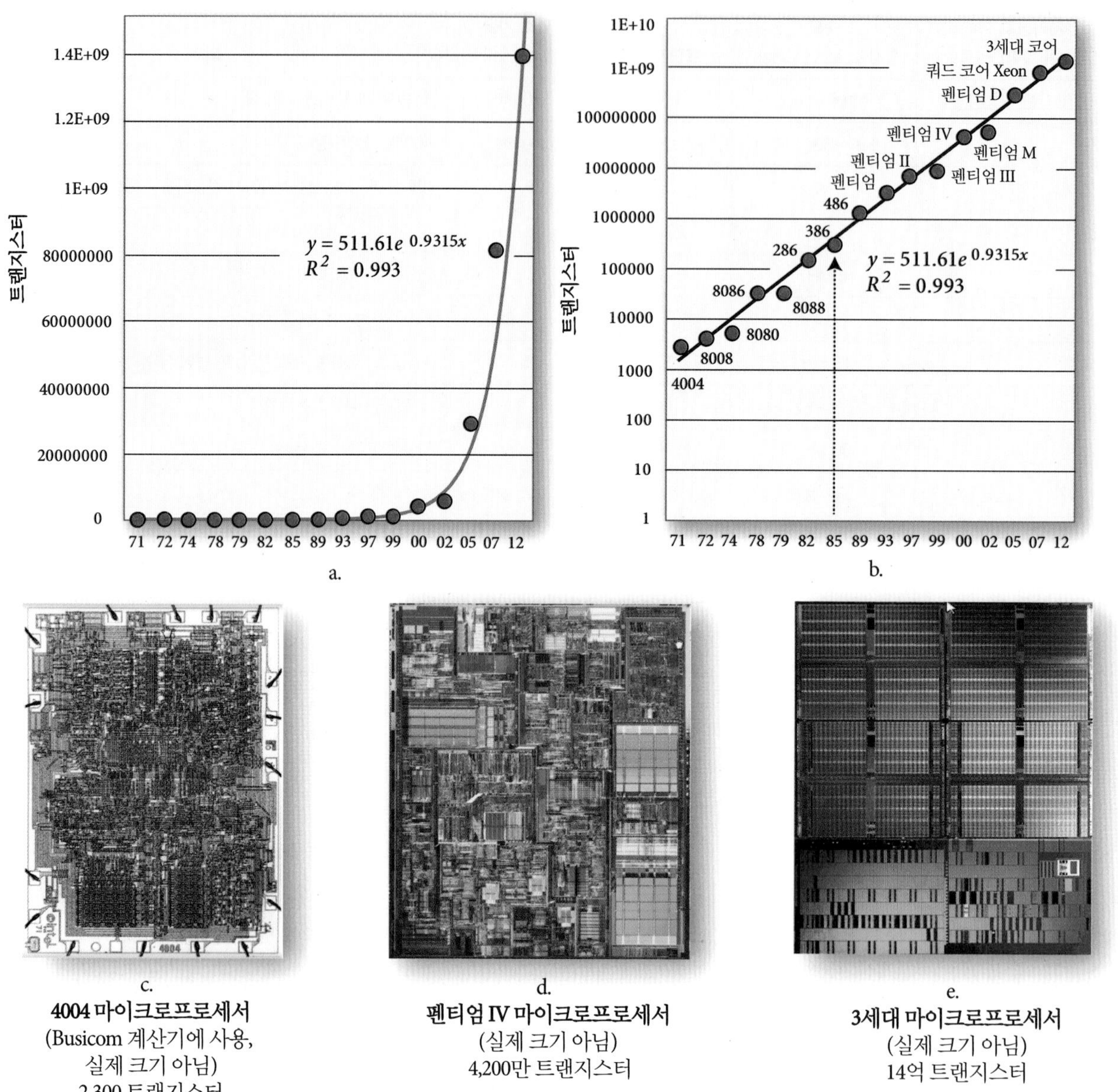

그림 3-1 Moore의 법칙은 컴퓨터 칩의 용량(예 : 트랜지스터 수)과 18~24개월의 칩 개발주기 사이의 관계를 제시하고 있다. a, b) Intel 마이크로프로세서의 트랜지스터 수가 실수 및 지수로 표현되어 있다. c) 1971년에 개발된 108KHz 4004 Intel 칩은 2,300개의 트랜지스터를 가지고 있다. d) 2000년에 개발된 1.5GHz 펜티엄 IV는 4,200만 개의 트랜지스터를 가지고 있다. e) 3.7GHz 3세대 프로세서는 14억 개의 트랜지스터를 갖고 있다(정보 제공 : Intel, 2014). Intel 사가 컴퓨터 칩만 제조하는 것이 아니라는 것을 염두에 두어야 한다.

진다. 4004, 펜티엄 IV와 3세대 CPU의 사진은 그림 3-1c~e에서 보여 준다.

많은 PC, 워크스테이션과 특히 메인프레임 컴퓨터들은 다중 CPU를 갖고 있다. 단일 CPU는 직렬로만 작동하는 반면에 다중 CPU는 이를 병렬 처리 기능이 대체할 수 있도록 해 주었다. 운영체제와 GIS 소프트웨어는 일부 CPU에 다른 작업을 분배할 수 있도록 해 주어 처리 속도를 크게 증가시켜 주었다.

컴퓨터의 종류

모든 디지털 영상처리 시스템 소프트웨어 판매원은 사용자가 사용할 소프트웨어를 작동시키는 최소한의 시스템 요구사항을 정리해 준다. 우리는 그것들이 최소한의 사양이라는 것을 명심

개인용 컴퓨터는 디지털 영상처리와 GIS 분석에 이상적이다

그림 3-2 개인용 컴퓨터와 컴퓨터 워크스테이션은 디지털 영상처리와 GIS 분석에 쓰이는 것이 이상적일 것이다. 이 예시에서 몇몇 큰 빌딩(빨간색으로 표시)의 윤곽(그리고 면적)은 자연색 정사사진에서 추출되었다(자료 제공 : 미국 유타 주).

해야 한다. 최소사양 이상의 부품을 갖고 있는 컴퓨터는 일반적으로 디지털 영상처리를 작업할 때 더 유용하고 효과적일 것이다. 만약 컴퓨터가 디지털 영상처리 소프트웨어를 위한 최소한의 하드웨어만 갖고 있다면 소프트웨어는 느리게 돌아갈 것이고 운영체제의 자원들을 모두 차지하게 될 것이다. 이는 특히 다른 프로그램(예 : 워드 프로세서, 그래픽 프로그램, 인터넷 브라우저)과 동시에 디지털 영상처리 소프트웨어 작업을 하는 '다중 작업자'에게 특히 문제가 될 수 있다.

디지털 영상처리에 사용되는 컴퓨터는 세 가지 메인 카테고리로 분류할 수 있다 — 개인용 컴퓨터(PC), 컴퓨터 워크스테이션, 그리고 메인프레임 컴퓨터.

개인용 컴퓨터

개인용 컴퓨터(Personal Computer, PC)는 디지털 영상처리 산업에서 아주 활발히 활용된다(그림 3-2). 여기에는 데스크톱, 노트북, 태블릿과 같이 상대적으로 저렴한 컴퓨터들이 포함된다. 현재 대부분의 PC는 다중 CPU와 함께 출시된다. **다중 코어 프로세서**(multi-core processor)는 프로그램 명령을 읽고 수행하는 2개 또는 그 이상의 독립된 중앙처리장치[**코어**(core)]를 갖고 있는 단일 컴퓨팅 컴포넌트이다. CPU는 본래 단 하나의 코어로 개발되었다. 듀얼 코어 프로세서는 2개의 코어를(예 : Intel Core Duo), 쿼드 코어 프로세서는 4개의 코어를(예 : Intel 쿼드 코어 *i7*), 헥사 코어 프로세서는 6개의 코어를(예 : Intel Core *i7* Extreme Edition), 옥타 코어 프로세서는 8개의 코어 등등을 갖고 있다.

현재 PC는 더 빠른 시계 속도와 수십억 개의 트랜지스터를 갖고 있고, 과거에 8비트 레지스터를 사용하던 것에 비해 64비트 레지스터를 사용하기 때문에 전에 비해 명령을 더욱 빠르게 수행할 수 있다. 회사와 연관된 수많은 디지털 영상처리는 적은 초기비용과 저렴한 유지비용 덕분에 그들의 고용주들에게 고사양 PC들을 제공해 준다. 흥미롭게도 디지털 영상처리 분석을 위한 좋은 PC는 항상 2,500달러 이하로 판매된다. 이상적으로 컴퓨터는 8기가 이상의 RAM과 1TB 이상의 큰 하드디스크, DVD-RW, 정확한 그래픽 입력 장치(예 : 커서), 그리고 좋은 그래픽 디스플레이 시스템(모니터와 비디오 카드)을 갖고 있어야 한다. PC에 알맞게 보통 사용하기 위해서 Microsoft Windows 제품(예 : Windows 8), UNIX, Linux와 Apple Macintosh 운영체제를 사용해야 한다. 이 운영체제들은 컴퓨터가 네트워크를 활성화시키고 인터넷에 접속할 수 있게 해 준다.

컴퓨터 워크스테이션

컴퓨터 워크스테이션(computer workstation)은 보통 더 강력한 프로세서, 더 큰 RAM, 더 큰 하드디스크, 그리고 매우 높은 질의 그래픽 디스플레이 수용능력을 갖고 있다. 이러한 상향된 요소들은 워크스테이션이 디지털 영상처리 분석을 개인용 컴퓨터보다 더 빠르게 수행할 수 있도록 도와준다. 하지만 워크스테이션의 비용은 개인용 컴퓨터의 비용보다 보통 2~3배 더 많이 든다. 가장 일반적인 워크스테이션 운영체제는 UNIX, Linux와 다양한 Microsoft Windows 제품들이다.

메인프레임 컴퓨터

메인프레임 컴퓨터(mainframe computer)는 PC나 워크스테이션보다 계산처리가 빠르고, 동시에 수백 명의 사용자들이 사용할 수 있다. 메인프레임 컴퓨터는 대부분 **슈퍼 컴퓨터**(super computer)로 불리는 수백 개의 CPU를 가지고 있다. 메인프레임은 중첩 분석, 대형 데이터베이스 연산과 래스터 렌더링과 같이 CPU의 성능에 의존하는 작업에 이상적이다. 메인프레임 처리에서 나온 결과물을 덜 집약적인 처리를 위해 PC나 워크스테이션으로 넘길 수 있다. 메인프레임 컴퓨터 시스템은 대체로 구입과 유지관리에 비용이 많이 든다. 또한 메인프레임 컴퓨터를 위한 디지털 영상처리 소프트웨어는 더 비싸다.

읽기전용 기억장치와 주기억장치

디지털 영상처리에 사용되는 컴퓨터는 **읽기전용 기억장치**(Read-Only Memory, ROM)와 **주기억장치**(Random-Access Memory, RAM)와 같이 반드시 고려해야 할 몇 가지 특징들이 있다. 컴퓨터는 교체해야 하는 배터리로부터 전원을 공급받기 때문에 컴퓨터를 종료한 뒤라 하더라도 ROM에 기본적인 정보가 저장된다. 컴퓨터를 켤 때 컴퓨터는 다양한 ROM 레지스터에 저장된 정보를 조사하고 진행하기 위해 이 정보를 사용한다. 대부분의 컴퓨터들은 높은 질의 디지털 영상처리를 수행하기 위하여 ROM을 가지고 있다.

RAM은 컴퓨터의 주요한 임시 작업공간이다. ROM과 달리 RAM에 저장된 데이터는 컴퓨터가 꺼지면 없어진다. 컴퓨터는 운영체제, 영상처리 응용 소프트웨어(프로그램)를 가동하고 공간정보를 처리하기 위해 충분한 RAM을 가지고 있어야만 한다. 이 때문에 RAM의 크기는 디지털 영상처리를 위한 컴퓨터를 판매할 때 가장 중요한 고려사항 중 하나이다. 디지털 영상처리를 위해 너무 큰 RAM을 갖기는 어렵겠지만 디지털 영상처리 응용을 위해 8기가 이상의 RAM을 사용해 보는 것이 좋다. 다행스럽게도 RAM의 크기와 속도는 계속 증가하는 반면 RAM 가격은 계속 감소하고 있다.

직렬 및 병렬 영상처리

대부분의 PC, 워크스테이션, 메인프레임 컴퓨터는 그림 3-3에서와 같이 동시에 작동하는 다중 CPU를 가지고 있다. 몇몇 고가의 병렬 슈퍼 컴퓨터는 수백 개 또는 수천 개의 코어를 갖고 있다(예 : IBM Blue Gene/Q). 특수 목적의 병렬 처리 소프트웨어를 사용하여 원격탐사 자료를 특정한 CPU(코어)에 할당하여 디지털 영상처리를 수행하도록 할 수 있다(예 : Sorokine, 2007). 이것은 자료를 직렬 처리하는 것보다 훨씬 더 효율적일 수 있다. 예를 들어, 전형적인 1,024열×1,024행의 위성영상 데이터셋에 대해 화소기반 분류를 수행한다고 생각해 보자(그림 3-3a). 첫 번째 예에서 각 화소는 각 화소에 연결된 분광 자료를 CPU로 보내면서 분류되고, 그 다음 화소로 진행되는데, 이것이 비효율적인 직렬 처리이다(그림 3-3a).

반대로 단 하나의 CPU 대신 1,024개의 분리된 CPU를 가지고 있다고 생각해 보자. 이런 경우에 하나의 열에 있는 1,024개의 화소 각각을 1,024개의 분리된 CPU에 보내어 분류할 수 있다(그림 3-3b). 만약 이것이 과정 중에 필요한 유일한 일이라면, 병렬 영상처리는 직렬 처리보다 대략 1,024배 빠르게 분류할 것이다. 또 다른 병렬 구성에서 1,024개의 CPU 각각은 데이터셋의 전체 열로 할당될 수 있다.

병렬 처리 방식이 디지털 영상처리의 효율을 높이는 데 만병통치약으로 보일지 모르지만, 병렬 컴퓨팅을 이용한 알고리듬의 잠재적 속도 증가는 **Amdahl의 법칙**(Amdahl's law; Amdahl, 1967)에 의하여 제한되었다. 만약 α가 작동 시간의 일부라면 프로그램은 비병렬(순차적 부분)에 시간을 소비하고, 병렬 코드를 이용한 프로세스(S)의 최대 속도는

$$S = \frac{1}{\alpha} \tag{3.1}$$

이다. 예를 들어 만약 프로그램의 비병렬(순차적) 부분이 작동 시간의 10%를 차지한다면 얼마나 많은 프로세서가 추가되었든 상관없이 속도를 10배 이상은 초과하여 낼 수 없다는 것이다. 이는 그림 3-3c에 나타나 있다.

$$S = \frac{1}{0.10} = 10\times$$

만약 프로그램의 비병렬(순차적) 부분이 작동 시간의 50%를 차지한다면 그림 3-3c에 나와 있듯이 얼마나 많은 프로세서가 추가되었든 상관없이 속도를 2배 이상 초과하여 낼 수 없다.

$$S = \frac{1}{0.50} = 2\times$$

흥미롭게도 병렬 처리를 수행하기 위해 모든 CPU가 같은 컴퓨터나, 심지어 같은 도시에 있지 않아도 된다. 네트워크를 통해 개별 컴퓨터 시스템을 연결하여 병렬 처리를 수행할 수도 있다. 이러한 형태의 병렬 처리는 정교한 분산형 처리 소프트웨어를 필요로 한다. 다중 CPU가 서로 방해하지 않고 효율적으로 프로그램의 각기 다른 부분을 실행하도록 하기 위해 프로그램을 분산시키기란 실제로 어렵다. 소프트웨어 공급자들은 끊임없이 다중 코어 병렬 구조의 장점을 가지는 디지털 영상처리 코드를 개발하는 데 힘을 쏟고 있다.

화소단위 분류 시 직렬 및 병렬
디지털 영상처리 비교

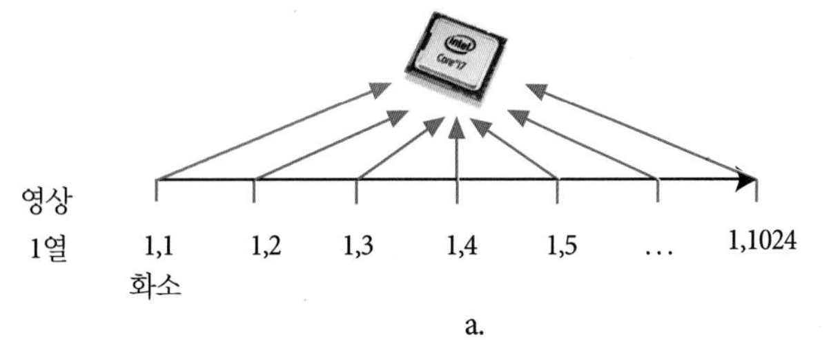

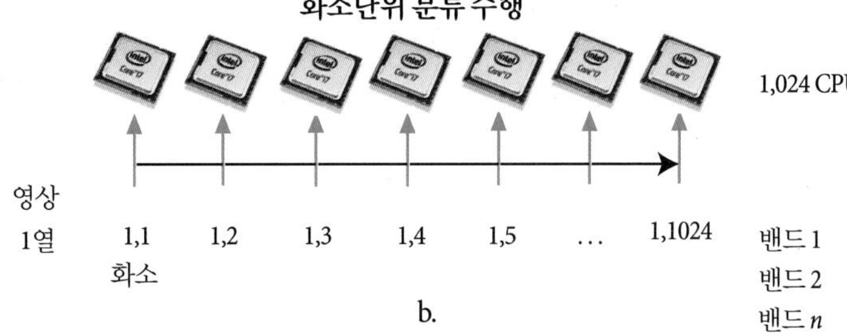

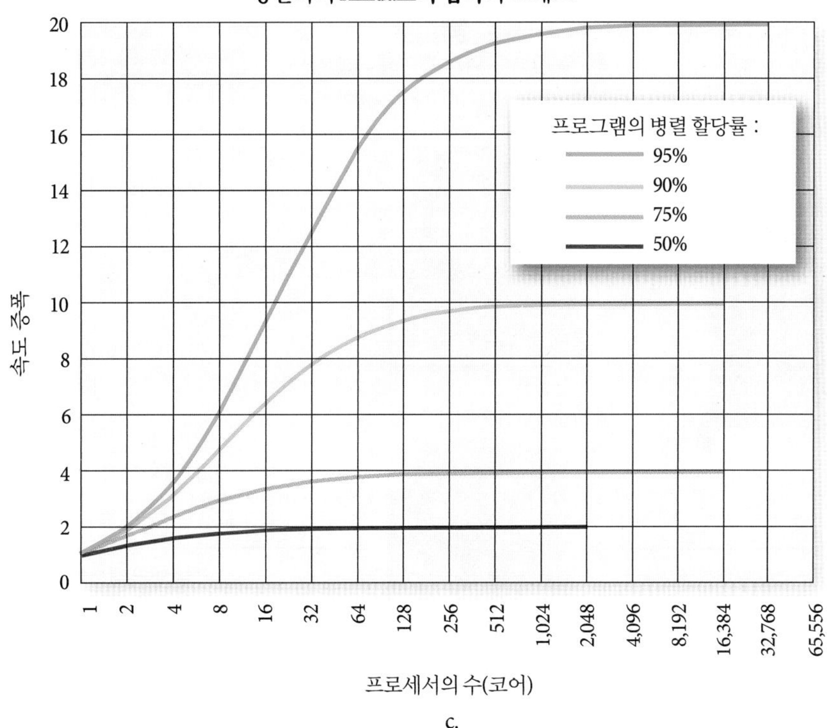

그림 3-3 직렬(a) 및 병렬(b) 영상처리를 이용한 디지털 영상 분류. 데이터 열은 1,024개의 화소를 갖고 있다. 직렬 처리 환경에서는 밴드별 각 열의 화소 각각이 단일 CPU를 이용하여 연속적으로 처리된다. 병렬처리 환경에서는 1,024개 CPU 각각이 1) 1,024개의 화소로 구성되어 있는 원격탐사 자료의 한 열의 개개 화소 혹은 2) 자료의 한 열 전체를 처리하도록 되어 있다. c) 컴퓨터 프로그램이 특정 비율(%)의 병렬 코드를 갖고 있을 때 예상되는 속도 증폭의 크기에 대한 Amdahl의 법칙의 그래프. 예를 들어 10%의 순차적 코드와 90% 병렬 코드를 갖고 있는 프로그램은 속도를 최대 10배까지 끌어올릴 수 있다.

그림 3-4 디지털 영상처리 연구실은 일반적으로 수많은 상당히 복잡한 PC들로 구성되어 있다. 이 예에서는 6개의 24비트 컬러 데스크탑 PC와 하나의 휴대용 컴퓨터(노트북), 그리고 하나의 서버가 있다. PC는 LAN을 통해 네트워크를 형성하고 인터넷을 통해 외부와 연결된다. 4GHz PC는 8GB 이상의 RAM과 1TB 이상의 하드디스크 공간, 그리고 CD/DVD와 블루레이 디스크를 탑재하고 있다. 영상처리 소프트웨어와 원격탐사 자료는 실행속도를 높이기 위해 각 PC마다 있거나, 각 PC에 필요한 대량 저장용량을 최소화하기 위해 서버로부터 제공된다. 스캐너, 프린터, 그리고 플로터가 디지털 원격탐사 자료를 입출력하는 데 필요하다.

대표적인 디지털 영상처리와 GIS 컴퓨터 연구실

그림 3-5 이 대표적인 디지털 영상처리와 GIS 컴퓨터 연구실은 512MB에서 1GB의 비디오 메모리, 커서, LAN과의 연결과 인터넷 연결을 포함하는 매우 빠른 CPU, 1TB 이상의 대용량 저장 장치, 고해상도 컴퓨터 화면(1,900×1,200)의 다중 고사양 PC로 구성되어 있다. 모든 컴퓨터는 컬러 레이저 프린터와 스캐너와 연결되어 있고 디지타이징 책상과 E-크기의 잉크젯 플로터와 같이 사진에 나타나 있지 않은 장치들과도 연결되어 있다. 디지털 오버헤드 프로젝터는 강사로 하여금 관심 주제를 학생들에게 보여 줄 수 있게 하고 실시간 GIS 분석을 수행할 수 있게 해 준다.

운영 및 사용자 인터페이스 방식

영상분석가는 대화식으로 또는 일괄 방식으로 원격탐사 자료를 처리할 수 있다. 이상적으로 일반적인 처리는 잘 만들어진 그래픽 사용자 인터페이스(GUI)를 이용한 대화식 환경에서 실행된다.

운영 방식

분석가는 일반적으로 가능한 한 반복적인 영상처리에 익숙해져 자신의 직관력을 끌어올림으로써 영상 이해와 과학적 시각화 능력을 증진시킨다. 이상적으로 모든 분석가가 그들 자신의 디지털 영상처리 시스템을 가지고 있어야 하나 비용 제약 때문에 항상 가능한 것은 아니다. 교육과 연구 환경에서 그림 3-4에 나와 있는 아주 정교한 PC나 워크스테이션 연구소 환경은 디지털 영상 작업을 하는 6~7명에게는 이상적일 것이나 많은(예 : 20명 이상) 분석가들이 사용해야 하는 교육이나 단기간 수업에는 아마도 비효율적일 것이다.

실제 디지털 영상처리와 GIS 컴퓨터 연구실은 그림 3-5에서 보여 준다. 이 연구실에는 여러 명의 사용자들이 공용 소스(예 : 자료 서버)에서 공간자료를 사용할 수 있도록 컴퓨터들이 근거리 통신망(LAN)으로 연결되어 있다. 모든 연구실 컴퓨터는 사용자들이 대학교 내부 또는 외부에서 효율적으로 지리 자료를 다운로드할 수 있게 하고, 다른 사람과 소통을 원활하게 하기 위해서 인터넷으로 연결되어 있다. 모든 컴퓨터는 고사양의 입력 장치(예 : 좌표 디지타이징 책상, 스캐너)와 출력 장치(예 : E-크기의 플로터, 컬러 레이저 프린터)와 연결되어 있다. 모든 컴퓨터는 5TB 이상의 대용량 저장 장치와 연결되어 있고, 중요한 파일들을 근거리 통신망으로 또는 공용 저장소에 백업할 수 있도록 되어 있다. 화이트보드는 작업을 나열하고 분석가들 사이에서 토론을 진행하기 위해 배치되어 있다. 디지털 오버헤드 프로젝터는 강사가 개념을 설명하고 영상처리를 쌍방으로 수행할 수 있도록 도와준다. 또한 디지털 영상처리를 인터넷으로 수행할 수 있고 '클라우드(cloud)'에 있는 데이터에 접근할 수도 있다.

대화식 그래픽 사용자 인터페이스

원격탐사 자료 분석을 위한 가장 과학적인 시각화 환경 중 하

ENVI 그래픽 사용자 인터페이스(GUI)

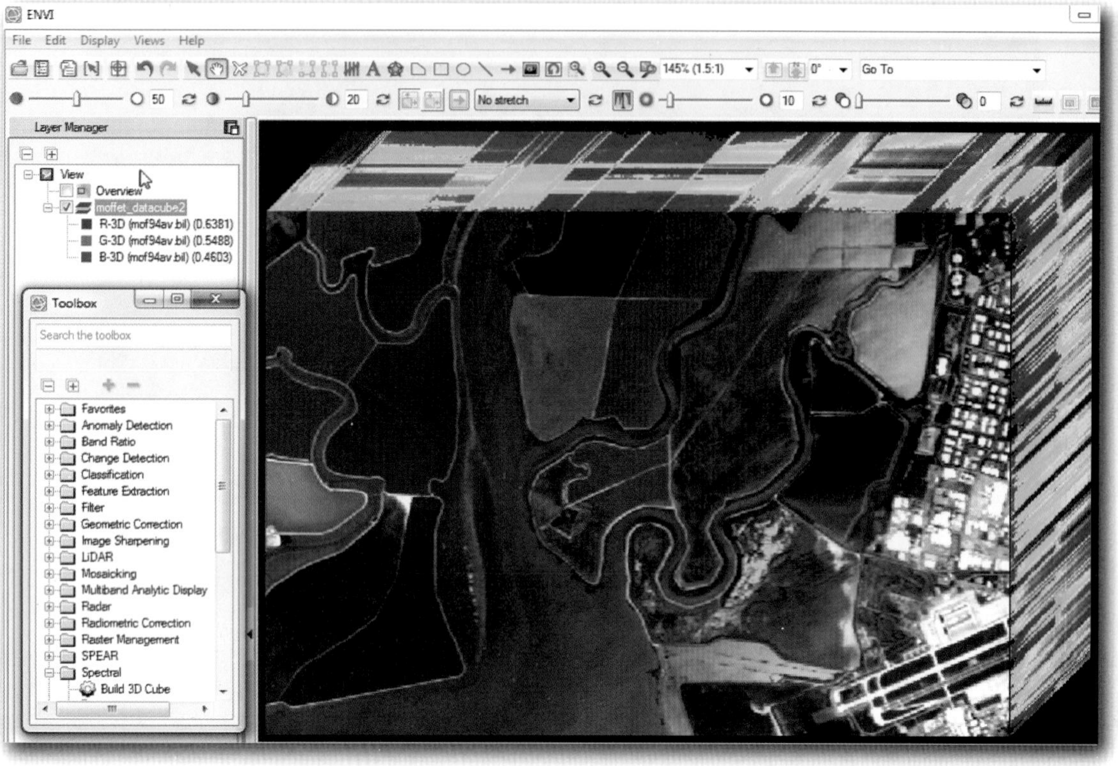

그림 3-6 Exelis사의 ENVI® 그래픽 사용자 인터페이스. "빌드 3D 큐브" 프로그램은 미국 캘리포니아 모펫 필드 주변의 습지와 염전에 대한 AVIRIS 초분광 영상의 3D 데이터큐브를 만드는 데 사용된다. 이 특정 데이터셋에 300개의 행, 500개의 열과 224 AVIRIS 밴드 중에 56개가 포함되어 있다. 밴드 25(중앙에 0.6381μm, 적색), 밴드 16(0.5488μm, 녹색), 밴드 7(0.4603μm, 청색)이 자연색 조합으로 큐브 위에 나타나 있다(인터페이스 제공 : Exelis, Inc.; AVIRIS 데이터 제공 : NASA Jet Propulsion Laboratory).

나는 분석가가 마우스로 작업 가능한 **그래픽 사용자 인터페이스**(Graphical User Interface, GUI)를 사용하여 디지털 영상처리 시스템과 대화식으로 작업하는 것이다. 현재 대부분의 정교한 영상처리 시스템들은 영상의 신속한 디스플레이와 중요한 영상처리 기능의 선택에 적합하도록 마우스로 작업 가능한 GUI로 구성되어 있다. 사용하기 쉬운 디지털 영상처리 그래픽 사용자 인터페이스는 다음과 같다.

- Exelis사의 Environment for Visualizing Images(ENVI®)(그림 3-6)
- Intergraph사의 ERDAS IMAGINE®과 Leica Photogrammetry Suite(LPS®)(그림 3-7)
- 클라크대학교의 IDRISI®
- 퍼듀대학교의 MultiSpec® 등

일부 지리정보시스템은 디지털 영상을 처리하고 효과적인 GUI를 사용하며, 다음 또한 포함한다.

- Esri사의 ArcGIS® 영상 분류, Feature Analyst®와 Spatial Analyst® 인터페이스(그림 3-8)
- GRASS GIS®

Adobe사의 Photoshop®은 매일 수천 명의 사람들이 사용하는 보증된 GUI를 갖고 있다. 소프트웨어는 3개 혹은 그 이하의 밴드로 구성된 영상과 사진을 개선 및 강조하는 데 특히 유용하고, 기하학적 보정과 분류를 할 필요가 없다.

일괄처리

대화식이 아닌 일괄처리 방식은 영상 보정과 분할, 모자이크 영상 제작, 정사사진 생성, 그리고 특수 필터링과 같이 시간 소모적인 작업에 아주 유용하다. 일괄처리는 이른 아침과 같이 컴퓨터가 사용되지 않을 때 시간 소모 작업들을 저장해서 수행

ERDAS Imagine 그래픽 사용자 인터페이스(GUI)

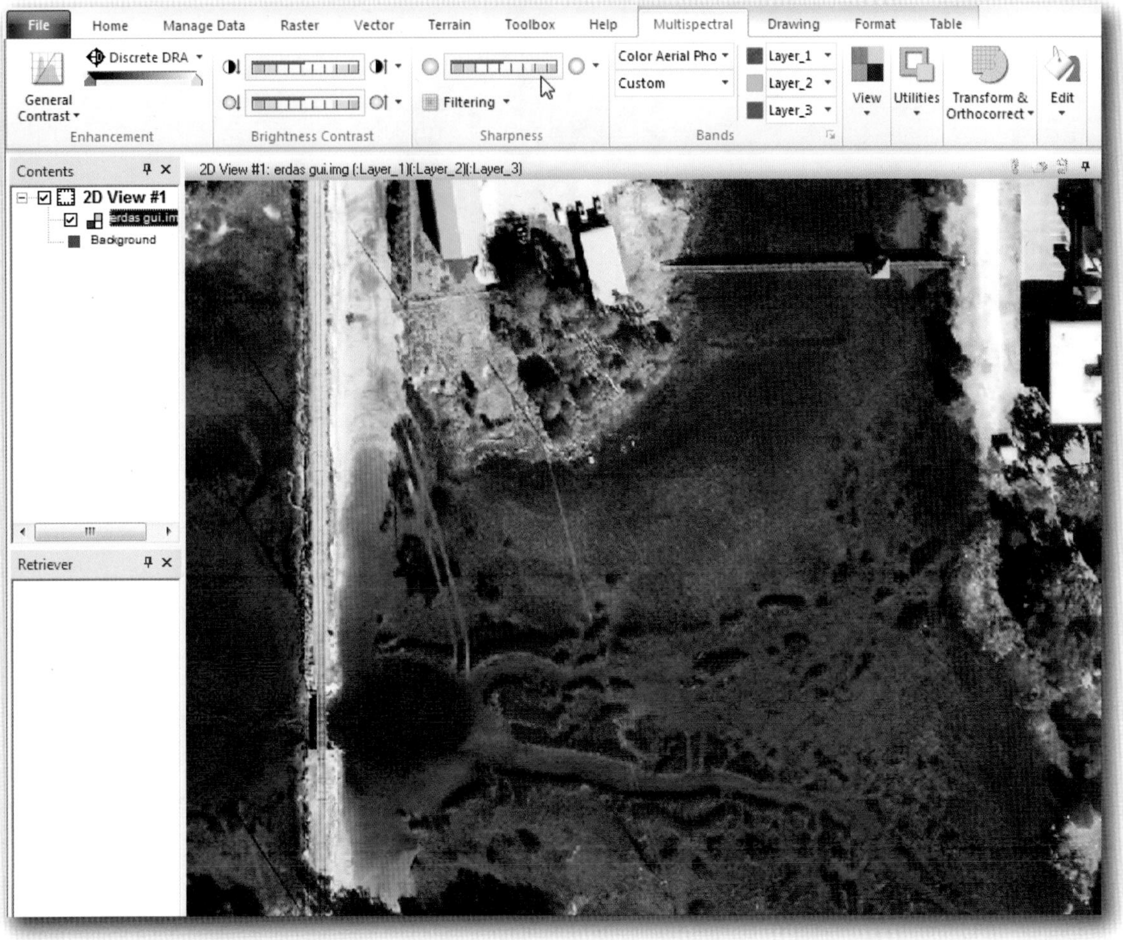

그림 3-7 '다중분광' 파레트가 강조된 Intergraph사의 ERDAS Imagine® 그래픽 사용자 인터페이스. 미국 사우스캐롤라이나 주 보퍼트 주변 사진의 '선명도'를 조정 중에 있다(사용자 인터페이스 제공 : Hexagon, Inc.의 일부인 Intergraph, Inc.; 영상 제공 : Beaufort County GIS Department의 Dan Morgan).

할 수 있기 때문에 컴퓨터가 가장 많이 사용되는 시간 동안에는 연구실 PC나 워크스테이션을 자유롭게 해 준다. 분석가가 연속적으로 수행할 일련의 연산들을 구성할 수 있기 때문에 일괄처리는 컴퓨터가 가장 많이 사용되는 시간 동안에도 유용하다.

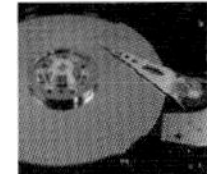

컴퓨터 운영체제와 컴파일러

운영체제(operating system)는 컴퓨터를 켰을 때 RAM에 가장 먼저 적재되는 프로그램이다. 운영체제는 컴퓨터의 모든 고차 순위 기능들을 제어하고 항시 RAM에 존재한다. 운영체제 핵심은 항상 기억장치에 있다. 운영체제는 사용자에게 인터페이스를 제공하고 다중 작업을 통제하며, 하드디스크와 모든 주변기기들(DVD, 스캐너, 프린터, 플로터, 컬러 디스플레이)을 이용한 입출력을 조정한다. 모든 디지털 영상처리 소프트웨어는 운영체제와 의사소통해야만 한다.

서로 다른 종류의 디지털 영상처리 소프트웨어는 가장 많이 쓰는 운영체제(예 : Windows, UNIX, Linux, Mac OS; 표 3-1과 3-5)에서 작동한다. 사용자들은 그들이 편안하게 느끼는 운영체제에서 돌아가는 디지털 영상처리 소프트웨어를 선택해야 한다. 이렇게 하면 영상처리 소프트웨어로 작업하기 시작할 때 배우는 시간을 줄일 수 있다. 만약 자신의 PC에서 응용 소프트웨어를 돌리려면, 영상처리 소프트웨어를 작동시키기 위해서 새롭거나 다른 운영체제로 업그레이드시켜야 할지도 모른다는 것을 알고 있어야 한다. 영상처리 소프트웨어를 갖고 있는 컴퓨터에 설치한다면 그 컴퓨터가 영상처리 소프트웨어를 원활

ArcGIS 분류 GUI

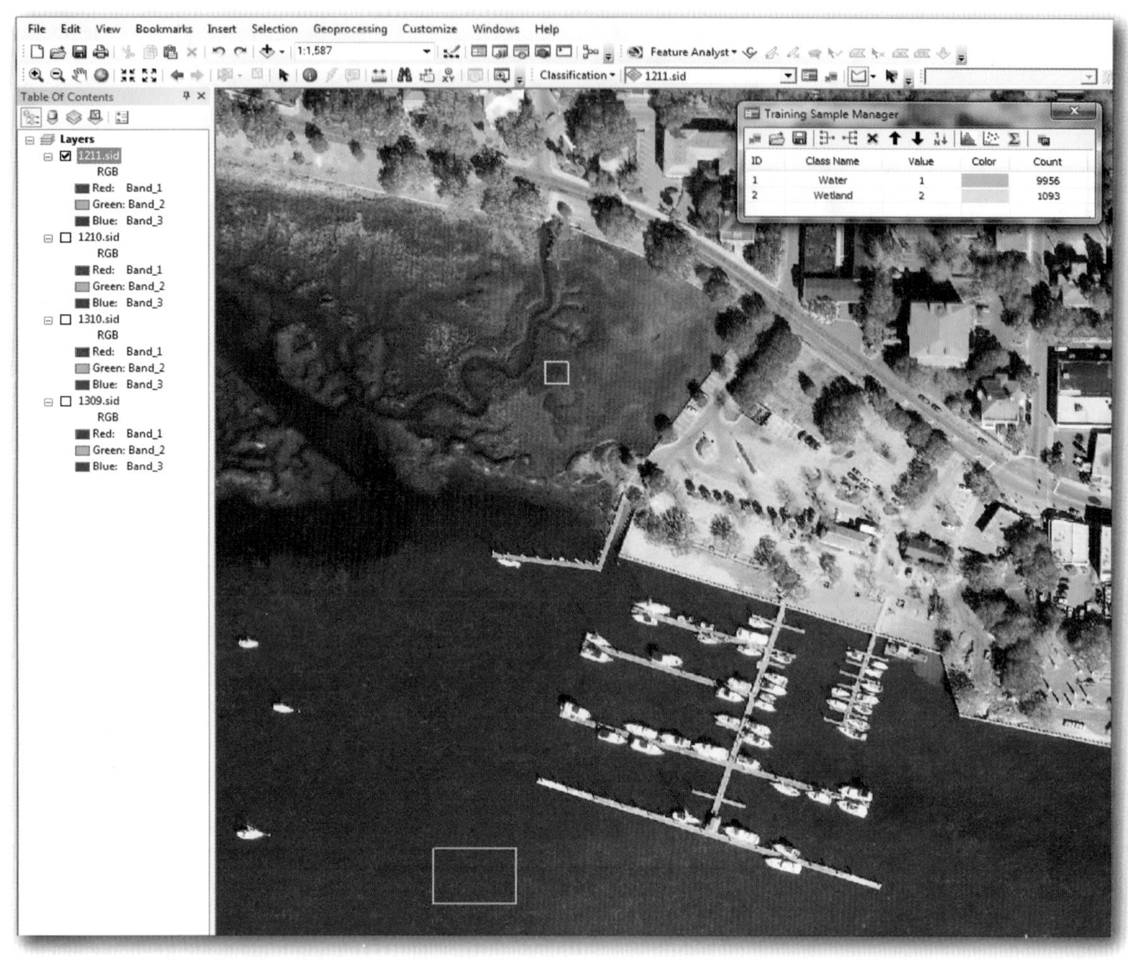

그림 3-8 영상 분류. Feature Analyst®와 Spatial Analyst®가 확장된 Esri사의 ArcGIS ArcMap® 그래픽 사용자 인터페이스. 사용자 인터페이스 분류는 미국 사우스캐롤라이나 주의 보퍼트 인근의 물과 습지의 연습표본을 모으는 데 사용된다(사용자 인터페이스 제공 : Esri, Inc.; 영상 제공 : Beaufort County GIS Department의 Dan Morgan).

하게 돌리기에 충분히 빠른 CPU, 충분한 메모리(RAM)와 충분한 하드디스크 공간이 있는지 확인해 보아야 한다.

입력 장치

제2장에서 언급되었듯이, 전정색, 자연색 그리고/혹은 컬러-적외선 항공사진과 같은 출력된 영상을 디지털화하는 고급 스캐너를 갖고 있는 것이 중요하다. 항공사진은 일반적으로 9×9in.의 크기를 갖는다. 따라서 9×9in.의 항공사진 전체를 한 번에 스캔할 수 있는 최소 12×16in.의 유효 넓이를 갖는 스캐너를 갖는 것이 중요하다(그림 3-4).

출력 장치

GIS는 고급 지도, 영상, 차트와 다이어그램을 작은(예 : 8.5×11in.의 A-크기 플롯) 또는 큰(예 : 36×48in.의 E-크기 플롯) 양식으로 출력할 수 있어야 한다. 이를 위해 작은 포맷과 큰 포맷 프린터가 필요하다. 저렴한 잉크젯 또는 컬러 레이저 프린터는 작은 포맷을 프린트하는 데 사용되고, E-크기의 잉크젯 플롯은 큰 포맷에 사용될 수 있다.

데이터 저장 및 파일보관 고려사항

원격탐사 및 관련 GIS 자료의 디지털 영상처리는 상당한 대용량 저장 자원을 필요로 한다. 그러므로 대용량 저장 매체는 상대적으로 빠르게 접속할 수 있어야 하고, 수명이 길어야 하며, 저렴해야 한다.

고속 액세스 대용량 저장 장치

CPU에서 디지털 원격탐사 자료를 신속하게 이용할 수 있는 가장 좋은 방법은 자료 행렬의 각 화소가 임의적으로(연속적이 아닌), 그리고 마이크로초 이내의 빠른 속도로 액세스할 수 있는 하드디스크, CD, DVD, 플래시 드라이브 그리고/또는 인터넷 클라우드에 자료를 두는 것이다. 대용량 저장 장치 구매에 드는 비용이 줄어들면서 일반적으로 디지털 영상처리 연구실은 각 PC 또는 워크스테이션과 연결되어 있는 기가바이트 단위의 하드디스크(대용량 저장 매체 중 하나)를 가지고 있다. 예를 들어, 그림 3-5에 제시된 연구실에 있는 각 PC는 1TB 이상의 대용량 저장 공간을 가지고 있다. 일부 영상처리 연구실들은 현재 값싼 디스크의 중복 배열(redundant arrays of inexpensive hard disks, RAID) 기술을 사용하고 있는데, 이는 2개 이상의 드라이브를 사용함으로써 실행 속도를 증가시키고, 다양한 수준의 오류를 복구하며 비상시 문제해결 능력을 높이기 위한 것이다. 현재는 과학자들과 학생들이 원격탐사 자료와 결과를 상대적으로 저렴한 CD, DVD와 특히 플래시 드라이브를 이용하여 백업하는 것은 흔히 있는 일이다. 1GB당 하드디스크, CD, DVD, 플래시 드라이브와 클라우드 자료의 저장과 접근에 드는 비용이 급격히 감소하고 있어서 원격탐사 학문과 교육에 상당히 긍정적으로 보인다.

클라우드 컴퓨팅(cloud computing)은 하드웨어, 소프트웨어와 자료 저장소를 제공하거나 사용하는 거의 모든 산업에서 활용하는 기술이 되었다(Kouyoumjia, 2010; Yang and Huang, 2013). 클라우드 컴퓨팅은 우리를 결국 로컬 컴퓨터로 계산할 필요가 없는 미래로 인도할 것이다. 오히려 컴퓨팅은 제3자의 컴퓨터와 자료 저장소 유틸리티로 운영되는 중심 시설들에서 이용될 것이다. 클라우드 컴퓨팅 환경에서 원격 서버에 저장된 자료나 소프트웨어는 인터넷을 통해 모든 종류의 컴퓨터로 제공될 것이다.

현재 2개의 메인 클라우드 컴퓨팅 종류가 있다 : 공공과 개인. 공공 클라우드에서는 사회기반 시설과 서비스는 분리된 기관이 소유하고 판매하고 있다. 공공 클라우드의 자료 공간은 모든 컴퓨터 사용자들에게 열려 있다. 개인 클라우드 컴퓨팅은 공공 클라우드에 그들의 자료 파일들을 저장해 놓기 힘든 회사나 기관이 이용할 수 있다. 개인 클라우드는 제한된 방화벽에 의해 관리되는 원격 지역에서 자료 저장소를 제공해 준다.

파일보관 고려사항 – 수명

상업 회사, 자원 관련 정부기관, 그리고 대학들이 원격탐사 자료를 구입하는 데 상당한 돈을 쓰고 있다. 많은 양의 원격탐사 원본 자료와 이미 진행된 원격탐사 자료, 그리고 프로젝트 결과를 저장하는 것은 쉬운 일이 아니다. 안타깝게도 장기간에 걸쳐 자료를 제대로 사용하기 위해 비싼 자료를 어떻게 보관할 것인가에 대한 충분한 주의를 기울이지 못하고 있다. 그림 3-9는 아날로그 및 디지털 원격탐사 자료의 대용량 저장 매체의 일부 종류와 저장 매체가 질적으로 나빠지기 시작하고 정보가 손실되는 시기인 물리적 쇠퇴기로 가는 평균 시간을 나타내고 있다. 흥미롭게도 적절하게 노출시켜 세척 및 정착시킨 아날로그 흑백 음화 항공사진은 100년 이상의 상당한 수명을 가지고 있다. 이것이 우리가 아직도 1860년대에서 온 에이브러햄 링컨 사진을 갖고 있을 수 있는 이유이다. 염색 층을 가지고 있는 컬러 음화사진도 오래가기는 하지만 흑백 음화사진만큼은 아니다. 컬러 프린터기의 염료가 때로는 몇 년이 지나면 사라지기 시작하기 때문에 흑백으로 뽑은 출력물은 컬러 출력물보다 상당히 긴 수명을 가지고 있다.

실용적인 면에서 볼 때 플로피 디스크와 자기 테이프 매체는 그다지 좋지 않다(그림 3-9). 자기 테이프 매체는 시간이 지남에 따라 확산되기 때문에 특히 문제이다. 치수 불안정은 테이프 안에 저장된 자료를 읽는 데 큰 어려움을 준다. 흥미롭게도 1970년대에서 1990년대까지 늦기 전에 더 강력한 매체 저장소(예 : DVD)로 옮겨져야 하고 전 세계의 연구실에서 테이프에 저장했으며 SPOT, Landsat과 다른 센서로 얻은 수천 개의 원격탐사 영상이 존재한다.

하드디스크, CD, DVD와 플래시 드라이브조차 긴 수명의 저장 능력(100년 이상)을 갖고 있다(그림 3-9). 그러나 디지털 원격탐사 자료를 보관할 때 때때로 읽기-쓰기 소프트웨어의 손실, 그리고/혹은 디지털 매체 자체가 아니라 읽기-쓰기 하드웨어(드라이브 메커니즘과 헤드)가 손실될 수 있다는 점을 알아둘 필요가 있다(Rothenberg, 1995). 그러므로 새로운 컴퓨터를 구입할 때, 모든 컴퓨터 시스템 하드웨어와 소프트웨어를 보관하여 누구나 예전의 디지털 대용량 저장 매체에 저장된 자료를 항상 읽을 수 있도록 하는 것이 좋다. 여기에 컴퓨터, 하드디스크, 모니터, 키보드, 마우스, DVD 등이 포함된다.

클라우드 저장소가 끊임없이 성장하고 발전하고 있지만 몇 가지 한계가 존재한다. 개인 컴퓨터와 클라우드 사이에서 자료의 전송 속도가 느릴 수 있다. 이는 대용량의 지리 정보를 클라

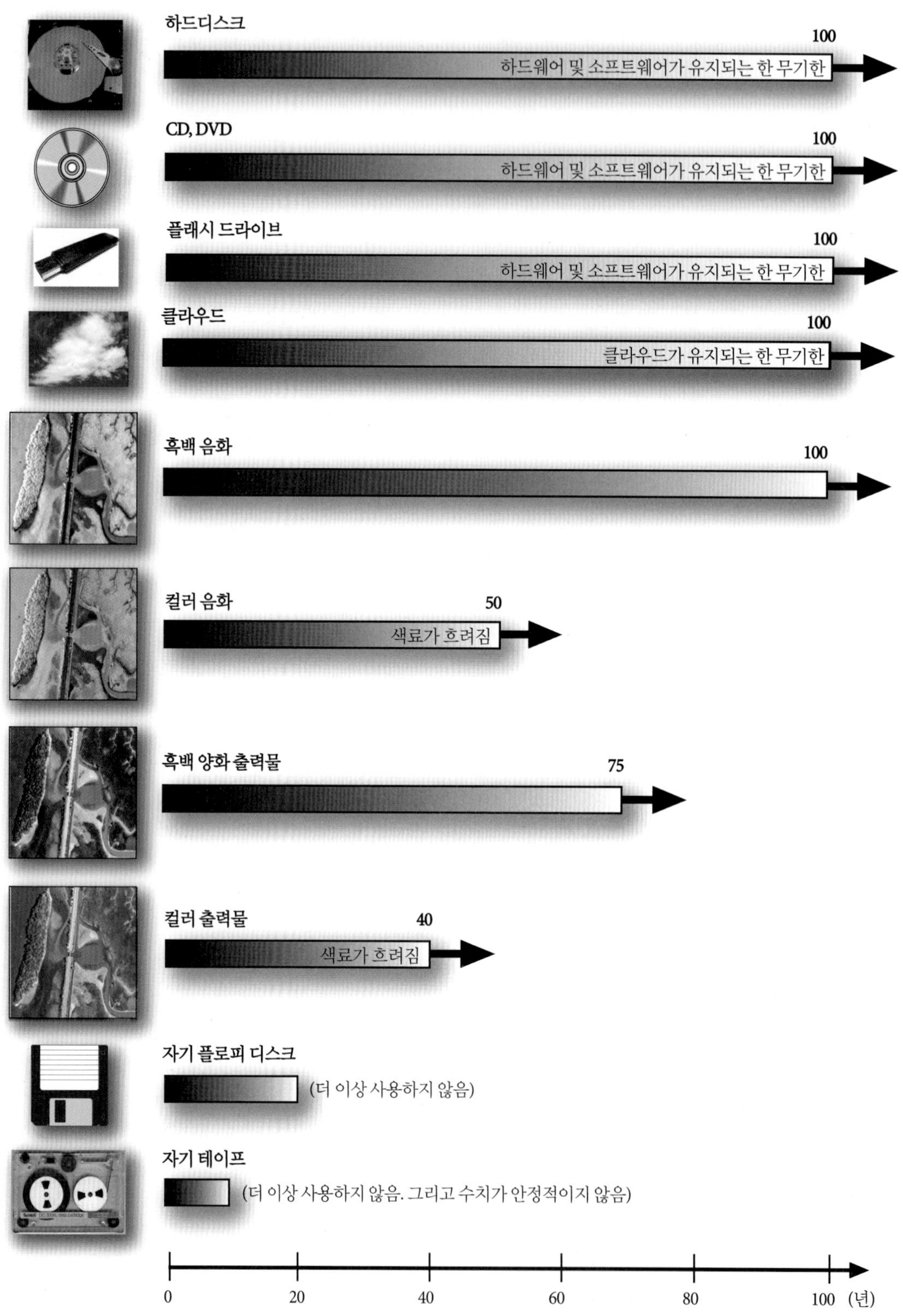

그림 3-9 여러 종류의 아날로그 및 디지털 원격탐사 자료 대용량 저장 대안과 물리적 쇠퇴기까지의 평균 시간. 보관된 디지털 매체를 읽는 소프트웨어와 하드웨어의 손실이 종종 심각한 문제를 일으킨다.

우드를 이용하여 접근해야 할 때 문제가 된다. 사생활 침해 문제와 안전 문제는 컴퓨터 클라우딩에서 두 가지 근심거리이기도 하다. 경우에 따라서 소비자의 자료와 정부의 자료의 안전에 대한 이슈 때문에 클라우드에서 다루기 민감한 자료들을 저장하지 못하게 만들 수도 있다(Kouyoumjia, 2010). 결국 클라우드를 관리하는 영리 회사가 오랜 세월 동안 사업을 꾸준히 유지하고 철저하게 자료를 관리한다면 클라우드 자료 저장소는 성공할 만한 장기간 자료 저장 기술이 될 수 있을 것이다.

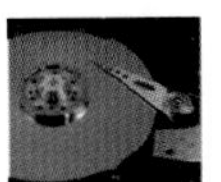

컴퓨터 디스플레이의 공간 및 컬러 해상도

컴퓨터 화면에 원격탐사 자료를 나타내는 것은 디지털 영상분석의 가장 기초적인 작업 중의 하나이다. 컴퓨터 디스플레이 특성을 세심하게 선택하는 것은 이를 사용하는 분석가에게 최상의 시각적 영상분석 환경을 제공할 것이다. 두 가지 가장 중요한 특성은 컴퓨터 디스플레이의 공간해상도와 컬러해상도이다.

컴퓨터 화면 디스플레이 해상도

디지털 영상처리 시스템은 컴퓨터 화면에 최소한 1,024열×1,024행을 한 번에 디스플레이할 수 있어야 한다. 그래야만 이 시스템을 이용하여 보다 큰 지리 영역을 조사할 수 있고 관심 대상 지형을 주변 지역 환경 속에서 연구할 수 있다. 대부분의 지구과학자들은 원격탐사 자료를 사용하여 지형분석을 할 때 이러한 지역적 관점을 선호한다. 1,024×1,024 해상도로 구성된 한 화면에서 4개의 512×512 영상을 분석해야 할 때에는 혼란스럽다. 이상적인 화면 디스플레이 해상도는 1,600×1,200화소이다.

컴퓨터 화면 컬러해상도

컴퓨터 화면 컬러해상도는 이용 가능한 컬러 범위 중에서(예 : 1,670만 개) 컴퓨터 화면에 한 번에 표현할 수 있는 회색조 또는 컬러의 수이다(예 : 256). 흑백선을 이용한 지도제작과 같은 많은 응용분야에서 1비트 컬러만이 요구된다[즉 선이 흑색 혹은 백색(0 또는 1)]. 많은 회색 음영이나 컬러합성이 필요한 보다 섬세한 컴퓨터 그래픽에서는 8비트(또는 256컬러)까지 요구될지도 모른다. 대부분의 주제도 작성과 GIS 응용에서는 256컬러 범위 중에서 사용자가 단 64개 컬러를 선택하여 보여 주는 시스템으로도 잘 수행될 수 있다.

반대로 원격탐사 자료의 분석과 디스플레이는 지도학적 응용과 GIS 응용보다 훨씬 더 높은 화면 컬러해상도를 요구한다. 예를 들어, 비교적 상당히 정교한 디지털 영상처리 시스템은 큰 컬러 범위(예 : 1,670만 개)로부터 엄청난 양의 컬러를 표현할 수 있다. 이처럼 많은 컬러가 필요한 이유는 영상분석가가 종종 화면 상에서 한 번에 여러 개의 영상조합을 보여 주어야 하기 때문이다. 이러한 처리를 **컬러조합**(color compositing)이라고 한다. 예를 들어, Landsat TM 자료를 이용하여 전형적인 컬러-적외선 영상을 나타내기 위해서는 세 가지 분리된 8비트 영상을 조합해야 한다[예 : 녹색 밴드(TM 2＝0.52~0.60μm), 적색 밴드(TM 3＝0.63~0.69μm), 그리고 근적외선 밴드(TM 4＝0.76~0.90μm)]. 세 가지 8비트 영상에서 가능한 모든 컬러합성을 제공하는 자연컬러(true-color)조합 영상을 얻기 위해서는 2^{24}개의 컬러(16,777,216)가 필요하다(표 3-3). 이러한 자연컬러의 직접 선명도(direct-definition) 시스템은 모든 화소의 위치가 비트맵[1]되어야 하기 때문에 상대적으로 비싸다. 이것은 모든 화소에 대하여 기억장치상의 특정한 위치에 정확한 청색, 녹색, 적색 값이 기억되어야 한다는 것을 의미한다. 이를 위해서는 영상 프로세서(image processor)에 일반적으로 집중되는 컴퓨터 기억장치, 즉 메모리가 상당히 많이 필요하다(다음 장에서 다뤄진다). 영상 프로세서 메모리가 이용 가능하다면 이제 문제는 적당한 컬러해상도이다.

일반적으로 아주 큰 컬러 범위(예 : 1,670만 개)에서 주의 깊게 4,096개의 컬러를 선택하여 사용하는 것이 원격탐사 자료의 컬러조합을 만들기에 최소한으로 적합하다고 볼 수 있다. 이것은 12비트의 컬러를 제공하는데, 이는 청색, 녹색 그리고 적색 영상 면 각각에 4비트를 할당할 수 있다(표 3-3). 단순한 조합 이상의 영상처리 응용(예 : 흑백 영상 디스플레이, 컬러 농도 분할, 패턴인식 분류)에서도 4,096개의 컬러가 충분할 수 있다. 그러나 한 번에 보여 줄 수 있는 컬러의 범위와 수가 커지면 커질수록 화면에 원격탐사 자료를 더 잘 나타낼 수 있어서 시각적 분석에 효과적이다. 영상 프로세서를 사용하여 어떻게 영상을 나타낼 수 있는가에 대해서는 제5장에서 다루고 있다. 그림 3-4에서 구성된 네트워크에는 6개의 24비트 컬러 워크스테이션이 있다.

현재 일부 원격탐사 시스템은 각각 0~1,023, 0~2,047, 혹은 0~4,095 범위의 밝기값을 가지는 10, 11, 12비트 방사해상도로

1 역주 : 컴퓨터 그래픽에서 메모리의 1비트를 화면의 한 화소에 대응시키는 방식

표 3-3 표현 가능한 컬러의 수와 이를 만드는 데 필요한 영상 프로세서 메모리

영상 프로세서 메모리(비트)	화면 상에 한 번에 표현 가능한 컬러의 최대 수
1	2(흑색과 백색)
2	4
3	8
4	16
5	32
6	64
7	128
8	256
9	512
10	1,024
11	2,048
12	4,096
13	8,192
14	16,384
15	32,768
16	65,536
17	131,072
18	262,144
24	16,777,216

자료를 수집한다. 유감스럽게도 비디오 기술의 발전에도 불구하고 현재의 비디오 디스플레이 기술이 증가된 정밀도 요구를 맞출 수가 없기 때문에, 현재로서는 컴퓨터 화면에 보여 주기 위하여 화소당 8비트로 원격탐사 자료의 방사정밀도를 일반화(즉 단순 저하)해야 한다.

디지털 영상처리 소프트웨어 고려사항

선택된 디지털 영상처리 소프트웨어는 영상처리 프로젝트나 연구를 성공적으로 완성할 수 있도록 도와주는 것이 중요하다. 일반적으로 좋은 평가를 받는 디지털 영상처리 소프트웨어를 사용하는 것이 좋다. 연구자는 사람들, 식물군, 동물들에게 영향을 미칠 수 있는 영상처리의 결과물에 근거하여 결정을 내려야 한다. 연구자의 평판은 얼마나 조심스럽게 연구 과제나 응용 소프트웨어를 설계하였고 알고리듬을 적절히 사용하였는지와 영상처리 소프트웨어를 사용한 과정에 입각하여 결정될 것이다.

영상처리 기능

디지털 영상처리 시스템을 사용하여 실행되는 많은 중요한 기능들 중 대부분이 표 3-4에 요약되어 있다. PC는 현재 이러한 기능 각각을 수행하는 계산능력을 가지고 있다. 이 책은 방사 및 기하 전처리(제6장과 제7장), 영상강조(제8장), 정보 추출(제9~11장), 변화탐지(제12장), 그리고 정확도 평가(제13장)를 포함하여 많은 디지털 영상처리 기법을 고찰하고 있다.

원격탐사 자료만을 홀로 분석해서 사용하는 것은 바람직하지 않다. 원격탐사 정보는 GIS 내에 저장되어 있는 다른 보조자료(예 : 토양, 고도, 경사)와 함께 사용될 때 매우 효과적이다. 그러므로 이상적인 시스템은 디지털 원격탐사 자료를 처리할 수 있어야 할 뿐 아니라, 필요한 GIS 처리도 수행할 수 있어야 한다(du Plessis, 2012). 디지털 영상처리 시스템이 아닌, GIS 시스템을 새로 사용하여 필요한 GIS 기능을 수행한 뒤 향후 분석을 위해 결과물을 다시금 디지털 영상처리 시스템으로 옮기는 것은 효율적이지 못하다. 대부분의 통합된 시스템은 디지털 영상처리와 GIS 기능을 둘 다 수행하고 있으며, 지도 자료를 영상 자료로 간주하여(혹은 반대로) 적절히 처리할 수 있다.

대부분의 디지털 영상처리 시스템은 몇 가지 한계를 가지고 있다. 예를 들어, 대부분의 시스템은 몇 개의 밴드를 가진 영상에서 다중분광 분류를 실행할 수 있으나, 단 일부 시스템만이 수백 개의 밴드를 가진 영상에 대한 초분광 분석을 수행할 수 있다. 이와 유사하게 단 일부 시스템만이 화면에 표시된 입체영상을 중첩하여 소프트카피 형태의 사진측량학적인 분석처리를 수행하고 디지털 정사사진 또는 수치표고모델을 만들어 낸다. 역시 소수의 디지털 영상처리 시스템만이 전문가 시스템, 신경망, 또는 퍼지 논리를 다룰 수 있다. 마지막으로, 앞으로 나올 시스템은 각 영상에 적용된 처리에 관한 상세한 영상이력(계보)을 제공해야 한다. 원격탐사 자료의 분석에서 나온 결과물이 환경 소송과 같은 엄격한 정밀조사에 사용될 때에는 이러한 영상이력정보(메타데이터)가 필수적이다.

디지털 영상처리 소프트웨어

일부 대표적으로 쓰이는 디지털 영상처리 프로그램들은 표 3-5에 나열되어 있다. 표에서 제공한 정보는 어떠한 특정 디지털 영상처리 소프트웨어 프로그램도 지지하지 않는다. 한 프로그램으로 모든 사항을 만족시키는, 모든 사람들이 사용해야 할 디지털 영상처리 소프트웨어 프로그램은 없다. 디지털 영상처리 소프트웨어를 팔기 전에 분석가들은 현재와 잠재적 영상분석의 필요성에 알맞은지 알아보기 위해 기능을 면밀히 평가해 보아야 한다. 대부분의 경우에 디지털 영상처리 소프트웨어 기업의 대표자들은 소프트웨어의 기능을 선보이는 것을 반길 것이다. 분석가들은 특별히 관심 가는 특정 종류의 지리정보를

표 3-4 디지털 영상처리 시스템에서의 영상처리기능

전처리
- 센서 시스템 및 환경 영향에 의해 야기된 오차에 대한 **방사보정**(영상 정규화 및 절대 방사보정)
- **기하보정**(영상 대 영상 등록 및 영상 대 지도 보정)

디스플레이 및 영상강조
- 흑백 컴퓨터 디스플레이(8비트)
- 컬러조합 컴퓨터 디스플레이(24비트)
- 확대(줌), 축소, 로밍
- 대비 조작(선형, 비선형)
- 컬러공간 변환(예 : RGB → IHS)
- 영상연산(예 : 밴드 비, 영상차분, NDVI, SAVI, Kauth-Thomas, EVI)
- 공간필터링(예 : 저대역필터, 고대역필터, 대역필터)
- 경계 강조(예 : Kirsch, Laplacian, Sobel)
- 주성분 분석
- 질감 변환
- 주파수 변환[예 : 푸리에(Fourier), 월시(Walsh)]
- 수치고도모델(예 : TIN의 제작, IDW 및 크리깅을 이용한 내삽, 음영기복도, 경사 및 향 계산)
- 3차원 변환(예 : DEM 위에 영상을 중첩)
- 영상 애니메이션(예 : 동영상, 다중시기 변화탐지)

정보 추출
- 화소 밝기값(BV_{ijk})
- 흑백 및 컬러 농도분할
- 단면도(공간 및 분광 프로파일)
- 단변량 및 다변량 통계분석
- 피처(밴드) 선택(지리적 혹은 통계적)
- 감독(예 : 최소거리법, 최대우도법)과 무감독(예 : ISODATA) 분류
- 공간 객체기반 영상분석(GEOBIA)
- 분류 시 보조자료 사용
- 규칙기반 결정나무 분류자 및 기계학습을 포함한 전문가 시스템 영상분석
- 신경망 분석과 서포트 벡터 머신의 이용
- 퍼지논리 분류
- 초분광 자료 분석
- LiDAR 자료 분석
- RADAR 자료 분석
- 사진측량 지도제작(정사사진 제작, DEM 추출과 평면 세부정보)
- 변화탐지
- 정확도 평가(서술적 및 분석적)

영상 및 지도제작 구성
- 영상이나 지도의 Postscript 레벨 3 출력물(축척정보 포함)

통합 GIS
- 래스터(영상)기반 GIS
- 벡터(폴리곤)기반 GIS(폴리곤 중첩을 허용해야 함)

유틸리티
- 네트워크(예 : 지역 네트워크, 인터넷)
- 영상압축(단일영상, 비디오)
- 다양한 파일 포맷의 입출력

메타데이터 및 영상/지도 연혁
- 메타데이터
- 영상 및 GIS 파일처리의 완전한 기록(내역)

분석하기 위해 소프트웨어 대표자들에게 문의해 보아야 한다.

대표적으로 사용되는 디지털 영상처리 프로그램들의 특징은 표 3-5에 요약되어 있다. 대부분의 소프트웨어는 Windows 운영체제를 사용한다. 강력한 원격탐사에 기반한 디지털 영상처리 시스템은 다음과 같은 사항들을 수행할 수 있어야 한다.

- 방사보정과 기하보정
- 영상 강조(예 : 필터링, 식생지수, 주성분 분석)
- 전통 영상 분류(예 : 무감독 클러스터링, 최대 공산 감독 분류)
- 결정나무 분류, 신경망 분석과 기계 학습
- 공간 객체기반 영상분석(GEOBIA)(Blaschke et al., 2014)
- 초분광 영상분석
- LiDAR 자료 분석
- RADAR 영상분석
- 사진측정 지도제작
- 변화탐지

기본적으로 네 종류의 디지털 영상처리 프로그램이 있다.

- Adobe Photoshop과 같이 모든 종류의 영상(의학 엑스선, 지상 사진, 개인 사진)을 분석하는 데 쓰이는 프로그램. 대부분은 대기 또는 방사 보정을 수행할 수 없거나 전통적인 감독 그리고/혹은 무감독 영상 분류를 수행할 수 없다. 반대로 MATLAB은 다양하게 영상 강조, 복원, 분할을 수행할 수 있고, 기하학적으로 영상을 고칠 수 있는 강력한 영상처리 툴박스를 갖고 있다(McAndrew, 2004; Gonzalez et al., 2009; MathWorks, 2014).
- ERDAS Imagine, ENVI, PC Geomatica, IDRISI, *e*Cognition, Feature Analyst, LiDAR Analyst, LP360, SOCET, TNTmips, VIPER와 같이 디지털 원격탐사 자료를 분석하는 데 쓰기 위해 특별히 만들어진 프로그램
- ArcGIS와 GRASS(Geographic Resources Analysis Support System)와 같이 디지털 영상처리 기능을 갖고 있는 복잡한 GIS 소프트웨어
- AUTOCAD와 같이 영상처리 기능을 포함한 CAD 소프트웨어

다음은 다중분광, 초분광, LiDAR, RADAR, 사진측량 매핑, 변화탐지와 디지털 영상처리 및 GIS 기능의 통합에 대한 조사 내용이다. 조사 내용은 표 3-5에서 찾은 정보와 연관되어 있다.

표 3-5 일부 디지털 영상처리 소프트웨어 프로그램의 특성. 더 뛰어난 기능이 있을수록 더 많은 •••••가 있다.

디지털 영상처리 소프트웨어	운영체제 (Windows, Mac, Unix)	전처리		영상 강조	정보 추출						
		보정	대기		전통적	결정나무	GOBIA	초분광	LiDAR	RADAR	사진 측량
ACORN® imspec.com	Windows		•••••								
ArcGIS® ArcMap® esri.com	Windows/ UNIX	••••		••••	••••						
AUTOCAD® autodesk.com	Windows/ Mac	•••••		••	••						
TNTmips® microimages.com	Windows	•••••	••••	•••••	•••••	•••••	••	••••	••	••	••
eCognition® ecognition.com	Windows	•••••	•••••	•••••	•••	•••••	•••••	•••••	••	••	•
ENVI® exelisvis.com	Windows/ UNIX	•••••	•••••	•••••	•••••	•••••	•••••	•••••	••••	••••	•••
ERDAS ER Mapper® intergraph.com	Windows/ UNIX	•••••	•••••	•••••	•••••	•••••	•••••	•••••	•••	••••	
ERDAS Imagine® intergraph.com	Windows/ UNIX	•••••	•••••	•••••	•••••	•••••	•••••	•••••	•••	•••••	•••
Feature Analyst® overwatch.com	Windows	•••••		•••••			•••••				
GRASS GIS® grass.osgeo.org	Windows/ Mac/UNIX	•••••	•••	•••••	•••••						
IDRISI® clarklabs.org	Windows/ UNIX	•••••	•••••	•••••	•••••	•••••	•••	•••	••	•••	
Leica Photogrammetry Suite(LPS)® intergraph.com	Windows/ UNIX	•••••	••	•••••							•••••
LiDAR Analyst® overwatch.com	Windows	•••••							•••••		
LP360® qcoherent.com	Windows	•••••	•	••••					•••••		
MATLAB® mathworks.com	Windows/ Mac/Linux	•••••	•	•••••	•••••	••	•••••				
MrSid® lizardtech.com	Windows/ Linux		영상 압축								
MultiSpec©® engineering.purdue.edu/~biehl/MultiSpec/	Windows/ Mac	•	•	•••	•••••			••••			
PCI Geomatica® pcigeomatics.com	Windows/ UNIX	•••••	•••••	•••••	•••••	•••••	•••••	•••••	•••••	•••••	••••
Photoshop® adobe.com	Windows/ Mac			•••••							

표 3-5 (계속)

디지털 영상처리 소프트웨어	운영체제 (Windows, Mac, Unix)	전처리		영상 강조	정보 추출						
		보정	대기		전통적	결정나무	GOBIA	초분광	LiDAR	RADAR	사진 측량
R® www.r-project.org	Windows/ Mac			•••••	••••	•••••	•••				
SOCET GXP® socetgxp.com	Windows/ UNIX/Linux	•••••	•••••	•••••	•••••	•••••	•••••	•••••	•••••	•••••	•••••
VIPER® vipertool.org	Windows	•••••	•••••	••	••			•••••			

다중분광 디지털 영상처리 소프트웨어

ERDAS Imagine, ENVI, PCI Geomatica, TNTmips, IDRISI는 항공기 및 위성 다중분광 원격탐사 자료를 분석하는 데 있어서 많이 사용되는 디지털 영상처리 시스템이다. 앞서 언급된 모든 시스템은 방사 및 기하 전처리 알고리듬, 다양한 영상 강조 및 분석 기능(routines), 유용한 변화탐지 모듈을 포함하고 있다. 몇몇 시스템에서는 RADAR 영상처리 또한 가능하다.

공간 객체기반 영상분석(GEOBIA)

*e*Cognition, Feature Analyst, IDRISI, ENVI는 훌륭한 공간 객체기반 영상분석(Geographic Object-Based Image Analysis, GEOBIA) 프로그램이다. ERDAS와 MATLAB 또한 영상 분할 및 처리 능력을 가지고 있다.

초분광 디지털 영상처리 소프트웨어

ENVI와 VIPER은 정밀한(rigorous) 초분광 영상분석 프로그램이다. 두 프로그램 모두 정교한 방사(대기)보정 기능과 초분광 자료로부터 정보를 추출하기 위한 다양한 알고리듬을 포함하고 있다. ENVI는 상업적인 제품인 반면에 VIPER은 산타바바라의 캘리포니아대학교에서 무료로 이용 가능하다. ACORN (Atmospheric Correction Now)은 상업적 대기보정 프로그램이다. ERDAS와 IDRISI 또한 초분광 영상분석에 있어서 유용한 기능을 포함하고 있다. MultiSpec은 초분광 영상처리 기능을 보유한 퍼듀대학교에서 무료로 이용 가능한 프로그램이다.

LiDAR 디지털 영상처리 소프트웨어

SOCET GXP 소프트웨어는 주로 정보 수집 기관에서 사용되는 대규모 기업수준의 LiDAR 3D 처리기능을 포함하고 있다(O'Neil-Dunne, 2012). LiDAR Analyst와 QCoherent LP360은 토목공학, 정보 수집, 임학응용 분야에서 폭넓게 사용되는 정교한 LiDAR 3D 정보 추출 프로그램이다. ArcGIS, GRASS, ERDAS, IDRISI, TNTmips, ER Mapper, ENVI는 LiDAR 점군 자료(point cloud data)[예 : 질점(masspoints)]로부터 불규칙삼각망(TIN) 또는 래스터 수치지형모델을 생성할 수 있다.

RADAR 디지털 영상처리 소프트웨어

상업적으로 이용 가능한 디지털 처리 소프트웨어 중에 단일편광 RADAR나 다중편광 RADAR 자료를 처리할 수 있는 소프트웨어는 매우 적다. ERDAS Imagine, ENVI, PCI Geomatica, 그리고 IDRISI가 RADAR 처리 모듈을 보유하고 있다.

사진측량을 통한 지도제작 소프트웨어

사진측량 매핑은 건물배치, 가로수배치, 도로 중앙선, 하수 처리망과 같은 평면정보 혹은 3차원 지형정보를 추출하는 스테레오 디지털 항공사진기술을 포함한다. BAE Systems사의 SOCET 소프트웨어는 성능이 좋은 소프트카피 사진측량 프로그램이다. 그러나 정보 수집 기관 외에는 이를 이용하기가 쉽지 않다 (O'Neil-Dunne, 2012). Intergraph사의 Leica Photogrammetry Suite(LPS)는 사용자 친화적인 인터페이스를 가진 확장성 좋은 사진측량 매핑 프로그램이다. ERDAS, ENVI, IDRISI, TNTmips, 그리고 ERMapper는 정사사진과 수치지형도를 만드는 데 필요한 아주 좋은 소프트카피 사진측량 처리기능을 포함하고 있다.

변화탐지

ERDAS(예 : DeltaQue), IDRISI(예 : Land Change Modeler for

ArcGIS), ENVI(예 : SPEAR) 그리고 Esri(예 : Change Matters; Green, 2011)와 같은 몇몇 소프트웨어는 다중시기의 항공사진 혹은 위성자료를 분석하는 변화탐지 프로그램 혹은 마법사를 포함하고 있다. Pictometry Analytics(2014)는 수직 및 사선 방향으로 촬영된 디지털 항공사진을 처리하는 ChangeFindr 소프트웨어를 판매하고 있다.

디지털 영상처리 및 GIS 기능의 통합

ArcGIS는 벡터기반의 가장 정교한 지리정보시스템이다. 원격탐사 자료와 원격탐사 자료로부터 도출된 정보는 ArcGIS ArcMap을 통하여 손쉽게 통합되고 분석될 수 있다. IDRISI와 GRASS는 아주 강력한 래스터기반의 지리정보시스템으로 이를 통해 GIS 모델링을 위한 벡터 정보의 통합을 손쉽게 할 수 있다. ERDAS와 ENVI는 그것들이 가지고 있는 다양한 GIS 분석 기능을 사용하여 벡터 정보들을 통합해 낼 수 있다. ERDAS Apollo는 디지털 영상처리, 사진측량 그리고 GIS를 위한 포괄적인 프로그램이다(du Plessis, 2012). TNTmips는 통합 GIS, 영상처리, CAD, 컴퓨터 상의 지도제작, 그리고 지형공간 자료관리 프로그램이다.

가격

회사, 공공기관 그리고 교육기관은 매우 신중하게 사용되어야만 하는 한정된 재정규모를 가지고 있다. 그러므로 값이 비싼 상업용 디지털 영상처리 소프트웨어를 구매하는 것을 매우 중요하게 고려하여 결정해야 한다. 이는 대부분의 디지털 영상처리 소프트웨어들의 여전한 폐쇄적 소스 생태계로부터 기인하는 결과이다. 단일 디지털 영상처리 소프트웨어의 가격은 개인에게 제공될 때 가장 비싸고, 기업에게 제공될 때에는 조금 싸며, 교육용으로 제공될 때에는 훨씬 값이 싸다.

개방 소스 디지털 영상처리 소프트웨어

소프트웨어 가격이 걱정이라면, GRASS 혹은 MultiSpec과 같은 개방 소스의 디지털 영상처리 소프트웨어를 사용하는 것이 가장 좋은 해결책이다.

디지털 영상처리에 사용될 수 있는 개방 소스 통계분석 소프트웨어

상업용 SAS 및 SPSS 통계분석 패키지 외에도 개방 소스 프로그래밍 언어인 **R**을 이용한 고급 디지털 영상처리 역시 가능하다. **R**은 http://www.r-project.org/에서 제공받을 수 있으며 이는 통계분석 소프트웨어를 개발하는 많은 통계학자 및 데이터 마이너들이 사용하는 언어이다. 원격탐사에 적용될 수 있는 여러 종류의 처리기능은 사용자들이 제작하여 제공하는 **R** 패키지로부터 받아 사용할 수 있다(Venables et al., 2012). 영상분석가들은 종종 신경망 분석 및 결정나무 분석, CART, 랜덤 포레스트, C5.0, SVM(Support Vector Machine) 그리고 제10장에 소개되어 있는 다른 분석기법들을 수행하는 기계학습 및 통계학습(Machine Learning & Statistical Learning) 그룹이 제공하는 패키지를 사용한다.

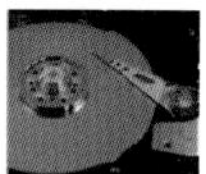

디지털 영상처리 및 국가공간자료기반(NSDI)

원격탐사 자료에서 나온 결과물을 공유하거나 원격탐사 자료를 사용하는 비전문가들과 과학자들은 연방지리자료위원회(Federal Geographic Data Committee, FGDC)에서 개발한 구체적인 공간자료 기준을 알고 있어야 한다. FGDC는 행정부, 내각, 그리고 독립적인 정부기관의 대표들로 이루어진 관계 부처 합동 위원회이다. FGDC는 주 · 지방 정부기관, 학계 그리고 사설기관들의 조직과 협동하여 국가공간자료기반(National Spatial Data Infrastructure, NSDI)을 개발하고 있다. NSDI는 관계기관들이 지리자료를 협동하여 생산하고 공유할 수 있도록 정책, 표준, 절차들을 다룬다(FGDC NSDI, 2014).

미 국가표준기구(American National Standards Institute, ANSI)의 공간자료전송표준(Spatial Data Transfer Standard, SDTS)은 서로 다른 컴퓨터 시스템 사이에서 공간자료(메타데이터를 포함)를 기록하고 전송하는 메커니즘이다. SDTS는 공간적으로 참조된 벡터와 래스터(격자 자료를 포함) 자료를 위한 포맷, 구조, 그리고 내용과 같은 교환 구성을 구체화하고 있다. 공간자료를 전송하기 위한 SDTS는 실제적으로 공간자료의 프로파일을 통해 사용할 수 있다. FGDC 래스터 프로파일 표준은 구조물이나 영상이 수치고도모델(DEM), 수치정사사진도엽(Digital Orthophoto Quarter Quads, DOQQ), 그리고 디지털 위성영상과 같은 래스터 또는 격자 형식으로 표현되는 공간 데이터셋을 전송하기 위한 상세한 설명을 제공하고 있기 때문에 특히 중요하다(FGDC SDTS, 2014).

참고문헌

Amdahl, G., 1967, "Validity of the Single Processor Approach to Achieving Large-Scale Computing Capabilities," *AFIPS Conference Proceedings*, 30:483-485.

Blaschke, T., and 10 co-authors, 2014, "Geographic Object- Based Image Analysis－Towards A New Paradigm," *ISPRS Journal of Photogrammetry & Remote Sensing*, 87:180-191.

Canty, M. J., 2014, *Image Analysis, Classification and Change Detection in Remote Sensing: With Algorithms for ENVI/IDL and Python*, (3rd Ed.), Boca Raton: CRC Press, 576 p.

du Plessis, S., 2012, "Photogrammetry, LiDAR, Remote Sensing and GIS Together at Last," *LiDAR*, 2(5):24-28.

FGDC SDTS, 2014, *Spatial Data Transfer Standard*, Washington: USGS, http://mcmcweb.er.usgs.gov/sdts/.

FGDC NSDI, 2014, *The National Spatial Data Infrastructure*, Washington: Federal Geographic Data Committee, https://www.fgdc.gov/nsdi/nsdi.html.

Gonzalez, R. C., Woods, R. E., and S. L. Eddins, 2009, *Digital Image Processing Using MATLAB*, 2nd Ed., New York: Gatesmark Publishing, 50 p.

Green, K., 2011, "Change Matters," *Photogrammetric Engineering & Remote Sensing*, 77(4):305-309.

Intel, 2014, *The Evolution of a Revolution*, Intel, Inc., http://www.intel.com/pressroom/kits/quickref.htm.

Jensen, J. R., 2007, *Remote Sensing of the Environment: An Earth Resource Perspective*, Boston: Pearson, Inc., 554 p.

Jensen, J. R. and R. R. Jensen, 2013, *Introductory Geography Information Systems*, Boston: Pearson, Inc., 400 p.

Jensen, J. R., Guptill, S., and D. Cowen, 2012, *Change Detection Technology Evaluation Report*, Task T007, Washington: U.S. Census Bureau, August 20, 2012, 274 p.

Kouyoumjia, V., 2010, "The New Age of Cloud Computing and GIS," *ArcWatch*, January, 2010 (http://www.Esri.com/news/arcwatch/0110/feature.html).

MacNeil, T., 2004, "Don't be Misled By MIPS," *IBM Systems Magazine*, www.ibmsystemsmag.com/mainframe/tipstechniques/systemsmanagement/Don-t-Be-Misled-By-MIPS/.

MathWorks, 2014, *MATLAB: The Language of Technical Computing*, New York, Mathlab, Inc., http://www.mathworks.com/products/matlab/

McAndrew, A., 2004, *An Introduction to Digital Image Processing with MATLAB*, Victoria Univ. of Technology: School of Computer Science & Mathematics, http://visl.technion.ac.il/labs/anat/An%20Introduction%20To% 20Digital%20Image%20Processing%20With%20Matlab.pdf.

O'Neil-Dunne, J., 2012, "Review of SOCET GXP," *LiDAR*, 2(5):54-59.

Pictometry Analytics, 2014, *ChangeFindr*, http://www.eagleview.com/Products/ImageSolutionsAnalytics/PictometryAnalyticsDeployment.aspx#ChangeFinder.

Rothenberg, J., 1995, "Ensuring the Longevity of Digital Documents," *Scientific American*, 272:42-47.

Sorokine, A, 2007, "Implementation of a Parallel High-performance Visualization Technique in GRASS GIS," *Computers & Geosciences*, 33(5):685-695.

Venables, W. N., Smith, D. M. and the R Core Team, 2012, *An Introduction to R: Notes on R - Programming Environment for Data Analysis and Graphics*, Version 2.14.2 (2012-10-26), 109 p., http://www.r-project.org/.

Yang, C. and Q. Huang, 2013, *Spatial Cloud Computing: A Practical Approach*, Boca Raton: CRC Press, 357 p.

4 영상 품질 평가 및 통계적 평가

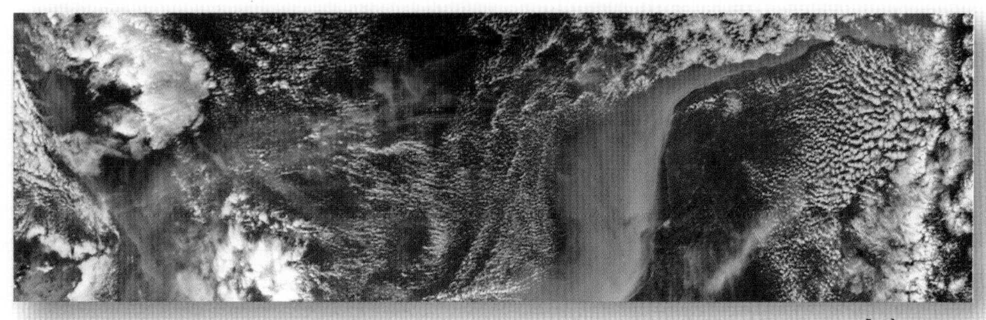

출처 : NOAA

많은 원격탐사 데이터셋이 고품질의 정확한 자료를 담고 있다. 그러나 때때로 오차나 잡음이 원격탐사 자료에 발생하기도 하는데 대표적인 원인으로는 a) 환경(예 : 대기산란), b) 원격탐사 시스템의 임의 혹은 체계적 오차(예 : 보정되지 않은 감지기에 의한 줄무늬 잡음), c) 실제 자료 분석에 앞선 원격탐사 자료의 부적절한 항공 및 지상 처리(예 : 부정확한 아날로그-디지털 변환) 등이 있다. 그러므로 디지털 원격탐사 자료 분석 책임자는 우선 자료의 품질 및 통계적인 특성을 평가해야 한다. 이는 일반적으로 다음 과정을 통해 이루어진다.

- 히스토그램에 표현된 영상의 개개 밝기값의 빈도수 조사
- 특정 지역이나 지리적 영역 내의 개개 화소 밝기값 조사
- 영상에 예외적인 변이가 있는지를 알아보기 위해 기본적인 단변량 통계값 조사
- 밴드 간 상관관계를 결정하기 위해 다변량 통계값 조사(예 : 중복성 조사)

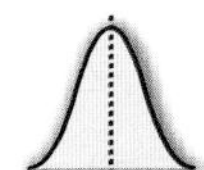

개관

이 장은 우선 통계적 표집이론의 기본적인 요소들을 고찰한다. 그 다음 원격탐사 자료의 디지털 영상처리에 있어 히스토그램과 그 중요성을 소개하며, 이어 개개 화소값을 보거나 화소값들의 지리적 영역을 살펴보는 다양한 방법을 다룬다. 단변량 및 다변량 통계값의 계산에 사용되는 알고리듬들을 살펴보는데, 여기에는 영상 내 각 밴드의 최대 및 최솟값, 범위, 평균, 표준편차, 그리고 밴드 간 공분산 및 상관관계 등이 포함된다. 끝으로 영상 내의 공간 자기상관성(autocorrelation)에 대한 정보의 획득과 공간내삽법의 사용에 있어 귀중한 자료가 되는 지리통계 분석을 소개한다.

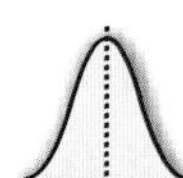

영상처리의 수학적 표기법

다음의 표기법이 디지털 원격탐사 자료에 적용되는 수학적 연산을 설명하는 데 사용된다.

i = 영상에서의 열
j = 영상에서의 행
k = 영상의 밴드
l = 영상의 또 다른 밴드
n = 배열의 총 화소 수
BV_{ijk} = 밴드 k의 i번째 열, j번째 행에서의 밝기값
BV_{ik} = 밴드 k의 i번째 밝기값

BV_{il} = 밴드 l의 i번째 밝기값
$\min_k$ = 밴드 k의 최소 밝기값
$\max_k$ = 밴드 k의 최대 밝기값
range_k = 밴드 k의 실제 밝기값 범위
quant_k = 밴드 k의 양자화(예 : $2^8 = 0 \sim 255$, $2^{12} = 0 \sim 4{,}095$)
μ_k = 밴드 k의 평균값
var_k = 밴드 k의 분산
s_k = 밴드 k의 표준편차
skewness_k = 밴드 k의 밝기값 분포의 왜도(비대칭 정도)
kurtosis_k = 밴드 k의 밝기값 분포의 첨도(뾰족한 정도)
cov_{kl} = 밴드 k와 l의 화소값 사이의 공분산
r_{kl} = 밴드 k와 l의 화소값 사이의 상관관계
X_c = 밴드 k, i번째 열, j번째 행의 밝기값(BV_{ijk})으로 구성된 클래스 c에 대한 측정 벡터
M_c = 클래스 c에 대한 평균벡터
M_d = 클래스 d에 대한 평균벡터
μ_{ck} = 밴드 k, 클래스 c인 자료의 평균값
s_{ck} = 밴드 k, 클래스 c인 자료의 표준편차
v_{ckl} = 밴드 k부터 l까지 클래스 c의 공분산 행렬, V_c로 표현
v_{dkl} = 밴드 k부터 l까지 클래스 d의 공분산 행렬, V_d로 표현

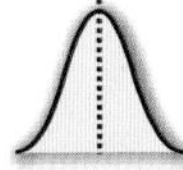

표집이론

디지털 영상처리는 이용 가능한 모든 원격탐사 정보의 일부 표본에 대해서만 수행된다. 그러므로 기초통계 표집이론의 기본 측면들을 고찰하는 것이 유용하다. **모집단**(population)은 무한 혹은 유한 요소들의 집단이다. 예를 들어, 무한 모집단은 2013년에 지구 전체에 대해 수집될 수 있는 모든 가능한 영상들일 수 있다. 2013년에 수집된 사우스캐롤라이나 주 찰스턴 지역의 모든 Pleiades 영상들은 유한 모집단일 수 있다.

표집의 종류

표본(sample)은 모집단으로부터 추출된 요소들의 부분집합으로 모집단의 특정한 특성들을 추론하는 데 사용된다. 예를 들어, 2013년 11월 1일에 수집된 찰스턴 지역의 Pleiades 영상을 분석하기로 결정할 수 있다. 만약 해당연도의 가을에만 수집될 수 있는 영상을 선택하는 것과 같이 어떤 특성에 대한 관측이 고의적으로든 부주의에 의한 것이든 표본으로부터 체계적으로 제외된다면 그것은 **편향된 표본**(biased sample)이다. **표집오차**(sampling error)는 모집단 특성의 참값과 표본으로부터 추론된 그 특성의 값 사이의 차이이다.

표집(sampling)의 목적은 모집단의 편향되지 않은 표본을 추출해 내는 것이다(Jensen and Shumway, 2010). 복원추출을 통한 **임의표본**(random sample)은 모든 관측이 동일한 확률을 가지고 있을 때 발생한다. 이는 가장 단순한 표집 방법 중 하나이며, 이 경우에는 보통 표본의 편향이 발생하지 않는다. 단순임의 표집 방법을 이용하여, 원격탐사를 통해 구성된 주제도(thematic map)의 정확도를 평가한 예제가 제13장에 수록되어 있다.

계통표본(systematic sample)은 'x, y방향 100m 간격으로 수집된 자료' 등과 같이 선결된 시스템을 따라서 사용될 수 있다. 사실 15×15m마다 전색의 영상을 취득하는 Landsat 8과 같이 대부분의 원격탐사 자료는 체계적으로 수집된다. 계통표본을 이용하여, 원격탐사를 통해 구성된 주제도의 정확도를 평가한 예가 제13장에 수록되어 있다.

어떤 경우에는 층화 추출 표본이 가장 적절한 표집 방법이 될 수 있다. **층화 임의 추출**(stratified random sample)은 연구대상이 여러 부분모집단을 포함하고 있음을 분석자가 미리 파악하고 있으며 각 부분모집단에 따른 표집을 하고자 할 때 사용된다. 이 방법은 공간자료군 내에 표현된 모든 변량을 표시한다(Jensen and Shumway, 2010). 층화 임의 추출을 이용하여, 원격탐사를 통해 구성된 주제도의 정확도를 평가한 예제가 제13장에 수록되어 있다.

자연적인 모집단으로부터 임의로 추출된 큰 표본들은 그림 4-1a에 나와 있는 것과 같이 일반적으로 대칭적인 빈도 분포를 보인다. 대부분의 값이 중앙값 주위에 군집되어 있고 발생빈도는 이 중앙점으로부터 멀어질수록 감소한다. 이러한 분포의 그래프는 종 모양을 나타내며 **정규분포**(normal distribution)라 불린다. 원격탐사 자료의 분석에 사용되는 많은 통계적 검증 기법들은 영상 내에 기록된 반사도, 발산도 혹은 후방산란도 등이 정규분포를 이루고 있다고 가정한다. 유감스럽게도, 원격탐사 자료는 실제로 정규분포를 따르지 않을 수 있으며, 분석가는 이러한 조건들을 살펴보는 데 주의해야만 한다. 그러한 경우에는 비매개변수를 이용한 통계이론이 선호될 수 있다.

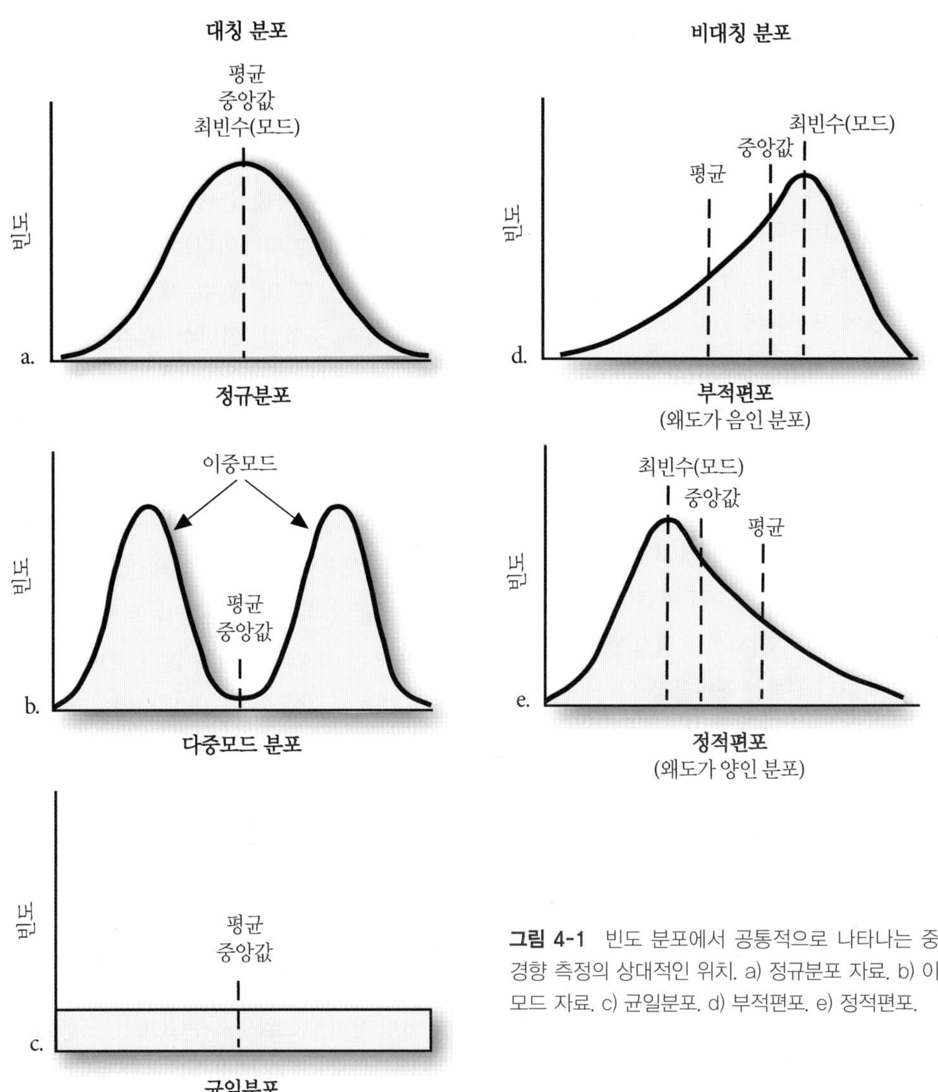

그림 4-1 빈도 분포에서 공통적으로 나타나는 중심 경향 측정의 상대적인 위치. a) 정규분포 자료. b) 이중모드 자료. c) 균일분포. d) 부적편포. e) 정적편포.

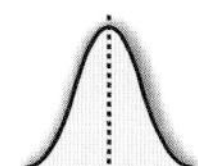

디지털 영상처리에서의 히스토그램과 그 중요성

히스토그램은 단일 밴드 원격탐사 영상이 담고 있는 정보를 나타내는 데 유용한 그래픽 표현 방식이다(Papp, 2010). 영상의 각 밴드에 대한 히스토그램은 종종 많은 원격탐사 연구에서 분석되는데, 왜냐하면 그것이 분석가에게 원시 자료의 품질에 대한 정보를 제공하기 때문이다(예 : 그것이 고대비인지 저대비인지 혹은 다중모드 특성이 있는지와 같은 정보). 사실 많은 분석가들이 영상강조 기법을 적용한 효과를 보여 주기 위해 기법을 적용하기 전후의 히스토그램을 모두 제공한다(Gonzalez and Woods, 2007; Pratt, 2007; Russ, 2011). 각 화소 위치에서 밝기값 BV_{ijk}을 가진 i열, j행으로 구성된 단일 밴드(k)의 히스토그램이 어떻게 구성되는지를 살펴볼 필요가 있다.

원격탐사 자료의 각 밴드는 전형적으로 2^8~2^{12} 사이의 밝기값이 디지털 형태로 기록된다(만약 $quant_k = 2^8$이면 밝기값 범위는 0~255, 2^9이면 0~511, 2^{10}이면 0~1,023, 2^{11}이면 0~2,047, 2^{12}이면 0~4,095). Landsat 5 TM 및 SPOT HRV 자료와 같이 대부분의 원격탐사 자료는 0~255 사이의 값을 가지며 8비트 형태로 기록된다. GeoEye-1 및 MODIS와 같은 일부 센서 시스템은 11비트 정밀도로 자료를 수집한다. 기록정밀도가 클수록 영상으로부터 추출될 수 있는 분광반사도 특성이 보다 섬세할 확률이 높다(Bossler et al., 2010).

영상 내의 각 밝기값의 발생빈도로 만든 표는 히스토그램으로 표현될 수 있는 통계적 정보를 제공한다. 영상의 한 밴드에 기록된 밝기값의 범위($quant_k$)는 횡축(x축) 상에 제공되고 이 값들 각각에 대한 발생빈도가 종축(y축)에 표현된다(그림 4-1a). 예를 들어, 1982년 11월 9일에 촬영된 사우스캐롤라이나 주 찰스턴 지역의 Landsat 4 TM 컬러-적외선 영상을 살펴보자(그림 4-2a). 근적외선 영상인 밴드 4는 그림 4-2b에, 밴드 4 영상의 히스토그램은 그림 4-2c에 표현되어 있다. 히스토그램의 각 극값은 영상 내의 우세한 토지피복의 종류, 즉 'a' 수계, 'b' 해안습지, 'c' 내륙과 상응한다. Landsat TM 밴드 4 영상이 단지 0~255 범위의 앞쪽 1/3 정도에만 위치하고 있음에 주목할 필요가 있다. 이는 자료가 비교적 저대비라는 것을 나타낸다. 만약 Landsat TM 밴드 4의 원시 밝기값이 모니터에 표현되거나 프린트된다면, 비교적 어둡게 나타나고 판독하기 어렵다. 그러므로 영상 내의 분광 정보를 제대로 보기 위해서는 원시 밴드 4 밝기값을 대비확장시켜야 한다(그림 4-2b). 대비확장 원리들은 제8장에 논의되어 있다.

히스토그램은 광학 다중분광 자료와 기타 많은 종류의 원격탐사 자료의 품질을 평가하는 데 유용하다. 예를 들어, SRS (Savannah River Site)에 발생한 기둥 형태의 열수를 새벽녘에 촬영한 열적외선(8.5~13.5μm) 영상의 히스토그램을 살펴보자(그림 4-3). 포 마일 크리크를 통해 서배너 강으로 들어오는 열수는 산업공정에서 냉각화에 사용된 뜨거운 물로 인해 생성된다. 이 히스토그램에 보이는 3개의 극값은 'a' 강의 자연 제방 양쪽 옆에 위치한 서배너 강 주변 습지의 비교적 차가운 온도, 'b' 서배너 강 상류와 기둥 형태의 열수 서쪽의 약간 따뜻한 온도(12℃), 'c' 습지를 통과해서 서배너 강으로 들어가는 비교적 뜨거운 열수와 관련되어 있다. 서배너 강의 남북방향의 흐름은 기둥 형태의 열수가 동쪽 제방을 감싸고 지류의 입구로부터 멀어질수록 분산되도록 한다.

상당히 많은 화소가 동일한 밝기값을 가지는 경우, 전형적인 히스토그램 표현 방식은 원격탐사 자료의 정보 내용을 평가하는 가장 좋은 방법이 아닐 수 있다. 이러한 경우, x축을 따른 각 밝기 정도에서 영상 내 화소의 상대적 퍼센트에 따라 발생빈도(y축)를 조절하는 것이 유용할 수 있다.

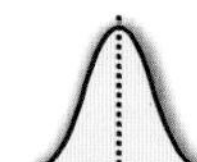

메타데이터

메타데이터(metadata)는 자료에 대한 자료 혹은 정보이다. 대부분의 양질의 디지털 영상처리 시스템은 특정 영상 혹은 부분영상에 대한 메타데이터를 읽고, 수집하고, 저장한다. 영상분석가가 이러한 메타데이터를 다루고 사용하는 것은 중요하다. 대부분의 경우, 메타데이터는 파일명, 최종수정일, 양자화 수준(예 : 8비트), 열 및 행 수, 밴드 수, 단변량 통계값(최솟값, 최댓값, 평균, 중앙값, 최빈수, 표준편차), 수행된 지리참조, 화소 크기(예 : 5×5m)를 포함한다. 디지털 영상처리 시스템 내의 유틸리티 프로그램들은 일상적으로 이들 정보를 제공한다. 예를 들어, 사우스캐롤라이나 주 찰스턴 지역의 Landsat 4 TM 부분영상과 SRS 지역의 열적외선 부분영상에 대한 기본적인 메타데이터가 그림 4-2와 4-3에 나와 있다. 이 두 영상은 아직 기하보정되지 않았기 때문에 투영법, 타원체, 기준점에 대한 메타데이터 정보는 제공되어 있지 않다. 기하보정과 관련된 정보는 나중에 기하보정이 수행되면 메타데이터에 기록된다.

이상적인 원격탐사 메타데이터 시스템은 각 디지털 영상에 적용된 모든 처리과정에 대한 정보를 포함해야 한다(Lanter, 1991). 이러한 '영상 계보' 혹은 '연혁' 정보는 원격탐사 자료가 공공 포럼과 같이 정밀한 조사가 수행되거나 소송 논쟁에 사용될 때 혹은 탐사과정을 반복하고자 할 때나 2개의 자료군을 연관분석할 경우에 매우 귀중하다.

연방지리자료위원회(FGDC)는 국가공간자료기반(NSDI)의 한 부분으로서 영상 메타데이터 표준을 만들었다(FGDC, 2014). 원격탐사 자료를 공공에 제공하는 모든 연방기관은 이 메타데이터 표준에 따르도록 요구하고 있다. 예를 들어, 누군가가 USGS에서 1 : 40,000 축척의 NAPP 사료를 이용하여 만든 1×1m 디지털 정사사진 도엽을 구입한다면, 그 정사사진에 대한 상세한 메타데이터도 포함된다. 영상분석가는 항상 영상 메타데이터를 참조해야 하며, 수행할 디지털 영상처리에서 그 정보를 함께 사용한다. 거의 대부분의 상업적 원격탐사 자료 제공자들도 FGDC 메타데이터 표준을 채택하고 있다.

히스토그램과 메타데이터 정보는 분석가가 원격탐사 자료의 내용을 이해하는 데 도움을 준다. 그러나 때때로 영상 내 화소 밝기값을 구체적으로 살펴보는 것도 매우 유용하다.

1982년 11월 9일에 취득한 사우스캐롤라이나 주 찰스턴의 Landsat 4 TM 영상

a. 밴드 4(근적외선), 3(적색), 2(녹색)의 컬러조합

b. 밴드 4(대비확장)

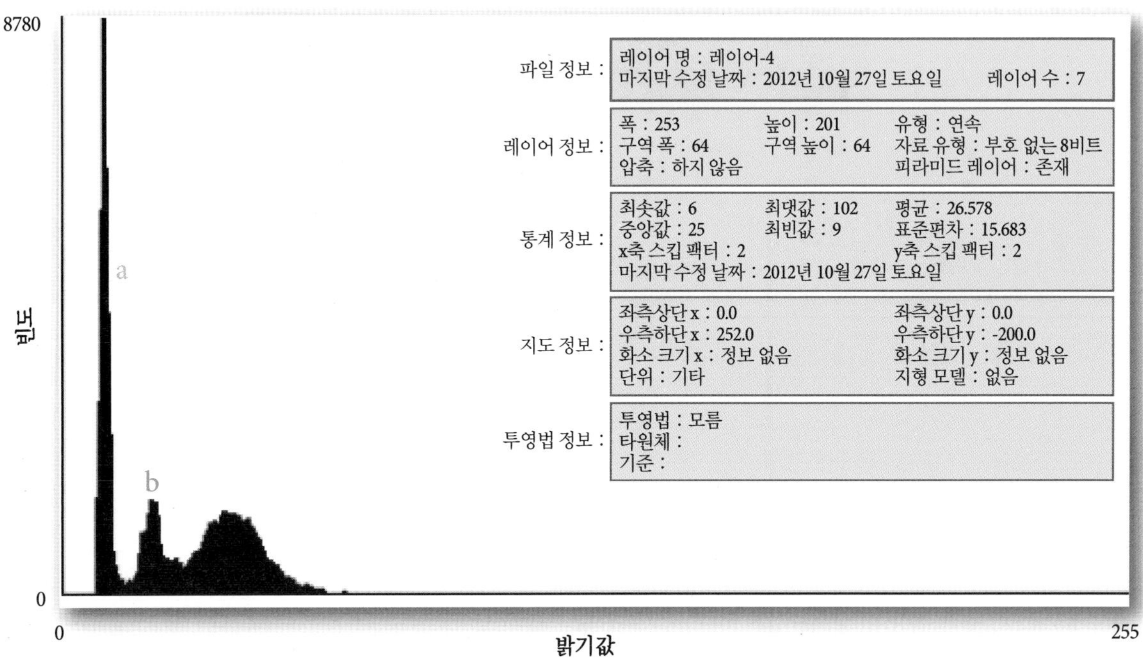

c. 원시 Landsat TM 밴드 4 영상의 히스토그램

그림 4-2 a) 1982년 11월 9일에 수집한 사우스캐롤라이나 주 찰스턴 지역의 밴드 4(근적외선), 3(적색), 2(녹색)를 이용한 컬러-적외선 컬러조합으로 표현된 Landsat 4 TM 영상. b) 밴드 4(근적외선) TM 영상. c) 밴드 4 영상 밝기값의 다중모드 히스토그램. 히스토그램 상의 세 극값은 영상의 우세한 토지피복 종류인 'a' 수계, 'b' 주로 갯쥐꼬리풀(*Spartina alterniflora*)로 구성된 해안습지, 'c' 내륙과 상응한다. 삽입그림은 Landsat TM 밴드 4 부분영상의 특성에 대한 기본적인 메타데이터를 제공하고 있다(원본 영상 제공 : NASA).

서배너 강의 열적외선 영상의 히스토그램

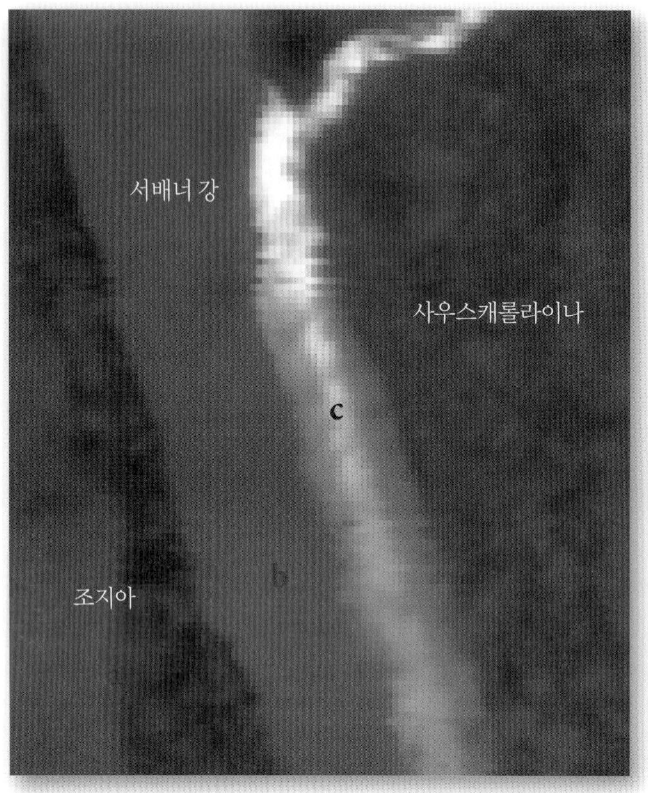

a. 사우스캐롤라이나 주와 조지아 주 사이의 경계 부근에 위치한 서배너 강의 야간 열적외선 영상(대비확장)

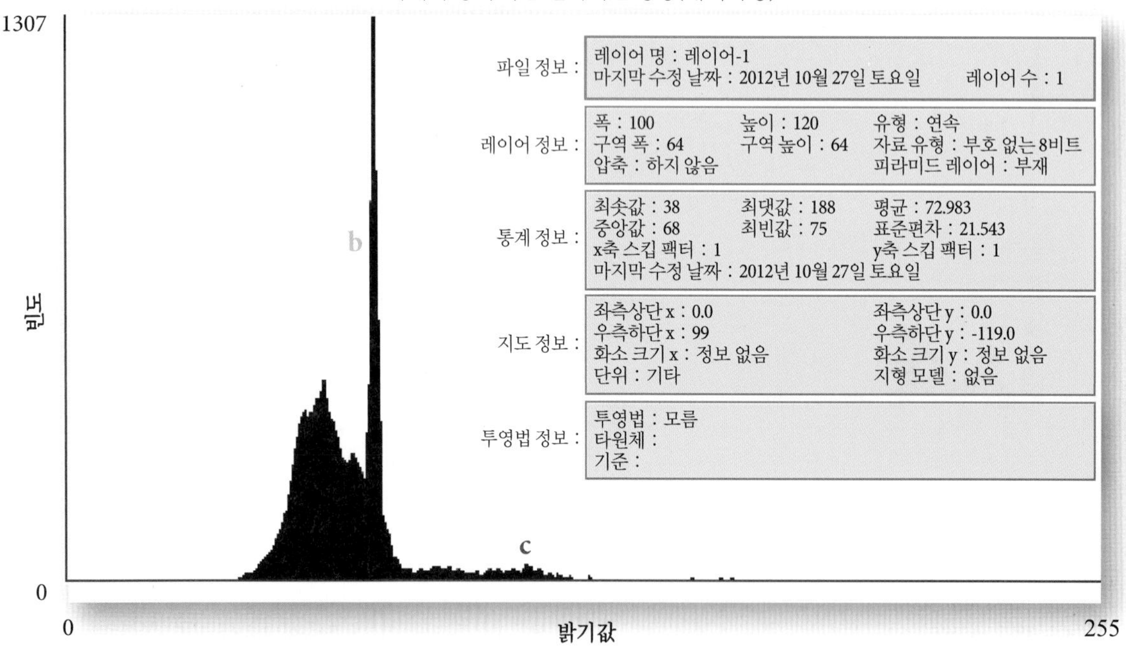

b. 원시 열적외선 자료의 히스토그램

그림 4-3 a) 1981년 3월 28일 오전 4시경에 서배너 강에서 나타난 기둥 형태의 열수를 찍은 열적외선 영상. b) 새벽녘의 열적외선 영상에서 밝기값의 히스토그램이 다중모드를 나타내고 있음. 히스토그램에서 보이는 세 극값은 각각 'a' 비교적 차가운 온도의 서배너 강 주위의 습지, 'b' 약간 따뜻한 온도(12℃)의 서배너 강, 그리고 'c' 비교적 뜨거운 열수를 나타내고 있다. 삽입그림은 열적외선 부분영상의 특성에 대한 메타데이터를 제공하고 있다.

커서를 이용한 개개 화소값의 추출

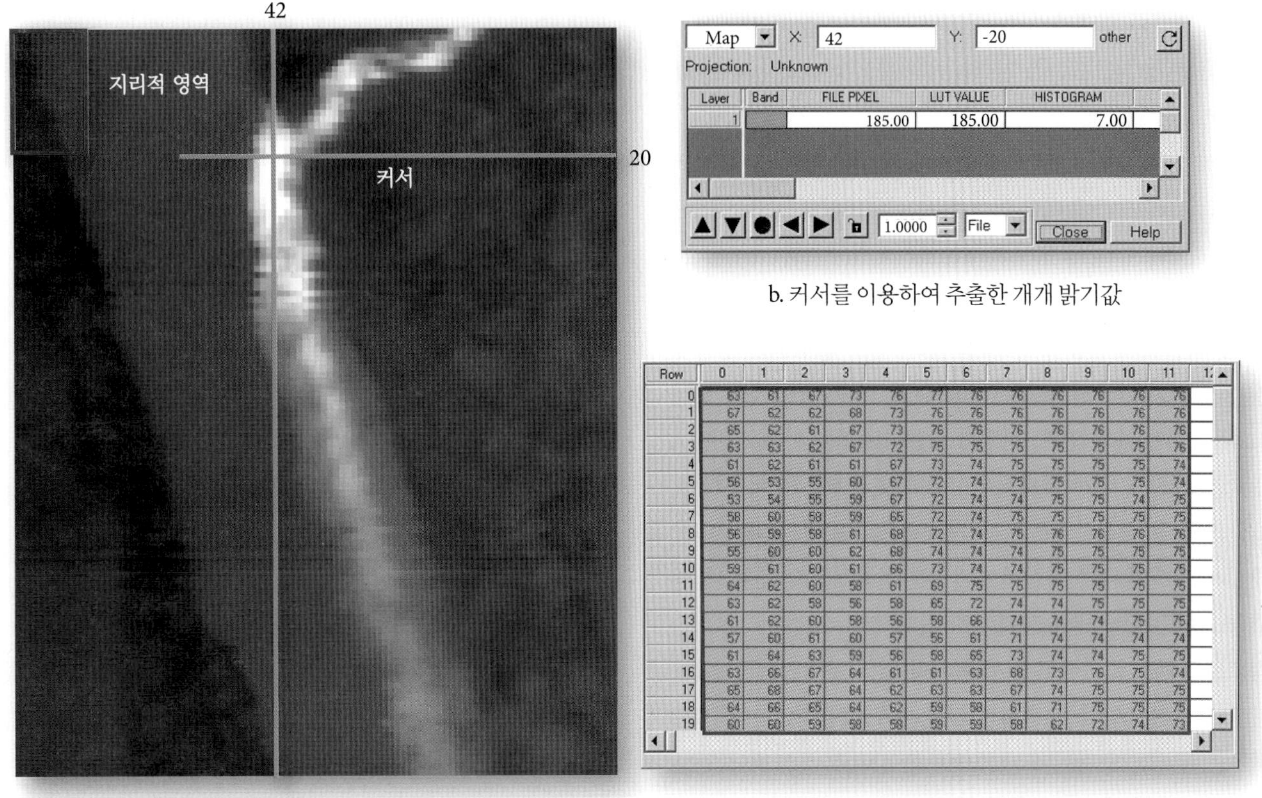

b. 커서를 이용하여 추출한 개개 밝기값

Row	0	1	2	3	4	5	6	7	8	9	10	11
0	63	61	67	73	76	77	76	76	76	76	76	76
1	67	62	62	68	73	76	76	76	76	76	76	76
2	65	62	61	67	73	76	76	76	76	76	76	76
3	63	63	62	67	72	75	75	75	75	75	75	76
4	61	62	61	61	67	73	74	75	75	75	75	74
5	56	53	55	60	67	72	74	75	75	75	75	74
6	53	54	55	59	67	72	74	74	75	75	74	75
7	58	60	58	59	65	72	74	75	75	75	75	75
8	56	59	58	61	68	72	74	75	76	76	76	76
9	55	60	60	62	68	74	74	74	75	75	75	75
10	59	61	60	61	66	73	74	74	75	75	75	75
11	64	62	60	58	61	69	75	75	75	75	75	75
12	63	62	58	56	58	65	72	74	74	75	75	75
13	61	62	60	58	56	58	66	74	74	74	75	75
14	57	60	61	60	57	56	61	71	74	74	74	74
15	61	64	63	59	56	58	65	73	74	74	75	75
16	63	66	67	64	61	61	63	68	73	76	75	74
17	65	68	67	64	62	63	63	67	74	75	75	75
18	64	66	65	64	62	59	58	61	71	75	75	75
19	60	60	59	58	58	59	59	58	62	72	74	73

a. 서배너 강의 야간 열적외선 영상

c. 지리적 영역에 대한 한 개별 밴드의 밝기값

그림 4-4 a) 서배너 강 열적외선 영상에서 42번째 행(x)과 20번째 열(y)에 커서를 위치시킴. b) 42번째 행과 20번째 열에 위치한 화소의 분광정보. c) 열적외선 영상의 첫 12개의 행과 20개의 열에 대한 밝기값을 행렬 형태로 표현.

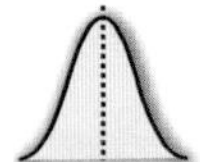

특정 위치나 지리 영역 내에 위치하는 개개 화소값 보기

원격탐사 영상에서 개개 화소의 밝기값을 보는 것은 자료의 품질과 정보 내용을 평가하는 데 가장 유용한 방법 중 하나이다. 실제로 모든 디지털 영상처리 시스템에서는 분석가가 다음의 작업을 수행할 수 있다.

- 영상 내의 특정 위치(구체적인 열과 행, 혹은 x, y 좌표)를 확인하기 위해 마우스로 조정되는 커서(십자기호)를 이용하고 그 위치에서의 n 밴드에 대한 밝기값 평가
- 행렬(래스터) 포맷에서 개개 밴드의 밝기값 평가

커서를 이용한 개개 화소의 밝기값 평가

대부분의 사람들은 마우스를 이용하여 커서를 어떻게 조정하고 원하는 위치로 움직일 수 있는지를 알고 있다. 예를 들어, 그림 4-4a에서 행 42(x), 열 20(y)에 해당하는 서배너 강의 열수 중심부에 커서를 위치시켰다. 열적외선 영상에서 이 위치에 대한 수치적 정보는 그림 4-4b에 요약되어 있으며, 원시 밝기값(185), 컬러 조견표 값(제5장에서 논의됨), 그리고 히스토그램에서 값 135를 가진 화소 수(즉 7) 등을 포함한다. 주변의 화소 위치로 옮겨 가는 데 사용되는 방향키도 유용하다.

지리적 영역 내의 화소 밝기값의 2차원 및 3차원 평가

심지어 작은 영역이라 하더라도 그 안에서 개개 화소의 밝기값을 평가하기 위해 커서를 사용하는 것은 매우 지겹고 귀찮은 일이 될 수 있다. 그러한 경우, 지리적 영역 커서(예 : 사각형)를 이용하여 그 영역 내의 구체적인 밴드들에 대한 모든 화소값을 확인하는 것이 유용하다. 예를 들어, 그림 4-4c는 열적외선 영상의 20열과 12행 내에서 나타나는 밝기값을 행렬 형태로 나타

낸 것이다. 70보다 큰 밝기값은 서배너 강의 화소 및 수계와 육지의 경계부분의 화소를 나타낸다. 제8장(영상강조)에는 보다 정밀하게 조사한 결과가 나와 있는데, 그 결과에 따르면 74보다 같거나 큰 밝기값들만을 선택하여 이들을 비교적 순수한 수계를 나타내는 화소로 볼 수 있다.

행렬(래스터) 형식으로 개개 밝기값을 보는 것은 유용하나, 영역 내의 자료 크기에 대한 어떠한 시각적 표현도 전달하지 못한다. 그러므로 디지털 영상처리 프로젝트의 초기단계에는 종종 지리적 영역 내의 개개 밝기값을 추출하여 임의의 3차원 표현을 만드는 것이 유용하다. 예를 들어, 전체 열적외선 영상에 대한 개개 밝기값의 선형태(wire-frame)로 이루어진 3차원 표현이 그림 4-5b에 나와 있다. 선형태 표현이 유용하긴 하지만, 그 위에 개개 밴드의 실제 회색조 영상이나 몇몇 밴드를 이용한 컬러조합 영상을 중첩시키는 것이 시각적으로 훨씬 효과적이다. 예를 들어, 2개의 다른 지점에서 바라본 열적외선 영상을 3차원으로 표현한 것이 그림 4-5c에 나와 있다.

히스토그램을 조사하고 커서나 지리 영역 분석 방법들을 이용하여 개개 밝기값을 추출하는 것은 매우 유용하기는 하지만 그것들은 원격탐사 자료에 대한 어떠한 통계적 정보도 제공하지 않는다. 다음 절에서는 원격탐사 영상에서 기본적인 단변량 및 다변량 통계값들을 어떻게 계산하는지를 다룬다.

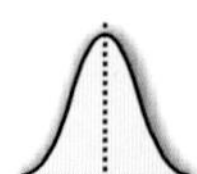

단변량 영상 통계값

대부분의 디지털 영상처리 시스템은 단일 혹은 다중 밴드를 가진 원격탐사 자료에 대해 단변량 및 다변량 통계분석을 수행할 수 있다. 예를 들어, 영상분석가들은 영상으로부터 추출될 수 있는 중신경향성과 분산 정도의 통계값을 쉽게 계산할 수 있다.

원격탐사 자료의 중심경향 측정

최빈수(mode, 모드; 예 : 그림 4-1a 참조)는 어떤 분포에서 가장 빈번하게 발생하는 값으로 일반적으로 히스토그램 상의 곡선에서 가장 최상위점에 해당한다. 그러나 그림 4-1b에서와 같이, 원격탐사 데이터셋이 하나 이상의 최빈수를 가지는 경우도 많다. 사우스캐롤라이나 주 찰스턴 지역의 Landsat TM 밴드 4 영상(그림 4-2c)과 SRS의 열적외선 영상(그림 4-3b)의 히스토그램은 여러 개의 최빈수(모드)를 가지고 있으며 비대칭적인 분포를 띠고 있다.

중앙값(median)은 빈도분포에서 가운데에 위치한 값이다 (예 : 그림 4-1a 참조). 중앙값의 오른쪽은 분포곡선 아래쪽 영역의 절반이고, 나머지 절반은 왼쪽에 해당한다. **평균**(mean, μ)은 산술적인 평균값으로 모든 밝기값의 합을 관측 수로 나눈 값이다. 이는 중심경향을 측정하는 가장 일반적인 값이다. 영상의 단일 밴드의 평균 μ_k는 n개의 밝기값으로 구성되며 다음 식을 이용하여 계산된다.

$$\mu_k = \frac{\sum_{i=1}^{n} BV_{ik}}{n} \tag{4.1}$$

표본 평균 μ_k는 모집단 평균의 편향되지 않은 추정값이다. 좌우대칭적인 분포에 대해서 표본 평균은 중앙값이나 최빈수와 같은 다른 어떠한 추정값보다 더 모집단의 평균과 근접하는 경향이 있다. 그러나 유감스럽게도, 표본 평균은 관측집단이 한쪽으로 치우쳐 있거나 매우 큰 값(혹은 작은 값)을 포함하고 있을 때에는 중심경향을 측정하는 기준으로 부적절하다. 극값(최빈수)이 평균의 오른쪽 혹은 왼쪽 편으로 상당히 멀리 위치할 때, 빈도분포가 치우쳐 있다고 말한다. 그러므로 만약 극값(최빈수)이 평균 오른편에 위치하면 빈도분포는 음의 방향으로 치우쳐 있다고 하며(음의 왜도), 반대로 평균 왼편에 위치하면 양의 방향으로 치우쳐 있다고 한다(양의 왜도). 양 혹은 음의 방향으로 치우친 분포의 예가 그림 4-1d, e에 나와 있다.

산포 측정

어떤 분포의 평균에 대해 어느 정도 흩어져 있는지를 측정하는 것 또한 영상에 대한 귀중한 정보를 제공한다. 예를 들어, 영상의 한 밴드의 **범위**(range, range_k)는 최댓값($\max_k$)과 최솟값($\min_k$) 사이의 차이로 계산된다.

$$\text{range}_k = \max_k - \min_k \tag{4.2}$$

유감스럽게도, 최댓값 및 최솟값이 매우 크거나 작은 예외적인 값일 때에는 범위가 그 분포의 산포(흩어진 정도)를 제대로 나타내지 못한다. 그러한 예외적인 값들이 나타나는 것은 흔한 일인데 왜냐하면 원격탐사 자료가 섬세한 전자공학적 감지기 시스템에 의해 수집되는 과정에서 종종 전압에 스파크가 일거나 기타 오작동으로 인해 오류가 생길 수 있기 때문이다. 예외적인 값들이 나타나지 않을 때에는 범위가 꽤 중요한 통계값으로서 제8장에서 논의되는 최소-최대 대비확장과 같은 영상강

자료의 3차원 표현 위에 열적외선 영상을 중첩

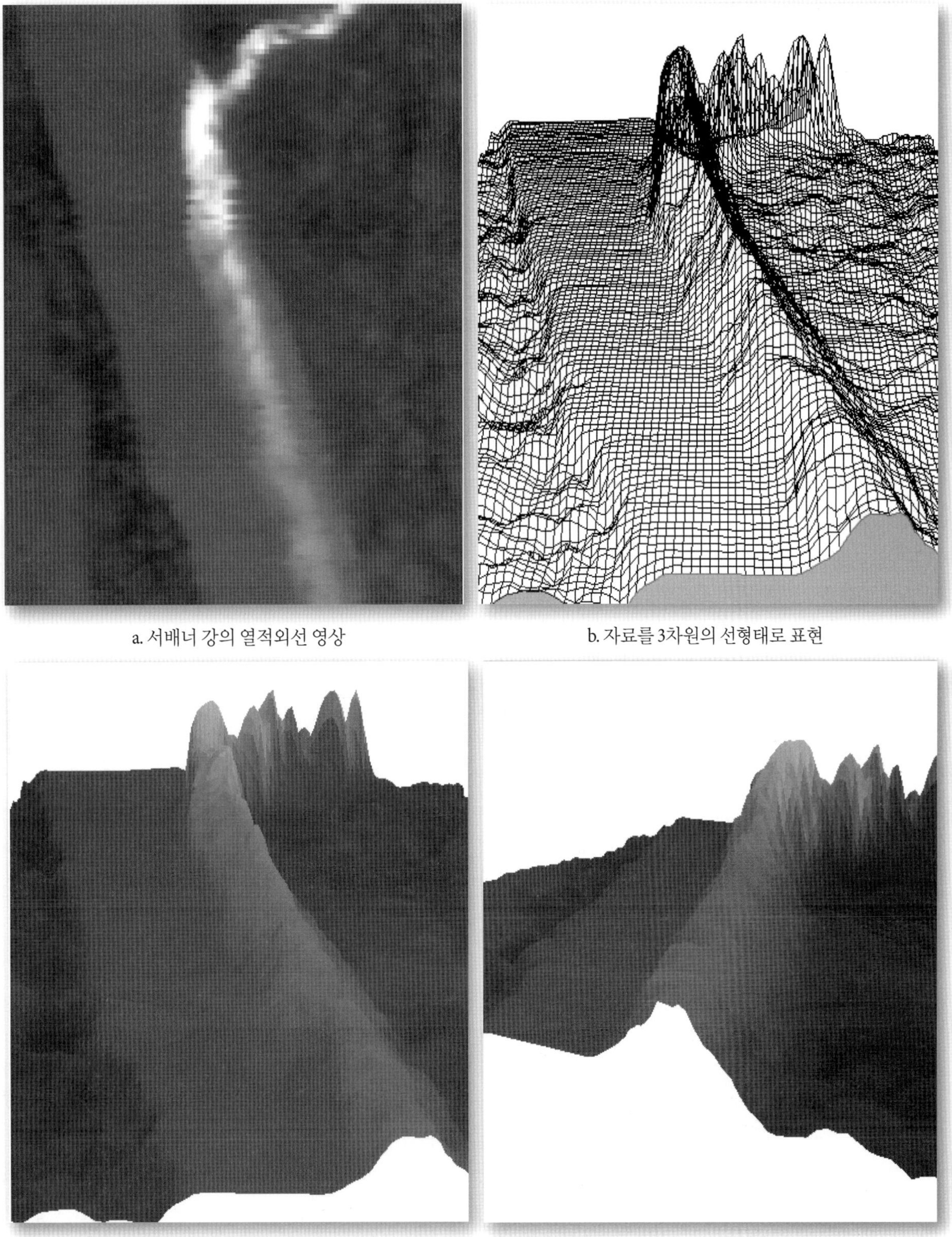

a. 서배너 강의 열적외선 영상

b. 자료를 3차원의 선형태로 표현

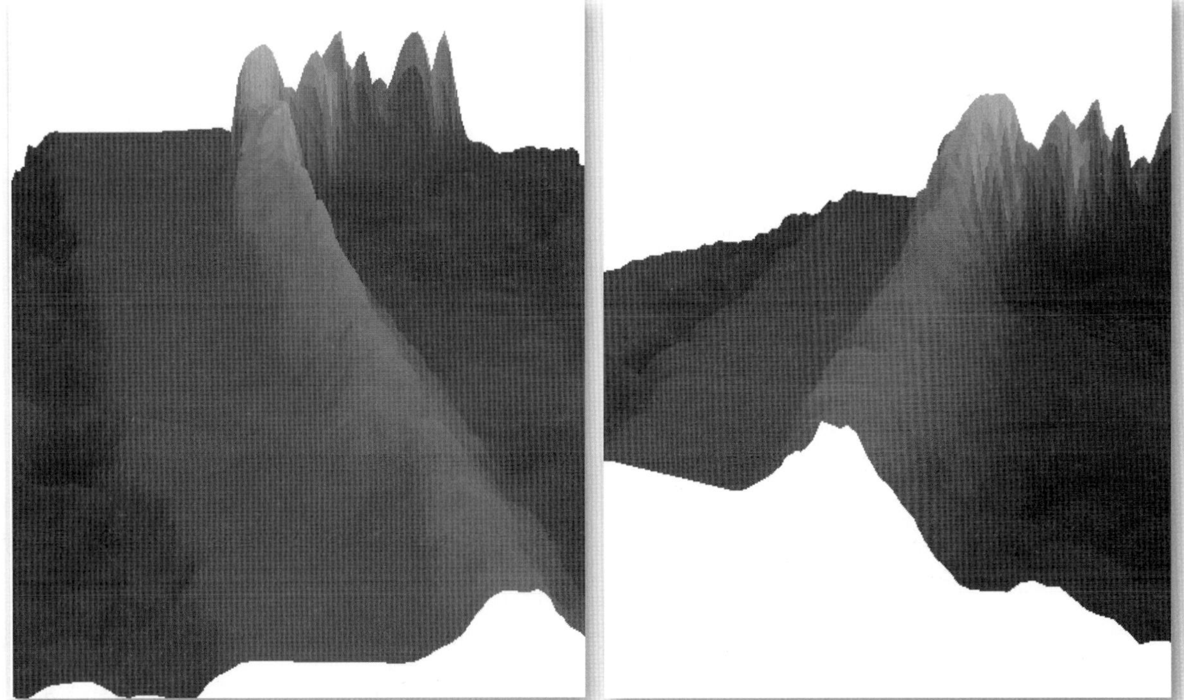

c. 3차원으로 표현한 것 위에 열적외선 자료를 중첩(오른쪽은 5배 확대한 그림)

그림 4-5 그림 4-3a의 서배너 강 열적외선 자료의 2차원 및 3차원 표현

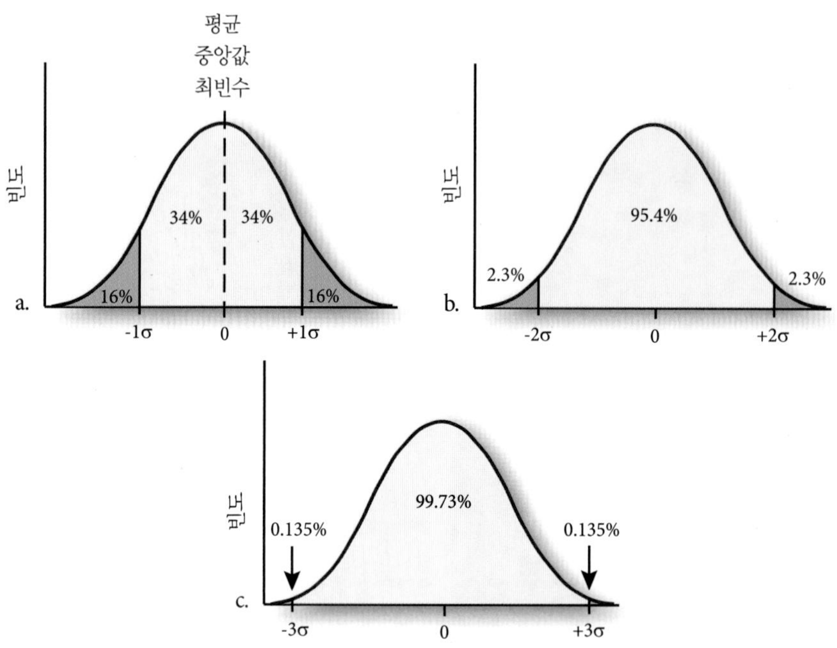

그림 4-6 정규분포곡선에서 a) 1, b) 2, c) 3 표준편차 내의 영역

조에 주로 사용된다.

표본의 **분산**(variance)은 표본 평균으로부터 가능한 모든 관측값의 평균자승편차이다. 영상의 한 밴드에 대한 분산(var_k)은 다음 식을 이용해서 계산된다.

$$var_k = \frac{\sum_{i=1}^{n}(BV_{ik} - \mu_k)^2}{n} \tag{4.3}$$

$\Sigma(BV_{ik} - \mu_k)^2$는 보정된 제곱합(Sum of Square, **SS**)이다(Davis, 2002). 만약 표본 평균(μ_k)이 실제로 모집단 평균이라면 이는 분산의 정확한 측정값이 될 것이다. 그러나 일반적으로 식 4.3을 사용하여 분산을 계산할 때에는 어느 정도 과소평가되는 경향이 있는데 이는 표본 평균(식 4.1에서 μ_k)이 그에 대한 편차의 제곱을 최소화하는 방식으로 계산되기 때문이다. 그러므로 분산을 계산하는 식에서 분모를 $n-1$로 감소시킴으로써 약간 크고 공정한 표본 분산을 추정한다.

$$var_k = \frac{\mathbf{SS}}{n-1} \tag{4.4}$$

표준편차(standard deviation)는 분산의 양의 제곱근이다. 영상의 한 밴드에서 화소 밝기값의 표준편차(s_k)는 다음과 같이 계산된다.

$$s_k = \sqrt{var_k} \tag{4.5}$$

표준편차가 작다면 관측값이 중앙값 주위에 밀집해 있음을 뜻한다. 반대로, 큰 표준편차는 값들이 평균에서 멀리 흩어져 있음을 뜻한다. 분포곡선 아래의 총면적은 1.00(혹은 100%)과 같다. 정규분포의 경우, 관측값의 68%가 평균으로부터 ±1 표준편차 내에 위치하고(그림 4-6a), 95.4%가 ±2 표준편차 내에 위치하며(그림 4-6b), 99.73%가 ±3 표준편차 내에 위치한다(그림 4-6c).

표준편차는 선형 대비강조, 공간 필터링, 평행육면체 분류법 및 정확도 평가 등과 같은 디지털 영상처리를 수행하는 데 사용되는 통계값이다(예 : Schowengerdt, 2007; Russ, 2011; Richards, 2013; Chityala and Pudipeddi, 2014). 분산과 표준편차를 해석하기 위해서는 분석가가 각 측정값의 유의성에만 집착해서는 안 되고 하나의 분산 혹은 표준편차를 다른 값들과 비교해야 한다. 만약 모든 측정값이 동일한 단위에서 계산되었다면 큰 분산 혹은 표준편차를 가진 표본일수록 관측값에 대한 밝기값 범위가 더 크다.

표 4-1 분산-공분산 행렬 계산에 사용된 밝기값 표본 데이터셋

화소	밴드 1(녹색)	밴드 2(적색)	밴드 3(근적외선)	밴드 4(근적외선)
(1,1)	130	57	180	205
(1,2)	165	35	215	255
(1,3)	100	25	135	195
(1,4)	135	50	200	220
(1,5)	145	65	205	235

분포(히스토그램)의 비대칭 및 뾰족한 정도 측정

때때로 정량적인 관점에서 분포(히스토그램)의 다양한 특성을 나타내는 부가적인 통계 측정값을 계산하는 것이 유용하다. **왜도**(skewness)는 히스토그램의 비대칭성을 나타내는 측정값이며 다음의 식을 이용하여 계산된다(Pratt, 2007).

$$skewness_k = \frac{\sum_{i=1}^{n}\left(\frac{BV_{ik}-\mu_k}{s_k}\right)^3}{n} \tag{4.6}$$

완전히 대칭적인 히스토그램은 왜도가 0이다.

히스토그램은 대칭적이더라도 정규분포와 비교해서 극값이 매우 뾰족하거나 평평할 수 있다. 완전한 정규분포는 **첨도**(kurtosis)가 0이다. 첨도가 양의 값으로 커지면 분포에서의 극값은 정규분포와 비교해 점점 더 뾰족해진다. 반대로 첨도가 음의 값을 가지면 히스토그램에서 극값은 정규분포와 비교해 평평해진다. 첨도는 다음 식을 이용하여 계산된다.

$$kurtosis_k = \left[\frac{1}{n}\sum_{i=1}^{n}\left(\frac{BV_{ik}-\mu_k}{s_k}\right)^4\right] - 3 \tag{4.7}$$

원격탐사 자료에서 비정상적인 값들은 왜도와 첨도 계산에서 심각한 영향을 미칠 수 있으므로 이 통계값들을 계산하기 전에 그러한 잘못된 자료는 제거하는 것이 바람직하다.

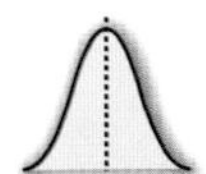

다변량 영상 통계

원격탐사 연구는 종종 하나 이상의 밴드(예 : 적색 및 근적외선 밴드)에서 얼마나 많은 복사속이 물체로부터 반사되거나 방출되는지를 측정하는 것과 관련이 있다. 이러한 측정값들이 서로 어떻게 변하는지를 알아보기 위해 일부 밴드들 사이의 공분산이나 상관관계와 같은 다변량 통계값을 계산해 볼 필요가 있다. 제8장에서 제13장에 걸쳐 분산-공분산 및 상관 행렬이 원격탐사 자료의 주성분 분석이나 피처 선택, 분류 및 정확도 평가에 사용되는 것을 다룰 것이다(예 : Bishop, 2007; Congalton and Green, 2008; Prost, 2013; Richards, 2013)(제8~13장). 따라서 이 절에서는 밴드 사이의 분산-공분산이 어떻게 계산되고, 이것이 밴드 사이의 상관관계를 계산하는 데 어떻게 이용되는지를 살펴보도록 한다. 비록 단지 5개의 가상적인 화소로 구성된 간단한 데이터셋을 이용하여 실험해 보겠지만(표 4-1), 이것만으로도 이러한 통계값들이 디지털 영상처리에서 얼마나 유용한지 충분히 알 수 있을 것이다. 나중에 240×256화소로 구성된 사우스캐롤라이나 주 찰스턴 지역의 TM 영상(7개 밴드)에 대해 이 통계값들을 계산해 보도록 한다. 이 영상이 그림 4-2a의 120×100화소로 구성된 부분영상보다 훨씬 크다는 것에 유념해야 한다.

다음의 예들은 식생지역에 대해 수집된 4개 밴드(녹색, 적색, 근적외선, 근적외선)를 가진 가상의 다중분광 영상의 처음 5개 화소를 분석하고 있다[(1,1), (1,2), (1,3), (1,4), (1,5)]. 즉 각 화소는 4개의 분광 측정값으로 구성되어 있다(표 4-1). 광합성을 위한 적색 영역의 식물 엽록소 흡수에 의해 밴드 2에서 밝기값이 낮으며, 녹색 식물에 의해 근적외선 에너지의 반사도가 증가하기 때문에 두 근적외선 밴드(3과 4)에서 밝기값이 매우 높음을 알 수 있다. 비록 작은 가상적인 표본 데이터셋에 불과하지만 건강한 녹색 식생의 분광 특성을 아주 잘 나타내고 있다.

이 영상에 대한 간단한 단변량 통계값들은 표 4-2와 같다. 이 예에서 밴드 2는 가장 작은 분산(264.8)과 표준편차(16.27), 그리고 가장 낮은 밝기값(25)과 가장 작은 밝기값 범위(65−25

표 4-2 가상의 표본 데이터셋에 대한 단변량 통계값

밴드	1	2	3	4
평균(μ_k)	135.00	46.40	187.0	222.00
표준편차(s_k)	23.71	16.27	31.4	23.87
분산(var_k)	562.50	264.80	1007.5	570.00
최솟값(min_k)	100.00	25.00	135.0	195.00
최댓값(max_k)	165.00	65.00	215.0	255.00
범위(BV_r)	65.00	40.00	80.0	60.00

=40), 가장 낮은 평균값(46.4)을 보여 주고 있다. 반대로 밴드 3은 가장 큰 분산(1007.5)과 표준편차(31.4), 그리고 가장 큰 밝기값 범위(215−135=80)를 가지고 있다. 이러한 단변량 통계값들은 가치 있기는 하지만 4개 밴드에서 분광 측정값들이 함께 변하는지 혹은 완전히 독립적으로 변하는지에 대한 유용한 정보는 제공하지 못한다.

원격탐사 자료의 다중 밴드에서의 공분산

각 화소에 대해 추출된 분광 측정값들은 종종 예측 가능한 방식으로 함께 변한다. 만약 주어진 화소에 대해 한 밴드에서의 밝기값과 다른 밴드에서의 밝기값 사이에 어떠한 관계도 없다면 그 값들은 상호 독립적이다. 즉 한 밴드의 밝기값의 증가나 감소에 따라 다른 밴드의 밝기값이 예측 가능한 방식으로 변하지 않는다는 것이다. 개개 화소의 분광 측정값이 독립적이지 않을 수 있기 때문에 이들 측정값 사이의 관계를 살펴볼 필요가 있다. 이 측정값을 **공분산**(covariance)이라 부르며, 두 변수의 공통 평균에 대한 결합 변화량(joint variation)을 뜻한다. 공분산을 계산하기 위해서는 먼저 보정된 곱의 합(Sum of Products, SP)을 다음과 같이 계산한다(Davis, 2002).

$$\mathbf{SP}_{kl} = \sum_{i=1}^{n}(BV_{ik} - \mu_k)(BV_{il} - \mu_l) \tag{4.8}$$

이 식에서 BV_{ik}는 연구 지역의 n개의 화소에 대한 밴드 k의 i번째 측정값이고 BV_{il}은 밴드 l의 i번째 측정값이다. 밴드 k와 l의 평균은 각각 μ_k와 μ_l이다. 여기에 사용된 예에서 변수 k는 밴드 1을, 그리고 변수 l은 밴드 2를 나타낸다고 볼 수 있다. 다음의 식을 이용하는 것이 계산하기에 보다 효율적이다.

표 4-3 분산-공분산 행렬 포맷

	밴드 1	밴드 2	밴드 3	밴드 4
밴드 1	SS_1	$cov_{1,2}$	$cov_{1,3}$	$cov_{1,4}$
밴드 2	$cov_{2,1}$	SS_2	$cov_{2,3}$	$cov_{2,4}$
밴드 3	$cov_{3,1}$	$cov_{3,2}$	SS_3	$cov_{3,4}$
밴드 4	$cov_{4,1}$	$cov_{4,2}$	$cov_{4,3}$	SS_4

$$\mathbf{SP}_{kl} = \sum_{i=1}^{n}(BV_{ik} \times BV_{il}) - \frac{\sum_{i=1}^{n} BV_{ik} \sum_{i=1}^{n} BV_{il}}{n} \tag{4.9}$$

위 식에서 나온 결과는 보정되지 않은 곱의 합이다. 곱의 합($\mathbf{SP}_{kl}$)과 제곱합(**SS**)의 관계는 k와 l을 동일하게 바꾸면 쉽게 알 수 있다.

$$\begin{aligned}\mathbf{SP}_{kk} &= \sum_{i=1}^{n}(BV_{ik} \times BV_{ik}) - \frac{\sum_{i=1}^{n} BV_{ik} \sum_{i=1}^{n} BV_{ik}}{n} \\ &= \mathbf{SS}_k\end{aligned} \tag{4.10}$$

단순 분산이 **SS**를 $(n-1)$로 나눔으로써 계산되듯이, 공분산 역시 **SP**를 $(n-1)$로 나눔으로써 계산된다. 그러므로 밴드 k와 l의 밝기값 사이의 공분산 cov_{kl}는 다음과 같다(Davis, 2002).

$$\text{cov}_{kl} = \frac{\mathbf{SP}_{kl}}{n-1} \tag{4.11}$$

곱의 합(**SP**)과 제곱합(**SS**)은 표 4-1에 나와 있는 4개의 분광 변수의 모든 가능한 조합에 대해 계산될 수 있다. 이 결과는 4×4 분산-공분산 행렬의 형태로 배열될 수 있는데(표 4-3), 행렬 내에서 대각선 방향 이외의 모든 값은 하나씩 중복되어 있다(예 : $\text{cov}_{1,2} = \text{cov}_{2,1}$, 즉 $\text{cov}_{kl} = \text{cov}_{lk}$).

행렬 내의 대각선 방향의 분산과 비대각선 방향의 공분산의 계산 결과와 밴드 1과 2 사이의 공분산을 계산하는 과정이 각각 표 4-4와 표 4-5에 나와 있다.

원격탐사 자료의 다중 밴드 사이의 상관관계

측정단위에 영향받지 않는 방식으로 변수들 사이의 상호관계

표 4-4 표본 자료의 분산-공분산 행렬

	밴드 1	밴드 2	밴드 3	밴드 4
밴드 1	562.50			
밴드 2	135.00	264.80		
밴드 3	718.75	275.25	1007.50	
밴드 4	537.50	64.00	663.75	570.00

표 4-5 식 4.9와 4.11을 이용한 표본 자료의 밴드 1과 2 사이의 공분산 계산

밴드 1	(밴드 1×밴드 2)	밴드 2
130	7,410	57
165	5,775	35
100	2,500	25
135	6,750	50
145	9,425	65
675	31,860	232

$$SP_{1,2} = (31,860) - \frac{(675)(232)}{5} = 540$$

$$cov_{1,2} = \frac{540}{4} = 135$$

의 정도를 측정하는 것으로 **피어슨의 적률 상관계수**(Pearson's product-moment correlation coefficient, r)가 있다(Samuels et al., 2011; Konishi, 2014). 예를 들어, 원격탐사 자료의 두 밴드(k, l) 사이의 상관계수(r_{kl})는 그들의 공분산(cov_{kl})의 표준편차($s_k s_l$)의 곱에 대한 비율이다.

$$r_{kl} = \frac{cov_{kl}}{s_k s_l} \tag{4.12}$$

상관계수는 비율이기 때문에 그 단위가 없다. 공분산은 그 변수들의 표준편차의 곱과 같을 수는 있으나 그것을 초과할 수는 없다. 따라서 상관계수는 +1에서 −1 사이에 존재한다. +1의 상관계수는 두 밴드의 밝기값이 완벽한 양의 비례관계에 있음을 뜻한다. 즉 한 밴드의 화소값이 증가하면 다른 밴드의 화소값도 동일한 비만큼 증가한다. 반대로, −1의 상관계수는 두 밴드가 반비례함을 뜻한다. 이 경우에는 한 밴드의 밝기값이 증가하면 그에 해당하는 다른 밴드의 밝기값은 그만큼 감소한다.

위 경우와 달리 덜 완벽한 관계들이 −1과 +1 상관계수 사이에 연속적으로 존재한다. 상관계수가 0이면 원격탐사 자료의 두 밴드 사이에 어떠한 선형관계도 존재하지 않음을 뜻한다.

만약 상관계수를 제곱하면 **표본결정계수**(coefficient of determination, r^2)가 되는데, 이는 밴드 k의 값들과의 선형관계에 의해 설명될 수 있는 '밴드 l'의 값의 총변화량을 나타내는 비율이다. 따라서 상관계수가 0.7이라면 결정계수는 0.49이며, 이는 표본에서 '밴드 l'의 값의 총변화량의 49%가 '밴드 k'의 값과의 선형관계에 의해 설명된다는 뜻이다.

표 4-6 표본 자료의 상관 행렬

	밴드 1	밴드 2	밴드 3	밴드 4
밴드 1	–			
밴드 2	0.35	–		
밴드 3	0.95	0.53	–	
밴드 4	0.94	0.16	0.87	–

밴드 간 상관관계는 일반적으로 상관 행렬 내에 저장되는데 표 4-6은 표본 자료의 밴드 간 상관관계를 나타내고 있다. 일반적으로 행렬 내에는 대각선 아래의 상관관계 계수들만이 표현되는데 이는 대각선 상의 값들은 1.0이고 대각선 위의 값들은 대각선 아래의 값들과 동일하기 때문이다.

이 가상의 예에서 밴드 1의 밝기값은 밴드 3 및 4의 밝기값들과 매우 높은 상관관계를 가지고 있다($r > 0.94$). 높은 상관관계는 이들 밴드 사이에 정보 내용이 상당 부분 중복되어 있다는 것을 뜻한다. 반대로, 밴드 2와 다른 모든 밴드 사이의 비교적 낮은 상관관계는 밴드 2가 다른 밴드에는 들어 있지 않은 일종의 유일한 정보를 많이 제공하고 있다고 볼 수 있다. 분석을 위해 가장 유용한 밴드들을 선택하기 위한 보다 정교한 방법들이 뒤의 절에 기술되어 있다.

사우스캐롤라이나 주 찰스턴 지역의 Landsat TM 영상을 이용하여 전형적인 통계 분석을 수행한 결과를 표 4-7에 요약하였다. 밴드 1은 청색 파장 에너지의 Rayleigh 및 Mie 대기산란 때문에 가장 넓은 밝기값 범위(51~242)를 보여 준다. 근적외선 및 중적외선 밴드들(4, 5, 7) 모두 0에 근접한 최솟값을 가진다. 이 값들이 낮은 이유는 찰스턴 지역 영상의 대부분이 바다로 구성되어 있어서 입사하는 근적외선 및 중적외선 복사속의 대부분을 흡수함으로써 이들 밴드에서 낮은 반사도를 야기하기 때문이다. 밴드 1, 2, 3은 모두 서로 상관관계가 매우 높은데($r > 0.95$), 이는 이 밴드들 사이에 상당한 양의 분광정보가 반복

표 4-7 사우스캐롤라이나 주 찰스턴 지역의 Landsat TM 영상(7개의 밴드로 구성, 각 밴드는 240×256화소)에 대한 통계값

밴드 번호 (μm)	1 0.45~0.52	2 0.52~0.60	3 0.63~0.69	4 0.76~0.90	5 1.55~1.75	7 2.08~2.35	6 10.4~12.5
단변량 통계값							
평균	64.80	25.60	23.70	27.30	32.40	15.00	110.60
표준편차	10.05	5.84	8.30	15.76	23.85	12.45	4.21
분산	100.93	34.14	68.83	248.40	568.84	154.92	17.78
최솟값	51.00	17.00	14.00	4.00	0.00	0.00	90.00
최댓값	242.00	115.00	131.00	105.00	193.00	128.00	130.00
분산-공분산 행렬							
1	100.93						
2	56.60	34.14					
3	79.43	46.71	68.83				
4	61.49	40.68	69.59	248.40			
5	134.27	85.22	141.04	330.71	568.84		
7	90.13	55.14	86.91	148.50	280.97	154.92	
6	23.72	14.33	22.92	43.62	78.91	42.65	17.78
상관 행렬							
1	1.00						
2	0.96	1.00					
3	0.95	0.96	1.00				
4	0.39	0.44	0.53	1.00			
5	0.56	0.61	0.71	0.88	1.00		
7	0.72	0.76	0.84	0.76	0.95	1.00	
6	0.56	0.58	0.66	0.66	0.78	0.81	1.00

되어 있음을 뜻한다. 같은 정도는 아니지만 근적외선 및 중적외선 밴드들(4, 5, 7) 사이에서도 많은 양의 정보가 중복되어 있으며 상관관계는 0.66~0.95 사이에 존재한다. 매우 낮은 상관관계는 가시광선 영역의 한 밴드와 근적외선 밴드 사이에서 발생하는데, 특히 밴드 1과 4는 가장 낮은 상관관계($r = 0.39$)를 보여 주고 있다. 사실 밴드 4는 모든 가시영역의 밴드들(1, 2, 3)과 비교할 때 가장 중복성이 낮은 적외선 영역의 밴드이다. 이러한 이유로 TM 밴드 4(0.76~0.90μm)는 이 책의 많은 부분에서 예로 사용되고 있다. 열적외선 밴드 6(10.4~12.5μm)은 중적외선 밴드들(5, 7)과 매우 높은 상관관계를 보여 주고 있다.

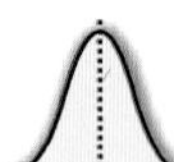

피처공간 그래프

이상에서 살펴본 단변량 및 다변량 통계값들은 개개 밴드 통계값에 대한 정확하고 기본적인 정보들을 제공하여 그 밴드들이 어떻게 변하고 상호 관련되어 있는지를 알려 준다. 그러나 때때로 통계적인 관계를 지리적인 관점에서 조사해 보는 것이 유용하다.

원격탐사 자료의 개개 밴드는 패턴인식 분야에서 종종 **피처**(features)로 언급되기도 한다. 원격탐사 데이터셋에서 2개의 밴드(피처)가 어떻게 상호 변하는지, 그리고 서로 상관관계가 있는지를 정확히 평가하기 위해서는 2개의 밴드를 이용하여 피처

공간 그래프를 만들어 살펴보는 것이 유용하다.

2차원의 **피처공간 그래프**(feature space plot)는 영상에 존재하는 두 밴드의 모든 화소에 대한 밝기값을 추출하여 그 발생빈도를 255×255(8비트 자료라 가정할 때) 피처공간에 점으로 표시한다. 각 쌍을 이루는 값들의 발생빈도가 클수록 피처공간 화소의 밝기는 밝아진다. 예를 들어, 표 4-7로부터, 1982년 11월 9일에 수집된 사우스캐롤라이나 주 찰스턴 지역의 Landsat TM 영상에서 밴드 3과 4는 그다지 상관관계가 높지 않다($r=0.53$). 이 두 밴드를 이용하여 만든 2차원의 피처공간 그래프가 그림 4-7에 나와 있다. 밴드 3과 4의 히스토그램도 제공되어 있다. 두 밴드의 상관관계가 높지 않기 때문에, 점들의 분포는 2차원의 피처공간에서 어느 정도 기울어진 모자 모양을 하고 있다. 그래프에서 밝은 영역은 영상에서 발생빈도가 높은 화소 쌍을 나타낸다. 이와 같은 피처공간 그래프를 살펴보는 것은 일반적으로 상당히 유용한데 왜냐하면 그것이 두 밴드 사이의 상당히 귀중한 정보를 제시하기 때문이다. 시각적으로 보기에 두 밴드는 중복되는 정보가 많지 않다. 만약 두 밴드의 상관관계가 높으면 두 밴드 사이에 상당히 많은 정보가 중복되어 있어서 점의 분포가 상대적으로 좁은 타원체 모양을 띠며 피처공간 그래프 상에서 0, 0과 255, 255 좌표 사이의 대각선 방향으로 분포할 것이다.

2차원의 피처공간 그래프는 점들이 좁은 영역에 밀집되어 있는 경우가 많은데 여기에 사용된 예에서 Landsat TM 밴드 3과 4의 최대 밝기값이 각각 131, 4이므로 영상 내 모든 화소가 총 가능한 밝기값인 256의 절반보다 아래쪽의 값을 가진다. 이는 만약 인간이 이들 두 밴드로부터 시각적으로 유용한 정보를 추출하려 한다면 두 밴드를 주의 깊게 대비확장(contrast stretched) 시킬 필요가 있음을 뜻한다. 피처공간 그래프에 대한 보다 자세한 내용은 제9장의 피처공간 분할 및 영상 분류에서 다룬다.

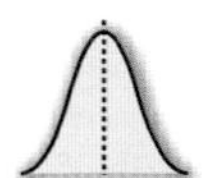

지리통계 분석, 자기상관 및 크리깅 내삽법

분광반사도와 같이 공간에 분포한 임의 변수는 영역화(regionalized)되어 있다고 말한다. **지리통계 분석**(geostatistical analysis)을 이용하여 영역화된 변수들의 공간 속성을 추출할 수 있다(Curran, 1988; Woodcock et al., 1988ab; Burnicki, 2011). 일단 정량화되면, 영역화된 변수 속성들은 영상 분류(예 : Maillard, 2003)와 분류지도 정확도 평가에서 공간적으로 편향되지 않은 표집 지역 할당(예 : Zhu and Stein, 2006; Van der Meer, 2012)과 같이 많은 원격탐사 응용에 사용될 수 있다. 지리통계학의 중요한 응용은 표집되지 않은 지역에서의 값을 예측하는 것이다. 예를 들어, 전체 연구 지역에 걸쳐 LiDAR로부터 추출된 고도값을 수집할 수 있다. 이 값들은 매우 정확하지만, 고도값이 수집되지 않은 지역들이 종종 있어 자료 공백이 발생한다. 지리통계학적 내삽 기법은 LiDAR로부터 추출된 기존 고도자료로부터 공간적인 연관성을 평가하여 새롭고 향상된 체계적인 고도 격자모형을 생성하도록 한다. 이 응용 방법은 증명될 것이다.

지리통계학은 공간통계학의 특별한 부분으로, **기준점**(control point) 간의 거리뿐만 아니라 공간적 자기상관관계도 고려한다(Kalkhan, 2011; Jensen and Jensen, 2013). 원래 지리통계학은 내삽의 통계학적 버전인 **크리깅**(kriging)과 동의어였다. 크리깅은 선구자적인 연구를 수행했던 Danie Krige(1951)의 이름을 본떠 만들어졌으며, 이는 연구 지역에 대해 이용 가능한 자료만을 가지고 표본이 없는 지역에서의 연속적인 속성값(예 : 지형고도)을 추정하는 데 사용되는 일련의 최소자승법을 이용한 선형 회귀 알고리듬들에 대한 일반적인 명칭이다(Lo and Yeung, 2006; Bachi, 2010). 그러나 현재 지리통계학적 분석은 크리깅뿐만 아니라 전통적인 결정론적 공간 내삽 기법까지 포함하고 있다. 지리통계학의 주요 특징 중 하나는 고도, 반사도, 온도, 강수량, 토지피복 클래스 등과 같은 연구하고자 하는 현상이 반드시 그 경관에서 연속적이어야 한다는 것이다.

대부분의 사람들은 서로 가까이 있는 물체일수록 멀리 있는 물체들보다 더 비슷하다는 사실을 알고 있다. 그러므로 그림 4-8에서와 같이 거리가 늘어날수록 공간적 자기상관성은 감소한다. 크리깅은 이러한 공간 자기상관성 정보를 사용한다. 크리깅은 출력 래스터 자료군에 있는 새로운 지점의 정보를 예측하는 데 주변 값들에 가중치를 둔다는 점에서 '거리 가중 내삽법'과 비슷하다. 그러나 그 가중치는 역거리 가중 기법(Inverse-Distance-Weighting, IDW)에서 사용되는 측정된 지점과 예측되는 지점 사이의 거리뿐만 아니라 측정된 지점들 사이의 전반적인 공간적 배열(즉 자기상관성)도 고려하고 있다. 이는 전통적인 결정론적 지리통계 분석과 가장 다른 점이라 하겠다. 전통적인 통계 분석은 특정 속성에 대해 추출된 표본들이 독립적이며 어떠한 형식으로든 상관관계가 있지 않다고 가정한다. 반대로, 지리통계 분석은 관측 사이의 거리를 계산하여 거리와 방향의 함수로서 자기상관성을 모델링하도록 한다. 그런 다음 이 정보는 크리깅 내삽과정에 사용되어 새로운 위치에서의 예측값을

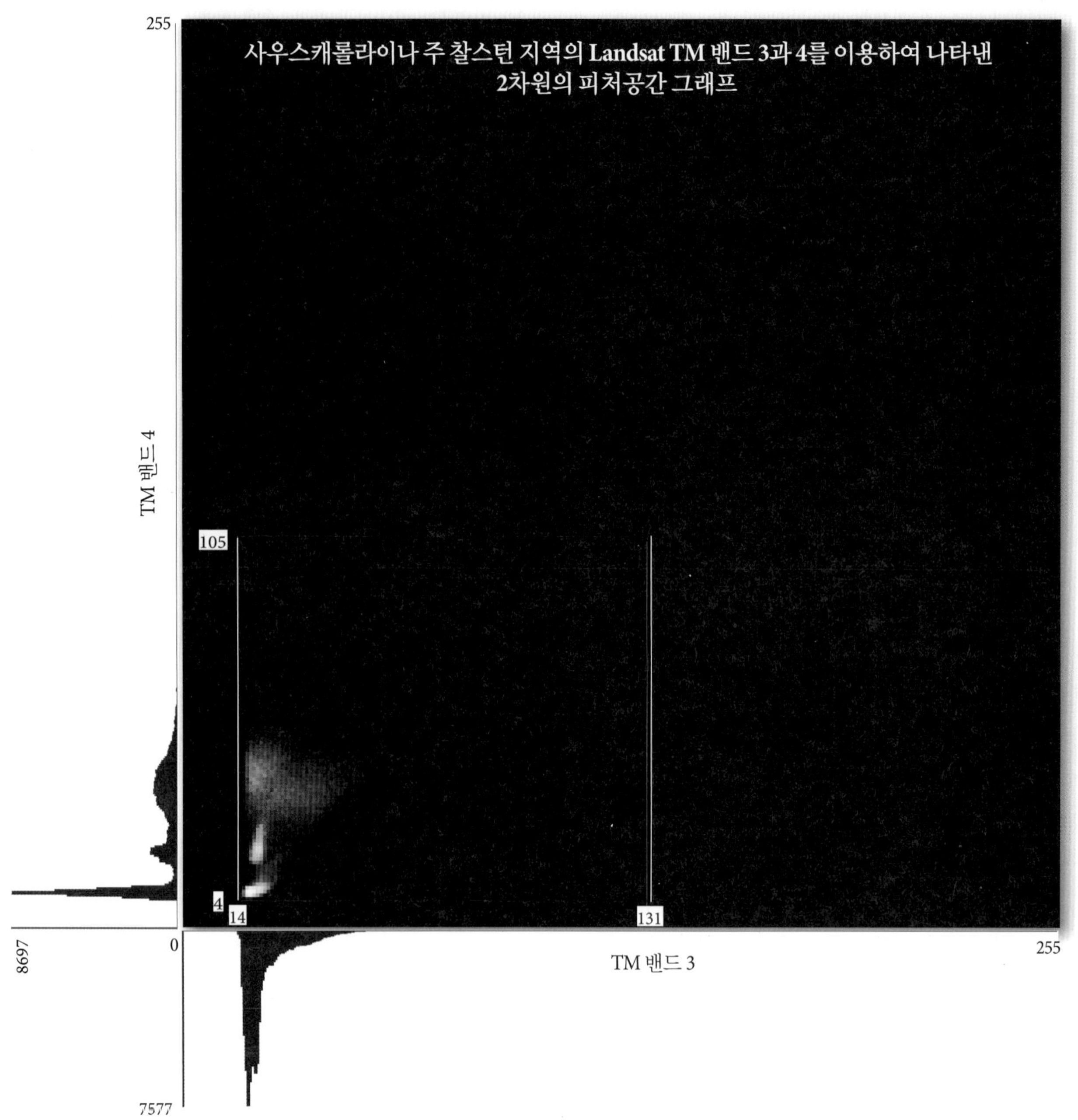

그림 4-7 1982년 11월 9일에 수집한 사우스캐롤라이나 주 찰스턴 지역의 Landsat TM 밴드 3과 4를 이용하여 나타낸 2차원의 피처공간. TM 밴드 3과 4에 대한 원시 히스토그램 또한 제공되어 있다. 각 밴드의 최솟값 및 최댓값은 흰색 상자로 나타내었다. 원시 영상에서 밴드 3과 4의 특정한 쌍의 값에 대한 발생 빈도가 클수록 255×255 피처공간에서 화소의 밝기는 더 밝아진다. 예를 들어, 대략 밴드 3에서 17의 밝기값을, 밴드 4에서 7의 밝기값을 가지는 영상 내의 화소는 상당히 많다. 반대로, 밴드 3에서 131의 밝기값을, 밴드 4에서 105의 밝기값을 가지는 영상 내의 화소는 적어도 하나 이상이지만, 그러한 밝기 쌍이 적기 때문에 피처공간에서 그 화소는 어둡게 나타난다.

역거리 가중법과 같은 전통적인 방법을 사용해서 추출한 것보다 더 정확하게 하는 데 사용된다(Lo and Yeung, 2006; Kalkhan, 2011; Esri, 2014).

크리깅 과정은 보통 다음의 두 가지 작업으로 이루어진다.

- 변동지를 이용하여 주변 자료값의 공간 구조를 정량화하기
- 출력 자료군의 새로운 지점에서의 예측값 $Value_{krig}$ 산출하기

변동지(variography)는 공간 의존적인 모델이 자료에 맞춰 구축되고 공간 구조가 정량화되는 과정이다. 구체적인 위치에서 모

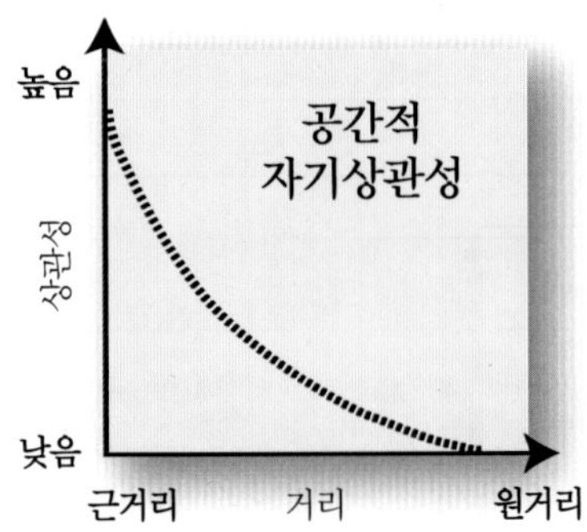

그림 4-8 지리적으로 가까운 현상들은 일반적으로 서로 멀리 떨어진 것보다 높은 상관관계를 가진다. 지리통계 분석은 크리깅 내삽과정에서 공간적 자기상관 정보를 포함한다.

르는 값을 예측하기 위해 크리깅은 변동지, 공간자료 배열, 그리고 예측하려는 지점 주위의 측정된 표본값들로 만들어진 모델을 사용한다.

영역화된 변수의 공간 구조를 이해하는 데 사용되는 가장 중요한 측정값 중 하나가 **경험적 준변동도**(empirical semi-variogram)인데(그림 4-9), 이는 표본 사이의 공간 분리성(및 자기상관성)에 준분산(semivariance)을 연관시키는 데 사용된다. 준분산은 주어진 영역에 대해 공간 변동의 크기와 패턴에 대해 정확한 정보를 제공한다. 예를 들어, 만약 상대적으로 평평한 지역의 지형고도값을 조사한다면 공간적 변동(분산)은 미미할 것이므로 예측 가능한 특성을 가진 준변동도가 만들어질 것이다. 반대로 복잡한 도시지역의 경우, 상당한 공간적 변동이 있으므로 전체적으로 다른 준변동도가 만들어진다.

평균 준분산 계산

6개의 가까운 지점들의 공간 특성을 평가하여 어떤 미지점의 고도를 알아보고자 하는 가상의 상황을 설정해 보자. 6개의 지점, Z_1부터 Z_6는 표 4-8a의 직교좌표계 상에 일렬로 배열되어 있다. 시차거리 h(표 4-9)만큼 떨어진 화소들 간의 관계는 그러한 화소들 간의 평균분산값으로 주어진다. 모집단의 비편향 평균 준분산 γ_h는 다음의 관계식을 통해 구해진다(Isaaks and Srivastava, 1989; Slocum et al., 2008).

$$\gamma_h = \frac{\sum_{i=1}^{n-h}(Z_i - Z_{i+h})^2}{2(n-h)} \tag{4.13}$$

Z_i는 기준점들, h는 기준점들 간 거리의 배수, 그리고 n은 기준

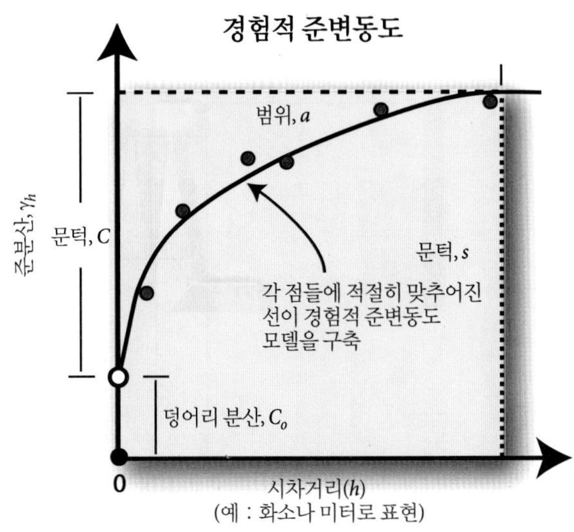

그림 4-9 다양한 시차거리(h)에 의해 분리된 지점들의 z값(예 : 만약 현장자료를 수집한다면 영상에서의 화소나 위치)을 비교하고 그 지점에서의 준분산(γ_h)을 계산할 수 있다(Isaaks and Srivastava, 1989; Lo and Yeung, 2006; Jensen and Jensen, 2013에 기초). 각 시차거리에서의 준분산(γ_h)을 표 4-9에 기술된 범위, 문턱, 덩어리 분산 특성들과 함께 준변동도에 나타낼 수 있다.

점의 수를 의미한다. 횡단축을 따라서 가능한 화소들 간 짝의 수 m은 자료군에 표현된 전체 화소 수 n에서 시차거리 h를 뺀 것, 즉 $m = n - h$와 같다(Brivio and Zilioli, 2001; Lo and Yeung, 2006). 이 예제에서는 x방향만의 준분산을 계산하지만, 실제로 준분산은 N, NE, E, SE, S, SW, W, NW의 모든 방향에서 계산되어야 한다(Maillard, 2003). 이러한 방법을 통하여 방향준분산과 방향영향도의 평가가 이루어진다.

6개 기준점들에 대한 준분산의 계산은 표 4-8b에 요약되어 있다. 다음의 계산에 따르면, $h = 1$일 때의 6개 기준점들의 준분산 γ_h는 17.9이다.

$$\gamma_h = \frac{\sum_{i=1}^{6-1}(Z_i - Z_{i+h})^2}{2(6-1)}$$

$$\gamma_h = (Z_1 - Z_2)^2 + (Z_2 - Z_3)^2 + (Z_3 - Z_4)^2 + (Z_4 - Z_5)^2 + (Z_5 - Z_6)^2 / 10$$

$$\gamma_h = (10 - 15)^2 + (15 - 20)^2 + (20 - 30)^2 + (30 - 35)^2 + (35 - 33)^2 / 10$$

$$\gamma_h = 17.9$$

표 4-8 준분산 계산(Jensen and Jensen, 2013에서 수정)

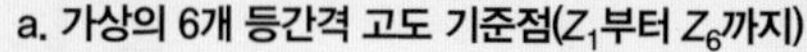

a. 가상의 6개 등간격 고도 기준점(Z_1부터 Z_6까지)

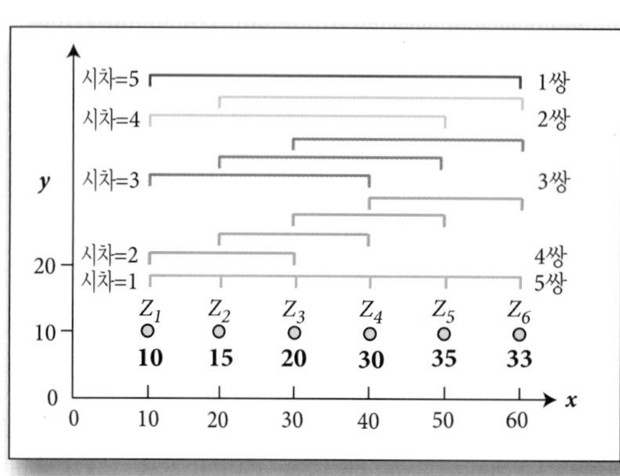

b. 준분산 계산

	h				
	1	2	3	4	5
$(Z_1 - Z_{1+h})^2$	25	100	400	625	529
$(Z_2 - Z_{2+h})^2$	25	225	400	324	
$(Z_3 - Z_{3+h})^2$	100	225	169		
$(Z_4 - Z_{4+h})^2$	25	9			
$(Z_5 - Z_{5+h})^2$	4				
$\sum_{i=1}^{n-h}(Z_i - Z_{i+h})^2$	179	559	969	949	529
$2(n-h)$	10	8	6	4	2
γ_h	**17.9**	**69.88**	**161.5**	**237.25**	**264.5**

c. 경험적 준변동도 모델

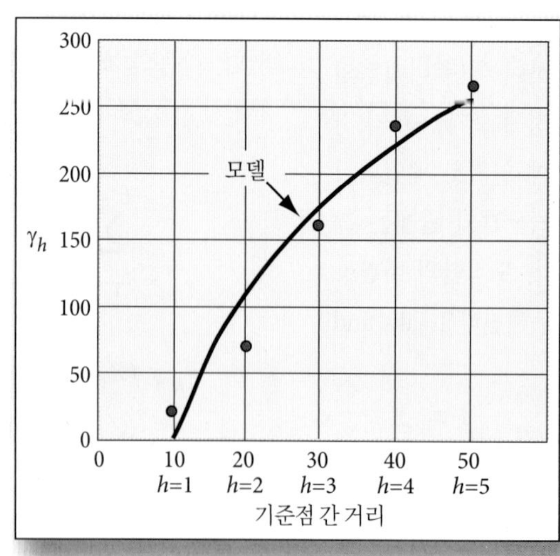

표 4-9 전형적인 경험적 준변동도에서 사용되는 용어와 기호(Curran, 1988; Johnston et al., 2001; Lo and Yeung, 2006; Jensen and Jensen, 2013에 기초)

용어	기호	정의
시차	h	모든 두 지점(즉 표본 쌍) 사이의 선형(수평)거리. 시차는 길이(거리)와 방향(방위)을 가지고 있다.
문턱	s	모델링한 준변동도의 최대 레벨로 시차거리가 상당히 커질 때 변동도가 취하는 값. 시차거리가 큰 경우, 변수들의 상관관계는 낮아지고 따라서 준변동도의 문턱은 임의변수의 분산과 동일해진다.
범위	a	모델링된 준변동도가 최대치에 근접할 때 시차축 상의 지점으로 변수들 사이에 상관관계가 미미하거나 없는 거리. 범위보다 가까운 지점들은 자기상관성이 있으며, 보다 멀리 떨어진 지점들은 자기상관성이 없다고 볼 수 있다.
덩어리 분산	C_0	모델링된 준변동도가 $\gamma(h)$축과 만나는 지점으로 독립오차, 측정오차, 혹은 공간 축척이 너무 세밀한 경우의 미세한 변동을 나타낸다. 덩어리 효과는 준변동도 모델의 원점에서 불연속이다.
부분문턱	C	문턱에서 덩어리 분산을 뺀 값으로 공간적으로 의존적인 구조 분산을 나타낸다.

평균 준변동도는 공간적으로 분리되어 있는 기준점들 사이의 비유사성(dissimilarity)을 측정하기에 적합한 측정방법이다. 일반적으로 평균 준변동도(γ_h)값이 클수록 관측점들의 유사성이 떨어진다. 예를 들어, 표 4-8b에서 시차거리가 1일 때, 준변동도는 17.9임을 볼 수 있다. 시차거리가 2일 때 준변동도는 69.88, 시차거리가 3일 때 준변동도는 161.5이다. 이 가상의 자료군에서 시차거리가 길어질수록 6개의 지상 기준점들 간의 비유사성은 커진다. 즉 시차거리가 길어질수록 관측 간의 상관성은 작아진다.

경험적 준변동도

준변동도는 그림 4-9와 표 4-8c에 나와 있듯이 x축에는 다양한 시차(h)를, y축에는 평균 준분산값을 나타낸 것이다. 준변동도의 주요한 특성은 다음과 같다.

- x축은 시차거리(h)
- 문턱(s)
- 범위(a)
- 덩어리 분산(C_0)
- 시각화된 공간 종속적인 구조(예 : 그림 4-9, 표 4-8c)

공간적 상관관계가 존재한다면, x축에서 맨 왼쪽에 위치한 서로 가까이 있는 점들은 차이가 별로 없으므로 y값이 낮아야 한다. 점들이 서로 멀어지면 일반적으로 차이를 제곱한 결과는 더욱 커야 하므로 y값이 증가한다. 준변동도 모델은 종종 원점에서 일정한 시차거리가 되면 평평해진다. 모델이 처음으로 평평해질 때 그 거리(x)를 범위(range)라고 한다. 범위는 표본들이 공간적으로 상관관계가 있다고 볼 수 있는 거리이다. 어떤 원격탐사 조사는 이 범위값을 조사 중인 변수를 구별해 내는 최적의 공간해상도를 찾아내는 데 사용해 왔다. 문턱(sill)은 범위가 위치한 곳의 y값이다. 이 값은 최대 분산을 나타내며 구조적 공간 분산과 덩어리 효과의 합에 해당한다. 부분문턱(partial sill)은 문턱에서 덩어리 분산을 뺀 값이다.

준변동도의 y축값은 이론적으로 시차(h)가 0이 될 때 0값을 가져야 한다. 그러나 매우 작은 거리에서도 준변동도는 종종 0보다 큰 값을 가지는 덩어리 효과(nugget effect)를 보여 주는데, 이러한 덩어리 효과는 표집 간격보다 작은 거리에서의 공간적 변화나 측정오차에 기인한다.

준변동도는 기준점들의 데이터셋의 공간적 자기상관성에 대한 정보를 제공한다. 이러한 이유와 함께 크리깅 예측값이 양의 크리깅 분산을 가지도록 하기 위해 모델은 연속적 함수나 곡선을 이용해 준변동도에 맞추어진다. 이 모델은 자료의 공간적 자기상관성을 정량화한다(Johnston et al., 2001).

그림 4-9와 표 4-8c에서처럼 자료에 적절히 맞추어진 선을 준변동도 모델이라 부른다. 이 모델은 평균 준분산과 자료 쌍들 사이의 평균 거리를 나타낸 선이다. 사용자는 구나 원과 같은 함수 형태를 선택하여 분포를 가장 잘 나타내게끔 할 수 있다. 함수의 계수들은 자료로부터 경험적으로 추출된다.

크리깅을 사용하면 상대적으로 적거나 많은 관측을 통해 미지점의 위치를 예측할 수 있다. 예를 들어 그림 4-10a에 나타난 것처럼, SRS에서 취득된 37,150개 점을 포함하는 상대적으로 큰 LiDAR 자료군을 생각해 보자. 그림 4-10b에 표현된 준변동군은 전체 자료군과 관련된 범위, 부분문턱, 덩어리 분산과 같은 자세한 정보를 포함한다. 구형 지리통계학적 크리깅 알고리듬은 그림 4-10a에 표현된 37,150 LiDAR 점군자료로부터 만들

LiDAR 점군자료의 크리깅 공간 내삽법, 분석 음영식, 채단식, 등고선 추출

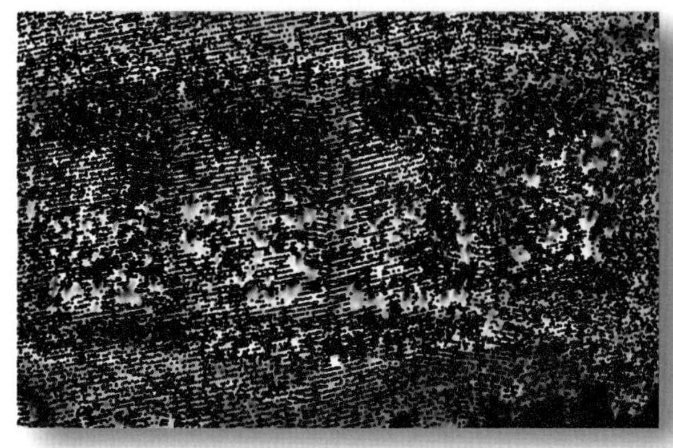

a. LiDAR 점

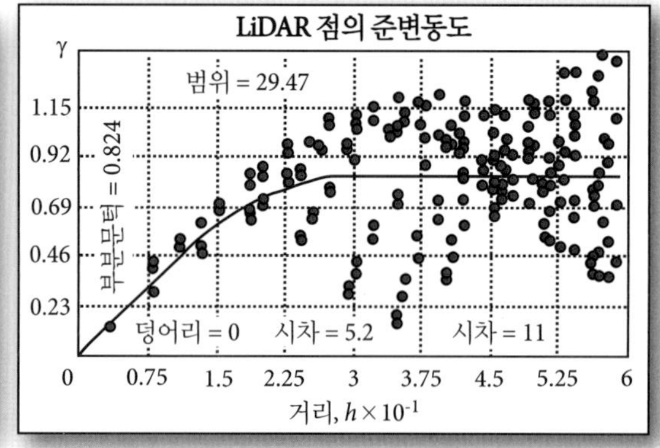

b. LiDAR 점의 준변동도

c. 크리깅을 이용하여 생성한 분석적인 음영식 표면(analytically hill-shaded surface)

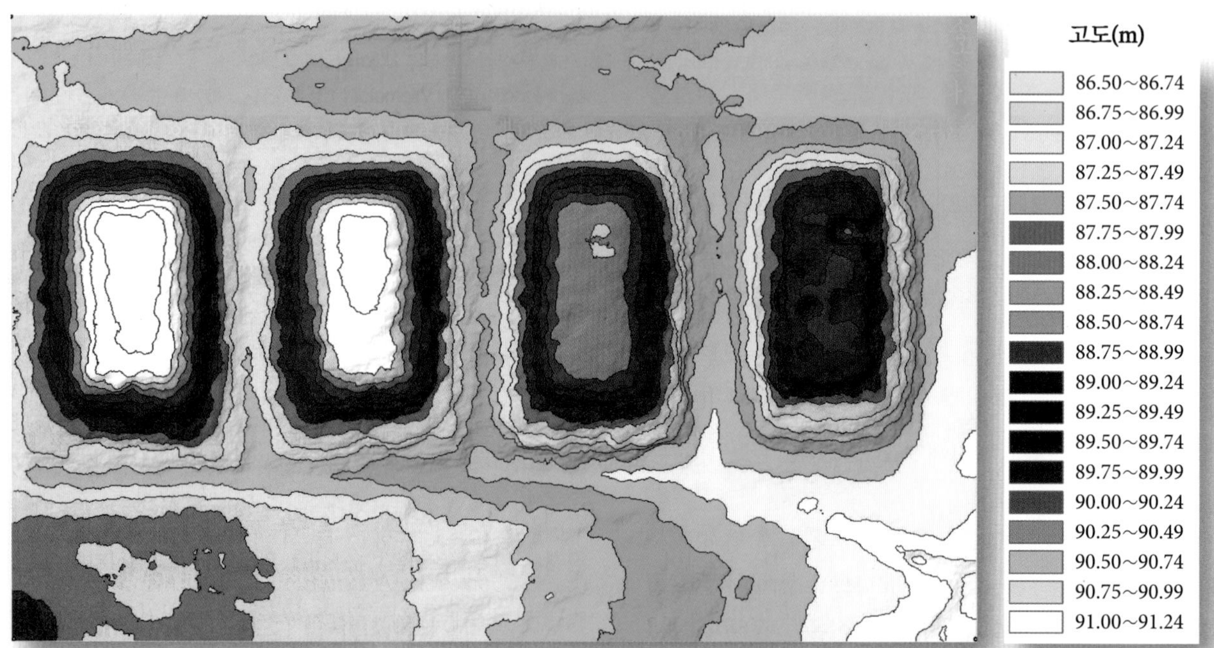

d. 19 클래스 간격을 이용하여 채단식(hypsometric tinting)으로 표현하고 25cm 등고선을 중첩시킨 크리깅을 이용하여 추출한 고도 표면

그림 4-10 a) 1×1m 컬러-적외선 정사사진에 중첩시킨 37,150개의 LiDAR 점(녹색 점). b) 구 형태의 크리깅(spherical Kriging)을 이용한 37,150개 LiDAR 점의 준변동도. 이 준변동도는 모든 방향(예 : N, E, S, W)으로부터 추출된 자기상관 정보를 포함한다. c) 크리깅 모델을 이용하여 생성된 분석적인 음영식 표면. 셀 크기는 0.25×0.25m이다. d) 고도 표면을 19 클래스 간격에 따라 컬러 코드를 적용하고 25cm 등고선을 중첩시킨 크리깅된 표면.

어진 그림 4-10c의 래스터 연속표면을 만드는 데 사용된다. 래스터 표면은 분석적으로 음영을 표현한다. 19개의 클래스 간격으로 이루어진 크리깅된 고도 표면의 컬러버전은 25cm 윤곽선과 함께 그림 4-10d에 표현되었다.

참고문헌

Bachi, R., 2010, *New Methods of Geostatistical Analysis and Graphical Presentation: Distributions of Populations over Territories*, NY: Kluwer Academic, 478 p.

Bishop, C. M., 2007, *Pattern Recognition and Machine Learning*, NY: Springer, 738 p.

Bossler, J. D. (Ed.), 2010, *Manual of Geospatial Science and Technology*, 2nd Ed., Boca Raton: CRC Press, 854 p.

Brivio, P. A. and E. Zilioli, 2001, "Urban Pattern Characterization Through Geostatistical Analysis of Satellite Images," in Donnay, J. P., Barnsley, M. J., and P. A. Longley (Eds.), *Remote Sensing and Urban Analysis*, London: Taylor & Francis, 39-53.

Burnicki, A. C., 2011, "Spatio-temporal Errors in Land-Cover Change Analysis: Implications for Accuracy Assessment," *International Journal of Remote Sensing*, 32(22):7487-7512.

Chityala, R. and S. Pudipeddi, 2014, *Image Processing and Acquisition using Python*, Boca Raton: CRC Press, 390 p.

Congalton, R. G. and K. Green, 2008, *Assessing the Accuracy of Remotely Sensed Data: Principles and Practices*, 2nd Ed., Boca Raton: Lewis, 183 p.

Curran, P. J., 1988, "The Semivariogram in Remote Sensing: an Introduction," *Remote Sensing of Environment*, 24:493-507.

Davis, J. C., 2002, *Statistics and Data Analysis in Geology*, 3rd ed., NY: John Wiley & Sons, 638 p.

Esri, 2014, *ArcGIS Geostatistical Analyst*, Redlands: Esri, Inc. (www.Esri.com/software/arcgis/extensions/geostatistical/index.html).

FGDC, 2014, *The National Spatial Data Infrastructure*, Washington: Federal Geographic Data Committee, https://www.fgdc.gov/nsdi/nsdi.html.

Gonzalez, R. C. and R. E. Woods, 2007, *Digital Image Processing*, 3rd Ed., NY: Addison-Wesley, 797 p.

Isaaks, E. H. and R. M. Srivastava, 1989, *An Introduction to Applied Geostatistics*, Oxford: The Oxford University Press, 561 p.

Jensen, J. R. and R. R. Jensen, 2013, *Introductory Geographic Information Systems*, Boston: Pearson, 400 p.

Jensen, R. R. and J. M. Shumway, 2010, "Sampling Our World," in Gomez, B., and J. P. Jones III (Eds.), *Research Methods in Geography*, NY: Wiley Blackwell, 77-90.

Johnston, K., Ver Hoef, J. M., Krivoruchko, K., and N. Lucas, 2001, *Using ArcGIS Geostatistical Analyst*, Redlands: Environmental Sciences Research Institute, 300 p.

Kalkhan, M. A., 2011, *Spatial Statistics: GeoSpatial Information Modeling and Thematic Mapping*, Boca Raton: CRC Press, 166 p.

Konishi, S., 2014, *Introduction to Multivariate Analysis: Linear & Nonlinear Modeling*, Boca Raton: CRC Press, 338 p.

Krige, D. G., 1951, *A Statistical Approach to Some Mine Valuations and Allied Problems at the Witwatersrand*, Master's Thesis, University of Witwatersrand, South Africa.

Lanter, D. P., 1991, "Design of a Lineage-based Meta-database for GIS," *Cartography and Geographic Information Systems*, 18(4):255-261.

Lo, C. P. and A. K. W. Yeung, 2006, *Concepts and Techniques of Geographic Information Systems*, 2nd Ed., Boston: Pearson, 493 p.

Maillard, P., 2003, "Comparing Texture Analysis Methods through Classification," *Photogrammetric Engineering & Remote Sensing*, 69(4):357-367.

Papp, J., 2010, *Quality Management in the Imaging Sciences*, 4th Ed., NY: Mosby Elsevier, 352 p.

Pratt, W. K., 2007, *Digital Image Processing*, 4th Ed., NY: John Wiley & Sons, 782 p.

Prost, G. L., 2013, *Remote Sensing for Geoscientists: Image Analysis and Integration*, 3rd Ed., Boca Raton: CRC Press, 702 p.

Richards, J. A. 2013, *Remote Sensing Digital Image Analysis: An Introduction*, 5th Ed., NY: Springer-Verlag, 494 p.

Russ, J. C., 2011, *The Image Processing Handbook*, 6th Ed., Boca Raton: CRC Press, 867 p.

Samuels, M. L. Witmer, J. A. and A. Schaffner, 2011, *Statistics for the Life Sciences*, 4th Ed., Boston: Pearson, 672 p.

Schowengerdt, R. A., 2007, *Remote Sensing: Models and Methods for Image Processing*, 3rd Ed., San Diego: Academic Press, 515 p.

Slocum, T. A., McMaster, R. B., Kessler, F. C. and H. H. Howard, 2008, *Thematic Cartography and Geographic Visualization*, 3rd Ed., Boston: Pearson, 520 p.

Van der Meer, 2012, "Remote-sensing Image Analysis and Geostatistics," *International Journal of Remote Sensing*, 33(18):5644-5676.

Woodcock, C. E., Strahler, A. H. and D. L. B. Jupp, 1988a, "The Use of Variograms in Remote Sensing: I. Scene Models and Simulated Images," *Remote Sensing of Environment*, 25:323-348.

Woodcock, C. E., Strahler, A. H. and D. L. B. Jupp, 1988b, "The Use of Variograms in Remote Sensing: II. Real Images," *Remote Sensing of Environment*, 25:349-379.

Zhu, Z. Y. and M. L. Stein, 2006, "Spatial Sampling Design for Prediction with Estimated Parameters," *Journal of Agricultural, Biological, and Environmental Statistics*, 11:24-44.

5 표현방식 및 과학적 시각화

원격탐사 자료를 표현하고 분석하는 데 관심이 많은 과학자들은 **과학적 시각화**(scientific visualization)에 활발히 참여하고 있는데, 이는 '자료와 정보를 시각적으로 살펴봄으로써 그 자료에 대한 이해와 통찰력을 얻는 방법'이다. 과학적 시각화와 프레젠테이션 그래픽 사이의 차이는 후자가 주로 이미 이해된 정보와 결과의 소통에 관계되는 반면, 전자를 통해서는 자료를 이해하고 그에 대한 통찰력을 키울 수 있다는 점이다(Earnshaw and Wiseman, 1992; Slocum et al., 2008; Myler, 2013).

원격탐사 자료를 과학적으로 시각화하는 분야는 안정기에 접어들었다. 그 기원은 간단히 점과 선을 그리고 등고선을 나타내는 것으로 볼 수 있다(그림 5-1). 이 그림에서 볼 수 있듯이, 우리는 현재 원격탐사 영상을 자연컬러 형태로 2차원의 공간에 개념화하고 시각화할 수 있는데 이는 2차원을 2차원으로 표현하는 것이다. 또한 원격탐사 자료를 수치표고모델(DEM) 위로 중첩시키는 것도 가능하며, 2차원 지도나 컴퓨터 화면 상에 통합적 3차원 모델을 표현하는 것도 가능하다. 즉 이는 3차원을 2차원으로 표현하는 것이라 볼 수 있다. 만약 이와 동일한 3차원의 모델을 직접 만져 볼 수 있는 물리적인 모델로 변환한다면, 이는 과학적 시각화 매핑 공간에서 3차원을 3차원으로 만드는 부분에 해당한다.

개관

이 장에서는 원격탐사 자료를 표현하는 데 있어서 도전과제와 한계점을 살펴보고, 흑백 및 컬러 출력기기를 사용하여 자료를 표현하고 시각화하는 방법들을 제안한다. 8비트와 24비트 컬러 조견표의 특징에 대해 다루며, 컬러조합을 표현하기 위해 가장 적절한 밴드를 선택하는 방법에 대한 내용을 포함한다[예 : 최적지수인자(optimum index factor), Sheffield 지수]. 다양한 컬러 좌표시스템[예 : RGB, 강도-색조-채도(IHS), 색도]에서 다른 유형의 원격탐사 자료를 융합하는 방법에 대해 논의한다(예 : 성분 치환). 원격탐사 영상에서 거리와 폴리곤의 둘레, 면적, 모양 정보를 추출하는 방법에 대해 논의한다.

영상 표현 고려사항

인간은 잡지나 신문을 읽고 TV를 보는 것과 같이 매일 연속적인 색조의 영상을 시각적으로 해석하는 데 매우 능하다(Ready, 2013). 우리의 목적은 원격탐사 자료에 이러한 능력을 적용하여 쉽게 시각화하고 해석할 수 있는 형태로 만들어 지구에 관한 새로운 통찰력을 얻고자 하는 것이다(Jensen and Jensen, 2013).

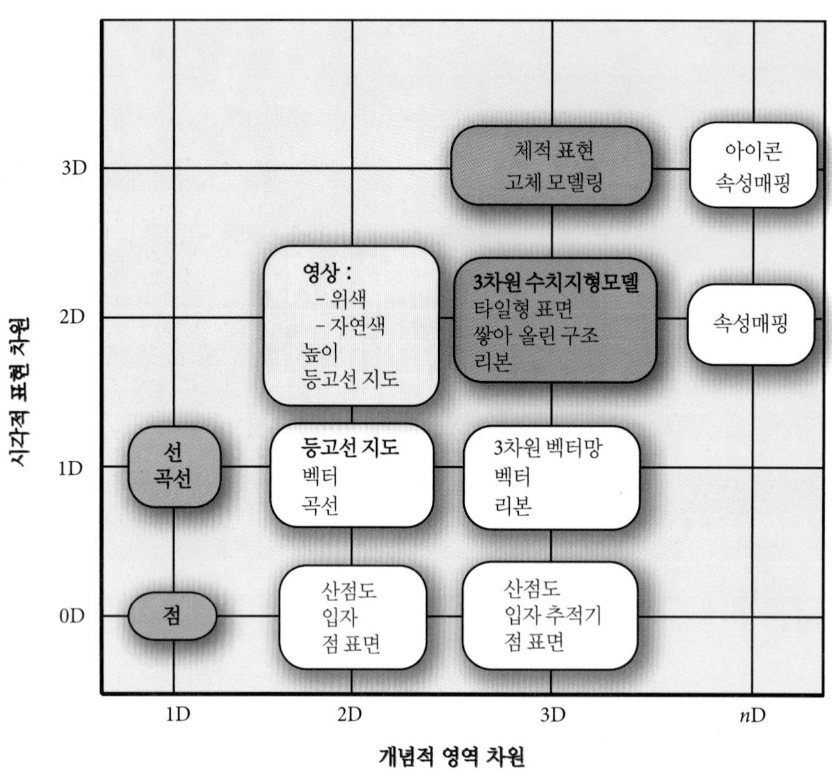

그림 5-1 과학적 시각화 매핑공간. *x*축은 개념적 영역을 나타내며 우리가 어떻게 우리 머릿속에서 정보를 지각하는지를 보여 준다. *y*축은 우리의 개념적 생각을 시각적으로 표현하는 데 사용된 실제 차원의 수를 뜻한다(Earnshaw and Wiseman, 1992에 기초).

첫 번째 문제는 공공기관(예 : NASA Landsat 8 자료)이나 상업적 회사(예 : GeoEye사, DigitalGlobe사, SPOT Image사)에 의해 수집되는 원격탐사 자료가 디지털 형태라는 것이다. 어떻게 밝기값(*BV*)을 인간에게 친숙한 연속적인 색조의 사진에 근사한 영상으로 만들어 어떤 유형의 저장장치에도 저장시킬 수 있도록 변환할 수 있을까? 그 해답은 밝기 지도를 만드는 것인데, 이는 또한 회색조나 컬러 영상으로 일컬어진다.

밝기 지도(brightness map)는 디지털 원격탐사 자료에서 발견되는 밝기값($BV_{i,j,k}$)을 컴퓨터 상에 나타내는 그래픽 표현방식이다(그림 2-1 참조). 이상적으로, 입력되는 밝기값과 그래픽으로 표현되는 출력 밝기값의 강도 사이에는 그림 5-2a에서 보이는 것과 같이 일대일 관계가 있다. 예를 들어, 입력 밝기값 0은 매우 어두운(흑색) 강도로 출력 밝기 지도 상에 나타나고, 반대로 밝기값이 255인 경우는 매우 밝은(백색) 강도를 보여 준다. 0과 255 사이의 모든 밝기값은 흑색에서 백색으로 변하는 연속적인 회색조로 표현된다. 그러한 시스템에서 입력 밝기값 127은 대비확장이 일어나지 않았다는 가정하에 그림 5-2a에서 보이는 바와 같이 출력영상에서 정확히 127, 즉 중간 정도의 회색조로 나타날 것이다. 유감스럽게도, 이러한 이상적인 관계를 항상 유지하기란 쉽지 않다. 과거에는 분석가가 비교적 좁은 범위의 밝기값(예 : <50)을 표현하는 장치를 이용하는 것이 일반적이었다(그림 5-2b). 그림에서처럼 밝기값 127 주위의 몇몇 입력 밝기값이 하나의 출력 밝기값 25에 할당될 수 있다. 이러한 경우, 원래의 원격탐사 자료를 일반화하여 표현하기 때문에 귀중한 정보가 영상분석가에게 전혀 보이지 않을 수도 있다. 그러므로 입력 및 출력 밝기값 사이에 일대일 관계가 가능한 한 유지되도록 하는 것이 중요하다.

이 장은 기본적으로 다른 2개의 출력기기를 이용하여 원격탐사 밝기 지도를 만드는 것을 다루는데, 하나는 하드카피 형태의 표현방식이고 다른 하나는 임시 비디오를 이용한 표현방식이다. **하드카피 형태의 표현방식**(hard-copy display)은 라인 프린터, 라인 플로터, 잉크젯 프린터, 레이저 프린터, 혹은 필름 편집기를 이용하여 시각적 조사를 위한 하드카피 형태의 영상을 만들어 내는 것이다. **임시 비디오를 이용한 표현방식**(temporary

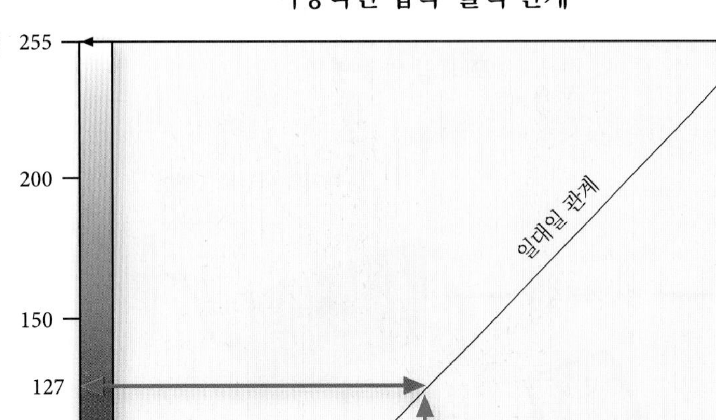

a.

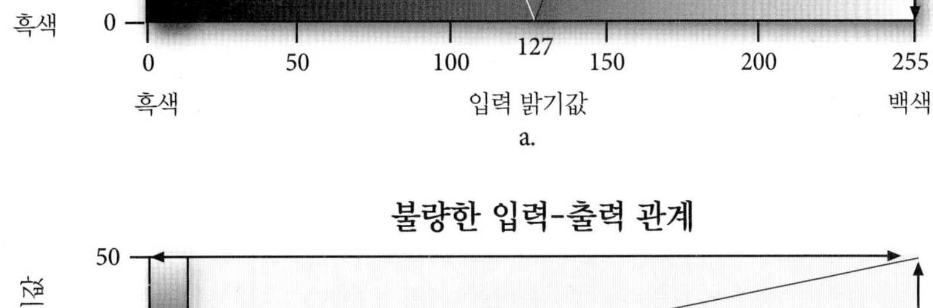

b.

그림 5-2 a) 8비트 입력 원격탐사 밝기값과 출력 밝기 지도 사이의 이상적인 일대일 관계. 대부분의 최신 컴퓨터 그래픽과 디지털 영상처리 워크스테이션 환경은 이러한 관계를 유지한다. b) 분석가의 출력기기가 일대일 관계를 유지할 수 없는 상황으로, 원래의 8비트 자료를 보다 관리 가능한 밝기 지도 클래스의 수로 줄여야 한다(즉 일반화시킴). 이 경우, 출력기기는 단지 50개의 클래스를 가지고 있다. 만약 8비트 자료가 *x*축 상에 일정하게 분포되어 있다면, 5배 축소된 정보가 이 가상적 출력기기를 사용하여 제공될 것이다. 이 두 예는 원격탐사 자료가 대비확장되지 않은 상태를 가정한 것이다.

video display)은 시각적 조사를 위해 흑백 혹은 컬러 비디오 기술을 이용하여 임시적인 영상을 나타내는 것을 기반으로 하고 있다. 임시 영상은 원할 때 제거할 수 있으며 하드카피 형태로 만드는 장치를 이용하여 하드카피 형태로 만들 수 있다.

흑백 하드카피 형태의 영상 표현

라인 프린터/플로터, 레이저 프린터, 혹은 잉크젯 프린터 등을 사용하여 원격탐사 자료를 하드카피 형태로 표현한다.

라인 프린터/플로터를 이용한 밝기 지도

예전에는 인치당 6~8라인을 나타낼 수 있는 문자와 숫자 조합

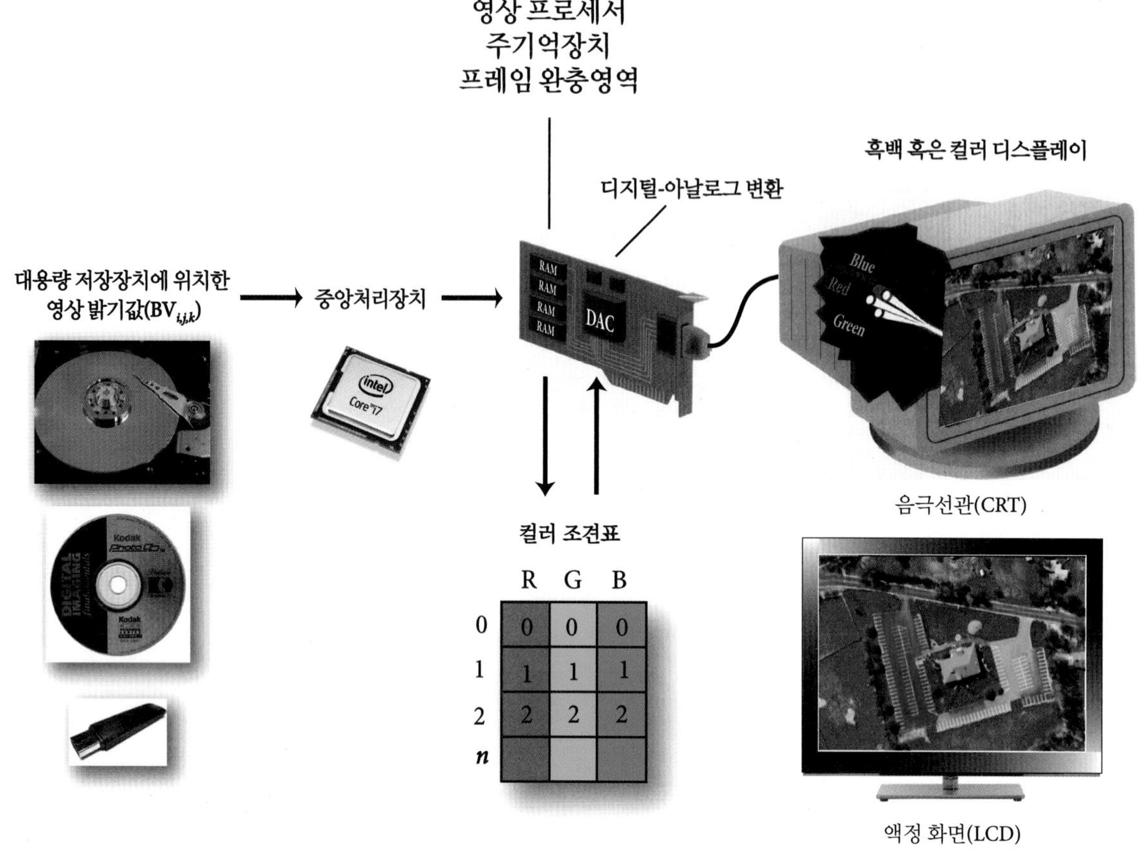

그림 5-3 화소 밝기값은 중앙처리장치(CPU)에 의해 대용량 저장장치로부터 읽힌다. 저장된 화소의 디지털값은 종종 비디오 '프레임 완충영역'으로 불리는 영상 프로세서의 주기억장치(RAM)의 적절한 위치(*i*, *j*)에 존재한다. 밝기값은 흑백 혹은 컬러 조견표에 의해 수정될 수도 있다. 디지털 컬러 조견표로부터의 결과가 디지털-아날로그 변환기(DAC)에 입력된다. DAC의 결과값이 모니터 뒤쪽에 있는 삼색총(적색, 녹색, 청색)에 대한 신호 강도를 결정하여 컴퓨터 음극선관(CRT) 화면 상의 구체적인 *x*, *y* 위치에 인광물질을 내보내거나 액정(LCD) 모니터의 트랜지스터에 대한 신호강도를 조절한다. 디지털 모니터가 사용된다면 DAC는 요구되지 않는다.

의 라인 프린터가 하드카피 영상을 출력하는 데 가장 흔히 사용되는 도구였다. 입력 자료는 분리된 클래스 구간으로 **농도분할**되었으며 각 구간이 구체적인 밝기값 범위에 해당하였다. 라인 프린터를 이용하여 농도분할 지도를 만들기 위해서는 1) 적절한 클래스 구간의 수, 2) 각 클래스 구간의 크기나 차원, 그리고 3) 각 클래스 구간에 할당되는 문자 및 숫자 조합 기호를 선택해야 했다. 때로는 보다 정교한 라인 플로터가 이용 가능하였는데, 라인 플로터는 동일하게 분포한 2개의 평행선 쌍을 서로 직교시킴으로써 만들어지는 교차선 음영(crossed-line shading)을 사용하여 연속적인 색조를 나타내도록 프로그래밍되었다. 문자와 숫자 조합의 프린터와 라인 플로터는 레이저나 잉크젯 프린터가 이용 가능하지 않을 때 여전히 하드카피 출력물을 만드는 데 사용되고 있다.

레이저 혹은 잉크젯 프린터를 이용한 밝기 지도

대부분의 영상분석가들은 현재 비교적 저렴한 레이저 혹은 잉크젯 프린터를 이용하여 연속적인 색조의 흑백 및 컬러 영상을 출력하고 있다. 이는 시스템의 소프트웨어에 의해 수행되는데, 그 소프트웨어는 화소의 입력 밝기값과 프린트되는 종이의 적절한 위치에 적용되는 레이저 토너 혹은 잉크젯용 잉크의 양 사이의 기능적인 관계를 다룬다. 이처럼 비교적 값싼 프린터는 토너나 잉크젯용 잉크를 사용하여 일반적으로 인치당 100~1,200 도트(dpi) 범위 내에서 적용된다.

임시 비디오를 이용한 영상 표현

원격탐사 자료를 가장 효과적으로 표현하는 것은 흑백 또는 컬러 밝기 지도를 나타내는 능력이 향상된 임시 비디오를 이용하

표 5-1 래스터 영상 파일 형식에 대한 압축 설계 특징(Myler, 2013에 기초)

형식	압축 설계
Raw	압축하지 않으면 픽셀값이 직접 저장된다. 예를 들어, ERDAS와 ENVI 소프트웨어는 압축이 이루어지지 않은 원자료의 형식으로 원격탐사 자료를 저장한다.
GIF	회색조의 영상에 대해서는 손상이 없지만, 컬러 영상에 대해서는 손상이 있을 수 있다.
JPEG	기존에 손상이 존재할 경우, JPEG는 인간기준의 색인지를 기반으로 불필요한 자료를 제거한다. JPEG는 손상 없이 자료를 저장할 수 있지만, 추가적인 정보가 파일에 추가되기 때문에 파일 크기는 원자료보다 클 것이다.
TIFF	압축 설계를 선택하지만 대부분의 설계는 손상 없이 사용된다. TIFF 파일은 추가적인 정보가 추가되기 때문에 일반적으로 파일의 크기가 더 크다.

는 것이다.

흑백 및 컬러 밝기 지도

비디오 영상 표현방식(video image display)을 이용해서 원격탐사 자료를 나타내는 것은 쉽게 수정하거나 폐기하는 것이 가능하다. 중앙처리장치(CPU)가 대용량 저장장치(예 : 하드디스크나 광학 디스크)로부터 디지털 원격탐사 자료를 읽어서 영상 프로세서의 주기억장치(RAM) 프레임 완충영역으로 전송한다(그림 5-3). **영상 프로세서 프레임 완충영역**(image processor frame buffer)은 *i*개의 열과 *j*개의 행, 그리고 열별로 연속적으로 접근 가능한 *b* 비트로 구성된 디스플레이 기억장치이다. 영상 프로세서에 저장된 각 디지털값의 열은 읽기 메커니즘에 의해 연속적으로 스캔된다. 영상 프로세서 기억장치의 내용은 매 1/60초마다 읽히며, 이를 시스템의 **충전율**(refresh rate)이라 한다. 이 스캐닝 과정 동안 읽힌 밝기값들은 **컬러 조견표**(look-up table, LUT)로 넘어간다. 분석가는 컬러 조견표의 내용을 변화시켜 개개 화소가 궁극적으로 컴퓨터 화면 상에 어떻게 보일지를 결정할 수 있다. 조견표의 내용이 디지털 대 아날로그 변환기(DAC)로 넘어가 음극선관 화면(Cathode-Ray Tube, CRT)이나 액정 화면(Liquid Crystal Display, LCD) 상에 표현되는 데 적합한 아날로그 형태의 비디오 신호를 준비한다(Myler, 2013). 따라서 컴퓨터 화면을 보는 분석가는 실제로 영상 프로세서의 기억장치 내에 저장된 디지털값의 비디오 표현을 보고 있는 것이다. 충전율(1/60초)이 매우 빠르기 때문에 분석가는 화면 상의 깜박거림을 눈치채지 못한다. 만약 디지털 화면이 사용된다면(아날로그 화면이 아닌), 디지털 자료는 바로 디지털 화면으로 넘어가기 때문에 디지털 대 아날로그 변환기(DAC)가 필요하지 않다.

영상자료 형식 및 압축 설계

가장 일반적으로 사용되는 비트맵 그래픽 형식은 원자료(raw), GIF(Graphic Interchange Format), JPEG(Joint Photographic Experts Group), 그리고 TIFF(Tagged Interchange File Format)가 있다. 이러한 형식들의 특징은 표 5-1에 요약되어 있다(Myler, 2013). 원격탐사 자료가 압축되지 않고 직접적으로 저장될 때 이것을 **원영상 파일**(raw image file)이라고 부르며 손상이 없는 것으로 간주된다. 반대로 몇몇 영상 형식은 저장해야 하는 자료의 양을 줄이기 위해 압축 설계를 사용한다. 압축 설계(compression schemes)는 인접한 화소값에서의 반복 또는 중복을 이용한다. **영상자료 압축**(image data compression)에는 다양한 유형이 존재하며 표 5-1에 설명되어 있다. 이러한 유형은 손상되지 않을 수도 손상될 수도 있다. 손상된 영상자료의 압축 설계는 대부분의 경우 성공적인 데이터 압축 결과를 제공하지만 영상 내의 중요한 스펙트럼 정보가 손상될 위험이 있다(SPIE, 2013). 그러므로 디지털 영상처리 분석가들은 원격탐사 자료[예 : 원자료(ERDAS, ENVI) 또는 압축되지 않은 TIFF 형식]를 저장할 때 오직 손상이 없는 영상자료를 사용하여 압축 설계를 수행할 것을 강하게 권장하고 있으며, 이로 인해 중요한 스펙트럼 정보를 잃지 않을 수 있다.

그러나 손상되거나 손상되지 않은 디지털 영상 데이터셋의 밝기값 전 영역을 적절히 표현하기 위해서는 어떻게 해야 할까? 1) 사용할 비트맵 그래픽과 연관된 화소당 비트의 수, 2) 사용된 컬러 좌표시스템, 그리고 3) 영상 프로세서와 연관된 비디오 조견표가 복합적으로 연결되어 기능해야 한다.

비트맵 그래픽

디지털 영상처리 산업에서는 행렬의 각 행과 열에 화소 밝기값

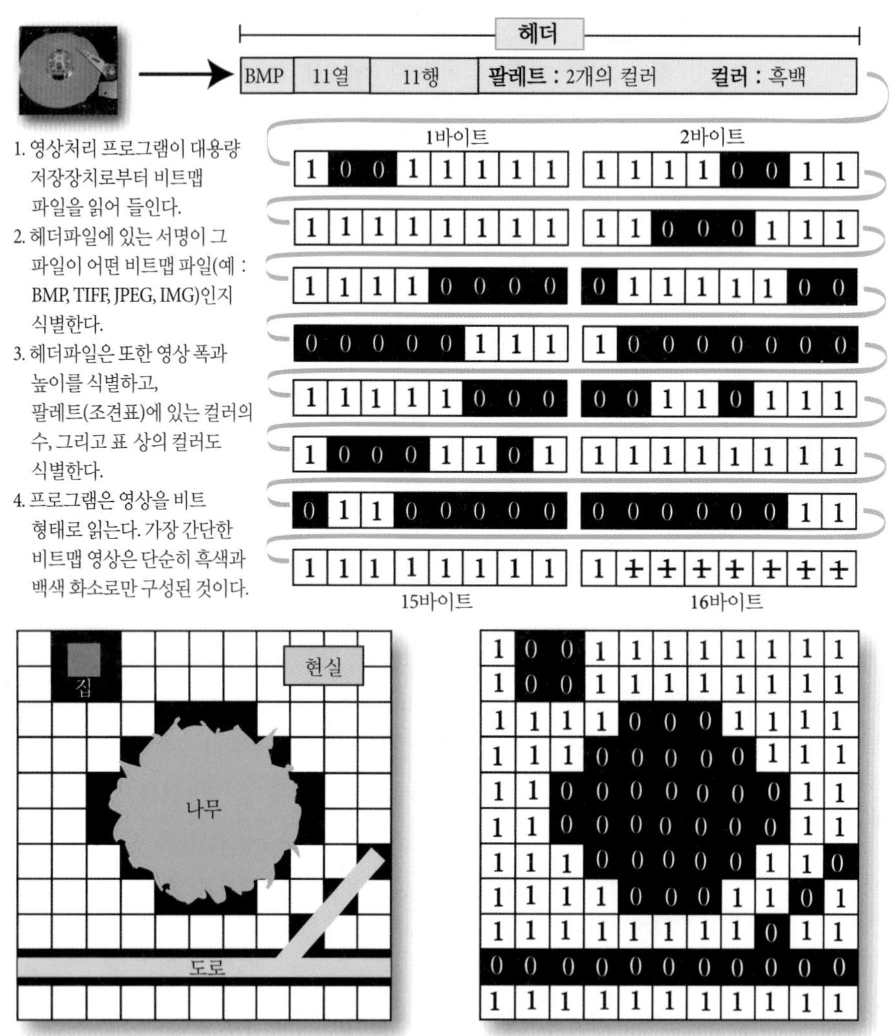

그림 5-4 이진(0, 1) 형태로 표현된 흑백 비트맵 영상의 특성

을 가진 모든 래스터 영상을 **비트맵**(bitmapped) 영상이라고 부른다. 영상 내 화소의 색조나 컬러는 그 화소와 관련된 비트나 바이트의 값과 컬러 조견표의 조작 사이의 함수이다. 예를 들어, 가장 간단한 비트맵 영상은 1과 0만으로 구성된 이진 영상이다. 회색조 및 컬러 영상이 어떻게 암호화되고 표현되는지를 논의하기 전에 간단한 이진 비트맵 영상이 어떻게 암호화되고 표현되는지를 살펴볼 필요가 있다.

그림 5-4의 간단한 영상은 집, 큰 나무, 그리고 2개의 도로로 구성되어 있다. 지리적 영역은 1과 0으로 구성된 간단한 래스터 형태로 디지털 변환되어 비트맵 형식으로 하드디스크나 다른 대용량 저장장치에 저장되어 있다. 그러면 어떻게 비트맵 그래픽 파일의 내용을 읽고, 그 안에 저장된 비트와 바이트로부터 디지털 영상을 구성할까? 우선, 모든 래스터 형태의 그래픽 파일들은 헤더(header) 정보를 가지고 있다. 헤더파일의 첫 번째 기록은 서명(signature)으로, 디지털 영상처리 프로그램으로 하여금 어떠한 종류의 파일이 존재하는지를 알게 한다. 헤더에서 그 다음 내용은 비트맵 데이터셋에서의 열(높이)과 행(폭)의 수에 관한 것이다. 헤더에서의 마지막 내용은 컬러의 수(예 : 2)와

서배너 강 지역의 열적외선 영상의 비트맵 표현

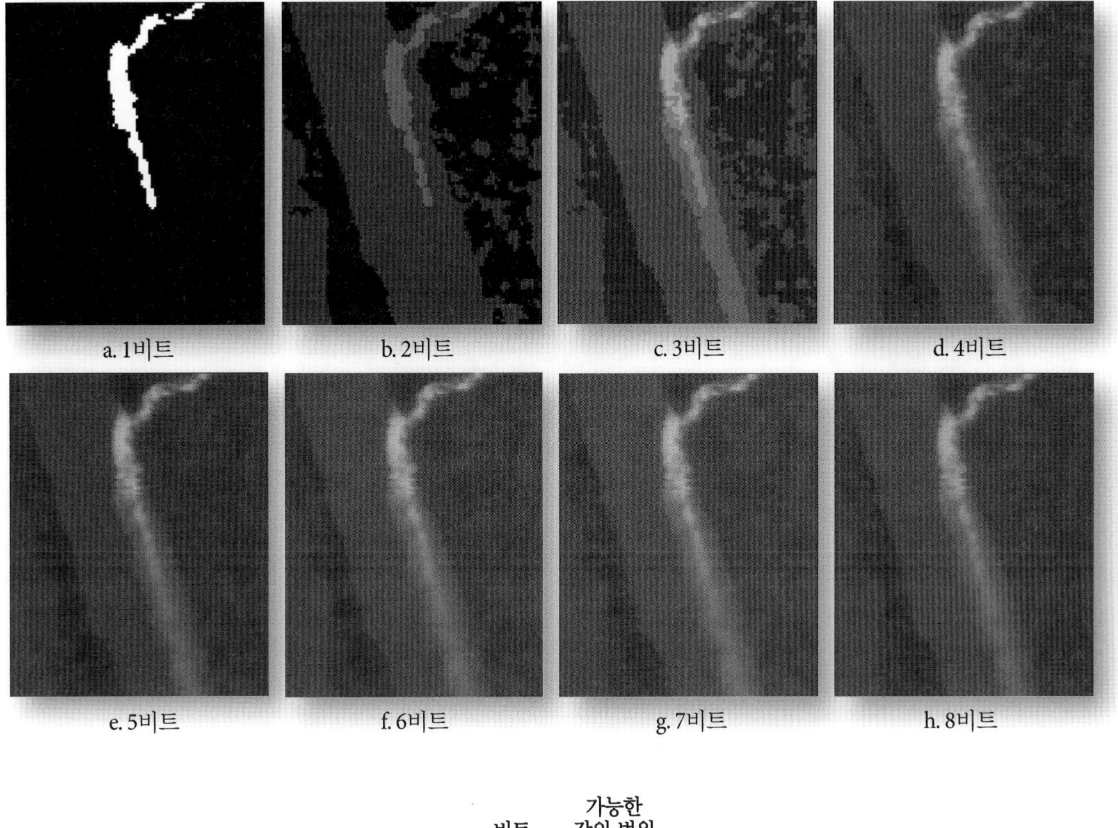

	비트	가능한 값의 범위
원래 밝기값	8	0~255
	7	0~127
	6	0~63
	5	0~31
	4	0~15
	3	0~7
	2	0~3
	1	0~1

그림 5-5 다양한 비트맵 해상도에서 서배너 강 지역의 열적외선 자료의 표현

컬러의 속성(예 : 흑백)에 대한 요약 정보를 담고 있다. 이 예에서 비트맵 영상은 11열과 11행으로 구성된 흑백 자료이다.

디지털 영상처리 프로그램은 헤더 정보에 기초하여 영상으로부터 121개의 개개 화소값을 추출할 수 있다(그림 5-4). 전체 121 화소로 구성된 행렬의 내용은 단 16바이트에 저장될 수 있는데, 각 바이트(8비트)는 8개 화소에 대한 값을 담고 있다. 16바이트의 마지막 7비트는 사용되지 않는데, 헤더 정보가 16바이트 데이터셋 내에 128개의 값(8비트×16바이트 = 128)이 아닌 121개의 유효한 값이 있음을 적시하고 있기 때문이다. 이러한 모든 정보를 가지고 프로그램은 이진 흑백 영상을 표현하는데 0은 흑색으로 1은 백색으로 나타난다.

그러나 이처럼 단지 이진정보만을 담고 있는 원격탐사 영상은 별로 없다. 대신, 대부분의 원격탐사 자료는 각 밴드마다 0에서 255까지의 값을 가지는 화소당 8비트로 구성되어 있다. 예를 들어, 그림 5-5는 서배너 강에서 보이는 기둥 형태의 열수를 다양한 비트맵 형태로 표현한 것이다. 원래의 8비트 디스플레이는 최솟값 38과 최댓값 188을 포함한 원시 데이터셋의 모든 정보를 담고 있다. 4비트 혹은 그보다 낮은 비트로 자료를 표현할 때 시각적인 정보 내용이 심각하게 감소한다. 4비트 디스플레이는 단지 0~15 사이의 변형된 값들만을 기록한다. 이진 1비트 디스플레이는 유용한 정보를 거의 담고 있지 않다. 1비트 디스플레이에서는 원래 밝기값이 128보다 작으면 0, 같거나 크면

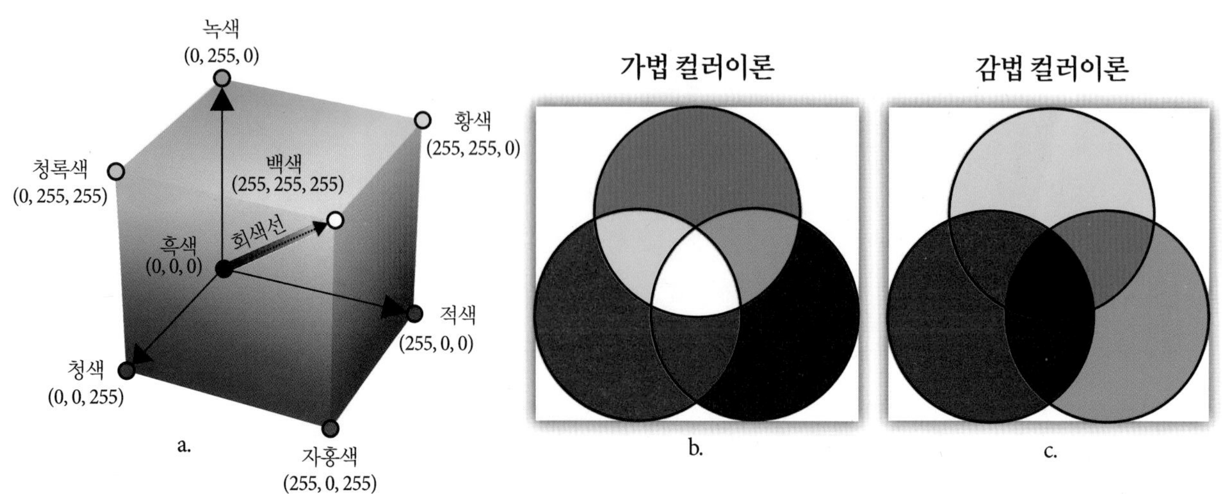

그림 5-6 a) RGB 컬러 좌표시스템은 가법 컬러이론에 기초하고 있다. 만약 우리가 3개의 8비트 영상(RGB)을 동시에 분석하고 있다면, 가능한 값은 2^{24} = 16,777,216이다. 이들 값 각각은 3차원의 RGB 컬러 좌표시스템 내의 어딘가에 존재한다. 회색조의 흑백 영상은 0, 0, 0에서 255, 255, 255로 이어지는 대각선 방향을 따라 위치한다. b) **가법 컬러이론** – 청색, 녹색, 적색 빛을 동일한 비율로 중첩시키면 백색 빛이 생성된다. 즉 백색 빛은 청색, 녹색, 적색 빛으로 구성된다. 보색인 황색, 자홍색, 청록색은 각각 적색과 녹색, 청색과 적색, 청색과 녹색 빛을 선택적으로 추가시킴으로써 생성할 수 있다. c) **감법 컬러이론** – 청색, 녹색, 적색 색소가 동일한 비율로 혼합되면 흑색을 만든다. 옐로 필터(yellow filter)는 모든 청색 빛을 효과적으로 흡수하고, 마젠타 필터(magenta filter)는 모든 녹색 빛을 흡수하고, 사이언 필터(cyan filter)는 모든 적색 빛을 흡수한다.

1값을 가진다. 이 예에서 알 수 있듯이, 8비트의 원격탐사 자료를 분석할 때에는 가능한 한 적어도 8비트의 비트맵 표현방식을 사용해야 한다.

앞으로 논의되는 것들은 기본적으로 8비트 영상을 사용한다. 그러나 다수의 원격탐사 시스템은 현재 밴드당 9, 10, 11, 심지어 12비트의 방사해상도를 가지고 있기 때문에 원격탐사 자료가 8비트라고 당연시해서는 안 된다.

RGB 컬러 좌표시스템

디지털 원격탐사 자료는 일반적으로 **적색-녹색-청색**(RGB) **컬러 좌표시스템**(Red-Green-Blue (RGB) color coordinate system)을 사용하여 표현되는데(그림 5-6a), 이는 가법 컬러이론과 적색, 녹색, 청색의 세 가지 주요 컬러에 기초하고 있다(그림 5-6b). **가법 컬러이론**(additive color theory)은 색소 혼합에 기초하는 감법이론과는 달리 빛의 혼합에 따라 색이 어떻게 변하는지에 기초하고 있다. 예를 들어, 가법 컬러이론에서 255, 255, 255의 RGB값을 가진 화소는 매우 밝은 백색 화소를 만들어 낸다(그림 5-6b). 반면, 만약 그림 5-6c와 같이 **감법 컬러이론**(subtractive color theory)을 기반으로 동일하게 높은 비율의 청색, 녹색, 적색 페인트를 섞었을 때에는 어두운 흑색 계통의 색소가 나타난다. 3개의 8비트 영상과 가법 컬러이론을 사용하여, 총 2^{24} = 16,777,216가지의 컬러합성을 표현할 수 있다(Lillesand et al., 2008). 예를 들어, 255, 255, 0의 RGB 밝기값은 밝은 황색 화소를 만들어 내고, 255, 0, 0의 RGB 밝기값은 밝은 적색 화소, 0, 0, 0의 RGB 밝기값은 흑색 화소를 만든다. 회색은 청색, 녹색, 적색의 동일한 비율이 섞였을 때 나타나는 RGB 컬러 좌표시스템 상의 회색선을 따라 만들어진다(그림 5-6a). 예를 들어, 127, 127, 127의 RGB값은 화면이나 하드카피 도구 상에서 중간 정도의 밝기를 지닌 회색 화소를 만들어 낸다.

컬러 조견표 : 8비트

대용량 저장장치로부터 1바이트의 원격탐사 자료를 추출하여 컴퓨터 화면 상에 표현한 화소의 회색조 혹은 컬러는 어떻게 조절할까? 컴퓨터 화면 상의 개개 화소의 회색조나 컬러는 **컬러 조견표**(color look-up table)라 불리는 컴퓨터 기억장치의 분리된 블록의 크기와 특성들에 의해 조절된다. 컬러 조견표는 각 8비트 화소와 연관된 적색, 녹색, 및 청색 값의 조합의 정확한 배열을 담고 있다. 8비트 영상 프로세서의 속성과 연관된 컬러 조견표를 평가함으로써 원격탐사 밝기값과 컬러 조견표가 어떻게 상호작용하는지를 알 수 있다. 2개의 컬러 조견표 예를 통해 흑백 및 컬러 농도분할(density slice) 밝기 지도가 어떻게 만들어지는지를 살펴보자.

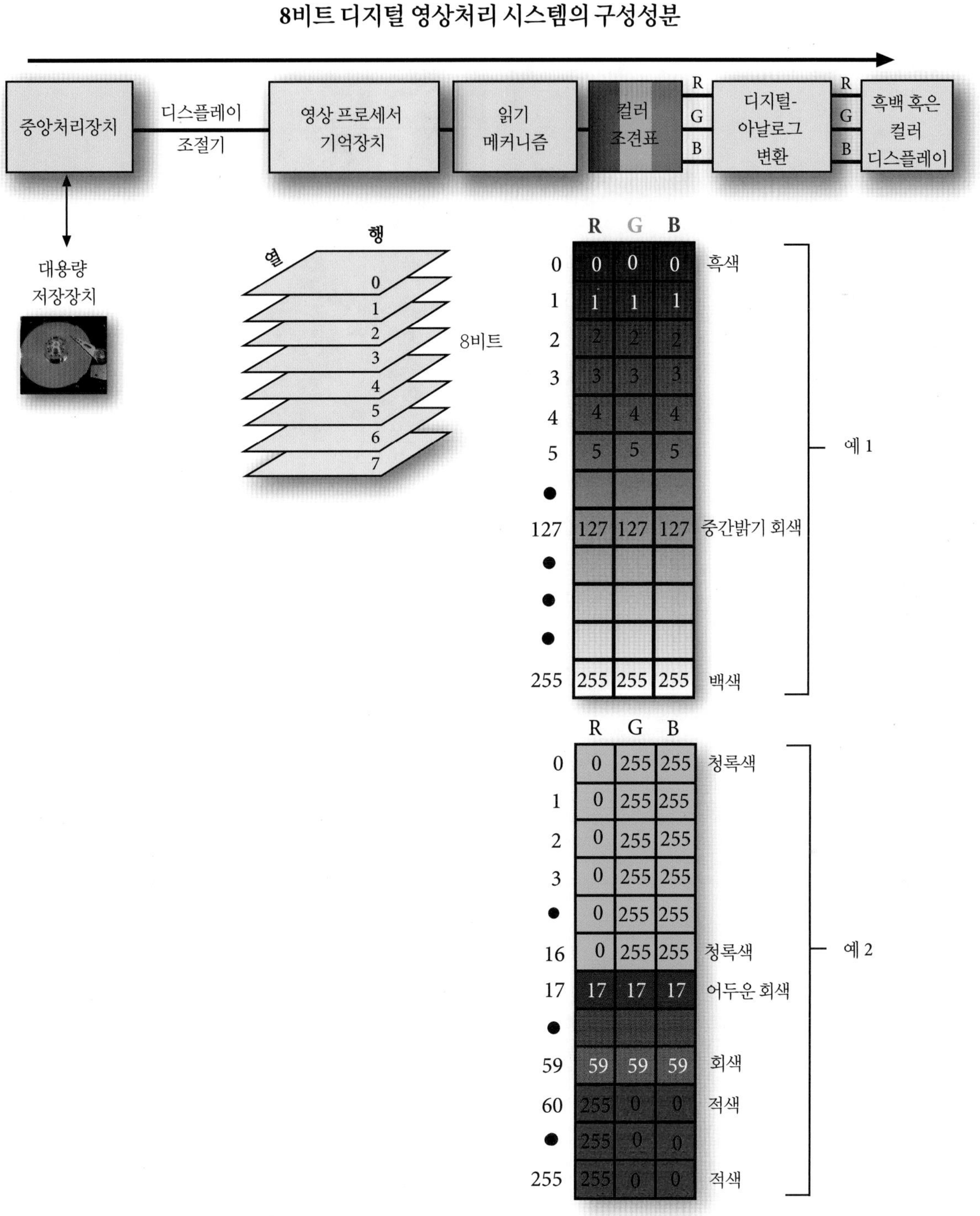

8비트 디지털 영상처리 시스템의 구성성분

중앙처리장치 — 디스플레이 조절기 — 영상 프로세서 기억장치 — 읽기 메커니즘 — 컬러 조견표 — R G B — 디지털-아날로그 변환 — R G B — 흑백 혹은 컬러 디스플레이

대용량 저장장치

열 행 0 1 2 3 4 5 6 7 8비트

예 1

	R	G	B	
0	0	0	0	흑색
1	1	1	1	
2	2	2	2	
3	3	3	3	
4	4	4	4	
5	5	5	5	
●				
127	127	127	127	중간밝기 회색
●				
●				
●				
255	255	255	255	백색

예 2

	R	G	B	
0	0	255	255	청록색
1	0	255	255	
2	0	255	255	
3	0	255	255	
●	0	255	255	
16	0	255	255	청록색
17	17	17	17	어두운 회색
●				
59	59	59	59	회색
60	255	0	0	적색
●	255	0	0	
255	255	0	0	적색

그림 5-7 8비트 영상처리 시스템의 구성성분. 영상 프로세서 기억장치는 영상의 단일 밴드로부터 8비트의 밝기값으로 채워진다. 이들 값은 256가지의 컬러 조견표의 내용에 따라 다양하게 조절된다. 8비트의 디지털-아날로그 변환기(DAC)는 디지털 조견표 값을 아날로그 신호로 바꿔 삼색(RGB)총의 강도를 조절하는 데 사용되어 컬러 CRT 화면 상에 영상을 표현한다. 만약 디지털 모니터가 사용된다면 DAC는 요구되지 않는다. 또한 대부분의 표현방식은 현재 액정 화면(LCD) 기술에 기반한다.

첫 번째 예를 보면(그림 5-7), 조견표의 처음 256개의 요소에서 적색, 녹색, 청색 성분의 값들이 점차 커져 가고 있음을 알 수 있다. 이 값들은 화면 상에 흑색으로 보이는 0, 0, 0에서 중간 정도 밝기의 회색인 127, 127, 127 이어 밝은 백색으로 보이는 255, 255, 255로 변한다. 따라서 만약 원격탐사 자료의 단일 밴드의 한 화소가 127의 밝기값을 가지고 있다면, 조견표 상의

8비트 컬러 조견표를 사용한 농도분할

a. 1982년 11월 9일 취득한
사우스캐롤라이나 주 찰스턴 지역의 Landsat TM 밴드 4 영상

b. 표 5-2의 논리에 기반한 농도분할

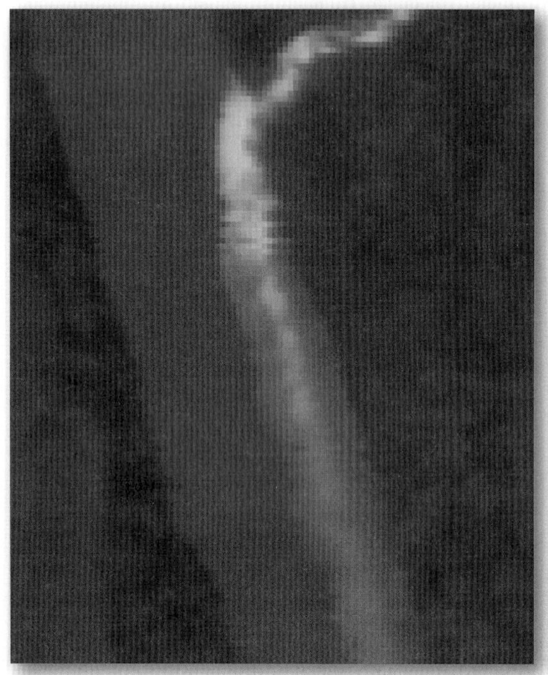

c. 1981년 3월 28일 취득한 서배너 강의 새벽녘
열적외선 영상

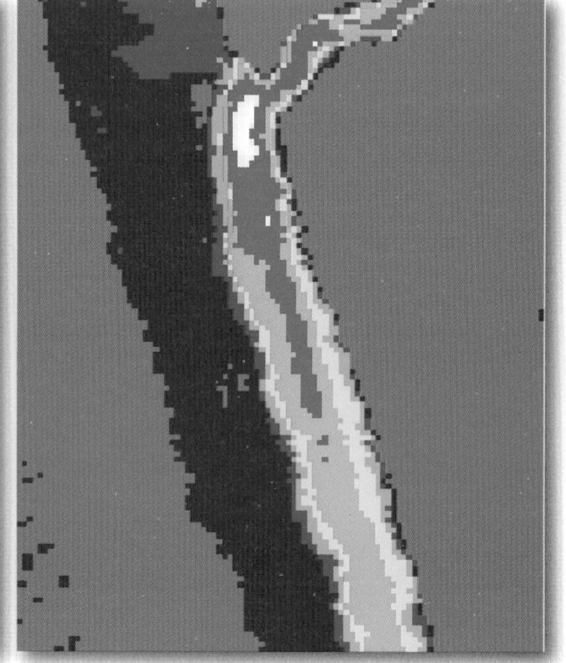

d. 표 5-3의 논리에 기반한 농도분할

그림 5-8 a) 사우스캐롤라이나 주 찰스턴 지역의 Landsat TM 밴드 4(0.76~0.90μm) 30×30m 자료의 흑백 표현방식. b) 표 5-2에서 요약된 논리를 사용한 컬러 농도분할. c) 서배너 강의 새벽녘 열적외선(8.5~13.5μm) 영상의 흑백 표현. 각각의 화소는 현장에서 대략 2.8×2.8m이다. d) 표 5-3에서 요약된 논리를 사용한 컬러 농도분할.

127(127, 127, 127의 RGB값)에 위치한 RGB값은 8비트 DAC 변환기를 거쳐 중간 정도 밝기의 회색 화소로 화면 상에 나타날 것이다. 이러한 종류의 논리는 흑백 밝기 지도를 만드는 데 적용되며, 사우스캐롤라이나 주 찰스턴 지역의 TM 밴드 4 영상에 대한 예가 그림 5-8a에 나와 있다. 이는 종종 표준 8비트 흑백 표현방식으로 불리는데, 왜냐하면 원시 원격탐사 자료를 따로 일반화시키지 않았기 때문이다. 이는 8비트의 원격탐사 입력 자료와 8비트의 컬러 조견표 사이에 일대일 관계가 있음을 뜻한다(그림 5-2a 참조). 이는 원격탐사 자료를 표현하는 데 있어 이상적인 메커니즘이다. 새벽녘에 수집된 서배너 강 지역의 8비

표 5-2 그림 5-8a와 b에 나와 있는 사우스캐롤라이나 주 찰스턴 지역의 TM 밴드 4 영상을 컬러 농도분할하기 위한 클래스 구간과 컬러 조견표 값

컬러 클래스 구간	시각적 컬러	컬러 조견표 값			밝기값	
		적색	녹색	청색	낮음	높음
1	청록색	0	255	255	0	16
	회색음영	17	17	17	17	17
	회색음영	18	18	18	18	18
	회색음영	19	19	19	19	19
⋮	⋮	⋮	⋮	⋮	⋮	⋮
	회색음영	58	58	58	58	58
	회색음영	59	59	59	59	59
2	적색	255	0	0	60	255

표 5-3 그림 5-8c와 d에 나와 있는 새벽녘에 수집한 열적외선 영상에 보이는 기둥 형태의 열수를 컬러 농도분할하는 데 사용된 클래스 구간과 컬러 조견표 값

컬러 클래스 구간	시각적 컬러	컬러 조견표 값			표면 온도(℃)		밝기값	
		적색	녹색	청색	최저	최고	최저	최고
1. 내륙	회색	127	127	127	-3.0	11.6	0	73
2. 강기슭	군청색	0	0	120	11.8	12.2	74	76
3. +1℃	청색	0	0	255	12.4	13.0	77	80
4. 1.2~2.8℃	녹색	0	255	0	13.2	14.8	81	89
5. 3.0~5.0℃	황색	255	255	0	15.0	17.0	90	100
6. 5.2~10.0℃	주황색	255	50	0	17.2	22.0	101	125
7. 10.2~20.0℃	적색	255	0	0	22.2	32.0	126	176
8. >20℃	백색	255	255	255	32.2	48.0	177	255

트 열적외선 영상에도 동일한 논리를 적용시켰다(그림 5-8c).

원격탐사 영상을 분석하는 일반인이나 과학자들은 데이터셋에 담겨진 기본적인 단일 밴드의 회색조나 다중 밴드의 컬러 정보를 단순히 표현하는 데 만족하지 않는다. 그들은 일반적으로 중요한 현상과 관련된 영상 내의 특정 밝기값의 컬러를 강조하기 원한다(Richards, 2013; Konecny, 2014). 영상분석가는 구체적인 값들로 컬러 조견표를 채움으로써 이 작업을 수행한다(표 5-2, 5-3).

이 부분을 보여 주기 위해 그림 5-7의 두 번째 예에서는 표의 첫 번째 입력값 0이 0, 255, 255의 RGB값을 가지도록 했다. 그러므로 0값을 가진 영상의 단일 밴드에서 어떤 화소도 컴퓨터 화면 상에 밝은 청록색으로 표현된다. 이러한 식으로, 분석가에게 매우 중요한 의미를 가지는 화소들의 컬러를 조견표를 통해 변화시킬 수 있다. 이는 엄밀히 말하면 원격탐사 자료의 단일 밴드를 컬러 **농도분할**(density slice)하는 메커니즘이다. 예를 들어, 만약 우리가 사우스캐롤라이나 주 찰스턴 지역의 Landsat TM 밴드 4 영상에서 발견되는 물과 가장 건강한 식생만을 강조하고 싶다면, 두 번째 예에서 요약된 컬러 조견표를 기초로 하여 그림 5-8b에서와 같이 농도분할 영상을 만들 수 있다(그림 5-7, 표 5-2). 컬러 조견표를 수정하여 0~16 사이의 모든 화소가 0, 255, 255의 RGB값(청록색)을 가지고, 60~255 사이의 모든 화소는 255, 0, 0의 RGB값(적색)을 가지도록 하였다. 17~59 사이의 값을 가지는 화소만이 일반적인 회색 계통의 조견표(RGB) 값을 가진다. 예를 들어, 밝기값이 17인 화소는 17,

17, 17의 RGB값을 가지며, 화면 상에 어두운 회색으로 나타난다.

새벽녘에 수집한 서배너 강 지역의 열적외선 영상을 농도분할하여 서로 다른 밝기값 구간을 적용하였다(그림 5-8d). 서배너 강 지역의 컬러 농도분할 영상에 대해 적용된 구간과 컬러 조견표 값이 표 5-3에 나와 있다.

컬러 조견표 : 24비트

여러 개의 8비트 영상들이 동시에 모두 저장되고 평가될 수 있다면 보다 유용할 것이다. 예를 들어, 그림 5-9는 3개의 8비트 영상 프로세서 기억장치 뱅크와 3개의 8비트 컬러 조견표로 완성되는 24비트 영상처리 시스템을 보여 주고 있다. 따라서 3개의 분리된 8비트 영상들은 영상 프로세서 기억장치 뱅크에 완전한 해상도로 저장될 수 있다(하나는 적색, 하나는 녹색, 그리고 마지막 하나는 청색). 3개의 분리된 8비트 DAC는 적색, 녹색, 청색 영상 면 각각에서 한 화소의 밝기값을 연속적으로 읽어 들여, 이 디지털값을 아날로그 신호로 변환시킨 다음 CRT 화면 상에 적색, 녹색, 청색(RGB) 삼색총(tricolor guns)의 강도를 조절하는 데 사용할 수 있다. 예를 들어, 만약 적색 영상 면에서 (1, 1)에 위치한 화소가 255의 밝기값을 가지고 있고, 녹색 및 청색 영상 면에서는 해당 화소가 0의 밝기값을 가지고 있다면, 컴퓨터 화면 상의 (1, 1) 위치에는 밝은 적색(255, 0, 0) 화소가 나타날 것이다. 1,670만 개 이상의 RGB 컬러합성이 이와 같은 방식으로 만들어질 수 있다. 분명히 이는 보다 많은 수의 컬러를 포함하는 이상적인 컬러 조견표를 제공하며, 컴퓨터 화면 상에 모든 것을 동시에 나타낼 수 있다. 위에서 설명한 것이 가법 컬러조합을 만드는 데 적용되는 기본적인 원리이다.

컬러조합

컬러조합을 만들 때에는 높은 분광(컬러)해상도가 중요하다. 예를 들어, 만약 위색컬러조합의 TM 영상을 정확하게 표현하려면, 각 8비트 입력 영상(TM 밴드 4＝근적외선, TM 밴드 3＝적색, TM 밴드 2＝녹색)이 8비트의 적색, 녹색, 청색 영상 프로세서 기억장치에 각각 할당되어야만 한다. 이 경우, 3개의 8비트 컬러 조견표를 사용한 24비트 시스템이 위에서 설명한 대로 화면 상의 각 화소를 표준 컬러로 나타나게 한다. 이는 어떠한 일반화도 발생하지 않은 표준 가법 컬러조합이다.

1994년 2월 3일에 취득된 Landsat TM 자료의 다양한 밴드를 이용한 가법 컬러조합이 그림 5-10에 나와 있다. 그 중 첫 번째는 TM 밴드 3, 2, 1을 적색, 녹색, 청색 영상 프로세서 기억장치에 각각 위치시켜 만들어 낸 자연컬러조합이다(그림 5-10a). 이는 만약 분석가가 위성 탑재체에서 사우스캐롤라이나 주를 내려다봤을 때 그 지형이 어떻게 보이는지와 같다.

TM 밴드 4, 3, 2로 구성된 컬러-적외선 컬러조합이 그림 5-10b에 나와 있다. 건강한 식생은 적색 계통으로 나타나는데, 왜냐하면 광합성을 하는 식생이 녹색과 적색의 입사에너지를 대부분 흡수하고 입사하는 근적외선 에너지의 대략 반 정도를 반사하기 때문이다(제8장에서 논의됨). 도시밀집 지역은 근적외선, 적색, 녹색 에너지를 대략 동일한 비율로 반사하며, 따라서 강철과 같은 색을 띤다. 습지는 녹갈색 계통의 색으로 나타난다. 세 번째 컬러조합은 밴드 4(근적외선), 5(중적외선), 3(적색)을 사용하였다(그림 5-10c). 이 조합은 육지와 물을 가장 잘 구분하며, 식생의 종류와 상태가 갈색, 녹색, 오렌지색 등으로 나타난다. 토양의 경우 습기가 많을수록 더욱 어둡게 나타난다. 그림 5-10d는 TM 밴드 7, 4, 2(RGB) 조합을 이용하여 만들어진 영상이다. 많은 분석가들이 이 조합을 선호하는데, 왜냐하면 식생이 친숙한 녹색 계통으로 표현되기 때문이다. 또한 중적외선 TM 밴드 7은 식생과 토양의 수분함량 정도를 판단하는 데 도움을 준다. 도시 지역은 자홍색 위주로 변하며, 어두운 녹색 지역은 육상의 산림을 나타내는 반면, 녹갈색 지역은 습지를 나타낸다. 그러나 동일한 Landsat TM 자료로부터 만들어질 수 있는 3-밴드 컬러조합은 상당히 많은데 그 각각은 어떻게 보일까? 이런 문제와 함께 어떤 밴드조합이 컬러로 표현하기에 더 나은지를 보여 주는 지수들이 개발되었다.

최적지수인자

Chavez 등(1984)은 **최적지수인자**(Optimum Index Factor, OIF)를 개발하여 TM 자료의 6개 밴드(열적외선 밴드 제외)로부터 만들어질 수 있는 3-밴드조합 20개의 순위를 매겼다. 그러나 이 기법은 다른 어떠한 다중분광 원격탐사 데이터셋에도 적용 가능하다. 최적지수인자는 다양한 밴드조합 내(within) 총분산 및 상관관계와 밴드조합 간(between)의 총분산 및 상관관계에 기초하고 있다. 세 밴드로 구성된 영상에 대한 OIF를 계산하는 데 사용되는 알고리듬은 다음과 같다.

$$OIF = \frac{\sum_{k=1}^{3} s_k}{\sum_{j=1}^{3} \text{Abs}(r_j)} \tag{5.1}$$

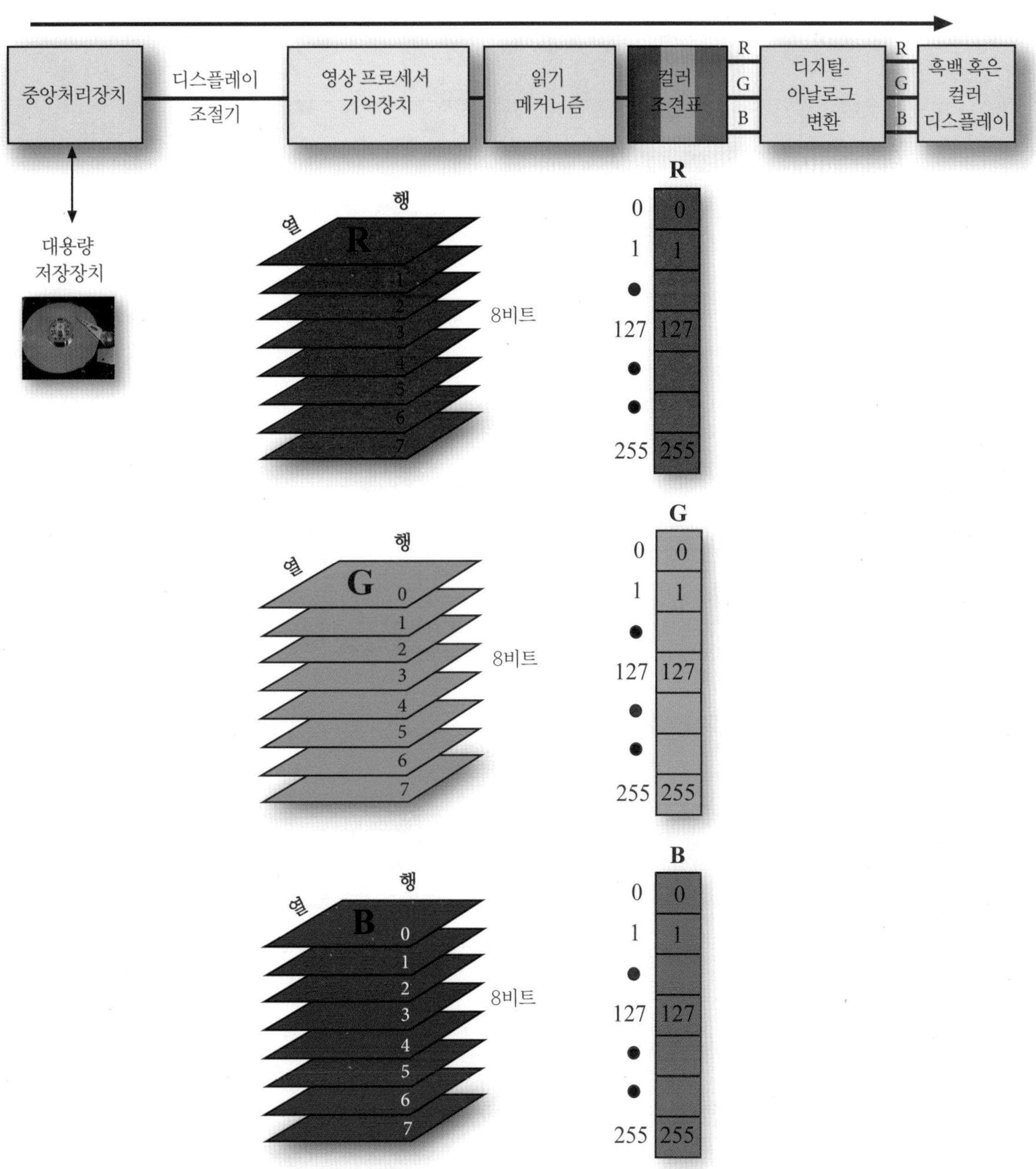

그림 5-9 24비트 영상처리 시스템의 구성성분. 영상 프로세서는 8비트 원격탐사 영상을 3개까지 저장하여 연속적으로 평가할 수 있다. 3개의 8비트 디지털-아날로그 변환기(DAC)는 3개의 8비트 컬러 조견표의 내용을 스캔한다. 화면 상에 표현된 한 화소의 컬러는 24비트 영상처리 시스템을 사용하여 표현할 수 있는 16,777,216개의 컬러 중 단 하나의 가능한 조합(예 : 적색 = 255, 0, 0)이다. 만약 디지털 모니터가 사용된다면 DAC는 필요 없다.

s_k는 밴드 k에 대한 표준편차, r_j는 평가되는 세 밴드 중 2개 사이의 상관계수의 절댓값이다. 가장 큰 OIF를 가진 3-밴드조합이 일반적으로 최대의 정보(분산으로 측정)를 가지고 있으며 그 중복된 양(상관관계로 측정)은 최소가 된다. 순위가 비슷하면 결과(OIF) 역시 비슷한 값을 가진다.

OIF 기준을 1982년에 수집된 사우스캐롤라이나 주 찰스턴 지역의 Landsat TM 데이터셋(열적외선 밴드 제외)에 적용하여 20개의 조합을 만들었다(표 5-4). 표준편차와 밴드 간 상관계수는 표 4-7로부터 주어졌다. 밴드 1, 4, 5를 이용한 3-밴드조합이 최적의 컬러조합을 제공했고, 밴드 2, 4, 5와 3, 4, 5를 이용한 3-밴드조합도 좋았다. 일반적으로 최고의 3-밴드조합은 가시광선 밴드 중 하나(TM 1, 2, 3)와 중적외선 밴드 중 하나(TM

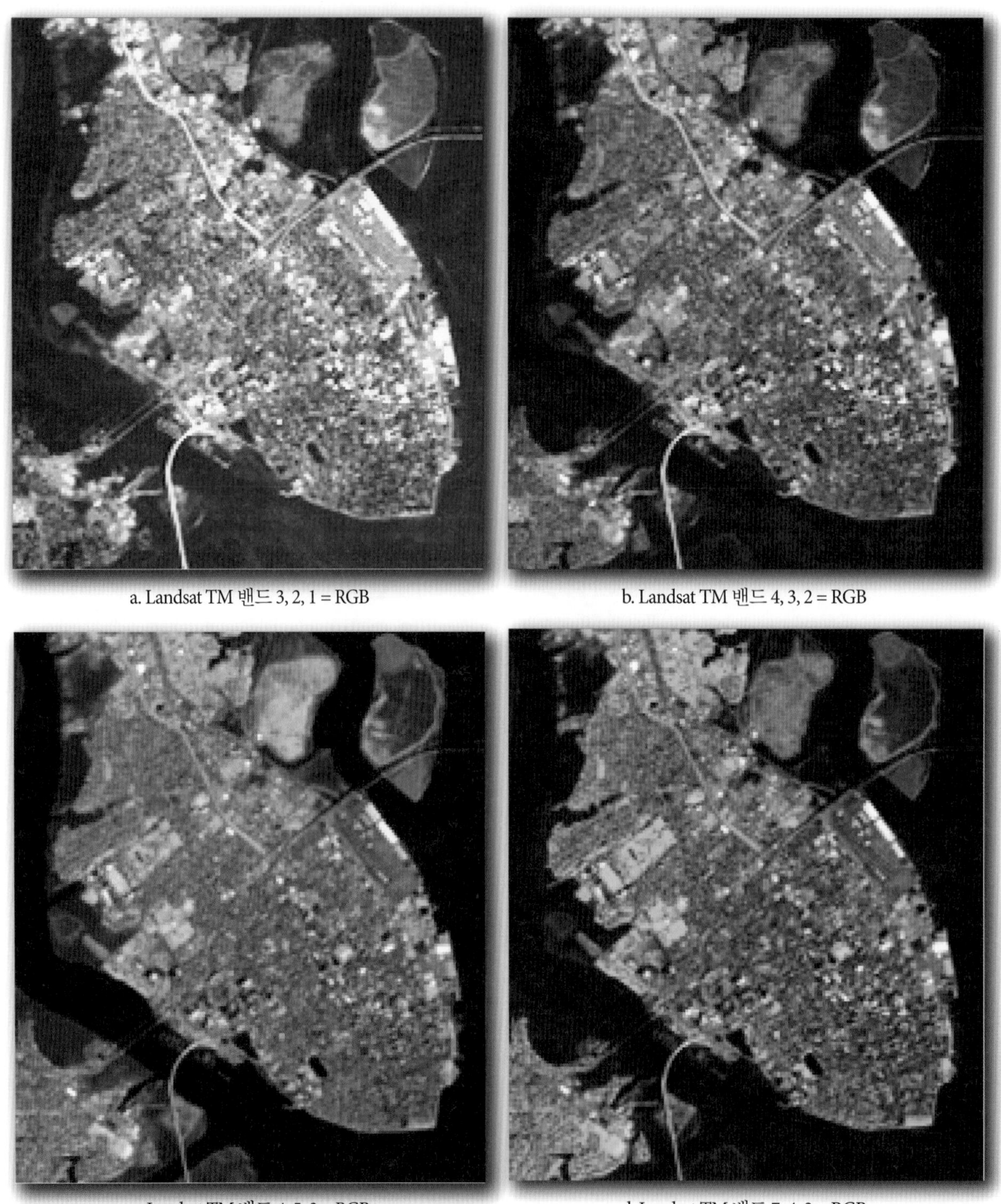

그림 5-10 1994년 2월 3일 취득한 사우스캐롤라이나 주 찰스턴 지역의 Landsat TM 자료의 컬러조합. a) 적색, 녹색, 청색(RGB) 영상 프로세서 기억장치 영역에서 Landsat TM 밴드 3, 2, 1의 조합. b) TM 밴드 4, 3, 2 = RGB. c) TM 밴드 4, 5, 3 = RGB. d) TM 밴드 7, 4, 2 = RGB(원본 영상 제공 : NASA).

표 5-4 사우스캐롤라이나 주 찰스턴 지역의 Landsat TM 6개 밴드에 대한 최적지수인자(OIF)

순위	조합	OIF
1	1, 4, 5	27.137
2	2, 4, 5	23.549
3	3, 4, 5	22.599
4	1, 5, 7	20.785
5	1, 4, 7	20.460
6	4, 5, 7	20.100
7	1, 3, 5	19.009
8	1, 2, 5	18.657
9	1, 3, 4	18.241
10	2, 5, 7	18.164
11	2, 3, 5	17.920
12	3, 5, 7	17.840
13	1, 2, 4	17.682
14	2, 4, 7	17.372
15	3, 4, 7	17.141
16	2, 3, 4	15.492
17	1, 3, 7	12.271
18	1, 2, 7	11.615
19	2, 3, 7	10.387
20	1, 2, 3	8.428

6개 밴드 중 3개씩 조합하면 총 20개의 조합이 나온다. 열적외선 밴드 6(10.4~12.5μm)은 사용되지 않았다.

예를 들어, 표 4-7로부터 Landsat TM 밴드조합 1, 4, 5에 대한 OIF는 다음과 같다.

$$\frac{10.5+15.76+23.85}{0.39+0.56+0.88}=27.137$$

5, 7)와 TM 밴드 4의 조합이다. TM 밴드 4는 1~6위까지 중에 5군데에 포함되어 있다. 이러한 정보는 3-밴드 컬러조합을 만드는 데 가장 유용한 밴드를 선택하는 데 사용될 수 있다. 그런 다음 분석가는 컬러조합에서 각 밴드(적색, 녹색, 혹은 청색)를 어떤 컬러에 할당할지 결정해야 한다.

Sheffield 지수

Sheffield(1985)는 조사 중인 세 밴드에 의한 가상공간의 크기에 기초하여 통계적인 밴드 선택 지수를 개발했는데 이는 가장 큰 가상체적을 가진 밴드들을 선택하는 것이다. 이 지수는 만약 입력 밴드가 6개라면 원래의 6×6 공분산 행렬로부터 만들어진 각 $p \times p$ 부분행렬의 결정계수를 계산하는 것에 기초하고 있다. Sheffield 지수(SI)는 다음과 같이 계산된다.

$$SI=|Cov_{p\times p}| \tag{5.2}$$

$|Cov_{p\times p}|$은 밴드 수가 p인 영상에 대한 공분산 행렬의 결정계수이다. 이 경우 $p=3$인데, 왜냐하면 영상 디스플레이 목적으로 최적의 3-밴드조합을 찾고자 하기 때문이다. 요컨대, 우선 SI는 밴드 1, 2, 3에서 추출된 3×3 공분산 행렬로부터 계산되고 이어 밴드 1, 2, 4에서 추출된 공분산 행렬에서 계산된다. 만약 6개의 밴드가 사용된다면, 이 과정은 가능한 모든 밴드조합, 즉 20가지의 밴드조합에 대해 반복된다. 이 중 가장 큰 결정계수를 만드는 밴드조합이 영상을 표현하는 데 사용된다. SI를 계산하는 데 필요한 모든 정보는 실제 원래의 6×6 공분산 행렬에 들어 있다. Sheffield 지수는 n개의 밴드를 가지고 있는 데이터셋까지 확장될 수 있다. Beauchemin과 Fung(2001)은 정규화된 Sheffield 지수의 사용을 제안했다.

초분광 영상의 컬러 표현방식에 대한 독립성분 분석(ICA)기반 융합

초분광 영상은 수백 개의 밴드로 구성되어 있다. 컴퓨터 화면에 어떤 3개의 밴드를 보여 주어야 할지 알기 어렵다. Zhu 등(2011)은 컬러 표현방식에 있어서 n개의 초분광 영상을 3개의 독립된 성분 영상과 융합하기 위해서 ICA기반의 차원축소법을 개발하였다. 이들은 초분광 자료 표현방식에 있어서 기존의 주성분 분석(PCA) 차원축소와 비교하여 더 나은 결과를 제공한다고 제시했다.

원격탐사 자료 융합

영상분석가는 종종 다음과 같이 다른 종류의 원격탐사 자료를 융합하기도 한다.

- SPOT 10×10m PAN 자료와 Landsat TM 30×30m 자료(예 : Chavez and Bowell, 1988)
- 다중분광 자료(예 : SPOT XS, Landsat TM, IKONOS)와 능동형 마이크로파(radar) 혹은 다른 자료(예 : Chen et al., 2003; Klonus and Ehlers, 2009)

플로리다 주 마르코 섬의 SPOT 영상

a. 20×20m 해상도의 밴드 1(0.50~0.59μm)

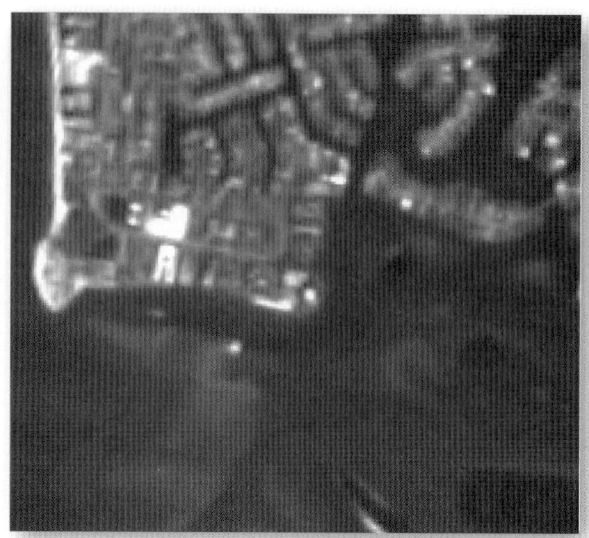
b. 20×20m 해상도의 밴드 2(0.61~0.68μm)

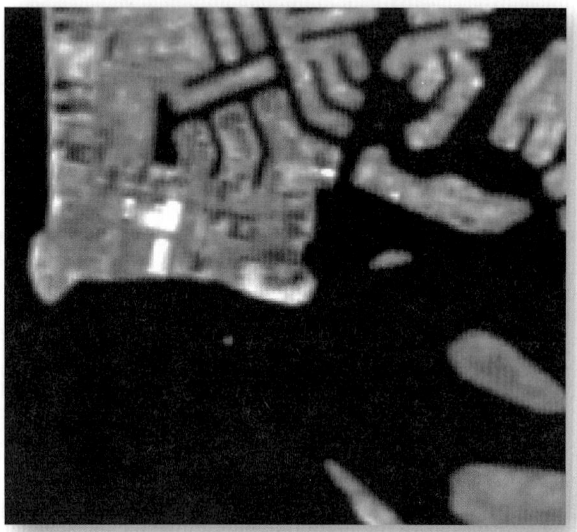
c. 20×20m 해상도의 밴드 3(0.79~0.89μm)

d. 10×10m 해상도의 전정색 밴드(0.51~0.73μm)

그림 5-11 그림 5-12a에 있는 정규 컬러-적외선 컬러조합을 만드는 데 사용된 SPOT 20×20m 다중분광밴드와 10×10m 전정색 영상. 그림 5-12b는 융합된 컬러-적외선 컬러조합 영상이다[영상 제공 : CNES(www.cnes.fr). Protected information. All rights reserved © CNES(2014)].

- IKONOS 1×1m 자료와 Landsat Enhanced Thematic Mapper (ETM^+) 30×30m 자료(Chen et al., 2011)
- Landsat ETM^+ 다중분광 30×30m 자료와 ETM^+ 15×15m 전정색 자료(Park and Kang, 2004)
- QuickBird 0.7×0.7m 전정색 자료와 2.8×2.8m 다중분광 자료(Aiazzi et al., 2007)
- 영상화면에 3개의 독립된 성분으로 나타나는 초분광 자료(Zhu et al., 2011)
- CARTOSAT-1 전정색 2.5×2.5m 자료와 IRS-P6 LISS-IV 5.8×5.8m 다중분광 자료(Jalan and Sokhi, 2012)

30×30m Landsat Thematic Mapper 자료와 같이 낮은 공간해상도의 영상을 1×1m IKONOS 전정색 자료와 같은 높은 공간해상도의 전정색 영상과 융합할 때 이 과정을 **영상 융합**(pan-sharpening)이라고 한다. 영상 융합의 목적은 다중분광 입력 자료에 대해 스펙트럼 왜곡 없이 전정색 영상의 공간 정보를 포

함한 영상 융합된 영상을 만들기 위한 것이다(Jalan and Sokhi, 2012).

서로 다른 센서를 통해 수집된 원격탐사 자료를 융합할 때는 매우 주의해야 한다. 일단 융합하려는 데이터셋은 서로 정확하게 기하보정되어 있어야 하며 동일한 화소 크기로 재배열되어야 한다(제6장 참조). 데이터셋을 융합하는 성분치환(CS) 방법에는 여러 가지가 있으며, 다음과 같다(Park and Kang, 2004; Schowengerdt, 2006; Aiazzi et al., 2007; Alparone et al., 2007; Klonus and Ehlers, 2009; Prost, 2013).

- 단순 밴드치환 방법
- RGB, 강도-색조-채도, 색도 컬러 좌표시스템을 이용한 컬러 공간 변환 및 성분치환 방법
- 주성분 분석(PCA), 독립성분 분석(ICA) 또는 Gram-Schmidt 치환
- 고주파수 정보를 낮은 공간해상도의 데이터셋으로 화소별로 추가하는 방법
- 회귀크리깅(regression kriging)에 기반한 영상 융합
- 평활화(smoothing) 필터를 이용한 강도조절 영상 융합

이 장에서는 다루지 않지만, 위에서 언급한 방법 외에도 파형요소(wavelet) 또는 라플라시안 피라미드(Laplacian pyramid)에 기반한 다중해상도 분석(MRA)과 IHS 변환 및 Fourier 필터링에 기반한 Ehler 융합 방법과 같은 영상 융합 알고리듬이 있다(예 : Alparone et al., 2007; Klonus and Ehlers, 2007).

단순 밴드치환

단순 밴드치환은 가장 많이 사용되는 영상 융합 방법 중 하나이다. 예를 들어, 플로리다 주 마르코 섬의 SPOT 영상밴드가 각각 그림 5-11에 나와 있다. 이 자료는 UTM 좌표체계로 기하보정한 뒤, 공일차(bilinear) 내삽기법을 이용하여 10×10m 화소로 재배열하였다. 20×20m 다중분광밴드들(녹색, 적색, 근적외선)이 상대적으로 흐리게 보임에 주목할 필요가 있다. 이 자료는 20×20m의 해상도로 전형적인 도시 지역을 보여 주고 있다. 반대로, 10×10m 전정색 자료는 훨씬 더 상세한 도로망 정보와 큰 빌딩의 둘레 정보까지 보여 준다. 20×20m 다중분광 자료와 10×10m 전정색 자료를 융합함으로써 보다 가치 있는 정보를 구할 수 있다.

그림 5-12a는 이 영상의 밴드 3, 2, 1(각각 근적외선, 적색, 녹색)을 적색, 녹색, 청색 영상 프로세서 기억장치 뱅크에 위치시킨 컬러-적외선 컬러조합 영상이다(즉 밴드 3, 2, 1＝RGB). SPOT 전정색 자료는 그 분광영역이 0.51~0.73μm이므로 이 자료는 녹색 및 적색 영역을 포함한 전자기에너지의 기록이다. 따라서 전정색 자료는 바로 녹색(SPOT 1)이나 적색(SPOT 2) 밴드 대신 사용될 수 있다. 그림 5-12b는 SPOT 3(근적외선), SPOT 전정색, SPOT 1(녹색)을 RGB 영상 프로세서 기억장치 뱅크에 각각 위치시켜 융합한 영상을 보여 준다. 이 영상을 보면, SPOT 전정색 자료(10×10m)의 상세한 정보와 20×20m의 SPOT 다중분광 자료의 상세한 분광 정보를 모두 보여 준다. 이 방법은 SPOT 자료의 방사 품질을 전혀 변화시키지 않는다는 장점이 있다.

컬러공간 변환 및 성분치환

현재까지 제시한 모든 원격탐사 자료는 RGB 컬러 좌표시스템에서 다루어져 왔다. 시각적 분석을 위해 원격탐사 자료를 나타낼 때 다른 컬러 좌표시스템을 이용하는 것이 더 가치 있을 수 있다. 이러한 방법들 중 일부는 다른 종류의 원격탐사 자료가 융합될 때 사용될 수도 있다. 자주 쓰이는 두 가지 방법은 RGB를 강도-색조-채도(IHS)로 변환하는 방법과 색도 좌표계를 쓰는 방법이다.

RGB-IHS 상호변환

강도-색조-채도(IHS) **컬러 좌표시스템**(intensity-hue-saturation (IHS) color coordinate system)은 가상적인 컬러공간에 기초한다(그림 5-13a). 수직축은 흑색(0)에서 백색(255)으로 변하는 강도(I)를 나타내고 컬러와는 어떠한 관련도 없다. 구의 둘레는 컬러의 우세한 파장을 나타내는 색조(H)를 뜻한다. 색조는 적색의 중간지점에서 0으로 시작하여 반시계방향으로 구 둘레를 따라 돌며 증가하여 다시 0과 근접한 점에서 255로 끝난다. 채도(S)는 컬러의 순도를 나타내며 컬러 구의 중심에서 0으로 시작하여 구 둘레부분에서 255가 된다. 채도 0은 완전히 혼색된 컬러를 뜻하며 모든 파장이 똑같이 존재하여 강도(I)에 따라 백색에서 흑색으로 변하는 회색으로 보인다. 중간 정도의 값을 가진 채도는 파스텔 계통을 나타내며, 반면 높은 값을 가질수록 더 순수한 컬러를 가지게 된다. 이 사례에서 사용된 모든 값이 대부분의 디지털 원격탐사 자료에 상응하는 8비트의 크기에 맞추어져 있다. 그림 5-13a는 IHS 좌표계에서 190, 0, 220의 값을 가지는 화소의 위치를 보여 준다[즉 약간 높은 강도(190), 높은

플로리다 주 마르코 섬의 SPOT 20×20m 다중분광과 10×10m 전정색 자료의 융합

a. SPOT 밴드 3(근적외선), 2(적색), 1(녹색)의 컬러-적외선 컬러조합 = RGB. 각 밴드는 20×20m.

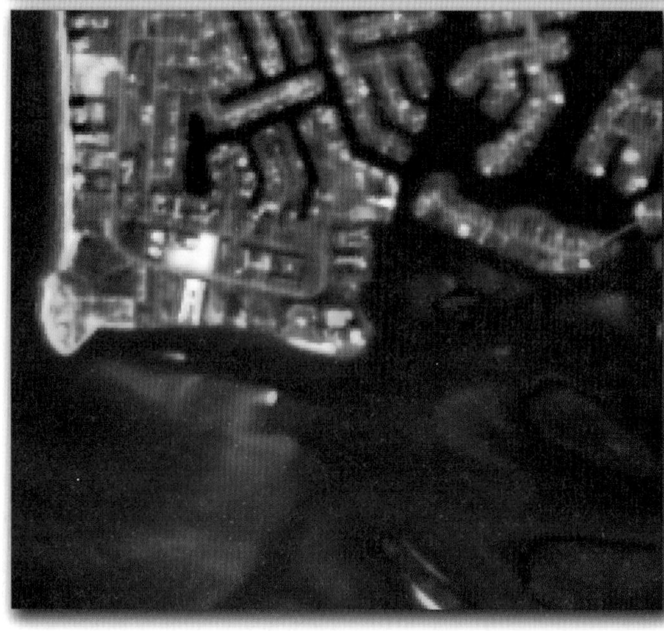

b. SPOT 밴드 3(근적외선), 4(전정색), 1(녹색)의 컬러-적외선 컬러조합 = RGB. 전정색 밴드는 10×10m이다. 전정색 밴드와 밴드 2(적색)의 치환을 통해 조합하였다.

그림 5-12 a) 밴드치환 방법을 이용한 SPOT 다중분광 자료(20×20m)와 SPOT 전정색 자료(10×10m)의 융합. 20×20m 다중분광 자료는 10×10m로 재배열되었다[영상 제공 : CNES(www.cnes.fr). Protected information. All rights reserved © CNES(2014)].

채도(220), 적색(0)의 화소].

3개의 밴드로 구성된 RGB 다중분광 데이터셋은 IHS 변환을 이용하여 IHS 컬러 좌표공간으로 변환될 수 있다. 이 변환은 실제로 한계점이 있는데, 왜냐하면 많은 원격탐사 데이터셋이 3개보다 많은 밴드를 가지고 있기 때문이다. RGB와 IHS 시스템 사이의 관계는 그림 5-13b에 개략적으로 표현되어 있다. 이 다이어그램에서 수치값을 추출하여 하나의 시스템을 다른 시스템에 관해 표현할 수 있다. 원은 IHS 구(그림 5-13a) 상의 적도면을 자른 횡단면을 나타내며, 강도축은 이 다이어그램(도표)을 수직으로 통과한다. 정삼각형의 각 모서리는 적색, 녹색, 청색 색조의 위치를 나타낸다. 색조는 정삼각형 주위를 반시계방향으로 돌며 적색(H = 0)에서 녹색(H = 1), 청색(H = 2), 다시

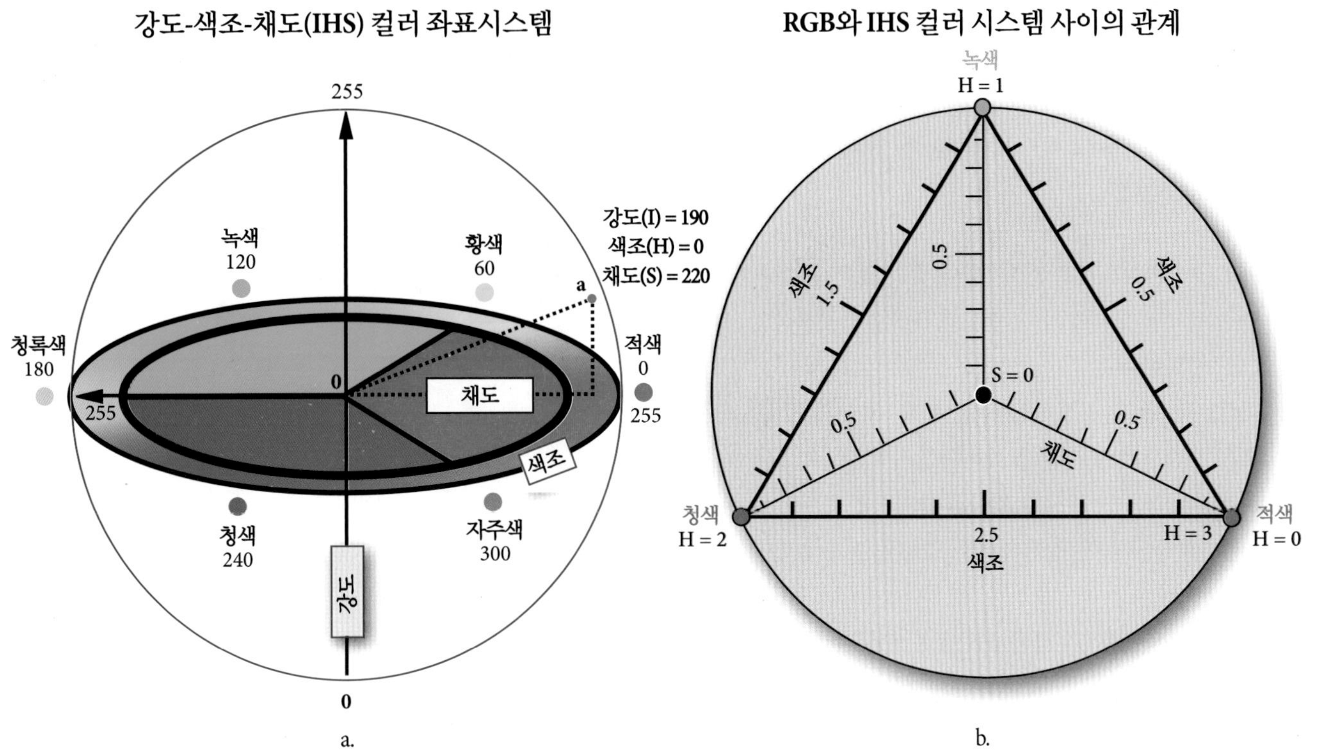

강도-색조-채도(IHS) 컬러 좌표시스템

RGB와 IHS 컬러 시스템 사이의 관계

그림 5-13 a) 강도-색조-채도(IHS) 컬러 좌표시스템. 원색은 원의 내부에 위치한다. 2차색은 원의 주변부에 위치한다. b) 강도-색조-채도(IHS) 컬러 좌표시스템과 RGB 컬러 좌표시스템 사이의 관계.

적색(H＝3)으로 변한다. 채도값은 삼각형의 중심에서 0이며 모서리 쪽으로 갈수록 증가하며 모서리에서 최댓값 1을 가진다. 모든 컬러는 각각 유일한 IHS값들을 가진다. IHS값은 다음의 변환 방정식을 통해 RGB값으로부터 추출될 수 있다(Sabins, 2007).

$$I = R + G + B \tag{5.3}$$

$$H = \frac{G-B}{I-3B} \tag{5.4}$$

$$S = \frac{I-3B}{I} \tag{5.5}$$

위 식들은 구간 $0<H<1$, $1<H<3$에 대해서 적용된다. Pellemans 등(1993)은 다른 방정식을 이용하여 세 밴드의 원격탐사 자료로 구성된 SPOT 데이터셋(BV_1, BV_2, BV_3)에 대해 강도, 색조, 채도를 계산했다.

$$\text{강도} = \frac{BV_1 + BV_2 + BV_3}{3} \tag{5.6}$$

$$\text{색조} = \arctan\frac{2BV_1 - BV_2 - BV_3}{\sqrt{3}(BV_2 - BV_3)} + C \tag{5.7}$$

$$\text{여기서} \begin{cases} \text{만약 } BV_2 \ge BV_3 \text{이면 } C = 0 \\ \text{만약 } BV_2 < BV_3 \text{이면 } C = \pi \end{cases}$$

$$\text{채도} = \frac{\sqrt{6(BV_1^2 + BV_2^2 + BV_3^2 - BV_1BV_2 - BV_1BV_3 - BV_2BV_3)}^{-0.5}}{3} \tag{5.8}$$

그러면 IHS 변환을 수행함으로써 얻는 장점은 무엇일까? 우선, 이를 통해 다중분광 컬러조합 영상의 판독능력을 향상시킬 수 있다. 세 밴드로 구성된 어떤 다중분광 자료가 RGB 시스템에서 조합되었을 때, 컬러조합 영상은 종종 채도가 부족하다. 심지어 밴드들을 모두 대비확장시켰을 때도 채도가 부족한 경우가 있다. 그러므로 일부 분석가들은 먼저 RGB-IHS 변환을 수행하고, 변환된 영상을 대비확장시킨 다음, 다시 앞서 제시한 방정식을 역이용하여 IHS-RGB 역변환을 수행한다. 이 과정을 통해 나온 영상은 일반적으로 향상된 컬러조합을 보여 준다.

IHS 변환은 30×30m Landsat TM 자료와 같은 낮은 공간해상도 영상과 IKONOS 전정색 1×1m 영상과 같은 높은 공간해상도 자료를 융합하기 위해서도 종종 사용된다(예 : Gonzalez-Audicana, 2004; Park and Kang, 2004; Schowengerdt, 2006; Aiazzi et al., 2007; Yao and Han, 2010). 이 방법은 보통 다음의 네 단계를 포함한다.

1. **RGB-IHS 변환** : RGB 컬러공간에 있는 낮은 공간해상도를 가진 원격탐사 자료의 세 밴드를 IHS 컬러공간상의 세 밴드로 변환한다.
2. **대비조작** : 높은 공간해상도 영상(예 : SPOT 전정색 영상 혹은 스캔된 항공사진)을 대비확장시켜 강도(I) 영상과 대략적으로 동일한 분산과 평균을 가지도록 한다.
3. **치환** : 확장된 높은 공간해상도 영상을 강도(I) 영상 대신 치환한다.
4. **IHS-RGB 역변환** : 수정된 IHS 데이터셋은 다시 IHS 역변환을 이용하여 RGB 컬러공간으로 변환시킨다. 강도(I) 영상과 확장된 높은 공간해상도 영상을 치환한 것은 두 영상이 대략적으로 동일한 분광 특성을 가지기 때문이다.

Ehlers 등(1990)은 이 방법을 사용하여 SPOT 20×20m 다중분광 자료와 SPOT 10×10m 전정색 자료를 융합하였다. 융합된 영상은 SPOT 전정색 자료의 10×10m 해상도를 유지하면서 SPOT 다중분광 자료의 분광 특성(색조 및 채도값)도 제공하고 있다. 융합된 영상에서 향상된 정보들은 시각적 토지이용 해석이나 도시성장추출에 중요하게 사용될 수 있다(Ehlers et al., 1990). 유사한 연구로, Carper 등(1990)은 다중분광 자료로부터 추출된 강도(I) 영상을 전정색 자료로 바로 치환하는 것은 농경지나 산림 등과 같은 식생지역의 시각적 해석에는 이상적이지 않음을 발견했다. 그들은 단계 1에서 획득된 원래의 강도값을 SPOT 전정색 및 다중분광 자료의 가중평균(WA)을 이용하여 계산하도록 했다. 즉 WA = [{(2×SPOT PAN) + SPOT XS3}/3].

Chavez 등(1991)은 다중분광 자료를 융합하는 데 사용되는 모든 방법 중에 IHS 변환을 이용한 방법이 분광 특성을 가장 많이 왜곡시키며, 만약 자료의 상세한 분광분석이 수행되어야 한다면 주의 깊게 사용되어야 한다고 했다. 하지만 다행히도 수많은 과학자들은 IHS 치환 방법을 개선시켜 왔다. 예를 들어, Park과 Kang(2004)은 다중분광 자료를 재배열하는 데 삽입되었던 높은 공간해상도의 영상으로부터 고주파수 정보를 추출하고, 이렇게 추출된 고주파수 정보의 양을 조절하는 공간 적응형 영상 융합 알고리듬을 개발했다. Choi(2006)는 IHS 결합 영상 융합 방법을 소개했다. Aiazzi 등(2007)은 공간적 세부정보(spatial detail)에 대한 손상 없이 스펙트럼 정보의 질을 확보하기 위해 다변량 회귀분석을 사용했다.

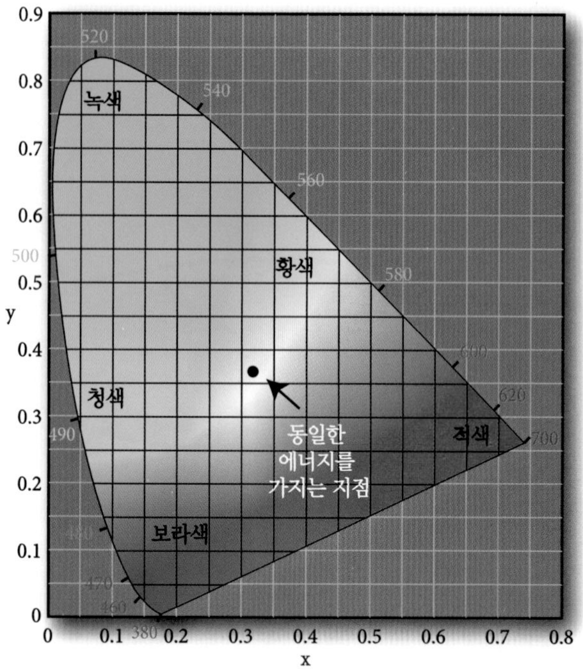

그림 5-14 색도 컬러 좌표시스템

색도 컬러 좌표시스템 및 Brovey 변환

색도 컬러 좌표시스템(chromaticity color coordinate system)은 컬러를 구체화하는 데 사용될 수 있다(Ready, 2013). 색도 도표가 그림 5-14에 나와 있다. 색도 도표에서 좌표는 주어진 컬러에 존재하는 각 주요 컬러(적색, 녹색, 청색)의 상대적 비율로 표현된다. 모든 주요 컬러의 합이 1이 되어야 하며, 그 관계는 다음과 같다.

$$R + G + B = 1 \tag{5.9}$$

$$B = 1 - (R + G) \tag{5.10}$$

색도 도표 상에 입력되는 값은 다음의 관계를 이용해서 만들어진다.

$$x = \frac{R}{R + G + B} \tag{5.11}$$

$$y = \frac{G}{R+G+B} \tag{5.12}$$

$$z = \frac{B}{R+G+B} \tag{5.13}$$

R, *G*, *B*는 어떤 특정 컬러를 형성하는 데 필요한 적색, 녹색, 청색의 양을 나타내며, *x*, *y*, *z*는 이에 상응하는 **정규** 컬러 성분을 나타내는데 **삼원색 계수**(trichromatic coefficients)로도 알려져 있다(Kulkarni, 2001). $x+y+z=1$이기 때문에, *x*와 *y*만 알면 도표상에 어떤 컬러의 색도 좌표를 나타낼 수 있다. 예를 들어, 그림 5-14에서 "녹색"으로 표시된 점은 70%의 녹색과 10%의 적색 성분을 가지고 있다. 따라서 식 5.10을 이용하면 청색 성분은 20%가 됨을 알 수 있다.

인간의 눈은 단지 380~800nm 사이의 빛에만 반응한다(Myler, 2013). 그러므로 380~800nm 사이의 다양한 분광컬러의 위치는 색도 도표의 경계 주위에 표시되어 있다. 이들 컬러는 순수한 컬러이다. 실제로 경계가 아닌 도표 내에 존재하는 점들은 순수 분광컬러가 혼합된 컬러를 나타낸다. 동일한 에너지 비율을 가진 점이 그림 5-14에 나와 있는데, 이는 세 주요 컬러의 동일한 비율을 뜻하며, 따라서 백색 빛에 대한 CIE 표준을 나타낸다. 색도 도표의 경계에 위치한 점은 완전히 색이 포화되었다고 말할 수 있다. 어떤 한 점이 경계에 있고, 동일한 에너지를 가진 점에 근접할수록 더 많은 백색 빛이 그 컬러에 추가되어 점점 덜 포화된다. 색도 도표는 컬러 혼합에 유용한데, 왜냐하면 도표 내의 두 점을 잇는 직선 구간은 두 컬러를 조합함으로써 형성될 수 있는 컬러의 변화를 보여 주기 때문이다.

Brovey 변환(Brovey transform)은 서로 다른 공간 및 분광 특성을 가진 영상을 융합하는 데 사용될 수 있다. 이는 색도 변환에 기초하고 있으며, RGB-IHS 변환보다 훨씬 간단한 기법이다. Brovey 변환은 또한 개개 밴드에 적용될 수도 있는데, 다음의 강도 조절 식에 기초한다(Liu, 2000a).

$$Red_{Brovey} = \frac{R \times P}{I} \tag{5.14}$$

$$Green_{Brovey} = \frac{G \times P}{I} \tag{5.15}$$

$$Blue_{Brovey} = \frac{B \times P}{I} \tag{5.16}$$

$$I = \frac{R+G+B}{3} \tag{5.17}$$

R, *G*, *B*는 관심 있는 분광밴드 영상(예 : 30×30m Landsat ETM^{+} 밴드 4, 3, 2)으로 적색, 녹색, 청색 영상 프로세서 기억장치에 각각 위치하며, *P*는 동일하게 기하보정된 보다 높은 공간해상도를 가진 자료(예 : 1×1m IKONOS 전정색 자료)이고, *I*는 강도를 뜻한다. IKONOS 4×4m 다중분광 자료(밴드 4, 3, 2)와 IKONOS 1×1m 전정색 자료를 융합하는 데 사용된 Brovey 변환 예가 그림 5-15에 나와 있다. 융합된 데이터셋은 다중분광 자료의 분광 특성과 높은 공간해상도의 전정색 자료의 공간 특성을 가지고 있다.

RGB-IHS 변환과 Brovey 변환 모두 만약 강도치환(혹은 조절) 영상인 전정색 밴드의 분광 범위가 다른 3개의 공간해상도가 낮은 밴드의 분광 범위와 다르다면 컬러 왜곡을 야기할 수 있다. Brovey 변환은 영상의 히스토그램 상에서 양쪽 끝부분의 대비를 시각적으로 증가시키기 위해 개발되었다. 즉 그림자, 수계 등의 낮은 반사도를 보여 주는 지역과 도시 구조물과 같은 높은 반사도를 보여 주는 지역의 대비를 보여 주는 데 주로 사용된다. 따라서 Brovey 변환은 만약 원래의 영상 방사도를 유지해야 할 필요가 있다면 사용되어서는 안 된다. 그러나 영상 히스토그램의 양쪽 끝에서 높은 대비를 보여 주는 RGB 영상을 만들거나 시각적으로 돋보이는 영상을 만드는 데는 좋다.

주성분 분석(PCA), 독립성분 분석(ICA), 또는 Gram-Schmidt 치환

주성분 분석(PCA)은 일반적으로 상관성이 없는 주성분 영상을 생성하기 위한 원형 원격탐사 자료의 스펙트럼 변환에 사용되는 방법이다(Pratt, 2013)(PCA는 제8장에서 자세하게 논의된다). PCA를 이용한 영상 융합 방법은 첫 번째 주성분 영상(예 : PC1)이 원형의 원격탐사 데이터셋의 전반적인 변화에 대해 가장 많은 부분을 설명하고 있다고 가정한다(Shah et al., 2008). 그러므로 PC1은 높은 공간해상도의 영상(주로 전정색 영상)을 대체하기 위한 좋은 선택지가 될 수 있다. 역 주성분 분석(inverse principal component analysis)은 고해상도 영상 융합된 영상을 취득하기 위해 다른 주성분 영상과 함께 치환된 PC1 영상에 적용된다. 치환되기 이전의 전정색 영상은 주로 첫 번째 PC1 영상과 히스토그램이 일치한다(Campbell, 2007). 예를 들어, Chavez 등(1991)은 6개의 30×30m Landsat TM 밴드에 PC1을 적용하였다. SPOT 전정색 10×10m 자료는 첫 번째 주성분 영상(PC1)과 거의 동일한 분산과 평균을 갖도록 대비확장시켰다. 확장된 전정색 자료는 첫 번째 주성분 영상과 치환된 후,

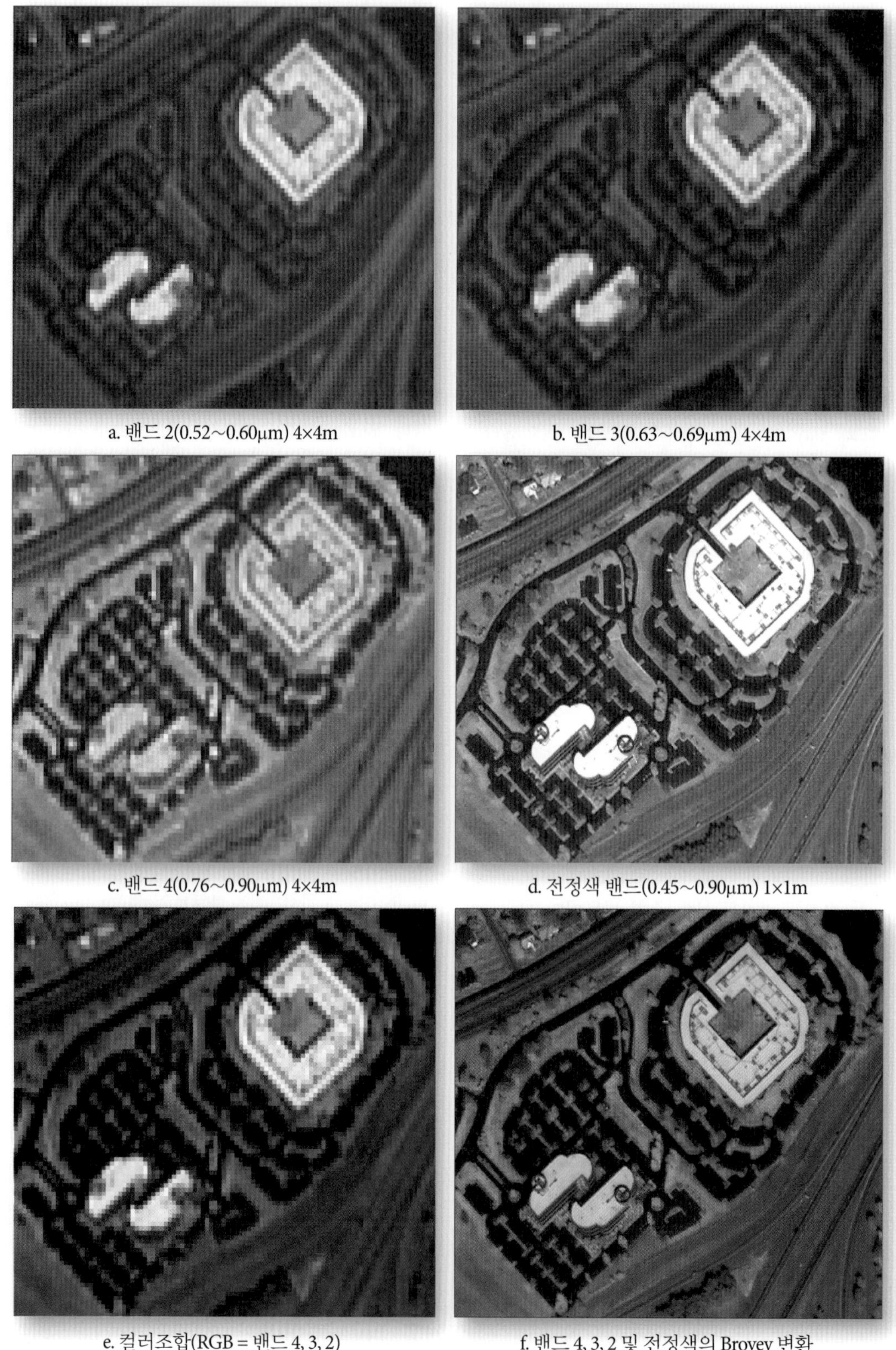

그림 5-15 사우스캐롤라이나 주 컬럼비아에 위치한 상업구역의 IKONOS 영상. a~d) 4×4m 다중분광밴드와 1×1m 전정색 밴드를 각각 보여 준다. e) IKONOS 밴드 4, 3, 2의 표준 컬러조합. f) 융합된 데이터셋의 컬러조합은 Brovey 변환을 사용하여 만들었다(영상 제공 : DigitalGlobe, Inc.).

다시 RGB 공간으로 역변환하였다. PCA를 이용한 영상 융합의 이점은 (원래의 IHS 또는 Brovey 융합 방법과 같이) 밴드 수의 제한이 없다는 것이다(Klonus and Ehlers, 2009). Shah 등(2008)과 Yang과 Gong(2012)은 개선된 PCA 치환 영상 융합 방법을 개발하였다.

Chen 등(2011)은 Landsat ETM^{+} 30×30m 다중분광 데이터셋에서 본체, 스펙트럼 정보, 공간정보를 분리하기 위해 독립성분 분석(ICA)을 사용했다. 그 다음 본체의 독립성분 자료 대신 IKONOS 높은 공간해상도의 1×1m 전정색 영상으로 치환한다. RGB 공간으로 다시 역전한 후, 새로운 자료(영상)는 고해상도 영상의 공간정보와 원형 다중분광 영상의 스펙트럼 특성을 포함한다.

Gram-Schmidt 영상 융합(Gram-Schmidt image fusion) 방법은 낮은 공간해상도의 스펙트럼 밴드에 전정색 밴드를 합성하는 것이다(Klonus and Ehlers, 2009). 이 방법은 다중분광밴드의 평균값을 이용하여 산출된다. Gram-Schmidt 변형은 가상의(simulated) 전정색 밴드와 다중분광밴드에 데이터셋에서 첫 번째 밴드로서 사용되었던 가상의 전정색 밴드를 포함시키기 위해 수행되었다. 그 후에 높은 공간해상도의 전정색 밴드를 첫 번째 Gram-Schmidt 밴드로 대체한다. 마지막으로, 역Gram-Schmidt 변형을 RGB 컬러공간에서 전정색 영상과 융합된 다중분광밴드를 생성하기 위해 수행한다(Laban et al., 2000). Klonus와 Ehler(2009)는 하나의 센서를 사용하여 양질의 융합 영상을 만들 수 있는 방법을 제안했지만, 주성분 분석(PCA)과 같은 통계적인 절차를 따르기 때문에 융합 결과는 선택된 영상에 따라 달라질 수 있다. Gram-Schmidt 영상 융합은 ENVI 소프트웨어를 이용하여 수행할 수 있다.

고주파수 정보의 화소별 추가

Schowengerdt(1980)는 융합과정에서 영상에서 추출한 고주파수 정보를 이용하는 방법을 제안했다. Chavez(1986), Chavez와 Bowell(1988), Chavez 등(1991)은 높은 공간해상도 영상에 적용된 고대역(high-pass) 공간 필터를 이용하여, 스캔된 NHAP (National High Altitude Program) 사진 및 SPOT 전정색 자료를 Landsat TM 자료와 융합하였다. 융합된 고대역 영상은 영상의 공간 특성과 주로 연관된 고주파수 정보를 담고 있는데, 고대역 필터를 이용한 결과는 낮은 공간해상도의 TM 자료에 화소별로 추가되었다. 이 과정은 높은 공간해상도를 가진 데이터셋의 공간정보를 TM 데이터셋에 내재된 높은 분광해상도와 융합시킨 것이다. Chavez 등(1991)은 이 다중센서 융합 기법이 분광특성을 최소한으로 왜곡시킨다는 것을 발견했다.

Gonzalez-Audicana 등(2004)은 파형요소 분해(wavelet decomposition)를 이용한 고대역 필터를 사용함으로써 필터링된 자료를 사용하는 데 있어서 개선점을 제시했다. Jalan과 Sokhi(2012)는 고대역 필터링(HPF) 전정색 융합 방법을 다른 네 가지 영상 융합 방법과 비교하였다. HPF 방법은 CARTOSAT-1 전정색 자료(2.5×2.5m)와 IRS-P6 LISS-IV 다중분광 영상(5.8×5.8m)을 적용하였을 때 공간 개선뿐만 아니라 높은 스펙트럼 안정성을 주는 융합 결과를 제공할 수 있다.

회귀크리깅을 이용한 융합

지리통계학 및 크리깅은 제4장에서 소개되었다. Meng 등(2010)은 융합될 영상과 양질의 공간해상도를 갖는 영상 사이의 상관관계, 높은 공간해상도를 갖는 영상에서 화소들 사이에서의 공간 자기상관성, 최소화된 변화량을 갖는 편향되지 않은 추정값을 고려한 회귀크리깅(regression kriging)을 이용하는 영상 융합 방법을 개발하였다. 질적 평가 방법(qualitative assessment)으로는 융합된 영상에서 외견상의 컬러 왜곡이 없다는 점을 기준으로 제안했다. Van der Meer(2012)는 다른 지리통계적 영상 융합 연구에 대한 검토를 수행했다.

평활화 필터를 이용한 강도조절 영상 융합

Liu(2000a,b)는 다음 알고리듬을 이용한 **평활화 필터기반 강도조절**(Smoothing Filter-based Intensity Modulation, SFIM) 영상 융합 기법을 개발했다.

$$BV_{SFIM} = \frac{BV_{low} \times BV_{high}}{BV_{mean}} \tag{5.18}$$

BV_{low}는 동일하게 기하보정된 낮은 공간해상도 영상에서의 화소, BV_{high}는 높은 공간해상도 영상에서의 화소, BV_{mean}은 낮은 공간해상도 영상의 공간해상도와 동일한 크기의 평균 필터를 사용하여 높은 공간해상도의 영상으로부터 추출된 평균 밝기값이다. 예를 들어, SPOT 10×10m 전정색 자료로 구성된 높은 공간해상도 영상과 Landsat ETM^{+} 30×30m 자료로 구성된 낮은 공간해상도 영상을 가정해 보자. 이 경우, BV_{mean}값은 높은 공간해상도 데이터셋에서 조사 중인 화소를 중심으로 한 9개의 10×10m 화소들의 평균이 될 것이다. Liu(2000a)는 SFIM 기법

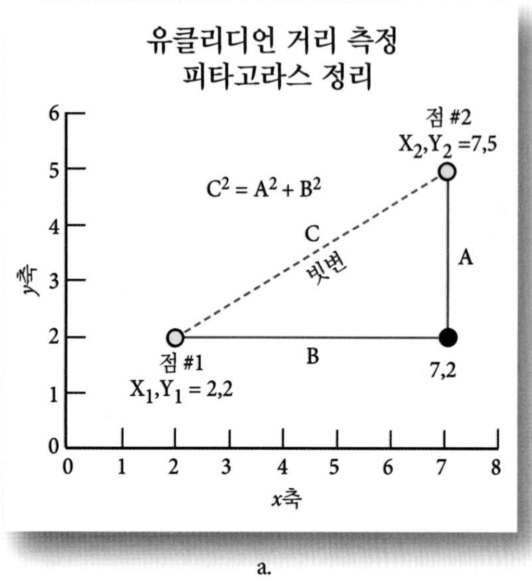

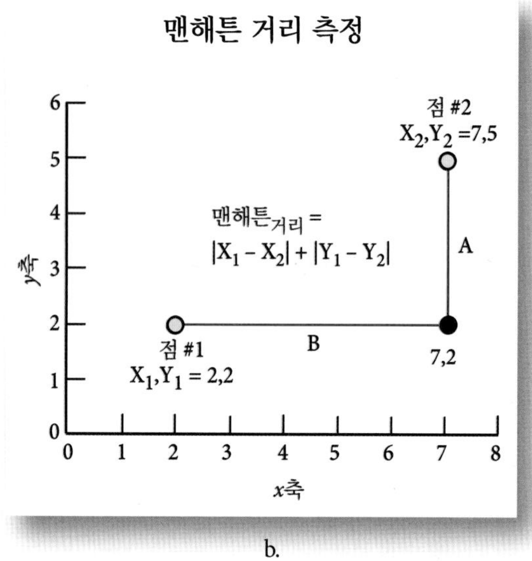

그림 5-16 a) 피타고라스 정리를 이용한 *X*, *Y* 데카르트 좌표계에서 두 점 사이의 유클리디언 거리 계산. b) *X*, *Y* 데카르트 좌표계에서 점 #1과 점 #2 사이의 맨해튼 거리 계산.

이 만약 기하보정 오차가 최소화된다면 원래 영상의 분광속성을 변경시키지 않고 자료를 최적으로 융합시킬 수 있음을 제시했다.

Liu 등(2012)은 다양한 다중해상도 영상 융합 알고리듬의 객관적인 평가 방법을 개발하기 위한 연구에 착수하였다. Khaleghi 등(2013)은 자료 융합 방법론의 분류 체계를 제시하였다.

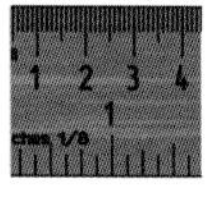

길이(거리) 측정

컴퓨터 화면 위의 영상을 보는 동안 때때로 분석가는 어떤 개체(구소둘)의 길이나 면석, 혹은 모양을 즉정하고자 할 수 있다. 대부분의 디지털 영상처리 프로그램은 분석가로 하여금 영상 내의 점, 선, 혹은 면적 특성을 식별하고 원하는 측정 형태를 추출하도록 하는 그래픽 사용자 인터페이스(GUI)를 가지고 있다.

피타고라스 정리를 이용한 선형거리 측정

두 점 사이의 **유클리디언 거리**(Euclidean distance)를 계산하고자 할 때 가장 일반적으로 사용하는 측정방법 중 하나로, 피타고라스 정리(Pythagorean theorem)를 이용하여 쉽게 계산할 수 있다. 피타고라스 정리는 직각삼각형의 세 변 사이의 관계를 이용한다. 직각삼각형(하나의 각도가 90°인 삼각형)에서는 직각 반대편에 위치한 선분(빗변)의 길이가 다른 두 선분의 길이를 제곱한 합의 제곱근과 같은 값을 갖는다(즉 두 변은 빗변이 아니다). 이러한 관계는 그림 5-16a와 같다.

수학적으로 표현하면, 다음과 같은 식으로 표현할 수 있다.

$$C^2 = A^2 + B^2 \tag{5.19}$$

*A*와 *B*는 빗변(*C*)이 아닌 두 선분의 길이이다. 그러므로 어떤 두 점의 투영된 *X*, *Y* 좌표를 알고 있다면, 두 점 사이의 길이를 결정하는 것은 간단한 문제이다(두 변의 길이를 계산한 후, 빗변의 길이를 계산한다). 예를 들어, 그림 5-16a에 나타난 데카르트 좌표계(Cartesian coordinate system)와 표 5-5의 목록에서 점 #1과 점 #2 사이의 거리를 측정한다고 가정하자. 이 두 점 사이의 거리를 결정하기 위해 먼저 직각 형태의 삼각형에서 두 변의 길이를 계산해야 한다. 선 A의 길이를 결정하기 위해 *Y*값 중 하나의 값을 다른 *Y*값에서 빼 준다(2−5 = −3). 선 B의 길이를

표 5-5 그림 5-16에서 점 #1과 점 #2의 좌표(m)

점	*X*좌표	*Y*좌표
1	2	2
2	7	5

그림 5-17 유클리디언 거리의 측정은 직각삼각형에서 선 A와 선 B의 길이를 이용하여 빗변 C의 길이를 계산할 수 있다는 피타고라스 정리를 이용한다. 예를 들어, 단독주택 앞에 위치한 점으로부터 인접 영역의 모서리까지의 거리가 계산된다(항공사진 제공 : 유타 주).

결정하기 위해서, X값 중 하나의 값을 다른 X값에서 빼 준다(2 −7 = −5). 두 값 모두 식 5.19에 적용한다.

$$C^2 = (-3)^2 + (-5)^2$$
$$C^2 = 9 + 25$$
$$C^2 = 34$$
$$C = \sqrt{34}$$
$$C = 5.83 \text{ m}$$

그림 5-16a에서 점 #1과 점 #2 사이의 거리는 5.83m이다.

일반적으로, 측정하는 지점의 좌표는 특정 좌표계에서의 위치로 표현된다[예 : 국제 횡단 메르카토르 좌표계(UTM) 지도 투영법]. 예를 들어, 그림 5-17에서 보이는 바와 같이 농업지역에서 점 #1과 점 #2 사이의 거리를 계산한다고 하자. 두 지점의 좌표는 표 5-6과 같다.

표 5-6 국제 횡단 메르카토르 좌표계(UTM) 데카르트 좌표계(Zone 12 N)에서 그림 5-17의 점 #1과 점 #2의 좌표

점	UTM X좌표	UTM Y좌표
1	432,860	4,426,841
2	432,966	4,427,036

이 경우 다음과 같이 계산할 수 있다.

$$C^2 = (432860 - 432966)^2 + (4426841 - 4427036)^2$$
$$C^2 = (-106)^2 + (-195)^2$$
$$C^2 = 11236 + 38025$$
$$C^2 = 49261$$
$$C = \sqrt{49261}$$
$$C = 221.95 \text{ m}$$

피타고라스 정리의 한계점은 측정에 사용된 점들이 유사할 때만 적용할 수 있다는 점이다. 즉 이러한 점들은 UTM과 같은 투영법을 이용한 좌표계에 위치하고 있다. 또한 이 방법은 지구의 곡률 때문에 위경도 또는 서로 상당히 먼 거리에 위치한 점들에 대해서는 적용할 수 없다.

맨해튼 거리 측정

피타고라스 정리를 이용한 선형거리 측정은 유용하지만 한계점이 존재한다. 하나는 도시환경에서 (그리고 많은 자연환경에

유클리디언 대 맨해튼 거리 측정

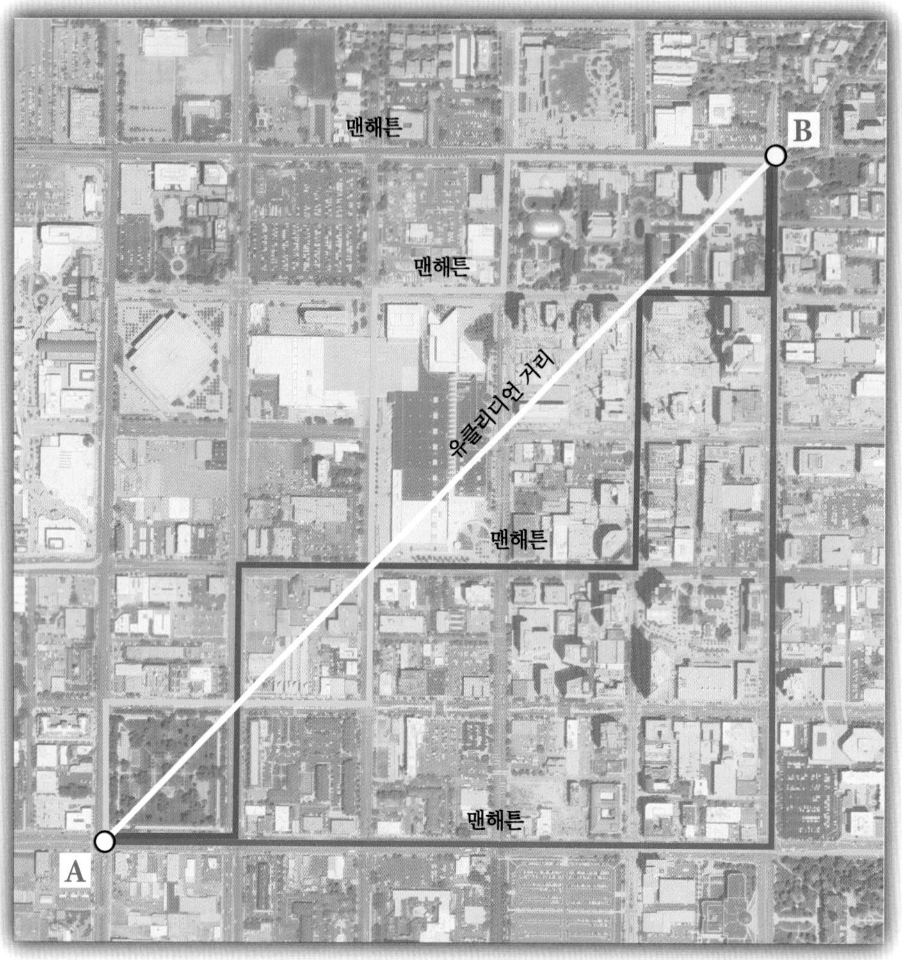

그림 5-18 A지점에 위치한 교차로로부터 B지점에 위치한 교차로까지 흰색 선은 상업건물을 통과하고, 담을 넘고, 공원 및 자연지역을 통과해서 가야 한다. 그러므로 유클리디언 거리(흰색 선)는 A지점에서 B지점까지 걸어가기 위한 실제 거리를 나타내지 않을 수 있다. 반대로, 같은 지점에 대해 맨해튼 'round-the-block' 거리를 측정하는 것은 가능하다. 여기서 흰색 선을 제외한 모든 선은 도시를 통과해 가로질러 가면서 A지점부터 B지점까지 정확하게 같은 거리로 구성되어 있다(항공사진 제공 : 유타 주).

서) 점 #1에서 점 #2까지 거리를 측정하기 위해서 '일직선으로서' 직선을 이용한(즉 빗변을 이용한) 두 점 사이의 유클리디언 거리를 측정하는 것은 논리적이지 않다. 이러한 문제를 해결하기 위해서 두 점 사이의 맨해튼 거리를 사용하여 계산할 수 있다.

$$맨해튼_{거리} = |X_1 - X_2| + |Y_1 - Y_2| \tag{5.20}$$

두 점 사이의 **맨해튼 거리**(Manhattan distance)(때때로 'round-the-block' 또는 'city block' 거리로 언급된다)는 직각삼각형의 빗변이 아닌 두 변의 길이를 이용한다(그림 5-16b). 이 방법은 빌딩을 통과하거나 담을 넘어서 걸어서 쉽게 갈 수 없는 도시에서 점 #1에서 점 #2까지 가는 것과 유사하다. 오히려, 점 #1에서 점 #2까지 도달하려면 블록 주변으로 걸어가야 한다. 예를 들어, 그림 5-16b에서 점 #1과 점 #2 사이의 맨해튼 거리는 다음과 같다.

$$맨해튼_{거리} = |2 - 7| + |2 - 5|$$

$$맨해튼_{거리} = 5 + 3$$

$$맨해튼_{거리} = 8 \text{ m}$$

이 방법은 이전의 예제(그림 5-16a)에서 피타고라스 정리를 이용하여 계산한 값(5.83m)과 같지 않다.

그러므로 피타고라스 정리를 이용하여 '일직선으로' 점 #1과

복잡한 폴리곤의 둘레 및 면적 계산

꼭짓점 #1
447487, 4438722
#2
447838, 4438720
390.48 m
#6
447489, 4438614
#4
447704, 4438587
#5
447687, 4438538
#3
447833, 4438541

그림 5-19 육각형은 유타 주 스페인 포크에 위치한 일부 지역을 둘러싸고 있다(꼭짓점 #1은 폴리곤을 닫힌 형태로 만들어 주기 위해 두 번 사용되었다). 이 폴리곤의 둘레 및 면적은 각각 식 5.21과 5.22를 이용하여 계산할 수 있다. 폴리곤 내에 기입된 가장 긴 대각선의 길이는 피타고라스 정리를 이용하여 계산하면 390.48m이다. 면적과 최장 대각선 정보를 이용하여 폴리곤의 조밀도(compactness)를 계산할 수 있다(항공사진 제공 : 유타 주).

점 #2 사이의 유클리디언 거리를 결정하는 데 있어서는 보통 유용한 반면에, 실제 거리를 측정하기 전에 다른 요소들에 대해 고려해야 하는 경우가 있다. 실제로 많은 지리 영역은 두 점 사이의 피타고라스 정리를 이용한 직접적인 거리 측정을 방해하는 특징들을 갖고 있다.

예를 들어, 유타 주 솔트레이크시티 시내에서 A지점에서 B지점까지 가야 한다고 생각해 보자(그림 5-18). 우리는 A에서 B까지 가능한 가장 짧은 거리를 생각한다. 흰색 선은 직각삼각형의 빗변이고 두 지점 사이에서 가장 직접적이고 가장 짧은 경로이다. 그러나 이 경우에는 A지점과 B지점 사이의 유클리디언 거리는 비록 거리가 가장 짧다고 할지라도 한 지점에서 다른 지점으로 이동하기 위해서는 건물을 통과하고 담을 넘고 수많은 식생지역을 통과해서 걸어가야 하기 때문에 실제로 적용하기에는 어려움이 있다.

A지점과 B지점 사이의 기능 또는 실제 거리에 대해 정확한 측정을 위한 보다 적절한 접근방법으로는 a) 기존의 도로 및 트레일(trail)을 고려하여 경로를 확인하고 n개(예 : 6개)의 논리적인 선분을 이용하여 세분한 후에, b) 피타고라스 정리 또는 맨해튼 거리 논리 중 하나를 사용하여 이러한 n개 선분의 길이를 계산한다. A지점과 B지점 사이의 거리를 구하는 데 있어서 보다 현실적인 방법은 그림 5-18에 그려진 색깔이 있는 선들 중 하나가 될 것이다.

많은 디지털 영상처리 프로그램은 분석가가 피타고라스 정리 또는 맨해튼 거리를 이용하여 다중분광 특성 공간에서 어떤 거리가 계산될 것인지 명시할 수 있도록 해 준다. 예를 들어, 제8장에서 논의된 최소거리 분류 기법은 거리 측정 방법 중 어떤 방법이라도 사용할 수 있다.

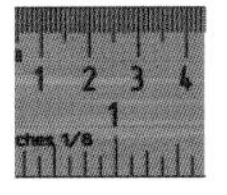

둘레, 면적, 모양 측정

둘레 측정

폴리곤의 **둘레**(perimeter)는 폴리곤과 관련된 n개의 선분 각각의 길이를 측정한 후, 이들을 더해 준다.

$$\text{둘레} = \sum_{i=1}^{n} length_i \tag{5.21}$$

각 선분의 길이는 이전에 논의되었던 바와 같이 일반적으로 피타고라스 정리를 이용하여 계산한다. 예를 들어, 그림 5-19에서 보이는 바와 같이 유타 주 스페인 포크 지역의 한 구획을 둘

표 5-7 유타 주 스페인 포크의 일부 지역을 둘러싼 6개의 꼭짓점의 UTM 좌표는 복잡한 폴리곤의 둘레를 어떻게 계산하는지 증명하기 위해 사용된다.

꼭짓점	UTM X좌표 동향	UTM Y좌표 북향	꼭짓점 간 거리 (예 : 1에서 2)
1	447487	4438722	
2	447838	4438720	351.01
3	447833	4438541	179.07
4	447704	4438587	136.96
5	447687	4438538	51.87
6	447489	4438614	212.08
1	447487	4438722	108.02
		둘레 $= \sum_{i=1}^{n} length_i =$	1,039m

러싼 6개의 꼭짓점과 6개의 변을 갖는 폴리곤을 생각해 보자. 6개의 폴리곤 점들의 좌표는 표 5-7과 같다. 피타고라스 정리는 이러한 폴리곤의 둘레길이를 측정하기 위해서, 그리고 각 선분의 거리를 계산하기 위해 사용되었다. 폴리곤의 둘레길이는 1,039m이다.

면적 측정

원격탐사 영상에서 장방형의 면적은 간단히 그 길이와 폭을 곱함으로써 계산된다(즉 $A = l \times w$). 또 다른 간단한 면적 계산은 원으로 반지름을 제곱하여 파이(π)를 곱한 것과 같다(즉 $A = \pi r^2$). 그러나 폴리곤의 모양이 장방형이나 원에서 점점 변화가 생길수록 복잡한 계산이 필요하다. 원격탐사 관련 서적에서 폴리곤은 또한 **관심영역**(areas of interest, AOI)으로 표현된다.

원격탐사 영상에서 폴리곤(혹은 AOI)의 면적을 계산하기 위해 분석가는 전형적으로 고무밴드 툴을 사용하여 n개 꼭짓점의 위치를 파악한다(x, y 좌표 혹은 열과 행). 폴리곤 내에서 각 점의 면적에 대한 '공헌도'는 조사 중인 점의 바로 앞 위치의 점 x좌표(x_{i-1})를 연속해서 다음에 존재하는 점의 x좌표(x_{i+1})로부터 뺀 다음, 조사 중인 점의 y좌표를 곱하여 계산되는데 다음 식을 따른다.

$$\text{면적} = 0.5\left|\sum_{i=1}^{n} y_i(x_{i+1} - x_{i-1})\right| \quad (5.22)$$

폴리곤에서 제일 처음 시작하는 점은 두 번째와 마지막(n) 점으로부터 값을 사용함을 알아 둬야 한다. 마지막 점은 $n-1$번째 점과 첫 번째 점을 사용한다.

예를 들어, 유타 주 스페인 포크의 주거지역을 둘러싼 복잡한 폴리곤의 면적을 식 5.22를 이용하여 계산해 보자(그림 5-19). 표 5-8은 6개 점의 X와 Y 좌표를 나타내고 있으며, 각각의 점에 대해 계산되었다. 폴리곤의 면적은 52,216m^2 또는 5.2 헥타르이다. 이 예제에서는 6개의 점밖에 존재하지 않았다. 수백 개, 심지어는 수천 개의 점이 존재하는 극도로 복잡한 폴리곤의 면적을 계산한다고 상상해 보자. 또한 몇몇 폴리곤은 내부에 폴리곤을 포함하고 있다. 이러한 경우에 폐쇄된 폴리곤의 면적을 계산한 후 둘러싸고 있는 폴리곤의 면적으로부터 빼 주어야 한다.

하나의 경관에 걸쳐서 다양한 폴리곤(패치)의 기본적인 둘레 및 면적을 계산한 후에, 이러한 정보를 이용하여 지리적 연구를 수행하는 데 있어서 많은 경관생태학 매트릭스(metrics)를 계산할 수 있다(예 : Frohn and Hao, 2006).

기하보정된 원격탐사 자료로부터 추출된 폴리곤(AOI) 면적 측정은 보정되지 않은 자료로부터 추출된 면적보다 더 정확하다. 보정되지 않은 영상은 기하오차를 가지고 있어 면적 측정의 정확도에 심각한 영향을 미칠 수 있다.

모양 측정

폴리곤형 관심영역은 모두 2차원의 모양을 가지고 있으며 그 둘

표 5-8 유타 주 스페인 포크의 한 구획을 둘러싼 6개의 점의 UTM 좌표(그림 5-19)는 복잡한 폴리곤의 면적을 어떻게 계산하는지 증명하는 데 사용된다.

꼭짓점	UTM *X*좌표 동향	UTM *Y*좌표 북향	공헌도
6	447489	4438614	
1	447487	4438722	1549113978
2	447838	4438720	1535797120
3	447833	4438541	-594764494
4	447704	4438587	-648033702
5	447687	4438538	-954285670
6	447489	4438614	-887722800
1	447487	4438722	
		면적 $= 0.5\left\|\sum_{i=1}^{n} y_i(x_{i+1} - x_{i-1})\right\| =$	52,216m^2

레상의 각 점의 위치와 거리는 일정한 관계가 있다. AOI의 모양을 측정하는 한 가지 방법은 실세계 모양(예 : 그림 5-19에 나타난 6개의 변을 갖는 폴리곤 형태)을 원이나 육각형과 같은 어떤 규칙적인 기하학적 도형에 연관시킨 지수를 계산하는 것이다. 가장 일반적으로 사용되는 모양지수(shape index)는 조밀도(compactness)로, 가장 조밀한 형태인 원으로부터의 변화에 기초한다. 조밀도 모양지수는 완벽한 원에 대해 1의 값을 가정하고(즉 원은 최대 조밀도를 가짐), 덜 조밀한 모양에 대해서는 1보다 작은 값을 가진다. 모양지수의 범위의 정반대 쪽은 직선으로 어떠한 면적도 없으며 이 경우 모양지수는 0이다 (Earickson and Harlin, 1994).

관심영역의 모양(S)은 다음 방정식을 이용하여 계산될 수 있다.

$$S = \frac{2\sqrt{(A \div \pi)}}{l} \qquad (5.23)$$

l은 모양의 가장 긴 대각선의 길이이고 A는 면적이다. 이 예제에서 폴리곤 내의 가장 긴 대각선은 꼭짓점 #1에서 꼭짓점 #3까지로 390.48m이다. 폴리곤의 면적은 52,216m^{2}이다.

완벽한 원과 비교해 볼 때, 6개의 변을 갖는 다각형의 모양은 다음과 같다.

$$S = \frac{2\sqrt{(52216 \div 3.1416)}}{390.48}$$

$$S = \frac{257.84}{390.48} = 0.66$$

주거지역의 모양지수값은 적당하게 압축되어 있다.

참고문헌

Aiazzi, B., Baronti, S. and M. Selva, 2007, "Improving Component Substitution Pansharpening Through Multivariate Regression of MS+Pan Data," *IEEE Transactions on Geoscience and Remote Sensing*, 45(10):3230-3239.

Alparone, L., Wald, L., Chanussot, J., Thomas, C., Gamba, P., and L. M. Bruce, 2007, "Comparison of Pansharpening Algorithms: Outcome of the 2006 GRS-S Data-Fusion Contest," *IEEE Transactions on Geoscience and Remote Sensing*, 45(10): 3012-3021.

Beauchemin, M., and K. B. Fung, 2001, "On Statistical Band Selection for Image Visualization," *Photogrammetric Engineering & Remote Sensing*, 67(5):571-574.

Campbell, J., 2007, *Introduction to Remote Sensing*, NY: Guilford Press, 626 p.

Carper, W. J., Kiefer, R. W., and T. M. Lillesand, 1990, "The Use of Intensity-

Hue-Saturation Transformation for Merging SPOT Panchromatic and Multispectral Image Data," *Photogrammetric Engineering & Remote Sensing*, 56(4):459-467.

Chavez, P. S., 1986, "Digital Merging of Landsat TM and Digitized NHAP Data for 1:24,000 Scale Image Mapping," *Photogrammetric Engineering & Remote Sensing*, 56(2):175-180.

Chavez, P. S., and J. A. Bowell, 1988, "Comparison of the Spectral Information Content of Landsat Thematic Mapper and SPOT for Three Different Sites in the Phoenix, Arizona, Region," *Photogrammetric Engineering & Remote Sensing*, 54(12):1699-1708.

Chavez, P. L., Berlin, G. L., and L. B. Sowers, 1982, "Statistical Method for Selecting Landsat MSS Ratios," *Journal of Applied Photographic Engineering*, 8(1):23-30.

Chavez, P. S., Guptill, S. C., and J. A. Bowell, 1984, "Image Processing Techniques for Thematic Mapper Data," *Proceedings—ASPRS Technical Papers*, 2:728-742.

Chavez, P. S., Sides, S. C., and J. A. Anderson, 1991, "Comparison of Three Different Methods to Merge Multiresolution and Multispectral Data: Landsat TM and SPOT Panchromatic," *Photogrammetric Engineering & Remote Sensing*, 57(3):295-303.

Chen, C. M., Hepner, G. F., and R. R. Forster, 2003, "Fusion of Hyperspectral and Radar Data Using the IHS Transformation to Enhance Urban Surface Features," *ISPRS Journal of Photogrammetry & Remote Sensing*, 58:19-30.

Chen, F., Guan, Z., Yang, X., and W. Cui, 2011, "A Novel Remote Sensing Image Fusion Method based on Independent Component Analysis," *International Journal of Remote Sensing*, 32(10):2745-2763.

Choi, M., 2006, "A New Intensity-Hue-Saturation Fusion Approach to Image Fusion with a Trade-off Parameter," *IEEE Transactions on Geoscience and Remote Sensing*, 44(6):1672-1682.

Earickson, R., and J. Harlin, 1994, *Geographic Measurement and Quantitative Analysis*, New York: Macmillan, 350 p.

Earnshaw, R. A., and N. Wiseman, 1992, *An Introduction Guide to Scientific Visualization*, NY: Springer, 156 p.

Ehlers, M., Jadkowski, M. A., Howard, R. R., and D. E. Brostuen, 1990, "Application of SPOT Data for Regional Growth Analysis and Local Planning," *Photogrammetric Engineering & Remote Sensing*, 56(2):175-180.

Frohn, R. C., and Y. Hao, 2006, "Landscape Metric Performance in Analyzing Two Decades of Deforestation in the Amazon Basin of Rondonia, Brazil," *Remote Sensing of Environment*, 100:237-251.

Gonzalez-Audicana, M., Salete, J. L., Catalan, R. G., and R. Garcia, 2004, "Fusion of Multispectral and Panchromatic Images Using Improved IHS and PCA Mergers Based on Wavelet Decomposition," *IEEE Transactions on Geoscience and Remote Sensing*, 42(6):1291-1299.

Jalan, S., and B. S. Sokhi, 2012, "Comparison of Different Pan-sharpening Methods for Spectral Characteristic Preservation: Multi-temporal CARTOSAT-1 and IRS-P6 LISS-IV Imagery," *International Journal of Remote Sensing*, 33(18):5629-5643.

Jensen, J. R., and R. R. Jensen, 2013, *Introductory Geographic Information Systems*, Boston: Pearson, 400 p.

Khaleghi, B., Khamis, A., Karry, F.O., and S. N. Razavi, 2013, "Multisensor Data Fusion: A Review of the State of the Art," *Information Fusion*, 14(1):28-44.

Klonus, S., and M. Ehlers, 2007, "Image Fusion using the Ehlers Spectral Characteristics Preservation Algorithm," *GIScience & Remote Sensing*, 44:93-116.

Klonus, S., and M. Ehlers, 2009, "Performance of Evaluation Methods in Image Fusion," *Proceedings of the 12th International Conference on Information Fusion*, Seattle, July 6-9, 2009, 8 p.

Konecny, G., 2014, *Geoinformation: Remote Sensing, Photogrammetry and Geographic Information Systems*, Boca Raton: CRC Press, 416 p.

Kulkarni, A. D., 2001, *Computer Vision and Fuzzy-Neural Systems*, Upper Saddle River: Prentice-Hall, 504 p.

Laban, C. A., Bernard, V., and W. Brower, 2000, *Process for Enhancing the Spatial Resolution of Multispectral Imagery using Pan-sharpening*, US Patent 6,011,875.

Lillesand, T. M., Kiefer, R. W., and J. W. Chipman, 2008, *Remote Sensing and Image Interpretation*, 6th Ed., NY: John Wiley, 756 p.

Liu, J. G., 2000a, "Evaluation of Landsat-7 ETM$^+$ Panchromatic Band for Image Fusion with Multispectral Bands," *Natural Resources Research*, 9(4):269-276.

Liu, J. G., 2000b, "Smoothing Filter Based Intensity Modulation: A Spectral Preserving Image Fusion Technique for Improving Spatial Details," *International Journal of Remote Sensing*, 21(18):3461-3472.

Liu, Z., Blasch, E., Xue, Z., Zhao, J., Laganiere, R., and W. Wu, 2012, "Objective Assessment of Multiresolution Image Fusion Algorithms for Context Enhancement in Night Vision: A Comparative Study," *IEEE Transactions on Pattern Analysis and Machine Intelligence*, 34(1):94-109.

Meng, Q., Borders, B., and M. Madden, 2010, "High-resolution Satellite Image Fusion using Regression Kriging," *International Journal of Remote Sensing*, 31(7):1857-1876.

Myler, H. R., 2013, "Module 1.9: Photonic Devices for Imaging, Display, and Storage," in *Fundamentals of Photonics*, SPIE International Society for Optics and Photonics, 349-380, http://spie.org/x17229.xml.

Park, J. H., and M. G. Kang, 2004, "Spatially Adaptive Multi-resolution Multispectral Image Fusion, *International Journal of Remote Sensing*, 25(23):5491-5508.

Pellemans, A. H., Jordans, R. W., and R. Allewijn, 1993, "Merging Multispectral and Panchromatic SPOT Images with Respect to the Radiometric Properties of the Sensor," *Photogrammetric Engineering & Remote Sensing*, 59(1):81-87.

Pratt, W. K., 2013, *Introduction to Digital Image Processing*, Boca Raton:

CRC Press, 736 p.

Prost, G. L., 2013, *Remote Sensing for Geoscientists: Image Analysis and Integration*, 3rd Ed., Boca Raton: CRC Press, 702 p.

Ready, J., 2013, "Module 1.6: Optical Detectors and Human Vision," in *Fundamentals of Photonics*, SPIE International Society for Optics and Photonics, 349-380, http://spie.org/x17229.xml.

Richards, J. A., 2013, *Remote Sensing Digital Image Analysis: An Introduction*, 5th Ed., NY: Springer-Verlag, 494 p.

Sabins, F. F., 2007, *Remote Sensing: Principles and Interpretation*, 3rd Ed., San Francisco: W. H. Freeman.

Schowengerdt, R. A., 1980, "Reconstruction of Multispatial, Multispectral Image using Spatial Frequency Contents," *Photogrammetric Engineering & Remote Sensing*, 46:1325-1334.

Schowengerdt, R. A., 2006, *Remote Sensing: Models and Methods for Image Processing*, 3rd Ed., NY: Academic Press, 515 p.

Shah, V. P., Younan, N. H., and R. L. King, 2008, "An Efficient Pan-Sharpening Method via a Combined Adaptive PCA Approach and Contourlets," *IEEE Transactions on Geoscience and Remote Sensing*, 46(5):1232-1335.

Sheffield, C., 1985, "Selecting Band Combinations from Multispectral Data," *Photogrammetric Engineering & Remote Sensing*, 51(6):681-687.

Slocum, T. A., McMaster, R.B., Kessler, F. C., and H. H. Howard, 2008, *Thematic Cartography and Geographic Visualization*, 3rd Ed., Upper Saddle River: Prentice Hall.

SPIE, 2013, *Fundamentals of Photonics*, SPIE International Society for Optics & Photonics, http://spie.org/x17229.xml.

Van der Meer, F., 2012, "Remote Sensing Image Analysis and Geostatistics," *International Journal of Remote Sensing*, 33(18):5644-5676.

Yang, W., and Y. Gong, 2012, Multi-spectral and Panchromatic Images Fusion based on PCA and Fractional Spline Wavelet," *International Journal of Remote Sensing*, 33(20):7060-7074.

Yao, W., and M. Han, 2010, "Improved GIHSA for Image Fusion based on Parameter Optimization," *International Journal of Remote Sensing*, 31(10):2717-2728.

Zhu, Y., Varshney, P. K., and H. Chen, 2011, "ICA-based Fusion for Colour Display of Hyperspectral Images," *International Journal of Remote Sensing*, 32(9):2427-2450.

6 전자기 복사 원리 및 방사보정

출처 : NASA

아직까지 완벽한 원격탐사 시스템은 개발되지 않았다. 또한 지구의 대기, 지형, 혹은 물 등은 상당히 복잡하여 공간, 분광, 시간, 방사해상도의 제약을 가지고 있는 원격탐사 장비는 지구에 대한 정보를 완벽하게 수집하지 못한다. 이러한 이유 때문에 자료수집 과정 중에 오차가 발생하고 또 발생한 오차는 수집된 자료의 질을 떨어뜨린다(Congalton and Green, 2009). 또한 오차가 포함된 자료로 인하여 수동 혹은 자동으로 이루어지는 영상분석의 정확도에도 결과적으로 영향을 주게 된다(Song et al., 2001).

원격탐사 자료에서 가장 흔한 오차의 두 유형은 방사왜곡과 기하왜곡이다. **방사(복사)보정**(radiometric correction)[1]이란 원격탐사 시스템으로부터 수집한 표면 분광반사도, 방출도, 혹은 후방산란된 측정값의 정확도를 향상시키기 위한 것이다(Johannsen and Daughtry, 2009; San and Suzen, 2010). **기하보정**(geometric correction)은 지표면에서 반사, 방출 및 후방산란된 측정값 또는 이들로부터 추출된 다른 값들을 GIS나 공간의 사결정지원시스템(SDSS)에서 다른 자료와 함께 사용될 수 있도록 적절한 평면위치(지도 상)에 투영하는 작업을 뜻한다(Jensen and Jensen, 2013).

원격탐사 자료에 대한 방사 및 기하 보정은 일반적으로 특정한 정보를 찾아내기 이전에 이루어지는 작업이기 때문에 **전처리**(preprocessing) 작업이라고 불린다. 영상전처리 과정을 통하여 영상 수집 당시의 대상지역에 대한 실제 복사에너지와 공간특성에 가까운 영상을 얻을 수 있다. 내부 및 외부의 오차는 원격탐사 자료를 보정하기 위해 반드시 식별되어야 한다.

- 내부오차는 원격탐사 시스템 자체에서 발생하는 오차이다. 이러한 오차는 일반적으로 예측 가능한 체계적 오차이며 또한 식별이 가능하여 탑재체를 발사하기 전이나 또는 비행 중에 획득한 보정용 측정값을 이용하여 보정이 가능하다. 예를 들어 영상에서의 *n*번째 라인마다 발생하는 줄무늬 형태의 오차는 보정되지 않은 하나의 감지기에 의하여 발생할 수도 있다는 것이다. 많은 경우에 있어서 방사보정을 통하여 감지기의 잘못된 보정 결과를 조절할 수 있다.
- 외부오차는 일반적으로 시공간적으로 변하는 자연의 특성으로 인해 발생한다. 원격탐사 자료의 방사 및 기하 왜곡을 일으키는 가장 중요한 외부 변수는 대기, 지형고도, 경사, 그리고 향이다. 일부 외부오차들은 센서 시스템의 관측값과 실제 지상관측값(예 : 방사 및 기하 보정용 지상기준점)을 서로 비

1 역주 : 복사와 방사는 동일한 개념으로 이 책에서는 함께 사용하고 있다. 이와 관련한 다양한 용어가 있는데, 여기에는 복사(방사)속, 복사(방사)휘도, 복사(방사)조도, 방사(복사)해상도, 방사(복사)보정 등이 있다.

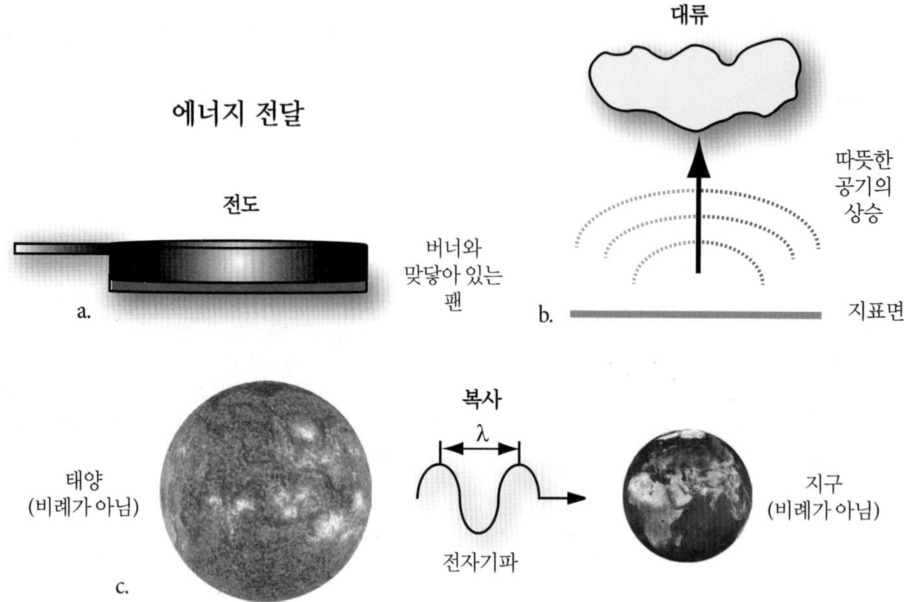

그림 6-1 에너지는 전도, 대류, 복사의 세 방법으로 전달된다. a) 에너지는 팬이 뜨거운 버너에 물리적으로 직접 맞닿아 있는 경우와 같이 하나의 물체에서 다른 물체로 직접 전도된다. b) 태양은 지구의 표면에 복사에너지를 보내고 그 결과 지표 부근의 공기 온도가 상승한다. 밀도가 낮은 공기가 상승하며 대기에 대류를 만든다. c) 전자기에너지는 태양에서 지구까지 전자기파의 형태로 진공의 우주 공간을 통해 전달된다.

교함으로써 보정할 수도 있다.

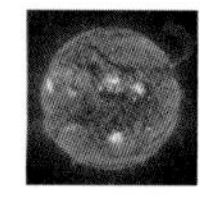

개관

이 장에서는 원격탐사 자료의 방사보정을 다룬다. 방사보정을 잘 이해하기 위해서는 전자기 복사 원리와 원격탐사 자료수집 과정 중에 어떠한 상호작용이 일어나는지에 대해 알아야 한다. 방사보정을 정확하게 하기 위해서는 지형경사와 경사방향, 영상의 양방향 반사 특성과 같은 것도 알아야 한다는 것이다. 그러므로 이 장에서는 먼저 기초적인 전자기 복사 원리에 대하여 고찰하고, 이러한 원리와 관계들을 이용하여 주로 대기와 고도에 의해 발생하는 원격탐사 자료의 방사왜곡을 보정하는 과정을 살펴본다. 제7장에서는 원격탐사 자료의 기하보정을 다룬다.

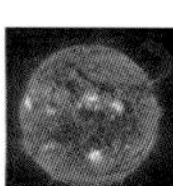

전자기에너지 상호작용

원격탐사 자료를 전처리하고 정확히 해석하기 위해서는 원격탐사 시스템으로부터 기록된 에너지가 거치게 되는 기초적인 상호작용에 대해 이해해야 한다. 예를 들어 에너지가 태양으로부터 왔다면 에너지는 다음과 같은 과정을 거친다.

- 에너지원(태양)에 있는 원자 입자에 의해 복사된다.
- 빛의 속도로 진공의 공간을 이동한다.
- 지구 대기와 상호작용한다.
- 지표면과 상호작용한다.
- 지구 대기와 다시 상호작용한다.
- 마지막으로 원격탐사 센서에 도달하고, 그곳에서는 다양한 광학장치, 필터, 필름 감광유제, 감지기와 상호작용한다.

이러한 각각의 상호작용은 원격탐사 영상이 가지고 있는 정보의 질에 영향을 주게 된다. 따라서 전자기에너지가 에너지원에서부터 원격탐사의 감지기에 이르기까지의 위와 같은 상호작용을 고찰해 보는 것이 매우 유용하다.

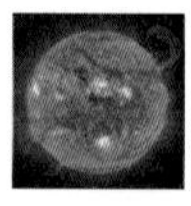

전도, 대류, 복사

에너지란 일할 수 있는 힘을 말한다. 일하는 과정에서 에너지는 하나의 개체에서 다른 개체로, 혹은 어떤 장소에서 다른 장소로 전달된다. 에너지가 전달되는 세 가지 기본적인 방법은 전도(conduction), 대류(convection), 복사(radiation)이다(그림 6-1). 사람들은 전도현상과 매우 익숙해져 있는데, 전도는 한 입자(분자, 원자)가 충돌을 통해 다른 입자에게 운동에너지를 전달

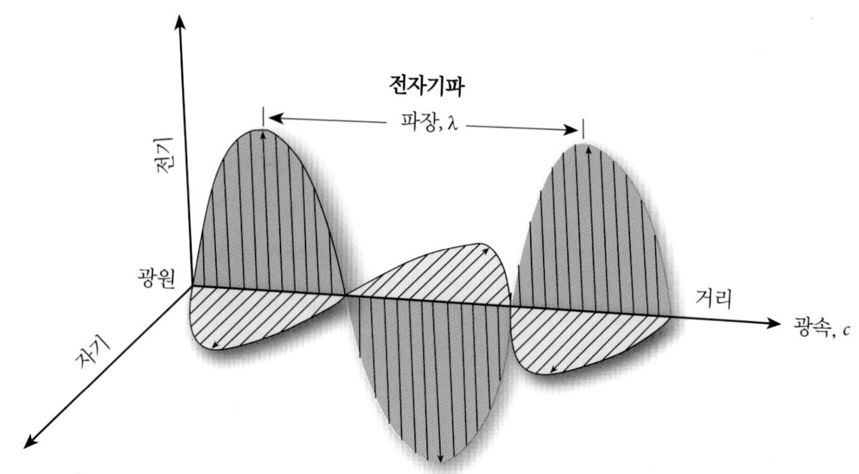

그림 6-2 전자기파의 형태로 진공의 우주 공간을 통해 전달된다. 전자기파는 (90° 각에서) 서로 직교하는 전기 벡터와 자기 벡터로 이루어져 있다. 전자기파는 에너지원으로부터 빛의 속도(3×10^8m/s)로 이동한다.

할 때 일어난다. 이 현상으로 난로 위의 뜨거운 버너에 의해 금속 냄비가 가열되게 된다. 대류현상은 실제적으로 입자가 움직임으로써 입자의 운동에너지가 한 장소에서 다른 장소로 전달되는 것이다. 아침 시간에 지표 근처의 공기가 가열되는 것이 대류의 좋은 예로 지표 근처의 따뜻한 공기가 상승하여 대기에 대류현상을 일으키며 적운(cumulus clouds)을 발생시킨다. 전자기 복사에 의한 에너지의 전달은 원격탐사 분야의 주 관심사인데, 왜냐하면 이 복사현상이 태양과 지구 사이와 같이 진공으로 되어 있는 공간에서 에너지 전달이 일어날 수 있는 유일한 방법이기 때문이다.

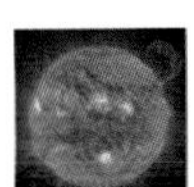

전자기 복사 모델

전자기 복사가 어떻게 일어나고, 어떻게 공간을 통해 전파되며, 다른 매체와 어떤 상호작용을 일으키는지를 이해하기 위해서는 **파동**(wave) 모델과 **입자**(particle) 모델의 두 가지 다른 모델을 통해 그 과정을 기술하는 것이 편리하다(Vandergriff, 2014).

전자기에너지의 파동 모델

1860년대에 James Clerk Maxwell(1831~1879)은 2.99×10^8m/s (이후 ms^{-1}) 혹은 186,282.03mi/s의 빛의 속도(c)로 공간을 이동하는 전자기파로서의 전자기 복사(Electromagnetic Radiation, EMR) 개념을 정립하였다. 이를 이해하기 쉬운 계산으로 환산하면, 빛은 10^{-9}초에 약 1ft.를 이동하는 셈이다. 진공 속에서 빛이 이동하는 속도는 일정하게 유지되기 때문에 빛의 속도는 보편상수(universal constant)로 알려져 있다. 공기(0.03% 더 느리게)나 유리(30.0% 더 느리게)와 같은 진공이 아닌 매개체를 통해 빛이 전달될 때에는 그 속도가 변화한다는 것도 중요한 사실이다(Vandergriff, 2014). **전자기파**는 2개의 파동 형태의 전기장과 자기장으로 구성되어 있다(그림 6-2). 두 벡터는 서로 직교하며, 두 벡터 모두 진행방향에 대하여 수직이다.

전자기파는 어떻게 생성될까? **전자기 복사**는 전하가 가속될 때마다 발생된다. 전자기 복사의 파장(λ)은 전위된 입자가 가속되는 시간에 의해 결정되며, 주파수(ν)는 초당 가속횟수에 따라 달라진다. **파장**은 일반적으로 반복적으로 계속되는 파에서 최댓값 혹은 최솟값 사이의 평균적인 길이로 계산하며(그림 6-2, 6-3) 단위는 μm 혹은 nm를 쓴다. **주파수**(frequency)는 단위시간 동안 한 점을 지나는 파장의 개수로 계산한다. 매초마다 하나의 사이클을 완성시키는 파는 1초당 1사이클의 주파수를 갖는다고 말하며, 1Hz라고 표현한다. 주로 쓰는 파장 및 주파수의 단위를 표 6-1에 표시하였다.

전자기 복사의 파장(λ)과 주파수(ν)의 관계는 다음의 식과 같으며, 여기서 c는 빛의 속도를 나타낸다.

$$c = \lambda \nu \tag{6.1}$$

$$\nu = \frac{c}{\lambda} \tag{6.2}$$

$$\lambda = \frac{c}{\nu} \tag{6.3}$$

위 식에서 알 수 있듯이 주파수는 파장에 반비례한다. 그림 6-3

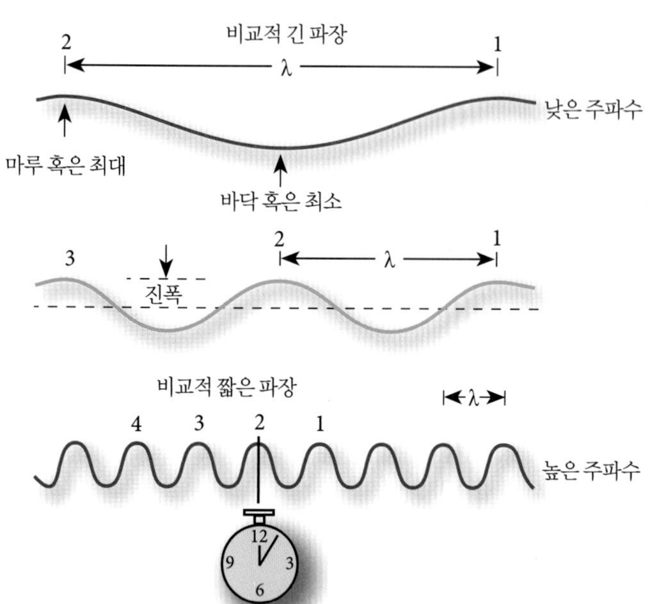

그림 6-3 위의 여러 전자기파의 단면은 파장(λ)과 주파수(ν)의 반비례 관계를 설명해 준다. 파장이 길수록 주파수는 낮아지며, 파장이 짧을수록 주파수는 높아진다. 전자기파의 진폭은 파동의 중심에서 마루까지의 높이를 의미한다. 연속된 파의 마루부분에 1, 2, 3, 4와 같이 번호를 붙이고 1초 동안에 지나간 마루의 개수를 세었을 때, 이것을 주파수라고 하며 단위시간당 사이클 수, 혹은 *헤르츠*의 단위를 사용한다.

은 이러한 관계를 보여 주고 있으며 파장이 길수록 주파수는 낮아지고, 반대로 파장이 짧을수록 높은 주파수를 갖는다(Seeber, 2014). 전자기파가 하나의 매질로부터 다른 매질로 이동하는 경우 주파수는 변하지 않으나 이동 속도와 파장은 변하게 된다.

물, 토양, 바위, 식물, 태양의 표면 등 절대 0도(−273℃ 혹은 0K) 이상의 모든 물체는 전자기에너지를 방출한다. 태양은 원격탐사에 의해 기록되는 전자기에너지의 첫 번째 중요한 자원이며, 예외적으로 태양을 이용하지 않는 센서로는 RADAR, LiDAR, SONAR 등이 있다(그림 6-4, 6-5). 태양은 5,770~6,000K의 온도를 가진 **흑체**[주어진 온도에서 각 파장(λ)에 대해 단위면적당 가능한 최대의 에너지를 흡수하고 방출하는 이론상의 물체]라고 생각할 수 있다. 흑체로부터 방출되는 총에너지(M_λ)의 단위는 W/m^2이고, 켈빈(K)으로 표현되는 절대온도(T)의 4제곱에 비례한다. 이러한 원리를 표현한 식을 Stefan-Boltzmann 법칙이라고 하며 다음 식과 같이 표현된다.

$$M_\lambda = \sigma T^4 \tag{6.4}$$

여기서 σ는 Stefan-Boltzmann 상수이고, 그 값은 $5.6697 \times 10^{-8} W/m^2K^4$이다. 위 식에서 알 수 있듯이 태양이나 지구와 같은 물체에 의해 방출되는 에너지의 양은 그 물체가 가지고 있는 온도의 함수이다. 온도가 높을수록 물체로부터 방출되는 에너지의 양은 많아진다. 실제로 한 물체가 방출하는 에너지의 양은 전자기 복사에너지 곡선 아래의 면적을 합산한 양이 된다(그림 6-6). 그림에서 알 수 있듯이 6,000K의 온도를 갖는 태양이 방출하는 총복사에너지는 300K의 온도를 갖는 지구보다 훨씬 큰 것을 알 수 있다.

위 식에서 구한 태양과 같은 흑체가 이론적으로 방출하는 총에너지로부터 Wien의 변위 법칙에 근거하여 그 흑체의 주파장(dominant wavelength, λ_{max})을 계산할 수 있다.

$$\lambda_{max} = \frac{k}{T} \tag{6.5}$$

여기서 k는 2,898μmK의 값을 갖는 상수이며, T는 켈빈으로 표

표 6-1 파장과 주파수의 측정단위

파장(λ)		주파수(초당 사이클)	
킬로미터(km)	1,000m	헤르츠(Hz)	1
미터(m)	1.0m	킬로헤르츠(kHz)	$1{,}000 = 10^3$
센티미터(cm)	$0.01m = 10^{-2}m$	메가헤르츠(MHz)	$1{,}000{,}000 = 10^6$
밀리미터(mm)	$0.001m = 10^{-3}m$	기가헤르츠(GHz)	$1{,}000{,}000{,}000 = 10^9$
마이크로미터(μm)	$0.000001 = 10^{-6}m$		
나노미터(nm)	$0.000000001 = 10^{-9}m$		
옹스트롬(A)	$0.0000000001 = 10^{-10}m$		

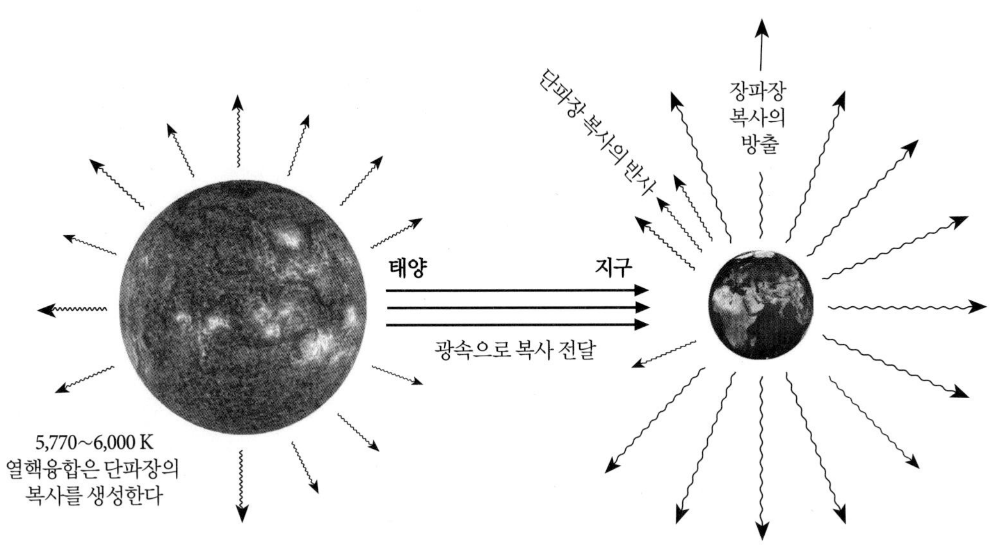

그림 6-4 태양의 표면에서 일어나는 열핵융합은 전자기에너지의 연속적인 스펙트럼을 만들어 낸다. 이 과정에서 발생한 5,770~6,000K의 온도에 의해 빛의 속도로 진공을 이동하는 상대적으로 짧은 파장의 많은 에너지가 만들어진다. 이러한 에너지의 일부는 지구에서 흡수되고 흡수되는 과정에서 대기나 지구의 물질들과 상호작용한다. 이 과정에서 에너지의 일부가 우주 공간으로 직접 반사되거나 지표면에서 짧은 파장의 에너지로 흡수되어 더 긴 파장으로 재방출되기도 한다(영상 제공 : NASA; Strahler and Strahler, 1989의 라인아트에 기초).

시되는 절대온도이다. 그러므로 약 6,000K의 온도를 갖는 태양과 같은 흑체의 경우, 그 흑체의 주파장(λ_{max})은 0.48μm이다.

$$0.483\mu m = \frac{2,898\mu mK}{6,000K}$$

태양으로부터 방출된 전자기에너지는 지구까지 8분 동안 약 9,300만 mi.(1억 5,000만 km)을 이동한다. 그림 6-6에서 표시한 바와 같이 지구는 약 300K(27℃)의 온도를 갖는 흑체이며, 지구의 주파장은 약 9.66μm이다.

$$9.66\mu m = \frac{2,898\mu mK}{300K}$$

위에서 계산한 바와 같이 태양의 주파장은 0.48μm이다. 하지만 태양은 매우 짧은 파장과 매우 높은 주파수를 가진 감마파로부터 파장이 매우 길고 주파수가 매우 낮은 라디오파까지 광범위한 영역의 전자기파 스펙트럼을 내보낸다(그림 6-7, 6-8). 지구는 태양으로부터 방출되는 이러한 전자기에너지의 아주 일부분만을 흡수하게 되는 것이다.

제1장에서 언급한 바와 같이 원격탐사 연구에서 종종 전자기파의 시작 파장(또는 주파수)과 끝 파장을 명시하거나 설명을 붙여 전자기 스펙트럼의 특정한 영역(예 : 적색영역)을 표시한다. 이러한 파장 혹은 주파수 구간을 흔히 밴드, 채널, 혹은 파장영역이라고 한다. 가시광선 영역에 대한 주요 구분을 그림 6-5~6-7, 그리고 표 6-2에 나타내었다. 예를 들어 가시광선은 전자기 스펙트럼 중에서 청색(0.4~0.5μm), 녹색(0.5~0.6μm), 적색(0.6~0.7μm) 밴드로 이루어져 있다고 생각할 수 있다. 유사하게 0.7~1.3μm 부분의 근적외선 에너지는 흑백 필름이나 컬러-적외선에 민감한 필름을 감광할 때 사용된다.

종종 단파장 적외선(Short Wavelength Infrared, SWIR)이라 불리는 중적외선 영역은 1.3~3μm의 파장을 가진다. 열적외선 영역은 3~5μm 및 8~14μm 2개의 유용한 밴드를 포함한다. 마이크로파는 1mm~1m와 같이 훨씬 긴 파장을 갖는 부분이다. 가장 긴 파장대를 갖는 라디오파는 UHF, VHF, 라디오(HF), LF, ULF 주파수 등으로 구분된다.

대부분 원격탐사 시스템에서 분광해상도는 전자기 스펙트럼의 밴드를 이용하여 설명하고 있다. 대부분의 중요한 원격탐사 시스템을 구성하기 위한 밴드 특성은 제2장에서 이미 설명하였다.

전자기에너지는 파장과 주파수뿐만 아니라 그림 6-8과 같이 줄(joules, J)이나 전자볼트(electron volts, eV)와 같은 광자에너지의 형태로도 표현될 수 있다. 중요한 매질과 에너지, 그리고 에너지 환산계수 등이 표 6-3에 나와 있다.

입자 모델 : 원자구조로부터 복사

1704년 *Opticks*라는 저널에 아이작 뉴턴은 빛이란 직선으로 이

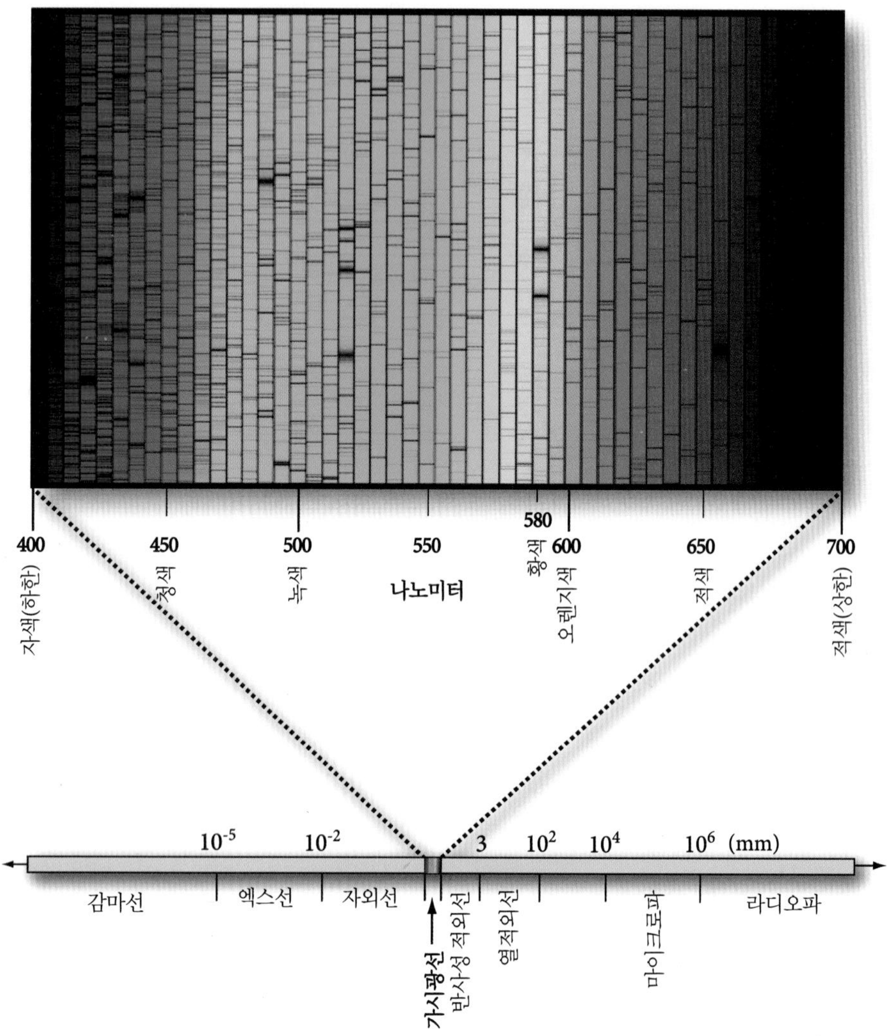

그림 6-5 전자기 스펙트럼 중 가시광선에 해당하는 부분은 400~700nm에 이르는데, 청색(400~500nm), 녹색(500~600nm), 적색(600~700nm) 채널을 포함한다(Ready, 2014). 태양 스펙트럼은 미국 애리조나 투손 근처에 소재한 Kitt Peak National Observatory의 McMath-Pierce Solar Facility가 보유한 푸리에 변환 분광기를 이용하여 관측하였다. 50개 각 구간은 60옹스트롬 간격이며 파장은 위에서 아래로 가면서 증가한다. 구간별로 상대적으로 어둡고 좁은 프라운호퍼 선이 포함되어 있음을 알 수 있다. 이것은 독일 물리학자 요제프 폰 프라운호퍼(Joseph von Fraunhofer, 1787~1826)의 이름을 따서 명명한 것인데, 그는 태양 스펙트럼 중 570개 이상의 위치를 밝혀냈다. 이후 과학자들은 이 어두운 선이 태양 상부층에서의 화학원소 흡수현상과 지구 대기층의 산소에 의한 흡수현상으로 말미암은 사실을 알아냈다(N. A. Sharp, NOAO/NSO/Kitt Peak FTS/AURA/NSF).

동하는 입자(particle) 혹은 미립자(corpuscle)의 흐름이라고 표현하였다. 뉴턴은 또한 그의 유리판 실험을 통해 빛이 파동의 특징을 갖는다는 것을 알고 있었다. 그럼에도 불구하고 1905년 이전의 약 200년 동안 빛은 주로 부드럽게 연속적으로 움직이는 파동으로 생각되었다. 그 후에 앨버트 아인슈타인은 빛이 전자와 상호작용할 때 다른 특징을 나타낸다는 사실을 발견하였다. 아인슈타인은 빛이 어떤 매질과 만날 때 에너지나 운동량 같은 입자적 특징을 전달하는 광자(photon)라고 불리는 많은 개체로 구성되어 있는 것과 같이 행동한다고 결론지었다. 그 결과 오늘날 대부분의 물리학자들은 "빛은 무엇인가?"라는 질문에 대하여 빛은 "특별한 종류의 물질"이라고 답하고 있다. 이와 같이 종종 전자기에너지를 파동적 특성으로 표현할 수가 있다. 하지만 에너지가 매질과 만날 때에는 빛을 에너지 혹은 양자(quanta) 개개의 집합체로 표현하는 것이 더 유용하다. 원자의 수준에서 전자기에너지가 어떻게 생성되는가에 대해 다루어 보는 것이 빛과 여러 매질 사이의 상호작용을 이해하는 데 많은 도움을 준다.

전자는 원자에서 양의 전위를 가진 핵 주위를 도는 음의 전

표 6-2 스펙트럼을 분류하는 방법(Nassau, 1983; 1984)

컬러	파장				에너지	
	옹스트롬 (A)	나노미터 (nm)	마이크로미터 (μm)	주파수 Hz(×1,014)	파수 (ψcm^{-1})	전자전압 (eV)
단파장 자외선	2,537	254	0.254	11.82	39,400	4.89
장파장 자외선	3,660	366	0.366	8.19	27,300	3.39
자외선 경계	4,000	400	0.40	7.50	25,000	3.10
청색	4,500	450	0.45	6.66	22,200	2.75
녹색	5,000	500	0.50	6.00	20,000	2.48
녹색 경계	5,500	550	0.55	5.45	18,200	2.25
황색	5,800	580	0.58	5.17	17,240	2.14
오렌지색	6,000	600	0.60	5.00	16,700	2.06
적색	6,500	650	0.65	4.62	15,400	1.91
적색 경계	7,000	700	0.70	4.29	14,300	1.77
근적외선	10,000	1,000	1.00	3.00	10,000	1.24
원적외선	300,000	30,000	30.00	0.10	333	0.04

위를 가진 작은 입자이다(그림 6-9). 각 물질에 대한 원자는 서로 다른 방식의 전자배열방식을 가지고 있다. 양의 전위를 가진 핵과 음의 전위를 가진 전자의 상호작용으로 전자는 일정한 궤도 상에서 존재하게 된다. 그 궤도는 명확하게 고정되어 있지는 않지만 개개 전자의 운동은 핵으로부터 정해진 범위 내에서 이루어지게 된다. 따라서 원자 주위를 움직이는 전자의 궤도 경로는 에너지 준위로 생각할 수 있다(그림 6-9a). 전자가 한 준위 높은 곳으로 올라가기 위해서는 일을 수행해야 하는데, 에너지가 하나의 준위를 넘어서기 위한 최소한의 양을 넘지 못한다면 그 일은 수행되지 않는다. 충분한 양의 에너지가 공급되었을 때 전자는 한 준위 높은 에너지 레벨로 올라가며, 이때 원자를 **들뜬상태**(excited)가 되었다고 한다(그림 6-9b). 일단 전자가 더 높은 궤도로 올라가게 되면 그 전자는 위치에너지를 갖게 된다. 약 10^{-8}초가 지난 후, 전자는 원자의 비어 있는 가장 낮은 에너지 준위 혹은 궤도로 떨어지게 되며 이때 에너지를 방출하게 된다(그림 6-9c). 방출되는 복사에너지의 파장은 원자가 행한 일, 즉 전자를 들뜬상태로 만들어 높은 궤도로 이동하는 데 쓰인 에너지의 함수로 표현된다.

전자궤도는 사다리의 단과 같다. 즉 에너지가 추가되면 전자는 에너지 사다리의 위쪽으로 이동되고 에너지가 방출되면 전자는 사다리 밑으로 떨어지게 된다. 그러나 에너지 사다리는 일반적인 사다리와 비교해서 그 간격이 일정치 않다는 차이를 보인다. 즉 한 궤도에서 다른 궤도로 전이하는 데 필요한 에너지(흡수 또는 방출하는 에너지)의 양이 일정하지 않다는 것이다. 또한 전자는 사다리와 같이 연속적으로 되어 있는 단을 필요로 하지 않는다는 것이다. 대신 전자는 물리학자들이 말하는 **선택 법칙**(selection rules)을 따른다. 많은 경우에 전자가 에너지 사다리를 올라갈 때 또는 내려갈 때 일련의 단을 사용한다(Nassau, 1983). 전위된 전자가 들뜬상태(그림 6-9b)로부터 원래의 안정한 상태(그림 6-9c)로 이동할 때 남아 있던 에너지는 **광자**라고 불리는 빛의 입자적인 성질을 가진 전자기 복사 형태로 원자로부터 방출된다. 결국 전자가 높은 에너지 단계에서 낮은 에너지 단계로 이동할 때마다 광자는 빛의 속도로 방출되는 것이다.

어떻게든 전자는 자기의 원래 궤도로부터 사라져서 중간의 어떤 위치를 가로지르지 않고 최종 궤도에 다시 나타나야만 한다. 즉 두 궤도 사이를 움직이면서 이동하는 것이 아니라 공간 이동과 같이 순간적으로 원래 궤도에서 사라져서 최종 궤도에 나타나야 한다. 이러한 과정을 **양자 도약**(quantum leap) 혹은 **양자 점프**(quantum jump)라고 부른다. 전자가 가장 들뜬상태에서 바닥상태로 한 번에 도약할 때 전자는 하나의 광자 에너지를

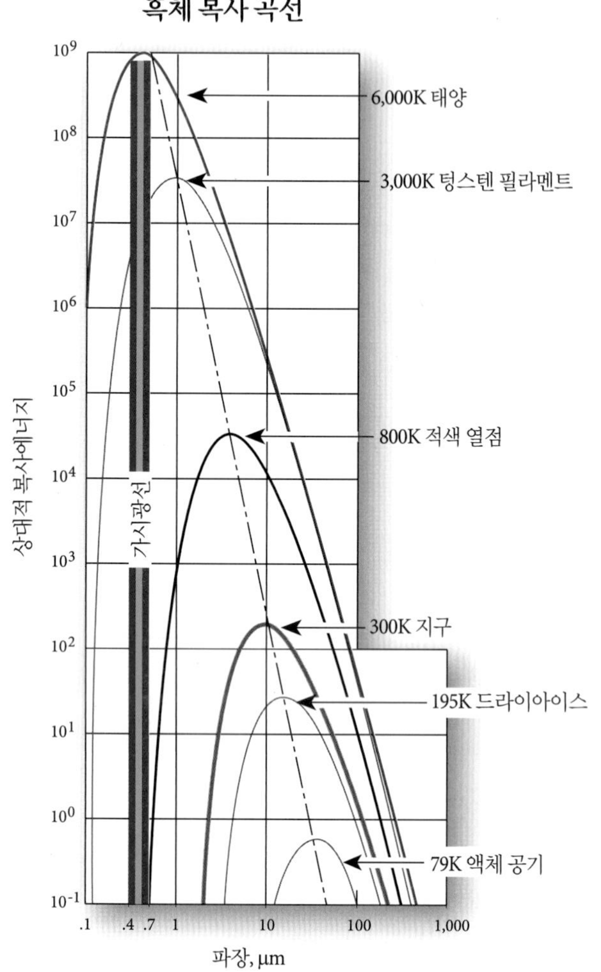

그림 6-6 각각 6,000K, 300K의 온도를 갖는 태양과 지구를 포함한 다양한 물체에 대한 흑체 복사 곡선. 각 곡선의 아랫부분을 적분하면 그 물체가 복사하는 총복사에너지(M_λ)가 된다(식 6.4). 태양은 지구보다 온도가 높기 때문에 더 많은 복사에너지를 만들어 낸다. 흑체의 온도가 높아질수록 그 흑체의 주파장(λ_{max})은 스펙트럼의 짧은 파장 쪽으로 이동한다.

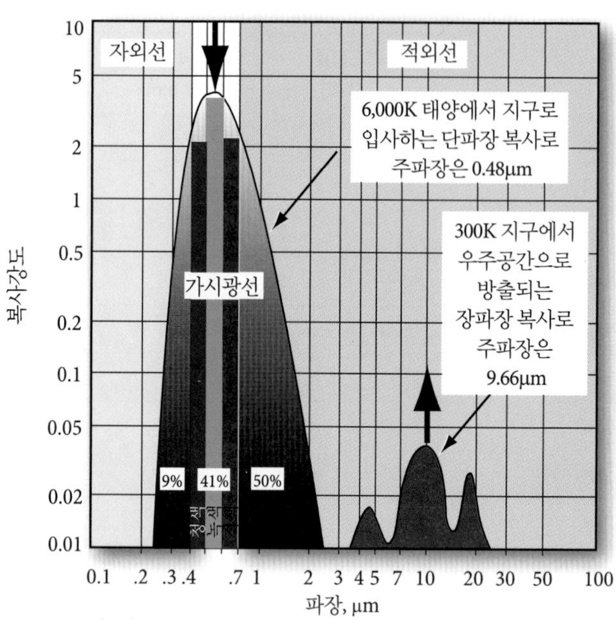

그림 6-7 태양은 주파장이 약 0.48μm인 6,000K의 흑체이다. 지구는 주파장이 약 9.66μm인 300K의 흑체이다. 6,000K의 태양은 전체 에너지의 약 41%를 가시광선 영역(0.4~0.7μm)에서 만들어 내고 나머지 59%는 청색보다 짧거나(<0.4μm) 적색보다 긴(>0.7μm) 파장에서 만들어 낸다. 인간의 눈은 오직 0.4~0.7μm의 빛에만 민감하다(Strahler and Strahler, 1989). 원격탐사 센서는 이런 눈에 보이지 않는 스펙트럼의 파장 영역에 대해서도 반응할 수 있게 만들 수 있다.

방출한다. 또한 전자가 들뜬상태의 궤도로부터 바닥상태로 일련의 점프(예 : 4 → 2 → 1)가 이루어지는 것도 가능하다. 만약 전자가 바닥상태로 돌아오기 위해 두 번의 도약을 수행한다면 이러한 경우 각각의 도약에서는 다소 적은 에너지의 광자를 방출하게 된다. 두 번의 점프로 방출된 에너지들은 하나의 큰 점프에서 방출된 에너지의 합과 같게 된다.

Niels Bohr와 Max Planck는 복사에너지의 교환에 관한 이산적 특성을 발견하고 전자기 복사에 관한 양자 이론(quantum theory)을 제안하였다. 이 이론에 의하면, 에너지는 앞서 설명한 대로 양자나 광자로 불리는 개개의 다발에 의해 전달된다. 파동 이론에 의하여 표현되는 복사에너지의 주파수와 양자 사이에는 다음과 같은 관계가 성립한다.

$$Q = h\nu \quad (6.6)$$

여기서 Q는 관측된 양자에너지이고 단위는 줄(J)이고, h는 Planck 상수(6.626×10^{-34}Js)이며, ν는 복사에너지의 주파수이다. 식 6.3에 h/h 혹은 1을 곱하면 다음과 같은 식을 얻을 수 있다.

$$\lambda = \frac{hc}{h\nu} \quad (6.7)$$

식 6.6을 이용해 $h\nu$를 Q로 대체하면 양자에너지에 관한 파장은 다음과 같이 표현된다.

$$\lambda = \frac{hc}{Q} \quad (6.8)$$

혹은

$$Q = \frac{hc}{\lambda} \quad (6.9)$$

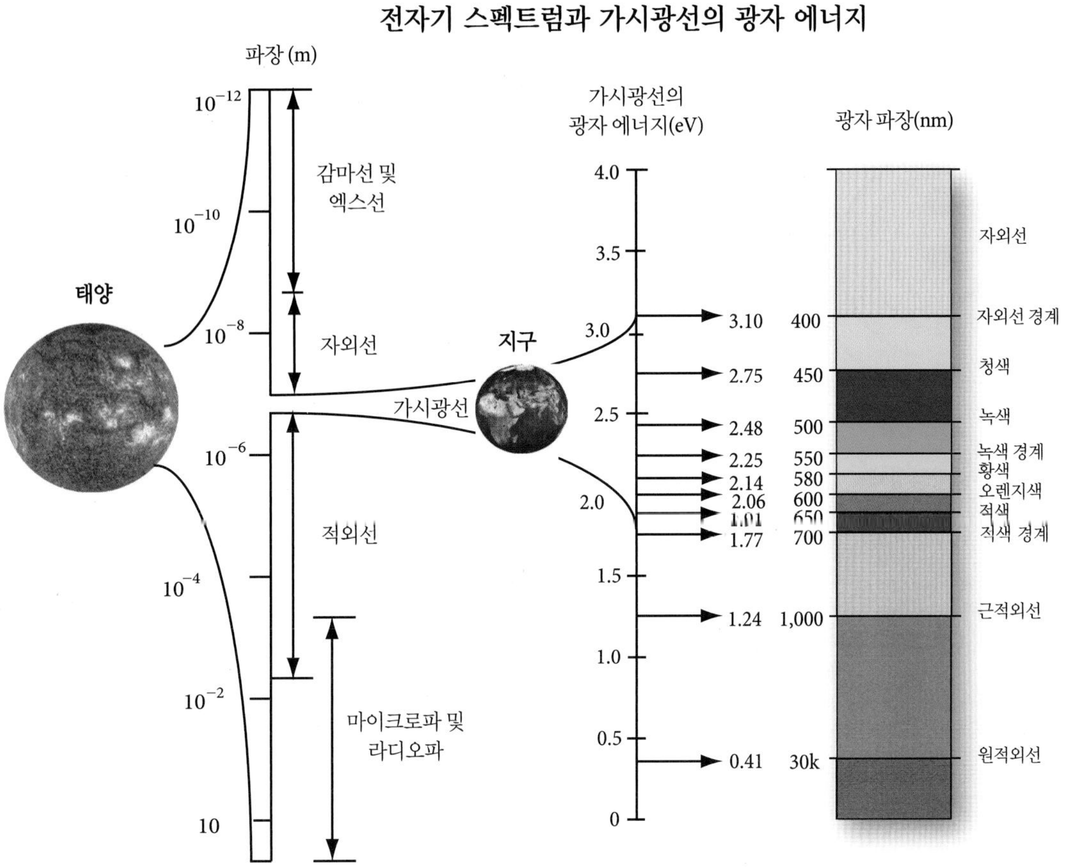

전자기 스펙트럼과 가시광선의 광자 에너지

그림 6-8 전자기 스펙트럼과 가시광선의 광자 에너지. 태양은 감마파부터 라디오파까지의 연속적인 스펙트럼을 만들어 지구로 보낸다. 스펙트럼의 가시광선 영역은 파장(μm, nm)을 이용하거나 전자전압(eV)을 이용하여 측정할 수 있으며, 모든 단위는 상호변환이 가능하다.

위 식에서 양자에너지는 파장과 반비례의 관계에 있음을 알 수 있다. 즉 파장이 길면 길수록 더 낮은 에너지를 가지게 되는 것이다. 이러한 반비례의 관계는 원격탐사에 있어서 매우 중요한데, 왜냐하면 열적외선에서 방출되는 긴 파장의 에너지를 탐지하는 것이 보다 짧은 파장의 가시광선을 이용하는 것보다 어렵다는 것을 나타내기 때문이다. 실제로 우리가 보다 긴 파장의 에너지를 관측하려고 한다면 센서를 지상의 한 지역에 보다 오래 머물러 있게 해야 될 수도 있다는 것이다.

물질은 그들의 에너지 준위와 선택법칙에 따라 고유의 색을 띠게 된다. 예를 들어 전기를 가한 나트륨 증기는 밝은 황색 빛을 내기 때문에 가로등에 쓰일 수 있다. 나트륨 등이 켜지면 몇 천 볼트의 전기가 증기의 운동을 활발하게 한다. 전압이 가해진 원자의 가장 바깥쪽의 전자는 보다 높은 상태의 에너지 준위로 올라가게 되고 다시 낮은 준위로 돌아오게 되며, 마지막 두 준위는 2.1eV의 전위차를 보인다(그림 6-10). 마지막 점프로부터 방출된 에너지는 황색의 광자 형태로 나타나며, 광자는 2.1eV의 에너지 그리고 0.58μm의 파장을 가진다(Nassau, 1983).

물질은 매우 높은 온도까지 열을 받으면 보통의 상태에서 묶여 있던 전자들은 전자기 궤도로부터 이탈하여 자유로워지는데, 이것을 **광전효과**(photoelectric effect)라고 한다(그림 6-9d). 이러한 현상이 발생하면 원자는 빠져나간 전자의 음의 전위만큼의 양의 전위를 띠게 되며, 이때 전자는 자유전자라고 하고 원자는 이온(ion)이 된다. 전자기 스펙트럼의 자외선과 가시광선(청색, 녹색, 적색) 부분에서의 복사는 바깥쪽의 원자가 전자의 에너지 준위 변화로부터 발생하며, 에너지의 파장은 들뜨는 과정에 포함되는 전자의 특정한 궤도 준위의 함수로 표현된다. 만약 원자가 이온화되기에 충분한 에너지를 얻거나 자유전자가 비어 있는 에너지 준위를 채우기 위해 떨어지면 방출된 복사에너지는 비양자화(unquantized)되고 하나의 밴드 혹은 일련의 밴드가 아닌 **연속적인 스펙트럼**이 생성된다. 양의 전위를 갖는 핵이 자유전자들 중 하나와 결합할 때마다 전자기장은 빠르게 변하게 되고, 그 결과 모든 파장에서 방출이 일어나게 된다.

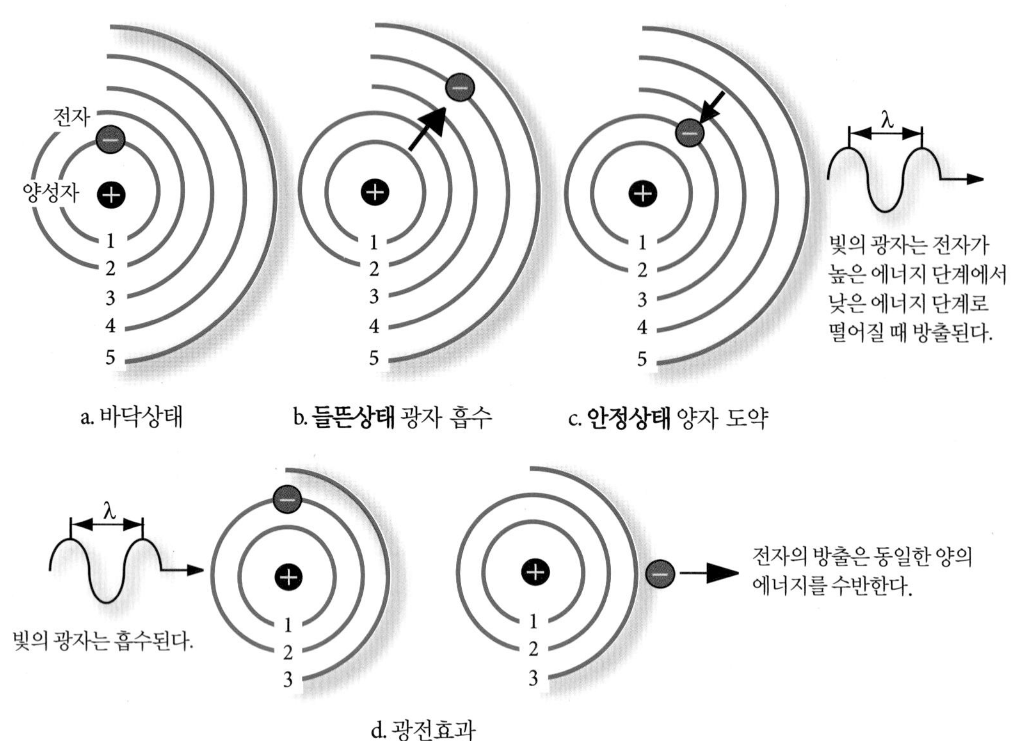

그림 6-9 a~c) 전자기에너지의 광자는 원자나 분자의 전자가 높은 에너지 상태로부터 낮은 에너지 상태로 떨어질 때 방출되며, 방출된 빛은 바깥쪽 에너지 단계의 변화에 대한 함수로 표현할 수 있다. 예를 들어 그림 6-10에서 보듯이 나트륨등에서는 황색 빛을 만들어 낸다. d) 물질은 복사가 일어나지 않은 궤도에 묶여 있던 전자가 자유로워질 때 온도가 높아진다. 이러한 현상이 발생하면 원자는 빠져나간 전자만큼의 양의 전위를 갖게 되며, 이때 전자를 자유전자라고 하고 원자를 이온이라고 한다. 다른 자유전자가 자유전자에 의해 생긴 빈 에너지 단계에 채워질 때 연속적인 에너지 스펙트럼을 나타내는 모든 파장의 복사가 일어난다. 태양 표면에 강력한 열은 이런 방식에 의해 연속적인 스펙트럼을 나타낸다.

태양의 뜨거운 표면의 대부분은 모든 파장의 복사가 나타날 수 있는 **플라즈마(plasma)** 상태이다. 그림 6-8에서 알 수 있듯이 태양과 같은 플라즈마의 스펙트럼은 연속적이다.

원자나 분자에서 전자궤도의 변화에 의해 가장 짧은 파장의 복사가 발생되고 분자의 진동운동의 변화로 인하여 근적외선 혹은 중적외선의 에너지가 발생된다. 또한 회전운동의 변화로 인하여 긴 파장의 적외선과 마이크로파의 복사가 발생하게 된다.

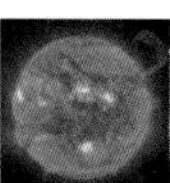

대기의 에너지-물질 상호작용

복사에너지(radiant energy)는 특정 분광밴드 내에서 일할 수 있는 전자기 복사의 양이다. 일단 전자기 복사가 발생하면 이는 진공에서의 빛의 속도와 거의 같은 속도로 지구의 대기를 통해 전파된다. 그러나 진공에서와는 달리 지구의 대기는 복사의 속도와 파장, 강도, 그리고 분광 분포에 영향을 주게 된다. 또한 전자기 복사의 방향이 굴절로 인해 다양하게 바뀌기도 한다.

굴절

진공에서의 빛의 속도는 3×10^8m/s이다. 전자기 복사가 물이나 공기와 같이 진공과는 다른 밀도를 갖는 매질 안으로 들어가면 굴절이 일어나게 된다. **굴절(refraction)**은 하나의 매질로부터 다른 밀도를 갖는 매질로 들어갈 때 빛이 휘어지는 현상을 말한다. 굴절은 각 매질의 밀도와 전자기에너지의 속도가 서로 다르기 때문에 발생한다. **굴절계수(n)**는 물질의 광학밀도를 측정하는 것으로, 이 값은 진공에서의 빛의 속도 c와 대기나 물과 같은 매질에서의 빛의 속도인 c_n의 비율이다.

$$n = \frac{c}{c_n} \tag{6.10}$$

표 6-3 질량, 에너지, 환산계수

결과	곱	계수
English 단위를 SI 단위로 변환		
결과	**곱**	**계수**
뉴턴[a]	파운드(pound)	4.448
줄[b]	BTUs[c]	1055
줄	칼로리[d]	4.184
줄	킬로와트시[e]	3.6×10^6
줄	풋파운드[f]	1.356
줄	마력[g]	745.7
SI 단위를 English 단위로 변환		
결과	**곱**	**계수**
BTUs	줄	0.00095
칼로리	줄	0.2390
킬로와트시	줄	2.78×10^{-7}
풋파운드	줄	0.7375
마력	와트	0.00134

[a] 1뉴턴(newton, N) : 질량 1kg의 물체를 1ms^{-2}만큼 가속시키는 데 필요한 힘
[b] 1줄(joule, J) : 물체에 1N의 힘이 작용하는 동안 물체가 1m 이동하였을 때 힘이 한 일의 양
[c] BTU(British Thermal Unit) : 1lb 물의 온도를 1℉ 증가시키는 데 필요한 에너지
[d] 칼로리(calorie, cal) : 1kg 물의 온도를 1℃ 증가시키는 데 필요한 에너지
[e] 킬로와트시(kilowatt-hour, kWh) : 1시간 동안 초당 1,000J
[f] 풋파운드(foot-pound, ft-lb) : 1lb 무게의 물체를 1ft. 올리는 일의 양
[g] 마력(horsepower, hp) : 초당 550ft-lb

매질에서의 빛의 속도는 절대진공에서의 빛의 속도에 도달하지 못한다. 따라서 어떤 매질의 굴절계수는 항상 1보다 크게 된다. 예를 들어 대기의 굴절계수는 1.0002926이고 물의 굴절계수는 1.33이다. 빛은 물의 높은 밀도 때문에 물에서는 진공상태보다 천천히 진행하게 되는 것이다.

굴절은 Snell의 법칙으로 설명할 수 있다. 이 법칙은 어떤 주파수의 빛에 대하여 파와 경계의 법선 사이의 각에 대한 사인함수(sine)값과 굴절계수의 곱은 일정하다는 것을 보여 준다. 주파수는 파장과는 달리 빛의 속도가 변하여도 변하지 않는 특징이 있으므로 주파수를 사용하는 것이 유용하다.

$$n_1 \sin \theta_1 = n_2 \sin \theta_2 \tag{6.11}$$

그림 6-11에서 알 수 있듯이 안정된 대기는 조금씩 밀도가 다른 일련의 기체층으로 생각할 수 있다. 따라서 에너지가 수직이 아닌 어떤 각도에서 매질 내의 거리를 이동하여 대기를 통하여 전파될 때마다 굴절이 일어난다.

나트륨등에서 원자입자로부터의 빛의 생성

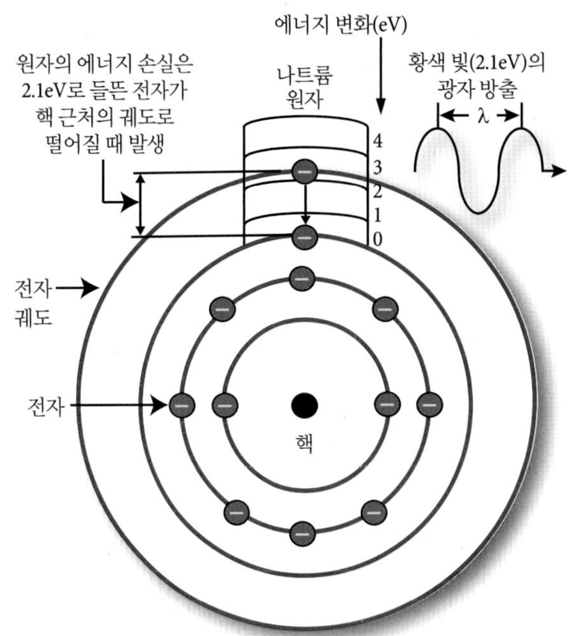

그림 6-10 나트륨등에서 발생하는 원자입자로부터의 빛의 생성. 수천 볼트로 전위된 후에 나트륨의 가장 바깥쪽의 전자가 에너지 사다리의 높은 단계로 올라가게 되고 예정된 경로를 따라 사다리의 아랫부분으로 다시 내려온다. 마지막 2개의 단계 사이의 전위차는 2.1eV이다. 이 전위차가 2.1eV의 에너지를 갖는 황색 빛의 광자를 발생시킨다(표 6-2 참조).

굴절되는 양은 법선과 이루는 각(θ), 이동거리, 이동한 대기의 밀도에 대한 함수로 표현되는데, 이동거리가 클수록 밀도 변화도 커지며 수면에 가까워질수록 대기의 밀도가 높아진다. 따라서 높은 고도나 예각의 상태로 촬영된 영상에서는 굴절로 인한 심각한 오차가 발생할 수도 있다. 그러나 이와 같은 현상으로 생기는 위치 오차는 Snell의 법칙(식 6.12 참조)으로 예측 가능하며 따라서 제거할 수 있다.

$$\sin \theta_2 = \frac{n_1 \sin \theta_1}{n_2} \tag{6.12}$$

위 식을 이용하여 매질 n_1, n_2의 굴절계수와 에너지가 매질 n_1에 진입할 때의 입사각을 알고 있다면 삼각함수 법칙에 의해 매질 n_2에서 발생하는 굴절의 양($\sin \theta_2$)을 예측할 수 있다. 그러나 대부분의 영상분석에서 굴절계수를 계산하는 것을 염두에 두지 않는다.

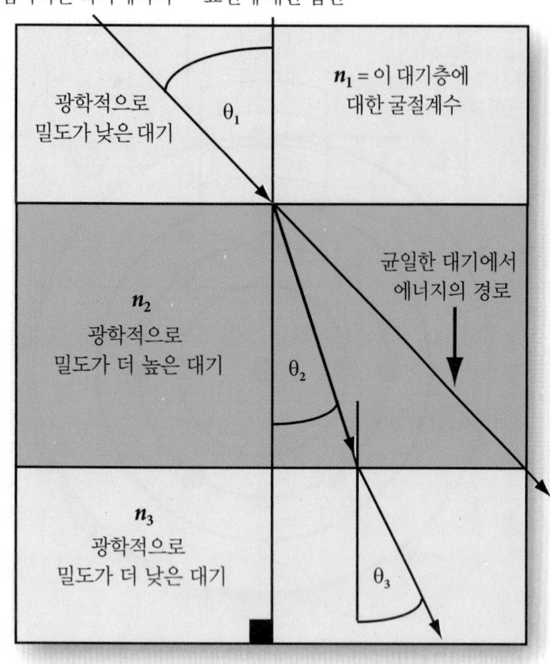

그림 6-11 안정된 3개의 대기층에서의 굴절. 입사된 에너지는 하나의 대기층에서 다른 층으로 들어갈 때 굴절된다. Snell의 법칙을 이용하면 각 대기층의 입사각(θ)과 굴절계수(n_1, n_2, n_3)에 기초하여 굴절되는 각도를 계산할 수 있다.

산란

대기에 의한 심각한 현상 중의 하나는 대기 입자에 의해 일어나는 산란이다. 굴절의 경우 그 방향이 예측가능한 데 비해 산란(scattering)은 그 방향을 예측할 수 없기 때문에 굴절의 문제와는 다른 각도에서 다루어야 한다. 산란에는 Rayleigh, Mie, 그리고 비선택적 산란의 세 가지 형태가 있다. 대기의 주요층들과 그곳에서 존재하는 분자와 에어로졸의 종류가 그림 6-12에 나와 있다(Miller and Vermote, 2002). 입사되는 전자기 복사에너지 파장의 상대적인 크기, 기체의 지름, 수증기, 그리고 에너지에 영향을 주는 분진들과 산란의 종류는 그림 6-13에 나와 있다.

분자 산란(molecular scattering)이라고도 하는 Rayleigh 산란(Rayleigh scattering)은 대기의 산소나 질소와 같은 공기분자의 유효지름이 입사된 전자기 복사의 파장에 비해 매우 작은 경우(주로 <0.1)에 일어난다(그림 6-13a). Rayleigh 산란은 이 현상에 대한 처음으로 일관된 논리를 정리한 영국의 물리학자 로드 레일리(Lord Rayleigh)경의 이름을 따서 명명하였다. 모든 산란

그림 6-12 대기의 주요층과 각 대기층에서 발견되는 분자나 에어로졸의 종류(Miller and Vermote, 2002에 기초)

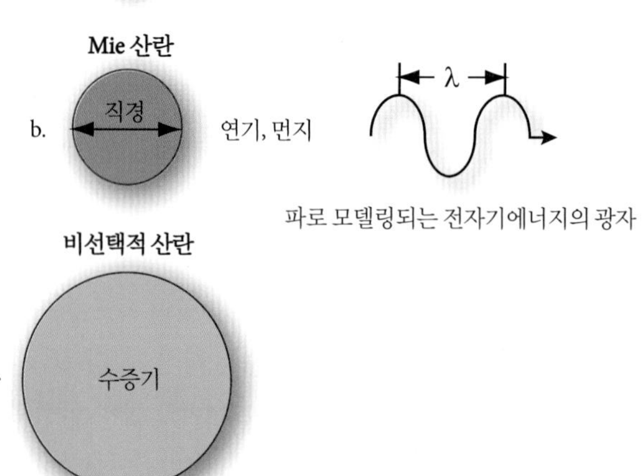

그림 6-13 산란의 형태는 1) 입사된 복사에너지의 파장과 2) 기체 분자, 먼지 입자, 수증기 분자의 크기에 의해 결정된다.

은 원자구조로부터의 복사에 관한 부분에서 설명하였듯이 원자 또는 분자에 의하여 방출되는 복사에너지의 흡수와 재방출에 의하여 발생하게 된다. 특정한 원자나 분자가 광자를 방출하는 결과인 산란이 일어나는 방향에 대해서 예측하는 것은 불가능하다. 원자를 들뜨게 만드는 데 필요한 에너지는 단파장의 고주파수를 가진 복사와 관련이 있다.

대기의 가시광선 부분(0.4~0.7μm)에서 일어나는 Rayleigh 산

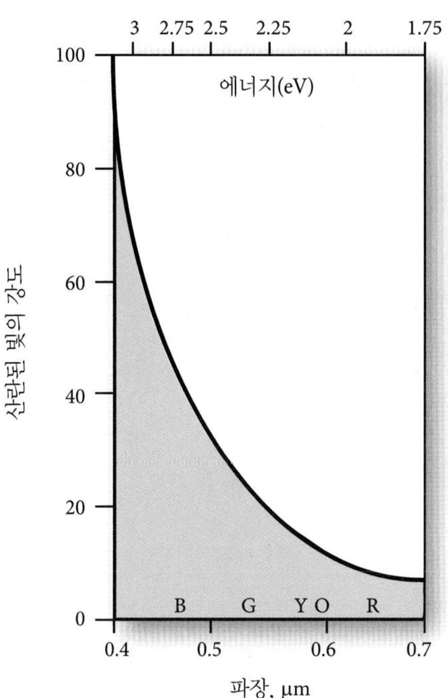

그림 6-14 Rayleigh 산란의 강도는 파장의 4제곱에 반비례한다(λ^{-4}).

란의 대략적인 양은 Rayleigh 산란 단면(τ_m) 알고리듬을 이용하여 계산할 수 있다(Cracknell and Hayes, 1993).

$$\tau_m = \frac{8\pi^3(n^2-1)^2}{(3N^2\lambda^4)} \tag{6.13}$$

여기서 n은 굴절계수이고, N은 단위부피당 공기분자의 수이며, λ는 파장을 의미한다. 산란이 일어나는 양은 복사 파장의 4제곱에 반비례한다. 예를 들면 0.3μm의 파장을 가지는 자외선은 0.6μm의 파장을 갖는 가시광선의 적색광보다 $(0.6/0.3)^4=16$, 즉 16배나 많은 산란이 일어난다. 또한 파장이 0.4μm인 가시광선의 청색광은 파장이 0.6μm인 가시광선의 적색광보다 $(0.6/0.4)^4=5.06$, 즉 대략 5배나 많은 산란이 일어난다. 스펙트럼의 가시광선 부분(0.4~0.7μm)에서 발생하는 Rayleigh 산란의 양이 그림 6-14에 나와 있다.

기체분자에 의한 대부분의 Rayleigh 산란은 지상으로부터 2~8km 떨어진 대기에서 발생한다(그림 6-12). Rayleigh 산란은 하늘이 푸르게 보이는 원인인데, 이는 자외선이나 가시광선의 청색광과 같이 파장이 짧은 것이 오렌지색이나 적색과 같이 상대적으로 긴 파장보다 더 효과적으로 산란이 일어나기 때문이다. 구름이 없는 맑은 날 파란 하늘을 볼 수 있다는 것은 태양광선의 짧은 파장 영역에서 선택적으로 산란이 일어난다는 증거이다. Rayleigh 산란은 또한 저녁 무렵의 붉은 노을과 관계가 있다. 대기는 지구를 둘러싸고 있는 중력으로 인해 갇혀 있는 기체들의 얇은 막이기 때문에 정오보다 오후시간에 태양빛은 좀 더 긴 경로를 통과하게 된다. 해가 질 무렵, 자외선이나 청색광은 긴 경로를 지나며 대부분 산란되어 버리기 때문에 우리가 볼 수 있는 것은 산란되지 않고 남아 있는 오렌지색이나 적색광이다.

비분자 산란 혹은 에어로졸 산란이라고도 불리는 Mie 산란은 지표로부터 4.5km 정도의 낮은 대기층에서 일어나며, 입사되는 에너지의 파장과 거의 같은 크기의 지름을 가진 구형 입자들로 인해 발생한다(그림 6-13b). 입자의 실제적인 크기는 입사되는 에너지 파장의 0.1~10배 정도이다. 가시광선에 대한 산란을 일으키는 물질들은 지름이 10분의 1μm 정도의 분진이나 입자들이다. Mie 산란은 Rayleigh 산란보다 더 많은 양이 발생하며 산란된 파장은 더 길어진다. 대기층의 먼지의 양이 더 많아질수록 자외선이나 청색광은 산란되어 버리고 긴 파장의 오렌지색이나 적색광만이 도달하게 된다. 오염물질 또한 아름다운 일출과 일몰을 만드는 원인 중의 하나이다.

비선택적 산란(nonselective scattering)은 입사되는 전자기 복사의 파장보다 10배 이상 큰 입자들로 인한 것이며 대기의 가장 낮은 부분에서 일어난다(그림 6-13c). 이러한 종류의 산란은 비선택적인데, 청색, 녹색, 적색 등 모든 파장의 빛이 산란되어 버리기 때문이다. 구름을 형성하는 작은 물방울이나 얼음 결정체, 짙은 안개 등이 가시광선의 모든 빛을 산란시키며 이것이 구름을 하얗게 보이게 하는 원인이다. 적색, 녹색, 청색 영역에서 대략 같은 비율로 발생하는 비선택적 산란은 일반인들에게 백색광으로 보이게 한다. 이것은 안개가 짙은 날에 자동차의 상향등을 켜는 것이 우리가 볼 수 있는 가시광선 영역에 보다 많은 비선택적인 산란을 야기해서 오히려 잘 보이지 않게 한다는 점에서 주의해야 한다.

산란은 원격탐사 연구에서 매우 중요한 관심사이다. 산란은 영상의 대비를 줄여 하나의 물체를 다른 것과 구별하기 어렵게 만든다는 점에서 원격탐사 자료의 정보를 많은 부분 감소시킬 수 있다.

흡수

흡수(absorption)는 복사에너지가 흡수되거나 다른 형태의 에너

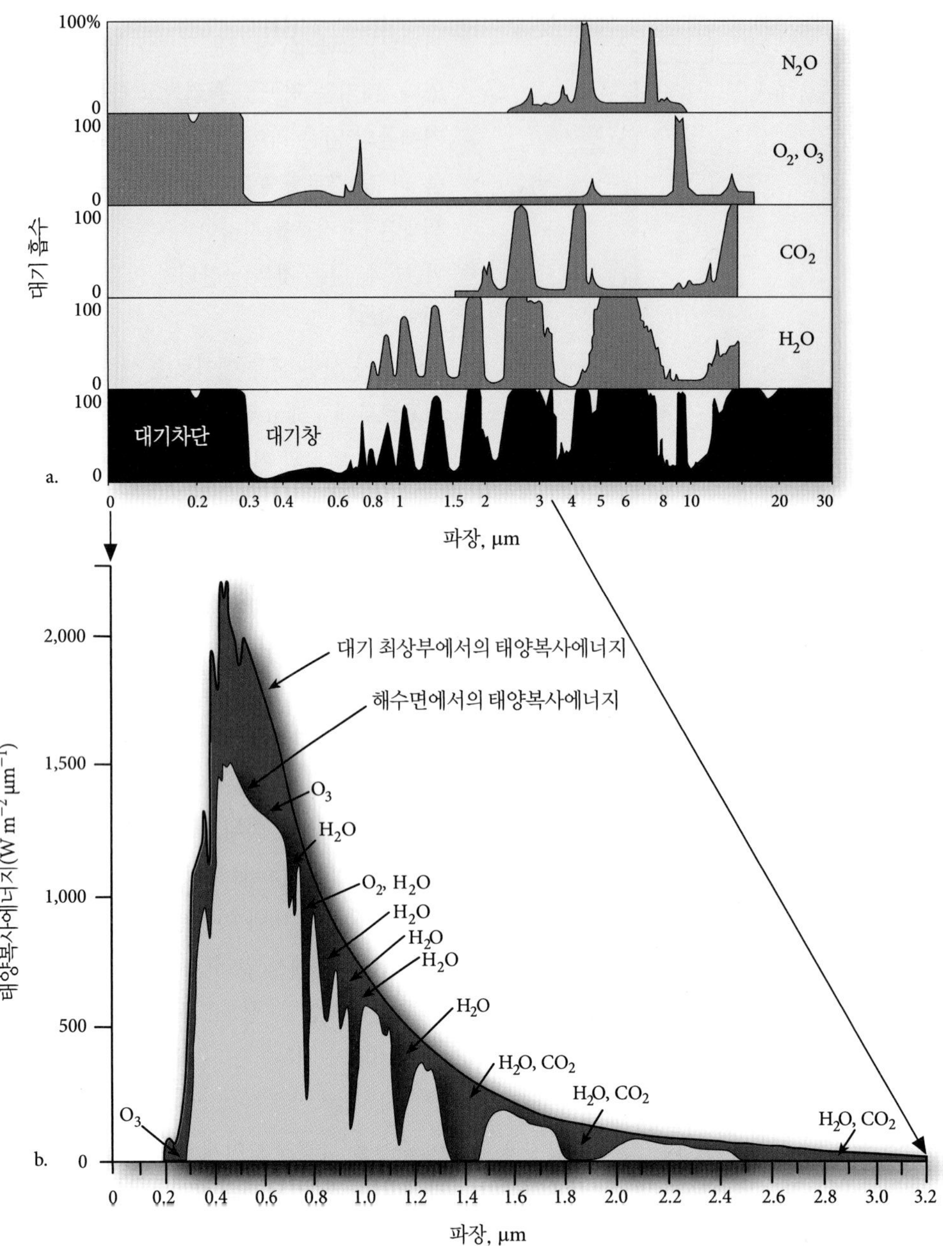

그림 6-15 a) 다양한 대기 기체들에 의한 0.1~30μm 파장대에서 태양복사에너지의 흡수. 처음 4개의 그래프는 N_2O, O_2, O_3, CO_2, H_2O의 흡수 특징을 보여주며 마지막 그래프는 대기에서 이러한 물질이 동시에 존재할 때 발생하는 흡수의 형태를 나타낸다. 대기는 스펙트럼의 특정 부분을 완전히 차단시키며 다른 부분은 지표로 통과시키는 대기창이 존재한다. 이러한 대기창을 통하여 원격탐사 시스템이 작동하게 된다. b) 대기의 흡수, 산란, 반사의 복합적인 작용은 지표에 도달하는 태양복사에너지를 감소시킨다(Slater, 1980에 기초).

지로 변형되는 과정을 의미한다. 입사된 복사에너지의 흡수는 대기나 지표에서 일어난다. **흡수밴드**(absorption band)는 복사에너지가 어떤 물질에 의해 흡수되는 전자기 스펙트럼에서의 파장이나 혹은 주파수의 범위이다. 빛이 대기를 통과할 때 물(H_2O), 이산화탄소(CO_2), 산소(O_2), 오존(O_3), 질산(N_2O) 등에 의한 효과를 그림 6-15a에 표시하였다. 다양한 구성요소에 의한 누적 흡수 효과 때문에 대기에서 스펙트럼의 어떤 부분에 대해서는 완전히 통과하지 못하는 현상이 발생하기도 한다. 이러한 영역에서는 원격탐사로 에너지를 전혀 감지할 수 없으나 반대로 스펙트럼의 가시광선 영역(0.4~0.7μm)에서 대기는 모든

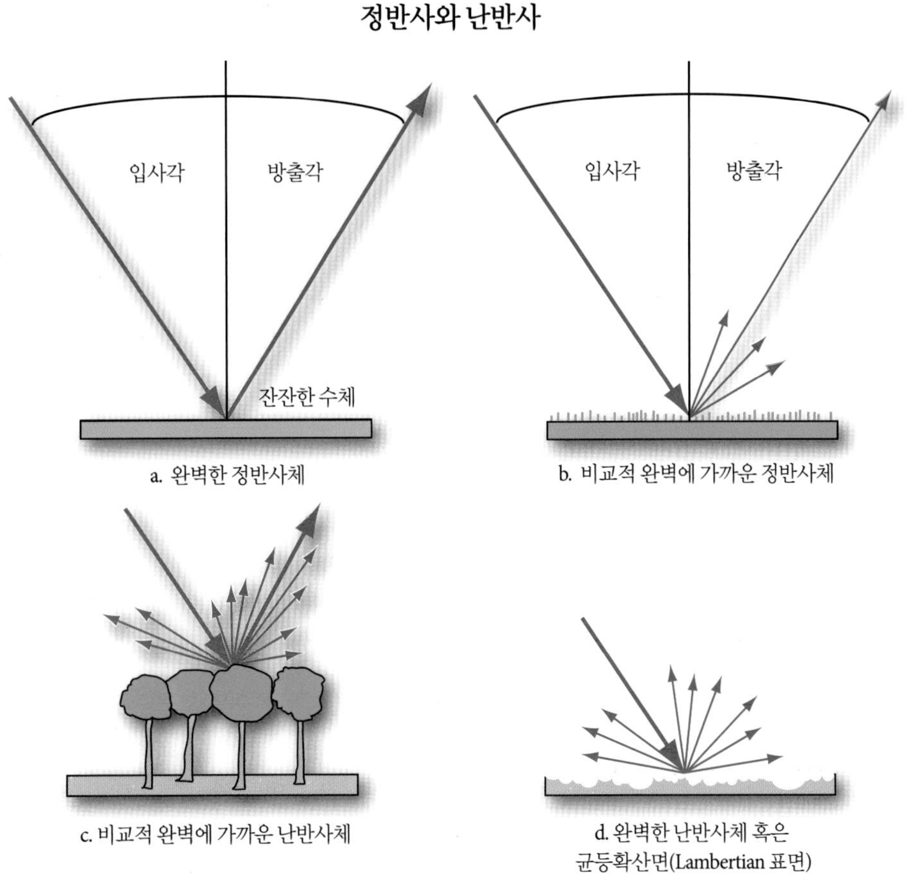

그림 6-16 정반사와 난반사의 특성

입사된 에너지를 흡수하는 것이 아니라 오히려 그것을 효과적으로 전달한다. 복사된 에너지를 효율적으로 전달하는 스펙트럼 영역을 대기창(atmospheric windows)이라고 부른다.

흡수는 원자나 분자의 공진 주파수와 동일한 주파수의 복사에너지가 입사될 때 발생하며, 원자나 분자를 들뜬상태로 만든다. 만약 동일한 파장의 광자를 재복사하는 대신 에너지가 열운동으로 변형되어 결과적으로 더 긴 파장에서 재복사가 되면 그때 흡수가 일어나게 된다. 통상적으로 공기와 같은 매질을 다룰 때, 흡수와 산란효과를 합하여 소산계수(extinction coefficient)로 표현한다(Konecny, 2014). 이때 매질에 전달되는 양은 매질층의 두께와 몰흡광계수를 곱한 값에 반비례한다. 어떤 파장에서의 복사되는 양은 산란보다 흡수에 의해 더 영향을 받는 경우도 있다. 이것은 특히 적외선이나 가시광선보다 짧은 파장의 빛에서 일어나는 현상이다. 대기에 의한 흡수, 산란, 구름 상층부에서의 반사와 같은 결합된 효과에 의해 그림 6-15b와 같이 지표면에 도달하는 태양복사에너지의 양은 크게 줄어들 수도 있다.

원격탐사 시스템에 도달하는 에너지는 대기를 두 번 통과해야 한다. 그러므로 2개의 대기전달계수(atmospheric transmission coefficient)를 고려해야 한다. 하나는 태양과 같은 에너지원으로부터 입사되는 에너지가 대기를 통해 들어오는 것(T_{θ_o})이고 다른 하나는 지구표면에서 반사되거나 방출된 에너지가 대기를 통해 원격탐사 센서에 도달하는 것(T_{θ_v})이다. 이것이 중요한 이유는 이 장 뒷부분의 대기보정 부분에서 논의될 것이다.

반사

반사(reflectance)는 구름의 상층부나 물, 지표면 등과 같은 물체에서 복사된 파가 튕겨 나가는 과정을 의미한다. 실제로 이 과정은 좀 더 복잡한데 이 과정에는 파장의 약 반 정도 깊이의 층에서 원자나 분자에 의한 조합물이 광자를 재복사하는 것을 포함한다. 반사는 원격탐사에서 중요한 몇 가지 기본적인 특성을 보여 준다. 첫째로 입사된 복사에너지, 반사된 복사에너지, 그리고 입사각과 반사각으로부터 수직인 면은 모두 동일 평면에 놓여야 한다. 둘째로 입사각과 반사각은 그림 6-16과 같이 거

표 6-4 복사(방사) 개념(Colwell, 1983; Vandergriff, 2014에 기초)

이름	기호	단위	개념
복사(방사)에너지	Q_λ	줄(J)	일할 수 있는 구체적인 분광밴드 내에서의 복사용량
복사속(방사속)	Φ_λ	와트(W)	단위시간에 지표면에 도달하는 복사에너지
표면에서의 복사속 밀도			
복사(방사)조도	E_λ	평방미터당 와트(Wm^{-2})	단위면적에 입사되는 복사속
복사(방사) 방출도	M_λ	Wm^{-2}	단위면적으로부터 방출되는 복사속
복사휘도(방사도)	L_λ	평방미터당 스터라디안당 와트($Wm^{-2}sr^{-1}$)	특정 방향으로 투영된 에너지원의 단위면적당 복사 강도
반구반사도	ρ_λ	무차원	$\frac{\Phi_{reflected_\lambda}}{\Phi_{i_\lambda}}$
반구투과도	τ_λ	무차원	$\frac{\Phi_{transmitted_\lambda}}{\Phi_{i_\lambda}}$
반구흡수도	α_λ	무차원	$\frac{\Phi_{absorbed_\lambda}}{\Phi_{i_\lambda}}$

의 같다.

다양한 종류의 반사면이 존재한다. **정반사**(specular reflection)는 파가 반사된 면이 매끄러운 곳에서 일어날 때를 말하며, 평균적인 반사면의 높이, 즉 표면 거칠기가 반사면에 충돌하는 파의 파장보다 매우 작을 때 일어난다. 잔잔한 물과 같은 몇몇 지형들은 거의 완벽에 가까운 정반사체(그림 6-16a, b)와 같은 특징을 나타낸다. 표면에 거의 물결이 없다면 입사된 에너지는 대부분 입사된 에너지와 각의 크기는 같고 방향은 반대인 채로 물표면에서 반사되게 된다(Pedrotti, 2014). 이것은 경험적으로도 쉽게 알 수 있다. 밤중에 손전등을 가지고 잔잔한 수영장의 물에 빛을 비추면 빛은 표면에서 입사된 파와 같은 각도에 방향만 다른 채로 건너편의 나무로 반사되는 것을 볼 수 있다.

입사된 에너지의 파장과 비교하여 비교적 큰 표면 거칠기를 가지는 면에서는 입사된 파가 미세한 반사면의 경사와 방향에 따라 다양한 방향으로 반사하게 된다. 이러한 **난반사**(diffuse reflection)는 정반사 현상을 만들어 내지 못하며 대신 난복사를 야기한다(그림 6-16c). 하얀 종이, 하얀 파우더와 다른 여러 물질들은 가시광선을 이와 같은 난반사 방식으로 반사시킨다. 하나의 특징적인 반사표면이 없을 만큼 표면이 매우 거칠다면 예측하지 못한 산란이 일어날 수도 있다. Lambert는 완벽하게 난반사가 일어나는 면을 정의했다. 이 면은 일반적으로 **Lambertian 표면**(또는 균등확산면)이라고 불리며 이때 입사한 복사에너지는 어떤 반사각에 대해서도 일정하게 반사하는 것을 의미한다(그림 6-16d).

태양으로부터 입사하는 복사에너지의 상당한 양이 구름 위나 대기 중의 다른 입자들에 의해 반사된다. 이러한 에너지의 많은 양이 우주공간으로 재복사된다. 구름에 적용되는 정반사나 난반사의 원리는 지표에도 적용시킬 수 있다.

지표의 에너지-물질 상호작용

단위시간 동안 지표에 입사, 방출, 혹은 통과하는 복사에너지의 양을 **복사속**(radiant flux, Φ)이라고 하며 단위는 와트(watts, W)를 사용한다(표 6-4). 복사속의 특성과 지표와의 상호작용은 원격탐사에서 매우 중요한 의미를 갖는다. 실제로 이 분야에 원격탐사 연구의 기초적인 초점이 맞추어져 있다. 어떤 지정된 파장에 대하여 입사하는 복사속의 특징과 그것이 지표와 어떤 상호작용을 일으키는지에 대한 세심한 관찰을 통하여 지표에 대한 중요한 정보를 얻어 낼 수 있다.

입사 및 방출되는 복사속의 양을 정확하게 측정할 수 있도록 다양한 복사 관련 지표들이 식별되었다(표 6-4). 예를 들어 간단한 **복사수지 방정식**에 의하면 지표에 입사되는 특정한 파장(λ)에서의 총복사속의 양(Φ_{i_λ})은 지표에서 반사되는 복사속의 양($\Phi_{reflected_\lambda}$), 지표에 흡수되는 복사속의 양($\Phi_{absorbed_\lambda}$), 그리고 지표를 통과하여 전달되는 복사속의 양($\Phi_{transmitted_\lambda}$)의 합으로 설명할 수 있다.

$$\Phi_{i_\lambda} = \Phi_{reflected_\lambda} + \Phi_{absorbed_\lambda} + \Phi_{transmitted_\lambda} \quad (6.14)$$

이러한 복사 측정값은 반구 내의 어떤 각도에서 지표면에 입사하는 복사에너지에 기초하고 있다.

반구반사도, 흡수도 및 투과도

반구반사도(hemispherical reflectance, ρ_λ)는 지표에 입사된 복사속에 대한 반사된 복사속의 비율을 의미하는 무차원의 값이다(표 6-4).

$$\rho_\lambda = \frac{\Phi_{reflected_\lambda}}{\Phi_{i_\lambda}} \quad (6.15)$$

반구투과도(hemispherical transmittance, τ_λ)는 지표에 입사된 복사속에 대하여 지표를 통하여 투과된 복사속의 비율을 의미하는 무차원의 값이다.

$$\tau_\lambda = \frac{\Phi_{transmitted_\lambda}}{\Phi_{i_\lambda}} \quad (6.16)$$

반구흡수도(hemispherical absorptance, α_λ)는 다음과 같은 무차원의 관계에 의해 정의된다.

$$\alpha_\lambda = \frac{\Phi_{absorbed_\lambda}}{\Phi_{i_\lambda}} \quad (6.17)$$

또는

$$\alpha_\lambda = 1 - (r_\lambda + \tau_\lambda) \quad (6.18)$$

이러한 정의는 복사에너지는 보존된다는 사실을 의미하며, 즉 지표에 입사된 에너지가 반사에 의해 되돌아가거나 어떤 물질을 통해 투과, 혹은 지형 내의 다른 형태의 에너지로 흡수 및 전환된다는 것을 의미한다. 대부분의 물질에서 복사 흡수의 순수 효과는 에너지가 열로 전환되는 것이고 그 결과 그 물질의 온도가 상승하게 된다.

이러한 복사량은 지표의 특징에 따른 분광반사, 흡수, 투과의 특성을 설명하는 데 유용하다. 간단한 반구 반사 방정식을 이용하여 그 값에 100을 곱하여 반사도의 백분율값($\rho_{\lambda_\%}$)을 표현할 수 있다.

$$\rho_{\lambda_\%} = \frac{\Phi_{reflected_\lambda}}{\Phi_{i_\lambda}} \times 100 \quad (6.19)$$

이 값은 원격탐사 연구에서 여러 현상에서 분광반사도 특성을 설명하는 데 사용된다.

한 예로 그림 6-17은 도시-교외에 대한 분광반사도 곡선을 나타내고 있다. 분광반사도 곡선은 복사에너지의 흡수와 투과에 대해서는 어떤 정보도 제공하지 않는다. 그러나 카메라나 다중분광 스캐너와 같은 다양한 센서들이 단지 반사된 에너지만을 기록할 수 있기 때문에 곡선으로부터 얻는 정보는 충분히 유용하며 대상물을 식별 및 평가하기 위한 근거를 제공한다. 예를 들어 그림 6-17에서 보면, 잔디밭은 근적외선 파장 입사에너지(0.7~0.9μm)의 약 35%를 반사시키는 데 비해 적색광 입사에너지(0.6~0.7μm)는 불과 3~4%만을 반사시킨다. 따라서 만약 천연잔디와 인조잔디를 구별하고자 할 때, 원격탐사로 얻은 근적외선의 분광 부분을 이용할 수 있다. 왜냐하면 인조잔디는 근적외선 복사속의 약 5%만을 반사시키기 때문이다. 이러한 특성으로 인해 적외선 파장대의 흑백 영상 상에서, 천연잔디는 밝은 반면 인조잔디는 어둡게 나타난다. 청색, 녹색, 적색광 파장대 입사에너지의 약 35%를 반사하는 콘크리트 표면은 천연색 사진에서 회색으로 보이게 되는 이유에 주목할 필요가 있는데, 이에 대해서는 이 장의 후속 부분에서 설명한다.

반구반사도, 투과도, 그리고 흡수도는 한 방향으로부터 지표의 특정 구역에 도달하는 실제적인 에너지의 양이나 지표에 대한 특정 방향으로 빠져나가는 실제적인 복사속의 양에 대한 정보는 제공하지 못한다. 원격탐사 시스템은 주어진 시간에 어떤 특정 지점에 존재하며 일순간적으로 지구의 아주 일부분만을 다루기 때문에 복사 관측 기술을 보완하여 원격탐사로부터 보다 정확한 복사 정보를 취득할 수 있게 해야 한다. 이것을 위해서는 점진적으로 보다 정확한 복사 정보를 제공하는 다양한 복사량에 대한 소개가 필요하다.

복사속 밀도

그림 6-18은 태양으로부터 온 특정 파장의 복사속(Φ)이 입사된 1×1m의 평평한 지역을 나타낸다. 평평한 지표에 흡수된 복사속을 지표면의 면적으로 나눈 양을 평균 **복사속 밀도**라고 한다.

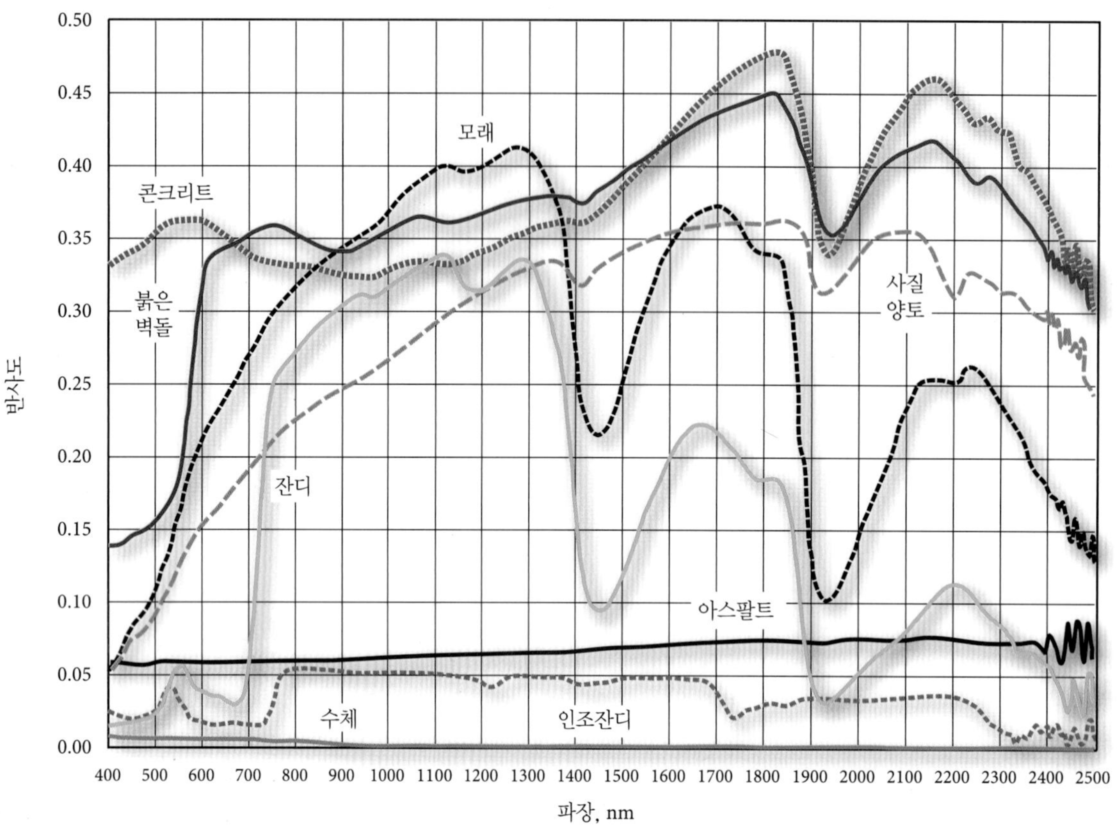

그림 6-17 도시-교외 지역에서 발견되는 주요 물체에 대한 400~2,500nm 영역의 분광반사도 곡선

복사조도와 방출도

복사조도(irradiance, E_λ)란 단위면적의 지표에 입사되는 복사속의 양을 말한다.

$$E_\lambda = \frac{\Phi_{i\lambda}}{A} \tag{6.20}$$

또한 그 단위면적을 빠져나가는 복사속의 양을 **방출도**(exitance, M_λ)라고 한다.

$$M_\lambda = \frac{\Phi_{e\lambda}}{A} \tag{6.21}$$

두 양 모두 단위는 단위면적당 와트(Wm^{-2})를 사용한다. 비록 현재까지 들어오고 나가는 복사에너지의 방향은 고려하지 않았으나(즉 에너지는 반구의 어떤 각도에서든지 들어오고 나갈 수 있으나), 앞으로 대상지역을 m^2로 설정함으로써 보다 세분화된 측정값을 다루도록 한다. 다음으로 복사속이 연구 대상지역을 빠져나가는 방향에 대한 정보를 포함시킬 필요가 있다.

복사휘도

복사휘도는 가장 정밀한 원격탐사의 복사 관측값이다. **복사휘도**(radiance, L_λ, 이후 방사도)는 특정 방향에서 에너지원으로 투영된 단위면적당 복사 강도를 의미하며 단위는 $Wm^{-2}sr^{-1}$을 사용한다. 방사도의 개념은 그림 6-19에 잘 설명되어 있다. 먼저, 복사속은 멀리 있는 센서를 향하는 특정 방향으로 투영된 영역을 떠난다. 방사도는 다른 방향으로 향하는 다른 어떤 복사속도 고려하지 않으며, 투영된 영역의 면적(A)을 어떤 방향($\cos\theta$)과 입체각(solid angle, Ω)을 가지고 방출되는 특정한 파장에서의 복사속(Φ_λ)이다(Milman, 1999).

$$L_\lambda = \frac{\frac{\Phi_\lambda}{\Omega}}{A\cos\theta} \tag{6.22}$$

입체각을 구체화하는 하나의 방법은 비행기에서 망원경을 통

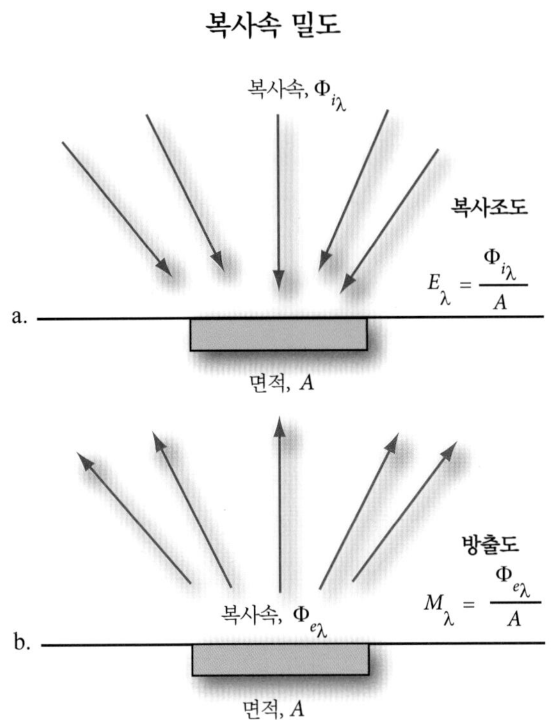

그림 6-18 지표면에 대한 복사속 밀도의 개념. a) *복사조도*는 지표의 단위 면적에 입사되는 복사속의 양을 말하며 Wm^{-2}의 단위를 사용한다. b) *방출도*는 단위면적에서 방출되는 복사속의 양을 말하며 Wm^{-2}의 단위를 사용한다.

해 지상을 내려다본다고 가정하는 것이다. 지표로부터 방출되는 에너지는 주어진 입체각(단위는 스테라디안, sr)으로 되어 있는 망원경을 통해 흡수되고 우리의 눈에 보이게 된다. 그러므로 입체각은 센서를 향하는 지표의 특정한 한 점으로부터의 복사속이 집중되는 3차원의 뿔 내지는 관과 같다. 원활한 계산을 위해서 대기나 다른 지표로부터 오는 다른 에너지는 입체각 내로는 산란되지 않아 대상지역에 대한 복사속에 영향을 미치지 않는다고 가정할 수 있다. 하지만 이러한 가정은 일반적으로 옳지 않은데, 왜냐하면 대기에서나 다른 인접지역으로부터의 발생하는 산란으로 인해 주어진 입체각으로 여러 오차요인이 발생할 수 있는 분광에너지가 주어진 입체각으로 흡수되기 때문이다.

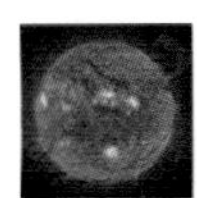 대기의 두 번째 에너지-물질 상호작용

지구의 표면으로부터 반사되거나 방출된 복사속은 다시 대기로 들어가게 되고, 거기서 다양한 기체, 수증기, 미립자 같은 것들과 다시 한 번 상호작용한다. 이로 인하여 대기 산란, 흡

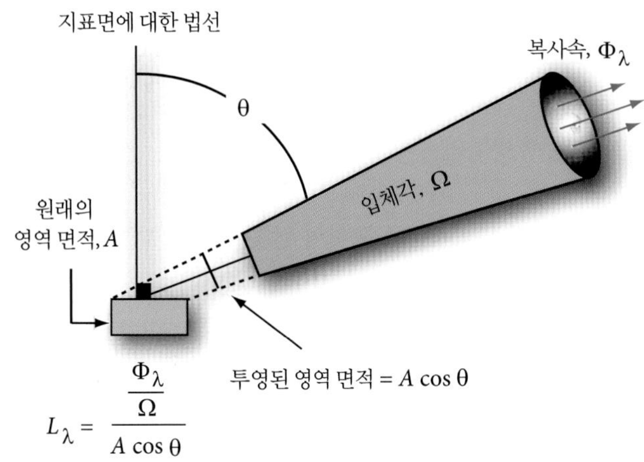

그림 6-19 지표에서 특정한 방향과 주어진 입체각에 대하여 지표 상에 투영된 영역을 빠져나가는 복사휘도(방사도)의 개념

수, 반사, 굴절은 에너지가 원격탐사 시스템에 기록되기 전에 다시 한 번 복사속에 영향을 준다.

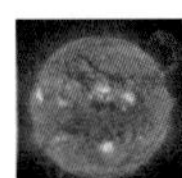 센서 시스템에서의 에너지-물질 상호작용

마지막으로 에너지가 원격센서에 도달했을 때 에너지와 물질 사이의 상호작용이 일어난다. 항공 카메라가 사용되었다면 복사에너지는 카메라 필터, 광학 렌즈, 그리고 빛에 민감한 할로겐화은의 결정체를 가진 필름 감광유제들과 상호작용한다. 감광유제는 분석을 위한 사진을 만들기 위해 먼저 현상되고 인화되어야 한다. 현재는 필름상에 잠복영상(latent image)으로 보관하는 것보다 광기계감지기를 이용하여 아주 특정한 파장 영역에서 센서에 도달하는 광자의 양을 디지털로 기록할 수 있다.

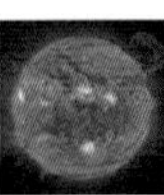 원격탐사 시스템 감지기 에러 보정

이상적으로 다양한 밴드의 원격탐사 시스템에 기록된 방사도는 토양, 식물, 암석, 물, 도시지역 등의 지구 표면에서 방출되는 특정 대상물의 실제적인 방사도를 정확하게 표현해야 한다. 하지만 잡음(오차)이 여러 자료수집과정 중에 포함되게 된다. 예를 들어 원격탐사 자료의 방사오차는 개개의 감지기들이 제대로 작동하지 않거나 사전에 정확한 교정이 이루어지지 않은 경우 센서 자체에서 생길 수 있다. 원격탐사 시스템에서 흔히 발생하는 방사오차들은 다음과 같다.

- 임의 오류화소(산탄잡음)
- 열시점 오류
- 열손실 혹은 행손실
- 부분적인 열손실 혹은 행손실
- 열 또는 행 방향의 줄무늬 잡음

때때로 디지털 영상처리를 통하여 잘못 교정된 분광정보를 조정하여 실제 현장에서 수집한 정보와 비교할 수 있다. 하지만 때로는 어떠한 가치 있는 정보도 수집하지 못하였기 때문에 영상을 단순히 시각적으로 보기 좋게 하기 위해 영상처리를 하기도 한다.

임의 오류화소(산탄잡음)

때때로 어떤 감지기는 개개 화소에 대한 분광정보를 수집하지 못한다. 이러한 일이 임의로 발생했을 때 **오류화소**라고 한다. 영상 내에서 이러한 오류화소가 많이 발생한 경우를 산탄총에 의해 총탄이 찍힌 것과 같다는 의미에서 **산탄잡음(shot noise)**이라고도 한다. 일반적으로 이러한 오류화소는 하나 이상의 밴드에서 0 혹은 255값(8비트 자료의 경우)을 가진다. 산탄잡음은 다음과 같은 방법을 통해 식별하고 수정할 수 있다.

먼저 밴드 k 데이터셋 내에 존재하는 오류화소를 찾아내야 한다. 간단한 임계값을 적용한 알고리듬으로 0의 밝기값을 갖는 화소($BV_{i,j,k}$)를 선택한다. 이때 0은 산탄잡음의 값으로 가정하고 물과 같은 실제 지형으로 생각하지 않는다. 일단 식별이 이루어지면 선택된 화소 주위의 8개의 화소에 대하여 아래 그림과 같은 평가과정을 거치게 된다.

	열$_{j-1}$	열$_j$	열$_{j+1}$
행$_{i-1}$	BV_1	BV_2	BV_3
행$_i$	BV_8	BV_{ijk}	BV_4
행$_{i+1}$	BV_7	BV_6	BV_5

8개의 주위 화소의 평균을 식 6.23과 같이 계산하여 보정된 영상의 $BV_{i,j,k}$의 값을 계산된 값으로 대체시킨다.

$$BV_{i,j,k} = \text{Int}\left[\left(\sum_{i=1}^{8} BV_i\right)/8\right] \tag{6.23}$$

이 과정을 데이터셋의 모든 오류화소에 적용시킨다.

그림 6-20은 샌티 삼각주 지역의 Landsat TM 밴드 7(2.08~2.35μm) 영상이다. 이 영상은 하나의 스캔라인을 따라 0의 밝기값을 갖는 2개의 오류화소가 존재한다. 그림 6-20b는 각각의 오류화소 주위의 8개의 밝기값을 확대한 것이다. 산탄잡음을 제거한 후의 보정된 Landsat TM 밴드 7 영상은 그림 6-20c와 같다.

열손실 혹은 행손실

하나의 열이 분광정보를 포함하지 않은 경우는 Landsat 7 ETM$^+$와 같은 스캐닝 시스템에 있는 개개의 감지기가 제대로 작동하지 않은 경우에 발생한다. SPOT 5, GeoEye-1, WorldView-2와 같은 선형배열 감지기가 제대로 작동하지 않을 경우 전체 행 전부가 어떤 분광정보도 갖지 못하는 경우가 나타날 수도 있다. 잘못된 열이나 행을 흔히 **열손실 혹은 행손실(line or column drop-outs)**이라고 하며, 0의 밝기값을 가진다. 예를 들어, Landsat TM 센서의 16개 감지기 중 하나가 스캐닝 동작 중에 작동하지 않는다면 i번째 열에 있는 모든 화소(j)가 0의 밝기값을 갖게 된다. 이러한 **열손실**은 영상의 각 밴드에서 완전히 검은 열로 보일 수 있다. 이러한 현상으로 인해 수집하지 못한 자료는 대부분의 경우 복구하지 못한다는 점에서 심각한 오차 요인이 될 수 있다. 그러나 각각의 열손실된 화소의 밝기값을 추정하는 방식을 이용하여 시각적으로 영상의 밝기값을 향상시킬 수 있다.

먼저 데이터셋에서 손실된 열을 찾아내야 한다. 간단한 임계값 알고리듬을 데이터셋에 적용시켜 평균적인 밝기값이 0이나 0에 근접한 값을 갖는 열을 선택한다. 손실된 열을 식별한 뒤, 바로 전 열($BV_{i-1,j,k}$)과 바로 다음 열($BV_{i+1,j,k}$)의 화소에 대하여 밝기값을 추출하고 손실된 열($BV_{i,j,k}$)의 화소에 이 두 값의 평균 밝기값을 할당한다.

$$BV_{i,j,k} = \text{Int}\left(\frac{BV_{i-1,j,k} + BV_{i+1,j,k}}{2}\right) \tag{6.24}$$

이것을 열손실이 일어난 모든 화소에 대하여 실시한다. 이는 전체에 걸쳐 체계적으로 수평의 검은 열들을 가지고 있는 영상을 시각적으로 판독이 잘되도록 모든 n번째 열을 내삽하는 것이다. 이와 유사한 디지털 영상처리 기법으로 선형배열 원격탐사에 의해 발생된 **행손실**을 제거할 수 있다.

산탄잡음의 수정

a. 산탄잡음을 가지고 있는 샌티 삼각주 지역의 Landsat TM 밴드 7 영상

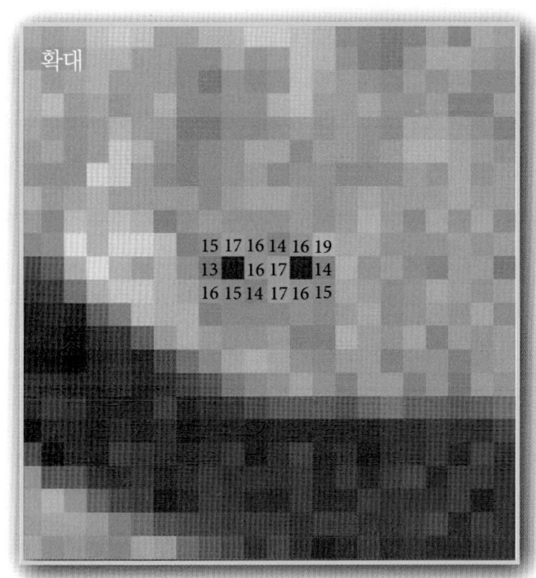

b. 산탄잡음을 가진 스캔라인의 오류화소 2개

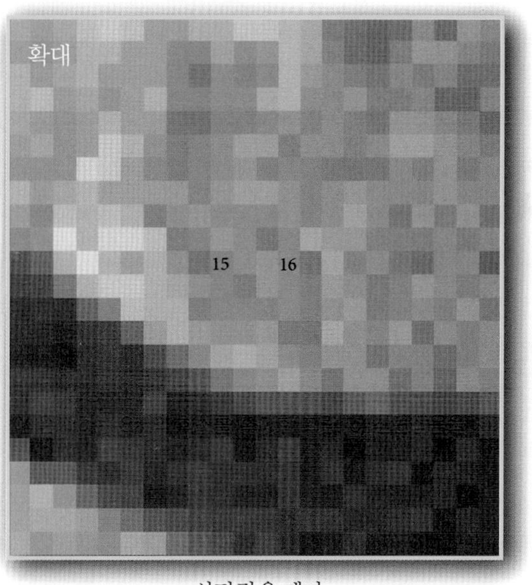

c. 산탄잡음 제거

그림 6-20 a) 사우스캐롤라이나 주 샌티 삼각주의 Landsat TM 밴드 7(2.08~2.35μm) 영상. 16개의 감지기 중 하나가 심각한 줄무늬 잡음을 보이며 스캔라인을 따라서 밝기값이 존재하지 않는 화소가 존재한다. b) 오류화소 주위의 밝기값이 존재하는 8개의 화소를 확대한 그림. c) 산탄잡음을 제거한 후의 오류화소의 밝기값. 이 영상은 줄무늬 잡음을 제거하지는 않았다(원본 영상 제공 : NASA).

부분적인 열손실 혹은 행손실

종종 감지기가 스캔라인을 따라 완벽히 작동하다가 알 수 없는 이유로 특정한 *n*번째 행에서 제대로 작동하지 않고, 그 후에 남아 있는 스캔라인에서는 다시 제대로 작동하는 경우가 있다. 그 결과 스캔라인의 일부에 아무 정보도 남아 있지 않게 된다. 이러한 현상을 일반적으로 **부분적인 열손실 혹은 행손실 오류**라

열시점 오류

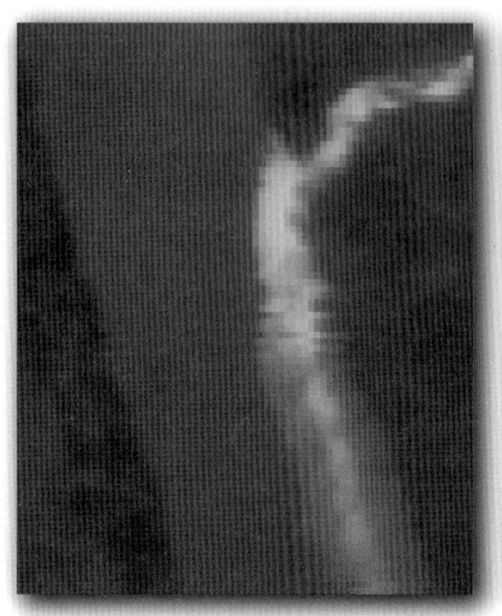

a. 열시점 오류를 가진 서배너 강 지역의 열적외선 영상(새벽녘 촬영)

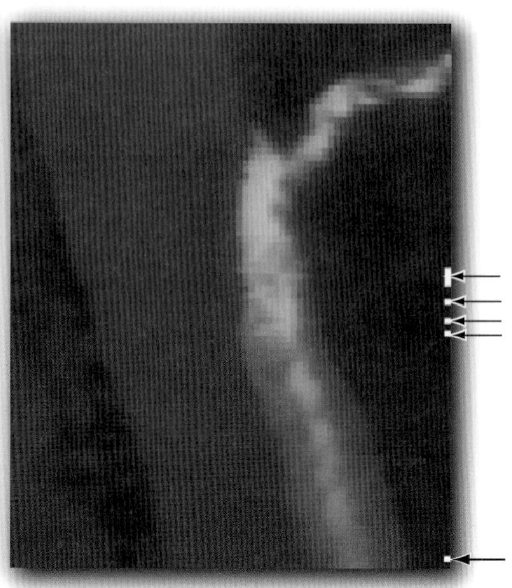

b. 7개의 열시점 오류 라인이 왼쪽으로 한 행씩 옮겨졌다.

그림 6-21 a) 1981년 3월 31일에 서배너 강으로 들어가는 포 마일 크리크의 기둥 형태의 열수를 촬영한 적외선 영상. 7개의 라인이 열시점 오류를 가지고 있다. b) 문제가 있는 각 라인을 한 행씩 이동시킨 결과. 열시점 오류는 일정해서 한 행씩 조정하는 것만이 필요했다. 문제가 데이터셋에서 모두 발생하는 것이 아니기 때문에 열시점 오류가 일정하지만은 않았다. 따라서 디지털 영상처리를 이용하여 문제가 발생한 각 라인에 대하여 수작업으로 보정할 필요가 있었다. 다른 추가적인 보정이 여전히 필요하다.

고 한다. 이것은 심각한 문제이며, 특히 이러한 현상이 보통 임의로 발생하기 때문에 이 문제에 대해 체계적으로 접근하지 못하는 경우가 많다. 영상에서 손실 오류가 발생한 부분이 특별히 중요한 것일 경우, 분석가는 일일이 화소별로 수작업을 통해 오류를 보정할 수밖에 없다. 즉 영상분석가는 데이터셋에서 각각의 잘못된 화소의 위아래에 위치한 화소의 평균 밝기값을 계산하여 잘못된 밝기값을 갖는 화소를 그 평균값으로 대체해야 한다. 이것을 스캔라인에서 오류가 있는 모든 화소에 대해 수행한다.

열시점 오류

스캐닝 시스템이 스캔라인의 시작 부분에서 자료를 수집하는데 실패하는 경우나 화소의 정보를 스캔라인을 따라 잘못된 장소에 위치시키는 경우가 있다. 스캔라인의 모든 화소의 값이 오른쪽으로 1화소씩 전체적으로 이동되는 경우를 예로 들 수 있다. 이러한 것을 **열시점**(line-start) 오류라고 한다. 또한 감지기가 스캔하는 중에 어느 부분에서 갑자기 자료수집을 멈추는 경우에 앞서 논의한 열손실 또는 행손실과 비슷한 결과를 만들어 내기도 한다. 이상적으로, 자료가 수집되지 않는 경우 센서는 수집되지 않은 화소에 대한 정보를 기억하여 스캔라인을 따라 적당한 기하학적 위치에 그 정보를 위치시키게 된다. 그러나 항상 이러한 경우가 있는 것은 아니며, 예를 들어 밴드 k의 i번째 열에서 첫 화소(1행)($BV_{i,\ 1,\ k}$)가 50번째 행($BV_{i,\ 50,\ k}$)에 위치하게 될 때도 있다. 열시점 오류가 항상 50행의 수평 오차를 갖는다면 그것은 간단히 보정될 수 있을 것이다. 그러나 열시점 오류 변위가 임의적이라면 정보를 복구하기 매우 어려운데, 각각의 스캐라인별로 수작업을 해야 할 수도 있다. Landsat 2와 3에서 수집된 MSS 자료의 상당량이 열시점 오류를 가지고 있다.

그림 6-21a는 1981년 3월 31일 새벽녘에 수집한 SRS(Savannah River Site)의 열적외선 원격탐사 자료이다. 이 자료는 좋은 복사에너지 정보를 가지고는 있지만 시각적으로도 분명한 몇 개의 열시점 오류를 포함하고 있다. 열시점 오류를 갖고 있는 7개의 열은 수평으로 1화소씩 왼쪽 방향으로 보정되었다(그림 6-21b). 정확한 선형 측정값은 조정된 자료로부터 만들 수 있으며 또한 보정을 통해 영상은 시각적으로 보다 나아 보인다.

N라인 줄무늬 잡음

감지기가 완전히 작동되지 않는 경우는 아니지만 간단한 방사

Landsat TM 영상의 줄무늬 잡음

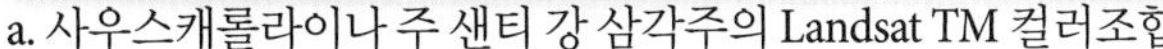

a. 사우스캐롤라이나 주 샌티 강 삼각주의 Landsat TM 컬러조합

b. 줄무늬 잡음을 제거한 Landsat TM 영상

그림 6-22 a) 1984년에 수집된 사우스캐롤라이나 주 샌티 강 삼각주의 Landsat TM 컬러조합(RGB = 밴드 4, 3, 2) 영상으로 이 지역은 주로 염습지로 구성되어 있다. 이 영상은 원영상에 대비강조를 적용하여 매 16번째 열마다 심각한 줄무늬 잡음을 선명하게 보여 주고 있다. 잘못 조정된 열을 가려내기 위한 필터를 만든 뒤, 이득과 편의를 계산하여 오류가 있는 각 열에 적용하였다. b) 줄무늬 잡음을 제거한 뒤에 표현된 같은 연구지역(원본 영상 제공 : NASA).

보정을 실시해야 하는 경우가 있다. 예를 들어 하나의 감지기가 어둡고 깊은 물에 대해 같은 밴드의 다른 감지기들에 비해 일관되게 약 20 정도 더 큰 밝기값을 가지는 경우가 있다. 이러한 현상은 영상에 인접한 열보다 일정하게 눈에 띄게 밝은 열을 만들 수 있다. 이러한 것을 가리켜 **n라인 줄무늬 잡음**(n-line striping)이라고 한다. 잘못 조정된 열은 유용한 정보를 포함하고는 있지만 정확한 교정이 이루어진 같은 밴드의 다른 감지기들로부터 수집된 정보와 같은 방사 스케일을 갖도록 보정되어야 한다.

체계적인 *n*라인 줄무늬 잡음을 보정하기 위해서는 먼저 영상의 잘못된 스캔라인을 식별해야 한다. 이 과정은 전체 영상의 정보를 취득한 *n*개의 감지기에 대해 밝기값의 히스토그램을 계산하여 수행할 수 있다. 이상적으로는 물과 같은 균일한 지역에 대하여 수행할 수 있으며, 한 감지기의 평균값이나 중앙값이 다른 것들과 심각한 차이가 있다면 그 감지기는 제대로 교정되어 있지 않다고 볼 수 있다. 결과적으로 잘못 교정된 감지기에 의해 수집된 영상의 모든 라인과 화소는 가감을 통한 **편의**(bias) 수정이나 승법을 통한 **이득**(gain) 수정이 필요하다. 이러한 종류의 *n*라인 줄무늬 잡음 보정은 a) 오류가 있는 모든 스캔라인을 보정하여 올바르게 수집된 자료와 거의 같은 방사 스케일을 갖게 해 주며, b) 자료의 시각적 판독성을 향상시킨다.

예를 들어, 그림 6-22a는 1984년에 수집된 사우스캐롤라이나 주 샌티 삼각주 지역의 Landsat TM 컬러조합(RGB = 밴드 4, 3, 2) 영상이다. 이 지역은 주로 염습지로 구성되어 있다. 이 영상은 매 16번째 열마다 심각한 줄무늬 잡음을 보여 주고 있다. 잘못 조정된 열을 가려내기 위한 필터를 만든 뒤, 이득과 편의를 계산하여 오류가 있는 각 열에 적용하였다. 그림 6-22b는 줄무늬 잡음을 보정한 후의 동일한 컬러조합 영상을 보여 준다. 자

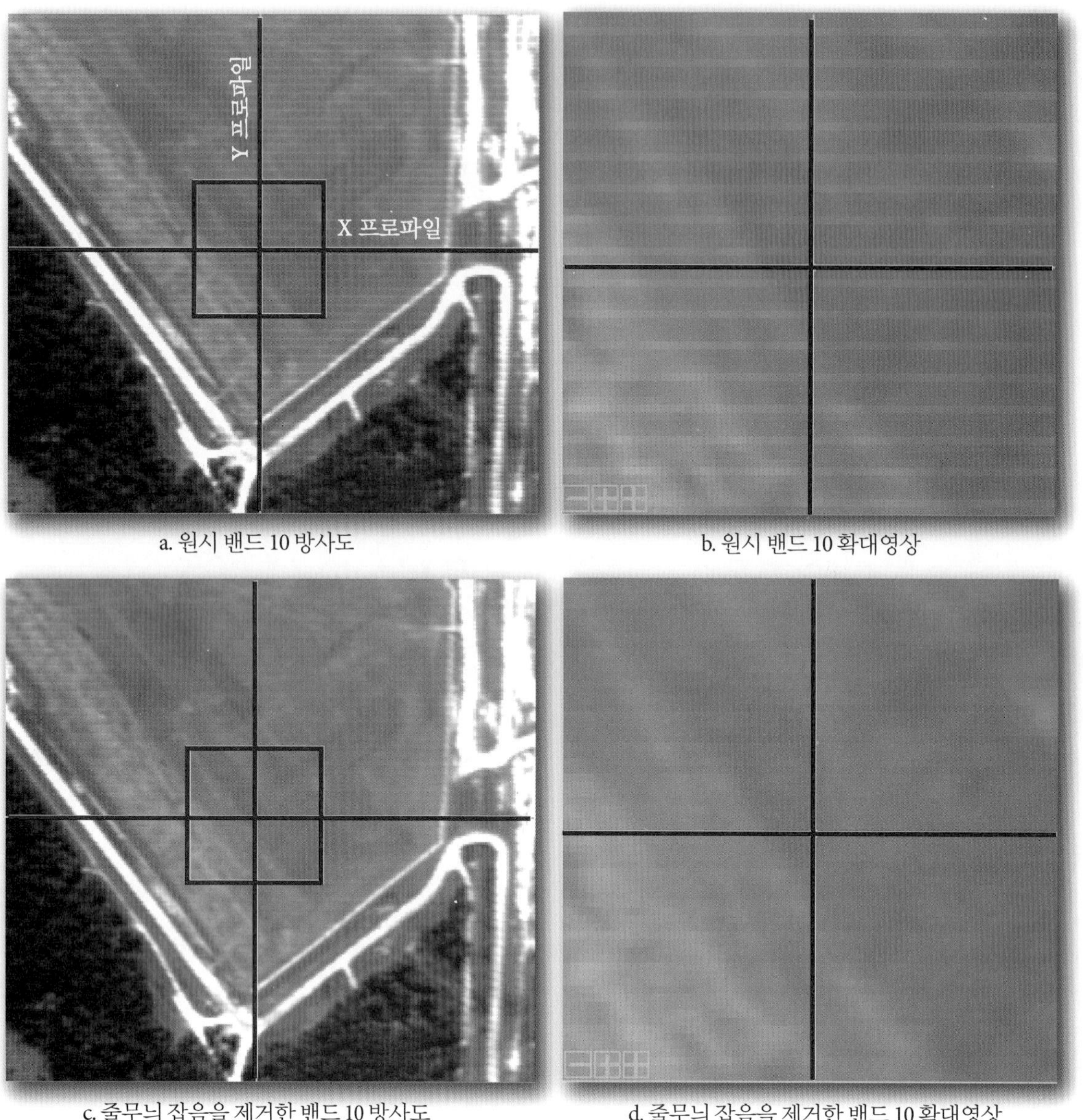

그림 6-23 a) 사우스캐롤라이나 주 에이킨 근처 SRS의 혼합 폐기물 처리시설을 촬영한 GER DAIS 3715 초분광 데이터셋 중 밴드 10의 원시 방사도 ($Wm^{-2}sr^{-1}$). 이 부분영상은 바히아 초지와 에레모클로아 초지의 점토층으로 덮인 매립지를 보여 준다. 35개 밴드 자료가 2×2m 해상도로 수집되었다. 수평 *X*축과 수직 *Y*축을 따라서 취득한 방사도 프로파일이 그림 6-24에 요약되어 있다. b) 밴드 10 자료를 확대한 영상. c) 밴드10 자료에 줄무늬 잡음을 제거한 영상. d) 줄무늬 잡음을 제거한 영상의 확대영상(Jensen et al., 2003).

세히 살펴보면 아직까지 조금 남아 있기는 하지만 줄무늬 잡음이 눈에 띄게 줄어들었다. 줄무늬 잡음의 흔적을 모두 제거하는 것은 사실상 불가능하다.

그림 6-23a는 2002년 7월 31일에 사우스캐롤라이나 주 에이킨에 위치한 SRS의 혼합폐기물 처리시설 지역을 수집한 초분광 영상을 보여 주고 있으며, 이 영상은 2×2m 공간해상도와 35개의 밴드를 가지고 있다. 평평한 점토층으로 덮여 있는 유해 폐기물 매립지는 그 위에 바히아 초지와 에레모클로아 초지가 자라고 있다. 밴드 5(적색, 중심 : 633nm)에 대한 수평 분광 프로파일은 데이터셋의 행을 따라 방사도가 제대로 되어 있는 것을 보여 주고 있다(그림 6-24a). 그러나 폐기물 매립지에 대한 수직 분광 프로파일은 줄무늬 잡음을 쉽게 알아볼 수 있을 정도로 특징적인 톱니모양의 패턴을 보이고 있다(그림 6-24b). 앞서 소개한 방법을 이용하여 이득과 편의를 계산하여 데이터셋

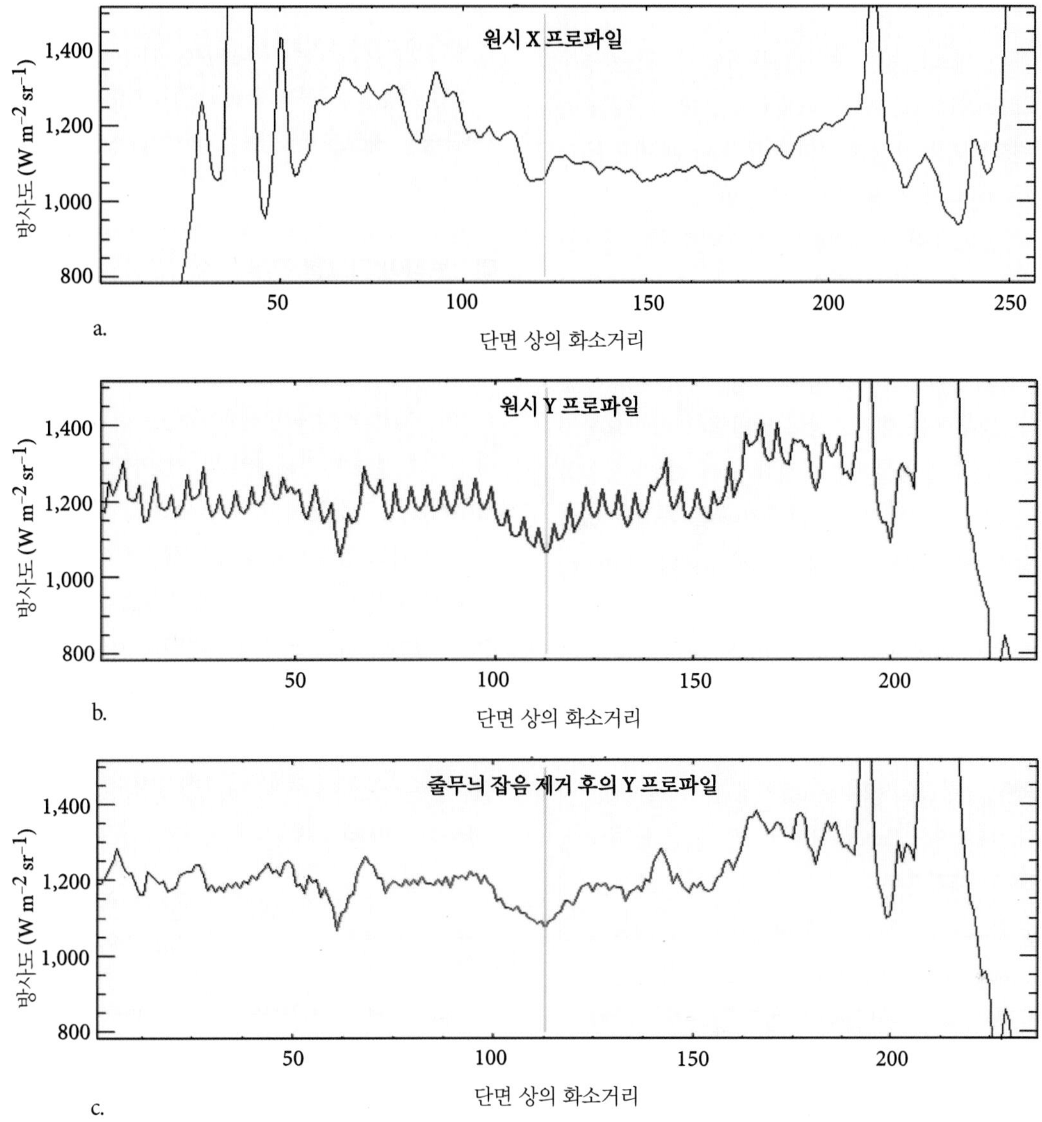

그림 6-24 a) 그림 6-23에 있는 밴드 10의 방사도에 대하여 *X*축을 따라 취득한 방사도 프로파일. b) 그림 6-23에 있는 밴드 10의 방사도에 대하여 *Y*축을 따라 취득한 방사도 프로파일. c) 줄무늬 잡음을 제거한 밴드 10 방사도를 이용하여 수직인 *Y*축을 따라서 구한 방사도 프로파일. 줄무늬 잡음을 제거한 자료에서 톱니바퀴 패턴이 줄어든 것에 주목해야 한다(Jensen et al., 2003).

의 오류가 있는 매 4번째 열에 적용하였다. 그 결과 그림 6-23c, d와 같은 방사보정된 밴드 5 영상을 얻을 수 있었다. 보정된 데이터셋의 수직 분광 프로파일을 보면 톱니모양의 줄무늬 잡음이 크게 감소하였으나 완전히 제거되지는 못하였다(그림 6-24c). 밴드 5 영상은 시각적으로 크게 향상되었음을 알 수 있다.

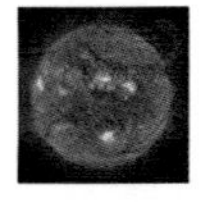

원격탐사 대기보정

원격탐사 시스템이 잘 작동한다 할지라도, 원격탐사 자료에서 방사적인 오류가 생긴다. 두 가지 중요한 환경적 감쇠현상은 1) 대기의 흡수 및 산란에 의한 감쇠와 2) 지형에 의한 감쇠이다. 여기서 중요한 점은 모든 분야에 대하여 대기보정이 필요한 것은 아니라는 것이다. 대기보정을 할 것인가에 대한 결정은 주어진 문제의 종류, 자료의 종류, 현장에 대한 과거 및 현재의 대기정보 유무, 원격탐사 자료로부터 얻으려고 하는 생물물리학적 정보가 얼마나 정확해야 하는지 등에 따라 달라진다(He and Chen, 2014).

대기보정이 불필요한 경우

원격탐사 자료에서 때로는 대기보정을 무시할 수 있는 경우가 있다(Cracknell and Hayes, 1993; Song et al., 2001). 예를 들어 대기보정은 변화탐지와 특정 형태의 분류를 할 때 반드시 필요한 것은 아니다. 이론 및 실험 결과로부터 알 수 있는 사실은 특정 시간이나 특정 장소에서 수집한 훈련자료를 시공간적으로 확장해야 할 경우에만 영상분류나 여러 종류의 변화탐지를 수행하는 데 대기보정이 필요하다는 것이다(Song et al., 2001). 예를 들어, 최대우도 분류법을 이용하여 단일영상에 대하여 분류를 수행하려는 경우에는 대기보정이 일반적으로 필요하지 않다(제9장 참조). 분류할 영상에서 수집한 훈련자료가 동일한 상대척도(즉 보정되었거나 보정되지 않았거나)를 가지고 있으면 대기보정은 분류 정확도에 크게 영향을 끼치지 않는다(Song et al., 2001).

예를 들어, 단일 Landsat TM 자료를 이용한 토지피복 분류를 생각해 보자. Rayleigh와 기타 산란효과는 가시광선 영역(400~700nm)에서 밝기값을 증가시키는 요인이며, 대기에 의한 흡수효과는 적외선 영역(700~2,400nm)에서 밝기값을 감소시키는 주요인이다. 다행히도 Landsat TM의 근적외선 및 중적외선 영역의 밴드폭은 대기흡수의 영향을 최소화하도록 선택되었다. 따라서 단일 Landsat TM 영상에 대하여 대기보정을 수행한다면 일반적으로 각각의 밴드에 독립적으로 적용되는 단순편의 보정방법을 사용할 수 있다. 이 방법은 결과적으로 각 밴드의 최댓값과 최솟값을 감소시킨다. 단일영상으로부터 추출한 훈련 클래스의 평균값은 변하지만 분산-공분산 행렬은 변하지 않기 때문에 최대우도법에 사용된 실제 내용 정보는 변하지 않는다.

이러한 논리는 특정한 종류의 변화탐지를 수행하는 데 또한 적용된다. 예를 들어, 두 시기에 수집된 자료를 이용하여 변화탐지를 수행하는 경우를 생각해 보자. 두 시기에 걸쳐 수집된 자료를 각각 최대우도법으로 분류한 뒤, 분류 후 변화탐지 논리(제12장에서 논의)를 적용하여 서로 비교한다면, 각 자료에 대하여 대기보정을 수행할 필요는 없다. 유사하게, 다중시기 조합영상을 이용한 변화탐지를 수행할 때에도 대기보정은 필요 없다. 여기서 조합영상을 이용한 변화탐지란 두 시기의 모든 밴드를 단일 데이터셋으로 만들어 변화 클래스를 식별하는 것이다(Jensen et al., 1993). 예를 들어, 시기 1의 TM 영상에서 밴드 4개와 시기 2의 TM 영상에서 밴드 4개를 추출하여 8개의 밴드를 가진 새로운 자료를 만든 뒤, 이로부터 변화정보를 추출한다.

일반적으로 준거자료(training data)가 분석대상 영상(또는 밴드조합 영상)으로부터 추출되었고 다른 시점이나 다른 장소에서 촬영된 자료로부터 변환된 것이 아니라면 대기보정은 필수적이지 않다.

대기보정이 필요한 경우

경우에 따라서 원격탐사 자료를 대기보정해야 할 경우도 있다. 예를 들어, 수체나 식생으로부터 부유물질, 온도, 생물량, 잎면적지수, 엽록소, 임관비율과 같은 생물리적 변수를 추출하려고 하는 경우에는 대기보정이 필수적이다. 만약 대기보정이 안 된 경우에는 중요성분에 대한 반사도 차이를 알 수 없게 된다. 또한 한 시기의 영상에서 추출한 생물량과 같은 생물리적 측정값은 다른 시기에 수집한 영상에서 추출한 생물리적 정보와 비교할 수 있어야 하기 때문에 원격탐사 자료를 대기보정해야 하는 것은 필수적이다.

예를 들어, Landsat TM 밴드 3(적색)과 밴드 4(근적외선) 자료로부터 추출한 정규식생지수(Normalized Difference Vegetation Index, NDVI)에 대하여 생각해 보자.

$$\text{NDVI} = \frac{\rho_{nir} - \rho_{red}}{\rho_{nir} + \rho_{red}}$$

위 지수는 식생 생물량을 측정하거나 아프리카 기근 조기경보시스템 혹은 가축 조기경보시스템과 같은 의사결정지원시스템에서 많이 이용된다(Jensen et al., 2002). 잘못된 NDVI 추정은 가축이나 인간생활에 손실을 가져올 수 있다. NDVI는 대기에 의해 영향을 많이 받으며 건강하지 못한 식생에 대해서는 50% 이상 오차를 야기하기도 한다. 그러므로 NDVI를 추출하려는 원격탐사 자료에서 대기의 효과를 제거하는 것은 매우 중요하다. 또한 Landsat TM 영상에서 TM4/TM3와 같은 단순비식생지수(Simple Ratio Vegetation Index, SRVI) 역시 대기에 의해 오차가 생길 수도 있다(Song et al., 2001).

원격탐사 자료로부터 국지적 및 전지구적 응용에 모두 사용할 수 있는 생물물리학적 정보를 추출하는 알고리듬을 개발하는 것은 아주 중요하다. 이러한 자료는 다양한 모델과 의사결정지원시스템에 사용되어 전지구적인 환경변화를 모니터링하고 결과적으로 인간 삶의 질을 향상시키게 된다. 따라서 광역에 걸쳐 시간에 따른 변화를 정확하게 반영하는 원격탐사 자료로부터 관측정보를 얻으려고 하는 기술개발 노력이 강조되고 있다. 이에 따라 시공간적으로 지표의 고유반사신호를 확장하는 것이 더욱 중요해지고 있다. 이러한 시공간적 확장을 가능하게 하는 유일한 방법은 각 시기별로 수집된 원격탐사 자료를 대기보정하는 것이다.

대기보정의 종류

원격탐사 자료를 대기보정하는 방법이 여러 가지 있는데, 어떤 것은 아주 쉬운 반면 일부는 복잡하며 물리학적 원리에 기초하여 아주 많은 양의 정보를 필요로 하기도 한다. 크게 다음 두 종류의 대기보정 기법으로 나눌 수 있다.

- 절대 대기보정
- 상대 대기보정

절대 혹은 상대 대기보정을 수행하는 데 사용되는 여러 가지 기법이 있다. 다음 절은 각 기법과 관련된 개념, 알고리듬, 그리고 문제점에 대하여 알아보고자 한다.

1. 원격탐사 자료를 보정하기 위해 **대기모델**을 사용할 수 있다. 가정된 대기는 자료수집 연도와 고도, 위도, 경도를 근거로 계산한다. 이 방법은 대기의 감쇠현상이 지형으로부터 원격탐사된 신호보다 상대적으로 작은 경우 효과가 좋다(Cracknell and Hayes, 1993).
2. 원격탐사 자료를 수집할 당시의 대기 조건을 동일 위치에서 수집하여 이를 대기모델과 연결하여 사용한 경우 훨씬 더 정확한 보정을 수행할 수 있다. 때때로 현장 자료는 센서 탑재체에 함께 장착된 고층기상탐측 장치에 의해 제공받을 수 있다. 대기모델은 이러한 현장 조건을 반영하여 보다 정확한 보정을 할 수 있다. 이것을 **절대 방사보정**이라고 하며 이 장 뒷부분에 예가 나온다.
3. 때로는 동일한 물체를 다른 각도로 바라보는 다중시야를 이용하거나 다중 밴드를 사용하여 대기감쇠현상을 최소화하는 것이 가능하다. 궁극적으로는 대기효과가 없는 다중시야 및 다중 밴드 정보를 얻는 것이다. 다중시야 방법은 다중시야에 대한 대기의 경로가 동일하지 않기 때문에 적절하지 않을 수 있다. 이론적으로 밴드제거 방법은 좋은 결과를 얻을 수 있는데, 비교되는 밴드들이 모두 동일한 대기경로를 가지기 때문이다. 이러한 방법을 **상대 방사보정**이라고 하며 영상 정규화를 이용한 예가 주어진다.

절대 방사보정

태양에너지는 진공을 통과할 때 아무런 영향을 받지 않는다(그림 6-25). 그러나 대기와 만났을 때에는 선택적으로 산란되거나 흡수된다. 이 두 종류의 에너지 손실을 **대기감쇠**(atmospheric attenuation)라 부른다. 대기감쇠가 많이 일어난 경우 1) 휴대용 현장 분광복사계(spectroradiometer)를 이용한 측정값과 원격탐사 측정값 사이의 상관관계를 구하기 어려우며, 2) 시공간으로 분광신호를 확장하기 어렵고, 3) 만약 대기감쇠효과가 영상 전체에서 지역에 따라 아주 다르게 분포하면 이 영상을 이용한 분류정확도에 영향을 줄 수 있다(Cracknell and Hayes, 1993; Kaufman et al., 1997).

절대 방사보정(absolute radiometric correction)의 일반적인 목적은 원격탐사 시스템에서 기록된 밝기값을 **비율 표면 반사도**(scaled surface reflectance)로 바꾸는 것이다(Du et al., 2002). 이렇게 변환된 값은 다른 지역에서의 비율 표면 반사도와 함께 비교하거나 사용할 수 있다.

원격탐사 영상을 대기보정하는 수많은 연구들이 수행되어 왔다. 이러한 노력으로 많은 대기 방사전달코드(모델)가 만들어졌고, 이 코드는 위성영상에서 대기 산란과 흡수 효과에 대한 실제적인 추정값을 제공한다(예 : Kruse, 2004; Alder-Golden et al., 2005; Gao et al., 2009; Agrawal and Sarup, 2011; Richter and Schlapfer, 2014). 일단 이러한 효과가 특정 일자의 영상에 대해 식별되면, 각 밴드와 화소에서 산란과 흡수 효과의 보정 작업이 이루어질 수 있다.

유감스럽게도 특정 영상과 일자에 이 코드를 적용하려면 센서의 분광 프로파일과 대기 속성을 동시에 알아야 한다. 대부분의 대기 속성은 미리 계획을 하더라도 수집하기가 쉽지 않다. 대부분의 오래된 위성영상은 이러한 정보를 제공하지 않는다. 심지어 요즘에도 토지피복 변화탐지에 사용되는 위성영상 자원의 대다수에 대하여 비율 표면 반사도 형태의 표준 결과물은 제공되지 않는다. 예외적으로 NASA의 MODIS는 표면 반사도를 제공하고 있다. 그럼에도 불구하고 절대 대기보정에 관련된 중요한 사항에 대해 살펴보고 어떻게 절대 방사보정을 수행하는지 몇 가지 예를 들어 살펴보도록 한다.

대상 및 경로 방사도

이상적으로 감지기와 카메라에 의해 기록되는 방사도(L)는 어떤 입체각에서 순간시야각(IFOV) 내의 대상지형에서 나오는 방사도의 함수이다. 그러나 다른 복사에너지가 다양한 경로로

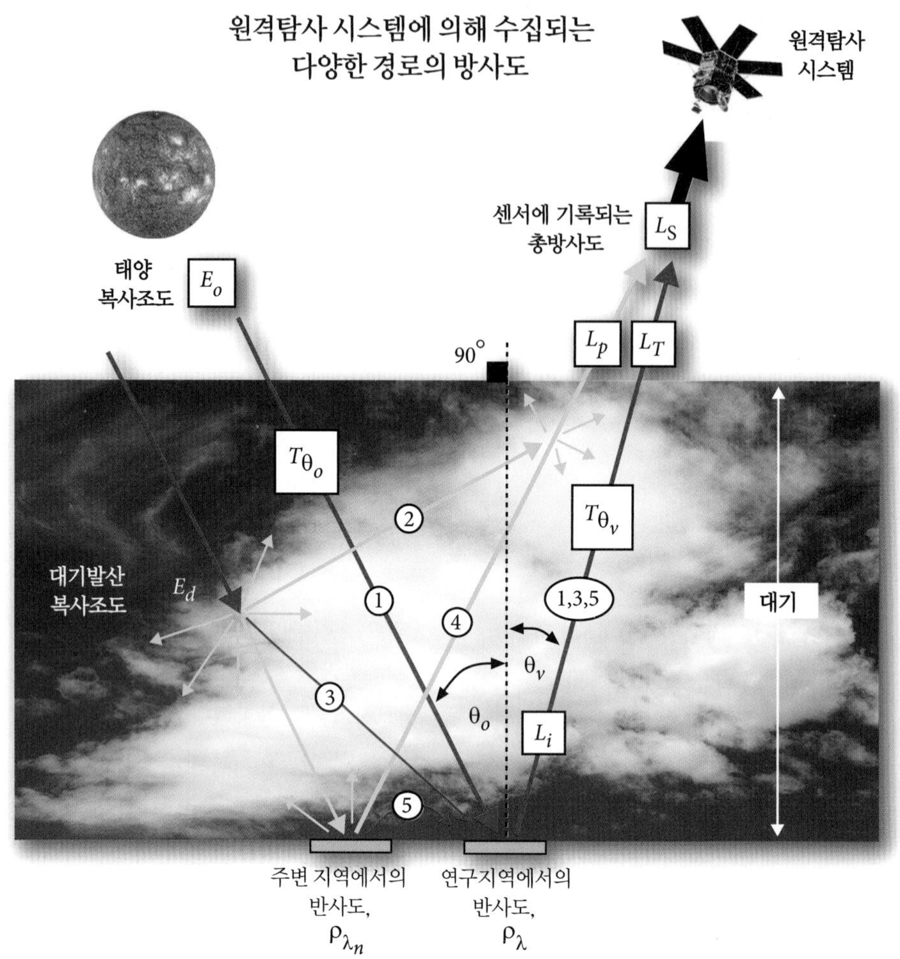

그림 6-25 경로 1, 3, 5에 의한 방사도(L_T)는 관심대상물에 대한 본질적인 귀중한 분광정보를 담고 있다. 반대로 경로 2와 4에 의한 경로 방사도(L_p)는 대기발산 복사조도나 지상의 주변 영역으로부터의 방사도를 포함한다. 이러한 경로 방사도는 일반적으로 원격탐사 자료에 원치 않는 방사 잡음을 야기하고 영상 판독과정을 복잡하게 한다.

시야각에 들어오며 이로 인해 복잡한 잡음이 생기게 된다. 그러므로 이러한 에너지의 주요한 출처와 경로를 알기 위해서는 부가적인 복사변수에 대한 정의가 필요하다(Green, 2003). 정의된 여러 변수는 표 6-5에 요약되어 있다. 원격탐사 센서에 도달하는 방사도를 결정하는 다양한 경로와 요인이 그림 6-25에 나와 있다.

- 경로 1은 IFOV 내에서 지표에 도달하기 전에 거의 감쇠되지 않은 파장별 태양 복사조도(E_{o_λ})를 포함한다. 여기서 우리는 어떤 특정한 태양 천정각(θ_o)으로부터의 태양 복사조도에 관심이 있으며 또 지형에 도달하는 복사조도의 양이 이 각에서의 대기 투과도(T_{θ_o})의 함수라는 것에 주목할 필요가 있다. 만약 모든 복사조도가 지표에 도달하면 대기 투과도(T_{θ_o})는 1이 되며 만약 복사조도가 지형에 전혀 도달하지 못하면 대기 투과도는 0이다.
- 경로 2는 대기산란으로 인하여 지표면(대상지역)에 도달하지 못한 복사조도(E_{d_λ})가 발산하는 경로이다. 유감스럽게도 이러한 에너지는 종종 센서 시스템의 IFOV 내로 바로 산란된다. 앞서 언급했듯이, 청색 영역에서의 Rayleigh 산란은 하늘을 푸르게 보이게 한다. 원격탐사 시스템에 의해 수집된 청색 밴드 영상이 다른 밴드 영상보다 더 밝아 보이는 이유가 바로 Rayleigh 산란 때문이다. 이처럼 원격탐사 시스템의 IFOV 내로 산란되는 원치 않는 대기발산 복사조도가 포함된다. 따라서 가능한 한 영상에서 이러한 효과를 최소화시켜야 한다. Green(2003)은 대기의 상향 반사도(E_{du_λ})로 이 효과를 언급했다.

표 6-5 원격탐사에 사용되는 복사(방사)변수

	복사(방사)변수
$E_o =$	대기 최상부에서의 태양 복사조도(Wm^{-2})
$E_{o_\lambda} =$	대기 최상부에서의 태양 분광 복사조도($Wm^{-2}\mu m^{-1}$)
$E_d =$	대기발산 복사조도(Wm^{-2})
$E_{d_\lambda} =$	대기발산 분광 복사조도($Wm^{-2}\mu m^{-1}$)
$E_{du_\lambda} =$	대기의 상향 반사도
$E_{dd_\lambda} =$	대기의 하향 반사도
$E_g =$	지표면에 입사하는 전체 복사조도(Wm^{-2})
$E_{g_\lambda} =$	지표면의 파장별 전체 복사조도($Wm^{-2}\mu m^{-1}$)
$\tau =$	대기 광학 두께
$T_\theta =$	천정각 θ에서의 대기 투과도
$\theta_o =$	태양 천정각
$\theta_v =$	위성 센서의 시야각(혹은 스캔각)
$\mu =$	cos θ
$\rho_\lambda =$	구체적인 파장에서 표면 대상물의 반사도
$\rho_{\lambda n} =$	주변 지역에 의한 반사도
$L_s =$	센서에서의 총방사도($Wm^{-2}sr^{-1}$)
$L_t =$	관심대상물에서 나온 총방사도($Wm^{-2}sr^{-1}$)
$L_i =$	대상물의 실제 방사도($Wm^{-2}sr^{-1}$), 즉 대기의 영향 없이 지상에서 휴대용 복사계를 이용하여 기록되는 것
$L_p =$	다중 산란에 의한 경로 방사도($Wm^{-2}sr^{-1}$)

- 경로 3은 연구지역에 도달하기 전에 Rayleigh 산란, Mie 산란, 비선택적인 산란, 그리고 일부 흡수와 재방출을 거친 태양에너지를 포함한다. 그러므로 분광조합과 편광은 경로 1에 의해 지표에 도달한 에너지와는 다른 양상을 띤다. Green(2003)은 대기의 하향 반사도(E_{dd_λ})로서 이 양을 언급하였다.
- 경로 4는 눈, 콘크리트, 토양, 수계, 식생 등의 주변 지형에 의해 발생하는 반사 혹은 산란된 에너지(ρ_{λ_n})가 IFOV 내로 들어오는 것이다. 이 에너지는 관심대상지역에 대한 실제 정보가 아니므로 가능한 한 그 효과를 최소화시켜야 한다.
- 경로 5는 주변 지형으로부터 대기로 반사되었다가 다시 대상지역으로 산란되거나 반사되는 에너지이다.

그러므로 주어진 전자기 스펙트럼의 분광구간(예 : λ_1에서 λ_2는 0.6~0.7μm 혹은 적색 영역 등이 될 수 있음)에 대해 지표면에 도달하는 총 태양 복사조도(E_{g_λ})는 몇몇 구성요소의 적분으로 나타낼 수 있다.

$$E_{g_\lambda} = \int_{\lambda_1}^{\lambda_2} (E_{o_\lambda} T_{\theta_o} \cos\theta_o + E_{d_\lambda}) d\lambda \ (\mathrm{W\ m^{-2}\ \mu m^{-1}}) \quad (6.25)$$

이것은 대기 최상부에서의 태양 복사조도(E_{o_λ})에 태양 천정각(θ_o)에서의 대기 투과도(T_{θ_o})를 곱하여 대기발산 복사조도(E_{d_λ})를 더한 함수이다.

이러한 복사조도의 단지 일부분만이 위성센서 시스템의 방향에 있는 지형에 의해 반사된다. 만약 지표면을 난반사체(Lambertian 표면)라고 가정하면 대상지역에서 센서 방향으로 방출되는 총방사노(L_T)는 아래와 같다.

$$L_T = \frac{1}{\pi} \int_{\lambda_1}^{\lambda_2} \rho_\lambda \ T_{\theta_v} (E_{o_\lambda} T_{\theta_o} \cos\theta_o + E_{d_\lambda}) d\lambda \quad (6.26)$$

IFOV 내의 식생, 토양, 물이 입사된 에너지의 일부를 선택적으로 흡수하기 때문에 평균 표면 반사도(ρ_λ)가 포함된다. 그러므로 IFOV 내로 입사된 모든 에너지가 IFOV를 떠나는 것은 아니다. 사실 지표면은 빛의 어떤 파장을 선택적으로 흡수하고 다른 파장은 반사하는 필터처럼 작용한다. 지형으로부터 방출되는 에너지는 어떤 각도(θ_v)를 가지고 다시 대기를 통과하기 때문에 대기 투과도 요소(T_{θ_v})를 한 번 더 사용해야 한다.

만약 센서에 의해 기록된 총방사도(L_s)가 관심대상지역에서 되돌아온 방사도(L_T)와 일치한다면 상당히 좋겠지만 실제로는 그렇지 않다. 왜냐하면 그림 6-25에서처럼 다른 경로에서 센서 시스템 감지기의 IFOV 내로 들어오는 추가적인 방사도가 있기 때문이다. 이를 종종 **경로 방사도**(path radiance, L_p)라고 부른다. 따라서 실제 센서에 의해 기록되는 총방사도는 아래와 같다.

$$L_S = L_T + L_P \quad (\mathrm{W\ m^{-2}\ sr^{-1}}) \quad (6.27)$$

식 6.27과 그림 6-25에서 보듯이 경로 방사도 L_p는 센서 시스템에 의해 기록되는 총방사도(L_s)에서 불량한 요소이다. 이것은 경로 4로부터 주변 지형에 의한 반사도(ρ_{λ_n})뿐만 아니라 경로 2에서의 대기발산 복사조도(E_d)로 구성되어 있다. 경로 방사도는 원격탐사 자료수집과정에 오차를 발생시키며 정확한 분광 측정값에 방해가 된다.

경로 방사도(L_p)를 제거하기 위해 여러 방법이 논의되어 왔다. 경로 방사도를 계산하는 방법은 Richards(2013)에 요약되어 있다. MODTRAN, 6S(Second Simulation of the Satellite Signal in the Solar Spectrum) 등과 같은 방사전달모델 프로그램은 특정 날 특정 지역에 대한 경로 방사도를 예상하는 데 사용될 수 있다(예 : Alder-Golden et al., 1999, 2005; Matthew et al., 2000; Gao et al., 2009; Richter and Schlapfer, 2014). 이러한 정보는 원격탐사 신호(L_s)에서 경로 방사도(L_p)가 미치는 영향을 제거하는 데 사용될 수 있다.

대기 투과도

대기감쇠를 제거하는 방법을 이해하기 위해서는 대기 산란과 흡수의 기초적인 역학관계를 알아야 한다. 진공이라면 태양에너지의 전달은 100%이다. 그러나 실제 대기의 산란과 흡수로 인해 모든 태양에너지가 지표면에 도달하지 않는다. 진공에서 전달되는 양에 대해 대기를 투과하여 지표면에 도달하는 양을 대기 투과도라고 정의하며 대기 투과도(T_θ)는 아래와 같이 계산된다.

$$T_\theta = e^{-\tau/(\cos\theta)} \tag{6.28}$$

여기서 τ는 일반적인 대기 광학 두께이고 θ는 그림 6-25의 θ_o 혹은 θ_v를 의미한다(즉 태양으로부터 대상물에 복사속을 전달하는 대기의 능력 T_{θ_o}, 혹은 대상물로부터 센서 시스템에 복사속을 전달하는 대기의 능력 T_{θ_v}). 특정 파장에서의 대기의 광학 두께 τ(λ)는 Rayleigh 산란(τ_m), Mie 산란(τ_p), 선택적 대기흡수(τ_a)로 구성된 감쇠 계수의 총합과 같다.

$$\tau(\lambda) = \tau_m + \tau_p + \tau_a \tag{6.29}$$

여기서 $\tau_a = \tau_{H_2O} + \tau_{O_2} + \tau_{O_3} + \tau_{CO_2}$이다.

기체분자의 직경(d)이 파장보다 작을 때($d < \lambda$), 기체분자의 Rayleigh 산란이 발생한다. 그리고 Rayleigh 산란은 파장의 4제곱에 반비례한다. 에어로졸 (Mie) 산란은 기체분자와 파장이 거의 같을 때 발생하며 주로 수증기, 먼지, 기체분자의 함수로 표현된다. 대기에서 복사에너지의 선택적 흡수는 파장에 의존한다. 대부분의 광학영역(0.4~1.0μm)은 수증기와 오존 흡수에 의한 감쇠가 가장 크며, 수증기와 다른 기체들에 의한 대기흡수는 파장이 0.8μm를 넘는 에너지에 영향을 준다. 그러므로 대기산란은 밝기값을 증가시킬 수 있는 반면 대기흡수는 밝기값을 감소시킬 수 있다.

대기발산 복사조도

그림 6-25의 경로 1은 태양으로부터 IFOV 내의 대상지역, 다시 원격탐사 감지기까지 이르는 직접적인 경로를 따르는 에너지를 포함한다. 유감스럽게도 약간의 추가적인 복사조도가 산란된 하늘의 반사광으로부터 IFOV 내에 들어온다. 그림 6-25의 경로 3은 연구지역을 감지하기 전에 일부 산란된 에너지를 포함한다. 그러므로 경로 3의 분광조합은 다소 차이가 있을 수 있다. 유사하게 경로 5는 대기를 통과하여 주변 지역으로부터 반사되었다가 다시 한 번 산란된 에너지가 대상지역에 포함된다. 해당 화소에서 총 대기발산 복사조도(diffuse sky irradiance)는 E_d로 나타낼 수 있다.

이러한 대기효과(투과도, 대기발산 복사조도, 경로 방사도)가 원격탐사 시스템으로 관측한 방사도에 어떻게 영향을 미치는지 결정할 수 있다. 그러나 우선 원격탐사 시스템에서 사용되는 밴드폭이 상대적으로 좁기 때문에(예 : 0.5~0.6μm), 식 6.25와 식 6.26을 적분 없이 사용할 수 있다. 예를 들어, 지표면에서 총복사조도는 식 6.30과 같다.

$$E_g = E_{o\Delta\lambda} T_{\theta_o} \cos\theta_o \Delta\lambda + E_d \tag{6.30}$$

$E_{o\Delta\lambda}$는 밴드구간($\Delta\lambda = \lambda_2 - \lambda_1$)에서의 평균 분광 복사조도이다. 센서 쪽으로 대기를 투과한 총방사도(L_T)는 식 6.31과 같다.

$$L_T = \frac{1}{\pi}\rho T_{\theta_v}(E_{o\Delta\lambda} T_{\theta_o} \cos\theta_o \Delta\lambda + E_d) \tag{6.31}$$

센서에 도달하는 총방사도는 식 6.32와 같다.

$$L_S = \frac{1}{\pi}\rho T_{\theta_v}(E_{o\Delta\lambda} T_{\theta_o} \cos\theta_o \Delta\lambda + E_d) + L_P \tag{6.32}$$

이는 원격탐사 자료에서 밝기값을 측정된 방사도와 연관시켜 식 6.33과 같이 나타낼 수 있다.

$$L_S = (K \times BV_{i,j,k}) + L_{\min} \tag{6.33}$$

여기서

K = 센서 계수율의 비트당 방사도 = $(L_{\max} - L_{\min})/C_{\max}$
BV_{ijk} = 화소 밝기값
$C_{\max}$ = 데이터셋의 최대 밝기값(예 : 8비트의 경우 255)
$L_{\max}$ = 감지기에 의해 측정된 최대 방사도($Wm^{-2}sr^{-1}$)

L_{min} = 감지기에 의해 측정된 최소 방사도($Wm^{-2}sr^{-1}$)

주요 원격탐사 시스템의 L_{max}와 L_{min} 정보는 모두 공개되어 있다.

방사전달모델에 기초한 대기보정

현재 대부분의 방사전달에 기초한 대기보정 알고리듬은 a) 사용자가 기본적인 대기상태 정보를 프로그램에 제공할 수 있을 때나 b) 어떤 대기흡수 밴드가 원격탐사 자료에 나타나 있는 경우에 이러한 정보를 계산할 수 있다. 예를 들어 대부분의 방사전달에 기초한 대기보정 알고리듬은 사용자가 아래와 같은 사항들을 입력해야 한다.

- 원격탐사 영상의 경위도
- 원격탐사 영상 수집날짜와 정확한 시간
- 영상 수집 고도(예 : 20km AGL)
- 영상의 평균 해발고도(예 : 200m ASL)
- 대기모델(예 : 중위도 여름, 중위도 겨울, 열대)
- 방사보정된 영상 방사도 자료(즉 자료는 $Wm^{-2}\mu m^{-1}sr^{-1}$의 형태여야 함)
- 각 밴드의 구체적인 정보(즉 평균 및 FWHM)
- 원격탐사 영상 수집 시 대상지역의 대기 가시도(예 : 10km, 가능하다면 공항 근처에서 수집된 자료)

이러한 변수들은 중위도 여름과 같은 선택된 대기모델에 입력되고 원격탐사 자료가 수집될 당시 대기의 흡수 및 산란 특성을 계산하는 데 사용된다. 이러한 대기 특성은 원격탐사 방사도를 **비율 표면 반사도**(scaled surface reflectance)로 전환하는 데 사용된다. 대부분의 이러한 대기보정 프로그램은 MODTRAN 4+(Alder-Golden et al., 1999; 2005) 또는 Second Simulation of the Satellite Signal in the Solar Spectrum(6S)(Vermote et al., 1997, 2002; Gao et al., 2009) 등과 같은 대기 방사전달코드로부터 산란 및 흡수 정보를 추출해 낸다.

방사전달 원리에 근거한 많은 대기보정 알고리듬이 개발되어 왔으며(Gao et al., 2009), ACORN, QUAC, FLAASH, ATCOR 등이 대표적인 예이다. 여기서 간략하게 이들 대표적인 대기보정 알고리듬을 살펴보기로 한다.

- **ACORN**(**A**tmospheric **Cor**rection **N**ow)는 MODTRAN 4 방사전달코드에 기반하여 개발되었다(San and Suzen, 2010; ImSpec ACORN, 2014). 이 기법은 250~2,500nm 파장대 다채널 및 초분광 자료의 대기보정에 사용되며, 모든 항공기 기반 자료와 Hyperion, ASTER, Landsat ETM$^+$, AVIRIS, SPOT, GeoEye-1 등과 같은 위성 자료에 적용되도록 설계되었다. ACORN은 대기권 외부의 태양에너지, 대기층과 평행하게 가정된 등질면, 그리고 원격탐사 센서에 의해 감지되는 지표면 간의 관계를 고려하여 대기보정을 수행한다(ImSpec ACORN, 2014). Kruse(2004)에 따르면, ACORN과 FLAASH와 같이 모델에 기초한 모든 대기보정 알고리듬은 종류에 따라 다소 차이는 있지만 일반적으로 다음과 같은 방사전달모델을 사용하고 있다.

$$L_S = [E_{o_\lambda} T_\lambda \rho_\lambda \cos(\theta)] + L_P \quad (6.34)$$

L_s는 센서에 의해 측정된 총방사도이며, E_{o_λ}는 대기층 위에서의 태양 복사조도이고, T_λ는 대기 투과도이다. 또, ρ_λ는 지표의 비율 표면 반사도이고, L_p는 경로 방사도이다.

현재 사용되고 있는 대기보정 프로그램들은 지표면이 평탄하고 균일한 반사 특성을 갖는 것을 가정하고 있다. 이는 실제 적용상에서 지형에 따른 보정을 위한 충분한 정보를 알 수 없기 때문이다. 이 결과로 도출되는 최종 결과물은 **비율 지표 반사도** 또는 **겉보기 반사도**이다. 지형정보를 파악할 수 있으면 비율 지표 반사도는 지표 반사도로 변환될 수 있다(Kruse, 2004). 수증기 자료와 비율 지표 반사도 자료는 ACORN 보정법의 대표적인 산출물이다.

예를 들어, 대기보정을 수행하여 방사도로부터 비율 표면 반사도로 변환된 SRS의 초분광 자료를 살펴보자. 그림 6-26a는 509~2,365nm까지의 35개 밴드를 가진 GER DAIS 3715 초분광 영상에서 테다소나무(*Pinus taeda*) 화소의 원시 방사도를 나타내고 있다. 그림 6-26b는 동일한 화소에 대한 비율 표면 반사도이다. 이 그림에서 테다소나무 화소는 예상대로 566nm의 녹색 영역에서 약한 반사도 극값을 나타내고 있으며, 682nm 정도의 적색 영역에서 엽록소에 의한 흡수를, 그리고 증가하는 근적외선 반사도를 보여 주고 있다(Jensen et al., 2003).

- **FLAASH**(**F**ast **L**ine-of-sight **A**tmospheric **A**nalysis of **S**pectral **H**ypercubes)는 미공군 Phillips 연구소, Hanscom AFB, 그리고 Spectral Sciences사가 공동으로 개발한 프로그램으로 ENVI

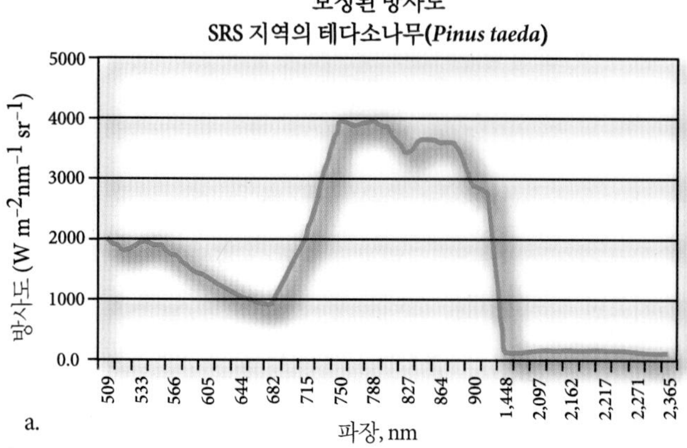

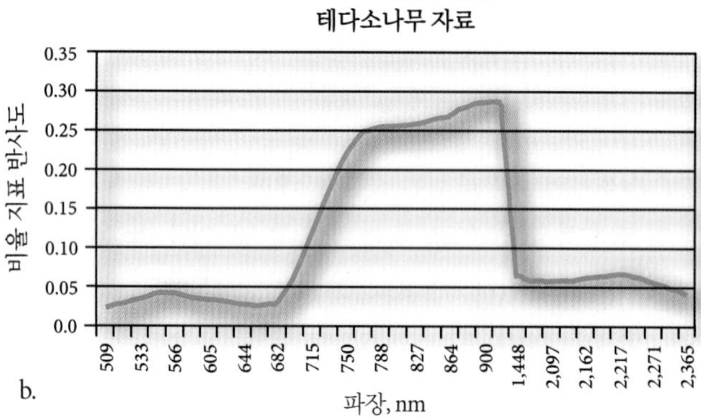

그림 6-26 a) GER DAIS 3715 초분광 원격탐사 시스템에 의해 기록된 SRS 지역의 테다소나무 화소의 보정된 방사도 자료. 35개 밴드는 509~2,365nm 범위에 위치한다. b) 동일한 화소를 ACORN 알고리듬을 이용해 비율 표면 반사도로 변환(Jensen et al., 2003에 기초).

소프트웨어 프로그램에 구현되어 있다. FLAASH는 400~3,000nm 파장대 범위의 원격탐사 자료의 대기보정에 사용되는 프로그램이다(Exelis QUAC and FLAASH, 2009; San and Suzen, 2010; Exelis Atmospheric Correction, 2014). HyMap, AVIRIS, HYDICE, HYPERION, Probe-1, CASI, AISA와 같은 초분광 자료와 ASTER, IRS, Landsat, RapidEye, SPOT 등을 포함하는 다분광 자료의 대기보정에 사용될 수 있다.

FLAASH는 일정한 지표 반사도 범위에 걸쳐 다양한 대기, 수증기, 태양고도 조건에 대해 계산된 분광방사도의 MODTRAN 시뮬레이션을 이용하여 수증기, 에어로졸 종류, 가시거리 등의 대기 변수 선정을 위한 조견표를 도출해 낸다(Kruse, 2004; Alder-Golden et al., 2005). 즉 수분 흡수 채널인 1.13μm 밴드를 사용하여 수증기량을 추정하되, 수분 채널과 기타 채널의 방사도 비율 계산을 통해 수증기의 수직적 밀도 특성을 파악해 낸다. FLAASH는 산소 흡수 채널인 0.762μm 밴드에 대해서도 같은 방법을 사용하여 압력고도를 추정해 낸다. 비율 지표 반사도를 도출하기 위해서 해당 방사 특성을 초분광 자료로부터 추출해 내고 이것을 MODTRAN 조견표 정보와 화소별로 비교하게 된다. FLAASH 모델은 주변 화소로부터의 산란효과를 바로잡는 추가적인 선택사항을 제공하는 장점이 있다(Alder-Golden et al., 1999; Matthew et al., 2003). 또, 이 모델은 대기 수증기의 수직분포, 구름 분포, 가시거리를 제공하기도 한다(Felde et al., 2003; Kruse, 2004; Exelis FLAASH Multispectral, 2014).

AVIRIS 초분광 자료에 적용된 FLAASH 대기보정모델의 한 예가 그림 6-27에 나타나 있다. Jasper Ridge 생물보전구역 일부 지역에 대한 20×20m 해상도 AVIRIS 자료로서 모두 224개 밴드로 구성되어 있으며 1998년 4월 3일에 촬영된 것이다. 자료 영상 좌표 366, 179를 갖는 고속도로 중앙에 위치한 한 화소가 그림 6-27a에 표시되어 있다. 해당 화소에 대한 보정되기 전의 반사 특성이 그림 6-27b에 나타나 있다. 산소, 수증기, 이산화탄소 등 다양한 대기 구성물질이 피사체의 반사 특성에 미치는 영향에 주목할 필요가 있다. FLAASH 대기보정모델에 의해 보정된 화소의 반사 특성이 정상적인 비율 지표 반사도로 표시되어 있다(그림 6-27b). 즉 청색, 녹색, 적색, 근적외선 파장대에서 예상대로 높은 반사도를 보이고 있다(그림 6-17에 나타나 있는 휴대용 분광계로 측정된 콘크리트의 반사 특성을 참조).

- **QUAC**(**Qu**ick **A**tmospheric **C**orrection)은 ENVI 프로그램에서 사용되는 기법으로 가시광-근적외선-단파적외선 파장대 자료의 대기보정에 사용되며 다분광 및 초분광 자료에 모두 적용된다(그림 6-28)(Bernstein et al., 2008; Exelis QUAC, 2014; Exelis Atmospheric Correction, 2014). ACORN이나 FLAASH와는 달리 이 방법은 2차 보조정보 없이 영상 자료 내에 존재하는 대표 스펙트럼(상이한 물질과 혼합되지 않은 순수한 특성을 가진 화소)과 같은 정보를 통해 대기보상 지표를 파악해 낸다(그림 6-28). QUAC 모델은 FLAASH 또는 다른 물리학 기반의 제1원리에 근거하여 만들어진 모델에 비해 반사도 스펙트럼의 약 ±15% 범위에서 높은 근사도로 대기보정을 수행한다. QUAC은 자료 내의 대표 스펙트럼과 같은 다양한 물질의 스펙트럼 평균반사도는 개별 자료에 따라 변동하지 않는다는 경험적 결과에 바탕을 둔 모델이다. 이 방법은 상이한 센서 또는 태양 고도 조건에서도 적용 가능하다. 센

캘리포니아 샌머테이오 카운티 소재 Jasper Ridge 생물보전구역
일부 지역에 대한 AVIRIS 영상(1998년 4월 3일 촬영)

a. 적색(636nm 중심의 밴드 28), 녹색(547nm 중심의 밴드 19),
청색(458nm 중심의 밴드 10) 채널의 천연색 영상

대기보정 이전과 FLAASH®대기보정 이후 측정된 화소의 분광 특성

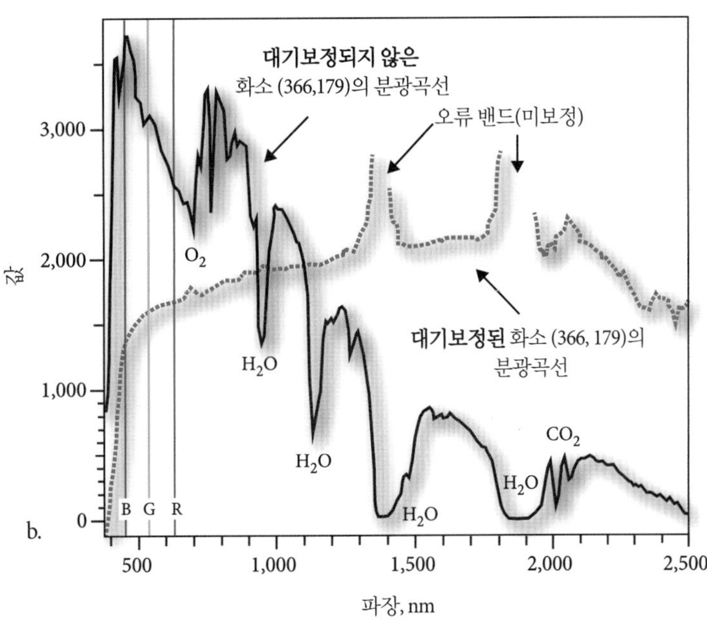

그림 6-27 a) 224개 밴드로 구성된 20×20m 해상도의 AVIRIS 초분광 자료(AVIRIS 자료 제공 : NASA Jet Propulsion Lab). b) 대기보정되지 않은 콘크리트 물질의 화소(369행, 179열)의 분광곡선(단위 = 복사휘도). 같은 화소에 대해 ENVI FLAASH 대기보정이 이루어진 후의 분광곡선(단위 = 비율 퍼센트 반사도× 1,000).

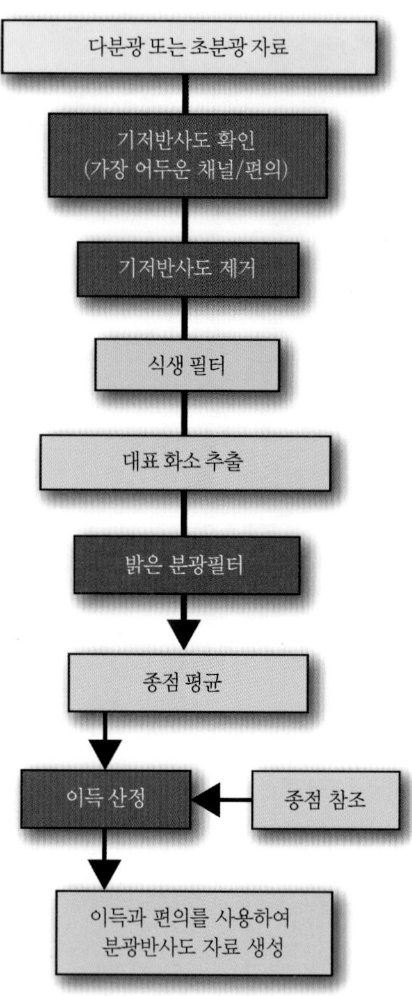

그림 6-28 Quick Atmospheric Correction(QUAC) 처리 흐름도(Exelis QUAC and FLAASH, 2014에서 수정)

서가 적합한 방사보정을 하지 못하거나 일사 강도에 대한 정보가 결여되었을 때에도(구름 봉우리가 존재할 경우) QUAC 모델은 비교적 정확한 반사도 정보를 산출해 낸다. QUAC은 다음과 같은 작업을 수행한다(Exelis QUAC, 2014).

– 400~2,500nm 파장대의 초분광 자료 또는 다분광 자료의 대기보정
– 다음에 열거되는 원격탐사 자료의 대기보정 : AISA, ASAS, AVIRIS, CAP ARCHER, COMPASS, HYCAS, HYDICE, HyMap, Hyperion, IKONOS, Landsat Thematic Mapper, LASH, MASTER, MODIS, MTI, QuickBird, RGB, 기타 제원이 불확실한 자료
– 지표 반사도의 산출

QUAC 모델은 다음과 같은 조건하에서 비교적 신속 정확한 대기보정을 수행한다 : a) 적어도 10개 이상의 대상 물질이 자료 내에 존재할 경우, b) 자료 내에 충분한 숫자의 암화소(dark pixels)가 존재하여 기저 스펙트럼 반사도 추정이 용이할 경우(Bernstein et al., 2008; Exelis QUAC, 2014; Exelis Atmospheric Correction, 2014). Agrawal과 Sarup(2011)은 QUAC과 FLAASH 모델에 따른 대기보정 산출물을 EO-1 Hyperion 초분광 자료와 상호비교한 결과를 제시하였다.

- **ATCOR**(**At**mospheric **Cor**rection)은 독일 항공우주센터 DLR에서 개발되었다(Richter and Schlapfer, 2014). ATCOR은 평지에 적합한 ATCOR 2와 기복이 있는 지형에 적합한 ATCOR 3로 구성되어 있다. ATCOR 4는 비궤도 원격탐사 시스템에 의해 수집된 자료에 사용한다. ATCOR은 MODTRAN 4+ (Alder-Golden et al., 1999, 2005) 방사전달코드를 사용하여 대기보정 함수(경로 방사도, 대기 투과도, 직접 및 산란 복사속)의 조견표를 계산한다. 대기보정 함수는 스캔각, 스캔라인과 태양방위각 사이의 상대적 방위각, 지형고도의 함수이다. 대기보정의 전과 후가 그림 6-29에 나와 있다. San과 Suzen(2010), ERDAS ATCOR(2014), Richter와 Schlapfer (2014) 등 연구자들은 ATCOR 모델에 대한 자세한 정보를 제시하였다.

허상 억제 : 대부분의 방사 변환에 기초한 대기보정 알고리듬은 보정된 원격탐사 자료에서 허상(다양한 이유로 영상에 발생하는 원치 않는 효과)을 억제하는 경향이 있다. 예를 들어, FLAASH는 Adler-Golden 등(1999)에 기초한 조정 가능한 분광 조율 기법을 사용한다. 이러한 종류의 분광조율은 반사도를 약간 조정하기 때문에 휴대용 분광복사계로 관측한 것과 거의 흡사하게 스펙트럼을 보여 준다. ENVI의 EFFORT, ImSpec의 ACORN, Intergraph의 ATCOR 모두 허상 억제 기능이 있다.

단일 스펙트럼 향상 : ACORN, FLAASH와 같은 많은 방사전달 대기보정 프로그램이 사용자가 분광복사계를 이용하여 현장 측정을 하도록 하고 있다. 이것을 일반적으로 **단일 스펙트럼 향상**(Single Spectrum Enhancement, SSE)이라고 한다. 분석가는 단순히 알고 있는 균질한 지역(예 : 고령토로 구성된 나대지,

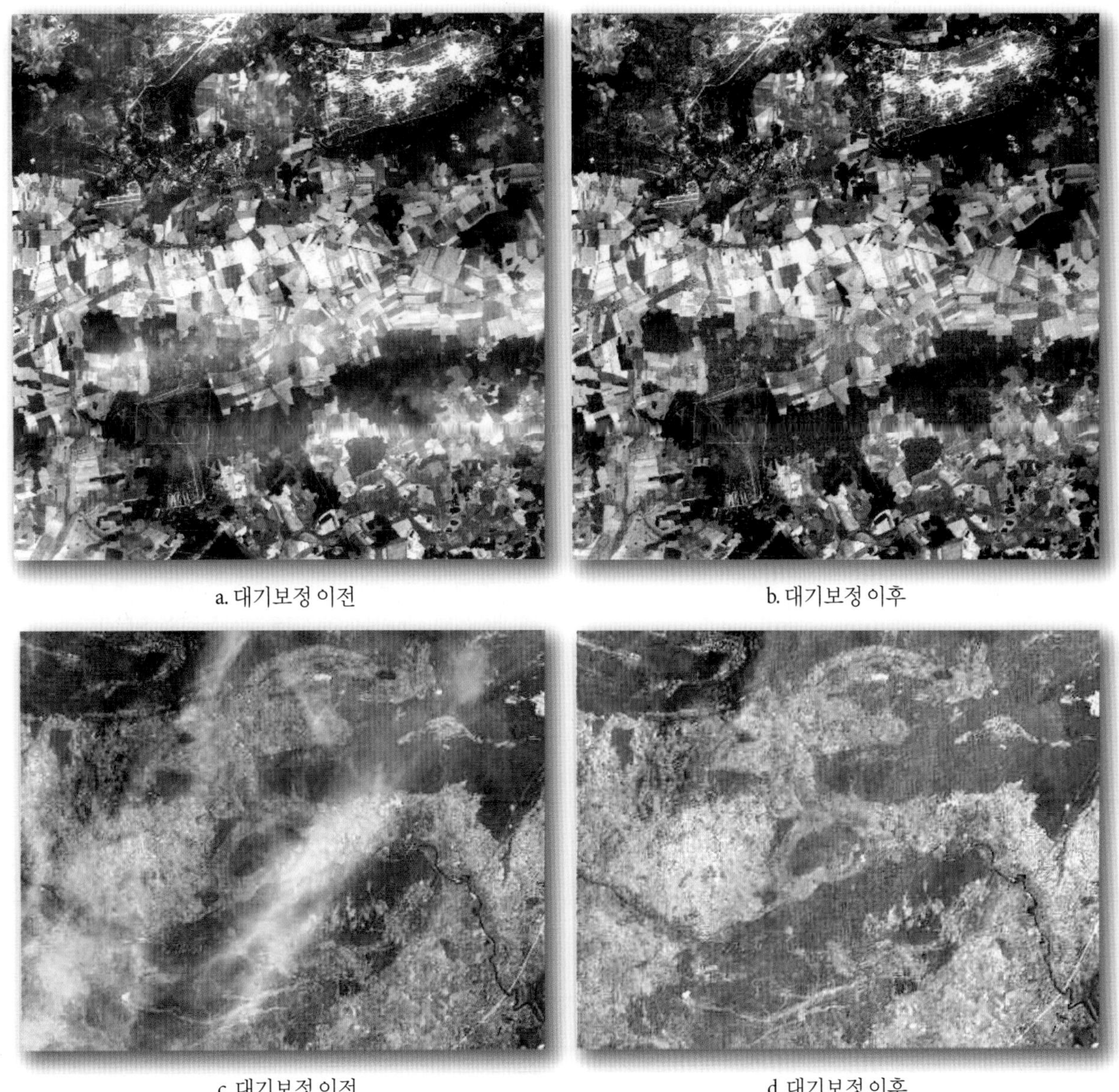

그림 6-29 a) 대기보정 이전의 많은 양의 연무를 포함한 천연색 영상. b) ATCOR 대기보정 이후의 영상. c) 대기보정 이전의 많은 양의 연무를 포함한 컬러-적외선 컬러조합 영상. d) ATCOR 대기보정 이후의 영상(영상 제공 : Geosystems GmbH).

수체, 주차장)에 대해 정확한 현장 분광반사도 곡선과 원격탐사 자료에서의 동일한 위치 좌표를 제공하기만 하면 된다. 그러고 나면 대기보정 프로그램은 전형적인 방사전달 산란과 흡수를 조정하고, 영상의 화소가 실제 장소에서의 분광복사계 자료와 같은 분광 특성이 나타나도록 한다.

예를 들어, SRS의 혼합 폐기물 처리시설(그림 6-31a)에 대한 46개 현장 분광복사 자료를 해석분광기(Analytical Spectral Devices, ASD)(그림 6-30a)를 이용하여 측정하였다. GER DAIS 3715 초분광 자료를 ACORN과 경험적 선형보정 기법(다음 절에서 설명)을 사용하여 방사보정하였다. 또한 두 방법 모두 단일 스펙트럼 향상 기법이 적용되었다. 4개의 대기보정 기법(ELC, ACORN, ELC+SSE, ACORN+SSE)을 이용하여 35밴드 각각에 대한 46개의 현장 분광복사 측정값을 비교한 결과 ELC+SSE와 ACORN+SSE가 가장 정확한 것으로 나타났다(그림 6-31b). DAIS 3715 센서는 최적의 대기흡수창에서 자료를 수집하지 않는다. 이것이 ACORN만으로 보정을 수행하지 않는 이

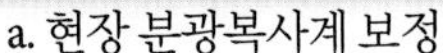
a. 현장 분광복사계 보정

b. 보정 대상물

그림 6-30 a) 현장에서 삼각대 위에 보정된 반사표준판으로부터 분광복사계 측정을 실시하는 모습. b) SRS에 위치시킨 8×8m 흑백 보정 대상물(Jensen et al., 2003).

유 중 하나이다.

경험적 선형보정 기법을 이용한 절대 대기보정

절대 대기보정은 또한 **경험적 선형보정 기법**(Empirical Line Calibration, ELC)을 이용하여 수행할 수 있다. 경험적 선형보정 기법은 원격탐사 영상을 실제 분광반사도 측정값과 비교하는데 가능하면 영상 수집 날짜에 맞춰 현장 측정값을 수집할수록 좋다. 경험적 선형보정 기법은 아래 방정식에 기초하고 있다(Smith and Milton, 1999; ImSpec, 2014).

$$BV_k = \rho_\lambda A_k + B_k \tag{6.35}$$

여기서 ρ_λ는 특정 파장에서 순간시야각 내의 비율 표면 반사도이고 BV_k는 밴드 k에서 화소의 밝기값이다. A_k는 이득 항이고 B_k는 편의 항이다. 이득 항은 주로 대기 투과도와 기기 계수와 연관되며 편의 항은 주로 대기 경로 방사도 및 기기 절편과 관련된다.

경험적 선형보정 기법을 사용하기 위해 분석가는 서로 다른 알베도를 가진 둘 이상의 지역을 선택하는데, 일반적으로 모래와 같은 밝은 대상지역과 깊고 깨끗한 수체와 같은 어두운 대상지역을 선택하며 가능한 한 균질한 지역일수록 좋다. 이들 대상지역에 대한 실제 분광복사 측정값을 수집한 뒤, 이 측정값과 원격탐사로 수집된 스펙트럼을 회귀분석하여 이득(gain)과 편의(offset)를 계산한다. 이득과 편의값은 밴드별로 원격탐사 자료에 적용되어 대기감쇠를 제거한다. 이 보정기법은 ACORN, FLAASH, ATCOR과는 달리 화소별로 수행되는 것이 아니라 밴드별로 수행된다.

경험적 선형보정 기법이 어떤 식으로 수행되는지 알아보기 위해 SRS의 GER DAIS 3715 방사도값을 이 기법을 통해 비율 표면 반사도로 변환하는 과정을 살펴보자. 지표에 자연적인 흑백 방사기준점을 수집하는 것 대신에, 흑백 8×8m의 보정용 방수천을 GER DAIS 3715 초분광 자료가 수집되는 현장에 설치하였다(그림 6-30b). Moran 등(2001)은 참조 반사도를 위한 방수천을 어떻게 준비하고 유지하는가에 대한 지침을 마련하였다. 현장 분광반사도 자료의 수집 방법에 대한 추가적인 정보는 McCoy(2005)와 Johannsen과 Daughtry(2009)의 연구 성과를 참고하기 바란다.

영상의 공간해상도는 2.4×2.4m이다. 대상물에 대한 화소 밝기값은 비행경로 05의 두 지역, 즉 어두운 지역(3,682,609N, 438,864E)과 밝은 지역(3,682,608N, 438,855E)에서 추출하였다. 현장 ASD 분광복사계 측정값은 보정 대상물로부터 수집되었다. 보정 대상물의 현장 분광 측정값과 원격탐사 측정값은 서로 쌍을 이뤄 경험적 선형보정 알고리듬에 입력되고, 이로부터 적절한 이득과 편의값을 추출하였다. 경험적 선형보정 기법의 결과가 그림 6-31b에 요약되어 있다.

대부분의 다중분광 원격탐사 자료는 경험적 선형보정 기법을 통해 보정될 수 있다. 그러나 연구지역에서 균일하게 밝고 어두운 대상물을 정하고 현장 분광복사계 측정값을 수집하며 영상으로부터 보정 대상물에 대한 화소를 추출하는 데 어려움이 있다. 분석가가 원격탐사 영상 수집 시에 현장 분광 측정값을 같이 수집하지 못한다면, 분광 라이브러리에 미리 저장되어

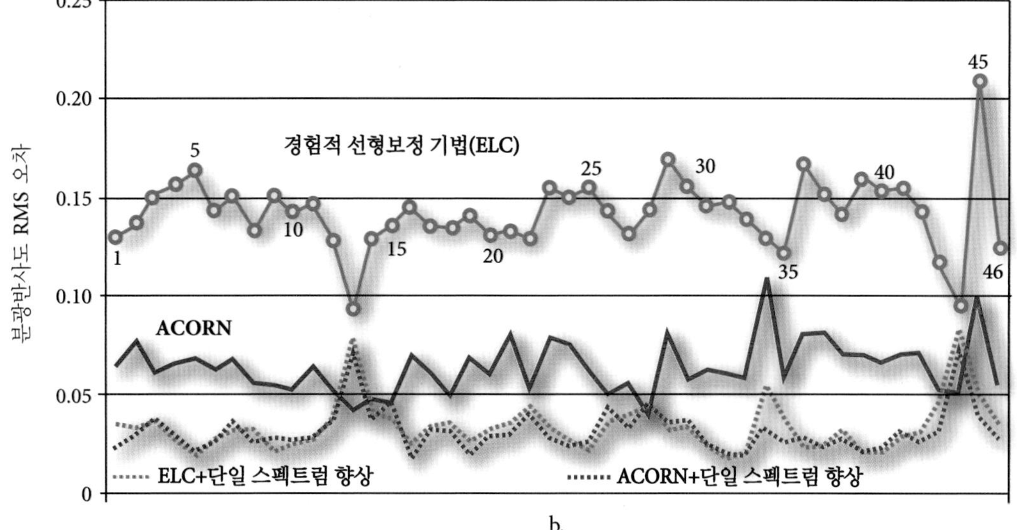

그림 6-31 a) 사우스캐롤라이나 주 에이킨 근처에 있는 SRS 지역의 혼합 폐기물 처리시설에서 수집한 46개의 현장 ASD 분광복사계 측정값(400~2,500nm). b) 46개의 분광복사계 측정값과 경험적 선형보정(ELC) 및 ACORN을 이용하여 보정한 후의 화소 분광반사도 사이의 관계. 단일 스펙트럼 향상을 사용한 ELC와 ACORN이 GER DAIS 3715 초분광 자료에 대하여 가장 정확한 대기보정 효과를 보여 주었다(Jensen et al., 2003에 기초).

있는 물, 모래와 같은 기본 물질의 스펙트럼을 사용하는 것도 가능하다.

실험실 기반의 스펙트럼 자료는 ASTER Spectral Library(2014)에서 찾을 수 있는데, 여기에는 Johns Hopkins Spectral Library, NASA Jet Propulsion Laboratory Spectral Library, USGS 스펙트럼 라이브러리 등이 포함되어 있다(Baldridge et al., 2009). 다행히 이러한 물질의 일부가 영상에서 존재하고 있다면 분석가는 적절한 화소의 밝기값과 라이브러리에서의 스펙트럼을 비교할 수 있다.

경험적 선형보정 기법을 그림 6-32a의 Landsat TM 영상에 적용해 보자. 1994년 2월 3일에 Landsat TM 영상을 수집할 때 현장 분광반사도 측정값은 수집하지 못했다. 그러면 이 오래된 영상에서 어떻게 밝기값을 비율 표면 반사도로 변환할 수 있을까? 그 해답은 현장 라이브러리 스펙트럼과 영상 밝기값($BV_{i,j,k}$)을 이용한 경험적 선형보정 기법에 있다. 이 영상은 상당히 많은 부분이 물과 모래 해변으로 되어 있다. 그러므로 물

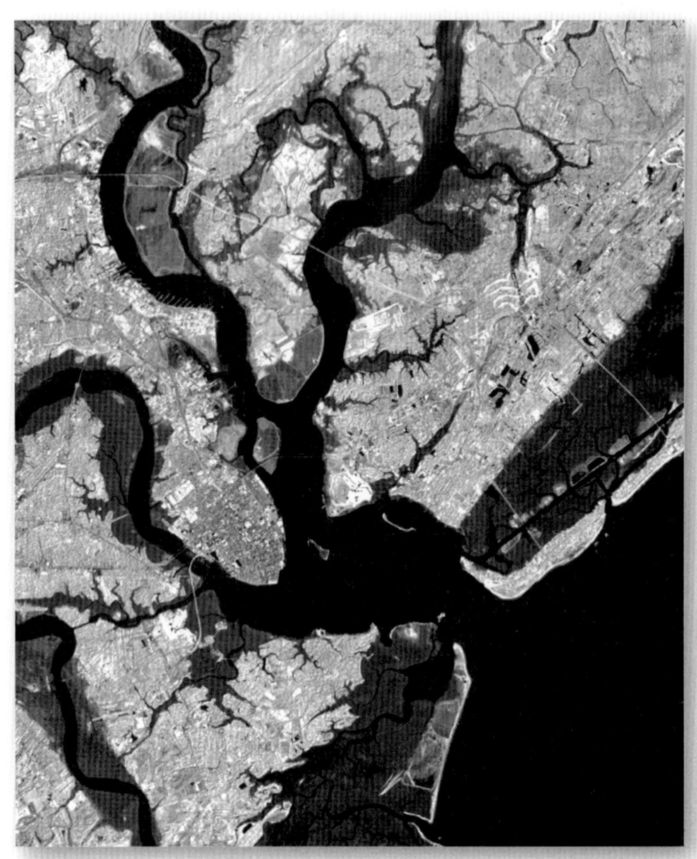

a. 경험적 선형보정 기법을 이용해 보정된 Landsat TM 밴드 4 영상(사우스캐롤라이나 주 찰스턴 지역)

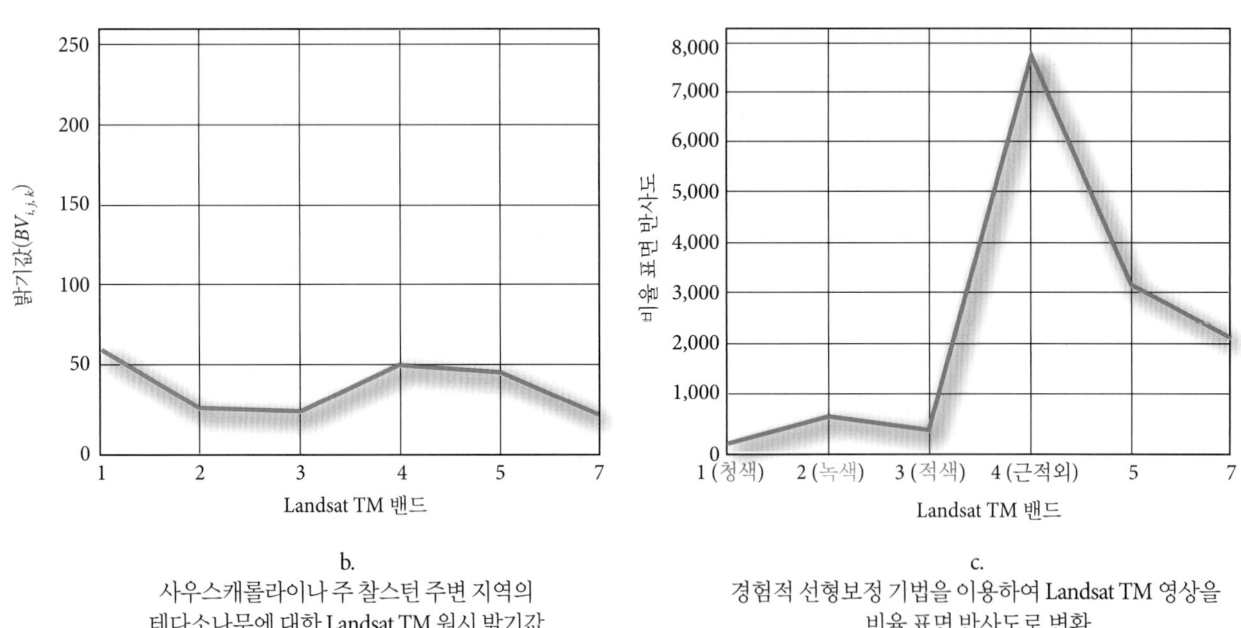

b.
사우스캐롤라이나 주 찰스턴 주변 지역의
테다소나무에 대한 Landsat TM 원시 밝기값

c.
경험적 선형보정 기법을 이용하여 Landsat TM 영상을
비율 표면 반사도로 변환

그림 6-32 a) 1994년 2월 3일에 수집된 Landsat TM 영상에 대해 경험적 선형보정 기법을 이용하여 방사보정을 수행하였다. 이 처리과정에서 NASA JPL과 존스홉킨스대학에서 제공한 물과 해변 모래의 분광 라이브러리를 사용하였다. b) 6개 밴드(TM 열밴드는 사용되지 않았음)에서 테다소나무 화소의 원시 밝기값. c) 경험적 선형보정 기법을 이용하여 비율 표면 반사도로 변환한 후의 동일한 화소. 스펙트럼의 청색(밴드 1)과 적색(밴드 3)에서의 보정된 엽록소 흡수와 근적외선 반사도의 증가에 주목하라.

의 현장 분광복사계 스펙트럼(Johns Hopkins 라이브러리)과 석영(NASA JPL 라이브러리) 스펙트럼이 사용되었다. Landsat TM 영상에서 물 화소 하나와 모래 해변 화소 하나에 대한 다중분광, 즉 각 6개 밴드에 대한 밝기값을 추출하였다. 이들은 현장 라이브러리 분광반사도 측정값과 쌍을 이루게 하였다. 이어 경험적 선형보정 기법을 통해 비율 표면 반사도를 추출하였다. 예를 들어 건강한 테다소나무의 화소 하나를 살펴보자. 원래의 밝기값은 그림 6-32b에 나와 있으며, Landsat TM 영상으로부터 추출된 비율 표면 반사도는 그림 6-32c에 있다. 이 변환을 통해 영상의 모든 화소는 밝기값이 아닌 비율 표면 반사도를 나타낸다.

이 일자의 영상으로부터 얻은 비율 표면 반사도는 생물량을 모니터링하는 것과 같은 목적으로 다른 일자의 Landsat TM 영상으로부터 얻은 비율 표면 반사도와 비교할 수 있다. 분광 라이브러리를 사용하는 것이 원격탐사 자료를 수집한 시간, 장소에서 얻은 현장 분광복사계 측정값보다 좋지 않지만, 충분히 유용하게 사용할 수 있다.

상대 방사보정

앞에서 논의한 바와 같이 절대 방사보정은 위성과 항공사진의 디지털값과 비율 표면 반사도를 서로 연결시켜 준다. 경험적 선형보정 기법을 제외하고는 절대보정을 할 때 센서 보정 계수(본래의 원격탐사 자료를 $Wm^{-2}sr^{-1}$로 변환하기 위함)와 방사전달코드에 근거한 대기보정 알고리듬이 필요하다. 유감스럽게도 특정 영상과 일시에 이러한 코드를 적용하려면 원격탐사 자료수집 시간의 센서 분광 프로파일과 대기 속성에 관한 정보가 있어야 한다(Du et al., 2002). 만약 이러한 정보가 모두 사용 가능하다면 대기 방사전달코드가 대기 산란 및 흡수 효과에 대한 실제 예측값을 제공하며 또한 영상을 비율 표면 반사도로 변환할 수 있다. 만일 이러한 정보 수집이 어렵다면 상대적 방사보정 기법이 적용될 수 있다.

상대 방사보정(relative radiometric correction)은 1) 단일 원격탐사 영상 내의 밴드들 사이의 강도를 **정규화**하는 데 사용되거나 2) 다중시기 원격탐사 자료의 강도를 분석가에 의해 선택된 표준 영상에 맞춰 **정규화**하는 데 사용된다.

히스토그램 조정을 이용한 단일영상 정규화

이 방법은 가시광선 영역(0.4~0.7μm)은 대기산란효과가 큰 반면, 적외선 부분은 대기산란효과가 거의 없다는 사실에 기초하고 있다. 이 방법은 원격탐사 영상의 다양한 밴드의 히스토그램을 평가한다. 일반적으로 가시광선 영역(예 : TM 밴드 1~3)에서 수집된 자료는 이 영역에서 대기산란효과가 크기 때문에 최소 밝기값이 증가하게 된다. 예를 들어, 사우스캐롤라이나주 찰스턴 지역의 TM 영상(그림 6-33)의 히스토그램은 최소 51에서 최대 242의 값을 갖는다. 반대로 대기흡수는 TM 밴드 4, 5, 7과 같은 더 긴 파장 영역에서 기록된 밝기값을 감소시킨다. 이 효과는 적외선 밴드의 자료가 실제 영상 내에 0 반사도를 가지는 물체가 없을 때에도 0에 가까운 최솟값을 갖도록 한다(그림 6-33).

그림 6-33의 히스토그램을 왼쪽으로 이동시켜 0의 값을 갖도록 한다면 대기산란효과는 다소 줄어들 것이다. 이러한 간단한 알고리듬을 사용하면 대기산란의 1차 영향, 즉 연무에 의한 영향을 줄일 수 있다. 이는 각각의 분광밴드에 대한 음수 편의값에 기초하고 있다. 모든 밴드에서 깊은 물 지역과 같은 표준 대상물의 히스토그램 밝기값을 평가하여 그 편의 조정을 결정한다. 이 보정 알고리듬은 아래와 같이 정의된다.

$$\text{출력 } BV_{i,j,k} = \text{입력 } BV_{i,j,k} - \text{편의값} \tag{6.36}$$

여기서 입력 $BV_{i,j,k}$ = 밴드 k의 i번째 열과 j번째 행의 입력 밝기값이고 출력 $BV_{i,j,k}$ = 동일한 위치에서의 조정된 화소 밝기값이다.

이 예에서, 그림 6-33의 각 히스토그램에 대해 적절한 편의값을 결정하여 대기효과를 줄였다. 조정된 자료의 히스토그램이 그림 6-34에 나타나 있다. 1차 대기효과에 대해 밴드 5와 7은 조정할 필요가 없는데, 왜냐하면 이 두 밴드는 원래 최솟값이 0이기 때문이다. Hadjimitisis 등(2010)은 히스토그램 조정을 통한 대기보정을 수행하여 농업적 응용을 위한 Landsat TM 자료 분석에 효과적으로 적용될 수 있음을 확인하였다. Chrysoulakis 등(2010) 역시 단순 히스토그램 조정기법의 유용성을 확인하였다.

회귀분석을 이용한 다중시기 영상 정규화

다중시기 영상 정규화는 기본 영상(b)을 먼저 선택한 뒤 다른 시기에 수집된 영상들($b-1$, $b-2$, 혹은 $b+1$, $b+2$ 등)의 분광 특성이 기본 영상의 분광 특성과 대략적으로 동일하게끔 변환시킨다. 그러나 다중시기 영상 정규화에 사용되는 방사 스케일은 절대 방사보정을 수행할 때 만들어지는 비율 표면 반사도보다 단순한 밝기값(8비트의 경우 0~255)이 더 낫다는 것을 알아 두

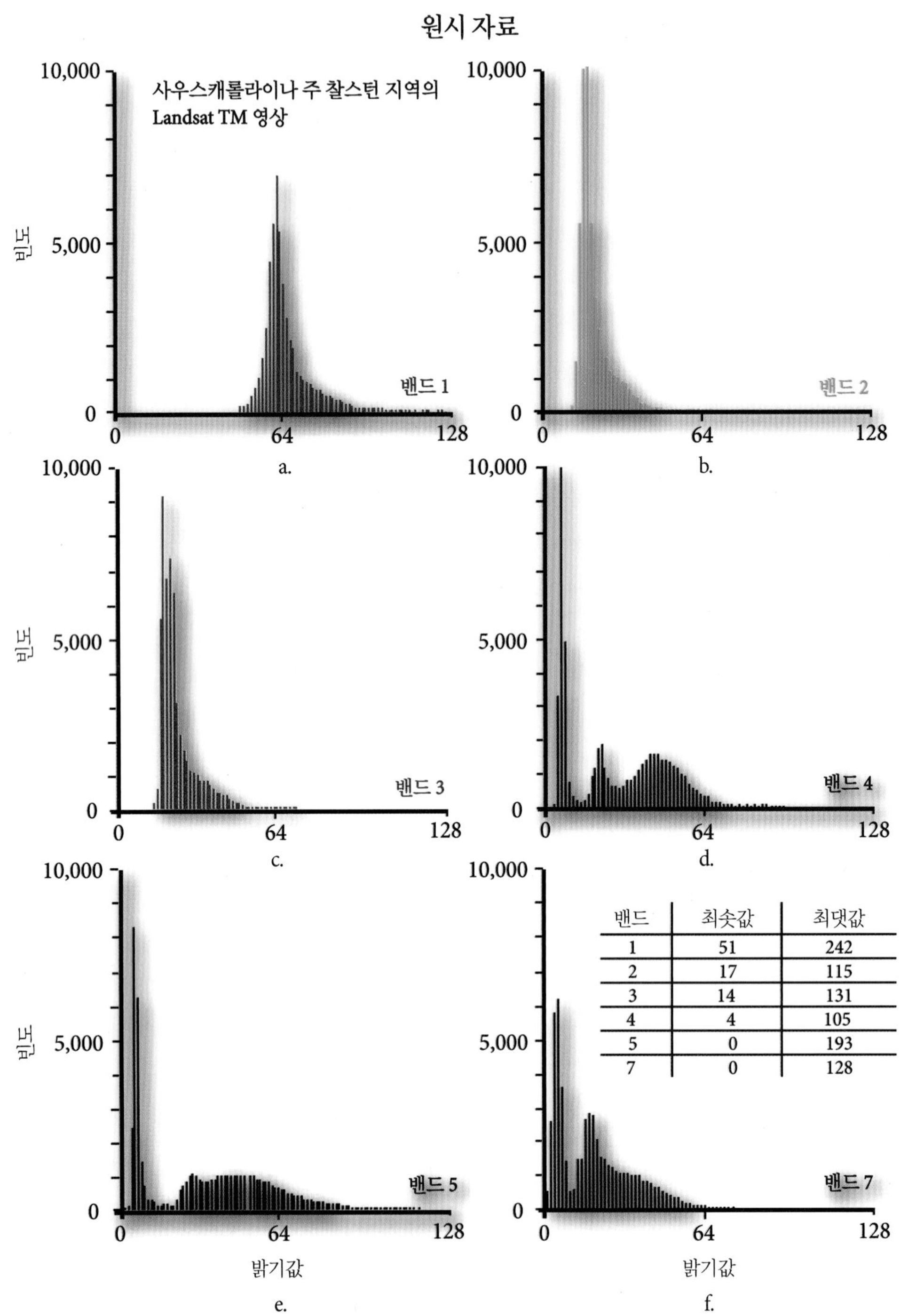

밴드	최솟값	최댓값
1	51	242
2	17	115
3	14	131
4	4	105
5	0	193
7	0	128

그림 6-33 사우스캐롤라이나 주 찰스턴 지역의 TM 영상에 대한 6개 밴드의 원시 히스토그램. 가시광선에서의 대기산란이 밴드 1, 2, 3에서 최소 밝기값을 증가시켰다. 일반적으로 각 밴드에서 파장이 짧을수록 밝기값 0으로부터 변위는 커진다.

어야 한다.

다중시기 영상 정규화는 종종 방사 지상기준점이라고도 불리는 **의사불변형상**(Pseudo-Invariant Features, PIF)을 선택해야 한다. 다중시기 영상 정규화 처리를 위해서 PIF는 다음 특성을 가져야 한다.

- PIF의 분광 특성은 필연적으로 시간에 따라 약간의 변화가 있겠지만 가능하면 거의 변화가 없어야 한다. 깊고 맑은 수체, 나지, 넓은 지붕 또는 다른 균일한 물체가 그 대상일 수 있다.
- PIF는 영상에서 다른 지역과 비슷한 고도를 가져야 한다. 산

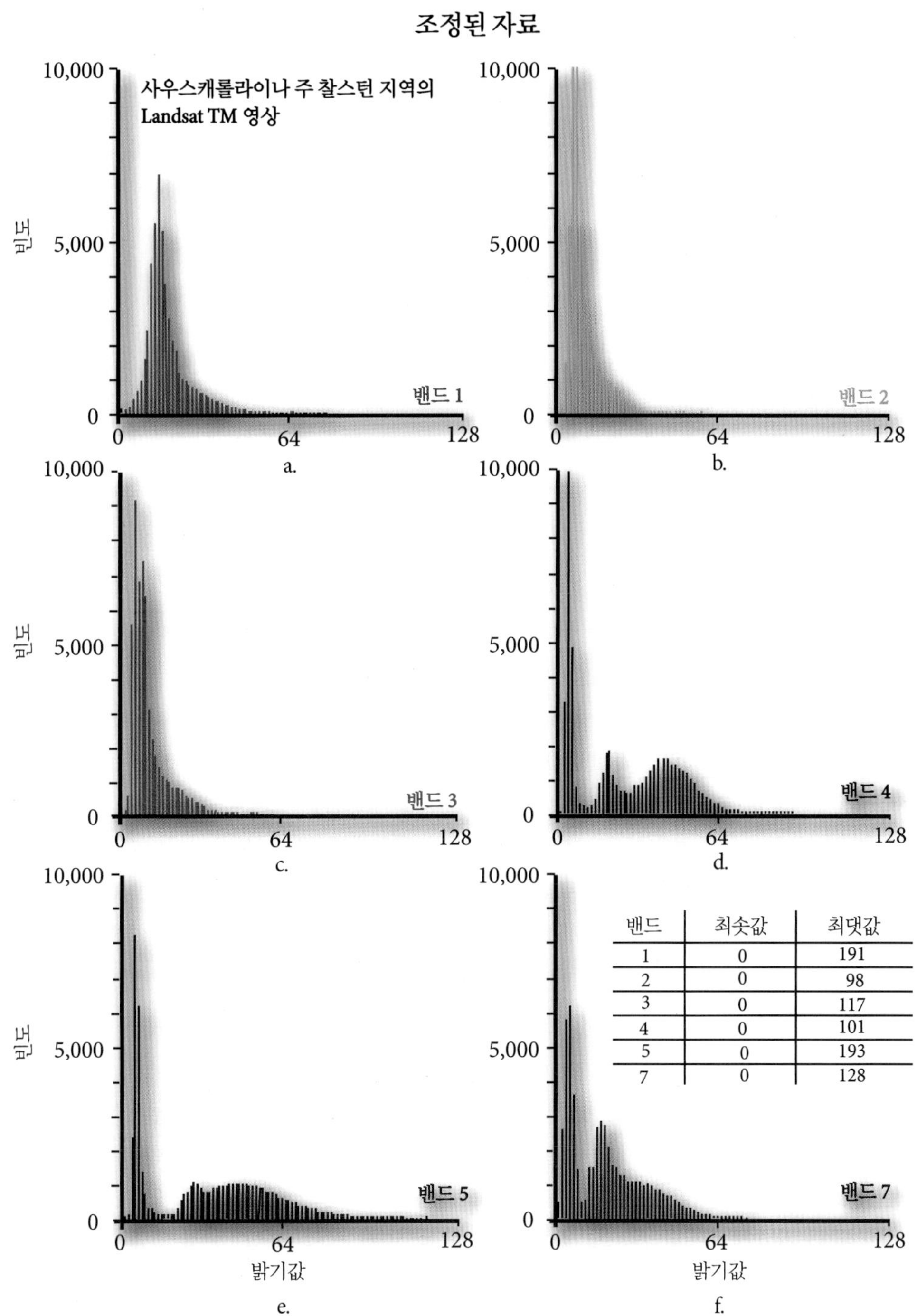

밴드	최솟값	최댓값
1	0	191
2	0	98
3	0	117
4	0	101
5	0	193
7	0	128

그림 6-34 그림 6-33에 나와 있는 자료에 단순히 히스토그램을 조정하여 대기산란을 보정한 결과. 단지 처음 4개의 TM 밴드에 대해서만 조정이 필요하다. 이 방법은 대기흡수에 의한 방사왜곡을 보정하지 못한다.

꼭대기에 PIF를 설정하는 것은 해수면 근처의 대기조건을 예측하는 데 아무 소용이 없다. 왜냐하면 대기에서 대부분의 에어로졸은 고도 1,000m 이내에서 발생하기 때문이다.

- PIF는 식생에 관해서 최소량만을 포함한다. 식생의 분광반사도는 환경적 요인과 생물계절적 요인으로 시간에 따라 다르다. 그러나 연중 동일 날짜 영상에서 매우 안정적이고, 균일한 산림지역은 고려될 수 있다.
- PIF는 비교적 평평한 지역이어서 시간에 따라 태양각이 변하면 모든 정규화 대상물에 대한 직접적인 태양광에서도 같은 비율로 변해야 한다.

표 6-6 남플로리다 수자원 관리국의 WCA 2A에 있는 습지 목록을 만들기 위하여 사용한 원격탐사 영상의 특징(Jensen et al., 1995)

일자	영상 종류	사용된 밴드	명목 순간시야각(m)	보정 RMSE
1973/3/22	Landsat MSS	1, 2, 4	79×79	±0.377
1976/4/2	Landsat MSS	1, 2, 4	79×79	±0.275
1982/10/17	Landsat MSS	1, 2, 4	79×79	±0.807
1987/4/4	SPOT HRV	1, 2, 3	20×20	±0.675
1991/8/10	SPOT HRV	1, 2, 3	20×20	±0.400

회귀방정식은 기본영상의 PIF 분광 특성을 다른 시기 영상의 PIF 분광 특성에 연관시키는 데 사용된다. 이 알고리듬은 (b+1) 혹은 ($b-1$) 시기 영상에서 표집된 화소와 기본영상(b)에서 동일한 위치의 화소가 선형적인 관계가 있음을 가정한다. 이것은 이 기간 동안 표집 화소의 분광반사도 속성이 변하지 않았음을 의미한다. 그러므로 영상에 대하여 회귀방정식을 이용할 때 성공의 열쇠는 좋은 속성의 PIF를 선정하는 데 있다.

수많은 과학자가 PIF를 이용해 다중시기 영상을 정규화하는 것을 연구하였다. Caselles와 Garcia(1989), Schott 등(1988), Hall 등(1991)은 반사도가 시간에 따라 거의 변하지 않는 지형 요소를 사용하여 동일한 지역의 영상을 보정하는 **방사조정기법**(radiometric rectification technique)을 개발하였다. Jensen 등(1995)은 유사한 절차를 사용하여 상대 방사보정을 수행하였으며 Heo와 Fitzhugh(2000)는 PIF를 선정하는 다른 기법들을 개발하였다. Du 등(2002)은 PCA 기법을 이용하여 객관적으로 PIF를 선택함으로써 다중시기 위성영상에 상대적 방사 정규화를 수행하는 새로운 절차를 개발하였다.

남플로리다 수자원 관리국(South Florida Water Management District)의 부들(cattail) 분포의 변화를 알아내기 위한 원격탐사 연구에서 방사 정규화 기법이 사용되었다(Jensen et al., 1995). 1973~1991년의 Everglades Water Conservation Area 2A 지역에 대하여 2개의 센서 시스템에서 수집된 서로 다른 5개 시기의 구름 없는 원격탐사 자료가 사용되었다. Landsat MSS 자료는 1973년, 1976년, 1982년에 각각 수집되었고, SPOT HRV XS 자료는 1987년과 1991년에 수집되었다. 구체적인 일자와 영상의 종류, 분석에 사용된 밴드, 다양한 센서 시스템의 공간해상도 등은 표 6-6에 나와 있다. 20개의 지상기준점을 수집하여 1991년 8월 10일에 수집된 영상을 UTM 표준 지도투영법에 맞춰 기하보정하였다. 평균제곱근오차(RMSE)는 ±0.4화소였으며 최근린 재배열 알고리듬을 적용하여 20×20m 화소로 재배열하였다(Rutchey and Vilchek, 1994). 다른 모든 영상들도 동일한 방법을 사용하여 영상재배열을 실시하였고 변화탐지를 위하여 1991년 SPOT 영상에 맞춰 기하보정하였다. 각 영상에 대한 RMSE 통계값은 표 6-6에 나와 있다.

기 수집된 원격탐사 영상을 이용하여 변화탐지를 수행할 때 문제가 되는 것은 이 영상들이 일반적으로 연중 동일 날짜에 수집되지 않았다는 것이다. 즉 영상 수집 일자의 태양각, 대기 조건, 토양수분 조건 등이 서로 많이 차이 날 수도 있다. 따라서 다중시기의 원격탐사 자료를 정규화함으로써 이러한 효과들을 최소화할 수 있다(Hall et al., 1991).

태양각과 지구-태양 사이의 거리로 인한 직접적 태양 방사도 차이는 정확히 계산할 수 있는데, 이는 마치 센서 시스템 사이의 감지기 교정 차이에 기인한 화소 밝기값의 변화를 정확히 계산할 수 있는 것과 같다. 그러나 대기 및 위상각으로 인하여 생기는 효과를 제거하려면 대기의 에어로졸 구성과 영상 내 요소의 양방향의 반사 특성에 대한 정보를 알아야 한다(Eckhardt et al., 1990). 5개의 영상 중 어느 것도 이러한 정보를 사용할 수 없었기 때문에, 기준 영상의 감지기 보정, 천문 조건, 대기 조건, 영상각 조건에 일치시키기 위해 '경험적 영상 정규화' 기법을 사용하였다. 1991년 8월 10일 자 SPOT HRV 영상을 기본영상으로 선택하고 1973, 1976, 1982, 1987년 영상을 기본영상에 맞춰 정규화하였다. 1991년 SPOT 영상은 현장참조자료가 있었기 때문에 기본영상으로 선택되었다.

영상 정규화는 1973, 1976, 1982, 1987년 영상에 회귀 방정식을 적용하여 1991년 기본영상과 같은 조건에서 수집되었을 경우 각 영상의 밝기값을 할당함으로써 수행된다. 이러한 회귀 방정식은 기본영상과 정규화 영상에서 PIF의 밝기값을 상관분석함으로써 만들었다. PIF는 일정한 반사체로 가정하여 PIF의 밝기값 변화를 감지기 교정, 천문 조건 차이, 대기 조건 차이, 위상각 차이 등에 의한 것으로 보았다. 일단 이러한 변화량이

남플로리다 주의 다중시기 SPOT 영상의 정규화

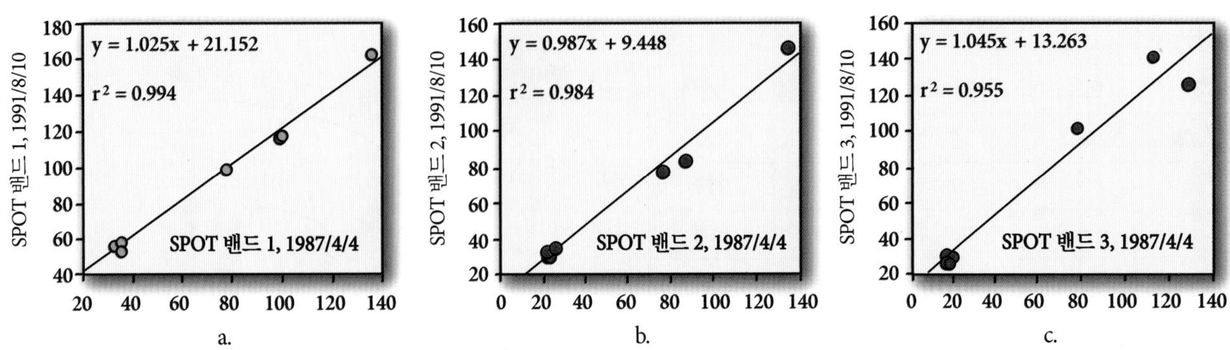

그림 6-35 a) 1987년 4월 4일과 1991년 8월 10일 자 SPOT 밴드 1(녹색) 영상에 있는 습윤지역과 건조지역 사이의 관계. Eckhardt 등(1990)이 사용한 방법을 이용하여 1987년 4월 4일 자 영상을 1991년 8월 10일 자 영상에 맞춰 정규화하였다. b) 1987년 4월 4일과 1991년 8월 10일 자 SPOT 밴드 2(적색) 영상에 있는 습윤지역과 건조지역 사이의 관계. c) 1987년 4월 4일과 1991년 8월 10일 자 SPOT 밴드 3(근적외선) 영상에 있는 습윤지역과 건조지역 사이의 관계(Jensen, J. R., Rutchey, K., Koch, M. and S. Narumalani, 1995, "Inland Wetland Change Detection in the Everglades Water Conservation Area 2A Using a Time Series of Normalized Remotely Sensed Data," *Photogrammetric Engineering & Remote Sensing*, 61(2) : 199-209. American Society for Photogrammetry & Remote Sensing의 허락하에 재구성).

제거되면 밝기값에서의 변화는 지표 상의 변화와 상관성을 가지게 된다.

물과 같은 습윤지역과 식생이 없는 나대지와 같은 건조지역에 대한 여러 개의 PIF를 기본영상(1991)과 다른 시기의 영상(예 : 1987 SPOT 자료)에서 찾았다. 총 21개의 방사 지상기준점을 이용하여 정규화를 수행하였다. 사용된 정규화 대상물의 속성을 요약하고 습한 아열대 환경에서 건조한 토양 대상물을 알아내기 위해 사용된 조정방법을 알아볼 필요가 있다. 1987년과 1991년 SPOT 영상의 방사 정규화 대상물은 WCA-1 내의 WCA-2A 북쪽에서 얻어진 3개의 수계지역과 굴착지역, 마른 호수지역, 석회암 도로지역으로부터 추출된 3개의 건조지역으로 이루어졌다. 그림 6-35a~c처럼, 각 밴드에 대해 기본영상 대상물의 밝기값을 다른 영상 대상물의 밝기값과 회귀 분석하였다. 방정식의 계수와 절편을 사용하여 1987년 SPOT 자료를 정규화하여 1991년 SPOT 자료와 대략 동일한 분광 특성을 가지도록 하였다. 각 회귀 모델은 대기 경로 방사도의 변화를 보정하기 위한 편의 항과 감지기 교정, 태양각, 태양-지구 간 거리, 대기 감쇠, 위상각의 차이 등을 보정하기 위한 이득 항을 가지고 있다.

1982년 MSS 자료는 (1) WCA-1 안에서 발견되는 3개의 수계지역 대상물과 (2) 나대지 굴착지역으로부터 추출된 2개의 건조지역을 이용하여 1991년 자료에 맞춰 정규화하였으며, 이때 두 시기 사이의 건조지역은 서로 *y*방향으로 약 300m(15화소) 차이가 났다. 따라서 2개의 특별한 건조지역 방사기준점이 이 시기에 대해 추출되었다. Hall 등(1991)은 기하보정에 사용되는 지상기준점과는 달리 방사기준점이 영상 사이에서 동일한 위치의 화소가 아닐 수도 있다고 제시했다. 그들은 또한 고정된 요소의 사용은 불가피하게 충분한 영상 간 화소 쌍을 수작업으로 선정해야 하는데, 이는 엄청난 노동을 필요로 할 수도 있으며 특히 다년에 걸친 영상들을 사용할 때에는 더욱 그렇다고 언급했다.

1976년 MSS 영상도 WCA-1 내에 위치한 3개의 수계지역과 나대지 도로와 석회질 나대지에서 추출된 2개의 건조지역을 사용하여 정규화하였다. 1973년 MSS 영상은 2개의 수계지역과 3개의 건조지역을 이용하여 1991년 자료에 맞춰 정규화하였다. 기본영상(예 : 1991년)과 그 이전 영상(예 : 1973년) 간의 시간 차이가 클수록 정규화 대상물로 식생이 없는 건조지역을 찾는 것은 더욱 어려운 일이다. 이러한 이유 때문에 정규화를 위해 때때로 콘크리트나 아스팔트, 지붕, 주차장, 도로 등의 인공 PIF를 사용한다(Schott et al., 1988; Caselles and Garcia, 1989; Hall et al., 1991).

각 시기에 대한 정규화 방정식이 표 6-7에 요약되어 있다. SPOT 영상에 대한 이득(기울기) 조정이 최소인 반면, MSS 영상은 상당한 이득과 편의 조정이 필요했다. 이것은 MSS 영상이 원래 8비트로 수집되지 않았기 때문이다. 이 기법은 영상 간 태양각, 대기효과, 토양습도 조건의 차이를 최소화시켰다. 이어

표 6-7 1991년 8월 10일 자 SPOT XS 영상을 이용하여 과거의 원격탐사 영상에 대한 방사 정규화를 수행하기 위해 사용한 방정식(Jensen et al., 1995)

일자	밴드	기울기	y절편	r^2
1973/3/22	MSS 1	1.40	31.19	0.99[a]
	2	1.01	23.49	0.98
	4	3.28	23.48	0.99
1976/4/2	MSS 1	0.57	31.69	0.99
	2	0.43	21.91	0.98
	4	3.84	26.32	0.96
1982/10/17	MSS 1	2.52	16.117	0.99
	2	2.142	8.488	0.99
	4	1.779	17.936	0.99
1987/4/4	SPOT 1	1.025	21.152	0.99
	2	0.987	9.448	0.98
	3	1.045	13.263	0.95

[a]모든 회귀방정식은 유의수준(α) 0.001에서 유의하였다.

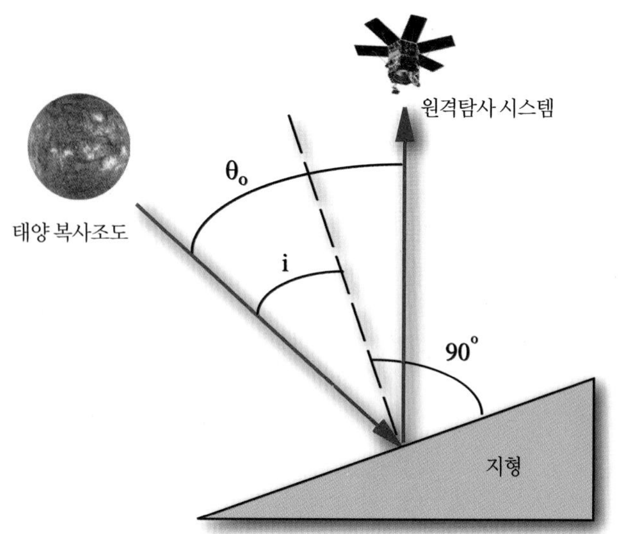

그림 6-36 태양 입사각 *i*와 태양 천정각 θ_o

방사보정된 원격탐사 영상은 분류되어 습지 변화를 모니터링하는 데 사용되었다(Jensen et al., 1995).

원격탐사 자료를 사용하여 토지피복을 정확하게 분류하는 능력은 원격탐사 영상의 밝기값과 실제 지표면의 조건 사이의 밀접한 관계(상관관계)가 있다는 것에 달려 있다. 그러나 태양각, 지구–태양 사이의 거리, 다양한 센서 시스템 사이의 감지기 교정 차이, 대기 조건, 태양–대상물–센서(위상각) 기하와 같은 요인들이 화소 밝기값에 영향을 미친다. 영상 정규화는 비표면 요인들로 인해 발생하는 화소 밝기값 변화를 감소시켜 여러 시기 사이의 화소 밝기값 변화가 표면 조건에서의 실제 변화와 연관될 수 있다. 정규화 기법을 이용하면 기본영상으로부터 개발된 화소 분류 논리를 다른 정규화 처리된 영상에도 적용할 수 있다.

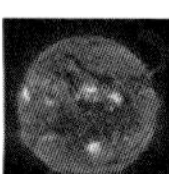

경사 및 향 효과 보정

앞에서 대기의 흡수와 산란 효과가 어떻게 센서 시스템에 기록되는 복사속에 영향을 미칠 수 있는지를 살펴보았다. 지형의 경사와 향 또한 기록되는 신호에 방사왜곡을 가져온다. 어떤 경우에는 관심지역이 완전히 그림자 지역에 위치해 있어 해당 화소의 밝기값에 심각한 영향을 미칠 수도 있다. 이러한 이유로 Landsat과 SPOT 영상과 같은 다중분광 자료의 지형효과 제거, 특히 산악지형에 대해 많은 연구가 수행되었다(Shepherd et al., 2014). 경사–향 보정의 목적은 지형에 의해 야기된 변화를 제거하여 동일한 반사도 속성을 가지는 2개의 물체가 태양의 위치에 따른 서로 다른 방위에 상관없이 영상 내에서 동일한 밝기값을 가지도록 하는 것이다. 만약 지형 경사–향 보정이 효과적이라면 위성영상에서 산악지형을 바라보았을 때 가지는 3차원적 인상이 어느 정도 줄어들어야 한다. 경사–향 보정이 잘 수행된 영상은 보정되지 않은 영상과 비교했을 때 산림 분류를 향상시킨다(Civco, 1989; Meyer et al., 1993).

Teillet 등(1982)은 네 가지 지형 경사–향 보정 방법을 연구하였다. 네 가지 방법은 간단한 코사인 보정법, 2개의 준경험적 방법(Minnaert 방법, *C* 보정), 경험적 통계 보정 방법이다. 각 방법은 입사하는 태양 경사각의 코사인 값으로 정의되는 **조도**(illumination)에 기초하며 화소에 똑바로 입사되는 태양 방사도의 비율을 나타낸다. 조도의 양은 태양의 실제 위치에 따른 화소의 상대적 방위에 따라 달라진다(그림 6-36). 여기서 제시되는 기법들을 이용해 경사–향 지형 보정을 하기 위해서는 대상지역의 수치고도모델(DEM)이 필요하다. Landsat TM과 같은 위성영상과 DEM은 동일한 해상도로 기하보정이 이루어져야 한다. DEM을 처리하여 각 화소의 밝기값이 태양으로부터 받아야 하는 조도의 양을 나타내도록 한다. 위에서 언급한 4개의 알고리듬 중에 하나를 사용하여 이 정보를 모델링하여 원격탐사 자료의 원시 밝기값을 향상시키거나 완화시킨다.

코사인 보정

경사면에 위치한 화소에 도달하는 복사조도의 양은 입사각 i의 코사인값에 비례하는데, 여기서 입사각 i는 화소의 법선과 천정 방향, 즉 태양 사이의 각도로 정의된다(Teillet et al., 1982). 이것은 균등확산면(Lambertian 표면), 지구-태양의 일정한 거리, 지구에 입사하는 균일한 태양에너지 등을 가정하는데 이들은 어느 정도 비실제적인 가정들이다. 입사되는 총복사조도 E_g의 cos i만이 경사진 화소에 도달한다. 다음의 코사인 방정식을 이용하여 간단하게 원격탐사 자료의 경사-향 보정을 수행할 수 있다.

$$L_H = L_T \frac{\cos\theta_o}{\cos i} \tag{6.37}$$

L_H = 수평 표면에 대해 관측되는 방사도, 즉 경사-향 보정된 원격탐사 자료
L_T = 경사진 지형에 대해 관측되는 방사도, 즉 원시 원격탐사 자료
θ_o = 태양 천정각
i = 화소 법선에 대한 태양 입사각

유감스럽게도 이 방법은 지상의 화소에 똑바로 입사하는 복사조도만을 모델링한다. 대기에서의 산란이나 주변 산악지형에 의한 빛의 반사는 고려하지 않는다. 결과적으로 복사조도가 적은 지형에 코사인 보정이 적용된 경우 밝기값이 제대로 반영되지 않는다. 기본적으로 코사인 i값이 작을수록 과보정이 이루어진다(Meyer et al., 1993). 그럼에도 불구하고 일부 연구자들은 코사인 보정이 가치가 있다고 하였다. 예를 들어 Civco(1989)의 경우, 영상의 각 밴드에 대해 보정계수를 경험적으로 구하여 코사인 보정과 함께 사용하여 좋은 결과를 얻었다.

Minnaert 보정

Teillet 등(1982)이 기본 코사인 법칙을 이용한 Minnaert 보정 기법을 소개했다.

$$L_H = L_T \left(\frac{\cos\theta_o}{\cos i}\right)^k \tag{6.38}$$

여기서 k는 Minnaert 상수.

k는 0~1의 값을 가지는데 확산이 균등하게 이루어지는 정도를 나타낸다. 완벽한 균등확산면(Lambertian 표면)의 경우 k=1의 값을 가지며 기존의 코사인 보정식과 같게 된다. Meyer 등(1993)은 경험적으로 k값을 구하는 방법에 대해 설명하고 있다. Lu 등(2008)이 개발한 화소기반 Minnaert 보정기법은 산악지형을 포함한 Landsat ETM$^+$ 자료에 적용된 결과 지형 기복 효과를 감소시킨 것으로 나타났다.

경험적 통계 보정

영상에서 각 화소마다 DEM에서 예측한 조도(cos i×100)와 실제 원격탐사 자료를 서로 연계시킬 수 있다. 예를 들어 Meyer 등(1993)은 스위스의 일고 있는 산림지역에 대한 Landsat TM 영상과 고해상도 DEM으로부터 추출한 예측 조도를 상관분석하였는데, 회귀선의 기울기로부터 일정한 종류의 식생지역이 지형 경사에 따라 다르게 나타남을 보였다. 반대로 분포의 통계적인 관계를 고려하면, 회귀선은 다음 식에 기초하여 회전할 수 있다.

$$L_H = L_T - \cos(i)m - b + \overline{L_T} \tag{6.39}$$

L_H = 수평 표면에 대해 관측된 방사도, 즉 경사-향 보정된 원격탐사 자료
L_T = 경사 지형에 대해 관측된 방사도, 즉 원시 원격탐사 자료
$\overline{L_T}$ = 산림 화소에 대한 평균 L_T(지상참조자료에 의거)
i = 화소 법선에 대한 태양의 입사각(그림 6-36)
m = 회귀선의 기울기
b = 회귀선의 y절편

위 식을 적용하면 특정 종류의 낙엽수와 같은 어떤 특정한 물체가 코사인 i와 무관하게 되어 이 물체가 영상 전체에 대하여 같은 밝기값 또는 방사도를 가지게 된다.

C 보정

Teillet 등(1982)은 c 보정이라는 추가적인 보정법을 소개하였다.

$$L_H = L_T \frac{\cos\theta_o + c}{\cos i + c} \tag{6.40}$$

여기서

앞의 회귀방정식에서 $c = b/m$

Minnaert 상수와 유사하게, c는 분모를 증가시키며 매우 작은 밝기값에 대한 과보정을 다시 약화시키는 효과가 있다.

국지적 연관 필터

Shepherd 등(2014)은 국지적 연관 필터(local correlation filter)를 전정색 영상 자료와 동일 지역에 대한 수치고도자료에 적용하였다. 7×7 화소 크기의 이동 필터를 적용한 결과 수치고도자료와 정사위성자료 간에 나타나는 중첩불일치가 발생함을 파악하였다. 국지적 연관 필터를 적용한 결과, 입력자료로 쓰인 7×7 필터창 내의 전정색 밴드자료와 수치고도자료 간의 평균 상관계수는 0.71로 개선되었다. 이를 통해 연구진은 연관필터의 적용으로 높은 빈도를 가진 자료 결합의 대부분을 제거할 수 있음을 제시하였다.

참고문헌

Agrawal, G., and J. Sarup, 2011, "Comparison of QUAC and FLAASH Atmospheric Correction Modules on EO-1 Hyperion Data of Sanchi," *International Journal of Advanced Engineering Sciences and Technologies*, 4(1):178-186.

Alder-Golden, S. M., Acharya, P. K., Berk, A., Matthew, M. W., and D. Gorodetzky, 2005, "Remote Bathymetry of the Littoral Zone from AVIRIS, LASH, and QuickBird Imagery," *IEEE Transactions on Geoscience and Remote Sensing*, 43(2): 337-347.

Alder-Golden, S. M., Matthew, M. W., Bernstein, L. S., Levine, R. Y., Berk, A., Richtsmeier, S. C., Acharya, P. K., Anderson, G. P., Felde, G., Gardner, J., Hoke, M., Jeong, L. S., Pukall, B., Mello, J., Ratkowski, A., and H. H. Burke, 1999, "Atmospheric Correction for Short-wave Spectral Imagery Based on MODTRAN4," *SPIE Proceedings on Imaging Spectrometry V*, 3753:61-69.

ASTER Spectral Library, 2014, contains the *Johns Hopkins University Spectral Library, Jet Propulsion Laboratory Spectral Library,* and the *U.S. Geological Survey Spectral Library*, Pasadena: NASA JPL, http://speclib.jpl.nasa.gov/.

Baldridge, A. M., Hook, S. J., Grove, C.I., and G. Rivera, 2009, "The ASTER Spectral Library Version 2.0," *Remote Sensing of Environment*, 113:711-715.

Bernstein, L. S., Alder-Golden, S. M., Sundberg, R., and A. Ratkowski, 2008, "In-scene-based Atmospheric Correction of Uncalibrated VISible-SWIR (VIS-SWIR) Hyper- and Multispectral Imagery," *Proceedings*, Europe Security and Defense, Remote Sensing, Volume 7107 (2008), 8 p.

Caselles, V., and M. J. Garcia, 1989, "An Alternative Simple Approach to Estimate Atmospheric Correction in Multitemporal Studies," *International Journal of Remote Sensing*, 10(6):1127-1134.

Chrysoulakis, N., Abrams, M., Feidas, H., and K. Arai, 2010, "Comparison of Atmospheric Correction Methods using ASTER Data for the Area of Crete: the ATMOSAT Project," *International Journal of Remote Sensing*, 31:6347-6385.

Civco, D. L., 1989, "Topographic Normalization of Landsat Thematic Mapper Digital Imagery," *Photogrammetric Engineering & Remote Sensing*, 55(9):1303-1309.

Colwell, R. N., (Ed.), 1983, *Manual of Remote Sensing*, 2nd ed., Falls Church, VA: American Society of Photogrammetry, 2440 p.

Congalton, R. G., and K. Green, 2009, *Assessing the Accuracy of Remotely Sensed Data: Principles and Practices*, Boca Raton, FL: Lewis Publishers, 183 p.

Cracknell, A. P., and L. W. Hayes, 1993, "Atmospheric Corrections to Passive Satellite Remote Sensing Data," Chapter 8 in *Introduction to Remote Sensing*, London: Taylor & Francis, 116-158.

Du, Y., Teillet, P., and J. Cihlar, 2002, "Radiometric Normalization of Multitemporal High-resolution Satellite Images with Quality Control for Land Cover Change Detection," *Remote Sensing of Environment*, 82:123.

Eckhardt, D. W., Verdin, J. P., and G. R. Lyford, 1990, "Automated Update of an Irrigated Lands GIS Using SPOT HRV Imagery," *Photogrammetric Engineering & Remote Sensing*, 56(11):1515-1522.

ERDAS ATCOR, 2014, *ATCOR for ERDAS Imaging—Atmospheric Correction for Professionals*, http://www.geosytems.de/atcor/index.html.

Exelis Atmospheric Correction, 2014, *About the ENVI AtmosphericCorrection Module*, Boulder: Exelis, Inc., http://www.exelisvis.com/docs/AboutAtmosphericCorrection-Module.html.

Exelis FLAASH Hyperspectral, 2014, *ENVI Classic Tutorial: Atmospherically Correcting Hyperspectral Data Using FLAASH*, Boulder: Exelis, Inc., 8 p., http://www.exelisvis.com/portals/0/pdfs/envi/FLAASH_Hyperspectral.pdf.

Exelis FLAASH Multispectral, 2014, *ENVI Classic Tutorial: Atmospherically Correcting Multispectral Data Using FLAASH*, Boulder: Exelis, Inc., 14 p., http://www.exelis vis.com/portals/0/pdfs/envi/FLAASH_Multispectral.pdf.

Exelis QUAC, 2014, *QUick Atmospheric Correction (QUAC)*, Boulder: Exelis, Inc., http://www.exelisvis.com/docs/QUAC.html and http://www.exelisvis.com/docs/BackgroundQUAC.html

Felde, G. W., Anderson, G. P., Alder-Golden, S. M., Matthew, M., and A. Berk, 2003, "Analysis of Hyperion Data with the FLAASH Atmospheric Correction Algorithm: Algorithms and Technologies for Multispectral, Hyperspectral, and Ultraspectral Imagery," *SPIE Aerosense Conference*, Orlando, 21-25, April 2003.

Gao, B. C., Montes, M. J., Davis, C. O., and A. F. H. Goetz, 2009, "Atmospheric Correction Algorithms for Hyperspectral Remote Sensing of Land and Ocean," *Remote Sensing of Environment*, 113:S17-S24.

German Aerospace Center, 2014, *Atmospheric Correction,* German Aerospace Center, http://www.dlr.de/eoc/en/desktopdefault.aspx/tabid-5450/10028_read-20715/.

Green, R. O., 2003, "Introduction to Atmospheric Correction," Chapter 2 in *ACORN Tutorial*, Boulder: Analytical Imaging and Geophysics, LLC, 12-18.

Hadjimitisis, D. G., Papadavid, G., Agapiou, A., Themistocleous, K., Hadjimitisis, M. G., Retalis, A., Michaelides, S., Chrysoulakis, N., Toulios, L., and C. R. Clayton, 2010, "Atmospheric Correction for Satellite Remotely Sensed Data Intended for Agricultural Applications: Impact on Vegetation Indices," *Natural Hazards Earth System Science*, 10:89-95.

Hall, F. G., Strebel, D. E., Nickeson, J. E., and S. J. Goetz, 1991, "Radiometric Rectification: Toward a Common Radiometric Response Among Multidate, Multisensor Images," *Remote Sensing of Environment*, 35:11-27.

He, Q., and C. Chen, 2014, "A New Approach for Atmospheric Correction of MODIS Imagery in Turbid Coastal Waters: A Case Study for the Pearl River Estuary, *Remote Sensing Letters,* 5(3):249-257.

Heo, J. and F. W. Fitzhugh, 2000, "A Standardized Radiometric Normalization Method for Change Detection Using Remotely Sensed Imagery," *ISPRS Journal of Photogrammetry and Remote Sensing*, 60:173-181.

ImSpec ACORN, 2014, *ACORN 6.1x,* Boulder: ImSpec, LLC, http://www.imspec.com/.

Jensen, J. R., and R. R. Jensen, 2013, *Introductory Geographic Information Systems*, Boston: Pearson, 400 p.

Jensen, J. R., Botchway, K., Brennan-Galvin, E., Johannsen, C., Juma, C., Mabogunje, A., Miller, R., Price, K., Reining, P., Skole, D., Stancioff, A., and D. R. Taylor, 2002, *Down to Earth: Geographic Information for Sustainable Development in Africa*, Washington: National Academy Press, 155 p.

Jensen, J. R., Cowen, D., Narumalani, S., Weatherbee, O., and J. Althausen, 1993, "Evaluation of CoastWatch Change Detection Protocol in South Carolina," *Photogrammetric Engineering & Remote Sensing*, 59(6):1039-1046.

Jensen, J. R., Hadley, B. C., Tullis, J. A., Gladden, J., Nelson, S., Riley, S., Filippi, T., and M. Pendergast, 2003, *2002 Hyperspectral Analysis of Hazardous Waste Sites on the Savannah River Site*, Aiken, SC: Westinghouse Savannah River Company, WSRC-TR-2003-0025, 52 p.

Jensen, J. R., Rutchey, K., Koch, M., and S. Narumalani, 1995, "Inland Wetland Change Detection in the Everglades Water Conservation Area 2A Using a Time Series of Normalized Remotely Sensed Data," *Photogrammetric Engineering & Remote Sensing*, 61(2):199-209.

Johannsen, C. J., and C. S. T. Daughtry, 2009, "Chapter 17: Surface Reference Data Collection," in Warner, T. A., Nellis, M. D. and G. M. Foody (Eds.), *The Sage Handbook of Remote Sensing*, Los Angeles: Sage Publications, 244-256.

Kaufman, Y. J., Wald, A. E., Remer, L. A., Gao, B. C., Li, R. R., and F. Flynn, 1997, "The MODIS 2.1-mm Channel Correlation with Visible Reflectance for Use in Remote Sensing of Aerosol," *IEEE Transactions on Geoscience and Remote Sensing*, 35:1286-1298.

Konecny, G., 2014, *Geoinformation: Remote Sensing, Photogrammetry and Geographic Information Systems*, Boca Raton: CRC Press, 416 p.

Kruse, F. A., 2004, "Comparison of ATREM, ACORN, and FLAASH Atmospheric Corrections using Low-Altitude AVIRIS Data of Boulder, Colorado," *Proceedings 13th JPL Airborne Geoscience Workshop*, Jet Propulsion Laboratory, 31 March－2 April 2004, Pasadena, CA, JPL Publication 05-3, at ftp://popo.jpl.nasa.gov/pub/docs/workshops/04_docs/Kruse-JPL2004_ATM_Compare.pdf.

Lu, D., Ge, H., He, S., Xu, A., Zhou, G., and H. Du, 2008, "Pixel-based Minnaert Correction for Reducing Topographic Effects on a Landsat ETM$^+$ Image," *Photogrammetric Engineering & Remote Sensing*, 74(11):1343-1350.

Matthew, M., Alder-Golden, S., Berk, A., Felde, G., Anderson, G., Gorodestzky, D., Paswaters, S., and M. Shippert, 2003, "Atmospheric Correction of Spectral Imagery: Evaluation of the FLAASH Algorithm with AVIRIS Data," *SPIE Proceeding, Algorithm and Technologies for Multispectral, Hyperspectral, and Ultraspectral Imagery IX.*

Matthew, M., Alder-Golden, S., Berk, A., Richtsmeier, S., Levin, R., Bernstein, L., Acharya, P., Anderson, G., Felde, G., Hoke, M., Ratkowski, A., Burke, H., Kaiser, R., and D. Miller, 2000, "Status of Atmospheric Correction Using a MODTRAN4-based Algorithm," *SPIE Proceedings Algorithms for Multispectral, Hyperspectral, and Ultraspectral Imagery VI*, 4049:199-207.

McCoy, R., 2005, *Field Methods in Remote Sensing*, NY: Guilford, 159 p.

Meyer, P., Itten, K. I., Kellenberger, T., Sandmeier, S., and R. Sandmeier, 1993, "Radiometric Corrections of Topographically Induced Effects on Landsat TM Data in an Alpine Environment," *ISPRS Journal of Photogrammetry and Remote Sensing* 48(4):17-28.

Miller, S. W., and E. Vermote, 2002, *NPOESS Visible/Infrared Imager/Radiometer Suite: Algorithm Theoretical Basis Document*, Version 5, Lanham, MD: Raytheon, 83 p.

Milman, A. S., 1999, *Mathematical Principles of Remote Sensing: Making Inferences from Noisy Data*, Ann Arbor, MI: Ann Arbor Press, 37 p.

Moran, S. M., Bryant, R. B., Clarke, T. R., and J. Qi, 2001, "Deployment and Calibration of Reference Reflectance Tarps for Use with Airborne Imaging Sensors," *Photogrammetric Engineering & Remote Sensing*, 67(3):273-286.

Nassau, K., 1983, *The Physics and Chemistry of Color: The Fifteen Causes of Color*, NY: John Wiley & Sons.

Nassau, K., 1984, "The Physics of Color," in *Science Year 1984*, Chicago: World Book, 126-139.

Pedrotti, L. S., 2014, "Basic Geometrical Optics," in *Fundamentals of Photonics*, SPIE International Society for Optics and Photonics, 1-44, available free from http://spie.org/x17229.xml.

Ready, J., 2014, "Optical Detectors and Human Vision," in *Fundamentals of Photonics*, SPIE International Society for Optics and Photonics, 1-38, available free from http://spie.org/x17229.xml.

Richards, J. A., 2013, *Remote Sensing Digital Image Analysis*, 5th Ed., New York: Springer-Verlag, 494 p.

Richter, R., and D. Schlapfer, 2014, *Atmospheric / Topographic Correction for Airborne Imagery: ATCOR-4 User Guide*, DLR–German Aerospace Center, 226 p., http://www.rese.ch/pdf/atcor4_manual.pdf.

Rutchey, K., and L. Vilchek, 1994, "Development of an Everglades Vegetation Map Using a SPOT Image and the Global Positioning System," *Photogrammetric Engineering & Remote Sensing*, 60(6):767-775.

San, B. T., and M. L. Suzen, 2010, "Evaluation of Different Atmospheric Correction Algorithms for EO-1 Hyperion Imagery," *Intl. Archives of Photogrammetry, Remote Sensing and Spatial Information Science*, 38(8):392-397.

Schott, J. R., Salvaggio, C., and W. J. Wolchok, 1988, "Radiometric Scene Normalization Using Pseudoinvariant Features," *Remote Sensing of Environment*, 26:1-16.

Seeber, F., 2014, "Light Sources and Laser Safety," in *Fundamentals of Photonics*, SPIE International Society for Optics and Photonics, 1-34, available free from http://spie.org/x17229.xml.

Shepherd, J. D., Dymond, J. R., Gillingham, S., and P. Bunting, 2014, "Accurate Registration of Optical Satellite Imagery with Elevation Models for Topographic Correction," *Remote Sensing Letters*, 5(7):637-641.

Slater, P. N., 1980, *Remote Sensing Optics and Optical Systems*. Reading, MA: Addison-Wesley, 575 p.

Smith, G. M., and E. J. Milton, 1999, "The Use of Empirical Line Method to Calibrate Remotely Sensed Data to Reflectance," *International Journal of Remote Sensing*, 20:2653-2662.

Song, C., Woodcock, C. E., Soto, K. C., Lenney, M. P. and S. A. Macomber, 2001, "Classification and Change Detection Using Landsat TM Data: When and How to Correct Atmospheric Effects?" *Remote Sensing of Environment*, 75:230-244.

Strahler, A. N., and A. H. Strahler, 1989, *Elements of Physical Geography*, 4th ed., New York: John Wiley & Sons, 562 p.

Teillet, P. M., Guindon, B., and D. G. Goodenough, 1982, "On the Slope-aspect Correction of Multispectral Scanner Data," *Canadian Journal of Remote Sensing*, 8(2):84-106.

Vandergriff, L. J., 2014, "Module 1.1: Nature and Properties of Light," in *Fundamentals of Photonics*, SPIE International Society for Optics and Photonics, 1-38, available free from http://spie.org/x17229.xml.

Vermote, E., Tanre, D., Deuze, J. L., Herman, M., and J. J. Morcrette, 1997, *Second Simulation of the Satellite Signal in the Solar Spectrum (6S)*, Code 923, Washington: NASA Goddard Space Flight Center, 54 p.

Vermote, E. F., El Saleous, N. Z., and C. O. Justice, 2002, "Atmospheric Correction of MODIS Data in the Visible to Middle Infrared: First Results," *Remote Sensing of Environment*, 83:97-111.

7 기하보정

만약 모든 원격탐사 영상이 이미 적절한 기하학적 위치(*x*, *y*)를 가지고 있다면 매우 좋을 것이다. 이는 마치 각 영상이 지도처럼 사용될 수 있음을 뜻하는데, 유감스럽게도 실제로는 그렇지 않다. 대신 일반적으로 원격탐사 자료를 **전처리**(preprocess)함으로써 기하학적 왜곡을 줄여 개개 화소들이 적절한 평면 지도 상의 지점(*x*, *y*)에 위치하도록 할 수 있다(Purkis and Klemas, 2011). 이는 원격탐사에서 추출된 정보가 지리정보시스템(GIS)이나(Merchant and Narumalani, 2009; Jensen and Jensen, 2013) 공간의사결정지원시스템(SDSS)에서 다른 주제정보와 쉽게 연결되도록 한다(Marcomini et al., 2008; Sugumaran and DeGrotte, 2010). 기하보정된 영상은 정확한 거리, 폴리곤 면적, 그리고 방위를 측정하는 데 사용될 수 있다(Gonzalez and Woods, 2007; Wolf et al., 2013). 기하학적으로 부정확한 원격탐사 자료는 이로부터 도출된 산출물에 매우 심각한 영향을 미칠 수 있다(McRoberts, 2010).

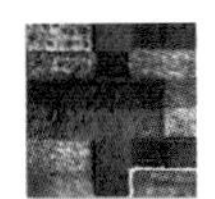

내부 및 외부 기하오차

원격탐사 영상은 전형적으로 내부 및 외부적인 기하오차를 가지고 있다. 이러한 내부 및 외부오차의 원인과 그것이 예측 가능한 체계적 오차인지 임의적인 비체계적 오차인지를 아는 것은 중요하다. 체계적인 기하오차는 일반적으로 임의적인 기하오차보다 식별과 보정이 쉽다.

내부기하오차

내부기하오차(internal geometric errors)는 일반적으로 원격탐사 시스템 자체나 지구자전, 혹은 곡률 특성에 의해 야기된다. 이들 왜곡은 종종 예측 가능한 체계성을 띠고 있어서 식별 가능하며 발사준비단계 혹은 운행 중인 탑재체의 천문력을 이용하여 보정될 수 있다. 즉 영상 수집시기의 센서 시스템과 지구의 기하학적 특성에 대한 정보를 이용해 이러한 왜곡을 보정한다. 센서 특성과 천문력 자료의 분석을 통해 때때로 보정될 수 있는 영상 내 기하왜곡은 다음과 같다.

- 지구자전효과에 의한 휨 현상
- 스캐닝 시스템에 의한 지상 해상도 셀 크기의 변화
- 스캐닝 시스템에 의한 1차원 기복변위
- 스캐닝 시스템에 의한 접선방향 축척 왜곡

지구자전효과에 의한 휨 현상

지구관측용 태양동주기 위성들은 일반적으로 고정된 궤도를 가지고 북에서 남으로 내려가면서 일련의 경로 영상들을 수집한다(그림 7-1a). 그동안 위성 아래의 지구는 자전을 하며 자전축을 기준으로 매 24시간마다 서에서 동으로 한 바퀴를 돈다. 원격탐사 시스템의 고정된 궤도 경로와 지구자전 사이의 상호작용은 수집되는 영상의 기하에 **휨 현상**을 일으킨다. 예를 들어, Landsat ETM$^+$에 의해 수집된 3개의 스캔(각 스캔은 16개의 라인으로 구성)을 보자. 만약 자료의 휨 현상을 보정하지 않았다면, 자료는 그림 7-1b에서처럼 부정확하게 보일 것이다. 이것이 바르게 보일지라도 실제로는 그렇지 않은데 왜냐하면 이 행렬이 지구자전효과를 고려하지 못했기 때문이다. 실제로 이 자료는 예측 가능한 정도로 **동쪽으로** 휘어져 있다.

반대로, 만약 그 자료의 휨 현상을 보정하였다면, 16개의 라인으로 구성된 단일 스캔 내의 모든 화소는 디지털 영상처리 시스템에 의해 일정한 양만큼 **서쪽으로** 조정될 것이다(그림 7-1c). **휨 현상 보정**은 위성 센서 시스템의 각속도와 지구표면의 자전속도 사이의 상호작용에 대한 보정을 하기 위해 한 프레임의 영상에서 체계적으로 화소들의 위치를 서쪽으로 옮기는 것으로 정의된다. 이 조정은 각 스캔에서의 모든 화소를 인접 스캔과 비교하여 적절한 위치에 있도록 한다. 장방형의 래스터 포맷을 유지하기 위해 비어 있는 화소에는 0값을 적용한다. 서쪽으로 옮겨지는 변위는 위성과 지구의 상대적인 속도와 기록되는 영상 프레임의 길이에 대한 함수이다.

대부분의 위성영상 제공자는 그림 7-1c에 나와 있는 논리를 사용하여 자동적으로 휨 현상을 보정하여 사용자에게 영상을 제공한다. 우선 지구의 표면속도(v_{earth})는 다음과 같이 계산된다.

$$v_{earth} = \omega_{earth}\, r \cos\lambda \tag{7.1}$$

r은 지구 반지름(6.37816Mm)이고 ω_{earth}는 특정 위도(λ)에서의 지구 회전 각속도(72.72μrad s^{-1})이다. 그러므로 위도 33°N에 위치한 사우스캐롤라이나 주 찰스턴 지역에서는 지구표면 속도가 다음과 같이 계산된다.

$$v_{earth} = 72.72\ \mu\text{rad s}^{-1} \times 6.37816\ \text{Mm} \times 0.83867$$

$$v_{earth} = 389\ \text{m s}^{-1}$$

다음에는 지상에서의 전형적인 원격탐사 영상 프레임(F)을 위성이 스캔하는 데 걸리는 시간을 결정해야 한다. 이 예에서는 Landsat 1, 2, 3에 탑재된 MSS와 Landsat 4, 5, 7의 TM 및 ETM$^+$에 의해 수집된 185km의 프레임을 생각해 보자. Landsat 1, 2, 3은 1.014mrad s^{-1}의 각속도($\omega_{land123}$)를 가지며, Landsat 4, 5, 7은 1.059mrad s^{-1}의 각속도($\omega_{land457}$)를 가지고 있다(Williams, 2003).[1] 그러므로 전형적인 185km 프레임의 Landsat MSS 영상(WRS1 궤도)을 스캔하기 위해서는 다음의 시간이 걸릴 것이다.

$$s_t = \frac{L}{r \times \omega_{land123}} \tag{7.2}$$

$$s_t = \frac{185\ \text{km}}{(6.37816\ \text{Mm})(1.014\ \text{mrad s}^{-1})} = 28.6\ s$$

185km 프레임의 Landsat 4, 5, 7 영상(WRS2 궤도)을 스캔하기 위해서 걸리는 시간은 다음과 같다.

지구자전에 의한 자료 밀림(치우침)현상 보정

$$s_t = \frac{185\ \text{km}}{(6.37816\ \text{Mm})(1.059\ \text{mrad s}^{-1})} = 27.4\ s$$

그러므로 185km 프레임의 Landsat MSS 영상이 사우스캐롤라이나 주 찰스턴 지역(위도 32°N)에서 수집되는 동안 지구표면은 다음과 같이 동쪽으로 이동한다.

$$\Delta x_{east} = v_{earth} \times s_t \tag{7.3}$$

$$\Delta x_{east} = 389\ \text{m s}^{-1} \times 28.6\ \text{s} = 11.12\ \text{km}$$

이와 유사하게, 185km 프레임의 Landsat ETM$^+$ 영상이 수집되는 동안 지구표면은 다음과 같이 동쪽으로 이동한다.

$$\Delta x_{east} = 389\ \text{m s}^{-1} \times 27.39\ \text{s} = 10.65\ \text{km}$$

이는 대략 Landsat 1, 2, 3 MSS와 Landsat TM 4, 5, 7 영상의 185km 프레임 크기의 6%에 해당한다(예 : 11.12/185＝0.06, 10.65/185＝0.057). 다행히 상업용 및 공공용 원격탐사 영상 제공자에 의해 제공되는 대부분의 위성영상은 스캔라인마다 적절한 양만큼 휨 현상이 보정되어 있다.

이상에서 기술한 휨 현상은 Landsat TM, ETM$^+$와 같은 스캐닝 센서뿐 아니라 SPOT HRV, DigitalGlobe사의 WorldView-2, 그리고 GeoEye사의 GeoEye-1과 같은 푸쉬브룸(pushbroom) 센서에서도 나타나는 현상이다. 지구가 자전하는 동안 영상을 수

1 Landsat 1, 2, 3(WRS1 궤도)에 대해서는 각속도가 1.014mrad/s[＝(251경로/주기×2π×1,000mrad/경로)/(18일/주기×86,400s/일)]. Landsat 4, 5, 7(WRS2 궤도)에 대해서는 각속도가 1.059mrad/s[＝(233경로/주기×2π×1,000mrad/경로)/(16일/주기×86,400s/일)].

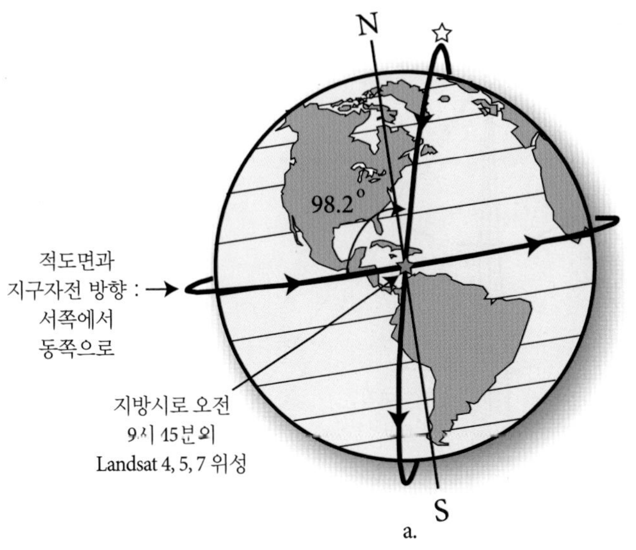

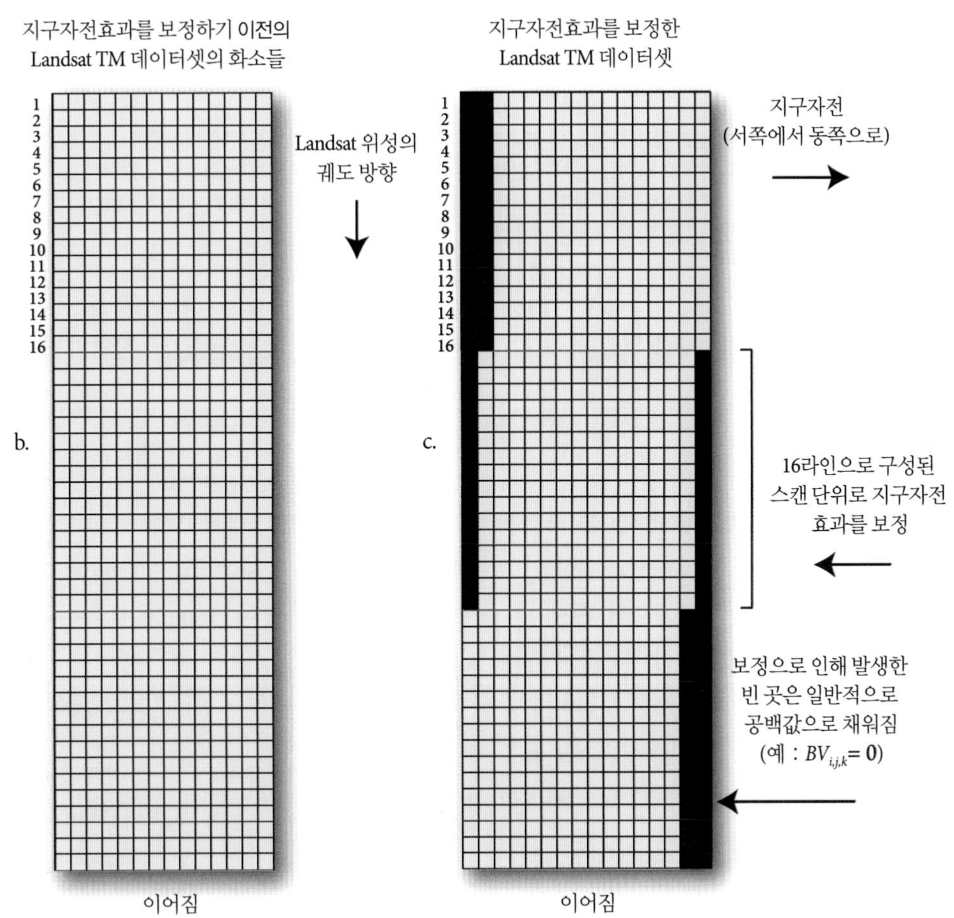

그림 7-1 a) Landsat 4, 5, 7 위성은 98.2°의 궤도 경사각을 가지고 태양동주기 궤도를 돌고 있다. 지구는 영상이 수집되는 동안 서쪽에서 동쪽으로 자전축을 기준으로 회전한다. b) Landsat TM 영상의 3개의 가상 스캔(각 16라인으로 구성)에 있는 화소들. 행렬(래스터)이 비록 바르게 보일지라도 실제로는 체계적인 기하학적 왜곡을 가지고 있는데, 이 왜곡은 한 프레임의 영상이 수집되는 동안 지구는 자전축을 따라 회전하고 이 때문에 지표면의 회전 속도와 관련하여 위성이 궤도 경로를 따라 내려오면서 가지는 각속도에 의해 야기된다. c) 지구자전효과를 보상하기 위해 Landsat TM 영상을 서쪽으로 조정(휨 현상 보정)시킨 결과. Landsat 4, 5, 7 위성은 양방향 궤도교차 스캐닝 거울을 사용하고 있다(NASA, 1998).

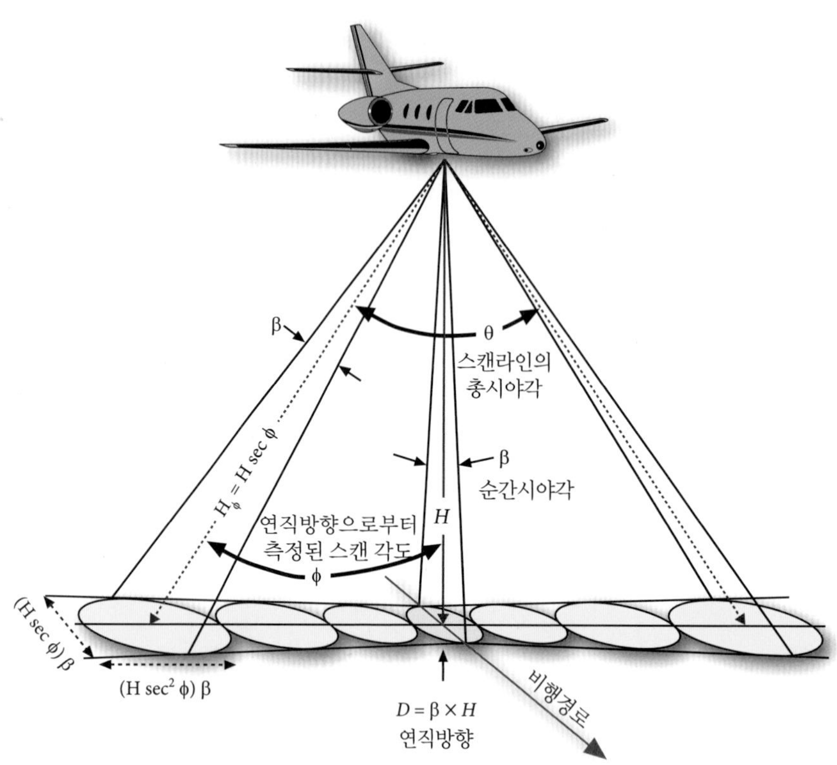

그림 7-2 궤도교차 방향의 단일 스캔을 따라 발생하는 지상 해상도 셀 크기는 a) 탑재체와 관측 대상물까지의 거리(연직방향에서는 탑재체의 고도인 *H*, 연직방향에서 벗어난 경우는 *H* sec ϕ가 됨)와 b) 라디안으로 측정된 센서의 순간시야각(β), c) 연직방향으로부터 측정된 스캔 각도(ϕ)의 함수이다. 연직방향에서 벗어난 화소들은 해상도 셀의 크기를 결정하는 반장축과 반단축(즉 2개의 직경)을 가지고 있다. 한 스캔라인의 총시야각은 θ이다. 1차원의 기복변위와 접선방향 축척 왜곡은 비행경로에 수직인 방향과 스캔라인에 평행한 방향에서 발생한다.

집하는 고정궤도를 가진 모든 원격탐사 시스템은 영상 프레임에 휨 현상이 발생한다.

스캐닝 시스템에 의한 지상 해상도 셀 크기의 변화

Landsat 7, ASTER 영상과 같은 대용량의 원격탐사 자료가 스캐닝 시스템을 이용하여 수집되고 있다. 다행스럽게도, 위성 다중분광 스캐닝 시스템은 지구표면에서 수백 킬로미터 위(예 : Landsat 7 영상은 705km AGL에서 수집된다)에서 자료를 수집하기 때문에 연직방향에서 단 몇 도 이내로 자료를 수집하며, 이는 스캐닝 시스템에 의해 야기되는 왜곡의 양을 최소화한다. 반대로, 주로 항공기 탑재체를 이용한 비궤도 다중분광 스캐닝 시스템은 지구표면에서 단 수십 킬로미터 위에서 영상을 수집하기 때문에 시야각이 70°에 이를 수도 있다. 이는 수많은 종류의 기하학적 왜곡을 야기해서 보정이 어려울 수도 있다.

지상관측폭(ground swath width, *gsw*)은 스캐닝 거울이 돌아가는 한 주기 동안 원격탐사 시스템에 의해 관측되는 지형의 폭이다. 이는 센서 시스템의 총시야각(θ)과 지상으로부터 센서 시스템까지의 거리, 즉 고도(*H*) 사이의 함수(그림 7-2)로 다음과 같이 계산된다.

$$gsw = \tan\left(\frac{\theta}{2}\right) \times H \times 2 \qquad (7.4)$$

예를 들어, 90°의 총시야각과 6,000m의 고도를 가진 스캐닝 시스템의 지상관측폭은 12,000m가 될 것이다.

$$gsw = \tan\left(\frac{90}{2}\right) \times 6{,}000 \times 2$$
$$gsw = 1 \times 6{,}000 \times 2$$
$$gsw = 12{,}000 \text{ m}$$

궤도교차 스캐너[2] 영상을 사용하는 대부분의 과학자들은 관측폭의 70%(연직방향에서 양쪽으로 35%)에 해당하는 중앙부분만을 사용하기도 하는데, 왜냐하면 지상 해상도가 연직방향으로부터 멀어질수록 더 큰 셀 크기를 가지기 때문이다.

2 역주 : 궤도에 수직인 방향으로 스캔하는 센서

수직항공사진의 투시 기하

산림
도로
주점(PP)
연못
비행
경로
탱크
산림
a.

1차원 기복변위와 접선방향 축척 왜곡을 가진
궤도교차 스캐너 자료의 기하

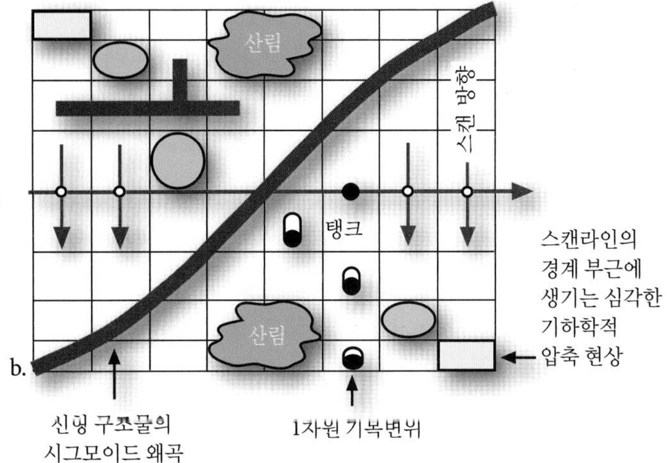

그림 7-3 a) 지표 구조물을 찍은 수직항공사진의 가상적 투시 기하. 4개의 50ft.짜리 탱크가 서로 떨어져서 분포하고 있으며 주점으로부터 멀어질수록 방사상의 기복변위의 정도도 심해짐을 알 수 있다. 궤도교차 스캐닝 시스템은 대상물이 연직방향에서 멀어질수록 비행경로에 수직으로 1차원 기복변위와 접선방향 축척 왜곡 및 압축을 야기한다. 지표면을 가로지르는 선형 구조물은 종종 S자 모양이나 시그모이드(sigmoid) 곡선 형태로 기록되는데, 이는 접선방향 축척 왜곡과 영상 압축에 기인한다.

연직방향에서 센서에 의해 보이는 원형의 지상영역의 직경(D)은 밀리라디안(mrad)으로 측정되는 스캐너의 순간시야각(β)과 스캐너의 고도(H)의 함수($D = \beta \times H$)이다. 스캐너의 순간시야각이 연직방향에서 멀어져 갈수록 원은 타원형이 되는데, 이는 항공기로부터 지상의 해상도 셀에 이르는 거리가 계속 증가하기 때문이다(그림 7-2). 사실 항공기로부터 지상 셀까지의 거리(H_ϕ)는 자료수집 시 연직방향으로부터의 스캔 각(ϕ)과 항공기의 실제 고도(H) 사이의 함수이다(Lillesand et al., 2008).

$$H_\phi = H \times \sec\phi \tag{7.5}$$

따라서 지상 해상도 셀 크기는 스캔 각이 연직방향으로부터 멀어짐에 따라 증가한다. 이 각 위치에서 타원형의 해상도 셀의 명목(평균) 직경(D_ϕ)은 다음과 같다.

비행경로 방향으로는

$$D_\phi = (H \times \sec\phi) \times \beta \tag{7.6}$$

이에 직교하는 스캐닝 방향으로는

$$D_\phi = (H \times \sec^2\phi) \times \beta \tag{7.7}$$

궤도교차 스캐너 영상을 사용하는 과학자들은 일반적으로 연직방향에서의 셀의 지상 공간해상도(D)에만 관심을 가진다. 만약 연직방향으로부터 일정 각(ϕ)만큼 떨어진 방향에서의 화소에 대해 정밀한 정량적 작업을 수행할 필요가 있다면, 화소에 기록되는 복사속이 일정하게 변하는 직경의 지상 해상도 셀에서 모든 표면 물질로부터 제공되는 복사속의 통합이라는 것을 기억할 필요가 있다. 전체 영상 중 중심부분 70%만 사용하면 영상의 양 가장자리 부분에서 발견되는 상대적으로 큰 화소의 영향을 줄일 수 있다.

스캐닝 시스템에 의한 1차원 기복변위

실제 수직항공사진은 순간 노출 시 항공기 바로 아래쪽인 연직방향으로 단일 주점을 가진다. 이러한 투시 기하는 고도를 가진 지형 및 지표면 위에 솟아 있는 모든 물체가 그들의 적절한 평면적 위치로부터 주점의 바깥쪽으로 방사상으로 변위되도록 한다. 예를 들어, 그림 7-3a에서 4개의 가상적 탱크가 각각 50ft. 높이를 가지고 있다고 하자. 주점으로부터의 거리가 멀면 멀수록 탱크 윗부분의 방사상 기복변위는 점점 더 커진다.

궤도교차 스캐닝 시스템을 사용하여 수집된 영상들도 기복변위를 가지고 있다. 그러나 이 경우는 단일 주점으로부터 방사상이 되는 것이 아니라, 그림 7-3b에 나와 있는 것처럼 매 스캔라인에 대해 비행경로에 수직인 방향으로 변위가 발생한다.

사실 연직방향에서 지상 해상도 요소는 각 스캔라인에서 주점처럼 기능한다. 스캐닝 시스템은 연직방향에서 탱크를 바로 내려다보는데, 그것은 마치 그림 7-3b처럼 완전한 원처럼 보인다. 지형 위의 물체의 높이가 높고 연직방향(즉 비행경로)으로부터 그 물체 꼭대기까지의 거리가 멀면 멀수록 1차원 기복변위는 더 크다. 1차원 기복변위는 비행경로에 직교하는 거울의 회전(움직임)에 대해 연직방향으로부터 양방향으로 생성된다.

비록 1차원 기복변위의 일부 측면들이 시각적 영상판독에 유용할 수 있지만, 이는 지형 위로 투영되는 물체들의 꼭대기 부분을 실제 평면 위치로부터 심각하게 변위시킨다. 그러한 영상으로부터 생성된 지도는 심각한 평면 오차를 포함하고 있다.

스캐닝 시스템에 의한 접선방향 축척 왜곡

궤도교차 스캐닝 시스템상의 거울은 일정한 속도로 회전하며 일반적으로 한 라인을 스캔하는 동안 70~120° 사이에서 지형을 바라본다. 물론 그 회전하는 양은 구체적인 센서 시스템에 따라 다르다. 그림 7-2를 보면 거울이 한 번 회전하는 동안 항공기 바로 아래, 즉 연직방향의 지형이 가장자리에 있는 지형보다 항공기에 더 가깝다는 것이 분명히 드러난다. 따라서 거울이 일정한 비율로 회전하고 있으므로, 센서는 영상의 가장자리를 스캔하는 것보다 연직방향에서 더 짧은 거리를 스캔한다. 이러한 관계는 비행경로에 수직인 축을 따라 구조물을 압축하는 경향이 있는데, 연직방향에서 지상 해상도 셀까지의 거리가 멀수록 영상 압축 또한 커지며, 이를 **접선방향 축척 왜곡**(tangential scale distortion)이라 부른다. 연직방향 근처의 구조물은 적절한 모양을 보여 주지만 비행경로의 가장자리 부근에 있는 구조물들은 압축되어 그 모양이 왜곡된다. 예를 들어, 그림 7-3b에 나와 있는 것처럼, 접선방향 축척 왜곡으로 인해 원형의 수영장과 1ha의 토지가 연직방향, 즉 비행경로로부터 멀어질수록 왜곡됨을 알 수 있다.

이처럼 스캐너 영상에 기록될 때 발생하는 접선방향 축척 왜곡과 가장자리 부분에서의 압축은 도로, 철도, 송전선 등과 같은 선형 구조물이 s자 모양 혹은 **시그모이드**(sigmoid) 형태의 왜곡을 가지게끔 한다(그림 7-3b). 흥미롭게도, 만약 선형 구조물이 비행경로와 평행하거나 수직인 경우에는 이러한 시그모이드 왜곡이 일어나지 않는다.

단일 비행경로를 통해 수집된 항공 다중분광 스캐너(MultiSpectral Scanner, MSS) 영상이라 하더라도 자료를 수집하는 동안 항공기의 좌우회전(roll), 전후회전(pitch), 수평회전(yaw) 때문에 표준 지도투영법에 맞춰 기하보정하기가 어렵다(van der Meer et al., 2009). 자료의 가장자리, 즉 비행경로에 대해 좌우 양쪽에 나타나는 V자형 틈은 항공기의 좌우회전이 있었음을 말해 준다. 그러한 자료는 평면 상에 정확히 나타내기 위해서 상당한 인력 및 기계 자원을 필요로 한다. 대부분의 상업용 영상 공급자들은 현재 항공기에 GPS를 장착하여 정밀한 비행경로 좌표를 수집하여 항공기 MSS 자료를 기하보정할 때 사용한다.

외부기하오차

외부기하오차(external geometric error)는 일반적으로 시공간을 통해 자연적으로 변하는 현상에 의해 야기된다. 원격탐사 자료에서 기하오차를 유발할 수 있는 가장 중요한 외부 요인(변수)은 자료수집 시에 항공기 혹은 우주선에 의한 임의의 움직임으로 다음을 포함한다.

- 고도 변화
- 자세 변화(좌우회전, 전후회전, 수평회전)

고도 변화

원격탐사 시스템은 이상적으로 비행경로를 따라 일정한 축척의 영상을 만들기 위해 일정한 지상높이(Above Ground Level, AGL)에서 움직여야 한다. 예를 들어, 지상 20,000ft. 상공에서 12in. 초점거리의 렌즈를 장착한 프레임 카메라로 영상을 수집한다면 그 영상의 축척은 1 : 20,000이 될 것이다. 만약 항공기나 우주선의 고도가 비행경로를 따라 점진적으로 변한다면, 영상의 축척 역시 변할 것이다(그림 7-4a). 고도가 증가하면 보다 소축척의 영상(예 : 1 : 25,000 축척)이 만들어지고, 센서 시스템의 고도가 감소하면 보다 대축척의 영상(예 : 1 : 15,000 축척)이 만들어질 것이다. 동일한 관계가 화소기반으로 영상을 수집하는 디지털 원격탐사 시스템에도 적용된다. 지상에서 점 크기의 직경(D : 명목상 공간해상도)은 센서 시스템의 순간시야각(β)과 지상 고도(H)의 함수($D = \beta \times H$)이다.

그러나 심지어 원격탐사 시스템이 일정한 지상높이에서 작동될 때에도 영상에 축척의 변화가 나타날 수 있다. 이는 지형의 고도가 점진적으로 증가하거나 감소할 때 발생한다(즉 지형이 센서 시스템으로부터 점점 가까워지거나 멀어지는 경우). 예를 들어, 만약 1,000ft. AGL에서 비행이 시작되어 2,000ft. AGL에서 끝난다면 영상의 축척은 비행경로에 따라 점점 커질 것이다.

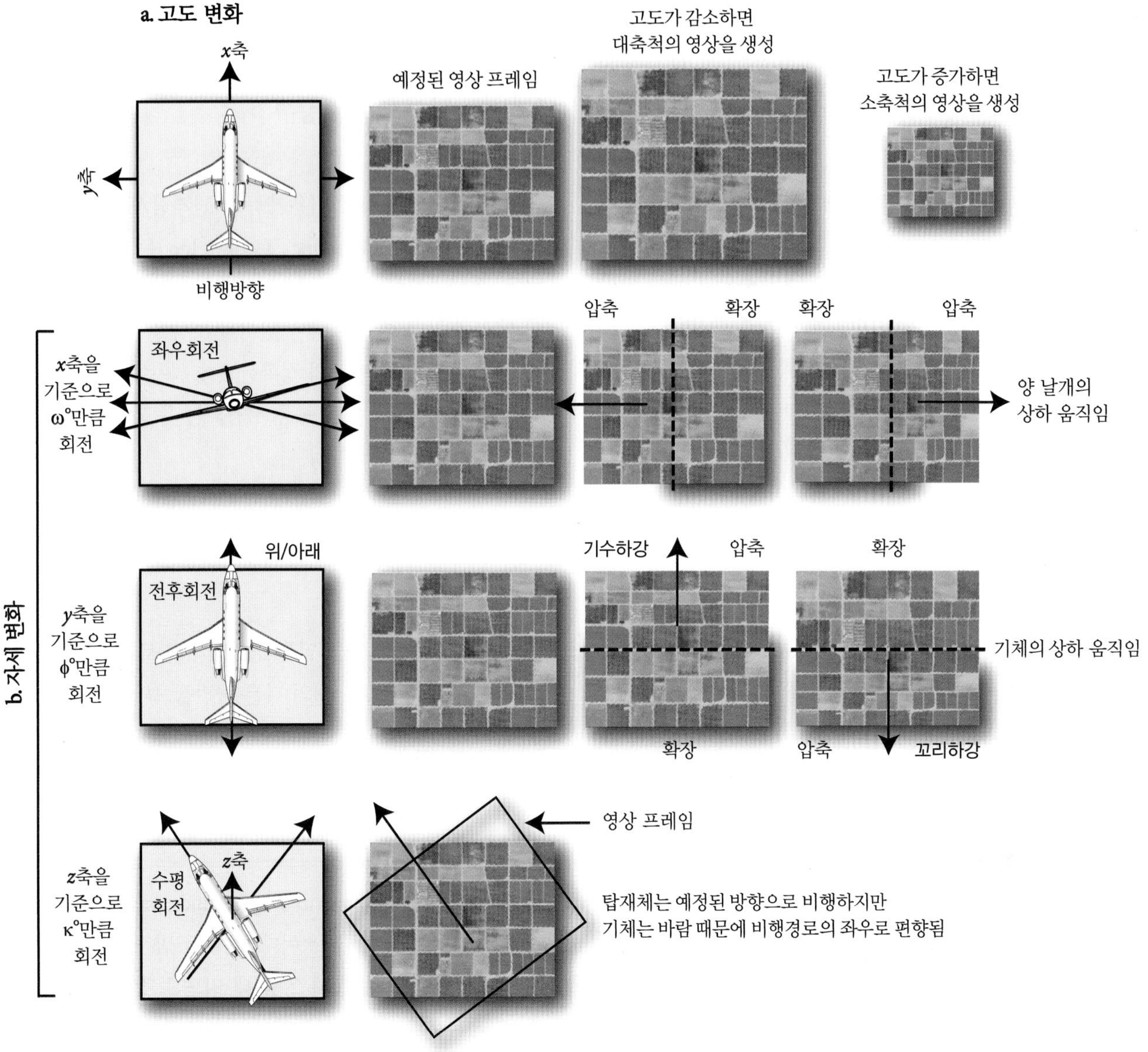

그림 7-4 a) 영상의 기하학적 왜곡은 자료수집 당시의 항공기 및 위성 탑재체의 고도 변화에 의해 야기될 수 있다. 고도가 증가하면 보다 작은 축척의 영상이 수집되는 반면, 고도가 감소하면 대축척의 영상이 수집된다. b) 기하학적 변경은 또한 항공기 및 위성 탑재체의 자세 변화(좌우회전, 전후회전, 수평회전)에 의해 야기될 수 있다. 항공기는 x 방향으로 비행하는데, 좌우회전은 항공기나 위성 탑재체가 방향 안정성을 유지하기 위해 날개를 위아래로 움직일 때 발생한다. 즉 탑재체가 x축을 기준으로 어떤 각도(ω)만큼 회전한다. 항공기의 전후 회전은 날개는 안정적이지만 기수나 꼬리 쪽이 위아래로 움직이는 것이다. 즉 항공기가 y축을 기준으로 어떤 각도(ϕ)만큼 회전한다. 수평회전은 날개는 평행하게 유지되나 기수가 바람에 의해 원래 의도한 비행경로의 좌우로 편향되는 현상이다. 즉 이는 z축을 기준으로 어떤 각도(κ)만큼 회전한다. 따라서 탑재체는 똑바로 비행하지만 모든 원격탐사 자료는 그 각도만큼 변위된다. 원격탐사 자료는 종종 고도 및 자세(좌우회전, 전후회전, 수평회전)에 있어서의 변화 모두에 의해 왜곡된다.

원격탐사 탑재체는 일반적으로 고도에 있어서의 그러한 점진적인 변화에 대해 조절기능을 가지고 있지 않다. 대신 이에 따른 축척 변화는 영상 내에 존재하고 기하보정 알고리듬이 일반적으로 그 효과를 최소화한다. 지상기준점과 기하보정 계수를 이용하여 축척에서의 변화를 조정하는 방법이 짧게 논의될 것이다.

자세 변화

위성 탑재체는 일반적으로 대기 교란이나 바람에 의해 영향을 받지 않으므로 안정적이다. 반대로, 비궤도 항공기는 원격탐사 자료를 수집할 때 반드시 대기의 상승기류, 하강기류, 역풍 및 순풍, 그리고 옆바람에 의해 영향을 받는다. 원격탐사 탑재체가 일정한 AGL을 유지하고 있을 때에도, 각 방향에 대해 임의로 회전할 수 있다(그림 7-4b). 예를 들어, 때때로 기체가 수평을 유지하지만 x축(비행경로)에 대해 어떤 각도($\omega°$)로 좌우로 움직여서 비행경로에서 가깝거나 먼 부분에서 영상의 압축과 확장이 일어날 수 있다(Wolf et al., 2013). 유사하게, 기체가 의도한 방향으로 날지만 기수가 y축에 대해 어떤 각도($\phi°$)로 위쪽이나 아래쪽으로 움직이기도 한다. 기수가 아래쪽으로 기울어지면, 영상은 앞쪽 방향(기수 쪽)에서는 압축되고 뒤쪽 방향(꼬리 쪽)에서는 확장될 것이다. 만약 기수가 위쪽으로 기울어지면, 영상은 뒤쪽 방향에서 압축되고 앞쪽 방향에서는 확장될 것이다. 가끔씩 원격탐사 탑재체는 심한 역풍 혹은 순풍을 만나기도 하는데 직선 방향으로 비행하기 위해서는 이러한 바람의 영향을 반드시 고려해야 한다. 이러한 경우가 발생하면 조종사는 항공기 기체가 z 방향에 대해 $\kappa°$만큼 바람 쪽을 향하도록 해야 한다. 그 결과 정확한 비행경로를 따라 움직이게 되겠지만 영상은 의도한 비행경로로부터 일정 각도 $\kappa°$만큼 조정된다(그림 7-4b).

고품질의 위성 및 항공기 원격탐사 시스템은 종종 기체 동요를 방지하기 위한 회전안정화 장치를 가지고 있어 실제로는 센서 시스템을 항공기의 움직임으로부터 분리시킨다. 안정화 장치가 없는 원격탐사 시스템은 자료수집 시 좌우회전, 전후회전, 수평회전으로 인한 기하오차를 야기하며 이는 오직 지상기준점을 이용하여 보정될 수 있다.

지상기준점

센서 시스템의 자세(좌우회전, 전후회전, 수평회전)에 의해 야기되는 기하왜곡과 고도 변화는 지상기준점과 적절한 수학적 모델을 이용하여 보정될 수 있다(예 : Im et al., 2009). **지상기준점**(Ground Control Point, GCP)은 지구표면 상의 어떤 위치(예 : 도로 교차지점)로 영상에서 식별될 수 있으며 지도 상에 정확하게 위치될 수 있어야 한다. 영상분석가는 각 GCP와 관련된 2개의 구별되는 좌표값을 가질 수 있어야 한다.

- 열 i와 행 j의 영상 좌표
- 지도 좌표[예 : 위경도(°), 주 평면 좌표시스템(ft.), UTM 투영법(m)으로 표현된 x, y]

많은 GCP로부터 짝을 이룬 좌표(즉 i, j와 x, y)를 모델링하여 기하변환계수를 추출한다(Wolf et al., 2013). 그런 다음 이들 계수는 표준 기준점과 지도투영을 이용하여 원격탐사 자료를 기하보정하는 데 사용될 수 있다.

기하보정의 종류

대부분의 상업적으로 이용가능한 원격탐사 자료(예 : SPOT Image Inc., DigitalGlobe Inc., GeoEye Inc.)는 이미 체계적인 오차들 중 대부분이 제거되어 있다. 그러나 영상 내에는 비체계적인 임의의 오차가 여전히 남아 있어서 영상을 비평면적으로 만들어 화소가 지도 평면 상의 정확한 x, y 위치에 있지 않다. 이 절에서는 과학자들에 의해 종종 사용되는 두 가지의 일반적인 기하보정 절차에 대해 살펴본다.

- 영상 대 지도 보정
- 영상 대 영상 등록

일반적인 기하보정의 목적은 원격탐사 자료를 표준 지도투영에 맞춰 보정하여 GIS 내의 다른 공간정보와 연계하여 사용할 수 있고 문제를 해결할 수 있도록 하는 것이다. 그러므로 논의의 대부분은 영상 대 지도 보정에 초점이 맞추어질 것이다.

영상 대 지도 보정

영상 대 지도 보정(image-to-map rectification)은 영상의 기하가 평면으로 만들어지는 과정이다. 정확한 면적, 방향, 거리 측정이 필요할 때에는 반드시 영상 대 지도 보정이 수행되어야 한다. 그러나 이를 통해서도 영상 내에 지형의 기복변위에 의해 야기된 모든 왜곡을 제거하지 못할 수도 있다. 영상 대 지도 보정과정은 일반적으로 열과 행으로 구성된 영상의 화소 좌표와 지도 좌표(예 : UTM 지도투영에서 미터로 표현된 북향 및 동향 거리)를 포함하는 GCP를 수집해야 한다. 예를 들어, 그림 7-5는 영상분석가가 사우스캐롤라이나 주 찰스턴 지역에 대해 USGS에서 제작한 1 : 24,000 축척의 7.5분 지형도와 보정되지 않은 Landsat TM 밴드 4 영상에서 쉽게 식별 가능한 3개의 GCP(13, 14, 16)를 보여 주고 있다. 선택된 GCP의 영상 좌표와 지도 좌표 사이의 수학적 관계가 어떻게 계산되고 영상이 지도의 기하에 어떻게 들어맞게 되는지를 곧 살펴보도록 한다.

미국에서는 영상 대 지도 보정을 위한 정확한 지상기준점의 지도 좌표 정보를 수집하는 데 적어도 다음의 네 가지 방법이

영상 대 지도 보정을 위한 지상기준점의 선택

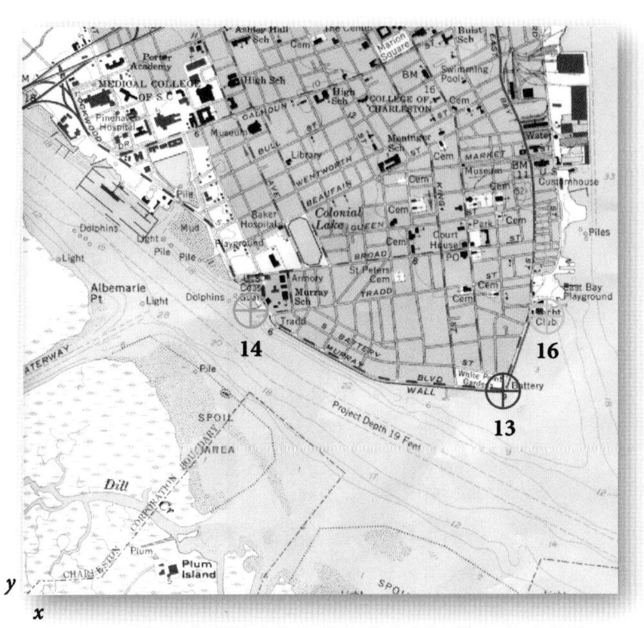

a. USGS에서 제작한 사우스캐롤라이나 주 찰스턴 지역의 1 : 24,000 축척의 7.5분 지형도로 3개의 GCP가 식별되어 있음

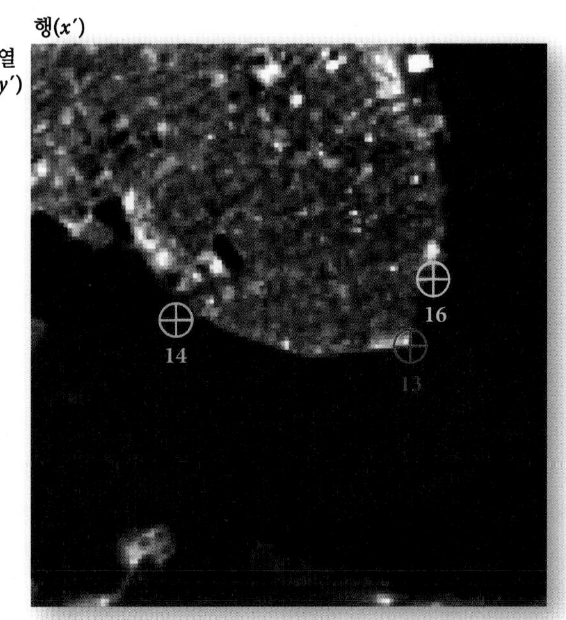

b. 1982년 11월 9일에 수집된 기하보정되지 않은 Landsat TM 밴드 4 영상

그림 7-5 영상 대 지도 보정의 예. a) USGS에서 제작한 사우스캐롤라이나 주 찰스턴 지역의 1 : 24,000 축척의 7.5분 지형도에 식별된 3개의 GCP(13, 14, 16). GCP의 지도 좌표는 UTM 투영법에서 동향거리(*x*)와 북향거리(*y*)로 측정된다(미터로 표현). b) 기하보정되지 않은 1982년 11월 9일 자 Landsat TM 밴드 4 영상으로 역시 동일한 지점에 3개의 GCP가 식별되어 있다. 영상 GCP 좌표는 행과 열로 측정된다(영상 제공 : NASA).

있다.

- 하드카피 형태의 평면지도(예 : USGS에서 제작한 1 : 24,000 축척의 7.5분 지형도), GCP 좌표는 간단한 줄자 측정이나 좌표 디지타이저를 이용하여 추출 가능
- 수치평면지도(예 : USGS에서 제작한 디지털 형태의 7.5분 지형도 시리즈), GCP 좌표는 화면 상의 수치지도로부터 직접 추출됨
- 이미 기하보정된 수치정사사진(예 : USGS에서 제작한 수치정사사진 DOQQ)
- GPS를 이용하여 현장에 나가 직접 물체의 좌표를 수집[만약 GPS 자료가 위치보정(DGPS)되어 있다면 그 오차는 ±20cm 이내](예 : Jensen and Jensen, 2013)

영상 보정에 사용되는 GPS 정보는 특히 지도가 부실하거나 급속한 변화 때문에 현존하는 지도가 쓸모없을 경우 효과적이다(Jensen et al., 2002).

영상 대 영상 등록

영상 대 영상 등록(image-to-image registration)은 동일한 지역의 비슷한 기하를 가진 두 영상에서 동일한 물체(요소)들이 서로 같은 위치에 나타나도록 두 영상을 변환 및 회전시키는 처리과정을 뜻한다. 이러한 형태의 기하보정은 지도투영을 통해 유일한 x, y 좌표에 각 화소가 할당되도록 할 필요가 없는 경우에 사용된다. 예를 들어, 동일한 지역의 서로 다른 시기의 두 영상을 이용하여 어떠한 변화가 일어났는지를 알아보고 싶을 수 있다. 이러한 경우, 두 영상 모두 표준 지도투영법을 이용하여 기하보정(영상 대 지도 보정)한 뒤 둘 사이의 변화를 평가할 수도 있겠지만, 이는 단순히 두 영상 사이에 발생한 변화를 확인하는 데 있어 필수적으로 행해야 하는 절차는 아니다.

혼성 방법을 이용한 기하보정

흥미롭게도, 동일한 영상처리 원리가 영상보정과 영상등록에 사용된다. 차이라면, 영상 대 지도 보정에서는 참조자료가 표준 지도투영을 가진 지도가 되는 반면, 영상 대 영상 등록에서는 참조자료가 또 다른 영상이 된다는 것이다. 만약 전형적인

지도가 아닌 보정된 영상이 참조자료로 사용된다면, 이것을 기준으로 등록되는 어떠한 영상도 참조 영상에 존재하는 기하오차를 물려받게 될 것이다. 이러한 특성 때문에, 중요한 지구과학 원격탐사 연구는 정확한 지도를 참조자료로 사용하여 기하보정한 영상을 분석하는 것을 기반으로 한다. 그러나 두 시기 이상의 원격탐사 자료 사이의 변화탐지를 수행할 때에는 영상 대 지도 보정과 영상 대 영상 등록 두 가지를 모두 포함하는 혼성 방법을 선택하는 것이 유용할 수 있다(Jensen et al., 1993).

혼성 방법의 한 예가 그림 7-6에 나와 있는데, 1987년 10월 14일에 수집된 Landsat TM 영상이 이미 기하보정된 1982년 11월 9일 자 Landsat TM 영상에 등록되는 것을 보여 주고 있다. 이 예에서 1982년 기본영상은 미리 UTM 지도투영법에 맞춰 30×30m 화소로 보정되어 있다. 지상기준점을 선택하여 1987년 영상을 기하보정된 1982년 기본영상에 등록하였다. 원격탐사 자료, 특히 비도시지역(예 : 산림, 습지, 수체 등)에서 좋은 지상기준점을 잡는 것은 종종 매우 어려운데, 보정된 기본영상을 지도처럼 사용함으로써 보다 많은 공통된 지상기준점을 보정되지 않은 1987년 영상에서 선택할 수 있다. 예를 들어, 수체와 들판의 가장자리 부분이나 작은 지류들의 교차 지점 같은 것들은 지도 상에서는 실제로 발견되지 않지만 보정된 영상과 보정되지 않은 영상에서는 쉽게 식별될 수 있다.

지상기준점을 선택하는 최적의 방법은 보정된 기본영상(혹은 참조 지도)과 보정될 영상 모두를 동시에 화면 상에 놓고 작업하는 것이다(그림 7-6). 이처럼 두 영상을 동시에 보면서 작업하는 것이 GCP를 선택함에 있어서 매우 효율적이다. 어떤 영상처리 시스템은 심지어 선택된 GCP가 적절한 변환 계수와 함께 보정될 영상 위에 재투영되어 GCP의 품질(정확도)을 평가하기도 한다. 또한 어떤 시스템은 분석가로 하여금 그림 7-6에 나와 있는 것처럼, 한 화소 이내로 확대하여 표집하는 부분화소 추출 알고리듬을 사용하여 GCP의 열과 행 좌표를 부동소수점 형태로 추출할 수 있도록 한다. 이처럼 화소 이내, 즉 부분화소에서 선택된 GCP의 열과 행 좌표는 종종 영상 대 지도 보정이나 영상 대 영상 등록의 정밀도를 향상시킨다. 일부 과학자들은 두 영상에 대해 공통적인 GCP를 자동적으로 추출하는 방법을 개발하여 영상 대 영상 등록 시 사용하기도 한다. 그러나 대부분의 영상 대 지도 보정은 여전히 인간에 의한 판단에 많이 의존하고 있다.

다음의 예는 영상 대 지도 기하보정에 초점을 맞추고 있는데, 왜냐하면 그것이 원격탐사 자료로부터 기하왜곡을 제거하는 데 가장 빈번히 사용되는 방법이기 때문이다.

영상 대 지도 기하보정 논리

원격탐사 영상을 지도좌표시스템으로 기하보정하기 위해서는 다음의 두 가지 기본적인 절차가 수행되어야 한다.

1. 입력 화소 좌표(행과 열, x', y'로 명명)와 동일한 위치의 지도 좌표(x, y) 사이의 기하학적 관계가 식별되어야 한다(그림 7-5와 7-6). 수많은 GCP 쌍이 기하좌표변환의 속성을 만드는 데 사용되어 결과 영상에서 모든 화소(x, y)는 보정되기 전의 입력 영상에서의 화소(x', y')로부터 추출된 위치를 가지도록 해야 한다. 이 과정을 공간내삽(spatial interpolation)이라 부른다.
2. 화소 밝기값은 반드시 결정되어야 한다. 유감스럽게도, 입력 화소값을 출력 화소 위치로 옮기는 데 있어 직접적인 일대일 관계가 존재하지는 않는다. 보정된 출력 영상에서 한 화소는 일반적으로 입력 화소 격자에서 행과 열 좌표에 정확히 맞는 값을 가지지 않는다. 이러한 경우, 보정된 출력 화소에 할당될 밝기값을 결정하기 위해서는 반드시 어떤 메커니즘이 있어야 한다. 이 과정을 강도내삽(intensity interpolation)이라 한다.

좌표변환을 이용한 공간내삽

앞서 논의한 바와 같이, 원격탐사 자료에서의 일부 기하학적 왜곡은 체계적인 궤도 및 센서 특성을 모델링하는 기법을 사용하여 제거하거나 감소(완화)시킬 수 있다. 유감스럽게도, 이는 자세(좌우회전, 전후회전, 수평회전)나 고도에서의 변화에 의한 오차를 제거하지는 못한다. 그러한 오차는 일반적으로 비체계적이며, 원시 영상과 참조 지도에서 GCP를 식별하여 기하학적 왜곡을 수학적으로 모델링함으로써 제거된다. 영상 대 지도 보정은 왜곡의 원인을 명확히 구분하지 않고 영상 영역에서 직접 보정을 모델링하는 최소자승법을 사용하여 GCP 자료를 다항방정식에 적절히 맞추는 것이다(Novak, 1992; Bossler et al., 2010). 영상에서의 왜곡 정도, 사용되는 GCP의 수, 그리고 연구지역에서의 지형적 기복변위의 정도에 따라 보다 높은 고차 다항방정식이 기하보정하는 데 필요할 수 있다. 보정의 차수는 단순히 다항식에 사용된 최고차 수를 뜻한다. 예를 들어, 그림 7-7은 서로 다른 차수의 변환이 가상적 표면에 어떻게 들어맞는지를 보여 준다. 일반적으로, 비교적 작은 지역의 영상에서

영상 대 영상 혼성 등록

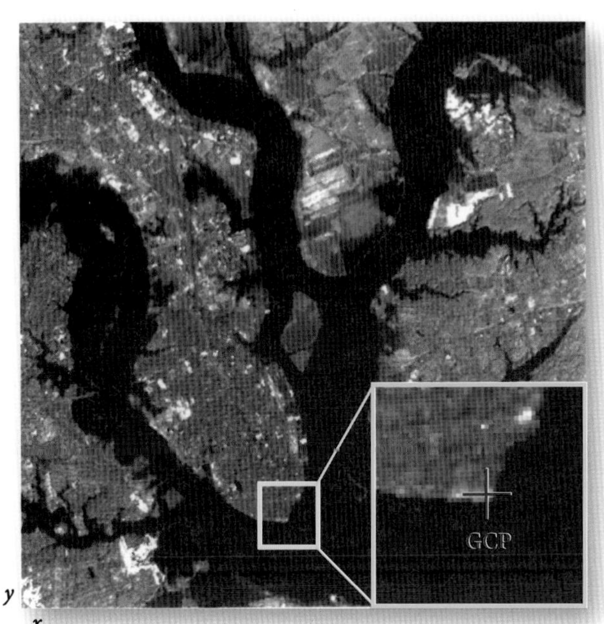

a. 1982년 11월 9일에 수집된 사우스캐롤라이나 주 찰스턴 지역의 기하보정된 Landsat TM 밴드 4 영상

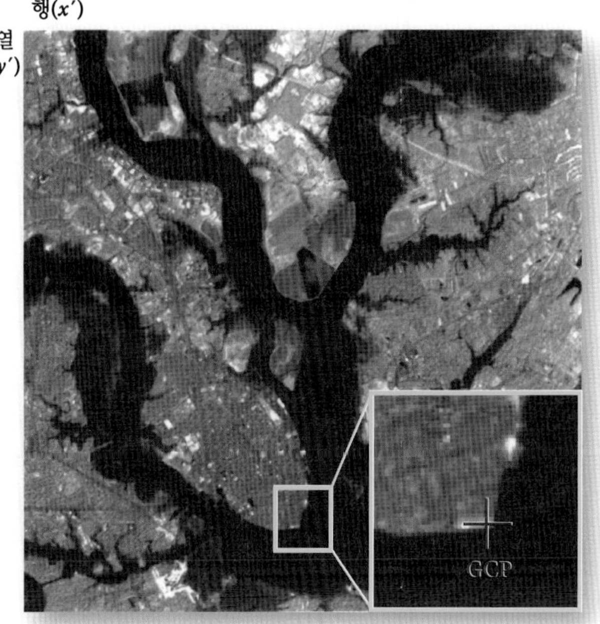

b. 1987년 10월 14일에 수집된 기하보정되지 않은 Landsat TM 밴드 4 영상

그림 7-6 영상 대 영상 혼성 등록의 예. a) 미리 기하보정된 1982년 11월 9일 자 Landsat TM 밴드 4 자료로 UTM 지도투영법과 최근린 재배열 논리를 이용하여 30×30m 화소로 재배열하였다. b) 기하보정되지 않은 1987년 10월 14일 자 Landsat TM 밴드 4 자료로 이미 기하보정된 1982년 Landsat 영상을 참조 자료로 사용하여 등록한다(원본 영상 제공 : NASA).

심하지 않은 왜곡에 대해서는 6개의 변수를 가지는 일차 선형 변환이 영상을 보정하는 데 적합하다.

이러한 형태의 변환은 원격탐사 자료에서 6가지 종류의 왜곡을 모델링할 수 있다(Novak, 1992; Buiten and Van Putten, 1997).

- x 및 y 방향의 이동
- x 및 y 방향에서의 축척 변화
- 휨
- 회전

입력 대 출력(순방향) 매핑 : 위에서 언급한 6개의 모델링 연산을 하나의 수식으로 통합하면 다음과 같다.

$$x = a_0 + a_1x' + a_2y' \quad (7.8)$$
$$y = b_0 + b_1x' + b_2y'$$

(x, y)는 보정된 영상 혹은 지도에서의 위치이고 (x', y')는 원시 입력 영상에서의 그에 상응하는 위치를 나타낸다(그림 7-8a). 이 두 방정식은 흔히 **입력 대 출력** 혹은 **순방향 매핑**이라 불리는 변환을 수행하는 데 사용된다. 방정식은 그림 7-8a에 나와 있는 논리에 따라 기능한다. 이 예에서 **입력** 행렬에서 각 화소(예 : $x', y' = 2, 3$에서 15)는 그림 7-8a에 나와 있는 6개의 계수에 따라 **출력** 영상에서의 (x, y) 위치로 보내진다.

순방향 매핑 논리는 만약 벡터 지도에서의 도로와 같은 선형 구조물을 따라 발견되는 불연속적인 좌표의 위치를 보정한다면 꽤 잘 맞는다. 사실 지도학이나 GIS에서는 일반적으로 순방향 매핑 논리를 사용하여 벡터 자료를 보정한다. 그러나 보정되지 않은 **입력** 영상의 화소값을 보정된 **출력** 행렬에 맞추려고 할 때에는 순방향 매핑 논리가 적합하지 않다. 근본적인 문제는 6개의 계수가 그림 7-8a에 나와 있는 바와 같이, 입력 영상에서의 위치(x', y')가 (2, 3)인 값 15를 출력 영상에서는 위치(x, y)가 (5, 3.5)와 같은 부동소수점 위치에 놓여야 하기 때문이다. 출력 위치(x, y)는 출력 지도 좌표에서 정확히 정수로 떨어지지 않는다. **실제로 순방향 매핑 논리를 사용하면 출력값을 하나도 가지지 못할 수도 있다**(Wolberg, 1990). 이는 심각한 문제이며 원격탐사 자료를 유용하게 사용할 수 없게 된다. 이러한 이유로, 대부

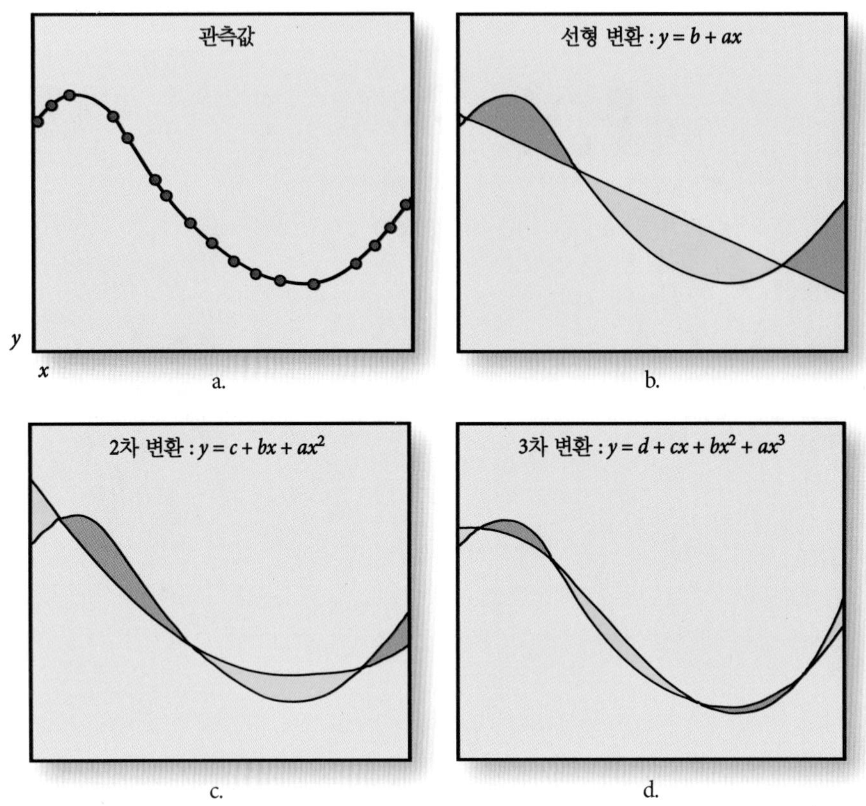

그림 7-7 서로 다른 차원의 변환이 가상 표면에 어떻게 맞춰지는지를 단면으로 표현한 개념도. a) 원래의 관측값. b) 1차 선형 변환. c) 2차 변환. d) 3차 변환.

분의 원격탐사 자료는 출력 대 입력 혹은 역방향 매핑 논리를 사용하여 기하보정한다(Niblack, 1986; Richards, 2013).

출력 대 입력 (역방향) 매핑 : 출력 대 입력 혹은 역방향 매핑 논리는 다음의 두 방정식에 기초한다.

$$\begin{aligned} x' &= a_0 + a_1 x + a_2 y \\ y' &= b_0 + b_1 x + b_2 y \end{aligned} \tag{7.9}$$

(x, y)는 보정영상 혹은 지도 상의 위치이고 (x', y')는 원시 입력 영상에서 상응하는 위치를 나타낸다. 이 관계는 또한 행렬 형식으로 나타낼 수 있다.

$$\begin{bmatrix} x' \\ y' \end{bmatrix} = \begin{bmatrix} a_1 & a_2 \\ b_1 & b_2 \end{bmatrix} \begin{bmatrix} x \\ y \end{bmatrix} + \begin{bmatrix} a_0 \\ b_0 \end{bmatrix} \tag{7.10}$$

x(행)와 y(열) 좌표로 구성된 보정 출력 행렬은 다음의 체계적인 방식으로 채워진다. 각 출력 화소 위치[예 : 그림 7-8b에서의 $(x, y) = (5, 4)$]가 식 7.9에 적용된다. 방정식은 6개의 계수를 사용하여 원시 입력 영상에서 해당 위치를 찾는다(그림 7-8b의 점선). 이 예에서는 부동소수점 위치인 $(x', y') = (2.4, 2.7)$의 값에 해당하는데, 이 위치에 대해서는 어떠한 값도 존재하지 않는다. 그럼에도 불구하고 만약 최근린 재배열[3] 논리가 적용된다면 특정 값(예 : 15)을 가지는 것이 가능하다. 이런 식으로 역방향 매핑 논리는 출력 영상 행렬에서 각 (x, y) 좌표(행과 열)마다 값을 가지도록 한다. 즉 값이 존재하지 않는 좌표는 없다는 뜻이다. 이 절차는 처음에는 역으로 움직이는 것처럼 보일지 모르지만, 그것은 출력 영상 행렬에서 중첩하거나 비어 있는 화소가 없도록 하는 매핑 기능일 뿐이다(Schowengerdt, 2007; Konecny, 2014).

때때로 유사(선형) 변환에서 6개의 계수가 지리적 좌표에 어떤 영향을 미치는지 정확히 평가하기 어렵다. 그러므로 표 7-1을 보면, 이는 순방향 유사 변환에서 6개의 계수(괄호 속)가 가상적인 4×4 행렬에서 16개의 화소의 (x, y) 좌표에 어떻게 영향을 미치는지 보여 준다. x와 y방향의 이동은 a_0과 b_0 계수에 의해 각각 조정되며, x와 y방향에서의 축척 변화는 a_1과 b_2 계수에

3 역주 : 해당 지점으로부터 거리가 가장 가까운 화소값을 적용

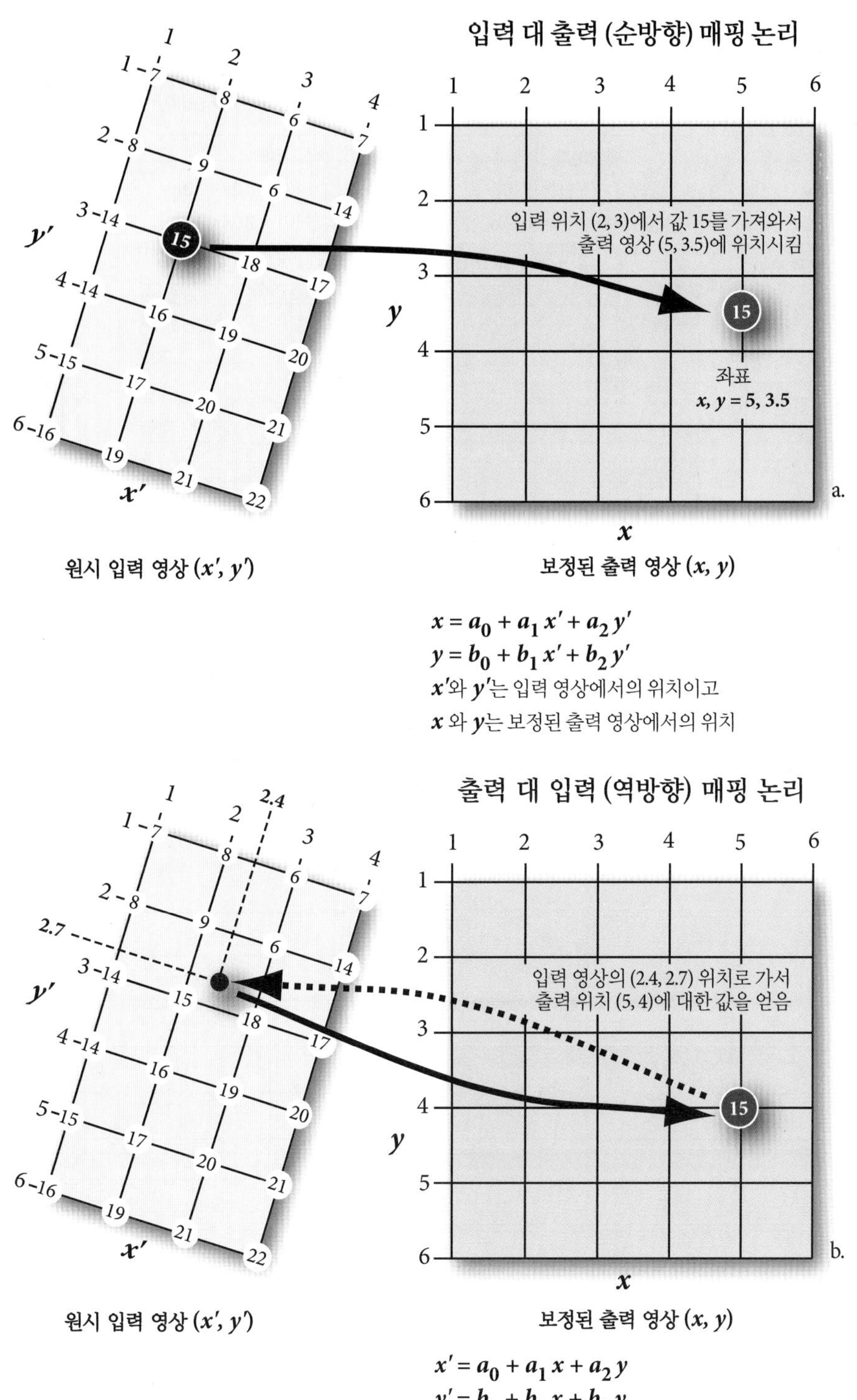

그림 7-8 a) 입력 대 출력 (순방향) 매핑 논리를 사용하여 보정되기 전 입력 영상 행렬의 값으로부터 보정된 출력 행렬에 값을 채워 넣는 논리. b) 출력 대 입력 (역방향) 매핑 논리와 최근린 재배열 기법을 사용하여 보정되기 전 입력 영상 행렬의 값으로부터 보정된 출력 행렬에 값을 채워 넣는 논리. 출력 대 입력 역방향 매핑 논리가 더 선호되는데, 왜냐하면 보정된 출력 행렬의 모든 화소 위치에서 값을 가지도록 하기 때문이다.

의해 각각 조정된다. x와 y방향에서의 회전은 a_2와 b_1 계수에 의해 조정되고 있다. 이 세 가지 예는 계수를 변화시킴으로써 화소 좌표가 어떻게 이동하고 축척이 변하며, 회전하는지를 보여주고 있다(Brown, 1992). 이 예는 순방향 매핑 논리에 기초하고 있다.

고차 다항식 변환을 이용하여 원격탐사 자료를 기하보정할

표 7-1 4×4 행렬을 이용한 선형 변환에서 순방향 매핑 기법을 적용하여 6개 계수(괄호 속)의 변화가 16개의 화소의 좌표에 어떻게 영향을 미치는지를 보여 주고 있다. 적용된 방정식은 $x_{predict}=a_0+a_1x+a_2y$와 $y_{predict}=b_0+b_1x+b_2y$의 형태이다. x축과 y축 방향의 이동은 a_0과 b_0 계수값에 의해 각각 조절되며, x축과 y축 방향의 축척 변화는 a_1과 b_2 계수값에 의해 각각 조절된다. x축과 y축에 대한 회전은 a_2와 b_1 계수값에 의해 각각 조절된다.

원래의 행렬 $x_{predict}=(0)+(1)x+(0)y$ $y_{predict}=(0)+(0)x+(1)y$		**평행이동** $x_{predict}=(1)+(1)x+(0)y$ $y_{predict}=(1)+(0)x+(1)y$		**축척** $x_{predict}=(0)+(2)x+(0)y$ $y_{predict}=(0)+(0)x+(2)y$		**회전** $x_{predict}=(0)+(1)x+(2)y$ $y_{predict}=(0)+(2)x+(1)y$	
x=행	y=열	x	y	x	y	x	y
1	1	2	2	2	2	3	3
1	2	2	3	2	4	5	4
1	3	2	4	2	6	7	5
1	4	2	5	2	8	9	6
2	1	3	2	4	2	4	5
2	2	3	3	4	4	6	6
2	3	3	4	4	6	8	7
2	4	3	5	4	8	10	8
3	1	4	2	6	2	5	7
3	2	4	3	6	4	7	8
3	3	4	4	6	6	9	9
3	4	4	5	6	8	11	10
4	1	5	2	8	2	6	9
4	2	5	3	8	4	8	10
4	3	5	4	8	6	10	11
4	4	5	5	8	8	12	12

수도 있다. 예를 들어, 앞서 다루었던 6개 변수를 가진 유사(선형) 변환을 사용하는 대신에 2차 다항식을 사용할 수도 있다.

$$x' = c_0 + c_1x + c_2y + c_3xy + c_4x^2 + c_5y^2 \quad (7.11)$$

$$y' = d_0 + d_1x + d_2y + d_3xy + d_4x^2 + d_5y^2 \quad (7.12)$$

이론적으로, 다항식의 차수가 높을수록 더 많은 계수값을 사용하여 보정되지 않은 원시 입력 영상에서 기하학적 오차를 모델링한 뒤 화소를 보정된 출력 행렬의 정확한 평면적 위치에 놓이도록 한다(예 : 그림 7-7을 보면 다양한 모델이 1차원의 자료를 어떻게 모델링하는지 알 수 있다). 고차 다항식은 종종 GCP 주변의 영역에 대해서는 보다 정확한 결과를 보여 준다. 그러나 GCP로부터 멀리 떨어진 지역에 대해서는 다른 기하학적 오차를 유발하기도 한다(Gibson and Power, 2000). 게다가 디지털 영상처리 시스템이 고차 다항식을 이용하여 원격탐사 자료를 사우스캐롤라이나 주 에이킨 인근 산림 실험지구의 Airborne Imaging Spectrometer for Applications(AISA) 자료에 대한 기하보정

a. 1 × 1m 해상도 AISA 63채널 자료의 기하보정 이전(2006년 9월 15일 촬영)

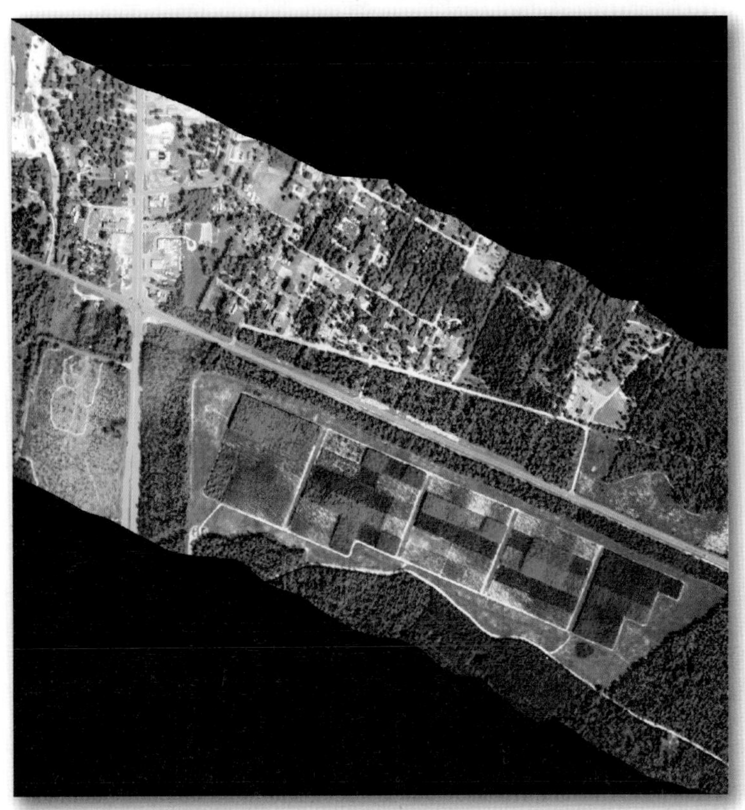

b. 지상기준점, 3차 방정식, 근린 재추출법을 사용하여 기하보정된 초분광 자료

그림 7-9 a) 2006년 9월 15일 촬영된 1×1m 해상도 AISA 초분광 자료. 63개 채널 중에서 3개 채널(RGB = 760.8nm, 664.4nm, 572.5nm 채널 배정)을 선택하여 표현하였다. b) 자료 획득 과정에서 난류로 인해 심각한 왜곡이 존재했던 63개 채널 원자료에 대해 2차 함수식을 사용하여 기하보정한 결과. 산림 실험지구 환경은 다양한 양분(비료)과 관개수 공급 조건을 갖고 있다(Im, J., Jensen, J.R., Coleman, M., and E. Nelson, 2009, "Hyperspectral Remote Sensing Analysis of Short Rotation Woody Crops Grown with Controlled Nutrient and Irrigation Treatments," *Geocarto International*, 24(4) : 293-312에 기초).

기하보정하는 데 걸리는 시간은 증가하는데, 왜냐하면 더 많은 수의 수학적 연산이 수행되어야 하기 때문이다.

일반적으로 가능한 한 1차의 유사(선형) 다항식을 사용하는 것이 좋다. 데이터셋에 심각한 기하학적 오차가 있는 경우에만 고차 다항식(예 : 2차 혹은 3차 다항식)을 선택하는 것이 바람직하다. 이러한 종류의 오차는 항공기에 의한 좌우회전, 전후회

전, 수평회전 등이 비체계적이고 비선형적인 왜곡을 야기하는 비궤도 항공 탑재체에서 수집된 영상에서 자주 발견된다. 이러한 왜곡은 고차 다항식을 사용해서만 모델링될 수 있다(예 : Im et al., 2009). 예를 들어, 그림 7-9에 나와 있는 산림 실험지구의 AISA 초분광 영상은 3차 다항식을 사용하여 기하보정되었다. 1차 유사(선형) 보정은 자료수집 동안 항공기가 항로를 이탈함으로써 발생한 심각한 왜곡을 보정하기에는 충분하지 못했다. 이 영상에서 모든 화소는 적절한 지리적 위치에 있다(Im et al., 2009). 보정된 영상에서는 도로가 직선형태로 나타나 있다.

역방향 매핑 함수의 평균제곱근(RMS) 오차 계산 : 앞서 설명한 대로 출력 대 입력 역방향 매핑 논리를 사용하여 원시 영상에서 왜곡을 모델링하는 6개의 좌표변환 계수를 추출한 뒤, 이를 이용해 왜곡된 원시 영상(x', y')으로부터 보정된 출력 영상(x, y)으로 화소값을 변환(재위치)시킨다. 그러나 보정된 출력 영상을 만들기 위해 계수값을 적용하기 전에 초기 GCP의 최소자승 회귀로부터 추출된 6개의 계수값이 입력 영상의 기하학적 왜곡을 얼마나 잘 설명, 즉 보정하는지를 살펴봐야 한다. 그러기 위한 방법으로 가장 많이 이용되는 것이 각 GCP에 대해 RMS 오차(RMS_{error})를 계산해 보는 것이다(Wolf et al., 2013).

잠시 GCP 자료의 속성을 살펴보도록 하자. 우선 도로 교차점과 같은 영상 내의 한 지점을 식별한다. 원시 입력 영상에서 그 지점의 행과 열 좌표를 x_{orig}과 y_{orig}이라 하자. 그런 다음 참조 지도로부터 동일한 도로 교차점의 좌표(x, y)를 도, 피트, 혹은 미터로 측정한다. 이처럼 분석가에 의해 선택된 많은 GCP 좌표 쌍이 식 7.9에서 논의된 6개의 계수를 계산하는 데 사용된다. 이제, 만약 식 7.9로 되돌아가서 첫 번째 GCP에 대한 지도 좌표(x, y)를 다른 모든 계수값과 함께 넣어 보면, 원시 영상에서의 해당 지점에 대한 좌표(x', y')를 얻게 될 것이다. 이상적으로 x'는 x_{orig}와 같아야 하고 y' 역시 y_{orig}과 같아야 한다. 그러나 사실은 그렇지 않으며 영상의 기하학적 왜곡을 나타내는 값 사이의 불일치가 6개의 좌표변환 계수에 의해 모두 보정되지는 않는다.

그러한 왜곡을 측정하는 간단한 방법은 다음 식을 이용하여 각 지상기준점에 대해 RMS 오차를 계산하는 것이다.

$$RMS_{error} = \sqrt{(x' - x_{orig})^2 + (y' - y_{orig})^2} \tag{7.13}$$

x_{orig}과 y_{orig}는 원시 입력 영상에서의 GCP의 행과 열 좌표이고 x'와 y'는 원시 영상에서 계산 혹은 예측된 좌표값이다. RMS는 영상에서 이 GCP에 대한 정확도를 나타낸다. 모든 GCP에 대해 RMS 오차를 계산함으로써 1) 어떤 GCP가 보다 큰 오차를 나타내는지, 그리고 2) 모든 RMS 오차의 합계를 계산하는 것이 가능하다.

일반적으로, 사용자는 0.5화소 혹은 1화소와 같이 허용 가능한 총 RMS 오차, 즉 임계값을 정해 놓는다. 만약 총 RMS 오차가 주어진 임계값보다 크다면 1) 분석에 사용된 GCP 중 개개 오차가 큰 것을 제거해서, 2) 6개의 계수값을 다시 계산한 뒤, 3) 모든 점에 대해 RMS 오차를 다시 계산한다. 이러한 과정은 총 RMS 오차가 임계값보다 작아지거나 계수값을 계산하기 위한 최소자승 회귀를 수행하는 데 최소한으로 필요한 GCP 개수에 다다를 때까지 계속할 수 있다. 일단 허용 가능한 RMS 오차에 도달하면 분석가는 원시 입력 행렬(x', y')의 밝기값으로 출력 행렬(x, y)을 채우는 기하보정의 강도내삽 단계를 수행할 수 있다.

강도내삽

강도내삽 과정은 원시 입력 영상의 위치(x', y')에서 밝기값을 추출하여 보정된 출력 영상의 상응하는 적절한 좌표 위치(x, y)에 그 값을 재배열시키는 과정이다. 이러한 논리는 열별로, 행별로 출력 영상을 생성하는 데 사용된다. 대부분의 경우, 입력 영상에서 추출되는 좌표(x', y')는 부동소수점 형태이다(즉 정수가 아니다). 예를 들어, 그림 7-8b에서 출력 영상의 위치[(x, y) = (5, 4)]의 화소는 원시 입력 영상에서의 좌표[(x', y') = (2.4, 2.7)]에 있는 값으로 채워져야 한다. 이러한 경우, 적용될 수 있는 밝기값 내삽 방법에는 다음과 같은 것들이 있다.

- 최근린 내삽법(1차 변환)
- 공일차 내삽법(2차 변환)
- 입방 회선법(3차 변환)

이러한 과정은 일반적으로 재배열(resampling)이라 불린다.

최근린 내삽법 : 최근린 내삽법(nearest-neighbor interpolation)을 사용하면 좌표(x', y')에 가장 가까운 밝기값이 출력 좌표(x, y)에 할당된다. 예를 들어, 그림 7-8b에서 출력 화소[(x, y) = (5, 4)]는 원시 영상에서 (x', y') = (2.4, 2.7) 위치에 있는 밝기값을 요구하지만 이 위치에는 어떠한 값도 없다. 그러나 가까운 정수 격자 교차점에는 값들이 존재하며, (x', y') = (2.4, 2.7)로부

표 7-2 그림 7-8b에 제시된 4개 지점의 분석에 기초한 위치 (x', y')에서의 가중 밝기값(BV_{wt})을 이용한 공일차 내삽법

표본 지점 위치 (행, 열)	각 위치에서의 값, Z	(x', y')에서 표본 지점까지의 거리, D	D_k^2	$\frac{Z}{D_k^2}$	$\frac{1}{D_k^2}$
2, 2	9	$D = \sqrt{(2.4-2)^2 + (2.7-2)^2} = 0.806$	0.65	13.85	1.539
3, 2	6	$D = \sqrt{(2.4-3)^2 + (2.7-2)^2} = 0.921$	0.85	7.06	1.176
2, 3	15	$D = \sqrt{(2.4-2)^2 + (2.7-3)^2} = 0.500$	0.25	60.00	4.000
3, 3	18	$D = \sqrt{(2.4-3)^2 + (2.7-3)^2} = 0.670$	0.45	40.00	2.222
				Σ120.91	Σ8.937
				$BV_{wt} = 120.91/8.937 =$ **13.53**	

터 주위 화소까지의 거리는 피타고라스 정리를 사용하여 계산할 수 있다. 최근린 규칙을 적용하여 출력 화소(x, y)에 가장 가까운 입력 화소의 밝기값인 15를 할당한다.

이 과정은 계산 측면에서 보면 대단히 효율적이다. 게다가 지구과학자들은 특히 이 방법을 선호하는데, 왜냐하면 이 방법이 재배열과정 동안 화소의 밝기값을 변화시키지 않기 때문이다. 밝기값에 있어서 매우 미묘한 변화가 종종 식생들을 구분하거나, 지질학적 선형성과 관련된 경계를 추출하거나, 어떤 호수에서 탁도 · 엽록소 농도 · 온도 등을 추출하려고 할 때에는 상당히 큰 영향을 미친다. 곧 소개될 다른 내삽기법은 출력 밝기값을 계산하기 위해 평균값을 사용하기 때문에 종종 귀중한 분광적 정보를 제거하기도 한다. 그러므로 생물리적 정보를 원격탐사 자료로부터 추출하려고 할 때에는 최근린 재배열 기법을 사용해야 한다.

공일차 내삽법 : 일차 혹은 공일차 내삽법(bilinear interpolation)은 입력 영상에서 2개의 직교하는 방향에 있는 밝기값들을 내삽함으로써 출력 화소의 밝기값을 할당한다. 기본적으로 입력 영상의 (x', y') 위치에서 가장 가까운 4개의 화소 밝기값을 추출하여 이들 지점에서의 거리에 가중치를 두어 새로운 밝기값을 계산한다. 예를 들어, 그림 7-8b에 나와 있는 입력 영상의 위치[$(x', y') = (2.4, 2.7)$]로부터 가장 가까운 4개의 입력 화소의 좌표[(2, 2), (3, 2), (2, 3), (3, 3)]까지의 거리를 계산한다(표 7-2). 화소가 (x', y') 위치에 가까울수록 보다 큰 가중치를 적용해 평균을 계산한다. 새로운 밝기값의 가중평균은 다음 식을 이용하여 계산된다.

$$\text{Bilinear}_{BV_{wt}} = \frac{\sum_{k=1}^{4} \frac{Z_k}{D_k^2}}{\sum_{k=1}^{4} \frac{1}{D_k^2}} \tag{7.14}$$

Z_k는 주위의 4개의 밝기값이고 D_k^2은 이들 각 지점에서 (x', y')까지의 거리의 제곱이다. 이 예에서 BV_{wt}의 가중평균은 13.53(내림 13)이며(표 7-2), 가중치 없이 평균을 계산하면 12이다. 많은 측면에서 이 방법은 출력 영상 전체에 걸쳐 밝기값의 극값들을 완화시키는 역할을 하는 공간이동필터처럼 행동한다.

입방 회선법 : 재배열 기법은 공일차 내삽법과 거의 비슷한 방식으로 출력 화소의 밝기값을 할당하는데, 차이는 출력 화소의 밝기값을 결정하는 데 있어 입방 회선법은 (x', y') 화소 주위의 가장 가까운 16개의 화소 밝기값을 가중평균한다는 것이다. 예를 들어, 그림 7-8b의 입력 영상에서 위치 $(x', y') = (2.4, 2.7)$로부터 주위의 가장 가까운 16개의 입력 화소 좌표까지의 거리를 계산한다(표 7-3). 새로운 밝기값(BV_{wt})의 가중평균은 다음 식을 이용하여 계산한다.

$$\text{Cubic Convolution}_{BV_{wt}} = \frac{\sum_{k=1}^{16} \frac{Z_k}{D_k^2}}{\sum_{k=1}^{16} \frac{1}{D_k^2}} \tag{7.15}$$

Z_k는 주위의 16개의 화소 밝기값이고 D_k^2은 이들 지점으로부터 (x', y')까지의 거리의 제곱이다. 이 예에서 BV_{wt}의 가중평균은 13.41(내림 13)이며(표 7-3), 가중치 없이 계산한 평균은 12이다.

표 7-3 그림 7-8b에 제시된 16개 지점의 분석에 기초한 위치(x', y')에서의 가중 밝기값(BV_{wt})을 이용한 입방 회선 내삽법

표본 지점 위치 (행, 열)	각 위치에서의 값, Z	(x', y')에서 표본 지점까지의 거리, D	D_k^2	$\frac{Z}{D_k^2}$	$\frac{1}{D_k^2}$
1, 1	7	$D = \sqrt{(2.4-1)^2+(2.7-1)^2} = 2.202$	4.85	1.443	0.206
2, 1	8	$D = \sqrt{(2.4-2)^2+(2.7-1)^2} = 1.746$	3.05	2.623	0.328
3, 1	6	$D = \sqrt{(2.4-3)^2+(2.7-1)^2} = 1.80$	3.24	1.852	0.309
4, 1	7	$D = \sqrt{(2.4-4)^2+(2.7-1)^2} = 2.335$	5.45	1.284	0.183
1, 2	8	$D = \sqrt{(2.4-1)^2+(2.7-2)^2} = 1.565$	2.45	3.265	0.408
2, 2	9	$D = \sqrt{(2.4-2)^2+(2.7-2)^2} = 0.806$	0.65	13.85	1.539
3, 2	6	$D = \sqrt{(2.4-3)^2+(2.7-2)^2} = 0.921$	0.85	7.06	1.176
4, 2	14	$D = \sqrt{(2.4-4)^2+(2.7-2)^2} = 1.746$	3.05	4.59	0.328
1, 3	14	$D = \sqrt{(2.4-1)^2+(2.7-3)^2} = 1.432$	2.05	6.829	0.488
2, 3	15	$D = \sqrt{(2.4-2)^2+(2.7-3)^2} = 0.500$	0.25	60.00	4.000
3, 3	18	$D = \sqrt{(2.4-3)^2+(2.7-3)^2} = 0.670$	0.45	40.00	2.222
4, 3	17	$D = \sqrt{(2.4-4)^2+(2.7-3)^2} = 1.63$	2.65	6.415	0.377
1, 4	14	$D = \sqrt{(2.4-1)^2+(2.7-4)^2} = 1.911$	3.65	3.836	0.274
2, 4	16	$D = \sqrt{(2.4-2)^2+(2.7-4)^2} = 1.360$	1.85	8.649	0.541
3, 4	19	$D = \sqrt{(2.4-3)^2+(2.7-4)^2} = 1.432$	2.05	9.268	0.488
4, 4	20	$D = \sqrt{(2.4-4)^2+(2.7-4)^2} = 2.062$	4.25	4.706	0.235
				Σ175.67	Σ13.102
				$BV_{wt} = 175.67/13.102 =$ **13.41**	

영상 대 지도 보정의 예

디지털 영상 대 지도 보정을 평가하기 위해 실제로 사우스캐롤라이나 주 찰스턴 지역의 Landsat TM 영상에 대해 직접 적용해 보도록 하자. 영상 대 지도 보정과정은 일반적으로 다음을 포함한다.

- 적절한 평면기본지도를 선택하기
- 지상기준점(GCP)을 수집하기
- 사용된 GCP에 대한 총 RMS 오차를 반복적으로 계산하여 최적의 기하보정 계수들을 결정하기
- 공간 및 강도내삽 재배열 방법들을 사용하여 출력 행렬을 채우기

지도투영법의 선정

지도투영법(map projection)은 3차원 상의 지구를 2차원의 평면지도로 변환하는 체계적인 기법이다(Iliffe, 2008; Garnett, 2009). 원격탐사 자료에 적용되는 지도투영법의 특징을 이해하는 것은 매우 중요한 일이다(Merchant and Narumalani, 2009). 지도학자와 수학자들은 지구의 3차원적 특징을 2차원 평면 상에 투영하는 다양한 지도투영법을 고안해 왔다(Robinson and Snyder, 1991; Maher, 2010). 가장 유용하게 사용되는 지도투영법 중 많은 종류들이 John Snyder가 작성한 미국지질조사국 전문 논문 *Map Projection : A Working Manual*(1987)과 *Flattening the Earth*(1995)에 잘 요약되어 있다. 다음은 원격탐사 자료 분석가들이 기하보정을 위해 자주 사용하는 지도투영법의 중요 성질, 특징, 그리고 주된 용도에 대해 설명한다.

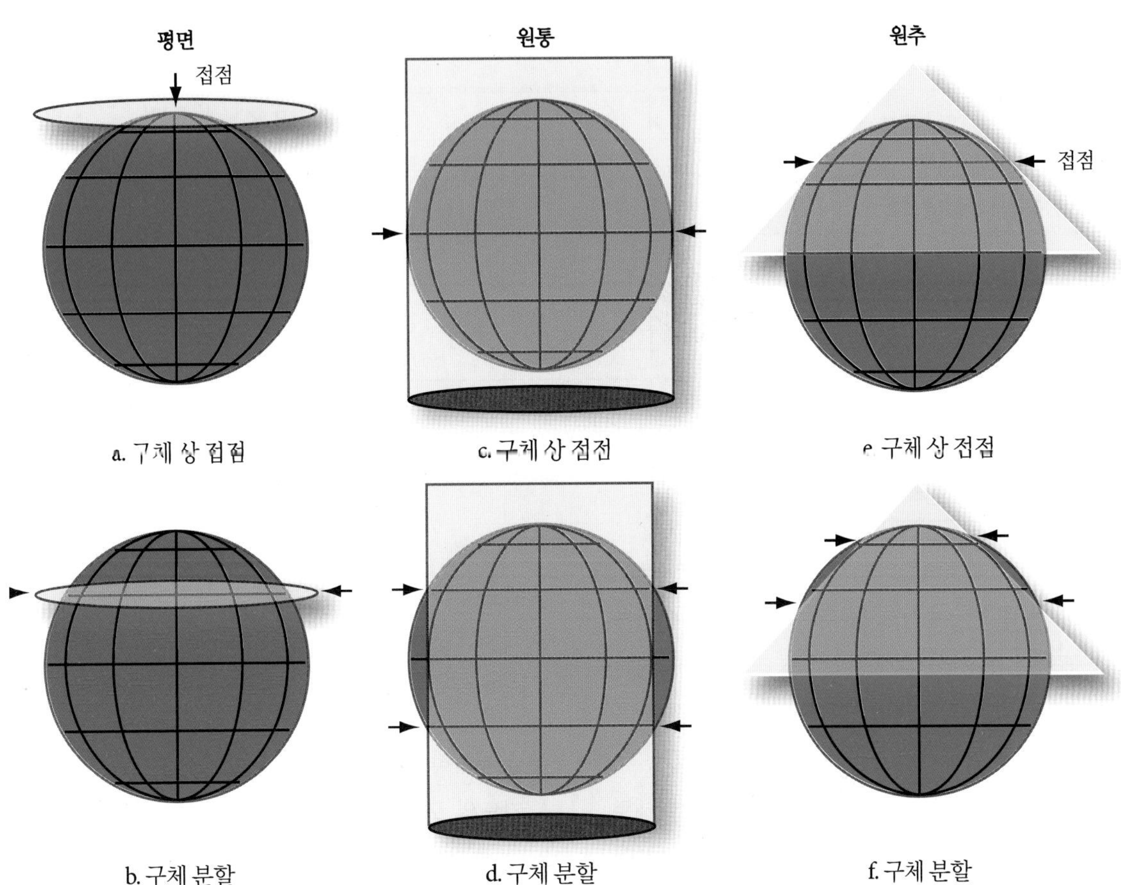

그림 7-10 지도투영에 흔히 사용되는 세 가지 유형의 전개가능면 : 평면, 원통, 원추. a, b) 평면의 전개가능면은 구체와 접하거나 구체를 분할한다. c, d) 원통형의 전개가능면은 구체에 접하거나 구체를 분할한다. e, f) 원추형의 전개가능면 역시 구체에 접하거나 구체를 분할한다(Jensen and Jensen, 2013).

지도투영법에 사용되는 전개가능면

지도학자들은 지구 표면에 있는 정보를 전개가능면이라 부르는 단순한 기하학적 형식에 투영하는 방법을 개발해 왔는데, 이러한 전개가능면에는 평면, 원통, 원추 등이 포함된다(그림 7-10).

전개가능면(developable surface)은 수축이나 팽창이 나타나지 않는 편평해질 수 있는 단순한 기하학적인 형태를 말한다(Slocum et al., 2008). 평면은 이미 편평한 형식을 취하고 있는 반면에 원통이나 원추는 절개되었을 때 내용의 팽창이나 수축 없이 편평하게 펴질 수 있다. 지도투영법은 일반적으로 원통투영법, 원추투영법, 평면투영법으로 구분된다.

지도투영법의 가장 중요한 특징 중 하나는 전개가능면이 지구에 접하는지 지표면과 교차하는지에 대한 것이다. 예를 들어 지구가 전개가능면의 한 점에 접촉하고 있다면, 그림 7-10a,c,e 경우처럼 면에 '접한다'고 한다. 만약 지구가 전개가능면에 의해 교차되거나 관통되면 그림 7-10b,d,f에서와 같이 면이 '분할된다'고 표현한다. 지구가 전개가능면을 만나고 있는 곳(즉 접하거나 분할되고 있는)에서 지도투영법은 가장 정확하게 실제를 표현한다.

지도투영법의 특징

지도투영법은 어떤 유형이든지 불가피하게 실제를 왜곡하는 과정을 거치게 되므로, 개별 지도투영법은 그 종류에 따라 고유의 장점과 단점을 지니게 된다(Grafarend and Krumm, 2006; Kanters, 2007; Krygier, 2011)(표 7-4). 결과적으로 모든 지도제작 작업에 있어 공통적으로 최적화된 투영법은 존재하지 않는다(USGS, 2011). 오히려 자료 분석자가 지도에서 나타내고자 하는 가장 중요한 사상들의 왜곡을 최소화할 수 있는 지도투영

표 7-4 원통, 방위, 원추형의 전개가능면과 관련된 지도투영법의 속성. P = 일부 가능(USGS, 2011에 기초)

전개가능면	투영법	정형	정적	정거	정각	투시	직선항정선
구	지구본						
원통	메르카토르				P		
	횡축메르카토르						
	공간사축메르카토르						
평면	심사				P		
	평사				P		
	정사				P		
	방위 정거			P	P		
	람베르트 방위 정적				P		
원추	알버스 정적 원추						
	람베르트 정형				P		
	정거			P			
	다원추			P			

법을 선택해야 한다.

모든 2차원 평면 상의 지도들은 3차원의 지구를 어떤 형태로든 왜곡할 수밖에 없다. 투영된 평면 지도나 지도의 일부분은 다음과 같은 특징을 일부 지니게 된다(표 7-4).

- 정확한 방향
- 정확한 거리(등거성)
- 정확한 면적
- 정확한 모양(정형성)

지도 상의 모든 지점에서 모든 방향으로 축척이 동일할 때 그 지도투영법은 **정형성**(conformal)을 갖는다고 한다(USGS, 2011). 따라서 정각 지도투영법에서 경선과 위선은 수직으로 교차하고 매우 작은 지역의 형상과 매우 짧은 변의 각도는 유지된다. 하지만 대부분 지역의 면적은 왜곡된다. 정각투영법에서는 모든 지점에서 각도가 바르게 나타나기 때문에 한 지점 주위 모든 방향에서의 축척은 일정하게 유지된다. 이러한 특성으로 인해 지도 분석자는 비교적 가까운 두 지점 간의 거리와 방향을 비교적 정확하게 측정할 수 있다. 원격탐사의 견지에서 볼 때, 이러한 특성은 자료가 정각투영법에 대하여 기하보정된 경우, 연속해 있는 몇 장의 1 : 24,000 지형도 상에 걸쳐 있는 면적에 대한 정확한 측정이 가능함을 의미한다.

지도의 모든 부분과 대응되는 실제 지구의 영역이 서로 동일한 축척에서 같은 면적을 가질 때 그 지도투영법은 **정적성**(equal-area)을 갖고 있다고 한다. 어떤 평면 지도도 정적성과 정형성을 동시에 지닐 수 없다(USGS, 2011).

정거투영법(equidistant) 지도는 투영법의 중심으로부터 또는 특정한 선을 따라서만 정확한 거리가 표현된다(USGS, 2011). 이 투영법은 투영면이 지구를 접하는 접점에 해당하는 곳에서 정확한 방위각을 나타내지만, 면적은 정확하게 반영하지 못한다. 예를 들어, 워싱턴 DC를 중심으로 하는 정거 방위투영법 지도는 워싱턴 DC와 다른 지점과의 정확한 거리를 나타낸다. 다시 말해, 워싱턴 DC와 필라델피아 간 거리 또는 워싱턴 DC와 리치몬드 간 거리를 정확하게 나타낸다. 반면에 필라델피아와 리치몬드 간 거리는 정확하게 표현되지 않는데, 그것은 지도투영법이 필라델피아를 중심으로 투영되어 있지 않기 때문이다. 어떠한 평면 지도도 정거성과 정적성을 동시에 지닐 수 없다. 직경을 n으로 하는 원이 지도 상에 그려질 경우 위치에 상관없이 모든 원은 동일한 지리적 면적을 나타낸다. 이러한 특성은 연구자가 토지이용 면적, 밀도 등을 비교할 때 유용하다. 하지만 동일한 면적을 유지하기 위해서는 지도 상 형태, 각도, 축척과 같은 속성들이 부분적으로 왜곡될 수밖에 없다.

방위투영법은 정해진 방위각 특성을 정확하게 표현한다. **방위**(azimuthal)투영법은 지구 상의 한 점에 접해 있는 평면에 대해 투영하는 방법이다. 거리 속성과 마찬가지로, 모든 방위각에 대한 관계는 하나의 지도 위에서는 올바르게 표현되지 않지만, 한 점에서의 모든 방위각 관계는 정확하게 표현될 수 있다. 흔히 사용되는 지도투영법의 특성에 대한 기초지식은 특수한 목적을 위해 필요한 지도투영법을 선정할 때 도움을 준다.

지도투영법에 대한 모든 사례를 소개하거나 설명하는 것은 현실적으로 불가능하다(Esri, 2004; Intergraph, 2013; Furuti, 2011). 다음에서는 원격탐사 자료를 기하보정할 때 유용한 몇 가지 투영법을 위주로 논의하고자 한다.

원통도법

표준 원통도법은 지구에 접하거나 지구를 관통하는 원통에 수학적으로 투영하는 방법이다(그림 7-11a, b).

메르카토르도법 : 메르카토르도법은 벨기에 지도학자인 Gerardus Mercator(1512~1594)에 의해 1569년 항해 목적으로 개발되었다(그림 7-12a, b). 경선과 위선은 직선으로 표현되며 서로 직각으로 교차한다. 이 도법에서는 방위각이 바르게 나타나지만 정형성을 유지하기 위해 위선들은 적도에서 멀어질수록 간격이 넓어진다(그림 7-12a, b). 메르카토르 도법 지도에서 직선은 두 지점 간의 최단거리가 아닌 **항정선**(rhumb line), 즉 일정한 방위각을 유지하는 직선으로 표현된다. 지점 간 거리는 적도에서 정확하며 남북위 12~15° 사이에서도 비교적 정확한 편이다(그림 7-11a). 전개가능면이 구체를 관통하는 투영방식이 적용되면 적도가 아닌 2개의 표준위선에서 정확한 축척을 나타내게 된다(그림 7-11b)(Slocum et al., 2008; Krygier, 2011).

메르카토르 도법에서 대륙과 같이 넓은 지역의 면적과 형태는 왜곡된다. 적도에서 멀어질수록 왜곡의 정도가 커지며 극 지역에서는 심각한 왜곡이 발생한다. 대개 극지역은 메르카토르 도법에서 표현되지 않는데, 그것은 이 지역에서 나타나는 극심한 왜곡 때문이다. 그림 7-12a, b는 메르카토르 도법으로 생성된 MODIS 위성자료와 전 지구의 고도자료이다.

메르카토르 도법은 적도지역을 지도화할 때 매우 효과적이다. 또 이 도법은 항해에 적합한 특수 목적의 투영법이라 할 수 있다. 정할(secant) 메르카토르 도법은 대축척 해도에 사용된다. 해도 제작에 메르카토르 도법이 사용되는 것은 사실 일반적이라 할 수 있다. 미국 상무부 국립해양조사국에 의해 발간된 해도가 좋은 예이다(Intergraph, 2013).

메르카토르 도법은 일반적인 지형도 크기 정도의 비교적 작은 면적 내에서 각도와 형태가 올바로 유지된다는 점에서 정형성을 갖추고 있다(USGS, 2011). 투영면이 지구에 접하거나 관통하는 원통도법과 연관된 왜곡 패턴이 그림 7-11a, b에 나타나 있다(Slocum et al., 2008; Krygier, 2011).

횡축메르카토르 도법 : 원격탐사 자료와 대축척 지형도 제작에 가장 널리 쓰이는 투영법 중 하나가 바로 횡축메르카토르 도법(Universal Transverse Mercator projection, UTM)이다. 이 도법은 원통, 즉 전개가능면을 직각으로 회전시킨 메르카토르 투영법인데, 원통에 위선이 아닌 경선이 접하는 경우이다.

횡축메르카토르 도법은 직각 좌표계에 기반을 두고 있다. 이 좌표계에 따르면 지구 전체가 모두 60개의 구역(zone)으로 나뉘게 되는데, 각 구역은 6°의 폭을 가지며 구역 내 중앙 경선은 서경 177°를 시작으로 매 6번째 경선에 해당한다. 구역 1은 서경 180~174° 범위이고 구역 2는 174~168° 범위에 걸쳐 있다. 각 UTM 구역은 북반구와 남반구 쪽으로 나뉘어 있다(그림 7-13a). 북반구 쪽은 적도에서 북위 84°까지, 그리고 남반구 쪽은 적도에서 남위 84°까지이며 양 극지역은 포함하지 않는다(그림 7-13, 그림 7-14a).

UTM 구역의 중앙 경선과 적도의 교차점은 각 구역의 기준점이다(그림 7-14a). 기준점의 중앙 축척계수는 0.9996이다. 중앙 경선, 적도, 그리고 중앙 경선에서 직각으로 회전한 선은 모두 직선이다(그림 7-14a). 중앙 경선은 일반적으로 동일한 축척을 가지며 중앙 경선에 평행한 모든 경선에서도 동일한 축척이 유지된다. UTM 지도들은 하나의 중앙 경선을 갖는 동일한 구역 내에 있을 때에만 서로 접합이 가능하다.

개별 UTM 구역은 남반구 쪽 경계선에서부터 북반구 쪽 경계선에 걸쳐 수직을 이루는 중앙 경선을 갖는다. 각 구역에 대해서는 경선에 대한 동쪽 방향 가산값 500,000m가 부여되는데, 이는 동쪽과 북쪽 방향의 좌표값이 구역 내에서 양의 값을 갖도록 하기 위함이다. 즉 가산값이 더해지지 않으면 중앙 경선의 서쪽은 음수로 표현되는 문제가 생긴다.

UTM 도법은 남북 방향으로 긴 지역에 흔히 사용된다. 예를 들면 UTM 도법은 미국지질조사국(USGS)의 1 : 24,000에서부터 1 : 250,000 지형도 제작에 흔히 쓰인다. UTM 구역 17N은 중앙 경선이 81°W에 지나가는 사우스캐롤라이나 주를 지도화할 때 유리하다(그림 7-14b). 또 UTM 구역 16N은 경도 87°W

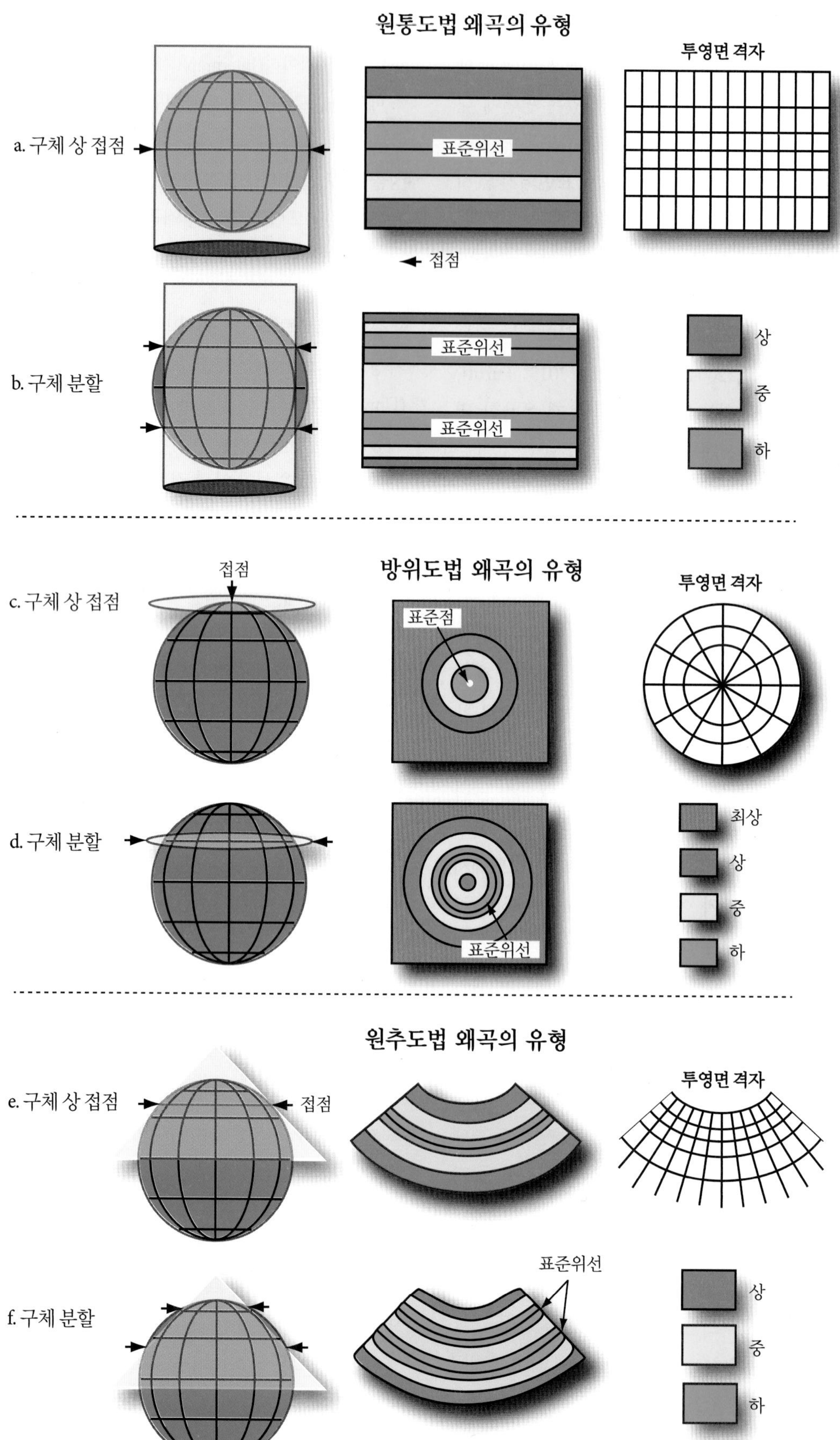

그림 7-11 원통도법과 관련된 왜곡 패턴. a) 전개가능면이 구체에 맞닿아 있을 때의 왜곡 패턴. b) 전개가능면이 구체를 분할할 때의 왜곡 패턴. c, d) 방위도법에서 전개가능면이 구체에 접하거나 구체를 분할할 때의 왜곡 패턴. e, f) 원추도법에서 전개가능면이 구체에 접하거나 구체를 분할할 때의 왜곡 패턴 (Jensen and Jensen, 2013에서 수정).

원통도법

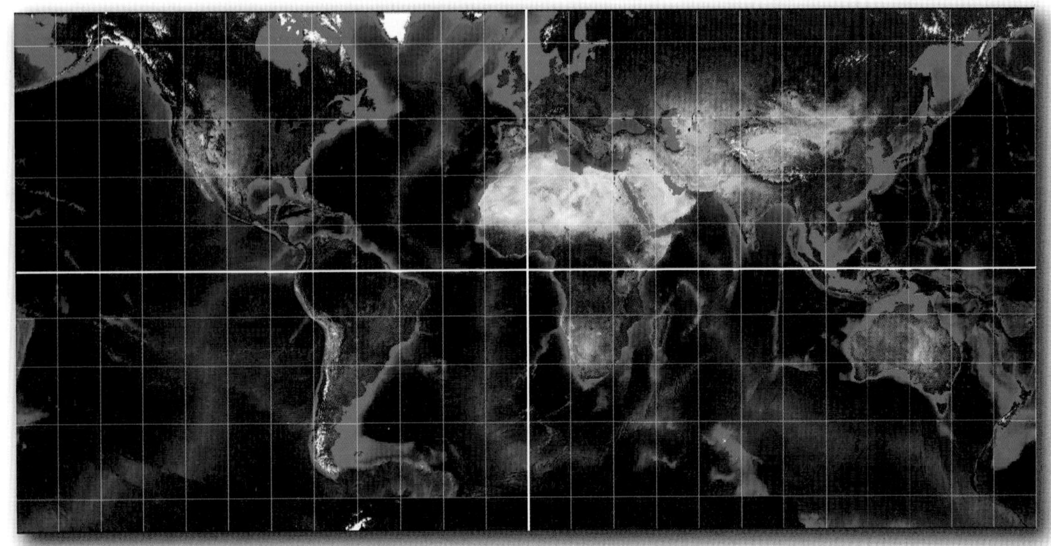

a. MODIS 위성 자료의 메르카토르 정각도법

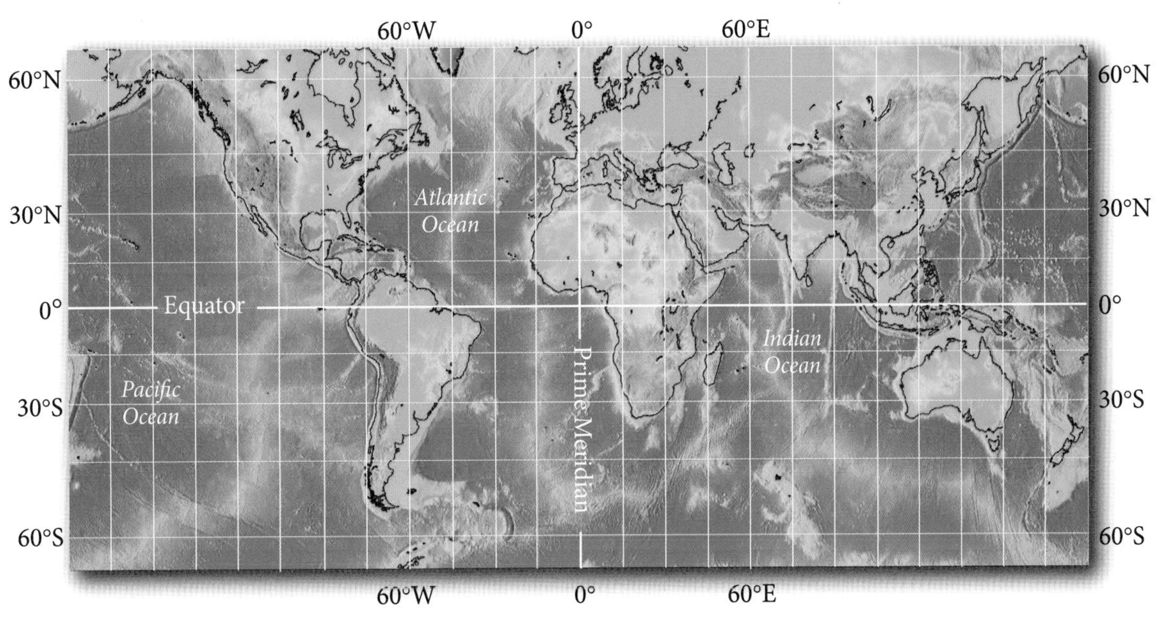

b. 메르카토르 정각도법에 기반한 고도자료

그림 7-12 a) 메르카토르 투영법이 적용된 미국항공우주국(NASA) MODIS 자료. 메르카토르 정형도법은 원통형 전개가능면을 기초로 한 것이다(그림 7-11a, b 참조). 표준위선으로는 흔히 적도가 채택된다. 고위도 지역에서 심각한 왜곡이 나타난다. b) 전지구 고도자료의 메르카토르 도법 지도. MODIS 영상과 고도자료의 출처는 NASA이며, 두 지도 모두 NASA의 지도투영 프로그램으로 작성되었다.

에 중심을 두고 있는 앨라배마 주를 지도화할 때 유용하다(그림 7-14b).

거리는 중앙 경선이나 중앙 경선에 평행한 두 직선을 따라서만 정확하게 표현된다. 하지만 중앙 경선에서부터 15° 내외 지역에서도 모든 거리, 방향, 형태, 면적이 상당히 정확한 값을 갖는다. 15° 지역을 벗어나게 되면 왜곡이 급격하게 증가한다. 하지만 UTM 도법은 정형성을 지니고 있기 때문에 작은 지역 내에서의 형태와 방향은 바르게 유지된다.

UTM 좌표는 미터 단위로 구성되며 동쪽과 북쪽 방향으로 진행한다. 즉 동향거리는 구역의 경계로부터 동쪽 방향 거리를 의미하고 북향거리는 구역의 경계로부터 북쪽 방향 거리를 의미한다. 북반구에서 북향거리는 적도로부터 북쪽으로 진행되

횡축메르카토르 도법 좌표계

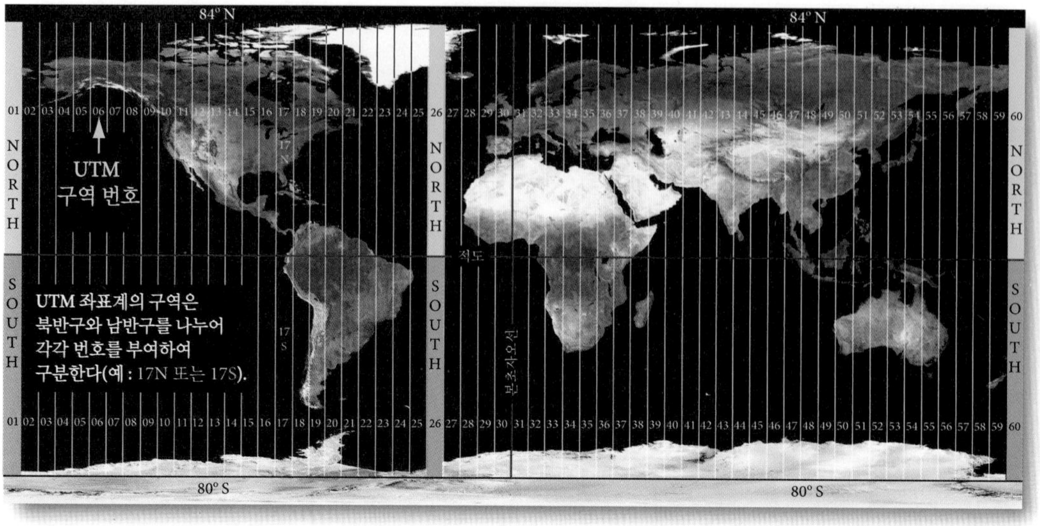

그림 7-13 전체적으로 60개의 UTM 구역이 있고, 서경 180°부터 구역 1에서 시작하여 경도 6°마다 번호가 증가하여 동경 180°에서 구역 60에 이른다. 각 UTM 구역은 북반구 및 남반구 구역으로 나뉜다. 북반구는 적도에서 북위 84°까지, 남반구는 적도에서 남위 80°까지 범위가 설정되어 있다(NGA, 2007)(MODIS 영상 제공 : NASA Goddard Space Flight Center; Reto Stöckli).

는데, 다음과 같은 예를 보면

12N 444782E 4455672N

해당 위치가 북반구 구역 12에 속하며, UTM 구역 원점으로부터 동쪽으로 444,782m, 북쪽으로 4,455,672m 각각 떨어져 있다는 것을 뜻한다. 이 지점의 좌표는 다른 단위의 좌표로 바꿀 수 있다. 예를 들어 이 좌표값을 1,000으로 나눈다면 킬로미터 단위의 좌표값으로 변환된다. 이 경우 해당 지점은 UTM 구역 원점으로부터 444.782km, 적도로부터 4,455.672km 북쪽에 위치한다.

UTM 좌표체계는 사용이 편리하고 모든 GPS를 통해 장소의 위치를 UTM 좌표로 표시할 수 있다. 또 UTM 좌표계는 극지역을 제외한 전지구를 포함할 뿐만 아니라 미터를 기본 단위로 사용하기 때문에 제곱미터, 헥타르, 제곱킬로미터와 같은 다른 단위로 쉽게 변환될 수 있는 장점이 있다. 구글어스와 같은 인터넷 지도 프로그램도 UTM 좌표계를 이용하여 위치를 검색하거나 지도에 표시할 수 있도록 하고 있다.

UTM 좌표계의 단점 역시 존재하는데, 대상 지역이 동서 방향으로 길어서 다수의 좌표 구역에 걸쳐 있는 경우에는 적용에 무리가 있다. 따라서 연구지역이 2개의 UTM 구역에 걸쳐 있으면 이 도법의 적용이 부적합할 수 있다. 이러한 이유로 미국 전역이나 아마존 분지와 같이 대륙 크기의 지역에 UTM 도법을 적용하기가 어렵다.

공간사축메르카토르 도법 : 공간사축메르카토르(SOM) 도법은 인공위성의 궤도에 의해 정의된 투영면을 갖는 수정판 원통도법이다. 이 도법은 미국지질조사국 연구자들이 타원체인 지구에 대한 위성자료가 평면에 인쇄될 때 발생하는 왜곡을 줄이기 위해 1970년대에 개발하였다. 이것은 원래 Landsat MSS 자료를 지도화하기 위해 개발되었다. 따라서 이 도법은 위성 시스템이 개별 위성 궤도를 통과하며 연속적으로 획득된 자료를 투영하는 데 사용된다. 축척은 위성 관측이 이루어지는 지표 궤적을 따라 정확한 값을 갖는다(Snyder, 1987; 1995).

SOM 도법은 주로 위성의 지표 궤적을 따라 움직이는 비교적 좁은 폭을 가지는 자료의 투영에 적합한 방법이다. 이 도법으로 제작된 지도는 원격탐사 시스템의 궤도 특성에 의해 정의되는 공간 범위에 대해 정형성을 갖는다. SOM 도법은 경사에 상관없이 원형이나 타원형의 지구 궤도로 움직이는 위성자료에 적용할 수 있는 방법이다.

평면도법

평면도법은 북극점(90°N, 0°W)과 같이 지구 상의 한 점에 접하는 평면에 수학적으로 투영이 이루어지는 방법이다(그림 7-11c). 투영면이 지표 상의 한 점에 접하는 것이 아니라 특정

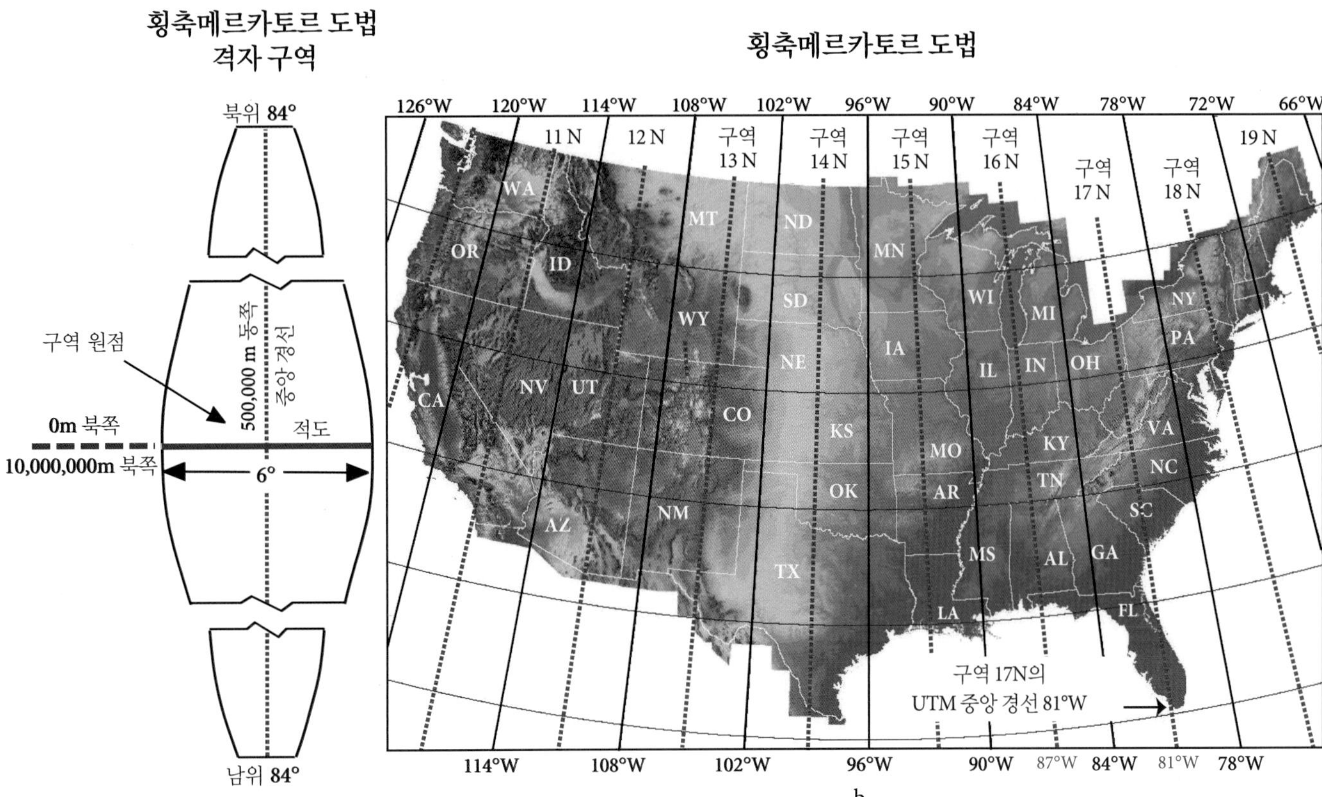

그림 7-14 UTM 좌표계의 구조와 구성 요소. 이 좌표계는 위성자료를 기본도에 대하여 기하보정할 때 흔히 사용된다. 미국지질조사국에서 발행하는 7.5분 또는 15분 지형도 도폭에도 적용된다. a) UTM 좌표계의 특징. 모두 60개의 구역이 있고 각각은 6° 간격으로 지구 전체를 구성한다. b) 중앙 경선이 서경 81°에 있는 UTM 17N 구역은 사우스캐롤라이나 주를 지도화하는 데 사용된다. 서경 87°에 중심을 두고 있는 UTM 16N 구역은 앨라배마 주를 표현하는 데 사용된다(고도 자료 제공 : USGS).

위도(예 : 40°N)에서 지구를 관통하는 방식으로 제작되기도 한다(그림 7-11d). 이 두 경우의 평면도법으로 인한 왜곡 패턴이 그림 7-11c, d에 나타나 있다(Slocum et al., 2008; Krygier, 2011). 평면도법은 극 점이나 적도 상에 중심을 둘 수 있을 뿐만 아니라 원하는 다른 방향으로 기울어지게 중심을 둘 수도 있다.

투시방위도법 : 투시방위도법은 위선과 경선을 포함하고 있는 투명한 지구본의 내부 또는 외부의 한 지점에서 광원을 사용하여 기하학적으로 투영하는 방법이다(그림 7-15). 광원으로부터의 빛은 위선과 경선을 평면 상에 투영한다.

광원의 위치는 지구 내부(심사도법), 지구 접점 반대편(평사도법), 또는 지구 접점의 무한대 거리에서 평행한 빛을 비추는(정사도법) 지점에 놓인다(그림 7-15). 지구 격자선은 실제로 광원을 사용하지 않고 수학적인 방법에 의해 투영된다.

심사방위도법은 가장 오래된 투영법으로 알려져 있으며 기원전 6세기경에 개발되었다. 이 도법의 가장 중요한 특징은 적도와 모든 경선이 직선으로 표현되어 있어서 두 지점 간 최단 경로를 제시한다는 점이다.

평사도법은 광원의 반대쪽에 있는 반구를 표현하는 데 흔히 사용되는데, 2개의 반구를 한꺼번에 표현할 수는 없다. 이 도법은 정확한 각도와 국지적인 형태를 유지하는 유일한 방법이다. 모든 방향으로 유사한 범위를 갖는 대륙 규모의 넓은 지역을 투영하는 데 적합하다(USGS, 2011).

정사도법은 지구, 달, 기타 행성들을 우주 공간의 무한대 시점에서 보는 것처럼 표현하는 데 쓰인다. 이 투영법은 구체의 3차원 표현방식과 매우 유사한 모양의 지도를 생성하며 방위도법 중 가장 익숙한 도법이다(Intergraph, 2013).

람베르트 방위 정적 도법 : 람베르트 방위 정적 도법은 투영면의 접점에서 모든 방향으로 균등히 분포하는 지역에 적합한 방법이다(그림 7-16). 그림 7-16a~c에서 지구 전체를 나타내고 있는 MODIS 자료에 표시된 것처럼 양극이나 북위 40° 서경 0°,

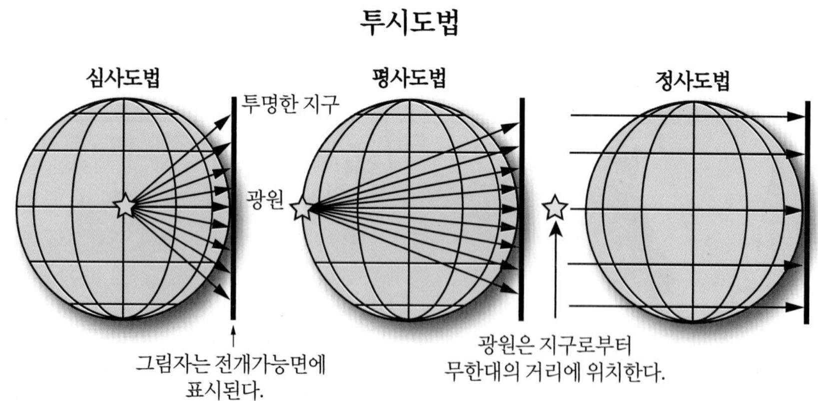

그림 7-15 투시도법 : 심사도법, 평사도법, 정사도법. 투영에 사용되는 투명 구체와 전개가능면(이 경우 평면 전개가능면), 그리고 광원 간의 상대적인 위치 관계에 주목할 필요가 있다. 이 관계에 따라 투영면에 전달되는 그림자의 형성 각도가 달라짐을 알 수 있다(Jensen and Jensen, 2013).

또는 북위 40° 서경 80°처럼 제작자가 원하는 지점 어디든지 접점을 위치시킬 수 있다.

지도 상의 면적은 지표 상 동일 지역의 면적과 동일한 비율을 갖는다. 그러므로 동일한 위도 상에 있는 2개의 위선과 2개의 경선에 의해 정의되는 서로 다른 2개의 지도 도곽 면적은 같다. 방향은 표준점(접점)으로부터 관측되는 경우에만 정확하다. 지도의 축척은 접점으로부터 멀어질수록 점차 감소하며, 형태상의 왜곡은 접점으로부터 멀어질수록 커진다. 접점을 통과하는 모든 직선은 대권 위에 있게 된다. 이 도법은 정적성을 가지고 있지만 정형성(또는 정각성), 투시성, 정거성은 상실된다(USGS, 2011).

정거 방위도법 : 정거 방위도법에서 표준점인 접점으로부터 모든 지역으로의 거리와 방향은 정확하게 유지된다. 접점을 통과하는 직선 상의 두 지점 간 거리는 정확하지만, 그 외 다른 지역 간의 거리는 부정확하다. 접점을 통과하는 직선들은 모두 대권 위를 지나게 된다. 면적과 형태적 왜곡은 접점으로부터 멀어질수록 증가한다(USGS, 2011). 정거 방위도법은 투영법의 접점으로부터 비행거리를 표현하는 데 효과적이다. 흔히 극 중심 투영은 세계지도나 극 중심의 반구를 표현하는 데 사용된다. 사축방향의 투영은 대륙 규모 지도집이나 항해용 세계지도를 제작하는 데 유용하다.

원추도법

원추도법은 원뿔모양의 전개가능면에 수학적인 투영이 이루어지는 방법이다. 원뿔은 지구에 접하거나 관통한 조건에서 투영된다. 한 점에서 접하는 경우, 하나의 표준위선이 존재하게 되며, 지구를 관통하는 경우에는 2개의 표준위선이 존재하게 된다(그림 7-11e, f). 접점이나 지구와의 교차점으로부터 거리가 멀어질수록 왜곡은 증가하게 된다(Slocum et al., 2008; Krygier, 2011).

알버스 정적 원추도법 : 알버스 정적 원추도법은 미국지질조사국(USGS)이 미국 본토 전역 48개 주를 표현하는 지도를 만들거나 미국 내 광역 지역을 지도화할 때 사용된다(그림 7-17a). 이 도법은 2개의 표준 위선에 접하도록 설계되었다. 주로 동서 방향으로 넓게 위치한 지역을 대상으로 하거나 정적성을 유지해야 하는 경우 효과적인 도법이다. 이 도법은 정형성을 담보하지 못하지만 투시도법이며 정거성을 갖고 있다. 제한된 지역적 범위에서 방위 표현은 비교적 정확한 편이고, 표준 위선을 따라 계산되는 거리도 정확하다. 2개의 표준 위선을 따라 축척은 정확하게 유지된다. 알버스 정적 원추도법에 의해 제작된 이웃한 지도들을 서로 접합하기 위해서는 접합하고자 하는 지도들이 동일한 표준 위선과 동일한 축척에 기반하고 있어야만 한다(USGS, 2011).

람베르트 정형 원추도법 : 람베르트 도법(그림 7-17b)은 지도투영법 중에서 가장 보편적으로 사용되는 방법 중 하나이다. 이 도법은 2개의 표준 위선이 지구에 접하며 알버스 정적 원추도법과 유사해 보이지만 격자선의 간격이 상이하다(그림 7-17a). 미국지질조사국의 대축척 지형도과 주 기본도에 적용된다. 또, 동서 방향으로 넓게 위치한 국가나 지역의 지도를 제작하는 데도 사용된다(USGS, 2011).

람베르트 정형 원추도법은 투시도법이 아니며 정적성과 정

방위도법

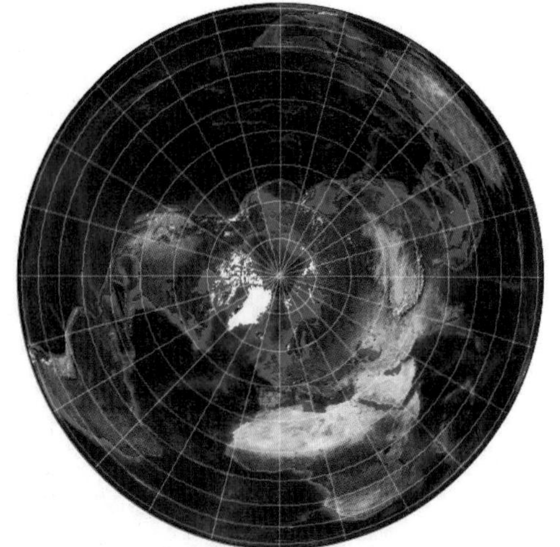

a. 람베르트 방위 정적도법(북위 90 °, 서경 0 °)

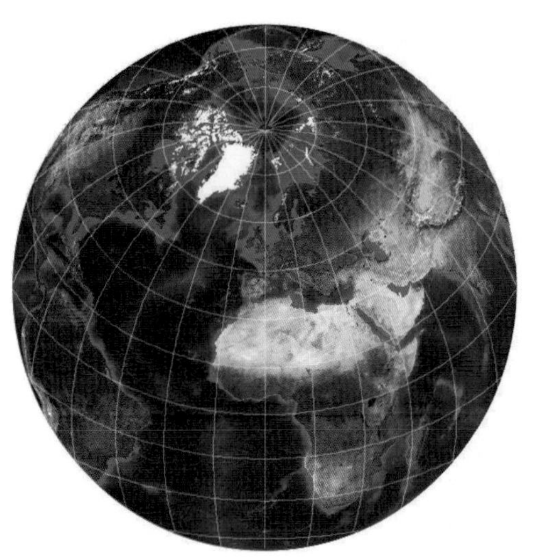

b. 람베르트 방위 정적도법(북위 40 °, 서경 0 °)

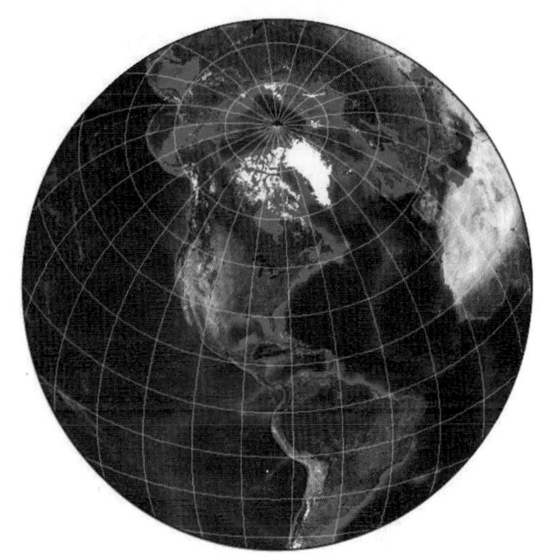

c. 람베르트 방위 정적도법(북위 40 °, 서경 80 °)

그림 7-16 람베르트 방위 정적도법. a) MODIS 자료에 적용된 람베르트 방위 정적도법으로 북위 90°, 서경 0°에 접점을 두었다. b, c) 같은 도법이 적용된 것으로, 접점이 각각 북위 40° 서경 0°, 북위 40° 서경 80°에 위치해 있다(NASA 지도투영 소프트웨어 사용과 NASA MODIS 영상에 기초).

거성을 갖지 않는다. 거리는 2개의 표준 위선에서만 정확하게 나타나고, 나머지 지역에 대해서는 비교적 제한된 지리적 범역에서만 높은 정확도를 나타낸다. 방위 표시는 표준 위선 부근에서 매우 정확하게 반영된다. 형태와 면적의 왜곡은 2개 표준 위선에서 최소화되지만 위선에서 멀어질수록 증가한다. 상대적으로 좁은 면적에 걸쳐 있는 대축척 지도에서 형태가 정확하게 유지된다.

미국 본토 전역 48개 주의 기본도에 사용되는 2개의 표준 위선은 북위 33°와 45°를 각각 지난다. 하지만 7.5 또는 15분 지형도와 같이 매우 중요한 지도 상에서는 표준 위선의 위치는 동일하지 않다(USGS, 2011).

세계 여러 지역을 지도화하는 데 이상적인 투영법들이 표 7-4에 요약되어 있다. 지구본은 전 세계를 표현하는 데 효과적이다. 횡축메르카토르 도법과 몇 가지 원추도법들은 중축척 또는 대축척 지도제작에 특히 유용하게 사용된다.

기타 기하보정에 유용한 투영법과 좌표계

경우에 따라서는 정치적인 목적이나 다른 이유들로 인해 지도 투영법이나 좌표계가 특별히 고안될 필요가 있다. 예를 들어, 1930년대 미국의 주정부들은 횡축메르카토르 도법 또는 람베르트 정형 원추도법에 기반한 각자 고유의 투영법을 사용하고자 하였다. 이러한 투영법들과 좌표계들은 이후에 주 평면좌표

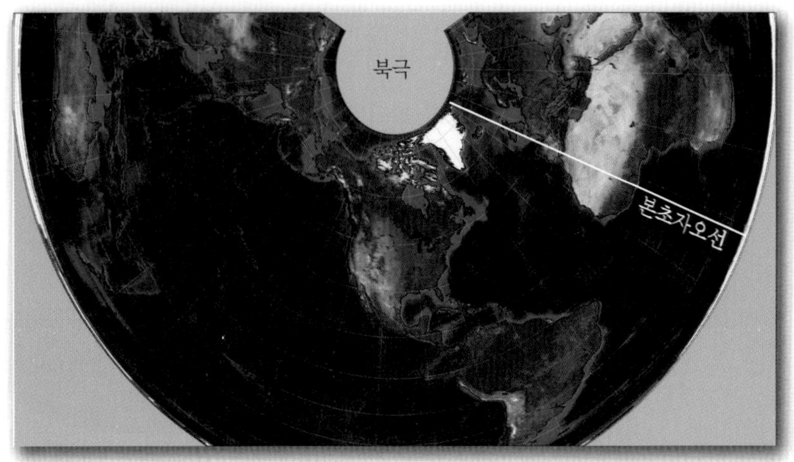

a. 알버스 정적 원추도법

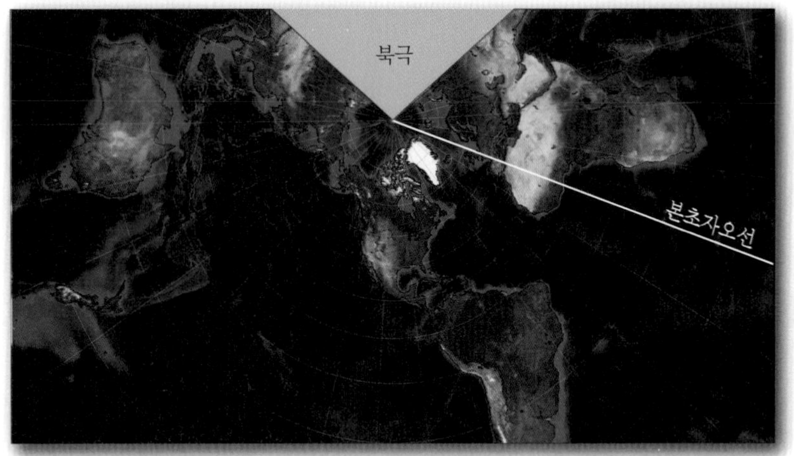

b. 람베르트 정형 원추도법

그림 7-17 원추도법의 예. a) 알버스 정적 원추도법. b) 람베르트 정형 원추도법(NASA 지도투영 소프트웨어 사용과 NASA MODIS 영상에 기초).

계(State Plane Coordinate System, SPCS)로 불리게 되었다.

주 평면좌표계 : 미국 내 개별 주들의 지도투영법 선정은 왜곡을 줄이고 오차를 최소화하기 위해 각 주 사정에 따라 이루어졌다. 즉 이 투영법들은 각 주의 형태와 지리적 위치에 따라 결정되었다. 어떤 주들은 주 평면좌표계를 다시 여러 개의 구역으로 나누어 작성하였다. 예를 들어 유타 주는 3개의 서로 다른 구역(북부, 중부, 남부)으로 나누어 좌표계를 설정했는데, 이는 유타 주의 모양과 지리적 위치 때문이었다(그림 7-18). 유타 주의 평면좌표계는 람베르트 정적 원추도법을 사용하고 있다.

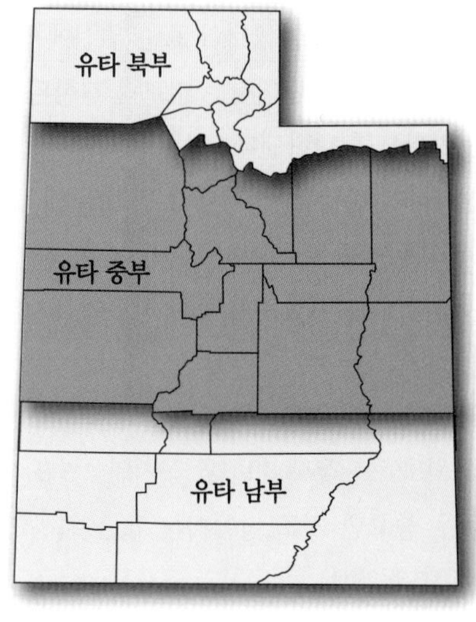

그림 7-18 각 주정부는 개별적으로 평면좌표계를 운영하고 있다. 각 주의 크기와 형태에 따라 구역의 수가 결정된다. 유타 주는 3개의 주 평면좌표계 구역(북부, 중부, 남부)을 가지고 있다.

표 7-5 사우스캐롤라이나 주 찰스턴 지역의 Landsat TM 영상을 기하보정하는 데 사용된 20개의 지상기준점의 특징

지상기준점 번호	제거된 기준점 순서[a]	지도 상의 동향거리, X_1	지도 상의 북향거리, X_2	X' 화소	Y' 화소	해당 기준점이 제거되었을 때의 총 RMS 오차
1	12	597,120	3,627,050	150	185	0.501
2	9	597,680	3,627,800	166	165	0.663
3	보존	598,285	3,627,280	191	180	–
4	보존	595,650	3,627,730	98	179	–
5	2	596,750	3,625,600	123	252	6.569
6	13	597,830	3,624,820	192	294	0.435
7	보존	596,250	3,624,380	137	293	–
8	보존	602,200	3,628,530	318	115	–
9	보존	600,350	6,629,730	248	83	–
10	5	600,680	3,629,340	259	93	1.291
11	보존	600,440	3,628,860	255	113	–
12	10	599,150	3,626,990	221	186	0.601
13	8	600,300	3,626,030	266	211	0.742
14	6	598,840	3,626,460	211	205	1.113
15	3	598,940	3,623,430	214	295	4.773
16	보존	600,540	3,626,450	272	196	–
17	4	596,985	3,629,350	134	123	1.950
18	7	596,035	3,627,880	109	174	0.881
19	11	600,995	3,630,000	269	71	0.566
20	1	601,700	3,632,580	283	12	8.542
				20개 지상기준점 모두 사용하였을 때의 총 RMS 오차 : **11.016**		

[a]예를 들어, 20번째 GCP가 처음으로 제거되면 총 RMS 오차는 11.016에서 8.542로 떨어진다. 5번째 기준점이 2번째로 제거되면 총 RMS 오차는 다시 8.542에서 6.569로 떨어진다.

대부분의 지방정부에서 사용하는 주제도는 주 평면좌표계를 사용하고 있다. 정부가 사용하는 대다수 법률적 규정에는 주 평면좌표계 용어에 대한 자세한 기술이 포함되어 있기 때문에, 정부기관이나 시 기관에 근무를 원하는 사람들은 이 도법에 대한 이해가 선행되어야 한다.

UTM과 마찬가지로 주 평면좌표계를 이용하는 데 있어서 단점 역시 존재한다. UTM과 유사하게 대부분 주에서 사용되는 주 평면좌표계는 연구자의 연구지역이 여러 개의 구역을 포함하고 있을 때 문제가 된다. 주어진 주 평면좌표계는 주 경계선까지만 적용 가능하기 때문에 복수의 주를 조사하는 업무에서는 다른 투영법을 사용해야 한다. 주 평면좌표계의 원래 단위는 북미데이텀(NAD27)에 기반하여 피트로 정해져 있었다. 최근 미국지질조사국은 미터법에 기초한 지형도를 제작하여 배포하고 있다. 이 지도들은 미터법에 기초한 북미데이텀인 NAD83를 토대로 제작된 새로운 주 평면좌표계에 근거하고 있다.

지상기준점 수집

지도 상에서 20개의 지상기준점(GCP)을 선별하여 각 점에 대해 UTM의 동향거리(easting)와 북향거리(northing) 좌표를 식별하였다(표 7-5). 이어 동일한 20개의 지상기준점에 대해 TM 자

표 7-6 사우스캐롤라이나 주 찰스턴 지역의 Landsat TM 영상을 기하보정하는 데 사용된 7개의 최종 지상기준점에 대한 정보

지상기준점 번호	지도 상의 동향거리	조정된 동향거리, X_1^a	지도 상의 북향거리	조정된 북향거리, X_2^b	Y^c	
					X' 화소	Y' 화소
3	598,285	2,635	3,627,280	2,900	191	180
4	595,650	0	3,627,730	3,350	98	179
7	596,250	600	3,624,380	0	137	293
8	602,200	6,550	3,628,530	4,150	318	115
9	600,350	4,700	3,629,730	5,350	248	83
11	600,440	4,790	3,628,860	4,480	255	113
16	600,540	4,890	3,626,450	2,070	272	196
	최소 = 595,650	24,165	최대 = 3,624,380	22,300	1,519	1,159

[a] 조정된 동향거리(X_1)로, 계수값을 구하는 데 사용되며 독립변수임
[b] 조정된 북향거리(X_2)로, 계수값을 구하는 데 사용되며 독립변수임
[c] 본문에 논의된 종속변수(Y). 이 예에서는 X' 화소 위치를 예측하는 데 사용되었다.

료로부터 상응하는 행과 열 좌표를 수집하였다(표 7-5). 점 13, 14, 16의 위치는 그림 7-5에 나와 있다. GCP는 보정하고자 하는 영역 전체에 골고루 위치해야 하며 a) 한쪽 지역에 보다 쉽게 식별 가능한 점들이 모여 있거나 b) 그 위치들이 현장에서 수집하기 쉽다는 이유로 한쪽 지역에 치우쳐서는 안 된다.

총 RMS 오차를 평가함으로써 최적의 기하보정 계수를 결정

선택된 20개의 GCP를 앞서 논의된 최소자승 회귀 과정에 입력하여 1) 좌표변환의 계수값과 2) GCP와 관련된 개개 및 총 RMS 오차를 계산한다. 임계값 0.5가 만족될 때까지 13개의 GCP를 분석에서 제거하였는데, 13개의 GCP가 제거된 순서와 각 제거 후의 총 RMS 오차는 표 7-5에 요약되어 있다. 허용 가능한 RMS 오차범위 내에서 7개의 GCP를 최종적으로 선택하였다(표 7-6). 만약 임계값에 만족스럽지 못했다면 GCP 11을 다음으로 제거하였을 것이다. 6개의 계수가 7개의 GCP로부터 추출되어 표 7-7에 나와 있다. 이 계수들을 이용하여 보정된 찰스턴 지역의 Landsat TM 영상이 그림 7-6a에 나와 있다.

6개의 계수값이 이 Landsat TM 데이터셋에 대해 어떻게 계산되는지 살펴볼 필요가 있다. 여기서는 단지 최종 7개의 GCP만을 사용하여 계수값을 계산하였는데, 왜냐하면 총 RMS 오차를 0.5화소 이내로 맞추고자 했기 때문이다. 그러나 이와 동일한 과정이 7개가 아닌 20개, 19개 등의 지상기준점을 가지고도 수행된다는 것을 알아 둘 필요가 있다.

표 7-7 사우스캐롤라이나 주 찰스턴 지역의 Landsat TM 영상을 기하보정하는 데 사용된 계수

$x' = -382.2366 + 0.034187x + (-0.005481)y$
$y' = 130,162 + (-0.005576)x + (-0.0349150)y$
(x, y)는 출력 영상의 좌표값이고 (x', y')는 원시, 즉 보정되지 않은 영상의 예측된 영상 좌표값이다.

최소자승 다중회귀 방식으로 계수값을 계산하려면 두 가지 식이 필요하다. 한 식은 지도 좌표(x, y)의 함수로서 영상의 y' 좌표를 계산하며, 두 번째는 동일한 지도 좌표(x, y)의 함수로서 영상의 x' 좌표를 계산한다. 3개의 계수가 각 알고리듬을 사용하여 결정된다. 영상의 행 좌표(x')를 계산하는 수식은 다음과 같이 표현될 수 있다.

다중회귀계수 계산

우선 다음과 같이 변수 정의를 한다.

Y = 영상에서의 x' 혹은 y', 이 예에서는 x' 값을 나타냄
X_1 = GCP의 지도 상 동향거리 좌표(x)
X_2 = GCP의 지도 상 북향거리 좌표(y)

여기서 x와 y 대신에 X_1, X_2를 사용하는 것이 수학적으로 간단하다.

계수값을 계산하는 데 사용된 7개의 좌표가 표 7-6에 나와 있다. 독립변수(X_1, X_2)를 조정하여 계산 중에 자승의 합이나 곱의 합이 너무 커져 사용되는 컴퓨터 CPU의 정밀도를 능가하지 않도록 하였다(조정된 값 = 원래값 − 최솟값). 즉 GCP의 지도 좌표와 관련한 원래의 UTM 북향거리 대부분은 이미 300만 m의 범위에 있다. 표 7-6에서 사용된 최솟값은 다시 계수 계산의 최종 단계에서 더해진다. 이제 표 7-7에 나와 있는 x' 계수값을 계산하는 데 필요한 수식들을 살펴보자. 기술적이지만 식 7.9에 사용된 계수를 어떻게 계산하는지에 관심 있는 사람에게는 꽤 귀중한 정보일 것이다.

I. (X^TX), (X^TY)를 계산한다.

$n = 7$, 사용된 지상기준점의 수

A. 우선 다음의 값들을 계산한다.

$$\sum_{i=1}^{n} Y_i = 1{,}519 \qquad \sum_{i=1}^{n} X_{1i} = 24{,}165$$

$$\sum_{i=1}^{n} X_{2i} = 22{,}300 \qquad \bar{Y} = 217 \qquad \bar{X}_1 = 3{,}452.1428$$

$$\bar{X}_2 = 3{,}185.7142 \qquad \sum_{i=1}^{n} Y_i^2 = 366{,}491$$

$$\sum_{i=1}^{n} X_{1i}^2 = 119{,}151{,}925 \qquad \sum_{i=1}^{n} X_{2i}^2 = 89{,}832{,}800$$

$$\sum_{i=1}^{n} X_{1i}Y_i = 6{,}385{,}515 \qquad \sum_{i=1}^{n} X_{2i}Y_i = 5{,}234{,}140$$

$$\sum_{i=1}^{n} X_{1i}Y_{2i} = 91{,}550{,}500$$

B. 자승의 합을 계산한다.

1.

$$\sum_{i=1}^{n} X_{1i}^2 - \frac{1}{n}\left(\sum_{i=1}^{n} X_{1i}\right)^2 = 119{,}151{,}925 - \frac{1}{7}(24{,}165)^2 = 35{,}730{,}892.8571$$

2.

$$\sum_{i=1}^{n} X_{2i}^2 - \frac{1}{n}\left(\sum_{i=1}^{n} X_{2i}\right)^2 = 89{,}832{,}800 - \frac{1}{7}(22{,}300)^2 = 18{,}791{,}371.4286$$

3.

$$\sum_{i=1}^{n} X_{1i}X_{2i} - \frac{1}{n}\left(\sum_{i=1}^{n} X_{1i}\right)\left(\sum_{i=1}^{n} X_{2i}\right)$$

$$= 91{,}550{,}500 - \frac{1}{7}(24{,}165)(22{,}300)$$

$$= 14{,}567{,}714.2857$$

여기서

$$(X^TX) = \begin{Bmatrix} 35{,}730{,}892.8571 & 14{,}567{,}714.2857 \\ 14{,}567{,}714.2857 & 18{,}791{,}371.4286 \end{Bmatrix}$$

4. Y와 X_1 사이의 공분산을 계산한다.

$$\sum_{i=1}^{n} X_{1i}Y_i - \frac{1}{n}\left(\sum_{i=1}^{n} X_{1i}\right)\left(\sum_{i=1}^{n} Y_i\right)$$

$$= 6{,}385{,}515 - \frac{1}{7}(24{,}165)(1{,}519)$$

$$= 1{,}141{,}710$$

5. Y와 X_2 사이의 공분산을 계산한다.

$$\sum_{i=1}^{n} X_{2i}Y_i - \frac{1}{n}\left(\sum_{i=1}^{n} X_{2i}\right)\left(\sum_{i=1}^{n} Y_i\right)$$

$$= 5{,}234{,}140 - \frac{1}{7}(22{,}300)(1{,}519)$$

$$= 395{,}040$$

여기서

$$(X^TY) = \begin{Bmatrix} 1{,}141{,}710 \\ 395{,}040 \end{Bmatrix}$$

II. X^TX의 역행렬 $(X^TX)^{-1}$을 구한다.

A. 우선 2×2 행렬의 결정계수를 계산한다.

$$|X^TX| = (35{,}730{,}892.8571)(18{,}791{,}371.4286) - (14{,}567{,}714.2857)^2 = 459{,}214{,}179{,}643{,}488.9$$

B. X^TX 수반행렬(adjoint matrix)을 결정한다. 여기서 수반행렬은 공통인자(cofactor) 행렬의 전치행렬과 동일하다.

$$\text{수반행렬}^* = \begin{Bmatrix} 18{,}791{,}371.4286 & -14{,}567{,}714.2857 \\ -14{,}567{,}714.2857 & 35{,}730{,}892.8571 \end{Bmatrix}$$

*여기서 만약

$$A = \begin{Bmatrix} a & b \\ c & d \end{Bmatrix}, \text{ 그러면 } A^{-1} = \frac{1}{\det A}\begin{Bmatrix} d & -b \\ -c & a \end{Bmatrix}$$

C. X^TX 행렬의 수반행렬과 $1/\det(X^TX)$ 행렬을 곱함으로써 $(X^TX)^{-1}$ 행렬을 구한다.

$$(X^TX) = \left(\frac{1}{459{,}214{,}179{,}643{,}488.9}\right)$$

$$\begin{Bmatrix} 18{,}791{,}373.7142 & -14{,}567{,}714.2857 \\ -14{,}567{,}714.2857 & 35{,}730{,}896.4285 \end{Bmatrix}$$

$$= \begin{Bmatrix} 0.41\times10^{-7} & -0.32\times10^{-7} \\ -0.32\times10^{-7} & 0.78\times10^{-7} \end{Bmatrix}$$

III. $a_i = (X^TX)^{-1}(X^TY)$를 사용하여 계수값을 계산한다.

$$\begin{bmatrix} 0.41\times10^{7} & -0.32\times10^{-7} \\ -0.32\times10^{-7} & 0.78\times10^{-7} \end{bmatrix} \bullet \begin{bmatrix} 1{,}141{,}710 \\ 395{,}040 \end{bmatrix} =$$

$$a_1 = (0.000000041)(1{,}141{,}710) + (-0.000000032)(395{,}040)$$

$$a_2 = (-0.000000032)(1{,}141{,}710) + (-0.000000078)(395{,}040)$$

$$a_1 = 0.0341877$$

$$a_2 = -0.0054810$$

그런 다음 절편(a_0)을 계산한다.

$$a_0 = \bar{Y} - \sum_{i=1}^{2} a_i \bar{X}_i$$

X_1, X_2의 최솟값(595,650과 3,624,380)은 반드시 여기서 보상되어야 한다(표 7-6 참조).

$$a_0 = 217 - [(0.0341877)(3{,}452.1428 + 595{,}650) + (-0.005481)(3{,}185.7142 + 3{,}624{,}380)] = -382.2366479$$

따라서 방정식은 다음과 같다.

$$Y = -382.2366479 + 0.0341877X_1 - 0.0054810X_2$$

실제로 종속변수 x'를 계산했기 때문에 이 식은 다음과 같이 된다.

$$x' = -382.2366479 + 0.0341877x - 0.0054810y$$

x와 y는 지도 좌표를 나타내고, x'는 입력 영상에서 예측된 행의 좌표이다.

입력 영상에서 열 위치(y')에 대한 다른 3개의 계수값을 계산하는 데도 유사한 과정이 필요하다. 이는 표 7-6의 방정식에서 사용되었던 x' 화소 밝기값 대신에 7개의 y' 화소 밝기값을 적용해야 한다. 지도 좌표(x, y)와 관련된 (X_1, X_2) 좌표는 동일하다.

공간 및 강도내삽 재배열을 이용하여 출력 행렬 채우기

계산된 계수값과 함께 1) 보정하려는 지도 상의 영역의 UTM 좌표를 식별하고, 2) 수행할 강도내삽 기법을 선택하며, 3) 출력 화소 크기를 결정하는 것이 필요하다. 이 예에서는 최근린 재배열 알고리듬과 30×30m 크기의 출력 화소를 사용하였다. 출력 화소의 크기가 작으면 작을수록 계산에 걸리는 시간이 길다. 일반적으로 화소의 크기는 정방형(예 : 30×30m)으로 정해서 보정된 자료를 컴퓨터 화면 상에 나타냈을 때나 다양한 하드카피 형태의 출력 도구를 이용하여 나타냈을 때 가로 세로 사이의 복잡한 축척 문제를 야기하지 않도록 한다.

모자이크 영상 제작

모자이크 영상 제작(mosaicking)은 다중 영상들을 하나의 조합 영상으로 통합하는 과정이다. 보정되지 않은 개개 프레임이나 원격탐사 자료의 비행경로를 따라 수집된 영상들로 모자이크 영상을 제작하는 것이 가능하다. 그러나 표준 지도투영법과 기준점에 맞춰 이미 보정된 다중 영상들을 이용해 모자이크 영상을 만드는 것이 일반적이다(그림 7-19).

기하보정된 영상을 이용한 모자이크 영상 제작

n개의 보정된 영상으로 모자이크 영상을 만들기 위해서는 다음의 몇 가지 단계를 거친다. 우선 개개 영상은 동일한 지도투영법과 기준점에 맞춰 기하보정되어야 한다. 이상적으로 n개의 영상을 동일한 강도내삽 재배열 논리(예 : 최근린)와 화소 크기(예 : Landsat TM 영상은 일반적으로 30×30m로 재배열하여 모자이크 영상을 제작)로 기하보정해야 한다.

모자이크 영상 제작에 사용되는 페더링 논리

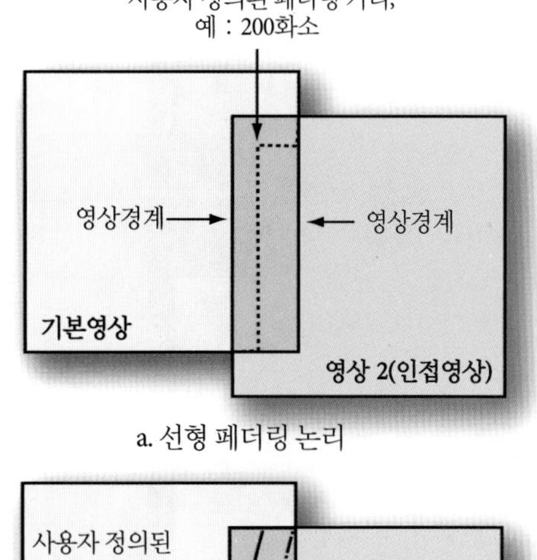

a. 선형 페더링 논리

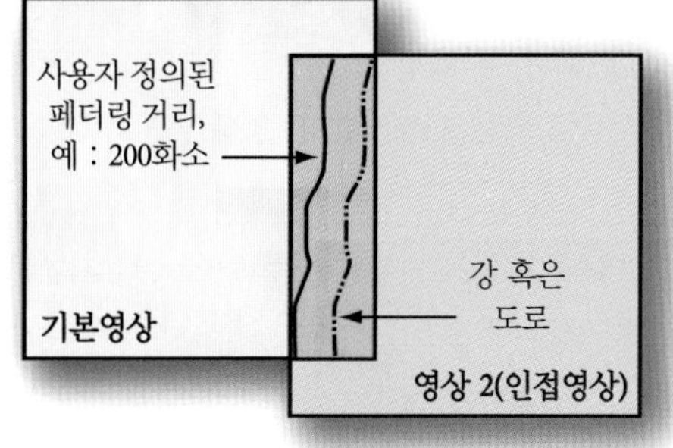

b. 경계 페더링 논리

그림 7-19 모자이크 영상 제작에 사용되는 인접 영상들 사이의 시각적 경계는 a) 선형 페더링 논리, 혹은 b) 경계 페더링 기법을 사용하여 최소화될 수 있다.

다음, 개개 영상들 중 하나를 **기본영상**으로 입력한다. 기본영상과 영상 2, 즉 두 번째 영상은 일반적으로 일정량만큼 중첩된다(예 : 20~30%). 중첩지역에서 대표적인 지리적 영역을 식별하여 기본영상의 해당 영역을 사용자 정의에 따라 대비확장시킨 뒤 히스토그램을 추출한다. 기본영상으로부터 추출한 히스토그램을 이용하여 영상 2에 히스토그램 매칭 알고리듬을 적용한다. 이 과정을 통해 두 영상이 대략적으로 동일한 밝기 특성을 가지게 된다.

중첩되는 지역에 한 영상의 화소 밝기값으로 다른 영상의 화소 밝기값을 덮어씌우는 것도 가능하다. 그러나 이럴 경우 최종 모자이크 영상에 눈에 띄는 경계선이 생기기 마련이다. 그러므로 개개 영상들 사이에 경계선을 보이지 않게 하기 위해 페더링(feathering) 기법을 사용하는 것이 일반적이다(Tucker et al., 2004). 어떤 디지털 영상처리 시스템은 사용자로 하여금 구체적인 페더링 완충거리(예 : 200화소)를 설정하여 그 거리 안에서는 기본영상이 사용되지 않고 영상 2의 100%가 출력 영상을 만드는 데 사용되도록 한다(예 : 그림 7-19a). 경계로부터 안쪽으로 일정 거리(예 : 200화소)에서 기본영상의 100%가 출력 영상을 만드는 데 사용되고 영상 2는 사용되지 않도록 한다. 경계로부터 안쪽으로 100화소 거리 되는 곳에서는 각 영상의 50%가 사용되어 출력 파일을 만든다.

때때로 분석가들은 모자이크 영상 제작 시 인접한 영상들 사이의 경계를 완화시키기 위해 강, 도로, 경작지 경계와 같은 선형 구조물을 사용하는 것을 선호한다. 이 경우, 분석가는 페더링을 수행하기 전에 주석 툴(annotation tool)에 있는 폴리라인(polyline)을 이용하여 영상에 선형 구조물로부터의 완충거리를 구체화한다(그림 7-19b). 선형 페더링(cut-line feathering)을 수행할 때 꼭 자연적이거나 인공적인 구조물을 사용할 필요는 없다. 어떠한 사용자 정의의 폴리라인도 괜찮다. 위 과정을 거쳐서 출력 파일이 생성되는데, 이 파일은 데이터셋의 공통 경계에서 페더링 처리된 2개의 히스토그램 매칭 영상으로 구성되어 있다. 두 영상 사이의 경계가 보이지 않는다면 잘된 것이다. 다른 영상들(영상 3, 4, 5 등)도 히스토그램 매칭시킨 다음 유사한 논리로 페더링 처리를 수행하여 모자이크 영상을 만든다.

*n*개의 영상으로 만든 모자이크 출력 파일은 마치 하나의 연속적인 영상처럼 보여야 한다. 예를 들어, 그림 7-20a, b는 2001년 10월 3일과 동년 10월 26일에 수집된 조지아 주의 동부지역과 사우스캐롤라이나 주 서부지역의 2개의 보정된 Landsat ETM$^+$를 보여 주고 있다. 각 영상은 최근린 내삽법을 이용하여 UTM 투영법에 맞춰 30×30m로 재배열되었다. 두 Landsat ETM$^+$ 영상은 대략 20% 정도 중첩되어 있으며, 중첩된 지역에 Strom Thurmond Reservoir가 있다. 두 영상을 히스토그램 매칭시킨 다음 경계 페더링 논리를 사용하여 모자이크 영상을 제작하였다(그림 7-20c). 이는 접합되는 양쪽의 영상 자료 사이의 경계를 알아보기 어려울 정도로 상당히 잘 만들어진 모자이크 자료로 볼 수 있다.

카운티, 주, 국가 전역을 포함하는 상호 접합된 모자이크 영상은 다양한 생물학적 또는 지구물리학 탐구에 있어 매우 중요하다. 따라서 여러 기관과 자료 분석 센터들이 과학적 연구를 위해 상시적으로 모자이크 자료들을 제공하고 있다. 예를 들어, 미국우주항공국의 연구비 지원에 따른 **웹기반 Landsat 자료**(Web-enabled Landsat Data, WELD) 프로젝트는 2002년에서 2012년에 해당하는 미국 본토 전역과 알래스카에 대한 30×30m 해상도의 Landsat ETM$^+$ 자료를 체계적으로 공급하고 있다(USGS WELD, 2014). 그림 7-21a는 미국 본토에 대한 Landsat ETM$^+$ 2011년 자료의 모자이크 자료이다. 이 자료는 2011년 획

모자이크 영상 제작

a. 2001년 10월 3일에 수집된 조지아 주 동부지역의 기하보정된 Landsat ETM+ 영상 (밴드 4, 3, 2; WRS-경로 18, 열 37)

b. 2001년 10월 26일에 수집된 사우스캐롤라이나 주 서부지역의 기하보정된 Landsat ETM+ 영상 (밴드 4, 3, 2; WRS-경로 17, 열 37)

c. 위의 두 영상으로 페더링 논리를 사용하여 만든 모자이크 영상

그림 7-20 2개의 기하보정된 Landsat ETM+ 영상에 페더링 논리를 적용하여 모자이크 영상을 만들었다(원본 영상 제공 : NASA).

득된 수백 장의 ETM+ 자료로 구성되어 있다. 모자이크 방법은 Roy 등(2010, 2011)에 의해 잘 기술되어 있다. 여타의 모자이크 작업과는 달리 WELD 자료는 구름이 없는 청명한 날의 자료만으로 생성된 모자이크 자료가 아니다. 다시 말해, 이 자료는 주별, 월별, 계절별, 연도별 등 분석 대상 기간에 따라 수합된 다수의 자료들을 분석하여 특정 선별 조건에 맞는 자료를 화소 단위로 선택하여 합성한 것이다. 선별 조건으로는 화소의 포화, 구름 영향, 식생지수 0.5 미만, 식생지수 최대치 등이 있는데, 이에 대한 구체적 설명은 *WELD Algorithm Theoretical Basis Document*에서 찾을 수 있다(Roy et al., 2011). 최종 산출물은 알버스 정적 원추도법으로 제작되는데, 이 도법은 미국 본토 영역과 같이 동서 방향으로 길게 뻗은 지역에 적합한 방법이다 (Snyder, 1995).

다수의 비행경로에 따라 획득되는 전정색, 다분광, 또는 초분광 항공기 자료들의 모자이크 접합은 위성자료의 기하보정 작업보다 더욱 어렵다. 1×1m 해상도를 갖는 미국항공우주국 ATLAS 다분광 자료의 3개 비행경로 자료의 모자이크 결과가 그림 7-22에 나타나 있다. 3개 비행경로 자료 간 색상 보정은 큰 문제 없어 보이지만 경계부에 보이는 기하학적 오류가 눈에 띈다. 추가적인 지상기준점과 보다 높은 차수의 기하보정 함수식의 적용을 통한 개선이 필요해 보인다.

미국 본토 전역의 2011 Landsat ETM$^+$ 병합 영상

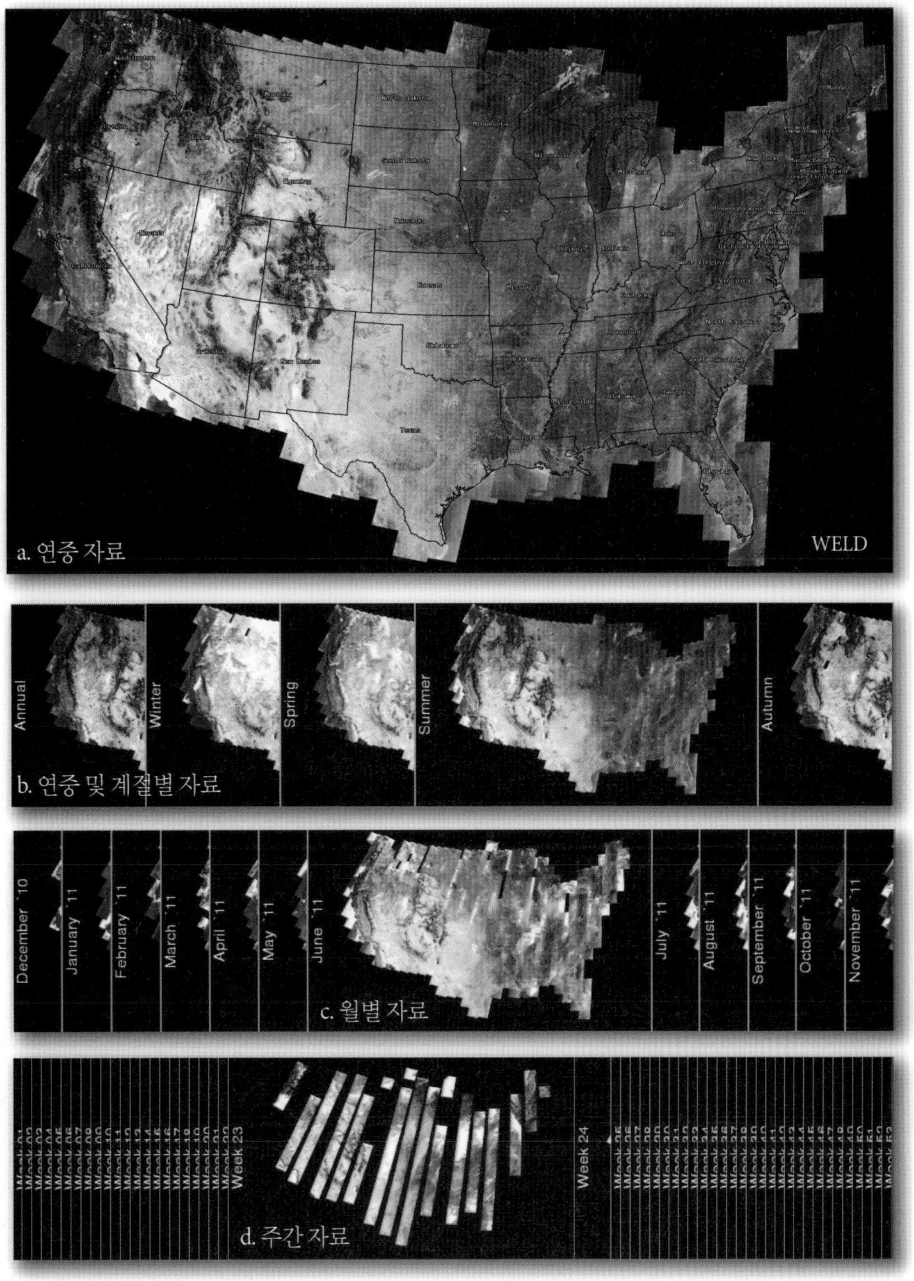

a. 연중 자료 WELD

b. 연중 및 계절별 자료 (Annual, Winter, Spring, Summer, Autumn)

c. 월별 자료 (December '10, January '11, February '11, March '11, April '11, May '11, June '11, July '11, August '11, September '11, October '11, November '11)

d. 주간 자료 (Week 23, Week 24)

그림 7-21 a) 2011 Landsat ETM$^+$ 연간 병합 영상. ETM$^+$ 영상 제공 : USGS(http://weld.cr.usgs.gov/region_ds.php). 디지털 영상처리 수행 : NASA WELD(Web-enabled Landsat Data) 프로젝트(Roy et al., 2010; 2011; USGS WELD, 2014). b) 연중 및 계절별 자료. c) 월별 자료. d) 주간 자료(WELD 인터페이스와 영상 제공 : USGS와 NASA).

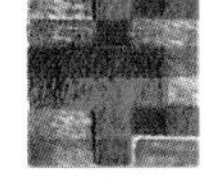

결론

Toutin(2004)은 다음과 같은 질문을 내놓은 바 있다. "과거에 비해 최근에 와서 기하보정과정이 더 중요해지는 이유는 무엇인가?" 그의 설명에 따르면, 1972년 당시에는 자료에 대한 기하학적 왜곡이 그리 중요하지 않았는데 그 이유는,

- Landsat MSS와 같은 위성자료가 직하 방향에서 비교적 낮은 해상도에서, 즉 화소 크기 80×80m 이상으로 획득되었다.
- 위성자료들이 사진으로 인화된 형태 또는 양화의 투명지 형

사우스캐롤라이나 주 머틀 비치 지역 3개 경로 자료를 기하보정하여 병합한 이미지

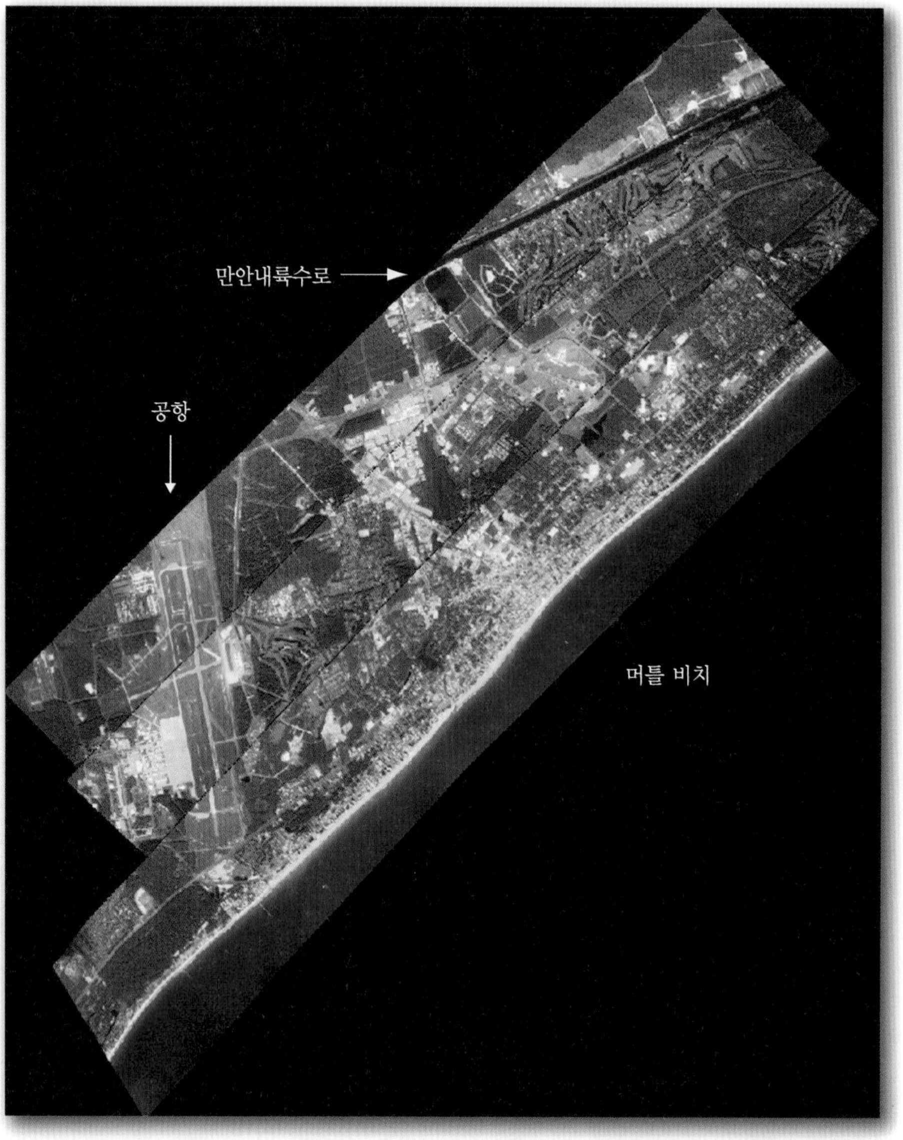

만안내륙수로

공항

머틀 비치

그림 7-22 1997년 10월 7일 촬영된 사우스캐롤라이나 주 머틀 비치 지역에 대한 1×1m 해상도의 다분광 NASA ATLAS 3개 경로 자료의 병합 영상(원본 영상 제공 : NASA)

태로 시각적으로 분석되었다.

- 다양한 형식의 공간자료들 간의 상호 결합이 거의 이루어지지 않았다.

오늘날 대조적으로 기하학적 왜곡은 다음과 같은 이유로 문제가 된다.

- 원격탐사 자료의 해상도가 더욱 정교하게 발전하였다(1×1m 미만 해상도가 흔해짐).
- 다양한 자료들이 직하각도가 아닌 입사각도에서 획득된다 (Chiu et al., 2011).
- 영상 자료와 원격탐사 기반의 자료 산출물들이 모두 디지털 형태이다(Devaraj and Shah, 2014).
- 상이한 형식의 원격탐사 자료들 간의 상호 결합 또는 접합을 통해 완성되는 작업들이 많다(예 : Green, 2011).
- 모델링 목적에 따라 래스터와 벡터기반 공간자료들 간의 결합이 수반되는 경우가 많다.

일반 사용자가 신뢰하는 품질의 원격탐사 기반의 제품 생산을 위해 기하학적으로 정확한 원격탐사 자료의 확보가 필수적이다.

참고문헌

Bossler, J. D. (Ed.), 2010, *Manual of Geospatial Science & Technology*, 2nd Ed., London: Taylor & Francis, 832 p.

Brown, L. G., 1992, "A Survey of Image Registration Techniques," *ACM Computing Surveys*, 24(4):325-376.

Buiten, H. J., and B. Van Putten, 1997, "Quality Assessment of Remote Sensing Registration – Analysis and Testing of Control Point Residuals," *ISPRS Journal of Photogrammetry & Remote Sensing*, 52:57-73.

Chiu, L. S., Hao, X., Resmini, R. G., Sun, D., Stefanidis, A., Qu, J. J., and R. Yang, 2011, "Chapter 2: Earth Observations," in Yang, C., Wong, D., Miao, Q., and R. Yang (Eds.) *Advanced Geoformation Science*, Boca Raton: CRC Press, 485.

Devaraj, C., and C. A. Shah, 2014, "Automated Geometric Correction of Multispectral Images from High Resolution CCD Camera (HRCC) on-board CBERS-2 and CBERS-2B," *ISPRS Journal of Photogrammetry & Remote Sensing*, 89:13-24.

Esri, 2004, *Understanding Map Projections*, Redlands: Esri, Inc., 120 p.

Furuti, C. A., 2011, *Map Projections*, (http://www.progonos.com/furuti).

Garnett, W., 2009, *A Little Book on Map Projection*, London: General Books, 62 p.

Gibson, P. J., and C. H. Power, 2000, *Introductory Remote Sensing: Digital Image Processing and Applications*, NY: Routledge, 249 p.

Gonzalez, R. C., and R. E. Woods, 2007, *Digital Image Processing*, 3rd Ed., NY: Addison-Wesley, 797 p.

Grafarend, E. W., and Krumm, F. W., 2006, *Map Projections: Cartographic Information Systems*, NY: Springer, 714 p.

Green, K., 2011, "Change Matters," *Photogrammetric Engineering & Remote Sensing*, 77(4):305-309.

Iliffe, J.C., 2008, *Datums and Map Projections for Remote Sensing, GIS, and Surveying*, 2nd Ed., NY: Whittles, 208 p.

Im, J., Jensen, J. R., Coleman, M., and E. Nelson, 2009, "Hyperspectral Remote Sensing Analysis of Short Rotation Woody Crops Grown with Controlled Nutrient and Irrigation Treatments," *Geocarto International*, 24(4):293-312.

Intergraph, 2013, *ERDAS Field Guide*, Huntsville: Intergraph, 772 p.

Jensen, J. R., Botchway, K., Brennan-Galvin, E., Johannsen, C., Juma, C., Mabogunje, A., Miller, R., Price, K., Reining, P., Skole, D., Stancioff, A., and D. R. F. Taylor, 2002, *Down to Earth: Geographic Information for Sustainable Development in Africa*, Washington: National Research Council, 155 p.

Jensen, J. R. and R. R. Jensen, 2013, *Introductory Geographic Information Systems*, Boston: Pearson, 400 p.

Jensen, J. R., Cowen, D., Narumalani, W., Weatherbee, O., and J. Althausen, 1993, "Evaluation of CoastWatch Change Detection Protocol in South Carolina," *Photogrammetric Engineering & Remote Sensing*, 59(6):1039-1046.

Kanters, F., 2007, *Small-scale Map Projection Design*, London: Taylor & Francis, 352 p.

Konecny, G., 2014, *Geoinformation: Remote Sensing, Photogrammetry and Geographic Information Systems*, Boca Raton: CRC Press, 416 p.

Krygier, J. B., 2011, Course on *Cartography and Visualization*, Delaware, OH: Department of Geology & Geography, Ohio Wesleyan University.

Lillesand, T., Keifer, R., and J. Chipman, 2008, *Remote Sensing and Image Interpretation*, 6th Ed., NY: John Wiley & Sons, 756 p.

Maher, M. M., 2010, *Lining Up Data in ArcGIS: A Guide to Map Projections*, Redlands: Esri Press, 200 p.

Marcomini, A., Suter, G. W., and A. Critto, 2008, *Decision Support Systems for Risk-based Management of Contaminated Sites*, New York: Springer, 435 p.

McRoberts, R. E., 2010, "The Effects of Rectification and Global Positioning System Errors on Satellite Image-based Estimates of Forest Area," *Remote Sensing of Environment*, 114:1710-1717.

Merchant, J. W. and S. Narumalani, 2009, "Integrating Remote Sensing and Geographic Information Systems," Chapter 18 in *The Sage Handbook of Remote Sensing*, Warner, T., Nellis, M. D. and J. Foody (Eds.), Los Angeles: Sage Publications, 257-268.

NASA, 1998, *Landsat 7 Initial Assessment Geometric Algorithm Theoretical Basis Document*, Washington: NASA, 177 p.

NASA, 2015, *G.Projector*, New York: NASA Goddard Institute for Space Studies. *G.Projector was written by R. B. Schmunk.* Software can be downloaded from http://www.giss.nasa.gov/tools/gprojector/.

NGA, 2007, *The Universal Grid System: A Simplified Definition and Explanation of UTM and Related Systems,* Washington: National Geospatial-Intelligence Agency Office of GEOINT Sciences, 8 p.

Niblack, W., 1986, *An Introduction to Digital Image Processing*, Englewood Cliffs, NJ: Prentice-Hall, 215 p.

Novak, K., 1992, "Rectification of Digital Imagery," *Photogrammetric Engineering & Remote Sensing*, 58(3):339-344.

Purkis, S. and V. Klemas, 2011, *Remote Sensing and Global Environmental Change*, NY: John Wiley, 367 p.

Richards, J. A., 2013, *Remote Sensing Digital Image Analysis*, 5th Ed., New York: Springer-Verlag, 494 p.

Robinson, A. and J. P. Snyder, 1991, *Matching the Map Projection to the Need,* Bethesda: American Congress on Surveying and Mapping, 30 p.

Roy, D.P., Ju, J., Kline, K., Scaramuzza, P.L., Kovalskyy, V., Hansen, M.C., Loveland, T.R., Vermote, E.F., Zhang, C., 2010, "Web-enabled Landsat Data (WELD): Landsat ETM^+ Composited Mosaics of the Conterminous United States," *Remote Sensing of Environment*, 114: 35-49.

Roy, D. P., Ju, J., Kommareddy, I., Hansen, M., Vermote, E., Zhang, and

C., Kommareddy, A., 2011, *Web Enabled Landsat Data (WELD) Products—Algorithm Theoretical Basis Document*, February, http://globalmonitoring. sdstate.edu/projects/weld/WELD_ATBD.pdf.

Schowengerdt, R. A., 2007, *Remote Sensing: Models and Methods for Image Processing*, 3rd Ed., San Diego: Academic Press, 515 p.

Slocum, T. A., McMaster, R. B., Kessler, F. C. and H. H. Howard, 2008, *Thematic Cartography and Geographic Visualization*, 3rd Ed., Boston: Pearson, 520 p.

Snyder, J. P., 1987, *Map Projections: A Working Manual*, U.S. Geological Survey Professional Paper #1395, Washington: U.S. Government Printing Office.

Snyder, J. P., 1995, *Flattening the Earth: Two Thousand Years of Map Projections*, Chicago: University of Chicago Press.

Sugumaran, S. and J. DeGrotte, 2010, *Spatial Decision Support Systems: Principles and Practices*, Boca Raton: CRC Press, 486 p.

Toutin, T., 2004, Review Article: Geometric Processing of Remote Sensing Images: Models, Algorithms and Methods, *International Journal of Remote Sensing*, 25(10):1893-1924.

Tucker, C. J., Grant, D. M., and J. Dykstra, 2004, "NASA's Global Orthorectified Landsat Data Set," *Photogrammetric Engineering & Remote Sensing*, 70(3):313-322.

USGS, 2011, *Map Projections—A Brochure*, Washington: U.S. Geological Survey.

USGS WELD, 2014, *Web-enabled Landsat Data (Weld) Projects*, NASA: Washington, https://landsat.usgs.gov/WELD.php.

Van der Meer, F., van der Werff, H., and S. M. de Jong, 2009, "Chapter 16: Pre-Processing of Optical Imagery," in Warner, T. A., Nellis, M. D. and G. M. Foody (Eds.), *The Sage Handbook of Remote Sensing*, Los Angeles: Sage Publications, 229-243.

Williams, D., 2003, Correspondence regarding the angular velocity of Landsat satellites 1 to 5 and 7, Greenbelt: NASA Goddard Space Flight Center.

Wolberg, G., 1990, *Digital Image Warping*, NY: John Wiley-IEEE Computer Society, 340 p.

Wolf, P. R., Dewitt, R. A., and B. E. Wilkinson, 2013, *Elements of Photogrammetry with Applications in GIS*, 4th Ed., NY: McGraw-Hill, 640 p.

8 영상강조

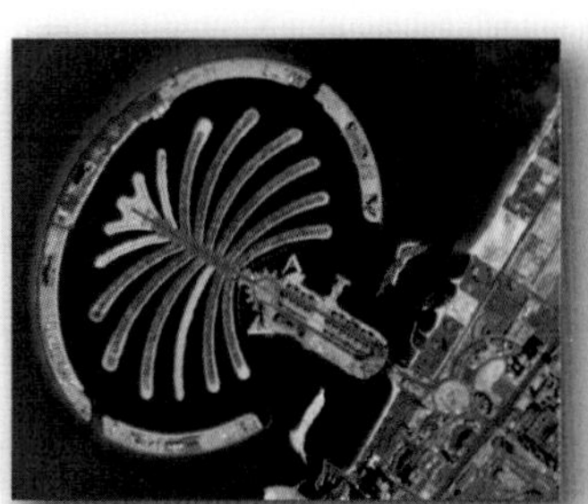

출처 : NASA

강조 알고리듬은 원격탐사 자료에 대한 사람의 시각적 분석을 용이하게 하거나 종종 기계를 이용한 일련의 분석을 하기 위해서 적용된다. 이상적이거나 최상의 영상강조는 있을 수가 없는데, 왜냐하면 궁극적으로 강조된 영상이 유용한지 아닌지의 여부는 판단을 내리는 사람의 주관에 따라 다를 수 있기 때문이다.

개관

이번 장은 원격탐사 자료의 시각적 분석 및 일련의 기계 분석에 필요하다고 알려진 다양한 디지털 영상강조 방법들을 다룬다. **점연산**(point operation)은 영상에서 이웃하는 화소의 특성에 관계없이 각각의 화소 밝기값을 수정하는 과정이다. **지역연산**(local operation)은 한 화소를 둘러싸고 있는 화소들의 밝기값을 참조하여 화소 밝기값을 하나씩 수정하는 과정이다. 이러한 점연산이나 지역연산을 이용한 영상 축소 및 확대, 횡단면 정보 획득(공간 단면도), 대비확장, 농도분할, 공간 필터링, 푸리에 변환, 식생 변환, 질감 매핑, 그리고 몇몇 지형생태측정법의 유도 등 다양한 영상강조 기법들이 소개된다.

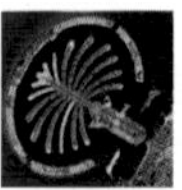

영상 축소 및 확대

영상분석가는 영상판독 과정에서 종종 축소 및 확대된 영상을 접하게 된다. 영상 축소 기술은 영상분석가로 하여금 원격탐사 자료의 어떤 영역을 전체적으로 보도록 하는 반면, 영상 확대 기술은 영상분석가가 영상을 확대하여 화소의 아주 구체적인 특성을 볼 수 있게 해 준다.

영상 축소

원격탐사 프로젝트의 초기단계에서는 종종 대상지역을 포함하는 부분영상의 열과 행의 좌표를 알기 위해 전체 영상을 봐야 할 필요가 있다. 대부분의 상업적으로 사용 가능한 원격탐사 자료는 3,000열×3,000행 이상과 수많은 밴드로 구성된다. 유감스럽게도 대부분의 디지털 영상처리 시스템 화면은 한 번에 이렇게 많은 화소들을 다 보여 주지 못한다. 그러므로 전체 영상이 한 화면에 나올 수 있도록 원영상을 좀 더 작은 자료로 만들어 크기를 줄이는 간단한 과정이 있다면 유용하다. 디지털 영상을 원영상의 $1/m^2$ 수준으로 줄이기 위해서 영상의 매 m번째 열과 행이 체계적으로 선택되어 화면 상에 표시된다. 그림 8-1에서 보듯이 원래 4,104열×3,638행으로 이루어진 하

2000년 6월 3일에 획득된 하와이 주 오아후 지역의 NASA ASTER 영상(RGB=밴드 2, 3, 1)의 2배 축소영상

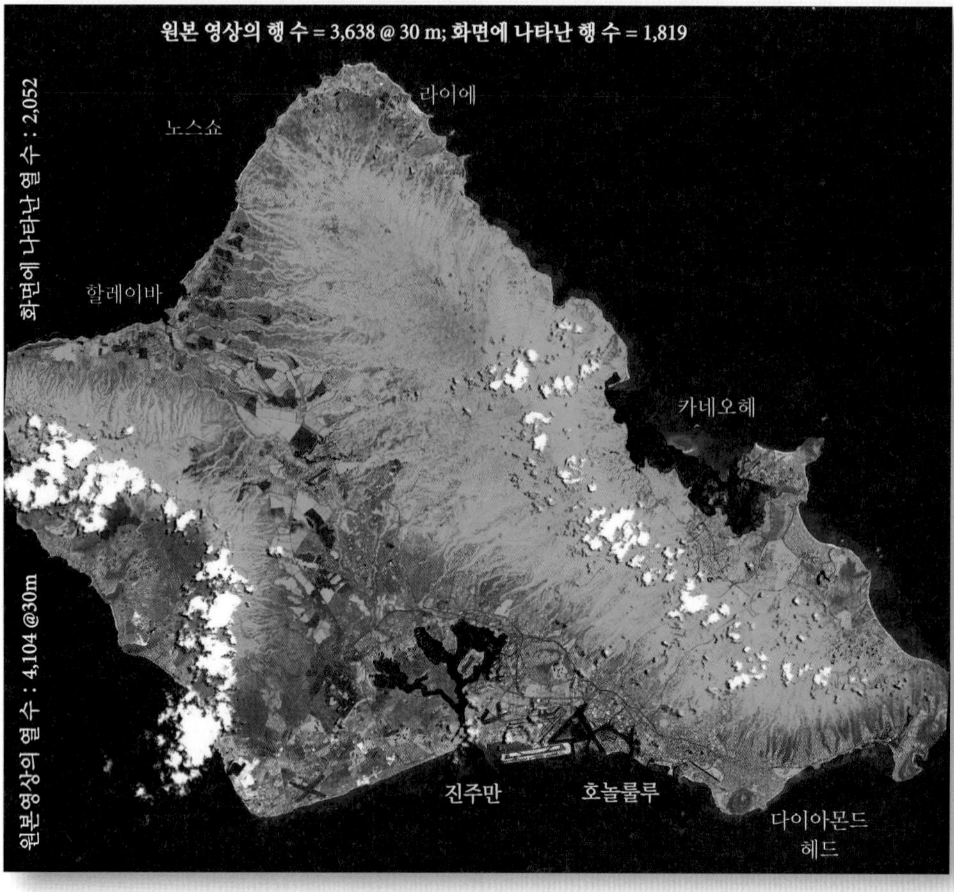

그림 8-1 이 2,052열×1,819행 영상은 원래 4,104열×3,638행으로 구성된 NASA ASTER 영상의 단지 25% 수준의 자료만 나타내고 있다. 이 영상은 그림 8-2에 나타낸 논리를 이용하여 영상에서 매 2번째 열과 행의 자료를 추출해서 만들었다(NASA/GSFC/METI/ERSDAC/JAROS와 U.S./Japan ASTER Science Team 제공).

와이 주 오아후의 Advanced Spaceborne Thermal Emission and Reflection Radiometer(ASTER) 영상을 예로 들어 보자. 원래 자료에서 매 2개의 열과 행 중 하나씩 선택하여 줄여진다면(즉 $m = 2$), 보이는 샘플링된 영상은 단지 2,052열×1,819행으로 구성될 것이다. 이렇게 축소된 영상은 원영상에 비해 1/4(25%) 수준의 화소만 포함하게 된다. 단순 2배수 축소와 관련된 논리가 그림 8-2a에 나와 있다.

만약 여러분이 원ASTER 자료와 축소된 ASTER 자료를 비교한다면, 많은 화소들이 누락되었으므로 분명히 세세한 많은 부분에서 차이가 나는 것을 알게 될 것이다. 따라서 축소된 영상에 디지털 영상처리 기술을 거의 적용하지 않는다. 대신 축소된 영상은 영상 내의 위치를 파악하거나 어떤 특정 관심영역(Areas-Of-Interest, AOI)에 대하여 행과 열의 좌표를 찾아내어 영상분석을 위해 완전해상도에서 해당 영역을 추출하는 데 사용된다.

영상 확대

종종 줌이라고 불리는 디지털 영상 확대는 보통 시각적 판독을 위해 축척을 키워야 하거나, 다른 영상이나 지도와의 축척을 맞추기 위해 사용된다. 열과 행의 삭제가 영상이나 지도 축소의 가장 쉬운 방법인 것처럼, 열과 행의 복사가 디지털 확대의 가장 단순한 방법이다. 정수 m배만큼 디지털 영상이나 지도를 확대하기 위해서는, 원영상이나 지도의 각 화소가 일반적으로 원영상과 같은 값을 가지는 $m \times m$ 크기의 영상 블록으로 바뀌어야 한다. 그림 8-2b는 2배 확대 원리를 보여 주고 있는데, 이 확대 방법은 화면에서 정방형의 타일 형태의 화소들로 표현된

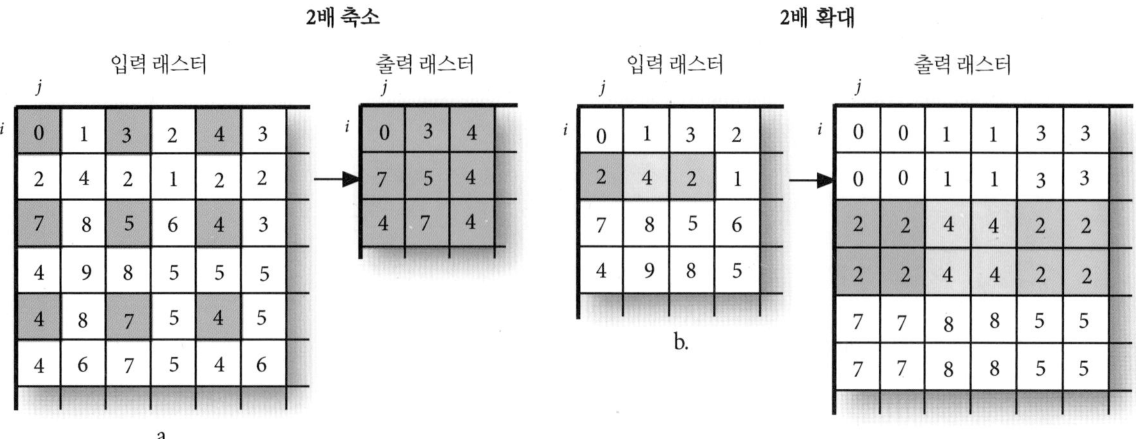

그림 8-2 a) 원자료에서 열과 행을 2개 간격으로 선택하여 만든 2배 영상 축소와 관련된 논리. 이 방법은 원영상의 단 25%로만 이루어진 영상을 생성한다. b) 영상의 2배 확대 논리.

다. 그림 8-3은 하와이 주 오아후 지역의 ASTER 영상에 적용된 1배, 2배, 3배 확대 영상을 보여 준다.

대부분의 좋은 디지털 영상처리 시스템은 부동소수점 확대(혹은 축소) 배율(예 : 2.75배 확대)을 지원한다. 이는 원격탐사 또는 지도 자료가 제7장에서 소개한 최근린, 이중선형 내삽법, 3차 회선 내삽법 등과 같은 표준 재배열 알고리듬 중 하나를 사용하여 거의 실시간적으로 재배열되는 것을 요구한다. 이것은 좁은 지리적 관심대상지역의 특성에 대한 상세한 정보를 얻는 데 매우 유용한 방법이다. 감독 분류(제9장) 단계에서 훈련자료를 생성할 때 매우 정확한 부동소수점 수준까지 원격탐사 원영상을 확대할 수 있는 것은 수계지역과 같은 특정한 영역을 분리할 때 특히 유용하게 사용할 수 있다.

확대뿐만 아니라 사실상 거의 모든 디지털 영상처리 시스템은 한 번에 대상지역의 일부분(예 : 512×512)만 볼 수 있게 하거나 훨씬 큰 대상지역(예 : 2,048×2,048)에 대해 언제라도 이곳저곳으로 옮겨 다닐 수 있는 기능을 제공하고 있다. 이러한 기능은 사용자가 매우 빠르게 데이터베이스의 일부에 접근할 수 있게 해 준다.

단면도(공간 프로파일)

단일 밴드나 다중 밴드 컬러조합 영상에서 사용자가 지정한 두 점 또는 여러 점 사이의 어떤 경로를 따라 밝기값을 추출하는 기능인 **단면도**(transect) 또는 **공간 프로파일**(spatial profile)은 원격탐사 영상의 분석과정에서 매우 중요하다. 서배너 강의 단일 밴드 열적외선 흑백 영상(그림 8-4a)에서 보이는 50개 화소 길이의 간단한 세 가지 수평 공간 프로파일(A, B, C)을 예로 들어 보자. 각각의 경우, 히스토그램 형식의 공간 프로파일은 50개 화소의 단면을 따라서 각각의 화소의 밝기값을 나타낸다. 열적외선 영상의 각 화소는 2.8×2.8m의 크기를 의미한다.

때때로 그림 8-4b에 나와 있는 것처럼 단일 흑백(혹은 컬러) 색조로 공간 프로파일 히스토그램을 보는 것이 유용할 때가 있다. 종종 영상분석가들은 그림 8-4c~e에서 보는 것처럼, 단면을 따라 얻어지는 개개의 밝기값을 따로 보는 것을 더 선호한다.

그림 8-4의 각 단면도는 동일한 수평 스캔라인 상에 위치하고 있다. 각 단면의 길이는 140m(50화소×2.8m＝140m)이다. 그러나 만약 강변에 수직으로 강을 가로지르는 단면을 추출하고 싶으면 어떻게 해야 할까? 혹은 기둥 형태의 열수가 강에 진입한 후에 얼마나 빨리 냉각되는지를 보기 위해 열수의 중심부를 통과하는 단면을 그리고 싶다면 어떻게 해야 할까? 이런 경우에는 단면의 계단형 특성과 앞에서 언급한 피타고라스 정리를 사용하여 얻어지는 거리를 고려해야만 한다. 그림 8-5는 7화소의 대각단면과 수평단면의 예를 나타낸다.

정확한 단면도는 또한 원하는 단면이 단일 열이나 행에 위치할 때까지 영상을 회전하여 얻을 수도 있다. 표 8-1에 나와 있는 컬러 조견표를 토대로 만든 그림 8-6b의 서배너 강의 열수의 농도분할 영상을 예로 들어 보자. 여기서 우리는 a) 50개 화

하와이 주 오아후 지역의 ASTER 영상 확대

a. 1배 확대(원해상도)

b. 2배 확대

c. 3배 확대

그림 8-3 하와이 주 오아후의 NASA ASTER 영상의 1배, 2배, 3배 확대(NASA/GSFC/METI/ERSDAC/JAROS와 U.S./Japan ASTER Science Team 제공)

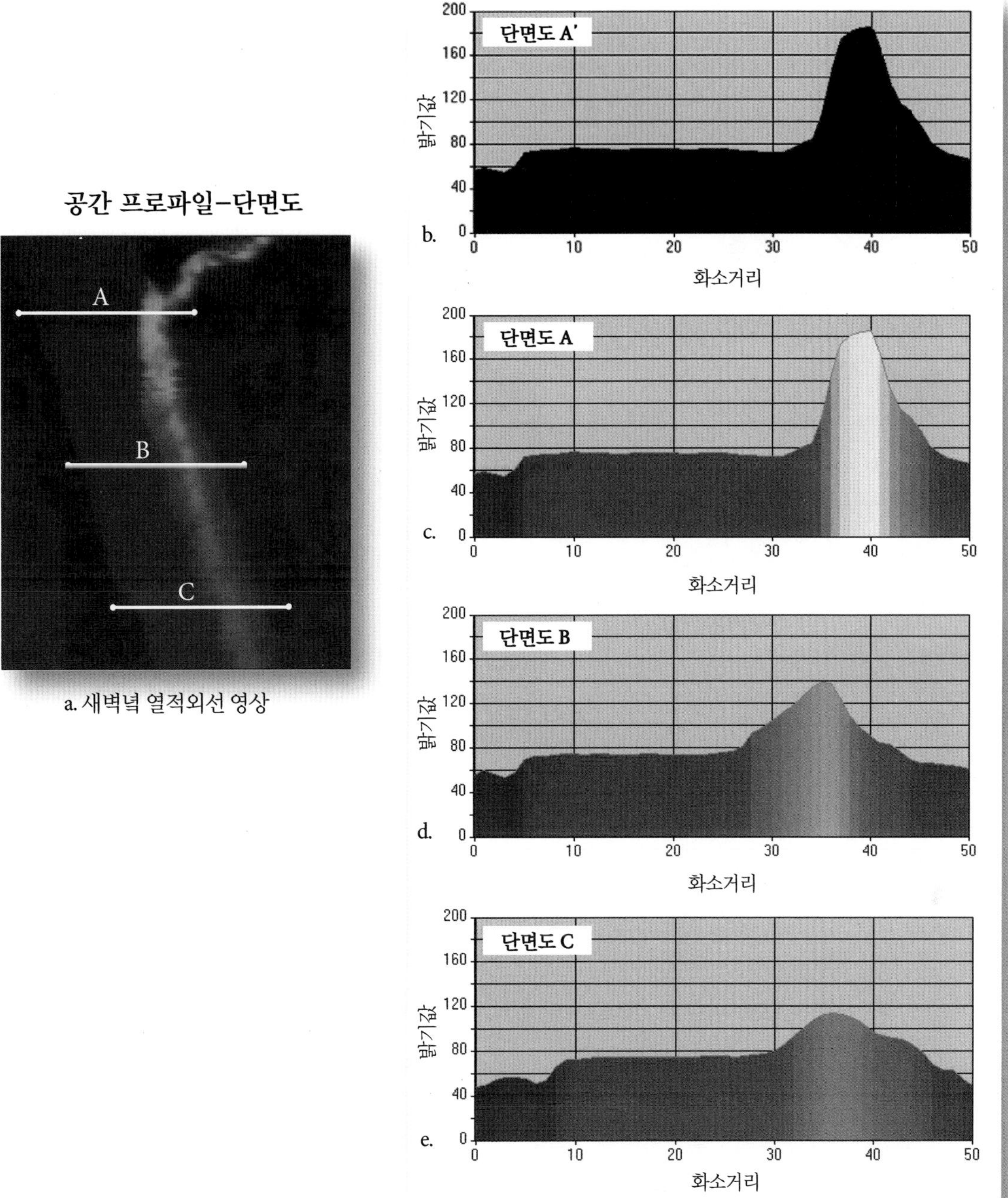

그림 8-4 a) 서배너 강의 새벽녘 열적외선 영상에서 50개 화소로 구성된 3개의 공간 프로파일(단면도). 각 화소는 2.8×2.8m 크기를 가진다. b) 단일 회색조를 사용하여 공간 프로파일을 히스토그램 형식으로 표현하였다. c~e) 원영상의 밝기값에 따라 공간 프로파일을 히스토그램 형식으로 표현하였다.

소의 단면도 1을 이용한 강변에 수직인 열수의 온도와 b) 100개 화소의 단면도 2를 이용하여 살펴볼 수 있는 열수가 하류로 이동하는 동안 열수의 온도 감소율에 관심이 있다. 두 단면을 따라 얻어진 밝기값은 원영상을 기하적으로 16°만큼 시계방향으로 회전하여 각 단면의 끝점들이 동일 스캔라인이나 행에 위치했을 때 추출된 것이다. 이렇게 함으로써 각 단면의 온도를 관측한 길이는 정확하게 측정되었다는 것을 확인할 수 있다. 만약 영상분석가가 동일 스캔라인(혹은 행)에 위치하지 않는 끝점들을 단면으로 추출했을 때는 계단형 화소들의 빗변의 거리를 단순 수평 화소거리 대신에 고려해야 한다(그림 8-5).

단면도 1과 2는 그림 8-6d와 e에 나와 있다. 원시 밝기값과 단면의 클래스 간격 사이의 관계는 표 8-1에 나와 있다. 특

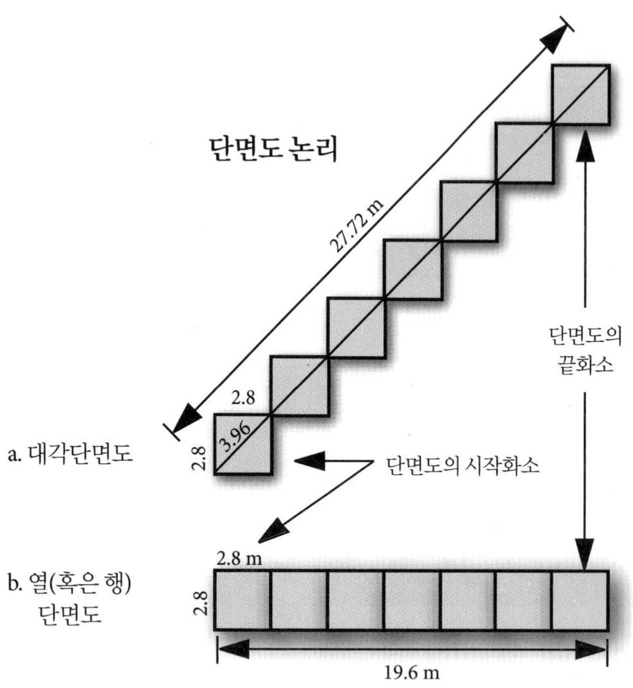

그림 8-5 a) 계단형 단면도(공간 프로파일) 속성은 단면도의 시작과 끝점이 동일한 열이나 행에 오지 않는다는 것이다. 예로 제시한 2.8×2.8m의 7개 화소로 이루어진 45° 단면은 길이가 27.72m로 된다. b) 동일한 열(혹은 행)에서 추출한 7화소의 단면은 19.6m의 길이를 갖는다. 그러므로 대각단면도가 추출되었을 때 피타고라스 정리를 이용하여 거리를 계산해야 한다.

정 온도 클래스에 속하는 단면의 화소 수와 강 전체의 화소 수를 계산하여(표 8-1) 그 온도에 속하는 클래스가 전체에서 차지하는 비율을 결정할 수 있다(Jensen et al., 1983; 1986). 1981년에 사우스캐롤라이나 주 DHEC(Department of Health and Environmental Control)는 열수가 강폭의 1/3 이상이 될 경우, 주변 물과의 온도 차이가 2.8℃를 넘지 않도록 규정했다. 열적외선 영상으로 추출된 단면 1의 정보(표 8-1에 요약)는 열수가 그 위치에 정확하게 있는지를 결정할 때 사용할 수 있다.

분광 프로파일

선택된 공간 프로파일을 따라 화소의 밝기값이나 반사도를 추출하는 것 외에도 n 밴드에서 각각의 화소에 대하여 모든 분광 스펙트럼을 추출하는 것 또한 중요하다. 보통 이를 **분광 프로파일**(spectral profile)이라고 부른다. 분광 프로파일에서 x축은 밴드 수를 의미하고, y축은 각 밴드에 해당하는 화소들의 밝기값(혹은 반사도)을 의미한다(그림 8-7e).

분광 프로파일의 유효성은 분광 자료의 질에 따라 좌우된다. 영상분석가는 보통 양질의 원격탐사 연구를 하기 위해서는 광대한 밴드의 자료가 필요하다고 가정한다. 때로는 이러한 가정이 사실이나, 다른 경우에는 전자기 스펙트럼 중 최적의 2~3개 밴드만으로도 원하는 정보를 얻고 문제를 해결할 수 있다. 그러므로 목적은 최적의 중복되지 않는 분광밴드를 구하는 것이다. 분광 프로파일은 영상분석가에게 연구 중인 현상에 대한 분광 특성에 관한 시각적으로 그리고 질적으로 중요한 정보와 영상의 분광 특성에 심각한 문제가 있는지에 관한 정보를 함께 제공한다.

그림 8-7e는 플로리다 주 마르코 아일랜드의 20×20m SPOT

표 8-1 그림 8-6b, c 영상을 만드는 데 사용된 서배너 강의 열수에 대한 구체적인 농도분할 내용. **단면도 1**과 관련되어 있는 각 클래스 구간에서 화소 수가 제공되어 있다.

		클래스와 강물 온도의 관계						
		클래스 1	클래스 2	클래스 3	클래스 4	클래스 5	클래스 6	클래스 7
		암청색 (RGB = 0, 0, 120) 열수 주변의 물	하늘색 (RGB = 0, 0, 255) +1℃	녹색 (RGB = 0, 255, 0) 1.2~2.8℃	황색 (RGB = 255, 255, 0) 3.0~5.0℃	오렌지색 (RGB = 255, 50, 0) 5.2~10℃	적색 (RGB = 255, 0, 0) 10.2~20℃	백색 (RGB = 255, 255, 255) >20℃
		각 클래스 구간의 밝기값 범위						
단면도 1[a]	**강폭**[b]	74~76	77~80	81~89	90~100	101~125	126~176	177~255
50화소 @ 2.8m	39화소 = 109.2m	24/67.2[c]	2/5.6	1/2.8	1/2.8	2/5.6	5/14	4/11.2

a. 단면도의 길이는 140m(2.8m/화소로 50개 화소). 강에서의 단면도 측정은 영상을 회전시켜 단면도의 시작화소와 끝화소가 동일한 스캔라인 상에 오게 한 뒤 수행하였다.
b. 강의 양 옆에 육상과 물이 혼합된 화소 하나를 포함한다.
c. 각각 화소와 미터를 나타낸다. 예를 들어 24화소는 67.2m를 뜻한다.

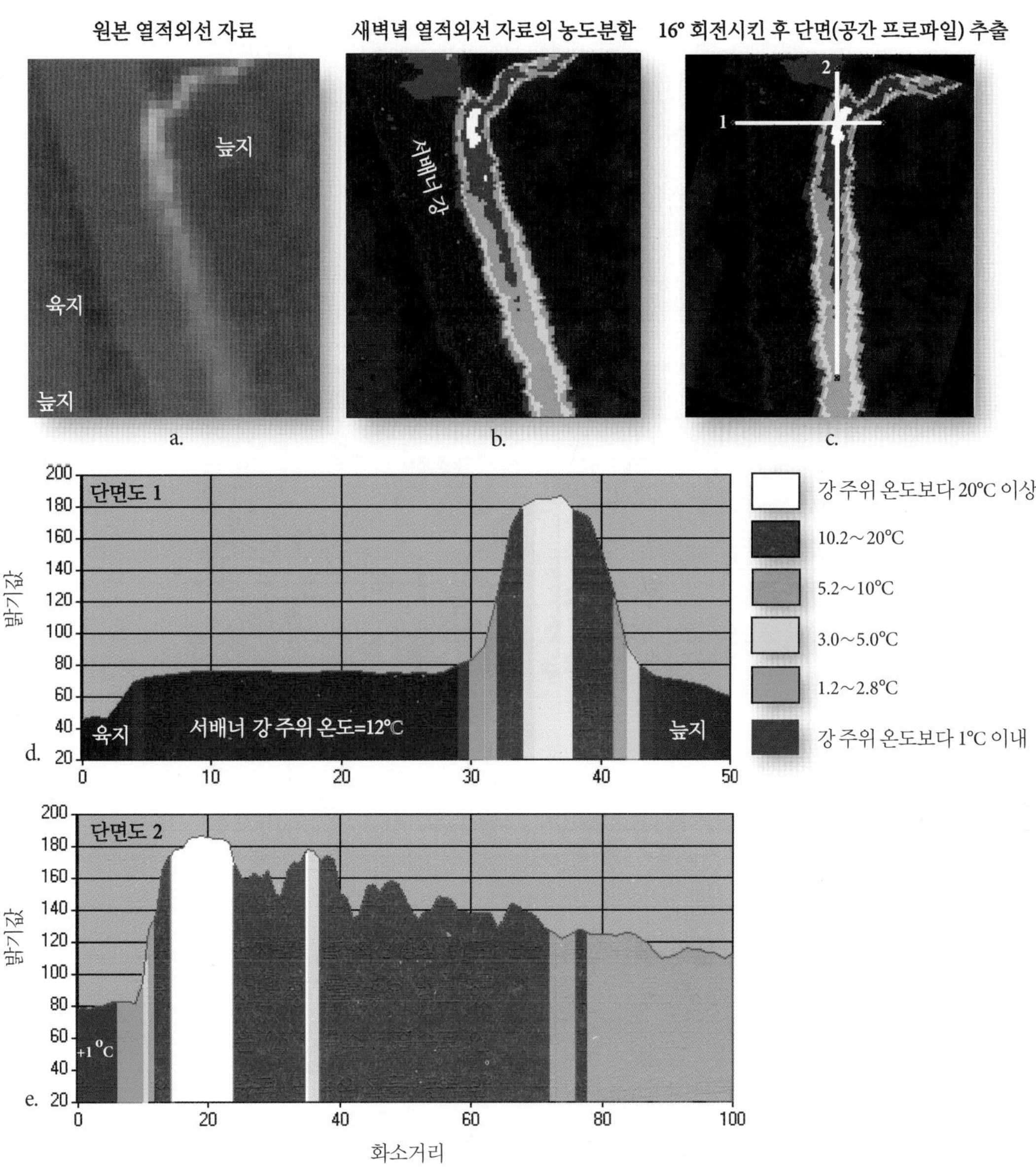

그림 8-6 서배너 강에 위치한 열수를 촬영한 새벽녘 열적외선 영상에 대한 단면도(공간 프로파일). a) 원본 영상. b) 표 8-1에 나타낸 논리에 따라 농도분할된 원본 영상. c) 16° 회전된 단면도 1과 2에 대한 농도분할 영상. d) 단면도 1에 대한 공간 프로파일. e) 단면도 2에 대한 공간 프로파일.

영상(녹색, 적색, 근적외선)에서 1) 홍수림(열대산 교목, 관목의 총칭), 2) 모래, 3) 물 지역으로부터 추출된 분광 프로파일을 나타낸다. 이 자료는 반사도로 변환하지 않았기 때문에 y축은 그냥 밝기값으로만 표시되어 있다. 또한 자료가 단지 3개의 밴드로 이루어졌기 때문에, 유용하긴 하지만 정보를 많이 담고 있지는 않다. 이미 알고 있듯이 홍수림은 (1) 엽록소 a 흡수로 인해 녹색보다 적색광을 더 많이 흡수하고, 근적외선을 많이 반사한다. 모래해변은 (2) 녹색, 적색, 근적외선을 각각 비슷하게 반사한다. (3) 물의 경우, 밝기값을 0으로 만들 정도로 근적외선은 대부분 흡수되며, 적색보다는 녹색을 조금 더 반사한다.

두 번째 예는 초분광 원격탐사 영상의 정보를 보여 주고 있다. 그림 8-8은 사우스캐롤라이나 주 노스 인렛 근처의 드보르듀(Debordiu) 지역의 HyMap 초분광 자료에 나타난 특징들에 대한 분광 프로파일을 보여 주고 있다. 이 초분광 영상은 3×3m의 공간해상도를 가지는 116개의 대기보정된 밴드를 포함하고 있으며, 이 자료는 모두 퍼센트 반사도로 보정되어 있다.

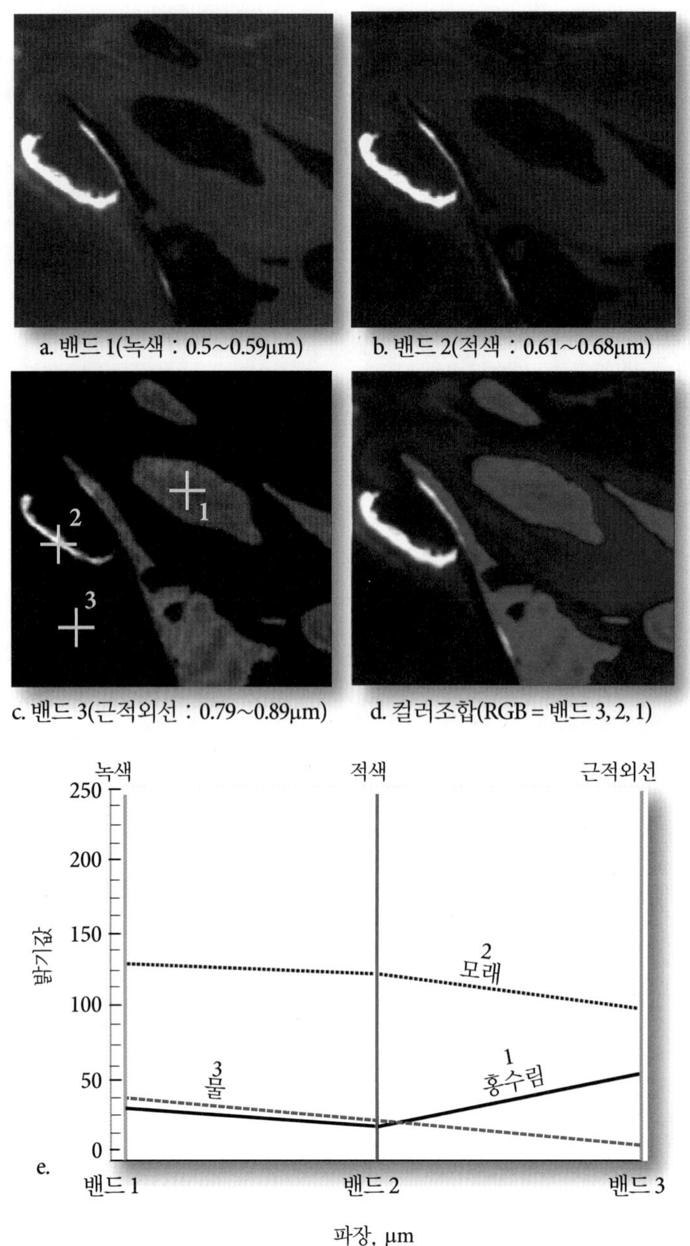

그림 8-7 a~c) 플로리다 주 마르코 아일랜드의 20×20m SPOT 다중분광 영상의 세 밴드. d) SPOT 밴드 3, 2, 1의 컬러조합. e) 다중분광 영상으로부터 추출한 홍수림, 모래, 물의 분광 프로파일(SPOT 영상 제공 : Airbus Defense and Space).

본 예에서는 116개의 밴드 중 단지 밴드 9(녹색), 밴드 15(적색), 밴드 40(근적외선)의 3개만을 이용하였다. 골프장 그린(1)의 분광 프로파일은 잘 보정된 초분광 식생 화소의 모든 특징을 보여 주는데, 청색과 적색 영역에서 엽록소 흡수가 있고 근적외선 분광 일부에서 상당한 반사가 존재한다. 또한 1.55~1.75μm와 2.08~2.35μm의 중적외선 밴드에서도 많이 반사된다. 1.4와 1.9μm의 수증기 흡수밴드는 모든 스펙트럼에 걸쳐서 확연히 나타난다. 모래의 분광 프로파일(2)은 가시광선 영역(청색, 녹색, 적색)에서 높게 나타나며 이로 인해 사람의 눈에는 밝은 백색으로 보이게 된다. 거주지의 지붕(3)에 대한 분광 프로파일은 가시광선 스펙트럼 영역에 걸쳐 상대적으로 적은 양을 반사하여 회색으로 보인다. 끝으로, 물(4)은 가시광선부터 근적외선과 중적외선 파장으로 갈수록 더 많은 에너지를 흡수한다.

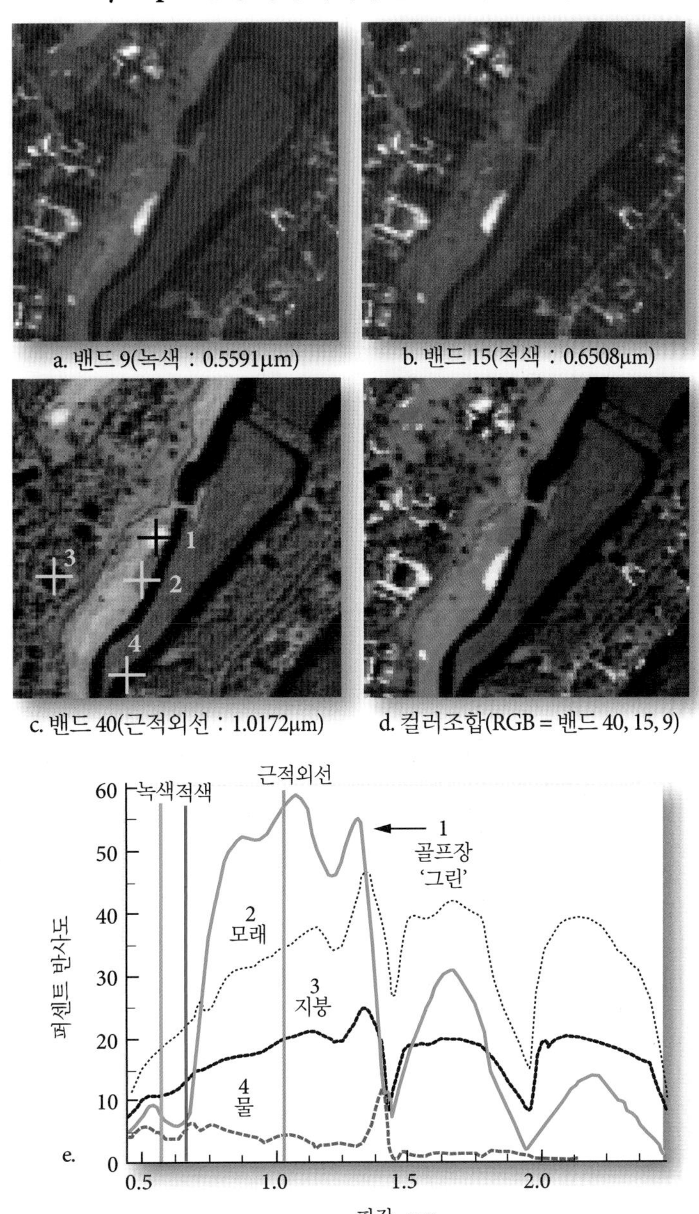

그림 8-8 a~c) 사우스캐롤라이나 주 노스 인렛 근처 드보르듀 지역의 HyMap 초분광 영상의 세 밴드로 공간해상도는 3×3m이다. d) HyMap 밴드 40, 15, 9의 컬러조합. e) 초분광 자료의 116개 밴드로부터 추출된 골프장 '그린', 모래, 지붕, 물 지역을 추출한 분광 프로파일.

대비강조

원격탐사 시스템은 지표면으로부터 반사되거나 방출되는 복사속을 기록한다. 이상적으로 어떤 물질은 특정 파장대의 에너지를 상당히 반사하고, 다른 물질은 같은 파장에 대해서 그보다 훨씬 적게 반사한다. 이렇게 되면, 원격탐사 시스템이 기록할 때 두 물질은 대비(contrast)를 이루게 된다. 그러나 유감스럽게도 많은 물질 사이에서 가시광선, 근적외선, 중적외선의 복사속이 비슷하기 때문에 영상은 비교적 저대비가 된다. 게다가 이런 생물리적 물질의 저대비 특성 외에도 문화적인 요인에 의해서 대비가 발생한다. 예를 들어, 개발도상국의 도시지역 건물은 나무, 모래, 진흙, 점토와 같은 자연물을 이용하여 만든다. 이것은 이웃하고 있는 교외지역의 반사도와 비슷한 결과를 초래한다. 반대로 선진국의 경우 도시 기반은 콘크리트, 아스팔트, 녹지 등으로 이루어진다. 이것은 보통 반사 특성에 있어서 주변 교외지역과 뚜렷한 대조를 보여 준다.

원격탐사 영상에서 저대비가 발생하는 또 다른 요인은 감지기의 민감도이다. 예를 들어, 대부분의 원격탐사 시스템의 감지기는 상대적으로 넓은 범위의 밝기값(예 : 0~255)을 포화에 이르지 않고 기록하게 되어 있다. 만약 감지기의 방사민감도가 방출 혹은 반사되는 에너지의 전 범위를 기록할 만큼 충분치 못하다면 포화현상이 발생한다. 예를 들어 Landsat TM 감지기의 경우 현무암이나 눈(밝기값이 각각 0과 255로 나타날 수 있는)과 같은 다양한 생물리적 물질들로부터의 반사도에 민감해야 한다. 그러나 Landsat TM 감지기의 민감도 범위를 다 포함한 밝기값을 가지고 있는 영상은 거의 없기 때문에 일반적으로 밝기값이 0~100 정도를 보이는 상대적으로 저대비 영상이 수집된다.

원격탐사 영상의 대비를 강조하기 위해서는 밝기값의 전 범위를 표시할 수 있는 화면이나 하드카피 출력장치를 사용하는 것이 바람직하다(제5장에서 논의). 영상에 적용될 처리과정의 다양성이나 정확도 때문에 사진 기술보다는 디지털 방법이 대비강조에 좀 더 유용할 것이다. 디지털 대비강조 기술에는 선형과 비선형 방법이 있다.

선형 대비강조

대비강조(contrast enhancement)는 **대비확장**(contrast stretching)이라고도 불리며 출력장치의 민감도 전체 범위를 쓰기 위해 원래의 밝기값을 확장하는 것이다. 선형 대비강조 과정을 보여주기 위해, 0에서 255까지 출력 수준이 달라질 수 있는 TM 밴드 4의 사우스캐롤라이나 주 찰스턴 영상을 살펴보자. 이 영상의 히스토그램은 그림 8-9a에 나와 있다. 출력장치(고해상도 디스플레이)가 256단계의 회색조를 구현할 수 있다고 가정한다. 이 밴드 4 부분영상의 통계와 히스토그램을 보면 밝기값이 평균 27.3, 표준편차가 15.76(표 4-7 참조)이고, 최솟값 4에서 최댓값 105까지 분포하고 있다. 대비강조 없이 화면에 표시하면 최대로 표시할 수 있는 밝기값 범위의 절반밖에 사용하지 못한다(즉 0부터 3, 106부터 255는 사용되지 않음). 따라서 영상은 어둡고, 비교적 저대비이며, 뚜렷하게 밝은 부분도 없다(그림 8-9a). 이런 영상을 시각적으로 판독하는 것은 어려운 일이다. 디스플레이 장치의 전체 표현 범위를 다 사용하여 밝기값을 확장한다면 좀 더 좋은 결과를 얻을 수 있을 것이다.

최소-최대 대비확장

선형 대비강조는 모든 밝기값이 하나의 상대적으로 좁은 범위의 히스토그램 상에 분포하는 가우스분포나 가우스분포와 유사한 히스토그램을 가진 위성영상에 적용할 때 가장 적절하다. 유감스럽게도, 이러한 경우는 특히 땅과 물을 같이 포함하고 있는 영상에서는 아주 드물다. 선형 대비강조를 수행하기 위해서 영상분석가는 영상의 통계를 살펴보고 각 밴드 k의 최소 밝기값 $\min_k$와 최대 밝기값 $\max_k$을 결정해야 한다. 출력 밝기값인 BV_{out}은 다음 식에 의해 계산된다.

$$BV_{out} = \left(\frac{BV_{in} - \min_k}{\max_k - \min_k}\right)\text{quant}_k \qquad (8.1)$$

여기서 BV_{in}은 원래의 입력 밝기값이고 quant_k는 CRT에 표시될 수 있는 최대 밝기값(예 : 255)이다. 사우스캐롤라이나 주 찰스턴 예에서, BV_{in}이 4인 화소는 BV_{out}이 0이 되었으며, BV_{in}이 105인 화소는 BV_{out}이 255가 된다.

$$BV_{out} = \left(\frac{4-4}{105-4}\right)255$$

$$BV_{out} = 0$$

$$BV_{out} = \left(\frac{105-4}{105-4}\right)255$$

$$BV_{out} = 255$$

5부터 104까지의 원래 밝기값은 각각 0부터 255 사이 값으로 선형 분포를 이루었다. 그림 8-9b는 찰스턴 TM 밴드 4 영상에 이 방법을 적용시킨 것으로, 이 방법을 흔히 **최소-최대 대비확장**이라고 부른다. 대부분의 영상처리 시스템들은 입력 밝기값(BV_{in})과 출력 밝기값(BV_{out})의 관계 그래프뿐만 아니라, 처리과정 전후의 히스토그램도 제공한다. 그림 8-9b는 앞서 언급한 최소-최대 대비확장의 히스토그램 예를 보여 주고 있다.

그림 8-10a는 **최소-최대 선형 대비확장**의 과정을 도식화한 것이다. 화소들의 입력 밝기값과 출력 밝기값은 선형관계에 있으며, 기울기는 최솟값이 증가하거나 최댓값이 감소하는 만큼 점점 더 급해진다. 그림 8-11b는 서배너 강의 새벽녘 열적외선 영상에 최소-최대 대비확장 강조 방법을 적용한 것이다.

비율 선형 대비확장 및 표준편차 대비확장

영상분석가들은 때로는 히스토그램의 평균값으로부터 일정 비

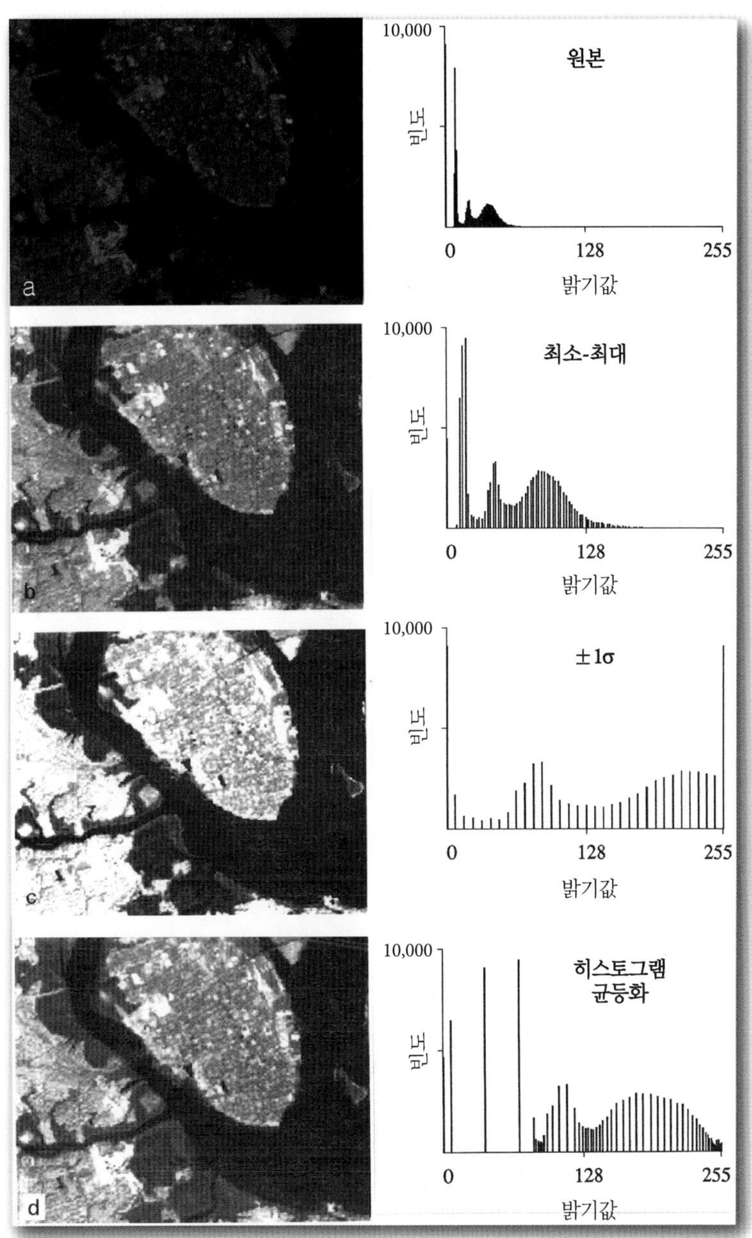

그림 8-9 a) 사우스캐롤라이나 주 찰스턴 지역의 Landsat TM 밴드 4의 원본자료와 히스토그램. 이 영상은 대비확장을 하지 않았다. b) 최소-최대 대비확장이 적용된 영상과 히스토그램. c) 1 표준편차(±1σ) 선형 대비확장이 적용된 영상과 히스토그램. d) 히스토그램 균등화 기법이 적용된 영상과 히스토그램(원본 영상 제공 : NASA).

율의 화소만큼 떨어져 있는 min_k과 max_k을 결정하게 된다. 이 방법을 **비율 선형 대비확장**(percentage linear contrast stretch)이라고 부르며, 만약 이 비율이 표준편차 비율과 같도록 선택된다면 **표준편차 대비확장**(standard deviation contrast stretch)이라고 부른다. 정규분포의 경우, 평균으로부터 ±1 표준편차 내에 68%의 관측값이 오게 되고, 95.4%의 관측값은 ±2 표준편차 내에, 99.73%의 관측값은 ±3 표준편차 내에 들어온다. 사우스캐롤라이나 주 찰스턴 지역의 Landsat TM 밴드 4 영상에 ±1 표준편차 대비확장을 적용해 보면 결과는 $min_k = 12$와 $max_k = 43$이 나오게 된다. 12와 43 사이의 모든 값은 0과 255 사이의 값으로 선형 대비확장되어, 0과 11 사이의 값들은 0으로, 44와 255 사이의 값들은 255로 설정된다. 이 결과는 그림 8-9c에서 보는 것처럼 사우스캐롤라이나 주 찰스턴 지역에서 흑백이 좀 더 강해지고 영상의 대비가 눈에 띄게 증가함을 볼 수 있다. 0과 255

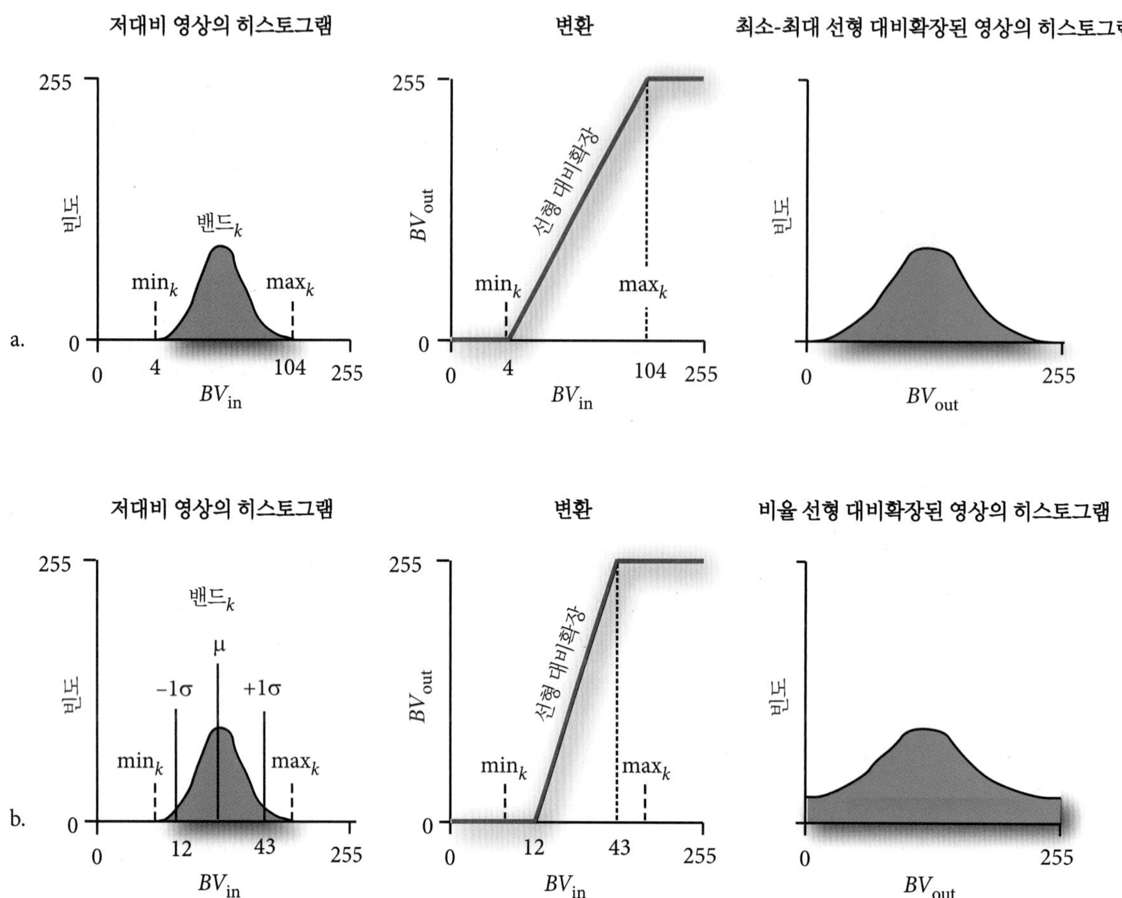

그림 8-10 a) 정규분포를 이루는 원격탐사 영상에 대하여 최소-최대 대비확장이 적용된 결과와 적용 전후의 히스토그램. 밴드 k에서의 최소 및 최대 밝기값은 각각 min_k, max_k이다. b) ±1 표준편차 비율 선형 대비확장이 적용된 이론적 결과. 이 결과 최소 및 최댓값이 곡선의 평균값에서 양쪽 끝으로 약 ±34% 이동했다.

로 포화되어 바뀐 정보는 모두 상실된다. 비율 선형이나 표준편차 대비확장의 기울기는 단순 최소-최대 대비확장보다 크다(그림 8-10b 참조).

앞의 예에서 살펴본 열수 영상에 ±1 표준편차 선형 대비확장을 적용한 결과는 그림 8-11c와 같다. ±1 표준편차 선형 대비확장은 열수를 효과적으로 '소진(burn out)'시켜 강의 양쪽에 위치한 식생의 온도 특성에 대해 훨씬 자세한 정보를 제공한다.

구분적 선형 대비확장

영상의 히스토그램이 정규분포가 아니면(예 : 이중모드, 삼중모드 등), 그림 8-12에서 보는 형태인 구분적 선형 대비확장을 적용할 수 있다. 전문가들은 선형 강조단계의 수를 식별하여 히스토그램 상의 모드에서 밝기값의 범위를 확장한다. 사실상 이것은 일련의 min_k과 max_k을 설정하고 히스토그램에서 사용자가 선택한 지역에서 식 8.1을 적용하는 것에 해당한다. 이 강력한 대비강조 방법은 영상분석가가 히스토그램 상의 여러 모드와 그것들이 실제 무엇에 해당하는지에 아주 익숙할 때 사용해야 한다. 이런 대비확장이 적용된 영상은 영상 분류에는 거의 사용되지 않는다. 구분적 선형 대비확장을 적용하기 위해서 영상분석가들은 보통 a) 원시 영상과 b) 화면의 좌측하단에서 우측상단으로 이어지는 입출력선이 원시 영상의 히스토그램에 중첩된 화면을 참고한다. 영상분석가는 입출력선을 따라서 n개의 상호 배타적인 대비확장의 길이와 기울기를 조정한다.

이 과정을 설명하기 위해서 그림 8-13의 2개의 구분적 선형 대비강조 예를 살펴보자. 서배너 강의 열수는 주로 81~170 사이의 밝기값으로 이루어져 있다. 그림 8-13a, b(빨간색 선으로 표시된 부분)는 특별한 대비강조를 이용하여 열수의 국한된 부분만을 강조한 영상을 보여 주고 있다. 육상과 서배너 강 주변의 밝기값 중 0~80은 255(백색)로, 81~170의 값은 0~255 사이의 값을 갖도록 선형 대비확장을 적용하였으며, 171~255 사

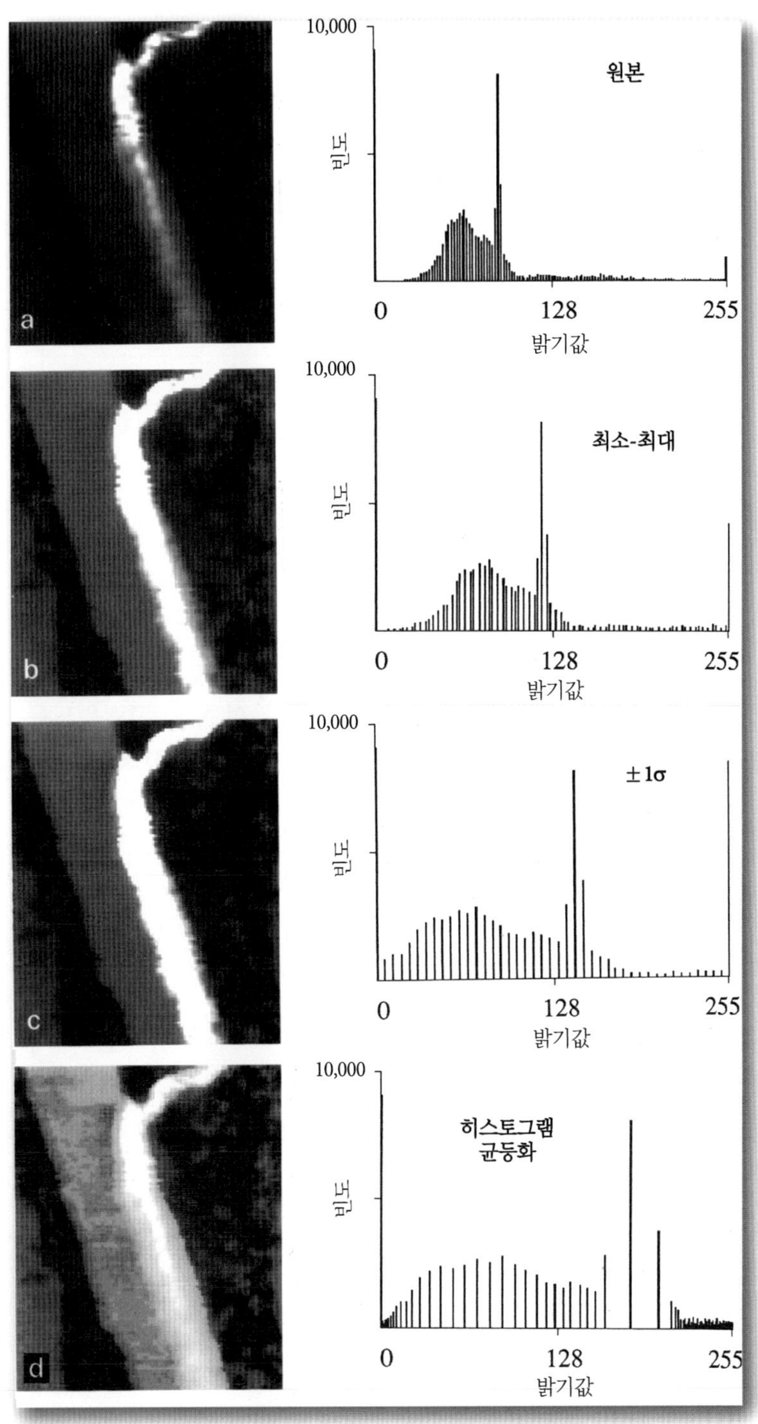

그림 8-11 a) 대비확장이 적용되지 않은 원래의 서배너 강의 새벽녘 열적외선 영상과 히스토그램. b) 최소-최대 대비확장이 적용된 영상과 히스토그램. c) 1 표준편차(±1σ) 비율 선형 대비확장이 적용된 영상과 히스토그램. d) 히스토그램 균등화가 적용된 영상과 히스토그램.

이의 값도 255(백색)로 변환하였다. 이와 반대로 서배너 강에서 열수 주변의 물에 대한 분광 특성을 강조하길 원한다면, 그림 8-13c와 d에 나타낸 개념을 이용해야 할 것이다. 이 예에서, 서배너 강 열수 주변의 물인 히스토그램 상의 뾰족한 부분이 0~255의 값을 갖도록 선형 대비확장을 적용하였다. 육상과 열수의 화소들은 모두 0으로 바뀌어 흑색으로 보인다.

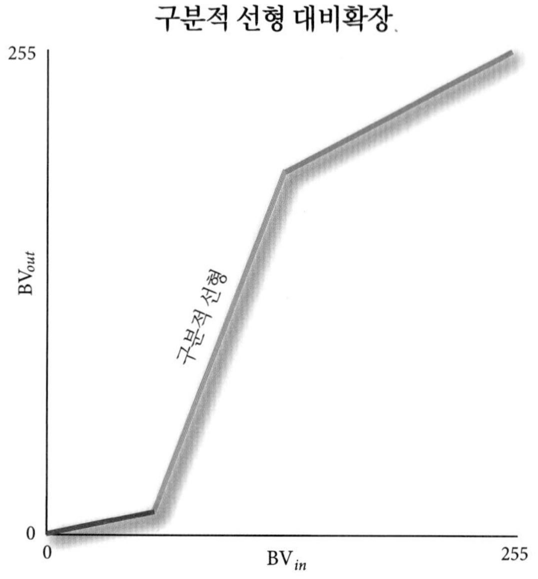

그림 8-12 선형 대비확장이 적용된 히스토그램의 선택 구간에 대한 구분적 선형 대비확장의 개념. 선형 명암대비강조의 기울기가 바뀌는 것을 주목.

비선형 대비강조

비선형 명암대비강조 방법 또한 적용할 수 있는데, 가장 유용한 강조 방법 중의 하나가 **히스토그램 균등화**(histogram equalization)이다. 이 알고리듬은 영상의 각 밴드에 적용하여 사용자가 정한 출력 회색조 클래스(예 : 32, 64, 256)에 대략 같은 수의 화소를 할당하는 방법이다. 히스토그램 균등화는 밝기값이 아주 복잡하게 분포되어 있는 영상에 적용될 수 있는 최적의 대비강조 방법이다. 이 방법은 자동으로 정규분포 곡선에서 양 끝단에 해당하는 매우 밝거나 어두운 부분의 대비를 줄인다.

히스토그램 균등화는 많은 영상처리 시스템에서 볼 수 있는데, 그 이유는 균등화를 수행하기 위해 매우 적은 정보만 필요로 하며(일반적으로 원하는 밝기값 클래스의 개수와 균등화하기 위한 밴드 수 정도만 필요), 그럼에도 불구하고 매우 효율적이기 때문이다. 이 방법은 매우 널리 쓰이기 때문에 가상 자료를 이용해 어떻게 균등화가 적용되는지를 살펴보는 것은 큰 도움이 될 것이다(Gonzalez and Wintz, 1977). 밝기값 범위, quant_k가 0에서 7인 64열×64행(4,096화소) 영상을 예로 들어 보자(표 8-2). 이 영상의 히스토그램은 그림 8-14a와 같고, 각 밝기값의 빈도, $f(BV_i)$는 표 8-2에 나와 있다. 예를 들어, 어떤 영상에서 790개 화소가 밝기값 0(즉 $f[BV_0] = 790$)을 갖고, 1,023개 화소가 밝기값 1(즉 $f[BV_1] = 1{,}023$)을 갖는다고 하자. 우리는 i번째 밝기값의 확률(p_i)을 출현빈도[$f(BV_i)$]에 그 영상의 총 화소 수

표 8-2 밝기값이 0~7인 64×64 가상 영상의 통계값($n = 4{,}096$화소) (Gonzalez and Wintz, 1977에서 수정)

밝기값, BV_i	L_i	빈도, $f(BV_i)$	확률, $p_i = f(BV_i)/n$
BV_0	0/7 = 0.00	790	0.19
BV_1	1/7 = 0.14	1,023	0.25
BV_2	2/7 = 0.28	850	0.21
BV_3	3/7 = 0.42	656	0.16
BV_4	4/7 = 0.57	329	0.08
BV_5	5/7 = 0.71	245	0.06
BV_6	6/7 = 0.85	122	0.03
BV_7	7/7 = 1.00	81	0.02

(4,096)로 나누어서 계산할 수 있다. 이 결과 밝기값이 0인 화소의 확률은 약 19%(즉 $p_0 = f[BV_i]/n = 790/4{,}096 = 0.19$)가 나온다. 그림 8-14b는 8개의 밝기값에 대한 출현빈도 곡선을 보여주고 있다. 이 히스토그램은 많은 수의 화소가 낮은 밝기값(0과 1)을 가지고 있어 결과적으로 상대적으로 저대비 영상이 되는 것을 나타낸다.

처리과정에서 다음 단계는 각 밝기값에 대한 변환 함수 k_i를 구하는 것이다. 히스토그램 균등화 과정을 개념화하기 위한 하나의 방법은 표 8-3에 나와 있는 표기를 사용하는 것이다. 원 히스토그램에서 quant_k가 0~7의 값을 갖는 각각의 BV_i 밝기값에 대해서, 새로운 누적 빈도값 k_i는 다음과 같이 계산된다.

$$k_i = \sum_{i=0}^{\text{quant}_k} \frac{f(BV_i)}{n} \tag{8.2}$$

여기서 총합계는 BV_i보다 작거나 같은 밝기값을 가진 화소의 빈도수를 의미하며, n은 전체 화소 수(이 예에서는 4,096)를 의미한다. 히스토그램 균등화 과정은 변환 함수 k_i와 원래의 값 L_i를 반복적으로 비교하여 가장 가까운 값을 결정한다. 가장 가깝게 정해진 숫자는 적절한 밝기값으로 재할당된다. 예를 들어, 표 8-3에서 보듯이 $k_0 = 0.19$는 $L_1 = 0.14$와 가장 가깝다. 그러므로 BV_0의 모든 화소(790개가 있음)는 BV_1로 재할당된다. 마찬가지로, BV_1에 있는 1,023개 화소들은 BV_3으로, BV_2의 850개 화소들은 BV_5로, BV_3의 656개 화소들은 BV_6으로, BV_4의 329개 화소들은 BV_6으로, $BV_{5\sim7}$의 448개 밝기값들은 모두 BV_7의 값으로 할당된다. 새로운 영상에서 0, 2, 4의 밝기값을 가지는

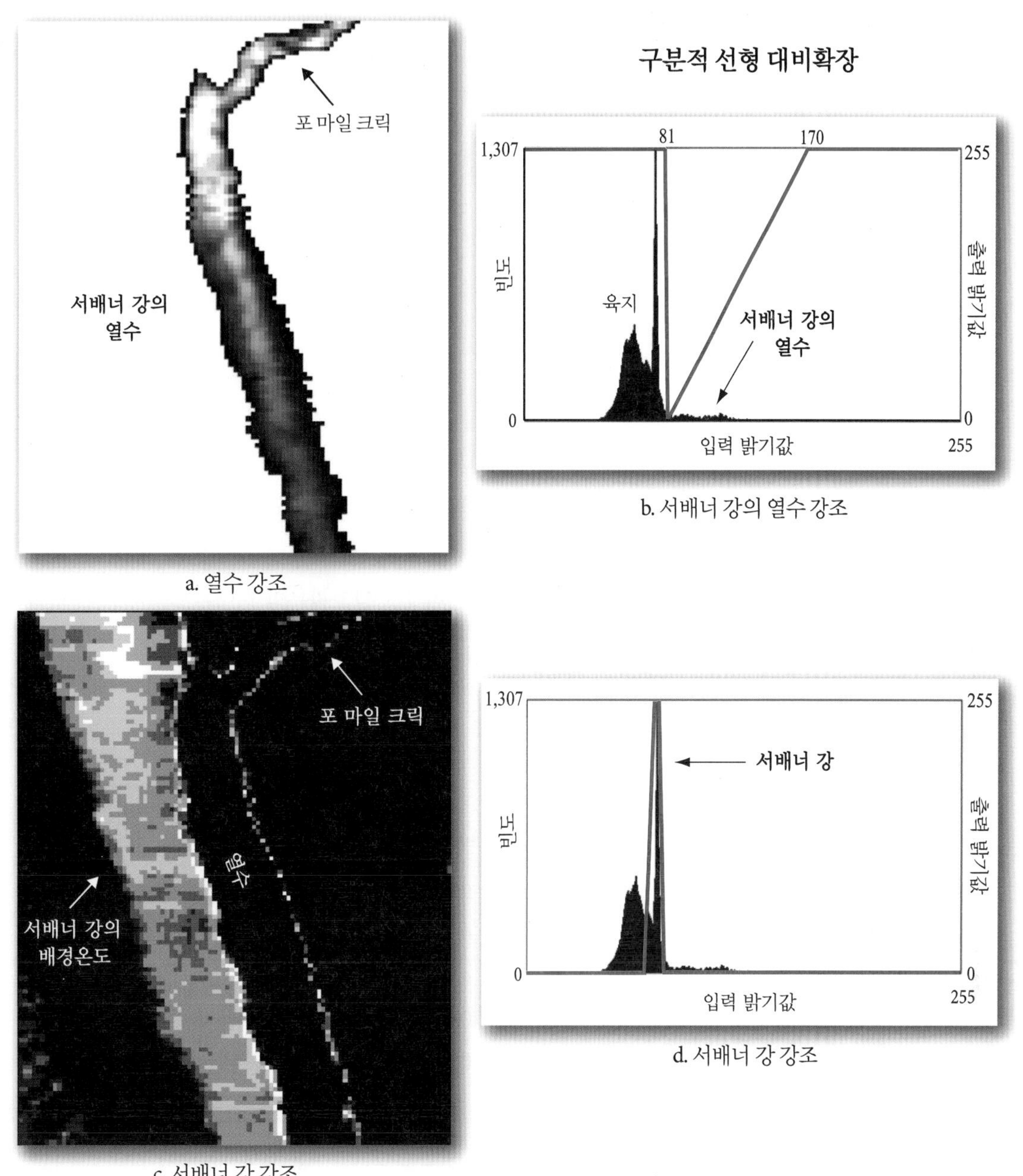

a. 열수 강조

b. 서배너 강의 열수 강조

c. 서배너 강 강조

d. 서배너 강 강조

그림 8-13 a, b) 열수를 강조하기 위해 주변지역은 무시하고 구분적 선형 명암대비 확장을 사용하여 강조된 서배너 강의 열적외선 영상. c, d) 서배너 강을 강조하기 위해 열수와 주변지역을 무시하고 구분적 선형 명암대비확장을 적용한 결과.

화소는 하나도 없는데, 새로운 히스토그램을 보면 확실히 알 수 있다(그림 8-14d). 영상 히스토그램에서 그런 빈 공간을 보게 된다면, 히스토그램 균등화나 다른 작업이 영상에 수행되었음을 알 수 있다.

그림 8-9d와 그림 8-11d는 각각 찰스턴 지역의 TM 밴드 4 영상과 열수 영상에 히스토그램 균등화를 적용한 영상이다. 앞서 설명한 것처럼 히스토그램 균등화는 자료의 누적 빈도 히스토그램에 따라 재배열하는 방식이므로 다른 대비강조 방식과는 크게 다르다. 히스토그램 균등화 결과, 원래 다른 값을 갖던 화소들이 같은 값(아마 정보손실이 될 것이다)을 갖도록 할당되고, 서로 매우 가까운 값을 가졌던 화소들은 둘 사이의 대비가 커져서 차이가 커지게 되는 것에 주목해야 한다. 그러므로 이 강조 방식은 영상에서 세부적인 가시성은 강조될 수도 있지만, 밝기값과 영상구조의 관계를 바꿔 버릴 수도 있다(Russ,

표 8-3 밝기값이 0~7인 가상의 64×64 영상의 히스토그램 균등화를 보여 주는 예

빈도, $f(BV_i)$	790	1,023	850	656	329	245	122	81
원 밝기값, BV_i	0	1	2	3	4	5	6	7
$L_i = \frac{\text{밝기값}}{n}$	0	0.14	0.28	0.42	0.57	0.71	0.85	1.0
누적빈도변환 $k_i = \sum_{i=0}^{\text{quant}_k} \frac{f(BV_i)}{n}$	$\frac{790}{4,096}$ =0.19	$\frac{1,813}{4,096}$ =0.44	$\frac{2,663}{4,096}$ =0.65	$\frac{3,319}{4,096}$ =0.81	$\frac{3,648}{4,096}$ =0.89	$\frac{3,893}{4,096}$ =0.95	$\frac{4,015}{4,096}$ =0.98	$\frac{4,096}{4,096}$ =1.0
원 BV_i 클래스를 값에 가장 가까운 새로운 클래스로 할당	1	3	5	6	6	7	7	7

2011). 이러한 이유로, 히스토그램 균등화가 적용된 영상에서 질감정보나 생물리적 정보를 추출하는 것은 좋은 방법이 아니다.

비선형 대비확장의 또 다른 형태는 그림 8-15에서 보는 바와 같이, 입력 자료를 대수적으로 조정하는 것이다. 이 강조 방법은 히스토그램의 어두운 부분에서 발견되는 밝기값에 가장 큰 효과를 보인다. 또, 역로그함수를 사용하여 히스토그램의 밝은 부분의 값들을 강조할 수도 있다.

대비강조 알고리듬의 선택은 원 히스토그램의 성격과 사용자가 관심이 있는 영상의 요소에 따라 좌우된다. 숙련된 영상 분석가들은 보통 영상 히스토그램을 조사하여 적절한 대비강조 알고리듬을 고른 후 만족할 만한 결과를 얻어 낼 때까지 실

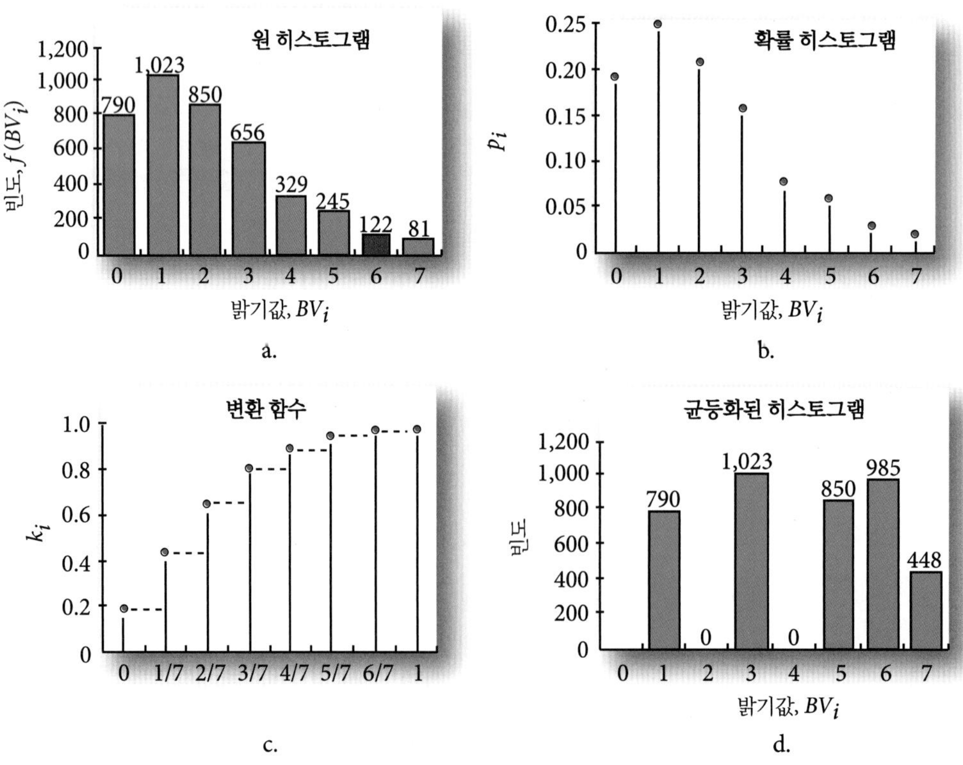

그림 8-14 가상 자료에 적용한 히스토그램 균등화 과정(Gonzalez and Wintz, 1977에 기초). a) 원 히스토그램에서의 각 밝기값과 화소 빈도수. b) 확률로 표현된 원 히스토그램. c) 변환 함수. d) 균등화된 히스토그램에서의 각 밝기값과 화소 빈도수.

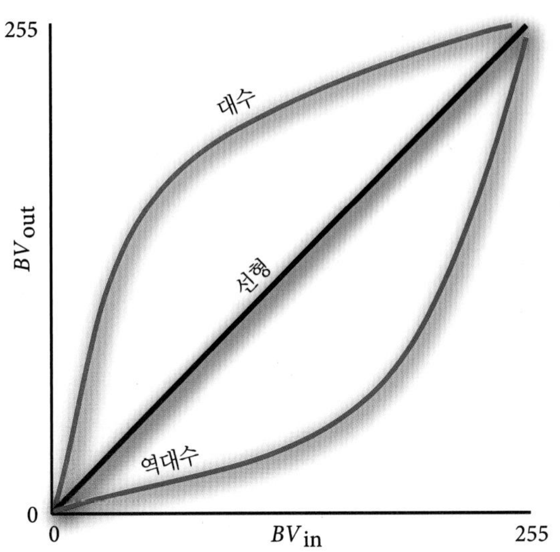

그림 8-15 선형, 비선형 대수, 역대수 대비확장의 논리

험을 계속한다. 대부분의 대비강조 방법은 일부 유용한 정보를 손실시킬 수도 있다. 그러나 남아 있는 밝기값은 아주 중요한 의미를 지닌다. 대비강조는 주로 영상의 시각적 판독을 향상시키기 위해 사용된다. 원영상에 대비확장을 적용한 후 컴퓨터를 이용한 분류 방법이나 변화탐지에 사용하는 것은 좋은 방법은 아니다. 대비확장은 보통 비선형 방식으로 원 화소의 값들을 왜곡시킨다.

밴드 비

가끔은 지형상의 기울기나 경사면, 그림자, 계절 변화로 인한 태양광의 입사각과 입사강도에 의해 동일한 지표 물질에서도 다른 밝기값을 보이기도 한다. 이런 조건들은 원격탐사 자료로부터 지표 물질이나 토지이용/토지피복을 정확히 조사하는 데 사용하는 분류 알고리듬이나 영상분석가들에게 어려움을 주게 된다. 다행히도, 때때로 원격탐사 자료의 **비율** 변환은 그런 환경조건들의 효과를 줄여 줄 수 있다. 환경요인들의 영향을 줄이는 것 이외에도 비율은 토양과 식생을 구분하는 데 사용되는 독특한 정보를 제공하는데, 이러한 정보는 어떤 하나의 밴드에서는 이용 가능하지 않다.

밴드 비 함수의 수학적 표현은 다음과 같다.

$$BV_{i,j,r} = \frac{BV_{i,j,k}}{BV_{i,j,l}} \tag{8.3}$$

여기서 $BV_{i,j,r}$은 i번째 열, j번째 행에서의 화소의 출력 비율 값이고, $BV_{i,j,k}$와 $BV_{i,j,l}$은 각각 밴드 k와 l에서 동일한 위치에 해당하는 밝기값을 의미한다. 유감스럽게도, $BV_{i,j} = 0$이 될 수도 있기 때문에, 계산이 항상 간단한 것은 아니다. 그러나 몇 가지 대안은 있는데, 예를 들어, 함수의 정의역이 1/255부터 255까지라고 하자(비 함수의 범위는 1/255부터 시작해서 0을 지나 255로 끝나는 모든 값을 포함한다). 이 문제를 해결하는 방법은 0의 값을 가진 모든 $BV_{i,j}$를 단순히 1로 바꿔 주는 것이다. 또 다른 방법으로는 분모가 거의 0에 가까우면 매우 작은 값(예 : 0.1)을 더해 주는 것이 있다.

선형식으로 표현된 함수의 범위를 표현하고 비 값을 8비트 형식(0부터 255)으로 암호화하기 위해서 표준화 함수를 사용한다. 표준화 함수를 사용하면, 비 값 1은 밝기값 128로 할당된다. 1/255부터 1 사이의 비 값은 다음 함수에 의해 1부터 128 사이의 값으로 할당된다.

$$BV_{i,j,n} = \text{Int}\,[(BV_{i,j,r} \times 127) + 1] \tag{8.4}$$

1부터 255 사이의 비 값은 다음 함수에 의해 128부터 255 사이의 값으로 할당된다.

$$BV_{i,j,n} = \text{Int}\left(128 + \frac{BV_{i,j,r}}{2}\right) \tag{8.5}$$

비를 정하기 위하여 2개의 밴드를 결정하는 것이 항상 단순한 작업은 아니다. 영상분석가들은 보통 다양한 밴드 비를 보고 그 중에서 가장 시각적으로 좋은 것을 고른다. 최적지수인자(Optimum Index Factor, OIF)와 Sheffield 지수(제5장 참조)는 밴드 비에 맞는 최적의 밴드를 찾는 데 사용된다(Chavez et al., 1984; Sheffield, 1985). Crippen(1988)은 비를 구하기 전에 모든 영상에 대하여 대기보정을 실시하고 다른 여러 센서의 보정 문제(예 : 감지기의 미조정)를 모두 해결하라고 권장하였다.

그림 8-16은 1994년 2월 3일에 Landsat TM으로 구한 사우스캐롤라이나 주 찰스턴의 여러 밴드 비이다. 4, 3, 2 밴드의 컬러 조합을 그림 8-16a에 나타냈다. 가시광밴드(1~3)들의 밴드 비를 그림 8-16b, c, e에 나타냈다. 이 가시광밴드들 간의 상관도가 높기 때문에 습지와 물 등 주요 토지피복들 간에 구분이 어렵다. 가시광밴드와 근적외선밴드 4의 밴드 비는 그림 8-16d, f, g, h에 나타내었다. 3/4 밴드 비는 4/3 밴드 비의 역수이다. 4/3의 근적외선/적색광 비는 식생에 대한 정보를 제공할 수 있는

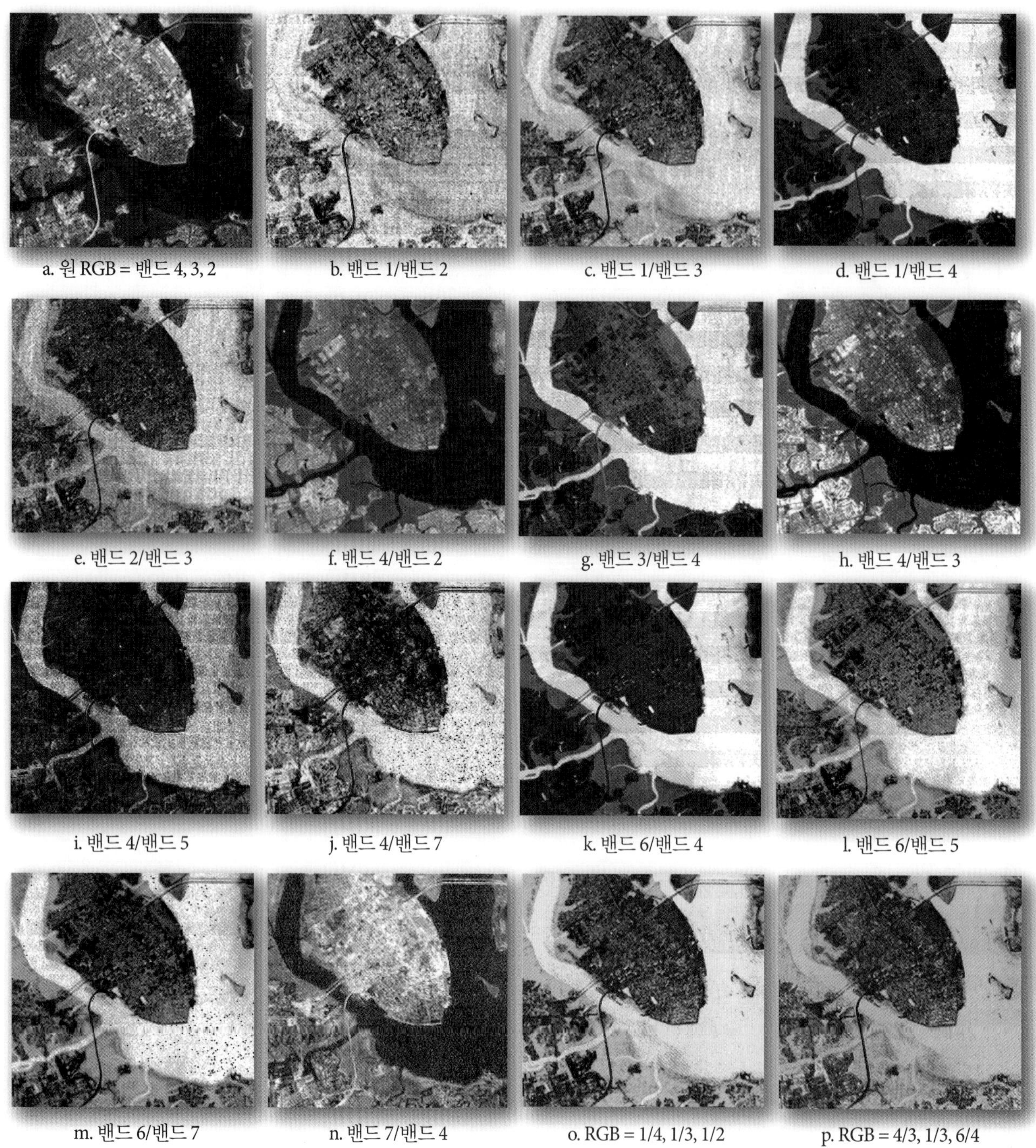

그림 8-16 1994년 2월 3일에 획득된 사우스캐롤라이나 주 찰스턴 지역의 다양한 Landsat TM 밴드 비율들

데, 이에 대한 논의는 이 장의 식생지수 절에서 논하겠다. 화소가 밝을수록 식생이나 생물량이 더 많이 존재한다는 의미이다. 일반적으로 밴드들 간의 상관도가 낮을수록 밴드 비 영상의 정보 내용이 더 크다. 예를 들면, 밴드 6(열적외선)과 밴드 4(근적외선)의 비를 통해서 유용한 정보를 얻을 수 있다 (그림 8-16k). 세 가지 밴드 비 영상을 합쳐서 두 가지 컬러조합을 보여 준다. 예를 들면, 그림 8-16o는 1/4, 1/3, 1/2(RGB)의 밴드 비를 갖는 컬러조합이다. 그림 8-16p의 컬러조합 밴드 비는 4/3, 1/3, 6/4(RGB)이다. 이 밴드 비에는 정보가 특히 많다. 이 경우에 물은 밝은 파랑, 습지는 밝은 초록, 고지대 식생은 노랑과 빨강,

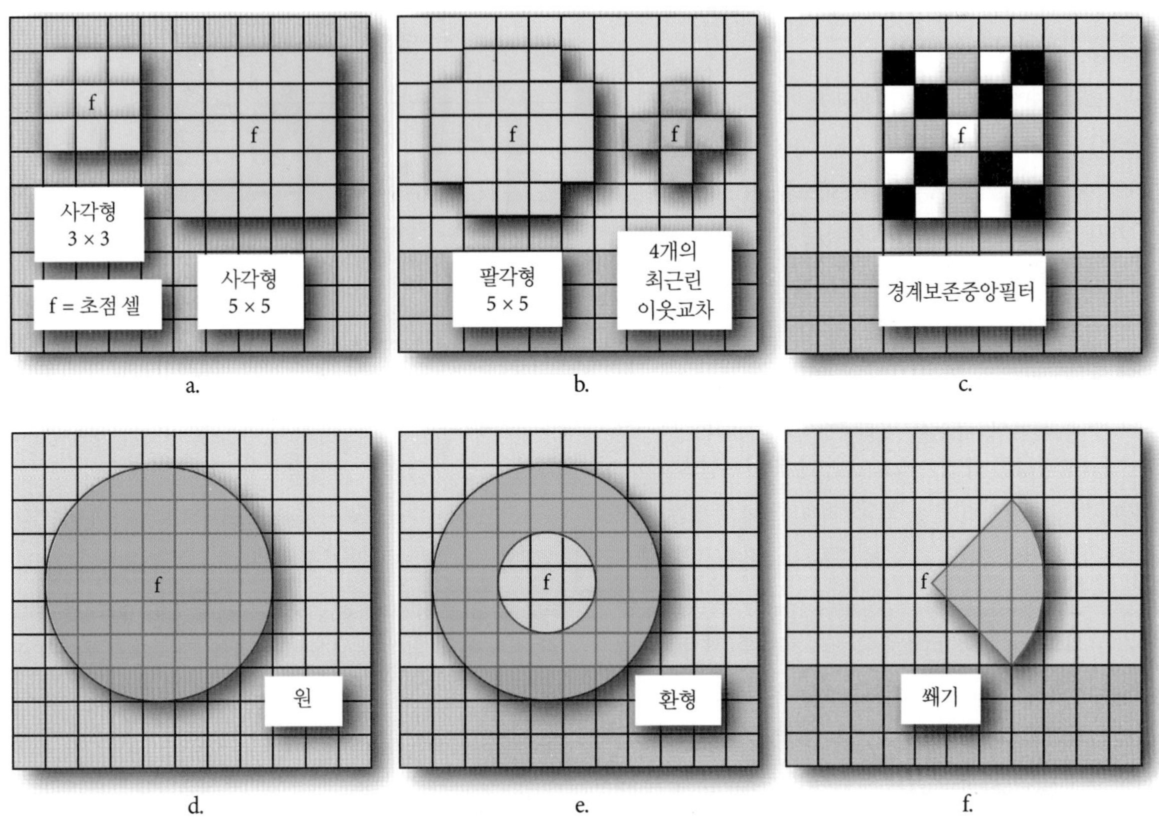

그림 8-17 다양한 회선 매스크의 예

도시화된 지역은 회색음영이다.

다중분광과 특히 초분광 영상자료에서 도출 가능한 밴드 비 영상들은 아주 많다. 그 목표는 건강한 식생의 경우에 존재하는 관계 등 일부 물리적 과정이나 원리를 알고 그 지식을 바탕으로 비를 도출하는 것이다. 즉 건강한 식생은 언제나 대부분의 입사 적색광을 흡수하고 입사 근적외선을 대부분 반사한다. 따라서 근적외선/적색광 비는 확인한 바와 같이 영상 내에 식생의 존재를 식별하는 데 이상적이다. 이 장의 식생지수 관련 부분에서 더 복잡한 밴드 비 변환에 대해 논한다.

이웃 래스터 연산

국지적 래스터 연산(local raster operations)영상 축소, 확대, 밴드 조절 등에서는 이웃하는 화소들의 특징과 상관없이 영상 내의 각 화소값들을 변조한다. 역으로, **이웃 래스터 연산**(neighborhood raster operations)에서는 초점 화소를 둘러싼 화소값들의 맥락 내에서 각 초점 화소의 값을 변조한다. 가장 일반적으로 쓰이는 래스터 이웃 유형들을 그림 8-17에 제시했다. 초점 셀(focal cell, f)은 그림 8-17a에 제시한 바와 같이 조사 대상인 이웃의 중심에 자리한다.

3×3과 5×5와 같은 래스터 직사각형 이웃 연산자들이 가장 비중 있게 사용되는 것 같다(그림 8-17a). 영상을 필터링할 때 5×5 팔각형, 4개의 최근접 이웃교차(nearest-neighbor cross), 경계보존 중앙필터 이웃(edge-preserving median filter neighborhoods)도 이용한다(그림 8-17b, c). 직사각형 이웃들의 행과 열의 개수는 일반적으로 홀수이다. 따라서 언제나 중심 초점 화소가 있다. 바로 이 중심 초점 화소를 평가한다. 하지만 영상분석가가 명시할 수 있는 직사각형 이웃은 실질적으로 어떤 크기든 가능하다(9×9, 17×17, 25×25 등).

공간 필터링을 실시하기 위해서 직사각형 이웃을 이용하는 경우의 로직에 대해 그림 8-18에 정리했다. 이 예의 3×3 공간 이동 창(spatial moving window)은 라인별로 입력되는 래스터 자료를 통해 좌에서 우로 순차적으로 움직인다. 또, 3×3 이웃을 사용하는 경우, 출력 매트릭스의 첫 번째 행과 열은 어떤 값도 가지지 않을 수 있다. 이 경우 그 행과 열을 빈 상태로 둬야 할 것인지 여부를 사용자가 결정하거나 인접한 행과 열에서 그 값들을 반복 검증해야 한다.

원 이웃은 초점 셀에서 사용자가 명시한 반경만큼 연장시킨다(그림 8-17d). 초점 셀을 중심으로 모인 환형 이웃에는 바깥쪽 원 및 안쪽 원으로 경계를 짓는 면적(화소들)이 포함된다(그림 8-17e). 가장 안쪽의 원 안에 있는 화소들은 그 환형 계산에는 포함되지 않는다. 쐐기모양 이웃은 초점 셀에서 사방으로 퍼져 나가는 원 조각을 아우른다(그림 8-17f).

특히 주어진 화소(셀)의 한 부분만 원형, 환형 또는 쐐기형 이웃의 경계 내에 포함된다는 점에 주목하자. 이 경우, 화소들의 중심(화소들의 정확한 중심)이 그 이웃 안에 있으면 그 화소들도 포함된다.

정성적 래스터 이웃 모델링

래스터 이웃 분석의 가장 중요한 용도는 토지피복(예 : 클래스 A, B, C)이나 서열척도 자료(예 : 좋음＝1, 적당함＝2, 나쁨＝3) 등 명목-척도자료 분석과 관련 있다. 하지만 단독 파일 내 개별 화소들에 대한 조사나 좌표 등록된 다수 파일 내의 개별 파일들에 대한 조사와만 관련이 있는 앞 절의 내용과는 달리, 래스터 이웃 분석에서는 초점 셀을 둘러싼 미리 정해진 다수의 화소들은 물론 초점 셀에 대해 조사하고, 이 정보를 이용해서 새로운 출력 파일 내 초점 셀에 새 값을 지정한다. 측정 가능한 몇 가지 정성적 측도들을 그림 8-19a에 제시했다.

그림 8-19a에서는 단순한 3×3 창 최대빈도 필터(window majority filter)를 적용했다. 최대빈도 필터들은 원격탐사에서 도출한 토지피복 지도와 연관 있는 산점(salt-and-pepper) 잡음을 제거하는 데 사용된다. 결과적으로 훨씬 더 보기 좋은 토지피복 주제도가 만들어진다. 왜냐하면 다수의 다른 유형의 토지피복(예 : 산림)에 완전히 둘러싸인 고립된 화소(예 : 물)는 그것을 둘러싼 최대빈도 토지피복 클래스에 지정되기 때문이다. 공간이동 창 내에서 디지털 수치 값들의 최대 빈도나 최소 빈도를 정하면 좋은 경우도 있다(그림 8-19a).

공간이동 창 내에 나타나는 수치 값들의 다양성을 파악하는 것이 중요하다(그림 8-19a). 예를 들면, 한 화소의 다양성 값이 높으면 비교적 작은 구역(3×3의 창 내) 안에 다수의 토지피복 유형이 있다는 것을 나타낸다고 볼 수 있다. 이러한 다양성은 생존을 위해서 다양한(이종형) 토지피복 서식지를 필요로 하는 특정 동물들에게 특히 중요할 수 있다. 역으로 동종형(비다양성) 토지피복(예 : 빽빽한 단색 산림)에서 가장 잘 번창하는 동물도 있다.

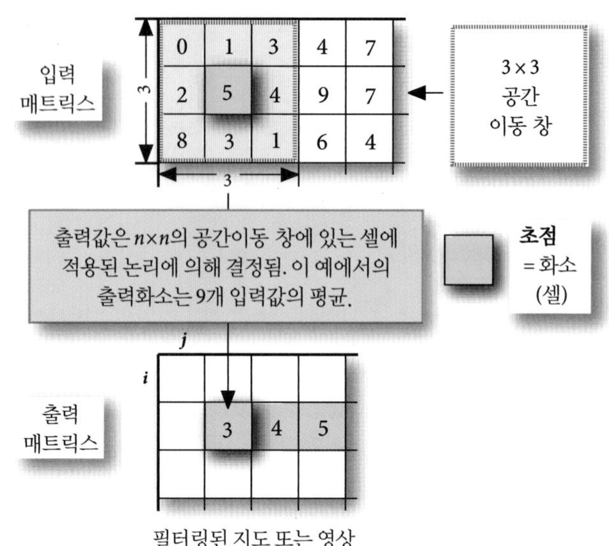

그림 8-18 공간필터링을 적용하기 위해 사용된 사각이웃의 논리. 공간 창은 순차적으로 입력 래스터의 왼쪽에서 오른쪽으로, 위에서 아래로 처리됨을 인지하라. 또한 만약 3×3의 이웃을 사용하는 경우 출력 매트릭스의 첫 번째 열과 행은 아무 값도 가지지 않을 수 있다. 이런 경우 사용자가 이들은 빈 공간으로 내버려 두거나 또는 이웃하는 값으로 복사할지를 결정해야 한다.

정량적 래스터 이웃 모델링

래스터 이웃 분석은 간격 척도 및 비 척도 자료를 분석하는 데 이용된다. $n \times n$ 공간이동 창에서 추출한 가장 흔한 정량적 단변량 통계 측정치로는 최솟값, 최댓값, 평균값, 표준편차가 있다(그림 8-19b).

공간 필터링

원격탐사 영상의 특징은 **공간주파수**(spatial frequency)라고 불리는 변수인데, 이는 영상의 특정한 부분에서의 단위길이당 밝기값이 변하는 횟수로 정의된다. 만약 영상에 주어진 영역에서 밝기값의 변화가 거의 없으면 이것을 보통 저주파수 지역이라고 부르며, 반대로 짧은 거리에서도 밝기값에 많은 변화를 보이면 고주파수 지역이라고 한다. 공간주파수는 어떤 공간 영역에 대한 밝기값을 설명하는 그 고유의 특성 때문에 공간적 접근 방식을 채택하여 정량적 공간정보를 추출한다. 이는 하나의 독립

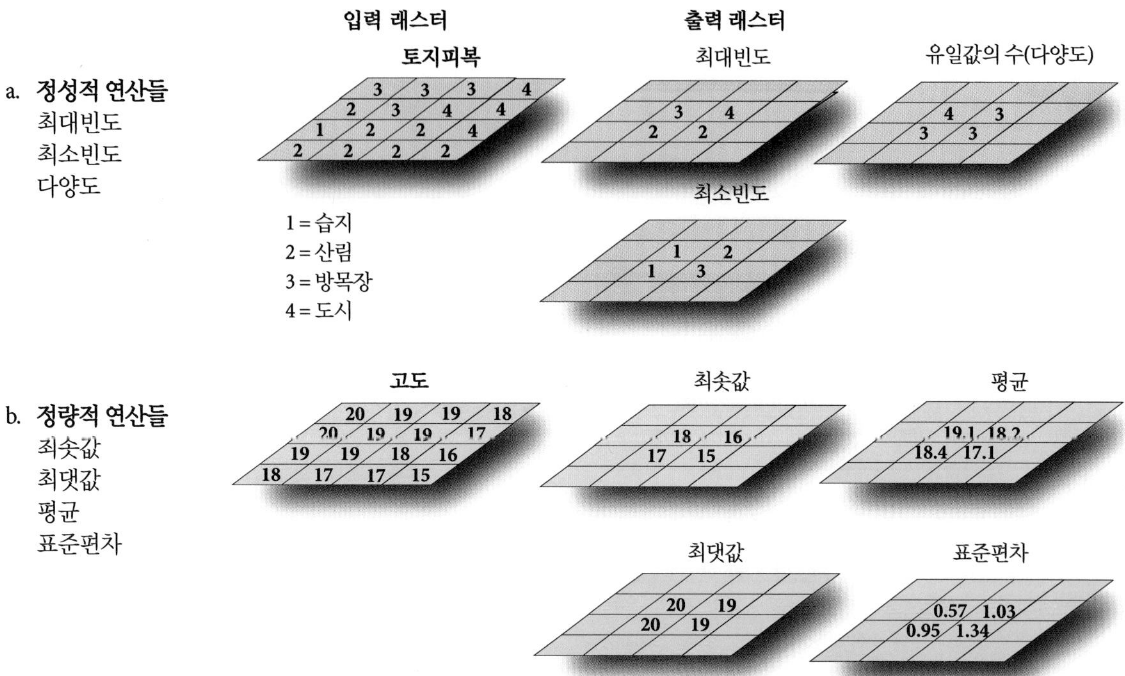

그림 8-19 3×3 공간이동 창을 이용한 하나의 래스터 데이터셋에 적용된 이웃 연산들. a) 간단한 정성적 연산들. b) 간단한 정량적 연산들.

적인 화소의 밝기값보다 지역적(이웃하는) 화소의 밝기값을 관찰함으로써 얻어진다. 이 방식은 영상분석가들이 영상에서 공간주파수 정보를 추출하는 데 유용하게 사용된다.

원격탐사 영상의 공간주파수는 두 가지 다른 접근 방법으로 강조 혹은 완화될 수 있다. 첫 번째 방법은 주로 회선 매스크(convolution mask)를 사용하는 **공간 회선 필터링**(spatial convolution filtering)이다. 그 과정은 상대적으로 이해하기 쉽고 영상의 경계(edge)뿐만 아니라 저주파수 및 고주파수 영상을 강조하는 데도 쓰인다(Lo and Yeung, 2007). 다른 기술은 **푸리에 분석**(Fourier analysis)인데, 이는 수학적으로 영상을 공간주파수 요소들로 분리시킨다. 그렇게 되면 특정한 주파수 그룹을 강조하거나 강조된 영상을 만들기 위해 주파수를 재결합하는 것이 가능하다. 우리는 먼저 공간 회선 필터링에 대해 소개하고 그 다음 푸리에 분석에 대해 수학적으로 접근해 보기로 한다.

공간 회선 필터링

선형 공간 필터(linear spatial filter)는 출력 영상 또는 지도에서 $V_{i,j}$ 위치의 밝기값이 입력 영상 또는 지도에서 i, j 위치 화소 주위의 특정 공간 패턴을 보이는 밝기값들의 가중평균의 함수(선형조합)로 구성된 필터이다(그림 8-18과 8-19). 가중치와 함께 이웃 화소의 밝기값들을 평가하는 이 과정은 **2차원 회선 필터링**이라고 불린다(Pratt, 2014).

정교한 지리정보시스템과 원격탐사 디지털 영상처리 소프트웨어(예 : ERDAS IMAGINE, ENVI)는 사용자 인터페이스(UI)가 단순해서 분석자가 회선 커널(kernel)의 사이즈(예 : 3×3, 5×5)와 회선 커널에 배치될 계수를 명시할 수 있다. ERDAS IMAGINE과 ArcGIS ArcMap 회선 필터링 사용자 인터페이스의 예를 그림 8-20에 나타내었다.

공간 회선 필터링을 이용하면 래스터 디지털 영상에서 저주파수의 상세함, 고주파수의 상세함, 그리고 경계를 보강할 수 있다. 이어서 공간해상도가 높은 컬러 항공사진에 다양한 필터를 적용한 공간 회선 필터링에 대해 논하겠다. 하지만 이 필터들을 고도, 온도, 습도, 인구밀도 등 연속 래스터 주제도 자료에도 활용할 수 있다(Warner et al., 2009).

공간 영역에서 저주파수 필터링

고주파수 부분을 차단하거나 최소화하는 등의 래스터 강조 방법을 **저주파수**(low-frequency) 또는 **저대역**(low-pass) 필터라고

공간 회선 필터의 사용자 인터페이스

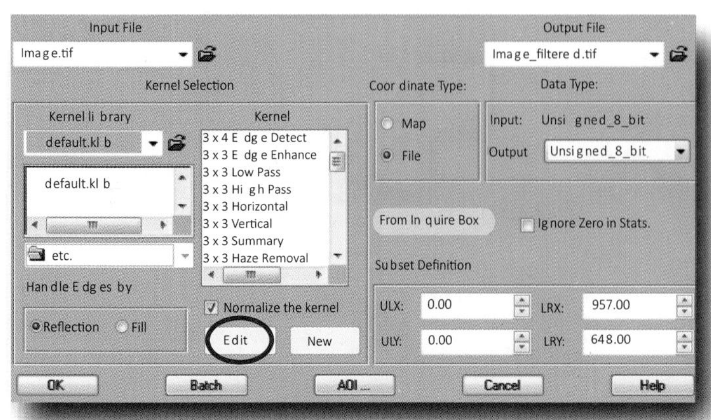

a. ERDAS IMAGINE 회선 인터페이스

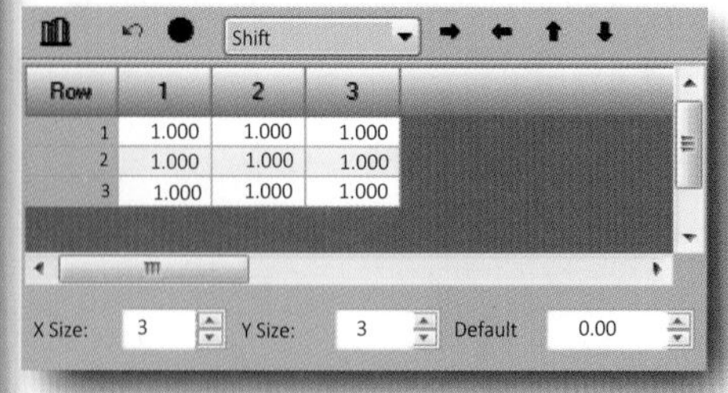

b. ERDAS IMAGINE 3×3 저대역 필터

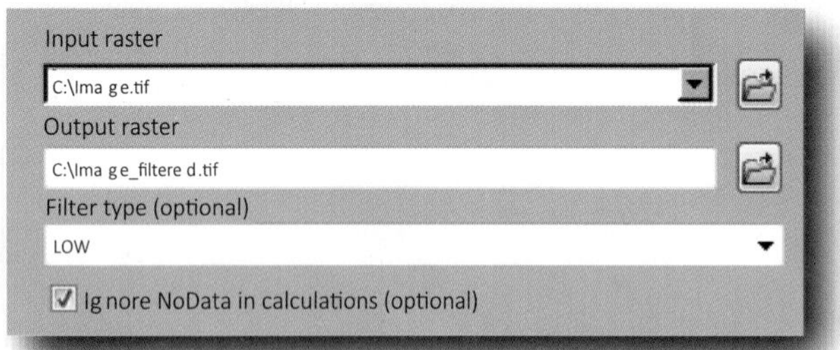

c. ArcGIS ArcMap 필터 인터페이스

그림 8-20 a) ERDAS IMAGINE의 회선 사용자 인터페이스의 예. b) 분석자는 편집 메뉴를 통해 $n \times n$ 커널에서 원하는 계수들을 입력할 수 있다. 이 경우 3×3 저주파수 필터를 사용(인터페이스 제공 : Hexagon Geospatial). c) ArcGIS ArcMap 공간분석 인터페이스를 이용한 공간 필터링. 저주파수 필터링이 선택됨(인터페이스 제공 : Esri, Inc.).

부른다. 가장 간단한 저주파수 필터는 특정 입력값(V_{in})과 입력 화소를 둘러싸고 있는 화소들을 평가하여 회선의 평균이 되는 새로운 출력값(V_{out})을 구한다. 회선 매스크나 커널의 크기는 종종 3×3, 5×5, 7×7, 9×9이다. 그림 8-17a는 3×3과 5×5의 대칭적인 회선 매스크의 예이다. 아래의 논의는 다음과 같이 정의되는 9개의 계수(c_i)와 3×3 회선 매스크에 대해서만 주로 집중하여 다루기로 한다.

$$\text{회선 매스크 템플릿} = \begin{bmatrix} c_1 & c_2 & c_3 \\ c_4 & c_5 & c_6 \\ c_7 & c_8 & c_9 \end{bmatrix} \qquad (8.6)$$

예를 들어, 저주파수 회선 매스크의 계수들은 보통 1로 동일하게 설정한다(예 : 그림 8-20a, b와 표 8-4).

$$\text{저주파수 필터} = \begin{bmatrix} 1 & 1 & 1 \\ 1 & 1 & 1 \\ 1 & 1 & 1 \end{bmatrix} \qquad (8.7)$$

매스크 템플릿의 계수 c_i는 다음과 같이 입력 디지털 영상 각각의 값(V_i)과 곱해진다.

$$\text{매스크 템플릿} = \begin{matrix} c_1 \times V_1 & c_2 \times V_2 & c_3 \times V_3 \\ c_4 \times V_4 & c_5 \times V_5 & c_6 \times V_6 \\ c_7 \times V_7 & c_8 \times V_8 & c_9 \times V_9 \end{matrix} \qquad (8.8)$$

어떤 한 순간의 조사 중인 주 입력 화소는 $V_5 = V_{i,j}$이다. 저주파수 필터(모든 계수가 1)와 원영상자료의 회선(convolution)은 결과적으로 저주파수가 필터링된 영상이 만들어지게 한다.

$$LFF_{5,\text{out}} = \text{Int}\frac{\sum_{i=1}^{n=9} c_i \times V_i}{n} = \text{Int}\left(\frac{V_1 + V_2 + V_3 + \cdots + V_9}{9}\right) \qquad (8.9)$$

공간이동평균방법(spatial moving average)을 통해 9개 수치값의 평균값을 계산한 뒤 다음 화소로 이동하며, 이 과정은 입력 영상의 모든 화소에 걸쳐 반복된다(그림 8-18). **영상 평활화(image smoothing)** 기법은 래스터 자료에서 일명 '산점잡음'을 제거하는 데 유용하다. 그러나 단순한 평활화 작업은 영상을 희미하게 하는데, 특히 사물의 경계를 흐리게 한다. 흐려지는 현상은 커널의 크기가 증가할수록 심해진다.

표 8-4 선택된 저주파 · 고주파 필터들 및 선형 · 비선형 경계 강조 필터를 위한 회선 매스크 계수

회선 매스크 템플릿 = $\begin{bmatrix} c_1 & c_2 & c_3 \\ c_4 & c_5 & c_6 \\ c_7 & c_8 & c_9 \end{bmatrix}$ 예 : 저주파수 필터 = $\begin{bmatrix} 1 & 1 & 1 \\ 1 & 1 & 1 \\ 1 & 1 & 1 \end{bmatrix}$

	C_1	C_2	C_3	C_4	C_5	C_6	C_7	C_8	C_9	예
공간 필터링										
저주파수(LFF)	1	1	1	1	1	1	1	1	1	그림 8-21b
고주파수(HFF)	1	−2	1	−2	5	−2	1	−2	1	그림 8-21d
선형 경계 강조										
북서방향 양각처리	0	0	1	0	0	0	−1	0	0	그림 8-22a
동서방향 양각처리	0	0	0	1	0	−1	0	0	0	---
ArcGIS 경계 강조	−0.7	−1	−0.7	−1	6.8	−1	−0.7	−1	−0.7	---
북향 나침	1	1	1	1	−2	1	−1	−1	−1	---
북동향 나침	1	1	1	−1	−2	1	−1	−1	1	그림 8-22b
동향 나침	−1	1	1	−1	−2	1	−1	1	1	---
남동향 나침	−1	−1	1	−1	−2	1	1	1	1	---
남향 나침	−1	−1	−1	1	−2	1	1	1	1	
남서향 나침	1	−1	−1	1	−2	−1	1	1	1	
서향 나침	1	1	−1	1	−2	−1	1	1	−1	
북서향 나침	1	1	1	1	−2	−1	1	−1	−1	
수직 경계	−1	0	1	−1	0	1	−1	0	1	
수평 경계	−1	−1	−1	0	0	0	1	1	1	
대각선 경계	0	1	1	−1	0	1	−1	−1	0	
비선형 경계 강조										
Laplacian 4	0	−1	0	−1	4	−1	0	−1	0	그림 8-22c
Laplacian 5	0	−1	0	−1	5	−1	0	−1	0	그림 8-22d
Laplacian 7	1	1	1	1	−7	1	1	1	1	
Laplacian 8	−1	−1	−1	−1	8	−1	−1	−1	−1	

그림 8-21a는 독일의 한 주거지에 대한 일반적인 고해상도(6×6in.) 컬러 디지털 항공사진을 보여 준다. 이 사진은 senseFly사의 무인항공기(UAV)를 이용하여 획득되었다. 식 8.7과 표 8-4와 같은 **저주파수 필터**(low-frequency filter)를 이 주거지의 적색 밴드에 적용한 결과가 그림 8-21b에 나타나 있다. 어떻게 영상이 흐려지고 고주파수의 상세함이 사라졌는지를 주목할 필요가 있다. 단지 전반적인 경향만이 저대역 필터를 통해 통과될 수 있었던 것이다. 불균일한 고주파수 도시환경은 고주파수 필터가 보통 더 좋은 결과를 보여 준다.

3개의 공간 필터링 알고리듬(중앙값, 최솟값/최댓값, 올림픽)은 평가되는 $n \times n$ 이웃들에 대해 계수를 사용하지 않는다. **중앙값 필터**(median filter)는 가중 회선 필터(weighted convolution filter)와 비교했을 때 다음과 같은 장점이 있다(Russ, 2011). 1) 경계 부분이 움직이지 않는다. 2) 경계의 변화가 작기 때문에 중앙값 필터는 반복적으로 적용할 수 있다. 결과적으로 미세한 부분이 지워지거나 넓은 지역에 대해 같은 밝기값[종종

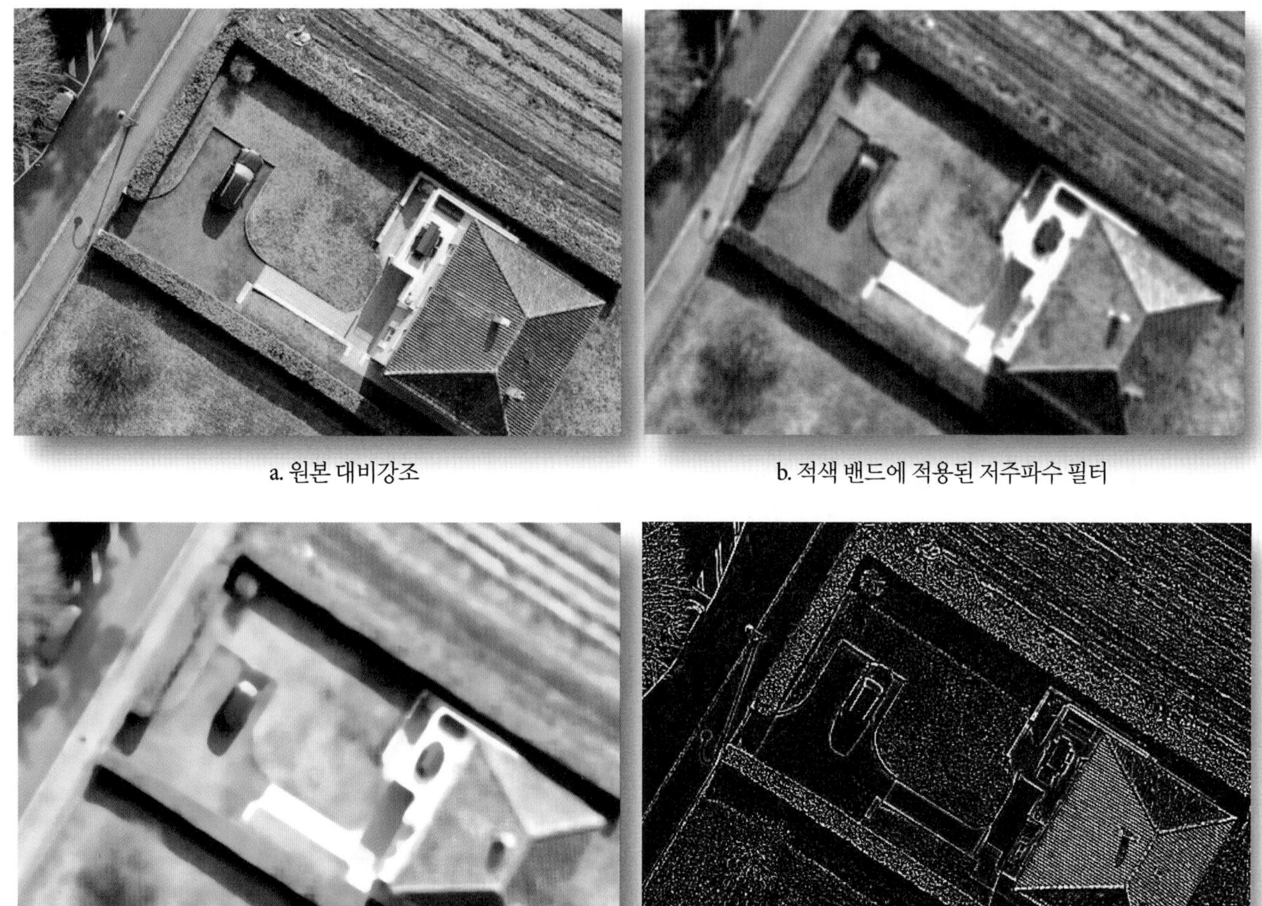

그림 8-21 a) 독일 주거지의 고해상도 컬러 디지털 항공사진(원본 디지털 항공사진 제공 : Sensefly, LLC). b) 적색 밴드에 적용된 저주파수 필터(LLF). c) 적색, 녹색, 청색 밴드에 적용된 중앙값 필터. d) 적색 밴드에 적용된 고주파수 경계 선명 필터.

포스터리제이션(posterization)이라고 부름]을 가지게 되는 경우도 생긴다(그림 8-21c). 표준 중앙값 필터는 영상에서 커널 크기의 절반이 되지 않는 라인 혹은 둥글거나 잘린 모서리 등을 지울 수도 있다(Eliason and McEwen, 1990). 경계 보존 중앙값 필터(edge-preserving median filter)(Nieminen et al., 1987)는 그림 8-17c에서 보는 바와 같은 개념이 적용될 수 있는데, 자세한 내용은 다음과 같다. 1) 검은 화소들의 중앙값을 5×5 행렬로 계산한다. 2) 회색 화소들의 중앙값을 계산한다. 3) 이 두 값과 원래 밝기값의 중앙값은 오름차순으로 순서가 정해진다. 4) 최종 중앙값은 가운데 화소를 대체한다. 이 필터는 일반적으로 경계와 모서리 부분이 보존된다.

최솟값 또는 **최댓값 필터**(minimum/maximum filter)는 사용자가 선택한 범위(예 : 3×3 화소)의 인접한 화소들의 수치값들을 조사하여 그 가운데의 화소를 그 범위의 최솟값 혹은 최댓값으로 치환한다.

올림픽 필터(Olympic filter)는 올림픽 경기의 득점 방식을 따라서 이름을 붙였다. 이는 3×3 행렬에서 9개 요소를 모두 사용하는 대신에 최댓값과 최솟값을 제외한 뒤 나머지 값들을 평균하는 방식이다.

공간 영역에서 고주파수 필터링

고대역 필터링(high-pass filtering)은 천천히 변하는 요소들을 제거하거나 지역적인 고주파수 부분을 강조하기 위해 원격탐사 자료에 적용된다. 하나의 유용한 고주파수 필터($HFF_{5,out}$)는 원래 중앙 화소의 밝기값(BV_5)의 2배에서 저주파수 필터($LFF_{5,out}$)의 출력 밝기값을 뺌으로써 계산된다.

$$HFF_{5,out} = (2 \times BV_5) - LFF_{5,out} \quad (8.10)$$

9개의 요소 창 내에 있는 밝기값은 서로 상관관계가 높은 경향이 있기 때문에 고주파수 필터를 통과한 영상은 상대적으로 폭이 좁은 히스토그램이 된다. 이는 고주파수를 통과한 영상을 이용하여 시각적으로 판독하려고 할 때는 종종 대비확장을 적용해야 좋다는 것을 뜻한다. 래스터 지도나 영상에서 천천히 변화하는 성분을 제거하거나 빠르게 달라지는 국지적인 변화를 강조하고자 할 때 고주파수 필터링을 적용한다. 경계를 강조하거나 선명하게 만드는 **고주파수 필터**(high-frequency filter) 중의 한 종류는 아래와 같은 계수를 사용하면 되는데 이는 표 8-4에도 요약되어 있다.

$$\text{고주파수 필터} = \begin{matrix} 1 & -2 & 1 \\ -2 & 5 & -2 \\ 1 & -2 & 1 \end{matrix} \quad (8.11)$$

주거지를 촬영한 항공사진의 적색 밴드에 이 고주파수 경계선명 필터를 적용한 것이 그림 8-21d에 나타나 있다.

공간 영역에서 경계 강조 기법

종종 영상이나 지도로부터 얻을 수 있는 가장 중요한 정보는 관심 대상물들 사이의 경계 부분에 포함되어 있다. **경계 강조**(edge enhancement) 방법은 영상이나 지도 내에서 이런 경계들을 더 잘 돋보이게 만들어 이해하기 쉽게 해 준다. 일반적으로 사람의 시각이 경계라고 보는 것은 2개의 인접한 화소에서 수치값이 급격하게 변하는 것이다. 경계는 선형이나 비선형 경계 강조 기법으로 두드러지게 할 수 있다.

선형 경계 강조 : 경계 강조는 종종 원자료에 앞서 언급한 가중치가 적용된 매스크나 커널을 회선(convolution)시킴으로써 수행된다. 가장 효과적인 경계 강조 방법은 경계를 음영기복(plastic shaded-relief) 형태로 보이게 하는 것이다. 이것을 종종 **양각처리**(embossing)라고 하는데, 양각처리된 경계는 다음과 표 8-4에 나타낸 동서 방향 양각처리(Emboss East)나 북서 방향 양각처리(Emboss Northwest)와 같은 양각필터를 통해 얻을 수 있다.

$$\text{동서 방향 양각처리} = \begin{matrix} 0 & 0 & 0 \\ 1 & 0 & -1 \\ 0 & 0 & 0 \end{matrix} \quad (8.12)$$

$$\text{북서 방향 양각처리} = \begin{matrix} 0 & 0 & 1 \\ 0 & 0 & 0 \\ -1 & 0 & 0 \end{matrix} \quad (8.13)$$

양각처리 방향은 매스크 주위의 계수값들의 변화에 따라서 조절된다. 음영기복 표현법은 그림자가 보는 사람 쪽으로 향하게 되면 사람의 눈에 편하게 보인다. 그림 8-22a는 북서 방향 양각필터를 주거지의 적색 밴드 4에 적용한 결과이다.

ArcGIS의 고주파수 경계 강조 계수들을 표 8-4에 제공하였다. 이 특별한 필터는 저주파수의 변동을 제거하고 두 영역 사이의 경계를 강조한다.

나침 기울기 매스크(compass gradient mask)는 2차원의 이산미분 방향경계 강조를 수행할 때 사용될 수 있다(Pratt, 2014). 표 8-4에 나침 기울기 매스크로 많이 사용되는 8개의 계수를 나타내었다. 나침의 이름은 최대 반응의 경사방향을 뜻한다. 예를 들어, 동쪽 기울기 매스크는 서쪽에서 동쪽 방향으로 수치값의 최대 변화량을 유발한다. 기울기 매스크는 가중치가 0이므로 매스크 계수들의 총합이 0이 된다(Pratt, 2014). 이 결과 일정한 밝기값을 가진 지역은 어떤 결과도 도출되지 않는다(즉 경계가 존재하지 않음). 그림 8-22b는 나침 북동 방향 기울기 매스크를 주거지 영상에 적용한 것을 나타낸다.

Richards(2013)는 영상의 경계 탐지에 쓰일 수 있는 4개의 부가적인 3×3 필터(수직, 수평, 두 방향 대각선)를 제시하였다. 이러한 필터 계수들은 표 8-4에 나타나 있다.

Laplacian 필터도 경계 강조를 위해 영상이나 연속적인 지표면 지도에 적용될 수 있다. Laplacian 필터는 2차 미분계수(기울기는 1차 미분계수)이고 회전에 대해 불변인 함수인데 이는 불연속성(예 : 경계들)이 있는 방향에 민감하지 않다는 뜻이다. 4개의 중요한 3×3 Laplacian 필터에 대한 계수들을 아래와 표 8-4에 나타내었다(Jahne, 2005; Pratt, 2014).

$$\text{Laplacian 4} = \begin{matrix} 0 & -1 & 0 \\ -1 & 4 & -1 \\ 0 & -1 & 0 \end{matrix} \quad (8.14)$$

$$\text{Laplacian 5} = \begin{matrix} 0 & -1 & 0 \\ -1 & 5 & -1 \\ 0 & -1 & 0 \end{matrix} \quad (8.15)$$

래스터 자료의 공간 필터링

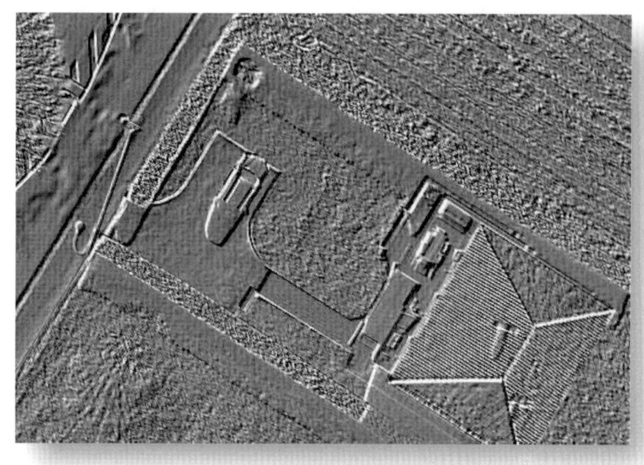

a. 북서 방향 양각처리

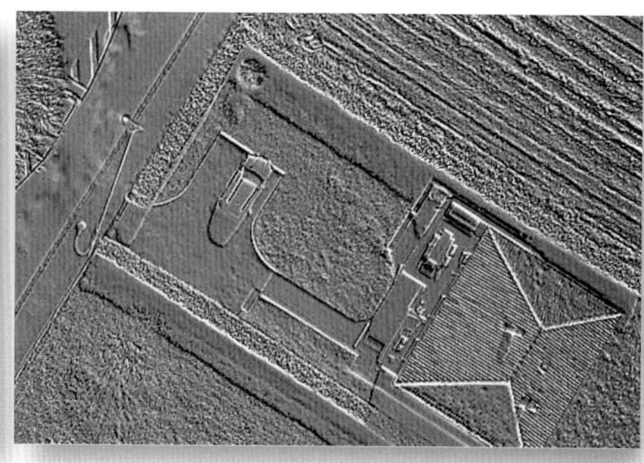

b. 북동향 나침 필터

c. Laplacian 4 필터

d. Laplacian 5 필터

그림 8-22 경계 강조를 위해 고해상도 독일 거주지 지역 영상 적색 밴드에 다양한 회선 매스크와 원리를 적용한 결과. a) 북서 방향 양각처리. b) 북동향 나침 필터 적용 결과. c) 경계 정보를 포함하고 있는 Laplacian 4 경계 강조. d) 원본 영상에 Laplacian 5 경계 강조 결과를 더한 영상(Sensefly, LLC의 원본 디지털 항공사진에 기초).

$$\text{Laplacian 7} = \begin{matrix} 1 & 1 & 1 \\ 1 & -7 & 1 \\ 1 & 1 & 1 \end{matrix} \tag{8.16}$$

$$\text{Laplacian 8} = \begin{matrix} -1 & -1 & -1 \\ -1 & 8 & -1 \\ -1 & -1 & -1 \end{matrix} \tag{8.17}$$

Laplacian 영상 하나만 가지고 해석하기 어려울 때도 있다. 예를 들면, 그림 8-22c에 보이는 주거지 장면에 적용된 Laplacian 4 필터가 그런 경우이다. 따라서 Laplacian 5 알고리듬을 이용해서 원본 지도나 영상에 경계 정보를 다시 추가하는 Laplacian 경계 강조 기법을 선호하는 분석자들도 있다. 주거지 장면에 이러한 강조 기법을 적용하여 얻은 결과를 그림 8-22d에 나타내었다.

Laplacian 7 필터를 이용하면 원본 영상에서 Laplacian 경계를 원하는 대로 뺄 수도 있다. 원본 영상에서 Laplacian 경계 강조를 빼면 전체적인 회색조 변화량을 복원하게 되며, 이는 사람들이 영상을 쉽게 판독할 수 있도록 해 준다. 또한 불연속점에서 일부 대비를 증가시킴으로써 영상을 선명하게 한다(Russ, 2011). *Laplacian* 연산자는 보통 영상에서 점, 선, 경계를 강조하고, 일정하거나 평활하게 변화하는 지역은 감춰 버린다. 인간 시각의 생리적 연구에 의하면 우리는 많은 경우에 이와 같은 방법으로 사물을 본다고 한다. 그렇기 때문에 이 방법을 사용한

래스터 자료의 공간 필터링

a. Sobel 경계 강조

b. Roberts 경계 강조

그림 8-23 두 비선형 경계 강조 기법을 고해상도 거주지 영상의 적색 밴드에 적용. a) Sobel 경계 강조. b) Roberts 경계 강조(Sensefly, LLC의 원본 디지털 항공사진에 기초).

영상이 다른 많은 강조 방법을 사용한 영상보다 훨씬 자연스럽게 보인다.

비선형 경계 강조 : 비선형 경계 강조 방법은 화소의 비선형 조합을 통해 이루어진다. 예를 들면, **Sobel 경계 탐지 연산자**(Sobel edge detector)는 앞서 기술한 3×3 창 넘버링 방법에 근거하고 있으며 다음 식을 이용하여 계산된다.

$$\text{Sobel}_{5,\text{out}} = \sqrt{X^2 + Y^2} \tag{8.18}$$

여기서

$$X = (V_3 + 2V_6 + V_9) - (V_1 + 2V_4 + V_7)$$
$$Y = (V_1 + 2V_2 + V_3) - (V_7 + 2V_8 + V_9)$$

이 과정은 가로, 세로, 대각선 방향의 경계들을 탐지한다. 그림 8-23a는 거주지 장면에 대한 Sobel 경계 강조 과정을 나타낸다. 영상 전체에서 다음 3×3 템플릿을 동시에 적용해도 Sobel 연산자를 계산할 수 있다(Jain, 1989).

$$X = \begin{matrix} -1 & 0 & 1 \\ -2 & 0 & 2 \\ -1 & 0 & 1 \end{matrix} \qquad Y = \begin{matrix} 1 & 2 & 1 \\ 0 & 0 & 0 \\ -1 & -2 & -1 \end{matrix}$$

Roberts 경계 탐지 연산자(Roberts edge detector)는 3×3 매스크 중에서 단지 4개의 요소만 사용한다. $V_{5,\text{out}}$(식 8.6에서 언급한 3×3 명명법 참조) 화소 위치에서의 새로운 화소값은 다음 식에 의해 계산된다.

$$\text{Roberts}_{5,\text{out}} = X + Y \tag{8.19}$$

여기서

$$X = |V_5 - V_9|$$
$$Y = |V_6 - V_8|$$

그림 8-23b는 Roberts 경계 필터를 주거지 장면에 적용한 결과이다. 영상 전체에 다음 템플릿들을 동시에 적용하여 Roberts 연산자를 계산할 수 있다(Jain, 1989).

$$X = \begin{matrix} 0 & 0 & 0 \\ 0 & 1 & 0 \\ 0 & 0 & -1 \end{matrix} \qquad Y = \begin{matrix} 0 & 0 & 0 \\ 0 & 0 & 1 \\ 0 & -1 & 0 \end{matrix}$$

Kirsch 비선형 경계 강조(Kirsch nonlinear edge enhancement) 방법에서는 화소 위치 $BV_{i,j}$의 기울기(gradient)를 계산한다. 하지만 이 연산자를 적용하기 위해서는 앞의 논의에서 사용한 것과는 다른 3×3 창 넘버링 방법을 먼저 지정해 줘야 한다.

Kirsch 연산자에 대한 창 내 화소 번호 =

$$\begin{matrix} BV_0 & BV_1 & BV_2 \\ BV_7 & BV_{i,j} & BV_3 \\ BV_6 & BV_5 & BV_4 \end{matrix}$$

사용된 알고리듬은 다음과 같다(Gil et al., 1983).

$$BV_{i,j} = \max\left\{1, \max_{i=0}^{7} [\text{Abs}(5S_i - 3T_i)]\right\} \quad (8.20)$$

여기서

$$S_i = BV_i + BV_{i+1} + BV_{i+2} \quad (8.21)$$

$$T_i = BV_{i+3} + BV_{i+4} + BV_{i+5} + BV_{i+6} + BV_{i+7} \quad (8.22)$$

*BV*의 아래 첨자는 8로 나누었을 때의 나머지를 뜻하는 것으로 매스크 주변을 8단계로 움직이면서 계산한다는 의미이다. 이 경계 강조 방법은 입력 영상에서의 $BV_{i,j}$에 대한 최대 나침 기울기값을 계산한다. S_i의 값은 3개의 인접 화소의 합과 같고, T_i는 남아 있는 4개의 인접 화소의 합과 같다. $BV_{i,j}$에서의 입력 화소값은 계산과정에서 한 번도 쓰이지 않는다.

예를 들면, 그림 8-24는 앞서 논한 수많은 선형 및 비선형 공간 필터링 회선 매스크들을 서배너 강의 열적외선 영상에 적용한 것이다. 보통 영상분석가들은 원격탐사 영상에 많은 계수들을 시도하여 가장 효과적인 결과를 낳는 계수를 찾는다. 경계를 탐지하기 위해 연산자들을 결합하기도 하는데, 예를 들어 기울기와 Laplacian 연산자를 결합해 사용하면 각 연산자를 홀로 쓰는 것보다 경계 강조에 뛰어난 결과를 생산할 수도 있다. 게다가 비선형 경계 강조 방법이 보다 나은 결과를 보여 줄 수 있다.

푸리에 변환

푸리에 분석은 영상을 다양한 주파수 요소들로 분리하는 수학적 기법이다. 먼저, 연속함수 $f(x)$를 생각해 보자. 푸리에 이론은 어떤 함수 $f(x)$도 다양한 주파수를 연속된 사인곡선 항의 합으로 나타낼 수 있다고 하는 것이다. 이 항들은 $f(x)$의 푸리에 변환을 통해 다음과 같이 얻어질 수 있다.

$$F(u) = \int_{-\infty}^{\infty} f(x)e^{-2\pi iux}dx \quad (8.23)$$

여기서 u는 공간주파수이다. 이것은 $F(u)$가 주파수 영역(frequency domain) 함수라는 것을 뜻한다. 공간 영역(spatial domain) 함수 $f(x)$는 역푸리에 변환에 의해 $F(u)$로부터 환원된다.

$$f(x) = \int_{-\infty}^{\infty} F(u)e^{2\pi iux}du \quad (8.24)$$

영상처리에서 푸리에 분석을 이용하기 위해서는 이 두 방정식의 확장에 대해서 생각해 봐야 한다. 먼저, 두 변환이 1차원 함수에서 2차원 함수 $f(x, y)$와 $F(u, v)$로 확장될 수 있으며, 식 8.23은 다음과 같이 바뀐다.

$$F(u, v) = \int\int_{-\infty}^{\infty} f(x, y)e^{-2\pi i(ux + vy)}dxdy \quad (8.25)$$

또 두 변환을 이산함수에 대해서도 확장할 수 있다. 2차원 이산 푸리에 변환은 다음과 같다.

$$F(u, v) = \frac{1}{NM}\sum_{x=0}^{N-1}\sum_{y=0}^{M-1} f(x, y)e^{-2\pi i\left(\frac{ux}{N} + \frac{vy}{M}\right)} \quad (8.26)$$

여기서 N은 x방향의 화소 수이고, M은 y방향의 화소 수이다. 모든 영상은 2차원 이산함수로 표현될 수 있기 때문에 영상의 푸리에 변환을 계산하는 데 식 8.26을 사용할 수 있다. 원영상은 다음의 역변환을 통해 재현할 수 있다.

$$f(x, y) = \sum_{u=0}^{N-1}\sum_{v=0}^{M-1} F(u, v)e^{2\pi i\left(\frac{ux}{N} + \frac{vy}{M}\right)} \quad (8.27)$$

여러분은 "$F(u, v)$가 무엇을 나타내는가?"라는 질문을 할지도 모른다. 이것은 원영상 $f(x, y)$의 공간주파수 정보를 포함하고 있으며, **주파수 스펙트럼(frequency spectrum)**이라고 불린다. 이 함수는 $\sqrt{-1}$을 뜻하는 i를 포함하고 있기 때문에 복소수 함수이다. 모든 복소수 함수는 다음과 같이 실수부와 허수부의 합으로 표현할 수 있다.

$$F(u, v) = R(u, v) + iI(u, v) \quad (8.28)$$

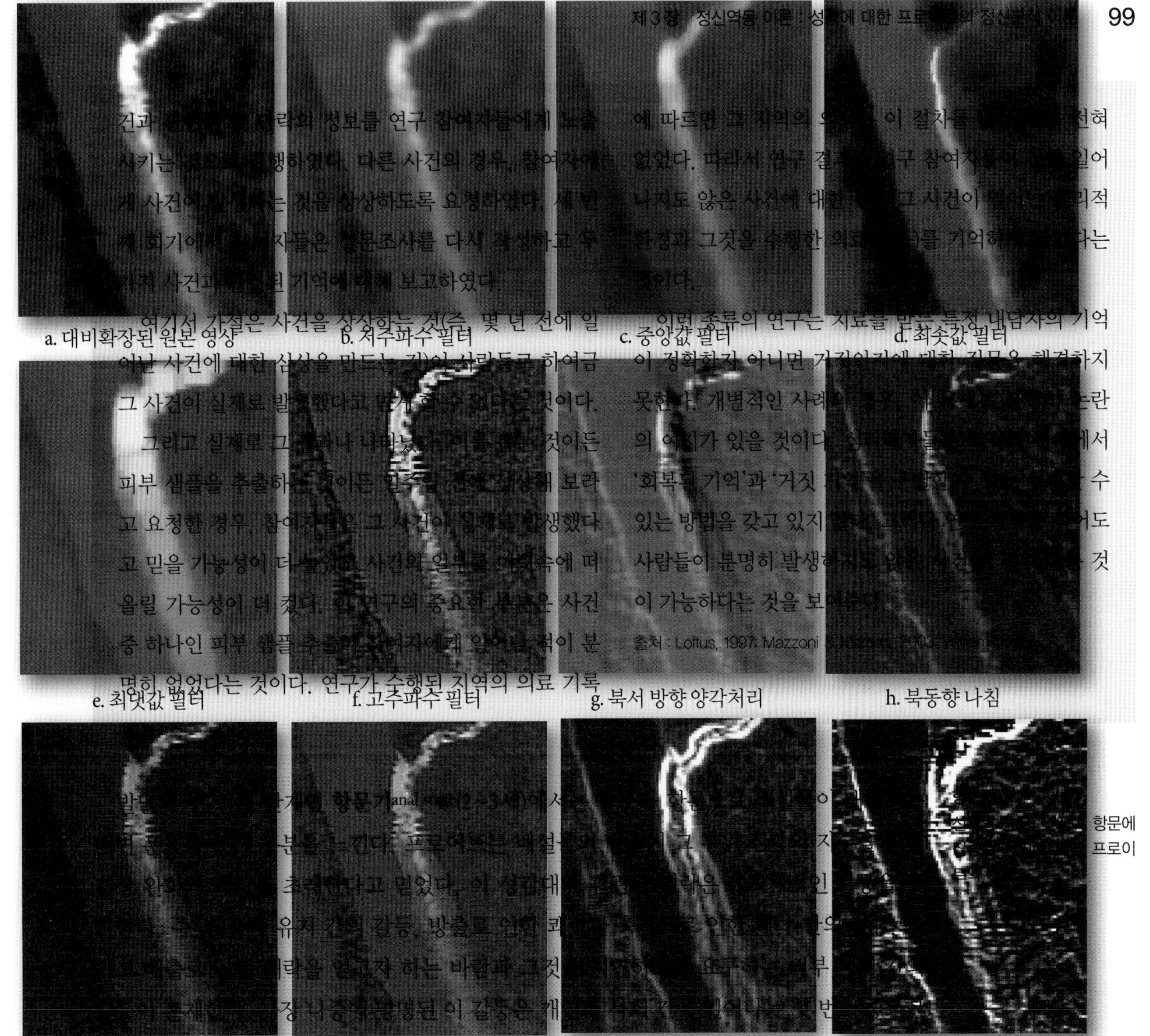

a. 대비확장된 원본 영상 b. 저주파수 필터 c. 중앙값 필터 d. 최솟값 필터

e. 최댓값 필터 f. 고주파수 필터 g. 북서 방향 양각처리 h. 북동향 나침

i. Laplacian 4 j. Laplacian 5 k. Sobel 경계 강조 l. Roberts 경계 강조

그림 8-24 저주파수 또는 고주파수 상세함을 강조하기 위해 [illegible] 열적외선 영상에 다양한 회선 매스크와 원리를 적용한 결과. a) 대비확장된 원본 영상, b) 저주파수 필터, c) 중앙값 필터, d) 최솟값 필터, e) 최댓값 필터, f) 고주파수 필터, g) 북서 방향 양각처리, h) 북동향 나침 필터, i) Laplacian 4 필터, j) Laplacian 5 필터, k) Sobel 경계 강조, l) Roberts 경계 강조.

위 식은 다음과 같다.

$$F(u, v) = |F(u, v)| e^{i\phi(u, v)} \quad (8.29)$$

여기서 $|F(u, v)|$는 실수함수이며

$$|F(u, v)| = \sqrt{R(u, v)^2 + I(u, v)^2}$$

이다.

$|F(u, v)|$는 푸리에 변환의 크기라고 불리며, 2차원 영상으로 나타낼 수 있다. 이것은 영상 $f(x, y)$에서 여러 주파수 성분들의 크기와 방향을 나타낸다. 식 8.29의 변수 ϕ는 영상 $f(x, y)$의 위상(phase) 정보를 의미한다. 우리는 보통 푸리에 변환 결과를 화면에 표현할 때 위상정보를 무시하지만 위상정보 없이는 원영

유타 주 모압 근처 콜로라도 강의 곡류 지역

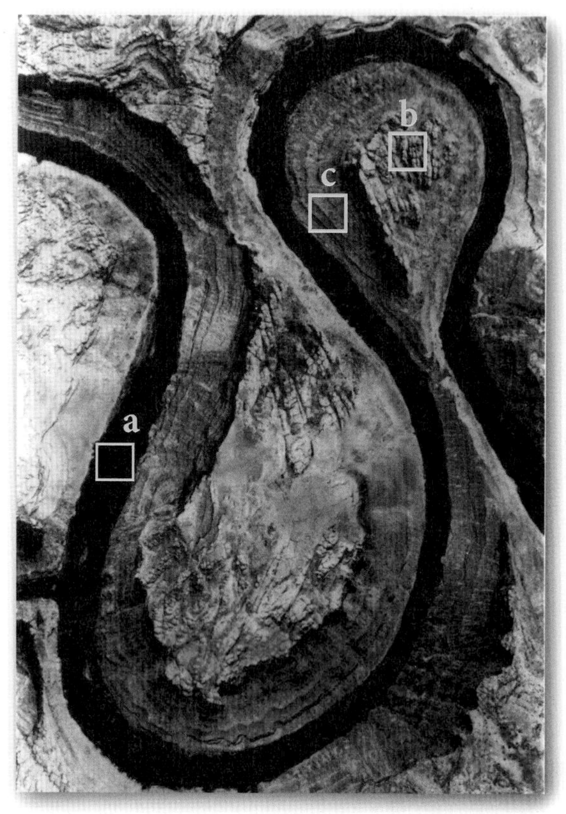

그림 8-25 콜로라도 강의 곡류 지역을 촬영한 디지털 항공사진으로 3개의 부분영상이 표시되어 있다.

상을 복원할 수 없다.

푸리에 변환이 원격탐사분야에 얼마나 유용한 것인지 이해하기 위해, 먼저 그림 8-25의 곡류 영상에서 추출한 3개의 부분영상을 생각해 보자. 첫 번째 부분영상은 사진의 저주파수의 물 지역(그림 8-26a의 확대그림)이다. 두 번째 부분은 수평 및 수직 방향의 선형 구조물을 포함한 중저 주파수 지역(그림 8-26c)이다. 마지막 부분영상은 몇몇 대각선 방향의 선형 구조물을 가진 중저 주파수 지역(그림 8-26e)이다. 부분영상들의 푸리에 변환 크기를 그림 8-26b, d, f에 각각 나타내었다. 푸리에 크기 영상은 중심을 기준으로 대칭이며, *u*와 *v*는 공간주파수를 의미한다. 푸리에 크기 영상은 보통 *F*(0, 0)이 좌상단 모서리보다는 영상의 중심으로 오도록 조정한다. 그러므로 중심부의 크기는 가장 낮은 주파수 성분의 크기를 의미한다. 따라서 중심에서 멀어질수록 주파수는 증가한다. 예를 들어, 균일한 밝기값을 가진 물 지역(그림 8-26b)의 푸리에 크기를 생각해 보자. 중심부와 그 주위에 밝기값이 몰려 있다는 것은 이 지역이 저주파수 지역이라는 것을 의미한다. 두 번째 영상에서는 주변의 저주파수 성분에다 중주파수 요소가 많이 분포되어 있다. 우리는 원영상에서 수평 및 수직 방향의 선형 구조물에 해당하는 고주파수 정보를 상대적으로 쉽게 찾아낼 수 있다(그림 8-26d). 그림 8-26f의 푸리에 변환 중심에 있는 군집 점들의 방향을 보자. 이것은 사진 상에서 북서-남동 대각방향의 선형 구조물이 분포하고 있음을 뜻한다.

다소 이상하게 보이는 푸리에 변환 영상 *F*(*u*, *v*)는 원영상에서 발견되는 모든 정보를 포함하고 있다는 사실을 잊지 말아야 한다. 푸리에 변환은 공간주파수에 의해 영상을 분석하고 제작하는 메커니즘을 제공하며 영상 복원, 필터링, 방사보정에도 유용하게 쓰인다. 예를 들어, 푸리에 변환은 원격탐사 영상에 존재하는 주기적인 잡음을 제거할 수 있다. 주기적 잡음의 패턴이 영상 전체에서 일정하면 이를 고정주기잡음(stationary periodic noise)이라고 부른다. 원격탐사 영상에서 나타나는 줄무늬 현상은 보통 고정주기잡음으로 구성되어 있다.

고정주기잡음이 공간영역에서 단일 주파수의 사인곡선 함수일 때, 그것의 푸리에 변환은 하나의 밝은 점(아주 밝은 점 하나)으로 표현된다. 예를 들어, 그림 8-27a와 c는 다른 주파수를 가진 2개의 사인곡선 함수(원격탐사 영상에서는 줄무늬 잡음으로 보이는 부분)를 보여 주고 있다. 그림 8-27b와 d는 앞 그림의 푸리에 변환으로 밝은 점의 위치로부터 잡음의 주파수와 방향을 파악할 수 있다. 밝은 점으로부터 변환 중심(영상에서 가장 낮은 주파수)까지의 거리는 주파수에 정비례한다. 밝은 점과 변환된 영상의 중심을 이은 직선은 원영상에서 잡음이 이루는 직선의 방향에 항상 수직이다. 원격탐사 영상에서 줄무늬 잡음은 보통 동일한 방향으로 하나 이상의 주파수를 가진 사인곡선 함수로 구성된다. 따라서 이 잡음의 푸리에 변환은 같은 방향으로 구성되는 일련의 밝은 점으로 구성된다.

잡음 정보는 주파수 영역에서는 한 점 혹은 여러 점에 집중되어 있기 때문에 창에서 일반적으로 잡음을 제거하는 것은 매우 어렵지만 주파수 영역에서 잡음을 찾아서 제거하는 과정은 상대적으로 수월하다. 기본적으로 영상분석가들은 푸리에 변환 영상에서 이런 선들이나 점들을 수동적으로 찾아 제거하거나 이러한 잡음을 제거하기 위해 프로그램을 사용할 수도 있다. 1990년 9월 1일 수집된, 사우디아라비아 알 주바일 지역의 Landsat TM 밴드 4 영상(그림 8-28)을 예로 들어 보자. 이 영상은 근해의 부유 침전물 운반 연구에 사용될 수 없을 정도로 심각한 고정주기의 줄무늬 잡음을 포함하고 있다. 그림 8-29는 Landsat TM 영상의 일부가 어떻게 수정되었는지를 보여 준다.

그림 8-26 그림 8-25에 나와 있는 곡류 영상의 세 부분영상에 적용된 푸리에 변환

먼저, 이 지역의 푸리에 변환을 계산한다(그림 8-29b). 그리고 그림에서 규칙적인 줄무늬와 관련 있는 점을 찾아 제거함으로써 푸리에 변환을 수정한다(그림 8-29c). 이 과정은 수작업으로 이루어지거나 푸리에 변환 영상에서 발생하는 규칙적인 오차를 찾아 제거하는 프로그램을 사용할 수도 있다. 그 다음으로 역푸리에 변환을 적용하여 생물리적 분석에 유용한 밴드 4 영상을 얻을 수 있다(그림 8-29d). 이러한 형태의 잡음은 단순한 회선 매스크로는 제거할 수 없고 푸리에 변환과 푸리에 변환 영

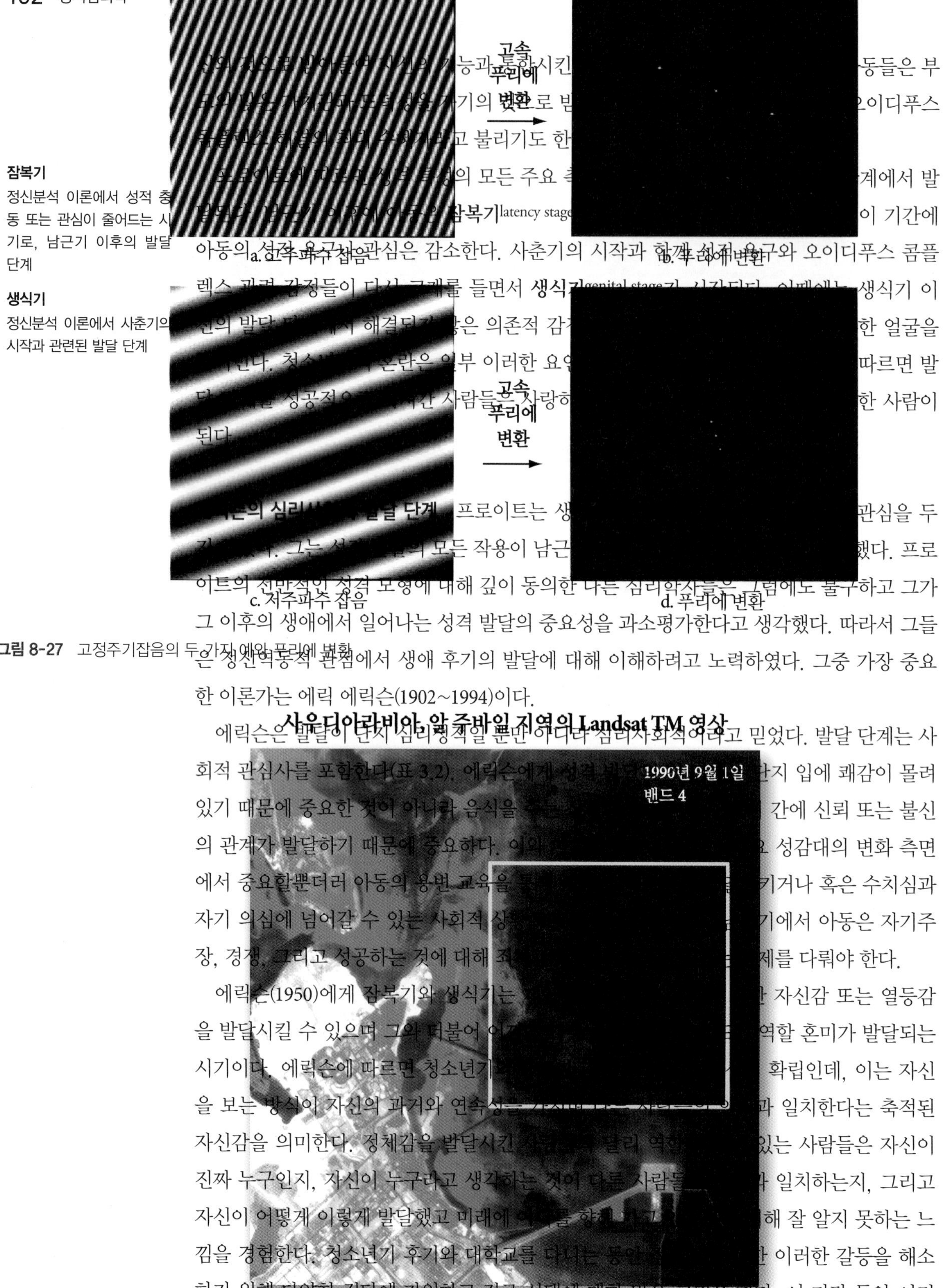

그림 8-27 고정주기잡음의 두 가지 예와 푸리에 변환

그림 8-28 1990년 9월 1일 수집된 사우디아라비아 알 주바일 지역의 Landsat TM 밴드 4 영상(영상 제공 : NASA)

사우디아라비아 알 주바일 근처 지역의
Landsat TM 영상에 푸리에 변환을 적용하여 줄무늬 잡음을 제거

a. 1990년 9월 1일에 수집된 Landsat TM 밴드 4 영상

b. 푸리에 변환

c. 잡음이 제거된 푸리에 변환

d. 줄무늬 잡음이 제거된 Landsat TM 밴드 4 영상

그림 8-29 사우디아라비아 알 주바일 지역의 Landsat TM 밴드 4 영상의 일부에 푸리에 변환을 적용한 결과. a) TM 밴드 4 원영상. b) 푸리에 변환. c) 잡음이 제거된 푸리에 변환. d) 줄무늬 잡음이 제거된 밴드 4 영상.

상에서의 잡음을 선택적으로 수정하는 작업이 요구된다.

그림 8-30은 SRS(Savannah River Site)의 혼합 폐기물 처리시설(MWMF) 지역의 초분광 영상에서 동일한 논리로 줄무늬 잡음을 제거한 것을 보여 준다. 영상 중 하나의 밴드에 대한 푸리에 변환은 수평방향의 줄무늬 잡음과 관련된 고주파수 정보라는 것을 나타낸다(그림 8-30b). 제거필터(cut filter)를 만들어 수평방향의 줄무늬 잡음과 연관된 고주파수 정보를 분리하여 제거하였다(그림 8-30c와 d). 그림 8-30e는 제거 필터를 적용하고 다시 역고속 푸리에 변환을 적용한 결과로 줄무늬 잡음이 상당히 제거되었음을 알 수 있다.

주파수 영역에서 공간 필터링

우리는 앞서 회선 필터를 사용하여 공간 영역에서 필터링하는 법을 살펴보았는데, 이를 주파수 영역에서도 적용할 수 있다. 푸리에 변환을 사용하여 영상의 주파수 정보를 직접 처리할 수 있다. 이 과정은 주파수 스펙트럼에서 특정 주파수를 작게 또는 0으로 만드는 주파수 영역 필터라고 불리는 매스크 영상을 원영상과 곱하는 것이다. 그 다음 주파수 스펙트럼이 조정된 푸리에 변환 결과를 역변환함으로써 공간 영역에서 필터링된 영상을 얻을 수 있다. 고속 푸리에 변환(FFT)과 그 역변환(IFFT)을 계산하기 위해 많은 알고리듬이 개발되어 있다(Russ, 2011). 주파수 영역에서 공간 필터링 기법은 일반적으로 먼저

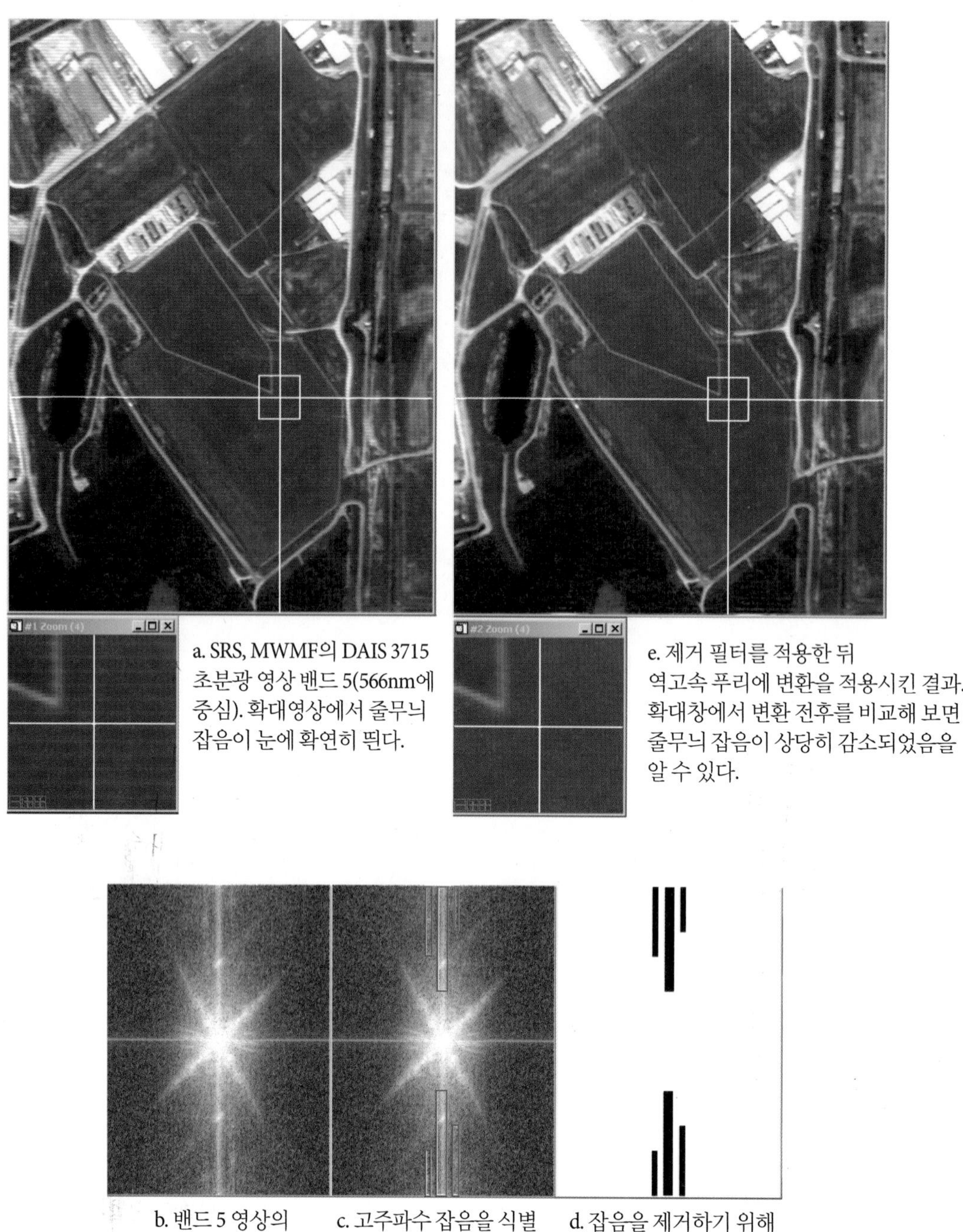

그림 8-30 사우스캐롤라이나 주 에이킨 근처 SRS의 혼합 폐기물 처리시설(MWMF)의 초분광 영상 중 하나의 밴드에 푸리에 변환을 적용한 결과(Jensen et al., 2003)

원영상의 FFT를 계산하고 사용자가 선택한 회선 매스크(예 : 저대역 필터)의 FFT에 앞서 계산한 FFT를 곱하고 난 뒤, IFFT를 사용하여 결과 영상을 얻어 내는 것으로 이루어진다. 즉

$$f(x, y) \text{ FFT} \rightarrow F(u, v) \rightarrow F(u, v)\ G(u, v) \rightarrow F'(u, v) \text{ IFFT} \rightarrow f'(x, y)$$

회선 이론은 두 영상의 회선이 두 영상의 푸리에 변환의 곱과 같다는 것이다. 만약

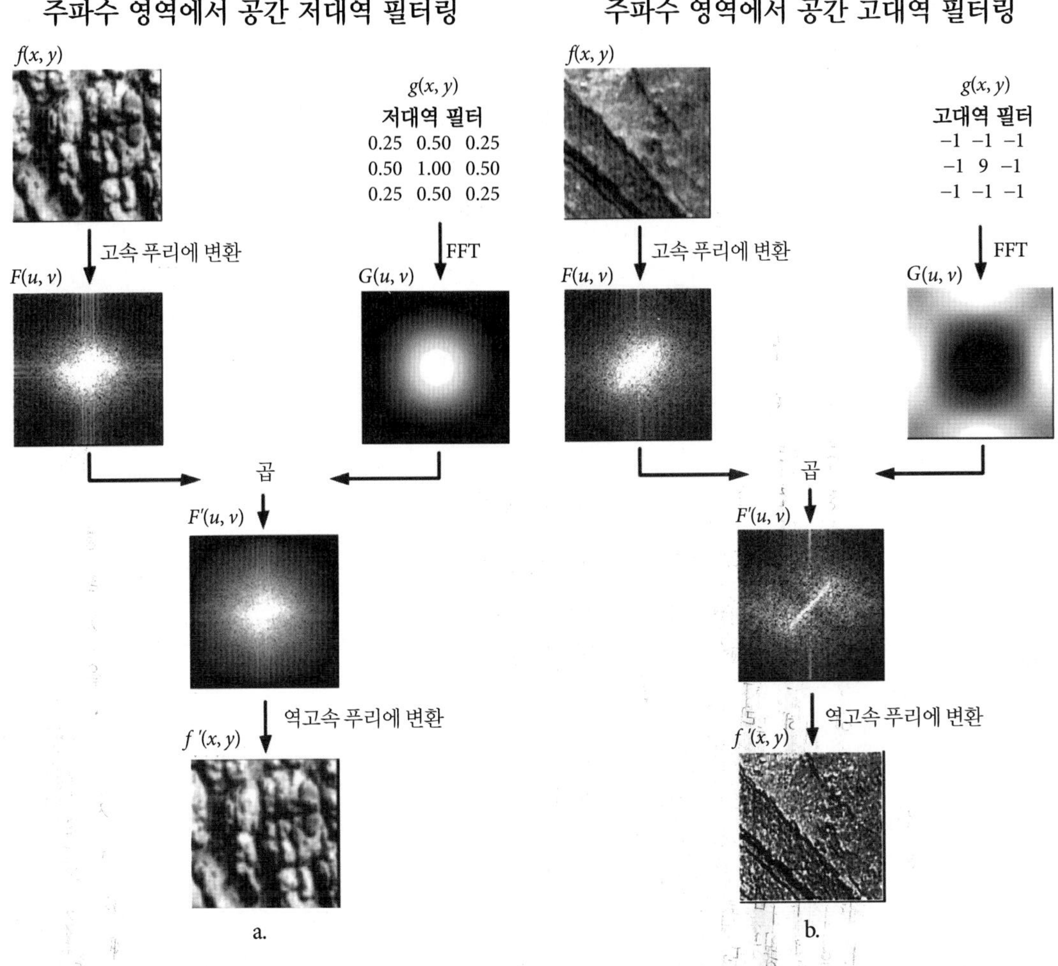

그림 8-31 푸리에 변환을 사용한 주파수 영역에서의 a) 공간 저대역 필터링과 b) 고대역 필터링

$$f'(x, y) = f(x, y)*g(x, y) \tag{8.30}$$

여기서 *은 회선 연산을 의미하고, $f(x, y)$는 원영상, $g(x, y)$는 회선 매스크 필터이다. 따라서 위 정리에 의하면

$$F'(u, v) = F(u, v)G(u, v) \tag{8.31}$$

여기서 F', F, G는 각각 f', f, g의 푸리에 변환이다.

그림 8-31a와 b는 이러한 과정을 보여 주는 두 가지 예이다. 그림 8-31a와 b는 각각 필터함수 $g(x, y)$를 만들기 위해 사용된 저대역 필터(매스크 *B*)와 고대역 필터(매스크 *D*)이다. 실제적으로 한 가지 문제가 해결되어야 하는데 그것은 일반적으로 $f(x, y)$와 $g(x, y)$의 차원이 다르다는 것이다. 예를 들어, 그림 8-31a의 저대역 필터는 단지 9개의 요소만 있는데, 영상은 128×128 화소로 이루어져 있다. 주파수 영역에서의 연산과정에서도 $F(u, v)$와 $G(u, v)$의 크기가 같아야 한다. 이는 원영상과 영상의 푸리에 변환은 같은 크기이므로 f와 g의 크기가 같아야 된다는 것을 뜻한다. 이 문제를 해결하기 위하여 f와 같은 크기를 가지는 0으로 구성된 영상의 중심에 회선 매스크를 위치시켜 $g(x, y)$를 만드는 것이다. 2개의 회선 매스크의 푸리에 변환에서 저대역 회선 매스크의 경우 중심이 밝고(그림 8-31a), 고대역 필터의 경우는 중심이 어둡다(그림 8-31b)는 것에 주목하라. 푸리에 변환 $F(u, v)$와 $G(u, v)$의 곱은 새로운 푸리에 변환, $F'(u, v)$를 만든다. IFFT를 계산하면 원영상을 필터링한 $f'(x, y)$를 구할 수 있다. 그러므로 공간 필터링은 공간 영역과 주파수 영역 모두에서 수행될 수 있다.

앞서 보았듯이 주파수 영역에서의 필터링은 하나의 곱과 2개의 변환으로 이루어진다. 일반적으로 공간 영역에서의 회선이 더 경제적이지만, $g(x, y)$가 매우 클 때에는 푸리에 방법이 더 경제적이다. 그러나 주파수 영역의 방법을 이용하여 공간 영역에서는 하기 어려운 필터링을 할 수 있다. 예를 들어, 영상에서 특정 주파수 성분을 제거하기 위해 특별히 고안된 주파수 영역 필터 $G(u, v)$를 만들 수도 있다.

주성분 분석(PCA)

주성분 분석(종종 PCA 혹은 Karhunen-Loeve 분석이라고 불리다)은 다중분광 및 초분광 원격탐사 영상의 분석에 상당한 가치가 있는 것으로 알려져 있다(예: Mitternicht and Zinck, 2003; Amato et al., 2008; Small, 2012; Mberego et al., 2013). 주성분 분석은 원래의 원격탐사 영상을 매우 작고 이해하기 쉬우며 원영상에 있는 대부분의 정보를 나타내는 서로 상관관계가 없는 변수들의 집합으로 바꿔 주는 기술이다(Good et al., 2012). 주성분은 원영상의 분산의 최대비율을 설명하는 1차 주성분과 잔여 분산의 최대비율을 나타내는 일련의 직교성분의 조합으로 구성되어 있다(Zhao and Maclean, 2000; Viscarra-Rossel and Chen, 2011). n차원에서 단 몇 개의 차원(사용 가능한 결과를 만들기 위해 분석해야 할 영상의 밴드 수)으로 줄일 수 있다는 것은 특히 변환된 영상에서 복원될 수 있는 잠재 정보가 원래의 원격탐사 영상만큼 풍부하다면 경제적으로도 중요한 관심사가 아닐 수 없다.

PCA의 주성분은 다중분광 영상의 차원을 줄이는 데도 또한 효과적이다. 예를 들어, 많은 과학자들은 다중분광 영상의 압축과 잡음 제거를 위해 주성분 분석 방법을 조합한 최소잡음비율(Minimum Noise Fraction, MNF) 과정을 사용한다(Jensen et al., 2003). 제11장에서 MNF의 사용 예를 다룬다.

일반적으로 주성분 분석은 상관관계가 어느 정도 높은 다중분광 영상에 적용된다. 예를 들어, 찰스턴 지역의 TM 영상은 밴드 1, 2, 3 사이의 상관관계가 높고, 밴드 5와 7 사이의 상관관계 또한 높기 때문에 좋은 실험 자료가 될 수 있다(표 8-5). 상관관계가 있는 원격탐사 영상에 이 변환을 적용하면 특정 순서의 분산 성분을 가진 비상관 다중분광 영상이 된다. 이 변환은 2개의 TM 밴드(X_1, X_2로 명명)에서 얻어진 화소값들의 2차원 분포를 살펴봄으로써 개념화할 수 있다. 그림 8-32a는 두 밴드에서 발견되는 모든 밝기값의 산점도를 나타내며 각각의 평균 μ_1과 μ_2의 위치도 포함하고 있다. 점들의 분포에 대한 분산이나 폭은 두 밴드와 관련된 정보의 질이나 상관관계를 나타낸다. 만약 모든 점이 2차원 공간의 매우 좁은 영역에 뭉쳐 있다면 이 영상은 매우 적은 정보를 제공하게 될 것이다.

초기 좌표축(X_1과 X_2)은 이 2개의 밴드와 관련된 원격탐사 영상을 분석하기 위해 다중분광 피처공간 상에 최적의 배열을 보여 주지 못할 수도 있다. 주성분 분석을 사용하여 원래의 축을 이동하거나 회전시켜 X_1과 X_2축 상의 원밝기값들이 새로운 축이나 차원 X'_1과 X'_2 상으로 재배열되도록 하는 것이 주성분 분석의 목적이다. 예를 들어, X_1에서 X'_1로, X_2에서 X'_2 좌표계로의 최적의 이동은 단순히 $X'_1 = X_1 - \mu_1$, $X'_2 = X_2 - \mu_2$일 수도 있다. 이 변환에 의하면 새로운 좌표계의 원점(X'_1과 X'_2)은 이제 원래의 점들의 두 평균에 위치하게 된다(그림 8-32b).

그런 다음 X' 좌표계는 새로운 좌표계 내에서 새 원점 (μ_1, μ_2)를 기준으로 ϕ°만큼 회전시켜 첫 번째 축 X'_1이 점들의 최대 분산값과 관련되도록 한다(Estes et al., 2010)(그림 8-32c). 이 새로운 축은 1차 주성분($PC_1 = \lambda_1$)이라고 불리며, 2차 주성분($PC_2 = \lambda_2$)은 PC_1과 직교하게 된다. 그러므로 밴드 X_1과 X_2의 점 분포를 보여 주는 타원형의 장축과 단축이 주성분으로 불린다. 3차, 4차, 5차 주성분들은 자료에서 점점 더 감소되는 분산값을 가지게 된다.

X_1과 X_2축 상의 원래 자료를 PC_1과 PC_2축 상으로 변환하기 위해서 우리는 먼저 원래의 화소값에 선형식을 적용할 변환계수를 알아야만 한다. 필요한 선형 변환은 원자료의 공분산 행렬에서 얻어진다. 따라서 주성분 분석은 자료의존처리이며 다른 원격탐사 자료에 적용하면 다른 변환계수가 산출된다.

주성분 변환은 다음과 같이 원래의 분광 통계값으로부터 계산된다(Short, 1982).

1. 변환될 n차원 원격탐사 영상의 $n \times n$ 공분산 행렬(Cov)을 계산한다(표 8-5). 공분산 행렬을 사용하면 표준화되지 않은 PCA 결과를 얻는 반면 상관 행렬을 사용하면 표준화된 PCA를 얻는다(Eastman and Fulk, 1993; Carr, 1998).

공분산 행렬의 고유값(eigenvalue) $E = [\lambda_{1,1}, \lambda_{2,2}, \lambda_{3,3}, \ldots, \lambda_{n,n}]$와 고유벡터(eigenvector) $EV = [k = 1$부터 n 밴드와 $p = 1$부터 n 성분에 해당하는 $a_{kp}]$는 다음과 같이 계산된다.

$$E$$

$$EV \cdot Cov \cdot EV^T = \begin{bmatrix} \lambda_{1,1} & 0 & 0 & 0 & 0 & 0 & 0 \\ 0 & \lambda_{2,2} & 0 & 0 & 0 & 0 & 0 \\ 0 & 0 & \lambda_{3,3} & 0 & 0 & 0 & 0 \\ 0 & 0 & 0 & \lambda_{4,4} & 0 & 0 & 0 \\ 0 & 0 & 0 & 0 & \lambda_{5,5} & 0 & 0 \\ 0 & 0 & 0 & 0 & 0 & \lambda_{6,6} & 0 \\ 0 & 0 & 0 & 0 & 0 & 0 & \lambda_{n,n} \end{bmatrix} \quad (8.32)$$

표 8-5 주성분 분석(PCA)에 사용된 사우스캐롤라이나 주 찰스턴 지역의 TM 영상의 통계값

밴드 번호 : μm	1 0.45~0.52	2 0.52~0.60	3 0.63~0.69	4 0.76~0.90	5 1.55~1.75	7 2.08~2.35	6 10.4~12.5
단변량 통계값							
평균	64.80	25.60	23.70	27.30	32.40	15.00	110.60
표준편차	10.05	5.84	8.30	15.76	23.85	12.45	4.21
분산	100.93	34.14	68.83	248.40	568.84	154.92	17.78
최솟값	51	17	14	4	0	0	90
최댓값	242	115	131	105	193	128	130
분산-공분산 행렬							
1	100.93						
2	56.60	34.14					
3	79.43	46.71	68.83				
4	61.49	40.68	69.59	248.40			
5	134.27	85.22	141.04	330.71	568.84		
7	90.13	55.14	86.91	148.50	280.97	154.92	
6	23.72	14.33	22.92	43.62	78.91	42.65	17.78
상관 행렬							
1	1.00						
2	0.96	1.00					
3	0.95	0.98	1.00				
4	0.39	0.44	0.53	1.00			
5	0.56	0.61	0.71	0.88	1.00		
7	0.72	0.76	0.84	0.76	0.95	1.00	
6	0.56	0.58	0.66	0.66	0.78	0.81	1.00

여기서 EV^T는 고유벡터 행렬 EV의 전치행렬이고 E는 대각 공분산 행렬로, 이 행렬의 요소는 고유값이라고 불리는 λ_{ii} 성분으로 p번째 주성분의 분산이다(p는 1부터 n까지). 비대각 방향의 고유값 λ_{ij}는 0이기 때문에 무시할 수 있다. $n \times n$ 공분산 행렬의 0이 아닌 고유값들의 개수는 처리할 영상의 밴드 수인 n과 같다. 고유값은 때로 성분이라고 부른다(예 : 고유값 1은 성분 1이라고 부름). 사우스캐롤라이나 주 찰스턴 지역의 TM 영상에 대한 고유값과 고유벡터를 표 8-6과 8-7에 나타내었다.

고유값은 중요한 정보를 담고 있는데, 예를 들어 다음 식을 사용하여 각 주성분에 의해 설명되는 총분산의 백분율($\%_p$)을 계산할 수 있다.

$$\%_p = \frac{\text{고유값 } \lambda_p \times 100}{\sum_{p=1}^{n} \text{고유값 } \lambda_p} \tag{8.33}$$

여기서 λ_p는 n개의 가능한 고유값 중에서 p번째의 고유값을 말한다. 예를 들어, 찰스턴 TM 영상의 1차 주성분(λ_1)은 전체 다중분광 영상의 분산에서 84.68%를 설명한다(표 8-6). 2차 주성분은 남은 분산의 10.99%를 설명하며, 두 값을 합하면 이 2개의 주성분은 전체 분산의 95.67%를 차지하고 있다. 세 번째 주성분은 나머지의 3.15%이고, 여기까지 합산하면 세 주성분이 전체의 98.82%를 차지하게 된다(표 8-6). 그러므로 7개 밴드의 찰

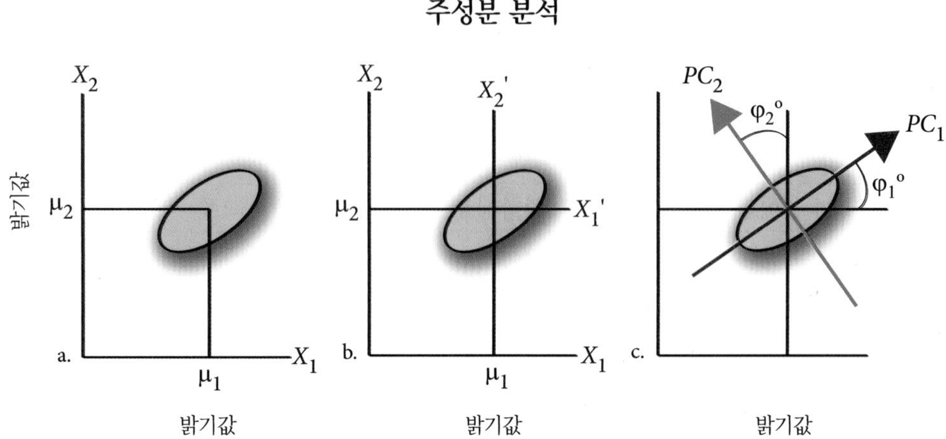

그림 8-32 처음 2개의 주성분 사이의 공간적 관계를 보여 주는 도표. a) X_1, X_2로 명명된 2개의 원격탐사 밴드에서 수집된 자료의 산점도로 μ_1, μ_2는 이 분포에서 각 밴드의 평균이다. b) X_1축을 μ_1만큼, X_2축을 μ_2만큼 이동시킴으로써 새로운 X'_1, X'_2 축이 생성된다($X'_1 = X_1 - \mu_1$, $X'_2 = X_2 - \mu_2$). c) 그런 다음, X'축 시스템은 원점(μ_1, μ_2)을 중심으로 회전하여 PC_1이 자료 분포의 장축이 되도록 투영시켜 PC_1의 분산이 최대가 되도록 한다. PC_2는 PC_1에 직교해야 한다. PC축은 이 2차원 자료 공간에서 주성분이며, 주성분 1은 종종 분산의 90% 이상을 설명하고, 주성분 2는 보통 2~10%를 설명한다.

표 8-6 공분산 행렬로부터 계산된 고유값

	성분 p						
	1	2	3	4	5	6	7
고유값, λ_p	1,010.92	131.20	37.60	6.73	3.95	2.17	1.24
차이	879.72	93.59	30.88	2.77	1.77	.93	–
총분산=1193.81							

각 성분에 의해 설명되는 총분산의 비율(%) : 다음과 같이 계산

$$\%_p = \frac{\text{고유값 } \lambda_p \times 100}{\sum_{p=1}^{7} \text{고유값 } \lambda_p}$$

예를 들어,

$$\sum_{p=1}^{7} \lambda_p = 1{,}010.92 + 131.20 + 37.60 + 6.73 + 3.95 + 2.17 + 1.24 = 1{,}193.81$$

첫 번째 성분에 의해 설명되는 분산의 백분율 $= \frac{1{,}010.92 \times 100}{1{,}193.81} = 84.68$

	1	2	3	4	5	6	7
백분율	84.68	10.99	3.15	0.56	0.33	0.18	0.10
누적 백분율	84.68	95.67	98.82	99.38	99.71	99.89	100.00

스턴 TM 영상을 전체 분산의 98.82%를 차지하는 3개의 주성분으로만 이루어진 영상으로 압축할 수 있다.

그러면 이 새로운 성분들은 무엇을 의미하는 것일까? 예를 들어, 성분 1은 무엇을 의미할까? 각 밴드 k와 성분 p의 상관관계를 계산해 보면 각 밴드가 얼마만큼 '분담'을 하고 있는지 또는 각 밴드가 개개의 주성분과 어떻게 관련되어 있는지를 알게 된다. 식은 다음과 같다.

$$R_{kp} = \frac{a_{kp} \times \sqrt{\lambda_p}}{\sqrt{\text{Var}_k}} \tag{8.34}$$

표 8-7 표 8-5의 공분산 행렬로부터 계산된 고유벡터(a_{kp})(요인점수)

		성분 p						
		1	2	3	4	5	6	7
밴드$_k$	1	0.205	0.637	0.327	−0.054	0.249	−0.611	−0.079
	2	0.127	0.342	0.169	−0.077	0.012	0.396	0.821
	3	0.204	0.428	0.159	−0.076	−0.075	0.649	−0.562
	4	0.443	−0.471	0.739	0.107	−0.153	−0.019	−0.004
	5	0.742	−0.177	−0.437	−0.300	0.370	0.007	0.011
	7	0.376	0.197	−0.309	−0.312	−0.769	−0.181	0.051
	6	0.106	0.033	−0.080	0.887	0.424	0.122	0.005

여기서

a_{kp} =밴드 k와 성분 p에 대한 고유벡터
λ_p =p번째 고유값
Var_k =공분산 행렬에서 밴드 k의 분산

이 계산 결과 요인부하량(factor loading)으로 구성되는 새로운 $n \times n$ 행렬이 만들어진다(표 8-8). 예를 들어, 주성분 1에 대한 최고의 상관관계(즉 요인부하량)는 밴드 4, 5, 7이다(각각 0.894, 0.989, 0.961; 표 8-8). 이것은 이 성분이 근적외선과 중적외선 밴드라는 것을 알려 준다. 이는 골프코스나 다른 식생이 주성분 1 영상에서 특히 밝게 나타나기 때문에 앞의 결과가 합당하다(그림 8-33). 반대로 주성분 2는 가시광선 밴드 1, 2, 3에서 높은 부하량(0.726, 0.670, 0.592)을 가지고 식생은 영상에서 눈에 띌 정도로 어둡다(그림 8-33). 따라서 주성분 2는 가시광선 성분이다. 성분 3은 근적외선(0.287)에서 높게 나타나며 아주 중요한 식생 정보를 제공하는 것처럼 보인다. 성분 4는 분산에서 거의 나타나지 않지만 열적외선 밴드 6에서 높은 값(0.545)을 보이기 때문에 명명하기 쉽다. 성분 5, 6, 7은 어떤 유용한 정보도 제공하지 않으며 대부분의 체계적인 오차를 포함하고 있다. 이 성분들은 분산을 거의 설명하지 않으며 더 이상 사용하지 않아야 한다.

각 성분들이 어떤 정보를 주는지 알았으므로 주성분 영상이 만들어지는 과정을 알아보자. 이를 위해서는 먼저 주어진 화소에 관한 원래 밝기값($BV_{i,j,k}$)을 알아야 한다. 이 예에서 가상 영상의 7개의 밴드 각각에 대해 첫 번째 열과 행에 있는 첫 번째 화소를 조사한다. 이를 벡터 X로 표현하면 다음과 같다.

$$X = \begin{bmatrix} BV_{1,1,1} = 20 \\ BV_{1,1,2} = 30 \\ BV_{1,1,3} = 22 \\ BV_{1,1,4} = 60 \\ BV_{1,1,5} = 70 \\ BV_{1,1,7} = 62 \\ BV_{1,1,6} = 50 \end{bmatrix}$$

우리는 이제 이 자료에 적절한 변환을 하여 첫 번째 주성분 축에 투영시킨다. 이런 식으로 성분 p에 대한 새로운 밝기값(new $BV_{i,j,p}$)을 알 수 있는데 다음의 식에 의해 계산된다.

$$\text{new}BV_{i,j,p} = \sum_{k=1}^{n} a_{kp} BV_{i,j,k} \tag{8.35}$$

여기서 a_{kp}는 고유벡터, $BV_{i,j,k}$는 열 i, 행 j에서 밴드 k의 화소 밝기값, n은 밴드 수이다. 가상 영상에서 이는 다음과 같이 표현된다.

$$\begin{aligned} \text{new}BV_{1,1,1} &= a_{1,1}(BV_{1,1,1}) + a_{2,1}(BV_{1,1,2}) + \\ &\quad a_{3,1}(BV_{1,1,3}) + a_{4,1}(BV_{1,1,4}) + a_{5,1}(BV_{1,1,5}) + \\ &\quad a_{6,1}(BV_{1,1,7}) + a_{7,1}(BV_{1,1,6}) \\ &= 0.205(20) + 0.127(30) + 0.204(22) + 0.443(60) + \\ &\quad 0.742(70) + 0.376(62) + 0.106(50) \\ &= 119.53 \end{aligned}$$

이러한 의사측정값(pseudo-measurement)은 본래의 밝기값과

표 8-8 밴드 k와 주성분 p와의 상관관계(R_{kp})

계산 :

$$R_{kp} = \frac{a_{kp} \times \sqrt{\lambda_p}}{\sqrt{\mathrm{Var}_k}}$$

예 :

$$R_{1,1} = \frac{0.205 \times \sqrt{1,010.92}}{\sqrt{100.93}} = \frac{0.205 \times 31.795}{10.046} = 0.649$$

$$R_{5,1} = \frac{0.742 \times \sqrt{1,010.92}}{\sqrt{568.84}} = \frac{0.742 \times 31.795}{23.85} = 0.989$$

$$R_{2,2} = \frac{0.342 \times \sqrt{131.20}}{\sqrt{34.14}} = \frac{0.342 \times 11.45}{5.842} = 0.670$$

110 성격심리학

프로이트의 정신분석 이론은 다른 이론보다 특히 더 광범위하게 아동기 초기의 경험이 개인의 성격 특성에 오래 지속되고 불변하는 영향을 준다고 제안한다.

7. 정신분석가 에릭 에릭슨은 심리사회적 발달 단계에 대한 강조를 통해 정신분석 이론을 확대하고 확장시키려고 하였다.

		성분 p						
		1	2	3	4	5	6	7
밴드$_k$	1	0.649	0.726	0.199	−0.014	0.049	−0.089	−0.008
	2	0.694	0.670	0.178	−0.034	0.004	0.099	0.157
	3	0.785	0.592	0.118	−0.023	−0.018	0.115	−0.075
	4	0.894	−0.342	0.287	0.017	−0.019	−0.002	−0.000
	5	0.989	−0.084	−0.112	−0.032	0.030	0.000	0.000
	7	0.961	0.181	−0.152	0.065	−0.122	−0.021	0.004
	6	0.799	0.089	−0.116	0.545	0.200	0.042	0.001

요인점수(고유벡터)의 선형 조합이다. 주성분 1의 열 1, 행 1에 대한 새로운 밝기값은 정수로 내림하면 new $BV_{1,1,1} = 119$가 된다.

이러한 절차를 원래의 원격탐사 영상의 각 화소마다 수행하여 주성분 요소 1 영상을 만든다. 다음은 p를 하나씩 증가시켜 주성분 2를 화소마다 적용하여 얻게 된다. 이런 식으로 만든 주성분 영상이 그림 8-33a~g에 나와 있다. 원한다면 2개 혹은 3개 주성분을 청색, 녹색, 또는 적색 그래픽 디스플레이 채널에 할당시켜 컬러조합 주성분 영상을 만들 수도 있다. 예를 들어, 그림 8-33i는 주성분 1, 2, 3을 각각 R, G, B로 할당하여 컬러조합을 나타낸 것이다. 이 방법은 종종 색의 농도와 분포에서 전통적인 적외선 컬러 영상보다 더 미세한 차이를 보여 준다.

만약 주성분 1, 2, 3이 자료 분산의 상당 부분을 차지한다면 아마도 본래의 TM 7개 밴드 영상은 사용되지 않고 이 3개의 주성분 영상만을 사용하여 영상강조 또는 영상 분류가 수행될 수 있다. 이로 인하여 분석할 영상의 양이 감소되고 원격탐사 영상을 분류할 때 시간과 비용이 많이 소비되는 피처(밴드) 선택과 같은 절차를 줄일 수 있게 된다(제9장에서 논의).

Eastman과 Fulk(1993)는 다중시기 영상을 이용하여 변화를 분석할 때 비표준화 PCA(공분산 행렬로부터 고유값 계산)보다 표준화 PCA(상관 행렬로부터 고유값 계산) 방법이 더 낫다고 하였다. 그들은 1986년부터 1988년까지 36개의 AVHRR로부터 계산된 월별 아프리카의 정규식생지수(NDVI) 영상을 만들었다. 그들은 1차 성분이 계절과 상관없이 항상 NDVI와 가장 높은 상관관계를 보이는 것을 발견했다. 반면에 2차, 3차, 4차 성분은 NDVI에서 계절적인 변화와 관련이 있었다. Mitternicht와 Zinck(2003)는 PCA 방법이 비염류 토양과 염류 토양을 구별 짓는 데 매우 유용하다는 것을 발견했다.

Amato 등(2008)은 PCA와 독립성분분석(independent component analysis, ICA)을 유럽 기상위성 자료에 적용하여 구름탐지를 수행하는 데 사용하였다. Good 등(2012)은 ATSRs(Along-Track Scanning Radiometers)에서 나온 열적외선 영상을 활용하는 방법을 바탕으로 ASDI(ATSR Saharan Dust Index)를 개발하는 데 PCA를 사용하였다. 흥미롭게도 첫 번째 요소는 맑은 하늘(clear-sky) 정보이고, 둘째 요소는 ASDI였다. Estes 등(2010)은 서식지 구조 복잡성을 모델링하기 위해 PCA로 도출한 엽구조 지수(Canopy Structure Index, CSI)를 개발했다. Viscarra-Rosel과 Chen(2011)은 PCA를 이용해서 가시광과 근적외선 스

1982년 11월 9일에 수집된 사우스캐롤라이나 주 찰스턴 지역의 Landsat TM 영상에서 추출한 주성분 영상

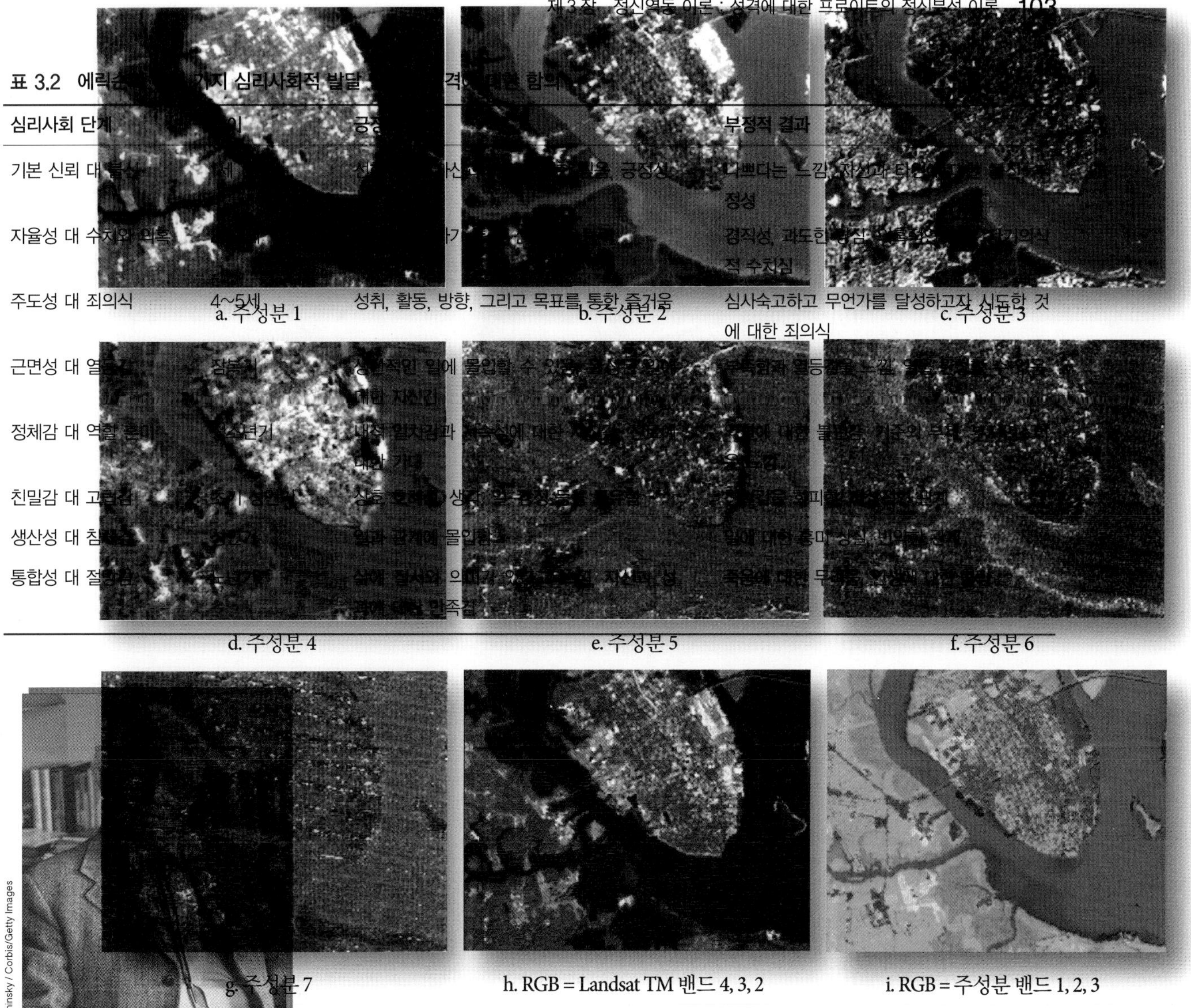

a. 주성분 1 b. 주성분 2 c. 주성분 3 d. 주성분 4 e. 주성분 5 f. 주성분 6 g. 주성분 7 h. RGB = Landsat TM 밴드 4, 3, 2 i. RGB = 주성분 밴드 1, 2, 3

그림 8-33 a~g) 찰스턴 지역의 TM 영상에서 7개 모든 밴드를 사용해 만든 주성분 영상. 주성분 1은 근적외선 및 중적외선 정보(밴드 4, 5, 7)로 구성되어 있다. 주성분 2는 주로 가시광선 정보(밴드 1, 2, 3)를 가지며, 주성분 3은 주로 근적외선 정보를 가지고 있다. 주성분 4는 밴드 6에 의한 열적외선 정보를 가진다. 따라서 7개 밴드의 TM 영상은 분산의 99.38%를 차지하는 4개의 주성분(1, 2, 3, 4)으로 차원을 줄일 수 있다. h) 원본 Landsat TM 밴드 4, 3, 2를 이용한 컬러 조합 영상. i) 주성분 1, 2, 3을 이용한 컬러 조합 영상(원본 영상 제공: NASA).

스펙트럼을 분석했고 다른 환경 변수들을 이용해서 호주의 토양 지도를 제작했다. Small(2012)은 PCA와 시간 혼합 모델링을 활용해서 인도의 갠지스 브라흐마푸트라 삼각주에 대한 MODIS EVI(Enhanced Vegetation Index) 자료(다음 절에서 논의)의 날짜별 시공간 특징을 파악했다.

식생지수

지구표면의 약 70%는 식생으로 덮여 있다. 식생 종의 차이, 군락 분포의 변화, 식생 기후학적 주기의 변동, 식물의 생리학 및 형태학적 측면의 변경에 대한 지식은 해당 영역의 기후, 토양, 지질학, 지형학적 측면에서 의미 있는 관점을 제공해 준다(예 : Jackson and Jensen, 2005; Im and Jensen, 2009). 또한 전 세계의

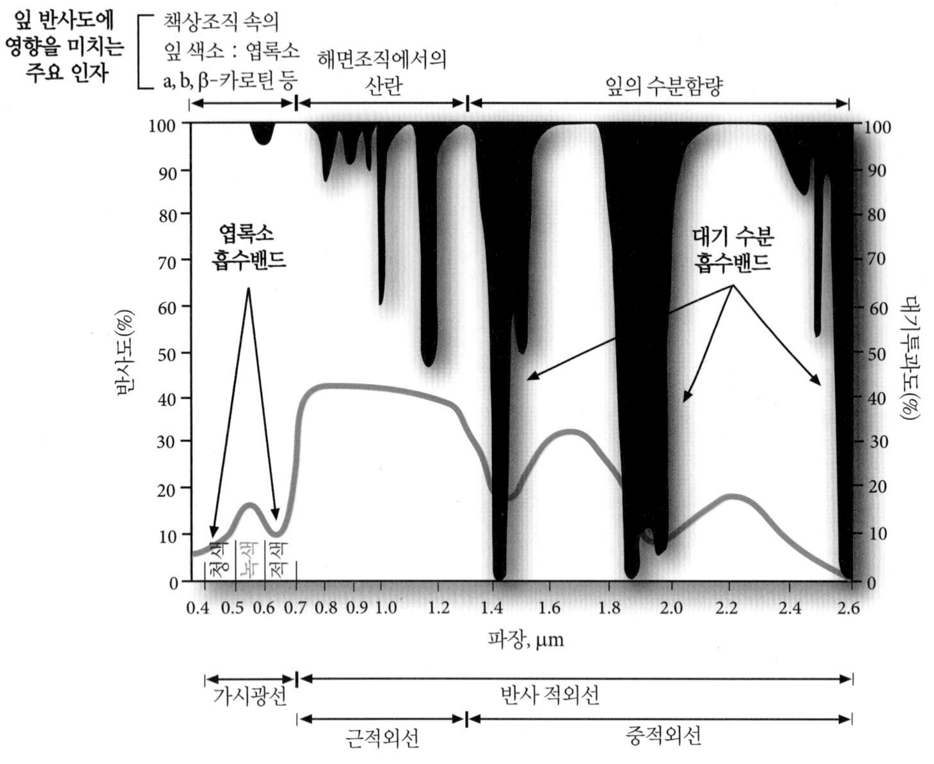

그림 8-34 0.4~2.6μm 범위의 파장대에서 건강한 녹색 식생의 분광반사 특성. 잎의 반사도에 영향을 미치는 주요 인자로는 책상조직에 분포한 여러 가지 색소(예 : 엽록소 *a*와 *b*, β-카로틴), 해면조직 내에서 발생하는 근적외선 에너지의 산란, 식물 내부의 수분함량 등이 있다. 엽록소의 흡수는 주로 가시광선 영역인 0.65~0.66μm와 0.43~0.45μm 영역에서 일어난다. 수분흡수는 주로 0.97, 1.19, 1.45, 1.94, 그리고 2.7μm 부근에서 일어난다.

농업 생산 및 곡물 분야의 주목적은 수많은 사람들에게 식량을 제공하는 것이다. 따라서 과학자들이 원격탐사 자료로부터 식생의 주요 생물물리학적 정보를 추출하기 위하여 원격탐사 시스템 및 영상처리 알고리듬을 개발하기 위하여 노력하고 있는 점은 놀라운 일이 아니다. 많은 원격탐사 기술들은 현실적으로 포괄적인 형태를 보이며, 다음을 포함한 다양한 식생지역에 적용된다.

- 농업
- 산림
- 방목지대
- 습지
- 정리된 도심지의 식생

이번 절에서는 식생의 생물물리학적 특성과 관련된 핵심적인 개념과 원격탐사 자료가 어떠한 방법으로 해당 변수들에 대한 고유의 정보를 제공하기 위하여 처리되는지에 대하여 살펴본다. 그리고 디지털 원격탐사 자료로부터 생물물리학적 식생정보를 추출하기 위하여 개발된 식생지수들을 요약한다.

그러나 다양한 식생지수를 살펴보기 전에 식생지수가 다양한 잎의 생리학적 특성과 어떠한 관계가 있는지 이해하는 것이 중요하다. 따라서 우리는 먼저 잎의 반사도에 영향을 미치는 주요 인자가 무엇인지를 논의해야 할 것이다(그림 8-34). 이것은 특정 밴드의 선형 조합이 잎 또는 임관의 생리학적 특성을 대신하는 식생지수로 사용할 수 있는지를 이해하는 데 도움을 줄 것이다.

잎의 반사도를 제어하는 주요 인자

Gates 등(1965), Gausmann 등(1969), Myers(1970) 및 연구자들에 의한 선구적인 연구들은 잎 색소, 내부 산란, 잎의 수분함량이 어떻게 잎의 반사율 및 투과율 특성에 영향을 미치는지에 대한 이해의 중요성을 입증하였다(Peterson and Running, 1989). 0.35~2.6μm 영역 안에서 잎의 반사도에 영향을 미치는 주요 인자들은 그림 8-34에 정리되어 있다.

책상엽육세포 내 색소와 가시광선의 상호작용

광합성은 빛이 존재할 때 잎과 식물의 다른 녹색 부분에서 일어나는 에너지 저장 과정이다. 광합성 과정은 다음과 같다.

$$6CO_2 + 6H_2O + \text{빛 에너지} \rightarrow C_6H_{12}O_6 + 6O_2$$

태양광은 광합성에 필요한 에너지를 제공한다. 빛 에너지는 주로 뿌리를 통하여 흡수되는 수분과 공기 중에 존재하는 이산화탄소로부터 생산되는 단당분자(글루코스)의 형태로 저장된다. 이산화탄소와 수분이 엽록체 내에서 포도당 형태로 결합될 때 산소 기체가 부산물로 생성된다. 산소는 대기 중으로 방출된다.

광합성 과정은 태양광이 엽록소라고 불리는 녹색 물질을 포함하고 있는 잎의 작은 부분인 **엽록체**에 도달함으로써 시작된다. 잎과 관련 식물의 임관 요소가 원격탐사 영상에서 어떻게 나타나는지 결정하는 것이 광합성을 통한 양분제조과정이다.

식물은 광합성을 수행하기 위하여 내·외부 구조를 조정한다. 이러한 구조 및 전자기파 에너지와의 상호작용은 원격탐사 기기를 이용하여 기록할 때 잎 및 임관이 분광적으로 어떻게 보이는지에 직접적인 영향을 미친다.

잎은 주된 광합성 기관이다. 그림 8-35는 전형적인 녹색 잎의 단면도를 나타낸다. 잎의 세포 구조는 성장과정에의 환경적 상태와 종에 따라 매우 가변적이다. 대기 중의 이산화탄소는 잎의 하표피 밑면에 주로 존재하는 기공이라고 불리는 매우 작은 구멍을 통해 잎 내부로 들어온다. 각각의 기공들은 팽창 혹은 수축하는 공변세포로 둘러싸여 있다. 공변세포가 팽창할 때 기공은 열리고 잎 내부로 이산화탄소가 들어오게 된다. 해바라기는 일반적으로 하나의 잎에 약 200만 개 정도의 기공을 가지고 있는데 이는 전체 잎 표면적의 약 1% 정도에 불과하다. 일반적으로, 잎의 밑면에 더 많은 기공들이 있지만, 일부 종에서는 기공이 밑면과 윗면의 표피 모두에 고르게 분포되어 있다.

잎의 **상표피** 세포 윗부분은 빛이 산란되며 반사되는 양은 미미한 각피를 가진다. 각피의 두께는 가변적이지만 대략 3~5μm이며, 표피세포는 18×15×20μm 정도의 크기를 가진다. 표피층을 우리 손톱의 표면과 같이 연하고 반투명한 물질 같은 것이라고 생각하면 쉽다. 충분한 햇빛을 받으며 자라는 식물의 잎들은 두꺼운 각피를 가지고 있어 태양광의 일부분만을 여과시키고, 과도하게 수분을 잃지 않도록 보호한다. 반대로, 산림의 하층 식생을 이루는 양치류와 관목류는 그늘진 상태에서 생존해야만 한다. 이러한 식물들은 광합성에 필요한 태양광을 최대한 받기 위하여 얇은 각피층을 지닌다.

햇빛을 직접적으로 받는 잎은 표피조직에서 자라난 미세한 털이 있다. 이러한 털들은 식물에게 투사되는 태양광의 강도를 감소시키는 역할을 한다. 그럼에도 불구하고 가시광선과 적외선 에너지의 대부분은 각피와 상표피를 통과하여 그 아래에 있는 책상조직과 해면조직 세포로 전달된다.

광합성은 전형적인 녹색 잎 내의 두 가지 종류의 양분생산 세포(**책상조직**과 **해면조직** 세포)에서 일어난다. 대부분의 잎은 엽육층 상부에 길고 규칙적인 책상조직과 엽육층 하부의 보다 다양한 모양으로 불규칙하게 배열되어 있는 해면조직 세포로 구성된다. 이 책상조직 세포는 잎으로 빛이 투과하는 방향을 향해 배열되는 경향이 있다. 대부분의 횡엽(옆으로 자라는 잎)에서는 책상조직 세포가 위쪽 표면을 향하여 있다. 그러나 거의 수직으로 성장하는 잎(종엽)들은 책상조직 세포가 잎의 양쪽을 향해 형성될 수도 있다. 일부 잎은 책상조직 없이 해면조직만으로 엽육층을 이룬다.

잎의 세포조직은 상호작용하는 빛의 파장에 비해 크다. 책상조직 세포는 일반적으로 15×15×60μm 정도이며 해면조직 세포는 이보다 더 작다. 책상조직 세포는 엽록소 색소를 가진 엽록체를 포함한다.

엽록체들은 일반적으로 지름이 5~8μm이고 너비는 약 1μm이다. 많게는 50개의 엽록체가 각 책상조직 세포에 존재한다. 엽록체 안에는 엽록소(길이는 약 0.5μm, 지름 0.05μm)가 위치한 길고 가느다란 **그라나**(grana) 요소(그림 8-35에는 나와 있지 않음)가 존재한다. 엽록체는 일반적으로 책상조직 세포 내에서 엽육층 상부 쪽으로 훨씬 풍부하기 때문에 잎의 아래 부분과 비교해 볼 때 잎의 윗면이 더 짙은 녹색을 띠게 된다.

광자가 분자에 부딪히면 분자는 광 에너지의 일부분을 반사하거나 에너지를 흡수하여 보다 높은 에너지 또는 여기 상태로 진입한다(제6장에서 언급). 각 분자마다 빛을 흡수하거나 반사하는 고유의 파장별 특성을 지닌다. 일반적인 녹색 식물의 분자들은 가시광선 스펙트럼 영역(0.35~0.70μm)에서 빛을 잘 흡수하도록 진화해 왔으며 이러한 분자를 색소라고 한다. 특정한 색소에 대한 **흡수 스펙트럼**은 빛을 흡수해서 여기 상태로 될 수 있는 파장을 나타낸다. 그림 8-36a는 용해된 순수 엽록소 색소의 흡수 스펙트럼을 나타낸다. 엽록소 *a*와 *b*는 청색과 적색 빛을 흡수하는 식물에서 가장 중요한 색소로서, 엽록소 *a*는 0.43~0.66μm 파장에서 빛을 흡수하고 엽록소 *b*는 0.45~0.65μm 파장에서 빛을 흡수한다. 2개의 엽록소 흡수 밴드 파장

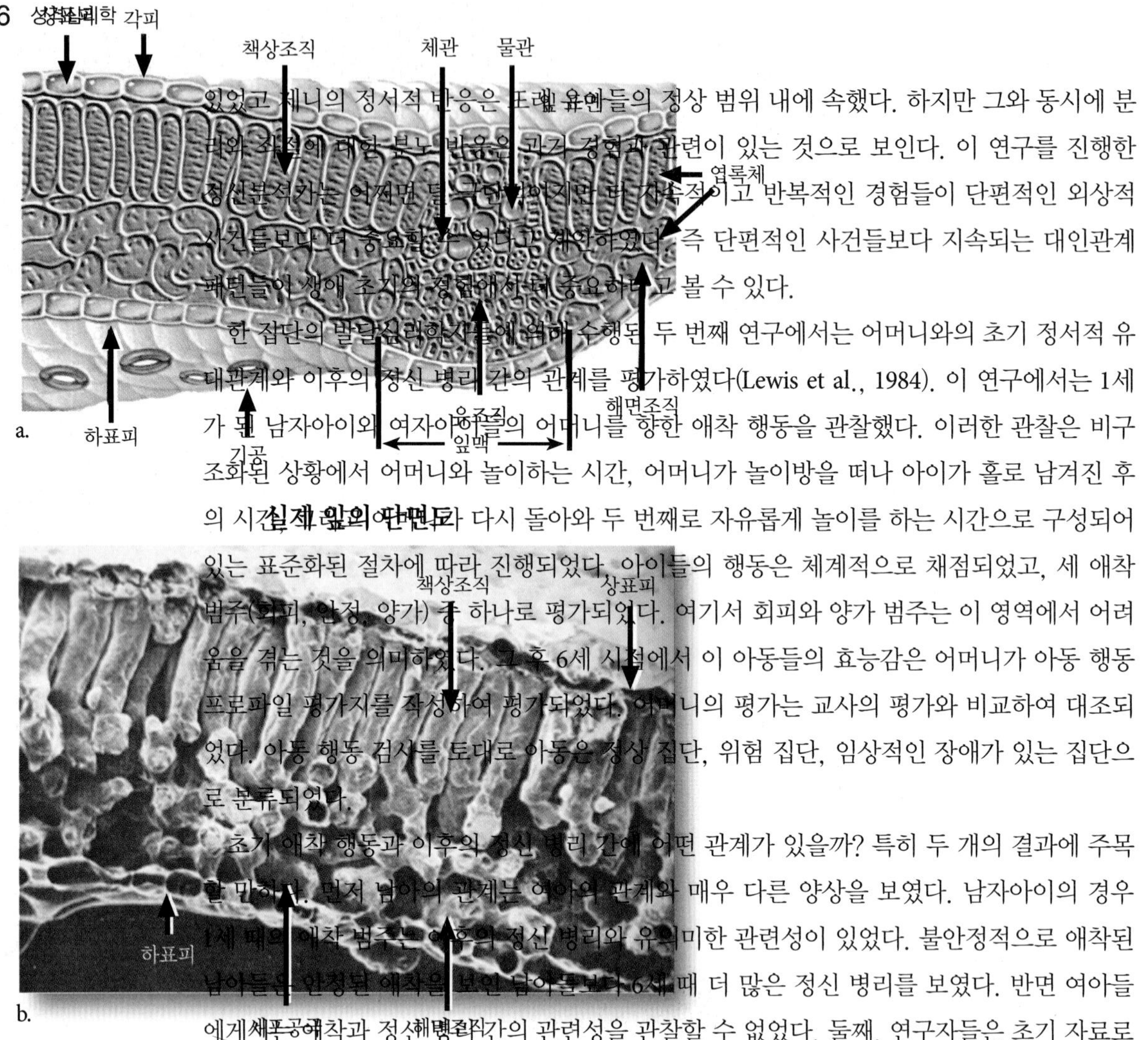

그림 8-35 a) 잎의 윗면과 아랫면에 대한 건강한 잎의 [illegible] 직 속의 엽록소 색소는 가시광선(청색, 녹색, 적색)의 반사와 흡수에 상당한 영향을 미친다. b) 녹색 잎의 전자현미경 영상

사이에서의 흡수가 상대적으로 낮기 때문에 [illegible] 럼의 녹색 부분인 대략 0.54μm에서 흡수를 효율적으로 하지 못해 골이 형성되게 된다(그림 8-36a). 이와 같이 잎은 (청색 및 적색광과 비교하여) 녹색광을 상대적으로 덜 흡수함으로써 인간의 눈에는 건강한 잎이 녹색으로 보이게 된다.

잎의 책상조직 내에는 풍부한 엽록소 색소 때문에 가려져 있는 다른 색소들도 있다. 예를 들어, 청색 파장 영역을 주로 흡수하는 황색소 계통의 카로틴과 크산토필이 있다. 약 0.45μm 주변에서 강한 흡수밴드를 가지고 있는 β-카로틴의 흡수 스펙트럼은 그림 8-36b에 나타나 있다. 피코에리트린도 잎 속에 존재할 수 있는데, 약 0.55μm 주변에 있는 녹색 스펙트럼의 대부분 [illegible] 0.62μm 주변에 있는 황색과 적색 스펙트럼을 대부분 흡수하여 대부분의 청색과 일부 녹색광을 반사(청록색으로 보이게 함)한다(그림 8-36b). 엽록소 a와 b가 이러한 청색 영역에서 유사한 흡수밴드를 가지고 있기 때문에 다른 색소에 의한 영향을 지배하거나 가리는 경향이 있다. 식물이 가을 무렵 생장을 멈추거나 스트레스를 받아 엽록소가 감소하게 되면 카로틴과 같은 다른 색소가 우세하게 된다. 예를 들어, 가을에 엽록소 생산이 중단되면 이로 인해 황색을 띤 카로틴이나 나뭇잎 속에 있는 다른 색소들이 드러나져 우리 눈에 보이게 된다. 또한 어떤 나무는 가을에 잎들이 선홍색을 띠게 하는 안토시아닌을 대량 생산

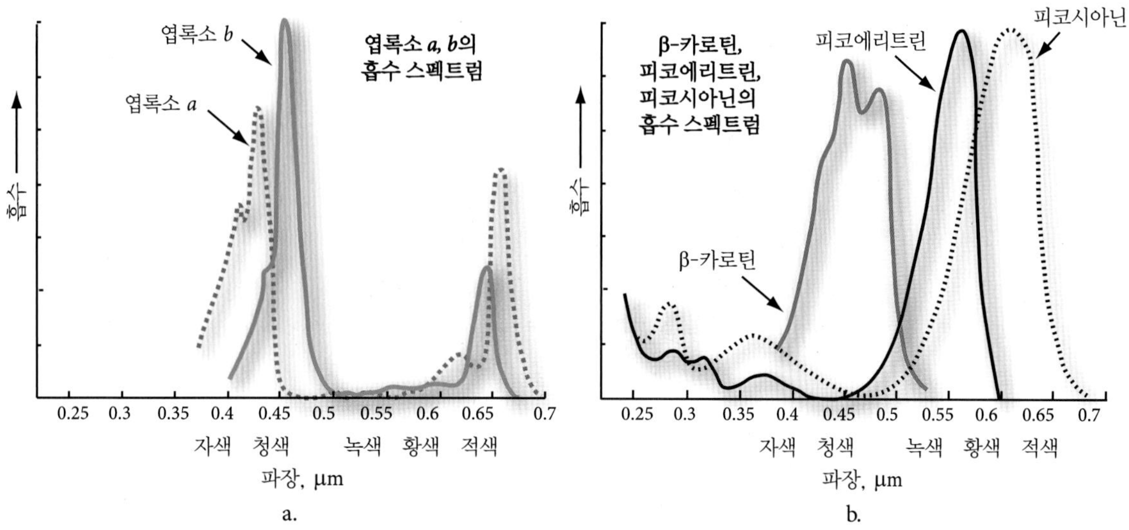

그림 8-36 a) 엽록소 *a*, *b*의 흡수 스펙트럼. 잎의 엽록소 *a*, *b*는 청색 및 적색 파장 에너지를 대부분 흡수함. 엽록소 *a*는 0.43~0.66μm 사이에 중심이 위치하며, 엽록소 *b*는 0.45~0.65μm에 중심이 위치함. b) 주로 청색을 흡수하는 β-카로틴은 0.45μm에 중심이 위치한 강한 흡수밴드를 지닌다. 잎에서 발견되는 다른 색소들은 주로 녹색광을 흡수하는 피코에리트린과 녹색 및 적색광을 흡수하는 피코시아닌을 포함.

한다.

잎의 엽록소 흡수 특성을 감지하기 위한 2개의 최적 분광영역은 0.45~0.52μm와 0.63~0.69μm로 판단된다(그림 8-36a). 전자는 카로틴과 엽록소에 의해 강한 흡수가 생기는 반면에 후자는 엽록소에 의해서만 강한 흡수가 생긴다. 임관 내의 엽록소 흡수의 원격탐사는 많은 생물지리학 조사에 유용한 기본적인 생물물리학적 변수들을 제공한다. 식물 임관의 흡수 특성들은 식물의 스트레스를 파악하거나 작물 수확량 등 다른 변수를 파악하기 위하여 원격탐사 자료들과 결합될 수 있다. 따라서 많은 원격탐사 연구는 **광합성 유효복사**(Photosynthetically Active Radiation, PAR)가 개개의 잎과 임관과 상호작용하면서 발생하는 현상을 관찰하는 데 집중하고 있다. 고분광해상도를 가진 영상 분광계는 PAR의 흡수와 반사 특성을 관측하는 데 유용하다. 이러한 원리를 설명하기 위하여 사우스캐롤라이나 주 컬럼비아에서 1998년 11월 11일에 획득한 건강한 단일 소합향(*Liquidambar styraciflua L.*)의 네 종류의 다른 잎의 분광 반사율 특성을 보자(그림 8-37). 녹색 잎(a), 황색 잎(b), 적색 잎(c)은 소합향으로부터 직접 획득되었고 흑황색 잎(d)은 나무 아래의 지면에서 획득하였다.

각각의 잎에서 분광반사율 측정치를 획득하기 위하여 GER 1500(Geophysical & Environmental Research, Inc.) 휴대용 분광복사계가 사용되었다. 분광복사계는 적외선부터 근적외선의 350~1,050nm 분광 영역으로부터 512개의 밴드 내 분광반사율 값을 획득한다. 실험실에서 잎(대상물)의 표면으로부터 반사된 에너지의 양을 Spectralon® 기준 반사판에서 반사된 에너지의 양으로 나눈 값으로서 백분율 반사율 수치가 취득되었다(백분율 반사율=대상물/기준×100). 400~1,050nm 영역에 대한 각 잎의 반사율 수치는 백분율 반사율 그래프에 기록하였다(그림 8-37).

녹색잎(그림 8-37a)은 광합성을 진행 중이었으며, 청색 및 적색 영역(450nm에서 약 6%의 반사율과 650nm에서 약 5%의 반사율)에서 강한 엽록소 흡수밴드를 지니고, 가시광선의 녹색 영역(550nm에서 11%)에서 반사율의 정점을 보이는 전형적인 건강한 녹색 반사율 스펙트럼을 보인다. 900nm 영역에서 입사 근적외선 방사속의 약 76%가 잎으로부터 반사되었다.

황색 잎(그림 8-37b)은 노쇠화가 진행 중이었다. 사라진 엽록소 색소의 영향에 의하여 상대적으로 많은 양의 녹색(550nm에서 24%), 적색(650nm에서 32%) 빛이 잎으로부터 반사되었으며, 결과적으로 황색을 나타내었다. 750nm에서 건강한 녹색 잎과 비교하여 황색 잎은 근적외선 방사속을 덜 반사하였다. 반대로, 900nm에서의 근적외선 반사도는 76%로 건강한 녹색 잎과 매우 유사하였다.

적색 잎(그림 8-37c)은 각각 450nm에서 청색의 7%, 550nm에서 녹색 에너지의 6%, 650nm에서 입사 적색 에너지의 23%를 반사하였다. 900nm에서 근적외선 반사도는 70%로 감소하였다.

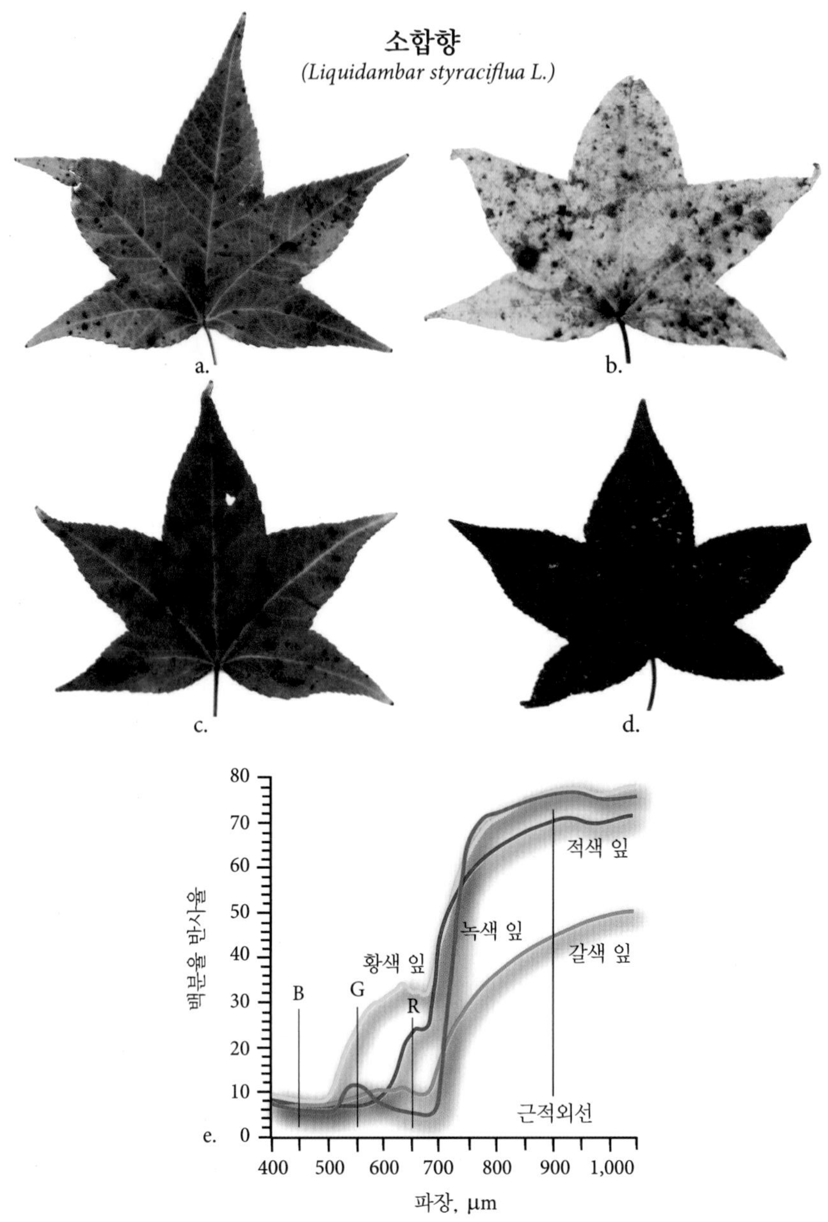

그림 8-37 a) 1998년 11월 11일에 나무에서 획득된 광합성한 녹색 소합향 잎. b~c) 동일 나무에서 취득된 노화된 황색, 적색 소합향 잎. d) 지면에 떨어진 노화된 소합향 잎. e) 분광복사계를 통한 400~1,050nm 파장 범위의 백분율 반사율 수치.

흑황색 잎(그림 8-37d)은 낮은 청색(450nm에서 7%), 녹색(550nm에서 9%), 적색(650nm에서 10%) 반사율을 가지는 분광 반사율 곡선을 가진다. 이러한 조합이 흑황색으로 보이게 한다. 근적외선 반사율은 900nm에서 44%로 떨어졌다.

연구 중인 식물의 생리학적 특성, 특히 색소 형성 특성을 이해하는 것이 중요한데 이를 통해 전형적인 식물의 계절적인 생장과정 또는 환경적인 스트레스로 인하여 엽록소 흡수가 감소되기 시작할 때 어떤 현상이 나타나는지를 알 수 있다. 앞서 설명한 바와 같이 식물이 스트레스를 받고 있거나 엽록소 생산이 감소될 때, 엽록소 색소 형성이 부족하게 되고 따라서 식물은 엽록소 흡수밴드에서 해당 에너지를 적게 흡수하게 된다. 이러한 식물은 특히 녹색과 적색 스펙트럼에서 높은 반사도를 나타내기 때문에 황색 계통을 띠며 백화 현상을 보인다. 사실 Carter(1993)는 가시광선 스펙트럼에서의 반사도가 증가하는 현상이 식물이 받는 스트레스를 반영하는 보편적인 현상이라고 하였다. 적외선 반사도는 잎이 심하게 건조될 만큼 심각한 스트레스 상태에 도달했을 때만 차이가 발생한다(곧 설명될 것).

가시광선 영역에서 식물이 받는 스트레스에 민감한 잎의 분광반사도는 535~640nm 그리고 685~700nm 영역에서 관찰된다. 700nm 근처에서 증가하는 반사도를 종종 '적색 경계의 청색 이동'이라고 하며 식물의 분광반사 곡선에서 적색과 근적외선의 경계가 스트레스를 받은 식물에서는 짧은 파장 쪽으로 이동하는 것이다(Cibula and Carter, 1992). 650~700nm 영역에서 더 짧은 파장으로 이동하는 것은 그림 8-37e의 황색 및 적색 반사도 곡선과 같이 명백하게 보인다. 이와 같은 좁은 분광영역 내의 원격탐사는 개개의 잎뿐만 아니라 식물 전체, 혹은 밀집되어 있는 임관에 대해서도 식물의 스트레스를 탐지할 수 있을 것이다(Carter, 1993; Carter et al., 1996).

일반적인 컬러 필름은 청색, 녹색, 적색 파장 에너지에 민감하다. 적외선 필름은 청색(황색) 제거 필터를 사용하여 녹색, 적색, 그리고 근적외선 에너지에 민감하다. 따라서 컬러 또는 컬러-적외선 필름과 적절한 밴드대역 필터(즉 빛의 일정한 부분만을 통과시키는 작업)를 이용한다면 전형적인 잎의 책상조직 속의 색소에 의해 발생되는 분광반사도의 차이를 탐지할 수 있게 된다. 그러나 Cibula와 Carter(1992)와 Carter 등(1996)에 의하여 제안된 상대적으로 좁은 밴드에서의 아주 미세한 분광 차이를 탐지하기 위해서는 매우 좁은 밴드폭을 가지고 있는 높은 분광해상도의 영상 분광계를 사용할 필요가 있다.

해면조직세포 내에서 근적외선 에너지의 상호작용

전형적인 건강한 녹색 잎에서는 700~1,200nm 영역에서 근적외선 반사도가 급격히 증가한다. 예를 들어, 지난 예처럼 건강한 녹색 잎은 900nm에서의 입사 근적외선 에너지의 약 76%를 반사한다. 건강한 녹색 잎은 광합성을 하는 데 필요한 스펙트럼의 청색과 적색 영역에서 복사에너지를 효과적으로 흡수한다. 그러나 왜 적색 영역의 장파장 쪽에서 잎의 반사와 투과가 급격히 증가하여 에너지 흡수량이 아주 적어지는 것인가?(그림 8-34) 이러한 현상은 식물에 입사되는 태양광 중 많은 양의 에너지를 가지는 근적외선의 모든 영역에 걸쳐 발생한다. 만약 식물들이 이 영역의 에너지를 가시광선 영역에서 흡수하는 만큼 효율적으로 흡수한다면 식물 내부의 온도가 급격히 증가해서 단백질이 되돌릴 수 없이 변질될 것이다. 결과적으로 식물들은 이러한 많은 양의 근적외선 에너지를 사용하지 않고 단순히 반사하거나 밑에 있는 잎이나 지표면으로 투과시키도록 적응되었다.

전형적인 녹색 잎에 존재하는 해면조직은 잎에서 반사되는 근적외선 에너지양을 조절한다. 해면조직은 그림 8-35와 같이 보통 책상조직 아래에 있으며, 많은 세포와 세포 사이 공극으로 이루어져 있다. 여기서 광합성과 호흡작용으로 인해 발생한 산소와 이산화탄소의 교환이 이루어진다. 근적외선 영역에서 건강한 녹색 식물은 높은 반사도(40~60%)와 투과도(40~60%) 그리고 상대적으로 낮은 흡수도(5~10%)를 가진다. 가시광선과 근적외선 스펙트럼 전체에서 건강한 녹색 잎의 반사도 및 투과도 스펙트럼은 그림 8-38처럼 서로 거울에 반사된 것과 같은 대칭 형태를 지닌다(Walter-Shea and Biehl, 1990).

식물 잎에서 근적외선(0.7~1.2μm) 영역 에너지의 산란은 잎 내부의 세포벽과 공기에서 발생하는 내부 산란효과 때문이다(Gausmann et al., 1969; Peterson and Running, 1989). 잘 알려진 수증기 흡수밴드는 0.92~0.98μm에 존재한다. 결과적으로, 근적외선 영역에서의 원격탐사용 최적 분광영역은 0.74~0.90μm라 할 수 있다(Tucker, 1979).

건강한 식물 임관에서 아주 많은 근적외선 에너지를 반사하는 주된 이유는 다음과 같다.

- 잎은 입사된 근적외선 에너지 중 40~60% 정도를 잎 내부의 해면조직에서 이미 반사(그림 8-34).
- 나머지 45~50% 정도의 에너지는 잎을 투과하고, 그 아래에 있는 잎들에 의해 다시 한 번 반사.

이를 **엽 가중반사**라고 부른다. 예를 들어, 그림 8-39에 나타낸 가상의 두 층으로 구성된 식물 임관의 반사도와 투과도에 대한 특징을 살펴보자. 잎 1이 입사된 근적외선 에너지의 50%를 다시 대기 중으로 반사하고 나머지 50%의 근적외선 에너지는 잎 1에서 잎 2로 투과된다고 가정한다. 투과된 에너지는 잎 2에 도달하며 여기서는 50%가 다시 투과되고(본래의 25%) 50%는 반사된다. 여기서 반사된 에너지는 잎 1에 도달해 다시 반사된 에너지의 절반(본래 에너지의 약 12.5%)이 투과하거나 반사된다. 이 두 층의 예에서 결과적으로 잎 1을 빠져나가는 총에너지는 입사에너지의 62.5%이다. 따라서 이론적으로, 건강하고 성숙한 임관의 엽층이 많으면 많을수록 적외선 반사는 더욱 커진다. 반대로, 임관이 오직 하나의 엽층으로 구성되어 있다면 엽층을 통해 투과된 에너지가 바로 밑에 있는 지표면에 의하여 흡수되기 때문에 근적외선 반사도는 그다지 크지 않다.

건강한 녹색 식생에서 일어나는 근적외선 분광의 변화 특성은 식물의 노령화와 스트레스에 관한 정보를 제공한다. 예를 들어, 그림 8-37에 나와 있는 네 종류의 잎과 분광반사율 특성

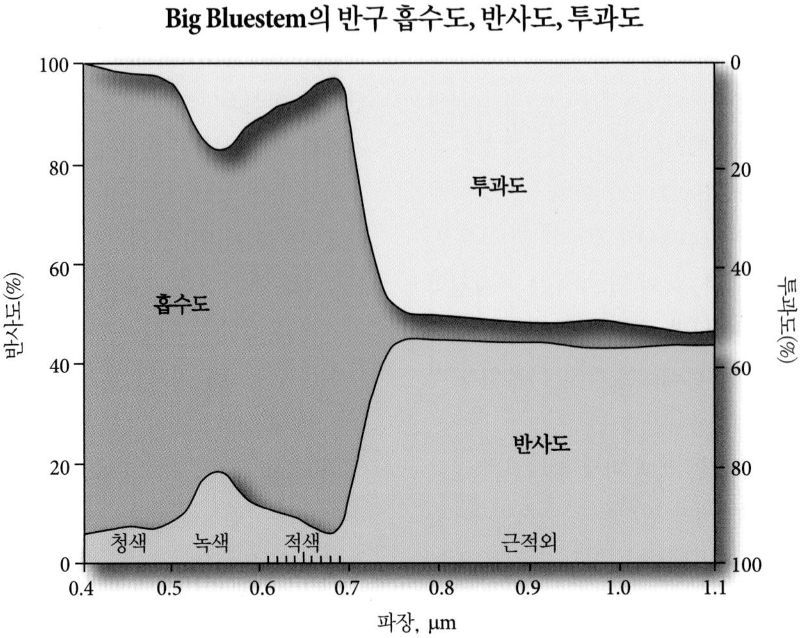

Big Bluestem의 반구 흡수도, 반사도, 투과도

그림 8-38 실험실에서 분광복사계를 이용하여 수집한 Big Bluestem 잎 표면의 반구흡수도, 반구반사도 그리고 반구투과도. 반사도 및 투과도 곡선은 전자기 스펙트럼의 가시광선 및 적외선 영역에서 거의 대칭이다. 식물 내의 청색과 적색 엽록소는 가시광선 스펙트럼(0.4～0.7μm)에서 입사하는 에너지의 대부분을 흡수한다(Walter-Shea and Biehl, 1990에 기초). AVIRIS와 같은 영상 분광계는 식물의 흡수와 반사에 있어서 작은 변화를 찾아낼 수 있는데, 왜냐하면 일반적으로 센서가 10nm 폭의 밴드를 가지고 있기 때문이다. 즉 0.6～0.7μm(600～700nm) 범위에 10개의 밴드가 있을 수 있다.

을 살펴보자. 녹색 식물의 광합성은 전형적으로 청색과 적색 파장대에서 강한 흡수를, 녹색 반사도에서 어느 정도의 증가를, 그리고 근적외선 영역에서 대략 76% 정도의 반사도를 나타낸다. 근적외선 반사도는 특정한 지점 이후에는 잎들이 노쇠하는 것처럼(b~d) 감소된다. 그러나 잎이 노쇠해 가는 동안에 크게 말라 간다면 근적외선 영역에서의 더욱 높은 반사율이 확인될 수 있을 것이다.

1960년대 이래 많은 과학자들은 다양한 생물량 측정값과 근적외선 영역에서의 반응 사이에는 직접적인 관계가 존재한다는 것을 밝혀 왔다. 반대로 가시광선 영역, 특히 적색 영역에서의 반응과 식물 생물량 사이에는 반비례 관계가 존재한다는 것이 알려져 있다. 이러한 관계를 효과적으로 설명할 수 있는 가장 좋은 방법은 적색과 근적외선 반사도 공간에 전통적인 원격탐사 영상의 모든 화소를 표시해 보는 것이다. 예를 들어, 그림 8-40a는 일반적인 농촌지역 내의 약 10,000개의 화소가 적색과 근적외선의 개체 공간에서 어떻게 위치하고 있는가(즉 회색 영역)를 표시한 것이다. 영상에서 건조토양과 습윤토양은 토양선의 양 끝에 위치하고 있다. 이것은 습윤토양이 적색 및 근적외선에서 아주 낮은 반사율을 가짐을 의미한다. 반대로, 건조토양은 적색 및 근적외선에서 아주 높은 반사율을 지닐 것이다. 식물의 임관이 생장함에 따라 광합성 목적으로 더 많은 적색 복사속이 흡수되는 반면에 더 많은 근적외선 에너지를 반사한다. 이는 화소의 분광반사 특성이 토양선에서 직교방향으로 움직이는 원인이 된다. 생물량이 증가하고 식물의 임관이 증가함에 따라서 적색 및 근적외선 개체 공간에서 식생의 위치는 토양선으로부터 더 멀리 떨어지게 된다.

그림 8-40b는 농업지역에 해당하는 하나의 화소가 생장기간 동안에 적색 및 근적외선 분광공간에서 변화하는 모습을 나타낸다. 만약 농경지가 잘 준비되어 있다면, 성장 초기에는 해당 화소가 적절한 습도의 토양으로 보이게 되며, 따라서 적색과 근적외선 영역에서 모두 낮은 반사율을 가질 것이다. 파종 이후 농작물이 자라나게 되면 그것은 토양선에서 벗어나, 궁극적으로는 임관이 완전히 덮여 있는 지점까지 이동하게 될 것이다. 이 시점에서는 반사된 근적외선 복사속은 높고 적색 반사도는 낮을 것이다. 추수 후에 해당 화소는 건조한 조건의 토양 쪽에 위치하게 된다.

적색광과 근적외선 영역에서의 임관 반사도 관계를 이용하여 가시광선 및 근적외선 영역에서 다수의 수치를 산출할 수 있는 원격탐사 식생지수와 생물량 추정 기법들이 개발되어 왔다(예 : Liu et al., 2012). 이러한 결과들은 적색이나 근적외선만의

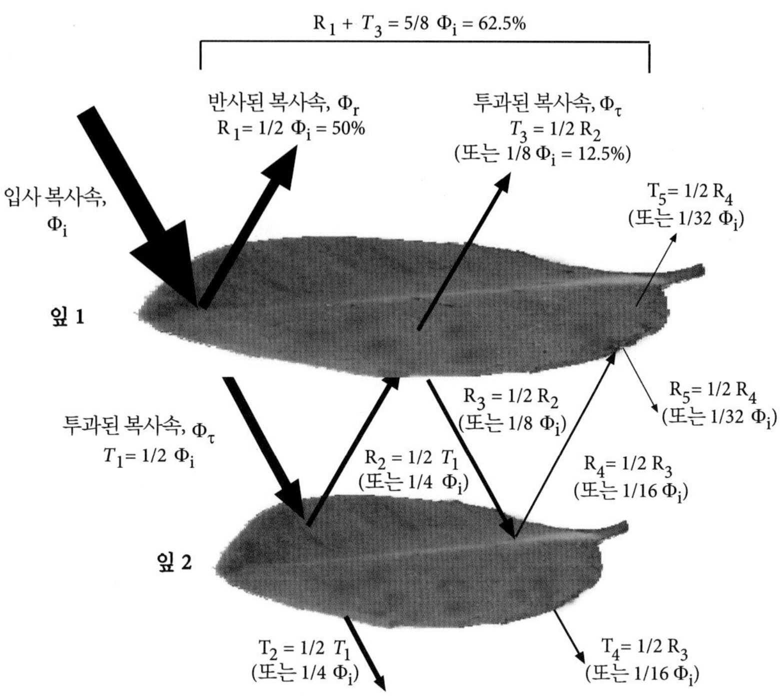

그림 8-39 두 엽층을 가진 임관에서 발생하는 가중 반사도를 보여 주는 가상적인 예. 잎 1은 입사 복사속 Φ_i의 50%는 반사하고(R_1) 나머지 50%는 잎 2로 투과된다(T_1). 잎 2에 입사한 50%의 복사속은 잎 2를 그대로 투과한다(T_2). 나머지 50%는 잎 1의 바닥 쪽으로 반사된다(R_2). 잎 1의 바닥에 입사된 에너지의 50%는 잎 1을 투과하고(T_3) 나머지 50%는 다시 잎 2 쪽으로 반사된다(R_3). 이 시점에서 부가적인 12.5%(1/8)의 반사는 잎 2에 의하여 발생하여 총 62.5% 반사 복사속이 된다. 그러나 더욱 정확하게 계산하기 위해서는 잎 1의 바닥에서 잎 2로 반사된 에너지의 양(R_3)과 잎 2에서 반사된 양(R_4), 그리고 잎 1을 통하여 궁극적으로 다시 한 번 투과된 양(T_5)을 고려해야 한다. 이 과정은 계속 반복된다.

단독 관측보다는 생물량과 더욱 높은 상관도를 보이는 선형조합 형태이다.

해면조직 내의 수분과 중적외선 에너지의 상호작용

식물은 성장하기 위해서 수분을 필요로 한다. 잎은 식물의 뿌리로부터 수분을 취득한다. 수분은 뿌리에서부터 줄기 위로 이동하여 **잎자루**를 통해 잎으로 들어온다. 잎맥은 수분을 잎 속의 세포로 운반한다. 만일 식물에 주어진 시간 동안 가능한 많은 양의 수분이 공급되었다면, 완전히 **포화**되었다고 말한다. 수분의 대부분은 식물의 해면조직에서 발견된다. 만약에 우리가 식물에게 물을 주는 것을 잊거나 자연 상태에서 강수량이 감소하면 식물은 소유할 수 있는 양보다 더 적은 수분을 가지게 되며 이것을 **상대포화**(relative turgidity)라고 부른다. 식물의 잎에 수분이 얼마나 존재하는지를 감지할 수 있는 원격탐사 장비를 갖고 있으면 유용할 것이다. 중적외선 및 열적외선과 수동 마이크로파 스펙트럼에서 원격탐사 기법을 이용하면 제한적으로 해당 정보를 취득할 수 있다.

대기 중에 있는 수분은 근적외선 영역으로부터 중적외선 영역의 전자기 스펙트럼에서 다음의 5개 지점, 즉 0.97, 1.19, 1.45, 1.94 그리고 2.7μm에 주요한 흡수밴드를 형성한다(그림 8-34). 이 중 2.7μm에서 기본 진동 수분 흡수밴드가 스펙트럼 상에서 가장 강하게 나타난다(열적외선 영역 6.27μm에도 하나 있음). 그러나 1.3~2.5μm 사이의 중적외선 영역에서의 반사도와 식물의 잎에 존재하는 수분함량 사이에는 강한 상관성이 존재한다. 식물 속의 수분은 더 긴 파장영역에서 흡수밴드 사이의 입사에너지를 더 많이 흡수한다. 이 중적외선 파장에서 주요 대기 중 수분 흡수밴드 사이에 위치한 약 1.6~2.2μm에서 식생의 반사도가 최대를 나타낸다(그림 8-34).

수분은 중적외선의 에너지를 잘 흡수하며, 따라서 잎의 포화도가 커짐에 따라 중적외선의 반사도는 낮아진다. 반대로, 잎의 수분함량이 감소함에 따라 중적외선 영역의 반사도는 급격히 증가한다. 식물에서 세포 공극에 있는 수분함량이 감소함에 따라 입사된 중적외선 에너지는 세포벽 사이에서 보다 많은 산란을 일으키며 결과적으로 잎에서 더 많은 중적외선 반사가 일

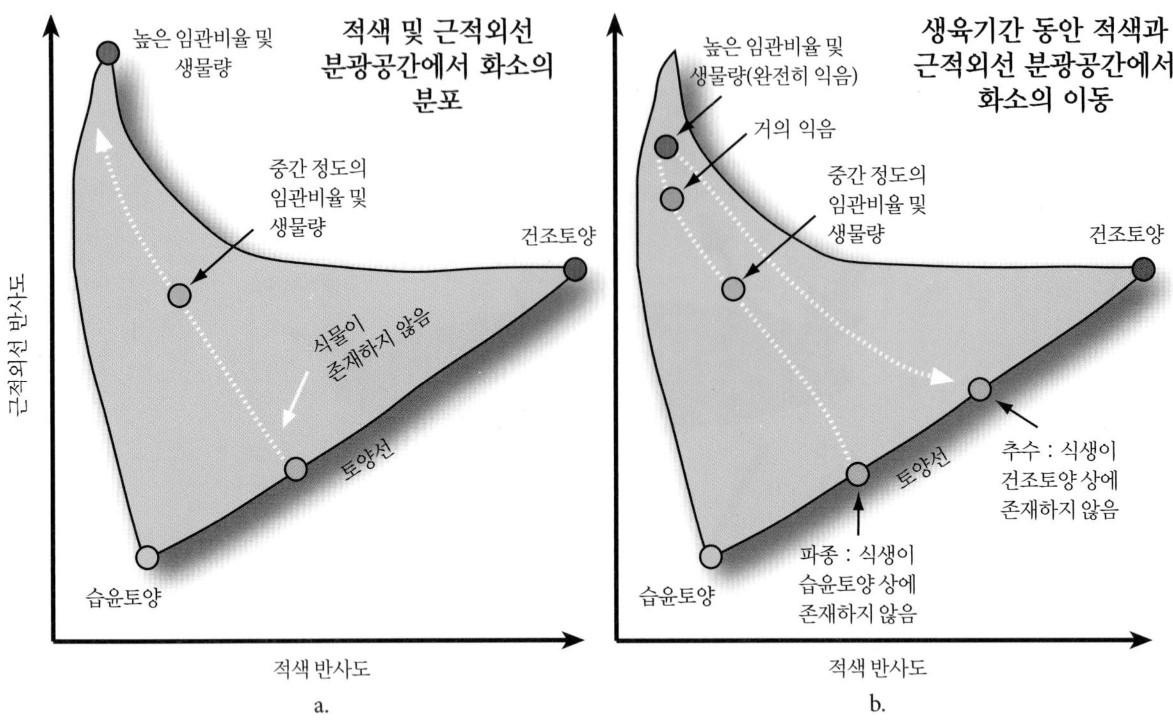

그림 8-40 a) 적색 및 근적외선의 분광공간에서 모든 화소는 일반적으로 녹색 음영 영역에 분포한다. 습윤토양과 건조토양은 토양선을 따라 위치해 있다. 생물량이나 농작물의 임관비율이 증가할수록 근적외선 반사도는 더 커지고 적색 반사도는 낮아진다. 이러한 조건은 화소의 스펙트럼 위치를 토양선으로부터 수직 방향으로 이동시킨다. b) 적색 및 근적외선 스펙트럼 영역에서 생육기간 동안 단일작물 화소의 위치 이동을 보인다. 농작물이 나오면서 토양선으로부터 벗어나게 되고 마침내 임관비율이 최대에 이른 지점까지 이동한다. 추수 후에 그 화소는 건조토양 내 토양선에 위치하게 된다.

어난다. 예를 들어, 0.4~2.5μm 파장영역에서 각기 다른 다섯 단계의 수분 상태에 따른 목련 잎에 대한 스펙트럼 반사도를 살펴보자(그림 8-41). 약 1.5~1.8μm 그리고 2.1~2.3μm 사이의 중적외선 파장은 가시광선 또는 근적외선 부분의 스펙트럼보다 식물의 수분함량 변화에 더 민감한 것처럼 보인다(즉 분광반사도 곡선 사이의 *y*축 거리는 수분함량이 감소함에 따라 더욱 커진다). 가시광선 부분(0.4~0.7μm)에서의 분광반사 곡선의 실질적인 변화는 잎의 수분함량이 50%로 감소할 때까지 발생하지 않는다. 식물의 상대 수분함량이 50% 이하로 감소하였을 때 가시광선, 근적외선, 그리고 중적외선 대부분의 영역에서 의미 있는 분광반사율 정보를 제공한다.

중적외선 영역에서 잎의 반사도는 대략 1mm 두께의 수분층에서의 흡수량과 반비례하는 것으로 밝혀졌다(Carter, 1991). 중적외선 영역에 입사된 태양에너지가 식물에 의해 흡수되는 정도는 잎에 있는 수분의 양과 잎의 두께에 대한 함수이다. 만약 이러한 특성을 감지할 수 있는 적절한 센서와 스펙트럼 밴드를 선택한다면, 식물에서 상대적인 포화도를 모니터링할 수 있다.

대부분의 광학 원격탐사 시스템들(radar는 제외)은 일반적으로 1.45, 1.94, 2.7μm에 위치한 대기 중의 강한 수분 흡수밴드 때문에 0.3~1.3, 1.5~1.8, 2.0~2.6μm 파장에서 기능하도록 제한되어 있다. 다행스럽게도 그림 8-34에서 나타난 것처럼 주요 수분 흡수밴드와 인접한 1.5~1.8, 2.0~2.6μm 영역에서는 수분함량에 민감하게 작용하는 연계효과를 보인다. 이는 Landsat TM(4와 5)와 Landsat 7 ETM$^+$가 이 영역 내의 두 밴드[밴드 5(1.55~1.75μm)와 밴드 7(2.08~2.35μm)]에 민감하도록 구성된 주요 이유이다. 1.55~1.75μm 중적외선 밴드는 임관의 수분함량에 민감한 것으로 밝혀졌다. 예를 들어, Pierce 등(1990)은 위의 밴드와 이를 사용하여 만든 식생지수는 침엽수림에서 임관의 수분 스트레스와 상관도가 높다는 것을 보여 주었다.

식물에 있는 대부분의 수분은 증발산을 통해 사라진다. 증발산은 잎 내부의 수분이 태양에 의해 가열되어 일부가 수증기 상태로 기공을 통해 외부로 빠져나가는 현상이다. 다음은 증발산이 수행하는 중요 기능이다.

- 가열된 수증기를 배출함으로써 잎의 내부온도를 낮춘다.
- 물이 뿌리로부터 줄기를 거쳐 잎으로 올라오도록 해 준다.
- 토양으로부터 흡수된 용존 광물질을 지속적으로 공급하도록 해 준다.

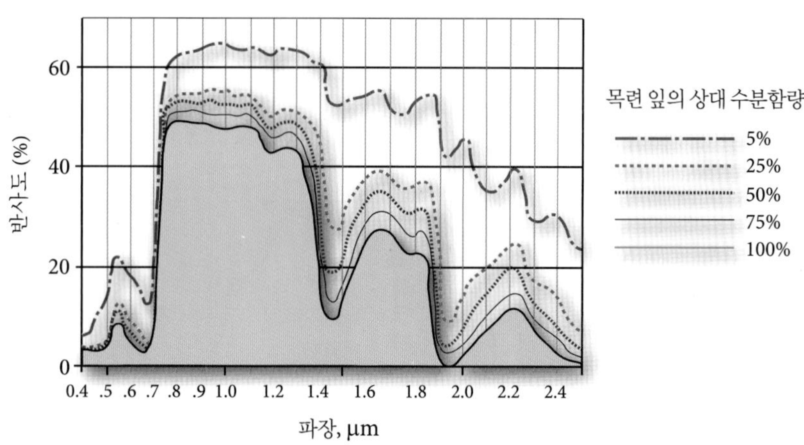

그림 8-41 수분함량의 감소에 따른 목련(*Magnolia grandiflora*) 잎의 반사도는 수분함량이 감소함에 따라 0.4~2.5μm 영역에서 반사도는 증가하나 최대 증가율은 1.3~2.5μm 부근의 중적외선 영역에서 발생한다(Carter, 1991에 기초).

식물의 잎 윗부분에 있는 수증기 분자가 증발산을 통해 없어짐에 따라 전체적으로 물 흐름은 위로 향하게 된다. 식물은 매일 증발산으로 인해 상당량의 수분을 잃는다. 예를 들어, 옥수수 하나는 매우 더운 날에 약 4쿼터(3.8리터)의 수분을 배출한다. 만약 식물의 뿌리에서 손실된 수분만큼 공급받지 못한다면 잎은 시들고 광합성이 멈춰 결국 고사한다. 따라서 식물의 증발산과 상관성이 있는 식물 임관의 수분함량을 모니터링함으로써 농작물의 건강이나 식물의 식생상태에 관한 중요한 정보를 얻을 수 있다. 열적외선과 수동 마이크로파 영역에서의 원격탐사 영상은 식물 임관의 증발산에 관한 중요한 정보를 제공한다.

식물 수분 정보를 실질적으로 적용할 수 있는 분야는 스트레스 평가 및 관개 계획 수립을 위한 지역적 농작물 수분상태 평가와 농지, 방목지, 산림의 생산량 모델링이 있다.

원격탐사에서 파생된 식생지수

1960년대 이래로 과학자들은 원격탐사 영상을 사용하여 다양한 식생의 생물물리적 변수들을 추출하고 모델링하였다. 이러한 노력 중 대부분은 식생지수의 사용을 포함하며, **식생지수**(vegetation indices)는 잎면적지수(Leaf-Area-Index, LAI), 식생피복률, 엽록소 함량, 식물 생물량, 흡수 광합성 유효 복사(Absorbed Photosynthetically Active Radiation, APAR)처럼, 녹색식생의 상대적 분포량과 활동성을 나타내는 단위가 없는 방사적인 수치이다. 식생지수는 다음과 같은 특징을 가져야 한다(Running et al., 1994; Huete and Justice, 1999).

- 식생상태의 광범위한 지역에 이용 가능하고 검보정이 가능하도록 선형의 형태로 생물물리적 변수에 대한 민감도를 최대화할 수 있어야 한다.
- 시공간적으로 일관된 비교를 위하여 태양각, 촬영각, 대기상태와 같은 외부 효과를 정규화하거나 모델링할 수 있어야 한다.
- 지형효과(경사 및 향), 토양변이, 고사된 식생과 목질 식생 등의 차이(비광합성적 임관요소)를 포함한 임관 배경 변화와 같은 내부효과를 정규화해야 한다.
- 유효성 검정 및 품질관리를 위해서 생물량, LAI, APAR과 같은 측정 가능한 특정 생물학적 변수와 연관되어야 한다.

현재 많은 식생지수들이 존재한다. 식생지수들은 Cheng 등(2008), Galvao 등(2009), Vina 등(2011), Gray와 Song(2012), Liu 등(2012), Wang 등(2013)의 연구에 잘 정리되어 있다. 대다수의 지수가 정보량 측면에서는 기능적으로 동일하지만(Perry and Lautenschlager, 1984) 일부는 고유의 생물물리적 정보를 제공한다. 주요 지수들의 역사를 확인하고 지수의 개발 측면에서 어떠한 발전들이 있었는지를 알아보는 것이 필요하다. 널리 사용되는 일부 식생지수들을 표 8-9에 정리하였다.

단순 비율 – SR

많은 지수들은 건강한 녹색식물과 연관된 적색 및 근적외선 반

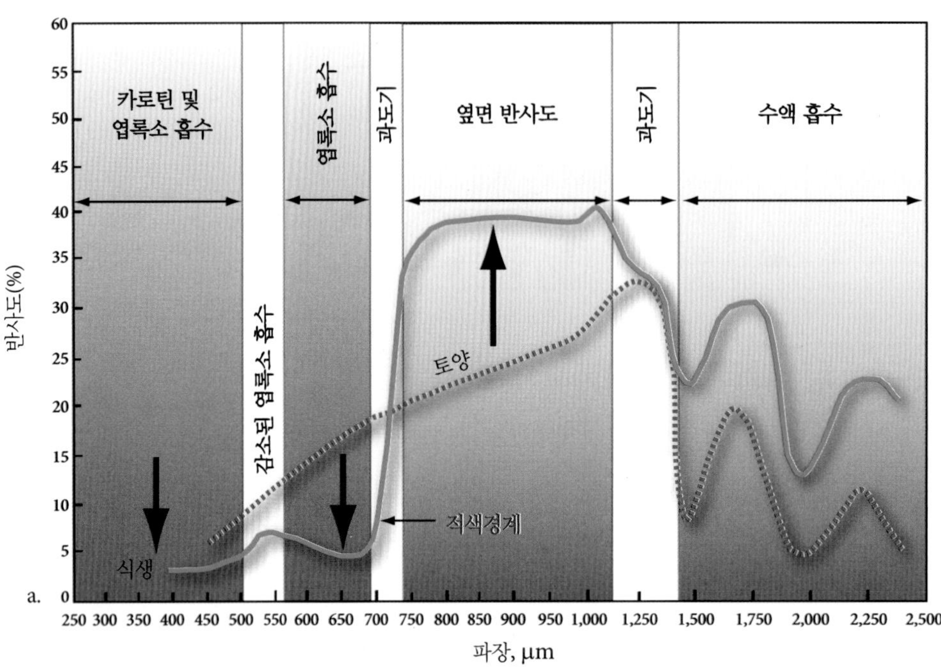

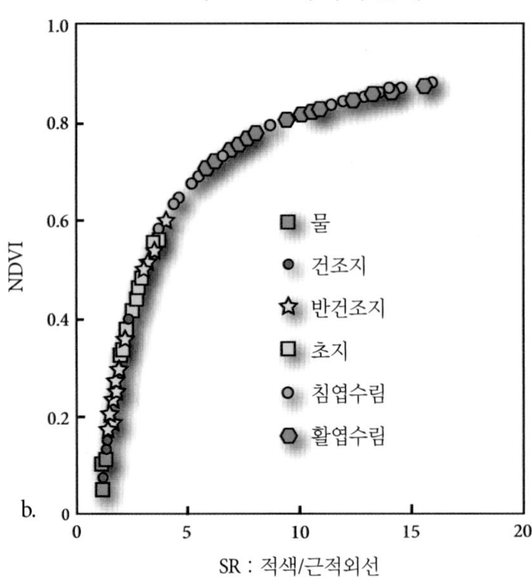

그림 8-42 a) 식생지수 개발을 위한 생리학적 원리. 250~2,500nm 파장영역에서 건강한 녹색 식생과 건조토양의 전형적인 분광반사 특성. b) NDVI는 근적외선과 적색 밴드의 정규화된 비율이다. NDVI는 SR의 비선형 변환과 동일한 기능을 한다(Huete et al., 2002b에 기초).

사도 사이의 반비례관계를 사용한다. Cohen(1991)은 최초의 식생지수인 단순 비율(Simple Ratio, SR)을 제안하였으며, 이는 Birth와 McVey(1968)가 설명한 바와 같이 적색 복사속(ρ_{red})과 근적외선 복사속(ρ_{nir})의 비이다.

$$SR = \frac{\rho_{red}}{\rho_{nir}} \tag{8.36}$$

단순 비율은 식생 생물량 및 LAI에 대한 가치 있는 정보를 제공한다(Schlerf et al., 2005; Pena-Barragan et al., 2011; Gray and Song, 2012). 특히 산림과 같은 고생물량 식생의 생물량과 LAI

변화에 민감하다(Huete et al., 2002b).

정규식생지수(NDVI)

Rouse 등(1974)은 정규식생지수(Normalized Difference Vegetation Index, NDVI)를 처음 사용하기 시작하였다.

$$\mathrm{NDVI} = \frac{\rho_{nir} - \rho_{red}}{\rho_{nir} + \rho_{red}} \tag{8.37}$$

NDVI는 기능적으로 SR과 동일하다. 즉 SR 대 NDVI 그래프에서 점이 분산되어 있지 않으며 각각의 SR값은 고정된 NDVI 값을 가진다. 다양한 생물량에 대하여 평균 NDVI와 평균 SR 값을 그래프로 나타내면 NDVI는 SR의 비선형 변환으로 근사시킬 수 있음을 알 수 있다(그림 8-42b)(Huete et al., 2002b). NDVI는 다음과 같은 이유 때문에 중요한 식생지수이다.

- 식생의 성장과 식생상태에 대한 계절적 변화나 연간 변화를 모니터링할 수 있다.
- 식생지수의 비율은 다중시기의 다중밴드 영상에 존재하는 많은 승법적 잡음(태양 조도의 차이, 구름 그림자, 대기감쇠 효과, 지형효과)을 감소시킨다.

NDVI의 단점은 다음과 같다(Huete et al., 2002a; Wang et al., 2004).

- 비율기반의 지수는 비선형이기 때문에 대기 경로 복사휘도와 같은 **가법적** 잡음에 의하여 영향을 받을 수 있다(제6장 참조).
- NDVI는 일반적으로 식생 LAI와 높은 상관성이 있다. 그러나 LAI값이 높을 때 NDVI의 포화도 때문에 최대 LAI 범위 사이에서의 NDVI와의 관계는 강하지 않을 수 있다(Wang et al., 2004). 예를 들어, 그림 8-42b에서 NDVI의 영역이 저생물량에서는 확장되어 있고 고생물량(식생지역)에서는 축소되어 있는 것을 볼 수 있다. SR은 반대의 형태를 보이며, 대부분의 지수범위는 저생물량 지역(초원, 준건조지역, 건조생태계)을 거의 고려하지 않고 고생물량 지역에 넓게 분포하고 있다.
- 임관 배경 변화(예 : 임관을 통하여 보이는 토양)에 매우 민감하다. NDVI는 어두운 임관 배경이 존재할 때 특히 높은 값을 가진다.

과학자들은 NDVI를 더욱 활발하게 사용하였다(예 : Galvao et al., 2005, 2009; Neigh et al., 2008; Mand et al., 2010; Sonnenschein et al., 2011; Vina et al., 2011; Liu et al., 2012; Li et al., 2014). 사실 표준 MODIS 육상 결과물 중 2개는 각각 500m와 1km의 해상도를 갖는 전 세계의 16일간 NDVI 조합영상이다(Huete et al., 2002a). 2012년 2월 및 10월에 획득된 MODIS 자료로부터 생성된 NDVI 영상은 그림 8-43과 같다. 북반구 내, 특히 캐나다, 유럽, 러시아의 지역 내 녹화 지역을 주목해서 보자. 또한 사하라 사막 아래의 아프리카 사헬 지역의 녹화 지역을 주목해서 보자. 이와 같은 지형공간적인 생물물리학 정보들은 생물물리학적 모델들에 사용된다.

NDVI 변환은 적색 및 근적외선 밴드를 지닌 높은 공간해상도를 지니는 영상들에 의하여 수행될 수 있다. 예를 들어, 그림 8-44에서 볼 수 있는 것과 같이 적외선 색상에서 1×1ft.의 공간해상도를 지니는 디지털 프레임 카메라 사진으로부터 추출된 NDVI 영상을 고려해 보자. 단일 밴드 NDVI 영상은 그림 8-44e에 나타나 있다. NDVI 영상의 음영이 밝아질수록 녹색 생물량은 증가한다. 수영장의 물, 콘크리트 도로, 건물의 지붕은 모두 낮은 NDVI값을 가지는 것을 주목해서 보자. 식생과 연관된 높은 NDVI값들은 그림 8-44f에 나타난 컬러 밀도 구분 영상을 통하여 위치를 쉽게 확인할 수 있다.

Kauth-Thomas Tasseled Cap 변환

Kauth와 Thomas(1976)는 원래의 Landsat MSS 자료 공간을 새로운 4차원의 개체 공간으로 만드는 직교변환을 개발하였다. 이것을 *tasseled cap* **변환** 또는 *Kauth-Thomas* **변환**이라고 부른다. 이 변환은 토양명도지수(*B*), 녹색식생지수(*G*), 황색성분지수(*Y*), 무성분(*N*)의 4개의 축으로 이루어진다. 각 지수가 측정하려고 하는 특징에 따라 각 축에 대한 이름이 붙여졌다. 이들 계수는 다음과 같다(Kauth et al., 1979).

$$B = 0.332MSS1 + 0.603MSS2 + 0.675MSS3 + 0.262MSS4 \tag{8.38}$$

$$G = -0.283MSS1 - 0.660MSS2 + 0.577MSS3 + 0.388\mathrm{MSS4} \tag{8.39}$$

$$Y = -0.899MSS1 + 0.428MSS2 + 0.076MSS3 - 0.041MSS4 \tag{8.40}$$

$$N = -0.016MSS1 + 0.131MSS2 - 0.452MSS3 + 0.882MSS4 \tag{8.41}$$

Crist와 Kauth(1986)는 Landsat TM 영상을 토양명도, 녹색식생, 토양습도 변수들로 변환하는 데 필요한 가시광선, 근적외선, 중적외선 계수들을 추출하였다.

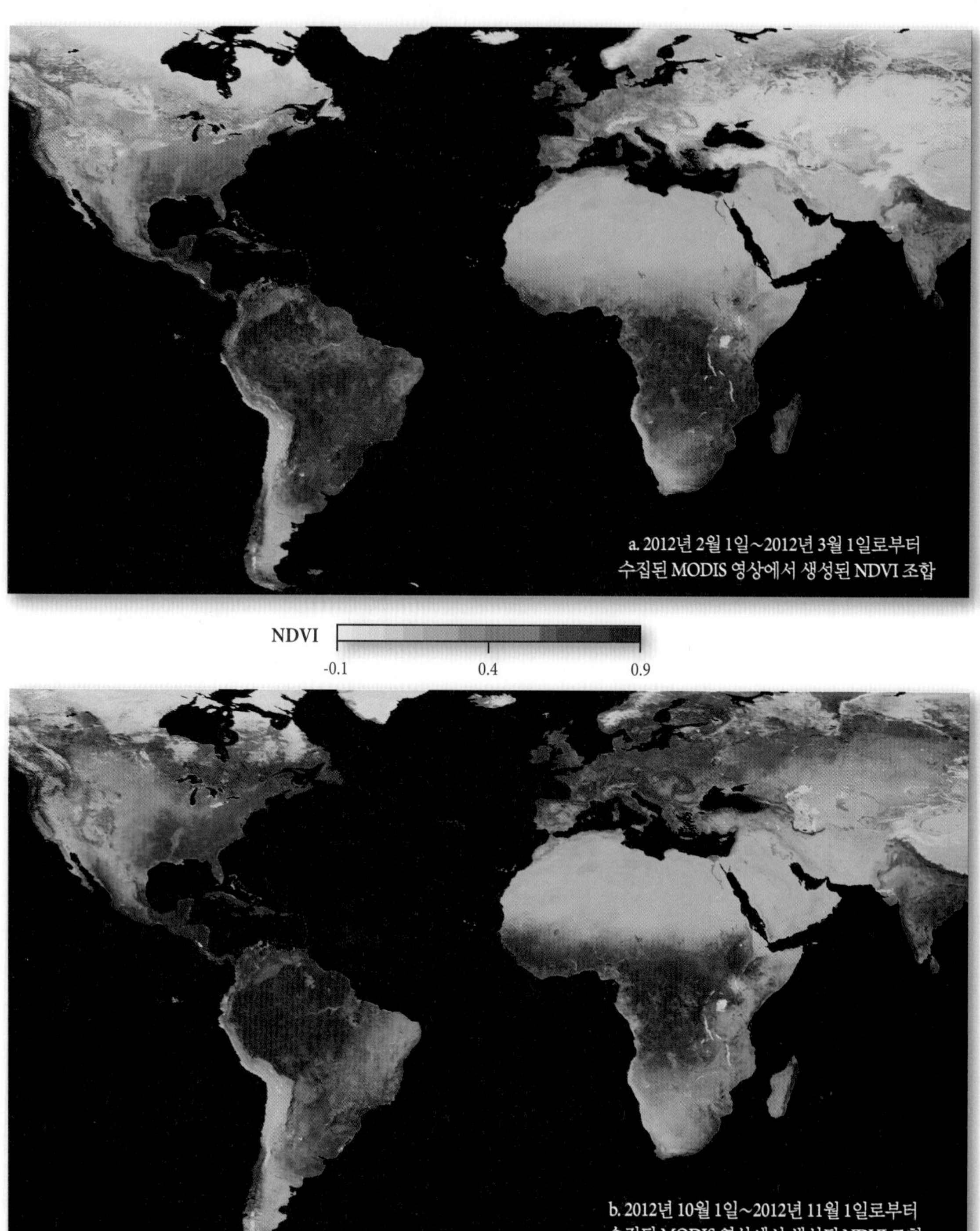

그림 8-43 a) 2012년 2월 1일~2012년 3월 1일로부터 수집된 MODIS 영상에서 생성된 NDVI 조합. 녹색이 어두워질수록 높은 NDVI, LAI, 생물량을 의미함. b) 2012년 10월 1일~2012년 11월 1일로부터 수집된 MODIS 영상에서 생성된 NDVI 조합[영상 제공 : NASA Earth Observations(NEO)].

$$B = 0.2909TM1 + 0.2493TM2 + 0.4806TM3 + 0.5568TM4 + 0.4438TM5 + 0.1706TM7 \quad (8.42)$$

$$G = -0.2728TM1 - 0.2174TM2 - 0.5508TM3 + 0.7221TM4 + 0.0733TM5 - 0.1648TM7 \quad (8.43)$$

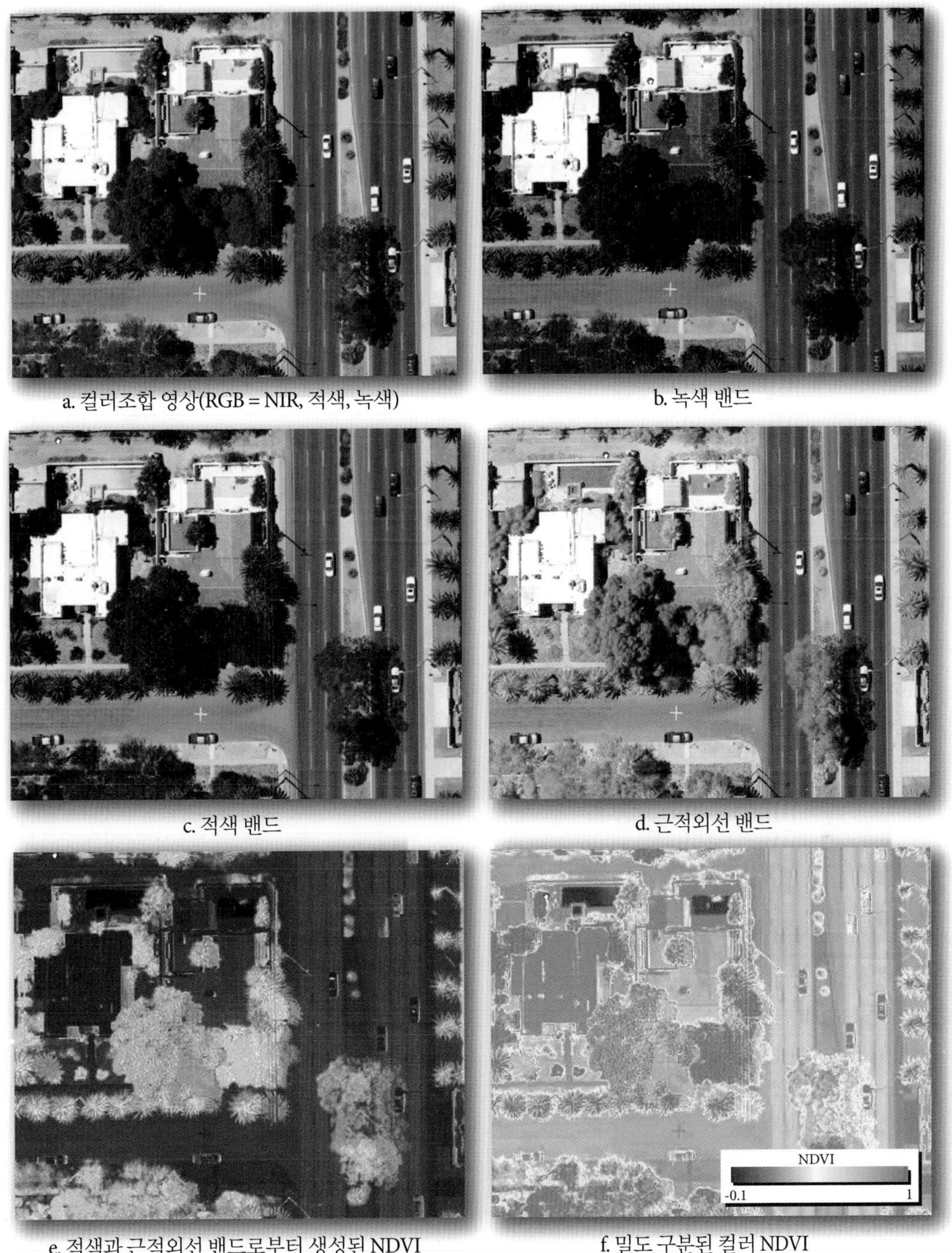

그림 8-44 적외선 색상에서 1×1ft.의 공간해상도를 지니는 디지털 프레임 카메라 사진으로부터 추출된 NDVI 영상의 예(원본 항공사진 제공 : Sanborn Map Company의 John Copple). a) 원영상. b~d) 녹색, 적색, 근적외선 밴드. e) NDVI 영상. f) 밀도 구분된 NDVI 영상.

$$W = 0.1446TM1 + 0.1761TM2 + 0.3322TM3 + 0.3396TM4 - 0.6210TM5 - 0.4186TM7 \quad (8.44)$$

변환의 고유한 모양 때문에 이를 tasseled cap 변환이라고 부른다(Yarbrough et al., 2012)(그림 8-45a~c). Crist와 Cicone(1984)은 세 번째 성분이 수분상태를 포함한 토양의 특성과 관련된다

표 8-9 주요 원격탐사 식생지수

식생지수	식	참고문헌
단순 비율(SR)	$SR = \frac{\rho_{red}}{\rho_{nir}}$	Birth and McVey, 1968 Colombo et al., 2003 Schlerf et al., 2005 Boer et al., 2008 Pena-Barragan, 2011 Vina et al., 2011 Gray and Song, 2012
정규식생지수(NDVI)	$NDVI = \frac{\rho_{nir} - \rho_{red}}{\rho_{nir} + \rho_{red}}$	Rouse et al., 1974 Deering et al., 1975 Huete et al., 2002a Colombo et al., 2003 Schlerf et al., 2005 Houborg et al., 2007 Boer et al., 2008 Cheng et al., 2008 Neigh et al., 2008 Mand et al., 2010 Sonnenschein et al., 2011 Pena-Barragan, 2011 Purkis and Klemas, 2011 Sims et al., 2011 Vina et al., 2011 Gray and Song, 2012 Liu et al., 2012 Li et al., 2014
Kauth-Thomas 변환 토양명도 녹색식생 황색성분 무성분 토양명도 녹색식생 토양습도	Landsat MSS $B = 0.332MSS1 + 0.603MSS2 + 0.675MSS3 + 0.262MSS4$ $G = -0.283MSS1 - 0.660MSS2 + 0.577MSS3 + 0.388MSS4$ $Y = -0.899MSS1 + 0.428MSS2 + 0.076MSS3 - 0.041MSS4$ $N = -0.016MSS1 + 0.131MSS2 - 0.452MSS3 + 0.882MSS4$ Landsat TM $B = 0.2909TM1 + 0.2493TM2 + 0.4806TM3 + 0.5568TM4 + 0.4438TM5 + 0.1706TM7$ $G = -0.2728TM1 - 0.2174TM2 - 0.5508TM3 + 0.7221TM4 + 0.0733TM5 - 0.1648TM7$ $W = 0.1446TM1 + 0.1761TM2 + 0.3322TM3 + 0.3396TM4 - 0.6210TM5 - 0.4186TM7$	Kauth and Thomas, 1976 Kauth et al., 1979 Crist and Kauth, 1986 Price et al., 2002 Rogan et al., 2002 Jin and Sader, 2005 Schlerf et al., 2005 Powell et al., 2010 Sonnenschein et al., 2011 Pflugmacher et al., 2012 Yarbrough et al., 2012 Ali Baig et al., 2014 Yarbrough, 2014
정규습윤 혹은 수분지수(NDMI 혹은 NDWI)	$NDMI \text{ 또는 } NDWI = \frac{(\rho_{nir} - \rho_{swir})}{(\rho_{nir} + \rho_{swir})}$	Hardisky et al., 1983 Gao, 1996 Jackson et al., 2004 Galvao et al., 2005 Jin and Sader, 2005 Houborg et al., 2007 Verbesselt et al., 2007 Cheng et al., 2008 Gray and Song, 2012 Wang et al., 2013
수직식생지수(PVI)	$PVI = \sqrt{(0.355MSS4 - 0.149MSS2)^2 + (0.355MSS2 - 0.852MSS4)^2}$ $PVI = \frac{(NIR - aRed - b)}{\sqrt{1 + a^2}}$	Richardson and Wiegand, 1977 Colombo et al., 2003 Guyon et al., 2011

표 8-9 (계속)

식생지수	식	참고문헌
엽수분함량지수(LWCI)	$LWCI = \frac{-\log[1-(NIR_{TM4} - MidIR_{TM5})]}{-\log[1-(NIR_{TM4_{ft}} - MidIR_{TM5_{ft}})]}$	Hunt et al., 1987
토양보정 식생지수(SAVI) 및 수정된 SAVI(MSAVI)	$SAVI = \frac{(\rho_{nir} - \rho_{red})}{(\rho_{nir} + \rho_{red} + L)}(1+L)$	Huete, 1988 Huete and Liu, 1994 Running et al., 1994 Qi et al., 1995 Colombo et al., 2003 Sonnenschein et al., 2011
대기보정 식생지수(ARVI)	$ARVI = \left(\frac{\rho_{nir} - \rho_{rb}}{\rho_{nir} + \rho_{rb}}\right)$	Kaufman and Tanre, 1992 Huete and Liu, 1994 Colombo et al., 2003
토양 대기보정 식생지수(SARVI)	$SARVI = \frac{\rho_{nir} - \rho_{rb}}{\rho_{nir} + \rho_{rb} + L}$	Huete and Liu, 1994 Running et al., 1994
강화식생지수(EVI)	$EVI = G\frac{\rho_{nir} - \rho_{red}}{\rho_{nir} + C_1\rho_{red} - C_2\rho_{blue} + L}$ $EVI2 = 2.5\frac{(\rho_{nir} - \rho_{red})}{(\rho_{nir} + 2.4\rho_{red} + 1)}$	Huete et al., 1997 Huete and Justice, 1999 Huete et al., 2002a Colombo et al., 2003 TBRS, 2003 Houborg et al., 2007 Wardlow et al., 2007 Cheng, 2008 Jiang et al., 2008 Sims et al., 2011 Gray and Song, 2012 Liu et al., 2012 Wagle et al., 2014
에어로졸보정 식생지수(AFRI)	$AFRI_{1.6\mu m} = \frac{(\rho_{nir} - 0.66\rho_{1.6\mu m})}{(\rho_{nir} + 0.66\rho_{1.6\mu m})}$ $AFRI_{2.1\mu m} = \frac{(\rho_{nir} - 0.5\rho_{2.1\mu m})}{(\rho_{nir} + 0.5\rho_{2.1\mu m})}$	Karnieli et al., 2001
삼각식생지수(TVI)	$TVI = \frac{1}{2}(120(\rho_{nir} - \rho_{green})) - 200(\rho_{red} - \rho_{green})$	Broge and Leblanc, 2000 Pena-Barragan et al., 2011
축소 단순 비율(RSR)	$RSR = \frac{\rho_{nir}}{\rho_{red}}\left(1 - \frac{\rho_{swir} - \rho_{swirmin}}{\rho_{swirmax} + \rho_{swirmin}}\right)$	Chen et al., 2002 Gray and Song, 2012
TCARI/OSAVI 비율	$TCARI = 3\left[(\rho_{700} - \rho_{670}) - 0.2(\rho_{700} - \rho_{550})\left(\frac{\rho_{700}}{\rho_{670}}\right)\right]$ $OSAVI = \frac{(1+0.16)(\rho_{800} - \rho_{670})}{(\rho_{800} + \rho_{670} + 0.16)}$ $\frac{TCARI}{OSAVI}$	Kim et al., 1994 Rondeaux et al., 1996 Daughtry et al., 2000 Haboudane et al., 2002 Pena-Barragan, 2011
가시광선 보정지수(VARI)	$VARI_{green} = \frac{\rho_{green} - \rho_{red}}{\rho_{green} + \rho_{red} - \rho_{blue}}$	Gitelson et al., 2002
정규시가지지수(NDBI)	$NDBI = \frac{MidIR_{TM5} - NIR_{TM4}}{MidIR_{TM5} + NIR_{TM4}}$ $built\text{-}up_{area} = NDBI - NDVI$	Zha et al., 2003
식생조정 야간 빛(NTL) 시가지지수(VANUI)	$VANUI = (1 - NDVI) \times NTL$	Zhang et al., 2013

(계속)

표 8-9 (계속)

식생지수	식	참고문헌
적색 경계 위치	$REP = 700 + 40\left[\frac{\rho_{(red\ edge)} - \rho_{(700nm)}}{\rho_{(740nm)} - \rho_{(700nm)}}\right]$ 여기서 $\rho_{(red\ edge)} = \frac{\rho_{(670nm)} + \rho_{(780nm)}}{2}$	Clevers, 1994 Dawson and Curran, 1998 Baranoski, 2005
광화학 반사도 지수(PRI)	$PRI = \frac{(\rho_{531} - \rho_{570})}{(\rho_{531} + \rho_{570})}$	Mand et al., 2010 Sims et al., 2011
광합성 식생, 비광합성 식생 및 나지의 피복비율을 정량화하기 위한 NDVI와 섬유소흡수지수(CAI)	$NDVI = \frac{\rho_{nir} - \rho_{red}}{\rho_{nir} + \rho_{red}}$ 그리고 $CAI = [0.5 \times (\rho_{2.0} + \rho_{2.2}) - \rho_{2.1}] \times 10$	Guerschman et al., 2009 Wang et al., 2013
MERIS 지상 엽록소지수(MTCI)	$MTCI = \frac{\rho_{band\ 10} - \rho_{band\ 9}}{\rho_{band\ 9} - \rho_{band\ 8}} = \frac{\rho_{753.75} - \rho_{708.75}}{\rho_{708.75} - \rho_{681.25}}$	Dash et al., 2010
정규연소비율(NBR)	$NBR = \frac{\rho_{nir} - \rho_{swir}}{\rho_{nir} + \rho_{swir}}$ $\Delta NBR = NBR_{pre-fire} - NBR_{post-fire}$	Brewer et al., 2005 Boer et al., 2008

는 것을 알아냈다(그림 8-45d). 따라서 토양 정보의 주요 요소를 TM의 중적외선 밴드를 이용하여 얻을 수 있다(Price et al., 2002).

1982년, 사우스캐롤라이나 주 찰스턴의 Landsat TM 영상을 tasseled cap 계수(식 8.42~8.44)를 사용하여 토양명도, 녹색식생, 토양습도의 영상으로 변환하였다(그림 8-46). 도시지역은 특히 토양명도 영상에서 쉽게 식별할 수 있다. 생물량이 클수록 녹색식생 영상에서 화소값은 더욱 밝아진다. 토양습도 영상에서는 습지 환경에서의 수분상태와 관련된 미세한 정보를 알 수 있는데, 수분함량이 많을수록 밝게 나타난다. 해당 자료의 컬러조합 영상은 그림 8-46d에 나타나 있다(RGB = 토양명도, 녹색식생, 습도).

tasseled cap 변환은 전역적인 식생지수이다. 이론적으로는 이 지수를 이용하여 어느 곳이든지 Landsat MSS, TM, ETM$^+$, Landsat 8 및 다른 다중분광 자료의 개개의 화소에서 토양명도, 녹색식생, 토양습도를 계산할 수 있다. 하지만 실제로는 지역 조건에 기반을 둔 지수로 계산하는 것이 더욱 좋다. Jackson(1983)은 이를 위한 프로그램을 개발했다.

Kauth-Thomas tasseled cap 변환은 계속해서 널리 쓰이고 있다(예 : Powell et al., 2010; Sonnenschein et al., 2011; Pflugmacher et al., 2012; Yarbrough et al., 2012, 2014; Ali Baig et al., 2014). Huang 등(2002)은 Landsat 7 ETM$^+$ 위성 반사도 자료에서의 사용을 위한 tasseled cap 계수를 개발하였다(표 8-10). 이 계수들은 대기보정이 가능치 않은 지역의 활용에 적합하다. Yarbrough 등(2012)은 해당 영상이 변환모델 적용 적합여부의 검사 방법을 포함한 Kauth-Thomas 변환 작업도를 개발하였다. ERDAS Imagine과 ENVI 소프트웨어에서도 Kauth-Thomas 변환 기법을 제공한다.

정규습윤 혹은 수분지수(NDMI 혹은 NDWI)

전에 살펴본 바와 같이, 식생 수분함량에 대한 정보는 농업, 산림, 수리학에서 유용하다(Galvao et al., 2005). Hardisky 등(1983)과 Gao(1996)는 NDVI보다 식생 생물량과 수분 스트레스의 변화를 더욱 자세하게 관찰할 수 있고, 임관 수분함량과 높은 상관을 가진 Landsat TM의 근적외선, 중적외선 밴드를 기반으로 하는 **정규습윤 혹은 수분지수**(Normalized Difference Moisture or Water Index, NDMI or NDWI)를 개발하였다.

$$NDMI\ or\ NDWI = \frac{(\rho_{nir} - \rho_{swir})}{(\rho_{nir} + \rho_{swir})} \quad (8.45)$$

Kauth-Thomas Tasseled Cap 변환의 특성

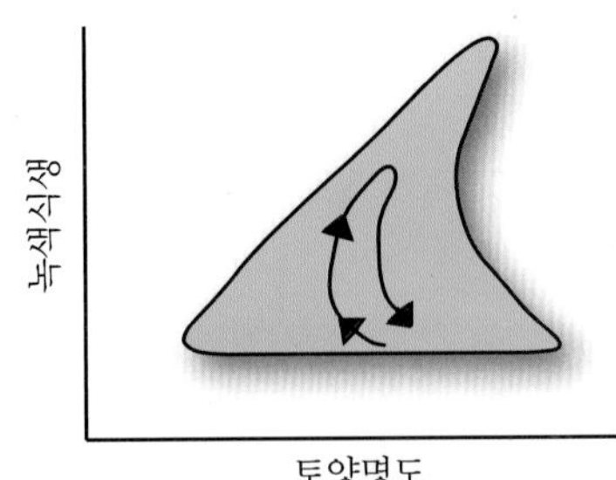

a. tasseled cap 토양명도-녹색식생 변환에서 농작물 발달과정

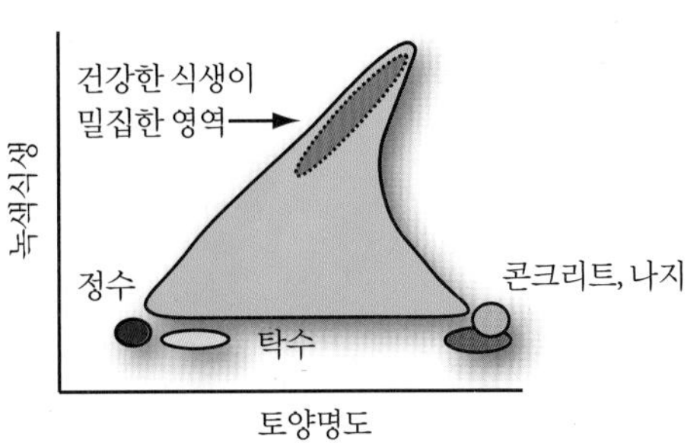

b. 토양명도-녹색식생 분광공간에 나타낸 토지피복의 위치

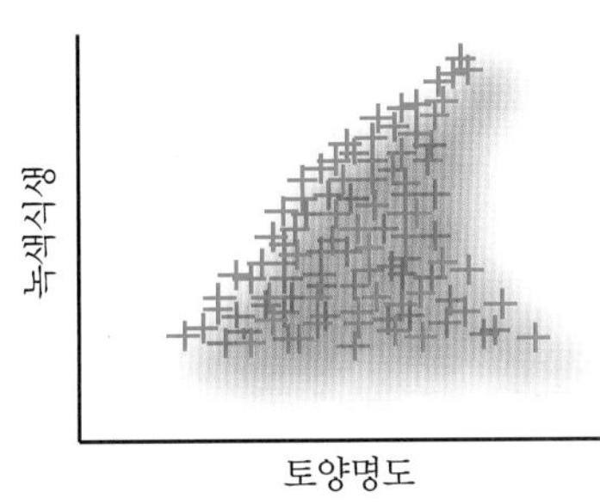

c. 농업지역에 대한 토양명도와 녹색식생의 실제 그래프. 분포 모양이 모자를 닮았다.

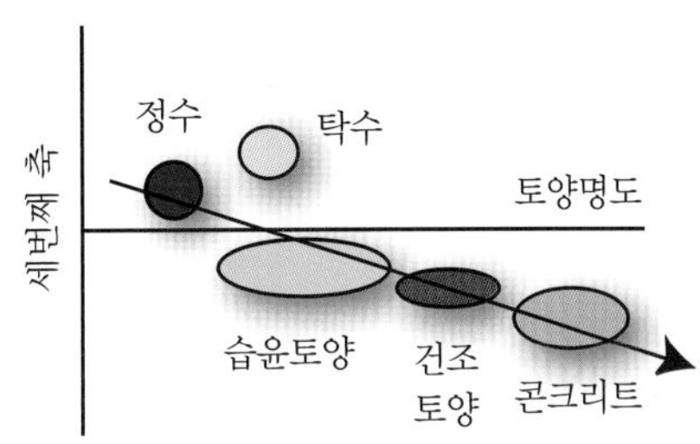

d. 토양 면에서 수분 변화의 방향. 화살표는 수분이 적어지는 방향을 나타낸다.

그림 8-45 Kauth-Thomas tasseled cap 변환의 특성(Crist and Cicone, 1984; Crist and Kauth, 1986에 기초). tasseled cap 변환은 tasseled cap의 바닥 부분이 토양명도 축과 평행하면 정확하게 적용된다.

표 8-10 Landsat 7 ETM^+ 자료의 사용을 위한 tasseled cap 계수 (Huang et al., 2002)

지수	TM1	TM2	TM3	TM4	TM5	TM7
명도	.3561	.3972	.3904	.6966	.2286	.1596
녹색식생	−.334	−.354	−.456	.6966	−.024	−.263
습도	.2626	.2141	.0926	.0656	−.763	−.539
4번째	.0805	−.050	.1950	−.133	.5752	−.777
5번째	−.725	−.020	.6683	.0631	−.149	−.027
6번째	.400	−.817	.3832	.0602	−.109	.0985

Jackson 등(2004)은 NDVI는 포화되지만, NDWI는 옥수수와 콩의 식생 수분함량에 대한 변화를 기록할 수 있음을 발견하였다. Jin과 Sader(2005)는 산림 폐해를 탐지하기 위하여 tasseled cap의 습도 변환 영상과 NDMI를 비교하였다. Verbesselt 등(2007)은 SPOT 식생 자료를 기반으로 초본 연료의 수분을 모니터링하기 위하여 NDWI를 사용하였다. Cheng 등(2008)은 NDWI를 MODIS 자료에 적용하고, AVIRIS에서 생성된 임관의 등가수분두께(equivalent water thickness, EWT)와의 결과를 비교하였다.

수직식생지수(PVI)

Richardson과 Wiegand(1977)는 식물 생장단계를 나타내는 지수로서 토양선으로부터의 수직거리를 개발하는 데 중요한 역할을 했다. 토양선은 Kauth-Thomas 토양명도 지수의 2차원 형태로 선형 회귀분석을 통해 산정된다. MSS 밴드 4 영상을 기반으로 하는 수직식생지수(Perpendicular Vegetation Index, PVI)는 다음과 같다.

$$PVI = \sqrt{(0.355MSS4 - 0.149MSS2)^2 + (0.355MSS2 - 0.852MSS4)^2} \quad (8.46)$$

Guyon 등(2011)은 활엽수림 내 잎의 생물계절학을 관찰하기 위하여 다음과 같은 좀 더 포괄적인 PVI를 사용하였다.

$$PVI = \frac{(NIR - aRed - b)}{\sqrt{1 + a^2}} \quad (8.47)$$

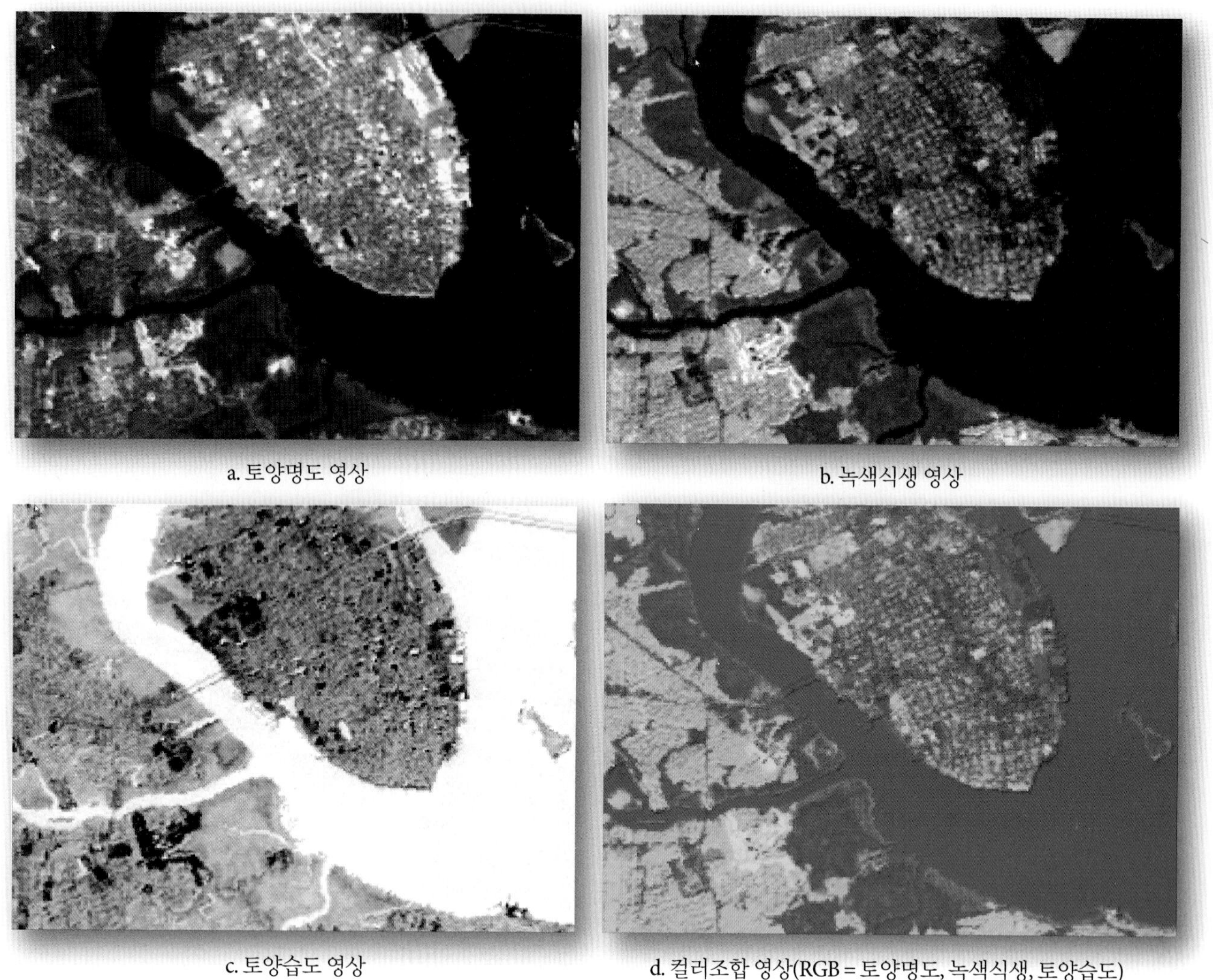

그림 8-46 1982년 11월 9일에 취득된 사우스캐롤라이나 주 찰스턴 지역의 Landsat TM 영상의 Kauth-Thomas(Tasseled Cap) 변환을 통해 추출한 토양명도, 녹색식생, 토양습도 영상(열적외선 밴드는 사용하지 않음)(원본 영상 제공 : NASA).

여기서 *a*와 *b*는 각각 토양선의 기울기와 절편이다.

엽수분함량지수(LWCI)

Hunt 등(1987)은 잎의 수분 스트레스를 산정하기 위하여 다음과 같은 **엽수분함량지수**(Leaf Water Content Index, LWCI)를 개발하였다.

$$LWCI = \frac{-\log[1-(NIR_{TM4} - MidIR_{TM5})]}{-\log[1-(NIR_{TM4_{ft}} - MidIR_{TM5_{ft}})]} \qquad (8.48)$$

여기서 *ft*는 다음과 같이 정의되는 잎의 상대수분함량(Relative Water Content, RWC)이 최대일 때 해당 밴드에서의 반사도를 의미한다.

$$RWC = \frac{\text{생체중량(혹은 현장중량)} - \text{건조중량}}{\text{포화중량} - \text{건조중량}} \times 100 \qquad (8.49)$$

토양보정 식생지수(SAVI)

항공기나 위성을 통해 지구의 식생피복을 평가하기 위하여 거의 30년 동안 NDVI와 연관 지수들이 사용되었다. 계절별 NDVI 자료를 이용한 시계열 분석은 다양한 생물군계에 대한 초기 생산량을 추정하고, 지표면의 식생패턴이 생육기간별로 변화하는 것을 관찰하며, 농작물의 생장기간과 건조기간을 산정하기 위한 방법을 제공하였다(Huete and Liu, 1994; Ramsey et al., 1995). 예를 들어 전 세계 식생 분석은 초기에는 LAI, APAR, 피복률, 생물량 등의 현장 측정 자료와 (AVHRR, Landsat MSS, Landsat TM, SPOT HRV 자료에서 구한) NDVI 값에 선형 회귀분석을 적용하는 것을 바탕으로 수행되었다. 이러한 경험적인 접근방법은 불과 10년 동안에 토지피복과 관련된 생물물리적 분석 분야에 혁신을 가져왔다(Running et al., 1994). 하지만 많은 연구에서 경험적으로 도출된 NDVI값은 불안정하고, 토양의 색과 수분함량, BRDF 영향, 대기상태, 임관층에 포함된 고엽량 등에 영향을 받는다(Qi et al., 1995). 예를 들어, Goward 등(1991)은 전 세계 식생 연구를 위하여 NOAA GVI(Global Vegetation Index) 결과로부터 얻은 NDVI 영상에서 ±50%의 오차가 발생함을 발견했다. 대기조건이 변하고 토양조건이 변한다고 하더라도 변하지 않는 지리학적 영역 내의 현장 측정값에 의해 보정이 필요 없는 정확한 NDVI 관련 결과물이 필요한 것이다(Huete and Justice, 1999).

그러므로 MODIS와 같이 잘 보정된 센서 시스템을 이용한 식생지수가 개발되어 왔다(Running et al., 1994). NDVI가 식생의 특성을 평가하는 데 유용하다고 알려져 왔으나, 많은 외부 및 내부 변수로 인하여 광역적인 범위에서의 사용은 제한되었다. 개선된 지수는 일반적으로 토양배경과 대기보정 계수를 이용한다.

토양보정 식생지수(Soil Adjusted Vegetation Index, SAVI)는 다음과 같이 계산된다.

$$SAVI = \frac{(\rho_{nir} - \rho_{red})}{(\rho_{nir} + \rho_{red} + L)}(1 + L) \qquad (8.50)$$

여기서 L은 임관을 통하여 적색과 근적외선 반사도 차이가 줄어드는 현상을 막기 위한 임관 배경 보정인자이다(Huete, 1988; Huete et al., 1992; Karnieli et al., 2001). L의 값은 식생밀도 및 식생피복비율에 의존한다. 나지 혹은 희박한 식생지역에서는 L값은 1에 근사되지만, 조밀한 식생지역에서 L은 0으로 수렴한다(이 경우, SAVI와 NDVI는 동일하다)(Huete and Liu, 1994; Sonnenschein et al., 2011). SAVI를 활용하면 NDVI에 포함된 토양에 의한 잡음을 최소화할 수 있다는 것이 여러 연구 결과를 통해 증명되었다. Qi 등(1995)은 토양 조절효과를 최적화하고 SAVI의 동적인 범위를 증가시키기 위해 L함수를 반복 및 연속적으로 사용하여 MSAVI(Modified SAVI)를 개발하였다.

대기보정 식생지수(ARVI)

SAVI는 청색, 적색, 그리고 근적외선 밴드의 복사휘도를 정규화하여 대기영향에 대해 덜 민감하도록 수정할 수 있다. 이를 **대기보정 식생지수**(Atmospherically Resistant Vegetation Index, ARVI)라 한다.

$$ARVI = \left(\frac{\rho_{nir} - \rho_{rb}}{\rho_{nir} + \rho_{rb}}\right) \qquad (8.51)$$

여기서

$$\rho_{rb} = \rho_{red} - \gamma(\rho_{blue} - \rho_{red})$$

이 방법은 청색, 적색, 그리고 근적외선 원격탐사 자료에서의 분자산란 및 오존층 흡수가 사전에 보정되어 있어야 한다. ARVI는 적색 밴드의 복사휘도를 보정하기 위하여 청색 밴드와 적색 밴드 사이의 복사휘도 차이를 이용하며, 결과적으로 대기영향을 낮춘다. 에어로졸 모델을 사전에 알고 있지 않을 경우에는 γ는 대기영향을 최소화하기 위해 보통 1.0을 사용한다. Kaufman과 Tanre(1992)는 대륙, 바다, 사막(예 : 아프리카의 사헬지역), 식물이 울창한 곳과 같은 지역에서 어떤 γ를 사용해야 하는지에 대한 기준을 제시하였다. Colombo 등(2003)은 잎면적지수 정보를 추출하기 위하여 고해상도 IKONOS 영상 및 질감 정보와 함께, ARVI와 다른 식생지수들을 사용하였다.

토양 대기보정 식생지수(SARVI)

Huete와 Liu(1994)는 SAVI로부터 L 함수를 이용하고 ARVI에서는 청색 밴드를 정규화하여 토양 및 대기잡음이 보정된 **토양 대기보정 식생지수**(Soil and Atmospherically Resistant Vegetation Index, SARVI)를 만들었으며, 동일한 원리로 MSARVI(Modified SARVI)를 만들었다.

$$SARVI = \frac{\rho_{nir} - \rho_{rb}}{\rho_{nir} + \rho_{rb} + L} \qquad (8.52)$$

$$MSARVI = \frac{2\rho_{nir} + 1 - \sqrt{\left[(2\rho_{nir} + 1)^2 - \gamma(\rho_{nir} - \rho_{rb})\right]}}{2} \qquad (8.53)$$

Huete와 Liu(1994)는 원 NDVI와 개선된 식생지수들(SAVI, ARVI, SARVI, MSARVI)을 이용하여 민감도 분석을 한 뒤 다음

과 같은 결론을 도출하였다.

- 완전한 대기보정이 이루어지면 주로 토양 잡음만이 남게 되는데, 이때 SAVI와 MSARVI가 가장 효과적인 지수이며 NDVI와 ARVI는 부적절한 지수이다.
- Rayleigh 산란과 오존에 의한 영향을 제거하기 위한 부분적인 대기보정이 이루어진다면, 최적의 식생지수는 SARVI와 MSARVI이며 NDVI와 ARVI는 부적절한 지수이다.
- 대기보정이 전혀 이루어지지 않았으면(Rayleigh, 오존, 에어로졸의 어떤 보정도 없음) SARVI는 덜 효과적이지만 전체적으로는 잡음이 최소가 된다. 여기서도 NDVI와 ARVI는 가장 많은 잡음과 오차가 발생한다.

에어로졸보정 식생지수(AFRI)

Karnieli 등(2001)은 하늘이 맑은 조건에서 1.6과 2.1μm에 중심을 둔 분광밴드가 청색(0.469μm), 녹색(0.555μm), 적색(0.645μm)에 중심을 둔 가시광선 분광밴드와 높은 상관도를 가지는 것을 발견하였다. $\rho_{0.469\mu m} = 0.25\rho_{2.1\mu m}$, $\rho_{0.555\mu m} = 0.33\rho_{2.1\mu m}$, $\rho_{0.645\mu m} = 0.66\rho_{1.6\mu m}$와 같은 경험적인 선형관계식이 통계적으로 유의하다는 것이 입증되었다. 따라서 위의 결과와 다른 관계식들을 이용하여 다음과 같은 2개의 다른 **에어로졸보정 식생지수**(Aerosol Free Vegetation Index, AFRI)를 개발하였다.

$$AFRI_{1.6\mu m} = \frac{(\rho_{nir} - 0.66\rho_{1.6\mu m})}{(\rho_{nir} + 0.66\rho_{1.6\mu m})} \quad (8.54)$$

$$AFRI_{2.1\mu m} = \frac{(\rho_{nir} - 0.5\rho_{2.1\mu m})}{(\rho_{nir} + 0.5\rho_{2.1\mu m})} \quad (8.55)$$

맑은 하늘에서는 AFRI(특히 $AFRI_{2.1\mu m}$)는 NDVI와 매우 비슷한 값을 가진다. 그러나 만약 대기층이 연기나 황산염을 포함하고 있다면 AFRI가 NDVI보다 더욱 우수하다. 이것은 1.6과 2.1μm에 중심을 둔 전자기파 에너지가 NDVI에서 사용한 적색 파장보다 대기층을 더 잘 통과할 수 있기 때문이다. 따라서 AFRI는 주로 연기나 대기오염, 화산재 등이 존재하는 영역 내의 식생을 평가하는 데 활용된다. 먼지가 있을 때에는 파장의 크기와 큰 입자들이 분포되기 때문에, 즉 2.1μm 영역에서 에너지가 제대로 투과하지 못하기 때문에 AFRI는 덜 효과적이다(Kaufman et al., 2000). AFRI값은 Landsat TM, ETM^+, Landsat 8, MODIS, ASTER, JERS-OPS(Japanese Earth Resource Satellite-Optical System), SPOT 4-Vegetation, IRS-1C/D와 같이 1.6과 2.1μm에 파장의 중심을 둔 밴드를 가진 어떤 센서에도 적용될 수 있다.

강화식생지수(EVI)

MODIS 육상연구그룹(Land Discipline Group, LDG)은 MODIS 자료의 사용을 위하여 다음과 같은 **강화식생지수**(Enhanced Vegetation Index, EVI)를 개발했다(Huete et al., 1997; Jiang et al., 2008).

$$EVI = G\frac{\rho_{nir} - \rho_{red}}{\rho_{nir} + C_1\rho_{red} - C_2\rho_{blue} + L} \quad (8.56)$$

여기서 *nir*, *red*, *blue*는 대기보정 혹은 부분적으로 대기보정(Rayleigh, 오존 흡수)된 지표 반사율을 의미한다. EVI는 토양조정계수 L과 대기에서 에어로졸 산란이 발생할 때 적색 밴드를 보정하기 위하여 청색 밴드의 사용 정도를 설명하는 계수인 C_1, C_2를 이용하여 NDVI를 수정한 지수이다. 계수 C_1, C_2와 L은 각각 실험에 의하여 6.0, 7.5, 1.0으로 결정되었다. G는 2.5로 설정된 이득 계수이다. 이 알고리듬은 고생물량 지역에 대한 민감도를 개선하였으며, 임관의 배경신호와 대기에 의한 감소효과를 서로 분리하여 식생 모니터링을 개선하였다(Huete et al., 1997; Huete and Justice, 1999; Huete et al., 2002; Wagle et al., 2014). 식생이 많은 지역에 대하여 MODIS로부터 얻은 NDVI와 EVI를 비교한 결과는 그림 8-47과 같다(Didan, 2002). Wardlow 등(2007)은 NDVI가 경지 내 성장시기의 정점에 대한 점진적인 단계의 접근법인 반면, EVI는 성장 시기에 더욱 민감한 특성을 보인다는 것을 확인하였다.

2개의 MODIS 식생지수(MODIS NDVI와 MODIS EVI)는 16일간 영상을 조합하여 1×1km나 500×500m(가끔 250×250m) 해상도로 제작된다. 그림 8-48에 나타낸 지구의 후배 MODIS EVI 지도는 2003년 193일째부터 16일간 수집된 영상들로 만든 것이다.

EVI2는 EVI의 2개 밴드의 형태이다. EVI2는 청색 밴드를 가지고 있지 않은 원격탐사 시스템에서 EVI를 사용하기 위하여 다음과 같이 개발되었다(Jiang et al., 2008; Liu et al., 2012).

$$EVI2 = 2.5\frac{(\rho_{nir} - \rho_{red})}{(\rho_{nir} + 2.4\rho_{red} + 1)} \quad (8.57)$$

Jiang 등(2008)은 EVI와 EVI2의 차이가 대기영향이 최소일 때 눈 및 얼음이 없는 피복, 생물계절학, 축척 등에 무의미하다는

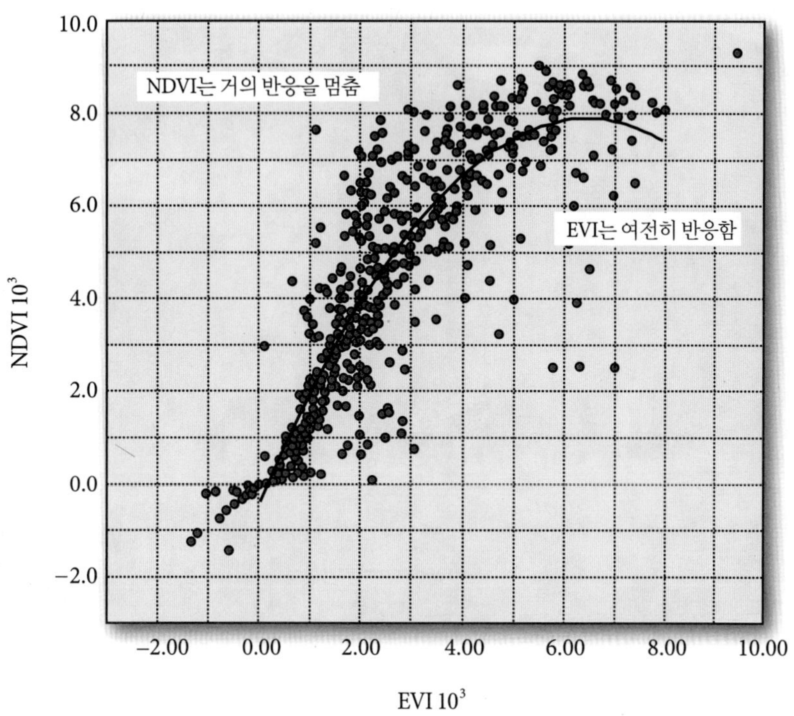

그림 8-47 식생 밀집 지역에 대해 MODIS에서 추출한 NDVI와 EVI의 민감도 비교(Didan, 2002에 기초)

것을 제안하였다.

삼각식생지수(TVI)

Broge와 Leblanc(2000)은 삼각식생지수(Triangular Vegetation Index, TVI)를 개발하였다. 이 지수는 색소에 의하여 흡수되는 복사에너지를 뜻하며, 엽록소 *a*와 *b*에 의한 흡수가 상대적으로 적은 녹색영역에서의 반사도의 크기와 함께 적색과 근적외선 반사도의 상대적인 차이의 함수로 표현된다. TVI는 분광공간에서 녹색의 최대점, 엽록소 흡수에 의한 최소점, 그리고 근적외선의 어깨부분에 의하여 정의되는 삼각형의 면적으로 계산된다. 이는 엽록소 흡수에 의하여 적색 파장의 반사가 감소되고 다량의 잎 조직에 의하여 근적외선 반사가 증가되면 삼각형 전체의 면적이 커지게 될 것이라는 사실에 근거한다. TVI 지수는 분광공간에 주어진 좌표로 계산된 삼각형 ABC의 면적을 포함한다.

$$TVI = \frac{1}{2}(120(\rho_{nir} - \rho_{green})) - 200(\rho_{red} - \rho_{green}) \qquad (8.58)$$

여기서 ρ_{green}, ρ_{red}, ρ_{nir}는 각각 0.55μm, 0.67μm, 0.75μm에서의 반사도이다. Pena-Barragan 등(2011)은 TVI를 작물 식별을 위하여 ASTER 광학자료에 적용하였다.

축소 단순 비율(RSR)

Chen 등(2002)은 SPOT 식생 센서에 있는 단파장 적외선(SWIR) 밴드로부터 얻은 정보를 포함하기 위하여 SR 알고리듬을 수정하였다. 그들은 이 센서를 사용하여 캐나다의 LAI 지도를 구축했다. 축소 단순 비율(Reduced Simple Ratio, RSR)은 다음과 같다.

$$RSR = \frac{\rho_{nir}}{\rho_{red}}\left(1 - \frac{\rho_{swir} - \rho_{swirmin}}{\rho_{swirmax} + \rho_{swirmin}}\right) \qquad (8.59)$$

여기서 $\rho_{swirmin}$와 $\rho_{swirmax}$는 각 영상의 SWIR 반사도의 최소, 최댓값이며, 이 값들은 각 영상에서 SWIR 반사도 히스토그램의 1% 최소 및 최대 분리점으로 정의된다. SR과 비교하여 RSR의 주요 장점은 a) 토지피복의 종류에 따라 발생하는 차이가 아주 적기 때문에 혼합 피복지역에 대한 LAI의 정확도가 증가될 수 있고, 첫 번째 근사치로서, 상호 등록된 토지피복지도에 의존하지 않고 단일 LAI 알고리듬을 개발할 수 있으며, b) SWIR 밴드가 배경에서 수분을 함유한 식생의 양에 가장 민감하기 때문

MODIS EVI 세계지도

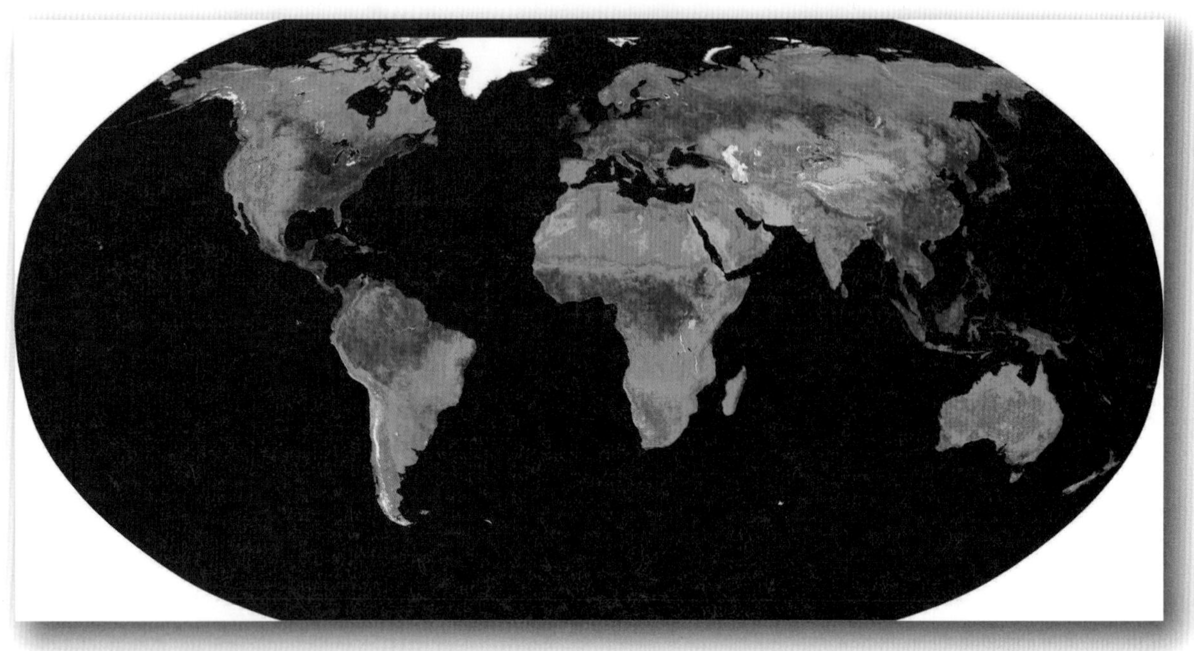

그림 8-48 2003년 193일째부터 16일 동안 수집한 전 세계의 MODIS EVI 지도. 밝은 지역일수록 생물량이 더 크다(Terrestrial Biophysics and Remote Sensing MODIS Team, University of Arizona and NASA 제공).

에 배경(하층, 쓰레기, 토양)의 영향을 감소시킬 수 있다는 것이다(Chen et al., 2002). Gray와 Song(2012)은 다중 센서에 의한 공간, 분광, 다중시기 자료를 사용하여 잎면적지수를 매핑하는 데 RSR을 사용하였다.

엽록소 흡수지수(CARI), 수정된 변환 엽록소 흡수지수(MTCARI), 최적 토양보정 식생지수(OSAVI), TCARI/OSAVI 비

많은 과학자들은 식생의 엽록소 양에 매우 관심이 많다(예 : Daughtry et al., 2000). Kim 등(1994)은 **엽록소 흡수지수**(Chlorophyll Absorption in Reflectance Index, CARI)를 개발했다. 이를 수정한 것이 다음의 변환 엽록소 흡수지수(Transformed Chlorophyll Absorption in Reflectance Index, TCARI)이다.

$$TCARI = 3\left[(\rho_{700} - \rho_{670}) - 0.2(\rho_{700} - \rho_{550})\left(\frac{\rho_{700}}{\rho_{670}}\right)\right] \quad (8.60)$$

이 지수는 엽록소 *a*의 최대흡수파장인 약 670nm와 함께 광합성 색소의 최소 흡수가 일어나는 파장인 550과 700nm에 중심이 위치한 밴드를 사용한다. 700nm를 선택한 것은 해당 파장대가 식생의 반사도가 색소 흡수에 의해 좌우되는 영역과 식생의 구조적인 특성(예 : 해면조직)이 반사도에 의해 더 많은 영향을 받는 적색 경계 부분이 시작하는 영역 사이에 위치하기 때문이다(Kim et al., 1994).

유감스럽게도 TCARI는 특히 LAI가 낮은 식생지역 아래의 토양 반사도 특성에 여전히 민감하다. 따라서 Daughtry 등(2000)은 TCARI가 최적 토양보정 식생지수(Optimized Soil-Adjusted Vegetation Index, OSAVI)(Rondeaux et al., 1996)와 같은 포괄적인 토양선 식생지수와 결합되어야 한다고 제안했다.

$$OSAVI = \frac{(1 + 0.16)(\rho_{800} - \rho_{670})}{(\rho_{800} + \rho_{670} + 0.16)} \quad (8.61)$$

둘 사이의 비율은 다음과 같으며 엽록소 함유량과 높은 상관관계를 보인다(Haboudane et al., 2002).

$$\frac{TCARI}{OSAVI} \quad (8.62)$$

가시광선 보정지수(VARI)

많은 자원관리자들은 식생이 어느 정도 분포하는가에 대한 정보(예 : 60%)를 원한다(Rundquist, 2002). 과학자들은 ARVI를 만들면서 다음의 **가시광선 보정지수**(Visible Atmospherically Resistant Index, VARI)를 개발하였다(Gitelson et al., 2002).

$$VARI_{green} = \frac{\rho_{green} - \rho_{red}}{\rho_{green} + \rho_{red} - \rho_{blue}} \quad (8.63)$$

VARI는 대기영향에 대해 가장 작게 민감하기 때문에 광범위한 대기 광학 두께에서 10% 이하의 오차를 지닌 식생 비율을 추정할 수 있다.

정규시가지지수(NDBI)

도시나 근교 문제들에 관해 연구하는 많은 전문가들은 도시지역의 분포와 성장을 모니터링하는 것에 관심이 많다. 이런 자료들은 유역유출 추정이나 다른 계획수립 응용분야에 사용할 수 있다. Zha 등(2003)은 **정규시가지지수(Normalized Difference Built-up Index, NDBI)**를 다음과 같이 계산했다.

$$NDBI = B_u - NDVI \quad (8.64)$$

여기서

$$B_u = \frac{NIR_{TM4} - MidIR_{TM5}}{NIR_{TM4} + MidIR_{TM5}} \quad (8.65)$$

결과적으로 이 식을 사용하면 시가지와 나지만이 양의 값을 가지고 다른 지역에 대해서는 모두 0이나 −254의 값을 갖는 영상을 생성한다. 이 방법은 92%의 정확도를 보인다고 보고되었다.

식생조정 야간 빛(NTL) 시가지지수(VANUI)

DMSP/OLS(The Defense Meteorological Satellite Program/Operational Linescan System)의 야간 빛(Nighttime light, NTL) 자료는 도시화 지역의 존재 및 에너지 소비와 높은 상관도가 있는 야간의 명도에 대한 정보를 제공한다. 때때로 NTL 자료의 활용은 중심상업지구의 자료값의 포화 때문에 제약을 가진다. 따라서 Zhang 등(2013)은 NTL 자료와 함께 MODIS 자료에 의하여 추정된 NDVI 자료를 이용한 식생조정 NTL 시가지지수를 개발했다.

$$VANUI = (1 - NDVI) \times NTL \quad (8.66)$$

VANUI 영상은 NTL 포화를 감소시키는 효과가 있으며 생물물리학적(예 : 토양, 물, 식생) 및 시가지 특성에 대응된다.

적색 경계 위치 결정(REP)

680~800nm 영역에 있어서 잎의 반사도 스펙트럼의 급격한 변화는 강한 엽록소 흡수 및 적색 경계라 불리는 잎 내부의 산란의 결합된 영향에 의하여 발생된다. **적색 경계 위치(red edge position, REP)**는 적색과 근적외선 파장 사이에서 식생 반사도 스펙트럼의 최대 경사도 지점을 의미한다. 적색 경계는 Collins(1978)에 의하여 처음 소개되었으며, 식생 분광 곡선에서 가장 많이 연구된 특성이다. REP는 나뭇잎의 엽록소 함유와 매우 상관도가 높으며, 식생 스트레스에 민감한 지표이기 때문에 유용하다. 원격탐사 자료를 이용하여 적색 경계를 결정하는 것은 대체적으로 초분광 자료의 수집을 필요로 한다.

Clevers(1994)에 의하여 제안된 선형방법은 4개의 좁은 밴드를 사용하여 다음과 같이 계산된다.

$$REP = 700 + 40\left[\frac{\rho_{(red\ edge)} - \rho_{(700nm)}}{\rho_{(740nm)} - \rho_{(700nm)}}\right] \quad (8.67)$$

여기서

$$\rho_{(red\ edge)} = \frac{\rho_{(670nm)} + \rho_{(780nm)}}{2} \quad (8.68)$$

Dawson과 Curran(1998)과 Baranoski와 Rokne(2005)는 적색 경계 위치를 결정하기 위하여 사용되는 추가적인 방법들을 정리하였다.

광화학 반사도 지수(PRI)

Mand 등(2010)은 유럽의 관목지 영역에 대한 실험적인 온난화 및 가뭄을 모니터링하기 위하여 **광화학 반사도 지수(photochemical reflectance index, PRI)**를 사용하였다.

$$PRI = \frac{(\rho_{531} - \rho_{570})}{(\rho_{531} + \rho_{570})} \quad (8.69)$$

PRI는 실질적인 녹색 잎면적지수와 연관되어 있지만, 특히 낮은 녹색 잎면적지수를 보이는 영역의 토양 반사도 특성에 덜 민감하다고 확인되었다. Sims 등(2011)은 PRI가 잎, 임관, 임분 단계에서 식생의 빛 사용 효율성과 높은 상관도를 보이기 때문에 식생지수에 사용된 MODIS 자료의 관측각 영향을 연구하는 데 PRI를 사용하였다.

광합성 식생, 비광합성 식생 및 나지의 피복비율을 정량화하기 위한 NDVI와 섬유소흡수지수(CAI)

Guerschman 등(2009)은 광합성 식생(f_{PV}), 죽은 식물과 같은 비광합성 식생(f_{NPV}), 나지(f_{BS})의 피복비율에 대한 정량적인 평가는 천연자원 관리 및 탄소역학을 모델링하는 데 필수적이라고 서술하였다. 피복비율의 특성을 파악하기 위하여 선형 순수화 분석에 사용될 수 있는 NDVI와 섬유소 흡수지수(Cellulose Absorption Index, CAI)를 기반으로 하는 방법론이 개발되었다. CAI는 전자기 스펙트럼의 SWIR 영역을 사용하여 계산된다.

$$CAI = [0.5 \times (\rho_{2.0} + \rho_{2.2}) - \rho_{2.1}] \times 10 \qquad (8.70)$$

여기서 $\rho_{2.0}$은 2,022~2,032nm 영역의 EO-1 Hyperion 초분광 밴드, $\rho_{2.1}$은 2,093~2,113nm 영역의 밴드, $\rho_{2.2}$은 2,184~2,204nm 영역의 밴드이다(Guerschman et al., 2009). 피복비율은 그림 8-49에 보이는 것과 같이 NDVI_CAI 분광 특성 공간에 화소가 어디에 위치해 있는지에 의하여 결정된다. 특성 공간 내의 3개의 꼭짓점은 나지(f_{BS}), 비광합성 식생(f_{NPV}), 광합성 식생(f_{PV})과 연관된 순수한 종점(endmember)으로 나타낸다. 3개의 순수 종점의 혼합으로 이루어진 반사도 스펙트럼(1~4에 위치해 있는)은 황색 NDVI_CAI 개체 공간 내부에 위치할 것이다. 이론적으로 #1에 위치한 화소는 광합성 식생 50%, 나지 50%로 구성되어 있을 것이다. #4에 위치한 화소는 세 순수 종점이 동일한 비율을 가지고 있을 것이다.

MERIS 지상 엽록소지수(MTCI)

Dash 등(2010)은 다음의 수식을 이용하여 식생의 생물계절학의 공간-다중시기 변동을 매핑하기 위하여 MERIS의 8, 9, 10밴드를 기반으로 하는 MERIS 지상 엽록소지수(MERIS Terrestrial Chlorophyll Index, MTCI)를 사용하였다.

$$MTCI = \frac{\rho_{band\ 10} - \rho_{band\ 9}}{\rho_{band\ 9} - \rho_{band\ 8}} = \frac{\rho_{753.75} - \rho_{708.75}}{\rho_{708.75} - \rho_{681.25}} \qquad (8.71)$$

MTCI는 엽록소 함유에 대한 영상을 제공하기 위하여 LAI와 잎의 엽록소 집중에 대한 정보를 통합한다. MTCI는 운용 중인 ESA(European Space Agency) 단계 2 지표 성과물이다.

정규연소비율(NBR)

심각한 화재의 매핑을 위하여 널리 사용되는 분광지수 중의 하나는 정규연소비율(Normalized Burn Ratio, NBR)이다. NBR은 SWIR 영역(ρ_{swir})과 근적외선 영역(ρ_{nir})의 반사도를 혼합한다(Boer et al., 2008).

$$NBR = \frac{(\rho_{nir} - \rho_{swir})}{(\rho_{nir} + \rho_{swir})} \qquad (8.72)$$

초분광 자료를 사용하여 식생피복비율을 정량화하기 위한 개념적 접근

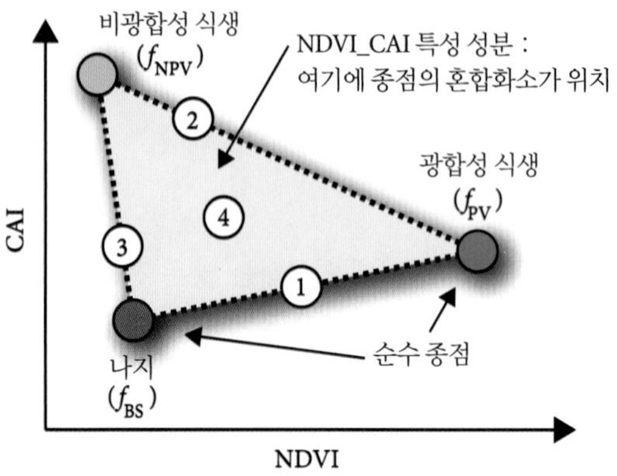

그림 8-49 Gureschman 등(2009)은 CAI와 NDVI를 이용하여 분광 특성 공간 내의 정보 분석을 통하여 피복비율을 정량화하는 것이 가능하다는 것을 제안하였다. 세 순수 종점의 혼합(예 : 위치 1~4)에 의한 반사도 스펙트럼은 황색 특성 공간 내에 놓일 것이다(Guerschman et al., 2009에 기초).

NBR은 때때로 한 장의 화재 후 영상을 이용하여 화재에 영향을 받은 지역을 매핑하기 위하여 사용되기도 하지만, 일반적으로 좌표 등록된 다중시기 영상에서 관측된 화재 전후의 값의 차이로서 화재 심각성을 정량화하기 위하여 계산된다(Boer et al., 2008).

$$\Delta NBR = NBR_{pre-fire} - NBR_{post-fire} \qquad (8.73)$$

NBR은 화재 영향의 모니터링 및 평가를 위하여 USDA Forest Service FIREMON 시스템에서 사용된다(Lutes et al., 2006; Boer et al., 2008).

식생 억제

식생 억제 알고리듬은 NDVI와 같은 식생변환을 사용하여 화소당 식생량을 모델화한다. 이 모델은 식생과 각 입력 밴드의 관계를 계산하고, 각 밴드에 대한 화소단위에 기초하여 전체 신호의 식생 요소를 비상관화시킨다(Crippen and Blom, 2001; ENVI Suppression, 2013). 식생 억제는 주로 암석의 지도화 및 개방된 임관 지역 내 선형 특성 강조에 사용된다. 이 모델은 지질학적 및 시가지 특성을 해석하는 데 많은 도움을 주며, 중해상도(예 : 30×30m) 영상에서 개방된 임관 식생지역에서 가장 잘 작동한다. 중해상도 자료 내 폐쇄된 임관에 대해서 식생 억제는 선형 특성 강조를 위하여 사용된다.

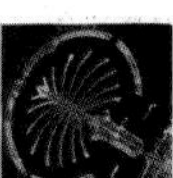

질감 변환

사람들이 원격탐사 영상을 시각적으로 분석할 때 영상에 있어서의 배경, 경계, 질감, 색조나 컬러를 동시에 고려한다. 하지만 대부분의 디지털 영상처리 분류 알고리듬은 분광 정보(예 : 밝기값)에만 의존한다. 그러므로 디지털 영상처리 과정에 이런 다른 특성들을 포함시키려는 많은 노력이 있어 왔다.

이산 색조체(discrete tonal feature)는 모든 화소가 같거나 아주 비슷한 회색조(밝기값)를 가지는 화소가 연결된 집합이다. 영상의 작은 영역(예 : 3×3)에서 이산 색조체의 변화가 거의 없다면 이 영역의 주요 속성은 회색 음영이다. 반대로, 좁은 지역에서 이산 색조체의 변화가 심하다면 이 지역의 주요 특성은 질감이다. 분류과정에 질감정보를 포함하기 위하여 대부분의 연구가들은 분류과정에 새로운 피처나 밴드로 쓰일 수 있는 새로운 질감 영상을 만들려는 노력을 해 왔다. 그러므로 질감 영상의 새로운 각 화소는 그 위치에 질감을 의미하는 밝기값($BV_{i,j,\text{texture}}$)을 갖게 된다.

공간 영역에서 일차 통계값

질감정보를 만들기 위하여 사용할 수 있는 1차 통계값으로는 평균 유클리드 거리(mean Euclidean distance), 분산(variance), 비대칭도(skewness), 첨도(kurtosis) 같은 것이 있다(예 : Luo and Mountrakis, 2010; Warner, 2011; Culbert et al., 2012; ERDAS, 2013). 일반적인 알고리듬은 다음과 같다.

$$\text{Mean Euclidean Distance} = \frac{\sum\left[\Sigma_\lambda (BV_{c\lambda} - BV_{ij\lambda})^2\right]^{\frac{1}{2}}}{n-1} \quad (8.74)$$

여기서

$BV_{c\lambda}$ = 분광밴드 λ에서 창 내의 한가운데 밝기값
$BV_{ij\lambda}$ = 분광밴드 λ에서 화소(i, j) 위치에 해당하는 밝기값
n = 창 내의 총 화소 수

$$\text{Variance} = \frac{\sum (BV_{ij} - \mu)^2}{n-1} \quad (8.75)$$

여기서

BV_{ij} = 화소(i, j)에서의 밝기값
n = 창 내의 총 화소 수
μ = 움직이는 창의 평균

즉, 다음과 같다.

$$\mu = \left(\sum BV_{ij}\right)/n$$

$$\text{Skewness} = \frac{\left|\sum (BV_{ij} - \mu)^3\right|}{(n-1)(V)^{\frac{3}{2}}} \quad (8.76)$$

여기서 V는 분산을 나타낸다.

$$\text{Kurtosis} = \frac{\sum (BV_{ij} - \mu)^4}{(n-1)(V)^2} \quad (8.77)$$

일반적인 창의 크기는 3×3, 5×5, 7×7이다. 그림 8-50b는 3×3 분산 질감측도를 고해상도 디지털프레임 카메라 영상에 적용한 결과이다. 영상에서 화소가 밝을수록 창 내의 불균일도가 더 커진다(질감이 더 거칠어진다). 그림 8-50c는 근적외선과 적색, 그리고 녹색 밴드에서 추출한 분산의 컬러조합 영상을 나타낸 것이다. 그리고 그림 8-50d는 움직이는 3×3 창 내에서의 비대칭도(skewness)를 근적외선, 적색, 그리고 녹색 밴드로부터 추출하여 컬러조합을 나타낸 것이다.

수많은 과학자들이 다양한 질감 변환을 개발하고 평가하였다. 예를 들어, Mumby와 Edwards(2002)는 5×5 창을 사용하여 IKONOS 영상에서 분산을 추출했는데, 질감 특성이 분광자료와 함께 쓰일 때 산호초 서식지에 대한 주제도의 정확도가 상당히 증가한다는 것을 알아냈다. Ferro와 Warner(2002)는 분광정보와 질감을 함께 사용하였을 때 토지피복 분류를 더 쉽게 할 수 있으며 질감에 의한 분리도는 창의 크기가 클수록 증가한다는 것을 밝혔다. Wang 등(2004)은 맹그로브에 대한 연구에서 분산 질감(variance texture)과 다른 이차 질감 측도(second-order texture measures)를 이용했다. Estes 등(2008)은 평균과 표준편차 질감을 이용했다. Estes 등(2010)은 표준편차 질감을 SPOT 및 ASTER 자료에 적용하여 숲 영양(forest antelope) 서식지를 분석했다. Luo와 Mountrakais(2010)는 불침투성 지표면에 대한 연구에서 평균과 분산을 활용했다. Warner(2011)는

디지털 프레임 카메라 영상으로부터 추출한 일차 질감 정보

a. 컬러조합(RGB = 근적외선, 적색, 녹색)

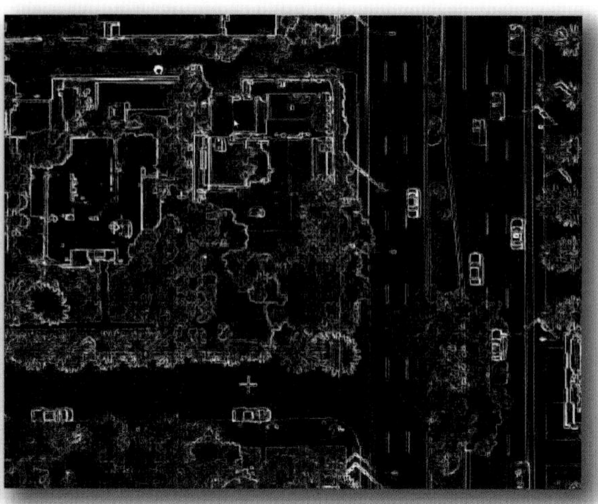

b. 근적외선 밴드의 분산

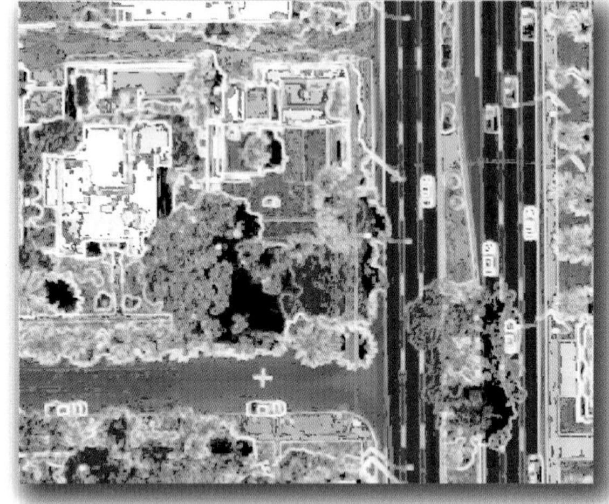

c. 컬러조합(RGB = 근적외선 분산, 적색 분산, 녹색 분산)

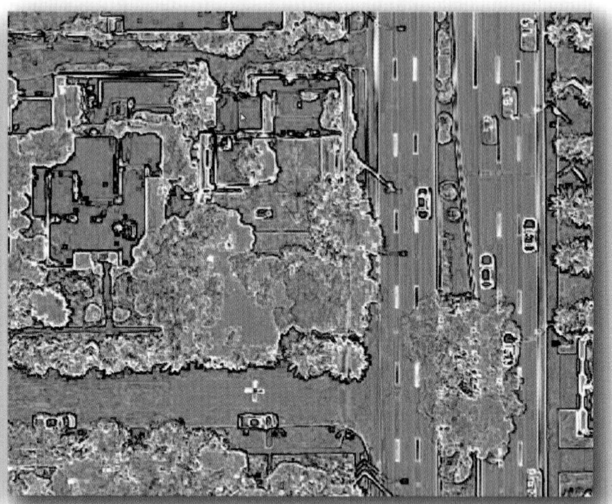

d. 컬러조합(RGB = 근적외선 비대칭도, 적색 비대칭도, 녹색 비대칭도)

그림 8-50 3×3 공간이동 창을 이용하여 추출된 1차 질감측도. a) 원본 영상(원본 항공사진 제공 : John Copple, Sanborn Map Company). b) 근적외선 밴드의 분산. c) 근적외선, 적색, 그리고 녹색 밴드로부터 추출된 분산의 컬러조합. d) 근적외선, 적색, 그리고 녹색 밴드로부터 추출된 비대칭도의 컬러조합.

여러 가지 일차 질감 측도(first-order texture measures)의 특징을 검토했다. Dronova 등(2012)은 습지 식물 기능 유형들에 대한 객체기반 영상분석에서 표준편차 질감을 이용했다. Gray와 Song(2012)은 MODIS 자료에서 LAI를 추출하는 연구에서 단순 분산 질감(simple variance texture)을 적용했다.

경계보존 분광 평활화(EPSS) 분산 질감

Laba 등(2010)은 5×5 공간이동 창 내에서의 평균 및 분산과 관련된 반복적 경계보존 분광 평활화(Edge-Preserving Spectral-Smoothing, EPSS) 질감측도를 만들었고, 이를 다중분광 IKONOS 영상의 개별 밴드들에 적용한 결과가 그림 8-51에 나타나 있다. 이 연구의 목표는 그림 8-51a의 23지점과 같이 중심화소의 평균을 구하는 것이다. 이를 위해 먼저 주어진 화소를 중심으로 하는 9개 화소로 구성된 한 블록의 분산과 그 중심화소 주변에서 8개 방향으로 연장하는 7개 화소들로 구성된 블록들의 분산을 구한다(그림 8-51). 이어서 최소 분산을 보이는 블록을 찾아낸다. 따라서 각각의 부분 창 k에 대한 평균은 다음과 같다(Laba et al., 2010).

$$\mu_k = \frac{1}{N}\sum_{i=1}^{3}\sum_{j=1}^{3} x_{i,j} \times m_{i,j,k} \tag{8.78}$$

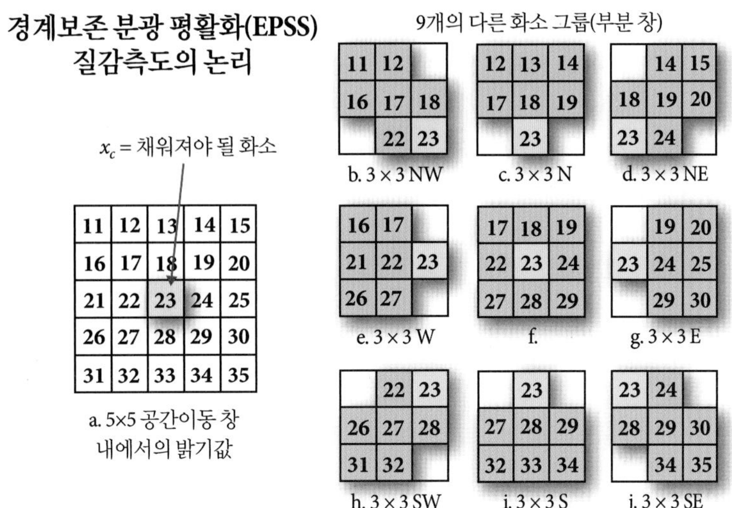

그림 8-51 경계보존 분광 평활화(EPSS) 질감측도의 논리. a) 5×5화소 공간이동 창 및 채워져야 될 화소 인식. b~j) *xc*에 지정될 최소분산 부분 창의 평균을 계산하기 위해 구성된 9개의 다른 화소 그룹. 8개의 그룹은 기본 방향에 해당한다. 이 기법은 다중분광자료에도 확장 적용이 가능하다(Laba et al., 2010에 기초).

그리고 분산은 다음과 같이 계산된다.

$$\sigma_k = \frac{1}{N}\sum_{i=1}^{3}\sum_{j=1}^{3}(x_{i,j}-\mu_k)\times m_{i,j,k} \qquad (8.79)$$

여기서 $x_{i,j}$는 k번째 부분 창 내에서 i, j 위치에서의 밝기값을 나타내고, $m_{i,j,k}$는 k번째 부분 창에 해당하는 이진마스크(0 또는 1)를 나타낸다. 그런 다음 그 최소분산 부분 창의 평균을 중심 화소 x_c에 지정한다. 여기서,

$$x_c = \mu_{min} \text{ such that } \sigma_{min} = \min(\sigma_k) \qquad (8.80)$$

이 기법은 어떤 특정 문턱값(threshold)에 도달할 때까지 반복해서 각 밴드 내의 모든 화소에 적용된다. Laba 등(2010)은 자료들의 모든 다중분광밴드들에 대한 정보를 포함시키기 위하여 이 방법을 확장 적용했다. 이들에 의하면 이 질감측도는 원래 자료에 있던 분광강도나 분광형상(spectral shape)의 급작스러운 공간 변화를 보존한다고 한다.

조건부 분산탐지

Zhang(2001)은 고해상도 영상에서 나무를 식별하기 위한 질감 측정값을 개발했는데, 이는 1) 방향성 분산탐지와 2) 표준 지역 분산 측정값의 두 가지 요소로 구성되어 있다. 그림 8-52는 방향성 분산탐지 방법의 공간적인 개념을 나타내고 있다. 방향성 분산탐지는 '수목' 지역에서 창(예 : 7×7) 내의 중심화소가 어디인지를 확인하는 데 쓰인다. 만약 중심화소가 수목 지역에 위치하면, 결과 파일에 그 화소를 강조하기 위하여 지역 분산을 계산한다. 그렇지 않은 경우에는 그 화소에 미치는 영향을 줄이기 위하여 지역 분산을 계산하지 않는다. 다른 사물들의 경계를 효율적으로 탐지하여 수목 지역으로부터 분리하기 위해서는 방향성 분산탐지 방법의 창(예 : 7×7)은 지역 분산 계산의 창(예 : 3×3)보다 커야 한다.

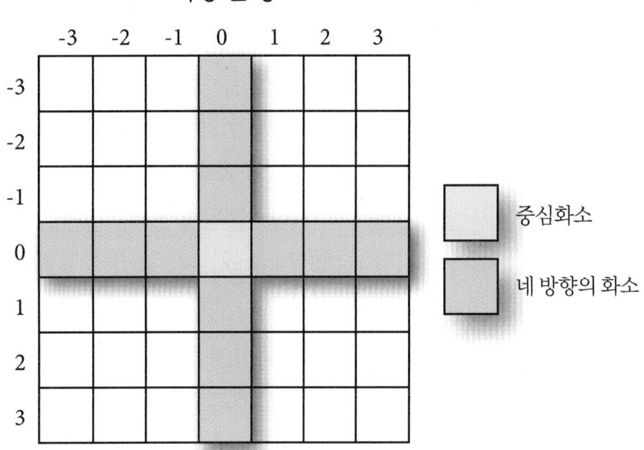

그림 8-52 방향성 분산을 계산하는 데 사용된 창(Zhang, 2001에 기초). 창의 크기가 반드시 7×7일 필요는 없다.

방향성 분산탐지는 다음 식을 사용하여 화소의 중심에서 네 방향으로 그림 8-52에 나와 있는 회색 화소를 따라서 화소의 분산을 측정한다.

$$D_{var} = \frac{1}{n}\sum_{i=-n}^{n-1}[f(i,j) - \overline{f(i,j)}]^2 \qquad (8.81)$$

$$\overline{f(i,j)} = \frac{1}{n}\sum_{i=-n}^{n-1} f(i,j)$$

$i < 0,\ j = 0$(위쪽의 경우)
$i \geq 0,\ j = 0$(아래쪽의 경우)
$i = 0,\ j < 0$(왼쪽의 경우)
$i \geq 0,\ j \geq 0$(오른쪽의 경우)

여기서 D_{var}는 방향성 분산이고, $f(i, j)$는 이동 창(그림 8-52)에서 i번째 열, j번째 행에 위치한 화소값이고, n은 중심화소를 제외한 모든 방향의 화소 수이다.

만약 네 방향 중 한 곳의 분산이 사용자가 정한 임계값보다 작으면, 이 방향을 따라서 균질한 지역이 존재하거나 중심선이 일직선의 경계를 따라 존재한다고 결론지을 수 있다. 이 경우, 중심화소는 수목이 없는 화소로 간주된다. 그 화소에는 낮은 값이 할당되고, 영역 분산을 계산하지 않는다. 반면에 만약 네 방향 중에 한 곳의 분산이 임계값을 넘게 되면, 지역 분산(예 : 3×3 창 내)이 계산되고, 중심화소에는 큰 값이 할당된다. Zhang(2001)은 이 알고리듬이 다음에 다루게 될 GLCM을 이용한 질감 정보보다 수목을 더 정확하게 탐지한다고 하였다.

최소-최대 질감 연산자

Briggs와 Nellis(1991)는 다음과 같은 5개 요소로 이루어진 이동 창의 밝기값 분석에 기초하여 최소-최대 질감 연산자(min-max texture operator)를 개발했다.

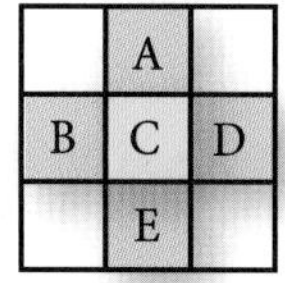

여기서

$$texture_C = brightest_{A,B,C,D,E} - darkest_{A,B,C,D,E} \qquad (8.82)$$

그들은 최소-최대 질감 피처와 7개 SPOT HRV 영상의 NDVI 변환을 이용하여 캔자스 주 Konza Prairie Research Natural Area의 높은 초지가 계절적으로 어떻게 변하고 분포하는가에 대한 중요한 정보를 추출했다.

질감측도로서의 Moran의 *I* 공간 자기상관

Purkis 등(2006)은 산호초 지도작성 연구에서 Moran의 I 공간 자기상관 측도(spatial autocorrelation metric)를 질감 연산자로 이용했다. Moran의 I를 계산하기 위해 다음을 적용했다(Purkis et al., 2006).

$$\text{Moran의 } I = \frac{\sum_i \sum_j C_{i,j} W_{i,j}}{S^2 \sum_i \sum_j W_{i,j}} \qquad (8.83)$$

여기서 $W_{i,j}$는 거리 d에서의 가중치(weight)이므로, i 지점에서 d 거리 내에 j 지점이 있으면 $W_{i,j} = 1$이 된다. 그렇지 않을 경우, $W_{i,j} = 0$이 된다. $C_{i,j}$는 평균치로부터의 편차(deviations)이다(즉 $C_{i,j} = (Z_i - \overline{Z})(Zj - \overline{Z})$, 여기서 $\overline{Z}$는 지역 창의 평균 밝기값). S^2는 C_{ij}의 주 대각선의 평균이다. Moran의 I는 사용자가 지정한 이동 창 안에서 계산된다(예 : 2×2, 3×3). 그림 8-53은 단순한 2×2 공간이동 창 내에서 가상의 자료를 이용하여 Moran의 I를 구하는 방법을 보여 주고 있다(Purkis et al., 2006). Moran의 I 변량은 양의 상관 +1.0[군생 패턴(clumped pattern)]부터 음의 상관 −1.0에 이른다. 만약 양(+)의 자기상관이 존재할 경우, 비슷한 분광 특성을 가지는 화소들이 그 창 안에 있다고 추정할 수 있다. 즉 동종 질감(homogeneous texture)이 존재한다는 뜻이다. 공간 자기상관이 약하거나 존재하지 않으면, 그 창 안의 인접 화소들은 유사하지 않은 분광값을 갖는다. 즉 이종(heterogenous) 질감이 존재한다는 뜻이다(Purkis et al., 2006).

공간 영역에서의 이차 통계값

매우 유용한 질감척도들은 본래 Haralick과 그의 동료들에 의하여 개발되었다(Haralick et al., 1973; Haralick and Shanmugan, 1974; Haralick, 1979; Haralick and Fu, 1983; Haralick, 1986). 고차의 질감척도들은 화소의 밝기값에 대한 공간관계의 명암도 동시 발생 행렬(gray-level co-occurrence matrices, GLCM)에 기반을 두고 있다. GLCM로부터 유도된 질감 변환은 원격탐사 분야에서 널리 채택되었으며, 다중분광 영상 분류에서 추가적인 개체, 즉 밴드로서 사용된다(예 : Maillard, 2003; Hall-

Moran의 *I* 계산

Z_1 = 채워져야 될 화소

$$I = \frac{\Sigma_i \Sigma_j C_{i,j} W_{i,j}}{S^2 \Sigma_i \Sigma_j W_{i,j}}$$

7	9	7	32	48
8	10	12	70	50
11	10	17	161	166
50	43	51	7	4
45	50	23	24	25

a. 영상의 한 밴드에 대한 원밝기값

2 × 2 창 명명법

Z1	Z2
Z3	Z4

b.

밝기값

50	43
45	50

c.

$\overline{Z} = (50+43+45+50)/4 = 47$

$W_{i,j}$ (주변 매트릭스)

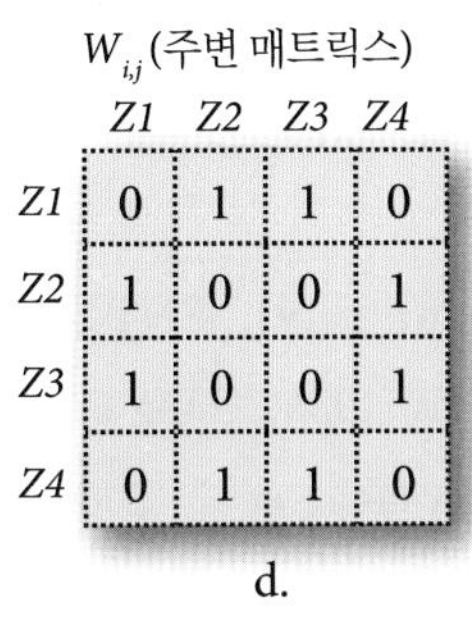

	Z1	Z2	Z3	Z4
Z1	0	1	1	0
Z2	1	0	0	1
Z3	1	0	0	1
Z4	0	1	1	0

$\Sigma_i \Sigma_j W_{i,j} = 8$

d.

$C_{i,j} = (Z_i - \overline{Z})(Z_j - \overline{Z})$

	Z1	Z2	Z3	Z4
Z1	9	-12	-6	9
Z2	-12	16	8	-12
Z3	-6	8	4	-6
Z4	9	-12	-6	9

e.

$S^2 = \Sigma_i (Z_i - \overline{Z})^2 / n$

$S^2 = (9+16+4+9)/4 = 9.5$

$\Sigma_i \Sigma_j C_{i,j} W_{i,j} = (0 \times 9)+(1 \times -12)+(1 \times -6)+ \ldots = -72$

$I = -0.947$

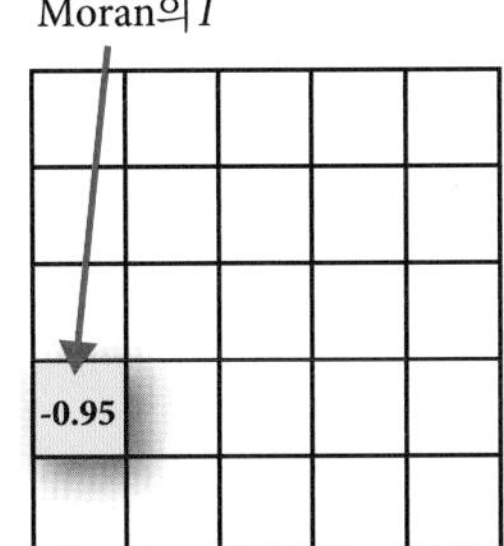

f. 결과 매트릭스에서 Moran의 *I* 값

그림 8-53 단일 밴드 영상으로부터 질감인 Moran의 *I*값을 계산하는 가상의 예(Purkis et al., 2006에 기초)

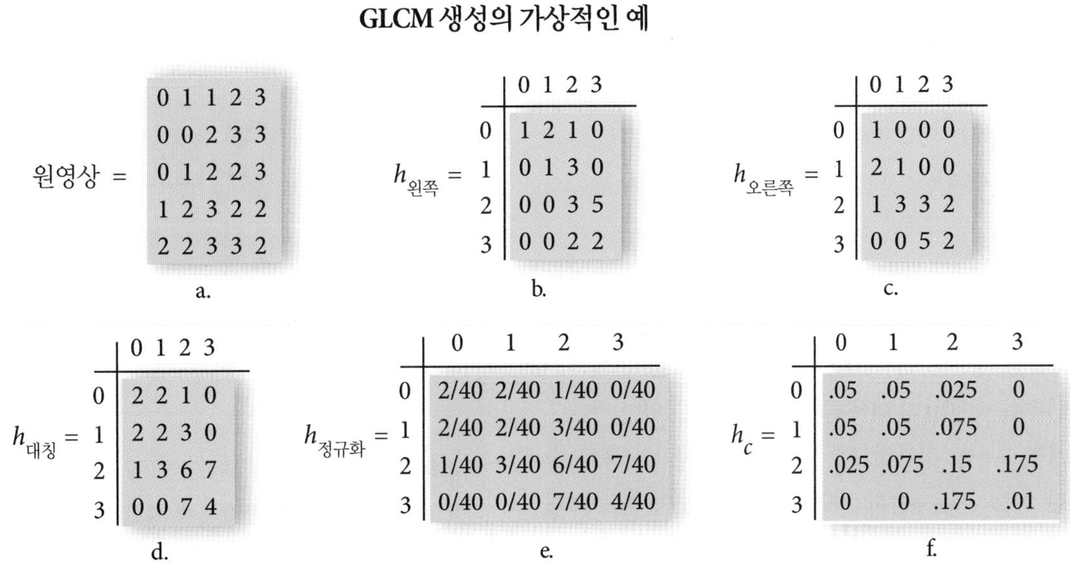

GLCM 생성의 가상적인 예

원영상 =

0	1	1	2	3
0	0	2	3	3
0	1	2	2	3
1	2	3	2	2
2	2	3	3	2

a.

$h_{왼쪽}$ =

	0	1	2	3
0	1	2	1	0
1	0	1	3	0
2	0	0	3	5
3	0	0	2	2

b.

$h_{오른쪽}$ =

	0	1	2	3
0	1	0	0	0
1	2	1	0	0
2	1	3	3	2
3	0	0	5	2

c.

$h_{대칭}$ =

	0	1	2	3
0	2	2	1	0
1	2	2	3	0
2	1	3	6	7
3	0	0	7	4

d.

$h_{정규화}$ =

	0	1	2	3
0	2/40	2/40	1/40	0/40
1	2/40	2/40	3/40	0/40
2	1/40	3/40	6/40	7/40
3	0/40	0/40	7/40	4/40

e.

h_c =

	0	1	2	3
0	.05	.05	.025	0
1	.05	.05	.075	0
2	.025	.075	.15	.175
3	0	0	.175	.01

f.

그림 8-54 단일 밴드 영상에 적용된 5×5 크기의 커널을 이용하여 각 요소들을 계산하는 가상의 예. a) 5×5 영역 내 원밝기값. b) 밝기값 *i*가 밝기값 *j*의 왼쪽에서 발생한 횟수. c) 밝기값 *i*가 밝기값 *j*의 오른쪽에서 발생한 횟수. d) 대칭행렬. e) 행렬의 정규화. f) 알고리듬에 활용될 GLCM 행렬.

Beyer, 2007; Schowengerdt, 2007; Jensen et al., 2009; Luo and Mountrakis, 2010; Pena-Barragan et al., 2011; Warner, 2011; Culbert et al., 2012; Wang and Zhang, 2014).

그러면 이와 같은 고차의 질감척도들은 어떻게 계산되는 것일까? 만약 $c=(\Delta x, \Delta y)$를 (x, y) 영상 내의 벡터라고 한다면, 임의의 벡터와 영상 $f(x, y)$에 대하여 c에 의해 분리된 점의 밝기값 쌍에 대한 결합 확률 밀도(joint probability density)를 계산하는 것이 가능하다. 만약 영상의 밝기값이 0에서 영상의 최대 양자화 단계(예 : $\text{quant}_k=255$)까지 임의의 값을 가질 수 있다면, 이 결합밀도는 배열 h_c의 형태를 가지게 된다. 여기서 $h_c(i, j)$는 분리도 c에서 일어나는 (i, j)에서의 밝기값 쌍의 발생 확률이다. 이 배열 h_c는 $\text{quant}_k \times \text{quant}_k$의 크기를 갖는다. $f(x, y)$에 대한 h_c 행렬을 계산하는 것은 쉬우며, 여기서 Δx와 Δy는 영상 내 분리도 c(Δx와 Δy)에서 밝기값 쌍이 발생하는 횟수를 나타내는 정수이다. 예를 들어 그림 8-54a와 같이 0~3 사이의 밝기값을 가지는 5×5 크기의 간단한 영상에 대하여 살펴보자. 만약 $(\Delta x, \Delta y)=(1, 0)$이면, 그림 8-54a의 값들은 밝기값 공간관계 행렬 h_c에 의해 그림 8-54b와 같이 표현된다. 여기서 행렬의 i번째 열, j번째 행의 값은 밝기값 i가 밝기값 j의 왼쪽에서 발생하는 횟수이다. 예를 들어 밝기값 1은 밝기값 2의 왼쪽에서 총 3회 나타난다[즉 $h_c(1, 2)=3$, GLCM 내].

그러나 그림 8-54c에서 볼 수 있는 것처럼 '대칭적인' GLCM을 생성하기 위하여 밝기값 j의 오른편에서 발생하는 밝기값 i의 횟수를 표현하는 GLCM을 생성하는 것도 좋은 방법이다. 이 두 종류의 GLCM은 대칭적인 GLCM을 생성하기 위하여 그림 8-54d와 같이 서로 더해진다(Hall-Beyer, 2007). 그리고 발생한 값들의 총횟수로 각 셀의 값들을 나누어 GLCM을 정규화한다. 해당 그림의 경우에는 행렬 내의 각 셀은 40으로 나뉜다. 정규화된 대칭적인 GLCM(h_c)는 다양한 질감척도로 사용될 수 있게 준비가 된 것이다.

모든 질감 정보는 0°, 45°, 90°, 135°의 각에 해당하는 밝기값 공간관계 행렬에 포함되어 있다고 가정한다(그림 8-55). 일반적으로, 동시 발생 행렬의 대각 부분의 값들이 클수록 분석되는 영상의 해당 부분의 질감이 더욱 균질하다고 할 수 있다.

h_c 행렬에서 유용한 질감정보를 추출하기 위하여 사용될 수 있는 다양한 척도가 존재한다. 몇몇 방법들은 h_c 행렬의 비대각 행렬 요소들에 대해서 대각요소보다 더욱 높은 가중치를 부여한다(예 : Hall-Beyer, 2007). 가장 널리 사용되는 GLCM 질감척도들은 ASM(Angular Second Moment), CON(contrast), COR(correlation), DIS(dissimilarity), ENT_2(entropy), HOM(homogeneity)이다(Haralick, 1986; Gong et al., 1992; Zhang, 2001; Maillard, 2003; Kayitakire et al., 2006; Luo and Mountrakis, 2010; Warner, 2011; Wood et al., 2012).

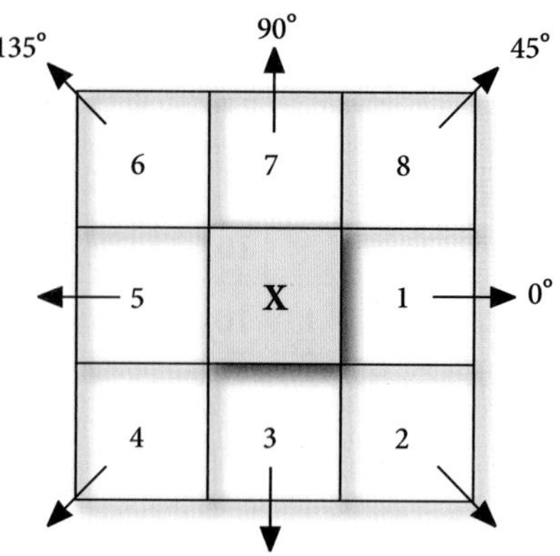

그림 8-55 영상질감의 척도로써 공간관계 행렬을 생성하는 데 사용된 각 ϕ에 따른 화소 X의 8개 최근린 화소

$$\text{ASM} = \sum_{i=0}^{quant_k} \sum_{j=0}^{quant_k} h_c(i,j)^2 \tag{8.84}$$

$$\text{CON} = \sum_{i=0}^{quant_k} \sum_{j=0}^{quant_k} (i-j)^2 \times h_c(i,j)^2 \tag{8.85}$$

$$\text{COR} = \sum_{i=0}^{quant_k} \sum_{j=0}^{quant_k} \frac{(i-\mu)(j-\mu)h_c(i,j)^2}{\sigma^2} \tag{8.86}$$

$$\text{DIS} = \sum_{i=0}^{quant_k} \sum_{j=0}^{quant_k} h_c(i,j)|i-j| \tag{8.87}$$

$$\text{ENT}_2 = \sum_{i=0}^{quant_k} \sum_{j=0}^{quant_k} h_c(i,j) \times \log[h_c(i,j)] \tag{8.88}$$

$$\text{HOM} = \sum_{i=0}^{quant_k} \sum_{j=0}^{quant_k} \frac{1}{1+(i-j)^2} \cdot h_c(i,j) \tag{8.89}$$

여기서

$quant_k$ = 밴드 k의 양자화 수준(예 : $2^8=0\sim255$)
$h_c(i, j)$ = 각 밝기값 공간관계 행렬 중 하나의 (i, j)번째 값

그리고

$$\text{MEAN }(\mu) = \sum_{i=0}^{quant_k} \sum_{j=0}^{quant_k} i \times h_c(i,j) \qquad (8.90)$$

$$\text{VARIANCE }(\sigma^2) = \sum_{i=0}^{quant_k} \sum_{j=0}^{quant_k} (i-\mu)^2 \times h_c(i,j) \qquad (8.91)$$

질감척도인 MEAN(μ)과 VARIANCE(σ^2)는 계산과정에서 영상 내 원밝기값보다 GLCM의 요소를 사용할 수 있다는 점에 유의하자(Hall-Beyer, 2007). 4개의 밝기값 공간관계 행렬(0°, 45°, 90°, 135°)은 각 화소에 이웃하는 화소들에 기반을 두어 추출될 수 있다. 이들 네 가지 척도의 평균은 대상화소의 질감값으로 출력될 수 있다. 그러나 대부분의 분석가들은 다양한 알고리듬과 사용되는 GLCM을 생성하기 위하여 단일 방향(예 : 수평 혹은 수직)만을 사용한다.

GLCM으로부터 유도된 질감척도를 생성하기 위하여 분석가들은 보통 다음을 포함한 몇몇의 중요한 사항을 결정해야 한다.

- 질감척도(들)
- 창 크기(예 : 3×3, 5×5, 32×32)
- 입력 채널(예 : 질감정보를 추출하기 위하여 사용된 분광밴드)
- 출력 질감 영상을 만들기 위하여 사용된 입력자료의 양자화 수준(예 : 8비트, 6비트, 4비트)
- 공간요소(동시발생 계산과정에서 사용된 화소 사이의 거리와 각)

GLCM으로부터 파생된 질감척도를 단독으로 사용하는 것이 가능하다. 그러나 Clausi(2002)는 어떤 하나의 통계값이나 통계값 전체를 사용하는 것보다 더 나은 결과를 보여 주는 부분집합(대비, 상관관계, 엔트로피)이 있음을 알아냈다. Gong 등(1992)은 일반적으로 3×3과 5×5 크기의 창이 더 큰 창보다 우수한 것을 확인하였다. 반대로, Ferro와 Warner(2002)는 토지피복 질감 분리도는 더 큰 창에서 증가하는 것을 알아냈다. 몇몇 과학자들은 질감영상을 생성할 때 각 화소에 대하여 계산되는 공간관계 행렬이 너무 커지지 않도록 하기 위해서 입력자료의 양자화 수준을 줄이는 것(예 : 0~255의 값을 가지는 8비트 자료를 0~31의 값을 가지는 5비트 자료로 축소)이 좋다는 것을 제안하였다(Clausi, 2002).

일부 GLCM에 기반을 둔 질감척도의 예는 그림 8-56b~f와 같다. 주어진 질감 영상들은 자료 내 세 밴드(녹색, 적색, NIR)에 의하여 각각 추출되었다. 개별적인 질감척도들은 서로 다른 질감정보를 생산하는 것이 이들 예로부터 명확하게 드러난다. 컬러조합이 세 밴드로부터 독립된 질감척도를 사용(예 : 그림 8-56g의 HOM, DIS, CON과 그림 8-56h의 MEAN, HOM, DIS, 그림 8-56i의 MEAN, CON, HOM)할 때 부가적인 정보들을 얻을 수 있다.

Herold 등(2003)은 고해상도 IKONOS 영상을 이용하여 도시의 토지이용도를 분류하기 위한 다양한 경관생태학 공간지표와 GLCM 질감척도를 연구하였다. Wang 등(2004)은 홍수림지역의 연구에서 Clausi(2002)에 의하여 추천된 GLCM 질감척도를 사용하였다. Tuominen과 Peekarinen(2005)은 산림조사를 위하여 항공사진에 적용된 5가지의 GLCM 질감척도를 사용하였다. Frohn과 Hao(2006)는 브라질 혼도니아 지역의 Landsat 자료를 이용하여 경관지표성능의 평가에 GLCM에서 얻어진 질감을 이용하였다. Kayitakire 등(2006)은 고해상도 IKONOS-2 영상을 이용한 산림지역 질감에 대한 연구에서 4개의 방향과 3개의 창 크기(5×5, 15×15, 25×25)에 대한 Variance, CON, COR의 GLCM 질감척도를 사용하였다. Hall-Beyer(2007)는 GLCM 기반의 질감척도를 계산하는 방법에 대한 매우 유용한 지침을 제공하였으며, 이들을 사용할 때 작성해야 하는 일부 중요한 결정사항들에 대하여 논의하였다. Estes 등(2008)은 SPOT과 ASTER 자료를 이용하여 산림의 영양 서식지의 분석연구에서 ASM을 사용하였다. Culbert 등(2012)은 미국 중서부지역에 대하여 조류종의 풍부도의 광역적인 경향을 모델링할 때, 114개의 Landsat 영상에 적용된 GLCM 질감척도를 이용하여 좋은 성과를 이루었다. Luo와 Mountrakais(2010)는 불투수면 연구에서 CON, Energy, HOM을 사용하였다. Warner(2011)는 많은 GLCM 질감척도의 특성들을 요약하였으며, 질감지표, 커널의 크기, 분광밴드, 방사적 양자화, 변위, 각 선정의 문제를 극복하기 위한 방법을 제안하였다. Pena-Barragan 등(2011)은 객체기반의 작물 식별 연구에 HOM과 ENT를 사용하였다. Dronovia 등(2012)은 습지식물 기능의 유형에 대한 객체기반 영상분석에 ENT와 HOM의 질감지표를 사용하였다. Wood 등(2012)은 항공사진과 Landsat TM 자료를 이용하여 초지-대초원-삼림지대의 식생구조 연구에서 8종류의 GLCM 질감척도를 사용하였다. Zhang과 Xie(2012)는 플로리다 습지에 대한 초분광 영상의 객체기반 분석연구에서 GLCM 기반의 질감 사용에 대한 연구를 수행하였다.

디지털 프레임 카메라 영상으로부터 추출된 이차 질감정보

a. 컬러조합(RGB = NIR 밴드, 적색 밴드, 녹색 밴드)

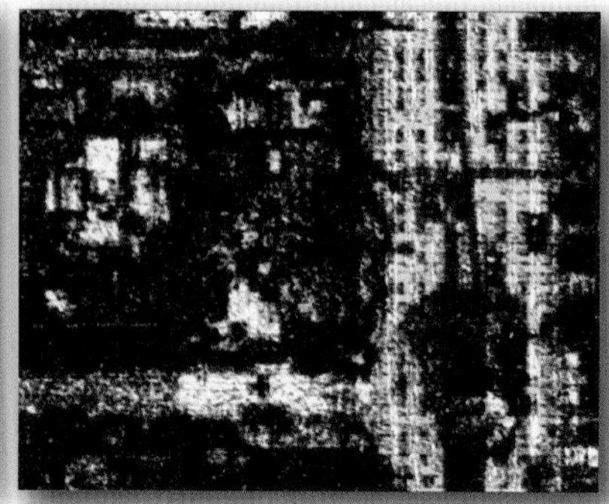
b. 조합(RGB = NIR 밴드의 ASM, 적색 밴드의 ASM, 녹색 밴드의 ASM)

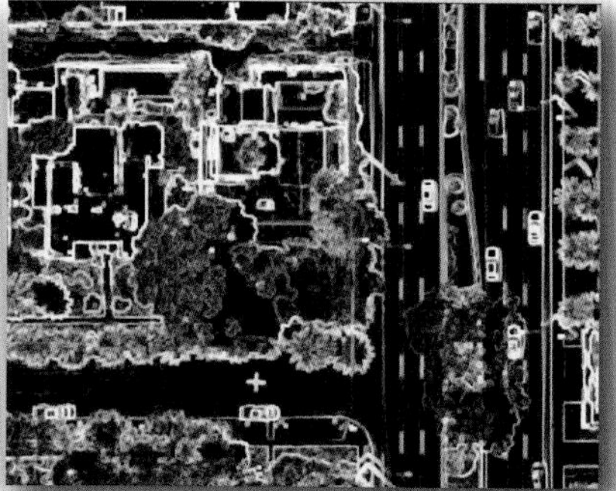
c. 조합(RGB = NIR 밴드의 CON, 적색 밴드의 CON, 녹색 밴드의 CON)

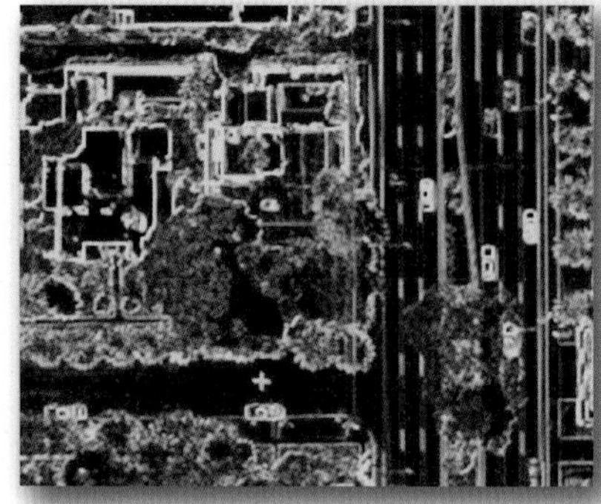
d. 조합(RGB = NIR 밴드의 DIS, 적색 밴드의 DIS, 녹색 밴드의 DIS)

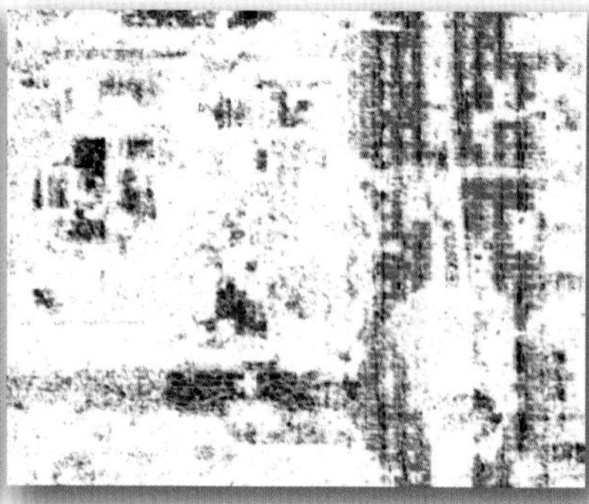
e. 조합(RGB = NIR 밴드의 ENT_2, 적색 밴드의 ENT_2, 녹색 밴드의 ENT_2)

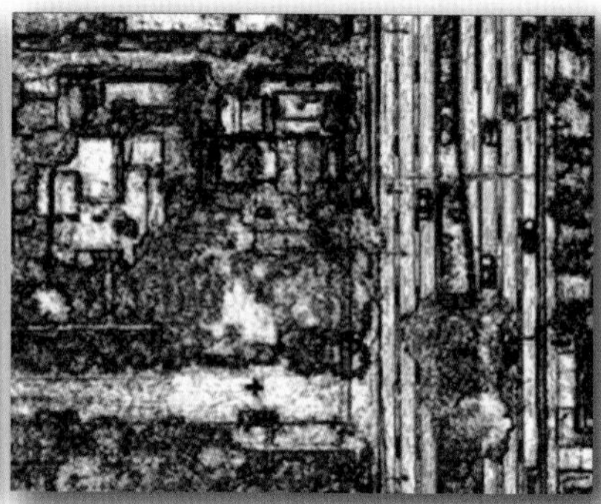
f. 조합(RGB = NIR 밴드의 HOM, 적색 밴드의 HOM, 녹색 밴드의 HOM)

g. 조합(RGB = NIR 밴드의 HOM, 적색 밴드의 DIS, 녹색 밴드의 CON)

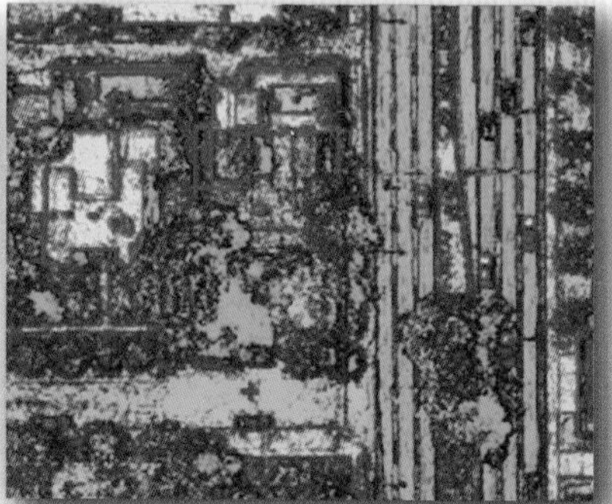
h. 조합(RGB = NIR 밴드의 MEAN, 적색 밴드의 HOM, 녹색 밴드의 DIS)

i. 조합(RGB = NIR 밴드의 MEAN, 적색 밴드의 CON, 녹색 밴드의 DIS)

그림 8-56 GLCM으로부터 유도하여 선택된 질감척도. a) 원영상. b) ASM. c) CON. d) DIS. e) ENT_2. f) HOM. g) HOM, DIS, CON의 조합. h) MEAN, HOM, DIS의 조합. i) MEAN, CON, DIS의 조합(원본 항공사진 제공 : Sanborn Map Company의 John Copple).

질감 스펙트럼의 요소로서의 질감단위

Wang과 He(1990)는 그림 8-57a에 나타낸 것과 같이 화소값에 대한 3×3 행렬을 8개의 가능한 시계방향의 순서로 분석을 수행하는 것에 기반을 두어 질감을 계산하였다. 이것은 9개의 구성요소 $V = \{V_0, V_1, \ldots, V_8\}$을 포함하는 집합을 나타내며, 여기서 V_0은 중앙 화소의 밝기값을, V_i는 이웃하는 화소 i에서의 밝기값을 의미한다. 이에 대응하는 질감단위는 8개의 요소, TU $= \{E_1, E_2, \ldots, E_8\}$로 구성되는 집합이며, E_i는 다음과 같이 계산된다.

$i = 1, 2, \ldots, 8$에 대하여

$$\begin{aligned} &\text{만약 } V_i < V_0\text{이면, } E_i = 0 \\ &\text{만약 } V_i = V_0\text{이면, } E_i = 1 \\ &\text{만약 } V_i > V_0\text{이면, } E_i = 2 \end{aligned} \tag{8.92}$$

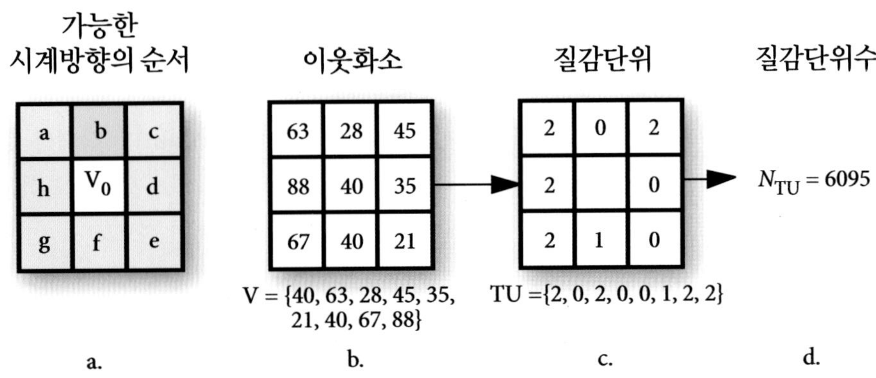

그림 8-57 3×3 이웃의 밝기값을 질감단위수(N_{TU})로 변환하는 방법. 여기서 N_{TU}는 0~6,560 사이의 값을 갖는다. a) 질감단위의 8개 요소를 시계방향으로 순서 정하는 방법. 식 8.93의 첫 번째 요소 E_i는 a부터 h까지 8개의 위치 중에 임의로 취한다. 이 예에서 순서 위치는 a에서부터 시작한다. b) 3×3 이웃에 있는 밝기값. 이 밝기값들은 이질적인 화소들의 그룹이며, 이는 높은 질감단위를 야기한다. d) 식 8.93에 기반을 둔 질감단위수(0~6,560까지의 값을 가짐)의 계산. 8개의 이웃값에 대하여 각각 8개의 질감단위수를 계산한 뒤 평균값을 취하는 것도 가능하다(Wang and He, 1990에 기초).

그리고 요소 E_i는 화소 i와 동일한 위치를 차지한다. TU의 각 요소들은 세 종류의 가능한 값을 가지므로, 모든 8개 요소들의 조합은 $3^8 = 6,561$개의 가능한 질감단위를 생성한다. 따라서 3×3 이웃화소들의 질감단위(그림 8-57b~d)는 다음과 같이 계산된다.

$$N_{TU} = \sum_{i=1}^{8} 3^{i-1} E_i \tag{8.93}$$

여기서 E_i는 질감단위 집합 TU = $\{E_1, E_2, \ldots, E_8\}$의 i번째 요소이다. 첫 번째 요소 E_i는 그림 8-57a의 a부터 h까지 8개의 가능한 위치 중 어느 것을 선택해도 무방하다. 3×3 영상 밝기값을 a에서 시작하는 순차적인 방법으로 질감단위(TU)와 질감단위수(N_{TU})로 변환하는 예는 그림 8-57과 같다. 이 예에서 중심화소에 대한 질감단위수 N_{TU}는 6,095의 값을 가진다. 이 가상적인 이웃영역에서의 8개 밝기값은 매우 다양하다(즉 영상의 좁은 부분에서 이질성이 높다). 따라서 중심화소가 매우 높은 질감단위수를 가지는 것은 당연하다. 그림 8-57a에 나타낸 순서의 8가지 방법으로 이 중심화소에 대한 8개의 질감단위수를 계산할 수 있다. 8개의 N_{TU}값을 평균하여 중심화소에 대한 평균 N_{TU}값을 구할 수 있다.

가능한 질감단위값은 0~6,560 범위의 값을 가지며, 한 화소의 8방향의 이웃에 관한 지역적인 질감을 나타낸다. 전체 영상에 대한 모든 화소의 질감단위수의 발생 빈도를 **질감 스펙트럼**이라고 부른다. 이는 가능한 질감단위수(N_{TU})의 범위를 x축(0~6,560 범위의 값), 발생빈도를 y축으로 하여 그래프로 표현될 수 있다(그림 8-58). 만약 영상의 질감이 다른 영상(부분영상)의 질감과 실제로 다르다면 각각 영상(혹은 부분영상)은 고유의 질감 스펙트럼을 가져야 한다.

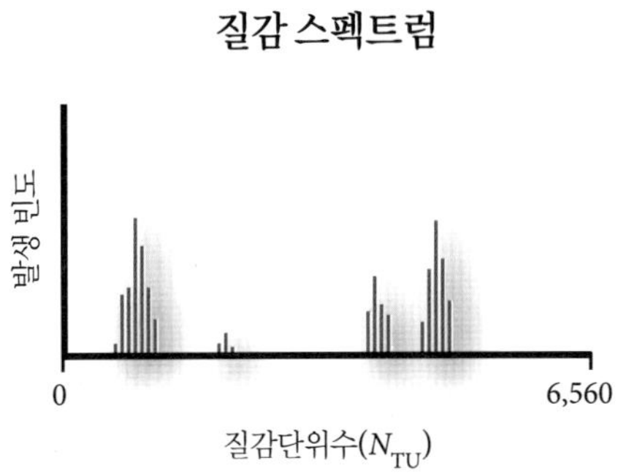

그림 8-58 한 영상 또는 부분영상에서 추출된 가상의 질감 스펙트럼

Wang과 He(1990)는 영상의 질감 스펙트럼으로부터 흑백대칭, 기하대칭, 방향도를 포함하는 질감개체를 추출하기 위한 알고리듬을 개발하였다. 여기서는 기하대칭만을 다루도록 한다. 주어진 질감 스펙트럼에 대하여, $S_j(i)$는 순서 j 내의 질감 스펙트럼에서 질감단위수 i의 발생 빈도라고 하자. 여기서 $i = 0, 1, 2, \ldots, 6560$이고 $j = 1, 2, 3, \ldots, 8$(순서 $a, b, c, \ldots, h$는 각각 $j = 1, 2, 3, \ldots, 8$로 표현)이다. 주어진 영상(혹은 부분영상)에 대한 기하대칭(geometric symmetry, GS)은 다음과 같다.

$$GS = \left[1 - \frac{1}{4}\sum_{j=1}^{4} \frac{\sum_{i=0}^{6560} \left|S_j(i) - S_{j+4}(i)\right|}{2 \times \sum_{i=0}^{6560} S_j(i)}\right] \times 100 \tag{8.94}$$

GS값은 0~100 사이로 정규화되어 있으며 주어진 영상에서 순서 *a*와 *e*, *b*와 *f*, *c*와 *g*, *d*와 *h* 내에서의 스펙트럼 간 대칭도를 측정한다. 이 척도는 영상의 모양에 대한 규칙적인 패턴에 대한 정보를 제공한다(Wang and He, 1990). 높은 GS값은 영상이 180° 회전되어도 질감 스펙트럼은 거의 비슷할 것이라는 것을 의미한다. 방향도 측정치는 영상의 방향에 대한 특징에 관한 정보를 제공한다.

준변동도에 기초한 질감 통계값

많은 연구자들이 질감정보를 유도하기 위하여 제4장에서 논의한 준변동도 사용에 대한 연구를 수행하였다(예 : Woodcock et al., 1988 ; Lark, 1996; Rodriguez-Galiano et al., 2012). Maillard(2003)는 다른 변동도 모델(예 : 구형, 지수형, 또는 사인곡선형)과 다른 기준을 사용하는 것과 관련된 문제를 알아보았다. 그는 다음과 같은 변동도 질감 연산자를 개발했다.

- 보다 큰 지연거리를 포함시키기 위해 보다 큰 창(32화소까지)을 사용한 연산자
- 회전에 대해서 불변이며, 비등방성이 보존되는 연산자
- 준분산 추정량으로서 평균 SRPD(Square-Root Pair Difference) 함수를 사용한 연산자

Maillard는 변동도, GLCM, 푸리에 기반의 질감척도를 비교하고, 변동도와 GLCM 질감척도가 일반적으로 우수하다고 결론지었다. Rodriguez-Galiano 등(2012)은 총 972개의 잠재적인 입력변수를 생산하기 위하여 3종류의 창 크기와 3종류의 지연거리에 대한 총 5종류의 지구통계학적 질감척도를 사용하였다. 그들은 지구통계학적 질감척도가 GLCM 질감척도보다 더욱 유용함을 알아내었다.

질감 개체들이 다중분광 영상 분류에 점차적으로 많이 이용되고 있지만, 능률과 효율성을 결합시킨 어떤 알고리듬도 널리 채택된 적은 없었다. 또한 어떤 종류의 응용분야에서 추출된 질감 개체(예 : 도시근교에서의 토지이용 분류)가 다른 지리적인 문제(예 : 선택된 지형 클래스의 식별)를 해결하는 데 반드시 유용한 것은 아니다. 끝으로 질감 개체의 계산에 중심이 되는 몇몇 변수들은 여전히 경험적으로 얻어진다(예 : 창의 크기나 특정 임계값의 위치). 질감 개체를 만드는 데 필요한 수많은 변수들이 일정하지 않을 때는 각 연구들을 비교 대조하는 것이 매우 어렵다.

경관생태지수

식생지수는 식생지역(화소)의 상태와 활력도를 모니터링하는 데 유용하다. 하지만 화소기반의 분석은 연관 특성을 포함한 주변 지역에 대한 어떠한 정보도 제공하지 못한다. 경관생태 원리라는 것이 개발되었는데 이는 더욱더 많은 원격탐사 자료를 융합하여 전체 생태계 내의 식생 및 다른 변수의 활력도와 다양성을 평가하는 데 사용되고 있다. 이로부터 수많은 **경관생태지수**(landscape ecology metrics) 및 **지표**(indicators)를 개발하게 되었는데 방목지, 초지, 산림, 습지 등을 분석할 때 매우 유용하다(Frohn, 1998; Frohn and Hao, 2006; McGarigal et al., 2013). EPA와 같은 정부기관들은 이러한 지수와 지표를 이용하여 환경 모델링과 경관 특성 분석을 수행하고 있다(EPA Landscape Ecology, 2014). 따라서 원격탐사 자료로부터 추출될 수 있는 주요 경관생태지수를 소개할 필요가 있다.

경관생태학이라는 용어는 독일 지리학자인 Carl Troll(1939)에 의해 처음 소개되었는데, 항공사진으로부터 여러 정보를 추출하는 데 그의 새로운 방식들을 사용하면서였다. Troll은 영상으로부터 수계, 지표면, 토양, 식생, 토지이용 등의 상호작용을 설명하는 데 사용한 그의 방식을 기존의 사진판독과 지도제작과 구별하기 위해 경관생태학이라는 용어를 사용하였다. 경관생태학은 수십 년 동안 유럽에서 광범위하게 사용되었으며 1980년대 미국에 일반적으로 알려지게 되었다. 그 이후 경관생태학은 하나의 학문 분야로 급속도로 발전하게 되었으며 특히 원격탐사 및 GIS 기술들과 생태이론의 발전 사이의 상호작용으로 그 발전 속도를 더하게 되었다.

경관생태학(landscape ecology)은 상호작용하는 유기체들로 구성된 비균질한 지표면의 구조, 기능, 그리고 변화를 연구하는 학문이다(Bourgeron and Jensen, 1993). 경관 패턴과 생태과정 사이의 상호작용에 대한 학문으로 특히 경관 패턴의 수계, 에너지, 영양분, 생물군의 흐름에 대한 영향에 초점을 맞추고 있다. 경관생태학이 관련 분야인 지리학, 생물학, 생태학, 수문학 등과 구별되는 점은 경관생태학이 다양한 질의 수준에서 생태학적 구조, 기능, 변화, 복원을 해석하는 계층적 프레임워크를 제공한다는 점이다.

수질오염을 막고 종 다양성을 보호하는 등의 환경을 보호하기 위한 전통적인 방식은 종종 구체적인 폐수 유출량이나 좁은 지역의 서식지 분석에 초점을 맞추고 있다. 이런 방식은 상세

표 8-11 사회적 가치, 지표의 예, 그리고 사용 가능한 경관생태학적 지수

사회적 가치	지표	사용 가능한 지수
생물 다양성	야생동물 서식지의 안정성	패치 통계값(개체수, 총면적, 평균 크기, 최대 크기, 거리, 면적둘레 비율, 모양, 프랙탈 차원, 정방형 화소 모델 등), 파편화, 전이도, 구역 파편화 지수, 단위 면적당 패치 지수, 우점도, 토지피복 종류의 인접성, 샤논 다양성, 생물리학적 속성 패턴
	하천의 생물학적 상태	다양성, 정방형 화소 모델, 우점도, 파편화, 구역 파편화 지수, 단위 면적당 패치 지수, 토지피복 종류의 인접성, 경사, 고도, 확산율, 침투 문턱값, 침식 지수, 표면 질감, 생물리학적 속성 패턴, 지화학적 속성
	산림의 식물 종 풍부도	다양성, 우점도, 파편화, 구역 파편화 지수, 단위 면적당 패치 지수, 경사, 침식 지수, 표면 질감, 패치 통계값, 정방형 화소 모델, 생물리학적 속성 패턴
	경관 지속 가능성	패치 통계값, 전이도, 구역 파편화 지수, 단위 면적당 패치 지수, 파편화, 표면 질감, 우점도, 프랙탈 차원, 정방형 화소 모델, 생물리학적 속성 패턴
유역 보존	수질	패치 통계값, 침식 지수, 수문학적 변형, 토지피복 종류의 인접성, 우점도, 전이도, 구역 파편화 지수, 단위 면적당 패치 지수, 프랙탈 차원, 정방형 화소 모델, 고도, 경사, 생물리학적 속성 패턴, 지화학적 속성
	홍수 취약성	패치 통계값, 토지피복 종류의 인접성, 침식 지수, 우점도, 전이도, 구역 파편화 지수, 단위 면적당 패치 지수, 프랙탈 차원, 정방형 화소 모델, 수문학적 변형, 고도, 경사, 표면 질감, 생물리학적 속성 패턴
경관 회복력	경관 지속 가능성	패치 통계값, 우점도, 전이도, 구역 파편화 지수, 단위 면적당 패치 지수, 파편화, 프랙탈 차원, 정방형 화소 모델, 생물리학적 속성 패턴

필터 접근방법으로 묘사된다. 이와 반대로, 대형(조악) 필터 방법은 자원보호에 대해 군집(예 : 공동체, 생태계, 경관)을 관리함으로써 각 군집의 구성요소들 역시 관리가 될 것이라는 방식을 취한다(Bourgeron and Jensen, 1993). 다시 말하면, 생태학적 시스템의 복원력과 생산력을 유지하기 위한 가장 효과적인 전략은 그 시스템을 만드는 종 다양성, 생태계 흐름, 경관 패턴을 보호하고 복원하는 것이다. 이러한 대형(조악) 필터 관리 방식은 경관 패턴이 전통적인 스케일인 단순한 산림 임분 혹은 하천 구간이 아니라 다양한 시공간 스케일에서 평가되어야 한다.

계층이론은 경관생태학자들로 하여금 다양한 스케일에서 정보를 통합하여 경관 패턴이 생태학적 처리가 필요한 스케일에서 작동하는 데 충분한지를 결정하게끔 한다. 그 목적은 생태계 구성요소의 분포, 우점도, 연결에 있어서의 변화와 이들 변화의 생태학적, 생물학적 자원에 대한 영향을 조사하는 것이다. 예를 들어, 생태계 파편화는 수많은 공간 스케일에서 생물학적 다양성과 생태계 지속성의 감소를 시사해 왔다. 경관 패턴의 상황과 추세를 파악하는 것은 생태학적 자원의 전반적인 상태를 이해하는 데 필수적이다. 따라서 경관 패턴은 일련의 지표(예 : 경관 모양, 우점도, 연결, 배열)를 제공하여 다양한 스케일에서 생태학적 상황과 추세를 평가하는 데 사용되도록 한다.

계층적 프레임워크는 또한 두 가지 종류의 중요한 비교를 가능하게 한다. 그 첫 번째는 경관 내부와 경관 사이의 상태들을 비교하는 것이고 두 번째는 다른 종류의 생태학적 위험요소에 걸쳐 있는 상태들을 비교하는 것이다. 그러한 생태학적 위험요소는 침식의 위험, 토양 생산성의 손실, 수문기능의 손실, 종 다양성의 손실 등을 포함한다.

계층적 프레임워크에서는 다양한 스케일에서 경관생태 이슈들을 언급하기 위해 확장 가능한 단위들이 필요하다. 확장 가능한 단위의 예로는 패치, 패턴, 그리고 경관이 있는데, 패치는 동일한 수치를 가지는 일련의 연속적인 측정값 단위(화소)들로 구성되어 있다. 패턴은 보다 큰 공간 영역의 최소 단위 서술자(descriptor)의 속성을 가지는 측정값 단위 혹은 패치 단위의 집합이다. 평가 질의와 지표의 스케일은 두 종류의 경관 단위인 유역과 경관 패턴 유형(LPT)을 제시하고 있다(Wickham and Norton, 1994). 유역과 LPT는 경관 내부와 경관 사이에서 작동하는 네 가지 중요한 흐름 과정, 즉 에너지, 물, 영양분, 그리고 생물군의 흐름을 수집하고 경계를 짓는다. 유역과 LPT의 스케일은 대략 면적에서 10^3~10^6 단위, 즉 1~100ha에 해당한다.

경관 지표와 패치 지수

Jones 등(1998)은 경관의 완전성(integrity)은 다음의 지표를 주의 깊게 살펴봄으로써 모니터링할 수 있다고 제시하였다.

- 토지피복 구성 및 패턴

- 하천 유역의 범위 및 분포
- 지하수
- 신선도 패턴
- 생물리적 제약정도
- 침식잠재능

이들 경관 지표를 모니터링하는 것은 개개 산림 임분, 방목장, 습지, 농경지 구획 등과 같은 지형 패치(표 8-11)에 대한 정밀하고 반복적인 측정을 필요로 한다. 또한 주거지나 상업지와 같은 순수 도시 구조 패치를 식별하는 것도 중요하다. 이러한 지형 패치의 측정값은 일상적으로 **경관 패턴**과 **구조지수**로 불린다(McGarigal et al., 2013). 수많은 경관구조지수들이 개발되었다(예 : Weiers et al., 2004; Frohn and Hao, 2006). 이들 경관생태지수 중 많은 것들이 공간패턴분석 프로그램인 *FRAGSTATS*에서 이용 가능하다(McGarigal et al., 2013). 과학자들은 종종 이 프로그램을 이용하여 패치, 클래스, 경관지수들을 추출하여 사용하고 있다.

O'Neill 등(1997)은 만약 우점도, 전이도, 프랙탈 차원의 세 가지 경관생태지수가 지속적으로 모니터링된다면 생태계의 건강한 정도가 모니터링될 수 있다고 제시하였다.

우점도(dominance, D)는 경관이 단일 토지피복 유형에 의해 우점되어 있는 정도를 식별하는 지수로서 0~1 사이의 값을 가지며 다음과 같이 계산된다.

$$D = 1 - \left[\sum_k \frac{(-P_k \times \ln P_k)}{\ln(n)} \right] \quad (8.95)$$

P_k(0~1)는 토지피복 유형 k의 비율이고 n은 경관에 존재하는 토지피복 유형의 총 개수이다.

전이도(contagion, C)는 토지피복이 무작위 기대치보다 더 군집화되어 있을 확률을 나타낸다. 전이도는 0~1 사이의 값을 가지며 다음과 같이 계산된다.

$$C = 1 - \left[\sum_i \sum_j \frac{(-P_{ij} \times \ln P_{ij})}{2\ln(n)} \right] \quad (8.96)$$

여기서 P_{ij}는 토지피복 유형 i의 화소가 유형 j에 인접해 있을 확률을 뜻한다.

패치의 **프랙탈 차원**(F)은 인간에 의한 경관구조의 개조 범위를 나타낸다(O'Neill et al., 1997). 인간은 단순한 경관패턴을 만들어 내는 반면 자연은 복잡한 패턴을 만든다. 프랙탈 차원 지수는 패치 주변길이의 로그값과 경관의 각 패치에 대한 패치 면적의 로그값을 회귀 분석하여 구한다. 이 지수는 회귀선의 기울기의 두 배와 같다. 4 화소보다 작은 패치는 해상도가 패치의 실제 모양을 왜곡시키기 때문에 제외한다.

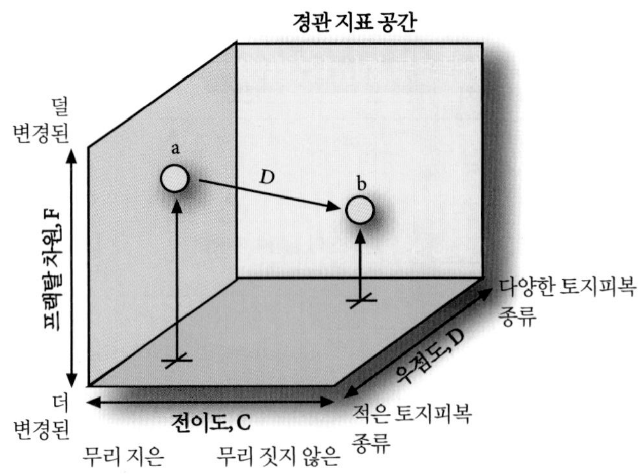

그림 8-59 가상의 3차원 경관 지표 특성 공간. 점 a는 안정된 곳, 즉 우점도와 전이도가 높고 프랙탈 차원 특성 공간에 속하는 변경되지 않은 생태계를 나타낸다. 경관이 사람이나 자연적 외력으로 인해 변경된 경우, 다양한 토지피복 종류가 도입되고(우점도의 변화), 덜 무리 짓게 되고(전이도), 더 변경된 프랙탈 차원을 드러내므로 점 a는 아마도 점 b쪽으로 이동할 것이다. 이것은 좋은 결과를 가져올 수도 있고 나쁜 결과를 가져올 수도 있다. 식생 원격탐사는 경관 패치 지표를 추출하는 데 있어서 매우 중요한 역할을 한다.

O'Neill 등(1997)은 이 세 가지 지수가 생태학적 과정에 영향을 주는 경관 패턴의 기본적인 측면을 제공할 수 있다고 제시하였다. 이들 지수의 큰 변화가 환경에 해로운 과정이 일어나고 있음을 나타낼 수도 있다. 예를 들어, 덜 변경된 프랙탈 차원에 매우 군집화되어 있고 상대적으로 적은 수의 토지피복 유형을 가지고 있는 작은 생태계를 생각해 보자. 이 생태계는 그림 8-59의 3차원 경관지수 공간에서 a 위치에 나타난다. 만약 이 작은 생태계가 몇 개의 새로운 도로와 함께 세부 구획화되고 파편화되면 3차원 공간에서의 그 위치는 b쪽(많은 토지피복 유형에 의한 우점도 변화, 덜 군집화, 그리고 보다 많이 변경된 프랙탈 차원)으로 이동할 것이다. 이는 좋을 수도 나쁠 수도 있다. 사실 지수값들 사이의 관계와 실제 지수들이 생태학적 원리에 어떻게 연계되는지에 대해서는 여전히 연구가 진행되고 있다. 이러한 패치들 내에서 식생 원격탐사는 매우 중요하며 지수들이 양호하며 생태 모델링에 유용한지를 살펴볼 수 있는 주요 인자 중 하나로 여겨지고 있다.

Ritters 등(1995)은 55개의 패치 지수들을 살펴보고 다음의 지수들이 변화의 대부분을 설명한다고 결론지었다.

- 한 지역의 속성 피복 유형의 개수(*n*)
- 전이도(이전에 논의됨)
- 평균 둘레/면적 비
- 둘레/면적 스케일링
- 평균 큰 패치 밀도/면적 스케일링
- 표준화된 패치 모양
- 패치 둘레/면적 스케일링

55개 지수에 대한 알고리듬은 논문에 제공되어 있다. 경관생태학의 원리를 적용하는 것은 시공간에 걸친 경관 패턴과 과정의 자연적 가변성에 대한 이해를 필요로 한다. 이러한 가변성에 대한 추정은 경관의 현재 상황이 과거의 패턴과 과정을 고려할 때 지속 가능한지를 결정하는 데 필수적이다. 또한 이러한 추정치는 자원에 대한 위험도를 평가하는 데 있어 다양한 스케일에서 유용하다. 이러한 지수 활용의 목적은 일반적으로, 중요한 경관에 대한 주요 지표의 상태, 추세, 변화를 지역 기반으로 일정 신뢰도 수준으로 추정하고, 경관 패턴과 유형의 지리적 범위와 영역을 일정 신뢰도 수준으로 추정하며, 자연적·인공적 스트레스 요인에 대한 지표와 경관 상태의 지표 사이의 관계를 파악하고, 경관의 상태에 대한 통계적 요약과 주기적인 평가를 제공하는 것이다.

원격탐사 자료를 이용하여 경관 패치에서 식생을 모니터링하고 이로부터 정확한 지수를 추출하는 것은 많은 생태계 모니터링 프로그램에 있어 매우 중요한 요소이다. 예를 들어, Arroyo-Moya 등(2005)은 원격탐사 기반의 경관생태지수들을 이용하여 1960~2000년 사이에 발생한 코스타리카의 산림 파편화와 재생 특성을 분석하였다. Jackson과 Jensen(2005)은 원격탐사 자료에서 추출한 경관생태지수를 이용하여 미국 사우스캐롤라이나의 저수지 물가의 환경 모니터링을 수행하였다. Frohn과 Hao(2006)는 브라질의 혼도니아에서 발생한 산림 황폐화 연구에 수많은 경관생태지수를 활용하였다.

참고문헌

Ali Baig, Zhang, L., Shuai, T., and Q. Tong, 2014, "Derivation of a Tasselled Cap Transformation based on Landsat-8 At-Satellite Reflectance," *Remote Sensing Letters*, 5(5):423-431.

Amato, U., Antoniadis, A., Cuomo, V., Cutillo, L., Franzese, M., Murino, L., and C. Serio, 2008, "Statistical Cloud Detection from SEVIRI Multispectral Images," *Remote Sensing of Environment*, 112:750-766.

Arroyo-Moya, J. P., Sanchez-Azofeifa, G. A., Rivard, B., Calvo, J. C., and D. H. Janzen, 2005, "Dynamics in Landscape Structure and Composition for Chorotega Region, Costa Rica from 1960 to 2000," *Agriculture, Ecosystems and Environment*, 106:27-39.

Baranoski, G. V. G., and J. G. Rokne, 2005, "A Practical Approach for Estimating the Red Edge Position of Plant Leaf Reflectance," *International Journal of Remote Sensing*, 26(3):503-521.

Birth, G. S., and G. McVey, 1968, "Measuring the Color of Growing Turf with a Reflectance Spectroradiometer," *Agronomy Journal*, 60:640-643.

Boer, M. M., Macfarlane, C., Norris, J., Sadler, R. J., Wallace, J., and P. F. Grierson, 2008, "Mapping Burned Areas and Burn Severity Patterns in SW Australia using Remotelysensed Changes in Leaf Area Index," *Remote Sensing of Environment*, 112:4358-4369.

Bourgeron, P. S., and M. E. Jensen, 1993, "An Overview of Ecological Principles for Ecosystem Management," in Jensen, M., and P. Bourgeron (Eds.), *Eastside Forest Ecosystem Health Assessment, Vol. II, Ecosystem Management: Principles and Applications*, Missoula: USDA Forest Service, 49-60.

Brewer, C. K., Winne, J. C., Redmond, R. L., Optiz, D. W., and M. V. Mangrich, 2005, "Classifying and Mapping Wildfire Sevirity: A Comparison of Methods," *Photogrammetric Engineering & Remote Sensing*, 71:1311-1320.

Briggs, J. M., and M. D. Nellis, 1991, "Seasonal Variation of Heterogeneity in the Tallgrass Prairie: A Quantitative Measure Using Remote Sensing," *Photogrammetric Engineering & Remote Sensing*, 57(4):407-411.

Broge, N. H., and E. Leblanc, 2000, "Comparing Prediction Power and Stability of Broadband and Hyperspectral Vegetation Indices for Estimation of Green Leaf Area Index and Canopy Chlorophyll Density," *Remote Sensing of Environment*, 76:156-172.

Carr, J. R., 1998, "A Visual Basic Program for Principal Components Transformation of Digital Images," *Computers & Geosciences*, 24(3):209-281.

Carter, G. A., 1991, "Primary and Secondary Effects of the Water Content on the Spectral Reflectance of Leaves," *American Journal of Botany*, 78(7):916-924.

Carter, G. A., 1993, "Responses of Leaf Spectral Reflectance to Plant Stress," *American J. of Botany*, 80(3):231-243.

Carter, G. A., Cibula, W. G., and R. L. Miller, 1996, "Narrow-band Reflectance Imagery Compared with Thermal Imagery for Early Detection of Plant Stress," *Journal of Plant Physiology*, 148:515-522.

Chavez, P. C., Guptill, S. C., and J. A. Bowell, 1984, "Image Processing Techniques for Thematic Mapper Data," *Proceedings*, Annual Meeting of the American Society for Photogrammetry & Remote Sensing, 2:728-743.

Chen, J. M., Pavlic, G., Brown, L., Cihlar, J., Leblanc, S. G., White, H. P., Hall, R. J., Peddle, D. R., King, D. J., Trofymow, J. A., Swift, E., Van der Sanden, J., and P. K. Pellikka, 2002, "Derivation and Validation of Canada-wide Coarseresolution Leaf Area Index Maps Using High-resolution Satellite Imagery and Ground Measurements," *Remote Sensing of Environment*, 80:165-184.

Cheng, Y., Ustin, S., Riano, D., and V. Vanderbilt, 2008, "Water Content Estimation from Hyperspectral Images and MODIS Indexes in Southeastern Arizona," *Remote Sensing of Environment*, 112:363-374.

Cibula, W. G., and G. A. Carter, 1992, "Identification of a Far-Red Reflectance Response to *Ectomycorrhizae* in Slash Pine," *International Journal of Remote Sensing*, 13(5):925-932.

Clausi, D. A., 2002, "An Analysis of Co-occurrence Texture Statistics as a Function of Grey Level Quantization," *Canadian Journal of Remote Sensing*, 28(1):45-62.

Clevers, J. G., 1994, "Imaging Spectrometry in Agriculture: Plant Vitality and Yield Indicators," in Hill, J. and J. Megier (Eds.), *Imaging Spectrometry: A Tool for Environmental Observations*, Dordrecht, Netherlands: Kluwer Academic, 193-219.

Cohen, W. B., 1991, "Response of Vegetation Indices to Changes in Three Measures of Leaf Water Stress," *Photogrammetric Engineering & Remote Sensing*, 57(2):195-202.

Collins, W., 1978, "Remote Sensing of Crop Type and Maturity," *Photogrammetric Engineering & Remote Sensing*, 44(1):43-55.

Colombo, R., Bellingeri, D., Fasolini, D., and C. M. Marino, 2003, "Retrieval of Leaf Area Index in Different Vegetation Types Using High Resolution Satellite Data," *Remote Sensing of Environment*, 86:120-131.

Crippen, R. E., 1988, "The Dangers of Underestimating the Importance of Data Adjustments in Band Ratioing," *International Journal of Remote Sensing*, 9(4):767-776.

Crippen, R. E., and R. G. Blom, 2001, "Unveiling the Lithology of Vegetated Terrains in Remotely Sensed Imagery," *Photogrammetric Engineering & Remote Sensing*, 67(8):935-943.

Crist, E. P., and R. C. Cicone, 1984, "Application of the Tasseled Cap Concept to Simulated Thematic Mapper Data," *Photogrammetric Engineering & Remote Sensing*, 50:343-352.

Crist, E. P., and R. J. Kauth, 1986, "The Tasseled Cap Demystified," *Photogrammetric Engineering & Remote Sensing*, 52(1):81-86.

Culbert, P. D., with 6 co-authors, 2012, "Modeling Broadscale Patterns of Avian Species Richness Across the Midwestern United States with Measures of Satellite Image Texture," *Remote Sensing of Environment*, 118:140-150.

Dash, J., Jeganathan, C., and P. M. Atkinson, 2010, "The Use of MERIS Terrestrial Chlorophyll Index to Study Spatial-Temporal Variation in Vegetation Phenology over India," *Remote Sensing of Environment*, 114:1388-1402.

Daughtry, C. S. T., Walthall, C. L., Kim, M. S., Brown de Colstoun, E., and J. E. McMurtrey III, 2000, "Estimating Corn Leaf Chlorophyll Concentration from Leaf and Canopy Reflectance," *Remote Sensing of Environment*, 74:229-239.

Dawson, T. P., and P. J. Curran, 1998, "A New Technique for Interpolating the Reflectance Red Edge Position," *International Journal of Remote Sensing*, 19(11):2133-2139.

Deering, D. W., Rouse, J. W., Haas, R. H., and J. A. Schell, 1975, "Measuring Forage Production of Grazing Units from Landsat MSS Data," *Proceedings, 10th International Symposium on Remote Sensing of Environment*, 2:1169-1178.

Didan, K., 2002, *MODIS Vegetation Index Production Algorithms*, MODIS Vegetation Workshop, Missoula, Montana, July 15; Terrestrial Biophysics and Remote Sensing (TBRS) MODIS Team, Tucson: University of Arizona, www.ntsg.umt.edu/MODISCon/index.html.

Dronova, I., Gong, P., Clinton, N., Wang, L., Fu, A., Qi, S., and Y. Liu, 2012, "Landscape Analysis of Wetland Plant Functional Types: The Effects of Image Segmentation Scale, Vegetation Classes and Classification Methods," *Remote Sensing of Environment*, 127:357-369.

Du, Y., Teillet, P. M., and J. Cihlar, 2002, "Radiometric Normalization of Multitemporal High-resolution Satellite Images with Quality Control for Land Cover Change Detection," *Remote Sensing of Environment*, 82:123-134.

Eastman, J. R., and M. Fulk, 1993, "Long Sequence Time Series Evaluation Using Standardized Principal Components," *Photogrammetric Engineering & Remote Sensing*, 59(6):991-996.

Eliason, E. M., and A. S. McEwen, 1990, "Adaptive Box Filters for Removal of Random Noise from Digital Images," *Photogrammetric Engineering & Remote Sensing*, 56(4):453-458.

ENVI Suppression, 2013, *ENVI EX User's Guide*, Boulder: ITT Visual Information Solutions, 90-91.

EPA Landscape Ecology, 2014, *Selected Landscape Ecology Projects*, Washington: EPA, www.epa.gov/nerlesd1/landsci/default.htm.

ERDAS, 2013, *ERDAS Field Guide*, Atlanta: Intergraph, Inc., 772 p.

Estes, L. D., Okin, G. S., Mwangi, A. G., and H. H. Shugart, 2008, "Habitat Select by Rare Forest Antelope: A Multiscale Approach Combining Field Data and Imagery from Three Sensors," *Remote Sensing of Environment*, 112:2033-2050.

Estes, L. D., Reillo, P. R., Mwangi, A. G., Okin, G. S., and H. H. Shugart, 2010, "Remote Sensing of Structural Complexity Indices for Habitat and Species Distribution Modeling," *Remote Sensing of Environment*,

114:792-804.

Ferro, C. J., and T. A. Warner, 2002, "Scale and Texture Digital Image Classification," *Photogrammetric Engineering & Remote Sensing*, 68(1):51-63.

Frohn, R. C., 1998, *Remote Sensing for Landscape Ecology*, Boca Raton: Lewis, 99 p.

Frohn, R. C., and Y. Hao, 2006, "Landscape Metric Performance in Analyzing Two Decades of Deforestation in the Amazon Basin of Rondonia, Brazil," *Remote Sensing of Environment*, 100:237-251.

Galvao, L. S., Formaggio, A. R., and D. A. Tisot, 2005, "Discrimination of Sugarcane Varieties in Southeastern Brazil with EO-1 Hyperion Data," *Remote Sensing of Environment*, 94(4), 523-534.

Galvao, L. S., Roberts, D. A., Formaggio, A., Numata, I., and F. Breunig, 2009, "View Angle Effects on the Discrimination of Soybean Varieties and on the Relationships between Vegetation Indices and Yield using Off-nadir Hyperion Data," *Remote Sensing of Environment*, 113:846-856.

Gao, B., 1996, "NDWI－A Normalized Difference Water Index for Remote Sensing of Vegetation Liquid Water from Space," *Remote Sensing of Environment*, 58_257-266.

Gates, D. M., Keegan, J. J., Schleter, J. C., and V. R. Weidner, 1965, "Spectral Properties of Plants," *Applied Optics*, 4(1):11-20.

Gausmann, H. W., Allen, W. A., and R. Cardenas, 1969, "Reflectance of Cotton Leaves and their Structure," *Remote Sensing of Environment*, 1:110-122.

Gil, B., Mitiche, A., and J. K. Aggarwal, 1983, "Experiments in Combining Intensity and Range Edge Maps," *Computer Vision, Graphics, and Image Processing*, 21:395-411.

Gitelson, A. A., Kaufman, Y. J., Stark, R., and D. Rundquist, 2002, "Novel Algorithms for Remote Estimation of Vegetation Fraction," *Remote Sensing of Environment*, 80:76-87.

Gong, P., Marceau, D. J., and P. J. Howarth, 1992, "A Comparison of Spatial Feature Extraction Algorithms for Land-Use Classification with SPOT HRV Data," *Remote Sensing of Environment*, 40:137-151.

Gonzalez, R. C., and R. E. Woods, 2007, *Digital Image Processing*. 3rd Ed., Reading, MA: Addison-Wesley, 976 p.

Gonzalez, R. C., and P. Wintz, 1977, *Digital Image Processing*. Reading: Addison-Wesley, 431 p.

Good, E. J., Kong, X., Embury, O., Merchant, C. J., and J. J. Remedios, 2012, "An Infrared Desert Dust Index for the Along-Track Scanning Radiometers," *Remote Sensing of Environment*, 116:159-176.

Goward, S. N., Markham, B., Dye, D. G., Dulaney, W., and J. Yang, 1991, "Normalized Difference Vegetation Index Measurements from the AVHRR," *Remote Sensing of Environment*, 35:257-277.

Gray, J., and C. Song, 2012, "Mapping Leaf Area Index using Spatial, Spectral, and Temporal Information from Multiple Sensors," *Remote Sensing of Environment*, 119:173-183.

Guerschman, J. P., Hill, M. J., Renzullo, L. J., Barrett, D. J., Marks, A. S., and E. J. Botha, 2009, "Estimating Fractional Cover of Photosynthetic Vegetation, Non-photosynthetic Vegetation and Bare Soil in the Australian Tropical Savanna Region Upscaling the Eo-1 Hyperion and MODIS Sensors," *Remote Sensing of Environment*, 113:928-945.

Guyon, D., Guillot, M., Vitasse, Y., Cardot, H., Hagolle, O., Delszon, S., and J. Wigneron, 2011, "Monitoring Elevation Variations in Leaf Phenology of Deciduous Broadleaf Forests from SPOT/VEGETATION Time-series," *Remote Sensing of Environment*, 115:615-627.

Haboudane, D., Miller, J. R., Tremblay, N., Zarco-Tejada, P. J., and L. Dextraze, 2002, "Integrated Narrow-band Vegetation Indices for Prediction of Crop Chlorophyll Content for Application to Precision Agriculture," *Remote Sensing of Environment*, 81:416-426.

Hall-Beyer, M., 2007, *GLCM Tutorial Home Page*, Version 2.1, http://www.fp.ucalgary.ca/mhallbey/tutorial.htm.

Haralick, R. M., 1979, "Statistical and Structural Approaches to Texture," *Proceedings of the IEEE*, 67:786-804.

Haralick, R. M., 1986, "Statistical Image Texture Analysis," T. Y. Young and K. S. Fu (Eds.), *Handbook of Pattern Recognition and Image Processing*, New York: Academic Press, 247-280.

Haralick, R. M., and K. Fu, 1983, "Pattern Recognition and Classification," Chapter 18 in R. N. Colwell (Ed.), *Manual of Remote Sensing*, Falls Church, VA: American Society of Photogrammetry, 793-805.

Haralick, R. M., and K. S. Shanmugam, 1974, "Combined Spectral and Spatial Processing of ERTS Imagery Data," *Remote Sensing of Environment*, 3:3-13.

Haralick, R. M., Shanmugan, K., and I. Dinstein, 1973, "Texture Feature for Image Classification," *IEEE Transactions Systems, Man and Cybernetics*, SMC-3:610-621.

Hardisky, M. A., Klemas, V., and R. M. Smart, 1983, "The Influence of Soil Salinity, Growth Form, and Leaf Moisture on the Spectral Radiance of *Spartina alterniflora* Canopies," *Photogrammetric Engineering & Remote Sensing*, 49(1):77-83.

He, D. C., and L. Wang, 1990, "Texture Unit, Texture Spectrum, and Texture Analysis," *IEEE Transactions on Geoscience and Remote Sensing*, 28(4):509-512.

Herold, M., Liu, X., Hang, L., and K. C. Clarke, 2003, "Spatial Metrics and Image Texture for Mapping Urban Land Use," *Photogrammetric Engineering & Remote Sensing*, 69(9):991-1001.

Houborg, R., Soegaard, H., and E. Boegh, 2007, "Combining Vegetation Index and Model Inversion Methods for the Extraction of Key Vegetation Biophysical Parameters using Terra and Aqua MODIS Reflectance Data," *Remote Sensing of Environment*, 106:39-58.

Huang, C., Wylie, B., Yang, L., Homer, C., and G. Zylstra, 2002, "Derivation of a Tasseled Cap Transformation based on Landsat 7 at-Satellite Reflectance," *International Journal of Remote Sensing*, 23(8):1741-1748.

Huete, A. R., 1988, "A Soil-adjusted Vegetation Index (SAVI)," *Remote*

Sensing of Environment, 25:295-309.

Huete, A. R., Didan, K., Miura, T., Rodriguez, E. P., Gao, X., and G. Ferreira, 2002a, "Overview of the Radiometric and Biophysical Performance of the MODIS Vegetation Indices," *Remote Sensing of Environment*, 83:195-213.

Huete, A. R., Didan, K., and Y. Yin, 2002b, *MODIS Vegetation Workshop*, Missoula, Montana, July 15-18; Terrestrial Biophysics and Remote Sensing (TBRS) MODIS Team, University of Arizona.

Huete, A. R., Hua, G., Qi, J., Chehbouni A., and W. J. van Leeuwem, 1992, "Normalization of Multidirectional Red and Near-infrared Reflectances with the SAVI," *Remote Sensing of Environment*, 40:1-20.

Huete, A. R., and C. Justice, 1999, *MODIS Vegetation Index (MOD 13) Algorithm Theoretical Basis Document*, Greenbelt: NASA GSFC, http://modarch.gsfc.nasa.gov/MODIS/LAND/#vegetation-indices, 129 p.

Huete, A. R., and H. Q. Liu, 1994, "An Error and Sensitivity Analysis of the Atmospheric and Soil-Correcting Variants of the NDVI for the MODIS-EOS," *IEEE Transactions on Geoscience and Remote Sensing*, 32(4):897-905.

Huete, A. R., Liu, H. Q., Batchily, K., and W. J. van Leeuwen, 1997, "A Comparison of Vegetation Indices Over a Global Set of TM Images for EOS-MODIS," *Remote Sensing of Environment*, 59:440-451.

Hunt, E. R., Rock, B. N., and P. S. Nobel, 1987, "Measurement of Leaf Relative Water Content by Infrared Reflectance," *Remote Sensing of Environment*, 22:429-435.

Im, J., and J. R. Jensen, 2009, "Hyperspectral Remote Sensing of Vegetation," *Geography Compass*, Vol. 3 (November), DOI: 10.1111/j.1749-8198.2008.00182.x.

Jackson, R. D., 1983, "Spectral Indices in *n*-Space," *Remote Sensing of Environment*, 13:409-421.

Jackson, M., and J. R. Jensen, 2005, "Evaluation of Remote Sensing-derived Landscape Ecology Metrics for Reservoir Shoreline Environmental Monitoring," *Photogrammetric Engineering & Remote Sensing*, 71(12):1387-1397.

Jackson, T. J. and seven co-authors, 2004, "Vegetation Water Content Mapping using Landsat Data Derived Normalized Difference Water Index for Corn and Soybeans," *Remote Sensing of Environment*, 92:475-482.

Jahne, B., 2005, *Digital Image Processing*, NY: Springer, 607 p.

Jain, A. K., 1989, *Fundamentals of Digital Image Processing*, Englewood Cliffs, NJ: Prentice-Hall, 342-357.

Jensen, J. R., Hadley, B. C., Tullis, J. A., Gladden, J., Nelson, E., Riley, S., Filippi, T., and M. Pendergast, 2003, *Hyperspectral Analysis of Hazardous Waste Sites on the Savannah River Site in 2002*, Westinghouse Savannah River Company: Aiken, WSRC-TR-2003-00275, 52 p.

Jensen, J. R., Hodgson, M. E., Christensen, E., Mackey, H. E., Tinney, L. R., and R. Sharitz, 1986, "Remote Sensing Inland Wetlands: A Multispectral Approach," *Photogrammetric Engineering & Remote Sensing*, 52(2):87-100.

Jensen, J. R., Im, J., Hardin, P., and R. R. Jensen, 2009, "Chapter 19: Image Classification," in *The Sage Handbook of Remote Sensing*, Warner, T. A., Nellis, M. D. and G. M. Foody, (Eds.), 269-296.

Jensen, J. R., Pace, P. J., and E. J. Christensen, 1983, "Remote Sensing Temperature Mapping: The Thermal Plume Example," *American Cartographer*, 10:111-127.

Jensen, J. R., Lin, H., Yang, X., Ramsey, E., Davis, B., and C. Thoemke, 1991, "Measurement of Mangrove Characteristics in Southwest Florida Using SPOT Multispectral Data," *Geocarto International*, 2:13-21.

Jiang, Z., Huete, A. R., Didan, K., and T. Miura, 2008, "Development of A Two-band Enhanced Vegetation Index without a Blue Band," *Remote Sensing of Environment*, 112:3833-3845.

Jin, S., and S. A. Sader, 2005, "Comparison of Time Series Tasseled Cap Wetness and the Normalized Difference Moisture Index in Detecting Forest Disturbances," *Remote Sensing of Environment*, 94:364-372.

Jones, K. B., Ritters, K. H., Wickham, J. D., Tankersley, R. D., O'Neill, R. V., Chaloud, D. J., Smith, E. R., and A. C. Neale, 1998, *Ecological Assessment of the United States: Mid-Atlantic Region*, Washington: EPA, 103 p.

Karnieli, A., Kaufman, Y. J., Remer, L., and A. Wald, 2001, "AFRI: Aerosol Free Vegetation Index," *Remote Sensing of Environment*, 77:10-21.

Kaufman, Y. J., Karnieli, A., and D. Tanre, 2000, "Detection of Dust Over Deserts Using Satellite Data in the Solar Wavelengths," *IEEE Transactions on Geoscience and Remote Sensing*, 38:525-531.

Kaufman, Y. J., and D. Tanre, 1992, "Atmospherically Resistant Vegetation Index (ARVI) for EOS-MODIS," *IEEE Transactions on Geoscience and Remote Sensing*, 30(2):261-270.

Kauth, R. J., and G. S. Thomas, 1976, "The Tasseled Cap－A Graphic Description of the Spectral-Temporal Development of Agricultural Crops as Seen by Landsat," *Proceedings, Symposium on Machine Processing of Remotely Sensed Data*, West Lafayette, IN: LARS, 41-51.

Kauth, R. J., Lambeck, P. F., Richardson, W., Thomas, G.S., and A. P. Pentland, 1979, "Feature Extraction Applied to Agricultural Crops as Seen by Landsat," *Proceedings, LACIE Symposium*, Houston: NASA, 705-721.

Kayitakire, F., Hamel, C., and P. Defourny, 2006, "Retrieving Forest Structure Variables Based on Image Texture Analysis and IKONOS-2 Imagery," *Remote Sensing of Environment*, 102:390-401.

Kim, M., Daughtry, C. S., Chappelle, E. W., McMurtrey III, J. E., and C. L. Walthall, 1994, "The Use of High Spectral Resolution Bands for Estimating Absorbed Photosynthetically Active Radiation (APAR)," *Proceedings, 6th Symposium on Physical Measurements and Signatures in Remote Sensing*, January 17-21, Val D'Isere, France, 299-306.

Laba, M., Blair, B., Downs, R., Monger, B., Philpot, W., Smith, S., Sullivan, P., and P. Baveye, 2010, "Use of Textural Measurement to Map

Invasive Wetland Plants in the Hudson River National Estuarine Research Reserve with INONOS Satellite Imagery," *Remote Sensing of Environment*, 114:876-886.

Lark, R. J., 1996, "Geostatistical Description of Texture on an Aerial Photograph for Discriminating Classes of Land Cover," *International Journal of Remote Sensing*, 17(11):2115-2133.

Li, Q., Cao, X., Jia, K., Zhang, M., and Q. Dong, 2014, "Crop Type Identification by Integration of High-Spatial Resolution Multispectral Data with Features Extracted from Coarse-Resolution Time-Series Vegetation Index Data," *International Journal of Remote Sensing*, DOI: 10.1080/01431161.2014.943325.

Liu, J., Pattey, E., and G. Jego, 2012, "Assessment of Vegetation Indices for Regional Crop Green LAI Estimation from Landsat Images Over Multiple Growing Seasons," *Remote Sensing of Environment*, 123:347-358.

Lo, C. P., and A. K. Yeung, 2007, *Concepts and Techniques of Geographic Information Systems*, 2nd Ed., Upper Saddle River: Prentice-Hall, 492 p.

Luo, L., and G. Mountrakis, 2010, "Integrating Intermediate Inputs from Partially Classified Images within a Hybrid Classification Framework: An Impervious Surface Estimation Example," *Remote Sensing of Environment*, 114:1220-1229.

Lutes, D. C., Keane, R. E., Caratti, J. F., Key, C. H., Benson, N. C., Sutherland, S., and L. J. Gangi, 2006, *FIREMON: Fire Effects Monitoring and Inventory System*, (CD), Fort Collins, CO: USDA, Forest Service, Rocky Mountain Research Station.

Maillard, P., 2003, "Comparing Texture Analysis Methods through Classification," *Photogrammetric Engineering & Remote Sensing*, 69(4):357-367.

Mand, P., and 15 co-authors, 2010, "Responses of the Reflectance Indices PRI and NDVI to Experimental Warming and Drought in European Shrub Lands along a North- South Climatic Gradient," *Remote Sensing of Environment*, 114:626-636.

Mberego, S., Sanga-Ngoie, K., and S. Kobayashi, 2013, "Vegetation Dynamics of Zimbabwe Investigated using NOAAAVHRR NDVI from 1982 to 2006: A Principal Component Analysis," *International Journal of Remote Sensing*, 34(19):6764-6779.

McGarigal, K., Cushman, S. A., and E. Ene, 2013, *FRAGSTATS, Version 4.0: Spatial Pattern Analysis Program for Categorical and Continuous Maps.* Computer software program produced at the University of Massachusetts, Amherst. Available from http://www.umass.edu/landeco/research/fragstats/fragstats.html.

Mitternicht, G. I., and J. A. Zinck, 2003, "Remote Sensing of Soil Salinity: Potentials and Constraints," *Remote Sensing of Environment*, 85:1-20.

Mumby, P. J., and A. J. Edwards, 2002, "Mapping Marine Environments with IKONOS Imagery: Enhanced Spatial Resolution Can Deliver Greater Thematic Accuracy," *Remote Sensing of Environment*, 82:248-257.

Myers, V. I., 1970, "Soil, Water and Plant Relations," *Remote Sensing with Special Reference to Agriculture and Forestry*, Washington: National Academy of Sciences, 253-297.

Neigh, C. S., Tucker, C. J., and J. R. G. Townshend, 2008, "North American Vegetation Dynamics Observed with Multi-resolution Satellite Data," *Remote Sensing of Environment*, 112:1749-1772.

Nieminen, A., Heinonen, P., and Y. Nuevo, 1987, "A New Class of Detail Preserving Filters for Image Processing," *IEEE Transactions in Pattern Analysis & Machine Intelligence*, 9:74-90.

O'Neill, R. V., Hunsaker, C. T., Jones, K. B., Ritters, K. H., Wickham, J. D, Schwarz, P., Goodman, I. A., Jackson, B., and W. Baillargeon, 1997, "Monitoring Environmental Quality at the Landscape Scale," *BioScience*, 47(8):513-519.

Pena-Barragan, J. M., Ngugi, M. K., Plant, R. E., and J. Six, 2011, "Object-based Crop Classification using Multiple Vegetation Indices, Textural features and Crop Phenology," *Remote Sensing of Environment*, 115:1301-1316.

Perry, C. R., and L. F. Lautenschlager, 1984, "Functional Equivalence of Spectral Vegetation Indices," *Remote Sensing of Environment*, 14:169-182.

Peterson, D. L., and S. W. Running, 1989, "Applications in Forest Science and Management," in *Theory and Applications of Optical Remote Sensing*, New York: John Wiley & Sons, 4210-4273.

Pflugmacher, D., Cohen, W. B., and R. E. Kennedy, 2012, "Using Landsat-derived Disturbance History (1972-2010) to Predict Current Forest Structure," *Remote Sensing of Environment*, 122:146-165.

Pierce, L. L., Running, S. W., and G. A. Riggs, 1990, "Remote Detection of Canopy Water Stress in Coniferous Forests Using NS001 Thematic Mapper Simulator and the Thermal Infrared Multispectral Scanner," *Photogrammetric Engineering & Remote Sensing*, 56(5):571-586.

Powell, S. L., Cohen, W. B., Healey, S. P., Kennedy, R. E., Moisen, G. G., Pierce, K. B., et al., 2010, "Quantification of Live Aboveground Forest Biomass Dynamics with Landsat Time-series and Field Inventory Data: A Comparison of Empirical Modeling Approaches," *Remote Sensing of Environment*, 114:1053-1068.

Pratt, W. K., 2014, *Digital Image Processing*, 4th Ed., Boca Raton: CRC Press, 756 p.

Price, K. P., Guo, X., and J. M. Stiles, 2002, "Optimal Landsat TM Band Combinations and Vegetation Indices for Discrimination of Six Grassland Types in Eastern Kansas," *International Journal of Remote Sensing*, 23:5031-5042.

Purkis, S., and V. Klemas, 2011, *Remote Sensing and Global Environmental Change*, New York: Wiley-Blackwell, 367 p.

Purkis, S. J., Myint, S. W., and B. M. Riegl, 2006, "Enhanced Detection of the Coral *Acropora cervcornis* from Satellite Imagery using a Textural Operator," *Remote Sensing of Environment*, 101:82-94.

Qi, J., Cabot, F., Moran, M. S., and G. Dedieu, 1995, "Biophysical Parameter

Estimations Using Multidirectional Spectral Measurements," *Remote Sensing of Environment*, 54:71-83.

Ramsey, R. D., Falconer, A., and J. R. Jensen, 1995, "The Relationship between NOAA-AVHRR NDVI and Ecoregions in Utah," *Remote Sensing of Environment*, 3:188-198.

Richards, J. A., 2013, *Remote Sensing Digital Image Analysis*, 5th Ed., New York: Springer-Verlag, 494 p.

Richardson, A. J., and C. L. Wiegand, 1977, "Distinguishing Vegetation from Soil Background Information," *Remote Sensing of Environment*, 8:307-312.

Ritters, K. H., O'Neill, R. V., Hunsaker, C. T., Wickham, J. D., Yankee, D. H., Timmins, S. P., Jones, K. B., and B. L. Jackson, 1995, "A Factor Analysis of Landscape Pattern and Structure Metrics," *Landscape Ecology*, 10(1):23-39.

Rodriguez-Galiano, V., Chica-Olmo, M., Abarca-Hernandez, F., Atkinson, P. M., and C. Jeganathan, 2012, "Random Forest Classification of Mediterranean Land Cover using Multi-seasonal Imagery and Multi-seasonal Texture," *Remote Sensing of Environment*, 121:93-107.

Rogan, J., Franklin, J., and D. A. Roberts, 2002, "A Comparison of Methods for Monitoring Multitemporal Vegetation Change Using Thematic Mapper Imagery," *Remote Sensing of Environment*, 80:143-156.

Rondeaux, G., Steven, M., and F. Baret, 1996, "Optimization of Soil-adjusted Vegetation Indices," *Remote Sensing of Environment*, 55:95-107.

Rouse, J. W., Haas, R. H., Schell, J. A., and D. W. Deering, 1974, "Monitoring Vegetation Systems in the Great Plains with ERTS, *Proceedings, 3rd Earth Resource Technology Satellite (ERTS) Symposium*, Vol. 1, 48-62.

Rundquist, B. C, 2002, "The Influence of Canopy Green Vegetation Fraction on Spectral Measurements over Native Tallgrass Prairie," *Remote Sensing of Environment*, 81:129-135.

Running, S. W., Justice, C. O., Solomonson, V., Hall, D., Barker, J., Kaufmann, Y. J., Strahler, A. H., Huete, A. R., Muller, J. P., Vanderbilt, V., Wan, Z. M., Teillet, P., and D. Carneggie, 1994, "Terrestrial Remote Sensing Science and Algorithms Planned for EOS/MODIS," *International Journal of Remote Sensing*, 15(17):3587-3620.

Russ, J. C., 2011, *The Image Processing Handbook*, 6th Ed., Boca Raton: CRC Press, 849 p.

Schlerf, M., Atzberger, C., and J. Hill, 2005, "Remote Sensing of Forest Biophysical Variables using HyMap Imaging Spectrometer Data," *Remote Sensing of Environment*, 95:177-194.

Schowengerdt, R. A., 2007, *Remote Sensing: Models and Methods for Image Processing*, 3rd Ed., San Diego, CA: Academic Press, 515 p.

Sheffield, C., 1985, "Selecting Band Combinations from Multispectral Data," *Photogrammetric Engineering & Remote Sensing*, 51(6):681-687.

Short, N., 1982, "Principles of Computer Processing of Landsat Data," Appendix A in *Landsat Tutorial Workbook*, Publication #1078, Washington: NASA, 421-453.

Sims, D. A., Rahman, A. F., Vermote, E. F., and Z. Jiang, 2011, "Season and Inter-annual Variation in View Angle Effects on MODIS Vegetation Indices at Three Forest Sites," *Remote Sensing of Environment*, 115:3112-3120.

Small, C., 2012, "Spatiotemporal Dimensionality and Time-Space Characterization of Multitemporal Imagery," *Remote Sensing of Environment*, 124:793-809.

Sonnenschein, R., Kuemmerle, T., Udelhoven, T., Stellmes, M., and P. Hostert, 2011, "Differences in Landsat-based Trend Analyses in Drylands due to the Choice of Vegetation Estimate," *Remote Sensing of Environment*, 115:1408-1420.

TBRS, 2003, *Enhanced Vegetation Index*, Terrestrial Biophysics and Remote Sensing Lab, University of Arizona, http://tbrs.arizona.edu/project/MODIS/evi.php.

Troll, C., 1939, Luftbildplan and okologische Bodenforschung, *A. Ges. Erdkunde*, Berlin: 241-298.

Tucker, C. J., 1979, "Red and Photographic Infrared Linear Combinations for Monitoring Vegetation," *Remote Sensing of Environment*, 8:127-150.

Tuominen, S., and A. Pekkarinen, 2005, "Performance of Different Spectral and Textural Aerial Photograph Features in Multi-source Forest Inventory," *Remote Sensing of Environment*, 94:256-268.

Verbesselt, J., Somers, B., Lhermitte, S., Jonckheere, I., van Aardt, J., and P. Coppin, 2007, "Monitoring Herbaceous Fuel Moisture Content with SPOT VEGETATION Timeseries for Fire Risk Prediction in Savannah Ecosystems," *Remote Sensing of Environment*, 108:357-368.

Vina, A., Gitelson, A. A., Nguy-Robertson, A. L., and Y. Peng, 2011, "Comparison of Different Vegetation Indices for the Remote Assessment of Green Leaf Area Index of Crops," *Remote Sensing of Environment*, 115:3468-3478.

Viscarra-Rossel, R. A., and C. Chen, 2011, "Digitally Mapping the Information Content of Visible-Near Infrared Spectra of Surficial Australian Soils," *Remote Sensing of Environment*, 115:1443-1455.

Wagle, P., and 8 co-authors, 2014, "Sensitivity of Vegetation Indices and Gross Primary Production of Tallgrass Prairie to Severe Drought," *Remote Sensing of Environment*, 152:1-14.

Walter-Shea, E. A., and L. L. Biehl, 1990, "Measuring Vegetation Spectral Properties," *Remote Sensing Reviews*, 5(1):179-205.

Wang, F., 1993, "A Knowledge-based Vision System for Detecting Land Changes at Urban Fringes," *IEEE Transactions on Geoscience and Remote Sensing*, 31(1):136-145.

Wang, L. and D. C. He, 1990, "A New Statistical Approach for Texture Analysis," *Photogrammetric Engineering & Remote Sensing*, 56(1):61-66.

Wang, L., Hunt, E. R., Qu, J. J., Hao, X., and C. W. Daughtry, 2013, "Remote Sensing of Fuel Moisture Content from Ratios of Narrow-band Vegetation Water and Dry-matter Indices," *Remote Sensing of Environment*, 129:103-110.

Wang, L., Sousa, W., Gong, P., and G. Biging, 2004, "Comparison of IKONOS and QuickBird Images for Mapping Mangrove Species on the Caribbean Coast of Panama," *Remote Sensing of Environment*, 91:432-440.

Wang, L., and S. Zhang, 2014, "Incorporation of Texture Information in a SVM Method for Classifying Salt Cedar in Western China," *Remote Sensing Letters*, 5(9):501-510.

Wardlow, B. D., Egbert, S. L., and J. H. Kastens, 2007, "Analysis of Time-series MODIS 250 m Vegetation Index Data for Crop Classification in the U.S. Central Great Plains," *Remote Sensing of Environment*, 108:290-310.

Warner, T., 2011, "Kernel-Based Texture in Remote Sensing Image Classification," *Geography Compass*, 5/10:781-798.

Warner, T. A., Almutairi, A., and J. Y. Lee, 2009, "Remote Sensing of Land Cover Change," in Warner, T. A., Nellis, M. D., and G. M. Foody (Eds.), *The Sage Handbook of Remote Sensing*, Los Angeles, Sage, Inc., 459-472.

Weiers, S., Bock, M., Wissen, M., and G. Rossner, 2004, "Mapping and Indicator Approaches for the Assessment of Habitats at Different Scales using Remote Sensing and GIS Methods," *Landscape and Urban Planning*, 67:43-65.

Wickham, J. D., and D. J. Norton, 1994, "Mapping and Analyzing Landscape Patterns," *Landscape Ecology*, 9(1):7-23.

Wood, E. M., Pidgeon, A. M., Radeloff, V. C., and N. S. Keuler, 2012, "Image Texture as a Remotely Sensed Measure of Vegetation Structure," *Remote Sensing of Environment*, 121:516-526.

Woodcock, C. E., Strahler, A. H., and D. L. B. Jupp, 1988, "The Use of Variogram in Remote Sensing and Simulated Image, II: Real Digital Images," *Remote Sensing of Environment*, 25:349-379.

Yarbrough, L. D., Easson, G., and J. S. Juszmaul, 2012, "Proposed Workflow for Improved Kauth-Thomas Transform Derivations," *Remote Sensing of Environment*, 124:810-818.

Yarbrough, L. D., Navulur, K., and R. Ravi, 2014, "Presentation of the Kauth-Thomas Transform for WorldView-2 Reflectance Data," *Remote Sensing Letters*, 5(2):131-138.

Zha, Y., Gao, J., and S. Ni, 2003, "Use of Normalized Difference Built-up Index in Automatically Mapping Urban Areas from TM Imagery," *International Journal of Remote Sensing*, 24(3):583-594.

Zhang, C., and Z. Xie, 2012, "Combining Object-based Texture Measures with a Neural Network for Vegetation Mapping in the Everglades from Hyperspectral Imagery," *Remote Sensing of Environment*, 124:310-320.

Zhang, Y., 2001, "Texture-Integrated Classification of Urban Treed Areas in High-resolution Color-infrared Imagery," *Photogrammetric Engineering & Remote Sensing*, 67(12):1359-1365.

Zhang, Z., Schaaf, C., and K. C. Seto, 2013, "The Vegetation Adjusted NTL Urban Index: A New Approach to Reduce Saturation and Increase Variation in Nighttime Luminosity," *Remote Sensing of Environment*, 129:32-41.

Zhao, G., and A. L Maclean, 2000, "A Comparison of Canonical Discriminant Analysis and Principal Component Analysis for Spectral Transformation," *Photogrammetric Engineering & Remote Sensing*, 66(7):841-847.

9 주제정보 추출 : 패턴인식

원격탐사 자료는 항공기와 인공위성과 같은 다양한 원격탐사 시스템으로부터 수집된다(예 : Colomina and Molina, 2014; Belward and Skoien, 2014). 이 자료들은 처리되어 다양한 주제정보로 변환될 수 있다. 특히 원격탐사는 지역적인, 광역적인, 또는 전지구적인 규모의 토지이용과 토지피복 정보를 획득하는 데 점점 더 많이 이용되고 있다(Homer et al., 2012; Jensen and Jensen, 2013). 주제정보의 추출은 다양한 종류의 토지이용 또는 토지피복과 상관성이 있는 원격탐사 자료의 분광 또는 공간적인 패턴을 분석하여 이루어진다. **패턴인식**(pattern recognition)이라는 용어는 보통 이러한 분석처리를 서술할 때 사용된다.

개관

이번 장에서는 다중분광 자료에 패턴인식 기술을 적용하기 위해 사용되는 기본적인 기법들에 대해 살펴본다. 디지털 원격탐사 자료로부터 토지피복 정보를 추출하는 데 필요한 일반적인 단계부터 살펴보는 것을 시작으로, 소프트(퍼지) 분류 대 하드(크리스프) 분류 논리의 개념이 소개된다. 또한 가장 중요한 토지피복 분류 전략의 여러 가지 특성을 검토한다. 감독 분류(예 : 평행, 최소거리, 최대우도)와 무감독 클러스터링(예 : ISODATA)의 다양한 방법이 논의된다. 분류 알고리듬에서 사용하기 위해 가장 적합한 대역을 식별하는 데 사용되는 기능 선택 방법이 설명된다. 이 장에서는 화소 포맷의 주제정보 대신에 원격탐사 자료로부터 균일한 패치(다각형)의 정보를 추출하는 데 사용되는 객체기반 영상분석(OBIA) 절차에 대해 논의한다. 제10장에서는 신경망(neural network)과 전문가 시스템 결정나무 분류자 등을 포함한 비계량 방법을 소개한다. 제11장에서는 초분광 영상으로부터 정보를 추출하는 데 필요한 알고리듬에 대해 논의할 것이다.

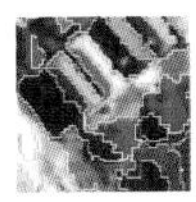

도입

패턴인식 기법은 기하보정된 다중분광 원격탐사 자료에 흔히 쓰이는 방법이다. 디지털 다중분광 원격탐사 자료로부터 토지피복 정보를 추출하기 위한 일반적인 단계가 그림 9-1에 정리되어 있다.

다중분광 자료의 분류는 아래와 같은 다양한 방법을 사용하여 수행될 수 있다(그림 9-1과 9-2).

- 매개변수 및 비매개변수를 이용한 통계값에 기초한 알고리듬(비율척도와 등간척도 자료에 사용)과 명목척도 자료에도 사

용할 수 있는 **비계량** 방법에 기초한 알고리듬

- **감독, 무감독** 분류 논리의 사용
- **범주형** 혹은 **퍼지** 분류 논리의 사용
- **화소기반** 혹은 **객체기반** 분류 논리의 사용
- **혼합적인** 접근법

최대우도법과 무감독 분류와 같은 **매개변수**(parametric)를 이용한 방법은 원격탐사 자료가 정규분포를 이루고 분류를 하기 위한 자료의 밀도 함수를 알고 있다고 가정한다(Duda et al., 2001). 최근린 분류자, 퍼지 분류자, 신경망과 같은 **비매개변수**(nonparametric)를 이용한 방법은 정규분포를 띠지 않는 원격탐사 자료에 적용될 수 있으며 밀도 함수를 알아야 한다는 가정이 필요 없다. 규칙에 기초한 **결정나무**(decision-tree) 분류자와 같은 **비계량**(nonmetric) 방법은 0~100%의 반사도와 같은 실수값 자료나 클래스 1은 산림, 클래스 2는 농경지 등과 같은 명목척도 자료에도 적용할 수 있다(예 : Jensen et al., 2009; Myint et al., 2011).

감독 분류(supervised classification)에서 도심지, 농경지, 습지 등의 토지피복 형태와 그 위치는 현장 확인, 항공사진의 판독, 지도 분석, 개인의 경험 등의 조합을 통하여 (이미) 선험적으로 알고 있다. 분석가는 원격탐사 자료에서 이러한 알려진 토지피복 중 균일한 예들을 대표하는 특정 위치를 찾으려고 한다. 이러한 지역을 보통 **훈련지역**(training sites)이라고 하는데, 이는 이 지역의 분광 특성을 가지고 분류 알고리듬을 훈련하는 데 사용되기 때문이다. 평균, 표준편차, 공분산 행렬, 상관 행렬 등과 같은 다변량 통계 변수들을 각각의 훈련지역에 대하여 계산하여, 이를 기초로 훈련지역 안과 밖의 모든 화소를 평가한 뒤 각 화소를 가장 확률이 높은 클래스에 할당한다.

무감독 분류(unsupervised classification)에서는 지상의 참조정보가 부족하거나 영상의 표면 구조물들이 제대로 정의되어 있지 않아서 클래스별 토지피복 형태를 선험적으로 알 수 없다. 통계적으로 정의된 기준에 따라서 컴퓨터가 비슷한 분광 특성을 가진 화소들을 **군집**(cluster)으로 분류한다. 그 다음에 분석가가 각 군집마다 이름을 붙이고 이러한 분광 군집을 정보 클래스로 통합한다.

감독 분류와 무감독 분류 알고리듬은 보통 산림, 농지 등과 같은 이산적인 항목으로 분류된 지도를 만들기 위해 **범주형 분류**(hard classification) 논리를 사용한다(그림 9-2a). 반대로, 실세계의 이질적이고 부정확한 속성을 고려한 **퍼지 분류**(fuzzy classification) 논리도 가능하다(그림 9-2b). 퍼지 분류는 퍼지 정보를 가지고 있는 주제도 결과물을 만들어 낸다. 퍼지 분류는 원격탐사 감지기가 순간시야각(IFOV) 안에서 발견되는 토양, 물, 식생과 같은 생물리적 물질의 이질적 혼합으로부터 반사 혹은 방출된 복사속을 기록한다는 사실을 기반으로 한다. 순간시야각(화소) 내에 발견되는 토지피복 클래스는 종종 뚜렷한 범주형 경계를 가지지 않는다. 즉 현실은 매우 모호하고 불균일한데, 이를 '퍼지하다'고 한다(Jensen et al., 2009). 퍼지 분류에서는 각 화소가 가능한 *m*개의 클래스 중에서 1개의 클래스로 정의되는 대신에 *m*개의 멤버십 등급값을 가진다. 멤버십 등급값은 1개의 화소 내에 발견되는 *m*개의 토지피복 비율을 나타낸다. 예를 들어 10% 나지, 10% 관목지, 80% 산림으로 나타내는 것을 말한다(그림 9-2b). 이러한 정보는 좀 더 정확한 토지피복 정보를 얻어 내는 데 사용될 수 있고, 특히 혼합 화소를 파악할 때 사용된다(Foody, 2002).

과거에는 대부분의 디지털 영상 분류가 전체 영상을 화소 단위로 처리하는 것에 기초하였는데, 이를 **화소기반 분류**(per-pixel classification)라 부른다(Blaschke and Strobl, 2001; Myint et al., 2011). **공간 객체기반 영상분석**(geographic object-based image analysis, GEOBIA) 기법은 다중해상도 영상 분할 기법을 이용해 영상을 상대적으로 균등한 영상객체(패치나 조각이라고도 불림)들로 분해하도록 한다(Blaschke et al., 2014). 이어 균질한 영상객체의 다양한 통계적 특성들은 전통적인 통계기법이나 퍼지 논리 분류에 의해 처리된다. 영상 분할(image segmentation)에 기초한 객체기반 분류는 GeoEye-1, Pleiades, WorldView-2 영상과 같이 공간해상도가 높은 영상의 분석에 종종 사용된다.

어떤 패턴 분류 방법도 본질적으로 다른 방법보다 더 뛰어난 것은 없다. 분류 시 문제의 본질, 연구대상지역의 생물리적 특성, 원격탐사 자료의 분포(예 : 정규분포), 선험적 지식 등을 통해 어떤 분류 알고리듬이 적합한 결과를 도출할 수 있을지 결정한다(Duro et al., 2012). Duda 등(2001)은 "우리는 어떤 특정한 학습 또는 인식 알고리듬의 전반적인 우수성을 입증하려는 연구에 대해 건전한 의심을 해 봐야 한다"고 조언하였다.

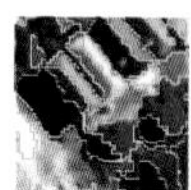

감독 분류

그림 9-1에 나타낸 일반적인 단계를 이해하고 적용하면 감독 분류 알고리듬을 사용하여 유용한 주제정보를 얻을 수 있다. 분석가는 먼저 가설을 검증하기 위한 **대상지역**(Region Of

디지털 원격탐사 자료에서
주제 토지피복 정보를 추출하는 데 사용되는 일반적 단계

토지피복 분류 문제의 속성 제시
- 대상지역(ROI)을 구체화
- 분류 계획상 관심 클래스 정의
- 하드(범주형) 혹은 소프트(퍼지) 분류 결정
- 화소단위 혹은 객체기반(OBIA) 분류 결정

적절한 원격탐사 및 초기 지상참조자료 수집
- 다음의 기준에 맞춰 원격탐사 자료 선택
  - 원격탐사 시스템 고려사항
    - 공간, 분광, 시간, 방사해상도
  - 환경 고려사항
    - 대기조건, 토양습도, 생물 계절주기 등
- 초기 지상참조자료 수집
  - 연구지역의 선험 지식에 기초

원격탐사 자료를 처리하여 주제정보 추출
- 방사보정(혹은 정규화)(제6장)
- 기하보정(제7장)
- 적절한 영상 분류 논리 선택
  - 매개변수(예 : 최대우도법, 군집화)
  - 비매개변수(예 : 최근린, 신경망)
  - 비계량(예 : 규칙기반 결정나무 분류자)
- 적절한 영상 분류 알고리듬 선택
  - 감독 분류
    - 평행육면체 분류법, 최소거리 분류법, 최대우도 분류법
    - 기타(초분광 일치화 필터링, 분광각 매퍼 – 제11장)
  - 무감독 분류
    - 체인방법, 다중패스 ISODATA
    - 기타(퍼지 *c*-평균)
  - 인공지능을 포함한 혼합 분류(제10장)
    - 전문가 시스템 결정나무, 신경망, 서포트 벡터 머신
- 초기 훈련지역으로부터 자료 추출(필요시)
- 피처 선택 기준에 맞춰 최적의 밴드 선택
  - 그래픽(예 : 2차원 피처 공간 도표)
  - 통계(예 : 변환발산, TM 거리)
- 다음에 기초하여 훈련 통계값 및 규칙 추출
  - 최종 밴드 선택(필요시)
  - 기계학습(제10장)
- 주제정보 추출
  - 각 화소별 혹은 각 객체기반(OBIA)별(감독 분류)
  - 화소 및 영상객체 명명(무감독 분류)

정확도 평가(제13장)
- 방법 선택
  - 정성적 신뢰도 구축
  - 통계적 측정
- 클래스별 필요한 표본 수 결정
- 표집계획 선택
- 지상참조 검증 정보 수집
- 오차행렬 구축 및 분석
  - 단변량 및 다변량 통계분석

이전에 설정한 가설을 수용 혹은 기각
정확도가 허용 가능하면 결과 배포

그림 9-1 디지털 원격탐사 자료에서 주제 토지피복 정보를 추출하기 위한 일반적인 단계

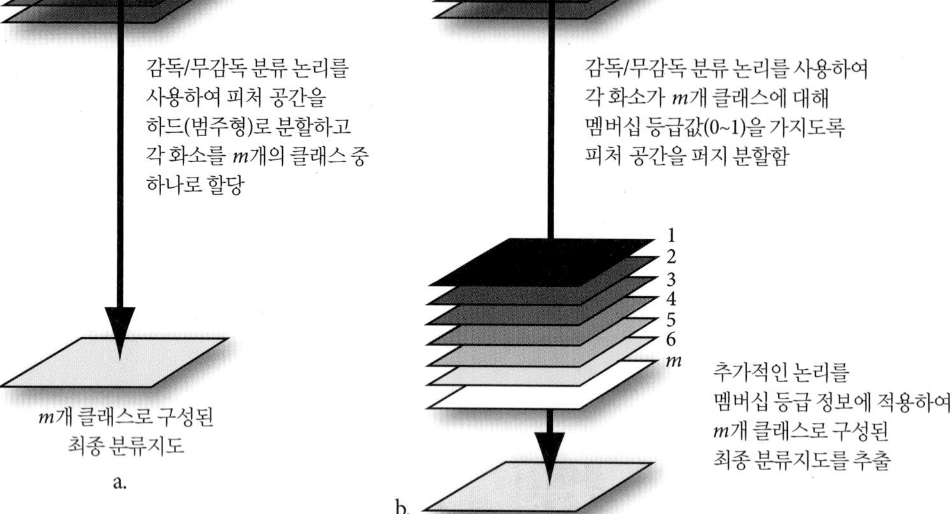

그림 9-2 감독 분류나 무감독 분류를 사용한 전통적인 단일 단계의 하드(범주형) 분류와 소프트(퍼지) 논리를 사용한 분류 사이의 관계

Interest, ROI)을 구체화해야 한다. 그 다음 분류체계에서 조사할 관심 클래스들을 정의한다.

분석가는 관심 클래스로부터 어떤 결과물(범주형 혹은 퍼지)을 낼 것인지와 어떤 분류 논리(화소기반 혹은 객체기반 분류 논리)를 사용할 것인지를 결정한다. 그 다음에 분석가는 센서 시스템 및 환경적 제한요소를 동시에 고려하여 적합한 디지털 원격탐사 자료를 수집한다. 이상적으로 지상참조 정보는 원격탐사 자료의 수집과 같이 이루어진다. 제6장과 제7장에서 언급했듯이, 원격탐사 자료에 방사보정과 기하보정을 수행한다. 이어 적합한 분류 알고리듬을 선택하고, 필요하면 분석가가 초기 훈련자료를 선택한다. 어떤 훈련 클래스와 다른 클래스를 구별할 수 있는 최적의 다중분광밴드를 결정하기 위한 피처(밴드)를 선택한다. 필요한 경우, 부가적인 훈련자료를 수집하고, 분류 알고리듬을 적용하여 분류지도를 만들어 낸다. 엄밀한 정확도 평가(종종 오차 평가로 불림)를 수행하여(제13장 참조), 수용할 만한 결과가 나오면 분류지도와 관련 통계들을 관련자와 기관에 배포한다.

토지이용 및 토지피복 분류체계

토지피복(land cover)이란 물, 농작물, 산림, 습지, 아스팔트와 같은 인공물처럼 지형에 존재하는 물질의 종류를 말한다. **토지이용**(land use)이란 농경지, 상업지, 주거지와 같이 토지 표면에 사람들이 무엇을 하느냐를 말한다. 현재 인간에 의한 지구 토지 표면의 변화 속도, 크기, 규모는 인간 역사상 선례가 없을 정도이다. 결론적으로, 토지피복과 토지이용 자료는 산림벌채를 막고 지속 가능한 거주지 성장을 유지하고, 수자원의 질과 공급을 보호하는 것 등의 UN의 아젠다 21과 같은 이슈에 중추적인 역할을 하는 자료이다(Jensen et al., 2002). 인간이 경관에 미치는 영향을 고려하여 토지피복과 토지이용의 변화를 평가할 수 있는 기본 데이터셋을 구축할 필요가 있다(Warner et al., 2009; Weng, 2014).

IGBP(International Geosphere-Biosphere Programme)와 IHDP(International Human Dimensions of Global Environmental Change Programme)에서는 다음과 같은 사항을 제안하였다.

> 앞으로 수십 년간 토지이용/토지피복 변화가 지구에 끼치는 영향은 잠재적인 기후변화와 관련된 영향만큼 혹은 그보

다 더 중요할지도 모른다. 기후변화 자체와는 다르게 토지이용/토지피복 변화는 지구환경 변화에 알려져 있고 명백한 부분이다. 이러한 변화에 따른 영향은 현재 잠재적인 기후 온난화에서부터 지반 침식과 생태계의 파괴까지 그리고 식량 생산부터 전염병의 확산에까지 이른다(IGBP-IHDP, 2002).

토지피복 자료는 특히 측량될 수 없는 넓은 지역의 개개의 종과 종 집단의 분포를 예측하는 데 유용하다. 토지피복 자료의 활용성과 정확도가 향상됨에 따라 다양한 예측 모델이 널리 사용되고 있다. 예를 들어, 원격탐사로 얻은 토지피복 정보는 가장 큰 종 분포 모델링인 Gap 분석 프로그램(Gap Analysis Program, GAP)에 사용되고 있는데, 그 목적은 대상 종이 선호하는 서식지의 자세한 지도를 만들고, 식물 계절주기(plant phenology)를 모니터링하는 데 있다(Kerr and Ostrovsky, 2003).

원격탐사 자료를 성공적으로 토지이용 및 토지피복 정보로 분류하기 위해서는 모든 관심 클래스가 주의 깊게 선택되고 정의되어야 한다(Congalton and Green, 2009). 이를 위해서 **분류체계**(classification scheme)를 사용하는데 분류체계는 논리적인 기준에 따라 구성된 정보 클래스의 분류학상의 정확한 정의를 담고 있어야 한다. 만약 범주형(crisp) 분류를 수행하려고 하면 분류 시스템상의 클래스들은 아래의 조건을 만족해야 한다.

- 상호 배타적
- 포괄적
- 계층적

상호 배타적(mutually exclusive)이라 함은 분류학적으로 클래스 사이에 중복 혹은 퍼지성이 없다는 것을 의미한다. 예를 들어, 낙엽수와 상록수는 별개의 클래스이므로 중복되지 않는다. 포괄적(exhaustive)이라 함은 모든 토지피복 클래스가 고려되고 어떠한 것도 빠져서는 안 된다는 말이다. 계층적(hierarchical)이라 함은 낮은 레벨의 클래스(예 : 단독주택 주거지, 다세대주택 주거지)가 주거지라는 더 높은 레벨의 항목에 계층적으로 포함되어야 함을 말한다. 이로부터 단순화된 주제도가 필요한 경우 쉽게 만들 수 있다.

분석가는 정보 클래스와 분광 클래스 간의 기본적인 차이점을 인식해야 한다. **정보 클래스**(information class)는 인간이 정의하는 것인 반면, **분광 클래스**(spectral class)는 원격탐사 자료에 내재한 것이고 분석가에 의해 인식되고 명명된다. 예를 들어, 도시지역의 원격탐사 영상에서 단독주택 주거지 형태가 있다고 하자. SPOT(20×20m)과 같이 공간해상도가 낮은 원격탐사 영상은 비교적 순수한 식생 화소와 콘크리트 및 아스팔트 도로 화소를 일부 기록할 수 있을 것이다. 그러나 이런 주거지역에서 화소의 밝기값은 식생과 아스팔트/콘크리트 등이 혼합된 것으로부터의 반사도 함수일 것이다. 불투수층 지도에 관심이 있을 경우를 제외하고는 (1) 콘크리트, (2) 아스팔트, (3) 식생, (4) 식생과 아스팔트/콘크리트의 혼합, 이런 식의 클래스로 나뉜 지도를 원하는 계획가나 행정 전문가는 없다. 오히려 혼합 클래스를 단독주택 주거지라고 재명명하는 것을 더 선호할 것이다. 반면 분석가는 혼합 클래스와 단독주택 주거지 사이에 관련이 있을 경우에만 이렇게 해야 한다. 분석가는 종종 관련 기관의 요구에 따르기 위하여 분광 클래스를 정보 클래스로 변환해야 한다. 분석가는 센서 시스템에 대한 공간 특성과 분광 특성을 잘 이해하여야 하며 이러한 시스템 매개변수를 영상이나 화소 순간시야각 내에서 발견되는 물질의 종류 및 비율과 잘 관련지을 수 있어야 한다. 이러한 매개변수들과 관계들을 잘 이해하면 분광 클래스는 적절한 정보 클래스로 명명될 수 있다.

원격탐사 자료를 판독하여 수집된 토지이용 및 토지피복 자료를 쉽게 통합할 수 있도록 개발된 몇몇 범주형의 분류체계가 있다. 여기서는 이러한 분류체계 중 다음의 몇 가지만 소개한다.

- 미 계획협회(American Planning Association, APA)의 상세한 토지이용 분류에 중점을 둔 토지기반 분류표준(Land-Based Classification Standard, LBCS)(그림 9-3)
- 미 지질조사국(U.S. Geological Survey, USGS)의 원격탐사 자료를 이용한 토지이용/토지피복 분류시스템(Land-Use/Land-Cover Classification System for Use with Remote Sensor Date)
- 미 국가 토지피복 데이터베이스(National Land Cover Dataset, NLCD)의 분류체계(그림 9-4)
- NOAA의 해안변화 분석 프로그램(Coastal Change Analysis Program, C-CAP)의 분류체계
- 미 어류 및 야생생물국(U.S. Department of the Interior Fish & Wildlife Service)의 습지와 심수 서식지 분류(Classification of Wetlands and Deepwater Habitats of the United States)(그림 9-5, 9-6)
- 미 국가식생 및 분류표준(National Vegetation & Classification Standard, NVCS)

미 계획협회의 토지기반 분류표준(LBCS)

표 1 : 활동

구역 이름	활동	설명
0171	2210	식당(드라이브스루 포함)
0170	2100	가구점
125A	2210	식당(드라이브스루 포함)

표 2 : 업종

업종	설명
2510	식당
2121	가구점
2510	식당

표 3 : 구조적 특징

구역 이름	건물구조	설명
0171	2220	식당 건물
0170	2592	주택 개조 건물
125A	2220	식당 건물

그림 9-3 미 계획협회는 도시나 교외지역에서 토지가 어떻게 사용되는지를 자세하게 설명하는 토지기반 분류표준(LBCS)을 개발하였다. 이 시스템은 현장자료와 원격탐사로 얻어진 정보를 모두 사용한다. 이 사진은 2011년에 사우스캐롤라이나의 보퍼트에 있는 3개의 상점을 비스듬히 촬영한 항공사진이다. 활동, 업종 그리고 구조적 특징으로 할당한 번호를 통하여 각각의 구역을 세분화하였다. 택지개발과 소유자에 대한 정보는 제공하지 않는다(항공사진과 구역 정보 제공 : Beaufort County GIS Department).

- MODIS 토지피복 결과물을 만들기 위한 국제 지리생물권 프로그램(International Geosphere-Biosphere Program, IGBP)의 **토지피복 분류시스템**(Land Cover Classification System) 특별 수정본(그림 9-7)

미 계획협회의 토지기반 분류표준(LBCS)

토지이용을 분류하기 위한 분류체계는 거의 없다. 사실상 대부분의 사람들이 오직 토지피복 정보에만 관심이 있다고 말한다. 따라서 사용자가 비교적 고해상도 원격탐사 자료로부터 자세한 도심지/교외 토지이용 정보만을 추출하고자 한다면, 가장 실용적이고 포괄적인 계층적 분류 방법 중 하나는 미 계획협회(APA, 2014a)에서 개발한 **토지기반 분류표준**(Land-Based Classification Standard, LBCS)이다.

LBCS는 5가지 특성(**활동**, **업종**, **택지개발**, **건물구조**, **소유자**)에 대한 정보를 필지 레벨에서 알기 위하여 현지측량 그리고/또는 항공사진, 원격탐사 자료로부터 입력자료를 구한다(APA, 2014a). 이 시스템은 모든 상업 및 공업지역의 토지이용에 대해 유일한 코드와 이에 대한 설명을 제공한다(APA, 2014b). 그림

표 9-1 USGS의 원격탐사 자료를 이용한 토지이용/토지피복 분류시스템(Anderson et al., 1976)

분류 레벨	
1	**도시 및 시가지**
11	주거지
12	상업지
13	공업지
14	수송, 통신 및 공공시설
15	공업 및 상업 복합단지
16	혼합 도시 및 시가지
17	기타 도심지
2	**농업지**
21	농경지 및 목초지
22	과수원 및 원예원
23	사육장(목장)
24	기타 농업지
3	**방목지**
31	초본성 방목지
32	관목성 방목지
33	혼합 방목지
4	**산림지**
41	낙엽수
42	상록수
43	혼합 산림
5	**수계**
51	강 및 운하
52	호수
53	저수지
54	만 및 하구
6	**습지**
61	산림습지
62	비산림습지
7	**나대지(불모지)**
71	건염전
72	해안
73	해안 외 모래
74	노출된 암석
75	광산
76	전이지역
77	혼합 나대지
8	**툰드라**
81	관목 툰드라
82	초본 툰드라
83	나지 툰드라
84	습지 툰드라
85	혼합 툰드라
9	**만년설 및 만년빙**
91	만년설원
92	빙하

9-3은 2011년에 사우스캐롤라이나 주 보퍼트 지역의 세 필지에 대한 LBCS를 적용하여 활동, 업종, 건물구조 코드로 표시한 예이다. 상가건물들 중 2개는 드라이브스루가 가능한 패스트푸드 식당이고 다른 하나는 가구점이다.

LBCS는 항상 개발 중에 있다. 정부에서는 사용자로 하여금 상업지와 공업지에 대한 토지이용 분류코드를 정확하게 알아야 하는 도심지/교외 연구에 LBCS를 이용하도록 독려하고 있다. LBCS는 도심지역에 있어서 토지피복이나 식생 특성을 제공하지 않는데, 이는 연방지리자료위원회(Federal Geographic Data Committee, FGDC) 표준에 기초하고 있기 때문이다.

USGS의 원격탐사 자료를 이용한 토지이용/토지피복 분류시스템

USGS의 원격탐사 자료를 이용한 토지이용/토지피복 분류시스템(Anderson et al., 1976)은 자원지향의 토지피복 분류시스템이다. 이와 반대로 APA의 토지기반 분류표준은 인간과 사업내역 중심의 토지이용 분류시스템이다. USGS의 이러한 자원중심의 분류시스템은 "도시중심의 토지이용 분류시스템도 필요하지만 미국 토지의 남은 95% 자원을 대상으로 할 자원중심의 분류시스템도 필요하다"는 생각에 기초하고 있다. 이와 같은 필요성을 역설하기 위하여 USGS 시스템은 표 9-1에 표시한 바와 같이 레벨 I의 9개 항목 중에 도심지나 개발지역이 아닌 8개 항목을 다룬다. 이 시스템은 현장에서 얻어진 자료가 아닌 다양한 축척과 해상도로부터 얻어진 원격탐사 자료를 판독하여 추출하도록 설계되었다(표 9-2). 분류시스템은 계속해서 수정되고 있으며 USGS, 환경보호청(Environmental Protection Agency,

표 9-2 USGS의 원격탐사 자료를 이용한 토지이용/토지피복 분류시스템에 대한 네 가지 레벨과 그 정보를 제공하기 위해 주로 사용되는 원격탐사 자료의 종류(Anderson et al., 1976; Jensen and Cowen, 1999)

분류 레벨	전형적인 자료 특성
I	NOAA AVHRR(1.1×1.1km), MODIS(250×250m, 500×500m), Landsat MSS(79×79m), Landsat TM과 Landsat 8(30×30m), SPOT XS(20×20m)와 같은 위성영상
II	SPOT HRV 다중분광(10×10m) 및 인도 IRS 1-C 전정색(5×5m)과 같은 위성영상. 1 : 80,000 축척보다 낮은 항공사진
III	IKONOS와 같은 1×1~2.5×2.5m의 명목 공간해상도를 가진 위성영상. 중고도 항공사진(1 : 20,000 ~ 1 : 80,000 축척)
IV	1×1m 이하의 명목 공간해상도를 가진 위성영상(예 : GeoEye-1, WorldView-2). 저고도 항공사진(1 : 4,000~1 : 20,000 축척)

EPA), NOAA 해안 서비스 센터(Coastal Services Center, CSC)와 다른 기관들에 의한 아주 다양한 토지피복 매핑 활동을 지원하고 있다.

국가 토지피복 데이터베이스(NLCD)의 분류시스템

USGS에 의해 운영되는 연방기관들이 모여 만든 MRLC(Multi-Resolution Land Characteristics)협회는 미국의 Landsat TM의 30×30m 영상을 사용하여 **국가 토지피복 데이터베이스**(National Land Cover Database, NLCD)로 불리는 '바닥을 완전히 덮는' 국가 토지피복도 자료를 생산하기 위해 1992년에 결성되었다. NLCD에서 사용하는 분류체계는 Anderson 토지피복 분류시스템(Anderson Land Cover Classification System)에서 채택되었으며 이를 표 9-3에 정리하였다(MRLC, 2014). NLCD는 10년 주기의 제작 갱신을 바탕으로 하여 다음의 세 가지 주요 데이터로 구성되어 있다.

- 1992년경 공통경계(conterminous) 미국 토지피복 데이터베이스(NLCD 1992)
- 2001년경 미국과 푸에르토리코 토지피복 데이터베이스(NLCD 2001)
- 1992/2001 토지피복 변화 재조절(LCCR) 결과물

NLCD 2006은 5년 주기의 갱신과 토지피복 모니터링용으로 특별 제작된 불침투 표면비율과 나뭇잎 커버비율과 같은 부가 결과물들로 만들어진 최초의 데이터베이스이다. NLCD 2011은 2014년에 발표될 예정이다(Homer et al., 2012). NLCD 프로그램은 MRLC와 그 사용자 커뮤니티가 직면한 지속 가능한 사용이라는 새로운 문제들을 처리하고자 매핑에서 모니터링으로 그 강조점을 전환했다(Xian et al., 2009; Fry et al., 2011). 공통경계 미국, 사우스캐롤라이나 주, 컬럼비아(SC)의 NLCD 2006 토지피복 정보를 그림 9-4에 제시하였다.

특히 NLCD 분류체계에서는 몇 가지 세부적인 레벨 II 시골 토지피복정보(산림 클래스 3개, 습지 클래스 2개, 농경지 클래스 2개)를 제시한다. 하지만 이 분류체계에서는 Anderson 분류시스템에서와 마찬가지로 주거지, 상업 및 서비스 지역, 공업지역 또는 수송지 토지피복을 구분하지 않는다. 그보다는 도시화된 지역의 황무지, 저/중/고밀도 개발지에 대한 식별을 강조한다. 따라서 이 안과 NLCD 도시/외곽 토지피복 정보와 전통 토지피복 연구들(주거지, 상업지, 공업지, 수송지 토지피복을 구별하는 연구들) 간에 서로 비교하기 어렵게 만든다.

NOAA 해안변화 분석 프로그램(C-CAP)의 분류체계

NOAA의 C-CAP(Coastal Change Analysis Program)는 미국의 해안지역 토지피복과 토지피복정보의 국가 표준 데이터베이스를 만든다(표 9-4). 사실 C-CAP는 NLCD의 '해안 표현' 정보를 제공한다(NOAA C-CAP, 2014). C-CAP 제품들은 해안의 조간대(intertidal area), 습지, 인접 고지대의 인벤토리를 제공하며, 그 목적은 5년마다 토지피복지도를 업데이트해서 이러한 서식지들을 모니터링하는 것이다. C-CAP 제품들을 개발할 때는 여러 날짜의 원격탐사 영상을 활용한다. 이런 제품들은 그 날짜들과 그런 변화들이 발견된 지점 사이에 발생한 변화를 강조하는 파일은 물론 각 분석일의 래스터기반 토지피복지도들로 구성된다(NOAA C-CAP, 2014).

NOAA C-CAP 분류시스템에는 NLCD와 동일한 클래스들이 많이 들어 있으나, 특히 해안지대를 중심으로 습지 관련 현상들에 대한 세부정보를 제시한다. Cowardin 습지 분류시스템(아래에서 논의함)에서 클래스 정의를 취했다. NOAA에서 제시하는 온라인 *C-CAP Land Cover Atlas*에서 C-CAP 토지피복 매핑 및 변화에 대한 탐지 결과를 볼 수 있다(http://www.csc.noaa.gov/ccapatlas/).

미 어류 및 야생생물국의 습지와 심수 서식지 분류

미국은 농경지, 주거지, 상업지에 대한 지속적인 토지이용 개발로 인해 내륙 및 해안 습지를 계속해서 잃어 가고 있다. 그래서 습지 매핑에 대한 많은 관심을 가지고 있다. Detenbeck(2002)과 EPA(2008)는 습지를 분류하기 위한 수많은 기법들과 몇 가지 습지 분류체계에 대한 특징들에 대해 검토하였다.

미 어류 및 야생 생물국(U.S. Department of the Interior Fish & Wildlife Service)은 습지를 지도로 만들고 이에 대한 목록을 만드는 곳이다. 따라서 원격탐사 자료와 현장 관측으로부터 추출된 정보를 활용하여 습지 분류시스템을 개발하였다(Cowardin et al., 1979). 보통 Cowardin 시스템이라고 불리는 이 시스템은 생태학적 분류군을 정리하여 자원관리자가 통일된 용어와 개념을 가지고 시스템상에서 유용하게 그 정보를 이용하도록 하였다. 습지는 식물의 특성, 지반, 범람의 정도에 따라서 분류된다. 생태학적으로 중요한 심수 지역(예 : 호수저층, 강바닥 등)은 일반적으로 습지로 고려되지 않고 심수 서식지로 분류된다.

표 9-3 국가 토지피복 데이터베이스(NLCD) 2006 분류계획(Homer et al., 2012; MRLC, 2014). 알래스카 토지피복 일부는 목록에서 제외. 난쟁이 관목, 사초/초본식물, 지의식물, 이끼 등은 포함.

클래스/값	국가 토지피복 분류 데이터베이스(NLCD) 2006 분류계획
물	수계 또는 영구 얼음/눈이 덮여 있는 지역.
11	**수계** – 수계 지역, 일반적으로 식생 또는 토양이 <25% 덮여 있는 지역.
12	**영구얼음/눈** – 일반적으로 전체 면적의 >25%, 영구얼음 그리고/또는 눈이 덮여 있는 지역.
개발지	높은 비율(≥30%)로 건설된 지역(예 : 아스팔트, 콘크리트, 빌딩 등).
21	**개발지, 공공 용지** – 건물이 혼합된 지역, 그러나 대부분이 잔디 형태의 초목, 전체 면적의 <20%가 불투수성의 표면. 재개발, 침식 방지 또는 심미적 목적을 지닌 개발지에서의 큰 무더기의 단독주택 지구, 공원, 골프장, 초목을 포함.
22	**저밀도 개발지** – 건물과 식생이 혼합된 지역, 전체 면적의 20~49%가 불투수성의 표면. 대부분이 단독주택 지구를 포함.
23	**중밀도 개발지** – 건물과 식생이 혼합된 지역, 전체 면적의 50~79%가 불투수성의 표면. 대부분이 단독주택 지구를 포함.
24	**고밀도 개발지** – 아파트, 연립주택, 상업/산업 지역과 같이 인구가 거주하거나 일하는 사람이 많은 개발지, 전체 면적의 80~100%가 불투수성의 표면.
불모지	암석, 자갈, 모래, 토사, 점토 또는 흙으로 된 물질이 특징. '녹색' 식물이 적거나 없음. 만약 초목이 존재한다면 넓게 분포하거나 관목이 우거짐. 이끼류가 넓게 분포함.
31	**불모지(암석/모래/토사)** – 기반암, 사막 덮개, 절벽, 사면, 활로, 화산분출물, 빙하암설, 사구, 노천광, 자갈 갱과 다른 흙으로 된 물질, 전체 면적의 <15%가 식생.
산림	수목(높이가 >6m인 자연적이거나 반자연식 목재 초목), 전체의 25~100%가 수목.
41	**낙엽수림** – 나무 높이가 >5m, 식생 전체 면적의 >20%, 수목종, 식생 면적의 >75%가 계절 변화에 따라서 수종이 동시에 변함.
42	**상록수림** – 나무 높이가 >5m, 식생 전체 면적의 >20%, 수목종, 식생 면적의 >75%가 연중 같은 잎을 유지하는 수종.
43	**혼성림** – 나무 높이가 >5m, 식생 전체 면적의 >20%, 수목종, 식생 면적의 >75%가 낙엽수림 또는 상록수림이 아님.
관목지	자연적이거나 반자연식의 목재 초목과 지상경, 일반적으로 높이가 <6m, 각각 또는 무더기가 서로 맞물리게 가까이 있지 않음. 낙엽수와 상록수의 관목, 유목, 환경 조건 때문에 작거나 왜소한 나무 또는 관목.
51	**난쟁이관목** – 높이가 <20cm의 관목으로 알래스카 지역에서 지배적임. 관목의 면적이 일반적으로 >20%.
52	**관목/작은나무** – 관목이 지배적인 지역. 높이가 <5m, 식생의 >20%가 관목. 환경 조건에 따라 초기 또는 성장을 저해당한 유목과 관목을 포함하는 종.
초본식물	75~100% 면적이 자연적이거나 반자연식의 초본식물.
71	**초지/초본식물** – 일반적으로 전체 식생의 >80%로 잔디 또는 초본식물이 지배적인 지역, 경작과 같은 집중적인 관리가 적용되지 않는 지역, 그러나 목초지로 활용 가능.
경작/재배지	경작되거나, 식량, 식품, 섬유질의 생산을 위한 집중적인 관리가 되는 초본식물이 특징.
81	**초원/건초** – 가축방목 또는 씨앗, 건초의 생산을 위한 벼과식물, 콩과식물, 벼과콩과혼파. 일반적으로 다년생 주기. 초원/건초지가 전체 식생의 >20%
82	**중경작물** – 옥수수, 대두, 채소류, 담배, 목화와 같이 한해살이작물이 생산되는 지역. 과수원, 포도밭과 같은 다년생 농작물. 전체 식생의 >20%가 농작지. 이 종은 활발히 경작되는 모든 땅을 포함.
습지	정기적으로 포화되거나 물로 덮이는 토양 또는 기질(Cowardin et al., 1979).
90	**나무가 우거진 습지** – 땅이 비옥하거나, 정기적으로 포화되거나 물로 덮이는 토양 또는 기질에서 >20%가 산림 또는 관목지인 지역.
95	**신생 초목 습지** – 땅이 비옥하거나, 정기적으로 포화되거나 물로 덮이는 토양 또는 기질에서 >80%가 다년생 초목식물인 지역.

해양, 하구, 강변, 호수, 늪지의 5개 시스템은 분류 계층에서 최상위 레벨에 있다(그림 9-5). 해양과 하구 시스템은 각각 2개의 하부시스템(조하대와 조간대)을 가지고 있다. 강변 시스템은 4개의 하부시스템(감조하천, 완경사 영구하천, 급경사 영구하천, 간헐적 하천)을 가지고 있다. 호수는 육수성 호수와 연안성 호수의 2개 하부시스템을 가지고 있고 늪지는 하부시스템이

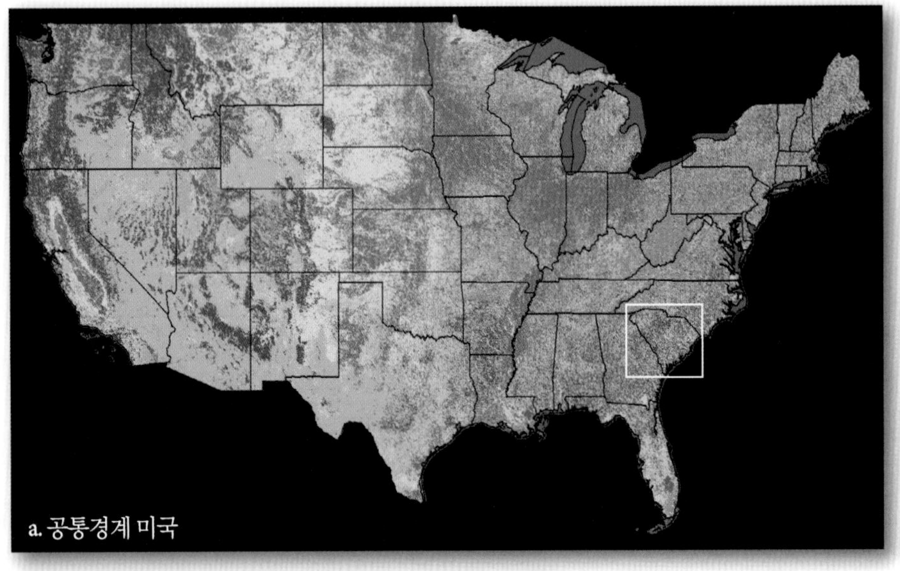

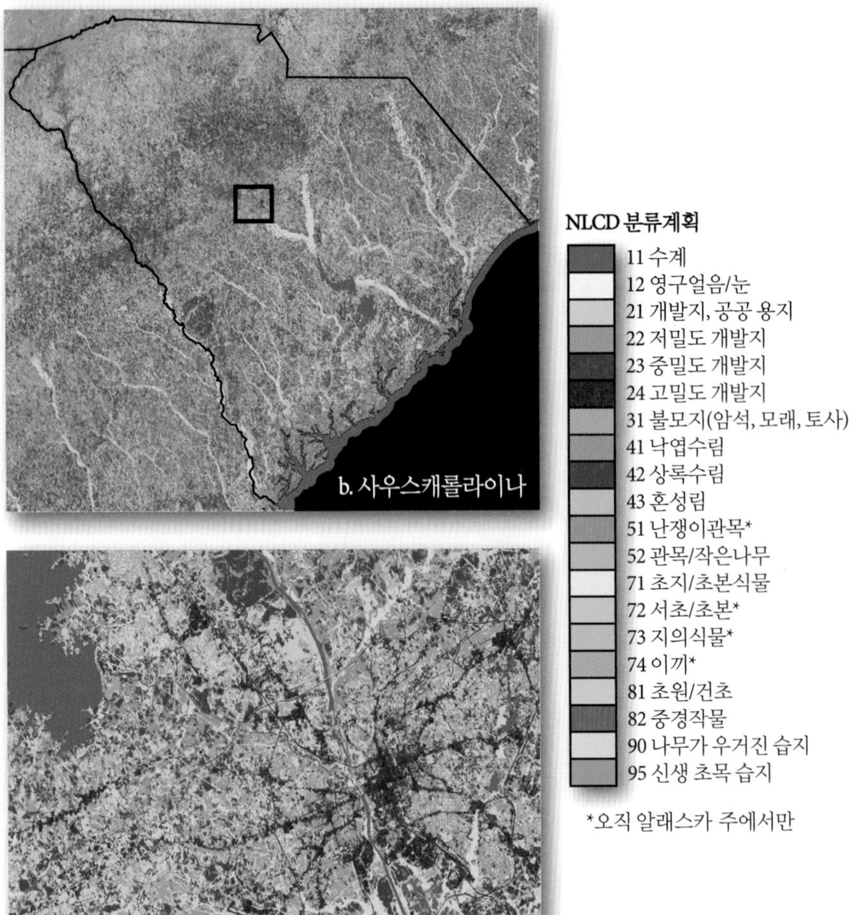

그림 9-4 a) 공통경계 미국의 2006년 NLCD 토지피복정보. b) 사우스캐롤라이나 주 2006년 토지피복정보. c) 사우스캐롤라이나의 컬럼비아 시 2006년 토지피복정보[NLCD 정보 제공 : Multi-Resolution Land Characteristics(MRLC) 컨소시엄].

표 9-4 NOAA C-CAP 토지피복 분류계획(NOAA C-CAP, 2014)

클래스/값	NOAA C-CAP 토지피복 분류 설명
개발지 **산림** **관목지** **초본식물** **경작/재배지**	표 9-3의 NLCD 클래스와 동일함.
소택형 습지(소습지)	
13	**소택 조림 습지** – ≥5m의 수고가 대부분을 차지하는 모든 조수 및 비조석 습지와 바닷물에 의한 염분이 <0.5%인 조수 지역에서 발생하는 이러한 습지를 포함. 총식생피도는 >20%임.
14	**소택 관목 습지** – <5m의 수고가 대부분을 차지하는 모든 조수 및 비조석 습지와 바닷물에 의한 염분이 <0.5%인 조수 지역에서 발생하는 이러한 습지를 포함. 총식생피도는 >20%임. 정상 관목, 어린 관목, 그리고 수고가 작거나 발육이 적은 나무들을 포함.
15	**소택 정수 습지(지속적)** – 유관속 수생식물과 이끼 및 지의류가 대부분을 차지하는 모든 조수 및 비조석 습지와 바닷물에 의한 염분이 <0.5%인 조수 지역에서 발생하는 이러한 습지를 포함. 총식생피도는 >80%임. 대부분 다음 성장시기까지 서 있음.
하구 습지	
16	**하구 삼림(식생) 습지** – ≥5m의 수고의 숲이 대부분을 차지하는 조수 습지와 바닷물에 의한 염분이 ≥0.5%인 조수 지역에서 발생하는 이러한 습지를 포함. 총식생피도는 >20%임.
17	**하구 관목 습지** – <5m의 수고의 숲이 대부분을 차지하는 조수 습지와 바닷물에 의한 염분이 ≥0.5%인 조수 지역에서 발생하는 이러한 습지를 포함. 총식생피도는 >20%임.
18	**하구 정수 습지** – 직립습생식물, 뿌리습생식물, 초본습생식물이 대부분을 차지하는 모든 조수 습지를 포함(이끼와 지의류 제외). 바닷물에 의한 염분이 ≥0.5%인 조수 지역에서 발생하고 몇 년 동안 성장시기의 대부분에 존재하는 습지를 포함. 총식생피도는 >80%. 이러한 습지에선 다년생식생이 대부분을 차지.
불모지	
19	**갯벌** – 물에 의한 침수 및 재분포되는 미사, 모래, 자갈 같은 물질들을 포함. 표면(기질)은 성장 조건이 유리한 짧은 기간 동안에 자라는 선구식물을 제외하고는 식생이 부족.
수역	
21	**수계** – 수계를 포함하며 일반적으로 <25%의 식생 및 토지를 포함.
22	**소택 수생 식물층** – 바닷물에 의한 염분이 <0.5%이며 지속적으로 주로 수면 또는 수면 위에서 자라고 표면을 덮는 식생이 대부분을 차지하는 조수 및 비조석 습지와 심해서식지를 포함. 이런 지역들은 조류 매트, 분리된 부동 매트 및 뿌리습생식물 군집을 포함. 총식피도는 >80%.
23	**하구 수생 식물층** – 바닷물에 의한 염분이 ≥0.5%이며 지속적으로 주로 수면 또는 수면 위에서 자라고 표면을 덮는 식생이 대부분을 차지하는 조수 습지와 심해서식지를 포함. 이러한 지역들은 조류 매트, 켈프, 뿌리습생식물 군집을 포함. 총식생피도는 >80%.

없다. 하부시스템 내의 클래스는 하층 물질의 종류, 범람 범위 또는 식생 형태에 따라 달라진다. 동일한 클래스가 하나 혹은 그 이상의 시스템이나 하부시스템에 동시에 존재할 수 있다. 강변 시스템의 특징은 그림 9-6a에 나타낸 것과 같다. 사우스캐롤라이나 주 블러프턴 근처의 강 하구(Estuarine)에 서식하는 해수 소택지를 특징짓기 위해 사용한 분류시스템은 그림 9-6b에 나타낸 것과 같다. 이것은 키가 큰 개울 가장자리의 갯쥐꼬리풀(*Spartina alterniflora*)이나 중간 크기의 갯쥐꼬리풀의 특징을 잘 보여 준다. 이러한 내염성 서식지는 동해안을 따라 강어귀의 서식지에서 훨씬 많이 우세하다.

Cowardin 시스템은 국가적 차원에서 처음으로 인정된 습지 분류계획이었다. 이 시스템은 FGDC의 습지위원회에 의해 습지 매핑과 목록을 구성하기 위한 국가식생 분류표준으로 채택되었다. Cowardin 습지 분류시스템은 원격탐사 자료로부터 습지 정보를 추출하고 습지와 관련된 문제에 관심이 있는 사람들과 정보를 공유하려고 할 때 가장 실용적인 체계이다. 하지만 또 다른 몇몇 습지 분류계획이 더 있음을 인지하는 것이 중요하다(Detenbeck, 2002; EPA, 2008; NOAA C-CAP, 2014).

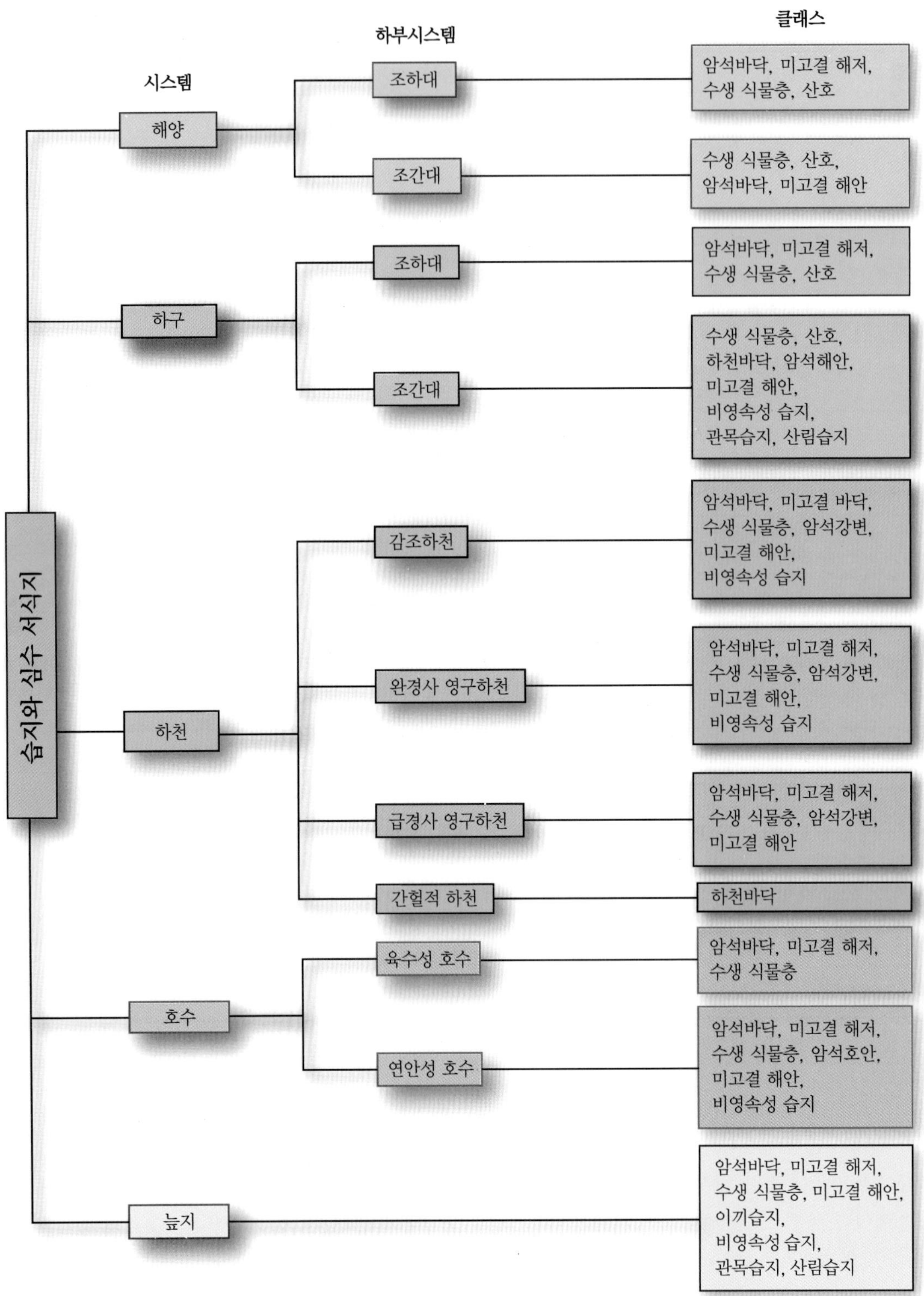

그림 9-5 미국의 습지와 심수 서식지 분류의 습지 서식지 시스템, 하부시스템, 그리고 클래스의 분류체계(Cowardin et al., 1979). 늪지 시스템은 심수 서식지를 포함하지 않는다. Cowardin 시스템은 습지 매핑과 목록을 위한 국가식생 분류표준이다(FGDC Wetland Mapping Standard, 2014).

미국 습지와 심수 서식지 분류체계에서의 하천 서식지 단면도

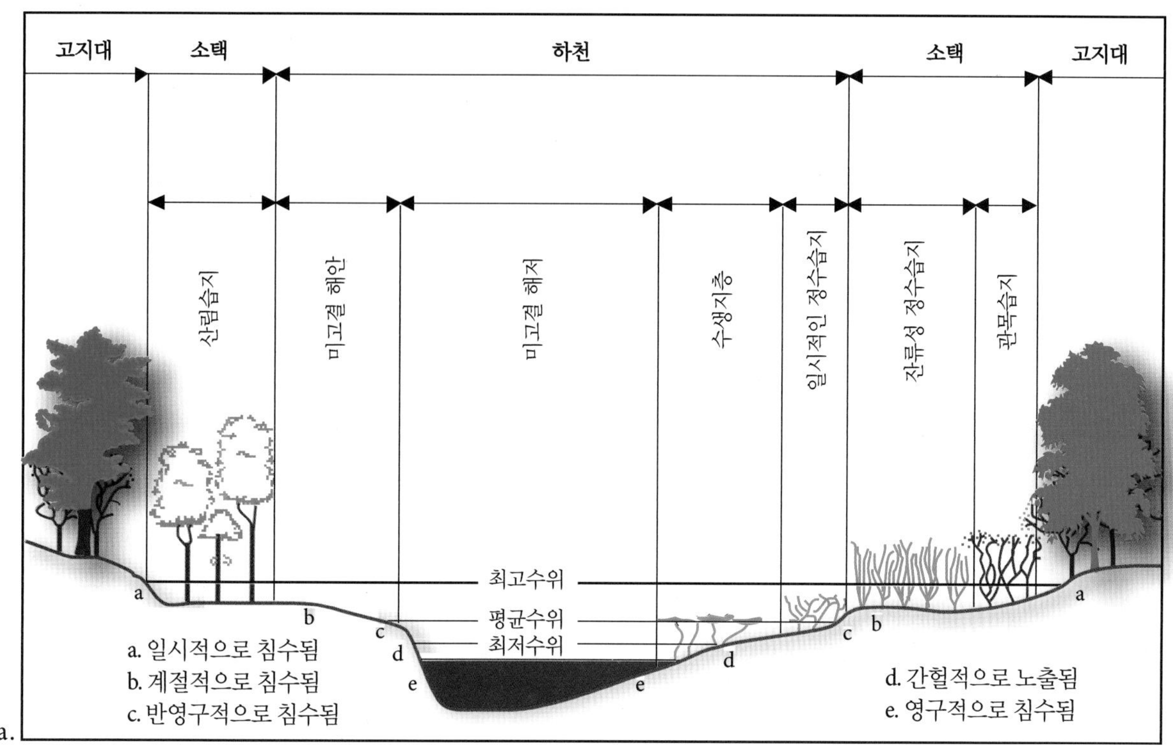

미국 습지와 심수 서식지 분류체계에서의
하구에 형성된 조간대 서식지 단면도(미국 사우스캐롤나이나 주 블러프턴 지역 염생습지)

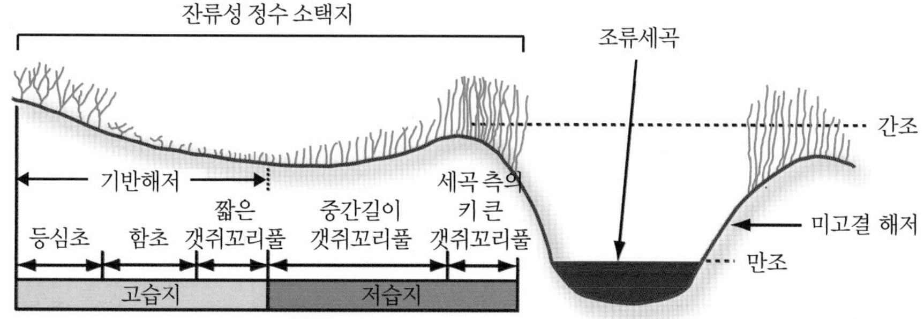

세곡 측의 키 큰 갯쥐꼬리풀은 매일 반복되는 조석플러싱에 의해 퇴적되는 영양분과 적당한 염분이 유지되는 하구 둑에서 보다 조밀하게 생장한다. 시간이 지남에 따라 세류 측의 갈대는 부유퇴적물을 끌어모음으로써, 결과적으로 조류세곡의 가장자리 부분의 고도를 증가시킨다.

중간길이의 갯쥐꼬리풀은 세곡 측 갯쥐꼬리풀보다 상대적으로 힘든 환경인 하구 둑 뒤편에서 생장한다. 그 원인은 하구 둑보다 조석플러싱 작용이 감소되어 영양분이 풍부하게 공급되지 않고 염분이 낮아서 상대적으로 생장하기 힘든 환경이기 때문이다.

그림 9-6 a) 미국의 습지와 심수 서식지 분류에서의 하천시스템 서식지의 구별 특징(Cowardin et al., 1979). b) 분류체계를 이용한 미국 블러프턴 지역의 하구에 형성된 염생습지 특징 분석(Jensen and Hodgson, 2011). 이런 종류의 습지 서식지에 대한 객체기반 영상분석(OBIA)은 그림 9-38c에 제시되었다.

표 9-5 MODIS 토지피복 타입 결과물을 만들기 위한 IGBP 토지피복 분류시스템의 수정본(NASA Earth Observatory, 2002; Friedl et al., 2002, 2010; Giri et al., 2005에 기초)

자연식생	설명
산림	
상록 침엽수림	수목식생이 >60%이며 높이가 >2m의 나무가 주를 이룸. 대부분의 나무는 연중 녹색을 띠며, 임관은 녹엽을 항상 가지고 있다.
상록 활엽수림	수목식생이 >60%이며 높이가 >2m의 나무가 주를 이룸. 대부분의 나무와 관목은 연중 녹색을 띠며, 임관은 녹엽을 항상 가지고 있다.
낙엽 침엽수림	수목식생이 >60%이며 높이가 >2m의 나무가 주를 이룸. 계절적 침엽수 군집은 매년 잎이 있는 시기와 없는 시기가 반복된다.
낙엽 활엽수림	수목식생이 >60%이며 높이가 >2m의 나무가 주를 이룸. 활엽수 군집은 매년 잎이 있는 시기와 없는 시기가 반복된다.
혼합림	나무식생이 >60%이며 높이가 >2m의 나무가 주를 이룸. 여러 산림 유형이 섞여 있음. 어떠한 산림 유형도 60% 이상을 차지하지 못한다.
관목, 초지 및 습지	
폐쇄형 관목지	<2m의 수목으로 구성되어 있으며 관목 임관이 >60%. 관목은 상록수이거나 낙엽수이다.
개방형 관목지	<2m의 수목으로 구성되어 있으며 관목 임관이 10~60%임. 관목은 상록수이거나 낙엽수이다.
수목이 우거진 사바나	초본과 기타 하층 시스템으로 30~60%의 산림 임관이 존재. 산림은 >2m의 수목으로 구성.
사바나	초본과 기타 하층 시스템으로 10~30%의 산림 임관이 존재. 산림은 >2m의 수목으로 구성.
초지	초본류 지역으로 나무와 관목은 <10%임.
영구습지	물과 초본류 혹은 나무 식생의 혼합으로 영구적인 지역. 식생은 염수, 기수, 담수에 존재할 수 있음.
개발지 및 혼합지	
농업지	
농작지	일시적인 농작물에 의해 덮여 있다가 추수 후 나지로 변하는 주기적인 지역(예 : 단일 및 다중 농작 시스템). 연중 나무 농작물은 적절한 산림이나 관목 유형으로 분류된다.
농작물/자연식생 혼합지	
농작물/자연식생 혼합지	농작지, 산림, 관목지, 초지 등의 혼합지로 어떠한 유형도 전체의 60% 이상을 넘지 못한다.
도시	
시가지	건물과 기타 인간에 의해 만들어진 구조물 지역.
비식생지역	
나대지	
나대지 혹은 식생이 드문 지역	토양, 모래, 암석, 혹은 눈. 연중 식생에 의해 덮여 있는 면적이 ≤10%인 지역.
설빙	연중 내내 설빙으로 덮여 있는 지역.
수계	해양, 호수, 저수지, 강. 담수 혹은 염수.

미 국가식생 분류표준(NVCS)

미 연방지리자료위원회(U.S. Federal Geographic Data Committee) 산하 식물위원회는 국가 차원에서 통일성 있는 식물 자원 자료를 얻기 위해 **국가식생 분류표준**(National Vegetation Classification Standard, NVCS)을 구축하였다(FGDC, 2014). 여러 다른 식생이나 토지피복 분류체계와 일관되게 자연적 또는 경작된 식생을 위한 독립적인 분류체계를 제공하고 있다.

- **자연적 식생**은 주로 생태적으로 결정된 종과 부지 특성에서 자란 식생으로 정의한다. 즉 부지 특성과 생물학적인 과정들을 서로 공유하면서 대단위로 자생적으로 발달한 식물 종들을 말한다. 따라서 자연적 식생은 생태적 부지 특성과 연관되어 쉽게 알 수 있는 인상학적 · 식생학적(physiognomic and floristic) 그룹을 형성한다.
- **경작된 식생**은 정기적인 인간의 손길에 의해 자라거나 영향을 받은 독특한 구조나 특성을 가진 식생을 말한다. 지속적인 생존을 위해 이러한 독특한 인상학적 · 식생학적 그리고 인간의 손길에 의존해야 한다는 특징이 바로 자연적 또는 반자연적 식생들과는 차이가 있다.

만약 과학자가 원격탐사 자료로부터 상세한 식생정보를 추출하고 이를 생태학적으로 안정된 식생 분류시스템에 위치시키는 데 관심이 있다면 **국가식생 분류표준**이 적합할 것이다.

MODIS 토지피복 타입 결과물을 만들기 위한 IGBP 토지피복 분류시스템 수정본

지역적, 국가적, 그리고 전지구적 규모의 토지피복정보를 구축하고자 한다면 **IGBP 토지피복 분류시스템 수정본**이 적합할 것이

그림 9-7 a) 2000년 11월부터 2001년 10월까지 Terra MODIS 1×1km 자료를 기반으로 제작된 북아메리카 토지피복도. b) 분류 범례[영상 제공 : MODIS Land Cover and Land Cover Dynamics Group at the Boston University Center for Remote Sensing, NASA Goddard Space Flight Center(2004)와 NASA Earth Observatory(2002)].

다. 예를 들어, Friedl 등(2010)은 매해 생산되는 MODIS 토지피복 타입 결과물(MCD12Q1)에 대해 서술하고 있는데, 여기에는 다음이 포함되어 있다.

- 17 클래스의 IGBP 토지피복 분류도
- 14 클래스의 메릴랜드대학 분류도
- 10 클래스의 LAI/FPAR(잎면적지수/광합성유효복사율) 분류도

- 8개의 생물군계 분류도
- 12 클래스의 식물 기능에 따른 분류도

IGBP 분류체계의 특성은 표 9-5에서 확인할 수 있다. Collection 4 MODIS 전지구 토지피복 타입(MLCT) 산출물은 1km 해상도로 생산되었다. Collection 5의 MLCT 산출물은 500m의 해상도로 생산되었다. 그림 9-7은 2000년 11월부터 2001년 10월 사이에 수집된 MODIS 영상을 기반으로 생산된 Collection 4 토지피복의 한 예를 나타낸다.

분류체계에 대한 고찰

주제도나 원격탐사 자료와 같은 지리정보는 종종 부정확하다. 예를 들어, 산림과 방목지 사이는 점진적으로 변하는 데 비하여 앞에서 언급된 분류 개념은 이러한 전이지대의 클래스들 간에 범주형의 경계가 필요하다. 그러나 여기에 적용되는 분류체계는 주제정보가 퍼지하므로 퍼지 정의를 포함해야 한다(Wang, 1990a). 퍼지 분류 개념은 일반적으로 표준화되어 있지 않으며 개개 연구자들에 의해 특정 지역의 프로젝트에서 주로 개발되었다. 이렇게 개발된 퍼지 시스템은 다른 환경에서는 적용 못할 수도 있다. 따라서 우리는 현존하는 범주형 분류체계의 사용을 주로 살펴볼 것인데, 이러한 분류체계는 고정적이고 선험적 지식에 기초하며, 일반적으로 사용하기 어렵다. 이러한 분류체계는 과학적이기 때문에 계속 널리 사용할 수 있고 서로 다른 개인이 동일한 분류체계를 사용하여 결과를 비교할 수 있다.

만약 이미 뛰어난 분류시스템이 존재하면, 제한적으로만 사용될 수 있는 완전히 새로운 시스템을 개발하는 것은 어리석은 일이다. 국내외적으로 이미 사용하고 있는 분류시스템을 채택하거나 수정하는 것이 더 낫다. 이렇게 함으로써 다른 연구의 관점에서 분류 결과를 비교·해석할 수 있고 자료를 공유하는 것이 더 쉬워질 것이다.

마지막으로, 분류체계에서의 상세도 수준과 정보를 제공하기 위하여 사용되는 원격탐사 영상의 해상도 사이에는 일반적인 관계가 있다는 사실을 기억해 둘 필요가 있다. Welch(1982)는 미국의 도심/교외 토지이용도와 토지피복도를 만드는 데 이러한 관계를 요약하였다(그림 9-8). 식생 지도를 제작할 때도 비슷한 관계가 성립한다(Botkin et al., 1984). 예를 들어, 센서 시스템과 식생을 구별하는 데 유용한 공간해상도 사이의 관계를 광역의 관점에서부터 국지적인 관심에서 본 결과를 그림 9-9에 요약하였다. 이 그림은 분류시스템상의 상세도 수준

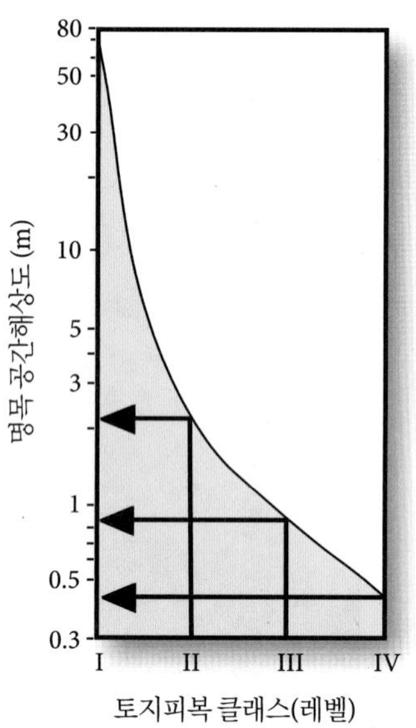

그림 9-8 미국 토지피복 클래스의 레벨 I부터 레벨 IV를 매핑하기 위해 필요한 최소 공간해상도(Anderson et al., 1976에 기초). 레벨 II 클래스를 제작하기 위해서 요구되는 공간해상도가 급격히 증가한다는 사실에 주목할 것(Welch, 1982; Jensen and Cowen, 1999에 기초).

에 따라 사용되어야 하는 원격탐사 자료의 공간해상도를 나타내고 있다. 물론 원격탐사 시스템의 분광해상도 역시 고려해야 하는데, 특히 식물, 물, 얼음, 눈, 토양, 암석 등을 조사할 때에는 반드시 고려해야 한다.

훈련지역 선택 및 통계값 추출

영상분석가는 분류체계를 선택한 후 대상 토지피복 클래스나 토지이용 클래스를 대표할 수 있는 영상 안의 **훈련지역**(training site)을 선택할 것이다(Friedl et al., 2010). 훈련자료는 수집된 환경이 비교적 균일할 때 그 가치가 있다. 예를 들어, 초원지대에 속한 모든 토양이 배수가 잘되는 비옥한 토양이라면 그 지역에서 선택된 초지 훈련자료는 좋은 자료가 될 수 있다. 그러나 대상지역의 토양 속성이 변한다면(예 : 대상지역의 절반이 표층 근처에 주수 지하수면을 가지고 있어 수분이 많은 경우) 대상지역의 건조한 토양부분에서 선택된 초지 훈련자료는 수분 함량이 많은 토양부분의 초지의 분광상태를 대표하지 못할 것이다. 따라서 지리적 확장(geographic signature extension) 문제가 발생하는데, 이는 원격탐사 훈련자료를 *x*, *y*공간으로 확장하는 것이 가능하지 않을 수도 있다는 것을 뜻한다.

이러한 상황을 해결하는 가장 쉬운 방법은 프로젝트의 준비단계에서 지리적 층화(geographical stratification)를 적용하는 것

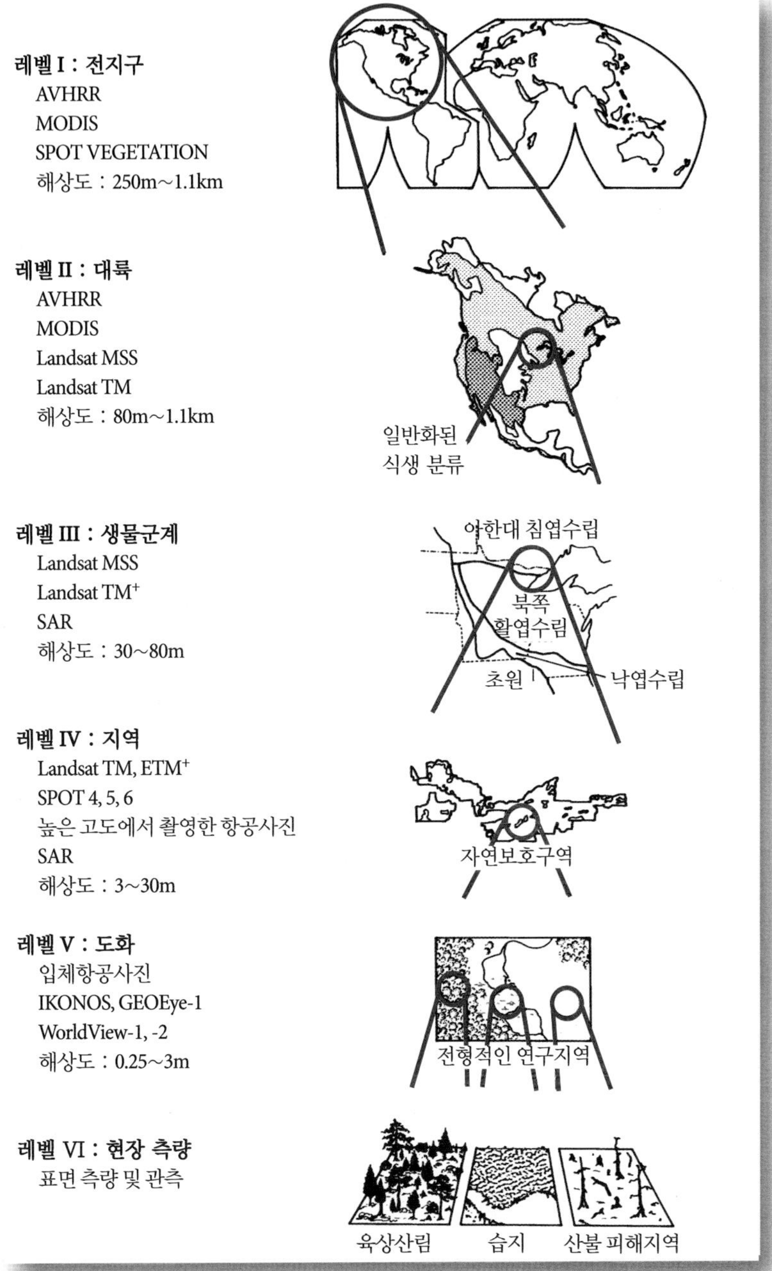

그림 9-9 식생 목록을 위한 대표적 원격탐사 시스템의 공간해상도와 필요한 상세 레벨 사이의 관계

이다. 이때 지리적 확장 문제를 야기하는 중요한 환경적 요인들을 정확하게 파악해야 한다. 환경적 요인이란 토양 종류, 물 혼탁도, 농작물 종류, 심한 폭우에 의해 생긴 토양의 이상 수분 함량, 대기 중에 국부적으로 존재하는 연무 등의 차이와 같은 것이다. 영상에서 이러한 환경적 요인들이 작용하는 것을 분명히 밝혀서 지역적으로 구분할 수 있는 훈련지역을 선택하는 것이 바람직하다. 이러한 경우, 비교적 짧은 거리상에서 분류자를 훈련시켜야 할 수도 있으며, 개개의 층에 대하여 독립적으로 분류를 실시해야 할 수도 있다. 따라서 전체 지역에 대한 분류지도는 개개 층에 대하여 얻은 결과물을 조합하는 형태가 된

다. 그러나 만약에 밴드비율 영상이나 대기보정 등을 통해 환경적 요소가 균일하거나 일정하게 유지될 수 있다면, 훈련 시 필요한 비용과 노력을 대폭 감소시키며 훈련지역을 공간상에서 원거리까지 확장하여 적용할 수 있을 것이다. 훈련지역을 시공간적으로 확장하는 개념을 완전히 이해하기 위해서는 다른 부수적인 연구가 필요하다(예 : Jia et al., 2014).

일단 시공간 확장요인이 고려되면 분석가는 각 클래스를 대표할 수 있는 훈련지역을 선택하고 각 훈련지역 내의 화소의 분광 통계값을 수집한다. 일반적으로 훈련자료는 많은 화소로 구성되어 있다. *n*밴드로부터 훈련자료가 추출되었다면 각 클래스에 대하여 훈련자료의 최소 10*n* 이상의 화소를 수집하는 것이 일반적인 규칙이다. 이는 일부 분류 알고리듬에서 필요로 하는 분산-공분산 행렬을 계산하는 데 충분하다.

훈련지역 자료를 수집하는 데 다음과 같은 여러 가지 방법이 있다.

- 나무 종류, 나무 높이, 임관 백분율, 흉고직경(diameter-at-breast-height, dbh) 측정과 같은 현장 정보의 수집
- 화면 상에서의 훈련자료 선택
- 화면 상에서 초기 훈련자료 할당

이상적으로, 각각의 훈련지역은 직접 방문하여 훈련지역의 주변길이 혹은 중심좌표는 GPS 기기를 사용하여 직접 관측한다. 미국 정부가 **선택적 가용성**(selective availability)을 제거하였기 때문에 보정된 GPS(즉 DGPS)의 수평(*x*, *y*) 좌표는 오차범위 ±1m 안에 있어야 한다. GPS로 수집한 훈련지역(예 : 오크나무 숲을 에워싸고 있는 폴리곤)의 (*x*, *y*) 좌표는 영상처리 시스템으로 바로 입력될 수 있고 훈련 클래스(오크 산림) 통계를 추출하는 데 사용될 수 있다.

분석가는 컴퓨터 화면을 통해 영상을 보면서 폴리곤 형태의 관심영역(Area Of Interest, AOI)을 선택할 수 있다. 대부분의 영상처리 시스템은 상세한 AOI를 인식할 수 있도록 폴리곤을 마음대로 그릴 수 있는 **고무밴드**(rubber band) 툴을 사용한다. 반대로, 커서를 사용해서 영상의 정확한 위치를 선택할 수도 있다. 시드(seed) 프로그램은 1개의 (*x*, *y*) 위치에서 시작하여 이웃한 화소의 값을 모든 밴드에 대하여 평가한다. 분석가가 정한 기준을 사용하여 시드 알고리듬은 원래의 시작점의 화소와 비슷한 분광 특성을 가진 화소를 찾기만 하면 아메바처럼 확장해 나간다. 이 알고리듬은 균일한 훈련 정보를 찾는 데 매우 효과적인 방법이다.

특정한 클래스(*c*)와 연관된 각각의 훈련지역의 화소는 다음의 **측정벡터** X_c로 나타낼 수 있다.

$$X_c = \begin{bmatrix} BV_{ij1} \\ BV_{ij2} \\ BV_{ij3} \\ \vdots \\ BV_{ijk} \end{bmatrix} \tag{9.1}$$

여기서 $BV_{i,j,k}$는 밴드 *k*의 (*i*, *j*)번째 화소의 밝기값이다. 각 밴드의 훈련 클래스에 해당하는 화소의 밝기값을 통계적으로 분석하여 각 클래스에 대한 다음의 평균값 벡터 M_c를 산출한다.

$$M_c = \begin{bmatrix} \mu_{c1} \\ \mu_{c2} \\ \mu_{c3} \\ \vdots \\ \mu_{ck} \end{bmatrix} \tag{9.2}$$

여기서 μ_{ck}는 밴드 *k*의 클래스 *c*에 대해 수집된 자료의 평균값을 뜻한다. 원시 측정벡터를 분석하여 각 클래스 *c*에 대한 공분산 행렬을 만들 수 있다.

$$V_c = V_{ckl} = \begin{bmatrix} Cov_{c11} & Cov_{c12} & \cdots & Cov_{c1n} \\ Cov_{c21} & Cov_{c22} & \cdots & Cov_{c2n} \\ \vdots & \vdots & \vdots & \vdots \\ Cov_{cn1} & Cov_{cn2} & \cdots & Cov_{cnn} \end{bmatrix} \tag{9.3}$$

여기서 Cov_{ckl}는 밴드 *k*와 밴드 *l* 사이의 클래스 *c*에 대한 공분산값이다. 클래스 *c*의 공분산 행렬(V_{ckl})의 기호는 간단히 V_c로 줄여서 쓰기로 한다. 클래스 *d*의 공분산 행렬도 마찬가지다($V_{dkl} = V_d$).

사우스캐롤라이나 주 찰스턴 지역에 대한 5가지의 토지피복 클래스(주거지, 상업지, 습지, 산림, 수계)의 훈련지역에 대한 평균, 표준편차, 분산, 최솟값, 최댓값, 분산-공분산 행렬, 상관 행렬이 표 9-6에 나와 있다. 이것은 5개 클래스의 기본적인 분광 특성정보를 나타낸다.

수동적으로 훈련지역 폴리곤을 선택하면 훈련 클래스 히스토그램 상에서 다중모드를 가지기도 하는데, 이는 해당 훈련지

표 9-6 사우스캐롤라이나 주 찰스턴 지역의 Landsat TM 6개 밴드를 사용하여 5개의 토지피복 클래스에 대해 계산한 단변량 및 다변량 훈련 통계값

a. 주거지의 통계값

	밴드 1	밴드 2	밴드 3	밴드 4	밴드 5	밴드 7
단변량 통계값						
평균	70.6	28.8	29.8	36.7	55.7	28.2
표준편차	6.90	3.96	5.65	4.53	10.72	6.70
분산	47.6	15.7	31.9	20.6	114.9	44.9
최솟값	59	22	19	26	32	16
최댓값	91	41	45	52	84	48
분산-공분산 행렬						
1	47.65					
2	24.76	15.70				
3	35.71	20.34	13.91			
4	12.45	8.27	12.01	20.56		
5	34.71	23.79	38.81	22.30	114.89	
7	30.46	18.70	30.86	12.99	60.63	44.92
상관 행렬						
1	1.00					
2	0.91	1.00				
3	0.92	0.91	1.00			
4	0.40	0.46	0.47	1.00		
5	0.47	0.56	0.64	0.46	1.00	
7	0.66	0.70	0.82	0.43	0.84	1.00

b. 상업지의 통계값

	밴드 1	밴드 2	밴드 3	밴드 4	밴드 5	밴드 7
단변량 통계값						
평균	112.4	53.3	63.5	54.8	77.4	45.6
표준편차	5.77	4.55	3.95	3.88	11.16	7.56
분산	33.3	20.7	15.6	15.0	124.6	57.2
최솟값	103	43	56	47	57	32
최댓값	124	59	72	62	98	57
분산-공분산 행렬						
1	33.29					
2	11.76	20.71				
3	19.13	11.42	15.61			
4	19.60	12.77	14.26	15.03		
5	−16.62	15.84	2.39	0.94	124.63	

(계속)

표 9-6 (계속)

b. 상업지의 통계값(계속)

	밴드 1	밴드 2	밴드 3	밴드 4	밴드 5	밴드 7
7	−4.58	17.15	6.94	5.76	68.81	57.16
상관 행렬						
1	1.00					
2	0.45	1.00				
3	0.84	0.64	1.00			
4	0.88	0.72	0.93	1.00		
5	−0.26	0.31	0.05	0.02	1.00	
7	−0.10	0.50	0.23	0.20	0.82	1.00

c. 습지의 통계값

	밴드 1	밴드 2	밴드 3	밴드 4	밴드 5	밴드 7
단변량 통계값						
평균	59.0	21.6	19.7	20.2	28.2	12.2
표준편차	1.61	0.71	0.80	1.88	4.31	1.60
분산	2.6	0.5	0.6	3.5	18.6	2.6
최솟값	54	20	18	17	20	9
최댓값	63	25	21	25	35	16
분산-공분산 행렬						
1	2.59					
2	0.14	0.50				
3	0.22	0.15	0.63			
4	−0.64	0.17	0.60	3.54		
5	−1.20	0.28	0.93	5.93	18.61	
7	−0.32	0.17	0.40	1.72	4.53	2.55
상관 행렬						
1	1.00					
2	0.12	1.00				
3	0.17	0.26	1.00			
4	−0.21	0.12	0.40	1.00		
5	−0.17	0.09	0.27	0.73	1.00	
7	−0.13	0.15	0.32	0.57	0.66	1.00

d. 산림의 통계값

	밴드 1	밴드 2	밴드 3	밴드 4	밴드 5	밴드 7
단변량 통계값						
평균	57.5	21.7	19.0	39.1	35.5	12.5

d. 산림의 통계값(계속)

	밴드 1	밴드 2	밴드 3	밴드 4	밴드 5	밴드 7
표준편차	2.21	1.39	1.40	5.11	6.41	2.97
분산	4.9	1.9	1.9	26.1	41.1	8.8
최솟값	53	20	17	25	22	8
최댓값	63	28	24	48	54	22
분산-공분산 행렬						
1	4.89					
2	1.91	1.93				
3	2.05	1.54	1.95			
4	5.29	3.95	4.06	26.08		
5	9.89	5.30	5.66	13.80	41.13	
7	4.63	2.34	2.22	3.22	16.59	8.84
상관 행렬						
1	1.00					
2	0.62	1.00				
3	0.66	0.80	1.00			
4	0.47	0.56	0.57	1.00		
5	0.70	0.59	0.63	0.42	1.00	
7	0.70	0.57	0.53	0.21	0.87	1.00

e. 수계의 통계값

	밴드 1	밴드 2	밴드 3	밴드 4	밴드 5	밴드 7
단변량 통계값						
평균	61.5	23.2	18.3	9.3	5.2	2.7
표준편차	1.31	0.66	0.72	0.56	0.71	1.01
분산	1.7	0.4	0.5	0.3	0.5	1.0
최솟값	58	22	17	8	4	0
최댓값	65	25	20	10	7	5
분산-공분산 행렬						
1	1.72					
2	0.06	0.43				
3	0.12	0.19	0.51			
4	0.09	0.05	0.05	0.32		
5	−0.26	−0.05	−0.11	−0.07	0.51	
7	−0.21	−0.05	−0.03	−0.07	0.05	1.03

(계속)

표 9-6 (계속)

e. 수계의 통계값(계속)

	밴드 1	밴드 2	밴드 3	밴드 4	밴드 5	밴드 7
상관 행렬						
1	1.00					
2	0.07	1.00				
3	0.13	0.40	1.00			
4	0.12	0.14	0.11	1.00		
5	−0.28	−0.10	−0.21	−0.17	1.00	
7	−0.16	−0.08	−0.04	−0.11	0.07	1.00

역 내에 적어도 두 종류 이상의 토지피복이 존재한다는 것을 뜻한다. 이러한 상황은 개개 클래스를 구별하려고 할 때 좋지 않기 때문에 다중모드 훈련자료는 버리거나 단일모드 히스토그램을 가지도록 폴리곤을 줄여서 사용하도록 한다.

연속되거나 이웃하는 화소들 간에는 양의 자기상관성(autocorrelation)이 존재한다. 이것은 인접한 화소는 비슷한 밝기값을 가질 확률이 높다는 것을 의미하는데, 자기상관성이 높은 자료에서 수집된 훈련자료는 분산이 감소하는 경향이 있다. 이는 실제 현장 상태에 의해서라기보다 센서가 자료를 수집하는 방법에 따라 더 영향을 받는다(예를 들어, 대부분의 감지기는 각각의 화소에 매우 짧은 시간 동안 머물기 때문에 해당 화소와 이웃한 화소의 분광정보를 완전히 분리시키지 못할 수도 있다). 이상적인 조건은 매 n번째 화소를 사용하거나 다른 표집 기준을 사용하여 연구지역의 훈련자료를 수집하는 것이다. 이는 자기상관되지 않은 훈련자료를 수집하기 위함이나, 대부분의 디지털 영상처리 시스템은 훈련자료수집 모듈에서 이러한 옵션을 제공하지 않는다.

영상 분류를 위한 최적 밴드 선택 : 피처선택

관심 클래스에 대해 각 밴드의 훈련 통계값이 체계적으로 수집되면 각 클래스를 다른 클래스와 구별하기에 가장 효율적인 밴드들을 결정해야 한다. 이 과정을 보통 **피처선택**(feature selection)이라고 부른다(Dalponte et al., 2009; Fuchs et al., 2009). 분석할 때 불필요한 분광 정보를 제공하는 밴드를 제거하는 것이 목적이며, 이러한 방법으로 데이터셋의 **차원**(dimensionality, 분석할 밴드 수)을 줄일 수 있다. 이러한 과정은 디지털 영상 분류 과정에 소요되는 비용을 최소화하나, 이로 인해 정확도가 떨어져서는 안 된다. 피처선택을 하려면 원격탐사 훈련자료 내에서 클래스 간 분리도를 결정해야 하는데, 여기에는 통계적 분석과 그래프 분석 방법이 포함된다(Lillesand et al., 2008). 통계적인 방법을 이용할 경우, 밴드조합은 일반적으로 n밴드를 동시에 사용하여 각 클래스를 다른 클래스로부터 구별할 수 있는 잠재적인 능력에 따라 순위가 매겨진다(Beauchemin and Fung, 2001; Lu and Weng, 2007; Fuchs et al., 2009).

만약 통계적 접근 방법이 분류에 가장 적절한 밴드를 선택하는 데 충분한 정보를 제공해 주는데 굳이 그래프를 이용한 방법을 사용하는 이유가 무엇인지 묻는다면, 그 이유는 간단하다. 분석가가 분석할 자료의 가장 근본적인 분광 속성을 모르고 있는 상태에서 단순히 통계에만 의존하여 결정을 내릴 수 있다는 것이다. 사실 n차원 피처공간 상에서 분광 측정 군집이 어느 곳에 집중되어 있는지를 시각적으로 살펴보지 않으면 새로운 감독 분류를 수행할 때마다 분석가는 새롭고 추상적인 통계 분석에만 의존하게 된다. 원격탐사 분야의 전문가들은 필요에 의해 도식적인 것에는 익숙하기 때문에 그들은 지도와 그래프를 쉽게 판독할 수 있다. 따라서 통계적 자료를 그래프를 이용하여 표현하는 것은 다중분광 훈련자료에 대한 완전한 해석과 피처선택을 하는 데 가끔 필요하다. 이러한 목적으로 여러 개의 그래픽을 이용한 피처선택 기법이 개발되었다.

그래픽을 이용한 피처선택

2차원 피처공간 도표(feature space plot)는 동시에 2개 밴드를 사

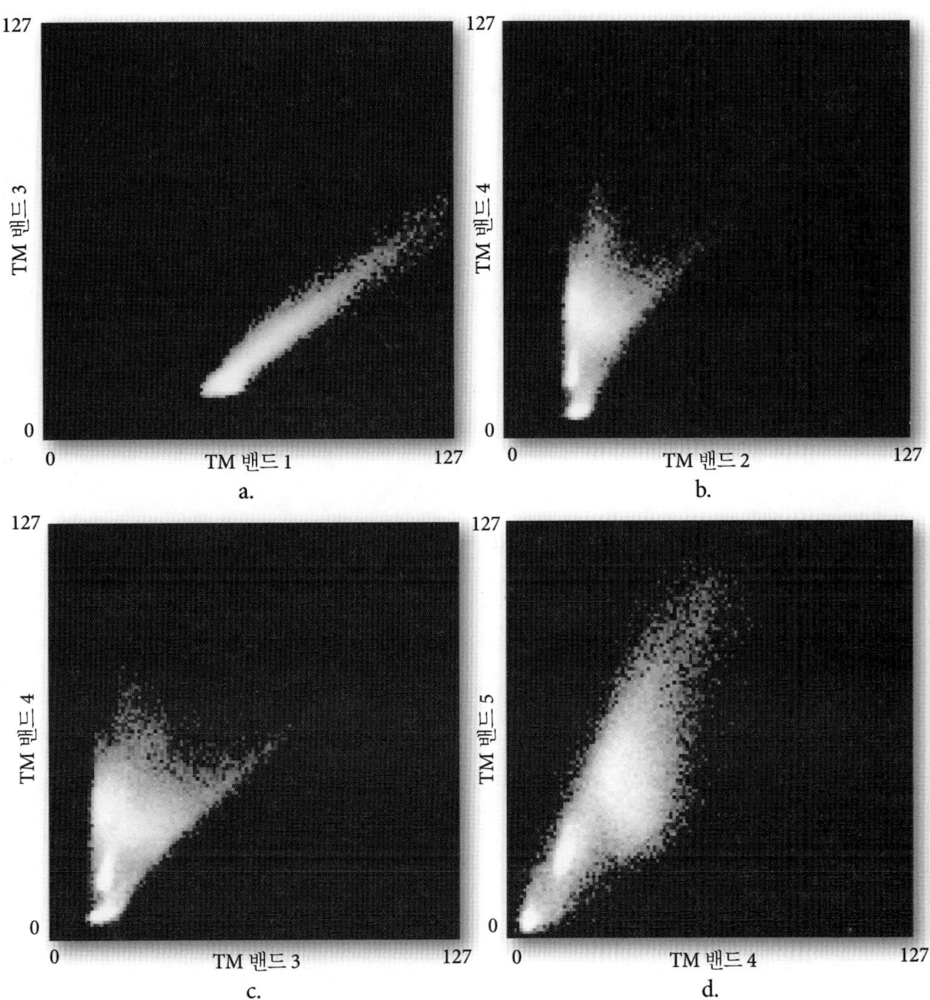

그림 9-10 사우스캐롤라이나 주 찰스턴 지역의 Landsat TM 자료를 이용해 만든 4개의 2차원 피처공간 도표. a) TM 밴드 1과 3. b) TM 밴드 2와 4. c) TM 밴드 3과 4. d) TM 밴드 4와 5. 그림에서 어떤 특정 화소의 값이 밝을수록, 영상에서 더 많은 화소가 그에 해당하는 두 밴드 밝기값을 조합하고 있다.

용하여 영상 내 모든 화소의 분포를 도시한다(그림 9-10). 이러한 그림은 다양한 그래픽 피처선택 방법을 표현할 때 종종 그 배경으로 사용된다. 전형적인 그림은 보통 256×256 행렬(x축 : 0~255, y축 : 0~255)로 이루어지는데, 이는 아래와 같은 방법으로 값이 채워진다. 전체 데이터셋의 첫 번째 화소에서 밴드 1의 밝기값이 50이고 밴드 3의 밝기값이 30이라고 가정하자. 1이라는 값은 피처공간 행렬에서 50, 30의 위치에 놓인다. 데이터셋에서 그 옆의 화소 역시 밴드 1과 3에서 50과 30이라는 값을 가지고 있다면, 피처공간 행렬에서 이 셀(50, 30)의 값은 1 증가하여 2가 된다. 이러한 논리는 영상의 모든 화소에 적용되며, 피처공간 도표에서 화소가 밝으면 밝을수록 2개의 밴드에서 같은 밝기값을 갖는 화소의 수는 증가한다.

피처공간 도표를 이용하면 영상의 실제 정보와 밴드 간 상관 정도를 이해할 수 있다. 예를 들어 그림 9-10a에서 TM의 밴드 1(청색)과 3(적색)은 높은 상관관계가 있고 밴드 1(청색)의 대기 산란이 x축에서의 밝기값을 상당히 증가시킨 것을 알 수 있다. 역으로, 밴드 2(녹색)와 밴드 4(근적외선)의 피처공간과 밴드 3(적색)과 밴드 4의 피처공간을 보면 분광공간 안에서 화소가 넓게 분포하고 있고 중요한 피복 종류에 해당하는 곳이 밝게 나타나는 것을 알 수 있다(그림 9-10b, c). 마지막으로, 밴드 4(근적외선)와 5(중적외선)의 그림을 보면 분광공간에서 화소가 상당히 분산되어 있으며 매우 흥미로운 밝은 위치들을 일부 나타낸다(그림 9-10d). 이러한 이유로, 밴드 4와 5의 분광 피처공간 그림은 다음에 설명될 그래픽 피처선택 방법의 배경으로 사

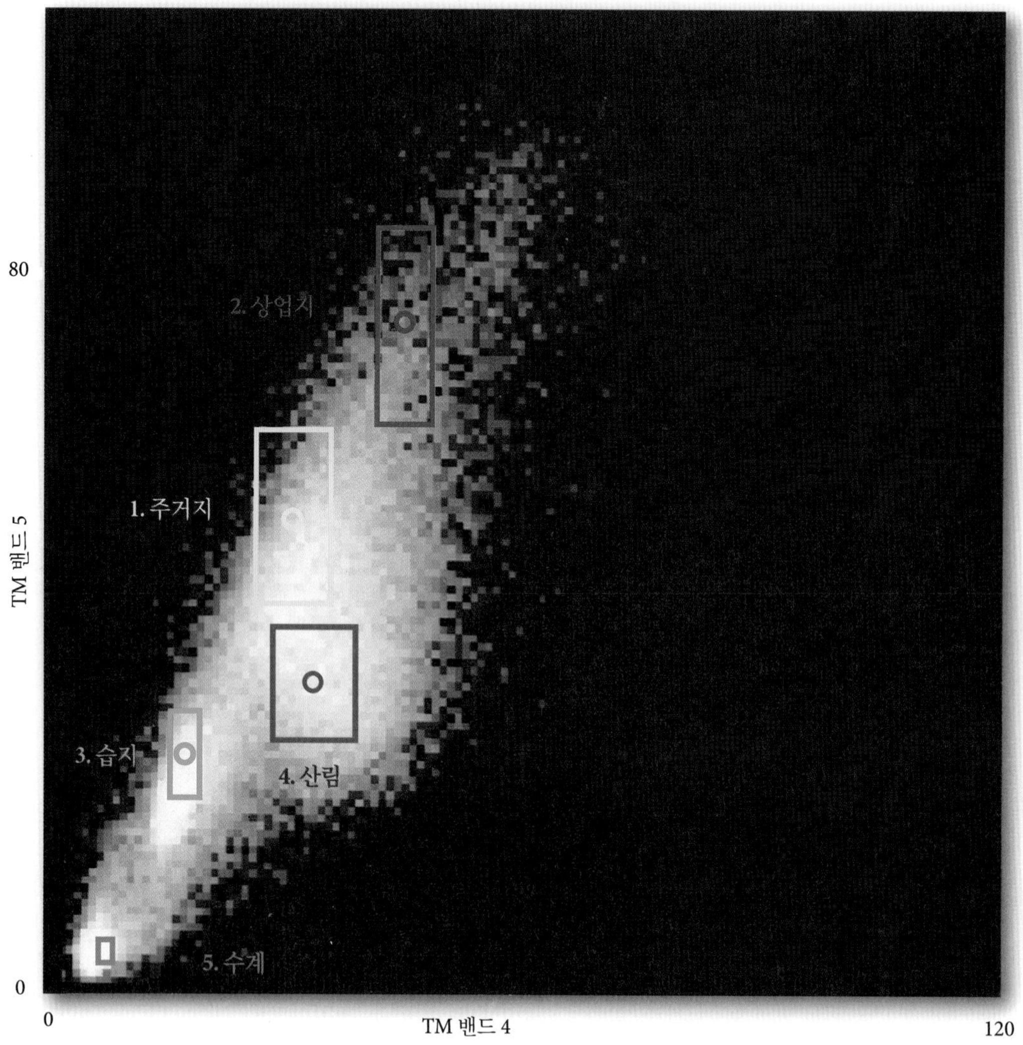

그림 9-11 사우스캐롤라이나 주 찰스턴 지역의 Landsat TM 훈련 통계값 도표로 밴드 4와 5에서 관측된 5가지 클래스에 대해 공동분광 평행육면체로 표현. 각 평행육면체의 상한값과 하한값은 ±1σ이다. 평행육면체를 밴드 4와 5의 피처공간 도표와 중첩하였다.

용될 것이다.

2차원 피처공간에서 **공동분광 평행육면체**(cospectral parallelepiped) 혹은 **타원형 그림**(ellipse plot)은 클래스 간의 분리 정도를 시각적으로 보여 주는 데 유용하다. 이 그래픽 방법은 각 클래스 c와 밴드 k에 대해 훈련 클래스 통계값인 평균(μ_{ck})과 표준편차(σ_{ck})를 사용하여 생성된다. 예를 들어, 사우스캐롤라이나 주 찰스턴 지역의 5가지 토지피복 클래스의 원본 훈련 통계값을 이러한 방법으로 표현하였는데, 이 값들을 그림 9-11에서 TM 밴드 4와 5의 피처공간 위에 중첩하여 나타내었다. 각 클래스에 대한 각 밴드의 평균 ±1σ 값을 사용하여 2차원 평행육면체(즉 직사각형)의 상한값과 하한값을 구하였다. 영상을 분류하기 위해 밴드 4 자료만 사용되었다면 클래스 1과 4 사이에 혼동이 있을 것이고, 밴드 5 자료만 사용되었다면 클래스 3과 4 사이에 혼동이 있을 것이다. 그러나 영상을 분류하기 위해 밴드 4와 5 자료를 동시에 사용하면 적어도 ±1σ에서 5개 클래스들 간에 분리도가 좋게 나타날 것이다.

그림 9-11을 살펴보면 밴드 4와 밴드 5의 원점 근처에 많은 물 화소가 존재한다는 것을 알 수 있다. 물 훈련 클래스는 이 지역에 위치해 있으며, 유사하게 습지 훈련 클래스는 밴드 4와 밴드 5 분광공간의 밝은 습지 영역 내에 위치해 있다. 그러나 훈련자료는 분광공간의 습지지역 중심에서 수집되지 않았다는 것을 알 수 있다. 이러한 정보는 분석가가 습지지역에서 훈

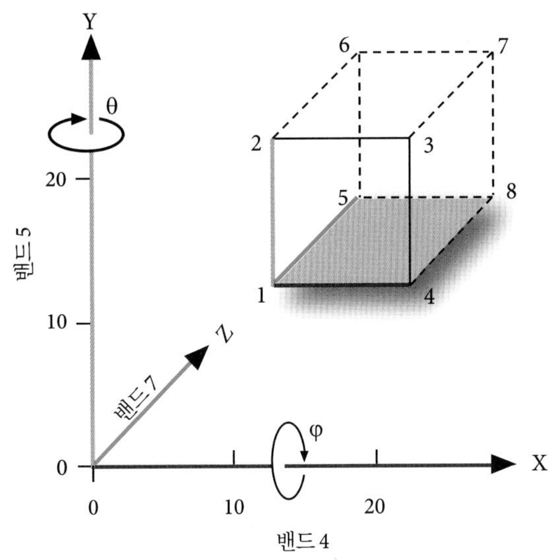

그림 9-12 가상의 3차원 공간에 표시된 간단한 평행육면체. 각 8개의 모서리는 훈련자료의 최소, 최대 임계값에 해당하는 유일한(x, y, z) 좌표를 의미한다. 예를 들어, 점 4의 원래 좌표는 1) 밴드 4의 최대 임계값, 2) 밴드 5의 최소 임계값, 3) 밴드 7의 최소 임계값과 연관이 있다. 회전 행렬 변환은 원래 좌표를 y축으로 θ라디안, x축으로 ϕ라디안 회전하게 한다.

련자료를 더 수집하기를 원할 수도 있기 때문에 상당히 중요한 정보이다. 사실 이 부분의 분광공간에 2개 혹은 그 이상의 습지 클래스가 있을지도 모른다. 뛰어난 디지털 영상처리 시스템은 분석가로 하여금 1) 평행육면체로 된 훈련 클래스와 2) 피처공간 도표로부터 직접 훈련자료를 선택할 수 있도록 한다. 분석가는 커서를 사용하여 피처공간에서 훈련 위치(폴리곤)를 선택한다. 원한다면 이러한 피처공간 분할은 프로젝트의 분류 단계 동안에 실제적인 결정 논리로 사용될 수 있다. 이러한 종류의 양방향 피처공간 분할은 매우 유용하다.

삼중분광 평행육면체(trispectral parallelepiped)나 **타원체**를 사용하여 가상의 3차원 피처공간에 세 밴드의 훈련자료를 동시에 표현하는 것이 가능하다(그림 9-12). Jensen과 Toll(1982)은 가상의 3차원 공간에 평행육면체를 표현하는 방법과 피처분석 및 피처선택을 향상시키기 위해 시점의 방위각과 고도각을 다양하게 하는 방법을 제시하였다. 앞서 말한 바와 같이 클래스 c와 밴드 k의 훈련 클래스 통계의 평균(μ_{ck})과 표준편차(σ_{ck})는 각각의 클래스와 밴드에 대한 최소, 최대 임계값을 식별하기 위해 사용되었다. 3차원 그림에서 동시에 6개 밴드를 모두 사용하는 것은 불가능하기 때문에 분석가는 3개 밴드의 조합을 선택한다. 아래의 예에서는 Landsat TM 밴드 4, 5, 7이 사용되었다. 그러나 이 방법은 다른 어떠한 3개의 밴드조합에 대해서도 적용될 수 있다. 평행육면체의 각 모서리는 대상지역의 3개 밴드의 최소 혹은 최대 임계값에 해당하는 유일한(x, y, z) 좌표를 기초로 식별될 수 있다(그림 9-12).

평행육면체의 모서리들은 3차원 좌표 변환식을 사용하여 (x, y)만 보이는 단순한 정면 시점 외에 다른 좋은 시점에서 볼 수가 있다. 일반적으로 x축과 y축을 기준으로 회전을 하면 충분한 시점을 구할 수 있지만, 피처공간은 어떠한 축으로도 기준을 삼아 회전할 수 있다. x축을 기준으로 ϕ라디안, y축을 기준으로 θ라디안만큼 회전을 하고자 할 때는 아래의 식을 이용할 수 있다(Hodgson and Plews, 1989).

$$\underset{P^{T'}}{[X, Y, Z, 1]} = \underset{P^{T}}{[BVx, BVy, BVz, 1]} \bullet \begin{bmatrix} 1 & 0 & 0 & 0 \\ 0 & \cos\phi & -\sin\phi & 0 \\ 0 & \sin\phi & \cos\phi & 0 \\ 0 & 0 & 0 & 1 \end{bmatrix} \bullet \begin{bmatrix} \cos\theta & 0 & \sin\theta & 0 \\ 0 & 1 & 0 & 0 \\ -\sin\theta & 0 & \cos\theta & 0 \\ 0 & 0 & 0 & 1 \end{bmatrix} \tag{9.4}$$

ϕ나 θ의 음수 표시는 시계반대방향으로의 회전을 말하고, 양수 표시는 시계방향으로의 회전을 말한다. 이 변환으로 원래 밝기값 좌표(P^T)가 이동되어 벡터 $P^{T'}$로 되어 해당되는 심도 정보를 가지게 된다. 결과물을 표현하는 장치는 플로터 표면이나 LCD 화면과 같은 2차원이기 때문에 평행육면체를 그리기 위해 오직 변환된 행렬 $P^{T'}$의 (x, y) 요소만 사용된다.

사우스캐롤라이나 주 찰스턴과 관련된 변환된 좌표 처리에서 훈련 통계값은 그림 9-13에 나와 있다. 밴드 7 통계값이 종이에 직교한다는 점만 제외하고 9-13a에 모든 3개의 밴드(4, 5, 7)가 표시되어 있다. 그림을 45° 회전함으로써, 밴드 7이 얼마만큼 기여하는지를 분명히 알 수 있다(그림 9-13b). 이는 평행육면체를 3차원으로 표현한 것이다. 이 그림을 다시 45° 더 회전하면, 밴드 7 자료는 밴드 4축이었던 곳으로 굽어진다(그림 9-13c). 밴드 4축은 밴드 7이 원래 그랬던 것처럼 이제 종이에 수직이다. 밴드 7, 밴드 5(그림 9-13c)는 습지(3)와 산림(4) 사이에 중첩되는 부분을 보여 준다. 다양한 방위각과 고도각을 체계적으로 시도하다 보면 최적의 위치에 해당하는 평행육면체를 찾을 수 있다. 이것은 3차원 피처공간 상에 훈련자료를 일관된 위치에서 관찰할 수 있게 해 준다.

이 예에서 단지 2개의 밴드, 즉 밴드 4와 5를 사용하는 것도

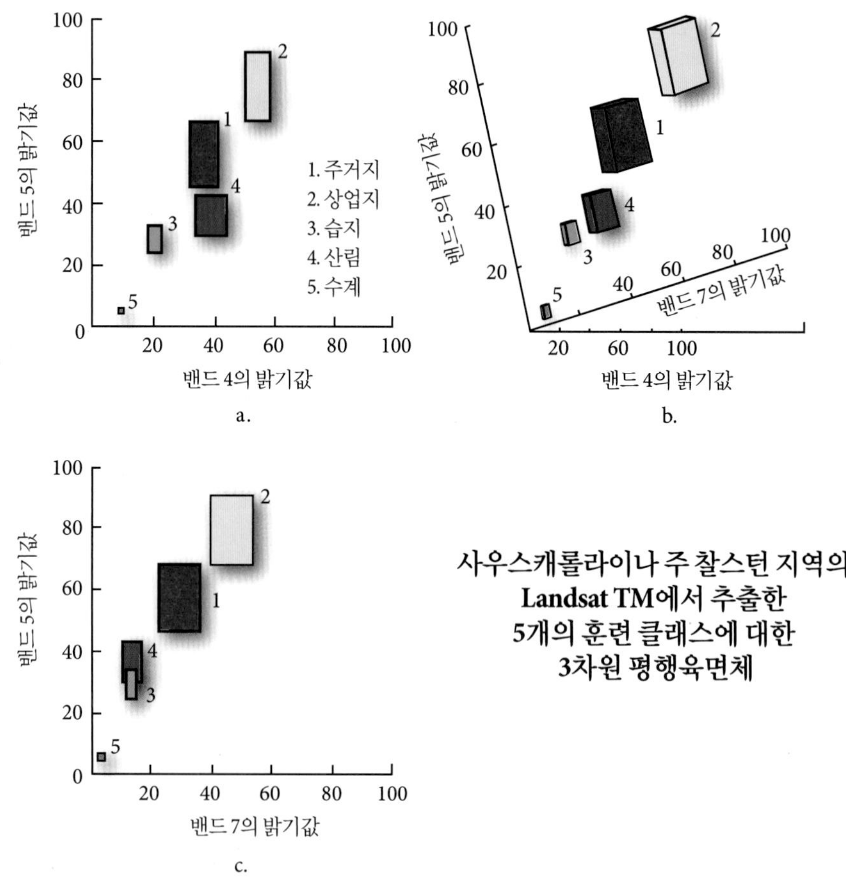

그림 9-13 사우스캐롤라이나 주 찰스턴 지역의 Landsat TM에서 추출한 5개의 훈련 클래스에 대해 3차원의 평행육면체를 만들었다. 밴드 4, 5, 7만이 사용되었으며 *y*축을 중심으로 각각 0°, 45°, 90° 회전하였다. 0°와 90°에서는(각각 a와 c) 단지 2개의 밴드만 볼 수 있는데 이는 그림 9-11에 나와 있는 2차원 평행육면체와 비슷하다. 세 번째 밴드는 우리가 보고 있는 페이지에 수직으로 놓여 있다. 그러나 이 두 가지 경우 사이에서 세 밴드를 이용한 훈련 통계값의 시각적 분석을 용이하게 하는 최적의 각도를 찾을 수 있다. b는 45° 회전한 상태에서 5개의 클래스를 나타내고 있는데 클래스가 이 3 밴드조합을 이용했을 때 완전히 분리 가능함을 보여 주고 있다. 그러나 a에 나와 있는 것처럼, 밴드 4와 5가 5개의 클래스를 만족스럽게 분리하고 있기 때문에 굳이 세 밴드 모두 사용할 필요는 없다. 만약 밴드 5와 7이 사용된다면 일부분이 중첩될 것이다.

3개 밴드 모두 사용하는 것보다 분리도가 뛰어나지는 않지만 좋은 분리도를 보여 준다는 것을 확실히 알 수 있다. 그러나 이는 최상의 결과를 산출하는 두 밴드가 아닐 수 있으므로 다른 2개 혹은 3개 밴드조합을 평가해 볼 필요가 있다. 사실 어떤 경우에는 4개 혹은 5개의 밴드조합을 이용하는 것이 더 나을 수 있다. 이것이 맞는지 확인하는 유일한 방법은 통계적 피처선택 기법을 수행하는 것이다.

피처선택의 통계적 방법

피처선택(feature selection)의 통계적 방법은 어떤 일부 밴드(피처)가 임의의 2개 클래스 *c*와 *d* 사이에 최고의 통계적 분리도를 제공하느냐를 정량적으로 판별하는 데 사용된다. 분광 패턴인식의 기본적인 문제점은 원격탐사 자료에서 *n*밴드 자료에 대한 분광 분포가 주어지면 우리는 최소의 오차와 최소의 밴드 수를 가지고 대부분의 토지피복 항목을 분리할 수 있는 기술을 찾아야만 한다는 것이다. 이러한 문제점을 그림 9-14에서 1개의 밴드와 2개의 클래스를 사용하여 도표로 나타내었다. 일반적으로, 분류를 할 때 더 많은 밴드를 분석하면 할수록 더 많은 비용과 더 많은 잉여 분광 정보가 발생하게 된다. 중첩이 있을 때 2개의 클래스를 분리하고 구별하기 위해 사용할 수 있는 결정규칙을 다음의 두 가지 종류의 오차와 함께 고려해야 한다(그림 9-14).

1. 화소가 그것이 속해 있지 않은 클래스에 할당될 수 있다(수행오차).
2. 화소가 적합한 클래스에 할당되지 않을 수 있다(누락오차).

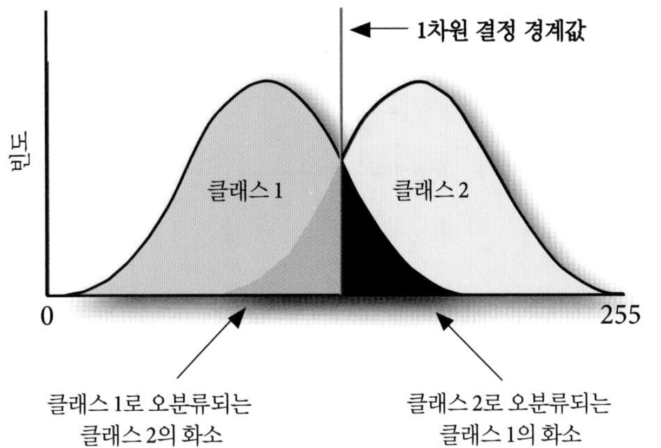

그림 9-14 원격탐사 패턴인식 분류에서 기본적인 문제는 *n*밴드(여기서는 단일 밴드) 자료의 분광 분포가 주어지면, 최소의 오차와 최소의 밴드 수를 가지고 주요 클래스(이 예에서는 2개)를 분리할 수 있도록 하는 *n*차원의 결정 경계값을 찾는 것이다. 양 분포에서 검게 칠한 부분은 분류 오차를 내포한 지역이다.

최적의 밴드셋을 고르고 분류과정에서 두 가지 종류의 오차를 최소화하는 데 적합한 분류 기법을 적용하는 것이 목적이다. 각 클래스에 대한 각 밴드의 훈련자료가 그림 9-14와 같은 정규분포가 되면 분류과정에서 최적의 밴드셋을 식별하기 위해서 **변환발산**(transformed divergence)이나 Jeffreys-Matusita 거리 식을 사용할 수 있다.

발산 : 발산(divergence)은 원격탐사 자료를 처리할 때 사용되는 초기 통계적 분리도 측정값 중 하나였고 아직도 피처선택의 방법으로 널리 사용된다(예 : Lu and Weng, 2007; Dalponte et al., 2009; Exelis ENVI, 2013). 이것은 감독 분류과정에서 주어진 n 밴드에서 최상의 q 밴드셋을 결정하는 기본적인 문제를 해결한다. 동시에 n밴드에서 q밴드를 취하는 조합의 수 C는 아래와 같다.

$$C\binom{n}{q} = \frac{n!}{q!(n-q)!} \tag{9.5}$$

따라서 찰스턴 영상에 대하여 영상 분류를 할 때 6개의 TM 밴드가 주어지고 3개의 최적 밴드에 관심이 있다면 20개의 평가해야 할 밴드조합이 나올 것이다.

$$C\binom{6}{3} = \frac{6!}{3!(6-3)!} = \frac{720}{6(6)}$$
$$= 20\text{조합}$$

2개 밴드로 구성된 최적 밴드조합을 원하면, 15개의 가능한 조합을 평가해야 할 것이다.

발산은 감독 분류의 훈련 단계에서 수집한 클래스 통계값의 공분산 행렬과 평균을 이용하여 계산된다. c와 d 단 두 클래스 간의 통계학적 분리도를 고려하여 이 논의를 시작하고자 한다. c와 d 사이의 분리도 또는 발산의 정도(Diver_{cd})는 다음 공식에 의하여 계산된다(Mausel et al., 1990).

$$\text{Diver}_{cd} = \frac{1}{2}tr[(V_c - V_d)(V_d^{-1} - V_c^{-1})] + \frac{1}{2}tr[(V_c^{-1} + V_d^{-1})(M_c - M_d)(M_c - M_d)^T] \tag{9.6}$$

여기서 $tr[\ ]$는 행렬의 대각합이고, V_c와 V_d는 두 클래스 c와 d의 공분산 행렬이며, M_c와 M_d는 클래스 c와 d의 평균벡터이다(Konecny, 2014). 공분산 행렬 V_c와 V_d의 크기는 훈련과정에서 사용된 밴드 수에 대한 함수라는 것을 기억해야 한다. 즉 만약 6개의 밴드가 훈련된다면 V_c와 V_d는 6×6 행렬이 된다. 이러한 경우 발산은 6개 밴드의 훈련자료를 이용하여 2개의 훈련 클래스에 대한 통계적 분리도를 식별하는 데 사용될 것이다. 그러나 이것이 발산을 적용하는 일반적인 목적은 아니다. 사실상 우리가 알고자 하는 것은 최적의 q 밴드셋이다. 예를 들어, 만약 $q=3$이면 3개의 밴드로 구성된 어떤 부분집합이 이들 두 클래스를 가장 잘 분리하는가를 살펴보는 것이다. 따라서 규칙적으로 20개의 3 밴드조합 알고리듬을 적용하여 우리가 관심을 가지고 있는 두 클래스에 대하여 발산을 계산하고 궁극적으로는 가장 큰 발산값을 가지는 밴드셋(이 예에서는 밴드 2, 3, 6)을 찾게 된다.

그러나 2개 이상의 클래스가 있는 경우는 어떻게 할까? 이러한 경우에 가장 보편적인 해결방법은 **평균발산**(Diver_{avg})을 계산하는 것이다. q 밴드셋을 일정하게 유지하면서 모든 가능한 c와 d 클래스 쌍들의 평균을 산출하는 것이다. 그리고 다른 q 밴드셋을 m 클래스에 대해 선택하고 분석한다. 최고 평균값을 산출하는 밴드셋이 분류 알고리듬에 사용하기 위한 최상의 밴드조합이 될 수 있다. 이는 다음과 같이 표현된다.

$$\text{Diver}_{avg} = \frac{\sum_{c=1}^{m-1}\sum_{d=c+1}^{m}\text{Diver}_{cd}}{C} \tag{9.7}$$

이것을 사용하여 가장 높은 평균발산을 가진 q 밴드셋이 m개의 클래스를 분류하기 위한 가장 적절한 밴드셋으로 선택된다.

유감스럽게도, 분리도가 높은 클래스가 평균발산에 잘못된 방향으로 가중치를 주게 되어 최상이 아닌 밴드셋을 최상으로 나타낼 수도 있다(Ozkan and Erbek, 2003; Richards, 2013). 그러므로 아래와 같이 표현된 **변환발산**($TDiver_{cd}$)을 계산할 필요가 있다.

$$TDiver_{cd} = 2000\left[1 - \exp\left(\frac{-Diver_{cd}}{8}\right)\right] \quad (9.8)$$

이 통계값은 클래스 간의 거리가 증가할 때 가중치를 두어 기하급수적으로 감소한다. 이 통계값은 또한 0~2,000 사이의 값을 가진다. 예를 들어, 표 9-7은 밴드 6개가 1~5개씩 동시에 사용되었을 때 어떠한 밴드가 유용한지를 보여 준다. 6개 밴드를 사용한 발산은 계산할 필요가 없는데, 왜냐하면 6개 밴드는 전체 데이터셋을 모두 망라하기 때문이다. 그러나 개개 채널(q=1)의 발산을 계산하는 것은 필요한데, 왜냐하면 단일 채널이 관심 클래스를 잘 분리할 수 있을지도 모르기 때문이다.

변환발산이 2,000이면 클래스 간의 분리도가 매우 뛰어남을 뜻한다. 1,900 이상은 분리도가 좋은 편이고, 1,700 이하는 분리도가 좋지 않음을 나타낸다. 찰스턴 연구 결과를 보면 어떠한 단일 밴드(표 9-7a)도 밴드 3(적색)과 4(근적외선)를 함께 사용한 결과(표 9-7b)만큼 좋지 못하다는 사실을 알 수 있다. 일부 3 밴드조합은 모든 클래스에 대해 좋은 분리도 결과를 나타내는데, 대부분 TM 밴드 3과 4를 포함하고 있다. 그러나 발산 통계에서 보면 2개의 밴드만을 사용해서도 매우 좋은 클래스 분리도 결과가 나타나는데 왜 3~6개의 밴드를 사용해서 분류해야 할까? 만약 자료의 차원이 3배수만큼(6에서 2) 줄어들 수 있고 단지 2개의 밴드만을 사용하더라도 분리도 결과가 좋으면 굳이 3개 이상의 밴드를 사용하여 분류할 필요가 없다.

Bhattacharyya 거리 : 피처선택의 다른 방법들 역시 동시에 두 클래스 간의 분리도를 결정하는 것을 기초로 한다. 예를 들어, Bhattacharyya 거리 알고리듬은 2개 클래스(c, d)가 가우시안 분포이고, 평균 M_c, M_d와 공분산 행렬 V_c, V_d을 이용할 수 있다고 가정하여 다음과 같이 계산한다(Ifarraguerri and Prairie, 2004; Lu and Weng, 2007; Dalponte et al., 2009).

$$Bhat_{cd} = \frac{1}{8}(M_c - M_d)^T\left(\frac{V_c + V_d}{2}\right)^{-1}(M_c - M_d) + \frac{1}{2}\log_e\left[\frac{\left|\frac{V_c + V_d}{2}\right|}{\sqrt{(|V_c| \cdot |V_d|)}}\right] \quad (9.9)$$

m개의 클래스를 분류하고자 할 때 원래의 n개의 밴드로부터 최상의 q개 피처(밴드조합)를 선택하려면, n차원에서 q 피처를 선택하는 가능한 방법 각각에 대해 $m(m-1)/2$개의 클래스 쌍 사이의 Bhattacharyya 거리를 계산한다. 최적의 q 피처는 $m(m-1)/2$개의 클래스 쌍 사이의 Bhattacharyya 거리의 합이 가장 높을 때의 차원들로 구성된다(Konecny, 2014).

Jeffreys-Matusita 거리 : Bhattacharyya 거리를 변환하여 Jeffreys-Matusita 거리를 계산할 수 있으며 이는 종종 JM 거리로 불리며 다음과 같이 계산된다(Ferro and Warner, 2002; Ifarraguerri and Prairie, 2004; Dalponte et al., 2009).

$$JM_{cd} = \sqrt{2(1 - e^{-Bhat_{cd}})} \quad (9.10)$$

JM 거리는 변환발산과 같이 클래스 분리도가 증가함에 따라 포화되는 특성을 가지고 있다. 하지만 JM 거리는 계산과정에서 변환발산만큼 효율적이지 못하다.

Ifarraguerri와 Prairie(2004)는 Jeffreys-Matusita 거리 측정에 근거하여 만든 피처선택 방법을 개발하였다. 이들은 밴드 선택과정 중에 다른 밴드들과 조합하여 사용하면 가장 좋은 밴드가 되는 횟수를 계산했다(즉 한 번에 2개의 밴드 또는 한 번에 3개의 밴드 등). 이들은 계산한 밴드 수를 2차원 히스토그램으로 그렸다. 히스토그램의 빈(bin)의 상대적 높이는 각 밴드가 선택된 상대적 빈도를 나타낸다. 이 그래픽은 거리 메트릭을 최대화하는 데 있어서 각 밴드의 바람직성을 시각적으로 표시하는 훌륭한 방법이다.

상관관계 매트릭스 피처선택 : 상관관계 매트릭스 피처선택(Correlation Matrix feature selection) 방법은 식생과 기타 지수 유형들을 만들 때 최적의 밴드들을 정할 때 유용한 방법이다. 예를 들어, Im 등(2012)은 상관관계 매트릭스 피처선택을 통해 400~2,500nm 구역에서 최적의 초분광밴드를 식별하여 유타와 애리조나의 유해 폐기물 현장에서 잎면적지수(LAI)를 예측

표 9-7 TM 밴드 1~5, 7의 조합을 사용하여 평가한 사우스캐롤라이나 주 찰스턴 지역의 5개 토지피복 클래스의 발산 통계값

밴드 조합	평균 발산	발산(위쪽 숫자) 및 변환발산(아래쪽 숫자)									
		클래스 조합(1=주거지, 2=상업지, 3=습지, 4=산림, 5=수계)									
		1	1	1	1	2	2	2	3	3	4
		2	3	4	5	3	4	5	4	5	5
a. 1 밴드조합											
1	1583	45 1993	36 1977	23 1889	38 1982	600 2000	356 2000	803 2000	1 198	3 651	7 1145
2	1588	34 1970	67 2000	15 1786	54 1998	1036 2000	286 2000	1090 2000	1 246	5 988	5 890
3	1525	54 1998	107 2000	39 1985	160 2000	1591 2000	576 2000	2071 2000	1 286	3 642	1 339
4	1748	19 1809	47 1994	0 70	1238 2000	209 2000	13 1603	3357 2000	60 1999	210 2000	1466 2000
5	1636	4 779	26 1920	7 1194	2645 2000	77 2000	29 1947	5300 2000	2 523	556 2000	961 2000
7	1707	6 1061	61 1999	18 1795	345 2000	238 2000	74 2000	940 2000	1 213	63 1999	56 1998
b. 2 밴드조합											
1 2	1709	51 1997	92 2000	26 1919	85 2000	1460 2000	410 2000	1752 2000	2 463	8 1256	10 1457
1 3	1709	56 1998	125 2000	40 1987	182 2000	1888 2000	589 2000	2564 2000	2 418	7 1196	11 1490
1 4	1996	55 1998	100 2000	32 1962	1251 2000	941 2000	446 2000	3799 2000	66 1999	219 2000	1525 2000
1 5	1896	54 1998	71 2000	28 1939	3072 2000	778 2000	497 2000	7838 2000	6 1029	585 2000	1038 2000
1 7	1852	52 1997	107 2000	28 1939	426 2000	944 2000	421 2000	2065 2000	3 586	63 1999	76 2000
2 3	1749	57 1998	140 2000	42 1990	170 2000	2099 2000	593 2000	2345 2000	2 524	13 1599	9 1382
2 4	1992	35 1976	103 2000	28 1941	1256 2000	1136 2000	356 2000	3985 2000	65 1999	228 2000	1529 2000
2 5	1856	35 1976	86 2000	20 1826	2795 2000	1068 2000	328 2000	6932 2000	4 760	560 2000	979 2000
2 7	1829	37 1980	111 2000	24 1902	423 2000	1148 2000	292 2000	2192 2000	2 405	69 2000	66 1999
3 4	2000	101 2000	124 2000	61 1999	1321 2000	1606 2000	905 2000	4837 2000	80 2000	210 2000	1487 2000
3 5	1895	59 1999	114 2000	45 1992	3206 2000	1609 2000	740 2000	9142 2000	5 964	597 2000	1024 2000
3 7	1845	63 1999	131 2000	41 1989	525 2000	1610 2000	606 2000	3122 2000	2 469	65 1999	59 1999

(계속)

표 9-7 (계속)

밴드 조합	평균 발산	발산(위쪽 숫자) 및 변환발산(아래쪽 숫자)									
		클래스 조합(1=주거지, 2=상업지, 3=습지, 4=산림, 5=수계)									
		1	1	1	1	2	2	2	3	3	4
		2	3	4	5	3	4	5	4	5	5
4 5	1930	21 1851	52 1997	11 1468	4616 2000	231 2000	37 1981	10376 2000	98 2000	889 2000	2902 2000
4 7	1970	20 1844	76 2000	21 1857	1742 2000	309 2000	79 2000	4740 2000	86 2000	285 2000	1599 2000
5 7	1795	6 1074	62 1999	24 1900	2870 2000	246 2000	97 2000	5956 2000	5 978	598 2000	989 2000
c. 3 밴드조합											
1 2 3	1815	59 1999	154 2000	44 1992	191 2000	2340 2000	613 2000	2821 2000	3 643	16 1745	17 1774
1 2 4	1999	95 2000	142 2000	40 1986	1266 2000	1662 2000	675 2000	4381 2000	68 2000	236 2000	1573 2000
1 2 5	1909	58 1999	118 2000	32 1964	3201 2000	1564 2000	604 2000	9281 2000	7 1129	589 2000	1045 2000
1 2 7	1868	57 1998	146 2000	30 1953	493 2000	1653 2000	494 2000	3176 2000	4 732	69 2000	80 2000
1 3 4	2000	117 2000	150 2000	64 1999	1329 2000	1905 2000	985 2000	5120 2000	86 2000	219 2000	1534 2000
1 3 5	1920	60 1999	137 2000	51 1997	3569 2000	1902 2000	863 2000	11221 2000	7 1202	622 2000	1088 2000
1 3 7	1872	63 1999	157 2000	45 1993	580 2000	1935 2000	669 2000	3879 2000	4 731	66 1999	79 2000
1 4 5	1998	82 2000	105 2000	36 1979	4923 2000	978 2000	635 2000	12361 2000	104 2000	906 2000	2955 2000
1 4 7	1998	82 2000	129 2000	37 1980	1777 2000	1055 2000	610 2000	5452 2000	93 2000	288 2000	1669 2000
1 5 7	1924	56 1998	109 2000	37 1982	3405 2000	956 2000	508 2000	8948 2000	8 1261	627 2000	1077 2000
2 3 4	2000	117 2000	156 2000	63 1999	1331 2000	2119 2000	956 2000	4971 2000	81 2000	229 2000	1530 2000
2 3 5	1908	62 1999	147 2000	47 1994	3221 2000	2120 2000	749 2000	9480 2000	6 1082	605 2000	1034 2000
2 3 7	1865	66 1999	160 2000	46 1994	541 2000	2113 2000	617 2000	3480 2000	3 661	74 2000	69 2000
2 4 5	1994	38 1984	108 2000	31 1956	4674 2000	1158 2000	385 2000	11402 2000	103 2000	896 2000	2946 2000
2 4 7	1996	40 1986	125 2000	34 1970	1771 2000	1191 2000	367 2000	5511 2000	90 2000	300 2000	1668 2000
2 5 7	1906	38 1982	113 2000	33 1968	3050 2000	1157 2000	365 2000	7757 2000	7 1113	594 2000	1006 2000
3 4 5	2000	106 2000	129 2000	65 1999	5031 2000	1622 2000	1037 2000	13505 2000	120 2000	914 2000	2935 2000

밴드 조합	평균 발산	발산(위쪽 숫자) 및 변환발산(아래쪽 숫자)									
		클래스 조합(1=주거지, 2=상업지, 3=습지, 4=산림, 5=수계)									
		1 2	1 3	1 4	1 5	2 3	2 4	2 5	3 4	3 5	4 5
3 4 7	2000	111 2000	144 2000	63 1999	1841 2000	1644 2000	955 2000	6309 2000	102 2000	285 2000	1626 2000
3 5 7	1927	66 1999	134 2000	63 1999	3453 2000	1648 2000	823 2000	9900 2000	8 1268	631 2000	1054 2000
4 5 7	1979	22 1870	83 2000	26 1923	5003 2000	362 2000	114 2000	11477 2000	105 2000	944 2000	2994 2000
d. 4 밴드조합											
1 2 3 4	2000	167 2000	177 2000	65 1999	1339 2000	2361 2000	1151 2000	5259 2000	87 2000	238 2000	1575 2000
1 2 3 5	1929	63 1999	165 2000	54 1998	3582 2000	2355 2000	876 2000	11525 2000	8 1294	630 2000	1095 2000
1 2 3 7	1888	67 2000	182 2000	49 1996	595 2000	2369 2000	683 2000	4222 2000	5 885	75 2000	87 2000
1 2 4 5	1999	115 2000	147 2000	46 1994	4971 2000	1696 2000	901 2000	13287 2000	108 2000	913 2000	2987 2000
1 2 4 7	1999	110 2000	165 2000	45 1993	1801 2000	1731 2000	868 2000	6161 2000	96 2000	303 2000	1725 2000
1 2 5 7	1932	61 1999	148 2000	41 1989	3564 2000	1665 2000	614 2000	10579 2000	9 1331	633 2000	1085 2000
1 3 4 5	2000	133 2000	156 2000	74 2000	5293 2000	1931 2000	1283 2000	15187 2000	127 2000	928 2000	2976 2000
1 3 4 7	2000	134 2000	172 2000	69 2000	1863 2000	1955 2000	1184 2000	6814 2000	110 2000	289 2000	1682 2000
1 3 5 7	1940	66 2000	159 2000	66 2000	3919 2000	1954 2000	901 2000	12411 2000	10 1397	665 2000	1129 2000
1 4 5 7	1999	88 2000	135 2000	42 1990	5422 2000	1105 2000	659 2000	13950 2000	112 2000	970 2000	3068 2000
2 3 4 5	2000	122 2000	161 2000	67 2000	5040 2000	2133 2000	1093 2000	13663 2000	121 2000	933 2000	2981 2000
2 3 4 7	2000	132 2000	173 2000	65 1999	1848 2000	2143 2000	1023 2000	6509 2000	103 2000	302 2000	1670 2000
2 3 5 7	1937	69 2000	163 2000	68 2000	3476 2000	2144 2000	837 2000	10308 2000	9 1370	639 2000	1062 2000
2 4 5 7	1997	41 1987	131 2000	38 1983	5079 2000	1229 2000	397 2000	12641 2000	110 2000	951 2000	3037 2000
3 4 5 7	2000	112 2000	148 2000	74 2000	5436 2000	1665 2000	1066 2000	14688 2000	125 2000	971 2000	3030 2000
e. 5 밴드조합											
12345	2000	176 2000	183 2000	75 2000	5302 2000	2384 2000	1422 2000	15334 2000	128 2000	947 2000	3019 2000

(계속)

표 9-7 (계속)

밴드 조합	평균 발산	발산(위쪽 숫자) 및 변환발산(아래쪽 숫자)									
		클래스 조합(1=주거지, 2=상업지, 3=습지, 4=산림, 5=수계)									
		1	1	1	1	2	2	2	3	3	4
		2	3	4	5	3	4	5	4	5	5
1 2 3 4 7	2000	176 2000	196 2000	71 2000	1871 2000	2393 2000	1316 2000	7015 2000	111 2000	305 2000	1726 2000
1 2 3 5 7	1948	70 2000	184 2000	72 2000	3940 2000	2386 2000	919 2000	12798 2000	11 1479	673 2000	1135 2000
1 2 4 5 7	2000	117 2000	171 2000	50 1996	5487 2000	1770 2000	920 2000	15021 2000	115 2000	977 2000	3101 2000
1 3 4 5 7	2000	138 2000	176 2000	80 2000	5803 2000	1979 2000	1294 2000	16829 2000	132 2000	994 2000	3089 2000
2 3 4 5 7	2000	134 2000	177 2000	77 2000	5443 2000	2161 2000	1130 2000	14893 2000	126 2000	987 2000	3072 2000

했다. 이들의 목표는 일반 식생지수에서 사용할 최적의 밴드를 식별하는 것이었다.

$$VI2 = \frac{B_2 - B_1}{B_2 + B_1}$$

여기서 B_1과 B_2는 400~2,500nm에 이르는 구역 내의 밴드이고 B_1값은 언제나 B_2보다 작다. 15,750개의 가능한 VI2 밴드조합 각각의 현장 LAI 측정치와 조사 대상 VI2 사이의 결정계수(R^2)를 계산했다. 그림 9-15에서 파란색 음영이 진할수록 VI2와 LAI 간의 상관도가 높다는 것을 나타내고, 적색 음영이 진할수록 VI2와 LAI 간의 상관도가 낮다는 것을 나타낸다. Mahlein 등(2013)은 RELIEF-F라는 연관 피처 추출 알고리듬을 이용하여 초분광 자료로부터 사탕무(Sugarbeet)의 녹병균과 백분병균 검출 지수를 만들기 위한 최적의 밴드들을 식별해 냈다.

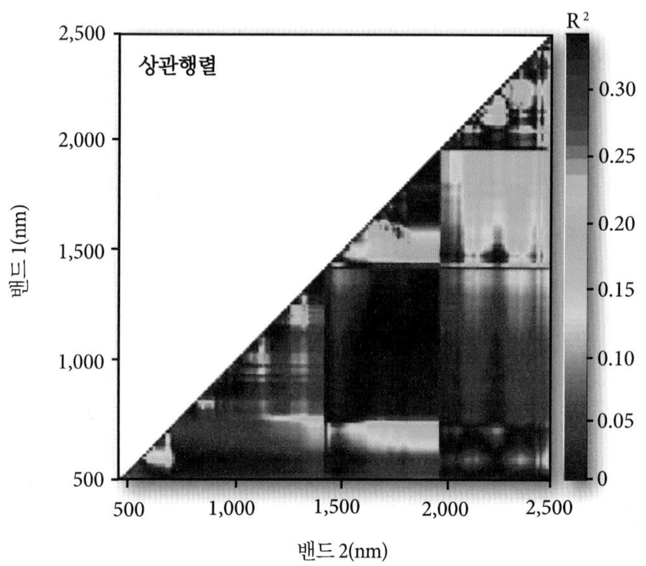

그림 9-15 상관 행렬을 이용한 밴드 특징 단면도의 예. 400~2,500nm 파장영역에서 최고의 밴드를 정의하기 위해서 식생지수 VI2 = $(B_2 - B_1)/(B_2+B_1)$와 실측 잎면적지수(LAI)에 대해 회귀분석을 실시하였다. 청색계열의 색상이 짙어질수록 VI2와 LAI은 높은 상관성을 나타내고 적색계열의 색상이 짙어질수록 VI2와 LAI는 낮은 상관성을 나타낸다(Im et al., 2012에서 수정).

Fuchs 등(2009)은 단계별 선형회귀(stepwise linear regression) 모델링을 활용하여 지상탄소(above ground carbon) 추정 시에 사용할 원본 QuickBird와 원격탐사 도출 변수들을 선정했다. 테스트된 변수들은 원본 밴드들과, Kauth-Thomas Tasseled Cap, 주성분 분석(PCA), 다수의 식생지수, 그리고 질감측도 등이다.

주성분 분석(PCA) 피처선택 : 제8장에서 논의한 바와 같이, 주성분 분석(PCA)을 적용하여 다중분광 데이터셋에 적용해서 주성분과 각 성분이 설명하는 변량을 알 수 있다. 이어서 원본 원격탐사 자료 대신 훈련자료를 수집할 때 가장 많은 변량을 설명하는 새로 만들어진 PCA 영상을 이용한다. 이 상황에서는 결과적으로 PCA가 피처선택을 수행하며 훈련과 분류에 사용되는 데이터셋의 차원을 감소시켜 준다(Rocchini et al., 2007).

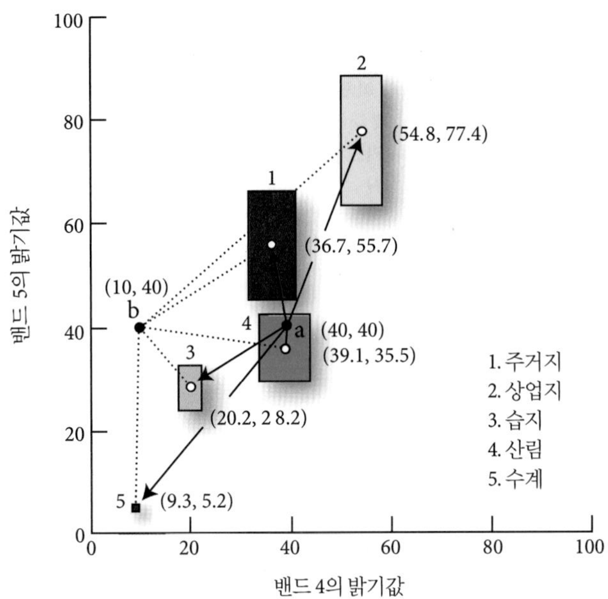

그림 9-16 영상에서 점 *a*와 점 *b* 화소를 분류한다. 화소 *a*는 밴드 4에서 40의 밝기값을 가지고 밴드 5에서도 40의 밝기값을 가진다. 화소 *b*는 밴드 4에서 10의 밝기값을 가지고 밴드 5에서는 40의 밝기값을 가진다. 여기서 직사각형은 ±1σ 분류와 관련지어 구한 평행육면체 결정규칙을 의미한다. 벡터(화살표)는 평균에서 최소거리 분류 알고리듬을 적용하여 구한 *a*와 *b*에서 모든 클래스의 평균까지의 거리를 뜻한다. 두 분류 방법을 사용하여 점 *a*와 점 *b*를 분류한 결과는 표 9-8과 9-9를 참조.

적합한 분류 알고리듬의 선택

다양한 감독 분류 알고리듬이 미지의 화소를 *m*개의 가능한 클래스 중 하나에 할당하는 데 사용될 수 있다(Jensen et al., 2009). 특정 분류자나 결정규칙을 선택하는 것은 입력자료의 속성과 원하는 결과물에 따라 달라지며 아주 중요하다. **매개변수 분류 알고리듬**은 각 분광밴드 내에서 각 클래스에 대해 얻어진 측정벡터 X_c가 가우스 분포, 즉 정규분포를 가진다고 가정한다(Schowengerdt, 2007). 반면, **비매개변수 분류 알고리듬**은 자료 분포에 대한 어떠한 가정도 설정하지 않는다(Lu and Weng, 2007).

몇몇 많이 사용되고 있는 비매개변수 분류 알고리듬은 다음과 같다.

- 1차원 **농도분할**(예 : 영상의 한 밴드를 이용, 제8장 참조)
- 평행육면체 분류
- 최소거리 분류
- 최근린 분류
- 신경망과 전문가 시스템 분석(제10장)

가장 많이 채택되는 매개변수 분류 알고리듬은 다음과 같다.

- 최대우도법

이 절과 다음 절에서는 다양한 분류 알고리듬에 대하여 살펴보고자 한다.

평행육면체 분류 알고리듬

이 디지털 영상 분류 결정규칙은 단순한 'and/or' 불린(Boolean) 논리에 기초한다. *n*개의 분광밴드에서의 훈련자료가 분류를 수행하는 데 사용된다. 이 알고리듬은 다른 알고리듬과 마찬가지로 *e*Cognition과 같은 정교한 객체기반 영상분석(OBIA) 프로그램에 사용된다(Trimble, 2014). 먼저 다중분광 영상의 각 화소 밝기값을 이용하여 *n*차원의 평균벡터 $M_c = (\mu_{ck}, \mu_{c2}, \mu_{c3}, \cdots, \mu_{cn})$를 만든다. 여기서 μ_{ck}는 앞서 정의한 대로, *m*개의 가능한 클래스 중 클래스 *c*에 대해 수집된 훈련자료에서 밴드 *k* 밝기값의 평균이다. 유사하게 σ_{ck}은 *m*개의 가능한 클래스 중 클래스 *c*에 대해 수집된 훈련자료에서 밴드 *k* 밝기값의 표준편차이다. 이 절에서는 밴드 4와 밴드 5의 훈련자료만을 사용하여 찰스턴 지역의 5개 클래스를 평가해 보도록 한다.

그림 9-16에서 보듯이 ±1 표준편차 임계값을 이용할 경우 평행육면체 알고리듬은 다음 식과 같이 나타낼 수 있으며 이로부터 BV_{ijk}이 클래스 *c*에 포함되는지의 여부를 알 수 있다.

$$\mu_{ck} - \sigma_{ck} \le BV_{ijk} \le \mu_{ck} + \sigma_{ck} \tag{9.11}$$

여기서

$c = 1, 2, 3, \ldots, m$, 클래스의 수
$k = 1, 2, 3, \ldots, n$, 밴드의 수

그러므로 하위 및 상위 결정 경계값은 다음과 같이 정의된다.

$$L_{ck} = \mu_{ck} - \sigma_{ck} \tag{9.12}$$

$$H_{ck} = \mu_{ck} + \sigma_{ck} \tag{9.13}$$

이때 평행육면체 알고리듬은 다음 식과 같이 된다.

$$L_{ck} \le BV_{ijk} \le H_{ck} \tag{9.14}$$

이 결정 경계값은 피처공간 내에서 *n*차원의 평행육면체 형태를 보인다. 만약 화소값을 평가하여 모든 *n*밴드에 대해 하위 임계

표 9-8 그림 9-16에서 화소 *a*와 *b*에 대한 평행육면체 분류 결과

클래스	하위 임계값, L_{ck}	상위 임계값, H_{ck}	화소 *a*(40, 40)가 이 밴드의 해당 클래스에 대한 기준을 만족시키는가? $L_{ck} \le a \le H_{ck}$	화소 *b*(10, 40)가 이 밴드의 해당 클래스에 대한 기준을 만족시키는가? $L_{ck} \le b \le H_{ck}$
1. 주거지				
밴드 4	36.7 − 4.53 = 31.27	36.7 + 4.53 = 41.23	예	아니요
밴드 5	55.7 − 10.72 = 44.98	55.7 + 10.72 = 66.42	아니요	아니요
2. 상업지				
밴드 4	54.8 − 3.88 = 50.92	54.8 + 3.88 = 58.68	아니요	아니요
밴드 5	77.4 − 11.16 = 66.24	77.4 + 11.16 = 88.56	아니요	아니요
3. 습지				
밴드 4	20.2 − 1.88 = 18.32	20.2 + 1.88 = 22.08	아니요	아니요
밴드 5	28.2 − 4.31 = 23.89	28.2 + 4.31 = 32.51	아니요	아니요
4. 산림				
밴드 4	39.1 − 5.11 = 33.99	39.1 + 5.11 = 44.21	예	아니요
밴드 5	35.5 − 6.41 = 29.09	35.5 + 6.41 = 41.91	예, 화소를 클래스 4인 산림으로 할당. 멈춤	아니요
5. 수계				
밴드 4	9.3 − 0.56 = 8.74	9.3 + 0.56 = 9.86	−	아니요
밴드 5	5.2 − 0.71 = 4.49	5.2 + 0.71 = 5.91	−	아니요, 화소를 미분류 항목으로 할당. 멈춤

값 위나 상위 임계값 아래에 있다면, 그림 9-16의 점 *a*와 같이 지정된 클래스에 할당된다. 모르는 화소가 그림 9-16의 점 *b*처럼 불린 논리의 어떠한 조건도 만족시키지 못하였을 때 그 화소는 '분류되지 않은' 범주로 할당된다. 컴퓨터 그래픽 피처 분석 절에서 살펴보았듯이 단지 3차원까지 시각적으로 분석할 수 있겠지만, 분류 목적상 *n*차원의 평행육면체를 생성할 수 있다.

그림 9-16에서 미지의 화소 *a*와 *b*가 어떻게 산림이나 분류되지 않은 범주로 할당되는지 알아보도록 하자. 이에 대한 계산은 표 9-8에 간략히 나타내었다. 우선, 각 클래스의 평균에서 표준편차를 가감함으로써 평행육면체의 하위 경계(L_{ck})와 상위 경계(H_{ck})를 식별한다. 이 경우에 단 2개의 밴드(밴드 4, 5)만을 사용하여 2차원의 박스를 형성하였는데, 이는 *n*차원이나 밴드로 확장될 수 있다. 식별된 각 박스에 대한 상하위 임계값을 이용하면 각 밴드(*k*)의 입력 화소 밝기값이 5개의 평행육면체 중 어떤 조건에 만족하는지를 결정할 수 있다. 예를 들어, 화소 *a*는 4번과 5번 밴드에서 40의 밝기값을 갖는다. 이것은 클래스 1의 밴드 4 조건을 만족한다(즉 $31.27 \le 40 \le 41.23$). 그러나 이것은 밴드 5의 조건을 만족하지 않는다. 이어 클래스 2와 3에 대한 평가를 계속해 보면, 둘 다 조건에 맞지 않는다. 그러나 화소 *a*의 밝기값을 클래스 4의 임계값과 비교하였을 때는 4번 밴드(즉 $33.99 \le 40 \le 44.21$)와 5번 밴드($29.09 \le 40 \le 41.91$)에 대한 조건을 만족한다는 것을 알 수 있다. 그래서 화소 *a*는 클래스 4, 즉 산림지역으로 분류된다.

이와 같은 논리는 미지의 화소 *b*를 분류할 때에도 그대로 적용된다. 유감스럽게도 밴드 4에서 밝기값 10, 밴드 5에서 밝기값 40은 어떠한 평행육면체의 임계값 내에도 속하지 않는다. 결과적으로 화소 *b*는 분류되지 않은 범주로 할당된다. ±2 또는 ±3의 표준편차만큼 임계값을 늘리면 평행육면체의 크기도 커질 것이고, 이렇게 해서 점 *b*를 클래스 중 하나로 할당할 수 있다. 그러나 이와 같은 방식은 평행육면체의 상당수가 겹치게 되어 결국 분류 오차가 발생할 것이며, 점 *b*가 전혀 의도하지 않은 클래스에 할당될 수도 있다.

평행육면체 알고리듬은 원격탐사 자료를 분류하는 데 있어 효율적인 계산과정을 가지고 있음에도 불구하고 평행육면체가 종종 중첩되기 때문에 미지의 후보 화소가 하나 이상의 클래스의 조건을 모두 만족하는 결과를 가져올 수 있다. 그러한 경우에 후보 화소는 일반적으로 조건을 만족하는 모든 클래스 중 첫 번째 클래스에 할당된다. 보다 나은 해결책은 하나 이상의 클래스에 할당될 수 있는 화소를 따로 추출해서 평균에서 최소거리 결정규칙을 사용하여 그 화소를 하나의 클래스로 할당하

는 것이다.

평균에서 최소거리 분류 알고리듬

평균에서 최소거리(minimum distance to means) 결정규칙은 계산이 간단하여 흔히 사용되는 방법이다. 적절히 사용되기만 한다면, 최대우도 알고리듬과 같이 계산이 복잡한 여타 알고리듬과 비교해도 손색없는 정확한 분류를 해낼 수 있다. 평행육면체 알고리듬의 경우와 같이, 이 방법은 각 밴드에서 각 클래스에 대한 훈련자료의 평균벡터(μ_{ck})를 사용자가 직접 제공해야 한다. 최소거리 분류를 수행하기 위해서 프로그램은 각각의 미지의 화소(BV_{ijk})로부터 각 평균벡터(μ_{ck})까지의 거리를 계산해야 한다(Lo and Yeung, 2007). 거리 계산은 피타고라스의 정리에 기초한 유클리드 거리, 또는 그림 9-17과 같이 '블록둘레' 거리 측정법을 사용할 수 있다. 여기에서는 그림 9-17의 점 a와 b를 유클리드 거리 측정법으로 거리계산을 한 뒤 최소거리 분류법을 적용할 것이다.

점 a(40, 40)에서 클래스 1의 밴드 4, 5에 대한 평균(36.7, 55.7)까지의 유클리드 거리는 다음 식과 같다.

$$\text{Dist} = \sqrt{(BV_{ijk} - \mu_{ck})^2 + (BV_{ijl} - \mu_{cl})^2} \quad (9.15)$$

여기서 μ_{ck}와 μ_{cl}은 밴드 k와 l에서 계산된 클래스 c에 대한 평균벡터를 나타낸다. 이 예에 위 식을 이용하면 다음과 같이 계산된다.

$$\text{Dist}_{a\text{ to class 1}} = \sqrt{(BV_{ij4} - \mu_{1,4})^2 + (BV_{ij5} - \mu_{1,5})^2} \quad (9.16)$$

점 a에서 클래스 2의 평균까지 거리는 다음과 같다.

$$\text{Dist}_{a\text{ to class 2}} = \sqrt{(BV_{ij4} - \mu_{2,4})^2 + (BV_{ij5} - \mu_{2,5})^2} \quad (9.17)$$

클래스 c의 아래 첨자가 1에서 2로 증가되었는데 이런 식으로 m개 클래스까지 확장할 수 있다. 유클리드 거리계산으로부터 점 a에서 5개의 클래스의 평균까지 최소거리를 결정하는 것이 가능하다. 표 9-9는 5가지의 토지피복 클래스에 대한 거리계산 결과이다. 이는 화소 a에서 클래스의 평균까지 최소거리가 4.59이므로 그 화소가 최소거리에 해당하는 클래스인 산림지역으로 할당되는 것을 보여 준다. 화소 b를 평가할 때도 같은 개념을 적용한다. b는 최소거리가 15.75이기 때문에 클래스 3, 즉 습지로 할당된다. 이로부터 어떤 미지의 화소이든지 이 알고리듬을 사용하여 5가지의 훈련 클래스 중 하나로 할당된다는 것이 명확해진다. 이 경우에는 분류되지 않은 화소가 하나도 존재하지 않는다.

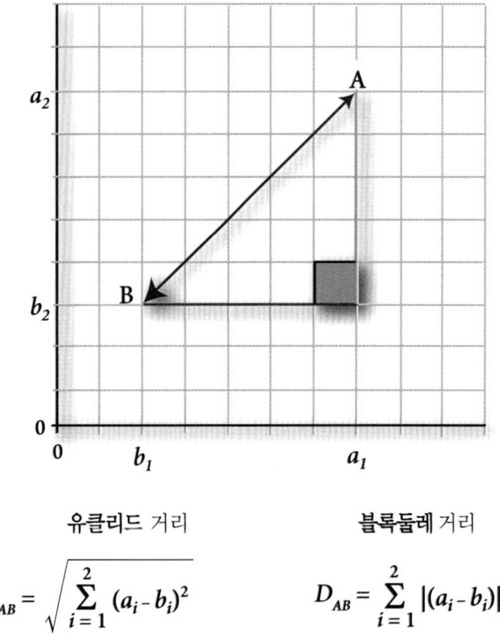

유클리드 거리 $\qquad$ **블록둘레** 거리

$$D_{AB} = \sqrt{\sum_{i=1}^{2} (a_i - b_i)^2} \qquad D_{AB} = \sum_{i=1}^{2} |(a_i - b_i)|$$

그림 9-17 평균에서 최소거리 분류 알고리듬에서 사용하는 거리는 두 가지, 즉 피타고라스 정리에 의한 유클리드 거리와 블록둘레 거리 중 하나이다. 유클리드 거리계산이 더 복잡하다.

대부분의 최소거리 분류 알고리듬은 분석가로 하여금 클래스의 평균값으로부터 거리나 임계값을 정하도록 한다. 미지의 화소가 어떤 항목의 평균과 거리가 가장 가깝다고 하더라도 그 범위(임계값)를 벗어나면 그 항목에 할당되지 않는다. 예를 들어, 임계값이 10.0으로 정해졌다면 점 a는 임계값 이하로 최소거리 4.59를 가지기 때문에 여전히 클래스 4(식생)로 분류될 것이다. 이와 반대로 점 b는 최소거리 15.75가 임계값 10.0보다 크기 때문에 클래스 3으로 할당되지 않는다. 그 대신에 점 b는 분류되지 않은 범주로 할당될 것이다.

분류를 할 때 둘 이상의 밴드가 사용되면, 다음 방정식을 사용하여 n공간에서 두 점 사이의 거리를 계산하는 개념을 확장할 수 있다(Duda et al., 2001).

$$D_{AB} = \sqrt{\sum_{i=1}^{n} (a_i - b_i)^2} \quad (9.18)$$

그림 9-17은 이 알고리듬이 어떻게 사용되는지를 극적으로 보

표 9-9 그림 9-16의 화소 *a*와 *b*에 대해 평균에서 최소거리 분류법을 적용한 예

클래스	화소 *a*(40, 40)에서 각 클래스의 평균까지 거리	화소 *b*(10, 40)에서 각 클래스의 평균까지 거리
1. 주거지	$\sqrt{(40-36.7)^2+(40-55.7)^2} = 16.04$	$\sqrt{(10-36.7)^2+(40-55.7)^2} = 30.97$
2. 상업지	$\sqrt{(40-54.8)^2+(40-77.4)^2} = 40.22$	$\sqrt{(10-54.8)^2+(40-77.4)^2} = 58.35$
3. 습지	$\sqrt{(40-20.2)^2+(40-28.2)^2} = 23.04$	$\sqrt{(10-20.2)^2+(40-28.2)^2} = 15.75$ 거리가 최소이므로 화소 *b*를 이 클래스에 할당
4. 산림	$\sqrt{(40-39.1)^2+(40-35.5)^2} = 4.59$ 거리가 최소이므로 화소 *a*를 이 클래스에 할당	$\sqrt{(10-39.1)^2+(40-35.5)^2} = 29.45$
5. 수계	$\sqrt{(40-9.3)^2+(40-5.2)^2} = 46.4$	$\sqrt{(10-9.3)^2+(40-5.2)^2} = 34.8$

여 주고 있다.

Hodgson(1988)은 다음의 두 가지에 대하여 연구를 수행한 결과, 계산 시간을 단축시키는 6개의 추가적인 유클리드 기반 최소거리 알고리듬을 제시하였다 : 1) 미분류 화소에서 각 후보 클래스까지 거리예상값을 계산, 2) 탐색과정으로부터 클래스를 삭제하는 기준을 마련하여 불필요한 거리계산을 수행하지 않음. 위의 개선사항들을 구현한 알고리듬은 TM 자료에서 추출한 2개, 4개, 6개 밴드와 5, 20, 50, 100개의 클래스를 사용하여 검증되었다. 모든 알고리듬은 기존의 유클리드 최소거리 알고리듬과 비교하였을 때 더욱 효율적이었다.

전통적인 평균에서 최소거리 분류 알고리듬을 앞서 살펴본 훈련자료를 사용하여 사우스캐롤라이나 주 찰스턴 지역의 Landsat TM에 대하여 수행하였다. 그림 9-18a는 그 결과에 색채를 입힌 컬러 주제도를 보여 준다. 각 클래스의 화소 수는 표 9-10에 정리되어 있으며, 분류와 관련된 오차는 제13장에서 논의된다.

최근린 분류자

평행육면체 분류자는 각 밴드에 대한 훈련 클래스 평균과 표준편차 통계를 사용하며, 최소거리 분류자는 각 밴드에 대한 각각의 훈련 클래스 평균을 필요로 한다. 평균과 표준편차를 사용하지 않고 단지 각 밴드의 훈련자료 밝기값만을 사용하여 m개의 클래스로 미지 화소의 측정벡터를 분류하는 것 또한 가능하다(Duda et al., 2001; Fuchs et al., 2009). 가장 일반적인 비매개변수 최근린 분류자는 다음과 같다.

- 최근린 분류법
- k-최근린 분류법
- 거리가중 k-최근린 분류법

단순 최근린 분류법(nearest-neighbor classifier)은 n차원의 피처 공간에서 분류될 화소로부터 가장 가까운 훈련자료 화소까지의 유클리드 거리를 계산하고 그것을 해당 클래스로 할당한다(Schowengerdt, 2007; Myint et al., 2011).

최근린 분류법은 자료들이 정규분포를 따른다는 가정을 할 필요가 없다. 주어진 화소가 z로 분류된다고 하고 훈련 화소 t에 대해, 그들 사이의 최근린 거리는 다음 식과 같이 계산된다(Jensen et al., 2009).

$$d_{nn} = \sum_{i=1}^{b} (BV_{zi} - BV_{ti})^2 \qquad (9.19)$$

여기서 BV_{zi}는 i번째 밴드에서 라벨링되지 않은 화소 z의 밝기값이고, BV_{ti}는 i번째 밴드에서 훈련 화소 t의 밝기값을 나타낸다. 화소를 분류하는 과정은 모든 훈련 화소들 중에서 d_{nn}값이 가장 작은 값이 되는 최근린 라벨로 그 화소를 할당함으로써 이루어진다. 예를 들어, 그림 9-19의 가상의 예에서처럼 최근린 분류법에 의해 미지의 화소 측정벡터를 상업지 클래스로 할당한다.

k-최근린 분류법(k-nearest-neighbor classifier)은 분류될 화소가 사용자가 지정한 k개의 훈련 화소(예 : $k=5$)와 만날 때까지 그 화소로부터의 모든 방향으로 탐색한다. 검색된 화소 중에서 가장 많은 수가 속한 클래스로 할당된다. 예를 들어, 그림 9-19의 조사 중인 화소는 훈련 클래스의 5개 화소 중 3개가 원 안에서 만나므로 k-최근린 분류법을 적용하면 주거지 클래스로 할당될 것이다.

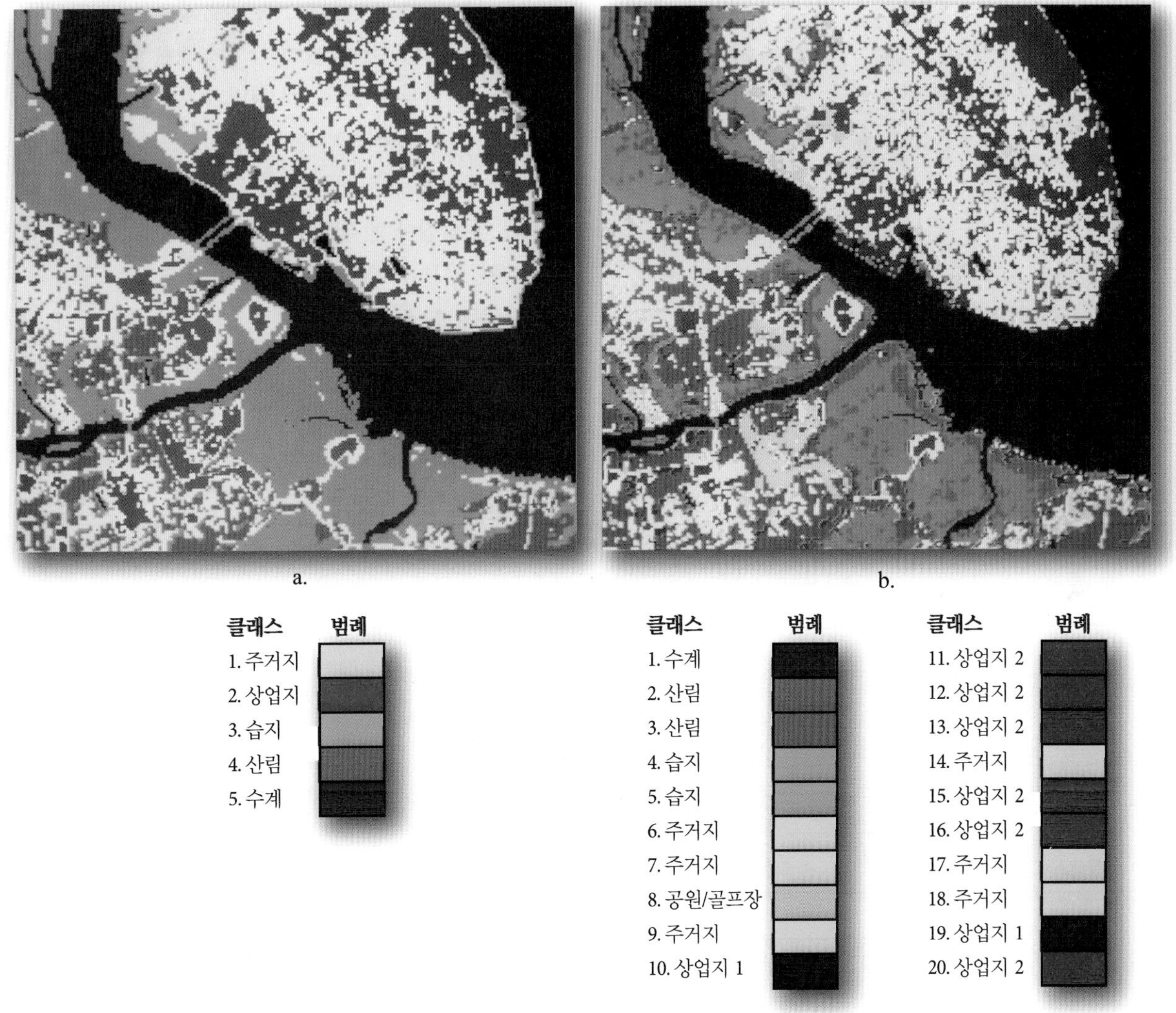

그림 9-18 a) 사우스캐롤라이나 주 찰스턴 지역에 대한 Landsat TM의 4~5 밴드를 이용한 최소거리 평균 분류 기법을 적용한 결과. 표 9-10은 각 클래스의 화소 개수를 의미함. b) 같은 지역에 대하여 Landsat TM의 3, 4, 5번 밴드를 이용하여 무감독 분류를 수행한 결과. 20개의 스펙트럼 군집이 추출되었고 그림 9-29와 표 9-11에 나타난 기준에 따라 해당 클래스를 재명시하였음. 주목할 것은 무감독 분류가 공원/골프장을 추출하였으며, 상업지를 두 클래스 집단으로 구분할 수 있다는 점이다(원본 영상 제공 : NASA).

거리가중 *k*-최근린 분류법(k-nearest-neighbor distance-weighted classifier)은 제7장에서 논의된 거리 가중치 개념에 따라 화소를 분류하는 것을 제외하면 *k*-최근린 분류법과 같다고 보면 된다. 조사 중인 화소는 전체 가중치가 가장 높은 훈련 클래스 화소로 할당된다. 그림 9-19의 조사 중인 화소에 거리가중 *k*-최근린 분류법을 적용하면 다시 한 번 상업지 토지이용 클래스로 할당될 것이다.

최근린 분류법은 여러 밴드에서 미지 화소 측정벡터와 모든 훈련 화소 사이에 필요한 거리계산의 횟수 때문에 상대적으로 느려질 수 있다(Hardin, 1994). 하지만 최근린 분류법은 만약 훈련자료가 *n*차원의 피처공간에서 잘 분리된다면 아주 유용한 결과들을 가져올 수 있다. 그렇지 않다면, 아마도 평균에서 최소거리, 최대우도법, 신경망 기법 등과 같은 다른 알고리듬을 사용해야 할 것이다.

최대우도 분류 알고리듬

앞에서 언급한 분류 방법은 무엇보다도 훈련 클래스의 다중분광 거리측정에 기초하여 피처공간 내의 경계값을 결정하는 것

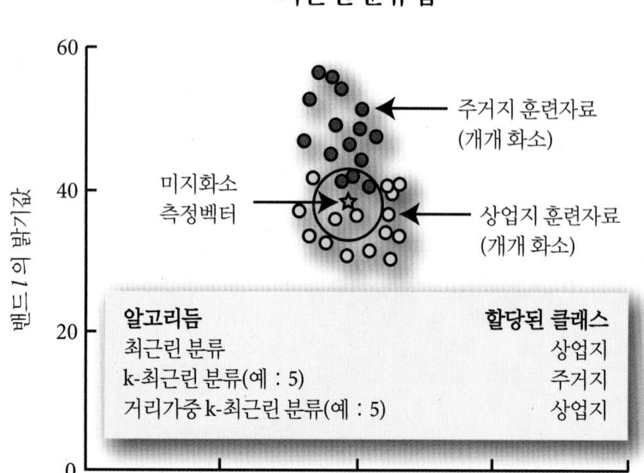

그림 9-19 가상의 자료를 이용한 최근린 분류법의 예. 단순 최근린 분류는 조사 중인 미지화소로부터 *n*차원 피처공간 상의 가장 가까운 훈련 클래스 화소를 계산하여 미지화소를 그 훈련자료 클래스로 할당한다. *k*-최근린 분류법은 가장 가까운 *k*(예 : 5) 훈련화소(어떤 클래스라도)를 피처공간에 위치시키고 조사 중인 화소를 다수 클래스로 할당한다. 거리가중 *k*-최근린 분류법은 동일한 *k* 훈련자료 화소에 대한 거리를 관측하여 조사 중인 화소까지의 거리에 따라서 가중치를 주게 된다.

표 9-10 그림 9-18에 나와 있는 사우스캐롤라이나 주 찰스턴 지역의 5개 토지피복으로 각각 분류된 총 화소 수

클래스	총 화소 수
1. 주거지	14,398
2. 상업지	4,088
3. 습지	10,772
4. 산림	11,673
5. 수계	20,509

에 기반을 두고 있다. 반면 **최대우도**(maximum likelihood) 결정규칙은 확률에 기초한다. 이 방법은 패턴 측정값이나 피처벡터 *X*를 가지는 각 화소를 가장 높은 확률을 가지는 클래스 *i*로 할당한다(Lo and Yeung, 2007; Dalponte et al., 2009). 다시 말하면 어떤 화소가 미리 정의된 *m*개의 클래스 중 각각에 속할 확률을 계산하여 그 화소를 확률이 가장 높은 클래스로 할당한다. 최대우도 결정규칙은 지속적으로 가장 널리 사용되는 감독 분류 알고리듬 중 하나이다(예 : Campbell and Wynne, 2011; Myint et al., 2011).

최대우도 분류과정은 각 밴드 내의 클래스에 대한 훈련자료 통계가 정규분포(즉 가우시안)를 띠고 있다는 것을 가정하고 있다. 단일 밴드에서 2개 혹은 *n*개 모드의 히스토그램을 가지는 훈련자료는 이상적이지 않은데, 이런 경우에 개개의 모드는 일반적으로 유일한 클래스를 뜻하므로 개별적으로 훈련될 수 있도록 독립적인 훈련 클래스로 명명되어야 한다. 이렇게 하여 정규분포의 요구 조건을 만족하는 단일모드의 가우시안(Gaussian) 훈련 클래스 통계가 만들어진다.

그런데 수집한 원격탐사 훈련자료로부터 사용자가 필요로 하는 확률정보를 어떻게 얻을까? 답은 **확률밀도함수**의 계산에 있다. 이는 영상의 단일 밴드로부터 구한 단일 클래스의 훈련자료를 사용하여 설명할 수 있다. 예를 들어, 그림 9-20a의 밴드 *k*로부터 얻은 산림지역 훈련자료에 대한 가상의 히스토그램(자료 빈도수 분포)을 생각해 보자. 컴퓨터를 사용하여 이 히스토그램에 포함된 값들을 저장할 수 있다. 그러나 좀 더 나은 방법은 그림 9-20b에서 중첩되어 있는 것과 같이 정규확률밀도함수(곡선)에 근접시키는 것이다. 클래스 w_i(예 : 산림)에 대한 확률함수는 다음 식을 사용하여 계산된다.

$$p(x|w_i) = \frac{1}{(2\pi)^{\frac{1}{2}}\sigma_i}\exp\left[-\frac{1}{2}\frac{(x-\mu_i)^2}{\sigma_i^2}\right] \quad (9.20)$$

여기서 exp[ ]는 거듭제곱된 자연대수의 밑 *e*이며, *x*는 *x*축의 밝기값 중 하나이다. μ_i는 훈련 클래스에서의 모든 값의 평균이며, σ_i^2는 해당 클래스에서의 모든 측정값의 분산이다. 그러므로 클래스 내에 개개 밝기값과 연관된 확률함수를 계산하기 위해서는 각 훈련 클래스(예 : 산림)의 평균과 분산만 필요하다.

그러나 만약 훈련자료가 관심 클래스에 대해서 다중 밴드로 구성되었다면 어떻게 할까? 그러면 우리는 다음 식을 이용하여 *n*차원의 다변량 정규밀도함수를 계산한다(Swain and Davis, 1978).

$$p(X|w_i) = \frac{1}{(2\pi)^{\frac{n}{2}}|V_i|^{\frac{1}{2}}}\exp\left[-\frac{1}{2}(X-M_i)^T V_i^{-1}(X-M_i)\right] \quad (9.21)$$

여기서 $|V_i|$는 공분산 행렬의 행렬식이며, V_i^{-1}은 공분산 행렬의 역행렬을 의미한다. 그리고 $(X-M_i)^T$는 벡터 $(X-M_i)$의 전치행렬이다. 평균벡터(M_i)와 각 클래스에 대한 공분산 행렬(V_i)은 훈련자료로부터 예측할 수 있다. 예를 들어, 그림 9-21을 생

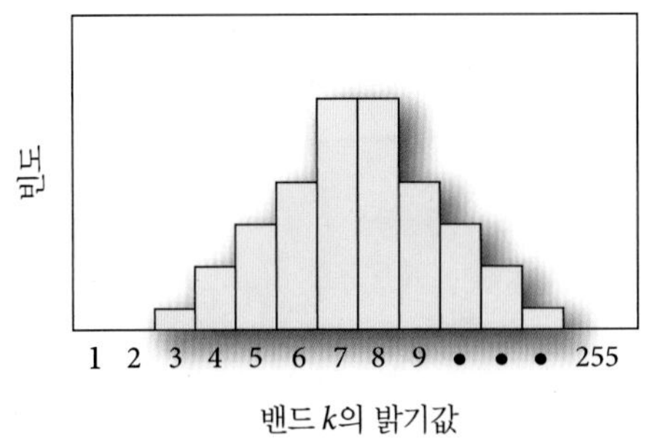

a. 단일 밴드 k에서 산림 훈련자료의 히스토그램(자료 빈도 분포)

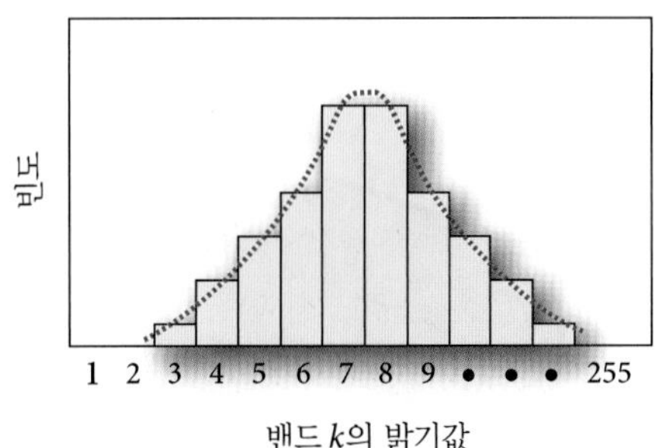

b. 정규확률밀도함수에 의해 근접화된 자료 분포

그림 9-20 a) 밴드 k의 산림 훈련자료의 가상적 히스토그램. b) 식 9.20을 이용하여 가상적 훈련자료에 대해 계산한 확률밀도함수. 이 함수는 x축 상의 모든 값에 대한 발생 빈도를 근접시키는 데 사용될 수 있다.

각해 보자. 여기서 6개의 가상 클래스에 대한 이변량 확률밀도 함수는 적색과 적외선 피처공간에 배열된다. 확률변수가 2개인 이유는 2개의 밴드가 사용되기 때문이다. 확률밀도함수값들이 어떻게 정규분포의 형태를 취하게 되는지 주목할 필요가 있다. 수직축은 미지의 화소 측정벡터 X가 클래스 중 하나에 할당될 확률과 관계된다. 바꿔 말하면, 미지의 측정벡터가 습지 영역 내에 밝기값을 가진다고 가정해 보자. 그렇다면 그것은 습지 토지피복일 확률이 매우 높은 것이다.

만약 m개의 클래스가 있다고 하면 $p(X\,|\,w_i)$는 X가 클래스 w_i의 패턴인 경우에 미지의 측정벡터 X와 연관된 확률밀도함수이다(Swain and Davis, 1978). 이런 경우에 **최대우도 결정규칙**은 다음과 같다(Richards, 2013).

1에서 m까지의 클래스 중에서 모든 i와 j에 대해서 다음 식을 만족하는 경우에만 $X \in w_i$를 결정하라.

$$p(X|w_i) \cdot p(w_i) \geq p(X|w_j) \cdot p(w_j) \qquad (9.22)$$

따라서 미지의 측정벡터 X를 사용하여 다중분광 원격탐사 자료의 화소를 분류하기 위해 최대우도 결정규칙은 각 클래스에 대한 $p(X|w_i) \cdot p(w_i)$를 계산하고 그 값이 가장 큰 클래스로 패턴을 할당한다. 이것은 사용자가 $p(w_i)$처럼 각 클래스 i의 선험확률에 대한 유용한 정보를 가지고 있다고 가정한다.

선험확률에 대한 정보가 없는 최대우도 분류법 : 실제로 산림과 같은 하나의 클래스가 다른 클래스보다 많이 나타날지에 대한 선험정보(예 : 영상의 60%를 산림지역이 차지)는 거의 제공되지 않는다. 이것을 $p(w_i)$, 즉 클래스의 선험확률정보라고 한다. 그러므로 최대우도 결정규칙을 적용할 때 대부분의 경우 모든 클래스에 대해 영상에 나타날 확률이 동일한 것으로 가정한다. 이것은 식 9.22에서 선험확률 항[$p(w_i)$]을 제거하여 영상의 각 화소에 대한 미지의 측정벡터 X에 적용될 수 있는 단순화된 결정규칙으로 만든다(Dalponte et al., 2009).

다음의 조건을 만족하는 경우에만 미지의 측정벡터 X가 클래스 i에 포함된다.

1에서 m까지의 클래스 중에서 모든 i와 j에 대해,

$$p_i \geq p_j \qquad (9.23)$$

그리고

$$p_i = -\frac{1}{2}\log_e|V_i| - \left[\frac{1}{2}(X - M_i)^T V_i^{-1}(X - M_i)\right] \qquad (9.24)$$

여기서 M_i는 클래스 i에 대한 평균 측정벡터이고 V_i는 클래스 i의 공분산 행렬이다. 그러므로 미지의 화소 측정벡터 X를 하나의 클래스로 할당하기 위하여 최대우도 결정규칙은 각 클래스에 대한 p_i를 계산하고, 이어 그 화소는 최댓값을 가지는 클래스로 할당된다. 이것은 사용자가 각 토지피복 클래스의 선험확률에 대한 어떤 유용한 정보도 가지고 있지 않다는 것을 가정한다. 즉 모든 클래스는 현실세계의 지형들을 통틀어 나타날 확률이 동일하다는 것이다.

이제 필요한 계산과정에 대하여 생각해 보자. 첫 번째 p_1은 클래스 1에 대한 공분산 행렬과 평균벡터인 V_1과 M_1을 이용하여 계산된다. 다음으로 p_2는 클래스 2에 대한 공분산 행렬과 평

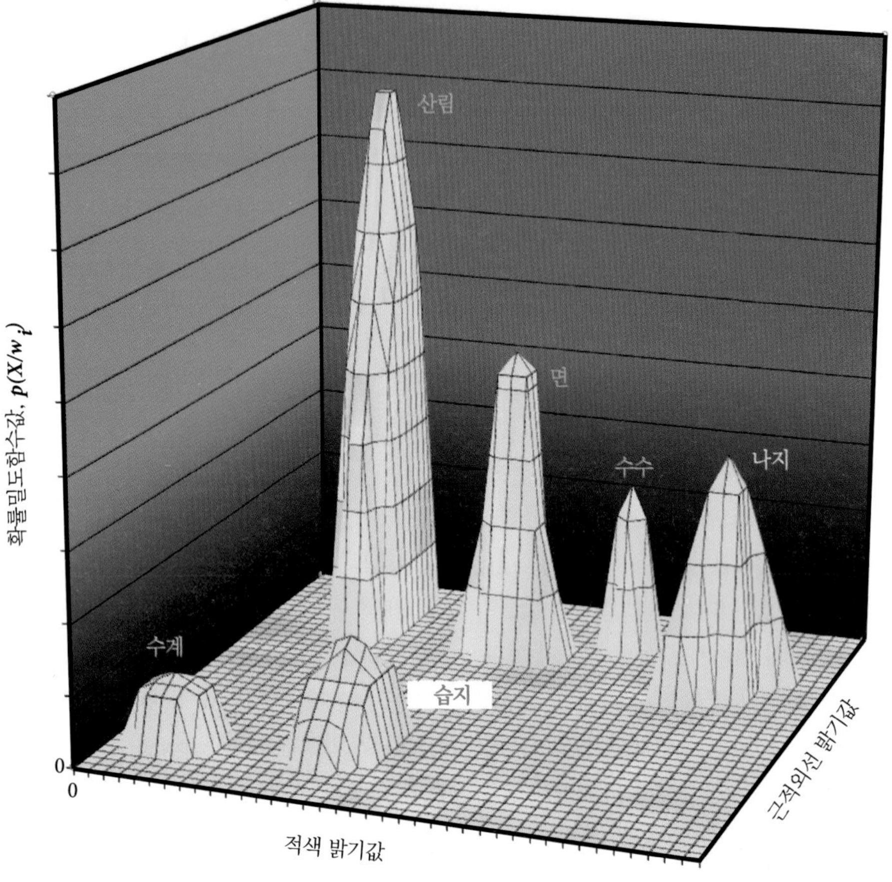

그림 9-21 다중분광 자료의 두 밴드(적색과 근적외선)에서 6개의 가상 토지피복 클래스와 연관된 정규분포 확률밀도함수의 예. 수직축은 미지의 측정벡터 X가 클래스 중의 하나로 할당될 확률이다.

균벡터인 V_2와 M_2를 이용하여 계산된다. 이러한 과정은 클래스 m까지 계속되는데, 미지의 화소 또는 측정벡터 X는 최대의 p_i를 산출하는 클래스로 할당된다. 계산의 각 단계에서 사용되는 측정벡터 X는 n개의 요소들(분석될 밴드의 수)로 구성된다. 예를 들어, 열적외선 밴드를 제외한 6개의 Landsat TM 밴드를 해석할 때 각 미지의 화소는 다음 식과 같은 측정벡터 X를 가지게 될 것이다.

$$X = \begin{bmatrix} BV_{i,j,1} \\ BV_{i,j,2} \\ BV_{i,j,3} \\ BV_{i,j,4} \\ BV_{i,j,5} \\ BV_{i,j,7} \end{bmatrix} \qquad (9.25)$$

그러나 피처공간에서 둘 또는 그 이상의 훈련 클래스의 확률밀도함수가 중첩될 경우에는 어떻게 될까? 예를 들어 그림 9-22처럼 밴드 1과 2에서 관측된 산림과 농경지의 각 훈련자료와 연관된 가상의 정규분포를 띠는 확률밀도함수를 생각해 보자. 화소 X는 미지의 측정벡터 X에 대한 확률밀도가 농경지보다 산림의 경우가 더욱 크기 때문에 산림으로 할당될 것이다.

선험확률정보를 가지는 최대우도분류법 : 식 9.23은 각 클래스가 어떤 한 지형이 영상에서 나타날 확률은 동등한 것으로 가정한다고 하였다. 우리가 일반적으로 알고 있는 상식은 대다수 원격탐사의 응용분야에 있어서 몇몇 클래스가 나올 확률이 다른 클래스가 나올 확률보다 더 높을 수 있다는 것이다. 예를 들면, 찰스턴 영상에서 다양한 토지피복이 나올 확률은 다음과 같다.

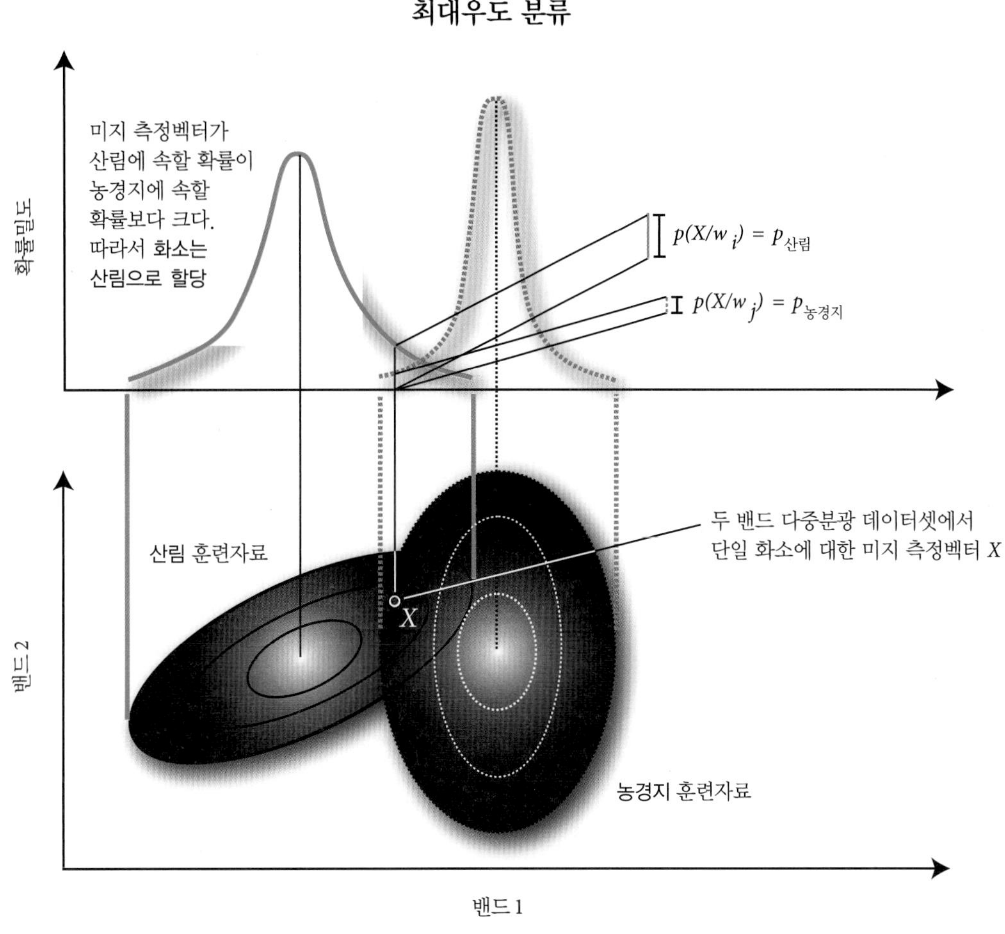

그림 9-22 두 밴드에서 관측된 두 훈련 클래스(산림과 농경지)의 확률밀도함수가 겹쳤을 때 최대우도 분류 결정규칙이 어떻게 수행되는지를 나타내는 가상의 예. 두 밴드의 자료에 있는 단일 화소와 관련된 미지 측정벡터 X는 산림으로 분류된다.

$p(w_1) = p(\text{주거지}) = 0.2$

$p(w_2) = p(\text{상업지}) = 0.1$

$p(w_3) = p(\text{습지}) = 0.25$

$p(w_4) = p(\text{산림}) = 0.1$

$p(w_5) = p(\text{수계}) = 0.35$

이 결과로부터 우리는 영상에서 수계지역이 더 많이 존재하고 있다는 것이 확실하기 때문에 많은 화소가 수계로 분류될 것으로 기대한다. 만약 그러한 정보를 얻을 수 있다면 이 귀중한 선험지식을 분류 결정에 포함시킬 수 있을 것이다. 이것은 선험확률 $p(w_i)$를 사용하여 각 클래스 i에 가중치를 줌으로써 가능한데, 사용되는 식은 다음과 같다.

다음을 만족하는 경우에만 측정벡터 X가 클래스 i에 포함된다.

$$p_i \cdot p(w_i) \geq p_j \cdot p(w_j) \tag{9.26}$$

1부터 m까지의 클래스 중 모든 i와 j에 대하여

$$p_i \cdot p(w_i) = \log_e p(w_i) - \frac{1}{2}\log_e|V_i| - \left[\frac{1}{2}(X-M_i)^T V_i^{-1}(X-M_i)\right]$$

이러한 베이지안(Bayesian) 결정규칙은 각 클래스가 동등한 확률을 가진다고 가정하지 않는 것을 제외하고는 최대우도 결정규칙과 동일하다. 선험확률은 분류정확도를 개선함에 있어서 지형에서 기복의 효과와 다른 지형적 특징들을 결합하는 방법으로서 성공적으로 사용되어 왔다. 최대우도 분류와 베이즈 분류는 평행육면체나 최소거리 분류 알고리듬보다 각 화소당 훨씬 많은 계산을 필요로 한다. 이러한 알고리듬들이 항상 더 나은 분류 결과를 보여 주지는 않는다.

무감독 분류

무감독 분류[군집화(clustering)라고도 함]는 다중분광 피처공간에서 원격탐사 영상자료를 분할하는 것과 토지피복정보를 추출하는 데 있어서 매우 효과적인 분류 방법이다(Huang, 2002; Exelis ENVI, 2013). 감독 분류와 비교해 보면, 무감독 분류는 일반적으로 최소 분량의 초기입력만을 필요로 한다. 그것은 일반적으로 군집화 기법이 훈련자료를 필요로 하지 않기 때문이다.

무감독 분류는 다중분광 피처공간에서 화소의 분광 특성에 기초하여 자연스럽게 그룹을 짓는 처리과정이다. 군집화 과정을 통해 *m*개의 분광 클래스로 구성된 분류지도를 얻을 수 있다(Lo and Yeung, 2007). 그러면 분석가는 분광 클래스를 산림, 농경지, 도시 등과 같은 관심 주제정보 클래스로 할당하거나 변환하기 위하여 후처리과정을 시도한다. 이러한 방식은 쉽지 않을 수도 있는데, 어떤 분광 군집은 지표 물질이 뒤섞인 클래스로 표현되므로 무의미한 것이 되기도 한다. 이때 분석가는 그런 의문점을 해결할 수 있도록 신중히 생각해 볼 필요가 있다. 분석가가 특정 정보 클래스로 어떤 군집을 명명할 수 있으려면 지형의 분광 특성을 잘 알고 있어야 한다.

지금까지 수백 가지의 군집화 알고리듬이 개발되었다(Duda et al., 2001; Schowengerdt, 2007). 개념적으로 단순하지만 꼭 효율적이지만은 않은 두 가지 알고리듬 예를 사용하여 원격탐사 자료의 무감독 분류에 대한 기본적인 원리를 설명하도록 한다.

체인 방법을 이용한 무감독 분류

첫 번째 군집화 알고리듬은 이중 패스 모드에서 작동되는데, 첫 번째 패스에서는 프로그램이 자료를 읽은 후, 순차적으로 군집(분광공간에서의 점의 집합)을 만들며 각 군집에서 평균벡터를 계산한다. 두 번째 패스에서는 앞서 설명한 것과 유사한 평균에서 최소거리 분류 알고리듬을 화소단위로 전체 영상에 대하여 적용하는데, 이때 각 화소는 패스 1에서 생성된 평균벡터 중 하나에 할당된다. 그러므로 첫 번째 패스는 평균에서 최소거리 분류자를 사용하기 위해 군집 속성을 자동으로 생성한다.

패스 1 : 군집 생성

패스 1에서 분석가는 네 가지 형태의 정보를 제공해야 하는데

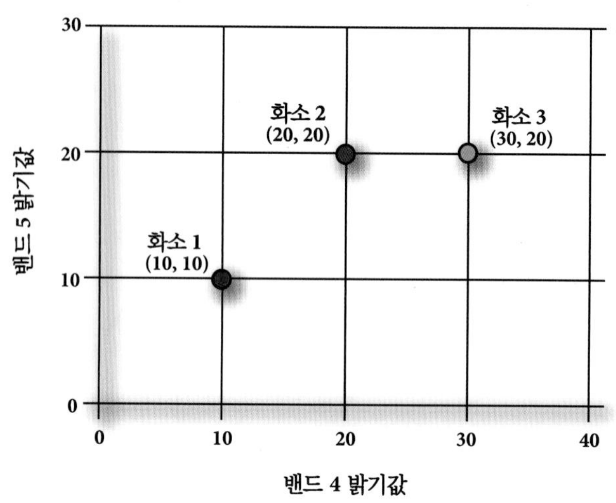

그림 9-23 가상적인 원격탐사 자료의 밴드 4와 밴드 5에서 측정된 화소 1, 2, 3의 원래 밝기값

이는 다음과 같다.

1. *R* : 새로운 군집을 생성해야 하는지를 결정하기 위하여 사용되는 분광영역에서의 반경(예 : 원시 원격탐사 자료가 사용될 때, 밝기값 15가 반경으로 설정될 수 있다.)
2. *C* : 화소 수가 *N*에 이르러 군집을 병합할 때(예 : 30개 단위) 사용되는 분광 공간거리 매개변수
3. *N* : 군집을 병합할 때 평가되는 화소 수(예 : 2,000화소)
4. C_{max} : 알고리듬에 의해 식별될 군집의 최대 수(예 : 20개 군집)

분석가가 위 정보에 대해 초기값을 주지 않으면 기본값들로 설정할 수 있다.

다중분광 자료의 원점(즉 열 1, 행 1)에서 출발하여, 화소를 체인처럼 왼쪽에서 오른쪽으로 순차적으로 평가한다. 한 행을 처리한 후, 다음 행도 마찬가지로 처리하게 된다. 이 예에 사용된 가상의 영상에서 처음 세 화소에 군집화를 수행하여 그들을 각각 화소 1, 2, 3으로 명명한다. 화소는 단지 2개의 밴드 4, 5의 밝기값을 갖는다. 2차원 피처공간에서 이들의 공간적인 관계는 그림 9-23에 나와 있다.

첫 번째로, 영상에서 화소 1의 밝기값이 군집 1의 평균벡터를 나타내도록 한다($M_1 = \{10, 10\}$). 이것이 무감독 분류에서 사용된 *n*개의 밴드를 가지는 *n*차원의 평균벡터임을 기억하는 것이 중요하다. 예에서 알 수 있듯이, 2개의 밴드만이 사용되고 있으며, 따라서 $n = 2$이다. 20개의 모든 분광 군집(C_{max})을 아직

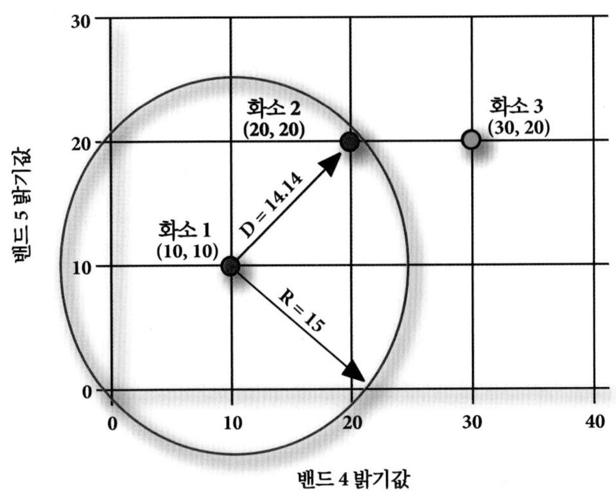

그림 9-24 첫 번째 반복에서 화소 1(군집 1)과 화소 2(군집 2) 사이의 2차원 분광공간에서의 거리(D)를 계산하여 허용 가능한 최소반경 R값과 비교한다. 이 경우에 D는 R을 넘지 않기 때문에 그림 9-25와 같이 군집 1과 군집 2를 합치게 된다.

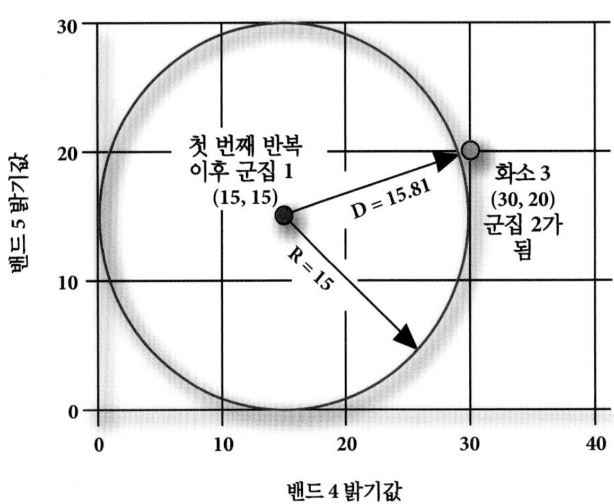

그림 9-25 화소 1과 화소 2는 현재 군집 1을 뜻한다. 군집 1의 위치는 첫 번째 반복에서 (10, 10)에서 (15, 15)로 이동하였다는 것에 주목하라. 다음에 화소 3의 거리 D를 계산하여 최소 임계값 R보다 더 큰지 비교한다. 이 과정은 20개의 모든 군집에 대하여 계속된다. 그리고 20개의 군집을 거리 측정값 C(그림에는 표시 안 됨)를 이용해 평가하여 서로 가장 가까운 군집을 병합한다.

식별하지 않았기 때문에 화소 2는 군집 2의 평균벡터로 간주될 것이다($M_2 = \{20, 20\}$). 만약 군집 2와 군집 1 사이의 분광거리 D가 R보다 더 크다면, 군집 2는 그대로 군집 2로 남을 것이다. 그러나 만약 분광거리 D가 R보다 짧다면, 군집 1의 평균벡터는 첫 번째와 두 번째 화소값의 평균이 될 것이고 군집 1의 가중치(혹은 합계)는 2가 될 것이다(그림 9-24). 이 예에서 군집 1(실제로 화소 1)과 화소 2 사이의 거리 D는 14.14이다. 반경 R이 초기에 15.0으로 설정되었고, 군집 1로부터의 거리가 15보다 짧기 때문에 화소 2는 군집 2가 되기 위한 조건을 만족하지 않는다. 따라서 군집 1과 화소 2의 평균벡터의 평균을 취하여 그림 9-25와 같이 $M_1 = \{15, 15\}$에 군집 1의 새로운 위치를 갖는다. 분광거리 D는 앞서 논의된 바와 같이 피타고라스 정리를 사용하여 계산된다.

다음으로, 화소 3은 군집 2의 평균벡터로 간주된다(즉 $M_2 = \{30, 20\}$). 화소 3에서 수정된 군집 1의 위치까지 거리는 15.81이다(그림 9-25). 이 거리가 15보다 크기 때문에 화소 3의 평균벡터는 군집 2와 연관된 평균벡터가 된다.

이와 같은 군집 누적 과정은 평가된 화소 수가 N보다 커질 때까지 계속되며, 이 조건이 충족되면 알고리듬은 각각의 화소에 대한 평가를 멈추고 이때까지 얻어진 군집의 상태를 면밀히 관찰한다. 또한 이때 모든 군집 사이의 거리를 계산한다. C보다 짧은 분광거리에 의해 분리되는 2개의 군집이 있다면 하나로 합쳐진다. 그러한 새로운 군집의 평균벡터는 2개의 원래 군집의 가중 평균이며, 새로운 가중치는 2개 가중치의 합이다. 이 과정은 C보다 짧은 거리에서 더 이상 분리되는 군집이 존재하지 않을 때까지 계속 진행된다. 이후에는 다음 차례의 화소가 그 처리 대상이 되며, 이 과정은 전체의 다중분광 자료가 모두 조사될 때까지 계속 반복된다.

Schowengerdt(2007)는 실제 널리 사용되는 모든 군집화 알고리듬은 반복적인 계산을 통해 데이터셋에 대한 최적의 결정경계를 찾아낸다고 하였다. 어떤 군집화 알고리듬은 분석가가 일부 중요한 클래스에 대하여 평균벡터의 초기 위치를 지정하도록 한다. 초기 자료는 앞에서 이야기한 바와 같이 일반적으로 분석가에 의해 주어진다. 일부 알고리듬은 분석가가 군집화 과정에 선험정보를 사용하는 것을 허용하기도 한다.

어떤 프로그램은 군집에 대한 평균벡터를 계산할 때 자료의 모든 행과 열을 평가하지 않는다. 대신에 C_{max} 군집을 식별하기 위해 매 i번째 열과 j번째 행을 추출한다. 만약 컴퓨터 용량이 충분하다면 모든 화소를 표집할 수 있지만, 컴퓨터 용량이 충분하지 않다면 일반적으로 자료를 표집함으로써 허용 가능한 결과를 얻을 수 있다. 분명한 것은 초기 패스 동안 자료에 대해 수많은 계산을 수행해야 한다는 것이다.

두 밴드 데이터셋에 대한 군집의 이동을 보여 주는 가상의 도표가 그림 9-26에 나와 있다. 점점 더 많은 점들이 군집에 더해짐에 따라 평균값은 더 적게 이동하는데 이는 새롭게 계산되

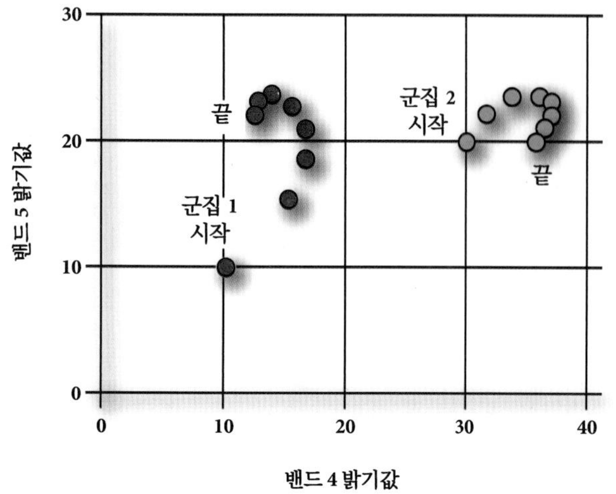

그림 9-26 군집화 알고리듬의 여러 반복 동안 군집이 어떻게 이동하는지를 보여 준다. 마지막 끝나는 점은 최소거리 분류법이 수행될 때 군집화 과정의 두 번째 단계에 사용되는 평균벡터를 나타낸다.

는 평균이 군집 내 현재의 화소 수에 따라서 가중치가 주어지기 때문이다. 마지막 점은 패스 2에서 적용된 최소거리 분류자에서 사용되는 최종 평균벡터의 분광 위치이다.

패스 2 : 최소거리 분류 논리를 이용하여 C_{max} 군집 중 하나에 화소를 할당하기

최종 군집 평균벡터를 평균에서 최소거리 분류 알고리듬에 사용하여 모든 화소를 C_{max} 군집 중 하나의 군집으로 분류한다. 분석가는 일반적으로 군집이 3차원 피처공간의 어디에 위치하는지를 보여 주는 공동분광 도표를 생성한다. 그러고 난 후 영상에서 군집의 위치를 평가하고, 군집을 명명하며, 어떤 것이 합쳐져야 하는지 살펴볼 필요가 있다. 일부 군집은 합칠 필요가 있으며, 이때는 해당 지형에 대한 충분한 정보가 있어야 한다.

사우스캐롤라이나 주 찰스턴 지역의 Landsat TM 영상에 대한 무감독 분류 결과가 그림 9-18b에 나와 있다. 이것은 TM 밴드 2, 3, 4를 이용하여 만들어진 것으로 분석가는 자료로부터 총 20개의 군집(C_{max})을 추출하도록 초기 설정하였다. 최종 20개의 각 군집에 대한 평균벡터가 표 9-11에 나와 있다. 이 평균벡터는 영상의 각 화소에 대하여 최소거리 분류를 사용하여 20개의 군집 영역으로 나타낸 것이다.

밴드 2와 밴드 3, 그리고 밴드 3과 밴드 4를 사용하여 만든 20개의 군집 각각에 대한 평균벡터의 공동분광 도표가 그림 9-27과 9-28에 나와 있다. 밴드 2와 3의 그림에서 보면 20개의 군집은 원점으로부터 대각선의 형태로 분포한다. 유감스럽게도 물의 군집은 단지 밴드 2와 3을 이용하여 보면 산림과 습지와 같은 분광영역에 위치한다(그림 9-27). 그러므로 이 산점도를 이용하여 군집을 정보 클래스로 명명하거나 할당하지는 않는다. 반대로 밴드 3과 4의 평균벡터에 대한 공동분광 도표는 그림 9-28에서 볼 수 있듯이 비교적 판독하기 쉽다.

군집 명명은 일반적으로 연구지역의 컬러조합 영상을 배경으로 두고 각 군집에 할당된 모든 화소를 화면에 나타내어 수행한다. 이러한 방식으로 군집 사이의 위치와 공간적인 관계를 식별할 수 있다. 그림 9-29와 표 9-11에 나와 있듯이, 분석가는 이러한 상호 시각적인 분석과 공동분광 도표를 통하여 군집을 정보 클래스로 그룹화한다. 그림 9-18b에 나와 있는 무감독 분류 최종 결과를 만들어 낸 논리 중 일부를 살펴볼 필요가 있다.

군집 1은 분광공간에서 구별되는 영역을 차지하고 있는데, 군집 1을 정보 클래스인 물로 할당하는 것은 어렵지 않다(그림 9-29). 군집 2와 3은 엽록소 흡수 때문에 적색 밴드 3에서 낮은 반사도를, 근적외선 밴드 4에서는 높은 반사도를 갖는다. 이들 두 군집은 암녹색으로 표시된 산림 클래스로 할당된다(표 9-11). 군집 4와 5는 분광공간에서 산림(2, 3)과 물(1) 사이에 따로 위치하고 있으며 수분이 많은 토양과 풍부한 식생이 혼합되어 있다. 그러므로 이들 군집을 모두 습지로 할당하는 것은 어렵지 않다. 이 둘에 대하여 다른 컬러 코드를 할당하였는데 이는 실제로 2개의 각각 다른 습지를 구별할 수 있다는 것을 나타내기 위해서였다.

6개의 군집은 주거지와 관련되어 있다. 이 군집들은 산림과 상업지 군집 사이에 위치한다. 이것은 주거지가 30×30m의 공간해상도를 가진 TM 영상에서는 식생과, 아스팔트 및 콘크리트의 지표면과 같은 식생이 자라지 않는 곳의 혼합으로 이뤄져 있기 때문에 자연스럽다. 군집들이 피처공간에 위치한 곳에 근거하여 6개의 군집들을 밝은 황색(6, 7, 17)과 황색(9, 14, 18), 이렇게 단지 두 가지로 분리하였다.

8개의 군집은 상업지 용도로 분류된다. 4개의 군집(11, 12, 15, 20)은 콘크리트나 나대지로 구성된 상업지에서 종종 그러하듯이 적색과 근적외선에서 높은 양의 에너지를 반사했다. 2개의 다른 군집(13, 16)은 중심가에 위치한 주요 도로를 따라 위치한 상업지와 관련되어 있다. 군집 10, 19는 분명한 상업지이나 많은 부분이 실제 식생으로 분류되어 있다. 이 군집들은 식생이 더 풍부한 주거지역에서 주요 간선도로를 따라 발견되었다. 이들 3개의 소규모 상업지는 밝은 적색, 적색, 암적색으로 각각 할당하였다(표 9-11). 군집 8은 어떤 그룹으로도 정확하게 구분

표 9-11 사우스캐롤라이나 주 찰스턴 지역의 Landsat TM 밴드 2, 3, 4에 대한 군집화 결과

군집	영상에서 차지하는 비율	평균벡터			클래스 설명	컬러 할당
		밴드 2	밴드 3	밴드 4		
1	24.15	23.14	18.75	9.35	수계	암청색
2	7.14	21.89	18.99	44.85	산림 1	암녹색
3	7.00	22.13	19.72	38.17	산림 2	암녹색
4	11.61	21.79	19.87	19.46	습지 1	연두색
5	5.83	22.16	20.51	23.90	습지 2	연두색
6	2.18	28.35	28.48	40.67	주거지 1	밝은 황색
7	3.34	36.30	25.58	35.00	주거지 2	밝은 황색
8	2.60	29.44	29.87	49.49	공원, 골프장	회색
9	1.72	32.69	34.70	41.38	주거지 3	황색
10	1.85	26.92	26.31	28.18	상업지 1	암적색
11	1.27	36.62	39.83	41.76	상업지 2	분홍색
12	0.53	44.20	49.68	46.28	상업지 3	분홍색
13	1.03	33.00	34.55	28.21	상업지 4	적색
14	1.92	30.42	31.36	36.81	주거지 4	황색
15	1.00	40.55	44.30	39.99	상업지 5	분홍색
16	2.13	35.84	38.80	35.09	상업지 6	적색
17	4.83	25.54	24.14	43.25	주거지 5	밝은 황색
18	1.86	31.03	32.57	32.62	주거지 6	황색
19	3.26	22.36	20.22	31.21	상업지 7	암적색
20	0.02	34.00	43.00	48.00	상업지 8	분홍색

되지 않았다. 종종 잘 관리된 잔디밭이나 공원들로 분류된 곳에서는 근적외선의 매우 높은 반사도와 엽록소 흡수가 발생하는데, 사실 이곳은 정확히 '공원이나 골프장'으로 명명되었다.

이들 20개의 군집과 이들의 컬러 배정은 표 9-11과 그림 9-18b에 잘 나타나 있다. 감독 분류에서보다 무감독 분류에서 더 많은 정보를 표현할 수 있다. 물을 제외하고 각 토지이용 항목별 최소한 2개의 클래스가 존재하며 이러한 클래스는 무감독 분류를 이용해 성공적으로 식별될 수 있었다. 앞서 감독 분류는 이와 같은 상당수의 클래스에 대한 초기 훈련자료를 표집하지 못했다.

ISODATA 방법을 이용한 무감독 분류

널리 사용되는 다른 군집화 알고리듬으로는 **ISODATA(Iterative Self-Organizing Data Analysis Technique)** 방법이 있다. ISODATA는 반복분류 알고리듬으로 분류되는 포괄적 자기발견 학습법을 따르는 대표적인 방법이다(ERDAS, 2013; Pasher and King, 2010; Rich et al., 2010). 이 알고리듬에 사용된 많은 과정들이 실험으로 얻어진 경험의 결과이다. ISODATA 알고리듬은 *k*-평균 군집화 알고리듬의 변형으로 *k*-평균 군집화 알고리듬은 다음을 포함한다(Memarsadeghi et al., 2007; Schowengerdt, 2007; Exelis ENVI, 2013).

a) 만약 다중분광 피처공간에서 군집 간의 분리 거리가 사용자가 부여한 임계값 내에 있다면 군집들을 병합하는 것
b) 하나의 군집을 2개의 군집으로 나누는 규칙

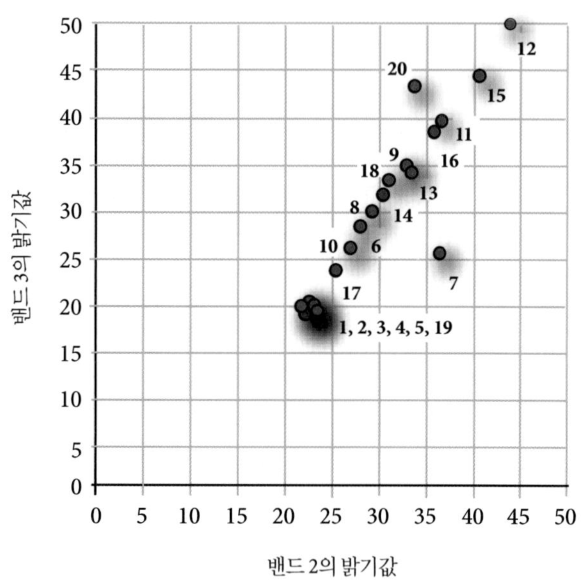

그림 9-27 그림 9-18b에 나타낸 20개 군집의 평균벡터를 밴드 2와 밴드 3만을 이용하여 여기에 표현하였다. 평균벡터값은 표 9-11에 요약되어 있다. 군집 1~5와 19 사이에는 상당한 양의 중복이 존재한다.

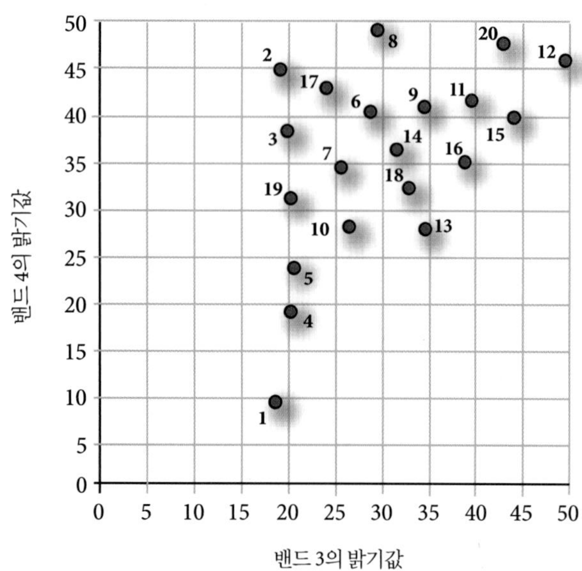

그림 9-28 그림 9-18b에 나타낸 20개 군집의 평균벡터를 밴드 3과 밴드 4만을 이용하여 여기에 표현했다. 평균벡터값은 표 9-11에 요약되어 있다.

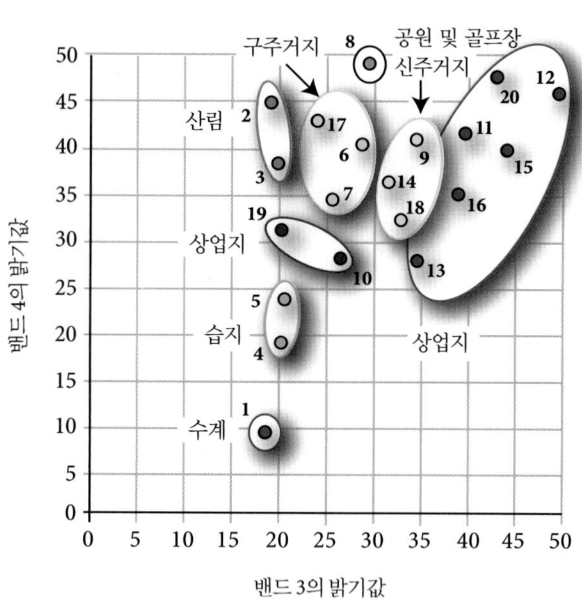

그림 9-29 20개의 분광 군집을 정보 클래스로 그룹화, 즉 명명하는 것. 밴드 3과 4의 평균벡터 위치를 분석함으로써 명명하였다.

ISODATA는 사람에 의한 입력을 거의 필요로 하지 않으므로 자기조직화하는 알고리듬이다. 정교한 ISODATA 알고리듬을 사용할 때 일반적으로 다음의 조건이 규정되어야 한다.

- C_{max} : 알고리듬에 의해 식별될 수 있는 군집의 최대 수(예 : 20 군집). 그러나 분리나 병합을 한 후에 최종 분류 지도에서 더 적은 수가 나타난다고 해서 이상한 것은 아니다.
- T : 반복과정 동안 클래스가 변하지 않는 화소의 최대 백분율. 이 수에 이르면 ISODATA 알고리듬은 종료된다. 어떤 자료들은 이 백분율에 결코 도달하지 않을 수도 있다. 이러한 상황이 발생하면 처리과정을 중단하거나 매개변수를 조정할 필요가 있다.
- M : ISODATA가 화소를 분류하고 군집 평균벡터를 재계산하는 최대 반복횟수. 이 수에 이르면 ISODATA 알고리듬은 종료된다.
- **군집의 최소멤버(%)** : 만약 군집이 이 값(멤버의 최소 백분율)보다 더 적은 멤버를 포함한다면, 그 군집은 삭제되고 그 멤버는 다른 군집으로 할당된다. 이것은 또한 클래스가 분리될 것인가 분리되지 않을 것인가에 대하여 영향을 준다(최대표준편차를 참조). 멤버들의 기본 최소 백분율은 종종 0.01로

설정된다.

- **최대 표준편차(σ_{max})** : 군집에 대한 표준편차가 주어진 최대 표준편차를 초과하고 클래스의 멤버들의 수가 클래스에 있는 주어진 최소 멤버의 2배보다 더 클 때, 그 군집은 2개로 나뉜다. 새로운 두 군집에 대한 평균벡터는 이전 클래스 중심에서 $\pm 1\sigma$만큼에 위치한다. 최대 표준편차는 4.5와 7 사이가 매우 일반적이다.
- **분리값(split separation value)** : 만약 이 값을 0이 아닌 다른 값으로 설정한다면, 표준편차 대신에 이 값을 적용해 새로운 평균벡터±분리값의 위치를 결정하게 된다.
- **군집 평균 사이의 최소거리(C)** : 이 값보다 더 작은 가중 거리를 가지는 군집들은 병합된다. 기본값으로 3.0이 종종 사용된다.

Memarsadeghi 등(2007)은 기본적인 ISODATA 군집화 알고리듬의 특성을 요약하고 그런 다음 빠른 구현방안을 제안하였다. 그들은 기본적인 알고리듬을 위한 C^{++} 코드와 빠른 구현방안을 http://www.cs.umd.edu/~mount/Projects/ISODATA/에 제공하고 있다.

ISODATA 초기의 임의 군집 할당

ISODATA는 단지 두 번만 반복하지 않고 원하는 결과가 나올 때까지 원격탐사 자료에 대하여 많은 패스를 해야 하기 때문에 반복적이다. 또한 ISODATA는 체인 방법이 하듯이 자료의 첫 번째 열의 화소를 분석하여 초기의 평균벡터를 만드는 방법을 사용하지 않는다. 오히려 모든 C_{max} 군집의 최초 임의 할당값은 피처공간 내에 매우 구체적인 점 사이를 이은 n차원 벡터를 따라 배치된다. 피처공간 내의 영역은 각 밴드의 평균 μ_k와 표준편차 σ_k를 이용하여 정의된다. 밴드 3과 4를 사용한 가상의 2차원의 예가 그림 9-30a에 나와 있는데, 여기서 5개의 평균벡터는 $\mu_3-\sigma_3$, $\mu_4-\sigma_4$에서 시작하여 $\mu_3+\sigma_3$, $\mu_4+\sigma_4$에서 끝나는 벡터를 따라 분포되어 있다. 원래의 C_{max} 벡터를 자동으로 제공하는 이 방법은 자료에서 첫 번째 일부 열에 편향된 군집을 생성하지 않도록 해 준다. 2차원 평행육면체(박스)는 영상 내에 존재하는 밴드 3, 4 밝기값 조합을 모두 포함하지는 않는다. 초기 평균벡터의 위치(그림 9-30a)는 속성 공간을 잘 분할하기 위해 이동해야 하는데, 이는 첫 번째와 그 다음 일련의 반복과정에서 발생한다. Huang(2002)은 초기 평균벡터의 위치를 자동적으로 향상시키는 새로운 버전의 ISODATA를 개발하였다.

ISODATA 첫 번째 반복

주어진 초기의 C_{max} 평균벡터를 이용하여 행렬의 좌상단에서 계산이 시작된다. 후보 화소는 각 군집 평균과 비교하여 유클리드 거리에서 가장 가까운 평균을 갖는 군집으로 할당된다(그림 9-30b). 이렇게 함으로써 C_{max} 클래스로 구성된 실제 분류도를 생성한다. 일부 영상처리 시스템은 열별로 자료를 처리하고 다른 시스템은 블록별로, 또는 타일 형태의 자료 구조로 처리하기도 한다. ISODATA가 자료를 처리하는 방법(예 : 열별 혹은 블록별)은 평균벡터를 만들 때 영향을 미친다.

ISODATA 두 번째에서 M번째 반복

첫 번째 반복 후, 각 군집에 대한 새로운 평균은 초기 임의의 계산 대신, 각 군집으로 할당되는 화소의 실제 분광 위치에 근거하여 계산된다. 이는 군집의 최소 멤버(%), 최대 표준편차(σ_{max}), 분리도, 군집 평균 사이의 최소 거리(C)에 대한 분석을 포함한다. 그러고 난 뒤 전체 처리과정은 새로운 군집 평균과 다시 한 번 각 후보 화소를 비교하여 후보 화소를 가장 가까운 군집 평균으로 할당한다(그림 9-30c). 때때로 개별 화소가 할당된 군집이 바뀌지 않기도 한다. 이러한 반복처리 과정(그림 9-30d)은 1) 반복 조정을 하는 동안 클래스를 할당함에 있어서 거의 변화가 없거나(즉 T 임계값에 도달하였을 때), 또는 2) 최대 반복횟수가 M에 도달할 때까지 계속된다. 최종 파일은 C_{max} 군집을 가진 행렬인데, 이것이 유용한 토지피복정보가 되기 위해서는 명명되고 기록되어야 한다. 초기 평균벡터를 현존하는 자료의 중심에 위치시키는 것은 자료의 첫 번째 열에서 평균벡터를 식별하는 방법에 기초하여 군집을 초기화하는 것보다 훨씬 뛰어나다.

반복적인 ISODATA 알고리듬은 상대적으로 느리며, 영상분석가는 이것을 참을 만큼 인내심을 가지고 있지 않다. 그래도 분석가들은 ISODATA 알고리듬을 이용하여 의미 있는 중요한 평균벡터를 산출해 내기 위한 충분한 반복 시간을 갖도록 해야만 한다.

ISODATA 예 1 : 사우스캐롤라이나 주 찰스턴 지역의 Landsat TM 밴드 3과 4의 자료를 이용하여 ISODATA 분류를 수행하였다. 한 번 반복 후 군집(평균 $\pm 2\sigma$)의 위치는 그림 9-31a에 나와 있다. 군집은 TM 밴드 3과 4에서 발견되는 모든 밝기값의 분포에 중첩되어 있다. 20번의 반복 후 최종 평균벡터의 위치는 그림 9-31b에 나와 있다. ISODATA 알고리듬은 피처공간을 효과

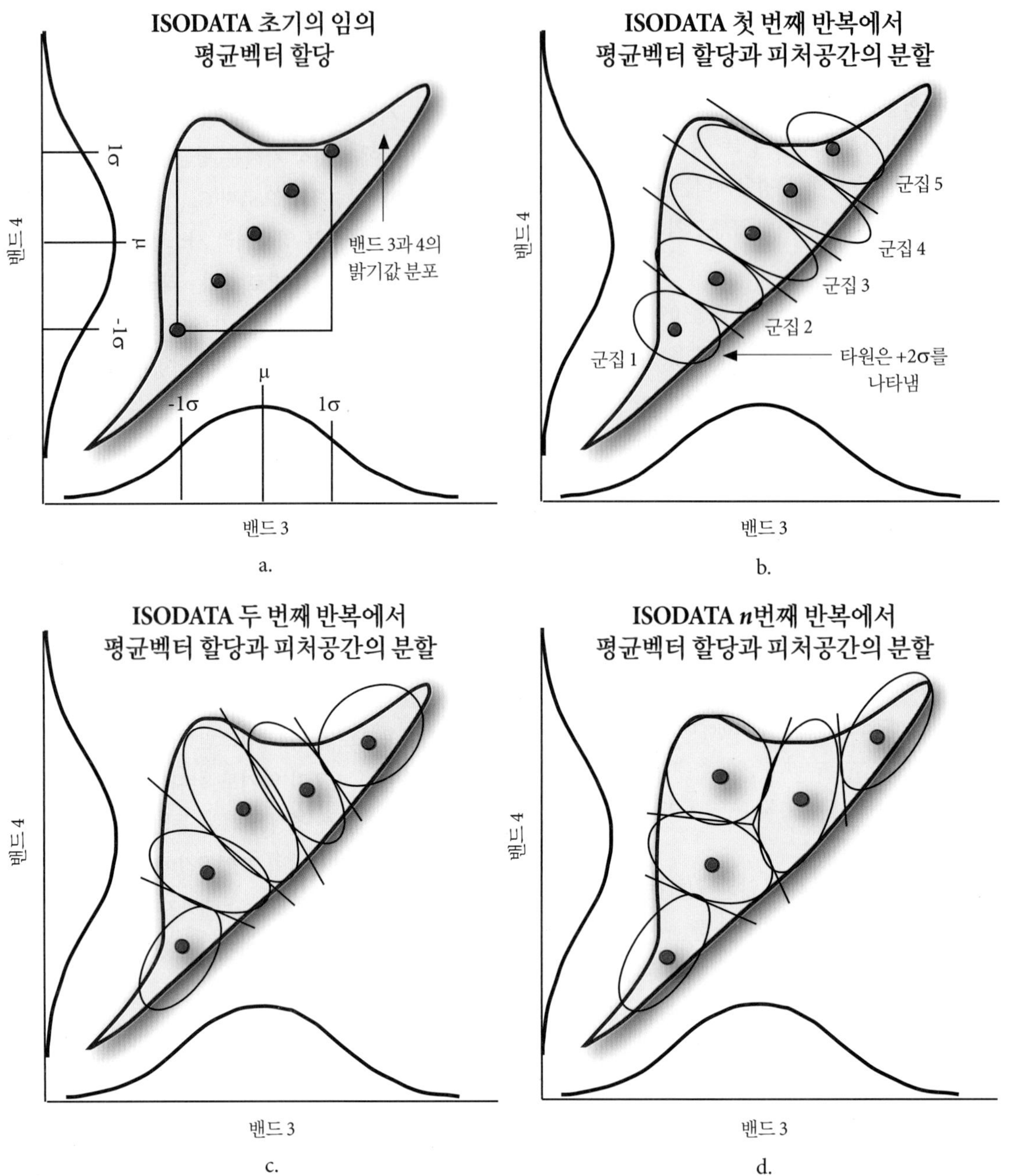

그림 9-30 a) 양 밴드에서 시작점과 끝점에 대한 ISODATA ±1σ 표준편차를 사용하여 만든 5개의 가상 평균벡터의 초기 분포. b) 첫 번째 반복에서는 개개의 화소를 각 군집 평균값과 비교하여 유클리드 거리가 가장 가까운 평균값에 해당하는 군집에 할당한다. c) 두 번째 반복에서는 각 군집에 대한 새로운 평균값이 계산된다. 이 평균값은 초기의 임의의 계산과정에 기초한 값을 사용하는 대신에 군집에 할당된 화소의 실제 분광위치에 기초하여 구한다. 이때 군집을 통합할 것인가 아니면 분할할 것인가에 대한 여러 매개변수를 해석해야 한다. 새로운 군집 평균벡터가 선택되고 난 뒤 영상에서 각 화소는 새로운 군집의 하나로 할당된다. d) 이러한 분할 · 통합하는 과정을 반복하는 과정에서 클래스를 할 때 거의 변화가 없을 때(*T* 임계값에 도달하였을 때)까지 또는 최대반복수(*M*)에 도달할 때까지 계속된다.

적으로 분할한다. 더 많은 군집(예 : 100)과 더 많은 반복(예 : 500)을 설정하면 피처공간은 훨씬 더 잘 분할될 것이다. 분류 지도는 포함되어 있지 않은데, 이유는 매우 적은 군집이 사용되었기 때문에 앞선 체인 방법의 결과와 크게 다르지 않기 때문이다.

ISODATA 예 2 : 사우스캐롤라이나 주 노스 인렛 근처의 HyMap 초분광 자료의 두 밴드(적색과 근적외선)에 ISODATA 알고리듬을 적용하였다. 영상자료로부터 물, 습지, 지붕/아스팔트, 산림, 나대지, 골프장 잔디의 6개 토지피복 클래스를 추

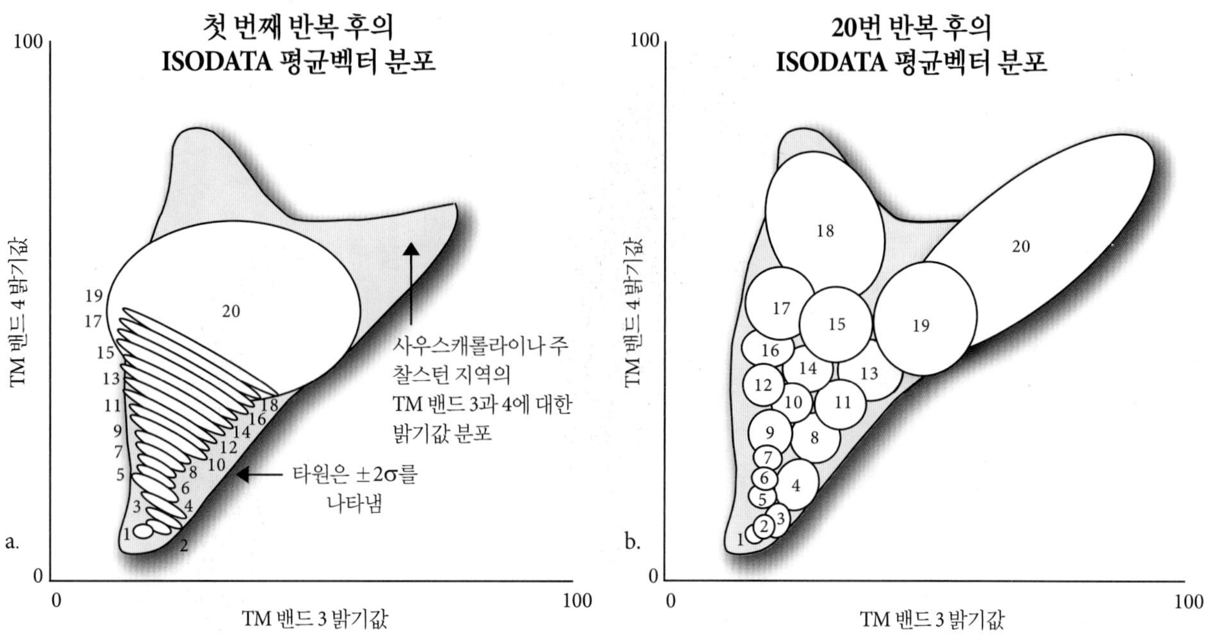

그림 9-31 a) 사우스캐롤라이나 주 찰스턴 지역의 Landsat TM 밴드 3과 밴드 4 자료를 사용하여 단 한 번의 반복을 수행하고 난 뒤의 20개 ISODATA 평균벡터의 분포. 초기의 평균벡터가 앞서 논의한 $\pm 2\sigma$ 표준편차에 따른 2차원 피처공간에서 대각선을 따라서 분포한다는 것에 주목. b) 20번의 반복을 수행하고 난 뒤의 20개 ISODATA 평균벡터의 분포. 중요한 피처공간의 대부분(회색 배경)이 20번의 반복으로도 잘 분할되었다.

출하는 것이 목적이다. 위의 과정을 설명하기 위하여 ISODATA를 사용하여 10개의 군집만을 추출하였다. 1번, 5번, 그리고 10번의 반복 후 10개의 군집(실제로 평균벡터)의 위치가 그림 9-32에 나와 있다. 10번의 반복 후에 최종 10개의 평균벡터의 적색과 근적외선의 분광 특성들은 그림 9-32f에 나와 있다. 일반적으로 20개, 또는 그 이상의 군집이 요구되는데, 그림 9-32g는 20번의 반복 후 20개의 군집이 위치하는 곳을 보여 준다.

그림 9-32f에 나와 있는 10개의 평균벡터는 ISODATA 알고리듬의 최종 단계에서 사용되어 10개의 분광 클래스로 구성되는 주제도를 만들었다. 분석가는 이들 분광 클래스를 평가하여 그림 9-33c에 나타낸 10개의 정보 클래스로 명명하였다. 최종 처리 단계에서 10개의 정보 클래스는 6개의 클래스만으로 재분류되는데, 이는 일반적인 6개의 클래스 범례를 생성하고 각 토지피복 클래스에서 면적을 계산하기 위한 것이다.

무감독 군집 분할

체인 알고리듬이나 ISODATA를 사용하여 무감독 분류를 실시할 때 *n*개의 군집을 생성하지만(예 : 100) 그것을 *q*개의 적당한 정보 클래스로 명명하는 것(이 예에서 30개)이 일반적으로 쉽지 않다. 이것은 1) 센서 시스템의 순간시야각(IFOV) 내의 지형이 적어도 두 종류 이상의 지형을 포함하고 있어서 그 화소가 두 종류의 지형정보 요소 각각의 분광 특성과는 다르기 때문이거나 2) 무감독 분류과정에서 생성된 평균벡터의 분포가 피처공간의 중요한 부분을 분할할 만큼 충분히 좋지 않기 때문이다. 이런 경우가 발생했을 때, 원격탐사 자료 내에 추출되지 않은 어떤 정보의 값이 여전히 존재한다면 **군집 분할**(cluster busting)을 수행하는 것이 가능할 수 있다.

먼저, 명명하기 힘든(예 : 혼합된 군집 13, 22, 45, 92 등) *q*개의 군집(가상의 예에서는 30개)과 관련된 모든 화소는 1로 재코딩하여 이진 매스크 파일을 생성한다. 1) 이진 매스크 파일과 2) 원시 원격탐사 자료 파일을 사용하여 매스크 처리를 하는데, 이 결과 초기의 무감독 분류 동안 적절하게 명명되지 않은 화소로만 구성된 새로운 다중밴드 영상파일이 생성된다. 분석가는 이 파일을 이용하여 새로운 무감독 분류를 하게 되고, 예를 들어, 25개의 추가적인 군집을 할당한다고 하자. 분석가는 표준기법을 사용하여 이 군집을 나타내고 가능한 한 이들 새로운 군집의 많은 부분(예 : 15개)을 유지하게 된다. 일반적으로 혼합된 화소를 포함하는 군집이 여전히 존재하지만, 그 비율은 분명히 내려간다. 분석가는 추가적인 무감독 분류가 적절한 군집을 더 생성하는지 알아보기 위해 한 번 더 위와 같은 처리를 반복할 수도 있다. 예를 들어, 최종 반복 동안 5개의 적절한 군집이 추출되었다고 하자. 이 가상적인 예에서, 최종 군

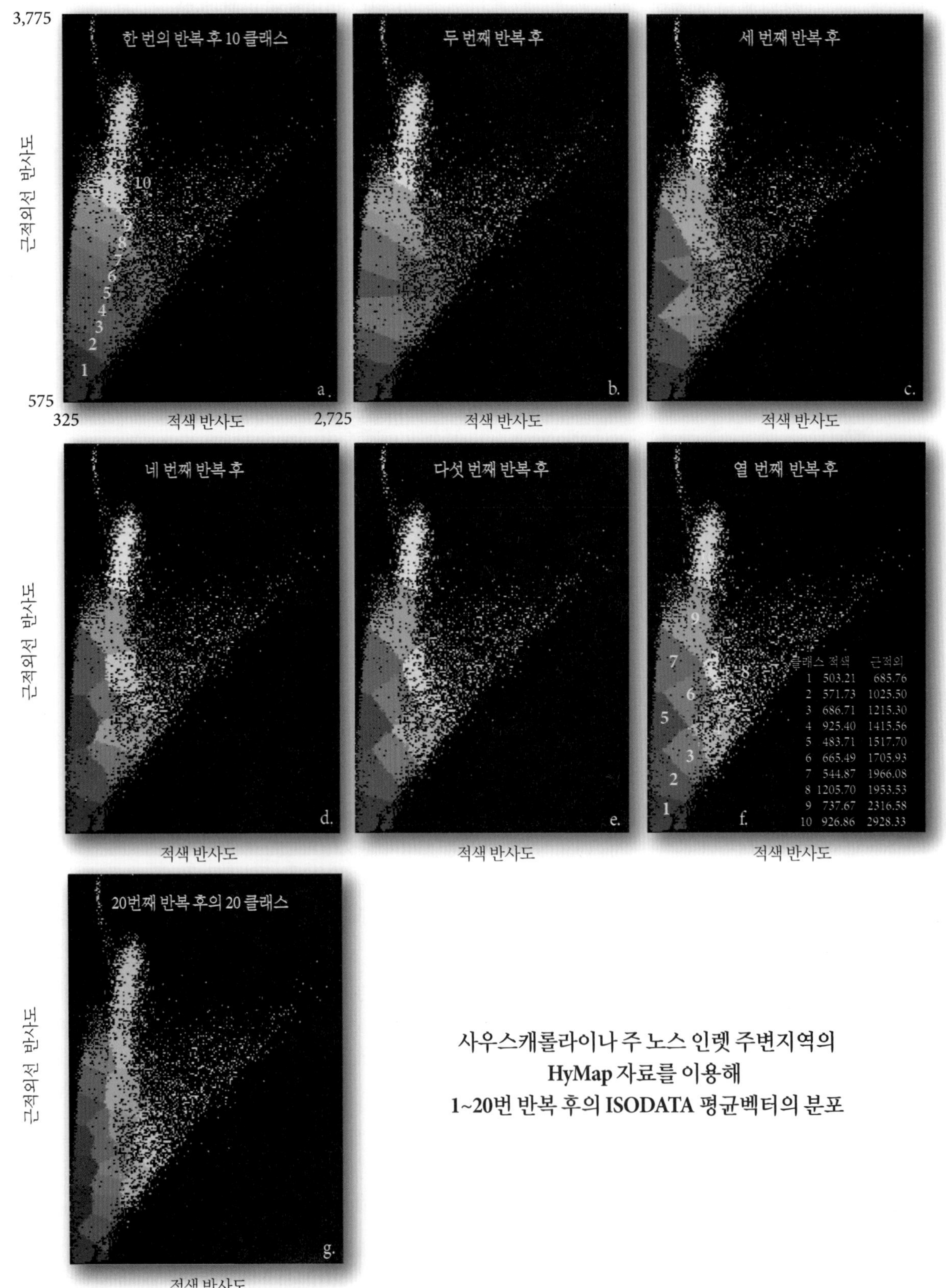

그림 9-32 a~f) 사우스캐롤라이나 주 노스 인렛 주변지역에 대한 HyMap 초분광 자료에서 두 밴드만을 사용하여 1번, 5번, 그리고 10번의 반복을 수행하고 난 뒤의 10개 ISODATA 평균벡터의 분포. 10번 반복 수행한 후의 10개 평균벡터를 사용하여 주제도를 생성하였다(그림 9-33). g) 일반적으로 ISODATA를 사용할 때 20개 이상의 군집이 필요하다. 이 그림은 20번 반복수행 후의 20개 군집에 대한 2차원 피처공간의 분포를 나타낸다.

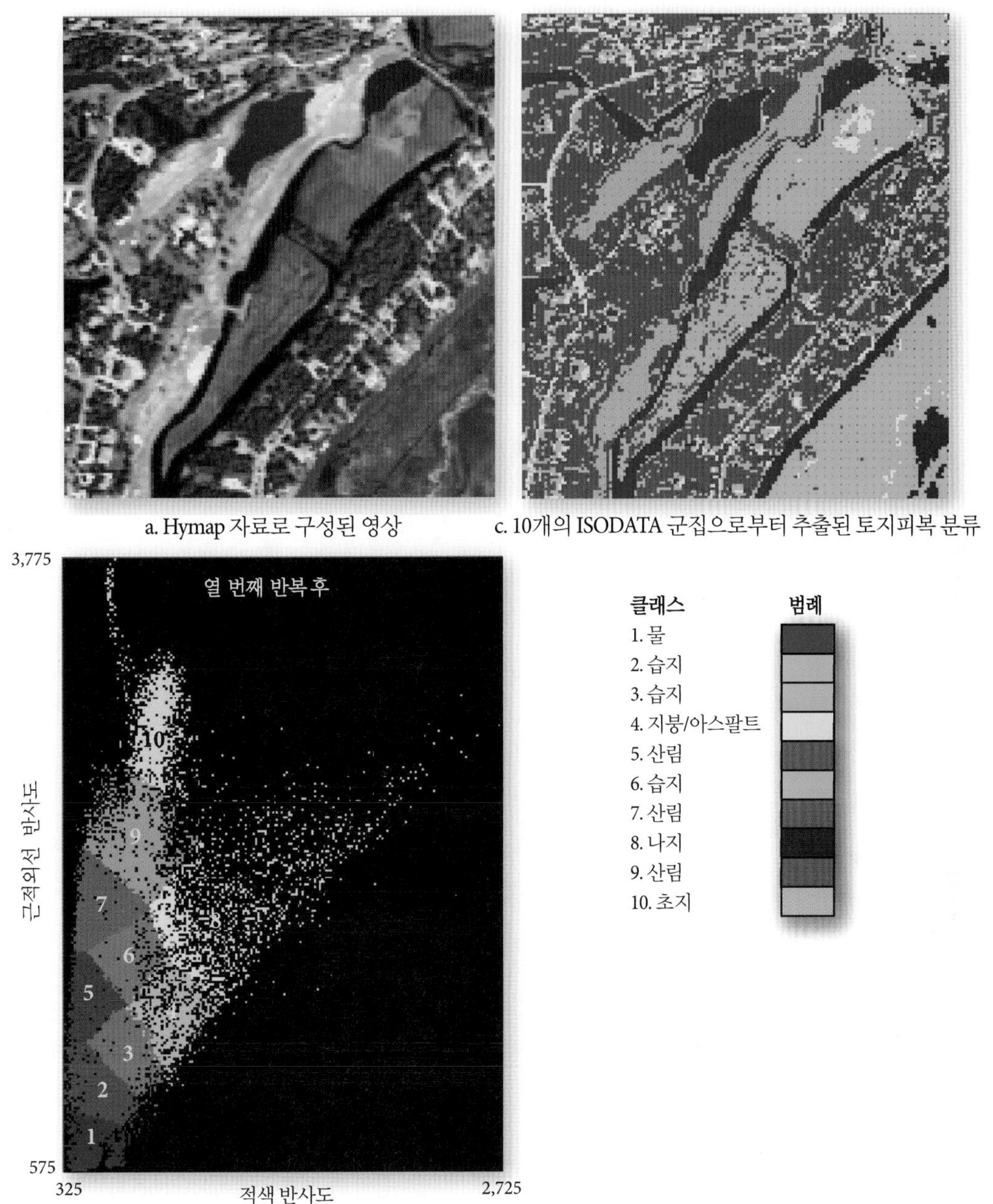

그림 9-33 사우스캐롤라이나 주 노스 인렛 부근 지역의 HyMap 원격탐사 자료를 사용한 ISODATA 분류 기법 결과. a) 컬러조합 영상. b) 10회 반복 계산 이후의 근적외선과 적색의 특징 영역에서의 10개의 평균벡터 위치. c) 정보 클래스로서 10개의 분광 클래스를 재명명한 토지 분류도.

집 분류지도는 초기 분류로부터 70개의 신뢰할 수 있는 군집, 첫 번째 군집 분할과정(71~85 사이의 값들로 기록된)에서 15개의 신뢰할 수 있는 군집, 그리고 두 번째 군집 분할과정(86~90 사이의 값들로 기록된)에서 5개의 신뢰할 수 있는 군집으로 구성될 것이다. 최종 군집 지도 파일은 간단한 GIS 최대지배함수(maximum dominate function)를 이용하여 합칠 수 있다. 그런 뒤에 최종 군집 지도를 재코딩하여 최종 분류지도를 생성한다.

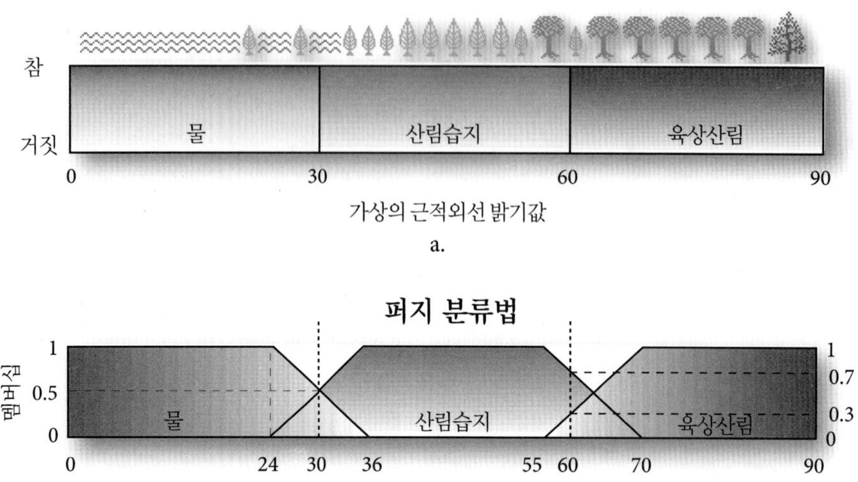

그림 9-34 (a) 세 가지 토지피복 종류를 분류하기 위하여 사용한 일반적인 범주형 분류 방법. 지형에 대한 아이콘은 물에서 산림습지를 거쳐 육상산림까지 가면서 근적외선 영역에서의 점차적인 밝기값의 변화가 있다는 것을 뜻한다. 원격탐사 시스템은 주요 토지피복 종류의 경계에서는 혼합된 화소로서의 복사속을 기록하게 된다. 혼합된 화소는 종의 종류, 나이, 또는 식생의 활력도 차이의 결과로 토지피복 내에 존재한다. 이런 퍼지한 조건에도 불구하고 범주형 분류 방법에서는 화소를 하나의 클래스로만 할당하게 된다. (b) 퍼지 분류의 개념. 이 가상적인 예에서 24보다 작은 밝기값을 가진 근적외선의 화소는 물에서 1.0 멤버십 등급값을 가지고 산림습지와 육상산림지역에서는 0의 멤버십 등급값을 가진다. 유사하게 60의 밝기값은 산림습지에서는 0.70의 멤버십 등급값을 가지고 산지 산림에서는 0.30, 물에서 대해서는 0의 멤버십 등급값을 가지게 된다. 멤버십 등급값은 혼합된 화소에 대한 정보를 제공하며 여러 종류의 개념을 이용하여 영상을 분류할 때 사용한다.

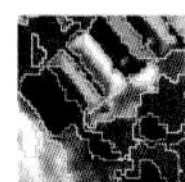

퍼지 분류

원격탐사 자료를 포함하여 지리적인 정보는 일반적으로 정밀하지 못하다. 이는 서로 다른 현상의 경계가 불분명(퍼지)하거나 클래스 내에서 종류, 활력도, 나이 등이 서로 다르기 때문에 생기는 이종성이 존재한다는 것이다.

예를 들어, 미국 남동부의 지형은 그림 9-34a에서 보여 주듯이 종종 물에서 산림이 조성된 습지로, 또 낙엽성의 육상산림으로 점진적인 변화를 보여 준다. 일반적으로 어떤 지역에 임관이 많으면 많을수록 그 지역을 따라 화소의 순간시야각 내에서 반사되는 근적외선 에너지는 커지게 된다. 또한 화소에서 물의 비율이 높을수록 더 많은 적외선 복사속이 흡수된다. 이러한 연속적인 분광대를 따라 수집한 자료에 대한 범주형의 분류 알고리듬은 고전적인 집합이론에 근거한다. 여기서 집합이론은 한 요소(예 : 화소)가 주어진 집합의 멤버(참 = 1)인지 멤버가 아닌지(거짓 = 0)에 대해 명확하게 정의된 집합의 경계가 필요하다. 예를 들어 단지 단일 근적외선 밴드에 1차원 농도분할을 적용해 분류지도를 만들었다면, 결정규칙은 그림 9-34a에서 보여 주듯이 0~30은 물, 31~60은 산림습지, 그리고 61~90은 육상산림이 된다. 이 고전적인 접근방식은 특별한 범위를 갖는 3개의 분리된 클래스를 생성하며, 어떤 중간적인 위치도 인정하지 않는다. 그러므로 집합이론을 사용하면 미지의 측정벡터는 오직 하나의 클래스에 할당된다(그림 9-34a). 그러나 그림 9-31b에서와 같이 24~36, 55~70의 값들 주변에는 혼합된 화소가 존재한다는 것을 알 수 있다. 따라서 실제 세계의 애매모호한 상태를 더욱더 세밀하게 분류할 수 있는 방법이 필요하다.

퍼지집합 이론(fuzzy set theory)은 부정확한 자료를 가지고 작업할 때 유용하다(Wang, 1990a, b; Lu and Weng, 2007; Phillips et al., 2011). 퍼지집합 이론은 실제 세계의 문제를 다루는 데 있어서 전통적인 논리보다 더 적합한데, 그 이유는 대부분의 인간 추론이 부정확하고 다음과 같은 논리에 기초하기 때문이다. 첫째, X가 요소 x의 전체 집합(즉 $X = x$)이라 하자. 앞서 언급한 대로 X의 고전적인 집합 A에서의 멤버십은 X{0 혹은 1}에 대한 이진 특성함수 x_A로 표현되는데, 만약 $x \in A$이라면 $x_A(x) = 1$을 가지게 된다. 반대로 X의 퍼지집합 B는 0에서 1까지 실수인 x로 구성된 멤버십 함수(membership function) f_B에 의해 특징지어진다. $f_B(x)$의 값이 1에 가까우면 가까울수록 x는 B에 속하게 된다. 그러므로 하나의 퍼지집합은 경계를 뚜렷하게 정의하지 않고, 그 집합의 원소(예 : 화소)는 여러 클래스에 대해 부분적인 귀속관계, 즉 멤버십을 갖는다(Campbell and Wynne, 2011; Dronova et al., 2011).

그러면 어떻게 퍼지논리를 이용하여 영상 분류를 수행할 수 있을까? 그림 9-34b는 세 종류의 가상적인 토지피복을 구별하기 위한 퍼지 분류 논리를 설명하고 있다. 밝기값 30에서 물에 대한 수직 경계값(그림 9-34a)은 물에서 산림습지로의 점진적인 변화를 나타내는 등급 경계값으로 대체된다(그림 9-34b). 퍼지집합 이론에서는 24보다 더 작은 밝기값은 물에 대해 1의 멤버십 등급(membership grade)을 가지며, 70보다 큰 값에 대해서는 육상산림에 대해 1의 멤버십 등급을 갖는다. 여러 다른 위치에서 *BV*는 두 클래스에서 멤버십 등급을 가질 수 있다. 예를 들어, *BV* 30은 물에 대해 0.5, 또한 산림습지에 대해 0.5의 멤버십 등급을 갖는다. 또한 *BV* 60은 산림습지에 대해 0.7, 육상산림에 대해 0.3의 멤버십 등급을 갖는다. 분석가는 이러한 멤버십 등급 정보를 이용하여 다양한 분류지도를 생성할 수 있다.

퍼지집합 이론은 만병통치약이 아니지만, 혼합된 화소 내 생물리적 물질의 구조에 대한 정보를 추출하는 데 중요한 가능성을 제공한다. 다행히 **분광혼합분석**(Spectral Mixture Analysis, SMA)을 이용하여 혼합 화소들에서 정보를 추출하는 것이 가능하다(예 : Song, 2005; Lu and Weng, 2007). SMA는 각 화소들을 종점(endmember) 분광세트(즉 물, 아스팔트, 폐쇄 식생 캐노피, 나지 등 순수 동종 재료들)의 선형조합으로서 평가한다(Pu et al., 2008; Colditz et al., 2011). SMA의 결과물은 전형적으로 프랙션(fraction) 영상 형식으로 제시되며, 각 종점 스펙트럼마다 하나의 영상이 나오며, 이는 그 화소 내 종점들의 면적비율(area proportion)을 나타낸다. 따라서 SMA는 소프트(fuzzy) 정보를 제시한다. SMA는 가장 중요한 초분광 영상분석기법 중 하나이며, 제11장에서 상세히 다룬다.

객체기반 영상분석(OBIA)에 기초한 분류

21세기에 들어오면서 1×1m 이하의 공간해상도를 가진 원격탐사 자료를 제공하는 IKONOS, QuickBird, GeoEye-1, WorldView-2와 같은 원격탐사 시스템의 개발을 목격하게 되었다. 유감스럽게도 단일화소 분석에 기초한 분류 알고리듬은 때로는 고해상도 원격탐사 자료로부터 우리가 원하는 정보를 추출하지 못한다(Pena-Barragan et al., 2011; Textron Systems, 2014). 예를 들어, 도시 토지피복 물체들의 복잡한 분광 특성 때문에 화소기반 분류 방법은 도로, 지붕 같은 인공적인 물질과 식생과 토양 그리고 물과 같은 자연대상물을 분류하고자 할 때 한계가 있다(Herold et al., 2002, 2003; Myint et al., 2011). 또 화소기반 분류 방법에 있어 아주 중요하지만 종종 무시되는 문제는 대상지역에 대한 신호의 상당히 많은 부분이 주위의 지형에서 오는 것이라는 것이다. 따라서 단일 화소의 분광 특성뿐만 아니라 주위의 화소를 고려한 향상된 알고리듬이 필요하다. 또한 우리는 주위의 화소에 대한 분광 특성에 관한 정보를 통해 균일한 화소 영역(또는 조각)과(Frohn and Hao, 2006) 또는 변화된 화소(예 : Im et al., 2008)를 식별할 수 있다.

공간 객체기반 영상분석 및 분류

이러한 필요성 때문에 **공간 객체기반 영상분석**(geographic object-based image analysis, GEOBIA) 기법이 만들어졌다. 이 알고리듬은 일반적으로 영상 분할을 할 때 분광정보와 공간정보를 동시에 이용한다. 결과적으로 모양이나 분광정보에 있어서 균일한 영역이라고 정의되는 영상객체(image object)가 만들어진다(Benz, 2001; Blaschke, 2010; Blaschke et al., 2014). 이는 경관생태학 분야에서의 조각(segment) 또는 패치(patch)와 유사하다(Frohn and Hao, 2006; Im et al., 2008). 많은 경우에 추출된 영상객체는 영상 분류를 할 때 매우 중요한 속성을 제공한다(Wang et al., 2010; Liu and Xia, 2010; Textron Systems, 2014). 또한 객체는 고도, 경사, 향, 인구밀도와 같이 공간적으로 분포된 어떤 변수에서도 추출될 수 있다. 이때 균일한 영상객체는 전통적인 분류 알고리듬(예 : 최소거리법, 최대우도법), 및/또는 지식기반 기법 및 퍼지 분류 논리를 사용하여 분석된다.

영상을 상대적으로 균일한 영상객체로 분할하는 데 사용할 수 있는 많은 알고리듬이 있는데 대부분 두 가지 종류, 즉 경계기반 알고리듬과 영역기반 알고리듬으로 나눌 수 있다. 유감스럽게도 대부분의 경우 분광정보와 공간정보를 모두 사용하지 않으며 극소수만이 디지털 원격탐사 영상을 분류하는 데 사용되어 왔다.

원격탐사 자료를 분할할 때 사용할 수 있는 아주 획기적인 접근법 중 하나가 Baatz와 Schape(2000)에 의하여 개발되었다. 이 영상 분할 알고리듬은 각 화소와 주변의 화소를 조사하여 다음의 두 가지를 계산한다(Baatz et al., 2001).

- 컬러기준(h_{color})
- 모양 혹은 공간기준(h_{shape})

이 두 가지 기준은 일반적인 분할함수(S_f)에 적용되어 원격탐사 자료로부터 상대적으로 균일한 화소로 구성된 영상객체(패치)를 생성한다(Baatz et al., 2001; Definiens, 2003, 2007).

$$S_f = w_{color} \cdot h_{color} + (1 - w_{color}) \cdot h_{shape} \quad (9.27)$$

여기서 분광 컬러 대 모양에 대한 사용자 정의의 가중치는 $0 \le w_{color} \le 1$이다. 만약 사용자가 자료에서 균일한 객체(패치)를 만들려고 할 때 분광(컬러) 측면을 많이 강조하고 싶다면 w_{color}의 가중치를 더 크게 주면 된다(예 : $w_{color} = 0.8$). 반대로 공간 측면이 자료에서 더 중요하다고 여겨지면, 모양에 대하여 더 큰 가중치를 주게 된다.

영상객체의 분광(컬러) 이질도(h)는 각 레이어의 분광값에 대한 표준편차(σ_k)와 각 레이어의 가중치(w_k)를 곱한 것의 합으로 계산된다(Kuehn et al., 2002; Definiens, 2003).

$$h = \sum_{k=1}^{m} w_k \cdot \sigma_k \quad (9.28)$$

컬러기준은 m밴드로 구성된 원격탐사 자료에서 각 채널 k에 대한 표준편차의 변화에 대한 가중 평균으로써 계산된다. 표준편차 σ_k는 객체크기 n_{ob}에 의하여 가중된다(Definiens, 2003).

$$h = \sum_{k=1}^{m} w_k \left[n_{mg} \cdot \sigma_k^{mg} - \left(n_{ob1} \cdot \sigma_k^{ob1} + n_{ob2} \cdot \sigma_k^{ob2} \right) \right] \quad (9.29)$$

여기서 mg는 병합을 뜻한다.

모양기준은 2개의 경관생태학 지수인 조밀도(compactness)와 평활도(smoothness)를 사용하여 계산된다. 조밀한 모양에서 벗어난 복잡도(cpt)는 화소의 주변길이 l과 영상객체(즉 패치)를 구성하는 화소 수 n의 제곱근의 비로 설명된다.

$$\text{cpt} = \frac{l}{\sqrt{n}} \quad (9.30)$$

모양 복잡도는 평활도로 또한 표현할 수 있다. 이는 화소의 주변길이 l과 영상객체(즉 패치)를 둘러싸는 박스의 최단 길이 b의 비율로 표현된다.

$$\text{smooth} = \frac{l}{b} \quad (9.31)$$

모양기준은 다음 식에 위 두 가지의 측정값을 적용한다(Definiens, 2003, 2007).

$$h_{shape} = w_{cpt} \cdot h_{cpt} + (1 - w_{cpt}) \cdot h_{smooth} \quad (9.32)$$

여기서 $0 \le w_{cpt} \le 1$은 조밀도 기준에 대한 사용자 정의의 가중치이다. 병합할 때마다 생기는 모양 복잡도의 변화는 영상객체(ob)가 병합되기 전후에 변화량을 계산하여 평가할 수 있다. 이를 통해 다음과 같은 거칠기(roughness)와 평활도를 계산하는 알고리듬이 산출된다(Definiens, 2003).

$$h_{cpt} = n_{mg} \cdot \frac{l_{mg}}{\sqrt{n_{mg}}} - \left(n_{ob1} \cdot \frac{l_{ob1}}{\sqrt{n_{ob1}}} + n_{ob2} \cdot \frac{l_{ob2}}{\sqrt{n_{ob2}}} \right) \quad (9.33)$$

$$h_{smooth} = n_{mg} \cdot \frac{l_{mg}}{b_{mg}} - \left(n_{ob1} \cdot \frac{l_{ob1}}{b_{ob1}} + n_{ob2} \cdot \frac{l_{ob2}}{b_{ob2}} \right) \quad (9.34)$$

여기서 n은 화소로 나타낸 객체의 크기이다.

화소 근린(pixel neighborhood) 함수는 영상객체가 더 커져야 하는지에 대한 여부와 새로운 영상객체를 만들어야 하는지를 결정하는 데 사용할 수 있다(Definiens, 2003). 4 방향 및 8 방향 근린 함수에 대한 개념이 그림 9-35에 나와 있다. 이 예에서 4 방향 근린 함수의 결과 2개의 확실한 영상객체가 만들어진다. 대각선 방향까지 고려한 8 방향 근린 함수 결과 2개의 객체가 합쳐져 큰 하나의 영상객체가 된다.

사용자는 분광(컬러)과 공간 모양 매개변수(조밀도와 평활도) 기준, 그리고 근린 함수 논리를 지정하게 된다(Definiens, 2007). 특별히 설계된 자기발견적 알고리듬은 이러한 기준을 영상 내의 개개 화소에 적용하고 사실상 균질한 영역(또는 만약 사용자가 원한다면 특별히 지정한 이질도의 양에 해당되는 영역)을 키워 나간다. 분할 패치는 사용자가 지정한 매개변수보다 크게 되면 확장하는 것이 멈추게 된다. 결국 상대적으로 균일한 분광 및 공간 특성을 가진 영상객체(패치)로 구성된 새로운 분할 영상이 생성된다(Jensen et al., 2006).

영상 분할 분류 예 : 이러한 영상객체(조각 또는 패치)가 만들어지는 과정과 영상객체가 원격탐사 영상을 분류하는 데 어떻

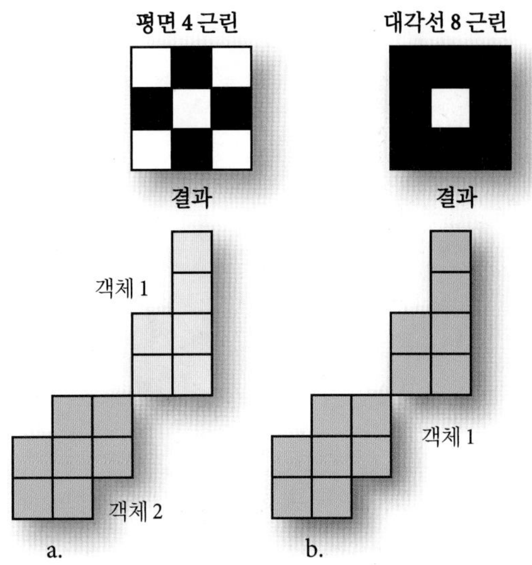

그림 9-35 원격탐사 영상을 영상객체로 분할하는 데 사용되는 하나의 기준은 화소 근린 함수이다. 이 함수는 확장된 영상객체와 이웃 화소를 비교하게 된다. 그 정보는 이웃의 화소를 현존하는 영상객체와 합칠 것인가 또는 새로운 영상객체의 일부가 될 것인가를 결정하는 데 사용된다. a) 이 예에서는 4 방향의 근린 함수를 선택하면 대상 화소가 경계 면에서 만나지 않기 때문에 2개의 영상객체가 생성된다. b) 화소와 객체는, 대각선 방향에 있는 8개의 이웃은 경계 면에 있거나 모서리 점에 위치하면 이웃으로 정의된다(Definiens, 2003). 이 예에서, 영상객체 1은 대각선 방향의 모서리점과 연결되기 때문에 확장되어 결과적으로 더 큰 영상객체 1이 된다. 다른 종류의 근린 함수도 사용할 수 있다.

게 사용되는지 예를 들어 살펴보도록 하자. 이 예에 사용된 영상은 사우스캐롤라이나 주 Ace 유역의 프리처드 섬의 요트 정박장을 촬영한 고해상도 ADAR 5000 영상이다(그림 9-36). 이 자료는 4개의 밴드(청색, 녹색, 적색, 근적외선)를 가지고 있으며 0.7×0.7m의 해상도에서 1999년 9월 23일 수집되었다. 이 자료에는 상당한 공간정보가 존재하는데 여기에는 태양 쪽과 반대쪽을 향한 빌딩 지붕, 콘크리트 및 아스팔트 위의 자동차, 산림 질감, 그림자, 그리고 주 지류를 따라 발달한 갯쥐꼬리풀(*Spartina alterniflora*) 습지가 포함되어 있다.

객체기반 영상 분할 처리과정에서 가중치를 적용하였는데, 이는 분광(컬러)정보가 공간(모양)정보보다 더 중요하기 때문이다(즉 $w_{color}=0.8$). ADAR 5000의 세 밴드(녹색, 적색, 근적외선)를 분할과정에 사용하였다. 공간(모양) 변수는 조밀도(0.1)보다 평활도(0.9)에 더 많은 가중치를 부여하였다. 사용자가 입력값을 정하여 다양한 영상 분할 축척을 식별하였는데, 이때 각 연속적인 축척파일은 더 크게 분할된 영상객체를 가지고 있다. 이 과정을 종종 **다중해상도 영상 분할**이라고 한다(Baatz and Schape, 2000; Definiens, 2007). 그림 9-36은 네 가지 레벨의 통합 혹은 축척(10, 20, 30, 40)에서 영상 분할을 수행한 다중해상도 영상객체를 보여 준다. 각 분할 축척에서의 영상객체(즉 패치, 조각, 또는 폴리곤)는 다른 모든 파일과 계층적으로 관련되어 있다. 다시 말하면 분할 축척 40에서의 하나의 큰 폴리곤의 경계선은 분할 축척 10에서의 4개의 더 작은 폴리곤과 위상학적으로 연결되어 있다. 축척 10에서의 4개의 보다 작은 폴리곤은 축척 40에서의 더 큰 폴리곤과 정확히 똑같은 둘레 좌표를 가진다.

원격탐사 자료를 이용하여 이러한 종류의 영상 분할을 수행하는 가장 중요한 측면 중 하나는 자료 내의 각 영상객체(즉 폴리곤)는 모든 밴드에 있는 평균 분광 벡터뿐만 아니라 폴리곤의 형태를 결정짓는 다양한 공간 측정값을 포함한다는 것이다. 표 9-12에는 모든 폴리곤에 대하여 계산되는 여러 형태의 영상객체 지표가 요약되어 있다.

분할된 영상에 **객체기반 영상분석(OBIA) 분류**를 적용하는 것은 화소기반 분류 방법과 근본적으로 다르다(Lu and Weng, 2007; Duro et al., 2012). 먼저 분석가는 분광정보만을 사용하지 않는다. 영상분석가는 a) 평균 분광정보와 함께 b) 자료에서 각 영상객체(폴리곤)와 관련되어 있는 여러 모양 측정값을 사용할 수 있다(Definiens, 2007). 따라서 이 방법은 유연하고 현장 적용성이 높다. 일단 선택이 되면, 각 폴리곤의 분광 및 공간 속성은 분석을 위해 다양한 분류 알고리듬(즉 평행육면체법, 최근린 방법, 최소 거리방법, 최대 우도법)에 입력값으로 사용될 수 있다.

분류과정은 개개 화소가 아니라 영상객체(폴리곤)가 구체적인 클래스로 할당되기 때문에 매우 빠르게 진행된다. 543열×460행의 프리처드 섬 영상의 예를 살펴보자. 화소기반 분류 방법은 249,780 화소에 대하여 처리를 하게 된다. 그림 9-37a는 분할 축척 10을 사용하여 2,391개의 폴리곤을 9개의 클래스로 분류한 객체지향 분류 결과를 보여 주고 있다. 그림 9-37b에서는 753개의 영상객체(폴리곤)만이 분류되어 있으며(분할 축척 20), 그림 9-37c에서는 414개의 영상객체가(분할 축척 30), 그리고 그림 9-37d에서는 275개의 영상객체(분할 축척 40)가 각각 분류되어 있다.

그림 9-37의 예로부터 객체기반 영상분석(OBIA) 분류 방법의 몇몇 흥미로운 부분을 알 수 있다. 먼저 사용자는 주어진 문제에 대하여 어떤 폴리곤 통합(축척) 레벨이 적합한지를 결정해

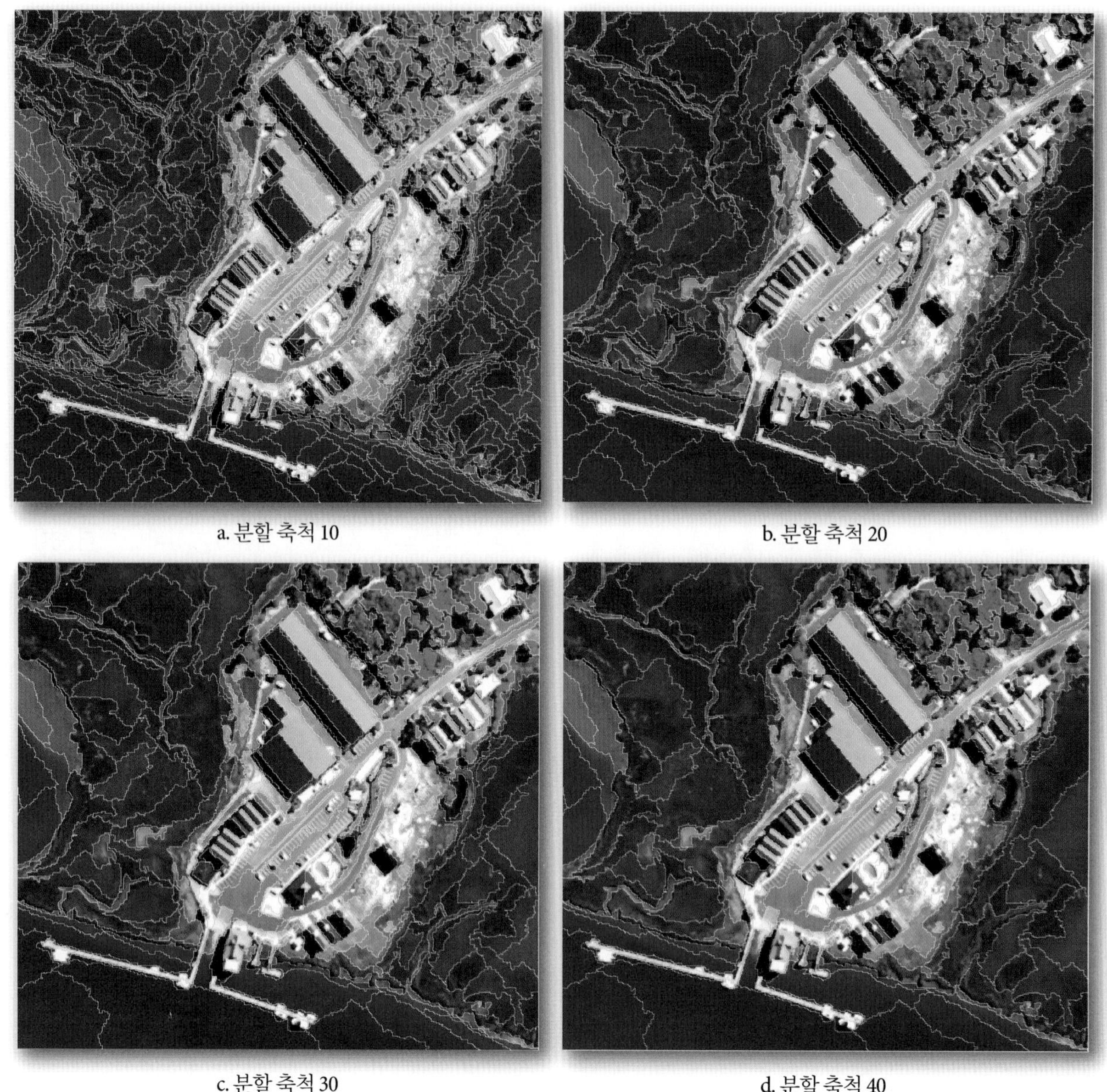

그림 9-36 공간해상도 0.7×0.7m로 1999년 9월 23일에 수집된 Ace 유역의 사우스캐롤라이나 주 프리처드 섬의 요트정박장에 대한 컬러조합 ADAR 5000 영상. 다중해상도 영상 분할을 4단계의 영상 분할 축척 10, 20, 30, 40에서 3개의 밴드(녹색, 적색, 근적외선)를 사용하여 수행하였다. 분할과정은 가중치가 주어져 있기 때문에 분광(컬러)정보가 공간(모양)정보보다 더 중요하다(0.8과 0.2의 가중치). 공간(모양) 매개변수는 조밀도(0.1)보다 평활도(0.9)에 더 높은 가중치를 주었다.

야만 한다. 이 예에서 분할 축척 20 자료(그림 9-37b)를 사용하여 분류한 결과가 아마도 가장 좋을 것이다. 이것은 아주 작은 객체와 산림과 습지 같은 지역적으로 아주 넓은 지표대상물 모두에 대하여 많은 양의 정확한 정보를 제공한다. 역으로 분할 축척 40 자료(그림 9-37d)만을 사용한다면, 습지를 분류할 때 심각한 오류가 발생하게 된다. 아마도 사용자가 원하는 정보는 비교적 작은 지붕과 같은 물질에 대해서는 영상 분할 축척 10 자료를, 균일한 산림지역을 식별하기 위해서는 분할 축척 40 자료를 사용하여 이들 정보를 조합할 때 가장 잘 추출될 수 있다. 사용자는 여러 분할 파일 중에서 어느 파일이 가장 가치 있는 것인지를 결정하여야만 한다. 만약 원한다면 분석가는 매우 구체적인 규칙을 분류과정에 넣을 수 있다.

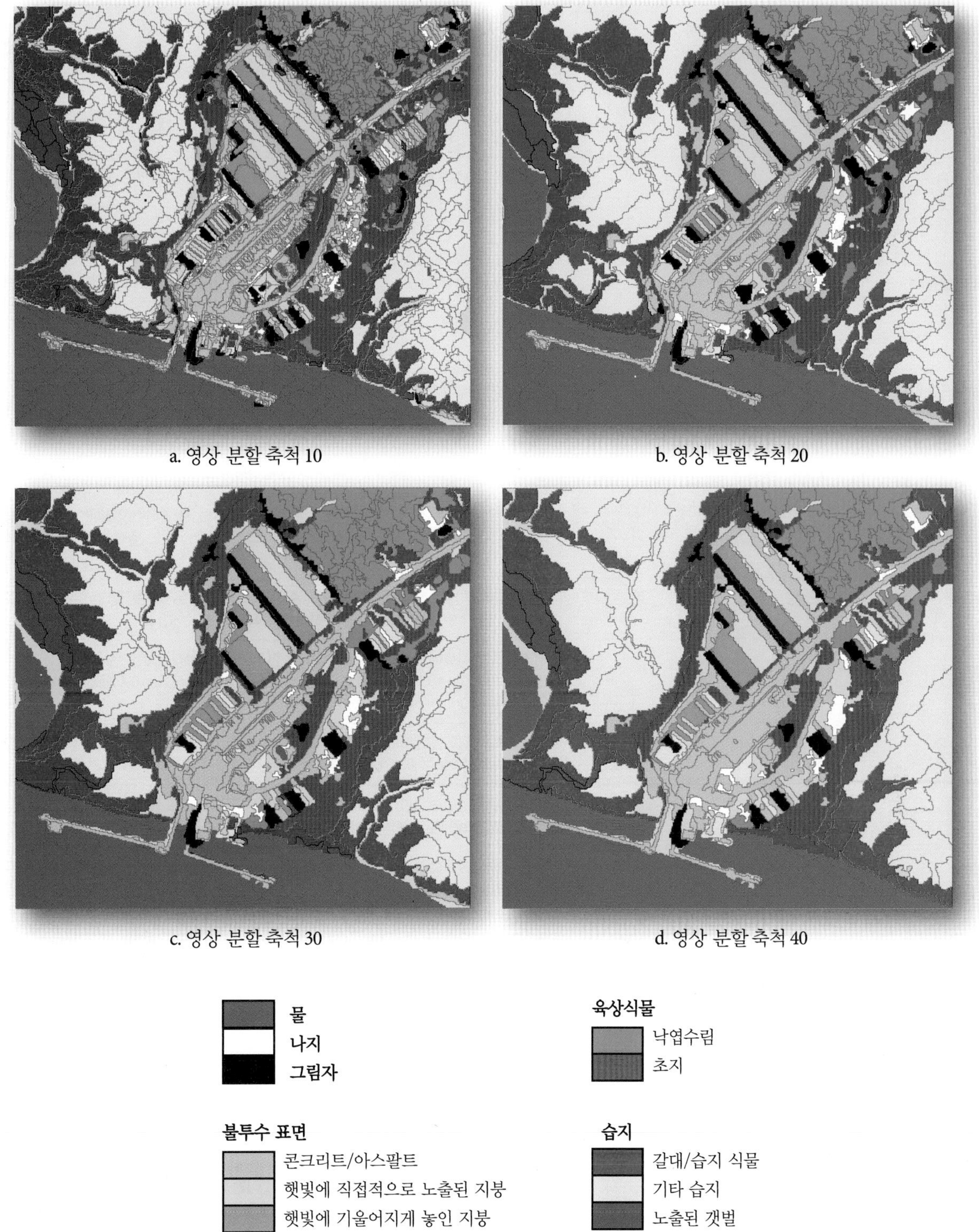

그림 9-37 Ace 유역에 있는 사우스캐롤라이나 주 프리처드 섬의 요트정박장에 대한 4개의 다른 영상 분할 축척을 적용한 OBIA 토지 분류 결과

표 9-12 하나의 영상 내에서 분할된 각각의 영상객체(패치)로부터 계산할 수 있는 다양한 경관-생태 지표(O'Neill et al., 1997; Frohn and Hao, 2006; Jensen, 2007)

영상객체 지표	알고리듬	설명
평균	$\mu_L = \frac{\sum_{i=1}^{n} v_i}{n}$	단일 레이어에서의 영상객체(즉 폴리곤, 패치) 평균 μ_L은 영상객체에 있는 모든 화소값(v_i)을 합하여 객체 내 총 화소 수(n)로 나누어 계산한다. 만약 영상객체가 분광 밝기값으로 되어 있으면 $v_i = BV_i$가 된다. 아닌 경우는 v_i는 다른 어떤 종류의 자료가 된다(즉 레이다 후방산란값, LiDAR 고도값, DEM 고도값 등).
분광평균	$b = \frac{\sum_{i=1}^{n_L} \mu_i}{N_L}$	단일 영상객체(즉 폴리곤, 패치)에 대하여 평균 레이어 값(μ_i)의 총합을 레이어 총수(밴드)(n_L)로 나눈다.
영상객체의 분광비	$\text{ratio}_L = \frac{\mu_L}{\sum_{i=1}^{n_L} \mu_i}$	단일 영상객체의 평균 μ_L을 이 영상객체와 관련된 모든 분광 레이어(밴드, μ_i)의 합으로 나눈다.
영상객체의 표준편차	$\sigma_L = \frac{\sum_{i=1}^{n_L} (v_i - \mu_L)^2}{n-1}$	단일 레이어에서 단일 영상객체(즉 폴리곤, 패치)에 대하여 모든 화소 레이어 값(v_i)과 영상객체 평균(μ_L)의 차를 제곱하여 폴리곤 내의 총 화소 수(n)에서 1을 뺀 값으로 나눈다.
이웃하는 영상객체와 평균 차	$\Delta c_L = \frac{1}{l} \sum_{i=1}^{nn} l_{si}(\mu_i - \mu_{Li})$	단일 영상객체(즉 폴리곤, 패치)에 대하여 바로 이웃과의 평균 차이는 다음을 이용해서 구한다. l = 영상객체의 경계 길이(화소), l_{si} = 직접 공유하는 경계 길이(이웃과 맞닿아 있는 경계), (μ_i) = 레이어 i의 영상객체 평균값, (μ_{Li}) = 레이어 i의 이웃하는 영상객체 평균값, 그리고 nn = 이웃의 수로 계산된다.
길이 대 폭 비	$\gamma = \frac{l}{w}$	길이 대 폭 비(γ)는 영상객체의 길이(l)를 폭(w)으로 나누어서 계산한다. 이것은 폴리곤을 둘러싸는 가장 작은 박스의 차원을 구하여 개략적으로 알 수 있다.
면적	$A = \sum_{i=1}^{n} a_i$	지리등록된 자료에 대해서는 영상객체의 면적(A)은 영상객체에 있는 n개 화소 각각의 실제 면적(a_i)의 합과 같다. 30×30m의 6개 화소를 가지는 Landsat TM 자료의 영상객체의 면적은 6화소×90m^2 = 540m^2
길이	$l = \sqrt{A \cdot \gamma}$	영상객체의 길이는 길이 대 폭 비를 계산하여 개략적으로 구할 수 있다. 만약 영상객체가 곡선모양이라면 여러 개의 객체로 나누는 것이 더 좋다.
폭	$w = \sqrt{\frac{A}{\gamma}}$	영상객체의 너비는 길이 대 너비 비를 계산하여 개략적으로 구할 수 있다. 만약 영상객체가 곡선모양이라면 여러 개의 객체로 나누는 것이 더 좋다.
경계 길이	$bl = \sum_{i=1}^{n} e_i$	영상객체의 경계길이는 모든 이웃하는 영상객체에 접하는 경계의 수(e_i)를 합한 것이다.
모양지수	$si = \frac{bl}{4 \times \sqrt{A}}$	영상객체의 모양지수는 경계 길이(bl)를 면적(A)의 제곱근에 4배를 한 값으로 나눈 것이다. 모양이 평활할수록 값이 작아지게 된다. 값이 크면 클수록 모양의 프랙탈은 더 커지게 된다.
밀도	$d = \frac{\sqrt{n}}{1 + \sqrt{Var(X) + Var(Y)}}$	영상객체의 밀도는 객체의 면적을 그 반지름으로 나눈 값이다. 이 값은 영상객체를 구성하는 모든 n화소의 x, y 좌표의 분산을 계산하여 근사값을 구할 수 있다. 밀도는 조밀도 대신 사용할 수 있다. 객체가 조밀하면 할수록 그 밀도는 커지고 모양은 점점 더 정사각형(원)으로 된다.
비대칭성	$k = 1 - \frac{n}{m}$	영상객체 비대칭성은 1에서 영상객체를 포함하는 타원의 단축(n)과 장축(m)의 길이의 비를 뺀 값이다. 비대칭성이 크면 클수록 이 값은 더 커지게 된다.
분류지도 요약 지표		
우점도	$D = 1 - \left[\sum_{k=1}^{n} \frac{(-P_k \cdot \ln P_k)}{\ln(n)} \right]$	우점도(0<D<1)는 단일 토지피복의 종류가 어떤 지역에서 얼마만큼 차지하고 있는가를 나타낸다. 여기서 0<P_k<1은 토지피복 종류 k의 비율이고 n은 토지분류지도에서 모든 토지피복 종류의 수이다.
전이도	$C = 1 - \left[\sum_i \sum_j \frac{(-P_{ij} \cdot \ln P_{ij})}{2\ln(n)} \right]$	전이도(0<C<1)는 토지피복이 임의 기대값보다 더 응집하는 확률을 뜻한다. 여기서 P_{ij}는 피복 종류 i인 화소가 피복 종류 j와 인접할 확률이다.
프랙탈 차원	F	패치(영상객체)의 프랙탈 차원(F)은 그 지역의 경관을 인간이 얼마나 많이 재구성하였는가를 나타내는 값이다. 이 값은 패치 주변길이의 로그값과 경관의 각 패치에 대한 패치 면적의 로그값을 회귀 분석하여 구한다. 이 지수는 회귀선의 기울기의 2배와 같다. 4화소보다 작은 패치는 제외한다.

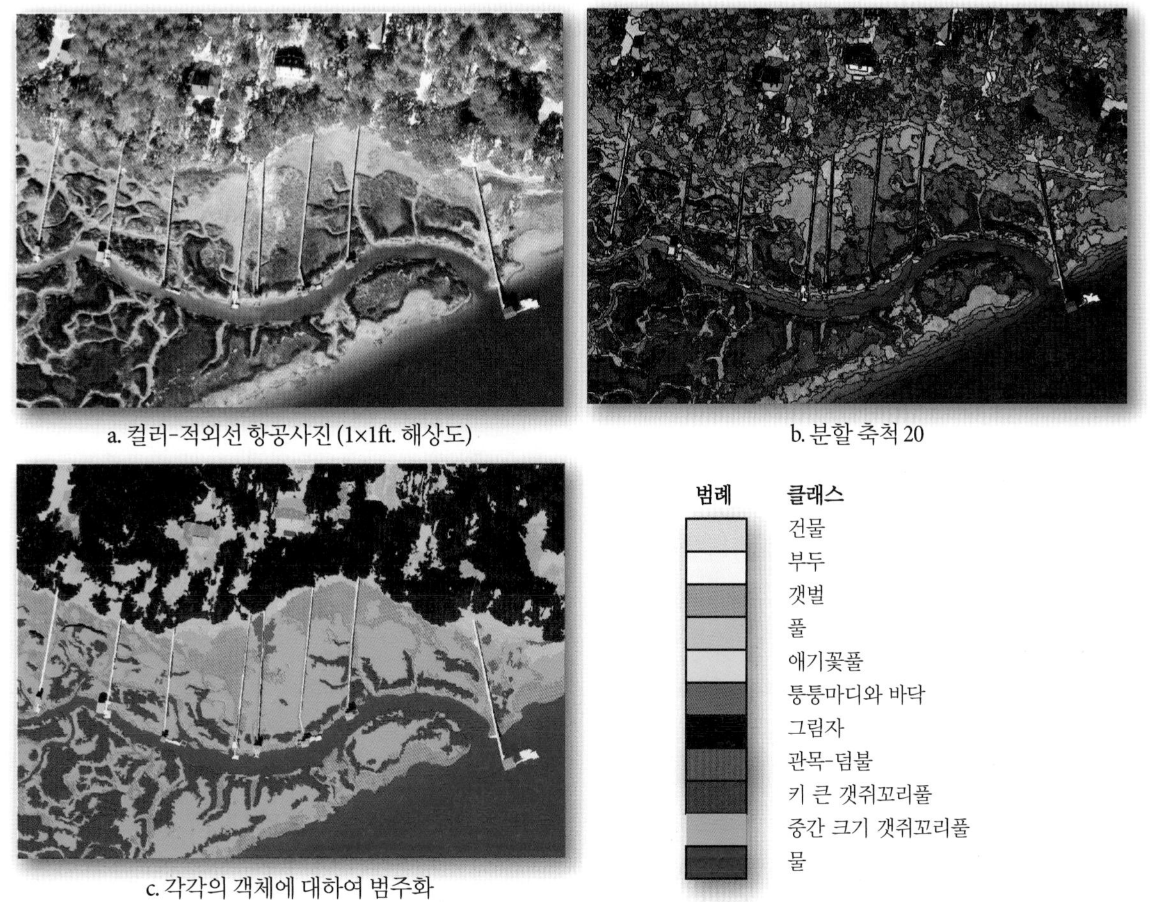

그림 9-38 a) 2006년에 1×1ft.의 공간해상도로 촬영된 컬러-적외선 항공사진. b) 객체기반 영상분석(OBIA)을 축척 20으로 실행한 결과. c) 미국 어류 및 야생동물관리국(USFS)에서 제공되는 정보를 이용하여 각각의 객체를 범주화한 결과. Cowardin 등(1979)의 하구-조간대 서식지 환경 분류 방법은 그림 9-5와 9-6에 요약되어 있다.

두 번째 예는 사우스캐롤라이나 주 블러프턴 근처 지역에 대하여 2006년 고해상도 디지털 카메라 항공사진(1×1ft)을 이용하여 강하구 해양 서식지를 세부 조사한 경우이다(그림 9-38). 실험을 통해 분할 척도 20이 다양한 습지 토지피복 유형들과 연관 있는 유용한 폴리곤을 만들기에 가장 좋은 수준이라고 판단했다. 여기서도 공간(모양)정보보다 컬러가 더 중요했고(즉 $w_{color}=0.8$) 조밀도(0.1)보다 평활도(0.9)에 대한 공간(모양) 파라미터의 가중치가 더 컸다. 감독 OBIA 분류로 세부 습지 정보를 얻었고, 그림 9-5와 9-6에 정리한 미 어류 및 야생생물국 Cowardin 등(1979)의 습지 분류안에서 클래스를 도출하였다.

OBIA 분류 시 고려사항

일단 객체기반 영상 분할과 분류가 완성되면, 지도에 있는 모든 패치(영상객체)의 특징을 평가하는 것이 바람직하다. O'Neill(1997)은 우점도(dominance), 전이도(contagion), 프랙탈 차원(fractal dimension), 이 세 가지 경관 패턴과 구조단위(지수)를 시간을 통해 모니터링할 수 있다면 생태계의 기능적 건강상태를 알 수 있다고 제안하였다(표 9-12). 다른 연구는 또 다른 경관 패턴과 구조단위를 사용한다(Batistella et al., 2003; Frohn and Hao, 2006; Jensen et al., 2006).

화소기반 분류 방법에서는 분류 결과가 종종 화소단위로 끊어지는 경우가 있다. 반대로 객체지향 분류 방법은 프랙탈처럼 보일 수 있다. 분석가가 객체지향 분류를 시도할 때는 주어진 문제에 대하여 적절한 분할 레벨(축척)이 무엇인지 결정해야 하며 또한 최종 주제도가 완성되었을 때 일반인에 의해 쉽게 이해할 수 있어야 한다.

표 9-13 유용한 무료 영상 분할 프로그램 (2013년 기준)

영상 분할 프로그램	개발자	자료제공
그래프 기반 영상 분할	Felzenszwalb, P.F. and D. P. Huttenlocher, 2004, (University of Chicago)	http://www.cs.brown.edu/~pff/segment/
JSEG – 색-모자이크 분할	Deng, Y. and Manjunath, 2001 (University of California at Santa Barbara)	http://vision.ece.ucsb.edu/segmentation/jseg/
다중구간 정규화 분할	Cour, T., Benezit, F. and J. Shi, 2005 (University of Pennsylvania)	http://www.timotheecour.com/software/ncut_multiscale/ncut_multiscale.html
SPRING – 지리기준점 기반 정보처리 시스템	Brazilian National Institute for Space Research, 2014	http://www.dpi.inpe.br/spring/english/index.html

영상객체로 분할하는 과정은 원격탐사 자료를 분석함에 있어서 이웃, 거리, 그리고 위치와 관련된 지리학적 및 경관 생태학적 개념이 포함되어 있다. 또한 영상 분할 과정은 특정 응용 분야에 있어서 다양한 종류의 원격탐사 자료를 통합하거나 융합하는 것을 용이하게 한다(Kuehn et al., 2002). 객체기반 영상 분할과 분류는 화소기반 분류 방법과 비교하면 주요한 패러다임의 전환이다(Lu and Weng, 2007; Blaschke et al., 2014). 또한 객체지향 방법은 한 시기 영상의 분류뿐만 아니라 변화탐지를 하는 데 있어서 점점 더 중요시되고 있다(예 : Im, 2006; Im et al., 2008; Campbell, 2010).

예를 들어, Jensen 등(2006)은 SPOT 다중분광자료에 OBIA를 적용하여 정확한 농지피복정보를 추출했다. 이 토지피복정보를 이용하여 남아공의 농지 물 수요 모델을 만들었다. Hamilton 등(2007)은 미국 농림부의 임분 경계확정 시스템을 개발할 때 OBIA를 이용했다. Hofmann 등(2008)은 QuickBird 자료에 적용한 OBIA를 이용하여 브라질 리우데자네이루의 비정형 주거지 목록을 만들었다. Tsai 등(2011)은 OBIA를 이용하여 가나의 아크라에 대한 고해상도 영상에서 빌딩영역을 추출했다. Myint 등(2011)은 OBIA를 통해 최대우도법 등 전통적인 화소기반 분류 장치에 비해 고해상도 영상에서 도시 토지피복을 분류한 결과가 더 정확했다고 확인했다. Duro 등(2012)은 화산기반 및 객체기반의 영상분석 접근법들을 통해 농지 경관에 대하여 광범위한 토지피복 클래스들을 분류하고 이 두 방법을 비교했다. 이 연구자들은 다음 장에서 논할 결정나무, 랜덤 포레스트, 서포트 벡터 머신과 같은 세 가지 화소기반 감독 기계학습 알고리듬과 비교했을 때 OBIA를 이용해서 얻은 결과와 유의한 차이가 없다는 것을 확인했다.

다음에 열거한 상용 디지털 영상처리 소프트웨어는 OBIA 기능을 지원한다 : Definiens *e*Cognition, Intergraph ERDAS Imagine, Trimble ENVI, Clark Lab IDRISI. 영상 분할을 위한 무료 소스는 표 9-13에 정리하였다(Hamilton et al., 2007에서 업데이트).

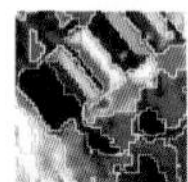

분류과정에서 보조자료의 활용

컬러 항공사진을 판독하는 분석가는 보통 다음의 능력을 가지고 있다.

1) 영역 내 존재하는 토양, 지질, 식생, 수리·수문, 지리에 대한 체계적인 지식
2) 지형의 색깔, 질감, 높이, 그림자를 이해하고 시각화하는 능력
3) 어떤 현상 내 존재하는 장소의 상태와 다른 현상과의 연관관계를 이해하기 위해 전후관계로부터 다양한 정보를 배치하는 능력
4) 해당 지역에 대한 역사적 지식

반대로, 모든 원격탐사 디지털 영상 분류의 95%는 물체의 분광반사 특성(컬러)이나 흑백 색조와 같은 하나의 변수를 사용하여 같은 작업을 완성하려고 시도한다. 그러므로 원격탐사를 이용해 생성된 분류지도에 오차가 포함되어 있는 것은 당연할지도 모른다. 분류 알고리듬에 제공된 정보가 이렇게 불완전함에도 불구하고 왜 우리는 그것으로부터 생성된 지도가 매우 정확하기를 기대해야 할까?

많은 과학자들이 이런 상황을 인식하고, 분류과정에 보조자료를 추가함으로써 원격탐사에서 생성된 토지피복의 정확도와 질을 향상시키려는 시도를 반복해 왔다(예 : Hutchinson, 1982; McIver and Friedl, 2002; Lu and Weng, 2007). 보조자료(ancillary data)는 영상 분류과정에서 가치가 있을 수 있는 공간 혹은 비공간 정보인데, 고도, 경사, 향, 지질, 토양, 수리·수문, 운송 네트워크, 행정 경계, 식생지도 등을 포함한다. 보조자료라고 오차가 없는 것은 아니다. 보조자료를 분류과정에 추가하고자 원하는 분석가는 보조자료를 활용함으로써 발생하는 여러 고려사항들에 대해 잘 알고 있어야 한다.

보조자료와 관련된 문제점

첫째로, 보조자료는 일반적으로 특수한 목적으로 생성되며, 원격탐사 자료를 분류할 때 정확도를 개선하기 위한 것은 아니다. 둘째, 같이 사용하는 지도의 명목, 서열, 혹은 등간 주제 속성정보가 부정확하거나 불완전할 수 있다. 대상지역에 대하여 보조지도 상에 존재하는 클래스를 원격탐사 자료와 함께 사용해 분류하려는 목적으로 일반화할 때에는 많은 주의를 기울여야만 한다.

셋째로, 상당한 양의 보조정보는 아날로그 지도 형태로 저장된다. 이러한 형태의 지도는 원격탐사 지도투영법에 자료를 일치시키도록 하기 위하여 스캔되거나 변환, 회전, 축척 조정 그리고 종종 재배열되어야 한다. 이 과정 동안 어떤 현상의 위치 속성은 실제 평면위치와 다를 수 있다. 이것은 우선 보조자료의 평면위치가 정확했다는 것을 가정한다. 유감스럽게도 상당한 수의 보조자료는 결코 원래 있어야 될 위치에 있지 않다는 것이다. 예를 들어, 미 토양보전국(U.S. Soil Conservation Service)에서 출간한 과거의 토양 연구조사는 처리되지 않은 모자이크 사진 위에 컴파일링되었다. 이러한 자료를 사용하려는 분석가들은 이런 자료의 사용이 분류 처리과정에 더 큰 오차를 가져오지 않도록 유념해야만 한다.

원격탐사 분류지도를 향상시키기 위해 보조자료를 사용하는 법

보조자료를 이용하여 영상 분류 결과를 향상시키기는 몇 가지 방법이 있다. 이러한 방법은 분류과정 전후에 지리적 층화나 분류 연산자, 혹은 분류 후 구분 등을 통해 결과를 향상시킨다. 보조자료는 또한 객체지향 영상 분할, 신경망, 전문가 시스템, 결정나무 분류자와 통합하여 사용할 수 있다.

지리적 층화

보조자료는 분류 전에 사용되어 영상을 여러 층으로 나눌 수 있으며, 이렇게 나뉜 층들을 독립적으로 처리할 수 있다. 목적은 분류하고자 하는 영상 데이터셋의 개개 층의 균질성을 높이기 위함이다. 예를 들어, 콜로라도 주 로키 산맥에 있는 가문비나무(spruce fir)의 위치를 정확하게 파악하려고 하지만 종종 산 중턱의 위 또는 아래로 잘못 분류한다면 어떻게 해야 할까? 하나의 해결방법은 그 지역을 2개의 파일로 층화하는 것이다. 즉 하나는 해수면으로부터 0~2,600ft. 사이의 고도를 가지고(데이터셋 1), 다른 하나는 해수면으로부터 2,600ft. 이상의 고도를 가지게 한다(데이터셋 2). 그러고 난 뒤 독립적으로 두 데이터셋을 분류한다. 가문비나무는 해수면으로부터 2,600ft. 아래에는 살지 않으므로 분류과정에서 우리는 데이터셋 1에 있는 어떤 화소에도 가문비나무를 할당하지 않을 것이다. 이렇게 함으로써 생태학적으로 맞지 않은 화소에 대하여 가문비나무로 분류하는 오류를 막는 것이다. 데이터셋 1과 2를 다시 합쳐서 최종지도를 만들어 종래의 분류 방법과 비교하면 가문비나무 분류의 수행오차가 상당수 줄여져 있을 것이다. 만약 특정한 생태학적인 법칙을 알고 있다면 어떤 지역에 대하여 경사도나 향의 정보를 이용하여 분류의 정확도를 향상시키기 위하여 더 세분화할 수도 있다.

층화는 개념적으로 간단하며 잘 이용만 하면 분류의 정확도를 향상시키는 데 효과적일 수 있다. 앞뒤가 맞지 않는 층 분류를 사용하면 심각한 결과를 가져올 수 있다. 예를 들어, 만약 각 층에 대한 훈련자료 선택을 잘못했다든지 혹은 군집화 알고리듬이 잘못 사용되었다면 층 경계의 한쪽 면에 상이한 분광 클래스를 생성할 수도 있다. 각 층으로부터 얻어진 지도를 통합하여 최종 분류지도를 만들려고 할 때 경계선 병합문제를 고려해야 한다.

분류자 연산

영상 분류과정에 보조자료를 통합하기 위하여 여러 가지 방법을 사용할 수 있다. 가장 유용한 방법 중의 하나는 논리 채널 방법이다. 화소단위의 논리 채널(per-pixel logical channel) 분류에서는 보조자료를 분류 알고리듬에서 사용하는 하나의 채널(피처)로 포함한다. 예를 들어, 하나의 데이터셋이 세 밴드의 IKONOS 자료와 수치고도모델로부터 구한 2개의 밴드(퍼센트 경사도와 향)로 구성되어, 모두 5개의 밴드가 분류 알고리듬에 사용될 수 있다. 보조자료를 전통적인 분류 알고리듬에서 논리 채널로 사용하려고 할 때는 보조자료에서 이용 가능한 모든 범위의 정보가 사용된다(예 : Ricchetti, 2000). 논리 채널을 사용할 때 만약 가중치가 최대우도 분류자에 할당되지 않으면 보조자료는 단일 분광밴드와 동일한 가중치가 주어진다. Chen과

Stow(2003)는 논리 채널 접근방법을 사용하여 다른 공간해상도에서 수집한 여러 종류의 영상으로 토지피복 분류를 수행하였다.

화소의 배경(context)이라는 것은 영상 전체를 통하여 어떤 화소가 다른 화소 또는 화소 그룹과 가지는 공간적인 관계를 뜻한다. 배경 논리 채널 분류(contextual logical channel)는 어떤 화소를 분류할 때 이웃하는 화소들에 대한 정보가 피처 중 하나로 사용된다. 질감은 $n \times n$ 창을 이용해 추출할 수 있는 간단한 배경 측정값이고(제8장 참조), 영상을 분류하기 전에 원영상 자료에 더하여 사용할 수 있다(Stow et al., 2003). 배경 정보는 도로 근접도, 지류 등을 보여 주는 지도와 같은 비영상 형태의 보조자료로부터도 추출할 수 있다.

두 번째 접근방법은 분류 알고리듬에 선험확률을 사용하는 것이다. 영상분석가는 어떤 지역에 대한 실제적인 사실을 통합하여 선험확률을 구하게 된다(예 : 면적의 80%가 목화, 건초 15%, 그리고 보리 5%). 이러한 통계는 앞에서 이야기한 바와 같이 최대우도분류 알고리듬을 사용할 때 가중치 $p(w_i)$로 바로 사용될 수 있다. 선험확률은 분류하기 어려운 클래스를 확실하게 해 주고 훈련 표본이 분류해야 하는 모집단을 대표하지 않을 때 편의를 줄여 줌으로써 분류 결과를 향상시키는 데 도움을 준다. McIver와 Friedl(2002)은 최대우도 분류법을 사용할 때 선험확률을 사용하는 것은 실제적으로 가끔 문제가 있다고 지적하였다. 그들은 선험확률을 비매개변수를 이용한 결정나무 분류자에 사용하는 유용한 방법을 개발하였다.

다른 접근방법은 앞 절에서 설명한 영상 분할을 하는 것이다. 이 방법은 분광 및 비분광 보조자료 모두에 사용할 수 있으며 다중해상도 영상 분할을 수행하여 비교적 균질한 분광 및 공간 특성을 가지는 폴리곤(패치)을 생성하는 것이다. 이것은 분광정보와 비분광정보를 융합하는 수월한 방법이다.

보조자료는 최근의 분류기법인 전문가 시스템과 신경망 등에도 함께 사용되었다(Stow et al., 2003; Qiu and Jensen, 2004). 이러한 접근방법은 보조자료를 분류 알고리듬에 직접 활용하며 일반적으로 선험적인 가중치에 의존하지 않는다. 제10장에서는 이러한 시스템이 어떻게 작동하며, 보조자료가 정규분포를 이루고 있을 필요가 없다는 것을 포함하여 보조자료의 사용이 비교적 쉽다는 것을 설명한다.

기계학습 방법은 전문가 지식이 적절하지 못한 경우에 규칙기반 분류시스템을 구축하는 데 사용된다(Huang and Jensen, 1997; Myint et al., 2011). Lawrence와 Wright(2001)는 CART (Classification And Regression Tree)에 기초한 규칙기반 분류시스템을 이용하여 보조자료를 분류과정에 사용하였다.

분류 후 구분

이 방법은 아주 구체적인 규칙을 (1) 초기 원격탐사 분류 결과와 (2) 공간적으로 분포되어 있는 보조 정보에 적용한다. 예를 들어, Hutchinson(1982)은 캘리포니아 주 사막지역의 Landsat MSS 자료를 9개의 초기 클래스로 분류하였다. 그러고 난 뒤 수치지도로부터 추출한 경사 및 향 지도를 분류지도와 결합하여 20개의 if-then 법칙(예 : 만약 화소가 초기에 모래언덕으로 분류되었고 경사도가 1%보다 적으면, 그 화소는 마른 호수바닥이다)을 적용하였다. 이러한 방법은 이 지역의 두드러진 클래스 간에 발생하는 혼란을 제거할 수 있었다[예 : 마른 호수바닥(플라야)의 밝은 표면과 큰 모래언덕의 태양 쪽 급경사 지역]. 유사하게, Cibula와 Nyquist(1987)는 분류 후 구분 기법을 이용하여 올림픽 국립공원에 대한 Landsat MSS 자료의 분류 결과를 향상시켰다. 지형(고도, 경사, 향)과 유역경계 자료(강수량과 온도)가 불린 논리를 사용하여 초기 토지피복 분류 결과와 함께 분석되었다. 그 결과 초기 지도와 정확도는 비슷하지만 훨씬 많은 정보를 담고 있는 21개 클래스로 구성된 산림지도를 만들었다.

원격탐사 분류 시 보조자료를 함께 사용하는 것은 중요하다. 하지만 포함해야 하는 변수를 선택하는 것은 쉽지 않다. 일반적인 상식으로는 분석가가 주어진 분류 문제에 대하여 개념적으로 그리고 실제적으로 중요한 변수를 심각하게 고려하여 선택하는 것이다. 비논리적이고 명확하지 않은 보조 정보를 사용하는 것은 자료를 해석하는 데 한계점을 금방 드러내고 정확하지 못한 결과를 산출한다.

참고문헌

American Planning Association, 2014a, *Land-Based Classification Standard*, Washington: American Planning Association, http://www.planning.org/lbcs/.

American Planning Association, 2014b, *Land-Based Classification Standards: LBCS Tables*, Washington: American Planning Association, https://www.planning.org/lbcs/standards/pdf/InOneFile.pdf, 168 p.

Anderson, J. R., Hardy, E., Roach, J., and R. Witmer, 1976, *A Land-Use and Land-Cover Classification System for Use with Remote Sensor Data*, Washington: U.S. Geological Survey, Professional Paper #964, 28 p.

Baatz, M., and A. Schape, 2000, "Multiresolution Segmentation: An Optimization Approach for High Quality Multiscale Image Segmentation," in Strobl, J., Blaschke, T., and G. Griesebner (Eds.), *Angewandte Geographische Informationsverarbeitung XII*, Heidelberg: Wichmann, 12-23.

Baatz, M., Benz, U., Dehghani, S., Heymen, M., Holtje, A., Hofmann, P., Ligenfelder, I., Mimler, M., Sohlbach, M., Weber, M., and G. Willhauck, 2001, *eCognition User Guide*, Munich: Definiens Imaging GmbH, 310 p.

Batistella, M., Robeson, S., and E. F. Moran, 2003, "Settlement Design, Forest Fragmentation, and Landscape Change in Rondonia, Amazonia," *Photogrammetric Engineering & Remote Sensing*, 69(7):805-812.

Beauchemin, M., and K. B. Fung, 2001, "On Statistical Band Selection for Image Visualization," *Photogrammetric Engineering & Remote Sensing*, 67(5):571-574.

Belward, A. S., and J. Skoien, 2014, "Who Launched What, When and Why: Trends in Global Land-Cover Observation Capacity from Civilian Earth Observation Satellites," *ISPRS Journal of Photogrammetry & Remote Sensing*, in press.

Benz, U., 2001, "Definiens Imaging GmbH: Object-Oriented Classification and Feature Detection," *IEEE Geoscience and Remote Sensing Society Newsletter*, (Sept.), 16-20.

Blaschke, T., 2010, "Object Based Image Analysis for Remote Sensing," *ISPRS Journal of Photogrammetry & Remote Sensing*, 65:2-16.

Blaschke, T., and J. Strobl, 2001, "What's Wrong with Pixels? Some Recent Developments Interfacing Remote Sensing and GIS," *GIS*, Heidelberg: Huthig GmbH & Co., 6:12-17.

Blaschke, T., and 10 co-authors, 2014, "Geographic Objectbased Image Analysis – Towards a New Paradigm," *ISPRS Journal of Photogrammetry & Remote Sensing*, 87:180-191.

Botkin, D. B., Estes, J. E., MacDonald, R. B., and M. V. Wilson, 1984, "Studying the Earth's Vegetation from Space," *Bioscience*, 34(8):508-514.

Brazilian National Institute for Space Research, 2014, *SPRING Georeferenced Information Processing System*, http://www.dpi.inpe.br/spring/english/index.html.

Campbell, J. B., 2010, "Chapter 19: Information Extraction from Remotely Sensed Data," in Bossler, J. D., Campbell, J. B., McMaster, R. B. and C. Rizos (Eds.), *Manual of Geospatial Science and Technology*, 2nd Ed., New York: Taylor & Francis, 363-390.

Campbell, J. B., and R. H. Wynne, 2011, *Introduction to Remote Sensing*, 5th Ed., New York: Guilford, 684 p.

Chen, D., and D. Stow, 2003, "Strategies for Integrating Information from Multiple Spatial Resolutions into Landuse/Land-cover Classification Routines," *Photogrammetric Engineering & Remote Sensing*, 69(11):1279-1287.

Cibula, W. G., and M. O. Nyquist, 1987, "Use of Topographic and Climatological Models in a Geographical Data Base to Improve Landsat MSS Classification for Olympic National Park," *Photogrammetric Engineering & Remote Sensing*, 53:67-75.

Colditz, R. R., Schmidt, M., Conrad, C., Hansen, M. C., and S. Dech, 2011, "Land Cover Classification with Coarse Spatial Resolution Data to Derive Continuous and Discrete Maps for Complex Regions," *Remote Sensing of Environment*, 115:3264-3275.

Colomina, I., and P. Molina, 2014, "Unmanned Aerial Systems for Photogrammetry & Remote Sensing: A Review," *ISPRS Journal of Photogrammetry & Remote Sensing*, 92:79-97.

Congalton, R. G., and K. Green, 2009, *Assessing the Accuracy of Remotely Sensed Data: Principles and Practices*, 2nd E., Boca Raton, FL: Lewis Publishers, 183 p.

Cour, T., Benezit, F., and J. Shi, 2005, "Spectral Segmentation with Multiscale Graph Decomposition," *IEEE International Conference on Computer Vision and Pattern Recognition 2005 (CVPR)*, 2: 1124-1131.

Cowardin, L. M., Carter, V., Golet, F. C., and E. T. LaRoe, 1979, *Classification of Wetlands and Deepwater Habitats of the United States*, Washington: U.S. Fish & Wildlife Service, FWS/ OBS-79/31, 103 p.

Dalponte, M., Bruzzone, L., Vescovo, L., and D. Gianelle, 2009, "Role of Spectral Resolution and Classifier Complexity in the Analysis of Hyperspectral Images of Forest Areas," *Remote Sensing of Environment*, 113:2345-2355.

Definiens, 2003, *eCognition Professional*, Munich: Definiensimaging.com.

Definiens, 2007, *eCognition Developer 7 Reference Book*, Munich: Definiens AG, 195 p.

Detenbeck, N. E., 2002, *Methods for Evaluating Wetland Condition: #7 Wetlands Classification*, Washington: Environmental Protection Agency, Report #EPA-822-R-02-017, 43 p.

Dronova, I., Gong, P., and L. Wang, 2011, "Object-based Analysis and Change Detection of Major Wetland Cover Types and their Classification Uncertainty during the Low Water Period at Poyang Lake, China," *Remote Sensing of Environment*, 115:3220-3236.

Duro, D. C., Franklin, S. E., and M. G. Dube, 2012, "A Comparison of Pixel-based and Object-based Image Analysis with Selected Machine Learning Algorithms for the Classification of Agricultural Landscapes using SPOT-5 HRG Imagery," *Remote Sensing of Environment*, 118:259-272.

Duda, R. O., Hart, P. E., and D. G. Stork, 2001, *Pattern Classification*, New York: John Wiley & Sons, 654 p.

EPA, 2008, *Nutrient Criteria Technical Guidance Manual-Wetlands*, EPA Report #EPA-822-B-08-001, 25 p.

ERDAS, 2013, *ERDAS Field Guide*, Atlanta: Intergraph, Inc., 772 p.

Exelis ENVI, 2013, *ENVI* Classic Tutorial: *Classification Methods*, Boulder: Exelis Visual Information Solutions, 25 p., http://www.exelisvis.com/.

Felzenszwalb, P. F., and D. P. Huttenlocher, 2004, "Efficient Graph-Based Image Segmentation" *International Journal of Computer Vision*, 59(2):1-26.

Ferro, C. J., and T. A. Warner, 2002, "Scale and Texture in Digital Image Classification," *Photogrammetric Engineering & Remote Sensing*, 68(1):51-63.

FGDC, 2014, *Natural Vegetation Classification Standard*, Washington: Federal Geographic Data Committee, http://www.fgdc.gov/standards/projects/FGDC-standards-projects/vegetation/index_html/?searchterm=vegetation.

FGDC Wetland Mapping Standard, 2014, Wetland Mapping Standard, http://www.fgdc.gov/standards/projects/FGDCstandards-projects/wetlands-mapping/index.html.

Foody, G. M., 2002, "Status of Land Cover Classification Accuracy Assessment," *Remote Sensing of Environment*, 80:185-201.

Friedl, M. A., Sulla-Menashe, D., Tan, B., Schneider, A., Ramakkutty, N., Sibley, A., and X. Huang, 2010, "MODIS Collection 5 Global Land Cover: Algorithm Refinements and Characterization of New Datasets," *Remote Sensing of Environment*, 114:168-182.

Friedl, M. A., McIver, D. K., Hodges, J. C. F., Zhang, X. Y., Muchoney, D., Strahler, A. H., Woodcock, C. E., Gopal, S., Schneider, A., Cooper, A., Baccini, A., Gao, F., and C. Schaaf, 2002, "Global Land Cover Mapping from MODIS: Algorithms and Early Results," *Remote Sensing of Environment*, 83:287-302.

Frohn, R. C., and Y. Hao, 2006, "Landscape Metric Performance in Analyzing Two Decades of Deforestation in the Amazon Basin of Rondonia, Brazil," *Remote Sensing of Environment*, 100:237-251.

Fry, J. A., et al., 2011, "National Land Cover Database for the Conterminous United States," *Photogrammetric Engineering & Remote Sensing*, 2011(9):859-864.

Fuchs, H., Magdon, P., Kleinn, C., and H. Flessa, 2009, "Estimating Aboveground Carbon in a Catchment of the Siberian Forest Tundra: Combining Satellite Imagery and Field Inventory," *Remote Sensing of Environment*, 113:518-531.

Giri, C., Zhu, Z., and B. Reed, 2005, "A Comparative Analysis of the Global Land Cove 2000 and MODIS Land Cover Data Sets," *Remote Sensing of Environment*, 94:123-132.

Hamilton, R., Megown, K., Mellin, T., and I. Fox, 2007. *Guide to Automated Stand Delineation using Image Segmentation*, RSAC-0094-RPT1. Salt Lake City: U.S. Department of Agriculture, Forest Service, Remote Sensing Applications Center. 16 p.

Hardin, P. J., 1994, "Parametric and Nearest-neighbor Methods for Hybrid Classification: A Comparison of Pixel Assignment Accuracy," *Photogrammetric Engineering & Remote Sensing*, 60(12):1439-1448.

Herold, M., Guenther, S., and K. C. Clarke, 2003, "Mapping Urban Areas in the Santa Barbara South Coast using IKONOS and *e*Cognition," *eCognition Application Note*, Munich: Definiens ImgbH, 4(1):2 p.

Herold, M., Scepan, J., and K. C. Clarke, 2002, "The Use of Remote Sensing and Landscape Metrics to Describe Structures and Changes in Urban Land Uses," *Environment and Planning A*, 34:1443-1458.

Hodgson, M. E., 1988, "Reducing the Computational Requirements of the Minimum-distance Classifier," *Remote Sensing of Environment*, 25:117-128.

Hodgson, M. E., and R. W. Plews, 1989, "*N*-dimensional Display of Cluster Means in Feature Space," *Photogrammetric Engineering & Remote Sensing*, 55(5):613-619.

Hofmann, P, Strobl, J., Blaschke, T., and H. J. Kux, 2008, "Detecting Informal Settlements from QuickBird Data in Rio de Janeiro Using an Object-based Approach," in *Object-based Image Analysis: Spatial Concepts for Knowledge-Driven Remote Sensing Applications*, Blaschke, T., Lang, S. and G. J. Hay, Eds., Springer: Berlin, 531-554.

Homer, C. H., Fry, J. A., and C. A. Barnes, 2012, *The National Land Cover Database*, U.S. Geological Survey Fact Sheet 2012-3020, 4 p.

Huang, K., 2002, "A Synergistic Automatic Clustering Technique for Multispectral Image Analysis," *Photogrammetric Engineering & Remote Sensing*, 68(1):33-40.

Huang, X., and J. R. Jensen, 1997, "A Machine Learning Approach to Automated Construction of Knowledge Bases for Image Analysis Expert Systems That Incorporate GIS Data," *Photogrammetric Engineering & Remote Sensing*, 63(10):1185-1194.

Hutchinson, C. F., 1982, "Techniques for Combining Landsat and Ancillary Data for Digital Classification Improvement," *Photogrammetric Engineering & Remote Sensing*, 48(1):123-130.

Ifarraguerri, A., and M. W. Prairie, 2004, "Visual Method for Spectral Band Selection," *IEEE Geoscience and Remote Sensing Letters*, 1(2):101-106.

IGBP-IHDP, 2002, *Land Use and Land Cover Change (LUCC): A Joint IGBP- IHDP Research Project*, http://www.igbp.net/.

Im, J., 2006, *A Remote Sensing Change Detection System Based on Neighborhood/Object Correlation Image Analysis, Expert Systems, and an Automated Calibration Model*, Ph.D. dissertation, Dept. of Geography, University of South Carolina, Columbia, SC.

Im, J., Jensen, J. R., and J.A. Tullis, 2008, "Object-based Change Detection

Using Correlation Image Analysis and Image Segmentation Techniques," *International Journal of Remote Sensing*, 29(2): 399-423.

Im, J., Jensen, J. R., Jensen, R. R., Gladden, J., Waugh, J., and M. Serrato, 2012, "Vegetation Cover Analysis of Hazardous Waste Sites in Utah and Arizona Using Hyperspectral Remote Sensing," *Remote Sensing*, 2012(4):327-353.

Jensen J. R., 2007, *Remote Sensing of The Environment: An Earth Resource Perspective*, 2nd Ed., Upper Saddle River, NJ: Prentice-Hall, 592 p.

Jensen, J. R., and D. C. Cowen, 1999, "Remote Sensing of Urban/Suburban Infrastructure and Socioeconomic Attri-butes," *Photogrammetric Engineering & Remote Sensing*, 65:611-622.

Jensen, J. R., and D. L. Toll, 1982, "Detecting Residential Land Use Development at the Urban Fringe," *Photogrammetric Engineering & Remote Sensing*, 48:629-643.

Jensen, J. R., and M. E. Hodgson, 2011, *Predicting the Impact of Sea Level Rise in the Upper May River near Bluffton, SC, using an Improved LiDAR-derived Digital Elevation Model, Land Cover Extracted from High Resolution Digital Aerial Imagery, and Sea Level Rise Scenarios*, Charleston: The Nature Conservancy, 78 p.

Jensen, J. R., and R. R. Jensen, 2013, *Introductory Geographic Information Systems*, Upper Saddle River: Pearson, Inc., 400 p.

Jensen, J. R., Im, J., Hardin, P., and R. R. Jensen, 2009, "Chapter 19: Image Classification," in *The Sage Handbook of Remote Sensing*, Warner, T. A., Nellis, M. D. and G. M. Foody, (Eds.), 269-296.

Jensen, J. R., Botchway, K., Brennan-Galvin, E., Johannsen, C., Juma, C., Mabogunje, A., Miller, R., Price, K., Reining, P., Skole, D., Stancioff, A., and D. R. F. Taylor, 2002, *Down to Earth: Geographic Information for Sustainable Development in Africa*, Washington: National Research Council, 155 p.

Jensen, J. R., Garcia-Quijano, M., Hadley, B., Im, J., Wang, Z., Nel, A. L., Teixeira, E., and B. A. Davis, 2006, "Remote Sensing Agricultural Crop Type for Sustainable Development in South Africa," *Geocarto International*, 21(2):5-18.

Jia, K., and 7 co-authors, 2014, "Land Cover Classification of Finer Resolution Remote Sensing Data Integrating Temporal Features from Time Series Coarser Resolution Data," *ISPRS Journal of Photogrammetry & Remote Sensing*, 93:49-55.

Kerr, J., and M. Ostrovsky, 2003, "From Space to Species: Ecological Applications for Remote Sensing," *Trends in Ecology and Evolution*, 18(6):299-305.

Konecny, G., 2014, *Geoinformation: Remote Sensing, Photogrammetry and Geographic Information Systems*, Boca Raton: CRC Press, 416 p.

Kuehn, S., Benz, U., and J. Hurley, 2002, "Efficient Flood Monitoring Based on RADARSAT-1 Images Data and Information Fusion with Object-Oriented Technology," *Proceedings, IGARSS*, 3 p.

Lawrence, R. L., and A. Wright, 2001, "Rule-Based Classification Systems Using Classification and Regression Tree (CART) Analysis," *Photogrammetric Engineering & Remote Sensing*, 67(10):1137-1142.

Lillesand, T., Kiefer, R., and J. Chipman, 2008, *Remote Sensing and Image Interpretation*, 6th Ed., New York: John Wiley, 756 p.

Liu, K., and F. Xia, 2010, "Assessing Object-based Classification,: Advantages and Limitations," *Remote Sensing Letters*, 1(4):187-194.

Lo, C. P., and A. K. Yeung, 2007, *Concepts and Techniques of Geographic Information Systems*, 2nd Ed., Upper Saddle River, NJ: Prentice-Hall, 492 p.

Lu, D., and Q. Weng, 2007, "A Survey of Image Classification Methods and Techniques for Improving Classification Performance," *International Journal of Remote Sensing*, 28, 823-870.

Mahlein, A., Rumpf, T., Welke, P., Dehne, H., Plumer, L., Steiner, U., and E. Oerke, 2013, "Development of Spectral Indices for Detecting and Identifying Plant Diseases," *Remote Sensing of Environment*, 1128:21-30.

Mausel, P. W., Kamber, W. J., and J. K. Lee, 1990, "Optimum Band Selection for Supervised Classification of Multispectral Data," *Photogrammetric Engineering & Remote Sensing*, 56(1):55-60.

McIver D. K., and M. A. Friedl, 2002, "Using Prior Probabilities in Decision-tree Classification of Remotely Sensed Data," *Remote Sensing of Environment*, 81:253-261.

Memarsadeghi, N., Mount, D. M., Netanyau, N., and J. Le Mogne, 2007, "A Fast Implementation of the ISODATA Clustering Algorithm," *International Journal of Computational Geometry & Applications*, 17(1):71-103.

MRLC, 2014 *National Land Cover Database 2006 Product Legend*, Washington: MRLC, http://www.mrlc.gov/nlcd06_leg.php.

Myint, S. W., Gober, P., Brazel, A., Grossman-Clarke, S., and Q. Weng, 2011, "Per-pixel vs. Object-based Classification of Urban Land Cover Extraction using High Spatial Resolution Imagery," *Remote Sensing of Environment*, 115:1145-1161.

NASA Earth Observatory, 2002, "NASA's *Terra* Satellite Refines Map of Global Land Cover," *Earth Observatory News*, 02-126, August 13, 2002.

NASA GSFC, 2014, *MODIS Land Cover and Land Cover Change Data Product #12*, Greenbelt, MD: NASA Goddard Space Flight Center, http://modis.gsfc.nasa.gov/data/dataprod/dataproducts.php?MOD_NUMBER=12.

NOAA C-CAP, 2014, *Coastal Change Analysis Program (CCAP) Regional Land Cover*, Charleston: NOAA Coastal Services Center, http://www.csc.noaa.gov/digitalcoast/data/ccapregional.

O'Neill, R. V., Hunsaker, C. T., Jones, K. B., Ritters, K. H., Wickham, J. D., Schwarz, P., Goodman, I. A., Jackson, B., and W. S. Bailargeon, 1997, "Monitoring Environmental Quality at the Landscape Scale," *BioScience*, 47(8):513-519.

Ozkan, C., and F. S. Erbek, 2003, "The Comparison of Activation Functions for Multispectral Landsat TM Image Classification," *Photogrammetric Engineering & Remote Sensing*, 69(11):1225-1234.

Pasher, J., and D. J. King, 2010, "Multivariate Forest Structure Modelling and Mapping using High Resolution Air-borne Imagery and Topographic Information," *Remote Sensing of Environment,* 114:1718-1732.

Pena-Barragan, J. M., Ngugi, M. K., Plant, R. E., and J. Six, 2011, "Object-based Crop Classification using Multiple Vegetation Indices, Textural features and Crop Phenology," *Remote Sensing of Environment*, 115:1301-1316.

Phillips, T., et al., 2011, "Modeling Moulin Distribution on Sermeq Avannarleq Glacier using ASTER and WorldView Imagery and Fuzzy Set Theory," *Remote Sensing of Environment*, 115:2292-2301.

Pu, R., Gong, P., Michishita, R., and T. Sasagawa, 2008, "Spectral Mixture Analysis for Mapping Abundance of Urban Surface Components from the Terra/ASTER Data," *Remote Sensing of Environment*, 112:949-954.

Qiu, F., and J. R. Jensen, 2004, "Opening the Neural Network Black Box and Breaking the Knowledge Acquisition Bottleneck of Fuzzy Systems for Remote Sensing Image Classification," *International Journal of Remote Sensing*, 25(9):1749-1768.

Ricchetti, E., 2000, "Multispectral Satellite Image and Ancillary Data Integration for Geological Classification," *Photogrammetric Engineering & Remote Sensing,* 66(4):429-435.

Rich, R. L., Frelich, L., Reich, P. B., and M. E. Bauer, 2010, "Detecting Wind Disturbance Severity and Canopy Heterogeneity in Boreal Forest by Coupling High-Spatial Resolution Satellite Imagery and Field Data," *Remote Sensing of Environment*, 114:299-308.

Richards, J. A., 2013, *Remote Sensing Digital Image Analysis*, 5th Ed., NY: Springer, 494 p.

Rocchini, D., Ricotta, C., and A. Chiarucci, 2007, "Using Satellite Imagery to Assess Plant Species Richness: The Role of Multispectral Systems," *Applied Vegetation Science*, 10:325-331.

Schowengerdt, R. A., 2007, *Remote Sensing: Models and Methods for Image Processing*, 3rd Ed., San Diego, CA: Academic Press, 515 p.

Song, C., 2005, "Spectral Mixture Analysis for Subpixel Vegetation Fractions in the Urban Environment: How to Incorporate Endmember Variability?" *Remote Sensing of Environment*, 95:248-263.

Stow, D., Coulter, L., Kaiser, J., Hope, A., Service, D., Schutte, K., and A. Walters, 2003, "Irrigated Vegetating Assessments for Urban Environments," *Photogrammetric Engineering & Remote Sensing*, 69(4):381-390.

Swain, P. H. and S. M. Davis, 1978, *Remote Sensing: The Quantitative Approach*, New York: McGraw-Hill, 166-174.

Textron Systems, 2014, *Feature Analyst,* Missoula, MT: Visual Learning Systems, http://www.textronsystems.com/capabilities/geospatial.

Townshend, J. R. G., Huang, C., Kalluri, S., DeFries, R., Liang, S., and K. Yang, 2000, "Beware of Per-pixel Characterization of Land Cover," *International Journal of Remote Sensing*, 21(4):839-843.

Trimble, Inc., 2014, *eCognition*, Version 3.0, Parsippany: Definiens, Inc., http://www.ecognition.com/.

Tsai, Y. H., Stow, D., and J. Weeks, 2011, "Comparison of Object-Based Image Analysis Approaches to Mapping New Buildings in Accra, Ghana Using Multi-Temporal QuickBird Satellite Imagery," *Remote Sensing*, 2011(3):2707-2726.

Wang, F., 1990a, "Improving Remote Sensing Image Analysis through Fuzzy Information Representation," *Photogrammetric Engineering & Remote Sensing*, 56(8):1163-1169.

Wang, F., 1990b, "Fuzzy Supervised Classification of Remote Sensing Images," *IEEE Transactions on Geoscience and Remote Sensing*, 28(2):194-201.

Wang, Z., Jensen, J. R., and J. Im, 2010, "An Automatic Region-based Image Segmentation Algorithm for Remote Sensing Applications," *Environmental Modelling & Software*, 25(10):1149-1165.

Warner, T. A., Almutairi, A., and J. Y. Lee, 2009, "Chapter 33: Remote Sensing of Land Cover Change," in *The Sage Handbook of Remote Sensing*, Warner, T. A., Nellis, M. D., and G. M. Foody, (Eds.), Los Angeles: Sage, 459-472.

Welch, R. A., 1982, "Spatial Resolution Requirements for Urban Studies," *International Journal of Remote Sensing*, 3:139-146.

Weng, Q., 2014, *Global Urban Monitoring and Assessment through Earth Observation*, New York: Routledge, 440 p.

Xian, G., Homer, C., and J. Fry, 2009, "Updating the 2001 National Land Cover Database Land Cover Classification using Landsat Imagery Change Detection Methods," *Remote Sensing of Environment*, 113:1133-1147.

10 인공지능을 이용한 정보 추출

인공지능(Artificial Intelligence, AI)의 정의는 다음과 같다.

> 인간의 지능을 필요로 하는 일들을 수행할 수 있는 컴퓨터 시스템의 이론 및 개발(Oxford, 2014).

그러나 인공적으로 지능적인 시스템이 언제 만들어졌는지 어떻게 알 수 있을까? 이상적으로 Turing 테스트라는 것을 사용하는데, 이것은 만약 우리가 관심 있는 어떤 문제에 대한 컴퓨터의 반응과 인간의 반응을 구분할 수 없다면 그 컴퓨터 시스템은 지능을 가지고 있다고 본다는 것이다(Turing, 1950). 이 테스트는 인공지능 프로그램이 5분 동안 질문자와 대화를 가지도록 하는데, 질문자는 대화를 나누는 상대가 누구인지 모른다. 그런 다음 질문자는 그 대화가 인공지능 프로그램과 한 것인지 아니면 실제 사람과 한 것인지를 추측해야 한다. 만약 대화시간의 30% 이상 동안 AI 프로그램이 질문자로 하여금 실제 사람과 대화한다고 생각하게 했다면 그 프로그램은 테스트를 통과한 것이다. 유감스럽게도, 대부분의 인공지능 시스템은 Turing 테스트를 통과하기가 매우 어렵다. 이러한 이유로, "전체적으로 Turing 테스트에는 거의 신경을 쓰지 않았던 AI 영역"은 대신 단순히 작업하는 인공지능 응용분야 개발에 앞장서고 있다(Russell and Norvig, 2010).

인공지능 연구는 RAND Corporation에 있는 Allen Newell과 Herbert Simon이 컴퓨터가 계산 이상의 것을 할 수 있다는 것을 증명한 1955년부터 시작되었다.

> 그들은 컴퓨터가 실세계의 구조물을 포함한 무언가를 나타낼 수 있는 기호를 이용한 물리적인 기호 시스템임을 증명했다. 또한 컴퓨터 프로그램은 이 구조물들과 관련되는 규칙으로서 사용될 수 있음을 밝혔다. 이러한 방식으로 컴퓨터는 지능의 특정 주요 측면을 모의하는 데 사용될 수 있다. 이렇게 해서 인공지능적인 정보처리 모델이 탄생하게 되었다(Dreyfus and Dreyfus, 2001).

유감스럽게도, 1970년대에 원격탐사가 만병통치약처럼 여겨졌듯이, 인공지능은 1960년대에 과신되는 경향이 있었다. 일반적으로 인공지능을 이용하여 문제를 해결하는 것은 원래 기대했던 것보다 훨씬 어려웠으며, 과학자들은 컴퓨터로 하여금 인간 전문가에 의해 반복적으로 해결되어 왔던 문제들을 해결하게 끔 할 수 없었다. 그러므로 과학자들은 대신 '극미 세계'나 매우 좁은 주제 영역에서의 인공지능 개발에 몰두하게 되었다. 이로부터 게임, 질병진단(MYCIN), 분광기 분석(DENDRAL) 등과 같은 선택된 응용분야에 대해 최초로 유용한 인공지능 시스템을 개발하게 되었다. MYCIN은 1976년에 스탠퍼드대학에서 개발되었는데 이는 의사들을 도와서 피 속의 박테리아나 뇌막염에 의한 전염성 혈액질병을 가진 환자들을 진료하는 데 도움을 주었다. 이러한 질병은 만약 재빨리 치료되지 않으면 치명적일 수 있다. DENDRAL 프로그램은 대용량 분광계에 의해 제공되는 정보로부터 분자단위의 구조를 추론하는 문제를 해결하였다(Buchanan and Lederberg, 1971). DENDRAL은 수많은 특수 목적의 규칙들로부터 전문적 지식을 추출하는 첫 번째 성공적인 지식집약적 시스템이었다. 이처럼 인공지능 분야는 엄청난 속도로 발전해 갔다. NASA의 REMOTE AGENT 프로그램은 첫 번째 내장형의 자발적 계획 프로그램으로, 이는 지구로부터 수억 마일 떨어진 곳을 여행하는 우주선의 운영 계획을 조절하는 것이었다(Jonsson et al., 2000). 그러한 전문가 시스템은 인간 전문가로부터 추출된 지식이나 규칙의 사용에 기초하고 있다. 지식은 지식엔진에 의해 전문가로부터 추출되고 컴퓨터에 의해 수행될 수 있는 규칙기반 사고형태로 전환된다.

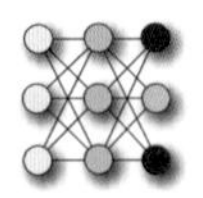

개관

이 장은 기계학습기반 결정나무, 회귀나무, 랜덤 포레스트, 서포트 벡터 머신 등을 포함한 지식기반 전문가 시스템의 기본 특성들을 소개한다. 이어 인공신경망의 특성을 다루고, 원격탐사 영상으로부터 정보를 추출하는 데 있어 이러한 기법들의 장점 및 한계점을 살펴본다.

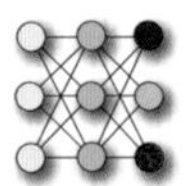

전문가 시스템

지식기반 **전문가 시스템**은 "일반적으로 인간 지능을 필요로 하는 문제를 해결하기 위해 인간의 지식을 사용하는 시스템"으로 정의될 수 있다(PC AI, 2002). 이러한 시스템은 문제해결과정에서 인공지능을 사용하여 사람들의 의사결정, 학습 및 행동에 도움을 준다(Akerkar and Sajja, 2009). 이것은 바로 좁은 영역에서 효율적, 효과적으로 문제를 해결하는 능력이자 전문가의 수준에서 수행하는 능력이다. 전문가 시스템은 컴퓨터 내에서 자료와 규칙으로 표현되는 전문가 영역의 지식기반을 뜻한다. 규칙과 자료는 문제해결에 필요할 때 요구될 수 있으며 지식기반 영역 내의 다른 문제는 다시 프로그래밍하지 않고 동일한 프로그램을 사용하여 해결할 수도 있다.

지식기반 전문가 시스템은 원격탐사 연구에서 광범위하게 사용되고 있다. 기계학습 **결정나무 분류자**는 토지피복이나 토지이용과 같은 범주형 정보를 추출하는 데 사용될 수 있다. 예를 들어, 결정나무 분류는 NASA의 전지구 토지피복 산출물(MODIS Collection 5)을 만드는 데 사용된다(Friedl et al., 2010). Pena-Barragan 등(2011)과 Duro 등(2012)은 다양한 결정나무 모델을 이용하여 농경지 토지피복 분류를 수행하였다. 기계학습 회귀나무 역시 연속적인 정보를 추정하는 데 사용될 수 있다. 예를 들어, Coops 등(2006)은 CART(Classification and Regression Tree)를 이용하여 캐나다 산림지역의 소나무 재선충 피해 확률을 지도화하였다. Im 등(20120a, b)은 회귀나무를 이용하여 LAI와 도시지역의 불투수층 확률을 추정하였다.

전문가 시스템은 복잡한 이질적인 환경에서 변화를 탐지하는 데 사용되기도 한다(Yang and Chung, 2002). 예를 들어, Im과 Jensen(2005)은 변화탐지에 상관 영상분석 기법을 도입하여 고해상도의 두 시기 영상으로부터 근린상관영상을 추출하였다. 이어 기계학습 결정나무 분류 툴인 C5.0을 이용하여 근린상관영상과 두 시기 영상으로부터 변화정보를 탐지하였다. USGS는 결정나무 및 회귀나무 기법을 이용하여 NLCD(National Land Cover Database) 자료로부터 변화를 탐지하고 있다(Xian et al., 2009, 2011).

지식기반 전문가 시스템은 그림 10-1에 나와 있는 성분으로 구성되어 있다.

- 인간 전문가
- 사용자 인터페이스
- 지식기반(규칙기반 영역)
- 추론 엔진
- 온라인 데이터베이스
- 사용자

이들 요소 각각의 특성을 살펴볼 필요가 있다.

전문가 시스템 사용자 인터페이스

전문가 시스템 사용자 인터페이스는 사용하기 쉬워야 하고, 상호작용적이며, 흥미 있어야 한다. 또한 지능적이어야 하며, 가능한 한 쾌적한 통신(의사소통) 환경을 제공하기 위해 다양한 사용자 선호 기능을 가지고 있어야 한다. 그림 10-2는 상업적으로 이용 가능한 지식공학 인터페이스를 보여 주고 있는데,

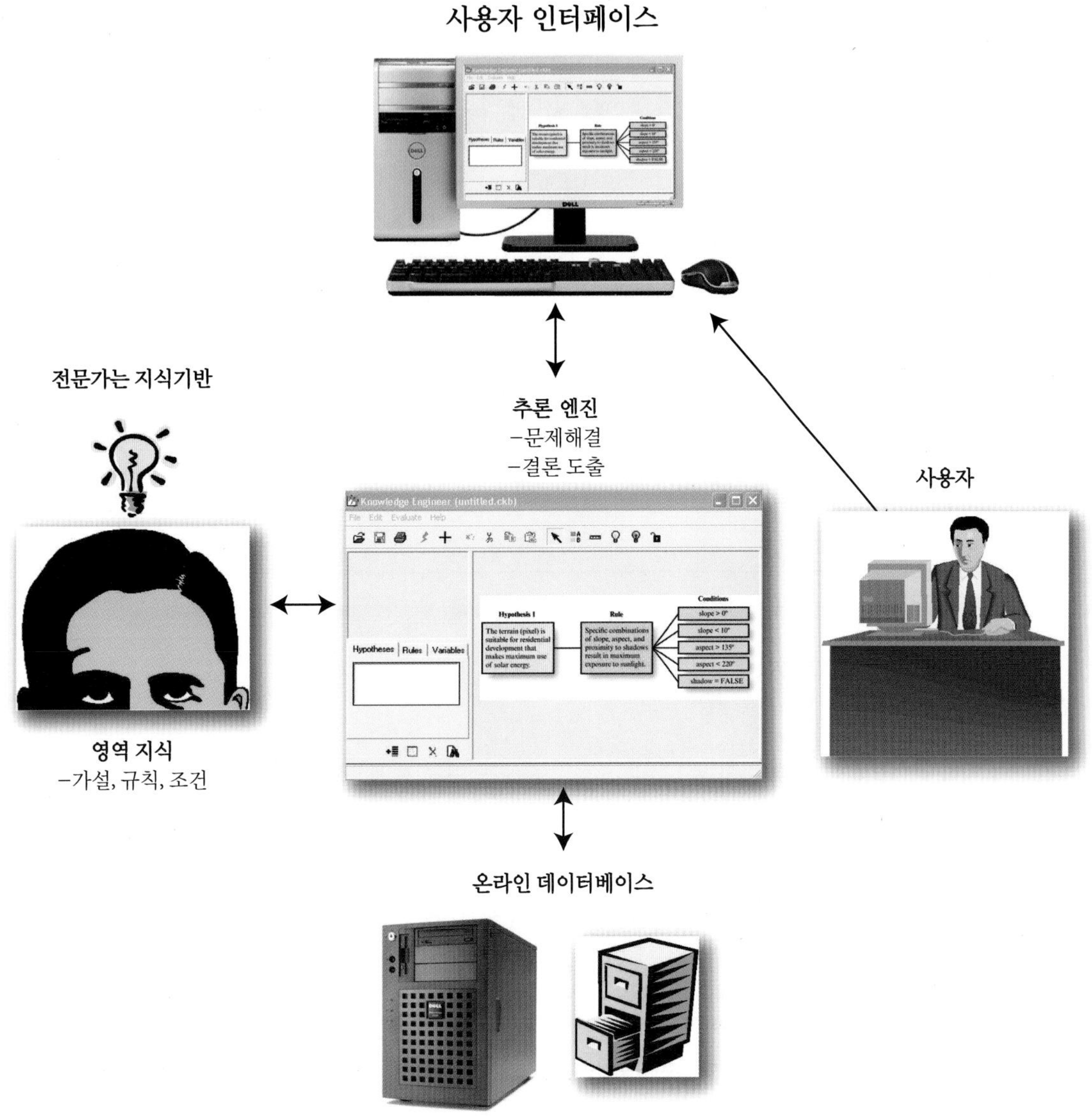

그림 10-1 전형적인 규칙기반 전문가 시스템의 구성요소. 전문가의 머릿속에 저장되어 있는 영역(주제) 지식은 가설(문제), 규칙, 그리고 그 규칙을 만족시키는 조건들로 구성된 지식기반의 형태로 추출된다. 사용자 인터페이스와 추론 엔진은 지식기반 규칙들을 암호화하고, 온라인 데이터베이스로부터 필요한 정보를 추출하며 문제를 해결하는 데 사용된다. 그러한 정보는 전문가 시스템에 질의하는 사용자에게 가치 있다.

이것은 원격탐사를 보조하는 전문가 시스템을 개발하는 데 사용될 수 있다. 이 전문가 시스템 셸(shell)[1]은 객체지향 프로그래밍을 이용하여 만들어졌으며 사용하기 쉽다. 전체 전문가 시스템에서 사용되는 모든 가설, 규칙, 조건들은 단일 사용자 인터페이스에서 보이거나 질의될 수 있다.

지식기반 구축

영상, 책, 논문, 안내서, 정기간행물 등은 그 속에 엄청난 정보를 가지고 있다. 식생, 토양, 암석, 수계, 대기, 도시기반 등의 분야에서 실제적인 경험 또한 매우 중요하다. 그러나 인간은 정보와 경험을 이해하고 있어야 하며, 그것을 유용한 형태의 지식으로 변화시켜야 한다. 많은 사람들이 영상, 책, 논문, 안내서, 정기간행물 등에서 정보를 해석하고 이해하는 데 어려움을 가지고 있으며, 이와 유사하게 일부 사람들은 현장작업으로부터 충분한 지식을 획득하지 못한다. 다행히 일부 초보자와 과학자들은 특히 다음의 서로 다른 세 가지 문제해결 접근 방

1 역주 : 이용자와 시스템 간의 대화를 가능하게 해 주며, 이용자가 입력한 문장을 읽어 그 문장이 요구하는 시스템 기능을 수행하도록 해 주는 명령 해석기(정보통신 용어사전)

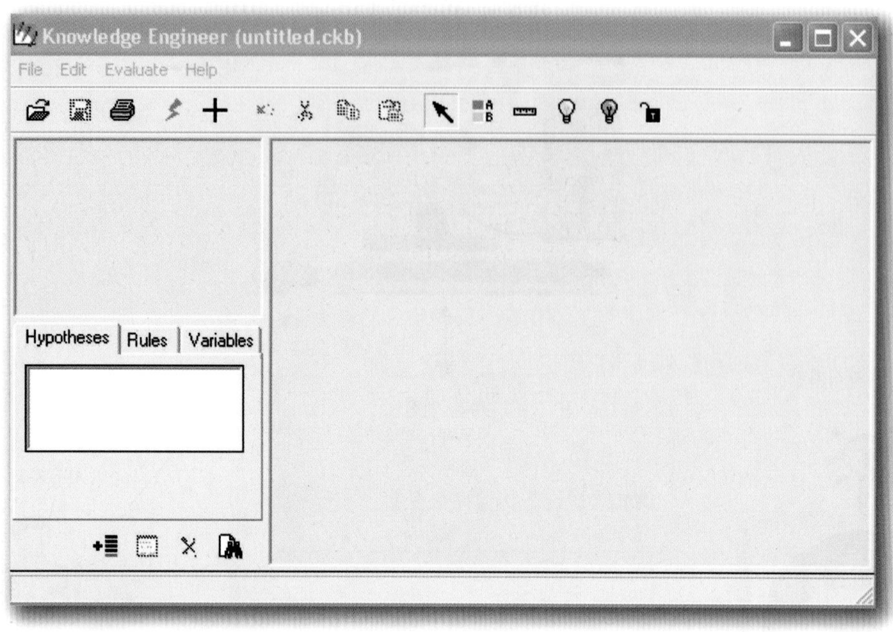

그림 10-2 ERDAS Imagine의 Expert Classifier에 사용된 지식공학자(인터페이스 제공 : Hexagon Geospatial)

식을 이용하여 그들의 지식을 처리하는 데 익숙하다.

- 일반적인 컴퓨터 프로그램을 이용한 알고리듬
- 자기발견적인 지식기반 전문가 시스템
- 인공신경망

알고리듬을 이용한 문제해결 방식

전통적인 컴퓨터 프로그램을 통한 알고리듬은 구체적인 문제를 해결하기 위한 기본 알고리듬, 필요한 경계 조건, 그리고 자료 외에는 거의 지식을 사용하지 않는다. 지식은 일반적으로 프로그래밍 코드 내에 존재하며 새로운 지식이 이용 가능해지면 프로그램을 수정하거나 다시 컴파일링해야 한다(표 10-1).

자기발견적인 지식기반 전문가 시스템을 이용한 문제해결 방식

반면, 지식기반 전문가 시스템은 구체적인 응용분야에 대해서 인간의 수많은 노하우 단편들을 모은 뒤, 적절한 지식을 이용하여 문제를 추론하는 데 사용되는 **지식기반**에 그 단편들을 위치시킨다. 전형적인 알고리듬을 이용한 시스템과 지식기반 전문가 시스템을 구별 짓는 특징들이 표 10-1에 나와 있다. **자기발견적 지식(heuristic knowledge)**은 '실험을 통해, 특히 시행착오를 겪으면서 학습하고, 발견하며, 혹은 문제를 해결하는 것'으로 정의된다. 자기발견적 컴퓨터 프로그램은 종종 탐험적 문제해결 및 피드백을 통한 자기교육 기술을 활용하여 수행능력을 향상시킨다(Merriam-Webster, 2003).

전문가 문제 : 유감스럽게도, 대부분의 전문가들은 그들이 어떻게 전문적인 작업을 수행하는지를 정확히 모른다(Dreyfus and Dreyfus, 2001). 그들의 전문적 기술들 중 대부분은 삶의 경험이나 수백 혹은 수천 개의 사례연구에서 나온 것이다. 전문가들이 복잡한 시스템의 실타래처럼 엉킨 작업들을 이해하는 것은 어려우며, 그것들을 구성 요소에 따라 나눈 다음 다시 인간이 결정을 내리는 처리과정을 모의하도록 하는 것은 더더욱 어렵다. 그러므로 비교적 좁게 정의된 가설(문제)을 해결하기 위해 전문가 머릿속에 들어 있는 지식을 끄집어내어 어떻게 전문가 시스템을 만드는 데 필요한 규칙과 조건으로 바꿀 것인가 하는 것이 문제인데, 이것은 **지식공학자**(전문가 시스템을 구성하는 프로그래머)들이 담당해야 하는 부분이다.

지식공학자는 영역 전문가에게 질문하여, 조사 중인 가설(문제)에 적절한 규칙과 조건을 가능한 한 많이 추출한다. 이상적으로는 지식공학자가 가장 적합한 규칙을 만드는 데 뛰어난 능력을 가지고 있어야 한다. 그러나 이는 쉽지 않으며, 지식공학 처리에 드는 비용 및 시간이 상당할 수 있다.

최근에 생물학자, 지리학자, 농학자, 산림학자와 같은 영역 전문가가, 예를 들어, Hexagon사의 ERDAS Imagine의 전문가

표 10-1 일반적인 알고리듬 형태의 문제해결 시스템과 구별되는 지식기반 전문가 시스템의 특성(Darlington, 1996에 기초)

특성	지식기반 전문가 시스템	일반적인 알고리듬 형태의 시스템
패러다임	**자기발견적.** 경험법칙에 기초. 해결 단계는 함축적임(프로그래머에 의해 결정되지 않음). 해결이 항상 올바른 것은 아님. 선언적 문제해결 패러다임.	**알고리듬적.** 해결단계가 프로그래머에 의해 명확히 밝혀짐. 올바른 답이 일반적으로 주어짐. 절차적 문제해결 패러다임.
운영방식	**기호를 통한 사고.** 알려진 전제로부터 결론 추론. 추론 엔진은 전제가 평가되는 순서를 결정.	수치 자료를 정렬, 계산, 처리함으로써 정보를 생산.
처리단위	**지식.** 일반적으로 규칙과 조건의 형태로 표현. 지식은 전문가 시스템이 지식을 통해 사고하여 주어진 자료로부터 새로운 지식을 추론한다는 점에서 능동적.	**자료.** 전형적으로 C^{++}와 같은 언어로 배열이나 레코드의 형태로 표현. 자료는 전형적으로 더 이상의 자료를 생성하지 않는다는 점에서 수동적.
제어 메커니즘	**추론 엔진**은 일반적으로 영역 지식과 구별됨.	자료나 정보, 그리고 제어는 일반적으로 통합됨.
기본 구성요소	**전문가 시스템** = 추론 + 지식	**일반적인 알고리듬적 시스템** = 알고리듬 + 자료
설명 능력	**있음.** 사고과정의 기초를 이루는 일련의 단계들을 명확히 추적함으로써 사용자로 하여금 전문가 시스템이 어떻게 결론에 도달했고 시스템이 왜 특정 질문에 대한 답을 요구하고 있는지를 발견하도록 함.	**없음**

시스템 Knowledge Engineer(Hexagon ERDAS Imagine, 2014) 등을 이용하여 자체 질의하고 문제와 연관된 규칙들을 정확히 구체화함으로써 자신들의 지식기반 전문가 시스템을 만들 수 있게 되었다. 이러한 경우, 전문가는 반드시 특정 영역에서 많은 지식을 가지고 있어야 하며, 가설을 만들고 규칙과 조건들을 '지식표현처리'에 적합한 이해 가능한 요소들로 분석할 수 있어야 한다.

지식표현처리

지식표현처리는 일반적으로 언어적 설명, 경험에 의한 규칙들, 영상, 책, 지도, 차트, 표, 그래프, 식 등과 같은 것으로부터 정보를 부호화하는 것을 말한다. 지식기반은 조사 중인 문제를 해결하기 위한 양질의 규칙들을 충분히 가지고 있어야 하는데, 규칙은 일반적으로 하나 이상의 'IF 조건, THEN 행동' 문구의 형태로 표현된다. 규칙의 조건 부분은 예를 들어, 조사 중인 화소는 입사하는 근적외선 에너지의 45% 이상을 반사해야 한다는 것과 같이 일반적으로 어떤 사실을 나타낸다. 특정한 규칙들이 적용될 때에는 새롭게 추출된 부가적 사실을 데이터베이스에 추가하거나 또 다른 규칙을 적용하는 것과 같은 다양한 작업이 발생할 수도 있다. 규칙들은 "경사가 높다"와 같이 함축적일 수도 있고, "70% 이상의 경사"와 같이 명확할 수도 있다. "IF c THEN d; IF d THEN e; 그러므로 IF c THEN e"와 같이 규칙들을 함께 묶는 것도 가능하다. 또한 사실과 규칙에 신뢰도(예 : 80% 신뢰도)를 추가하는 것도 가능한데, 예를 들어, MYCIN 전문가 시스템에 의해 사용되는 전형적인 규칙은 다음과 같다(Darlington, 1996).

IF 미생물이 Gram 방법에 의해 염색되지 않음
AND 미생물의 형태가 막대 형태
AND 미생물의 조직이 혐기성
THEN 그 미생물의 문(분류상의 한 단계)은 *Enterobacteriaceae*일 확률이 0.8 정도로 높다.

동일한 형태로 전형적인 원격탐사 규칙은 다음과 같다.

IF 청색 반사도가 < 15%(조건)
AND 녹색 반사도가 < 25%(조건)
AND 적색 반사도가 < 15%(조건)
AND 근적외선 반사도가 > 45%(조건)
THEN 그 화소가 식생일 확률이 0.8 정도로 높다.

결정나무 : 전문가 시스템을 개념화하는 가장 좋은 방법은 가설을 검증하기 위해 규칙과 조건을 평가하는 **결정나무 구조**(decision-tree structure)를 이용하는 것이다(그림 10-3). 결정나무가 가설, 규칙, 조건들로 구성될 때 각 가설은 나무의 큰 줄기로, 각 규칙은 나무의 가지로, 그리고 각 조건은 잎으로 간주된다. 이것은 일반적으로 **계층적 결정나무 분류자**로 불린다(예 : Swain and Hauska, 1977; Jensen, 1978; DeFries and Chan, 2000; Stow et al., 2003; Zhang and Wang, 2003; Friedl et al., 2010). 객체를 명명하는 데 계층적 구조를 사용하는 목적은 객체들 사

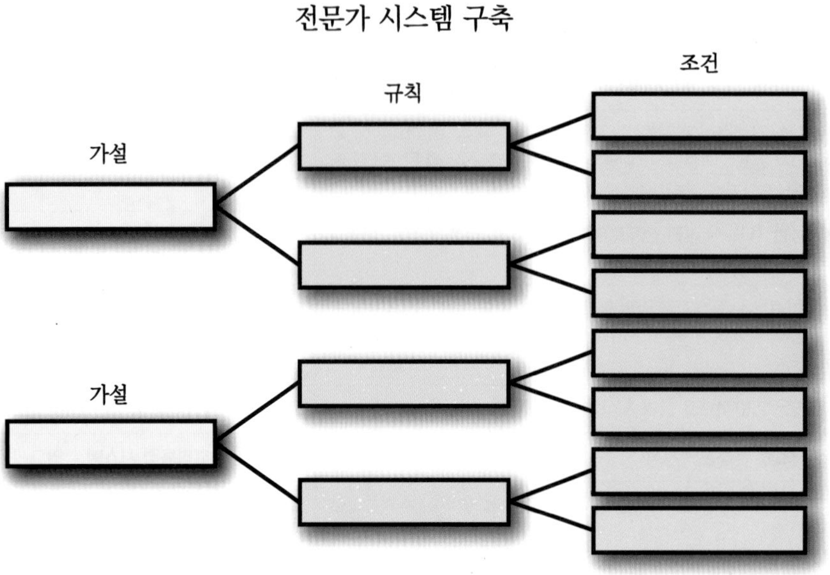

그림 10-3 전문가 시스템의 기본적 구조는 가설(문제), 규칙, 조건을 포함한다. 규칙과 조건은 자료(정보)를 기본으로 작성된다. 전문가 시스템에서 하나 이상의 가설을 사용할 수 있다.

이의 관계를 다른 관측 스케일에서 혹은 다른 상세 수준에서 살펴봄으로써 보다 포괄적인 이해를 얻기 위함이다(Tso and Mather, 2001).

결정나무는 개체나 일련의 속성값으로 기술된 상황을 입력값으로 받아들여 결정을 내린다. 입력값의 속성은 범주형일 수도 있고 연속형일 수도 있다. 출력값 또한 마찬가지로 범주형이기도 하고 연속형이기도 하다. 범주형 값의 함수를 학습하는 것은 **분류학습**이라고 불린다. 그러나 많은 활용분야에서 화소나 패치에 대해 LAI와 같은 생물리적인 정보를 추출하게 되는데, 이처럼 연속형 값의 함수를 학습하는 것은 **회귀학습**이라고 불린다(Lawrence and Wright, 2001; Jensen et al., 2009; Im et al., 2012a). 이 장에서는 각 예들이 참(긍정) 혹은 거짓(부정)으로 분류되는 불린(Boolean) 이진 분류에 집중할 것이다. 결정나무는 일련의 테스트를 수행함으로써 결정에 이르게 된다(Russell and Norvig, 2010; Im et al., 2012b).

결정나무는 반복적으로 자료를 나눔으로써 보다 균질한 부분집합이 되도록 클래스 멤버십을 예측하는 것이다(DeFries and Chan, 2000; Im et al., 2012a, b). 지식 영역을 구축하는 데 사용하는 논리를 살펴보기 위해 우선 간단하게 GIS 관련된 예를 보자.

가설 확인 : 지식영역을 만드는 전문가는 제시된 가설(문제)을 확인한다. 이는 귀납적인 논리와 신뢰도를 이용하여 검증되는 정식 가설일 수도 있고, 혹은 논리적 결론을 내리기 위한 비공식적 가설일 수도 있다.

- 가설 1 : 그 지형(화소)은 태양에너지를 최대한 이용하는 주거지 개발에 적합하다. 즉 지붕에 태양패널을 설치할 수 있을 것이다.

전문가 시스템 규칙을 구체화하기 : 전문가가 오랫동안 배워 왔던 자기발견적 경험규칙이 전문가 시스템의 중심이다. 만약 전문가의 자기발견적 규칙이 실제로 정확한 원리에 기초하고 있다면 전문가 시스템은 제대로 작동할 것이다. 그러나 만약 전문가가 해당 문제의 미묘한 부분을 모두 이해하고 있지 못하거나, 중요한 변수나 변수들 사이의 상호작용을 빠뜨렸거나, 혹은 특정 변수에 너무 많은 가중치를 적용했다면, 전문가 시스템의 결과는 정확하지 않을 수 있다. 그러므로 정확하고 확실한 규칙을 만드는 것이 매우 중요하다(Hodgson et al., 2003). 각 규칙은 그것이 속한 가설을 수용하기 위한 구체적인 조건들을 제공하는데 가설 1과 관련될 수 있는 규칙 중 하나는 다음과 같다.

- 그 지역의 경사, 향 및 그림자 확률의 구체적인 조합은 태양광에 최대 노출을 야기한다.

규칙 조건을 구체화하기 : 그 다음 전문가는 각 규칙에 맞아야

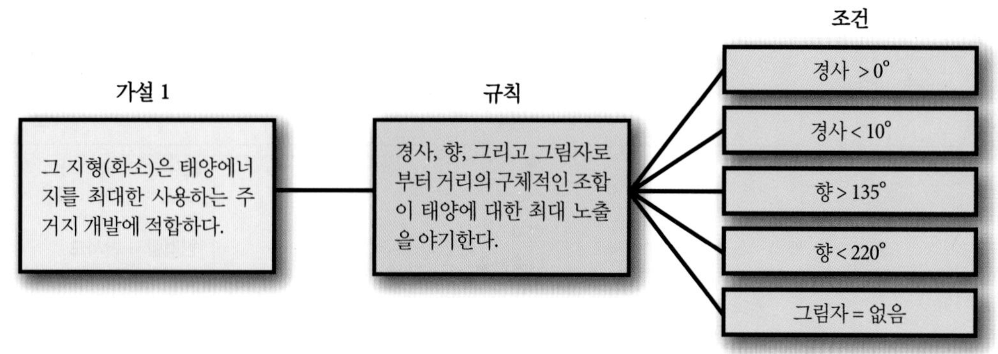

그림 10-4 인간 전문가에 의해 만들어진 결정나무 전문가 시스템으로 가설 1을 검증하기 위해 추론 엔진에 의해 조사되는 규칙과 조건을 포함하고 있다.

하는 하나 이상의 조건들을 구체화할 수 있다. 예를 들어, 위 규칙에 대한 조건들은 다음과 같을 수 있다.

- 경사>0°, AND
- 경사<10°(즉 그 지형은 이상적으로 1~9° 사이의 경사를 가져야 한다), AND
- 향>135°, AND
- 향<220°(즉 북반구에서는 최대 태양광을 얻기 위해서는 지형이 136~219° 사이의 남쪽을 향해야 한다), AND
- 그 지형은 주변 지형이나 나무, 혹은 기타 건물들의 그림자에 의해 방해받아서는 안 된다(이는 viewshed 모형으로부터 추출 가능함).

이런 경우, 계층적 결정나무는 그림 10-4와 같을 것이다.

전문가 시스템이 제대로 작동하기 위해서는 규칙에 필요한 자료(변수)를 다룰 수 있어야 한다. 이 경우, 세 가지 형태의 공간정보[상세한 DEM으로부터 추출된 경사, 향, 가시권(viewshed) 파일]가 하나의 규칙에 필요하다.

추론 엔진

용어 '사고'와 '추론'은 일반적으로 결론에 도달하기까지의 일련의 과정을 기술하는 데 사용된다(Russell and Norvig, 2010). 따라서 가설, 규칙, 조건은 전문가 시스템이 수행되는 '추론 엔진(inference engine)'에 입력되고, 각 규칙 내의 하나 이상의 조건부 선언문은 공간 자료를 이용하여 평가된다(예 : 135°<향<220°). 하나의 규칙 내의 다중 조건은 불린(Boolean) AND 논리에 기초하여 수행된다. 하나의 규칙 내의 모든 조건은 그 규칙을 만족시키기 위해 반드시 충족되어야 하는 반면, 하나의 가설 내에 있는 규칙은 그 가설을 수용할지 혹은 기각할지를 정하게 된다. 어떤 경우에는, 하나의 가설 내의 규칙들이 결과와 일치하지 않는데, 이런 경우에는 규칙 신뢰도(예 : 선호되는 규칙에서는 0.8 신뢰도, 다른 규칙에서는 0.7 신뢰도 등)를 이용하여 결정을 내리거나 규칙의 순위(예 : 첫 번째로 주어진 선호도)를 정해 결정해야 한다. 규칙과 연관된 신뢰도와 순서는 일반적으로 전문가에 의해 정해진다.

추론 엔진은 결론을 내리기 위해 지식기반에서 규칙들을 해석한다. 추론 엔진은 역방향 혹은 순방향 연쇄 전략, 혹은 둘 다 이용할 수도 있다. 역방향 및 순방향 추론과정은 전문가 시스템에 의해 추적될 수 있는 일련의 단계들로 구성된다. 이는 전문가 시스템으로 하여금 그들의 사고과정을 설명하도록 하는데, 전문가 시스템의 중요하고 긍정적인 특성 중 하나이다. 사람들은 일반적으로 의사가 자신들의 건강에 대해 진단을 내릴 때 사람들에게 어떻게 설명하는지를 알고 있다. 전문가 시스템은 어떤 특정 결론(진단)이 어떻게 내려졌는지에 대한 명확한 정보를 제공할 수 있다.

전문가 시스템 셸은 편집 가능한 추론 엔진을 제공한다. 전문가 시스템 셸은 추론 메커니즘(역방향 연쇄, 순방향 연쇄, 혹은 두 가지 모두)을 가지고 있고 입력되는 지식이 구체적인 포맷을 따르도록 요구한다. 전문가 시스템 셸은 비록 대부분의 프로그래밍 언어보다 좁은 범위의 응용분야를 가지고 있지만, 언어로서 충분히 자격이 있다(PC AI, 2002). 전형적인 인공지능 프로그래밍 언어에는 1950년대에 개발된 LISP, 1970년대에 개발된 PROLOG, 그리고 현재 C^{++}와 같은 객체지향언어가 있다.

온라인 데이터베이스

규칙과 조건은 온라인 데이터베이스에 저장된 자료와 정보를 사용하여 평가될 수 있다. 데이터베이스는 다양한 형태를 취할

표 10-2 원격탐사 및 DEM 자료를 이용하여 유타 주 메이플 산에 분포한 백색 전나무 숲을 추출하는 데 필요한 가설(클래스), 변수, 그리고 조건. 이들 변수들과 조건들은 일련의 추론 내에 불린 논리로 조직화되어 있으며 이 논리는 규칙과 부분 가설들을 사용함으로써 조절될 수 있다.

가설	변수	조건
백색 전나무(*Abies concolor*)	**향** **고도** **경사** **다중분광**	**향** = 300~45° 사이 **고도** = 1,200m 이상 **경사** = 25~50° **원격탐사 반사도** TM 밴드 1 청색 = 44~52 TM 밴드 2 녹색 = 31~40 TM 밴드 3 적색 = 22~32 TM 밴드 4 근적외선 = 30~86 TM 밴드 5 중적외선 = 19~47 **NDVI** = 0.2~0.7

수 있는데, 공간적일 수도 있고 원격탐사 영상과 래스터 및 벡터 형태의 주제도로 구성될 수도 있다. 그러나 데이터베이스는 또한 전문가에 의해 중요하다고 여겨지는 차트, 그래프, 알고리듬, 사진, 텍스트로 구성될 수도 있다. 데이터베이스는 상세하고 표준화된 메타데이터를 가지고 있어야 한다.

원격탐사 자료에 응용된 전문가 시스템

지식기반으로부터 규칙과 조건을 만드는 데 사용되는 두 가지 서로 다른 방법론을 이용하여 원격탐사 연구에서의 전문가 시스템 사용을 살펴보도록 하겠다. 첫 번째 전문가 시스템 분류는 인간 전문가에 의해 개발된 규칙을 사용하는 데 기초한다. 두 번째 예는 인간에 의해 생성된 것이 아니라 인간에 의해 시스템에 입력된 훈련자료에 기초하여 귀납적인 기계학습 알고리듬을 통해 만들어진 전문가 시스템 규칙들이다. 두 방법 모두 Landsat ETM$^+$ 영상과 연구지역의 DEM으로부터 추출된 몇몇 지형 변수를 사용하여 유타 주 유타 카운티에 있는 메이플 산에 백색 전나무(white fir)가 서식하는 지역을 식별하고자 한다. 인간 전문가 대 기계학습을 통한 규칙개발전략의 중요한 특성들이 비교될 것이다.

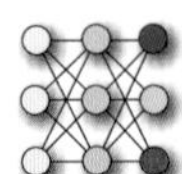

전문가에 의해 도출된 규칙에 근거한 결정나무 분류

이 예는 유타 주 유타 카운티의 메이플 산에 분포한 백색 전나무(*Abies concolor*) 숲을 매핑하기 위해 인간 전문가에 의해 구체화된 규칙에 기초하고 있다. 메이플 산은 계곡 바닥으로부터 5,000ft., 해발 10,200ft. 정도이다. 이 지역의 Landsat ETM$^+$ 전정색 영상은 1999년 8월 10일에 수집되었으며 그림 10-5a에 나와 있다. 근적외선, 적색, 녹색 밴드를 이용한 컬러조합 영상은 그림 10-5b에 나와 있다. 정규식생지수(Normalized Difference Vegetation Index, NDVI)는 그림 10-5c에 나와 있다.

이 예의 목적은 원격탐사 영상, 영상으로부터 추출된 산출물(예 : NDVI), DEM, 그리고 DEM으로부터 추출된 자료(경사, 향)를 이용하여 산림 피복 정보의 공간적 분포를 정확하게 추출하는 것이다. USGS에서 제작한 30×30m DEM이 그림 10-5d에 나와 있다. 등고선, 음영기복도, 경사 및 향을 DEM으로부터 추출하였다(그림 10-5e~i).

검증할 가설

공간 자료를 이용하여 검증(추출)할 가설(클래스)은 백색 전나무(*Abies concolor*)이다. 많은 다른 종류의 토지피복이 영상 내에 존재하지만 여기에서는 백색 전나무에만 초점을 맞추기로 한다. 전문가 시스템 논리의 전체적인 구조는 그림 10-6에 나와 있는 전문가 시스템 인터페이스의 결정나무 형식으로 표현된다. 가설은 결정나무에서 한쪽 옆에 놓인 기본, 즉 뿌리를 나타낸다.

규칙(변수)

유타 주 정부 산하 산림원에서 일하는 전문가가 이 지역의 다른 토지피복으로부터 백색 전나무를 구별하는 지식기반(가설, 규칙, 조건)을 개발했다. 그 규칙과 조건은 원격탐사 다중분광 반사도 특성과 NDVI와 같은 부산물, 해발 고도, 그리고 지형의 경사와 향에 의해 주로 조절되는 지역기후 및 토양수분조건에 기초하고 있다(표 10-2).

조건

전문가는 원격탐사 반사도 자료, 고도, 경사 및 향과 관련된 매

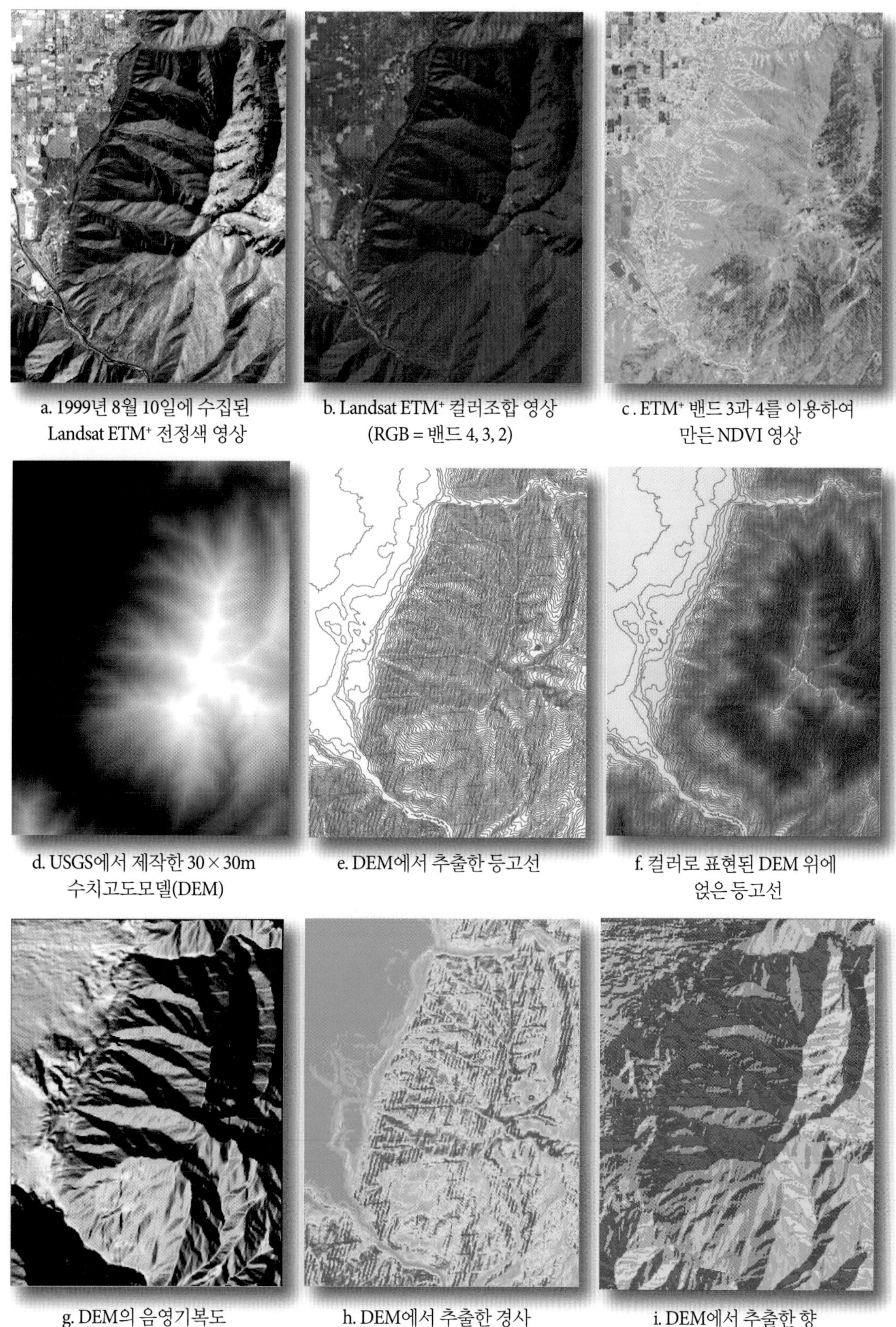

그림 10-5 a~i) 유타 주 유타 카운티의 메이플 산에 분포한 백색 전나무(*Abies concolor*)를 식별하는 데 사용된 데이터셋(Landsat ETM$^+$ 자료 제공 : NASA, DEM 제공 : USGS)

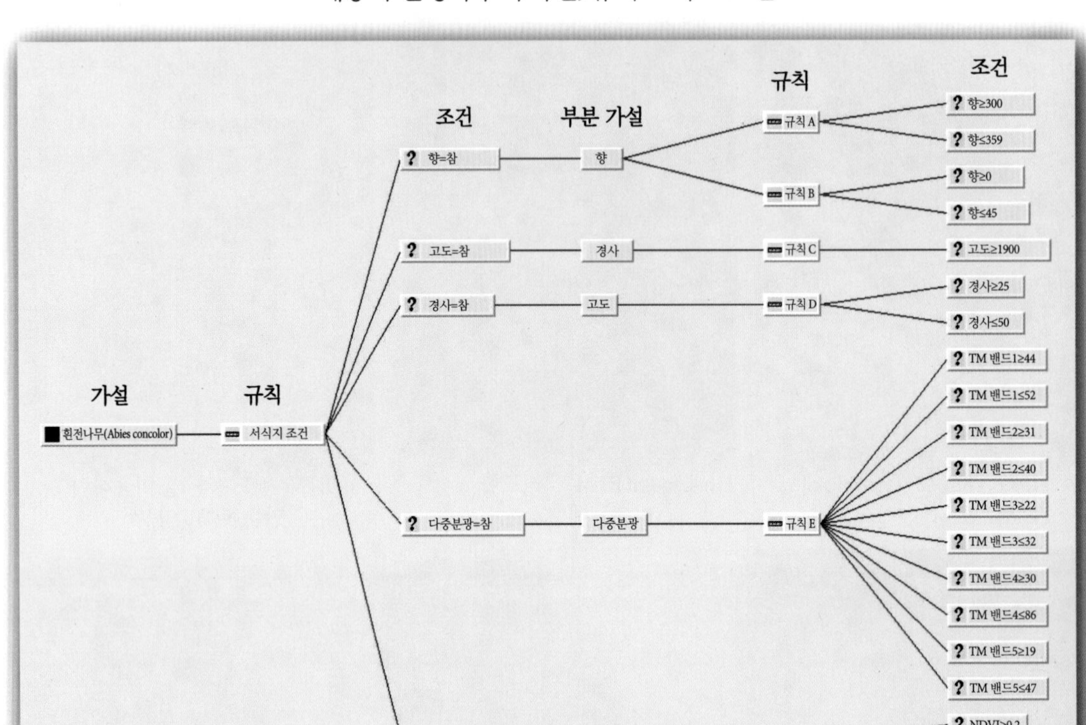

그림 10-6 유타 주 메이플 산에 분포한 백색 전나무(*Abies concolor*)의 지식기반 전문가 시스템 분류와 관련한 계층적 결정나무. 인간 전문가가 가설, 규칙, 조건을 식별했다.

우 구체적인 조건들을 만들었다. 유타 주의 해당 지역은 반건조 산악지역이며 여름 동안 거의 비가 오지 않아 상대적으로 수분이 적으므로 남향 지역은 여름 동안 토양수분이 낮다. 전문가는 백색 전나무가 매년 상당한 양의 토양수분을 필요로 하고 있으므로 북향(300°≤향≤45°)지역에서 잘 자란다는 것을 알고 있다. 또한 백색 전나무는 해발고도 1,900m 이상인 곳에서 잘 자라며 25~50° 사이의 경사 조건을 적용하여 다른 종들을 모두 구별할 수 있다.

백색 전나무 숲의 생리는 그 산에 자라는 다른 식생들과 비교할 때 비교적 구별되는 적색 및 근적외선 반사도 특성을 가지고 있다. 이는 Landsat 7 밴드 3과 4를 이용하여 NDVI값으로 변환했을 때 더욱 잘 나타난다.

$$\text{NDVI} = \frac{\rho_{TM4} - \rho_{TM3}}{\rho_{TM4} + \rho_{TM3}} \tag{10.1}$$

각 밴드 및 NDVI에 대한 구체적인 다중분광 원격탐사 조건은 표 10-2에 요약되어 있다. 전문가 시스템 인터페이스에 구체화된 가설, 규칙 및 조건은 그림 10-6에 요약되어 있다.

추론 엔진

전문가에 의해 생성된 가설, 규칙 및 조건을 추론 엔진에 입력한다. 추론 엔진은 필요한 공간 자료와 연결하여 규칙과 조건을 처리한다. 이로부터 백색 전나무의 공간적인 분포를 보여주는 평면 분류 지도가 생성되고 이는 그림 10-7e에 나와 있다. 그리고 그림 10-7f에는 Landsat ETM$^+$ 컬러조합 영상과 DEM을 중첩시켜 표현하였다.

유감스럽게도, 이 분류는 인간 전문가가 전문가 시스템 규칙과 조건을 생성하는 데 시간이 꽤 걸렸다. 만약 전문가 시스템이 훈련자료에 기초하여 자체적으로 규칙을 생성하는 방법이 있다면 훨씬 좋을 것이다. 이것이 기계학습에 관한 것으로 다음 절에 자세히 설명된다.

a. DEM 영상 위에 얹은 Landsat ETM$^+$ 컬러조합 (RGB = 밴드 4, 3, 2) 영상 취득일 1999년 8월 10일

b. DEM 영상 위에 얹은 Landsat ETM$^+$ 컬러조합 (RGB = 밴드 5, 4, 2)(방위각 90°)

c. 메이플 산의 지형사진 (방위각 = 113°)

d. DEM 영상 위에 얹은 Landsat ETM$^+$ 컬러조합 (RGB = 밴드 4, 3, 2). c와 같은 방위각에서 바라본 것

e. 백색 전나무의 전문가 시스템 분류 결과

f. DEM과 컬러조합 영상 위에 얹은 백색 전나무의 전문가 시스템 분류 결과

유타 주 메이플 산의 백색 전나무(*Abies concolor*)의 전문가 시스템 분류

그림 10-7 유타 주 메이플 산의 백색 전나무(*Abies concolor*)의 전문가 시스템 분류. a)와 b)는 DEM 위에 Landsat ETM$^+$ 컬러조합 영상을 얹은 그림. c) 현장에서 찍은 메이플 산의 사진. d) 113° 방위각을 가지고 본 메이플 산의 Landsat ETM$^+$ 컬러 영상. e)와 f)는 전문가 시스템 분류 결과를 각각 위에서, 그리고 경사지게 바라본 영상이다.

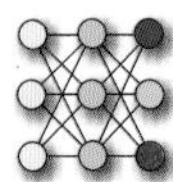

기계학습 결정나무와 회귀나무에 기초한 분류

전문가 시스템의 핵심은 지식기반에 있다. 지식기반을 구축하기 위해 컴퓨터가 이용 가능한 포맷으로 지식을 수집하는 일반적인 방법은 이전에 언급했던 것처럼 인간 영역 전문가와 지식공학자를 포함한다. 인간 영역 전문가는 지식공학자가 이해할 수 있는 언어로 어떤 주제에 대한 지식을 명확하게 표현한다. 지식공학자는 그 영역 지식을 컴퓨터가 이용 가능한 포맷으로 전환하여 지식기반에 저장한다.

이러한 처리과정은 전문가 시스템을 구축하는 데 있어 잘 알려진 문제인 '지식획득장애'를 야기하는데(Jensen et al., 2009), 이유는 다음과 같다.

- 영역 전문가와 지식공학자가 오랫동안 같이 일하도록 요구한다.
- 비록 전문가가 결정을 내리는 데 자신들의 지식을 사용할 수 있겠지만, 그들은 종종 지식을 컴퓨터 응용에 사용하기에 충분히 체계적이고, 정확하고, 완전한 형태로 명확히 표현하지 못할 때도 있다.

원격탐사 과학자들은 영상분석과정에서 지식기반을 구축할 때 이러한 어려움을 겪어 왔다. 예를 들어, 위성으로부터 토지피복을 지속적으로 모니터링하기 위해서는 대용량의 자료를 분석하기 위한 자동화된 처리과정이 필요하다(Friedl et al., 2010). 그러한 문제를 해결하기 위해 인공지능집단은 전문가 시스템 지식기반과 관련 규칙의 구축을 자동화하려고 많이 노력해 왔다(예 : Huang and Jensen, 1997; Tso and Mather, 2001; Tullis and Jensen, 2003; Jensen et al., 2009; Im et al., 2012a, b).

기계학습

기계학습(machine learning)은 처리과정을 학습하는 컴퓨터 모델링으로 정의된다. 이것은 컴퓨터로 하여금 귀납이나 연역과 같은 특정 추론 전략을 사용하여 현존하는 자료나 이론으로부터 지식을 획득하게 한다. 여기서는 영상분석 전문가 시스템용 지식기반을 구축하는 데 사용되는 귀납적 학습과 응용만을 살펴볼 것이다.

인간은 귀납적인 추론을 사용하여 교사나 환경에 의해 제공되는 몇몇의 분산된 사실로부터 정확한 일반화를 끄집어내는 능력을 가지고 있다. 이를 귀납적 학습이라 부른다(Huang and Jensen, 1997). 기계학습에서는 귀납적 학습과정이 입력 훈련자료를 설명하고 새로운 자료를 예측하는 데 유용한 일반적 기술이나 개념에 대한 자기발견적 탐색으로 보일 수 있는데, 이는 기호를 이용한 설명공간을 통해 이루어진다. 귀납적 학습은 다음 기호식을 사용하여 공식화할 수 있다(Michalski, 1983).

$$\forall i \in I \qquad (E_i \Rightarrow D_i) \tag{10.2}$$

$$\forall i, j \in I \qquad (E_i \Rightarrow \sim D_j),\ \text{만약}\ (j \neq i) \tag{10.3}$$

여기서 D_i는 클래스 i에 대한 기호 설명이고, E_i는 클래스 i의 훈련 이벤트에 대해서만 사실인 예측값, 그리고 I는 일련의 클래스 명이다. ~는 '부정'을 뜻하며, ⇒는 '포함'을 뜻한다. 식 10.2는 **완성조건**(completeness condition)이라 불리며, 일부 클래스의 모든 훈련 이벤트가 동일한 클래스의 귀납적 설명(D_i)을 반드시 만족시켜야 한다는 것을 뜻한다. 그러나 그 반대는 적용되지 않는데, 왜냐하면 D_i가 E_i와 동등하거나 혹은 더 일반적이기 때문이다. 이는 D_i가 E_i의 일부 예에서는 존재하지 않는 피처들을 포함할 수도 있다는 것이다. 식 10.3은 **일치조건**(consistency condition)이라 불리며, 만약 어떤 이벤트가 어떤 클래스의 설명을 만족시키면, 그것은 어떠한 다른 클래스의 훈련셋에 속할 수 없다는 것이다. 귀납적 학습은 설명공간을 통해 완성조건과 어떤 경우에는 일치조건까지도 만족시키는 클래스 셋 $K = \{K_1, K_2, \ldots, K_i\}$에 대한 일반적인 설명 셋 $D = \{D_1, D_2, \ldots, D_i\}$을 찾는 것이다(Huang and Jensen, 1997).

귀납적 학습으로부터 도출된 일반적 설명 혹은 개념(D)은 **생성규칙**을 포함하여 다양한 형식으로 표현될 수 있다. 이는 생성규칙이 전문가 시스템에서 지식을 표현하는 데 가장 일반적이기 때문에 귀납적 학습이 전문가 시스템을 위한 지식기반을 구축하는 데 사용될 수 있다는 뜻이다. 지식기반을 구축하기 위해 이러한 접근방식을 이용하는 것은 그것이 **훈련자료**로 기능하기 위해 단지 몇 개의 좋은 예만을 필요로 하기 때문이다. 이는 종종 영역 전문가로부터 완전한 일반 이론을 명확히 추출하는 것보다 훨씬 쉽다.

여기서 기계학습기반 **결정나무**는 산림, 농경지 등의 범주형 출력정보를 생산할 수 있으며(예 : Xian et al., 2009), **회귀나무**는 LAI나 캐노피 피복 비율 등의 연속형 출력정보를 예측할 수 있음을 기억할 필요가 있다(Clark Labs CTA, 2014; Xian et al., 2011; Im et al., 2012b).

생성규칙을 만드는 데 사용될 수 있는 기계학습 및 데이터 마이닝 결정나무/회귀나무 프로그램들이 많이 있는데, 그 중 대표적인 것은 다음과 같다.

- Salford Systems(2014a)의 CART®(Classification and Regression Trees). CART는 1984년 스탠퍼드대학교와 캘리포니아대학교(버클리) 소속 4명의 통계학자에 의해 소개된 수학적 이론에 기초하고 있다. Salford Systems사의 CART는 원래의 독점적 코드를 구체화한 유일한 결정나무 소프트웨어이다. CART 개발자는 Salford Systems사와 협력하면서 CART를 사용할 수 있는 독점권을 제공하였으며, CART는 토지피복 분류에 매우 효과적이라는 연구들이 다수 수행되었다(예 : Sexton et al., 2013).
- TIBCO S-Plus(2014) 툴은 결정나무/회귀나무의 생성과 분석을 포함한 4,200개 이상의 자료 모델링 및 통계 분석 기능들을 제공하고 있다.
- R Development Core Team(2014)은 통계 계산 및 그래픽을 위한 R 언어와 환경을 제공하고 있으며, 나무 모형은 사용자들이 개발하여 제공한 *rpart*와 *tree* 패키지를 이용하여 R에서 사용할 수 있다(Therneau et al., 2014).
- RuleQuest Research사(2014)의 C5.0®(Unix, Linux용), See5®(윈도우용), Cubist®는 J. Ross Quinlan에 의해 개발된 결정나무/회귀나무 소프트웨어이다. C4.5와 C5.0은 토지피복 분류나 LAI와 같은 연속형 변수를 추정하는 연구에 광범위하게 활용되어 왔다(예 : Im and Jensen, 2005; Sexton et al., 2013; Im et al., 2012a, b). IDRISI사의 CTA(Classification Tree Analysis)는 C4.5를 사용하고 있으며(Clark Labs, CTA, 2014), NASA의 전지구 MODIS 토지피복 산출물(MCD12Q1)은 C4.5 기법에 기초하고 있다(Friedl et al., 2010).

위에서 언급한 알고리듬들은 원격탐사 영상처리를 위해 개발된 것은 아니다. 오히려 제약 및 생의학 자료 분석, 인구 관련 연구, 의학 영상분석 등 방대한 양의 자료를 처리하는 다양한 데이터 마이닝 활용 분야에서 필요에 의해 개발되었다. 다행히도 이러한 기계학습 프로그램에서 추출된 결정 규칙들은 ENVI의 Interactive Decision Tree 툴(Exelis ENVI, 2014), ERDAS Imagine의 Knowledge Engineer(Hexagon ERDAS Imagine, 2014), 혹은 Clark Labs의 Classification Tree Analysis(Clark Labs CTA, 2014)와 같은 원격탐사 영상처리 프로그램 내에서 결정나무/회귀나무를 만드는 데 사용된다.

이상에서 보듯이 다양한 기계학습 알고리듬들이 있는데, 여기서는 C5.0 기계학습 프로그램을 사용하여 살펴보기로 한다. 대부분의 결정나무 기반 프로그램들은 다음과 같은 장점이 있다(Quinlan, 2003; Lu and Weng, 2007; Clark Labs CTA, 2014; Jensen et al., 2009; Exelis ENVI, 2014; RuleQuest, 2014).

- 결과 해석능력을 최대화하기 위해 결정나무나 if-then 구문의 규칙들로 결과가 표출되며 일반적으로 신경망(뒤에서 논의)보다 이해하기 수월하다.
- 학습된 지식은 규칙기반 전문가 시스템을 위한 지식기반을 구축하는 데 사용되는 생성규칙 포맷에 저장될 수 있다.
- 유연하다. 많은 통계 접근방식과는 달리, 속성값의 분포나 속성 자체의 독립성에 대한 가정들에 의존하지 않는다. 이는 부가적 GIS 자료를 원격탐사 자료와 함께 사용할 때 매우 중요한데, 왜냐하면 자료들이 보통 서로 다른 속성값 분포를 가지고 있으며 그 중 일부 속성값들은 서로 연관되어 있기도 하기 때문이다.
- 귀납적 학습의 가장 효율적인 형태 중 하나인 결정나무 학습 알고리듬에 기초하고 있다. 결정나무를 구축하는 데 걸리는 시간은 단지 문제의 크기에 비례해서 증가할 뿐이다.
- 가중치가 다른 클래스에 적용될 수 있으며 **부스팅**(boosting) 기법을 이용하여 감독학습 중 편향성을 줄일 수 있다.

GIS 자료를 통합하는 원격탐사 영상분석 전문가 시스템을 위한 지식기반을 자동적으로 구축하기 위해 귀납적 학습 기법을 적용하는 과정은 **훈련**, **결정나무 생성**, 그리고 **생성규칙**의 생성으로 구성된다. 생성규칙은 지식기반의 기초를 이루며 최종 영상분류를 수행하는 전문가 시스템 추론 엔진(예를 들어 ENVI의 결정나무 툴 혹은 IDRISI의 분류나무 분석 툴)에 의해 사용될 수 있다.

결정나무 훈련

적합한 분류 시스템과 충분한 양의 훈련자료는 성공적인 훈련을 위해 필수적이다(Lu and Weng, 2007). 훈련의 목적은 학습되는 개념들의 예를 제공하는 것이다. 영상 분류를 위한 지식기반을 구축할 때, 이 예들은 훈련 객체들이어야 하며 각각은 다음과 같은 속성값 클래스 벡터에 의해 표현된다.

$$[속성_1, \ldots, 속성_n, 클래스_i]$$

이어 정보의 각 클래스에 대한 속성(예 : 다양한 밴드에서의 분광반사도값, 고도, 경사, 향)이 수집된다. 층화 임의 표집이 후보 훈련 클래스 화소들을 위치시키는 가장 적합한 방법일 수 있는데, 왜냐하면 그 방법에서는 각 클래스로부터 최소 표본 수 이상을 선택하기 때문이다(Congalton and Green, 2009). 학습 알고리듬은 이러한 속성 훈련 데이터셋으로부터 일종의 일반화된 개념, 즉 규칙을 추출하여 남아 있는 자료를 분류하는 데 사용할 수 있도록 시도한다(Im et al., 2012b).

결정나무 생성

C5.0 학습 알고리듬은 우선 훈련자료로부터 결정나무를 생성하고 이어 결정나무를 생성규칙으로 변환시킨다. 생성규칙을 만들기 전의 원시 결정나무는 클래스에 해당하는 잎들과 분류되는 자료의 속성에 해당하는 결정 노드, 그리고 이들 속성에 대한 선택적 값들에 해당하는 아크(arcs)로 구성되어 있는 분류자로 볼 수 있다. 결정나무의 개념적 예가 그림 10-8a, b에 나와 있다.

C5.0은 훈련 데이터셋으로부터 결정나무를 생성하는 데 반복적으로 '나누고 획득하기' 전략을 사용하고 있다. 훈련 데이터셋 S는 단일 속성 A의 가능한 값인 $a_1, a_2, a_3, \ldots, a_n$에 따라 소그룹(부분집합) $S_1, S_2, \ldots, S_n$으로 나뉜다. 이는 A를 뿌리, 즉 기본으로 하고 하위분지도인 $T_1, T_2, \ldots, T_n$에 해당하는 $S_1, S_2, \ldots, S_n$으로 구성된 결정나무를 생성한다(그림 10-8c).

그러한 과정에 대한 멈춤 조건이 충족되면 결국 최종 결정나무가 완성된다. 목적은 최대한 작은 결정나무를 만드는 것인데, 이는 나무에 의한 의사결정이 효율적이도록 한다. 이러한 목적은 각 노드에서 가장 정보력 있는 속성을 선택하여 각 노드에 해당하는 데이터셋을 가능한 한 균질하게 부분셋으로 나눔으로써 최대한 실현된다(DeFries and Chan, 2000). C5.0의 속성 선택 기준은 통신이론(communication theory)에서 엔트로피를 측정하는 것에 기초하고 있는데, 이 이론에서는 각 노드에서 최소 엔트로피를 가진 속성이 데이터셋을 나누도록 선택된다.

결정나무로부터 생성규칙 만들기

결정나무는 종종 너무 복잡하여 이해하기 힘들며, 특히 그 크기가 큰 경우에는 더욱 그러하다. 결정나무는 또한 관리하거나 갱신하기도 어렵다. 그러므로 결정나무를 생성규칙과 같은 전문가 시스템에서 공통적으로 채택되는 또 다른 지식의 표현방식으로 변환하는 것이 바람직하다.

생성규칙은 다음과 같은 일반적인 형태로 표현될 수 있다(Jackson, 1990).

$$P_1, \ldots, P_m \rightarrow Q_1, \ldots, Q_m \qquad (10.4)$$

- 만약 전제(혹은 조건) $P_1 \sim P_m$이 맞으면,
- 행동 $Q_1 \sim Q_m$을 수행한다.

사실 결정나무에서 뿌리 노드로부터 잎까지 각 경로는 생성규칙으로 전환될 수 있다. 예를 들어, 그림 10-8a에 나와 있는 결정나무에서 뿌리 노드에서 맨 왼쪽 잎까지의 경로는 다음과 같은 생성규칙에 의해 표현될 수 있다.

(밴드 1 > 82), (토양 = 불량) → (클래스 = 나지)

결정나무를 생성규칙으로 변환할 때에는 몇 가지 문제점들이 반드시 해결되어야 한다. 첫째, 결정나무로부터 변환된 개개 규칙은 적합하지 않은 조건들을 포함할 수도 있다. C5.0은 조건이 부적절한지, 없어져야 하는지를 결정하기 위해 규칙의 정확도에 대해 최장 소요시간값(pessimistic estimate)을 사용한다. 둘째, 규칙들이 상호 배제적이지 않을 수 있다. 즉 일부 규칙들은 중복되거나 혹은 상충되기도 하는데, 이는 규칙기반을 구축하는 데 수작업 혹은 자동화된 접근방식 모두에서 발생할 수 있는 공통된 문제점이다. 일반적으로 규칙기반 시스템은 이 문제점을 해결하기 위해 몇몇 해결 메커니즘을 가지고 있다. C5.0에 의해 채택된 방식은 규칙 신뢰도에 의한 투표와 기본 클래스의 사용이다. 즉 각 규칙에는 1종(false-positive) 오차[2](규칙에 의해 부정확하게 클래스 C로 분류되는 훈련 개체의 수)에 근거한 신뢰도가 할당된다. 만약 한 개체가 둘 이상의 규칙에 의해 둘 이상의 클래스로 할당될 수 있다면, 고려된 모든 규칙 신뢰도의 약식투표(summary vote)를 통해 가장 높은 투표 수를 가진 클래스로 할당된다(Quinlan, 2014).

유감스럽게도, 분류되어야 하는 일부 객체들이 어떠한 규칙도 만족시키지 못하거나 동등한 신뢰도를 가진 상충하는 규칙들을 만족시킬 수 있다. 이런 경우에는 기본 클래스가 사용될 수도 있다. 기본 클래스를 정하는 수많은 방법이 있는데, 그 중 하나는 어떠한 규칙도 만족시키지 않는 훈련 개체 중 가장 많

---

2 역주 : 기기적 오차나 성능부적합 등의 이유로 기계가 잘못된 값을 읽는 값, 즉 false-positive는 자료가 양의 값으로 증가하는 경우이며, 반대로 false-negative는 자료가 음의 값으로 감소하는 것이다.

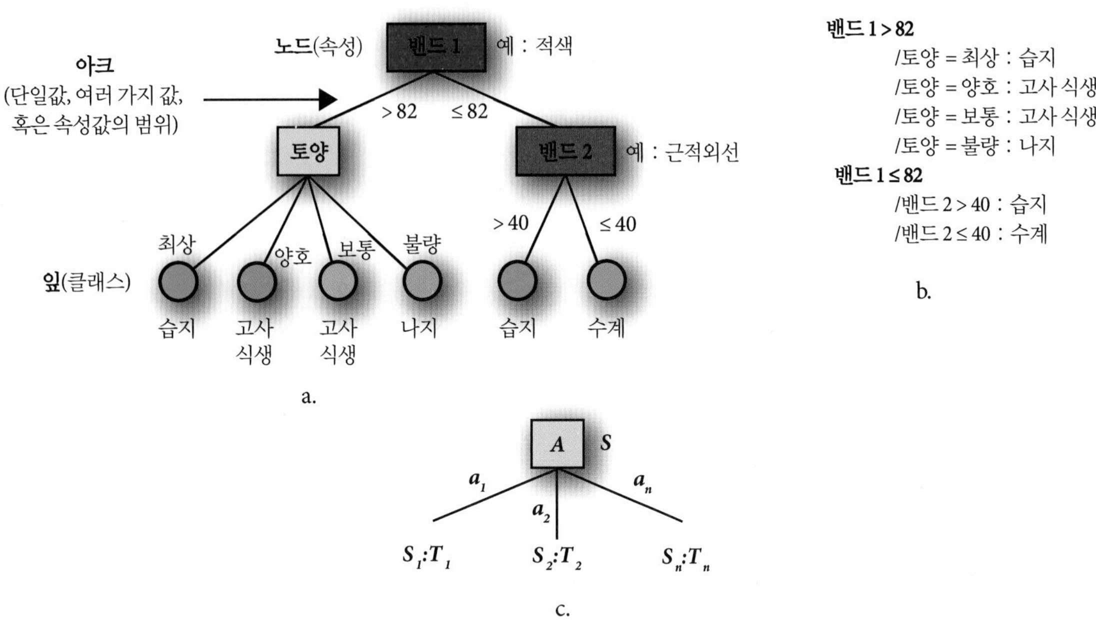

그림 10-8 결정나무의 한 예. a) 3개 속성(밴드 1, 밴드 2, 토양)으로 구성된 데이터셋은 수계, 습지, 고사 식생, 나지 중 하나로 분류된다. b) (a)에 나와 있는 결정나무를 표현하는 또 다른 방법. c) 데이터셋 *S*를 부분셋으로 나눔으로써 생성된 결정나무(Huang and Jensen, 1997에 기초).

은 것을 차지하는 클래스를 기본 클래스로 사용하는 것이다.

생성규칙의 품질은 검증 데이터셋에 규칙을 적용해서 오차율을 예측함으로써 평가될 수 있다. 규칙들은 이해하기 쉽기 때문에 인간 전문가에 의해서도 조사될 수 있다. 그런 경우, 인간 전문가는 세심한 주의를 기울이며 규칙을 직접 수정할 수도 있다.

사례연구

생성규칙을 생성하는 데 기계학습의 활용도를 살펴보기 위해 C5.0 알고리듬을 이용하여 앞서 논의되었던 메이플 산 지역의 자료를 훈련시켰다. 이로부터 규칙들이 생성되었는데 그림 10-9a에 요약되어 있다. 기계학습 규칙으로부터 만들어진 분류지도는 그림 10-9b에 나와 있다. 화소기반 결정나무 분류의 신뢰도 지도는 그림 10-9c에 나와 있다.

결정나무 분류자의 장점

전문가 시스템 결정나무 분류자는 다른 분류 방법과 비교하여 몇 가지 뛰어난 특성들을 가지고 있다.

- 기계학습 알고리듬은 인간의 간섭 없이 훈련자료로부터 직접 규칙과 조건들을 생성함으로써 전문가 시스템을 훈련시키는 데 사용될 수 있다(예 : Huang and Jensen, 1997; Im et al., 2012a, b; RuleQuest, 2014; Salford Systems, 2014a). 이는 매우 중요한 장점인데, 왜냐하면 전문가 시스템은 새로운 학습자료가 제공되면 적응시킬 수 있기 때문이다. 그렇지 않다면 전문가 시스템은 예, 즉 훈련자료로부터 학습할 수 없다.
- 전문가 시스템의 결과(출력물)를 평가할 수 있고(예 : 어떤 화소의 주거지 개발에 대한 적합성 여부), 결론이 어떻게 도달했는지를 역으로 확인할 수도 있다. 이는 결정과정의 정확한 속성이 은닉층에서 사용되는 가중치에서 분실되는 신경망 기법과는 대조적이다(Qiu and Jensen, 2004).
- 최근까지는 최대우도법이 원격탐사 자료의 감독 분류에서 가장 널리 사용되는 방법이었다(McIver and Friedl, 2002; Lu and Weng, 2007). 이 방법은 입력 클래스에 대한 확률분포가 다중변량 정규분포를 가진다고 가정한다. 비매개변수를 이용한 분류 알고리듬이 점차 증가하고 있는데, 결정나무와 같이 자료의 분포와 관련한 어떠한 가정도 없는 것이 특징이다(Friedl et al., 2010).
- 결정나무는 입력변수 사이의 비선형적 및 계층적 관계를 밝힐 수 있으며, 그것들을 사용하여 클래스 멤버십을 예측한다.

기계학습 기법(특히 결정나무와 신경망)은 고차원의 자료(예 :

유타 주 메이플 산의 백색 전나무에 대한 기계학습기반 계층적 결정나무 분류

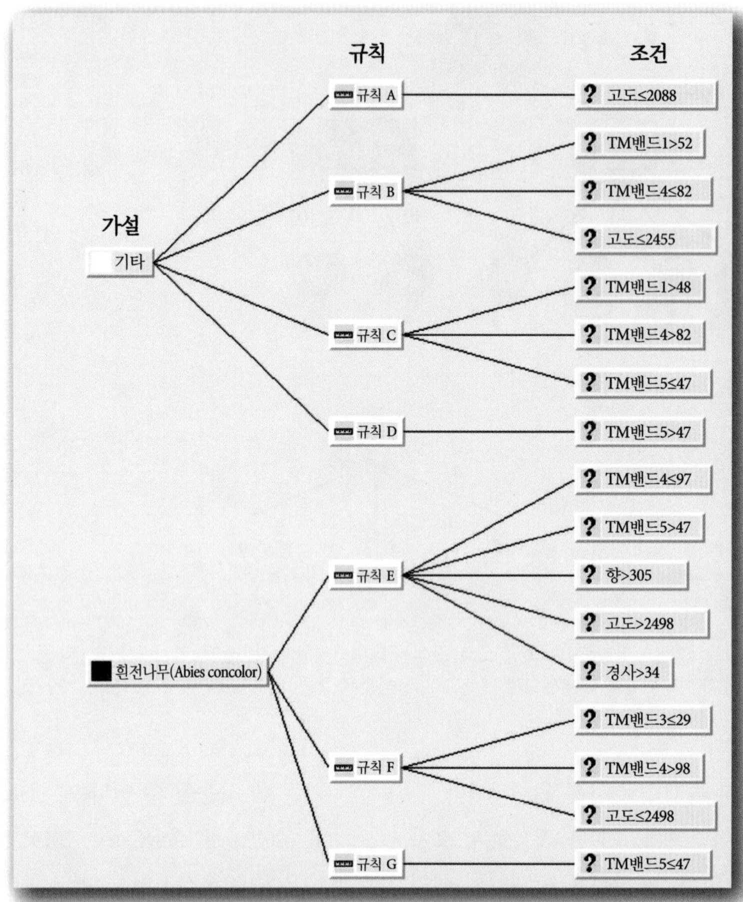

a. 백색 전나무(*Abies concolor*)를 분류하기 위해 기계학습을 이용하여 추출한 전문가 시스템 규칙

b. 기계학습을 통해 추출된 규칙을 기초로 하여 메이플 산의 백색 전나무(*Abies concolor*) 분류 결과로 Landsat ETM^{+} 영상을 중첩하여 3차원 형태로 표현

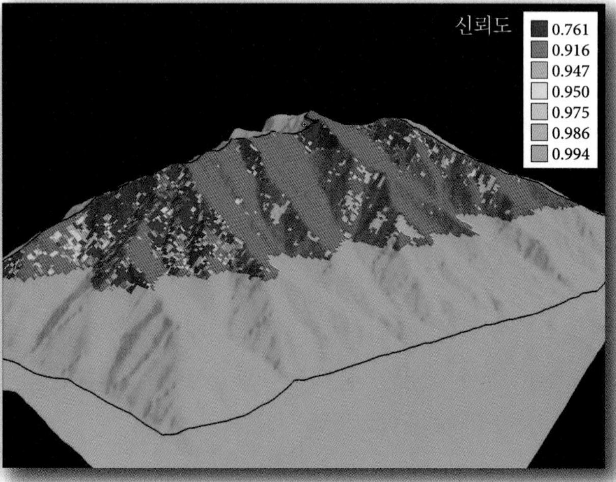

c. 신뢰도 지도

그림 10-9 a) 유타 주 유타 카운티의 메이플 산에 분포한 백색 전나무(*Abies concolor*)를 분류하는 데 사용된 계층적 결정나무 전문가 시스템. C5.0 기계학습 결정나무가 훈련자료의 특성을 기초로 이러한 생성규칙을 개발함. b) 생성규칙을 적용한 결과. c) 분류의 신뢰도 지도.

초분광)를 포함하는 작업을 효과적으로 처리할 수 있음이 수많은 연구들을 통해 밝혀졌다. 데이터셋을 단 2개 혹은 3개의 변수(예 : 밴드)로 축소하는 것은 시대에 뒤진 생각이다(Gahegan, 2003). 새로운 방법론은 데이터셋으로부터 추출된 통계값들이 분석(예 : 최대우도법에 사용되는 평균 및 공분산 행렬)하도록 하는 대신에 공간자료 자체가 더 강력한 능력을 가지도록 하는 것이다.

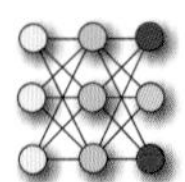

랜덤 포레스트 분류자

단일 결정나무 분류자가 다양한 분야에서 사용되어 왔지만, 분류과정에서 동시에 많은 결정나무를 사용하는, 즉 앙상블을 이용하는 기계학습 알고리듬도 있다. 앙상블 학습 알고리듬(예 : 랜덤 포레스트, bagging, boosting)은 기존의 매개변수를 이용한 기법(예 : 최대우도법)이나 다른 기계학습 알고리듬(예 : 단일 결정나무, 신경망)에 비해 보다 정확하고 좋은 결과를 낼 수 있는 잠재력을 가진 대안으로 떠오르고 있다(Rodriguez-Galiano et al., 2012a, b; Chen et al., 2014).

랜덤 포레스트(Random Forest)는 많은 결정나무를 생성한다. 화소 혹은 객체에 관련된 속성 변수들(예 : 분광반사도, 고도, 경사)을 이용하여 클래스를 할당하기 위해 해당 화소값들이 x개(예 : 200개)의 결정나무 모델에 적용된다. 각 결정나무는 해당 화소에 대한 결과, 즉 클래스를 도출하고, 모든 결과에 대해 투표를 통해 가장 많은 투표 수를 얻은 클래스를 화소에 할당한다(Breiman, 2001; Breiman and Cutler, 2014; Hayes et al., 2014).

개개 결정나무는 다음과 같은 규칙으로 생성된다(Breiman and Cutler, 2014).

1. 전체 훈련자료로부터 N개의 샘플을 무작위 복원 추출한다. 이 N개의 샘플은 각 결정나무 모델에서 훈련자료로 사용되어 나무를 생성한다. 일반적으로 전체 샘플 중 대략 70%가 추출되어 각 나무 모델에서 훈련자료로 사용되며 나머지 30%는 OOB(out-of-bag)라고 하며 훈련 시 사용되지 않는다.
2. 만약 M개의 입력 변수가 있다면 결정나무의 각 노드에서 M개 중 m개의 입력 변수를 무작위 복원 추출하여 이 m개의 변수 중에 최적의 노드 변수를 결정한다. m은 랜덤 포레스트에서 일정한 값으로 정해서 적용되며 보통 전체 입력 변수 개수인 M의 제곱근을 사용한다.
3. 각 결정나무는 가지치기(pruning) 없이 가능한 한 최대의 크기까지 생성된다.

개개 클래스는 선험적 사실을 가지고 가중치를 적용할 수 있다. 랜덤 포레스트는 매우 큰 데이터셋에 대해서 효율적으로 돌아가는데, 이는 용량이 큰 원격탐사 자료를 분석하는 데 매우 유용한 특성이다. 또한 어떤 변수들이 분류에 중요하게 사용되는지에 대한 정보도 제공한다.

수많은 연구들이 랜덤 포레스트를 이용하여 분류를 수행하고 다른 분류 기법들과 비교하여 그 우수성을 보여 주었다(예 : Pal, 2005; Guo et al., 2011; Rodriguez-Galiano et al., 2012a, b). 랜덤 포레스트는 무료 통계 소프트웨어인 R에서 사용자 제공의 *randomForest* 패키지로 사용 가능하다(R Development Core Team, 2014; Liaw and Weiner, 2014). Random Forest 상용 소프트웨어도 Salford Systems사(2014b)를 통해 이용 가능하다.

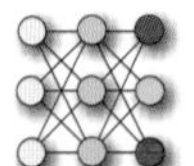

서포트 벡터 머신

서포트 벡터 머신(Support Vector Machines, SVMs)은 원격탐사 분류에 사용될 수 있는 또 다른 형태의 기계학습 알고리듬이다(Pal and Mather, 2005; Jensen et al., 2009; Duro et al., 2012). SVM을 결정나무나 인공신경망과 비교해서 좋은 결과를 보여 준 연구들이 많은데 특히 훈련자료가 적을 때에 더 나은 결과를 보여 준 사례들이 많다(예 : Huang et al., 2002; Foody and Mathur, 2004). SVM은 훈련자료를 이용해서 클래스 간을 분리하는 최적의 초평면(hyperplane)을 찾는다(Foody and Mathur, 2006; Van der Linden and Hostert, 2009). 즉 그림 10-10에 나와 있듯이, 클래스의 가장 가까운 훈련 샘플들 사이의 마진을 최대화하는 두 클래스 사이의 최적 초평면을 찾는다. 경계에 놓여 있는 포인트들이 *support vector*라고 불리며 그 마진의 중간이 클래스를 분리하는 최적의 초평면이다(Meyer, 2014). 분리하는 초평면의 반대편, 즉 '잘못된' 편에 위치한 훈련자료들은 그 영향을 줄이기 위해 음의 가중치를 가진다. 그림 10-10에 나와 있는 것처럼 선형의 초평면을 찾는 것이 불가능할 때에는 커널(kernel) 함수를 이용하여 원자료를 보다 고차원의 공간으로 변환하여 적합한 초평면을 찾는다. 이러한 모든 과정을 수행하는 프로그램을 **서포트 벡터 머신**이라 부른다(Meyer, 2014).

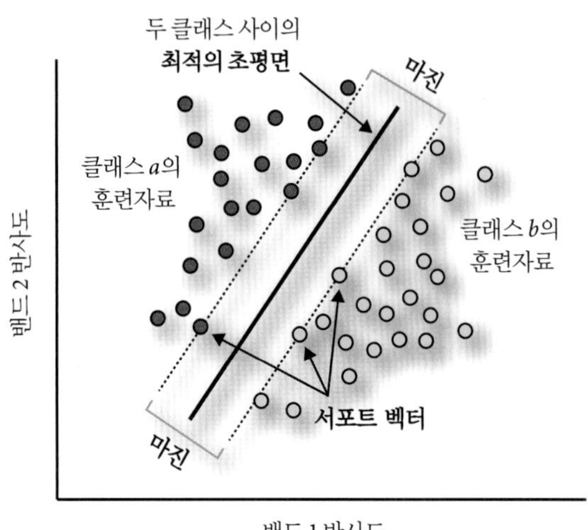

그림 10-10 SVM 분류는 최적의 초평면을 찾기 위해 마진의 경계에 위치한 훈련자료에 의존한다(Meyer, 2014에 기초).

SVM은 다음의 식을 이용해서 훈련자료를 가지고 최적화 문제를 해결하는 데 초점을 맞추고 있다(Jensen et al., 2009).

$$min_{w,\,b,\,\zeta}\left(\frac{w^T \cdot w}{2} + C\sum_{i=1}^{\lambda}\zeta_i\right) \tag{10.5}$$

$$y_i(w^T \cdot \Phi(x_i) + b) \geq 1 - \zeta_i \qquad (\zeta_i \geq 0)$$

여기서 ξ_i는 양의 슬랙(slack) 변수로 훈련자료의 일부가 초평면의 반대쪽 편에 위치하도록 하는 데, 즉 오류 구간을 허용하는 데 사용되며, $C\,\Sigma\,\xi_i$는 훈련자료에서 측정된 모델 오류 및 자료 과적합 또는 과소적합을 방지하기 위한 페널티값이며, $w^T \cdot \Phi(x_i) + b$는 고차원의 피처 공간에서의 초평면이다(Su et al., 2006). 기본 SVM 방식은 다음의 결정 함수를 이용해서 비선형 평면을 최적화하도록 확장될 수 있다(Jensen et al., 2009).

$$f(x) = \sum_{i=1}^{\lambda} a_i y_i K(x, x_i) + b \tag{10.6}$$

여기서 a_i는 비음수 라그랑지(Lagrange) 승수자로 최적의 초평면을 찾는 데 사용되고, $K(x,\ x_i)$는 커널 함수로 내적$(x \cdot x_i)$을 변환하여 고차원에서 문제를 해결하게끔 한다(Wang et al., 2005). 커널 함수 k의 선택이 문제해결에 있어 매우 중요하다. 널리 이용되고 있는 SVM 커널 함수는 선형, 다항식, 가우시안, 시그모이드, 그리고 분광각매퍼(spectral angle mapper) 등이다.

SVM의 장점은 일반적으로 혼합화소가 존재하는 클래스의 경계에서 선택된 적은 훈련자료만으로도 꽤 정확한 분류를 이끌어 낼 수 있다는 것이다(Foody and Mathur, 2006). Pal(2005)은 Landsat ETM$^+$ 영상을 이용하여 랜덤 포레스트와 SVM 분류를 수행하여 비교하였는데 둘 다 성공적이었다(Duro et al., 2012). SVM은 R에서 사용자 제공 패키지인 *e1071*에서 무료로 이용할 수 있다(R Development Core Team, 2014; Meyer, 2013, 2014).

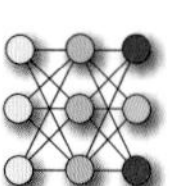

인공신경망

뉴런(신경단위)은 인간 두뇌 속의 세포로서 그 주요 기능이 전기적 신호를 수집하고 처리하며 다시 내보내는 것이다(Russell and Norvig, 2010). 신경망(neural network)은 인간의 사고처리 과정을 모의하는데, 인간의 두뇌는 상호 연결된 수많은 작은 뉴런을 사용하여 입력되는 정보를 처리한다(Khorram et al., 2011). 신경망은 단계별 알고리듬이나 복잡한 논리적 프로그램을 통해 해결책에 도달하는 것이 아니라, 비알고리듬적이고 비구조적인 형태로 망 속의 뉴런들을 연결하는 가중치를 조정함으로써 해결책에 도달한다(Filippi et al., 2010). 신경망은 다양한 형태의 원격탐사 자료를 분류하는 데 사용되어 왔으며 많은 경우 기존의 통계기법을 통한 것보다 더 나은 결과를 보여 주었다(예 : Foody, 1996; Jensen et al., 1999; Ji, 2000; Aitkenhead and Aalders, 2011; Santi et al., 2014). 이러한 성공은 신경망의 중요한 두 가지 장점, 즉 1) 자료가 정규분포를 이루어야 한다는 필요조건이 없어졌고(Hu and Weng, 2009; Khorram et al., 2011), 2) 적절한 지형적인 구조에 대한 복잡하고 비선형적인 패턴에 잘 적응하여 모의할 수 있는 능력에 기인한 것일 수 있다(Filippi and Jensen, 2006).

원격탐사 자료로부터 정보를 추출하는 데 사용되는 전형적인 인공신경망의 구성요소와 특성

전형적인 역전파 신경망의 위상구조는 그림 10-11에 나와 있다. 인공신경망은 일반적으로 세 종류의 층에 배열된 뉴런들로 구성된다.

- 입력층

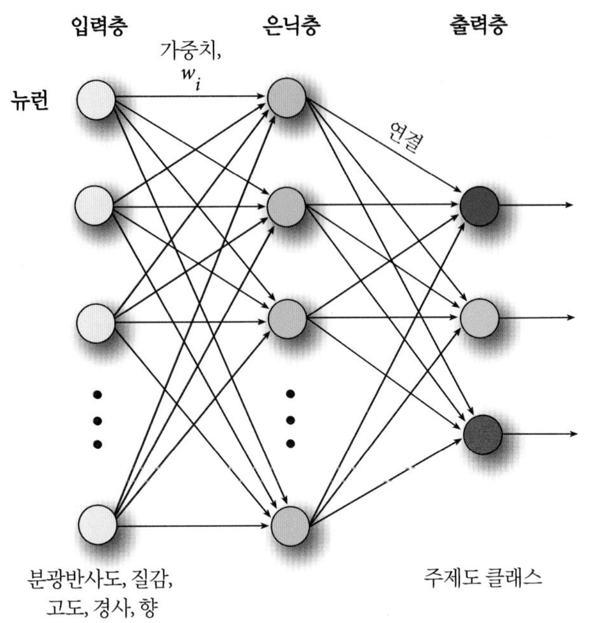

그림 10-11 전형적인 역전파 인공신경망(ANN)의 구성요소. 신경망은 입력층, 은닉층, 그리고 출력층으로 구성된다. 입력층은 퍼센트로 나타낸 분광반사도를 포함한 개개 훈련 화소에 대한 정보를 담을 수도 있고 고도, 경사와 같은 보조자료를 담을 수도 있다. 각 층은 노드를 통해 서로 연결된다. 이렇게 상호 연결을 통해 정보는 다중 방향(예 : 역전파가 발생하는)으로 흐르게 되고 신경망이 훈련된다. 이러한 상호 연결의 세기(혹은 가중치)는 결국 신경망에 의해 학습되고 저장된다. 이들 가중치가 검증(분류) 단계에서 사용된다. 훈련자료의 대표성이 강할수록 신경망은 은닉층의 가중치를 더 잘 조정하여 보다 정확한 분류를 수행한다. 출력층은 수계나 산림과 같은 개개 주제도 클래스를 나타낼 수도 있다(Jensen, J. R., Qiu, F. and K. Patterson, 2001, "A Neural Network Image Interpretation System to Extract Rural and Urban Land Use and Land Cover Information from Remote Sensor Data," *Geocarto International*, 16(1) : 19-28에 기초).

- 은닉층
- 출력층

입력층의 뉴런은 개개 화소의 다중분광 반사도값이나 만약 객체기반 영상분석 기법이 적용된다면 객체의 값이 될 수 있다. 그러나 신경망의 주요 장점 중 하나는 다양한 종류의 자료를 사용할 수 있다는 것이며 이에는 고도, 경사, 향 등의 비분광자료도 포함된다(Brown et al., 2008).

은닉층에서의 뉴런의 사용은 입력자료에서의 비선형적인 패턴을 모의하는 것을 가능하게 해 준다. 얼마나 많은 은닉층을 사용하는지와 각 은닉층에 할당되는 뉴런의 수는 현재 가장 기본적인 연구 주제 중 하나이다(Brown et al., 2008; Hu and Weng, 2009). Aitkenhead와 Aalders(2011)는 각 은닉층은 연속적인 함수를 모델링하는 신경망에 대한 Kolmogorov의 정리에 따라 입력층 뉴런의 수의 2배에 해당하는 뉴런을 가져야 한다고 제시했다.

출력층에서의 각 뉴런은 주제도 상의 단일 토지피복 클래스(예 : 농경지)를 나타낼 수 있다. 혹은 하나의 뉴런만을 사용하여 농작물 수확량이나 엽록소 농도 등과 같은 연속형 변수를 예측할 수도 있다(Jiang et al., 2004; Gonzalez Vilas et al., 2011).

일반적인 감독 분류처럼 신경망도 **훈련** 및 **검증**(분류)을 통해 원격탐사 및 보조자료로부터 유용한 정보를 추출한다(Atkinson and Tatnall, 1997; Foody and Arora, 1997; Qiu and Jensen, 2004). 또한 신경망 모델 개발은 무감독 기법을 취할 수도 있다(Filippi et al., 2010).

인공신경망 훈련

훈련 단계에서 분석가는 구체적인 *x*, *y* 위치에 알려진 속성(예 : 농경지, 소나무)을 가진 훈련지역을 입력영상으로부터 선택한다(Jensen et al., 2001; Li and Eastman, 2006; Li, 2008). 각 훈련지역에 대한 화소기반 분광정보(예 : 적색 및 근적외선 밴드에서의 분광반사도)와 보조정보(예 : 고도, 경사, 향)를 수집한 뒤, 신경망의 입력층의 각 뉴런에 입력한다. 동시에 각 위치의 정확한 대상(클래스)값(예 : 농경지)을 출력층에 할당하여 해당 클래스를 나타내는 뉴런이 1의 멤버십을 가지고 나머지 뉴런은 0을 가지게 한다.

특정한 시간과 위치에서 획득된 영상과 기타 보조자료로부터 수집된 예들에 기초한 신경망 훈련은 해당 지리적 영역이나 주어진 시기에만 적용 가능할지도 모른다. 따라서 시공간을 통해 확장하지 못할 수도 있다.

학습은 일반적으로 역전파 알고리듬을 이용하여 가중치를 조정함으로써 수행된다(Brown et al., 2008). 각 훈련 예에 대해서 신경망의 출력값은 실제 대상(클래스)값과 비교된다. 대상값과 출력값의 차이가 오차로 간주되며, 신경망의 이전 층으로 역으로 진행하면서 연결 가중치를 갱신한다. 조정의 크기는 오차의 절대치에 비례한다(수학 관련 부분에서 짧게 논의됨). 수많은 반복을 통해, RMS 오차가 미리 정의된 한계치보다 작은 값으로 감소되고 더 이상의 반복이 신경망의 수행 결과를 향상시키지 못하게 되면 일반적으로 훈련과정이 완료된다(Jensen et al., 1999). 예들로부터 생성된 규칙들은 은닉층에 은닉된 가중치로서 저장되며, 검증(분류) 단계에 사용된다.

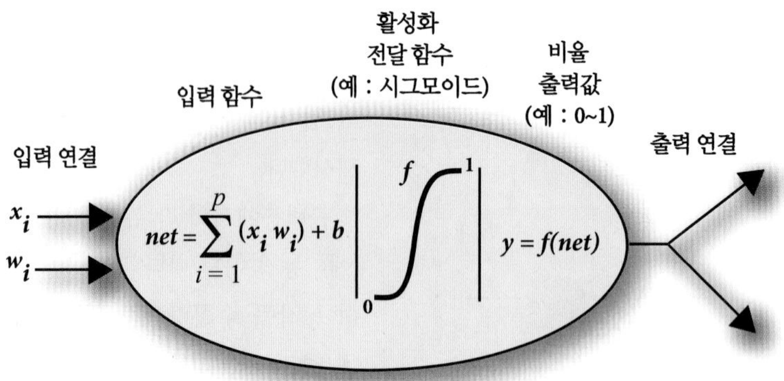

그림 10-12 뉴런의 수학적 모델. 뉴런의 출력값은 y로 입력값(x_i)과 각각의 가중치(w_i)를 곱한 것의 합에 활성화 함수(activation function)를 적용한 값이다. 시그모이드 활성화 함수가 이 예에서 사용되었다.

검증(분류)

검증 혹은 **분류** 단계 동안에는 영상 내 모든 화소의 분광 및 보조 특성들이 신경망의 입력 뉴런으로 들어간다. 신경망은 은닉층 뉴런에 저장된 가중치를 사용하여 각 화소를 평가하여 출력층의 각 뉴런에 대해 예측되는 값들을 생성시킨다. 모든 출력 뉴런에서 획득된 값은 일반적으로 0~1 사이의 값으로 표현되며, 이는 해당 뉴런에 의해 표현되는 클래스에 속하는 화소의 퍼지 멤버십 등급을 제공한다. 각 화소에 대해 최고의 퍼지 멤버십 등급을 가진 클래스로 할당함으로써 범주형 분류 지도를 만들 수 있다(Jensen et al., 2001).

인공신경망의 수학

인공신경망(ANN)은 뉴런, 위상구조 및 학습규칙에 의해 정의된다. 뉴런은 계산에 사용되는 인공신경망의 기본처리단위이다. 인간 두뇌의 생물학적 뉴런과 비슷하게 인공 뉴런은 입력(수상돌기), 가중치(연접), 처리단위(세포체), 그리고 출력(축색돌기)으로 구성된다(Hagan et al., 1996). 각 입력값 x_i는 가중치 w_i에 의해 곱해지고 이는 처리단위의 '합계단위'로 보내진다(그림 10-12). 절편(b)이 전체 합에 더해질 수도 있으며 합의 결과는 다음과 같다.

$$net = \sum_{i=1}^{p} (x_i w_i) + b \qquad (10.7)$$

이는 순입력값(net)으로 알려져 있고, 활성전달함수 f에 의해 조정된 뉴런 출력값 y를 생성한다(일반적으로 0~1 혹은 −1~1 사이의 값을 가짐). 즉 y는 다음과 같이 계산될 수 있다(Jensen et al., 1999).

$$y = f(net) = f\left[\sum_{i=1}^{p} (x_i w_i) + b\right] \qquad (10.8)$$

인공신경망의 위상구조는 신경망의 틀과 각 층의 뉴런 사이의 상호 연결 등을 포함하여 신경망의 전체적인 구조를 정의한다. 앞서 논의한 바와 같이, 전형적인 인공신경망은 3개 혹은 그 이상의 층들(하나의 입력층, 하나의 출력층, 그리고 하나 혹은 그 이상의 은닉층)로 구성된다(그림 10-11)(Jensen et al., 2001). 층 내 혹은 층 사이의 뉴런들을 서로 연결시켜 사용자 정의의 작업지향적인 망을 형성할 수도 있다. 의사결정 처리과정은 인공신경망의 학습 및 회상 능력을 통해 중복되거나 모방될 수 있다. 훈련자료를 입력층에 입력함으로써 학습할 수 있으며 출력층의 뉴런 결과와 바람직한 출력 반응을 서로 비교함으로써 그 차이를 계산하고, 이를 사용하여 신경망에서 뉴런을 연결하는 가중치를 조정한다. 신경망의 반응을 전적으로 결정하는 것은 바로 가중치이다. 따라서 학습의 목적은 대상에 가장 근접한 출력을 만들어 내는 가중치들을 얻는 것이다. 이런 학습과정은 신경망 가중치의 변화가 미리 정해 놓은 임계값(사용자 정의 정확도)보다 작을 때까지 진행된다. 일단 학습된 뒤에는 그 신경망은 저장된 지식을 이용하여 새로운 입력자료에 대한 분류나 예측을 수행할 수 있다.

인공신경망의 비정규적이고 비선형적인 속성은 신경망의 대량의 병렬분포 구조뿐만 아니라, 각 뉴런의 전달함수에 의해 야기될 수도 있다(Haykin, 1994). 뉴런은 기본적으로 비선형 도구여서 전달함수로는 연속적이며 미분 가능한 함수를 취할 수

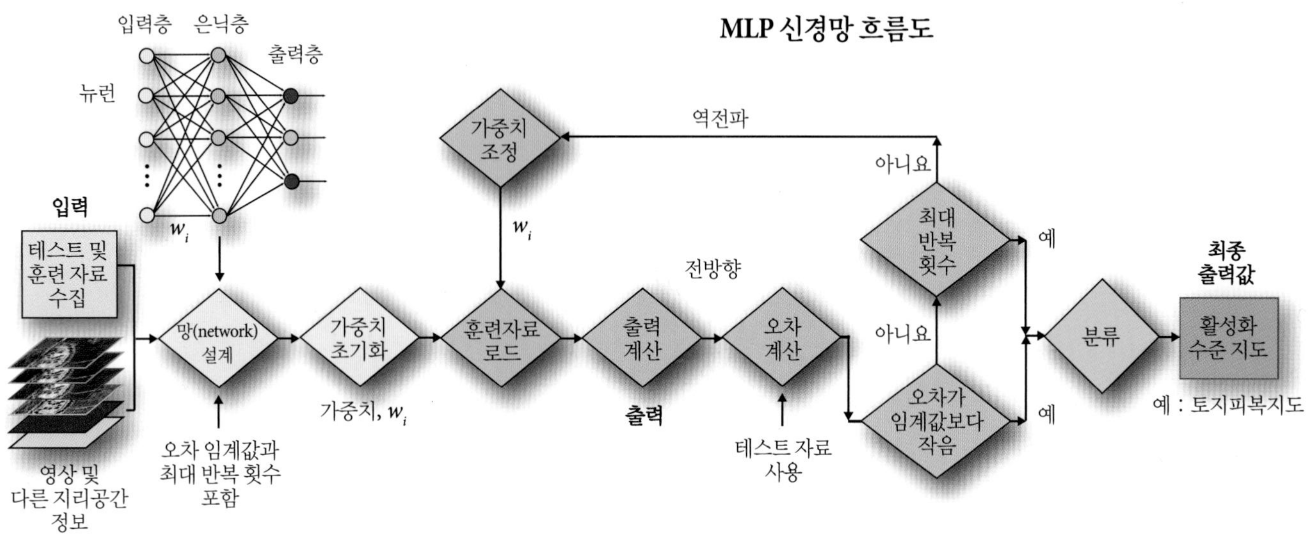

그림 10-13 다층 퍼셉트론(MLP) 역전파 신경망과 관련된 자료(예 : 테스트, 훈련, 영상)의 흐름, 결정 및 반복 과정(Hu, X. and Q. Weng, 2009, "Estimating Impervious Surfaces from Medium Spatial Resolution Imagery Using the Self-organizing Map and Multi-Layer Perceptron Neural Networks," *Remote Sensing of Environment*, 113 : 2089-2102에 기초)

있다. 따라서 인공신경망은 어떠한 복잡한 시스템도 모델링할 수 있으며, 인공신경망을 이용한 영상 분류는 이러한 관계를 이용하여 정규분포를 이루지 않는 수치 및 범주형 GIS 자료와 영상 공간 정보에 적용 가능하다(Qiu and Jensen, 2004).

원격탐사 자료에 널리 사용되는 몇 가지 인공신경망 학습 알고리듬이 있다.

- 전방향 다층 퍼셉트론 역전파 신경망[Feed Forward Multi-layer Perceptron(MLP) Neural Network with Back Propagation (BP)]
- 코호넨 자기조직화 맵 신경망[Kohonen's Self-Organizing Map(SOM) Neural Network]
- 퍼지 ARTMAP

전방향 다층 퍼셉트론(MLP) 역전파(BP) 신경망

원격탐사 분야에서 가장 많이 활용되어 온 신경망 중 하나가 전방향 다층 역전파 신경망이다(Filippi and Jensen, 2006; Weng and Hu, 2008; Hu and Weng, 2009). MLP 신경망은 전형적으로 하나의 입력층, 하나 이상의 은닉층, 그리고 하나의 출력층으로 구성된다(Gonzalez Vilas et al., 2011; Weng, 2012). 영상 분류의 경우 각 입력 뉴런은 영상(혹은 다른 형태의 공간 정보)의 밴드를 나타내고 출력 노드의 수는 최종 분류 클래스의 수와 동일하다. MLP BP 신경망은 보통 복잡한 영상 분류에 사용되는데, 분류 정확도는 각 입력 클래스에 대해 취득한 훈련자료의 양과 품질에 매우 민감하다(Atkinson and Tatnall, 1997; Khorram et al., 2011).

전형적인 다층 퍼셉트론 역전파 신경망은 다음 알고리듬을 이용하여 하나의 노드(뉴런, j)가 받는 입력값을 계산한다(Weng and Hu, 2008).

$$net_j = \sum_i w_{ij} I_i \tag{10.9}$$

여기서 w_{ij}는 노드(뉴런) i와 j 사이의 가중치이고 I_i는 앞 층(입력 혹은 은닉층)의 노드 i의 출력값이다. 노드 j의 출력값은 다음과 같이 계산된다(Hu and Weng, 2009).

$$O_j = f(net_j) \tag{10.10}$$

함수 f는 앞서 언급하였듯이 보통 비선형 시그모이드 함수이다. 전형적인 다층 퍼셉트론 신경망과 연관된 정보, 결정 및 상호작용의 흐름이 그림 10-13에 나와 있다(Hu and Weng, 2009). 역전파 과정에서 발생하는 가중치의 조정은 오차의 임계값에 다다르거나 사용자에 의해 지정된 최대 반복횟수에 이를 때까지 지속된다. 훈련자료에 내재된 지식은 신경망의 모든 파라미터가 안정화될 때까지 반복적인 전방향/역방향 과정을 통해 획득된다(Jensen et al., 2001). 이는 평균 자승오차가 최소화 혹은 만족할 만한 수준으로 감소하였다는 것을 의미한다. 다층 퍼

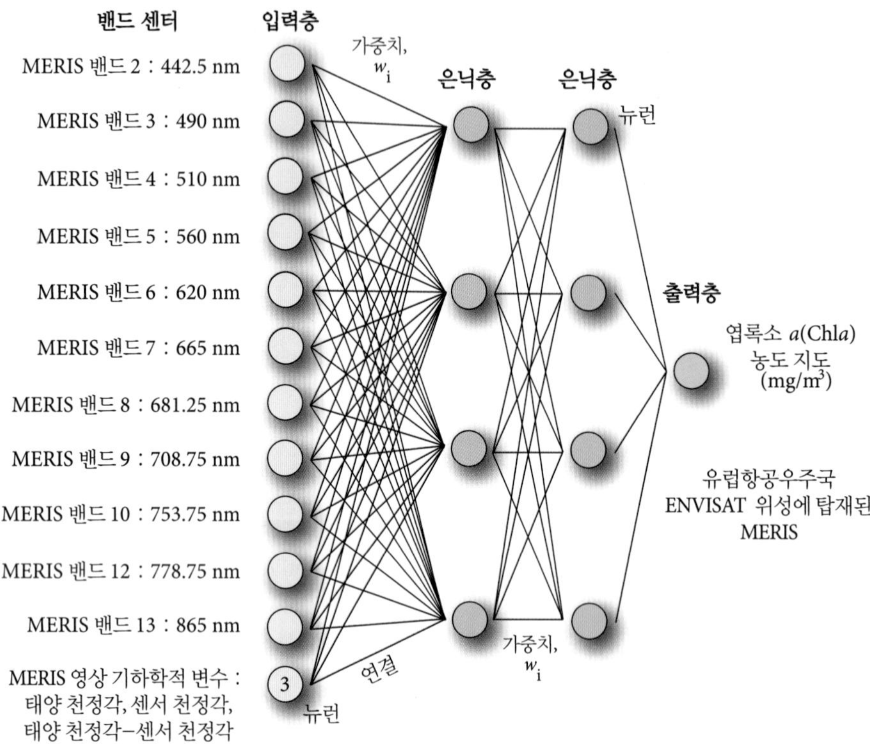

그림 10-14 북서 스페인 지역의 갈리시아 리아스식 해안의 엽록소 *a* 농도 추정을 위한 다층 퍼셉트론 신경망 구조로 442.5~865nm 범위의 11개 MERIS 다중분광밴드 자료와 태양 천정각, 센서 천정각 및 둘 사이의 차이 등 기하학적 특성을 나타내는 영상들을 입력값으로 이용하였다(Figure 4 from Gonzalez Vilas et al., 2011, "Neural Network Estimation of Chlorophyll a from MERIS Full Resolution Data for the Coastal Waters of Galician *rias* (NW Spain)," *Remote Sensing of Environment*, 115 : 524-535에 기초).

셉트론 신경망의 출력 결과는 **활성화 수준 지도**라 불리며, 출력 노드의 수와 동일한 수의 활성화 수준 지도를 가진다(Hu and Weng, 2009). 활성화 수준 지도의 각 화소값은 해당 화소가 특정 클래스에 할당되는 정도를 나타낸다.

Gonzalez Vilas 등(2011)은 다층 퍼셉트론 신경망을 이용하여 스페인 북서 연안의 엽록소 *a* 농도를 지도화하였다. 그 연구에서 신경망은 11개의 MERIS(Medium Resolution Imaging Spectrometer) 다중분광 밴드와 3개의 기하학적 변수(태양천정각, 센서천정각, 두 천정각 사이의 차이)를 입력 노드로 하는 입력층과 각 4개의 노드를 가진 2개의 은닉층, 그리고 엽록소 *a* 농도를 나타내는 하나의 뉴런을 가진 출력층으로 구성되어 있다(그림 10-14).

Jiang 등(2004)은 역전파 신경망을 이용하여 중국 북쪽 지역의 겨울 밀 생산량을 추정하였다. 그 신경망은 5개의 입력 뉴런을 가진 입력층과 8개 노드로 구성된 하나의 은닉층, 그리고 생산량을 나타내는 하나의 출력 뉴런으로 구성되어 있다(그림 10-15). 입력 뉴런 중 4개는 NOAA AVHRR 위성자료에서 추출한 NDVI 식생지수, 광합성 흡수 복사량(Absorbed Photosynthetically Active Radiation, APAR), 캐노피 표면 온도(T_s), 수분부족지수이다. 다섯 번째 입력 뉴런(노드)은 카운티별 지난 10년 동안의 수확량 평균이다. 출력층에는 하나의 뉴런이 겨울 밀 수확량을 예측하는 데 사용되었다.

코호넨 자기조직화 맵(SOM) 신경망

코호넨 자기조직화 맵(SOM)은 원격탐사 연구에서 사용되는 또 다른 형태의 신경망이다(Filippi et al., 2010). SOM 신경망은 은닉층 없이 하나의 입력층과 하나의 출력층으로 구성되어 있다(Filippi and Jensen, 2006; Li, 2008). 출력층은 코호넨층 혹은 경쟁층으로 알려져 있다(Li and Eastman, 2006; Filippi et al., 2010). 입력층은 각 측정 차원(영상의 밴드나 고도, 경사, 향과

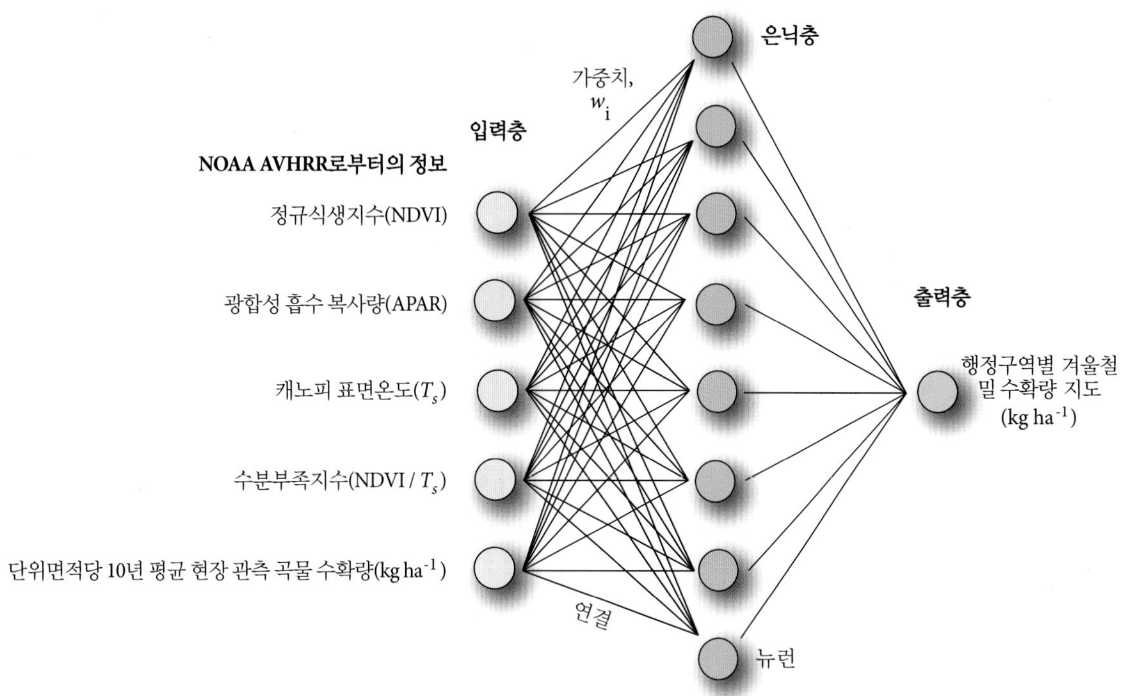

그림 10-15 NOAA AVHRR로부터의 네 가지 변수들과 지난 10년 동안의 행정구역별 현장 관측 곡물 수확량 평균 자료를 이용하여 중국 북쪽 지역의 겨울철 밀 수확량(kg ha^{-1})을 예측하기 위해 사용된 역전파 인공신경망 구조. 겨울철 밀 수확량 공간분포 지도화를 위해 8개의 은닉층 노드들과 하나의 출력층이 사용된다(Jiang, D., Yang, X., Clinton, N., and N. Wang, 2004, "An Artificial Neural Network Model for Estimating Crop Yields using Remotely Sensed Information," *International Journal of Remote Sensing*, 25(9) : 1723-1732에 기초).

같은 공간자료)에 대응하는 뉴런을 담고 있으며 출력층은 보통 2차원의 배열이나 뉴런 격자(예 : 그림 10-16에 나와 있는 3×3, 4×4)로 조직화된다(Hu and Weng, 2009; Salah et al., 2009; Weng, 2012). 각 출력층 뉴런은 입력층의 모든 뉴런과 가중치로 연결된다(Li and Eastman, 2006). SOM 신경망은 2개의 층만을 이용하기 때문에 은닉층을 어떻게 구성해야 하는지에 대한 문제가 없다.

자기조직화는 유용한 구성이 만들어질 때까지 학습규칙을 따르며 입력 자극의 결과로서 가중치를 순응적으로 수정해 나간다. 그림 10-16에 나와 있는 출력층 혹은 격자에서 출력 뉴런은 경쟁적인 학습 절차를 통해 제시된 입력 패턴에 맞춰지도록 선택적으로 개선된다. 위상 정렬된 출력공간은 뉴런들로 하여금 입력 패턴과 비슷한 것들끼리 모이도록 한다. 학습은 우선 제시된 입력 패턴과 가장 비슷한 출력 뉴런을 선택한 뒤 그 승리자 주위의 자극된 뉴런들의 무리를 결정하여 개선하는 식으로 진행된다(Li, 2008; Filippi et al., 2010).

SOM 커미트먼트(SOM-C) 신경망 분석의 라벨링 단계에서 $n \times n$ 출력층의 경쟁층 뉴런은 다른 패턴에 의해 작동되는데 커미트먼트의 정도는 하나의 입력 패턴이 하나의 클래스에 속하는 확률을 뜻하며 다음 식에 의해 계산된다(Hu and Weng, 2009).

$$C_i = \frac{P_i(j)}{\sum_{i=1}^{m} P_i(j)} \tag{10.11}$$

$P_i(j)$는 뉴런 j를 작동시키는 클래스 i 훈련지역의 비율이며 아래와 같이 계산된다.

$$P_i(j) = \frac{f_i(j)}{N_i} \tag{10.12}$$

$f_i(j)$는 클래스 i로 명명된 화소에 의해 작동되는 뉴런 j의 빈도이며 N_i는 훈련지역에 대한 클래스 i의 샘플 수이다.

Hu와 Weng(2009)은 미국 인디애나 주 매리언 카운티를 찍은

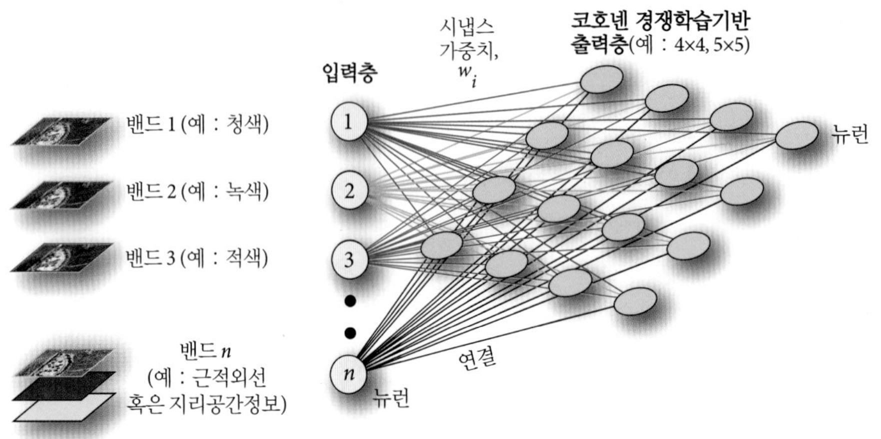

그림 10-16 코호넨 자기조직화 맵(SOM) 신경망은 하나의 입력층과 하나의 뉴런 행렬(격자)(예 : 4×4, 5×5)을 구성하는 경쟁 출력층을 가진다. 각 출력층 뉴런은 시냅스 가중치(w_i)에 의해 입력층의 모든 뉴런과 연결된다. 이 방법은 두 층만을 사용하기 때문에 은닉층 구성에 대한 고민을 할 필요가 없다(Salah et al., 2009; Hu and Weng, 2009에 기초).

3장의 ASTER 영상으로부터 부분화소 레벨에서 다층 퍼셉트론(MLP) 신경망과 SOM을 이용하여 불투수층을 추정하였다. 그 결과 SOM 신경망이 각 영상별로 MLP 신경망에 비해 약간 높은 정확도를 (특히 거주지역을 대상으로) 보여 주었다.

퍼지 ARTMAP 신경망

적응공명이론(Adaptive Resonance Theory, ART)기반 신경망은 인지정보처리의 생물학적인 이론에서 출발했다(Mannan et al., 1998). 일반화된 퍼지 버전은 Carpenter 등(1997)에 의해 소개되었다. 감독 분류를 위해 고안된 퍼지 ARTMAP 구조는 2개의 퍼지 ART 모듈(그림 10-17에서 ART_a와 ART_b)로 구성되어 있다. ART_a 모듈은 입력 시그널인 F_1과 출력 범주인 F_2로 알려진 2개의 처리 요소층으로 구성되어 있다. F_1층은 신경망을 훈련하는 데 사용되는 입력 원격탐사 자료나 다른 형태의 공간정보를 담고 있다. F_2층에 있는 뉴런의 수는 학습과정에서 동적으로 결정된다(Mannan et al., 1998; 그림 10-17). 제어장치는 최소 학습 규칙을 사용하여 예측 오차를 최소화하고 예측 일반화를 최대화한다(Carpenter et al., 1997). 이는 시스템으로 하여금 매칭 기준을 만족시키는 데 필요한 은닉 유닛의 수를 학습하고 결정할 수 있도록 한다(Rogan et al., 2008; Filippi et al., 2009).

ART_b 모듈은 n개의 클래스와 연결된 n개의 뉴런을 가진 단일 출력층으로 구성되어 있다. 그림 10-17에는 예에서 사용된 7개의 클래스가 있다. ART_a와 ART_b 모듈은 Map Field층에 의해 연결되어 있는데 이 층은 출력층의 뉴런 개수와 동일한 수의 뉴런을 가진다. Map Field층과 출력층은 직접 연결되어 있다. ARTMAP은 일반적인 역전파(BP) 신경망의 세 가지 단점인 신경망 파라미터 선택의 민감도, 과적합, 그리고 훈련과정에서 사용자의 개입이 필요한 문제를 최소화하는 것으로 알려져 있다(Mannan et al., 1998).

Mannan 등(1998)은 다중분광 원격탐사 영상을 감독 분류하는 데 있어 퍼지 ARTMAP이 다층 퍼셉트론 역전파 신경망 보다 더 효율적임을 보였다. Rogan 등(2008)은 미국 서던캘리포니아 주 지역의 토지피복 분류에 퍼지 ARTMAP과 2개의 결정나무 프로그램(S-Plus와 C4.5)을 적용하여 서로 비교하였다. ARTMAP이 분류과정에서 인간의 개입을 최소화하며 넓은 지역에 대한 변화 자동 모니터링에 있어 보다 정확한 결과를 보여주었다. Li(2008)는 퍼지 ARTMAP과 관련된 비매개변수 측정값들을 사용하여 원격탐사 분류에 있어 공간적인 불확실성을 연구하였다.

인공신경망의 장점

선택된 인공신경망의 특성들이 표 10-3에 나와 있다. 인공신경망은 다중분광 원격탐사 영상을 처리하는 데 응용되어 왔으며 종종 전통적인 통계기법을 이용한 결과보다 나은 결과를 제공해 왔다(Filippi and Jensen, 2006; Hu and Weng, 2009; Filippi et al., 2010; Khorram et al., 2011). 이러한 성공들은 다음과 같은 신경망의 두드러지는 특성들에 근거한 것이다.

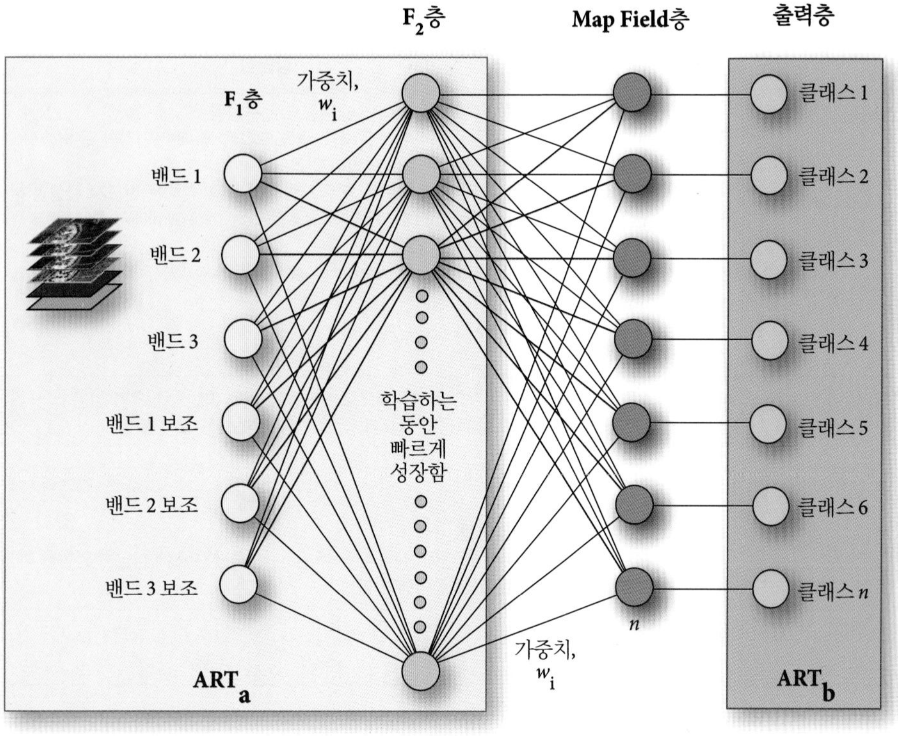

그림 10-17 ART_a와 ART_b를 구성하는 전형적인 퍼지 ARTMAP 신경망 구조. 예를 들어, F_1 입력층에는 공간정보에 대한 세 가지 입력자료(그리고 각 보조 밴드들)가 있다. F_2 층에서 뉴런 개수는 학습하는 동안에 빠르게 성장한다. Map Field층의 수는 원하는 출력층의 개수만큼 있다(Figure 1 from Li, Z., 2008, "Fuzzy ARTMAP Based Neurocomputational Spatial Uncertainty Measures," *Photogrammetric Engineering & Remote Sensing*, 74(12) : 1573-1584에 기초).

- 신경망은 자료 분포의 정규화 및 선형성 등의 사전 가정을 필요로 하지 않는 비매개변수 범주의 방법이다(Rogan et al., 2008; Weng and Hu, 2008; Filippi et al., 2010).
- 신경망은 현존하는 예들로부터 학습하도록 함으로써 분류를 객관화시킨다.
- 비선형적 패턴은 데이터셋의 선험지식에 근거하여 분석가에 의해 미리 구체화되는 것이 아니라 경험적인 예들로부터 학습된다(Hagan et al., 1996).
- 예들에 포함되어 있는 불필요한 정보들은 훈련된 신경망에서 일반화될 수 있다. 이로부터 신경망은 이전에는 보이지 않았거나 불완전 혹은 정밀하지 못했던 자료에 대해서 해결책을 제공한다. 어떤 영역의 전문가로부터 추출되어야만 하는 전통적인 전문가 시스템의 지식은 주관적이거나 불완전할 수도 있다. 이는 전문가가 편향되거나 심지어 현상을 부정확하게 이해하고 있기 때문일 수도 있다. 그들은 이전에 사용했던 규칙들을 알지 못할 수도 있으며, 이러한 규칙들을 만드는 데 어려움을 가지기도 한다. 반대로 신경망에서의 지식은 경험적인(실세계) 훈련 예들로부터 학습을 통해 얻어진다. 비록 전문가가 훈련자료를 선택하고 준비하는 과정에는 필수적이나 일반적으로 전문가들의 개인적인 편향성은 지식 획득 과정에서 제외된다.
- 전문가 시스템에서의 지식은 이진 속성으로 구성된 논리적인 규칙들에 의해 표현된다. 수치적인 속성들은 이진 형태의 참/거짓 문구로 변환되어야 하고, 이와 같은 단순화 과정에서 많은 양의 정보가 손실될 수도 있다(Gahegan, 2003). 반면, 신경망은 모든 형태의 자료를 포괄할 수 있으며 이를 수치적 표현으로 변환시킬 수 있다(Brand and Gerritsen, 2004).
- 대부분의 규칙기반 전문가 시스템은 만약 전문가에 의해 만들어진 완벽한 규칙과 적절한 일치가 이루어지지 않으면 예측 가능한 추론을 일반화할 수 없다. 반대로, 실세계의 훈련 예들로부터 추출된 신경망에서의 지식은 예들이 매우 조심스럽게 선택되었다 하더라도 필시 잡음(불필요한 정보)이 포함되어 있다. 그러므로 신경망은 개별적 혹은 연속적인 자료 모두를 일반화하는 데 좋으며, 훈련과정에서 보이지 않았

표 10-3 선택된 인공신경망의 특징(Ji, 2000; Qiu and Jensen, 2004; Li and Eastman, 2006; Li, 2008; Hu and Weng, 2009; Weng and Hu, 2008; Filippi et al., 2010; Weng, 2012에 기초)

신경망	장단점
다층 퍼셉트론(MLP) 역전파(BP)	• 보통 하나의 입력층, 하나의 은닉층 및 하나의 출력층으로 구성됨. • MLP는 신경망의 구조, 특히 은닉층의 수와 은닉층 내 노드의 수에 매우 민감함. 은닉층 노드의 최적의 개수 결정에 대한 문제가 많으며 공식적으로 채택된 결정 방법이 없음. • MLP 훈련자료는 반드시 존재 및 부재 정보를 모두 포함해야 하며, 출력은 반드시 사실과 허위 정보를 포함해야 함. • 훈련은 전역 최소값(global minimum) 대신에 지역 최소값(local minimum)에서 중단됨. • 역전파(BP) 훈련 절차는 많은 시간이 소요됨. • BP 훈련 절차는 일관되지 않으며 과적합(overfitting) 결과를 낳을 수 있음. • SOM에 비해 훈련이 느림. • SOM보다 분류 단계가 더 빠름. • 블랙박스 작업 방식.
코호넨 자기조직화 맵(SOM)	• 하나의 입력층과 하나의 출력층으로 구성되므로 은닉층에 대해 고민할 필요가 없음. • 존재와 부재 정보 모두 반드시 제공할 필요가 없으며 존재 정보만으로 충분함. • 훈련과정에서 지역 최소값에 의해 영향받지 않음. • 훈련 속도가 빠름. • 분류가 느림. • MLP보다 분류 결과가 더 일관됨. • SOM 특징 지도(feature map) 크기(예 : 4×4, 5×5 등)는 분류 정확도에 상당한 영향을 미침. • 각 훈련 클래스의 샘플 수는 균형을 이뤄야 함.
퍼지 ARTMAP	• 훈련 단계 동안에 조정이 거의 필요 없음. • 과적합을 최소화함.

던 패턴을 내삽하거나 적응시키는 능력을 가지고 있다. 따라서 신경망은 잡음과 잃어버린 자료에 의존적이지 않으며, 입력 패턴에 대해 최적의 모델을 찾으려 시도한다(Russell and Norvig, 2010).

- 끝으로, 신경망은 더 많은 훈련자료가 변화하는 환경에서 제공될수록 연속적으로 가중치를 조정한다. 즉 그들은 지속적으로 학습한다.

인공신경망의 한계

영상 분류에서 신경망의 뛰어난 수행 결과에도 불구하고, 주어진 결정이나 출력 결과가 신경망으로부터 획득되는 과정을 포괄적으로 설명하기는 일반적으로 어렵다(Qiu and Jensen, 2004). 간단한 'if-then' 규칙을 이용한 명확한 형태로 신경망에 의해 획득된 지식을 표현하는 것은 불가능하다. 신경망에 의해 학습된 영상 분류와 판독의 규칙들은 은닉층 속 뉴런들의 가중치 속에 묻혀 있으며 가중치들의 복잡한 속성 때문에 이를 해석하는 것은 어렵다. 그러므로 신경망은 종종 블랙박스로 불리기도 한다(Qiu and Jensen, 2004).

이러한 이유로, 신경망은 실세계 응용에서는 신뢰받는 해결책으로서 인정받지 못할 수 있다. 신경망을 이용하면서, 분석가는 데이터셋의 특성에 대한 고찰을 제공하는 설명적 능력의 부족 때문에 바로 문제의 이해를 얻는 것이 어려울 수 있다. 동일한 이유로, 영상 분류의 수행능력을 단순화하고, 가속화하거나 향상시키기 위해 인간의 전문적 기술을 통합하는 것이 어렵다. 즉 신경망은 항상 훈련을 통해 학습해야 한다. 신경망이 복잡한 원격탐사 영상 분류 작업에 널리 적용되기 위해서는 설명 능력이 결국 훈련된 신경망의 기능성의 가장 핵심적인 부분이 되어야 한다. 신경망을 퍼지 논리와 연계해서 신경망의 은닉 뉴런에 내재하는 지식이 퍼지 형태의 'if-then' 규칙으로 추출될 수 있도록 하는 것이 하나의 대안이 될 수 있다(Qiu and Jensen, 2004).

참고문헌

Aitkenhead, J. J., and I. H. Aalders, 2011, "Automating Land Cover Mapping of Scotland using Expert System and Knowledge Integration Methods," *Remote Sensing of Environment*, 115:1285-1295.

Akerkar, R., and P. Sajja, 2009, *Knowledge-Based Systems*, London: Jones and Bartlett, 354 p.

Atkinson, P. M., and A. R. L. Tatnall, 1997, "Neural Networks in Remote Sensing," *International Journal of Remote Sensing*, 18(4):699-709.

Brand, E., and R. Gerritsen, 2004, "Neural Networks," *Data Base Mining Solutions*, www.dbmasmag.com/9807m06.html.

Breiman, L., 2001, "Random Forests," *Machine Learning*, 45: 5-32.

Breiman, L., and A. Cutler, 2014, *Random Forests*, http://www.stat.berkeley.edu/~breiman/RandomForests/cc_home.htm.

Brown, M. E., Lary, D. J., Vrieling, A., Stathakis, D., and H. Mussa, 2008, "Neural Networks as a Tool for Constructing Continuous NDVI Time Series from AVHRR and MODIS," *International Journal of Remote Sensing*, 29(24):7141-7158.

Buchanan, B. G., and J. Lederberg, 1971, "The Heuristic DENDRAL Program for Explaining Empirical Data," *IFIP Congress* (1):179-188.

Carpenter, G. A., Gjaja, M. N., Gopal, S., and C. E. Woodcock, 1997, "ART Neural Networks for Remote Sensing: Vegetation Classification from Landsat TM and Terrain Data," *IEEE Transactions on Geoscience and Remote Sensing*, 35(2), 308-325.

Chen, W., Li, S., Wang, Y., Chen, G., and S. Liu, 2014, "Forested Landslide Detection using LiDAR data and the Random Forest Algorithm: A Case Study of the Three Gorges, China," *Remote Sensing of Environment*, 152:291-301.

Clark Labs CTA, 2014, "Classification Tree Analysis (CTA)," Worcester: Clark Labs, 2 p., http://www.clarklabs.org/applications/upload/classification-tree-analysis-idrisifocus-paper.pdf.

Congalton, R. G., and K. Green, 2009, *Assessing the Accuracy of Remotely Sensed Data: Principles and Practices*, 2nd E., Boca Raton, FL: Lewis Publishers, 183 p.

Coops, N. C., Wulder, M. A., and J. C. White, 2006, *IntegratingRemotely Sensed and Ancillary Data Sources to Characterize A Mountain Pine Beetle Infestation*, Victoria: The Canadian Forest Service, 33 p.

Darlington, K., 1996, "Basic Expert Systems," *Information Technology in Nursing*, London: British Computer Society, http://www.scism.sbu.ac.uk/~darlink.

DeFries, R. and J. Chan, 2000, "Multiple Criteria for Evaluating Machine Learning Algorithms for Land Cover Classification," *Remote Sensing of Environment*, 74:503-515.

Dreyfus, H. L., and S. E. Dreyfus, 2001, "From Socrates to Expert Systems: The Limits and Dangers of Calculative Rationality," *Selected Papers of Hubert Dreyfus*, Berkeley: Dept. of Philosophy, Regents of the University of California, March, http://ist-socrates.berkeley.edu/~hdreyfus/html/paper_socrates.html.

Duro, D. C., Franklin, S. E., and M. G. Dube, 2012, "A Comparison of Pixel-based and Object-based Image Analysis with Selected Machine Learning Algorithms for the Classification of Agricultural Landscapes using SPOT-5 HRG Imagery," *Remote Sensing of Environment*, 118:259-272.

Exelis ENVI, 2014, *ENVI* Classic *Tutorial: Decision Tree Classification*, Boulder: Exelis Visual Information Solutions, 12 p.

Filippi, A. M., and J. R. Jensen, 2006, "Fuzzy Learning Vector Quantization for Hyperspectral Coastal Vegetation Classification," *Remote Sensing of Environment*, 100:512-530.

Filippi, A. M., Brannstrom, C., Dobreva, I., Cairns, D. M., and D. Kim, 2009, "Unsupervised Fuzzy ARTMAP Classification of Hyperspectral Hyperion Data for Savanna and Agriculture Discrimination in the Brazilian Cerrado," *GIScience & Remote Sensing*, 46(1):1-23.

Filippi, A. M., Dobreva, I., Klein, A. G., and J. R. Jensen, 2010, "Chapter 14: Self-Organizing Map-based Applications in Remote Sensing," in *Self-Organizing Maps*, G. K. Matsopoulos (Ed.,), Vienna: In-Tech, Inc., 231-248.

Foody, G. M., 1996, "Fuzzy Modelling of Vegetation from Remotely Sensed Imagery," *Ecological Modeling*, 85:2-12.

Foody, G. M., and M. K. Arora, 1997, "An Evaluation of Some Factors Affecting the Accuracy of Classification by an Artificial Neural Network," *International Journal of Remote Sensing*, 18(4):799-810.

Foody, G. M., Lucas, R. M., Curran, P. J., and M. Honzak, 1997, "Non-linear Mixture Modelling without End-members Using an Artificial Neural Network," *International Journal of Remote Sensing*, 18:937-953.

Foody, G. M., and A. Mathur, 2004, "A Relative Evaluation of Multiclass Image Classification by Support Vector Machines," *IEEE Transactions on Geoscience and Remote Sensing*, 42:1335-1343.

Foody, G. M., and A. Mathur, 2006, "The Use of Small Training Sets Containing Mixed Pixels for Accurate Hard Image Classification: Training on Mixed Spectral Responses for Classification by SVM," *Remote Sensing of Environment*, 103:179-189.

Foody, G. M., McCulloch, M. B., and W. B. Yates, 1995, "Classification of Remotely Sensed Data by an Artificial Neural Network: Issues Related to Training Data Characteristics," *Photogrammetric Engineering & Remote Sensing*, 61:391-401.

Friedl, M. A., Sulla-Menshe, D., Tan, B., Schneider, A., Ramankutty, N., Sibley, A., and X. Huang, 2010, "MODIS Collection 5 Global Land Cover: Algorithm Refinements and Characterization of New Datasets," *Remote Sensing of Environment*, 114:168-182.

Gahegan, M., 2003, "Is Inductive Machine Learning Just Another Wild Goose (or Might It Lay the Golden Egg)?" *International Journal of Geographical Information Science*, 17(1):69-92.

Gonzalez Vilas, L., Spyrakos, E., and J. M. Torres Palenzuela, 2011, "Neural Network Estimation of Chlorophyll *a* from MERIS Full Resolution Data for the Coastal Waters of Galician *rias* (NW Spain)," *Remote Sensing of Environment*, 115:524-535.

Guo, L., Chehata, N., Mallet, C., and S. Boukir, 2011, "Relevance of Airborne Lidar and Multispectral Image Data for Urban Scene Classification using Random Forests, I*SPRS Journal of Photogrammetry & Remote Sensing*, 66:56-66.

Hagan, M. T., Demuth, H. B., and M. Beale, 1996, *Neural Network Design*, Boston: PWS Publishing.

Hayes, M. M., Miller, S. N., and M. A. Murphy, 2014, "Highresolution Landcover Classification using Random Forests," *Remote Sensing Letters*, 5(2):112-121.

Haykin, S., 1994, *Neural Networks: A Comprehensive Foundation*, New York: Macmillan College Publishing, 696 p.

Hexagon ERDAS Imagine, 2014, *Imagine Expert Classifier*, https://wiki.hexagongeospatial.com//index.php?title=Expert_Classification.

Hodgson, M. E., Jensen, J. R., Tullis, J. A. Riordan, K. D., and C. M. Archer, 2003, "Synergistic Use of Lidar and Color Aerial Photography for Mapping Urban Parcel Imperviousness," *Photogrammetric Engineering & Remote Sensing*, 69(9):973-980.

Hu, X., and Q. Weng, 2009, "Estimating Impervious Surfaces from Medium Spatial Resolution Imagery Using the Selforganizing Map and Multi-Layer Perceptron Neural Networks," *Remote Sensing of Environment*, 113:2089-2102.

Huang, C., Davis, L. S., and J. R. Townshend, 2002, "An Assessment of Support Vector Machines for Land Cover Classification," *International Journal of Remote Sensing*, 23(4):725-749.

Huang, X., and J. R. Jensen, 1997, "A Machine-Learning Approach to Automated Knowledge-base Building for Remote Sensing Image Analysis with GIS Data," *Photogrammetric Engineering & Remote Sensing*, 63(10):1185-1194.

Im, J., and J. R. Jensen, 2005, "A Change Detection Model Based on Neighborhood Correlation Image Analysis and Decision Tree Classification," *Remote Sensing of Environment*, 99:326-340.

Im, J., Jensen, J. R., Jensen, R. R., Gladden, J., Waugh, J., and M. Serrato, 2012a, "Vegetation Cover Analysis of Hazardous Waste Sites in Utah and Arizona Using Hyperspectral Remote Sensing," *Remote Sensing*, 2012(4):327-353.

Im, J., Lu, Z., Rhee, J., and L. Quackenbush, 2012b, "Impervious Surface Quantification using a Synthesis of Artificial Immune Networks and Decision/Regression Trees from Multi-sensor Data," *Remote Sensing of Environment*, 117:102-113.

Jackson, P., 1990, *Introduction to Expert Systems*, 2nd Ed., Wokingham, England: Addison-Wesley.

Jensen, J. R., 1978, "Digital Land Cover Mapping Using Layered Classification Logic and Physical Composition Attributes," *American Cartographer*, 5(2):121-132.

Jensen, J. R., 2007, *Remote Sensing of the Environment: An Earth Resource Perspective*, Upper Saddle River, NJ: Prentice-Hall, 590 p.

Jensen, J. R., Im, J., Hardin, P., and R. R. Jensen, 2009, "Chapter 19: Image Classification," in *The Sage Handbook of Remote Sensing*, Warner, T. A., Nellis, M. D. and G. M. Foody, (Eds.), 269-296.

Jensen, J. R., Qiu, F., and M. Ji, 1999, "Predictive Modeling of Coniferous Forest Age Using Statistical and Artificial Neural Network Approaches Applied to Remote Sensing Data," *International Journal of Remote Sensing*, 20(14):2805-2822.

Jensen, J. R., Qiu, F., and K. Patterson, 2001, "A Neural Network Image Interpretation System to Extract Rural and Urban Land Use and Land Cover Information from Remote Sensor Data," *Geocarto International*, 16(1):19-28.

Ji, C. Y., 2000, "Land-Use Classification of Remotely Sensed Data Using Kohonen Self-Organizing Feature Map Neural Networks," *Photogrammetric Engineering & Remote Sensing*, 66(12):1451-1460.

Jiang, D., Yang, X., Clinton, N., and N. Wang, 2004, "An Artificial Neural Network Model for Estimating Crop Yields using Remotely Sensed Information," *International Journal of Remote Sensing*, 25(9):1723-1732.

Jonsson, A., Morris, P., Muscettola, N., Rajan, K., and B. Smith, 2000, "Planning in Interplanetary Space: Theory and Practice," in *Proceedings, 5th International Conference on Artificial Intelligence Planning Systems (AIPS-00)*, Breckenridge, CO: AAAI Press, 177-186.

Khorram, S., Yuan, H., and C. F. Van Der Wiele, 2011, Development of a Modified Neural Network-based Land Cover Classification System using Automated Data Selector and Multiresolution Remotely Sensed Data," *GeoCarto Internationa*l, 26(6):435-457.

Lawrence, R. L., and A. Wright, 2001, "Rule-based Classification Systems Using Classification and Regression Tree (CART) Analysis," *Photogrammetric Engineering & Remote Sensing*, 7(10):1137-1142.

Li, Z., 2008, "Fuzzy ARTMAP Based Neurocomputational Spatial Uncertainty Measures," *Photogrammetric Engineering & Remote Sensing*, 74(12):1573-1584.

Li, Z., and J. R. Eastman, 2006, "Nature and Classification of Unlabelled Neurons in the Use of Kohonen's Self-Organizing Map for Supervised Classification," *Transactions in GIS*, 10(4):599-613.

Liaw, A., and M. Weiner, 2014, *RandomForest: Breiman and Cultler's Random Forests for Classification and Regression*, http://CRAN.R-project.org/package=rpart.

Lu, D., and Q. Weng, 2007, "A Survey of Image Classification Methods and Techniques for Improving Classification Performance," *International Journal of Remote Sensing*, 28, 823-870.

Mannan, B., Roy, J., and A. K. Ray, 1998, "Fuzzy ARTMAP Supervised Classification of Remotely-sensed Images," *International Journal of Remote Sensing*, 19, 767-774.

McIver, D. K., and M. A. Friedl, 2002, "Using Prior Probabilities in Decision-Tree Classification of Remotely Sensed Data," *Remote Sensing of Environment*, 81:253-261.

Merriam-Webster, 2003, *Merriam-Webster Dictionary*, Springfield, MA: Merriam-Webster; http://www.m-w.com/dictionary.htm.

Meyer, D., 2014, *Support Vector Machines*, http://cran.rproject.org/web/packages/e1071/vignettes/svmdoc.pdf.

Meyer, D., 2013, *e1071: Miscellaneous Functions of the Department of Statistics*, http://cran.r-project.org/web/packages/e1071/index.html.

Michalski, R. S., 1983, "A Theory and Methodology of Inductive Learning," in Michalski, R. S., Carbonell, S., and T. M. Mitchell (Eds.), *Machine Learning*, Vol. 1, San Mateo: Morgan Kaufmann Publishers.

Oxford, 2014, *Definition of Artificial Intelligence*, London: Oxford Dictionaries, http://www.oxforddictionaries.com/us/definition/english/artificial-intelligence.

Pal, M., 2005, "Random Forest Classifier for Remote Sensing Classification," *International Journal of Remote Sensing*, 26(1):217.

Pal, M., and P. M. Mather, 2003, "An Assessment of the Effectiveness of Decision Tree Methods for Land Cover Classification," *Remote Sensing of Environment*, 86:554-565.

Pal, M., and P. M. Mather, 2005, "Support Vector Machines for Classification in Remote Sensing," *International Journal of Remote Sensing*, 26(5):1007-1011.

PC AI, 2002, "Expert Systems," *Personal Computing Artificial Intelligence Electronics Magazine*, Feb. 14, 2002, www.PCAI.com.

Pena-Barragan, J. M., Ngugi, M. K., Plant, R. E., and J. Six, 2011, "Object-based Crop Classification using Multiple Vegetation Indices, Textural Features and Crop Phenology," *Remote Sensing of Environment*, 115:1301-1316.

Qiu, F., and J. R. Jensen, 2004, "Opening the Black Box of Neural Networks for Remote Sensing Image Classification," *International Journal of Remote Sensing*, in press.

Quinlan, J. R., 2003, *Data Mining Tools See5 and C5.0*. St. Ives NSW, Australia: RuleQuest Research. http://www.rulequest.com/see5-info.html.

R Development Core Team, 2014, *The R Project for Statistical Computing*, http://www.r-project.org/.

Rodriguez-Galiano, V. F., Chica-Olmo, M., Abarca-Hernandez, F., Atkinson, P. M., and C. Jeganathan, 2012a, "Random Forest Classification of Mediterranean Land Cover using Multi-seasonal Imagery and Multi-seasonal Texture," *Remote Sensing of Environment*, 121:93-107.

Rodriguez-Galiano, V. F., Ghimire, B., Rogan, J., Chica-Olmo, M., and J. P. Rigol-Sanchez, 2012b, "An Assessment of the Effectiveness of A Random Forest Classifier for Land-Cover Classification," *ISPRS Journal of Photogrammetry and Remote Sensing*, 67:93-104.

Rogan, J., Franklin, J., Stow, D., Miller, J., Woodcock, C., and D. Roberts, 2008, "Mapping Land-cover Modifications Over Large Areas: A Comparison of Machine Learning Algorithms," *Remote Sensing of Environment*, 112:2272-2283.

RuleQuest Research, Inc., 2014, *C5.0 (Unix/Linux), See5 (for Windows,) and Cubist*, Australia: RuleQuest Research Pty Ltd., http://www.rulequest.com/.

Russell, S. J., and P. Norvig, 2010, *Artificial Intelligence: A Modern Approach*, 3rd Ed., Upper Saddle River, NJ: Prentice-Hall, 1109 p.

Salah, M., Trinder, J., and A. Shaker, 2009, "Evaluation of the Self-Organizing Map Classifier for Building Detection from Lidar Data and Multispectral Aerial Images," *Spatial Science*, 54(2):1-20.

Salford Systems, 2014a, *CART Classification and Regression Trees*, San Diego: Salford Systems, Inc., https://www.salford-systems.com/products/cart.

Salford Systems, 2014b, *Random Forests*, San Diego: Salford Systems, Inc., https://www.salford-systems.com/products/randomforests#random-forests.

Santi, E., Pettinato, S., Paloscia, S., Pampaloni, P., Fontanelli, G., Crepaz, A., and M. Valt, 2014, "Monitoring Alpine Snow using Satellite Radiometers and Artificial Neural Networks," *Remote Sensing of Environment*, 144:179-186.

Schneider, A., 2012, "Monitoring Land Cover Change in Urban and Peri-urban Areas using Dense Time Stacks of Landsat Satellite Data and a Data Mining Approach," *Remote Sensing of Environment*, 124:689-704.

Sexton, J. O., Urban, D. L., Donohue, M. J., and C. Song, 2013, "Long-term Land Cover Dynamics by Multi-temporal Calcification Across the Landsat-5 Record," *Remote Sensing of Environment*, 128:246-258.

Stow, D., Coulter, L., Kaiser, J., Hope, A., Service, D., Schutte, K., and A. Walters, 2003, "Irrigated Vegetating Assessments for Urban Environments," *Photogrammetric Engineering and Remote Sensing*, 69(4):381-390.

Su, L., Chopping, M. J, Rango, A., Martonchik, H. V., and D. P. Peter, 2006, "Support Vector Machines for Recognition of Semi-arid Vegetation Types using MISR Multi-angle Imagery," *Remote Sensing of Environment*, 107: 299-311.

Swain, P. H., and H. Hauska, 1977, "The Decision Tree Classifier: Design and Potential," *IEEE Transactions on Geoscience and Remote Sensing*, 15:142-147.

Therneau, T., Atkinson, B., and B. Ripley, 2014, *rpart: Recursive Partitioning and Regression Trees*, http://CRAN.Rproject.org/package=rpart.

TIBCO S-Plus, 2014, *Spotfire S-PLUS®*, Sommerville, MD: TIBCO, http://www.solutionmetrics.com.au/products/splus/S-PLUSBrochure.pdf

Tso, B., and P. M. Mather, 2001, *Classification Methods for Remotely Sensed Data*, New York: Taylor & Francis, 332 p.

Tullis, J. A., and J. R. Jensen, 2003, "Expert System House Detection in High Spatial Resolution Imagery Using Size, Shape, and Context," *Geocarto International*, 18(1):5-15.

Turing, A. M., 1950, "Computing Machinery and Intelligence," *Mind*,

59:439-460.

Van der Linden, S., and P. Hostert, 2009, "The Influence of Urban Structures on Impervious Surface Maps from Airborne Hyperspectral Data," *Remote Sensing of Environment*, 113:2298-2305.

Wang, J. G., Neskovic, P., and L. N. Cooper, 2005, "Training Data Selection for Support Vector Machines," *Lecture Notes in Computer Science*, 3600:554-564.

Weng, Q., 2012, "Remote Sensing of Impervious Surfaces in the Urban Areas: Requirements, Methods, and Trends," *Remote Sensing of Environment*, 117:34-49.

Weng, Q., and X. Hu, 2008, "Medium Spatial Resolution Satellite Imagery for Estimating and Mapping Urban Impervious Surfaces Using LSMA and ANN," *IIEE Transactions on Geoscience and Remote Sensing*, 46(8):2397-2406.

Xian, G., Homer, C., and J. Fry, 2009, "Updating the 2001 National Land Cover Database Land Cover Classification using Landsat Imagery Change Detection Methods," *Remote Sensing of Environment*, 113:1133-1147.

Xian, G., Homer, C., Dewitz, J., Fry, J., Hossain, N., and J. Wickham, 2011, "Change of Impervious Surface Area Between 2001 and 2006 in the Conterminous United States," *Photogrammetric Engineering & Remote Sensing*, 77(8):758-762.

Yang, C., and P. Chung, 2002, "Knowledge-based Automatic Change Detection Positioning System for Complex Heterogeneous Environments," *Journal of Intelligent and Robotic Systems*, 33:85-98.

Zhang, Q., and J. Wang, 2003, "A Rule-based Urban Land Use Inferring Method for Fine-resolution Multispectral Imagery," *Canadian Journal of Remote Sensing*, 29(1):1-13.

11 영상분광학을 이용한 정보 추출

AVIRIS 자료 출처 : NASA

영상분광분석(imaging spectrometry)은 다음과 같이 정의된다.

> 전자기 스펙트럼의 자외선, 가시광선, 적외선 영역에서 상대적으로 좁고 인접한 혹은 인접하지 않은 수많은 분광밴드에서 동시에 영상을 수집하는 것

밀집된 분광측정 자료의 집합은 **초분광**(hyperspectral) 원격탐사 장비로 불리는 영상분광계를 통하여 수집된다. 식생, 물, 암석 등과 같은 많은 대부분의 지표물질들은 10~20nm의 폭에서 진단 가능한 흡수 특성을 가진다. 따라서 전자기 스펙트럼의 400~2,500nm 사이에 10~20nm의 폭을 가진 연속 혹은 비연속적 밴드에서 자료를 수집하는 초분광 센서는 때때로 대상물질을 직접 식별하는 데 필요한 충분한 해상력을 가진 분광자료를 수집한다(Im and Jensen, 2008). 초분광 영상분광계의 가치는 영상의 각 화소에 대해 고해상의 반사도 스펙트럼을 제공하는 능력에 있다(Goetz et al., 1985; Schaepman et al., 2009; Chiu et al., 2011).

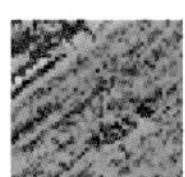 개관

이번 장에서는 먼저 전정색, 다중분광, 초분광 원격탐사 장비에 대한 차이를 검토한다. 초분광 자료의 고유한 특징 때문에, 유용한 정보를 추출하기 위하여 특수목적의 영상처리 알고리듬이 사용된다. 초분광 자료를 분석하는 데 필요한 영상 품질 평가, 지표 반사율로의 방사보정, 기하보정 및 차원 축소를 포함한 전처리과정을 확인한다. 분광적 순수 종점의 식별, 분광각 매핑(spectral angle mapping), 부분화소 분류(선형 분광 순수화), 분광 라이브러리 매칭 기법, 다양한 초분광지수의 사용 및 도함수 분광학을 포함한 특수목적의 정보 추출 기법이 설명된다.

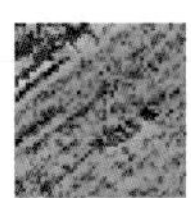 전정색, 다중분광, 초분광 자료수집

광학 원격탐사 시스템들은 일반적으로 400~2,500nm 파장영역의 전정색, 다중분광, 초분광 자료를 취득한다. 또한 현재 초분광 열적외선 센서도 있다.

전정색

몇몇 원격탐사 시스템들은 500~700nm(녹색 및 적색 파장 에너지) 혹은 500~900nm(녹색, 적색, 근적외선 에너지)와 같은 단일의 넓은 파장대 범위 내 반사 혹은 방사된 전자기에너지를 기록한다. 이것은 일반적으로 **전정색** 밴드 혹은 전정색 원격탐사라고 불린다. 많은 전정색(흑백) 항공사진들이 매년 수집되고 있으며, 특히 입체사진 활용분야에서 사용된다. 몇몇 위성 원격탐사 시스템은 단일의 전정색 밴드(예 : 0.5×0.5m 공간해상도에서 400~900nm의 파장영역을 관측하는 WorldView-1, 0.7×0.7m 공간해상도에서 500~900nm의 파장영역을 관측하는 EROS B)를 가진다. 수많은 다중분광 탐측 시스템들은 획득되는 다른 자료와 비교하여 높은 공간해상도를 가지는 단일 전정색 밴드를 가진다(예 : Landsat ETM$^+$, Landsat 8, SPOT 5, GeoEye-1).

다중분광

대부분 위성 및 항공 **다중분광** 원격탐사 시스템들은 상대적으로 넓은 밴드폭을 지닌 3~10개의 분광밴드로 이루어진 자료를 수집한다(예 : 자연색 및 적외선 디지털 프레임 카메라, Landsat TM, ETM$^+$, Landsat 8, SPOT 6, GeoEye-1, WorldView-2, QuickBird, Pleiades).

초분광

초분광 원격탐사 시스템은 일반적으로 비교적 좁은 밴드폭을 지닌 최소 10개 이상의 분광밴드에서 자료를 수집한다(예 : Gao et al., 2009; Thenkabail et al., 2011). **그러나 초분광 자료로 정의되는 데이터셋에 대한 최소 필요 밴드 수나 밴드폭 차원은 공인되어 있지 않다.** 수백 개의 분광밴드에서 분광 반사도를 수집하는 것은 새로운 센서 시스템 디자인을 필요로 한다. 영상분광분석법의 두 가지 접근 방식은 그림 11-1에 나타나 있다. 휘스크브룸(whiskbroom) 스캐너 선형배열 방식은 순간시야각 내의 복사속이 분광계를 통과하면서 분산되어 10개 이상의 감지기로 구성되는 선형배열 상에 모인다는 점을 제외하면, Landsat MSS나 ETM$^+$에 사용된 스캐너 방식과 유사하다(그림 11-1a). 각 순간시야각 내의 지형(즉 화소)은 선형배열 내에 존재하는 감지기 수만큼의 분광밴드에서 감지된다.

다른 영상분광계는 선형과 2차원의 면형배열의 감지기를 사용한다. 이와 같은 환경에서, 지형 내 각 횡단경로 화소를 위한 전용 행으로 이루어진 분광 감지기 요소가 있다(그림 11-1b). 이러한 푸쉬브룸(pushbroom) 방식은 스캐닝 거울이 사용되지 않으므로 각 감지기가 어떤 순간시야각에 대해 보다 오랜 시간 동안 머물 수 있기 때문에 영상 기하나 방사를 향상시켜 보다 정확하게 복사속을 기록하게 한다.

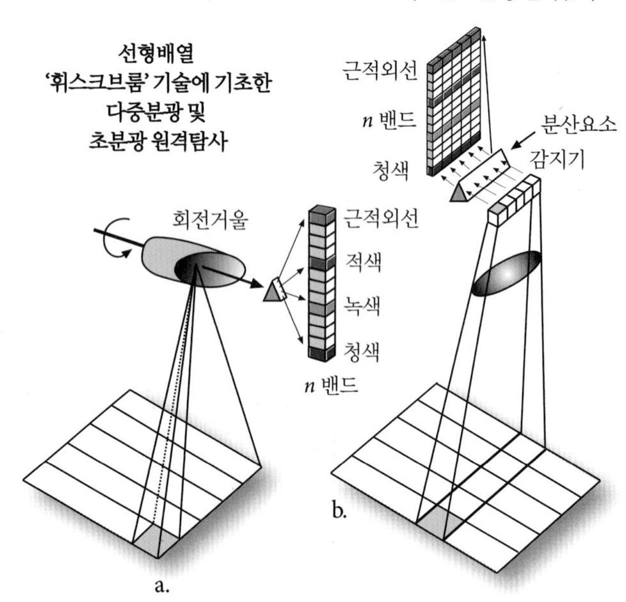

그림 11-1 a) 선형배열 탐지기 기술과 스캐닝 거울에 기초한 '휘스크브룸' 방식의 다중분광 또는 초분광 원격탐사 시스템(예 : AVIRIS). b) 선형 및 면형배열 '푸쉬브룸' 기술에 기초한 초분광 장치.

위성 초분광 센서

위성 초분광 원격탐사 시스템은 다음을 포함한다(표 11-1).

- 상호 등록된 36개의 분광밴드를 수집하는 Terra 및 Aqua 위성에 탑재된 NASA의 MODIS(Moderate Resolution Imaging Spectrometer)(0.4~3μm에서 20개 밴드, 3~15μm에서 16개 밴드)
- 10nm의 분광해상도를 지니며, 400~2,500nm에서 VNIR에 대한 8~57채널과 SWIR에 대한 77~224채널을 포함한 220개의 보정된 밴드 중 유용한 198밴드를 지닌 NASA의 EO-1 Hyperion 센서
- ESA의 Envisat에 탑재된 MERIS(Medium Resolution Imaging Spectrometer)는 2.5~30nm 사이로 프로그래밍 가능한 밴드폭의 390~1,040nm 영역에 대한 15개의 선택적 밴드를 수집하기 위하여 푸쉬브룸 기술을 사용함. 현재 MERIS는 운용되

영상분광분석에 의한 스펙트럼

a. 경로 08 영상 05에 해당하는 AVIRIS 자료의 3.4×3.4m 컬러조합 영상(RGB = 밴드 50, 30, 20)

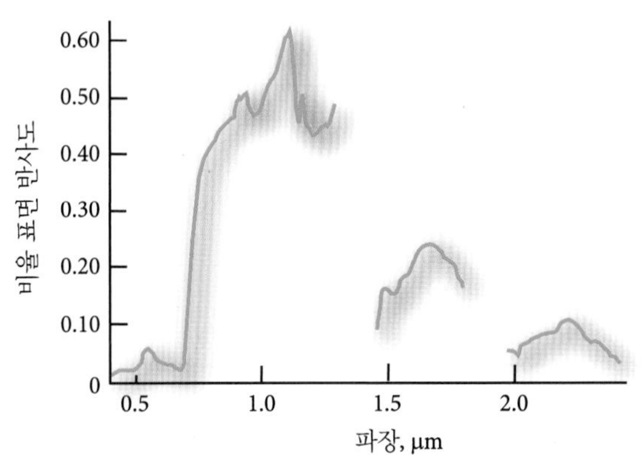

b. 테다소나무(*Pinus taeda*)의 한 화소에 대한 비율 표면 반사도 곡선

그림 11-2 a) 사우스캐롤라이나 주 에이킨 주변의 SRS에서 1999년 7월 26일에 수집한 3.4×3.4m 공간해상도를 지닌 AVIRIS 영상(원본 영상 제공 : NASA). b) (a)에 표시한 위치의 테다소나무(*Pinus taeda*) 화소에 대한 비율 표면 반사도 스펙트럼.

지 않음(ESA MERIS, 2014).

- NASA의 HyspIRI(Hyperspectral Infrared Imager)는 2개의 장비를 포함하도록 계획되어 있음(NASA HyspIRI, 2014) : 1) 10nm의 연속적인 밴드로 가시광선부터 단파적외선 영역(VSWIR : 380~2,500nm)을 감지하기 위한 영상분광계, 2) 열적외선(TIR) 영역의 8밴드 자료를 수집하는 다중분광 영상장치(고온의 표적을 측정하기 위한 3~5μm 영역의 1개 밴드와 7~12μm 영역의 7개 밴드로 구성됨)(Ramsey et al., 2012). VSWIR과 TIR 센서는 60×60m의 공간해상도를 가짐.

이들 위성 센서 시스템에 대한 추가적인 정보는 제2장에 서술되어 있다.

항공 초분광 센서

선정된 준궤도의 항공 초분광 원격탐사 시스템은 다음과 같다(표 11-1).

- NASA의 AVIRIS(Airborne Visible/Infrared Imaging Spectrometer)는 10nm 폭으로 400~2,500nm 영역대에 대한 224밴드 내 에너지를 기록하기 위하여 실리콘과 안티몬화인듐의 선형배열 및 휘스크브룸 스캐너 거울을 사용함.
- CASI-1500(Compact Airborne Imaging Spectrometer 1500)은 380~1,050nm에 대한 자료를 수집하고, 1,500화소에 대하여 40°의 총 FOV를 가지고 있는 푸쉬브룸 영상분광계로 다른 대다수 초분광센서들과 달리 특정 활용을 위하여 사용자가 수집하고자 하는 밴드를 특정할 수 있도록 분광적으로 프로그래밍되어 있음.
- SASI-600은 600개의 궤도교차 화소로 15nm 간격의 950~2,450nm에 대한 100밴드의 SWIR 초분광 자료를 수집. 특히 지질탐사 및 식생의 종 형성 분야에 유용함.
- HyVista의 HyMap은 13~17nm의 평균분광표본간격으로 450~2,480nm의 연속적인 파장영역(1,400과 1,900nm 부근의 대기 수증기 밴드 제외)에 대한 128밴드의 자료를 수집할 수 있는 휘스크브룸 초분광 센서임(HyVista Hymap, 2014).
- GER사에 의해 만들어진 DAIS 7915(DLR)는 VIS-NIR-SWIR-TIR의 400~1,300nm 영역에 민감한 79밴드를 공급하는 휘스크브룸 센서임(Ben-Dor et al., 2002; GAC, 2013).
- AISA Eagle 초분광 센서는 3.3nm의 평균분광표본간격으로 380~2,500nm 파장영역에 대하여 244~488개의 밴드를 기록함(Specim AISA, 2014).
- AISA FENIX 초분광 센서는 6~7nm의 평균분광표본간격으로 380~2,500nm 파장영역에 대하여 620개의 밴드를 기록함(Specim AISA, 2014).

항공 열적외선 초분광 센서

ITRES Research, Ltd.는 중적외선 파장(MASI-600)과 열적외선(TASI-600) 초분광 장비를 제공하고 있다(표 11-1).

표 11-1 선정된 초분광 원격탐사 시스템의 특성(Dalponte et al., 2009; DLR ROSIS, 2014; HyVista HyMap, 2014; ITRES, 2014; Plaza et al., 2009; Specim AISA, 2014; NASA 및 그 외)

센서	출처	플랫폼	밴드 수	최대 분광해상도(nm)	분광범위(μm)
EO-1 Hyperion	NASA Goddard SFC	위성	220	10	0.4~2.5
MODIS	NASA Goddard SFC	위성	36	40	0.4~14.3
MERIS	European Space Agency	위성	15	2.5~30	0.390~1.04
CRIS Proba	European Space Agency	위성	63까지	1.25	0.415~1.05
AVIRIS	NASA Jet Propulsion Lab	항공기	224	10	0.4~2.5
HYDICE	Naval Research lab	항공기	210	7.6	0.4~2.5
PROBE-1	Earth Search Sciences	항공기	128	12	0.4~2.45
CASI-1500	ITRES Research Ltd.	항공기	288	2.5	0.4~1.05
SASI-600	ITRES Research Ltd.	항공기	100	15	0.95~2.45
TASI-600	ITRES Research Ltd.	항공기	32	250	8~11.5
HyMap	HyVista, Inc.	항공기	128	15	0.44~2.5
ROSIS	DLR	항공기	115	4	0.4~0.9
EPS-H	GER, Inc.	항공기	133	0.67	0.43~12.5
EPS-A	GER, Inc.	항공기	31	2.3	0.43~12.5
DAIS 7915	GER, Inc.	항공기	79	15	0.43~12.3
AISA Eagle	Specim, Inc.	항공기	244~488	3.3	0.4~0.97
AISA Owl	Specim, Inc.	항공기	96	100	7.7~12.3
AISA Hawk	Specim, Inc.	항공기	320	8.5	0.99~2.45
AISA Dual	Specim, Inc.	항공기	500	2.9	0.4~2.45
AISA FENIX	Specim, Inc.	항공기	620	3.5와 12	0.38~2.5
MIVIS	Daedalus	항공기	102	20	0.43~12.7
AVNIR	OKSI	항공기	60	10	0.43~1.03

- MASI-600은 600개의 화소를 포함한 40°의 궤도오차 FOV를 가지며, 4~5μm 영역에 대한 64개의 밴드를 수집하는 항공 중파장 열적외선 초분광 센서임(ITRES MASI-600, 2014).
- TASI-600은 600개의 화소를 포함한 40°의 궤도오차 FOV를 가지며, 8~11.5μm 영역에 대한 32개의 밴드를 수집하는 푸쉬브룸 열적외선 초분광 센서임(ITRES TASI-600, 2014).

Landsat TM이나 SPOT HRV와 같이 일반적으로 밴드폭이 넓은 원격탐사 시스템은 보통 수백 나노미터 폭의 분광밴드에서 단 몇 개만을 측정함으로써 반사도 스펙트럼으로부터 이용 가능한 정보를 **과소표본** 조사한다. 이와 반대로, 영상분광계는 좁은 폭(일반적으로 10~20nm 폭의 밴드)에서 수집하며, 충분한 수의 분광밴드를 가지고 있어 실험실 내의 분광복사계에 의해 수집된 스펙트럼과 매우 유사한 스펙트럼을 만들 수 있다. 영상분광계 자료를 분석함으로써 영상 내의 각 화소에 대해 상세한 스펙트럼을 추출할 수 있다. 이러한 스펙트럼은 광물질, 대기 가스, 식생, 눈 및 얼음, 수체에 녹아 있는 용존 물질 등을 포함한 반사도 및 흡수 특성들에 기반을 두어 센서의 순간시야각 내의 구체적인 물질을 바로 식별하는 데 사용될 수 있다(예 : Nolin and Dozier, 2000; Chiu et al., 2011). 예를 들어, 그림 11-2는 사우스캐롤라이나 주 에이킨 주변의 SRS의 테다소나무(*Pinus taeda*) 숲에 대하여 400~2,500nm 파장대의 초분광 자료에 대한 비율 표면 반사도 특성을 나타낸다.

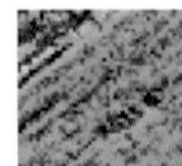

초분광 자료에서 정보를 추출하는 단계

과학자들은 초분광 원격탐사 자료로부터 유용한 정보를 추출하기 위하여 비교적 간단한 순서로 적용될 수 있는 디지털 영상처리 방법들을 개발하였다(예 : Eismann et al., 2012; Chang et al., 2013). 그림 11-3에 나와 있는 처리과정들이 이 장에서 논의된다.

초분광 자료의 분석은 일반적으로 고성능의 디지털 영상처리 소프트웨어(예 : ENVI, ERDAS Imagine; IDRISI, PCI Geomatica, VIPER Tools)를 필요로 하며 다음과 같은 기능을 수행할 수 있어야 한다.

1. 원시 초분광 센서의 방사도를 외관상의 표면 반사도로, 이상적으로는 표면 반사도로 보정(변환)한다. 이는 대기 감쇠효과, 경사와 향에 의한 지형효과, 그리고 센서로부터 야기된 어떠한 전자적 변이들의 제거를 요구한다.
2. 대상물의 구성 물질을 결정하기 위하여 보정된 원격탐사 자료로부터 추출된 비율 표면 반사도를 다음의 방법들로 분석한다. a) 초분광 자료 자체로부터 종점(endmember)을 추출함, b) 초분광 영상 특성과 영상 수집과 동일한 시간대에 현장에서 수집한 현장 분광복사 자료와 비교함, c) 초분광 영상 특성을 존스홉킨스대학, USGS, NASA의 JPL 등에서 제공하는 실험실기반 분광 라이브러리와 비교함(Baldridge et al., 2009; ASTER Spectral Library, 2014).

초분광 자료를 분석하는 방법을 이해하기 위해서는 실제 응용을 통한 영상처리과정을 분석하는 것이 유용하다. 이 장에서는 미국 에너지부(U.S. Department of Energy)에서 관리하는 사우스캐롤라이나 주 에이킨에 위치한 SRS(Savannah River Site)에서 바히아 초지로 덮여 있는 점토층에서의 식생 스트레스를 AVIRIS 원격탐사 자료를 이용하여 어떻게 탐지, 분석할 수 있는지를 설명하고자 한다. AVIRIS 센서 시스템의 특성은 표 11-1과 그림 11-4에 요약되어 있다. 1999년, AVIRIS는 11,155ft. 상공에서 자료를 수집하는 NOAA De Havilland DHC-6 Twin Otter 항공기에 저고도 모드(AVIRIS-LA)로 탑재되었다. 약 3.4×3.4m의 공간해상도를 지니는 224밴드의 초분광 자료를 수집하였다. 그림 11-4는 바히아 초지의 단일 화소와 연계된 센서의 복사휘도(L)를 나타낸다.

토지피복을 분류하고, 연속적 변수(예 : LAI)를 예측하기 위하여 유타 주 몬티셀로에 위치한 초원의 고해상도 AVIRIS 자료가 분석되었다. 끝으로, 생물물리학적 변수(LAI, 생물량)와 식생화학적 특성(예 : N, Ca)을 측정하기 위하여 SRS에 대한 산림처리구의 AISA Eagle 초분광 자료를 분석하였다.

비행경로로부터 연구지역의 선정

공공(예 : NASA JPL) 및 상업용(예 : HyMap, CASI-1500) 자료 공급자들은 사용자에게 공급하기 전에 종종 초분광 자료를 전처리한다(Prost, 2013). 이러한 예비단계의 전처리는 사용자가 수집된 영상의 내용물을 살펴보고 세부분석을 위하여 부분영상을 선정할 수 있도록 해 준다. 예를 들어, NASA JPL 자료실에서 일하는 사람은 기본적인 방사 및 기하 오차를 제거하기 위하여 원시 디지털 AVIRIS 자료를 전처리한다. 이 예비단계의 기하보정은 AVIRIS 자료의 각 비행경로(종종 항로로 언급됨)에 적용된다. 각 AVIRIS 비행경로는 개별 영상별로 나뉜다. 개별 영상의 썸네일은 인터넷을 통해 볼 수 있다. 예를 들어, 1999년 7월 26일에 SRS를 촬영한 항로 08로부터 추출된 영상 04, 05, 06이 그림 11-5에 나와 있다. 공간적으로 연속적인 영상들 사이에는 중첩되는 곳이 없다. 따라서 단일 비행경로에 대한 영상들을 이용하여 모자이크 영상을 만드는 작업은 비교적 쉽다. 항로 08, 영상 05의 데이터큐브는 그림 11-5d에 나타나 있다. 224개 밴드로 구성된 데이터큐브의 대기흡수밴드에 반응한 어두운 영역은 특히 1,400과 1,900nm에 존재한다.

초기 영상 품질 평가

초분광 자료의 초기 영상 품질을 평가하는 것은 중요하다. 개별 밴드의 시각적 조사, 다중밴드 컬러조합을 통한 조사, 영상 애니메이션을 이용한 조사, 개별 밴드의 신호 대 잡음 비(SNR)의 정량적 평가를 포함한 통계적 조사 등 수많은 방법이 영상 품질을 평가하기 위해 사용될 수 있다.

초분광 컬러조합 영상을 이용한 시각적 조사

초분광 영상이 가치 있는 정보를 가지고 있는지를 결정하는 가장 유용한 방법 중 하나는 그림 11-5와 같이 근적외선(예 :

초분광 자료에서 정보를 추출하는 데 사용되는 일반적인 단계

추출하고자 하는 정보의 속성 제시
- 관심대상 지역의 구체화
- 관심대상 클래스 및 생물물리학적 변수의 정의

적절한 원격탐사 자료와 초기 지상 참조 자료 획득
- 다음 기준을 기초로 하여 원격탐사 자료를 선택
  - 원격탐사 시스템 고려사항
    - 공간, 분광, 시간 그리고 방사해상도
  - 환경적 고려사항
    - 대기, 토양 수분, 생물계절주기 등
- 다음을 기초로 하여 초기 지상 참조 자료를 수집
  - 연구 대상지에 대한 사전 지식

주제정보를 추출하기 위한 초분광 자료 처리
- 초분광 자료 비행경로에서 연구지역의 부분영상을 추출
- 초기 영상 품질 평가 수행
  - 개별 밴드의 시각적 검사
  - 컬러조합 영상의 시각적 검사
  - 애니메이션
  - 통계적 개별 밴드 검사, 신호 대 잡음 비
- 방사보정
  - 필요한 현장 분광복사계 자료를 수집(가능한 경우)
  - 현장 또는 환경 자료 수집(예 : 라디오존데를 이용)
  - 화소단위 보정을 수행(예 : ACORN, FLAASH)
  - 밴드단위 분광 연마 수행
  - 경험적 선형보정
- 기하보정
  - 기내 탑재 항법과 공학 자료 이용(GPS 및 관성 항법 시스템 정보)
  - 최근린 영상 재배열
- 초분광 데이터셋의 차원 축소
  - 최소잡음비율(Minimum Noise Fraction, MNF) 변환
- 종점 결정 – 상대적으로 순수한 분광 특성을 가진 화소의 위치 결정
  - 화소 순수도 지수(Pixel Purity Index, PPI) 매핑
  - 차원 종점 시각화
- 초분광 자료를 이용한 매핑과 매칭 방법
  - 분광각 매퍼(Spectral Angle Mapper, SAM)
  - 부분화소 분류(분광혼합분석)
  - 분광 라이브러리 매칭 기법(spectroscopic library matching techniques)
  - 일치화 필터 및 혼합조율 일치화 필터(mixture-tuned matched filter)
  - 기계학습[예 : 서포트 벡터 머신(Support Vector Machine), 회귀나무(Regression Tree)]
  - 초분광 자료용 지수
  - 도함수 분광학(derivative spectroscopy)

정확도 평가 수행(제13장)
- 방법 선택
  - 정성적 신뢰도 구축
  - 통계적 측정
- 클래스별 필요한 관측 수 결정
- 표본추출 계획 선택
- 지상참조 검증정보 수집
- 오차행렬 생성 및 분석
  - 단변량 및 다변량 통계 분석

미리 세워 둔 가설을 수용하거나 기각
만약 정확도가 허용 가능하면 결과 배포

그림 11-3 초분광 원격탐사 자료에서 정량적인 생물물리학적 정보와 주제정보를 추출하는 데 유용한 일반화된 흐름도

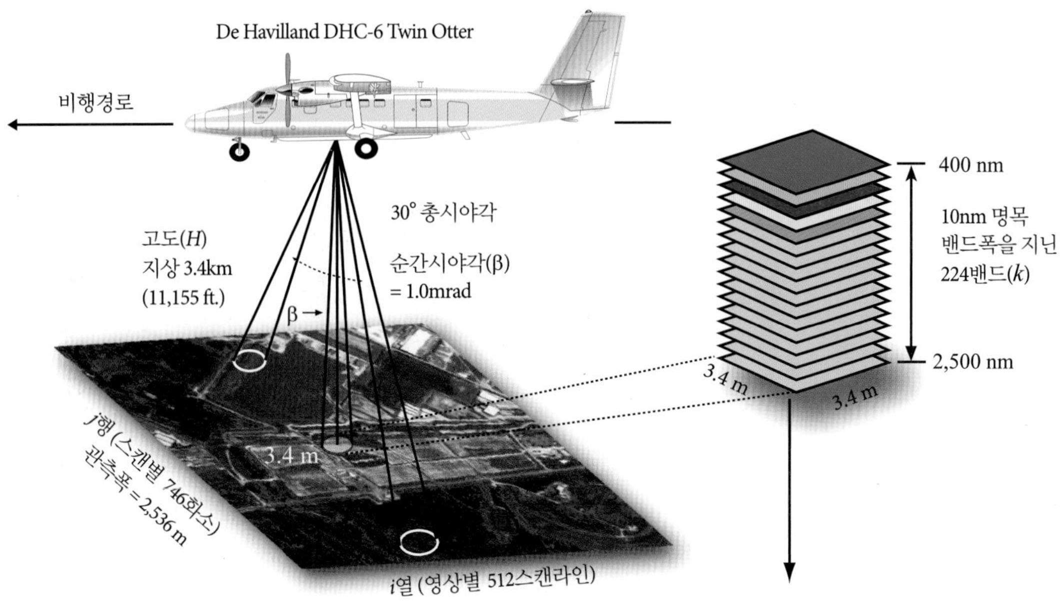

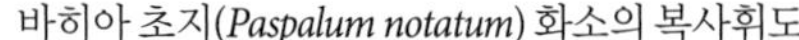

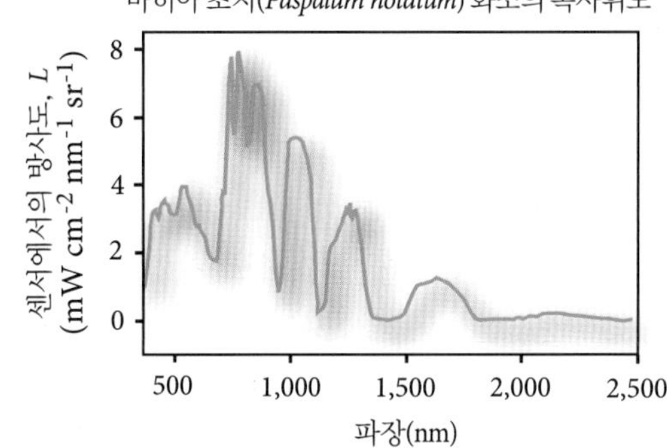

그림 11-4 NASA JPL의 AVIRIS를 사용하여 수행된 저고도 영상분광학의 개념도. 스캐닝 거울은 400~2,500nm에 이르는 분광 민감도를 가진 224개의 탐지기를 가지고 있는 선형배열에 복사속을 집중시킨다. 방사 스펙트럼(L)은 각 영상 화소에 대해 얻어진다. 이 방사자료를 처리하여 백분율 반사정보를 추출한다. 대부분의 AVIRIS는 20×20m 공간해상도로 자료를 수집한다. 때때로 AVIRIS 센서는 다른 고도, 그리고 다른 항공기에 탑재되어 움직이기도 한다. 사우스캐롤라이나 주 에이킨 근처의 SRS에 있는 매립지를 촬영한 AVIRIS 영상은 1999년 7월 26일 De Havilland DHC-6 Twin Otter에 탑재되어 해발 11,155ft. 상공에서 수집되었다. 이 영상은 3.4×3.4m 공간해상도를 가진다. 바히아 초지에 대한 센서의 복사휘도(L)가 그림에 나타나 있다. 보이는 그림은 밴드 50(근적외선), 30(적색), 20(녹색)의 컬러조합 영상이다(AVIRIS 원본 영상 제공 : NASA).

AVIRIS 밴드 50), 적색(예 : 밴드 30) 및 녹색(예 : 밴드 20) 영역에서 대표적 밴드들을 선택해서 위색컬러조합을 생성하는 것이다. 개별 밴드들은 상호 등록되어 있으며, 가치 있는 분광정보들을 담고 있기를 바란다. 분석가는 자료를 평가하기 위해 3개 밴드로 구성되는 어떠한 컬러조합도 선택할 수 있다. 224개의 밴드로부터 수많은 3개 밴드 컬러조합을 살펴보는 것은 지루한 작업과정일 것이다. 그러나 이러한 과정이 초분광 자료의 개개 영상이나 밴드에 대한 귀중한 정성적 정보를 제공하지는 않는다. 하지만 때때로 다른 밴드와의 비교를 수행할 때, 밴드가 기하학적으로 잘못 등록되어 있는지를 결정할 수 있는 유일한 방법이기도 하다.

개별 밴드의 시각적 조사

비록 지루한 과정이긴 하지만, 품질을 평가하기 위해 개별 밴드를 꼼꼼히 살펴보는 것보다 나은 것은 없다. 많은 밴드들이 회색조 형태로 나타내었을 때 분명하고 또렷하게 보인다. 예를 들어, 그림 11-6a는 항로 08, 영상 05의 AVIRIS 밴드 50(0.8164μm 중심)을 보여 주고 있다. 이를 그림 11-6b, c에 나와 있는 AVIRIS 밴드 112(1.405μm) 및 밴드 163(1.90μm)과 비교하여 보자. 이들 영상은 두드러진 대기흡수 창에서 수집되었

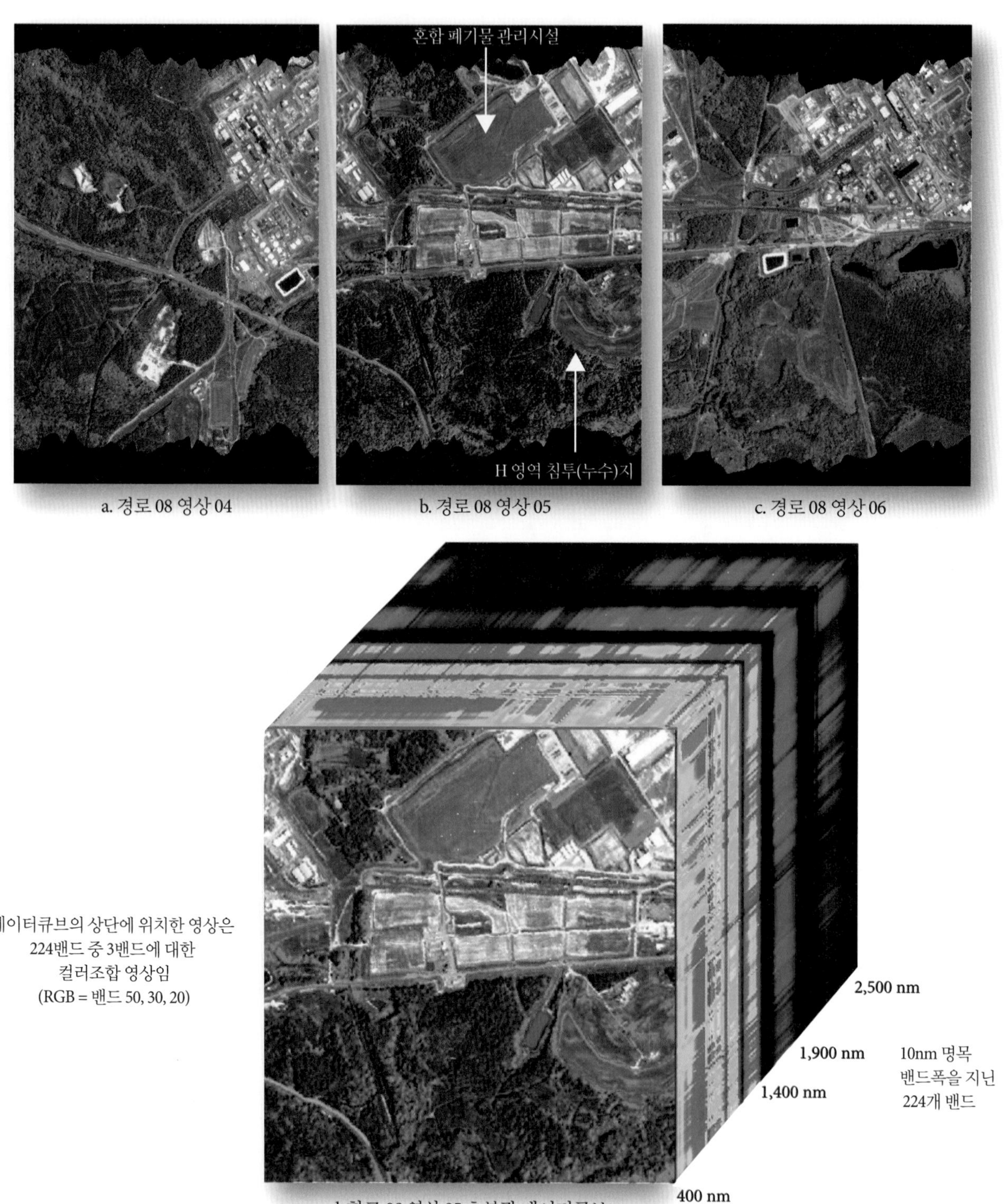

그림 11-5 a~c) 경로 08의 AVIRIS 자료의 컬러-적외선 컬러조합 영상(04, 05, 06). 컬러조합은 224 AVIRIS 자료의 3개 밴드만을 이용한 시각화를 나타낸다. AVIRIS 센서는 11,155ft.(3.4km) 상공에서 자료를 수집하는 De Havilland DHC-6 Twin Otter 항공기에 탑재되었다. 3.4×3.4m 공간해상도를 지닌 화소의 결과 영상이며, 각 영상은 512×746화소를 가진다. 자료는 JPL에서 근본적인 기하 및 오차를 제거하기 위하여 전처리하였다. 검은색 가장자리 부분의 화소는 무효값(−9,999)이다. d) 경로 08 영상 05의 초분광 데이터큐브. 모든 224밴드가 나타나 있다. 데이터큐브 내 검은색 영역은 대기흡수밴드를 나타낸다.

그림 11-6 경로 08의 영상 05의 AVIRIS 자료의 각 밴드. a) 대비확장 후의 밴드 50의 영상. b) 밴드 112를 대비확장시킨 영상. c) 밴드 163을 대비확장시킨 영상. 근적외선 밴드 50 영상은 상대적으로 감쇠현상이 없는 데 반해 밴드 112와 163은 상당한 대기감쇠효과를 보인다.

다. 따라서 품질이 좋지 않은 것은 놀라운 현상이 아니다. 분석가는 보통 대기잡음이 큰 밴드들의 목록을 가지고 있다. 다음 절에서 소개되는 것처럼 해당 밴드들은 앞으로의 분석에서 종종 제외된다. 그러나 대기흡수밴드에서의 정보가 특정 대기보정 알고리듬에서 사용될 수 있음을 기억하는 것도 중요하다.

특정 밴드나 주어진 밴드 내의 특정 지역이 무효값(예 : −9,999)을 가지고 있거나, 심각한 열손실(예 : 한 열이 모두 −9,999값을 가짐)이 있는지를 프로젝트 초기에 확인하는 것은 매우 중요하다. 또한 개개 밴드나 컬러조합을 조사하는 것은 영상 뒤틀림과 같은 심각한 기하적인 문제가 있는지에 대한 정보를 제공한다. 영상의 가장자리를 따라 깊은 V자형 새김이 있다는 것은 종종 프로젝트의 기하보정 단계 동안 보정되어야만 하는 공간적 영상 왜곡이 있다는 것을 의미한다.

애니메이션

초분광 데이터셋은 일반적으로 수백 개의 밴드로 구성된다. 그러므로 초분광 분석을 위해 고안된 대부분의 영상처리 시스템은 영상 애니메이션 기능을 가지고 있어서 분석가가 개개 밴드가 화면에 보이는 특정 시간비율(예 : 매 5초)을 선택할 수 있다. 이러한 방식으로 초분광 밴드를 조사하는 것은 분석가로 하여금 1) 심각한 대기감쇠효과나 전자기 잡음 문제를 가지고 있는 개개 밴드를 확인하고 2) 잘못 등록된 밴드가 있는지를 결정할 수 있게 한다.

종종 도로나 수체의 가장자리와 같은 영상 내 선형 구조물들은 애니메이션 형태로 밴드들을 살펴볼 때 약간씩 옮겨져 보이기도 한다. 이는 그 밴드들이 잘못 등록되었다는 것을 뜻하는 게 아니라, 밴드의 감지기가 인접한 다른 밴드들의 감지기보다 더 혹은 덜 민감하기 때문이다. 때때로 AVIRIS 자료는 감지기 배열 송신에 대하여 회전효과가 있기도 한데, 이는 높은 공간 주파수의 영역에서 순간시야각이 조금씩 옮겨지는 원인이다. 만약 그 변위가 심각하게 보인다면 보다 상세한 조사가 수행되어야 한다. 이는 실제로 밴드별 등록이 잘못되었는지를 결정하기 위하여 다중밴드의 컬러조합을 만드는 작업을 수반한다.

개별 밴드의 통계적 조사

개별 밴드에 대한 단변량 통계치(예 : 평균, 중앙값, 최빈값, 표준편차, 범위)를 조사하는 것이 영상 품질을 평가할 때 도움을 줄 수 있다. 예를 들어, 만약 어떤 밴드의 16비트 밝기값이 매우 작은 표준편차를 가지고 매우 좁은 범위에 국한되어 있다면 이는 심각한 문제가 있음을 의미할 수 있다. 밴드에 문제가 있다고 판단될 때, 해당 밴드의 단변량 통계치와 히스토그램을 분석하는 것을 대체할 만한 방법은 없다. 자연상태에서 발견되는 물질들과 연관된 많은 흡수 피처를 탐지하기 위해서는 흡수 깊이보다 대략적으로 한 단계 작은 크기의 잡음 레벨이 필요하

초분광 데이터의 보정을 위해 사용된 현장관측 분광복사계

a. 보정 중인 분광복사계

b. 보정용 패널

c. 지붕 위, 빌딩 옆의 자갈밭에서 수집한 분광복사계
측정 위치와 그 주변의 태양 광도계 위치

그림 11-7 현장 분광복사계 측정값은 절대 대기보정을 수행할 때 매우 유용할 수 있다. 측정값들은 특히 경험적 선형보정에서 사용되거나 지원 스펙트럼으로서 사용될 때 유용하다. a) 바히아 초지 측정에 앞서 Spectralon 판을 이용하여 보정 중인 분광복사계. b) 연구영역 내 보정 패널. c) SRS에 있는 LAW(Low Activity Waste) 건물의 꼭대기와 그 건물의 인접지역에서 수집된 현장 분광복사계 측정값들의 위치(사진 제공 : Jensen and Hadley, 2003).

다. 따라서 각 밴드의 신호 대 잡음 비를 평가할 필요가 있다.

방사보정

제9장에서 설명하였듯이, 많은 원격탐사 연구에서 대기흡수와 산란 효과를 제거하기 위해 자료의 방사보정을 일일이 수행할 필요는 없다. 그러나 초분광 원격탐사 자료를 적절하게 사용하기 위해서는 그 자료들은 방사보정이 이루어져야 한다. 일반적으로 이 과정은 대기효과를 제거하는 것 이외에 초분광 자료를 센서의 복사휘도(L_s)(μW cm^{-2}nm^{-1}sr^{-1})에서 비율 표면반사도로 변환시키는 것을 포함한다(Mustard et al., 2001). 이는 원격 센서로부터 추출된 분광반사도 자료(종종 스펙트럼으로 불림)가 휴대용 분광복사계를 이용하여 지상에서 수집한 현장 분광반사도 자료나 실험실에서 측정된 스펙트럼과 정량적으로 비교되는 것을 허용한다(그림 11-7a). 그러한 분광복사계 자료는 종종 분광 라이브러리에 저장된다(예 : Baldridge et al., 2009).

현장 자료수집

가능한 한 원격탐사 자료가 수집되는 시간과 유사하게 지상에서 현장 분광복사 측정값을 수집하는 것이 바람직하다(McCoy, 2005). 이들 측정값은 초분광 원격탐사 시스템과 동일한 분광범위(예 : 400~2,500nm)를 가지는 잘 알려진 분광복사계로 측정되어야 한다(예 : Spectron Engineering, Analytical Spectral

Devices). 이상적으로, 보정된 분광복사계는 원격탐사 자료수집과 동일한 대기 조건하에, 그리고 대략적으로 동일한 시간대에 연구지역의 매우 중요한 물질들의 자료를 수집하는 데 사용되어야 한다. 만약 이것이 가능하지 않다면, 현장자료는 자료수집 전후의 날들 중 동일한 시간대에 수집되어야 한다. 물론 현장에서 수집된 각 분광복사 측정값은 표준 참조 패널(예 : Spectralon, 그림 11-7a)을 사용하여 보정되어야 한다. 통제된 조명 조건하에 실험실에서 수집된 분광복사 측정값은 대상물(특히 식생 표본)이 적절히 관리되고 분석될 때 가치 있는 정보가 된다. 현장에서 분광복사계를 이용하여 측정한 분광반사도는 초분광 자료의 방사도를 비율 표면 반사도로 성공적으로 변환시키는 데 유용할 수 있다. 만약 원격탐사 자료 취득과 동일한 시간대에 현장 분광복사계 자료를 취득할 수 없다면, 관심 개체에 대한 현장 스펙트럼 정보를 배포된 분광 라이브러리 내에서 사용하는 것도 가능하다(예 : Baldridge et al., 2009; ASTER Spectral Library, 2014).

가능하다면, 원격탐사 자료수집기간에 발사된 라디오존데는 대기의 온도, 압력, 상대습도, 풍속, 오존 및 풍향 등에 대한 귀중한 정보를 제공할 수 있다.

절대 대기보정

제6장은 상대 및 절대 대기보정 두 가지의 정보를 제공한다. 여기에서는 초분광 데이터의 분석을 위한 절대 대기보정의 측면에 대해서만 설명하고자 한다.

방사전달기반 절대 대기보정

이상적으로 분석가는 초분광 자료를 수집하는 동안 각 화소 위의 대기 특성의 정확한 속성(예 : 기압, 수증기, 대기 Rayleigh 산란 등)을 알고 있어야 한다. 그러나 대기는 상대적으로 짧은 거리나 시간대의 차이에도 다양하게 변화된다. 대기보정의 한 방법은 각 화소 위의 대기 조건에 대한 정보를 추론하기 위해 매우 선택적인 좁은 밴드 내의 원격탐사에서 추출된 방사도 자료를 사용하는 것이다. 그리고 이 정보는 각 화소로부터 대기 영향을 제거하는 데 사용된다. 방사전달기반 대기보정 기법의 결과물은 입력 영상 큐브와 동일한 차원을 가지는 초분광 영상 큐브에 저장된 비율 표면 반사도 자료이다(그림 11-5d). 초분광 자료의 개별 화소로부터 대기감쇠영향을 제거하기 위하여 사용되는 몇몇의 강건한 알고리듬은 다음과 같다.

- ATREM(Atmosphere Removal)(Boardman, 1998; Gao et al., 1999, 2009; Hatala et al., 2010; Center for the Study of Earth From Space at the University of Colorado, Boulder)
- ACORN(Atmospheric Correction Now)(San and Suzen, 2010; ImSpec ACORN, 2014)
- FLAASH(Fast Line-of-sight Atmospheric Analysis of Spectral Hypercubes)(Agrawal and Sarup, 2011; Exelis FLAASH, 2014)
- QUAC(Quick Atmospheric Correction)(Bernstein et al., 2008; Agrawal and Sarup, 2011; Exelis QUAC, 2014)
- ATCOR(Atmospheric Correction)(San and Suzen, 2010; Richter and Schlaper, 2012; ERDAS ATCOR, 2014)

ACORN, FLAASH, QUAC와 ATCOR과 연관된 세부적인 특성들은 제6장에 설명되었다.

Alexander Goetz는 지표 반사도 복구를 위한 경험적인 접근에 제약이 있을 때 초분광 영상분석을 위하여 방사전달 모델링을 이용한 대기보정 기술 개발의 필요성을 인지하였다(Gao et al., 2009). 이러한 생각은 대기가스와 에어로졸의 흡수와 산란 효과를 시뮬레이션한 이론적인 모델링 기술을 통하여 초분광 영상자료로부터 지표면 반사율 스펙트럼을 복구하기 위한 ATREM(Gao et al., 1993)의 개발로 현실화되었다(Gao et al., 2009). ATREM의 개발은 영상분광분석의 역사에서 큰 사건이었다.

ATREM은 현장 분광복사계 자료가 없어도 영상분광계 자료로부터 표면 반사도를 복구할 수 있다. ATREM은 0.94μm 및 1.14μm의 수증기 흡수밴드에 기반을 두어 자료를 대기보정한다. 또한 대기 분자와 에어로졸에 의한 다양한 대기가스와 산란효과의 전파 스펙트럼을 결정한다. 측정된 복사휘도는 분명한 표면 반사도를 결정하기 위하여 대기 위의 태양복사조도에 의해 나뉜다. ATREM은 계속 발전하고 있다(예 : ATREM은 현재 대기산란 모델링을 위하여 5S 대신에 6S를 사용한다). ATREM은 공공목적의 제품은 아니지만 Boulder의 콜로라도대학의 Center for the Study of Earth from Space로부터 대기가스의 흡수 특성을 지닌 연구지역을 가진 선택적인 사용자들에게 제공된다(Gao et al., 2009).

자료 분석에 앞서 초분광 자료를 대기보정하는 것의 중요성을 평가하기 위해서 SRS 지역의 경로 08 영상 05에 대한 ATREM 절대 방사전달기반 보정의 적용을 고려해 보자. 원시 AVIRIS 자료에서 UTM 좌표로 북향거리 3,683,437(m)과 동향

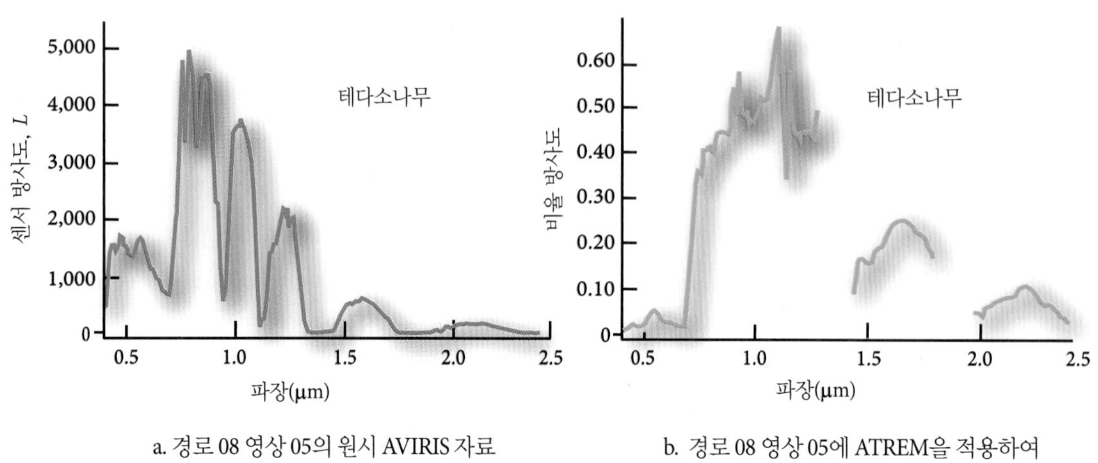

a. 경로 08 영상 05의 원시 AVIRIS 자료

b. 경로 08 영상 05에 ATREM을 적용하여 대기보정한 결과

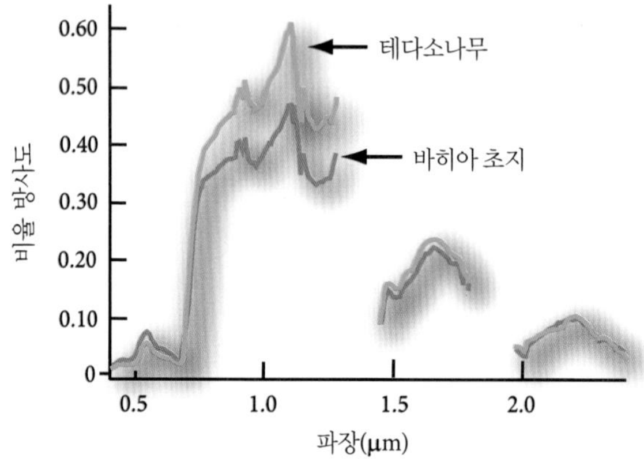

c. 경로 08 영상 05에 ATREM 및 EFFORT를 적용하여 보정한 AVIRIS 자료

그림 11-8 a) UTM 투영법으로 북향거리 3,683,437m, 동향거리 437,907m에 위치한 테다소나무 화소 하나에 대한 원시 AVIRIS 식생 분광 프로파일의 예. *y*축의 단위는 복사휘도(*L*)이다. b) 원시 AVIRIS 자료에 ATREM을 적용한 결과. 테다소나무 자료에 대해 비율 표면 반사도를 보여 준다. c) (b)의 대기보정된 테다소나무 자료에 EFFORT를 적용한 결과. 밴드별 보정을 통해 전체 영상 보정을 완료하였다. 대기보정의 일부 인위적 산물들은 EFFORT 보정된 스펙트럼에서 부분적으로 제거되었다. 동일한 영상에서 바히아 초지(*Paspalum notatum*) 화소에 대한 비율 표면 반사도 역시 표시되어 있다.

거리 437,907(m)에 위치한 화소(198행, 123열)의 테다소나무(*Pinus taeda*) 스펙트럼의 예가 그림 11-8a에 나와 있다. *y*축은 센서에서의 복사휘도 $L(\mu W\ cm^{-2}\ nm^{-1}\ sr^{-1})$을 나타낸다. 실용적인 목적을 위하여, 원시 복사휘도 스펙트럼은 지구 표면에 대해 의미 있는 정보를 많이 제공하지 않는다. 대기의 증가된 Rayleigh 산란에 의해 야기된 스펙트럼의 단파장대(청색)의 복사휘도가 상당히 증가한다는 점에 주목하자. 기본적으로 이 복사휘도 스펙트럼은 건강하고 광합성을 잘하는 소나무 임관의 스펙트럼과 비슷하지 않다.

원시 AVIRIS 자료에 ATREM 프로그램을 적용한 결과인 비율 표면 반사도 스펙트럼이 그림 11-8b에 나와 있다. 보정된 스펙트럼은 엽록소 흡수밴드인 청색과 적색, 그리고 스펙트럼의 녹색 영역에서 극값을, 근적외선 영역에서 증가된 반사도를, 그리고 대기흡수밴드 주변에서 감소되는 현상을 보여 주고 있다. 스펙트럼에서 불연속인 부분은 그려지지 않은 대기흡수밴드들을 나타낸다.

비율 표면 반사도로 변환하는 대기보정 및 방사보정의 품질은 매우 중요하다. 만약 대기 및 방사 보정 결과가 좋지 못하다면, 사용자가 원격탐사에서 추출된 스펙트럼을 분광 라이브러리에 저장된 현장 스펙트럼과 비교하는 것이 어려울 것이다.

밴드별 분광 연마 : 그림 11-8b에서 보듯이 자료는 화소별로 대기보정되었지만, 테다소나무(*Pinus taeda*) 스펙트럼에는 잡음이 존재한다. 이는 초분광 데이터셋에 여전히 센서 시스템 이상과 기준, 측정값, 사용된 모델, 신호처리 체인을 따라 수행된 보정 등의 제한된 정확도에 기인한 누적 오차들을 의미한다. 이들 누적 오차는 자료의 각 밴드에 수 퍼센트 정도 포함될 수 있다.

제6장에서 언급한 이러한 누적 오차를 어느 정도 줄이는 데 사용될 수 있는 몇 가지 추가적인 기법들이 있다. 일반적으로 화소별 보정이 아닌 전체 밴드와 전체 영상에 동시에 적용되는 선형보정을 추출하는 것이 그 중 하나이다. 이런 방법들은 비율 표면 반사도 자료의 정확도를 향상시키려는 시도에서 오차의 일부를 '연마하여' 줄인다(Boardman, 1997).

ENVI, ACORN과 ATCOR은 모두 분광연마 능력을 가진다. 분광연마 모듈은 입력 자료로서 대기보정된 자료를 요구한다. 또한 연마프로그램은 영상에서 많이 발견되는 물질들에 대한 현장 분광복사계 스펙트럼을 포함하여 사용해야 한다.

예를 들어, ENVI 소프트웨어의 EFFORT(Empirical Flat Field Optimal Reflectance Transformation) 프로그램으로 분광연마가 수행된다(Hatala et al., 2010; Exelis ENVI, 2014; Exelis FLAASH, 2014). EFFORT는 앞서 논의된 대기보정된 자료를 이용하여 수행된다. 또한 2개의 현장 분광복사계로 측정한 소합향(풍나무의 일종, *Liquidambar styraciflua*) 스펙트럼(하나는 여러 스펙트럼의 평균을 나타내고 다른 하나는 평균되지 않은 스펙트럼)과 2개의 테다소나무 스펙트럼 또한 입력값으로 사용되었다. 위의 총 4개의 스펙트럼이 대기보정된 자료로서 적용되었다. EFFORT 처리과정에서 실험실에서 추출한 바히아 초지 스펙트럼을 사용하였지만, 제한된 분광범위(400~800nm) 때문에 가시광선 및 근적외선 밴드에만 적용되었다. 바히아 초지는 점토층의 대부분에서 자라기 때문에 매우 중요하다고 판단되었으며, 테다소나무와 소합향은 SRS 폐기물 처리장의 점토층 침하에 종종 영향을 미치는 식생 종류이기 때문에 중요하다.

이들 현장 분광반사도 측정값은 종종 '현실 지원 스펙트럼'으로 불린다. 그림 11-8c는 EFFORT를 이용하여 초분광 자료를 분광학적으로 연마한 후의 동일한 테다소나무 화소를 보여 주고 있다. 대기보정에서 몇몇 인공구조물이 제거되고, 식생 스펙트럼이 많이 향상되었음에 주목하자. 비교를 위하여, 주변의 바히아 초지(*Paspalum notatum*) 화소에 대한 분광반사도 곡선이 그림 11-8c에 나와 있다. 테다소나무와 바히아 초지 사이의 반사도 특성의 상당한 차이, 특히 스펙트럼의 가시광선 및 근적외선 영역에서의 차이에 주목하자.

EFFORT와 같은 프로그램을 실행하기 전에 1.4μm와 1.9μm 수증기 흡수밴드와 같이 잡음을 담고 있는 파장영역을 피하는 것이 중요하다. 또한 사용자는 자료에 적합한 다항식 차수를 실험적으로 결정해야 한다. 다항식의 차수가 낮을수록 오차 억제율은 증가하지만, 귀중한 분광정보의 손실이 생길 수 있다. 고차 다항식은 자료에 적합한 스펙트럼을 만들지만 또한 일부 오차 특성에 적합하게 만들 수도 있다. 이번 예에서는 10차 다항식이 사용되었다. EFFORT와 같은 프로그램은 대기보정된 자료를 비교적 가볍게 조정하는 것과 같다. EFFORT 분광연마를 향상시키는 추가적인 방법은 가장 중요한 지역을 조심스레 추출하여 그 지역에 구체적인 현실 지원 스펙트럼을 사용하는 것이다. Adler-Golden 등(2002)은 분광 영상에서 그림자를 제거하는 알고리듬을 제공했다. Pignatti 등(2009)과 Hatala 등(2010)은 이탈리아와 와이오밍의 국립공원 생태계 정보 추출을 위하여 초분광 영상의 사용을 준비하기 위한 목적으로 ATREM과 EFFORT 연마를 사용한 바 있다.

경험적 선형보정 기법을 이용한 절대 대기보정

제6장에서 설명한 바와 같이, 경험적 선형보정 기법을 이용하여 초분광 자료를 대기보정하기 위해 현장 분광복사 자료를 사용하는 것이 가능하다. 이 방법은 특정 위치(예 : 깊은 수체, 아스팔트 주차장, 나지, 콘크리트)에서의 현장 분광복사계 측정값과 동일 위치의 초분광 자료에서 추출한 복사휘도 측정값 사이의 회귀모델에 기초하여 단일 밴드의 모든 화소에 하나의 조정값을 적용한다. 현장 분광 측정 자료는 ASTER 분광 라이브러리와 같은 공인된 분광 라이브러리로부터 생산될 수 있다(Baldridge et al., 2009; ASTER Spectral Library, 2014). 경험적 선형보정 기법의 예는 제6장에 나와 있다.

초분광 원격탐사 자료의 기하보정

초분광 자료 분석 절차 중 원격탐사 자료를 특정 지점에서 알려진 자료와 지도 투영법에 맞춰 기하보정하는 것이 중요하다. 어떤 영상분석가들은 기하보정 전에 모든 정보 추출을 수행하는 것을 선호하며, 마지막 단계에서 추출된 정보를 대중에게 배포하기 위하여 기하보정한다. 반면, 일부 과학자들은 초분광 자료의 분석 초기에 기하보정을 수행하는데, 왜냐하면 현장에서 알고 있는 (*x*, *y*) 좌표에서의 현장 분광복사계 측정값을 초분광 자료의 동일 위치에서의 값과 연관시키는 것을 원하기 때문이다. 또한 만약 현장에서 수집된 자료가 분류자를 훈련시키는 데 사용된다면 분석 초기에 초분광 자료를 기하보정하는 것이 유용하다. 예를 들어, 현장자료로 저장된 호수 폴리곤의 (*x*, *y*) 좌표들은 훈련 통계치를 추출하는 데 사용되거나 기하보정된 초분광 데이터셋에서 수체의 종점 후보 화소들을 확인하는 데 사용되기도 한다. 이러한 작업은 초분광 자료가 기하보정되어 있지 않으면 수행할 수 없다.

제7장에서 설명된 기하보정 기법들이 초분광 자료에 적용될 수도 있다. 초분광 자료의 기하보정 처리는 많은 밴드 수 때문에 상대적으로 시간이 오래 걸린다. 대부분의 과학자들은 초분광 자료를 기하보정할 때 최근린 재배열법을 이용한다. 그러나 *n*항 다항식 및 rubber-sheet 영상 변형 기법은 항공기에서 수집된 초분광 자료에 적용될 때에는 만족스러운 결과를 보여 주지 못한다. 그러한 경우에는 탑재된 공학 및 비행 자료가 추가적으로 사용된다. 적절하게 구성된 항공 탑재체는 일반적으로 GPS와 관성항법장치(INS)를 탑재하고 있어 기하보정 문제에 사용될 수 있는 자료를 제공한다. Jensen 등(2011)은 원격탐사 영상의 기하보정에 사용하기 위하여 초분광 영상 내의 점 및 선 개체를 이용하였다.

초분광 자료의 차원 축소

원격탐사 시스템과 연관된 분광밴드의 수는 **자료 차원**으로 불린다. 많은 원격탐사 시스템은 비교적 낮은 자료 차원을 가지고 있는데, 왜냐하면 전자기 스펙트럼의 비교적 적은 영역에서 정보를 수집하기 때문이다. 예를 들어, SPOT 1-3 HRV 센서는 3개의 넓은 밴드에서 분광 자료를 기록하며, Landsat 7 ETM^+는 7개의 밴드에서 자료를 수집한다. AVIRIS나 MODIS와 같은 **초분광** 원격탐사 시스템은 각각 224개와 36개의 밴드에서 자료를 수집한다. **울트라분광** 원격탐사 시스템은 매우 작은 분광 폭으로 수백 개 이상의 밴드에서 자료를 수집한다(Meigs et al., 2008). 울트라분광 탐사는 매우 세밀한 분자흡수나 탄화수소 가스(예 : 벤젠)와 같은 선형배출 특성의 식별을 가능하게 한다.

자료 차원은 원격탐사 자료를 분석할 때 가장 중요한 이슈 중 하나이다. 데이터셋의 밴드 수(즉 차원)가 크면 클수록, 디지털 영상처리 시스템을 이용하여 저장하고 처리해야 할 화소가 증가한다. 이러한 자료의 저장 및 처리에는 귀중한 자원이 소비되기 때문에 영상 내에 내재한 정보를 유지하면서 초분광 자료의 차원을 줄이는 방법을 개발하는 데 상당한 노력이 있어 왔다.

최적지수인자(OIF), 변환발산지수, 주성분 분석과 같은 통계 측정값은 다중분광 자료의 차원을 줄이는 데 수십 년 동안 사용되어 왔다. 이러한 방법들은 제7, 8, 9장에서 기술되었다. 유감스럽게도, 이 방법들은 일반적으로 초분광 자료의 차원을 줄이는 데는 충분하지 못하다.

초분광 자료에는 엄청난 양의 분광정보가 중복되어 있다. 개별 밴드가 겨우 10nm 정도의 폭을 가지고 있는 것을 생각해 보면 놀라운 일이 아니다. 따라서 820~920nm 사이의 분광영역에서 지구 표면으로부터 나가는 근적외선 복사속의 양을 측정하는 밴드가 10개일 것이라는 것을 예상할 수 있다. 이들 밴드 사이에서 기록되는 복사속의 양에는 분명히 미묘한 차이가 있겠지만, 아마도 중복되는 분광정보 또한 상당한 양에 이를 것이다. 통계분석은 일반적으로 이들 10밴드 중 대부분이 서로 높은 상관관계를 보여 주고 있음을 제시한다. 그러므로 통계기법을 사용하여 a) 불필요한 중복 밴드들 중 일부를 제거하거나, b) 데이터셋의 차원을 줄이더라도 그 정보는 계속 유지되도록 자료를 변환한다. 또한 선택된 자료 차원 감소 방법이 초분광 데이터셋에 내재한 잡음 일부를 제거할 것이다.

최소잡음비율(MNF) 변환

초분광 자료의 차원을 줄이고 영상 내 잡음을 최소화하는 데 유용한 알고리듬은 최소잡음비율(Minimum Noise Fraction, MNF) 변환기법이다(예 : Belluco et al., 2006; Small, 2012). MNF는 초분광 자료의 원래 내재한 차원을 결정하고, 자료의 잡음을 식별 및 분리하며, 유용한 정보를 훨씬 작은 MNF 영상들로 압축함으로써 이후의 초분광 자료 처리에 필요한 계산을 줄이는 데 사용된다(Boardman and Kruse, 1994). MNF 변환은 2개의 단계적 주성분 분석을 적용한다(Chen et al., 2003). 첫 번째 변환은 자료 내의 잡음에 대해 상관관계를 줄이고 재조정한다. 이를 통해 잡음이 단위 분산을 가지고 있으며 어떠한 밴드 사이의 상관관계도 없는 변환된 자료를 생성한다. 두 번째 주성분 분석은 a) 유용한 정보를 담고 있는 응집된 MNF 고유영상과 b) 잡음이 뚜렷한 MNF 고유영상을 생성한다. 기본적으로 초분광 데이터셋 내의 잡음은 유용한 정보로부터 분리된다. 이는 매우 중요한데, 왜냐하면 일련의 초분광 자료 분석 절차들은 초분광 자료가 응집된 유용한 정보를 담고 있는 동시에 잡음이 거의 없을 때 기능을 가장 잘 발휘하기 때문이다.

고유값과 MNF 고유영상은 자료의 고유 차원을 결정하는 데 사용된다. MNF 변환은 종종 이어서 수행되는 종점 분석 동안 처리되는 밴드 수의 상당수를 감소시킨다. AVIRIS 자료의 경우, 이 과정을 통해 224개의 밴드로부터 20개보다 적은 유용한 MNF 밴드들을 생성할 수 있다. 이 정도의 밴드 수는 실제로 관리 가능하며 전형적인 다중분광 데이터셋의 차원을 보여준다. 그러므로 일부 과학자들은 원자료 분산의 대부분을 보여주는 MNF 밴드들을 최대우도법과 같은 전통적인 분류 알고리듬의 입력자료로 사용하기도 한다(Underwood et al., 2003). SRS 예에서는 대기 잡음이 우세했던 밴드들이 MNF 변환 이전에 제외되었다.

유용한 영상정보를 담고 있는 MNF 밴드들은 일반적으로 대부분 잡음을 포함하는 밴드들보다 한 차원 높은 고유값을 가지고 있다. 분석가는 a) CRT 화면 상에 MNF 영상을 나타내어 시각적 분석을 수행하거나, b) 고유값이나 각 고유값에 의해 설명되는 분산의 양을 살펴봄으로써 각 MNF 고유영상의 정보 내용을 결정할 수 있다. 예로, MNF 변환이 AVIRIS 경로 08, 영상 05에 적용되었다. 그림 11-9는 처음 10개의 MNF 고유영상을 나타낸다. 처음 19개의 MNF 밴드들은 고유영상의 공간 응집성과 이에 상응하는 고유값 그래프를 조사하여 선택되어 향후 분석에 사용되었다. 일반적으로, 영상이 공간적인 응집성이 많으면 많을수록 잡음은 적고 정보는 많아진다. 밴드에 의한 고유값의 그래프를 보면 처음 10개의 고유영상이 귀중한 정보의 대부분을 담고 있음을 알 수 있다. 1에 가까운 값을 가진 MNF 고유영상은 대부분 잡음을 포함한다. 1보다 큰 고유값을 가진 MNF 밴드들은 초분광 데이터셋에서 분산의 대부분을 설명한다.

이후 일련의 초분광 영상처리를 위해 MNF 밴드들을 선택하는 데에는 상당한 주의가 필요하다. 예를 들어, 비록 보다 작은 부분 자료가 효율적일 수도 있지만, 경로 08, 영상 05에서 처음 19개의 MNF 밴드만이 SRS 연구지역의 초분광 자료에 대한 종점 분석에 유용한 것처럼 보인다. 이후의 분석단계로 넘어간 MNF 변환 고유영상의 수, 즉 데이터셋의 고유 차원은 종점의 수 혹은 정의될 수 있는 유일한 물질들을 결정할 것이다(다음 절 참조).

앞에서 언급한 예는 AVIRIS 자료의 전체 영상에 기초한 것이다. 일반적으로 관심 대상에 따라서 영상의 일부를 가리거나 부분만 사용하는 것이 유용하다. 예를 들어, 그림 11-10은 혼합 폐기물 관리시설과 연관된 점토층으로 덮인 유해 폐기물 매립지만을 마스크 처리하여 보여 주고 있다. 그림 11-10a는 3개의 AVIRIS 밴드(RGB = 50, 30, 20)의 위색컬러조합을 마스크 처리한 것이며, 그림 11-10b는 MNF 밴드(RGB = 3, 2, 1)의 위색컬러조합을 마스크 처리한 것이다. 이진 마스크를 이용해 자료값이 없는 지역을 포함한 관심 없는 구조물들을 향후 분석을 위해 제거하는 것이다. 그런 다음 마스크 처리된 데이터셋에 MNF 변환을 적용하고 그 결과를 이용해 일련의 초분광 영상 처리를 수행한다.

종점 결정 : 분광학적으로 가장 순수한 화소의 위치 결정

대부분의 초분광 분석의 일차적 목적은 센서 시스템의 순간시야각 내에서 발견되는 물질들의 물리적 혹은 화학적 속성을 원격으로 식별하는 것이다. **분광혼합분석**(Spectral Mixture Analysis, SMA)과 해당 기법의 변형은 화소 내 순수한 종점 스펙트럼의 상대적인 비율을 결정하는 데 사용될 수 있다. **종점**(endmember) 스펙트럼은 혼합되었거나 순수한 자료 내에 존재하는 것으로 예상되는 대상물의 토지피복 클래스이다(Roth et al., 2012). 잠재적인 종점 스펙트럼은 실험실, 현장, 방사전달 모델링을 통하여, 혹은 위성이나 항공 원격탐사 자료로부터 직접적으로 수집된 분광복사계 측정값으로부터 수집될 수 있다(Roth et al., 2012).

대부분의 경우, 자료수집 시 센서 시스템의 순간시야각에 들어오는 분광반사도는 다양한 종점 물질에 의한 복사속의 함수이다. 만약 종점 물질의 분광 특성을 알 수 있다면, 이들 물질의 다양한 비율을 포함하는 화소들을 식별하는 것이 가능할 수 있다. 다중분광 및 초분광 영상에서 분광적으로 가장 순수한 화소를 식별하는 방법에는 다음이 있다.

- 화소 순수도 지수
- 피처공간에서 종점의 n차원 시각화

SRS 연구에서의 목표는 점토층으로 덮인 유해 폐기물 매립지에서 바히아와 에레모클로아 초지 성장과 관련된 어떠한 식생 스트레스 종점이 있는지를 결정하는 것이었다.

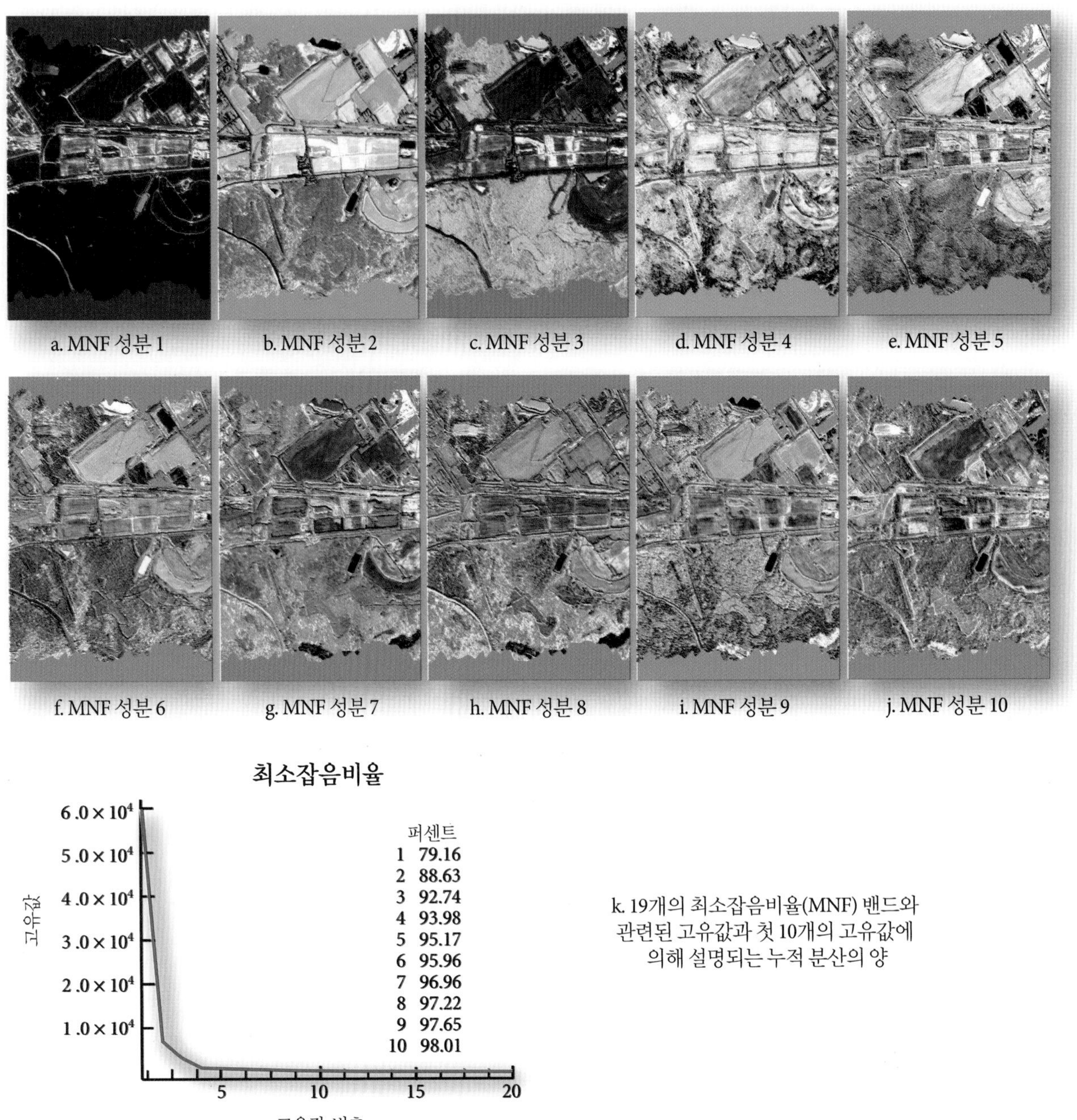

그림 11-9 a~j) 경로 08 영상 05에서 추출된 첫 10개의 고유영상(MNF 밴드)이다. k) 처음 19개 MNF 고유영상과 관련된 고유값 그래프. MNF 고유영상 번호가 증가함에 따라 고유값과 고유영상의 내재 정보가 감소하고 있음에 주목하자. 그러나 MNF 밴드 10에서는 어느 정도의 공간적 일관성이 여전히 존재하고 있다(원본 AVIRIS 영상 제공 : NASA).

화소 순수도 지수 매핑

화소들은 대부분 단 한 가지 유형의 생물물리적 물질로 이루어져 있지 않기 때문에 원격탐사 데이터셋에서 순수한 종점을 알아내는 것은 일반적으로 어려운 작업이다. 그러므로 분광적으로 가장 순수한 화소를 결정하는 정확한 수학적 방법은 임의적인 단위 벡터에 선명한 최소잡음비율 영상(예 : 앞의 예에서 보여 준 3개의 밴드만이 아니라 유용한 모든 MNF 밴드)의 n차원 산점도를 반복적으로 투영시켜 보는 것이다. 분광 자료가 투영되는 매 순간, 각 투영에서 가장 극단적인 화소들이 기록된다(Research Systems, Inc., 2004; Exelis ENVI, 2014). 영상 내 어떤

점토층으로 덮인 혼합 폐기물 관리시설의 마스킹된 AVIRIS 초분광 자료

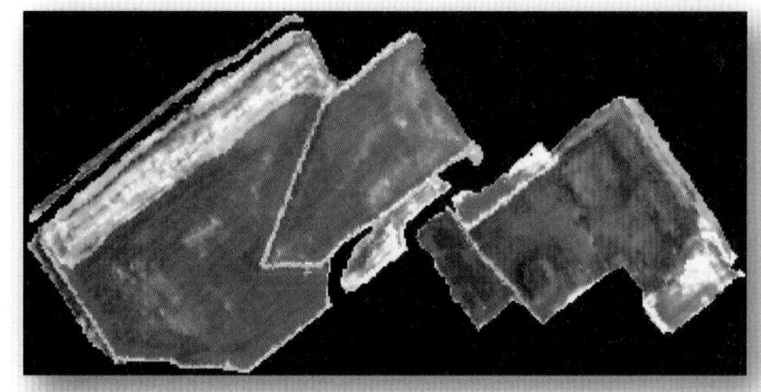

a. 위색컬러조합 영상(RGB = 밴드 50, 30, 20)

b. MNF 위색컬러조합 영상(RGB = MNF 3, 2, 1)

그림 11-10 a~b) 혼합 폐기물 관리시설과 연관된 점토층으로 덮인 유해시설물 부지와 내부 도로가 포함되어 있는 1999년 7월 26일 AVIRIS 영상. 기타 토지피복은 향후 분석을 위해 마스킹 처리됨(원본 AVIRIS 영상 제공 : NASA).

화소 순수도 지수 영상

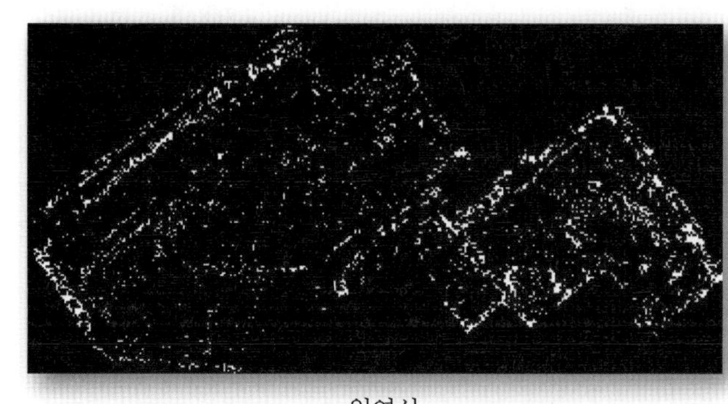

a. 원영상

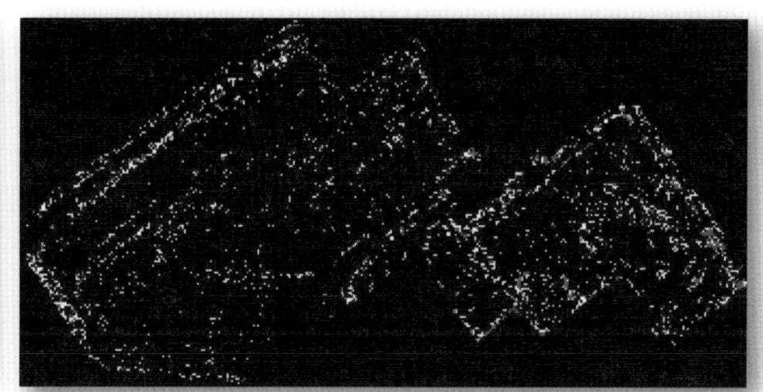

b. 임계값을 횟수 10으로 설정한 경우

그림 11-11 AVIRIS 경로 08 영상 05를 마스크 처리하여 만든 최소잡음비율 자료에서 추출된 화소 순수도 지수(PPI) 영상. (a)에 있는 화소들은 PPI 분석에서 나온 원결과이며, (b)에 강조되어 있는 화소들은 임계값을 횟수 10으로 줬을 때 선택된 화소들만 보여 주고 있다(원본 AVIRIS 영상 제공 : NASA).

화소들이 반복적으로 극단적인 화소들로 식별되는지를 주의 깊게 살펴봄으로써 화소 순수도 지수(Pixel Purity Index, PPI) 영상을 만들 수 있다. 기본적으로, 화소 순수도 지수 영상에 있는 화소값이 높으면 높을수록, 분광학적으로 극단적인 화소(예 : 순수한 물, 순수한 콘크리트, 순수한 식생 종점)라고 판단되는 횟수가 증가하는 것이다. 분광학적으로 의미 있는 정보를 가지고 있는 MNF 영상만을 PPI 계산의 입력 자료로 포함시키는 것이 중요하다.

마스크 처리된 최소잡음비율 영상의 분석에서 도출된 화소 순수도 지수 영상은 그림 11-11a에 나와 있다. 이 영상에는 상대적으로 순수한 화소들이 상당한 양으로 존재하고 있지는 않다. 사실 마스크 처리된 점토층 영상에서는 단 4,155개의 화소만이 어느 정도 순수하다고 규명되었다. 뿐만 아니라 임계값을 적용하여 향후 분석에 사용될 가장 순수한 PPI 화소들로 이루어진 부분 영상을 만들었다(그림 11-11b). 이 경우, 임계값을 10으로 잡고 70,000번의 PPI 반복 투영을 통해 4,155개의 화소 중 1,207개의 화소만이 다음 처리과정을 위해 선택되었다.

PPI 영상은 종점 후보에 해당하는 가장 순수한 화소들의 위치를 간단하게 보여 준다. 하지만 2차원의 화소 순수도 지수 영상을 단지 보여 주는 것만으로 종점의 종류를 분류하는 것은 어려운 일이다. 그러므로 *n*차원 시각화 기술을 사용하는 것이 일반적이다.

*n*차원 종점 시각화

2차원 화소 순수도 지수 영상에서 분광학적으로 가장 순수한 종점을 식별하여 명명하기 위해서는 상대적으로 보기 드문 순수한 식생 화소가 *n*차원 피처공간에서 어디에 존재하고 있는지를 체계적으로 살펴보는 것이 필요하다. 예를 들어, 그림 11-12는 그림 11-10b의 PPI 영상에서 발견된 분광학적으로 가장 순수한 화소들을 나타낸다. 한 번에 2개 이상의 MNF 밴드를 사용하여 CRT나 LCD 화면 상에서 *n*차원 분광공간에 있는 종점을 서로 비교해 보고 회전시키는 것이 가능하다. 분석가는 자료 집단을 회전시키면서 *n*차원 공간에 있는 자료 집단의 모서리 위치를 설정해야 한다. 가장 순수한 화소들은 자료 집단의 볼록하게 튀어나온 부분에 위치한다. 군집은 수동으로 직접 정의할 수도 있고, 알고리듬을 이용하여 자료를 미리 군집화한 뒤 종점을 수동적으로 세밀하게 구별할 수도 있다. 이러한 맥락에서 *n*은 MNF 밴드의 수와 같아지고, 군집 평균에 의해 형성된 단순체의 차원으로 볼 때 정의될 수 있는 종점의 수는 *n*+1이 된다. 따라서 만약 자료가 정말 *n*차원이라면 이론상으로는 *n*+1의 종점이 존재한다(Boardman, 1993).

*n*차원의 CRT 화면 안에서 발견되는 종점의 실제 스펙트럼을 MNF나 표면 반사도 영상의 (*x*, *y*) 공간 안에 실제로 위치하고 있는 스펙트럼과 비교함으로써 순수한 화소를 물, 식생, 나지와 같은 특정한 형태의 종점으로 명명할 수 있다. 이러한 방법으로 추출된 종점은 분광 매칭이나 분류를 실행하는 데 사용된다. 보다 더 자동화된 종점 결정 방법론을 이용할 수도 있다.

이러한 방법들을 살펴보기 위해 경로 08, 영상 05에 위치한 점토층으로 덮여 있는 유해 폐기물 매립지를 조사하여 다음 스펙트럼을 식별하고 명명하여 보자.

- 건강한 바히아 초지
- 잠재적으로 스트레스받은 바히아 초지

전에 언급된 화소 순수도 지수 영상(그리고 가장 순수한 화소의 분광 프로파일)을 생성하기 위하여 마스크 처리된 MNF 영상이 분석되었다(그림 11-9). 이러한 자료는 *n*차원의 개체 공간 상에서 집단으로 보인다(그림 11-12). 0.4~2.43μm 사이의 파장 범위에서 하나의 건강한 식생 종점(37)과 스트레스를 받은 식생 종점 3개(15, 25, 36)에 대한 스펙트럼(비율 반사도값)이 그림 11-13a에 중첩되어 있다. 특정 반사도의 특징을 강조하기 위하여 그림 11-13b에서는 동일한 스펙트럼이 가시광선에서 근적외선 영역(0.4~0.9μm)에 대해서만 다시 표현되어 있다. 이들 종점 스펙트럼에 부여된 번호(예 : 37)는 상호적인 종점 선택과정에서 인위적으로 만든 것이다.

5개 종점의 3차원 시각화

그림 11-12 화소 순수도 지수 분석에서 도출된 4개의 잠재적 영상기반 식생 종점과 하나의 그림자 종점의 *n*차원 시각화 그림. 아스팔트, 콘크리트와 같은 다른 물질과 관련된 종점은 강조되지 않았다. 이 특정 예는 단지 3차원 시각화일 뿐이며, 다른 차원들 역시 분석과정 중에 볼 수 있다. 강조된 화소들 중 일부는 즉각적으로 종점으로 인식되지 않음에 유의할 필요가 있다. 관심 있는 모든 종점 영역을 식별하기 위해서는 자료 집단을 회전하는 등의 방법이 필요했다.

혼합 폐기물 관리시설에 존재하는 점토층은 거의 단일종인 바히아 초지를 포함하고 있다(일부 에레모클로아 패치도 포함). 바히아 초지인 종점 37은 a) 스펙트럼의 청색(0.43~0.45μm)과 적색(0.65~0.66μm) 부분에서 강한 엽록소 *a*와 *b*의 흡수밴드가 존재하고, b) 2개의 엽록소 흡수밴드 사이의 파장 간격에서는 상대적으로 흡수가 되지 않으면서 스펙트럼의 녹색 부분인 대략 0.54μm에서 반사도가 증가하며, c) 식물의 해면 조직 부분에서의 산란과 반사 때문에 스펙트럼의 근적외선 부분(0.7~1.2μm)에서 반사도가 상당히 증가하고, d) 중적외선(1.45~1.79μm, 2.08~2.35μm) 파장영역에서 전형적인 흡수/반사 특성이 나타나는 건강한 식생의 특성을 모두 보인다(Jensen, 2007).

반대로, 스트레스를 받은 바히아 초지의 종점(15, 25, 36)은 건강한 바히아 초지 스펙트럼과 상당히 다른 분광반사 특성을 보여 주었다. 건강한 잔디 스펙트럼과 비교해 보면 a) 적색 반사도에서 증가(종점 15 최대, 25 중간, 36 최저)하며, b) 적색에서 근적외선 파장으로의 변이 지역에서는 짧은 파장대로 가면

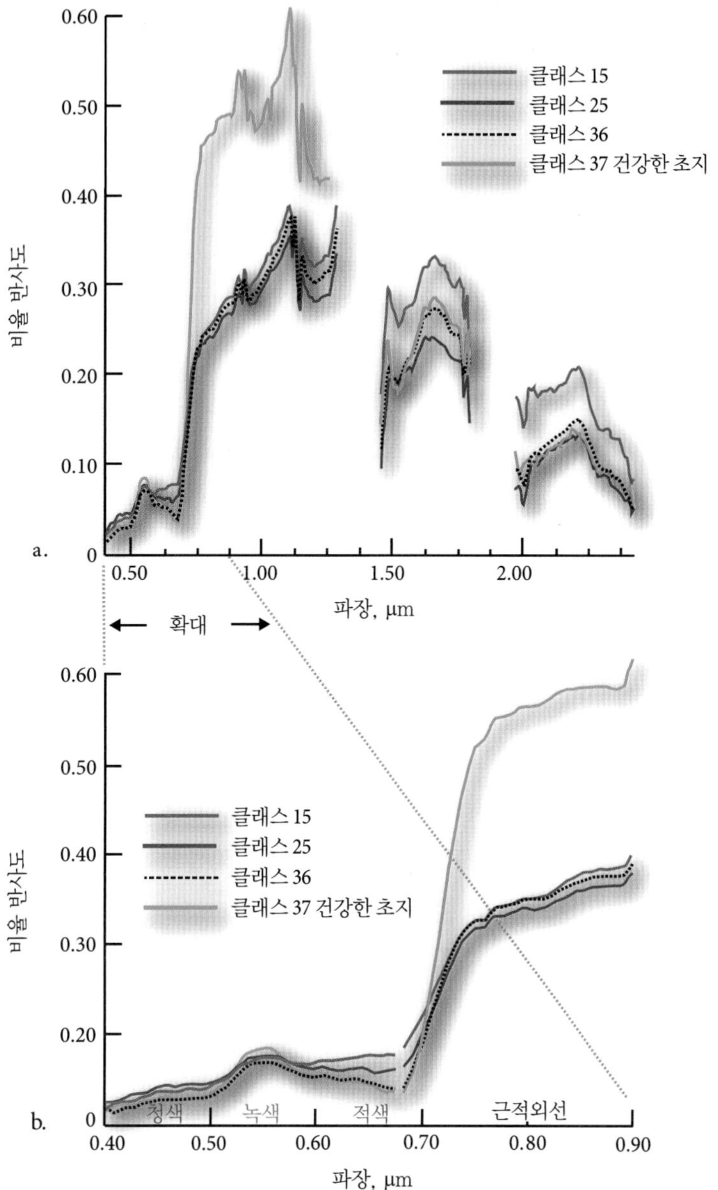

그림 11-13 a) 화소 순수도 지수 분석과 *n*차원 시각화 종점 분석을 이용하여 영상에서 추출한 하나의 건강한 바히아 초지(37)와 잠재적으로 스트레스를 받은 3개의 바히아 초지에 대한 종점 분광 프로파일. b) 잠재적으로 스트레스를 받은 식생 종점의 적색 반사도에서의 증가, 명확한 적색 경계에서의 이동과 근적외선 반사도 감소를 강조하기 위하여 가시광선에서 근적외선에 이르는 영역(0.4~0.9μm)만을 나타냈다.

서 적색 경계의 이동(15 최대, 25 중간, 36 최저)이 나타나고, c) 근적외선 반사도가 감소하고 있다.

종점 15는 건강한 바히아 초지 종점(37)보다 2개의 중적외선 영역(1.45~1.79μm, 2.08~2.35μm)에서 더 많은 에너지를 지속적으로 반사시켰다. 종점 25는 중적외선 영역(1.45~1.79μm)에서 반사도가 감소하였고, 2.08~2.35μm 영역에서는 건강한 식생과 거의 동일한 반사도를 보였다. 마지막으로, 종점 36은 중적외선 영역(1.45~1.79μm)에서 반사도가 감소하였고, 다른 중적외선 영역(2.08~2.35μm)에서는 반사도가 약간 증가하였다. 이론적으로 볼 때, 식별된 종점이 분광학적으로 순수하다면, 토양 배경 반사도와 같은 다른 물질에서 나온 알베도(albedo)의 영향이 화소 안에 존재할 수 있다. 하지만 추출된 화소들은 영

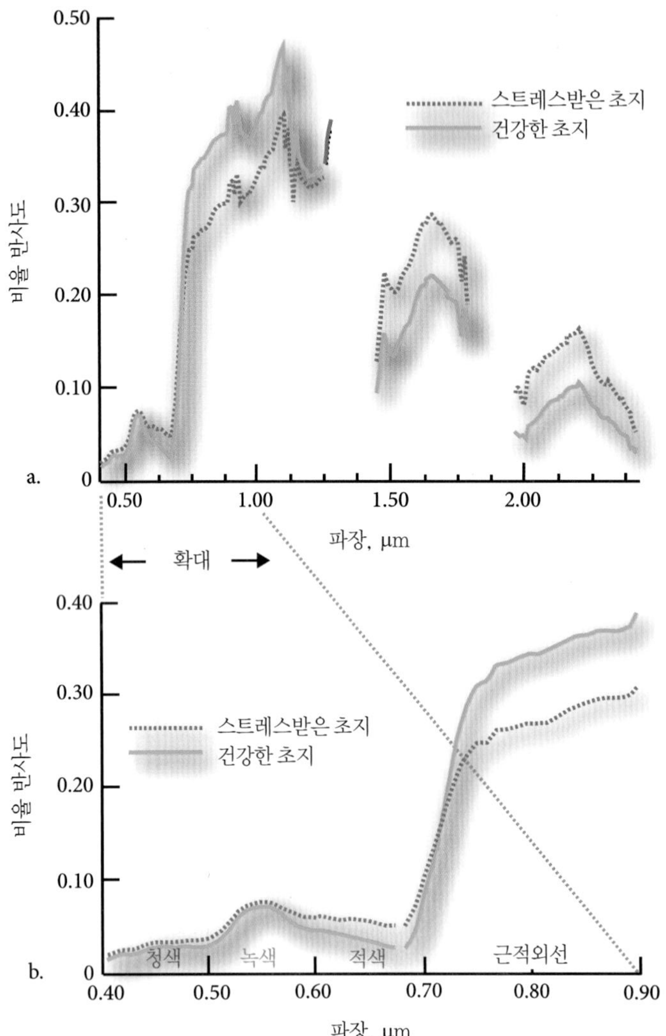

그림 11-14 a) 균일한 건강한 바히아 초지 및 스트레스받은 바히아 초지 영역 안에서의 스펙트럼. b) 잠재적으로 스트레스받은 식생 종점 지역에서 적색 반사도의 증가, 적색 경계선의 이동 그리고 근적외선 반사도의 감소를 강조하기 위해 근적외선에서 가시광선 영역만을 나타냈다.

상에서 다른 모든 화소에 비해 상대적으로 가장 순수한 화소들이다.

종점 개념의 유용성을 더 보여 주기 위해 점토층 위의 바히아 초지 상에서 임의로 선택된 건강한 부분과 스트레스를 받은 부분에서 수집된 반사도 프로파일을 살펴보자(그림 11-14a, b). 이들 비종점 프로파일은 영상에서 추출된 종점 프로파일과 동일한 일반적인 관계를 유지하고 있음에 주목하자(그림 11-13a, b).

진행하기에 앞서, "우리는 바히아 초지가 실제로 어떤 스트레스를 겪고 있는 것인가를 어떻게 확신할 수 있을까?"라는 질문에 답할 수 있어야 한다. 운 좋게도, 우리는 통제된 환경 속에서 건강한 바히아 초지와 스트레스를 받은 바히아 초지가 전자기에너지를 어떻게 반사하는지를 설명하고 있는 연구실기반 바히아 초지 스펙트럼을 일부 가지고 있다. 예를 들어, 그림 11-15는 구리의 다양한 농도(mg/ml)에 따른 건강한 바히아 초지와 스트레스를 받은 바히아 초지의 스펙트럼을 나타낸다(Schuerger, 2003). 구리의 농도가 증가함에 따라 적색 지역에서 반사도가 증가하고 적색 경계선 이동이 일어나며 근적외선 전 지역에서 반사도가 감소하고 있음에 주목할 필요가 있다. 유감스럽게도, 연구실 분광복사계는 중적외선 지역에 대한 바히아 초지의 분광 정보를 기록하진 못했다. 따라서 AVIRIS 초분광 영상을 이용한 결과는 단지 잠재적으로 스트레스를 받은 바히아 초지로 명명된 스펙트럼이 스트레스 요인의 일부를 나타낸

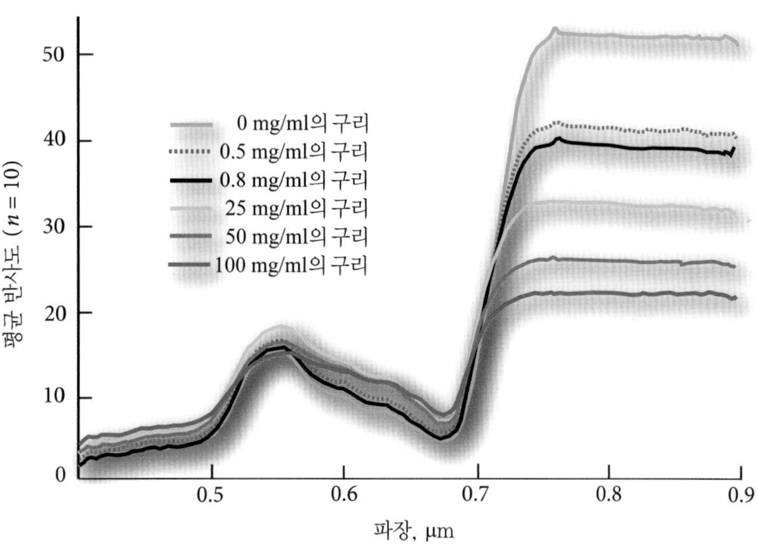

그림 11-15 0.4~0.9μm 파장영역의 건강한 바히아 초지와 스트레스를 받은 바히아 초지에 대한 연구실 분광반사도(Schuerger, 미출간 자료)

다는 것을 제시한다. 이는 MWMF에 대한 스트레스가 구리의 흡수 때문이라기보다는 스트레스받은 바히아 초지가 가시광선과 근적외선 영역 전체에서 스트레스 양상을 단순하게 보여 준다는 것을 제시하는 것이다(이것은 중적외선 영역에서는 완전히 다를 수 있다). 잠재적인 식생 스트레스에의 요인은 a) 종점 25와 36에서처럼 수분 과잉으로 인한 근적외선 영역에서의 반사도 감소나, b) 종점 15에서처럼 수분 부족으로 인한 근적외선 영역에서의 반사도 증가, 혹은 c) 점토층 성분과 관련된 다른 스트레스 요인일 수도 있다.

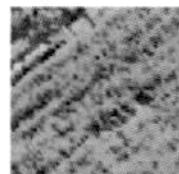

초분광 자료를 이용한 매핑 및 매칭

분광각 매퍼(Spectral Angle Mapper, SAM), 부분화소 분류(예 : 선형 분광 순수화), 분광 라이브러리 매칭, 특수 초분광 지수, 그리고 도함수 분광학(derivative spectroscopy)을 포함한 알고리듬들은 분광반사도를 생물물리적인 정보나 주제도로 변환하는 데 사용될 수 있다. 또한 과학자들은 초분광 자료에 전통적인 분류 알고리듬과 기계학습 기술을 적용하였다(예 : Goel et al., 2003; Im et al., 2009, 2012).

분광각 매퍼

분광각 매퍼(SAM) 알고리듬은 대기보정된 미분류된 화소(예 : n개 밝기값의 AVIRIS 측정벡터로 구성된 화소)를 가지고 이들과 참조 스펙트럼을 동일한 n차원에서 비교한다. SRS 연구에서는, 원래의 224개 AVIRIS 밴드에서 175개의 밴드만을 사용하였다. 참조 스펙트럼은 1) 아스키(ASCII)나 이진 분광 라이브러리에 저장되어 있는 보정된 현장 혹은 연구실에서 수집한 분광복사계 측정값, 2) 이론적인 계산과정, 또는 3) 앞서 논의된 다중분광 또는 초분광 영상의 종점 분석 처리를 통해 수집될 수 있다. SAM은 n차원에서 참조 스펙트럼(r)과 초분광 영상 화소 측정벡터(t) 사이의 각도(α)를 비교하여(그림 11-16) 가장 작은 각도를 만들어 내는 참조 스펙트럼 클래스에 이 값을 할당한다(Research Systems, Inc., 2004; Belluco et al., 2006; Exelis ENVI, 2014).

$$\alpha = \cos^{-1}\left(\frac{\sum_{i=1}^{n} t_i r_i}{\left(\sum_{i=1}^{n} t_i^2\right)^{\frac{1}{2}}\left(\sum_{i=1}^{n} r_i^2\right)^{\frac{1}{2}}}\right) \quad (11.1)$$

그림 11-16에서 간단한 2 밴드에 대한 예는 미지의 물질 t가 물질 k의 스펙트럼보다 참조 스펙트럼 r에 훨씬 더 유사한 스펙트럼을 가지고 있음을 나타낸다. r과 t 사이의 라디안 각도(α)가 더 작다는 의미이다. 기본적으로, 참조 스펙트럼 r(이것은 앞서

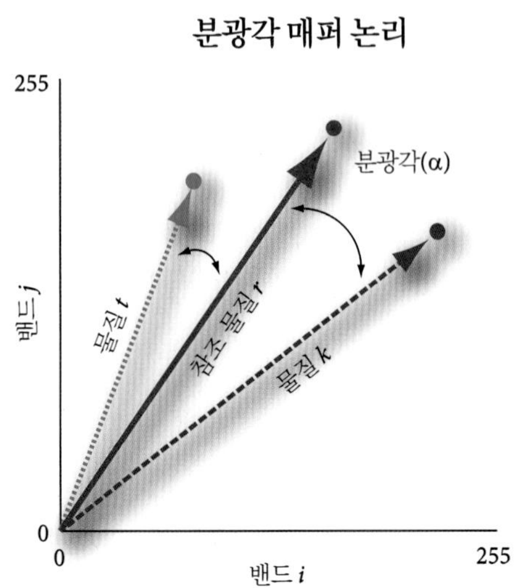

그림 11-16 SAM 알고리듬과 관련된 논리

논의된 4개의 종점과 마찬가지로 현장에서 추출된 종점이거나 원격탐사를 이용하여 추출한 종점일 수 있다)에 대하여 데이터 셋 내의 미지의 영상 스펙트럼(화소)과의 분광각(α)이 계산된다. 이 과정을 통해 매핑에 사용된 참조 스펙트럼의 수와 동일한 밴드 수를 가진 새로운 SAM 데이터큐브가 생성된다.

SAM 알고리듬을 앞서 설명한 종점에 적용해 보았다. 건강한 바히아 초지(종점 37에서 추출)와 잠재적으로 스트레스받은 바히아 초지(종점 15, 25, 36에서 추출)의 종점의 공간 분포에 대한 주제도가 그림 11-17에 나와 있다. 화소가 어두워질수록(즉 흑색과 청색) SAM 각도가 작고 더욱 유사해진다. 이와 같이 그림 11-17a에서 건강한 바히아 초지의 종점 스펙트럼(37)과 매우 유사한 스펙트럼을 가지고 있는 화소들은 매우 작은 각도를 가지며, 흑색이나 어두운 청색으로 나타나 있다. 종점 37에서 추출한 건강한 식생의 공간적 분포는 그림 11-17b~d에 있는 잠재적으로 스트레스를 받은 종점(15, 25, 36)에서 추출한 지도와 거의 정반대이다.

SAM 서브루틴의 결과물을 범주형 분류 지도로 전환하는 것이 가능하다. 예를 들어, 그림 11-18a는 앞서 논의된 4개의 종점을 사용하여 각 종점에 대해 하나의 클래스를 할당하여 나온 범주형 분류 지도를 나타낸다. 0.1라디안이 임계값으로 사용되었다. 갈색 지역은 건강한 식생(종점 37에 기초)을, 다른 세 가지 클래스는 잠재적으로 스트레스받은 식생을 표현하고 있다.

점토층으로 덮인 유해 폐기물 매립 지역은 이상적으로 비교적 균일한 바히아 초지를 지닌다. 그러나 위에서 보여 준 지도들은 그 당시 바히아 초지가 균일하게 분포하고 있지 않으며, 지역 내의 특정 위치에는 스트레스받은 바히아 초지가 존재하고 있음을 나타낸다. 이러한 스트레스는 수많은 요인들의 결과일 수 있다. 이 지도는 점토층 관리 담당자에게 상당히 중요할 수 있는 귀중한 공간정보를 제공하고 있다. 즉 이는 지속적인 보전을 위하여 관리 담당자로 하여금 점토층의 특정 위치에 주의를 기울이도록 도움을 준다.

연구실에서 추출된 바히아 초지 참조 스펙트럼을 SAM의 입력 자료가 되는 종점 스펙트럼으로 사용하는 것 역시 가능하다. 연구실에서 0.5mg/ml 구리 처리를 한 평균 스펙트럼에서 추출한 잠재적으로 스트레스받은 바히아 초지 분류 지도는 그림 11-18b와 같다. 화소가 청색, 흑색 등과 같이 어두운 색깔을 나타낼수록 각도는 작아지고 더욱 유사해진다. 이 결과는 원격탐사를 이용해 추출한 스펙트럼에서 나온 결과와 시각적으로 좋은 상관도를 가진다.

부분화소 분류, 선형 분광 순수화 혹은 분광 혼합 분석

원격탐사 감지기에 기록된 에너지는 IFOV 내에 있는 물질들에서 반사되거나 방출된 에너지양의 함수이다. 예를 들어, 그림 11-19a에 있는 50%의 물, 25%의 나지, 그리고 25%의 식생으로 구성된 단일 화소를 생각해 보자. 이 화소에서 우세한 구성요소가 물이기 때문에 이 화소는 물로 구분되어야 할까? 화소 안에 있는 순수한 종점(클래스) 물질의 실제 비율 또는 양을 결정하고 기록하는 것이 좀 더 유용하지 않을까? 이 과정은 일반적으로 부분화소 분류(subpixel classification), 선형 분광 순수화(linear spectral unmixing), 또는 분광 혼합 분석(spectral mixture analysis)이라고 불린다(Okin et al., 2001; Jensen et al., 2009; Somers et al., 2011; Thenkabail et al., 2011; Prost, 2013).

분광 혼합 분석(SMA)은 단일 화소의 IFOV 내의 측정된 분광 스펙트럼을 종점에 고정된 집합의 혼합으로 분해하기 위하여 사용될 수 있다. 혼합은 가장 적합한 혼합된 스펙트럼의 일부 비율에 의하여 곱해진 종점 반사도의 총합으로 모델화할 수 있다. 선형 SMA는 아래의 식을 기반으로 한다(Roth et al., 2012).

$$\rho'_{\lambda} = \sum_{i=1}^{n} (\rho_{i\lambda} \times f_i) + \varepsilon_{\lambda} \qquad (11.2)$$

여기서 ρ'_{λ}은 파장 λ에 대한 반사도, $\rho_{i\lambda}$는 종점 i의 분광반사도이며, f_i는 종점 i의 점유비율이다. 모델 내 종점의 총수는 n이며, 모델 오차는 ε_{λ}이다. SMA 모델 적합 정확도는 평균제곱근

영상에 기초한 종점과 분광각 매퍼 알고리듬을 이용하여 생성된 건강한 식생 및 잠재적으로 스트레스받은 식생의 분류 지도

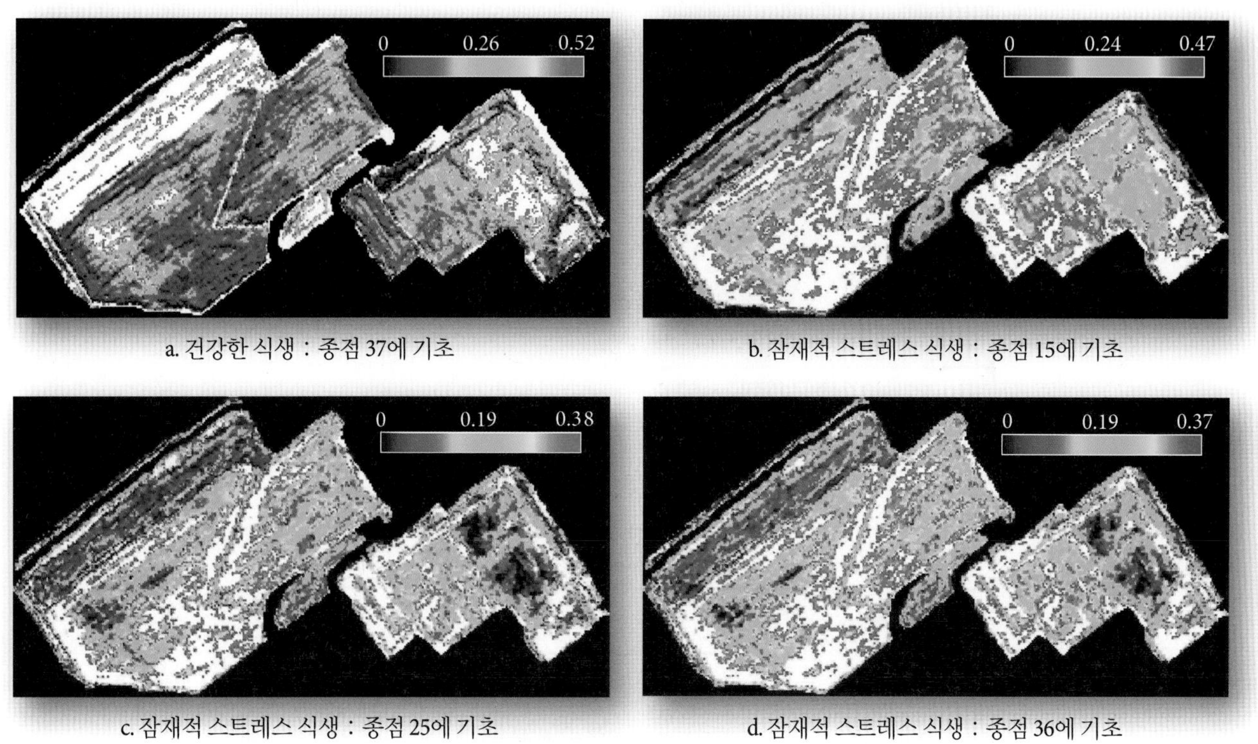

그림 11-17 a) 1999년 7월 26일 AVIRIS 초분광 자료와 종점 37의 분광각 매퍼 분석에 기초한 건강한 바히아 초지의 분류 지도. b~d) AVIRIS 초분광 자료와 종점 15, 25, 36의 분광각 매퍼 분석에 기초한 건강한 바히아 초지의 분류 지도. 모든 경우에서 화소가 어두워질수록(청색, 흑색) 각도는 작아지며 일치(match)에 가까워진다(원본 AVIRIS 영상 제공 : NASA).

건강한 식생과 잠재적으로 스트레스받은 식생의 범주형 분류 지도

실험실 자료에 기초한 종점과 분광각 매퍼 알고리듬을 사용하여 생성된 잠재적으로 스트레스받은 식생의 분류 지도

a. 범주형 분광각 매퍼 분류 지도

b. 실험실에 기초한 종점 분류 지도

그림 11-18 a) 1999년 7월 26일 AVIRIS 초분광 자료와 4개 종점의 분광각 매퍼 분석에 기초한 범주형 분류 지도. 갈색 영역은 건강한 바히아 초지를 나타낸다. 흰색, 적색, 황색은 식생 스트레스와 연관된 특징을 보이는 영역을 나타낸다. b) 0.5mg/ml 구리 처리를 수행한 실험실 스펙트럼에 기초한 잠재적으로 스트레스받은 바히아 초지의 분류 지도. 화소가 어두워질수록(청색, 흑색 등) 각도는 작아지며 일치에 가까워진다(원본 AVIRIS 영상 제공 : NASA).

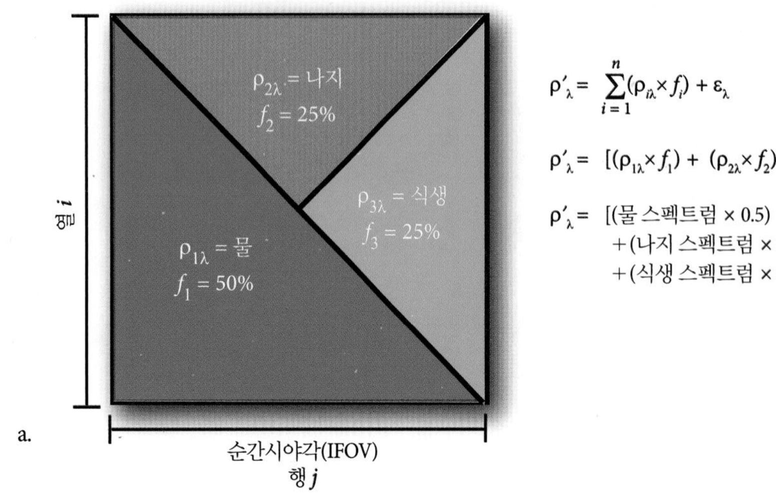

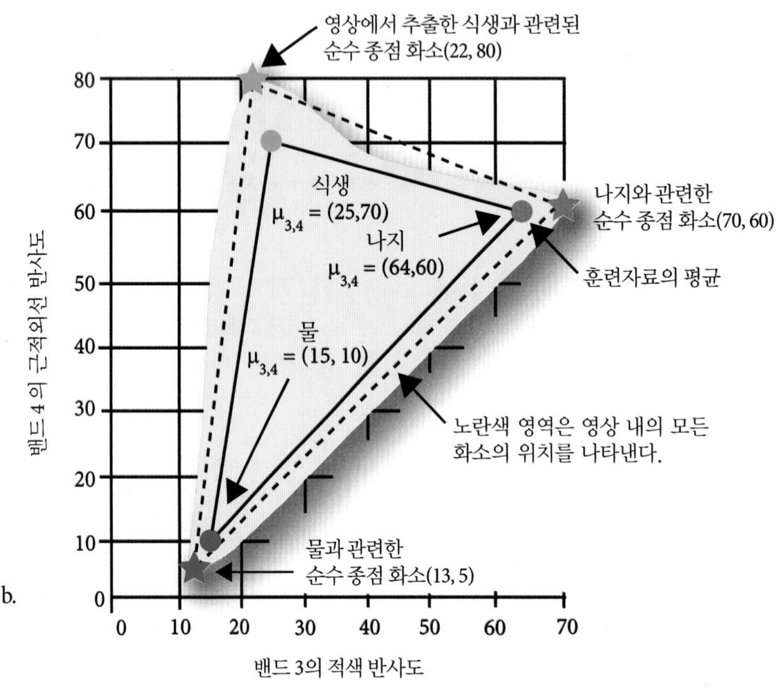

그림 11-19 a) 물, 식생 그리고 나지로 구성되어 있는 하나의 화소와 관련된 선형 혼합 모델링. b) 2차원의 피처공간(적색과 근적외선)에서 가상의 평균 벡터와 종점의 위치.

오차(root mean square error, RMSE)를 계산하여 결정된다(Roth et al., 2012).

$$\mathrm{RMSE} = \sqrt{\frac{\sum_{b=1}^{k} (\varepsilon_\lambda)^2}{k}} \tag{11.3}$$

여기서 b는 밴드 개수이며 k는 밴드의 총수이다.

선형 분광 순수화를 평가하기 위해 단 2개의 밴드($k=2$)로 구성된 원격탐사 영상을 가정하고, 그 영상에는 세 형태($n=3$)의 순수한 종점 물질인 물, 식생 그리고 나지(각각 $\rho_{1\lambda}$, $\rho_{2\lambda}$, $\rho_{3\lambda}$)만이 있다고 가정하자. 영상에 있는 특정 화소의 선형 혼합은 행렬식을 이용하여 다음과 같이 나타낼 수 있다.

$$\left[\rho'_\lambda\right] = \left[\rho_\lambda\right]\left[f\right] + \varepsilon \tag{11.4}$$

여기서 $[\rho'_\lambda]$는 화소의 k차원의 분광 벡터이고, $[f]$는 화소에 대한 n개의 종점 비율(예 : 0.5, 0.25, 0.25)을 나타내는 $n \times 1$벡터이며, $[\rho_\lambda]$는 각 행마다 하나의 종점 분광 벡터를 담고 있는 $k \times m$ 요약행렬이다(Schowengerdt, 2007). 이 관계는 어느 정도의 잡음을 가지고 있으므로, ε는 잔여 오차를 나타낸다. 이 수식은 우리가 영상에 있는 이론적으로 순수한 클래스(종점)를 모두 알고 있어서 그들의 비율(f_i)의 총합은 각 화소에서 1이 될 것이고, 모든 종점 비율은 양수라고 가정한다.

만일 자료에는 잡음(ε)이 없다고 가정한다면 식 11.4는 다음과 같이 된다.

$$\left[\rho'_\lambda\right] = \left[\rho_\lambda\right]\left[f\right] \tag{11.5}$$

그리고 화소단위로 $[f]$를 풀기 위해 다음 행렬식을 사용할 수 있다.

$$\begin{bmatrix} \rho'_3 \\ \rho'_4 \end{bmatrix} = \begin{bmatrix} \rho_{water3} & \rho_{veg3} & \rho_{bsoil3} \\ \rho_{water4} & \rho_{veg4} & \rho_{bsoil4} \end{bmatrix} \begin{bmatrix} f_{water} \\ f_{veg} \\ f_{bsoil} \end{bmatrix} \tag{11.6}$$

유감스럽게도 종점보다 더 적은 수의 밴드만 있기 때문에 이 관계식은 불충분하다. 그러나 3개 종점의 선형 결합의 총합이 1이 되어야 한다는 것을 알기 때문에(즉 $f_{물} + f_{식생} + f_{나지} = 1$), 식을 다음과 같이 증가시킬 수 있다.

$$\begin{bmatrix} \rho'_3 \\ \rho'_4 \\ 1 \end{bmatrix} = \begin{bmatrix} \rho_{water3} & \rho_{veg3} & \rho_{bsoil3} \\ \rho_{water4} & \rho_{veg4} & \rho_{bsoil4} \\ 1 & 1 & 1 \end{bmatrix} \begin{bmatrix} f_{water} \\ f_{veg} \\ f_{bsoil} \end{bmatrix} \tag{11.7}$$

이 식은 각 화소 안에서 발견되었던 종점 물질의 정확한 비율을 위해 역변환될 수 있다.

$$\begin{bmatrix} f_{water} \\ f_{veg} \\ f_{bsoil} \end{bmatrix} = \begin{bmatrix} \rho_{water3} & \rho_{veg3} & \rho_{bsoil3} \\ \rho_{water4} & \rho_{veg4} & \rho_{bsoil4} \\ 1 & 1 & 1 \end{bmatrix}^{-1} \begin{bmatrix} \rho'_3 \\ \rho'_4 \\ 1 \end{bmatrix} \tag{11.8}$$

단 $[\rho_\lambda]$는 지금 $[\rho_\lambda]^{-1}$이 되어 있다.

표 11-2 그림 11-19b에 있는 3개의 가상적인 영상에 기초한 종점의 반사도값

밴드	물	식생	나지
3	13	22	70
4	5	80	60

표 11-3 분광 순수화를 실행하는 데 사용된 행렬. 역행렬 $[\rho_\lambda]^{-1}$은 $[\rho_\lambda]$에 있는 종점 반사도값에서 도출되었다.

$[\rho_\lambda]$	$[\rho_\lambda]^{-1}$
$\begin{bmatrix} 13 & 22 & 70 \\ 5 & 80 & 60 \\ 1 & 1 & 1 \end{bmatrix}$	$\begin{bmatrix} -0.0053 & -0.0127 & 1.1322 \\ -0.0145 & 0.0150 & 0.1137 \\ 0.0198 & -0.0024 & -0.2460 \end{bmatrix}$

이제 가상 영상에서 화소 안에 있는 종점 물질의 비율을 결정하기 위하여 식 11.5를 사용하자. 그림 11-19b에 있는 2차원의 피처공간 그래프를 고려해 보자. 이 영상은 단 2개의 밴드, 즉 밴드 3(적색)과 4(근적외선)로 이루어진 자료이다. 황색 집단은 밴드 3과 4에 있는 모든 화소값의 결합을 나타낸다. 폐합된 황색 영역의 바깥쪽에는 화소값이 없다. 그림에서 원은 감독훈련을 통해 얻어진 물, 식생 그리고 나지와 관련한 평균벡터이다. 이들은 독자가 평균벡터와 종점의 차이를 알아보는 데 도움을 주기 위해 표시되었을 뿐 계산에는 사용되지 않았다. 화면 상의 3개의 별은 물, 식생 그리고 나지와 관련된 순수한 종점 화소를 나타내고 있다. 이들 종점은 화소 순수도 지수 평가 및 또는 n차원 시각화를 통해 영상 자체에서 추출되었거나 지상에 있는 순수한 물, 식생 그리고 나지의 정확한 분광복사계 측정값을 수집함으로써 추출되었다.

이 그림은 우리가 영상의 화소에 대한 각각의 종점 비율 예측에 필요한 정보를 추출하는 데 충분한 자료를 포함한다. 그림 11-19b에 나타난 값들은 표 11-2에 요약하였다. 영상 내 각 화소에서 발견되는 종점 클래스의 비율은 a) 표 11-3에 있는 역행렬 $[\rho_\lambda]^{-1}$ 계수를 식 11.5에 적용하고, b) 영상의 각 화소와 관련된 식 11.5의 $\rho_{\lambda 3}$과 $\rho_{\lambda 4}$의 새로운 값을 반복적으로 위치시킴으로써 계산할 수 있다. 예를 들어, 만약 하나의 화소에 대한 $\rho_{\lambda 3}$과 $\rho_{\lambda 4}$값이 각각 25, 57이라면, 아래에서 보는 것처럼 이 화소 안에서 발견되는 물, 식생 그리고 나지의 비율(빈도)은 27%, 61% 그리고 11%가 될 것이다.

$$\begin{bmatrix} f_{water} \\ f_{veg} \\ f_{bsoil} \end{bmatrix} = \begin{bmatrix} -0.0053 & -0.0127 & 1.1322 \\ -0.0145 & 0.0150 & 0.1137 \\ 0.0198 & -0.0024 & -0.2460 \end{bmatrix} \begin{bmatrix} 25 \\ 57 \\ 1 \end{bmatrix}$$

$$\begin{bmatrix} 0.27 \\ 0.61 \\ 0.11 \end{bmatrix} = \begin{bmatrix} -0.0053 & -0.0127 & 1.1322 \\ -0.0145 & 0.0150 & 0.1137 \\ 0.0198 & -0.0024 & -0.2460 \end{bmatrix} \begin{bmatrix} 25 \\ 57 \\ 1 \end{bmatrix}$$

이러한 논리는 초분광 영상이나 종점보다 더 많은 밴드를 가지고 있는 과잉 결정 문제로 확장될 수 있다. Schowengerdt (2007)는 초분광 자료를 분석할 때 적용되어야 하는 더욱 복잡한 의사 행렬의 역변환을 설명하였다.

분광 혼합 분석(SMA)은 화소의 스펙트럼이 분광학적으로 구별되는 유한개의 종점의 선형 조합 형태를 띠고 있다고 가정한다. 분광 혼합 분석은 각 종점에 대해 하나의 비율영상을 생성하기 위하여 초분광 자료의 차수를 이용한다. 각 비율영상은 종점의 공간적 분포뿐만 아니라 종점의 상대적 빈도에 대한 부분화소 추정치도 나타내고 있다. 종점이 식생을 포함하고 있을 때 종점 비율은 투영된 임관의 면적과 비례한다(Roberts et al., 1993; Williams and Hunt, 2002). SMA는 직관적으로 아주 매력적임에도 불구하고 영상에서 순수한 종점을 모두 규명해 내는 것이 어렵다는 점이 있다(Jensen et al., 2009).

McGwire 등(2000)은 건조한 환경의 초분광 자료에서 추출한 종점(평균 녹색 잎, 토양, 그림자)이 NDVI나 SAVI와 같은 전통적인 협밴드 및 광밴드 식생지수를 사용하여 초분광 자료를 처리하였을 때보다 식생비율(%)과 높은 상관관계에 있음을 발견했다. Williams와 Hunt(2002)는 잎이 난 대극(spurge) 임관을 추정하고 이들의 공간적 분포를 평가하기 위하여 부분화소 분석의 특별한 형태인 혼합조율 일치화 필터링(Mixture-Tuned Matched Filtering, MTMF)을 사용하였다. Segl 등(2003)은 선형 분광 순수화와 초분광 자료에서 추출한 종점을 사용하여 도심의 표면 피복 형태를 분류하였다. Franke 등(2009)은 도심지의 토지피복을 매핑하기 위하여 위계적 다중 종점 분광 혼합 분석(Hierarchical Multiple Endmember Spectral Mixture Analysis, MESMA)을 사용하였다. Hatala 등(2010)은 옐로스톤 광역생태계의 숲의 해충 및 병원균을 인지하기 위하여 MTMF를 사용하였다. Roth 등(2012)은 종점 선택 기법들을 비교하였으며, 처리 시간, 생성된 라이브러리의 크기, 분류정확도 사이의 균형관계를 평가하였다.

연속체 제거

SMA 과정에서 종점의 선택이 신중하게 이루어졌어도, 유사한 식물 유형이나 밀접하게 연관되어 있는 식물종과 같은 클래스 사이의 분광 유사도에 의하여 최적의 분류 결과가 발생하지 않을 수 있다. Youngentob 등(2011)은 연속체 제거(Continnum Removal, CR) 분석이 정규화된 스펙트럼에 대하여 개별 흡수 특성을 강조하여 클래스 분리도를 증대시킬 수 있음을 제안하였다. 연속체 제거는 분광반사율 곡선이 컨벡스 헐(convex hull, 원 반사도 곡선을 따라 최대 지점을 연결한 선)로 접하는 과정을 말한다. 연속체는 특정 파장(ρ_λ)의 반사도값을 대응되는 파장대의 연속체($\rho_{c\lambda}$) 반사도값으로 나누어 제거된다. 파장 λ에 대한 연속체가 제거된(CR) 분광반사도($\rho_{cr\lambda}$)는 다음과 같다(Youngentob et al., 2011; Rodger et al., 2012).

$$\rho_{cr\lambda} = \frac{\rho_\lambda}{\rho_{c\lambda}} \tag{11.9}$$

분광반사도 그래프의 깊이와 위치는 알베도의 변화에 영향을 받지 않기 때문에 크기가 조정된 반사율 자료에 대하여 연속체 제거를 적용한 결과는 분광반사도 그래프 내의 미묘한 흡수 특성을 증대시킨다(Filippi and Jensen, 2007). 예를 들어, 그림 11-20a와 같이 400~2,500nm에서 50nm 간격으로 취득된 건강한 식생의 반사도 곡선과 이에 따른 연속체를 살펴보자. 식 11.9를 활용하여 그림 11-20b와 같은 새로운 식생의 반사도 곡선을 생성할 수 있다. 원 반사도 곡선에서의 녹색 반사도의 최댓값과 적색 반사도의 최솟값 사이의 차이는 약 5~7%이다(그림 11-20a). 반면, 연속체 제거된 곡선에서의 녹색 반사도의 최댓값과 적색 반사도의 최솟값 사이의 차이는 약 20%이다(그림 11-20b). 연속체 제거된 자료에서 적색 흡수 개체의 강조는 SMA나 기타 기술(예 : NDVI)을 사용하여 자료를 분석할 때 더욱 정확한 정보를 추출하는 것을 가능하게 한다.

분광 라이브러리 매칭 기법

초분광 원격탐사 연구를 수행하여 획득할 수 있는 가장 큰 장점 중의 하나는 각 화소마다 백분위 반사도로 조정된 섬세한 분광반응을 얻을 수 있다는 것이다(예 : AVIRIS는 400~2,500nm 사이의 224개의 밴드에서 분광반응을 측정). 원격탐사에서 추출된 스펙트럼은 현장에서 수집한 스펙트럼이나 연구실에서 추출하여 분광 라이브러리에 저장된 스펙트럼과 비

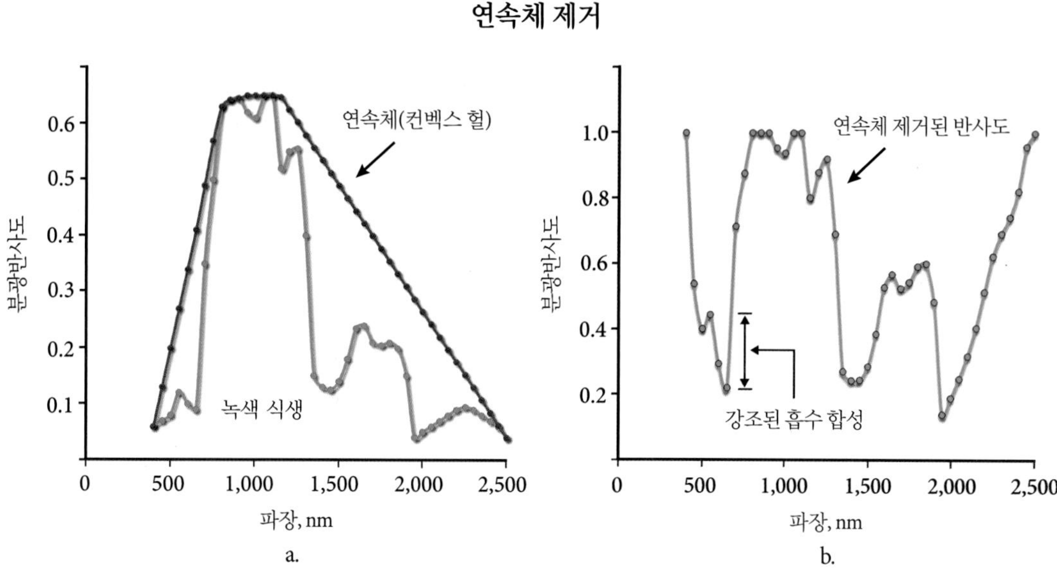

그림 11-20 a) 직선 상에 최대 반사율 지점을 연결한 연속체(컨벡스 헐)에 접하는 400~2,500nm 파장대에서 50nm 간격으로 추출한 건강한 녹색 식생의 분광반사도 곡선. b) 식 11.9를 이용하여 연속체가 제거된 식생의 반사도.

교될 수 있다. 연구실에서 만들어진 스펙트럼은 통제된 조명 아래에서 그리고 대기가 영향을 미치지 않는 조건에서 만들어지기 때문에 보통 훨씬 더 정확한 것으로 간주된다. 연구실에서 만들어진 스펙트럼은 ASTER Spectral Library(2014)에서 찾아볼 수 있으며 여기에는 다음이 포함된다.

- 존스홉킨스 분광 라이브러리
- NASA JPL(Jet Propulsion Laboratory) 분광 라이브러리
- USGS 분광 라이브러리

일부 디지털 영상처리 소프트웨어에서는 부록으로 이러한 분광 라이브러리를 제공하고 있다(예 : ERDAS, ENVI, PCI Geomatica).

원격탐사나 연구실에서 추출된 반사도 스펙트럼에는 화소 IFOV 내의 특정 광물, 엽록소 *a*와 *b*, 물 및/또는 다른 물질들에 의한 여러 흡수 개체가 존재한다. 스펙트럼에 존재하는 흡수 개체는 분광적 위치, 즉 영향을 받은 밴드, 깊이 및 폭으로 특성화할 수 있다.

원격탐사에서 추출한 스펙트럼과 현장이나 연구실에서 이전에 수집된 스펙트럼을 비교하는 라이브러리 매칭 기술 개발은 상당한 주목을 받아 왔다. 예를 들어, 우리가 농경지를 대상으로 원격탐사에서 추출한 스펙트럼을 다양한 농경지 스펙트럼을 담고 있는 라이브러리와 비교하기를 원할 수 있다. 우리는 라이브러리에 있는 각 농경지 스펙트럼과 각 화소의 스펙트럼을 비교하여 가장 가까운 스펙트럼 클래스를 화소에 할당할 수 있을 것이다.

원격탐사에서 추출한 스펙트럼과 연구실에서 추출하여 저장되어 있는 스펙트럼을 비교하는 일은 간단하지 않다. 우선, 우리가 AVIRIS 자료를 사용한다면, 각 화소는 224개의 명확한 분광밴드 측정값을 가지고 있다. 이들 명확한 측정값은 라이브러리 참조 스펙트럼 안의 관련 밴드와 각각 비교될 것이다. 라이브러리는 수백 개의 스펙트럼을 가지고 있고 원격탐사 영상 역시 수백만 개의 화소로 구성되어 있다. 원격탐사에서 나온 스펙트럼과 라이브러리의 스펙트럼 사이의 밴드별 비교를 수행할 때 많은 계산량이 요구된다. 따라서 단순하지만 효과적인 방법으로 화소 스펙트럼 전체를 표현하여 라이브러리 스펙트럼과 효율적으로 비교하기 위한 다양한 코딩 기술들이 개발되고 있다.

그 중 간단한 코딩 기법 중 하나는 **이진 분광 암호화**(binary spectral encoding)(Jia and Richards, 1993)이다. 이진 분광 암호화는 초분광 반사도 스펙트럼을 단순한 이진 정보로 변환시키는 데 사용할 수 있으며, 그 알고리듬은 다음과 같다.

$$\text{만약 } \rho(k) \leq T_1 \text{이면 } b(k) = 0 \tag{11.10}$$

그 외의 경우

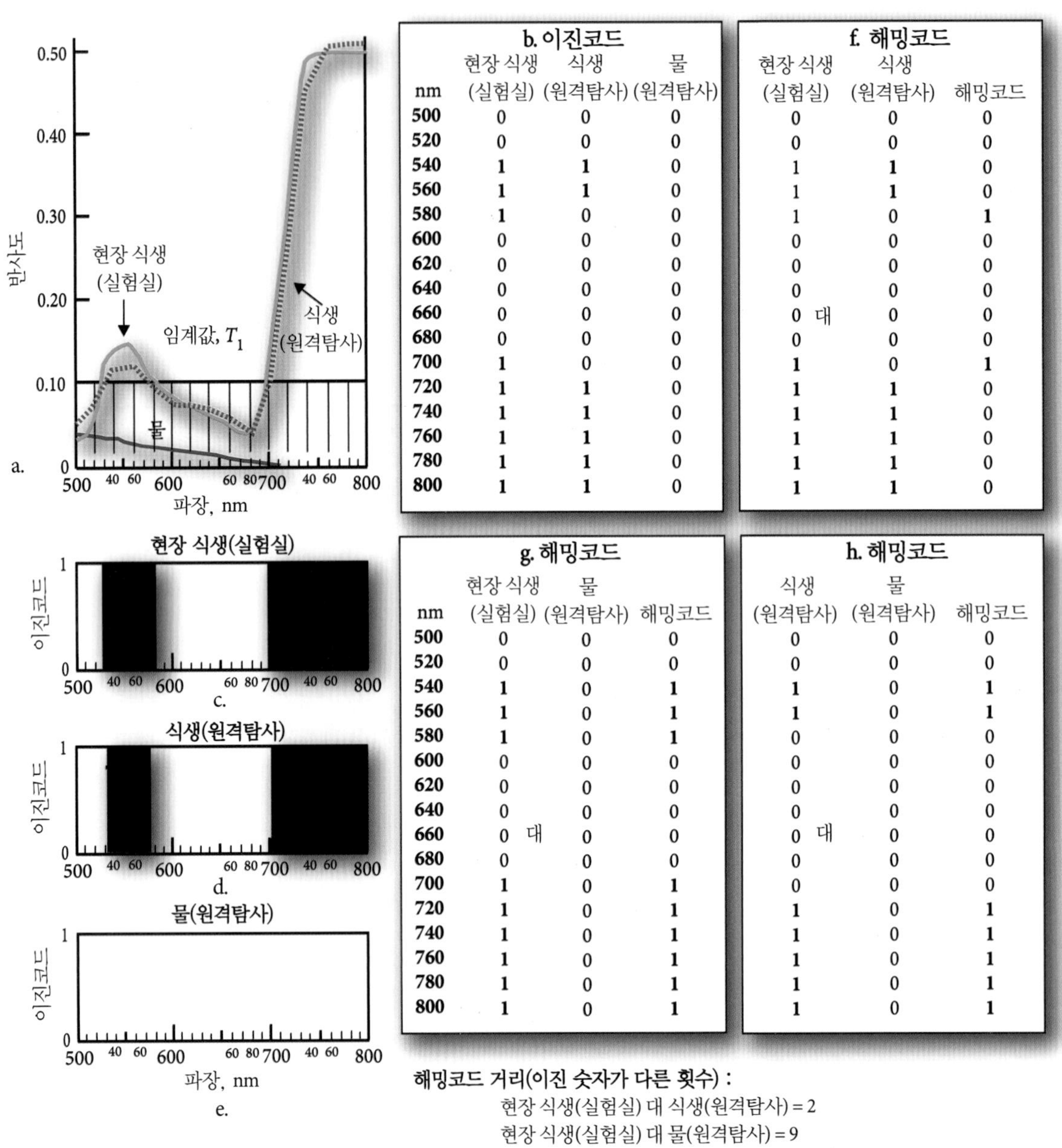

b. 이진코드

nm	현장 식생 (실험실)	식생 (원격탐사)	물 (원격탐사)
500	0	0	0
520	0	0	0
540	1	1	0
560	1	1	0
580	1	0	0
600	0	0	0
620	0	0	0
640	0	0	0
660	0	0	0
680	0	0	0
700	1	0	0
720	1	1	0
740	1	1	0
760	1	1	0
780	1	1	0
800	1	1	0

f. 해밍코드

현장 식생 (실험실)		식생 (원격탐사)	해밍코드
0		0	0
0		0	0
1		1	0
1		1	0
1		0	1
0		0	0
0		0	0
0		0	0
0	대	0	0
0		0	0
1		0	1
1		1	0
1		1	0
1		1	0
1		1	0
1		1	0

g. 해밍코드

nm	현장 식생 (실험실)		물 (원격탐사)	해밍코드
500	0		0	0
520	0		0	0
540	1		0	1
560	1		0	1
580	1		0	1
600	0		0	0
620	0		0	0
640	0		0	0
660	0	대	0	0
680	0		0	0
700	1		0	1
720	1		0	1
740	1		0	1
760	1		0	1
780	1		0	1
800	1		0	1

h. 해밍코드

식생 (원격탐사)		물 (원격탐사)	해밍코드
0		0	0
0		0	0
1		0	1
1		0	1
0		0	0
0		0	0
0		0	0
0		0	0
0	대	0	0
0		0	0
0		0	0
1		0	1
1		0	1
1		0	1
1		0	1
1		0	1

해밍코드 거리(이진 숫자가 다른 횟수) :
현장 식생(실험실) 대 식생(원격탐사) = 2
현장 식생(실험실) 대 물(원격탐사) = 9
식생(원격탐사) 대 물(원격탐사) = 7

그림 11-21 a) 통제된 실험실 환경에서 분광복사계를 사용하여 얻어진 현장 식생 스펙트럼과 원격탐사 장비에서 얻어진 식생, 물의 스펙트럼. b) 현장 식생과 원격탐사를 이용해 추출한 식생 및 물 자료의 이진 암호화. c) 현장 식생 자료의 이진 암호화 그래프. d) 원격탐사를 이용하여 추출한 식생 자료의 이진 암호화 그래프. e) 원격탐사를 이용하여 추출한 물 자료의 이진 암호화 그래프. f) 현장 식생과 원격탐사에서 추출한 식생 사이의 해밍거리 계산에 사용된 해밍코드. g) 현장 식생과 원격탐사에서 도출한 물 사이의 해밍거리 계산에 사용된 해밍코드. h) 원격탐사에서 추출한 식생과 물 사이의 해밍거리 계산에 사용된 해밍코드.

$$b(k) = 1$$

여기서 $\rho(k)$는 k번째 분광밴드에서 화소의 반사도값이고, T_1은 이진코드를 만들어 내기 위해 사용자가 선택한 임계값이며, $b(k)$는 k번째 분광밴드에 있는 화소에 대한 결과 이진코드 기호이다. T_1는 화소에 대한 전체 스펙트럼의 평균 반사도값이거나, 특별히 관심 있는 고유한 흡수 스펙트럼에 따라 사용자가 규정한 값일 수도 있다. 예를 들어, 다음을 나타내는 그림 11-21a를 살펴보자.

- 분광복사계를 사용하여 연구실에서 측정된 현장 식생 반사도 스펙트럼
- 항공기에 탑재된 초분광 센서를 사용하여 얻어진 식생과 물의 스펙트럼

10% 반사도가 임계값으로 선택되었는데 이는 이 값이 청색과 적색 스펙트럼 부분에서 엽록소 *a*와 *b* 흡수밴드를 잘 잡아내기 때문이다. 10% 임계값을 설정하고, 세 가지의 스펙트럼을 이진 형태로 각각 암호화한 뒤 이진코드명을 비교하여 이들이 얼마나 유사한지 또는 다른지를 알아보는 것은 간단명료하다. 예를 들어, 현장 식생 스펙트럼은 540~580nm 범위와 700~800nm 범위에서 임계값을 초과한다. 그러므로 이 파장영역은 그림 11-21b에서 보듯이 해당 코드명이 1의 값을 가진다. 원격탐사에서 추출한 식생 스펙트럼도 540~560nm, 720~800nm 범위에서 임계값을 초과하는 유사한 특성을 지닌다. 일단 이러한 모든 밴드는 1로 암호화된다. 원격탐사에서 추출한 수계 스펙트럼은 임계값을 초과하지 않기 때문에 모든 밴드에서 0의 값을 가진다.

따라서 각 원시 스펙트럼은 16자리 수로 구성된 코드명인 c_1, c_2, c_3로 전환되었다. 하지만 우리는 한 클래스의 이진 스펙트럼이 다른 클래스의 스펙트럼과 동일한지, 유사한지, 또는 완전히 다른지를 결정하기 위해 이들 세 가지의 이진코드명[각 길이(Z)가 16]을 어떻게 사용해야 할까? 이진법으로 암호화된 두 가지 스펙트럼은 다음 식을 사용하여 이진코드명 사이의 해밍(Hamming)거리를 계산하는 것으로 비교할 수 있다.

$$\text{Dist}_{Ham}(c_i, c_j) = \sum_{k=1}^{N=\text{bands}} [c_i(k) \Theta c_j(k)] \quad (11.11)$$

여기서 c_i와 c_j는 길이 L의 두 가지 분광 코드명이고 Θ 표시는 배제된 OR 불린 논리를 나타낸다. 이 알고리듬은 조사 중에 있는 두 가지 코드명의 각 비트를 비교하여, 동일할 때는 0을, 다를 때는 1로 결과를 나타낸다. 결과는 길이 Z의 해밍거리 코드명이다.

따라서 해밍거리는 이진 숫자가 다른 횟수를 합하여 계산된다. 예를 들어, 현장 식생 코드명과 원격탐사에서 나온 식생 코드명 사이의 해밍거리를 계산한다고 생각해 보자. 이 두 코드명은 16비트 길이에서 단 두 지점에서만 다르므로, 해밍거리는 2이다. 반대로 현장 식생 코드명이 수계 코드명과 비교된다면,

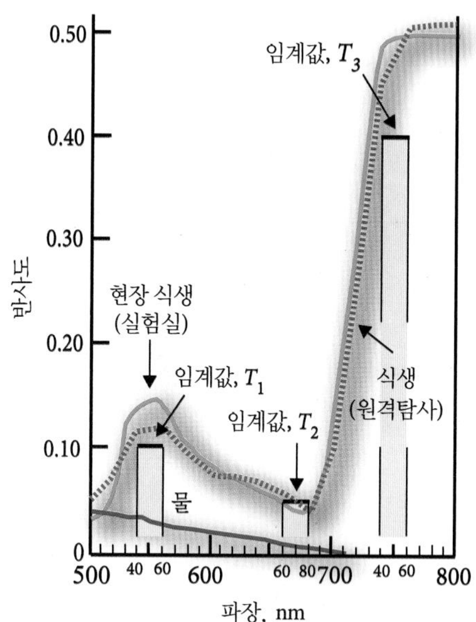

그림 11-22 스펙트럼의 이진 암호화를 실행하는 데 사용될 수 있는 540~560nm, 660~680nm, 740~760nm에서 각각 10%, 5%, 40% 반사도로 설정된 세 임계값의 위치

이는 9개의 지점에서 다르기 때문에 해밍거리는 9가 된다.

한 스펙트럼이 다른 스펙트럼과 유사하면 유사할수록 해밍거리는 짧아진다. 이처럼 우리는 a) 존재하고 있는 흡수밴드의 입장에서 관심 물질이나 토지피복 클래스에 대한 적절한 임계값을 확인하여 b) 각 화소에서 이진코드명을 비교하고 c) 유사한 방식으로 이진 암호화된 *m* 라이브러리 스펙트럼과 각 화소에서 이 이진코드명을 비교할 수 있다. 각 화소는 가장 작은 해밍거리를 가진 클래스로 할당될 수 있다.

하나 이상의 임계값은 a) 선택된 흡수밴드 안에서, 그리고 b) 스펙트럼을 따라 연결되어 있지 않은 수많은 위치에서 사용될 수 있다. 예를 들어, 그림 11-22는 각각 T_1(540~560nm), T_2(660~680nm), T_3(740~760nm)에서 각각 10%, 5%, 40% 비율 반사도인 정보를 이용하여 이진 암호화를 수행하는 데 사용된 3개의 고유한 임계값의 위치를 나타낸다.

초분광 자료의 기계학습 분석

과학자들은 초분광 자료를 분석하기 위하여 결정나무나 SVM(Support Vector Machines)과 같은 다양한 종류의 기계학습 알고리듬을 사용하고 있다.

2008년 6월 2일에 취득된 HyMap 초분광 자료에 적용된 결정나무와 회귀나무에 의한 규칙을 사용한 몬티첼로 인근의 폐기물 지역의 토지피복과 LAI 매핑

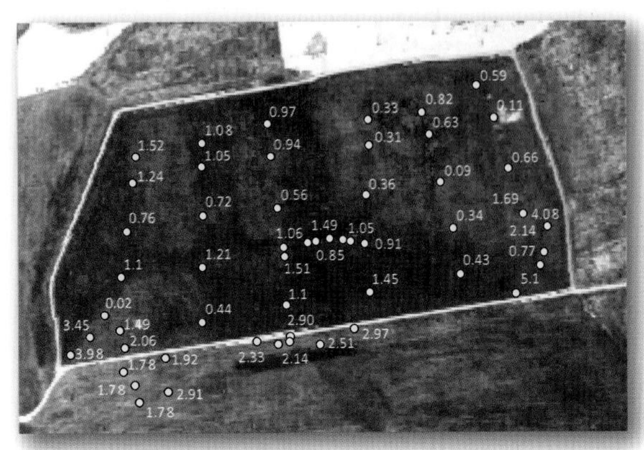

a. 53개의 현장 LAI 관측치의 위치에 포개진 2.3×2.3m 공간해상도의 HyMap 초분광 영상(RGB = 밴드 24, 17, 11)

b. 식생지수와 혼합조율 일치화 필터링(MTMF) 기반 척도로부터 취득된 회귀나무 규칙에 기반한 예측된 LAI 분포

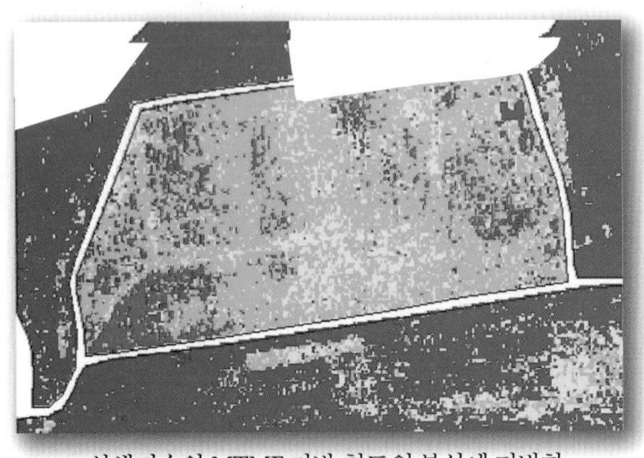

c. 식생지수와 MTMF 기반 척도의 분석에 기반한 결정나무 기반 분류 지도

산쑥(*Artemisia tridentata*)
고무 래빗브러쉬(*Ericameria nauseosa*)
서쪽개밀(*Pascopyrum smithii*)
쓰레기(죽은 풀)

그림 11-23 a) 53개의 현장 LAI 관측치 및 토지피복정보에 대한 표본 위치에 포개진 126 HyMap 초분광 밴드의 세 밴드에 대한 컬러조합. b) 회귀나무 기계학습이 적용된 식생지수와 MTMF 기반 척도에 의한 LAI 공간분포. c) 회귀나무 기계학습이 적용된 식생지수와 MTMF 기반 척도를 통한 토지피복 분류(Im, J., Jensen, J. R., Jensen, R. R., Gladden, J., Waugh, J. and M. Serrato, 2012, "Vegetation Cover Analysis of Hazardous Waste Sites in Utah and Arizona using Hyperspectral Remote Sensing," *Remote Sensing*, 2012(4) : 327-353에 기초).

초분광 자료의 결정나무 분석

제10장에서 서술한 것과 같이, 결정나무는 명목 척도의 토지피복(예 : 도심지, 습지, 산림)의 공간적 분포를 매핑하기 위하여 사용될 수 있으며, 회귀나무는 연속적인 변수(예 : LAI, 바이오매스, 차폐율의 백분율)에 대한 정량적인 정보를 추출하기 위하여 사용될 수 있다(예 : Im and Jensen, 2008).

예 1 : Im 등(2012)은 유타 주 몬티첼로에 구축된 폐기물 부지에 토지피복을 매핑하기 위하여 **결정나무** 기반의 규칙을, LAI를 매핑하기 위하여 **회귀나무** 기반 규칙을 사용하였다. HyMap 항공 초분광 자료가 2008년 6월 2~3일에 2.3×2.3m 공간해상도로 440~2,500nm에 대하여 126밴드로 취득되었다(그림 11-23a). HyMap 영상은 EFFORT를 사용하여 크기가 조정된 백분율 반사도로 대기보정 및 분광연마되었다. 분광연마를 통하여 크기가 조정된 반사도 자료는 2006 NAIP(National Agricultural Imagery Program)의 정사영상(1×1m 공간해상도)에서 취득된 20개의 지상기준점에 의하여 UTM(Universal Transverse Mercator) 투영에 의하여 기하보정이 이루어졌으며, 1화소 이내의 RMSE를 나타냈다.

그림 11-23a에서 볼 수 있는 것과 같이, HyMap 촬영과 동시에 53개의 위치에 대한 현장의 LAI와 토지피복정보가 수집되었다. 주된 종은 산쑥(*Artemisia tridentata*), 고무 래빗브러쉬

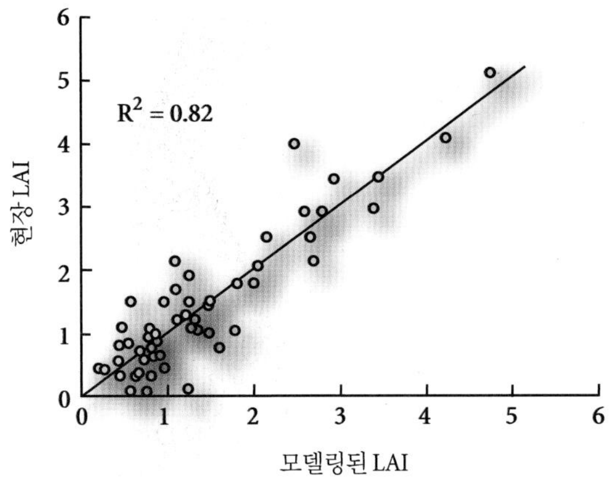

그림 11-24 유타 주 몬티첼로 인근의 폐기물 부지에 대한 53개의 현장 LAI 측정치와 회귀나무 접근법이 적용된 HyMap 영상에 의한 추정된 LAI 관측치 사이의 산점도(그림 11-23에서 인용한 Im et al., 2012에 기초)

표 11-4 2008년 6월, 유타 주 몬티첼로의 폐기물 부지에 대한 식생 매핑 및 LAI 평가를 위한 현장자료의 특성(그림 11-23에서 인용한 Im et al., 2012에 기초)

클래스	표본 수
산쑥(*Artemisia tridentata*)	8
고무 래빗브러쉬(*Ericameria nauseosa*)	12
서쪽개밀(*Pascopyrum smithii*)	16
쓰레기(죽은 풀)	17
0.09~5.43 범위에서의 LAI	53

(*Ericameria nauseosa*), 서쪽개밀(*Pascopyrum smithii*), 죽은 식생 물질을 포함한다(표 11-4).

해당 연구에서 여러 정보 추출 기법들이 검토되었으며, 기계학습 결정나무 분류자가 가장 좋은 성능을 나타냈다. LAI의 규칙 기반 모델을 생성하기 위해 초분광 식생지수와 MTMF 기반의 척도를 분석하는 데 기계학습 회귀나무(Cubist)가 사용되었다. 강건한 회귀나무를 생성하기 위한 Cubist의 유용성은 원격탐사 문헌들을 통하여 입증되었다(예 : Huang and Townshend, 2003; Moisen et al., 2006; Im et al., 2009).

연구지역에 대한 회귀나무 접근법을 사용한 LAI 추정 결과는 0.82의 R^2값을 보였다. LAI의 공간 분포에 대한 지도는 그림 11-23b와 같다. 현장 LAI 자료와 모델링된 LAI의 산점도는 그림 11-24에 나타나 있다.

결정나무 분류자를 사용하여 생성된 식생종의 분류 지도는 그림 11-23c와 같다. 규칙을 생성하기 위해 결정나무는 다양한 식생지수와 MTMF 기반의 변수를 사용하였다. 전체 분류 정확도는 86.8%로 나타났고, 0.82의 카파계수값을 보였다. 오차행렬은 Im 등(2012)으로부터 제공되었다. 해당 연구에서는 비록 더욱 높은 공간해상도의 영상(<1×1m)이 더욱 나을지 몰라도, 초분광 자료와 결정나무 기계학습 기법을 이용하여 폐기물 부지의 식생피복을 감시하는 것이 충분히 활용 가능함을 보였다.

예 2 : 지난 연구는 LAI와 토지피복을 인지하는 데 초점이 맞춰졌다. 또한 다른 생물물리학적 및 생화학적 관측자료를 취득하기 위하여 초분광 원격탐사 자료를 분석하는 것도 가능하다. 예를 들어, Im 등(2009)은 세부적인 생물물리학적, 생화학적 정보를 추출하기 위하여 사우스캐롤라이나 주 에이킨 인근의 서배너 강 지역에 대한 실험적인 단벌기 목본작물 토지의 고해상도의 초분광 자료를 사용하였다(그림 11-25a).

이 연구의 목적은 (1) 수종과 수위의 차이 그리고 양분 유효도 면에서 현장관측 자료와 초분광 원격탐사 자료의 측정치 사이의 관계를 확인하기 위한 것과 (2) 세 가지 다른 디지털 영상처리기술을 이용하여 초분광 영상으로부터 생물리학적, 생화학적 특성들(예 : 잎면적지수, 바이오매스, 잎 양분 농도)을 추정하기 위한 것이다.

잎의 영양분 변수(처치)는 질소(N), 인(P), 칼륨(K), 칼슘(Ca), 마그네슘(Mg)을 포함한다. 처치에 대한 임의의 단위설계는 그림 11-25b와 같다. 처치는 (1) 관개만을 수행, (2) 관개와 비옥화, (3) 제어(관개와 비옥화를 수행하지 않음), (4) 비옥화만을 수행으로 구성하였다. 각기 다른 비옥화 단계가 블록 1과 5의 실험구역에 적용되었지만, 제한적인 현장 관측치 때문에 해당 연구에서는 포함되지 않았다. 각각 복제된 20개의 처치 구역(2개의 비료와 2개의 처치를 통한 5종류로 자란 유전자형)을 포함한 블록 2~4의 총 60개의 구역이 실험에 사용되었다(그림 11-25b). 해당 실험설계의 세부적인 정보는 Coleman 등(2004)에서 확인할 수 있다.

AISA(Airborne Imaging Spectrometer for Applications) Eagle 센서 시스템을 이용하여 2006년 9월 15일에 실험지역에 대한 초분광 영상을 취득하였다. 영상은 약 9nm의 분광해상도를 지니는 63개의 채널(400~980nm), 12비트의 방사해상도, 1×1m의 공간해상도로 이루어져 있다. 영상은 해발고도 1,630m에서 구름이 없는 오전 11시 20분에 취득되었다.

통제된 영양분과 관개 처리를 지닌 성장된 단벌기 목본작물 지역의 초분광 원격탐사

a. AISA 초분광 영상(RGB = 밴드 760.8, 664.4, 572.5nm)

b.

c.

처치	비옥화	개간	#구역
1	없음	예	15
2	120	예	15
3	없음	아니요	15
4	120	아니요	15
5	30	예	3
6	60	예	5
7	90	예	3
8	150	예	3
9	180	예	3
10	210	예	3
11	20	아니요	2
12	40	아니요	2
13	60	아니요	5
14	80	아니요	2
15	100	아니요	2
16	140	아니요	2

그림 11-25 a) 단벌기 목본작물 실험 구역에 대한 1×1m 공간해상도의 AISA 초분광 영상의 컬러조합. b) 식생 속성, 비료, 관개 처치에 관계된 임의의 구역의 특성. c) 실험에 사용된 60구역의 특성(Im, J., Jensen, J. R., Coleman, M., and E. Nelson, 2009, "Hyperspectral Remote Sensing Analysis of Short Rotation Woody Crops Grown with Controlled Nutrient and Irrigation Treatments," *Geocarto International*, 24(4) : 293-312에 기초).

초분광 영상은 FLAASH 기법을 이용하여 크기가 조정된 백분위의 반사도로 전처리되었으며, UTM 좌표계로 조정되었다. 기하보정은 GPS를 통하여 취득된 각 구역의 모서리점에 위치한 기준점들을 이용하여 수행되었으며, 기하보정 결과 0.48화소의 RMSE를 보였다.

사용된 세 종류의 디지털 영상처리 기술은 (1) NDVI를 이용한 단순회귀, (2) 부분적인 최소제곱회귀, (3) 기계학습 회귀나무이다. 세 종류의 기술을 이용한 초분광 분석의 결과는 표 11-5에 요약하였다(Im et al., 2009).

해당 연구는 다양한 단계의 관개 및 비옥화에 종속된 5종류의 나무 종을 포함한 복잡한 환경 내 산림의 생물물리학적, 생화학적 특성을 예측하기 위한 초분광 원격탐사의 능력을 보여준다. NDVI를 기반으로 하는 단순 선형회귀는 특정 유전자형에 대한 LAI와 줄기 바이오매스와 같은 생물물리학적 특성을 예측하는 데 좋은 성능을 보였다. 그러나 모든 나무 종과 처치를 포함하는 생화학적 특성(예 : 잎 영양분)을 예측하는 데는 실패하였다(표 11-5). 부분 최소제곱회귀와 회귀나무 분석은 잎 영양분 농도를 더욱 효과적으로 추정하였다(표 11-5). 특히 회귀나무 분석은 충분한 고품질의 훈련자료가 제공될 때 복잡한 산림환경의 생물물리학적, 생화학적 특징을 예측하기 위한 강건한 모델로 나타났다.

초분광 자료의 SVM 분석

제10장에 설명된 SVM 분류 알고리듬은 초분광 자료 분류 문제의 해결을 위해 최근에 널리 사용되고 있는 분포로부터 자유로운 효과적인 분류자이다(Camps-Valls and Bruzzone, 2005; Dalponte et al., 2009). SVM 분류자를 선택하는 주된 이유는 a) 타 분류자와 비교하여 높은 일반화 능력과 분류 정확도, b) 부적절한 문제(밴드의 개수와 비교하여 제한적인 훈련자료의 양에 기인하는 초분광 자료에서 일반적으로 발생)의 해결 용이성(Plaza et al., 2009), c) 타 기계학습 알고리듬(예 : 인공신경망)과 비교할 때, 훈련단계와 구조설계에 요구되는 많지 않은 요구 등을 포함한 SVM의 특징과 관련되어 있다. Dalponte 등(2009)은 4.6~36.8nm 범위의 분광해상도에 대한 SVM, 최대우도, 판별분석 분류 기술을 비교하였고, SVM이 전반적으로 가장 높은 분류 정확도를 보이며, 특히 높은 분광해상도의 초분광 자료(4.6nm)를 사용할 때 높은 분류 정확도를 보임을 확인하였다. Plaza 등(2009)은 공간 및 초분광 자료를 포함한 다양한 기술을 활용하여 초분광 자료를 분석하기 위한 SVM 조합을 사용하였다.

표 11-5 AISA Eagle 초분광 영상을 이용한 단벌기 목본작물의 생물물리학적, 생화학적 특성의 예측 결과(Im, J., Jensen, J. R., Coleman, M. and E. Nelson, 2009, "Hyperspectral Remote Sensing Analysis of Short Rotation Woody Crops Grown with Controlled Nutrient and Irrigation Treatments," *Geocarto International*, 24(4) : 293-312에 기초)

목적변수	결정계수 R^2
NDVI(657.0과 856.8nm가 중심인 밴드를 사용)	
LAI	0.738
바이오매스	0.569
N	0.016
P	0.019
K	0.002
Ca	0.225
Mg	0.457
부분적 최소제곱회귀(63개의 반사도 변수를 사용)	
LAI	0.854
바이오매스	0.633
N	0.133
P	0.177
K	0.222
Ca	0.484
Mg	0.506
기계학습 회귀나무(63개의 반사도 변수를 사용)	
LAI	0.956
바이오매스	0.855
N	0.793
P	0.229
K	0.557
Ca	0.626
Mg	0.635

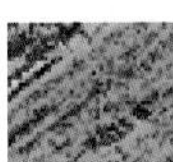

초분광 자료 분석을 위하여 선정된 유용한 지수

일반적으로 넓은 밴드로 구성된 다중분광 자료에 사용되기 위해 개발된 전형적인 식생지수들(제8장에서 논의)이 초분광 자료에서도 사용될 수 있다. Blonski 등(2002)은 AVIRIS와 같은 초분광 영상에서 다중분광밴드(예 : Landsat ETM$^+$ 밴드)를 합성해 내는 알고리듬을 제공하고 있다. 몇몇 연구들은 다양한 활용을 위하여 초분광 자료와 함께 사용하기 위하여 개발된 다양한 지수를 발견하였다(예 : Im et al., 2009; Im et al., 2012; Brantley et al., 2011). Thenkabail 등(2000; 2004; 2011), Haboudane 등(2002), Stagakis 등(2010)과 Behmann 등(2014)은 다양한 식생종류와 농업 원격탐사를 위한 협밴드로 구성된 지수를 검토하였다. Ustin 등(2009)은 고해상도 분광학을 이용하여 식생 색소 정보의 검색을 위한 지수들을 검토하였다. Matthews(2011)는 내륙 및 연안 인근의 물에 대한 원격탐사를 위하여 사용되는 지수들의 개요를 제공하였다. Alonzo 등(2014)

a. AVIRIS 자료의 29(0.64554μm)와 51(0.82593μm)번째 밴드로부터 유도된 NDVI 영상

b. 2차 도함수 영상

그림 11-26 a) AVIRIS 자료의 29(0.64554μm)와 51(0.82593μm)번째 밴드인 적색 및 근적외선 밴드로부터 유도된 NDVI 영상. 흰색 및 적색 화소는 많은 양의 바이오매스를 나타낸다. 청색, 녹색, 오렌지색은 적은 양의 바이오매스를 포함한다. b) 원시 AVIRIS 자료에 의한 크기 조정된 표면 반사도 자료로부터 추출된 2차 도함수 영상(RGB = 밴드 42, 30, 18)(원본 AVIRIS 영상 제공 : NASA).

은 도심지의 나무 매핑 수행을 위하여 LiDAR 자료와 함께 초분광 자료가 어떻게 사용될 수 있는지를 설명하였다. Jay 등(2014)은 수질과 수심을 매핑하기 위하여 초분광 자료를 사용하였다. 초분광 자료에 적용할 수 있는 선정된 지수들은 아래와 같다.

축소된 단순비율(RSR)

Brown 등(2000)은 축소된 단순비율(RSR)을 제안하였다.

$$RSR = \frac{\rho_{nir}}{\rho_{red}}\left(1 - \frac{\rho_{swir} - \rho_{swirmin}}{\rho_{swirmax} - \rho_{swirmin}}\right) \qquad (11.12)$$

여기서 $\rho_{swirmin}$과 $\rho_{swirmax}$는 영상 내 최소 및 최대 단파장 근적외선(*swir*) 반사도이다. Chen 등(2002)과 Gray와 Song(2012)은 LAI를 매핑하기 위하여 RSR을 사용하였다.

정규식생지수(NDVI)

제8장에서 논의된 바처럼, 정규식생지수는 다음의 식을 기반으로 한다.

$$NDVI = \frac{\rho_{nir} - \rho_{red}}{\rho_{nir} + \rho_{red}} \qquad (11.13)$$

일반적으로 660nm 주변에 중심을 두고 있는 적색 채널과 860nm에 중심을 두고 있는 근적외선 채널에서 나오는 반사도가 NDVI를 계산하는 데 사용된다. 근적외선 밴드는 경험적으로 엽록소 적색 경계선의 장파장 중간부분에 상응하고, 적색 밴드는 최대 엽록소 흡수와 관련되어 있다. 다음 식은 표준 NDVI에 협밴드를 적용하여 나타낸 한 형태이다.

$$NDVI_{narrow} = \frac{\rho_{860} - \rho_{660}}{\rho_{860} + \rho_{660}} \qquad (11.14)$$

AVIRIS 밴드 29(적색)와 51(근적외선)을 적용하여 추출한 협밴드 NDVI 영상은 그림 11-26a에 나타나 있다. 예상대로, NDVI 영상에서 낮은 생물량을 보여 주는 영역이 일반적으로 주제도에서 스트레스를 받은 영역과 상응한다.

초분광 강화 식생지수(EVI)

Clark 등(2011)은 다음의 협밴드 초분광 강화 식생지수를 사용하였다.

$$EVI_{hyper} = \frac{\rho_{798} - \rho_{679}}{[1 + \rho_{798} + (6 \times \rho_{679}) - (7.5 \times \rho_{482})]} \qquad (11.15)$$

EVI는 광합성 식생 구조, 노쇠, 건강 정보를 추출하기 위하여 HYDICE 초분광 영상에 적용되었다. Behmann 등(2014)은 식생 스트레스를 평가하기 위하여 EVI를 사용하였다.

황색지수(YI)

황색지수(Yellowness Index, YI)는 스트레스를 받은 식생에서 나타나는 잎의 백화현상과 관련이 있다. 해당 지수는 0.55μm의 최대 반사도와 0.65μm 최소 반사도 사이의 간격에서 반사도 스펙트럼의 모양에 나타나는 변화를 측정한다. YI는 녹색-적색 분광 모양의 세 점을 측정한 것의 총량이고, 가시광선 스펙트럼의 파장만을 사용하여 계산된다. 이는 특정 가시광선 영역이 잎 수분함량과 구조 변화에 비교적 덜 민감한 경향이 있기 때문이다(Philpot, 1991; Adams et al., 1999).

$$YI= \frac{\rho(\lambda_{-1})-2\rho(\lambda_0)+\rho(\lambda_{+1})}{\Delta\lambda^2}= \frac{d^2\rho}{d\lambda^2} \qquad (11.16)$$

여기서 $\rho(\lambda_0)$는 밴드 중심 반사도, $\rho(\lambda_{-1})$와 $\rho(\lambda_{+1})$는 낮은 파장과 높은 파장의 반사도를 각각 나타내며, $\Delta\lambda$는 파장 사이의 분광 거리(μm)(즉 $\Delta\lambda=\lambda_0-\lambda_{-1}=\lambda_{+1}-\lambda_0$)이다. 대략 0.55μm와 0.68μm 사이의 분광범위에서 세 채널이 위치하도록 억제하면서 밴드 간 분리($\Delta\lambda$)를 가능한 크게 하는 파장을 선택하는 것이 목적이다. YI는 결과값 범위의 규모를 축소하기 위하여 2차 도함수의 유한 근삿값의 음수값에 0.1을 곱하여 계산될 수 있다. 이를 통해 황색 정도가 증가할수록 YI값이 양수를 가지게 된다(Adams et al., 1999). YI의 단위는 상대 반사도 μm^{-2} ($RRU\mu m^{-2}$)이며, YI 크기는 λ_c와 $\Delta\lambda$값에 민감하다. 1999년도 AVIRIS 자료를 사용한 예(Adams et al., 1999)에서 YI 식에 있는 각 값은 3개의 인접하고 있는 밴드의 평균이 될 수 있는데, λ_c는 0.61608μm(밴드 26)에 중심을 둔 반사도, λ_{-1}은 0.56696μm(밴드 21)에 중심을 둔 반사도, λ_{+1}은 0.66518μm(밴드 31)에 중심을 둔 반사도이다.

생리반사도지수(PRI)

생리반사도지수(Physiological Reflectance Index, PRI)는 잎의 황색소(xanthophyll pigment)의 에폭시드화 상태와 상관관계가 있으며 질소 스트레스만을 받는 임관의 광합성 효율성과도 상관관계가 있는 협밴드 지수이다(Gamon et al., 1992). 그러나 PRI는 한낮에 시들기도 하며 수분 스트레스를 받는 임관과는 일반적으로 높은 상관관계가 나타나지 않는다. PRI는 주간 태양각 변화 효과를 최소화하기 위하여 531nm에서의 반사도와 참조 채널을 사용한다. PRI는 광합성 효율성의 주간 변화를 알아낼 수 있다. 또한 PRI는 현장 분광복사계 자료가 다른 시간대에 수집되었거나 원격탐사 자료보다 부실한 기하학적 상황에서 수집된 경우에 유용할 수 있다. 일반적인 PRI 식은 다음과 같다.

$$PRI = \frac{\rho_{ref}-\rho_{531}}{\rho_{ref}+\rho_{531}} \qquad (11.17)$$

여기서 ρ_{ref}는 참조 파장이고 ρ_{531}는 531nm에서 반사도이다. Gamon 등(1992)에서 제시된 최적의 PRI는 다음과 같다.

$$PRI = \frac{\rho_{550}-\rho_{531}}{\rho_{550}+\rho_{531}} \qquad (11.18)$$

550nm의 참조 파장은 임관 레벨에서 적절할 것처럼 보인다. 잎의 스펙트럼에 대해서는 570nm의 참조 파장이 백화현상을 더 잘 나타낼 수 있다. 단 하나의 PRI로는 다양한 임관 형태와 주간에 활동적인 임관 구조뿐만 아니라 모든 공간적 그리고 시간적 규모에서 적용할 수 없음을 알아야 한다. 1999년도 AVIRIS 자료에서는 밴드 19(547.32nm 중심)와 밴드 17(527.67nm 중심)이 각각 포함된다.

PRI와 대조적으로 NDVI는 실시간 광합성량을 정확하게 나타내지 않는다. NDVI는 낮은 잎면적지수(LAI)에 민감한 반면, 높은 LAI값에서는 포화상태가 된다. PRI는 특히 NDVI가 효과적이지 않은 높은 LAI값을 지닌 임관에서 광합성 효율성의 단기간 변화를 나타낼 수 있다(Gamon et al., 1992).

정규수분지수(NDWI)

정규수분지수(Normalized Difference Water Index, NDWI)는 식생의 수분함량을 결정하는 데 사용될 수 있다. 2개의 근적외선 채널이 NDWI 계산에 사용된다. 하나는 대략 860nm에 중심을 두고 있고 다른 하나는 1,240nm에 중심을 가진다(Gao, 1996; Gray and Song, 2012).

$$NDWI = \frac{\rho_{860}-\rho_{1240}}{\rho_{860}+\rho_{1240}} \qquad (11.19)$$

사용될 수 있는 AVIRIS 밴드는 밴드 55(864.12nm)와 밴드 94(1,237.94nm)이다. Clark 등(2011)은 862nm와 1,239nm의 HYDICE 파장을 사용하였다.

선형 적색 경계 위치(REP)

적색 경계 위치(Red-Edge Position, REP)는 적색과 근적외선 파장 사이에서 식생 반사도 스펙트럼의 최대 경사도 지점으로 정의된다. REP는 잎의 엽록소 함량과 높은 상관관계를 가지고 있고 식생 스트레스의 민감한 지표가 될 수 있기 때문에 유용하다. AVIRIS 센서는 10nm의 아주 협소한 밴드폭을 가지고 있지만, 스펙트럼이 연구실 분광계의 자료보다 상대적으로 넓은 폭에서 수집되었기 때문에 미묘한 REP 이동은 여전히 판별할 수 없다(Dawson and Curran, 1998).

Clevers(1994)에 의해 제안된 선형 방법은 4개의 협밴드를 사용하여 아래와 같이 계산된다(Im et al., 2012).

$$REP = 700 + 40\left[\frac{\rho_{red\,edge} - \rho_{700}}{\rho_{740} - \rho_{700}}\right] \quad (11.20)$$

여기서

$$\rho_{red\,edge} = \frac{\rho_{670} + \rho_{780}}{2} \quad (11.21)$$

도함수 기반 REP 알고리듬은 계산이 복잡하지 않으며 임관 규모의 연구에 적합하다(Dawson and Curran, 1998).

적색 경계 식생스트레스지수(RVSI)

Clark 등(2011)은 광합성을 하는 식생의 스트레스 정보를 추출하기 위하여 HYDICE 영상에 적용되는 다음의 협밴드 초분광 적색 경계 식생스트레스지수(Red-edge Vegetation Stress Index, RVSI)를 사용하였다.

$$RVSI = \left[\left(\frac{\rho_{719} + \rho_{752}}{2}\right)\right] - \rho_{730} \quad (11.22)$$

농작물의 엽록소 함량 예측

Haboudane 등(2002)은 토양 배경 효과를 최소화하고 엽록소 농도에 민감한 지수들의 장점을 통합하는 협밴드 식생지수를 개발하였다. 변환 엽록소 흡수지수(Transformed Chlorophyll Absorption in Reflectance Index, TCARI)(Daughtry et al., 2000)는 다음과 같다.

$$TCARI = 3\left[(\rho_{700} - \rho_{670}) - 0.2(\rho_{700} - \rho_{550})\left(\frac{\rho_{700}}{\rho_{670}}\right)\right] \quad (11.23)$$

최적 토양보정 식생지수(Optimized Soil-Adjusted Vegetation Index, OSAVI)(Rondeaux et al., 1996)는 토양보정 식생지수(Soil-Adjusted Vegetation Index, SAVI)군에 속하며 다음과 같다(Huete, 1988).

$$OSAVI = \frac{(1 + 0.16)(\rho_{800} - \rho_{670})}{(\rho_{800} + \rho_{670} + 0.16)} \quad (11.24)$$

비율은

$$\frac{TCARI}{OSAVI} \quad (11.25)$$

해당 비율은 엽록소 함량 변이에 민감하고 LAI와 태양 천정각의 변화에는 영향을 덜 받는다. 예측된 엽록소 함량과 현장에서 측정된 엽록소 측정 자료 사이에서 $r^2 = 0.81$을 나타냈다. Haboudane 등(2002)은 그 비율지수가 LAI 변이(0.5~8 범위)에는 민감하지 않으며, 이는 농작물 임관 구조에 대한 사전지식 없이 농작물 광합성 색소를 정확하게 추정하기 때문에 정밀 농업에서 사용될 수 있음을 제안하고 있다.

수정된 엽록소 흡수 비율지수(MCARI1)

Haboudane 등(2002)은 녹색 LAI 내 변화에 더욱 민감한 수정된 엽록소 흡수 비율지수(Modified Chlorophyll Absorption Ratio Index, MCARI1)를 제안하였다.

$$MCARI1 = 1.2[2.5(\rho_{800} + \rho_{670}) - 1.3(\rho_{800} - \rho_{550})] \quad (11.26)$$

엽록소 지수

Brantley 등(2011)은 적색 경계 파장을 사용하는 Gitelson 등(2005)의 연구를 기반으로 하여 엽록소 지수(Chlorophyll Index, CI)를 사용하였다.

$$CI = \frac{\rho_{750}}{(\rho_{700} + \rho_{710}) - 1} \quad (11.27)$$

엽록소 지수는 높은 LAI를 지닌 식생에 대하여 엽록소 함량을 효과적으로 예측한다.

MERIS 지상 엽록소 지수(MTCI)

Dash 등(2010)은 인도 지역에 대한 식생 계절학의 공간적, 시계열적 변화를 연구하기 위하여 ESA(European Space Agency)의 Envisat 산출물인 MERIS(the Medium Resolution Imaging Spectrometer) 위성의 지상 엽록소 지수(Terrestrial Chlorophyll Index, MTCI)를 사용하였다.

$$MTCI = \frac{MERIS_{band10} - MERIS_{band9}}{MERIS_{band9} - MERIS_{band8}} \quad (11.28)$$

$$MTCI = \frac{\rho_{753.75} - \rho_{708.75}}{\rho_{708.75} - \rho_{681.25}}$$

이 지수는 엽록소 농도와 LAI와 높은 상관관계가 있으며, 대기효과, 토양 환경 및 시야각에 제한적으로 민감한 특성을 지닌다.

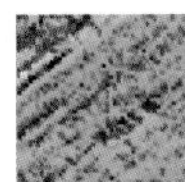

도함수 분광학

곡선이나 곡선의 수학적 함수를 미분한다는 것은 전체 간격에서의 기울기를 평가하는 것이다. 분광복사계에서 나온 곡선의 기울기를 유도한 것을 **도함수 분광학**(derivative spectroscopy)이라고 한다. 도함수 분광학 기법은 원래 배경 신호를 제거하고 겹치는 분광 피처를 해결하기 위하여 분석 화학 분야에서 개발되었다(Demetriades-Shah et al., 1990).

이 개념은 원격탐사에 의한 스펙트럼을 미분하는 데 적용되고 있다. 미분은 원래의 분광 채널이 있을 때보다 더 많은 정보를 만들어 내지는 않는다. 그러나 관심 대상이 아닌 정보를 압축하거나 제거하는 동안 원하는 정보를 강조하는 데 사용될 수는 있다. 예를 들어, 경로에서 벗어난 광선으로 인해 만들어지는 배경 흡수 또는 반사 신호는 제거될 수 있다(Talsky, 1994). 날카로운 구조를 가진 분광 특성은 보다 넓은 구조 특성과 비교하여 강조될 수도 있다.

연구실 자료와 원격탐사 자료 사이에는 본래의 차이점이 있기 때문에, 연구실에서 수행되는 모든 분광학적 처리과정이 원격탐사 연구로 잘 전환되지는 않는다. 연구실 분석은 균일한 대상물 표본이라는 일반적인 가정과 알려진 기준을 사용한다는 점뿐 아니라 통제된 조명과 조망기하학으로 특징지어진다. 반대로 영상분광학적 원격탐사는 자연적인 조명, 혼합된 화소들, 다양한 지형, 연구실 분광광도계의 해상도보다 일반적으로 거친 분광해상도를 수반하며, 일반적으로 사용할 만한 참조 기준이 부족하다(Tsai and Philpot, 1998). 이러한 차이점 내에서, 원격탐사 자료에 실험실에서 취득된 분광학적 기술을 적용하는 것은 조심스럽게 고려되어야 한다. 도함수 기술은 원격탐사 영상에 적용되어 왔지만, 날짜에 제한적이었다(예 : Demetriades-Shah et al., 1990; Philpot, 1991; Li et al., 1993; Penuelas et al., 1993; Tsai and Philpot, 1998; Thenkabail et al., 2004; Mitchell et al., 2012). 그럼에도 불구하고 원격탐사 자료에 도함수에 기본을 둔 분석 기술을 사용하는 작업은 장점을 지닌다. 자료로부터 특정 정보나 관계를 얻고자 할 때, 때때로 도함수 스펙트럼은 0차 반사도 스펙트럼보다 훨씬 유익하다. 예를 들어, Malthus와 Madeira(1993)는 가시광선 파장 안의 1차 도함수 스펙트럼이 원래의 0차 반사도 자료보다 효모균 *Botrytis fabae*에 의해 감염된 잎 표면 면적(%)과 훨씬 높은 상관관계를 가지고 있다는 것을 밝혀냈다.

1차, 2차, 3차 도함수 스펙트럼은 화소기반으로 하여 계산될 수 있다. 미분은 세 점을 이용한 Lagrangian 공식을 사용하여 처리할 수 있다(Hildebrand, 1956).

$$a'_{-1} = \frac{1}{2h}(-3a_{-1} + 4a_0 - a_1) + \frac{h^2}{3}a(\xi) \quad (11.29)$$

$$a'_0 = \frac{1}{2h}(-a_{-1} + a_1) - \frac{h^2}{6}a(\xi) \quad (11.30)$$

$$a'_1 = \frac{1}{2h}(a_{-1} - 4a_0 + 3a_1) + \frac{h}{3}a(\xi) \quad (11.31)$$

여기서 아래 첨자 0, −1과 1은 각각 중심점, 중심점에서 왼쪽에 있는 점, 오른쪽에 있는 점에서의 1차 도함수를 의미한다. h와 ξ는 각각 거리와 오차 항목이다. 더 높은 차수의 도함수 스펙트럼도 유사한 방식으로 계산된다.

원격탐사 연구에서 2차 이상의 도함수는 상대적으로 구름의 양, 태양 각도 변이 또는 지형 효과에 의한 조명 강도의 변화에 덜 민감하다. 또한 도함수는 일반적으로 태양광과 하늘의 산광(반사광)에서의 변화에 민감하지 않다(Tsai and Philpot, 1998). 도함수 기법은 식생 원격탐사 연구에서 토양 배경 반사도로부터의 간섭을 알아내는 데 사용될 수 있다(예 : 배경잡음으로부터 식생 신호의 분리). 특히 토양 반사도에 민감하지 않은 2차 도함수 스펙트럼이 이러한 문제를 완화시키는 반면, 1차 도함수는 그렇지 못하다(Demetriades-Shah et al., 1990; Li et al., 1993).

협밴드 도함수기반 식생지수

다양한 협밴드 도함수기반의 식생지수들이 계산될 수 있다. 예를 들면, 초분광 자료를 사용하여 626~795nm에 이르는 분광 영역에서 엽록소 적색 경계 부분의 넓이를 측정하는 일부 도함수 식생지수들을 구현할 수 있다(Elvidge and Chen, 1995).

$$\text{1DL\_DGVI} = \sum_{\lambda_1}^{\lambda_n} |\rho'(\lambda_i) - \rho'(\lambda_1)| \Delta\lambda_i \quad (11.32)$$

$$\text{1DZ\_DGVI} = \sum_{\lambda_1}^{\lambda_n} |\rho'(\lambda_i)| \Delta\lambda_i \quad (11.33)$$

$$2DZ\_DGVI = \sum_{\lambda_1}^{\lambda_n} |\rho''(\lambda_i)| \Delta\lambda_i \qquad (11.34)$$

$$3DZ\_DGVI = \sum_{\lambda_1}^{\lambda_n} |\rho'''(\lambda_i)| \Delta\lambda_i \qquad (11.35)$$

여기서 i는 밴드 수이고 λ_i는 i번째 밴드의 중심 파장이다. $\lambda_1 =$ 626nm, $\lambda_2 =$ 795nm, ρ'는 1차 도함수 반사도, 그리고 ρ''는 2차 도함수 반사도이다. 높은 차수의 도함수에 기인한 지수 역시 가능하다. 예를 들어, ρ'''는 3차 도함수 반사도이다. Thenkabail 등(2004)은 식생과 농작물의 연구를 위하여 최적의 초분광 파장 밴드를 결정하기 위하여 해당 지수를 사용하였다.

AVIRIS 자료의 16비트 방사해상도는 질 좋은 고차 도함수 스펙트럼의 생성을 용이하게 한다. 예를 들어, 서배너 강 유역에서의 MWMF 2차 도함수 영상이 그림 11-26b에 나와 있다. 건강한 식생과 잠재적으로 스트레스받은 식생의 유사한 영역이 도함수 영상에서 명확하게 나타나며, 이들은 시각적으로 훨씬 두드러진다.

Mitchell 등(2012)은 반건조 관목지의 질소 함량을 매핑하기 위하여 도함수 분석을 이용하여 HyMap 초분광 자료를 분석하였다. 부분적인 최소제곱회귀를 통하여 0.72의 결정계수(R^2)를 가지는 산쑥 캐노피의 질소 농도를 정량화할 수 있었다.

도함수 비율 기반의 적색 경계 위치

Smith 등(2004)은 평균함수를 이동시킨 가중평균을 사용하여 평활화된 반사도 자료에 대하여 적색 경계 위치 방법을 사용하였다.

$$\rho_{red\text{-}edge} = \frac{(\rho_{726_{smooth}} + \rho_{724_{smooth}})/2}{(\rho_{703_{smooth}} + \rho_{701_{smooth}})/2} \qquad (11.36)$$

여기서

$$\rho_{\lambda_{i,\,smooth}} = \frac{0.25 \cdot \rho_{\lambda_{i-2}} + 0.5 \cdot \rho_{\lambda_{i-1}} + \rho_{\lambda_i} + 0.5 \cdot \rho_{\lambda_{i+1}} + 0.25 \cdot \rho_{\lambda_{i+2}}}{0.25 + 0.5 + 1 + 0.5 + 0.25}$$

함수는 반사도 연속체를 따라 5개의 값으로 구성되는 5nm 표본범위를 사용하였다. 평균값을 계산하기 위하여 0.25, 0.5, 1, 0.5, 0.25의 상대적인 가중치가 반사도 연속체에 적용되었다. 또한 2nm 간격으로 두 평균 반사도값 사이의 차이를 나누어서 도함수를 계산하였다. 적색 경계 위치를 결정하기 위하여 사용된 부가적인 방법은 Baranoski와 Rokne(2005)에 정리되어 있다.

참고문헌

Adams, M. L., Philpot, W. D., and W. A. Norvell, 1999, "Yellowness Index: An Application of the Spectral Second Derivative to Estimate Chlorosis of Leaves in Stressed Vegetation," *International Journal of Remote Sensing*, 20(18):3663-3675.

Adler-Golden, S. M., Matthew, M. W., Anderson, G. P., Felde, G. W., and J. A. Gardner, 2002, "An Algorithm for Deshadowing Spectral Imagery," *Proceedings, Annual JPL AVIRIS Conference*, Pasadena: NASA JPL, 8 p.

Agrawal, G., and J. Sarup, 2011, "Comparison of QUAC and FLAASH Atmospheric Correction Modules on EO-1 Hyperion Data of Sanchi," *International Journal of Advanced Engineering Sciences and Technologies*, 4(1):178-186.

Alonzo, M., Bookhagen, B., and D. A. Roberts, 2014, "Urban Tree Species Mapping Using Hyperspectral and Lidar Data Fusion," *Remote Sensing of Environment*, 148:70-83.

ASTER Spectral Library, 2014, contains the *Johns Hopkins University Spectral Library, Jet Propulsion Laboratory Spectral Library,* and the *U.S. Geological Survey Spectral Library*, Pasadena: NASA JPL, http://speclib.jpl.nasa.gov/.

Baldridge, A. M., Hook, S. J., Grove, C.I. and G. Rivera, 2009, "The ASTER Spectral Library Version 2.0," *Remote Sensing of Environment*, 113:711-715.

Baranoski, G. V., and J. G. Rokne, 2005, "A Practical Approach for Estimating the Red Edge Position of Plant Leaf Reflectance," *International Journal of Remote Sensing*, 26 (3):503-521.

Behmann, J., Steinrucken, J., and L. Plumer, 2014, "Detection of Early Plant Stress Responses in Hyperspectral Images," *ISPRS Journal of Photogrammetry & Remote Sensing*, 93:98-111.

Belluco, E., Camuffo, M., Ferrari, S., Modense, L., Silvestri, S., Marani, A., and M. Marani, 2006, "Mapping Saltmarsh Vegetation by Multispectral Hyperspectral Remote Sensing," *Remote Sensing of Environment*, 105:54-67.

Ben-Dor, E., Patkin, K., Banin, A., and A. Karnieli, 2002, "Mapping of Several Soil Properties using DAIS-7915 Hyperspectral Scanner Data – A Case Study over Clayey Soils in Israel," *International Journal of*

Remote Sensing, 23(60):1043-1062.

Bernstein, L. S., Alder-Golden, S. M., Sundberg, R. L., and A. J. Ratkowski, 2008, "In-scene-based Atmospheric Correction of Uncalibrated VISible-SWIR (VIS-SWIR) Hyper-and Multispectral Imagery," *Proceedings, Europe Security and Defense, Remote Sensing*, Volume 7107, 8 p.

Blonski, S., Gasser, G., Russell, J., Ryan, R., Terrie, G., and V. Zanoni, 2002, "Synthesis of Multispectral Bands from Hyperspectral Data: Validation Based on Images Acquired by AVIRIS, Hyperion, ALI, and ETM$^+$," *Proceedings, Annual AVIRIS Conference*, Pasadena: NASA JPL, 9 p.

Boardman, J. W., 1993, "Automating Spectral Unmixing of AVIRIS Data Using Convex Geometry Concepts," *Summaries of the 4th Annual JPL Airborne Geoscience Workshop*, Pasadena: NASA JPL, Publication 93-26, 1:11-14.

Boardman, J. W., 1997, "Mineralogic and Geochemical Mapping at Virginia City, Nevada, Using 1995 AVIRIS Data," *Proceedings of the 12th Thematic Conference on Geological Remote Sensing*, Ann Arbor: ERIM, 21-28.

Boardman, J. W., 1998, "Post-ATREM Polishing of AVIRIS Apparent Reflectance Data Using EFFORT: A Lesson in Accuracy Versus Precision," *Summaries of the 7th JPL Airborne Earth Science Workshop*, Pasadena: NASA JPL, 1:53.

Boardman, J. W., and F. A. Kruse, 1994, "Automated Spectral Analysis: A Geological Example Using AVIRIS Data, North Grapevine Mountains, Nevada," *Proceedings, 10th Thematic Conference on Geologic Remote Sensing*, Ann Arbor: ERIM, Vol I: 407-418.

Brantley, S. T., Zinnert, J. C., and D. R. Young, 2011, "Application of Hyperspectral Vegetation Indices to Detect Variations in High Leaf Area Index Temperate Shrub Thicket Canopies," *Remote Sensing of Environment*, 115:514-523.

Brown, L., Chen, J. M., Leblanc, S. G., and J. Cihlar, 2000, "A Shortwave Infrared Modification to the Simple Ratio for LAI Retrieval in Boreal Forests: An Image and Model Analysis," *Remote Sensing of Environment*, 71:16-25.

Camps-Valls, G., and L. Bruzzone, 2005, "Kernel-based Methods for Hyperspectral Image Classification," *IEEE Transactions on Geoscience and Remote Sensing*, 43(6):1351-1362.

Chang, C., 2013, *Hyperspectal Data Processing: Algorithm Design and Analysis*, New York: John Wiley, 1164 p.

Chen, C. M., Hepner, G. F., and R. R. Forster, 2003, "Fusion of Hyperspectral and Radar Data Using the IHS Transformation to Enhance Urban Surface Features," *ISPRS Journal of Photogrammetry & Remote Sensing*, 58:19-30.

Chen, J. M., Pavlic, G., Brown, L., Cihlar, J., Leblanc, S. G., White, H. P., Hall, R. J., Peddle, D. R., King, D. J., Trofymow, J. A., Swift, E., Van der Sanden, J., and P. K. Pellikka, 2002, "Derivation and Validation of Canada-wide Coarseresolution Leaf Area Index Maps Using High-resolution Satellite Imagery and Ground Measurements," *Remote Sensing of Environment*, 80:165-184.

Chiu, L. S., Zhao, X., Resimini, R. G., Sun, D., Stefanidis, A., Qu, J., and R. Yang, 2011, "Chapter 2: Earth Observations," in Yang, C., Wong, D., Miao, Q., and R. Yang (Eds.), *Advanced Geoinformation Science*, Boca Raton: CRC Press, 17-78.

Clark, M. L., Roberts, D. A. Ewel, J. J., and D. B. Clark, 2011, "Estimation of Tropical Rain Forest Aboveground Biomass with Small-footprint Lidar and Hyperspectral Sensors," *Remote Sensing of Environment*, 115:2931-2942.

Clevers, J. G., 1994, "Imaging Spectrometry in Agriculture: Plant Vitality and Yield Indicators," in Hill, J. and J. Megier (Eds.), *Imaging Spectrometry: A Tool for Environmental Observations*, Dordrecht: Kluwer Academic, 193-219.

Coleman, M.D., et al., 2004, "Production of Short-rotation Woody Crops Grown with a Range of Nutrient and Water Availability: Establishment Report and First-year Responses," *Technical Report SRS-72*, Forest Service, USDA.

Dalponte, M., Bruzzone, L., Vescovo, L., and D. Gianelle, 2009, "The Role of Spectral Resolution and Classifier Complexity in the Analysis of Hyperspectral Images of Forest Areas," *Remote Sensing of Environment*, 113:2345-2355.

Dash, J., Jeganathan, C., and P. M. Atkinson, 2010, "The Use of MERIS Terrestrial Chlorophyll Index to Study Spatio-Temporal Variation in Vegetation Phenology over India," *Remote Sensing of Environment*, 114:1388-1402.

Daughtry, C. S. T., Walthall, C. L., Kim, M. S., Brown de Colstoun, E., and J. E. McMurtrey III, 2000, "Estimating Corn Leaf Chlorophyll Concentration from Leaf and Canopy Reflectance," *Remote Sensing of Environment*, 74:229-239.

Dawson, T. P., and P. J. Curran, 1998, "A New Technique for Interpolating the Reflectance Red Edge Position," *International Journal of Remote Sensing*, 19(11):2133-2139.

Demetriades-Shah, T. H., Steven, M. D., and J. A. Clark, 1990, "High Resolution Derivative Spectra in Remote Sensing," *Remote Sensing of Environment*, 33:55-64.

DLR ROSIS, 2014, *ROSIS Hyperspectral System*, Germany: DLR, http://messtec.dlr.de/en/technology/dlr-remote-sensing-technology-institute/hyperspectral-systems-airbornerosis-hyspex/.

Eismann, M., 2012, *Hyperspectral Remote Sensing*, Monograph Vol. PM210, New York: SPIE Press, 748 p.

Elvidge, C. D., and Z. Chen, 1995, "Comparison of Broadband and Narrow-band Red and Near-infrared Vegetation Indices," *Remote Sensing of Environment*, 54(1):38-48.

ERDAS ATCOR, 2014, *ATCOR for ERDAS Imaging - Atmospheric Correction for Professionals*, http://www.geosystems.de/atcor/index.html.

ESA MERIS, 2014, *MERIS*, European Space Agency, https://earth.esa.int/web/guest/missions/esa-operational-eomissions/envisat/instruments/meris.

Exelis ENVI, 2014, *ENVI*, Boulder, Exelis, Inc., http://www.exelisvis.com/ProductsServices/ENVIProducts.aspx.

Exelis FLAASH, 2014, *ENVI Classic Tutorial: Atmospherically Correcting Hyperspectral Data Using FLAASH*, Boulder: Exelis, Inc., 8 p., http://www.exelisvis.com/portals/0/pdfs/envi/FLAASH_Hyperspectral.pdf.

Exelis QUAC, 2014, *QUick Atmospheric Correction (QUAC)*, Boulder: Exelis, Inc., http://www.exelisvis.com/docs/QUAC.html and http://www.exelisvis.com/docs/BackgroundQUAC.html.

Filippi, A. M., and J. R. Jensen, 2007, "Effect of Continuum Removal on Hyperspectral Coastal Vegetation Classification using Fuzzy Learning Vector Quantizer," *IEEE Transactions on Geoscience and Remote Sensing*, 45(6):1857-1869.

Franke, J., Roberts, D. A., Halligan, K., and G. Menz, 2009, "Hierarchical Multiple Endmember Spectral Mixture Analysis (MESMA) of Hyperspectral Imagery for Urban Environments," *Remote Sensing of Environment*, 113:1712-1723.

GAC, 2013, *Airborne Imaging Spectroscopy at DLR*, German Aerospace Center, http://www.dlr.de/dlr/en/desktopdefault.aspx/tabid-10002/.

Gamon, J., Penuelas, J., and C. Field, 1992, "A Narrow-waveband Spectral Index that Tracks Diurnal Changes in photosynthetic Efficiency," *Remote Sensing of Environment*, 41, 35-44.

Gao, B. C., 1996, "NDWI: A Normalized Difference Water Index for Remote Sensing of Liquid Water from Space," *Remote Sensing of Environment*, 58:257-266.

Gao, B. C., Heidebrecht, K. B., and A. F. H. Goetz, 1993, Derivation of Scaled Surface Reflectances from AVIRIS Data," *Remote Sensing of Environment*, 44:165-178.

Gao, B. C., Heidebrecht, K. B., and A. F. H. Goetz, 1999, *ATmosphere REMoval Program (ATREM) User's Guide*, Boulder: Center for Study of the Earth from Space, 31 p.

Gao, B. C., Montes, M. J., Davis, C. O., and A. F. H. Goetz, 2009, "Atmospheric Correction Algorithms for Hyperspectral Remote Sensing of Land and Ocean," *Remote Sensing of Environment*, 113:S17-S24.

Gitelson, A. A., Vina, A., Ciganda, C., Rundquist, D. C., and T. J. Arkebauer, 2005, "Remote Estimation of Canopy Chlorophyll Content in Crops," *Geophysical Research Letters*, 32, L08403.

Goel, P. K., Prasher, S. O., Patel, R. M., Landry, J. A., Bonnell, R. B., and A. A. Viau, 2003, "Classification of Hyperspectral Data by Decision Trees and Artificial Neural Networks to Identify Weed Stress and Nitrogen Status of Corn," *Computers and Electronics in Agriculture*, 39:67-93.

Goetz, A. F., Vane, G., Solomon, J. E., and B. N. Rock, 1985, "Imaging Spectrometry for Earth Remote Sensing," *Science*, 228: 1147-1153.

Gray, J., and C. Song, 2012, "Mapping Leaf Area Index using Spatial, Spectral, and Temporal Information from Multiple Sensors," *Remote Sensing of Environment*, 119:173-183.

Haboudane, D., Miller, J. R., Tremblay, N., Zarco-Tejada, P. J., and L. Dextraze, 2002, "Integrated Narrow-band Vegetation Indices for Prediction of Crop Chlorophyll Content for Application to Precision Agriculture," *Remote Sensing of Environment*, 81:416-426.

Hatala, J. A., Crabtree, R. L., Halligan, K. Q., and P. R. Moorcroft, 2010, "Landscape-scale Patterns of Forest Pest and Pathogen Damage in the Greater Yellowstone Ecosystem," *Remote Sensing of Environment*, 114:375-384.

Hildebrand, F. B., 1956, *Introduction to Numerical Analysis*, New York: McGraw-Hill, 511 p.

Huang, C., and J. A. Townshend, 2003, "Stepwise Regression Tree for Nonlinear Approximation: Applications to Estimating Subpixel Land Cover," *International Journal of Remote Sensing*, 24:75-90.

Huete, A. R., 1988, "A Soil-adjusted Vegetation Index (SAVI)," *Remote Sensing of Environment*, 25:295-309.

HyVista HyMap, 2014, *Hymap*, Australia: HyVista, Inc., http://www.hyvista.com/?page_id=440.

Im, J., and J. R. Jensen, 2008, "Hyperspectral Remote Sensing of Vegetation," *Geography Compass*, 2:1943-1961.

Im, J., Jensen, J. R., Coleman, M., and E. Nelson, 2009, "Hyperspectral Remote Sensing Analysis of Short Rotation Woody Crops Grown with Controlled Nutrient and Irrigation Treatments," *Geocarto International*, 24(4):293-312.

Im, J., Jensen, J. R., Jensen, R. R., Gladden, J., Waugh, J., and M. Serrato, 2012, "Vegetation Cover Analysis of Hazardous Waste Sites in Utah and Arizona using Hyperspectral Remote Sensing," *Remote Sensing*, 4:327-353.

ImSpec ACORN, 2014, *ACORN 6.1x*, Boulder: ImSpec, LLC, http://www.imspec.com/.

ITRES CASI-1500, 2014, *CASI-1500*, Canada: ITRES Research Ltd., www.itres.com.

ITRES MASI-600, 2014, *MASI-600*, Canada: ITRES Research Ltd., www.itres.com.

ITRES SASI-600, 2014, *SASI-600*, Canada: ITRES Research Ltd., www.itres.com.

ITRES TASI-600, 2014, *TASI-600*, Canada: ITRES Research Ltd., www.itres.com.

Jay, S., and M. Guillaume, 2014, "A Novel Maximum Likelihood Based Method for Mapping Depth and Water Quality from Hyperspectral Remote Sensing Data," *Remote Sensing of Environment*, 147:121-132.

Jensen, J. R., 2007, *Remote Sensing of the Environment: An Earth Resource Perspective*, Boston: Pearson, 592 p.

Jensen, J. R., and R. R. Jensen, 2013, *Introductory Geographic Information Systems*, Boston: Pearson, Inc., 400 p.

Jensen, J. R., Im, J., Hardin, P., and R. R. Jensen, 2009, "Chapter 19: Image

Classification," in *The Sage Handbook of Remote Sensing*, Warner, T. A., Nellis, M. D. and G. M. Foody, (Eds.), LA: Sage Publications, 269-296.

Jensen, J. R., and B. Hadley, 2003, *Remote Sensing Analysis of Closure Caps at Savannah River Site and Other Department of Energy Facilities*, Westinghouse Savannah River Company, Aiken. S. C., 80 p.

Jensen, R. R., Hardin, A. J., Hardin, P. J., and J. R. Jensen, 2011, "A New Method to Correct Push-broom Hyperspectral Data using Linear Features and Ground Control Points," *GIScience & Remote Sensing*, 48(4):416-431.

Jia, X., and J. A. Richards, 1993, "Binary Coding of Imaging Spectrometry Data for Fast Spectral Matching and Classification," *Remote Sensing of Environment*, 43:47-53.

Kruse, F. A., 1994, "Imaging Spectrometer Data Analysis – A Tutorial," *Proceedings of the International Symposium on Spectral Sensing Research*, June 10-15, San Diego, CA, Volume I, 44-54.

Li, Y., Demetriades-Shah, T. H., Kanemasu, E. T., Shultis, J. K., and K. B. Kirkham, 1993, "Use of Second Derivatives of Canopy Reflectance for Monitoring Prairie Vegetation over Different Soil Backgrounds," *Remote Sensing of Environment*, 44:81-87.

Malthus, T. J., and A. C. Madeira, 1993, "High Resolution Spectroradiometry: Spectral Reflectance of Field Bean Leaves Infected by *Botrytis fabae*," *Remote Sensing of Environment*, 45:107-116.

Matthews, M. W., 2011, "A Current Review of Empirical Procedures of Remote Sensing in Inland and Near-Coastal Transitional Waters," *International Journal of Remote Sensing*, 32(21):6855-6899.

McCoy, R., 2005, *Field Methods in Remote Sensing*, NY: Guilford, 159 p.

McGwire, K., Minor, T., and L. Fenstermaker, 2000, "Hyperspectral Mixture Modeling for Quantifying Sparse Vegetation Cover in Arid Environments," *Remote Sensing of Environment*, 72:360-374.

Meigs, A. D., Otten, J., and T. Y. Cherezova, 2008, "Ultraspectral Imaging: A New Contribution to Global Virtual Presence," *IEEE A&E Systems Magazine*, (Oct.):11-17.

Mitchell, J. J., Glenn, N. F., Sankey, T. T., Derryberry, D. R., and M. J. Germino, 2012, "Remote Sensing of Sagebrush Canopy Nitrogen," *Remote Sensing of Environment*, 124:217-223.

Moisen, G., Freeman, E., Blackard, J., Frescino, T., Zimmermann, N., and T. Edwards, 2006, "Predicting Tree Species Presence and Basal Area in Utah: Comparison of Stochastic Gradient Boosting, Generalized Additive Models, and Tree-based Methods," *Ecological Modeling*, 199:176-187.

Mustard, J. F., Staid, M. I., and W. J. Fripp, 2001, "A Semianalytical Approach to the Calibration of AVIRIS Data to Reflectance over Water Application in a Temperate Estuary," *Remote Sensing of Environment*, 75:335-349.

NASA HyspIRI, 2014, *HyspIRI Mission Study*, Pasadena: NASA JPL, http://hyspiri.jpl.nasa.gov/.

Nolin, A. W., and J. Dozier, 2000, "A Hyperspectral Method for Remotely Sensing the Grain Size of Snow," *Remote Sensing of Environment*, 74:207-216.

Okin, G. S., Roberts, D. A., Muray, B., and W. J. Okin, 2001, "Practical Limits on Hyperspectral Vegetation Discrimination in Arid and Semiarid Environments," *Remote Sensing of Environment*, 77:212-225.

Penuelas, J., Gamon, J. A., Griffin, K. L., and C. B. Field, 1993, "Assessing Community Type, Plant Biomass, Pigment Composition, and Photosynthetic Efficiency of Aquatic Vegetation from Spectral Reflectance," *Remote Sensing of Environment*, 46:110-118.

Philpot, W. D., 1991, "The Derivative Ratio Algorithm: Avoiding Atmospheric Effects in Remote Sensing," *IEEE Transactions on Geoscience and Remote Sensing*, 29(3):350-357.

Pignatti, S., Cavalli, R. M., Cuomo, V., Fusillli, L., Pascucci, S., Poscolieri, M., and F. Santini, 2009, "Evaluating Hyperion Capability for Land Cover Mapping in a Fragmented Ecosystem: Pollino National Park, Italy," *Remote Sensing of Environment*, 113:622-634.

Plaza A., and 12 co-authors, 2009, "Recent Advances in Techniques for Hyperspectral Imaging Processing," *Remote Sensing of Environment*, 113:S110-S122.

Prost, G. L., 2013, *Remote Sensing for Geoscientists: Image Analysis and Integration*, 3rd Ed., Boca Raton: CRC Press, 702 p.

Ramsey, M. S., Realmuto, V. J., Hulley, G. C., and S. J. Hook, 2012, *HyspIRI Thermal Infrared (TIR) Band Study Report*, JPL Publication 12-16, Pasadena: NASA JPL, 49 p.

Research Systems, Inc., 2004, *ENVI User's Guide*, Version 4.1, Boulder: Research Systems, Inc., 1150 p.

Richards, J. A. 2013, *Remote Sensing Digital Image Analysis*, 5th Ed., NY: Springer-Verlag, 494 p.

Richter, R., and D. Schlaper, 2012, *Atmospheric / Topographic Correction for Satellite Imagery: ATCOR-2/3 user Guide, Ver. 8.2*, Switzerland: ReSe Applications Schlaper, 216 p.

Roberts, D. A., Smith, M. O., and J. B. Adams, 1993, "Green Vegetation, Nonphotosynthetic Vegetation and Soils in AVIRIS Data," *Remote Sensing of Environment*, 44:255-269.

Rodger, A., Laukamp, C., Haest, M., and T. Cudahy, 2012, "A Simple Quadratic Method of Absorption Feature Wavelength Estimation in Continuum Removed Spectra," *Remote Sensing of Environment*, 118:273-283.

Rondeaux, G., Steven, M., and F. Baret, 1996, "Optimization of Soil-adjusted Vegetation Indices," *Remote Sensing of Environment*, 55:95-107.

Roth, K.L., Dennison, P. E., and D. A. Roberts, 2012, "Comparing Endmember Selection Techniques for Accurate Mapping of Plant Species and Land Cover using Imaging Spectrometer Data," *Remote Sensing of Environment*, 127:139-152.

San, B. T., and M. L. Suzen, 2010, "Evaluation of Different Atmospheric Correction Algorithms for EO-1 Hyperion Imagery," *International*

Archives of Photogrammetry, Remote Sensing and Spatial Information Science, 38(8):392-397.

Schaepman, M. E., Ustin, S. L., Plaza, A. J., Painter, T. H., Verrelst, J., and S. Liang, 2009, "Earth System Science Related Imaging Spectroscopy–An Assessment," *Remote Sensing of Environment*, 113:123-137.

Schowengerdt, R. A., 2007, *Remote Sensing: Models and Methods for Image Processing*, NY: Academic Press, 522 p.

Schuerger, A. C., 2003, unpublished, "Use of Laser-induced Fluorescence Spectroscopy and Hyperspectral Imaging to Detect Plant Stress in Bahiagrass Grown under Different Concentrations of Zinc and Copper."

Segl, K., Roessner, S., Heiden, U., and H. Kaufmann, 2003, "Fusion of Spectral and Shape Features for Identification of Urban Surface Cover Types Using Reflective and Thermal Hyperspectral Data," *ISPRS Journal of Photogrammetry & Remote Sensing*, 58:99-112.

Small, C., 2012, "Spatiotemporal Dimensionality and Time-Space Characterization of Multitemporal Imagery," *Remote Sensing of Environment*, 14:793-809.

Smith, K. L., Steven, M. D., and J. J. Colls, 2004, "Use of Hyperspectral Derivative Ratios in the Red-edge Region to Identify Plant Stress Responses to Gas Leaks," *Remote Sensing of Environment*, 92:207-217.

Somers, B., Asner, G. P., Tits, L., and P. Coppin, 2011, "Endmember Variability in Spectral Mixture Analysis: A REview," *Remote Sensing of Environment*, 115:1603-1616.

Specim AISA, 2014, *Aisa Airborne Hyperspectral Sensors*, Oulu, Finland: Spectral Imaging Ltd., http://www.specim.fi/index.php/products/airborne.

Stagakis, S., Markos, N., Sykioti, O., and A. Kyparissis, 2010, "Monitoring Canopy Biophysical and Biochemical Parameters in Ecosystem Scale using Satellite Hyperspectral Imagery: Application on a Phlomis fruticosa Mediterranean Ecosystem using Multiangular CHRIS/PROBA Observations," *Remote Sensing of Environment*, 114:977-994.

Talsky, G., 1994, *Derivative Spectrophotometry: Low and Higher Order*, New York: VCH Publishers, 228 p.

Thenkabail, P. S., Enclona, E. A., Ashston, M. S., and B. Van der Meer, 2004, "Accuracy Assessments of Hyperspectral Waveband Performance for Vegetation Analysis Applications," *Remote Sensing of Environment*, 91:354-376.

Thenkabail, P. S., Lyon, J. G., and A. Huete, 2011, *Hyperspectral Remote Sensing of Vegetation*, Boca Raton: CRC Press, 781 p.

Thenkabail, P. S., Smith, R. B., and E. De Paww, 2000, "Hyperspectral Vegetation Indices and Their Relationships with Agricultural Crop Characteristics," *Remote Sensing of Environment*, 71:158-182.

Tsai, F., and W. Philpot, 1998, "Derivative Analysis of Hyperspectral Data," *Remote Sensing of Environment*, 66:41-51.

Underwood, E., Ustin, S., and D. DiPietro, 2003, "Mapping Nonnative Plants Using Hyperspectral Imagery," *Remote Sensing of Environment*, 86:150-161.

Ustin, S. L., et al., 2009, "Retrieval of Foilar Information About Plant Pigment Systems from High Resolution Spectroscopy," *Remote Sensing of Environment*, 113:67-77.

Williams, A. P., and E. R. Hunt, 2002, "Estimation of Leafy Spurge Cover from Hyperspectral Imagery Using Mixture Tuned Matched Filtering," *Remote Sensing of Environment*, 82:446-456.

Youngentob, K. N., Roberts, D., Held, A., Dennison, P., Jia, X., and D. Lindenmayer, 2011, "Mapping Two *Eucalyptus* Subgenera using Multiple Endmember Spectral Mixture Analysis and Continuum-removed Imaging Spectrometry Data," *Remote Sensing of Environment*, 115:1115-1128.

12 변화탐지

출처 : USGS and NASA

지표면 상에 존재하는 생물물리학적인 물질이나 인공구조물은 원격탐사와 현장관측을 이용하여 조사되고 있다. 그러한 자료 중 일부는 상당히 정적으로, 시간의 경과에 따라 거의 변하지 않는다. 반대로, 몇몇 생물물리학적인 물질이나 인공구조물은 역동적이고 급격하게 변화한다. 물질적, 인간적 작용을 충분히 이해할 수 있기 위하여 일련의 변화들을 정확히 조사하는 것은 매우 중요하다(예 : Miller et al., 2003; Leprince et al., 2007; Jensen et al., 2012; Kit and Ludeke, 2013). 그러므로 많은 과학자들이 원격탐사 자료를 이용한 변화탐지에 심혈을 기울여 왔던 것은 놀랄 만한 것이 아니다(예 : Patra et al., 2013; Zhu and Woodcock, 2014; Rokni et al., 2015).

토지이용/토지피복 변화는 지구기후변화에 영향을 미치는 주요 변수이다(Foley et al., 2005). 이는 미국의 NLCD(National Land Cover Database) 산출물을 생성하는 다중해상도 토지 특성(MRLC) 단체가 매 10년마다 토지피복을 특성화하는 것에서 매 5년마다 토지피복 변화를 관찰하는 것으로 주안점을 옮기고 있는 주된 이유이다(Fry et al., 2011).

개관

이 장은 디지털 영상처리 기술을 이용하여 변화정보들이 어떻게 원격탐사 자료로부터 추출되는지를 검토한다. 변화탐지를 수행할 때 고려되어야 하는 원격탐사 시스템과 환경변수를 정리한다. 가장 널리 사용되고 있는 대표적인 변화탐지 알고리듬을 소개하고, 이를 살펴보고자 한다.

변화탐지 수행에 요구되는 단계

원격탐사 자료를 이용한 변화탐지를 수행하는 데 필요한 일반적인 단계가 그림 12-1에 요약되어 있다. 이들 단계의 특성을 정리하는 것이 유익하다.

관심지표 혹은 주제속성의 명확화

관심지표 혹은 속성의 명확한 인지가 요구된다. 아마도 독자들은 시간이 지남에 따른 식생 종 분포의 변화를 기록하거나, 교외 영역에서 도시로의 팽창을 관찰하는 데 흥미를 가지고 있을 것이다. 또한 독자들은 산림에서 질병 전파에 따라 감염된 나무의 위치나, 홍수에 의해 범람된 위치를 즉각적으로 감시하길 원할 것이다. 토지이용계획이나 천연자원 감시에 초점을 맞춘 대부분의 인공구조물과 천연자원의 속성 및 지표들은 표 12-1에 요약되어 있다(Kennedy et al., 2009).

표 12-1 토지이용계획 및 천연자원 감시 프로그램의 핵심인 일반적인 인공구조물 및 천연자원 속성 및 지표(Kennedy et al., 2009의 연구에서 확장됨)

인공구조물 혹은 천연자원 속성 및 지표	관심 혹은 위협대상의 과정
관련된 피복 종류의 영역의 크기나 형태의 변화	도심지 팽창 및 확산, 식생 팽창, 해수면 상승, 압밀, 파쇄, 도시 내 빈 토지의 개발, 침식지, 부식/희석
선형 개체의 너비 및 특성의 변화	도로, 시설, 수리학적 망의 고밀화, 도로 사용의 영향, 하천물의 홍수에 의한 영향, 지상 혹은 침식된 해안 근처의 수생식물의 역학
종의 구성이나 표면피복 종류의 점진적 변화	연쇄, 경쟁, 부영양화, 압밀, 파쇄, 외래종의 침입
표면피복, 물, 대기상태의 급격한 변화	재난 발생(예 : 허리케인, 홍수, 토네이도, 화산분화, 불, 바람, 산사태), 교란, 인간 활동(예 : 개간, 도시의 혹은 환경적 테러행위), 토지관리 행위(예 : 무경운 농업, 화입)
단일피복 종류 상태의 점진적 변화	식생종의 구성 및 생산성에서 기후와 관련된 변화, 해수면 온도, 곤충이나 질병에 의해 점진적으로 퍼지는 산림의 죽음, 수분상 변화
일 혹은 계절 단위의 처리에서 정도나 기간 내의 변화	연안유역 역학, 적설 역학, 천연식생 및 농업 계절학

변화탐지의 지리적 관심지역(ROI)의 명확화

관심지표와 주제속성의 명시와 더불어, 변화탐지에서 관심지역(region of interest, ROI)의 차원은 변화탐지 계획 동안에 주의 깊게 식별되거나 일정하게 유지되어야만 한다. 지리적 관심지역(시, 도, 유역 등)은 *n*시기의 영상들로 완전히 포함되어야 하므로 지리적 관심지역은 변화탐지 연구에서 특히 중요하다. 다중시기의 영상들이 관심대상 영역을 모두 포함하지 못하는 경우에는 변화탐지 지도 상에 자료 공백이 발생되고, 변화지역의 통계량을 계산할 때 심각한 문제를 일으키게 된다.

변화탐지 기간의 명확화

때때로 변화탐지 연구는 경관 변화를 관찰하기 위한 시도를 과도하게 의욕적으로 수행하는 경우가 있다. 때로는 변화탐지 기간이 너무 짧거나 길어서 관심정보를 획득하지 못하기도 한다. 따라서 분석가는 적절한 변화탐지 기간을 설정하도록 유의해야 한다. 물론 이러한 선택은 조사하고자 하는 문제의 속성에 의해 결정되기도 한다. 가령 교통량 연구는 단 몇 초 혹은 몇 분의 변화탐지 기간을 필요로 할 수 있다. 반대로, 월별이나 계절별로 얻어진 영상은 대륙의 식생 생육 상황을 관측하기에 적합하다. 변화탐지 기간을 신중하게 선정하여야만 자원분석에 소요되는 비용을 낭비하지 않을 수 있다.

다중시기에 취득된 원격탐사 영상을 사용한다 하더라도 항상 성공적인 변화탐지를 보장할 수는 없다. 다중시기 영상들은 전체적으로 다른 목적으로 취득되고 있다. 가장 효과적인 변화탐지 계획은 논의된 시스템, 환경, 행정적인 요구를 만족시키기 위하여 구체적으로 선정된 시간에 따른 적절한 다중시기 영상에 기반을 두는 것이다.

적합한 토지이용/토지피복 분류시스템의 선택

제9장에서 기술한 바와 같이 변화탐지를 위하여 다음과 같은 인정받은 표준화된 토지피복/토지이용 분류시스템을 사용하는 것이 좋다.

- 미국계획협회(American Planning Association, APA)의 토지기반 분류표준(LBCS)
- 미 지질조사국(U.S. Geological Survey, USGS)의 원격탐사를 이용한 토지이용/토지피복 분류시스템
- 미 국가토지피복자료(U.S. National Land Cover Dataset, NLCD) 분류체계
- NOAA 해안 변화 분석 프로그램(Coastal Change Analysis Program, C-CAP) 분류체계
- 미 어류 및 야생생물국(U.S. Department of the Interior Fish and Wildlife Service)의 습지와 심수 서식지 분류
- 미 국가식생 및 분류표준
- 국제 지리생물권 프로그램(International Geosphere-Biosphere Program, IGBP)의 토지피복 분류시스템

표준화된 분류시스템을 사용함으로써 하나의 연구로부터 획득된 변화정보를 다른 연구로부터 획득된 변화정보와 비교할 수 있다.

범주형 변화탐지와 퍼지 변화탐지 논리

대부분의 변화탐지 연구들은 원격탐사 자료의 다중시기의 범

원격탐사 자료를 이용하여 디지털 변화탐지를 수행할 때 적용되는 일반적 단계

변화탐지 문제에 대한 속성 제시
- 관심영역의 주제 속성 및 지표의 구체화
- 변화탐지 관심 대상영역의 구체화
- 변화탐지 시간 주기의 구체화(예 : 일별, 계절별, 연도별)
- 분류체계상의 관심대상 클래스의 정의
- 범주형 혹은 퍼지 변화탐지 논리 선택
- 화소기반 혹은 객체기반 변화탐지 선택

변화탐지 수행 시 주요 고려사항
- 원격탐사 시스템 고려사항
  - 공간, 분광, 시간, 방사해상도
- 환경 고려사항
  - 대기조건
    - 운량, 구름에 의한 그림자
    - 상대습도
  - 토양수분조건
  - 생물계절주기 특성
    - 자연적(예 : 식생, 토양, 물, 눈, 얼음)
    - 인공적 현상
  - 차폐 고려
    - 자연적(예 : 나무, 그림자)
    - 인공적(예 : 구조물, 그림자)
  - 조석 등

변화정보를 추출하기 위한 원격탐사 자료 처리
- 적합한 변화탐지 자료 획득
  - 현장의 지상 참조 정보
  - 보조자료(예 : 토양지도, 구획, 수치표고모형)
  - 원격탐사 자료
    - 기본연도(시기 n)
    - 다음연도(시기 $n-1$ 혹은 $n+1$)
- 다중시기 원격탐사 자료의 전처리
  - 기하보정
  - 필요시 방사보정(혹은 정규화)
- 변화탐지 알고리듬 선택
  - '변화 대 미변화' 이진 알고리듬
  - 주제의 '변화 추세' 알고리듬
- 필요시 적절한 영상 분류 논리 적용
  - 방법(감독, 무감독, 혼성)
  - 모수적(예 : 최대우도)
  - 비모수적(예 : 결정 혹은 회귀나무, 랜덤 포레스트)
- 필요시 GIS 알고리듬을 이용하여 변화탐지 수행
  - 변화탐지 행렬을 사용한 선택된 클래스 강조
  - 변화지도 결과물 산출
  - 변화 통계 계산

정확도 평가 수행
- 평가 방법 선택
  - 정성적 신뢰도 구축
  - 통계적 측정
- 클래스당 요구되는 표본 수 결정
- 표본조사계획 선택
- 지상 참조 검사 정보 수집
- 변화탐지 오차행렬 작성 및 분석
  - 단변량 및 다변량 통계분석

이전에 설정한 가설을 수용하거나 기각
정확도가 수용 가능하다면 결과물 배포

그림 12-1 원격탐사 자료를 이용하여 디지털 변화탐지 수행 시 사용되는 일반적인 단계

주형 피복 분류 항목을 비교하는 방법에 기반을 둔다. 해당 결과물은 이산적 범주들(예 : 산림 및 농경지의 변화) 내의 변화에 대한 정보로 이루어진 범주형 변화탐지 지도이다. 이는 많은 점에서 중요하고 실용적이지만, 우리는 때때로 이산적인 변화와 퍼지형 변화(퍼지 토지피복 분류는 제9장 참조)를 추출하는 것이 유용한 것을 알고 있다.

토지피복 변화는 어떠한 변화도 없는 경관 상태에서 전체적으로 새로운 클래스(이 장의 뒤쪽에 있는 콜로라도 주 덴버의 사례)로 변환 혹은 전환되는 것과 같이 그 범위가 넓다. 과학자들은 전형적인 변화탐지 프로젝트에서 사용되는 특정 시기(n)와 그 다음 시기(n+1)의 범주형 분류지도를 퍼지형 분류지도로 대체하는 것이 더 유익하고 정확한 토지피복 변화 정보를 제공할 수 있을 것으로 생각한다(Foody, 2001; NRC, 2010). 그러나 제13장에서 논의한 바와 같이, 퍼지형 변화탐지 지도 산출물의 정확도를 결정하는 것은 더욱 어렵다.

화소기반 변화탐지와 객체기반 변화탐지의 선택

디지털 영상을 이용한 변화탐지의 대부분은 시기 n과 그 다음 시기 n+1에 대한 화소기반의 분류지도를 처리하는 것에 기반을 둔다. 이는 일반적으로 **화소기반 변화탐지**로 알려져 있다. **객체기반 변화탐지**(object-based change detection, OBCD)는 제9장에서 논의되었던 객체기반 영상분석(object-based image analysis, OBIA)을 이용하여 추출한 비교적 균질한 영상객체(패치 혹은 조각)로 구성된 2개 이상의 영상을 비교하는 방법을 포함한다(예 : Im, 2006; Hofmann et al., 2008; Tsai et al., 2011; Gartner et al., 2014). 두 영상에 있는 동질적인 영상객체들(예 : 폴리곤)은 이 장에 포함된 변화탐지기법의 대상이 된다.

원격탐사 시스템 변화탐지 고려사항

성공적인 원격탐사 변화탐지를 위해서는 다음의 두 사항에 대한 세심한 주의가 필요하다.

- 원격탐사 시스템 고려사항
- 환경적 특성

변화탐지 처리과정에서 다양한 매개변수의 영향을 이해하지 못하면 부정확한 결과를 초래할 수 있다(Lunetta and Elvidge, 2000; Jensen et al., 2009). 이상적으로, 변화탐지를 위하여 사용된 원격탐사 자료는 다음과 같은 일정한 시간, 촬영각, 공간, 분광, 방사해상도를 유지한 원격탐사 시스템에 의해 수집되어야 한다. 이러한 매개변수 각각을 살펴보고 그 변수들이 왜 원격탐사를 이용한 변화탐지 프로젝트에 중요한 영향을 미칠 수 있는지에 대해서 알아볼 필요가 있다. Kennedy 등(2009)은 다양한 변화탐지 활용을 위한 원격탐사 자료의 공간, 분광, 시간적 특성에 대한 부가적인 지침을 제공한다.

시간해상도

다중시기의 원격탐사 자료를 이용하여 변화탐지를 수행할 때에는 중요한 두 가지의 시간해상도가 일정하게 유지되어야 한다. 이상적으로, 변화탐지에 사용되는 원격탐사 자료는 대략적으로 **동일한 시간대**에 자료를 획득하는 센서 시스템으로부터 자료가 수집되어야 한다. 예를 들어, Landsat TM 자료는 미국 내 대부분의 지역에서 오전 9시 45분경에 수집된다. 이 조건은 원격탐사 자료의 반사도 특성에서 상당한 차이를 야기할 수 있는 태양각 효과를 제거한다.

예를 들어 2012년 6월 1일과 2013년 6월 1일처럼, 가능하면 **연중 동일 날짜**에 수집된 원격탐사 자료를 사용하는 것이 바람직하다. 연중 동일 날짜 영상을 사용하는 것은 변화탐지 계획에서 부정적인 영향을 미칠 수 있는 식생의 생물계절학적 차이와 계절별 태양각의 영향을 최소화할 수 있다(Dobson et al., 1995; Jensen, 2007; Chen et al., 2012). 또한 대략적으로 동일한 시간대에 동일 센서 시스템에 의하여 취득된 연중 동일 날짜의 영상에서 발견되는 모든 그림자는 동일한 방향과 길이를 가진다. 그림자 길이 및 방향의 변화는 부정확한 변화 인공물을 유발하기 때문에 고해상도 영상으로부터 변화정보를 추출할 때 매우 중요하다(Jensen et al., 2012).

물론 연중 동일 날짜의 영상은 산불, 홍수, 허리케인, 화산 폭발과 연계된 동적인 변화를 감시하거나 계절적 식생(예 : 농경지)을 관찰할 때는 타당하지 않다(Chen et al., 2012). 또한 많은 변화탐지 계획이 단시 특정 시기의 두 영상을 다루지만, 변화탐지과정에서 조밀한 시기의 다중시기 영상들을 다루는 연구들이 존재한다는 것에 주목할 필요가 있다(예 : Lunetta et al., 2006; Schneider, 2012).

다양한 변수의 고려를 증명하기 위하여 가상적인 변화탐지 계획을 고려해 보는 것도 유용하다. 예를 들어, 2005, 2007, 2009, 2011년에 수집된 전정색 및 다중분광 자료로 구성된 DigitalGlobe사의 고해상도 QuickBird 영상을 이용하여 특정 시기영역에 대한 캘리포니아 샌프란시스코 지역의 토지피복 변

표 12-2 다음의 기준에 대한 2005, 2007, 2009, 2011년에 취득된 변화탐지를 위한 DigitalGlobe사의 QuickBird 영상 : 10월 1일부터 12월 15일 사이에 취득, 최대 운량(20%), 최대 연직방향 촬영각(30°), 최소 태양 고도각(25°)(정보 제공 : DigitalGlobe, Inc.)

취득시기 (년.월.일)	최대 연직방향 촬영각(°)	최소 태양 고도각(°)	운량 (%)
2005.10.05	24.45	46.58	0
2005.11.05	13.35	35.88	0
2005.11.23	16.72	31.25	0
2007.11.11	26.63	34.28	0
2009.10.16	3.11	41.71	0
2009.11.21	9.48	30.95	0
2011.11.04	24.58	34.03	0
2011.12.03	27.40	27.25	0

화를 매핑하는 것이 필요하다고 가정하자. 행정적인 이유에 의하여, 10월 1일부터 12월 15일에 취득된 영상을 사용하는 것이 요구된다(행정적인 제약은 종종 변화탐지 계획에서 충족시켜야만 하는 가장 어려운 기준 중의 하나이다). 이를 위해, 운량 20% 미만, 최소 태양 고도각 25°, 연직방향 촬영각 30° 이하(차후 논의)를 만족하는 영상을 원한다고 하자. 해당 기준을 만족하는 DigitalGlobe사의 기록저장소에 있는 실제 영상은 표 12-2에 나타나 있다. 표의 결과는 북반구 내 연말(10월~12월)에 최소 태양각이 낮을 것으로 예측하였지만, 실제 모든 영상이 25°를 초과하였음에 주목하자. 해당 기준을 기반으로 하여, 운량이 0%인 영상을 이용하여 변화탐지 계획을 수행할 수 있는 충분한 날짜의 영상이 존재하는 것이 확인된다. 분석가는 촬영각을 고려한 후에 계획을 완성하기 위하여 각 날짜로부터 적절한 단일 영상을 선택할 수 있을 것이다.

촬영각

GeoEye-1, QuickBird, WorldView-2 및 항공기 센서(예 : Pictometry)와 같은 원격탐사 시스템은 연직방향으로부터 최대 ±30°의 촬영각을 지닌 자료를 수집할 수 있다. 이는 센서가 지상을 경사방향으로 비스듬히 관측하면서 자료를 수집하는 것을 의미한다. 변화탐지과정에서 사용된 서로 상당히 다른 촬영각으로 수집된 두 영상은 여러 가지 문제를 야기할 수 있다. 예를 들어, 매우 크고 불규칙하게 분포된 나무들로 구성된 단풍나무 숲을 생각해 보자. 지상에 대해 연직방향으로 수집된 QuickBird 영상은 임관의 꼭대기에서 수직으로 내려다보는 형태가 될 것이다. 반대로, 27°의 촬영각을 가지고 수집된 SPOT 영상은 임관 측면 방향의 반사정보를 기록하게 될 것이다. 두 영상의 반사도 차이는 변화탐지과정에서 심각한 오차를 야기할 수 있다. 따라서 원격탐사 변화탐지에 사용되는 자료는 가능하다면 대략적으로 동일한 촬영각으로 취득되어야 한다(Chen et al., 2012). 한 시기의 영상의 촬영각이 다른 시기 영상의 촬영각과 크게 차이가 나면 대부분 변화탐지 알고리듬은 잘 수행되지 않는다. 물론 연직방향에서 취득된 영상이 선호된다.

표 12-2에 요약된 샌프란시스코 지역에 대한 가상적인 변화탐지 연구를 위하여 사용 가능한 영상의 검토에서 최대 연직방향 촬영각 사이에 큰 차이가 존재한다는 것을 확인할 수 있다. 3개 연도(2005, 2007, 2011)는 13° 이상의 촬영각을 가진다. 오직 2009년 영상만이 10° 미만의 촬영각을 가진다. 변화탐지 연구를 수행하는 분석가는 분석하고자 하는 영상을 선택할 때, 다른 변수들과 함께 촬영각의 중요도에 면밀하게 가중치를 주어야 한다.

공간해상도

적어도 두 영상 사이의 정확한 공간등록은 변화탐지를 수행함에 있어 필수적이다(Roy, 2000; Kennedy et al., 2009; Klemas, 2011). 이상적으로 원격탐사 자료는 각 날짜에 동일한 순간시야각(Instantaneous Field-Of-View, IFOV)을 가진 센서 시스템을 이용하여 자료를 수집한다. 예를 들어, 두 시기에 수집된 30×30m 공간해상도를 가진 Landsat TM 자료를 상호 등록하는 것은 비교적 쉽다. 그러나 서로 다른 IFOV를 가진 두 센서, 예를 들어 시기 1의 Landsat TM 자료(30×30m 공간해상도)와 시기 2의 SPOT HRV XS 자료(20×20m 공간해상도)를 이용하여 변화탐지를 수행하는 것도 가능하다. 이런 경우는 대표적인 최소 매핑단위(예 : 20×20m)를 결정한 뒤, 두 영상자료를 균일한 화소 크기에 맞춰 재배열한다. 이는 분석가가 재배열된 자료의 정보가 결코 원센서 시스템의 IFOV보다 더 자세하지 않다는 것을 유념하고 있는 한 심각한 문제를 야기하지는 않는다(예 : Landsat TM 자료가 20×20m로 재배열되었을지라도 그 자료가 담고 있는 정보는 여전히 30×30m 해상도의 자료 수준이며, TM 자료로부터 추가적인 공간정보를 추출할 수 없다).

기하보정 알고리듬(제6장)은 영상을 표준지도 투영법(예 : Universal Transverse Mercator, UTM)이나 좌표계로 등록하는 데 사용된다. 기하보정은 두 영상에서 모두 평균제곱근오차(Root

Mean Square Error, RMSE)가 0.5화소보다 작도록 이루어져야 한다. 두 영상의 잘못된 등록은 자료 사이에 잘못된 변화지역을 탐지하는 결과를 야기할 수 있다(Klemas, 2011). 예를 들어, 단 한 화소의 등록오차는 두 영상에 있는 동일한 도로가 변화탐지 영상에서 새로운 도로로 나타나는 원인이 될 수 있다.

분광해상도

디지털 변화탐지의 기본 가정은 만약 IFOV 내에 존재하는 생물물리학적인 물질이 두 시기 사이에 변했다면, 두 시기에 해당 화소의 분광반응에도 차이가 있다는 것이다. 이상적으로 하나의 원격탐사 시스템은 대상물의 특징적인 분광 속성을 가장 잘 포착할 수 있는 파장대를 기록하는 데 충분한 분광해상도를 가진다. 그러나 다른 센서 시스템은 전자기 스펙트럼의 정확히 동일한 부분, 즉 동일 파장대역에서의 에너지를 기록하지 않는다(예 : 밴드폭). 예를 들어, SPOT 1, 2, 3 HRV 센서는 3개의 비교적 넓은 다중분광밴드와 하나의 전정색 밴드에서 자료를 수집한다. Landsat ETM$^+$ 센서는 6개의 비교적 넓은 광학밴드와 하나의 열적외선 밴드, 그리고 하나의 넓은 전정색 밴드(제2장 참조)에서 자료를 기록한다. 이상적으로는 다중시기의 영상을 수집하기 위하여 동일한 센서 시스템이 사용된다. 이것이 가능하지 않을 때 분석가는 서로 비슷한 밴드들을 선택해야만 한다. 예를 들어, SPOT 밴드 1(녹색), 2(적색), 3(근적외선)은 Landsat ETM$^+$ 자료의 밴드 2(녹색), 3(적색), 4(근적외선)와 성공적으로 사용될 수 있다. 많은 변화탐지 알고리듬들은 한 센서 시스템에서의 밴드가 다른 센서 시스템의 밴드와 일치하지 않을 때에는 제대로 기능하지 못한다(Jensen et al., 2012).

방사해상도

제2장에서 언급했던 것과 같이, 아날로그 항공사진을 디지타이징하고, 이를 특정 공간해상도(예 : 1×1m) 및 방사해상도(예 : 0~255의 8비트값)의 디지털 원격탐사 자료로 변환하여 이를 변화탐지를 위한 자료로 사용하는 것이 가능하다. 반대로, 대부분의 최신 디지털 원격탐사 시스템들은 일상적으로 8비트(0~255 범위의 값)에서 11비트(0~2,047범위의 값)에 이르는 범위의 방사해상도의 자료를 수집한다. 예를 들어, GeoEye-1과 WorldView-2 원격탐사 시스템은 11비트 방사해상도를 가지는 다중분광 자료를 수집한다. 일반적으로, 방사해상도가 높을수록 지형의 다양한 물체 사이에 분광반사도의 현저한 차이가 식별될 수 있는 확률이 증가한다(예 : 건물 지붕 물질과 주변의 나무 및 잔디).

이상적으로, 원격탐사 자료는 방사해상도 변수가 변함없이 유지되는 동일한 원격탐사 시스템을 사용하여 다중시기에 수집된다. 그러나 한 시기의 영상이 다른 시기의 영상보다 낮은 방사해상도를 가지고 있다면(예 : 한 시기의 자료는 8비트 자료이며, 다른 하나는 10비트 자료로 구성), 낮은 해상도의 자료(0~255의 8비트 자료)를 상위의 방사해상도의 자료(예 : 0~1,023의 10비트 자료)와 동일한 방사해상도로 변환하는 것이 일반적인 방법이다. 물론 8비트 자료의 방사적인 특성은 이 처리과정에서 실질적으로 향상되지 않는다. 그러나 변환된 8비트 자료는 10비트 자료와 호환될 수 있는 값의 범위를 가진다.

더욱 명확한 해결방안은 8비트 자료를 조정된 백분율 반사도(0~100%의 값)로 변환하고, 10비트 자료도 조정된 백분율 반사도(0~100%의 값)로 변환하는 것이다. 이는 시간이 지남에 따른 LAI나 생물량과 같은 연속적인 생물물리학적 변수들을 관찰할 때의 일반적인 활용방법이다. 그러나 도시 영상 분류와 변화탐지를 수행할 때 조정된 백분율 반사도 자료의 사용이 항상 필수적이지는 않다. 이와 유사하게, 소프트카피의 사진측량학 기술을 사용하여 분석된 대부분의 다중시기 디지털 영상은 처리 전에 조정된 백분율 반사도값으로 변화되지 않는다(Jensen et al., 2012).

변화탐지 수행 시 고려해야 할 주요 환경/발달 조건

원격탐사 변화탐지 과정에서 다양한 환경 특성들의 영향을 이해하지 못하면 부정확한 결과를 초래할 수 있다. 변화탐지 수행 시 많은 환경변수들을 가능한 한 일정하게 유지하는 것이 바람직하다(Jensen et al., 2009).

대기조건

변화탐지과정을 위한 영상의 취득시기에 있어서, 상공은 0%의 운량을 지니고, 낮은 상대습도를 가지는 것이 이상적이다. 대기조건이 이상적이지 않을 경우, a) 추가적인 고려사항을 통하여 일부 영상을 제거하거나, b) 대기상태에 의하여 잘못된 변화지역을 탐지하지 않도록 원격탐사 자료에 대기보정을 적용하는 것이 필요하다(Jensen et al., 2012).

구름 : 운량이 0%인 위성 원격탐사 자료나 항공영상을 이용하여 가장 정확한 영상 대 영상 변화탐지가 수행된다(예 : 사우스캐롤라이나 주 찰스턴에 대한 그림 12-2a, c). 구름은 변화탐

사우스캐롤라이나의 Landsat 8 영상 내 구름과 구름의 그림자

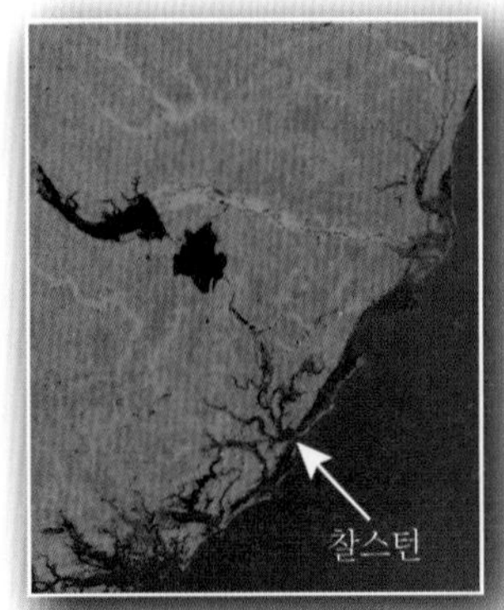

a. Landsat 8 OLI, 구름 없음, 2013년 5월 14일 경로 = 16, 열 = 37

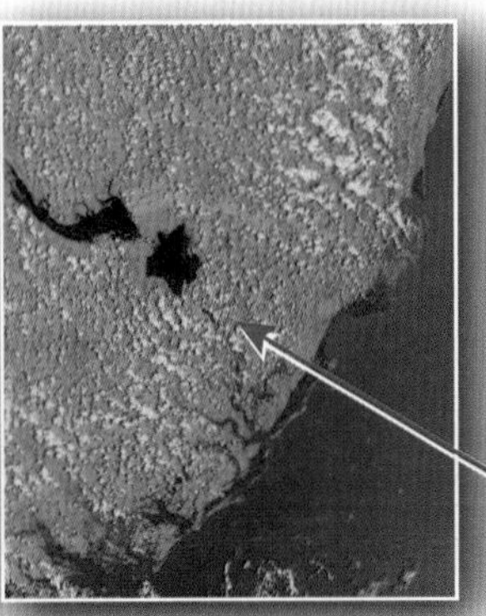

b. Landsat 8 OLI, 운량 30%, 2013년 5월 30일 경로 = 16, 열 = 37

c. Landsat 8 OLI, 구름 없음, 2014년 5월 17일 경로 = 16, 열 = 37

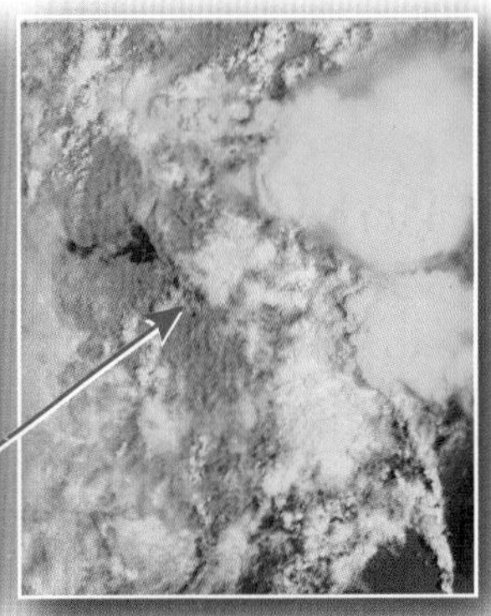

d. Landsat 8 OLI, 운량 80%, 2014년 7월 20일 경로 = 16, 열 = 37

그림 12-2 a, c) 각각 2013년 5월 14일, 2014년 5월 17일의 운량이 0%인 경로 16/열 37의 Landsat 8 영상. 이들 자료는 변화탐지 목적으로 매우 뛰어난 자료이다. b, d) 2013년 5월 30일에 취득한 운량 30%, 2014년 7월 20일에 취득한 운량 80%의 자료. 변화탐지를 위하여 이들 자료를 사용하면 품질이 낮은 결과가 도출될 것이다(영상 제공 : NASA).

지 연구에 가장 중대한 문제를 초래한다. 단일 영상에 존재하는 구름은 조사지역 내의 지형을 모호하게 만들 수 있다(그림 12-2b, d). 구름이 존재할 때, 이용할 수 있는 토지피복 혹은 구조적 정보가 없기 때문에 변화탐지과정에서 심각한 문제를 야기하며, 이는 해당 영역의 모호한 변화탐지 결과의 원인이 된다. 사용자는 '구름 영향 문제' 때문에 부정확한 특정 영역들을 식별하거나 해당 지역에 대한 마스킹 처리를 수행할 수 있다(Jensen et al., 2012).

구름 그림자 : 추가적으로, 구름이 센서 시스템에 대하여 연직방향으로 위치할 때를 제외하고, 각 구름은 각 영상에 그림자를 만들어 낸다. 일반적으로, 구름의 그림자는 영상 내 실제 구름에 의하여 a) 센서의 기하조건(예 : 센서는 연직방향으로 10°의 위치에 위치함), b) 연중 날짜에 대한 태양각(예 : 하지의 6월 21일)과 연구영역의 위도(예 : 북위 30°)에 의하여 위치된다. 그림자 내 지형은 영상에서 식별 가능하지만, 일반적으로 지형에 도달하는 태양광량의 감소로 인하여 어두운 색조를 나타낸다(그림 12-2b, d). 이는 동일 개체(예 : 건물 도로, 나무)들이 운량이 0%인 동일 원격탐사 자료를 이용하여 다른 시기에 관측된(예 : 1일 후 촬영) 동일 개체와 비교하여 상당히 다른 분광반사도 특성을 가지게 되는 원인이 된다. 구름 그림자 영역에 있는 지리학적 영역에서 정보를 추출하고자 할 때, 해당 지역을 계층화하고, 계층화된 지역을 개별적으로 고유 분광 특성을 이용하여 분류하는 것이 최선의 방법이다. 분류 후에 마스킹된 영역들은 수치적으로 최종날짜에 취득한 영상에 맞추어 보정하고, 변화탐지과정에 사용된다(Jensen et al., 2012).

상대습도와 기타 대기성분 : 변화탐지를 위하여 사용되는 영상은 구름이 존재하지 않더라도 상당량의 수증기가 존재하여, 높은 상대습도를 야기하거나 대기 중의 안개나 연무가 증가될 수 있다. 이러한 현상이 발생하면, 변화탐지 수행 전에 원격탐사 자료의 개별 취득날짜별로 대기보정과정을 적용하는 것이 필요하다. 대기보정은 a) 상대 대기방사 정규화기술(Jensen et al., 1995; Coulter et al., 2011)이나 b) 제6장에 기술된 절대 방사보정을 사용하여 이루어진다.

토양 수분조건

이상적으로 변화탐지에서 사용되는 영상들에 대해 토양수분조건은 동일해야 한다. 불행하게도, 이는 일반적인 경우라고 할 수 없다. 전선계는 영역이 이동하더라도, 지형에 상대적으로 일정한 양의 강우가 발생한다. 이러한 현상이 발생할 때, 조사 내 전체 영역은 유사한 토양수분조건을 가지게 될 것이다. 반대로, 뇌우는 엽형태의 양식으로 해당 위치의 영역에 불규칙적인 강수를 동반한다. 이는 결과적으로 인접 지역보다 높은 토양수분을 가지는 불규칙적으로 위치한 영역들의 발생을 야기한다. 물론 가뭄상태 동안의 토양수분의 부재는 극단적으로 마른 지

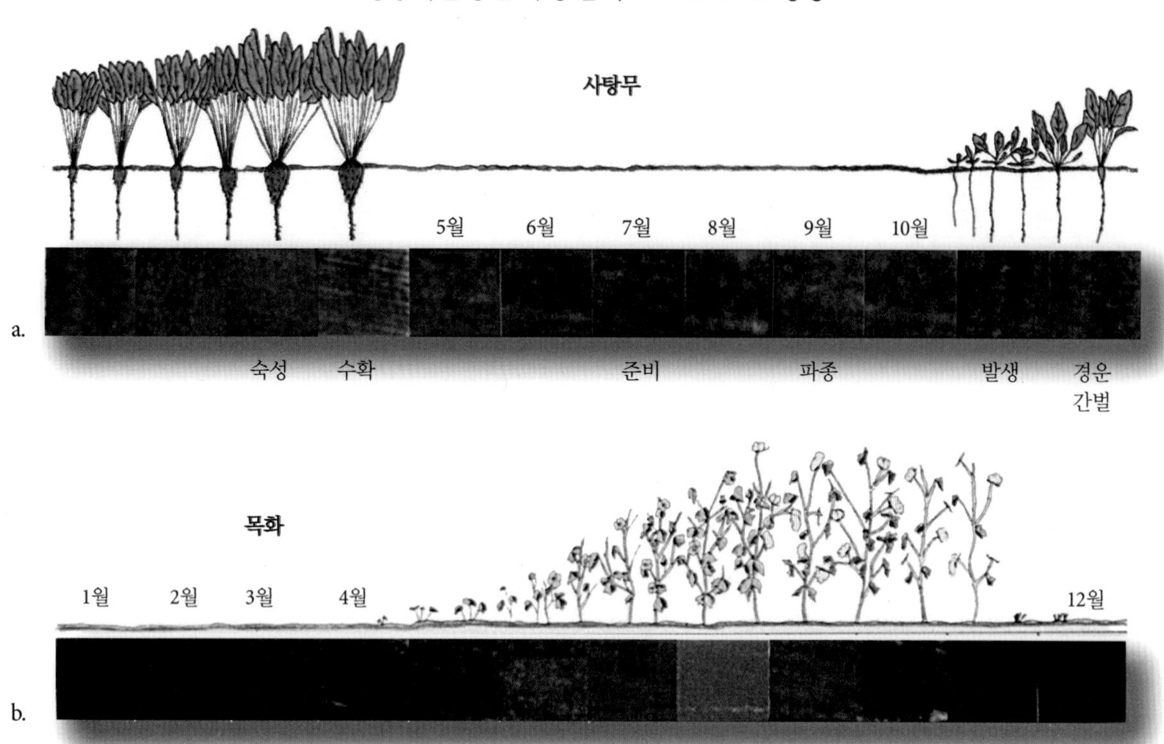

그림 12-3 캘리포니아 샌 와킨 밸리의 a) 사탕무, b) 목화의 생물계절학적 주기. Landsat MSS 영상은 12개월 주기로 취득되었음. 두 밭의 컬러조합 영상(MSS RGB = 4, 2, 1밴드)은 작물달력 정보 아래에 위치함.

형을 생성시킬 수 있다(Jensen et al., 2012).

토양수분량이 극단적으로 낮은 지역은 전형적으로 가시와 근적외 영역의 스펙트럼에서 포화상태의 높은 토양수분량을 갖는 같은 지형에서보다 높은 반사율을 나타낼 것이다. 그러므로 같은 지형의 매우 습윤하거나 매우 건조한 상태가 여러 시기 영상에서 변화탐지 알고리듬에 영향을 주었을 경우에 변화가 탐지된 것처럼 보일 수 있는데, 실제 현상이 변화되었다고 하기보다는 토양수분량의 차이로 인한 것일 가능성이 있어서 문제시될 수 있다. 만약 시범적으로 검토된 두 영상이 꽤 다른 토양수분량을 나타낸다면 한 영상을 다른 영상과 비슷한 분광반사도 특성을 갖게 만들기 위해 방사정규화를 적용할 수 있을 것이다(예 : Jensen et al., 1995; 2009). 뇌우나 가뭄상태에 의하여 영상의 일부분이 일반적인 토양수분상태보다 높거나 낮은 값을 가진다면, 해당 지역을 계층화하고, 토지피복정보를 추출하기 위하여 이 지역들을 분리하여 분석하는 것이 효과적이다. 분석이 이루어진 계층화된 영역들은 변화탐지를 수행하기 전에 토지피복 분류 데이터베이스로 다시 삽입된다.

생물계절학적 주기 특성

자연 생태계는 반복적이고 예측 가능한 순환적 생장 주기를 갖고 있다. 인류는 종종 반복적, 예측 가능한 단계로 경관을 변형시킨다. 이러한 예측 가능한 생장 주기는 종종 현상학적 주기 혹은 **생물계절학적 주기**(phenological cycles)로 알려져 있다. 영상분석가는 유용한 변화정보를 최대한 얻기 위해 언제 원격탐사 자료가 수집되어야 하는지를 결정하기 위하여 이와 같은 주기를 이용한다. 그러므로 분석가는 생태계의 식생, 토양, 물 성분의 생물물리학적 특성과 그들의 생물계절학적 주기를 잘 알아야 한다. 또한 도시 및 주변지역에서의 주거지 확장과 같은 인간에 의한 개발과 관련된 발전주기도 이해하는 것이 필수적이다.

식생 생물계절학 : 건강한 식생은 비교적 예측 가능한 일별, 계

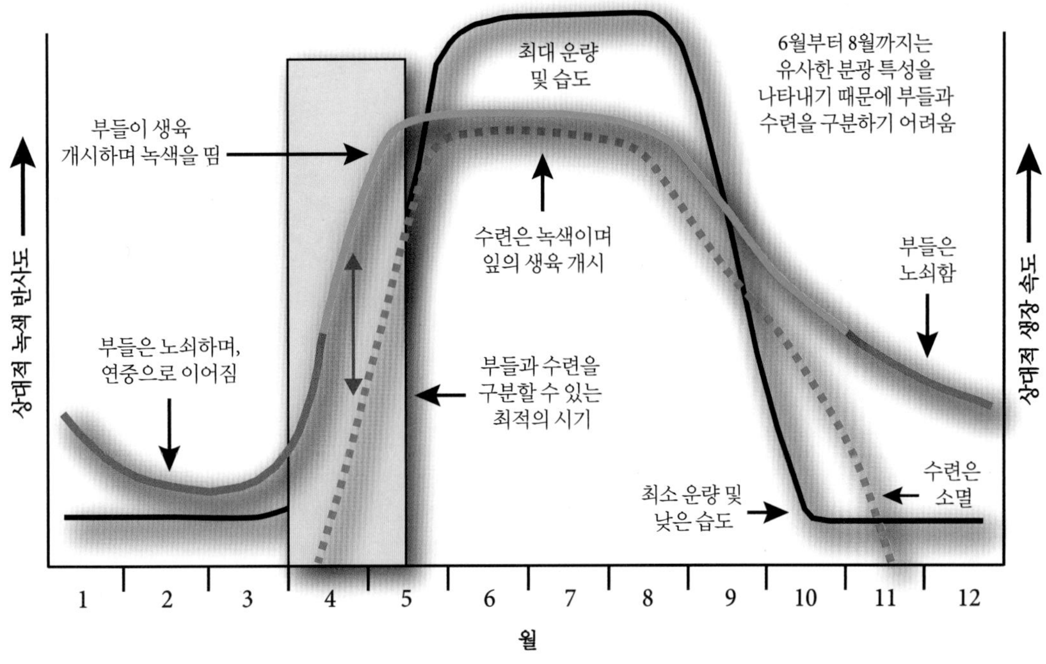

그림 12-4 사우스캐롤라이나 주 파폰드에서 발견되는 부들과 수련의 연간 생물계절학적 주기. 부들은 연중 존재하지만, 수련은 4월에 출현하여 11월에 소멸함. 부들과 수련을 구분하기 위한 최적의 영상 취득시기는 4월 중순부터 5월 중순임.

절별, 그리고 연도별 생물계절학적 주기를 따라 자란다. 연중 동일 날짜와 비슷한 시기의 영상을 이용하는 것이 영상에서 잘못된 변화정보 추출의 원인이 되는 생물계절의 차이의 영향을 최소화시킨다. 예를 들어, 원격탐사 자료를 이용하여 농작물의 변화를 조사할 때 분석가는 토양의 준비 시기, 농작물의 파종, 식재, 수확 시기를 알아야 한다. 이상적으로 단일재배 농작물들(예 : 옥수수, 밀, 사탕무, 목화)은 매년 동일한 시기에 파종된다. 동일한 작물의 경우, 파종시기에서의 한 달 정도 차이는 심각한 변화탐지 오류를 불러올 수 있다. 둘째, 단일 재배 농작물은 동일한 품종이어야 한다. 다른 품종은 각 농작물들이 연중 동일 날짜의 다중시기 영상에서 상이한 에너지를 반사하는 원인이 된다. 농작물의 재배 간격 혹은 방향이 다른 경우에도 반사도에 영향을 준다. 이와 같이 분석가는 변화탐지에 가장 적합한 원격탐사 자료를 선정하기 위해서는 농작물의 생물물리학적 특성은 물론 연구지역에서의 재배상의 토지이용 실태도 잘 알아야 한다.

예를 들어, 그림 12-3에 나타나 있는 캘리포니아의 샌 와킨에서 자라는 두 종류의 주요 농작물의 생물계절학적 특성을 살펴보자. 우리가 성장계절 동안에 사탕무의 생산량에 대한 변화를 감시하기 위해서는 9월~4월까지의 영상을 획득하여야 할 것이다. 우리가 다년도 동안에 사탕무의 생산량에 대한 변화를 감시하기 위해서는 9월~4월에 수집된 영상을 평가하는 것이 현명할 것이다. 반대로, 우리가 계절 혹은 다년도 동안의 목화 생산량에 대한 변화를 감시하고자 한다면, 5월부터 10월까지 취득된 영상을 분석해야 할 것이다.

습지수생식물, 산림, 그리고 방목장과 같은 자연 식생 생태계는 각각 독특한 생물계절주기를 가지고 있다. 예를 들어 미국 남동부의 호수에서 발견되는 부들(cattails)과 수련(waterlilies)의 생물계절학적 주기를 살펴보자(그림 12-4). 부들은 연중 호수에서 자라며 주로 해안에 근접한 얕은 물에서 자란다(Jensen et al., 1993b). 부들은 4월 초에 녹색을 띠기 시작해서 5월 말경 완전히 자란다. 부들은 9월 말이나 10월 초경 시들지만, 겨울 동안에도 갈색을 띠고 월동한다. 반면 수련과 기타 일년생 수생 초본류는 겨울에는 살지 못한다. 수련은 4월 중순에 부들의 가장 바깥쪽 경계에 나타나서 이후 6~8주 정도 후에 최대 크기로 자란다. 수련 군집은 일반적으로 11월 초까지 수면 위에서 생존하고, 그 이후에는 사라진다.

부들과 수련의 생물계절학적 주기가 원격탐사 자료 취득을

1976년 10월 8일부터 1978년 10월 15일 사이의 콜로라도 주 덴버 근교 거주지 개발

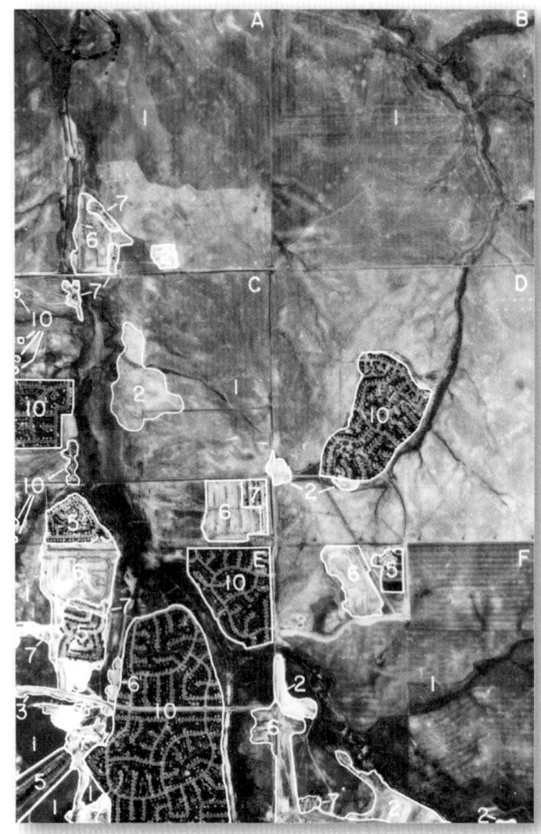

a. 1976년 10월 8일에 취득된 전정색 영상

b. 1978년 10월 15일에 취득된 전정색 영상

그림 12-5 a) 콜로라도 주 덴버 근처의 피츠시먼스 7.5분 도엽 일부분의 전정색 항공영상(1976년 10월 8일). 원래 축척은 1 : 52,800이다. 토지피복은 육안으로 사진 판독하였으며, 그림 12-6에 보여 준 논리를 사용하여 주거지 개발의 10개 클래스로 분류되었다. b) 콜로라도 주 덴버 근처의 피츠시먼스 7.5분 도엽의 일부분의 전정색 항공사진(1978년 10월 15일). 원래 축척은 1 : 57,600이다. 1976년 항공사진과의 비교를 통하여 주거지로의 토지 개발이 상당히 이루어짐이 드러났다.

위한 가장 적절한 시기를 결정하는 데 영향을 미친다. 6월~8월 사이에는 부들과 수련의 분광 특성이 매우 유사하기 때문에 이들을 구분하는 것이 어렵다. 또한 해당 시기에는 유용한 영상의 활용성을 감소시키는 최대 운량과 높은 습도를 보인다. 반대로, 4월 중순~5월 중순의 시기에는 부들이 잘 성장하는 반면에 수련은 성장을 시작하려는 단계이다. 이는 그림 12-4의 붉은 화살표로 나타낸 것과 같이 부들과 수련 사이의 분광반사도 차이의 원인이 된다.

분석하고자 하는 원격탐사 영상들을 선택할 때, 분석가들이 정확한 식생 생물계절학적 정보를 사용하지 않았기 때문에 많은 원격탐사 변화탐지 연구들이 실패하였다.

도시-교외지역 발전주기 : 도시와 교외지역의 경관 또한 특징적인 발전주기를 가진다. 예를 들어 콜로라도 주 덴버 부근의 피츠시먼스 7.5분 도엽에 위치한 토지(6mi^2)에서의 1976년부터 1978년 사이의 주거지 개발을 살펴보자. 1976년 10월 8일과 1978년 10월 15일에 획득된 항공사진은 지역의 경관이 얼마나 변했는지를 보여 준다(그림 12-5). 대부분의 초보 영상분석가는 도시와 시골의 경계지역에서의 변화탐지가 가장 중요한 두 단계, 즉 시골의 미개발 토지와 완전히 개발된 주거지로 분명하게 구분될 것으로 가정한다. Jensen(1981)은 삼림벌채, 택지개발, 교통(도로), 건물 및 조경에 기초하여 이 지역에서 발생한 주거지 개발을 10단계로 구분하였다(그림 12-6). 원격탐사 자료는 이들 개발의 10단계에 대한 지형을 잘 포착할 수 있을 것이다. 이들 단계 중 많은 단계가 다른 현상과 분광학적으로 비슷하게 나타날 수도 있다. 예를 들어, Landsat TM(30×30m)과 같

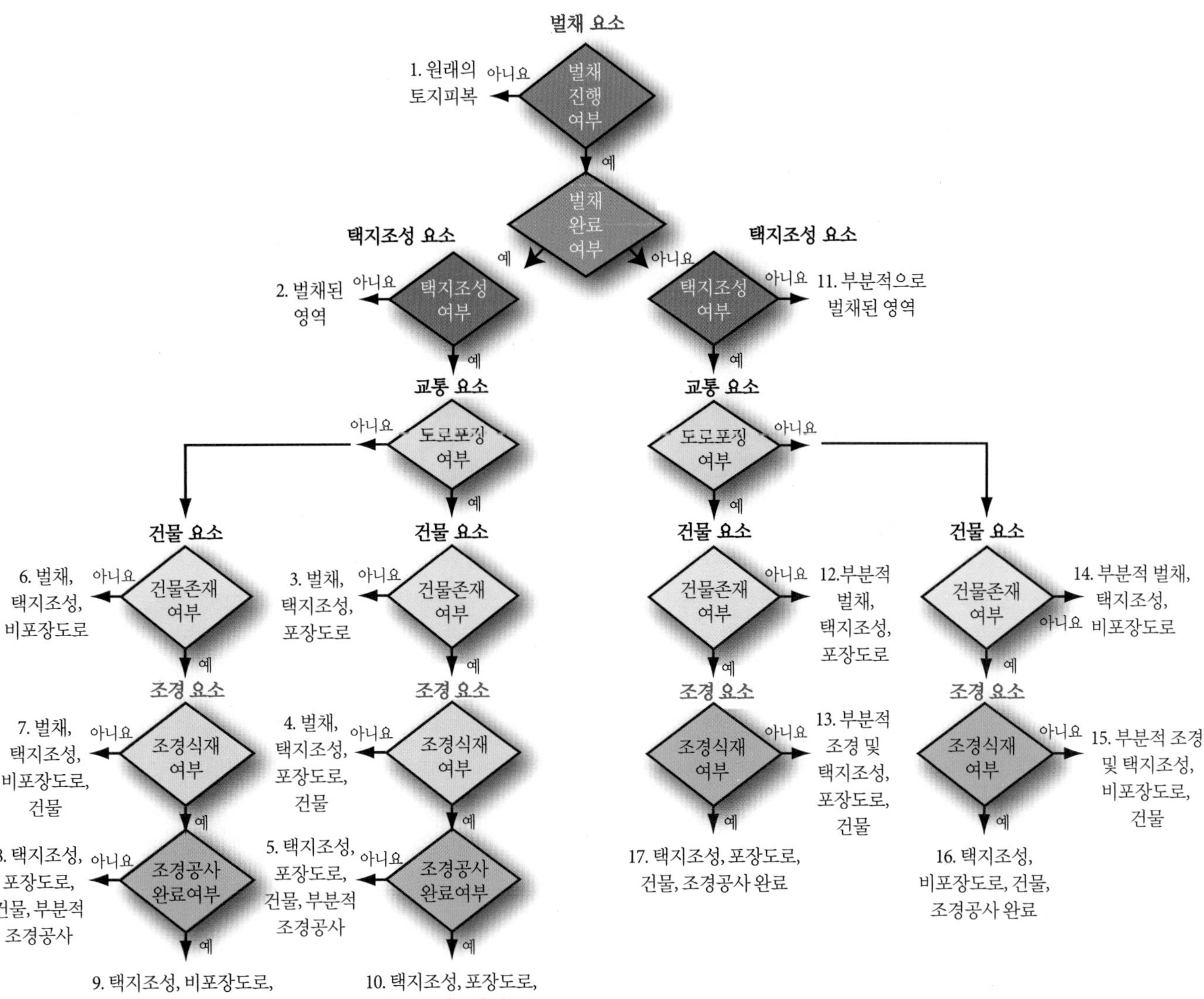

그림 12-6 거주지 개발의 점진적인 단계를 식별하는 데 사용되는 이진분류 검색표. 콜로라도 주 덴버에서의 이러한 개발은 보통 구획정리에 앞서 식생이 있는 지형을 벌채하면서 시작된다. 그러나 일부 지역에서는 자연 식생의 일부는 조경녹지로 남긴다. 자연 식생의 존재 유무에 따라 토지가 자연 식생(1)에서 조경공사가 완공된 주거지(10 혹은 17)로 변하는 일련의 단계별 진행을 판정하는 기준에 상당한 영향을 미친다.

은 비교적 낮은 공간해상도 센서 시스템을 이용할 경우, 단계 10(택지개발, 포장도로, 건물, 그리고 조경공사 완료)의 화소들은 다중분광 특성이 원래의 토지피복을 유지하는 1단계 화소와 매우 유사할 가능성이 크다. 이는 심각한 변화탐지 오류를 야기할 수 있다. 그러므로 분석가는 자연 생태계는 물론 도시 발달의 단계별 특성을 잘 알아야 한다.

그림 12-6에 묘사된 이진분류 검색표는 2007년 1월 25일과 2011년 2월 16일(연중 동일 날짜에 근사)에 촬영된 사우스캐롤라이나 주 보퍼트 카운티의 고해상도 디지털 항공영상(그림 12-7)을 이용하여 거주지의 개발을 확인하기 위하여 사용되었다. 다시 말하자면, 개발 초기 단계의 토지는 거의 벌채가 이루어진 상태이다. 구획과정에서 건물을 포함한 구역과 콘크리트 기초 공사 중인 구역을 포함한 2007년 영상의 개발 단계의 범위에 주목하자(그림 12-7a). 2011년의 대부분의 거주지는 완벽하게 조경공사가 이루어졌다(그림 12-7b). 2011년 영상은 2012년의 구획 및 도보정보와 겹쳐서 표현되었다. 주소를 포함한 각 구획은 깃발형태의 아이콘으로 강조되었다(그림 12-7b).

2007년 1월 25일부터 2011년 2월 16일까지 사우스캐롤라이나 주 보퍼트 인근 거주지 개발 단계

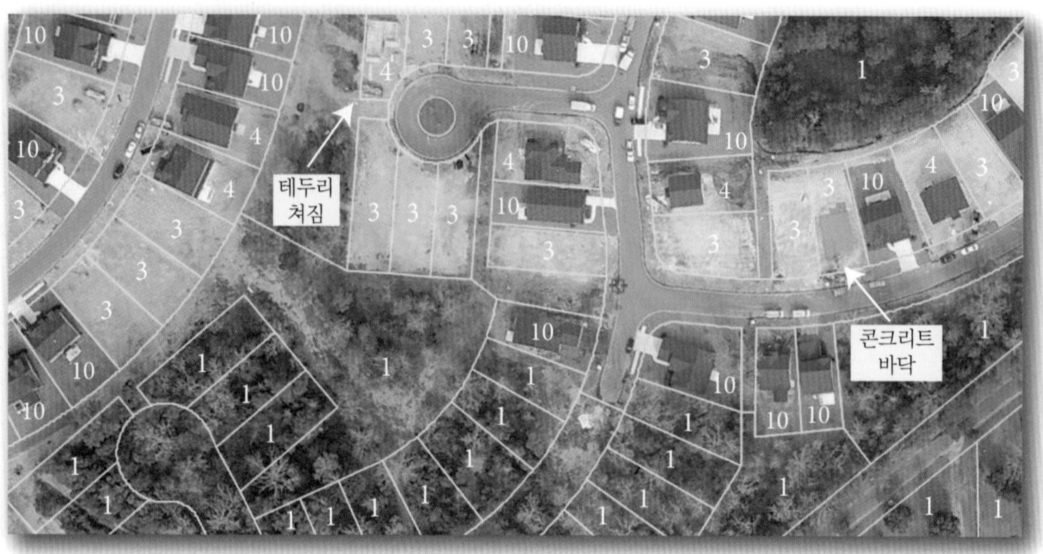

a. 2012년 사우스캐롤라이나 주 보퍼트 인근의 구획 정보가 덧붙여진 이진검색 분류표를 기반으로 하는 2007년 Pictometry에서 확인된 거주지 개발 단계

b. 사우스캐롤라이나 주 보퍼트 카운티의 구획 및 도로명이 덧붙여진 그림 12-6의 이진검색 분류표를 기반으로 하는 2011년 영상에서 확인된 거주지 개발 단계

그림 12-7 a) 2007년 사우스캐롤라이나 주 보퍼트 카운티 내 지역에 적용된 그림 12-6에 묘사된 거주지 개발 단계. b) 2011년에 동일 지역에 대한 거주지 개발 단계. 2011년의 많은 구역들은 택지로 조성되었으며, 도로포장이 이루어지고, 건물이 존재하며, 조경작업도 이루어졌다(예 : 주거지 개발 단계 10). 아이콘으로 표현된 각 건물은 보퍼트 카운티의 거주지 주소를 의미한다(영상 제공 : Beaufort County GIS Department).

차폐고려

때때로 건물, 도로, 농경지, 나무 등과 같은 변화탐지 조사 내의 관심개체들은 식생이나 사이에 존재하는 건물에 의하여 분석되고자 하는 영상의 시야로부터 차폐된다. 예를 들어, 그림 12-8a는 2011년 2월 2일에 취득된 사우스캐롤라이나 주 보퍼트의 몇몇 단독주택 거주지의 연직방향의 영상이다. 영상에서 오크나무에 의하여 차폐된 집이 중심에 위치해 있다. 또한 북남쪽 방향(그림 12-8c)과 동서쪽 방향(그림 12-8e)으로 보이는 집의 경사방향의 조망은 어떠한 정보도 제공하지 못한다. 반대로, 남북쪽 방향(그림 12-8b)과 서동쪽 방향(그림 12-8d)은 식생 임관 아래 거주용 주택이 있는지를 결정하기 위한 충분한 정보를 제공한다. 이웃의 나무들도 일부 도로를 차폐시키는 것에

식생에 의한 주거지 건물과 도로의 차폐

a. 연직방향에서 수집된 영상

b. 남북 방향으로 보이는 경사영상

c. 북남 방향으로 보이는 경사영상

d. 서동 방향으로 보이는 경사영상

e. 동서 방향으로 보이는 경사영상

그림 12-8 a) 잎이 무성한 식생조건 내 연직방향으로 촬영된 영상에서 건물, 도로 및 기타 지형은 높은 밀도의 나무 임관에 의하여 차폐될 수 있다. 이 예는 영상에서 차폐된 단일주택 거주지의 차도 중앙에 있다. b~e) 주요 네 방향에 대하여 조망한 동일한 거주지 영역. 남북 방향의 조망(b)은 거주지에 대한 가장 세부적인 정보를 제공한다(영상 제공 : Beaufort County GIS Department).

주목하자. Pictometry사와 같은 일부 회사들은 다중시기에 취득된 경사영상으로부터 건물과 도로의 변화를 탐지하기 위하여 사용될 수 있는 소프트웨어를 보유하고 있다.

변화탐지에 대한 조석의 영향

조석은 해안지역에서 변화탐지를 수행할 때 중요한 요소가 된다(Klemas, 2011). 이상적으로는 변화탐지를 위한 다중시기의 영상에서 조석 조건은 동일하다. 때때로 이와 같은 조석의 제약은 엄밀한 조석 조건을 만족시키는 연직방향의 자료를 취득할 수 없는 위성 원격탐사 시스템의 사용이 불가능하게 될 수 있다. 까다로운 조석 조건을 맞춰야 하는 해안지역의 원격탐사 자료를 구할 수 있는 유일한 방법은 조석 조건에 맞는 정확한 시간대에 항공기 등의 비궤도 센서를 이용하여 자료를 수집하는 것이다. 대부분의 지역에서 해안지역의 변화탐지에 사용하기 위해서는 평균저조면(Mean Low Tide, MLT)에서 수집된 영상들이 선호되며, 이로부터 1~2ft. 정도 높은 경우까지는 사용될 수 있으나, 3ft. 이상 차이가 나는 영상은 일반적으로 용인되지 않는다(Jesnsen et al., 1993a; Klemas, 2011).

최적의 변화탐지 알고리듬의 선택

적절한 변화탐지 알고리듬을 선택하는 것은 변화탐지과정에서 가장 중요한 고려사항 중 하나이다. 모든 변화탐지 계획에 적합한 단일의 변화탐지 알고리듬은 존재하지 않는다(Chen et al., 2012). 디지털 변화탐지 알고리듬은 토지피복의 이진 '변화/미변화' 정보를 제공하거나, 토지피복의 변화를 인지하기 위한 좀 더 세밀한 주제의 '변화 추세(from-to)' 정보(예 : 산림, 농경지에서 거주지 주택, 복합아파트, 도로 등의 다른 토지피복으로의 변화)를 제공한다(예 : Lu et al., 2004; Im et al., 2009, 2012; Tsai et al., 2011). 다음 절은 가장 중요한 몇몇 변화탐지 알고리듬에 대하여 서술하고자 한다.

'변화/미변화' 정보를 제공하는 이진 변화탐지 알고리듬

매우 유용한 두 가지 종류의 이진 변화탐지 알고리듬은 1) 아날로그 화면 육안 변화탐지(그림 12-9)와 2) 영상대수(예 : 밴드차 및 비율), 주성분 분석(Principal Components Analysis, PCA) 합성 영상분석이다.

아날로그 화면 육안 변화탐지

아날로그 화면 육안 변화탐지는 일반적으로 정량적인 변화탐지 정보를 제공하지 않는다. 오히려 시각적 판독과 이해를 위하여 변화정보를 컴퓨터 화면 위에 다양한 색상으로 보여 준다.

아날로그 육안판독은 디지털 영상처리 시스템의 컴퓨터 그래픽 카드에 위치한 그래픽 기억장치(RGB = 적색, 녹색, 청색)의 3개의 뱅크를 사용한다(그래픽 기억장치에 대한 내용은 제3장 참조). 기본적으로, 다중시기 영상으로부터 획득된 개별 밴드(예 : NDVI)는 영상 내 변화를 강조하기 위하여 각각 3개의 메모리 뱅크(적색, 녹색, 청색)(그림 12-9b)에 체계적으로 삽입된다(Lunetta et al., 2006).

예를 들어, 2004년(시기 1)과 2007년(시기 2)에 취득된 사우스캐롤라이나 주 밸런타인 내 영역의 디지털 항공사진을 고려해 보자(그림 12-10). 1×1ft.의 공간해상도를 가지고 있는 2004년 컬러-적외선 컬러조합 영상은 일부 포장도로나 개별 건물을 제외하고 도시 사회기반시설물이 존재하지 않고 임관 폐쇄성이 존재하는 부분을 보여 준다(그림 12-10a). 2007년 컬러-적외선 영상은 새로운 주거택지를 나타낸다(그림 12-10b). 2004년 및 2007년 근적외선 밴드는 그림 12-10c와 d에 나타나 있다. 두 시기의 변화에 대한 아날로그 육안판독의 화면을 저장한 결과는 그림 12-10e와 같다. 이는 2004년 근적외선 밴드를 적색 영상처리 비디오 메모리 뱅크에 입력하고, 2007년 근적외선 밴드를 녹색/청색 영상처리 비디오 메모리 뱅크에 위치시켜 생성한다. 해당 결과는 해당 위치에 놓인 거주지 지역의 변화를 두드러지게 표현한다.

아날로그 육안판독은 사실상 모든 종류의 좌표가 등록된 다중시기 영상을 시각적으로 검사하는 데 사용될 수 있다. 예를 들어, 그림 12-11은 다른 두 종류의 다중분광 자료들이 변화를 탐지하기 위하여 어떻게 분석되는지를 보여 준다. 네바다 주 미드 호수의 유역은 2000~2003년에 심각한 가뭄을 겪었으며, 결과적으로 호수 수위의 급격한 감소를 보인다. 그림 12-11a는 2000년 5월 3일에 취득된 Landsat ETM$^+$ 영상의 컬러조합 영상이며, 그림 12-11b는 2003년 4월 19일에 취득된 ASTER 영상의 컬러조합 영상이다. 두 영상 모두 대략적으로 동일한 근적외선 방사속을 기록하고 있으며, 연중 동일 날짜로부터 14일 이내이다. ETM$^+$와 ASTER 영상은 30×30m(최근린내삽법, RMSE±0.5화소)로 재배열하였다. 아날로그 육안판독은 ASTER 밴드 3 영상을 적색 메모리 뱅크, ETM$^+$ 밴드 4 자료를 녹색 및 청색 메모리 면에 각각 위치시켜서 수행되었다. 이 결과는 밝은 적색의 색조로 호수 수위의 감소에 의해서 노출된 토지를 명확하게 묘사하고 있다.

Esri사의 ChangeMatters®

Esri사의 ChangeMatters® 인터넷 변화탐지 프로그램은 다중시기 원격탐사 자료들, 특히 Landsat MSS, TM, ETM$^+$ 영상과 관련된 변화를 표시하기 위한 아날로그 육안판독 논리를 기반으

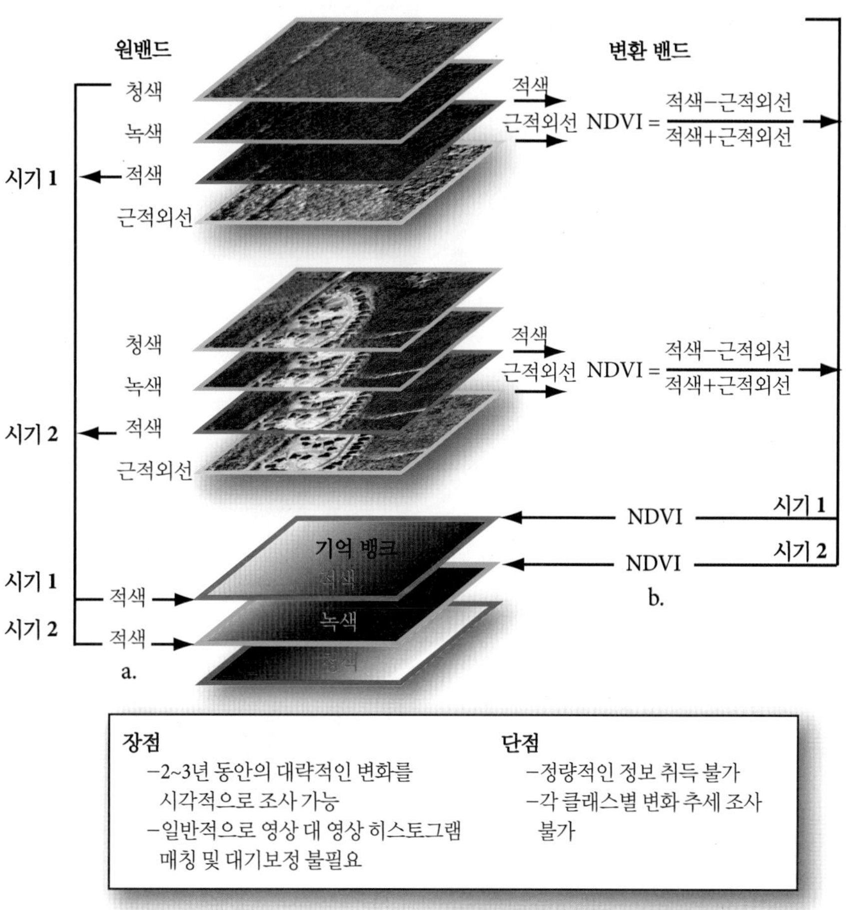

그림 12-9 RGB 기억 뱅크에 놓인 2~3개 시기의 좌표 등록된 원격탐사 자료를 이용한 컴퓨터 스크린에 의한 아날로그 육안판독의 논리. 분석가는 a) 개별적인 원밴드, 그리고/또는 b) NDVI와 같은 다중시기 원자료의 변환을 사용할 수 있다(영상 제공 : Richland County GIS Department).

로 구축되어 있다. ChangeMatters®는 ArcGIS 서버 영상 확장 부분에 구축된 웹기반의 무료 Landsat 뷰어에서 작동한다(Esri ChangeMatters, 2014). 해당 기법은 전처리된 결과를 저장하는 것이 아니라 화면 상에서 변화를 바로 계산한다.

2008년 12월, USGS는 인터넷을 통하여 무료로 획득할 수 있는 약 300만 장 이상의 Landsat 산출물 영상을 사용할 수 있도록 하였다(USGS, 2014). USGS와 NASA는 1970년대, 1990년대, 2000년, 2005년, 2010년으로부터 각 시대별 하나의 영상으로 구성된 전 세계 Landsat 영상의 시대별 자료인 GLS(Global Land Survey)를 발표하기로 파트너십을 맺었다.

ChangeMatters® 프로그램은 다른 투영, 포맷, 위치, 화소 크기, 시기를 가진 영상을 동적으로 모자이킹 처리한다(Green, 2011). 서버기반의 처리는 결과물 파일의 직접적인 생성 없이 다중시기 영상의 웹 화면 상의 생성을 가능하게 한다. 해당 활용기술은 사용자가 다양한 밴드 조합, 영상의 다른 시기를 검토하고, 새로운 산출물을 파생시키기 위하여 다른 영상에 대응되는 다중시기 밴드를 생성할 수 있도록 한다. 사용자는 영상에 어떠한 처리과정을 수행할 수 있을지를 정의할 수 있으며, 서버는 정의된 과정을 원영상에 직접적으로 수행하여, 관심지역에 요구된 정보를 보내 주게 된다.

ChangeMatters® 표현은 식생 연구와 도시 분석에 유용한 근적외선 컬러조합(예 : TM 밴드 4, 3, 2)과 식생 분석과 몇몇 도시 연구, 건강한 식생, 토지/물 경계 탐지, 농업과 산림 관리에 정보를 제공해 주는 식생 분석에 적합한 대기 투과(예 : TM 밴드 7, 4, 2)를 지닌 천연색상을 포함한 다른 표준 밴드 조합으로 사용 가능하다. 이들 서비스는 다중시기에 대하여 제공되므로, 사용자는 시간을 되돌려 지난 30년 동안 지형이 어떻게 변화하였는지 쉽게 분석할 수 있다(Green, 2011).

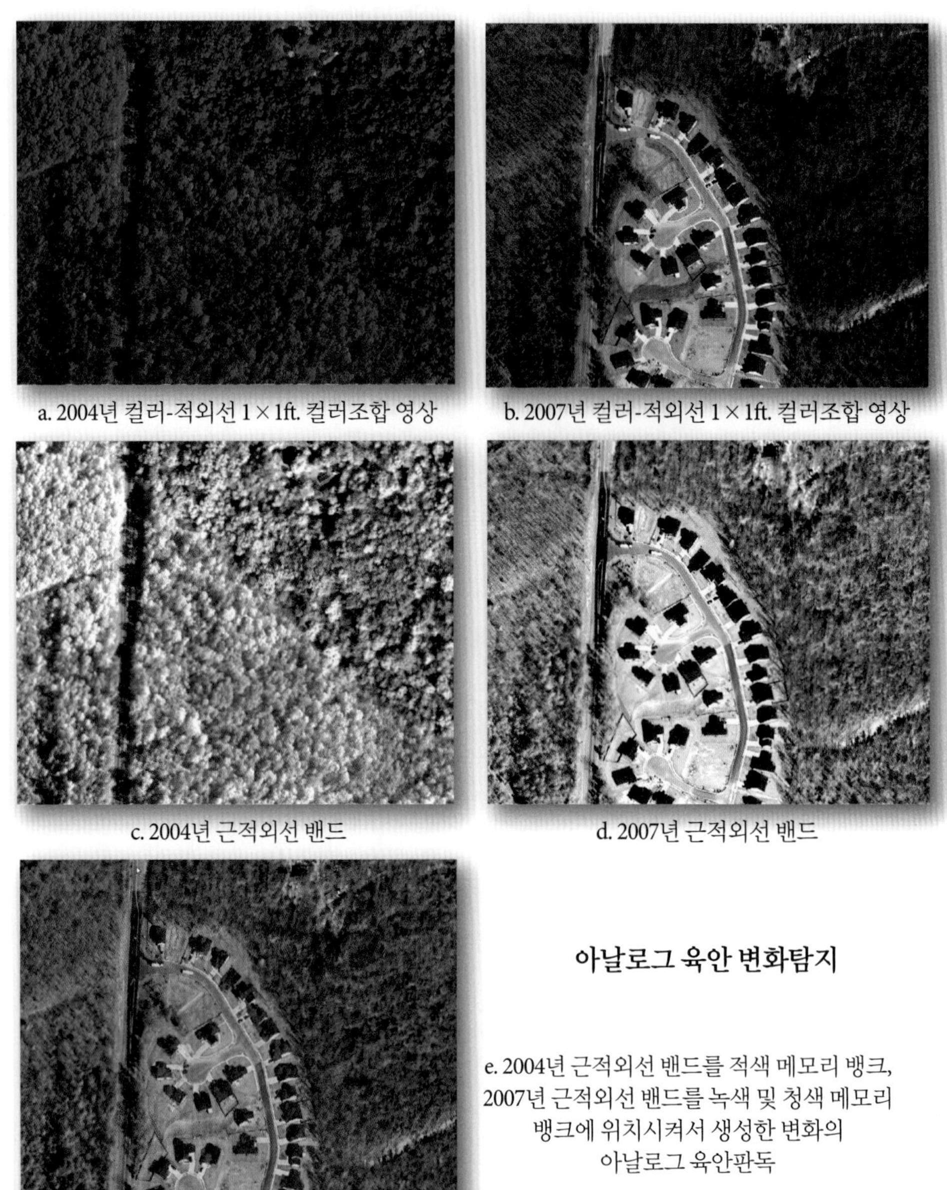

그림 12-10 사우스캐롤라이나 주 밸런타인 근처 지역에 대한 2004년과 2007년에 취득된 고해상도 영상을 통하여 변화를 탐지하기 위한 아날로그 육안판독의 사용(영상 제공 : Richland County GIS Department)

우리는 ChangeMatters® 변화탐지 프로그램의 효율성을 설명하기 위해 워싱턴 주의 세인트헬렌스 산을 포함한 다중시기의 Landsat 영상을 사용할 것이다. 세인트헬렌스 산은 워싱턴 주 스카마니아 카운티에 위치한 성층 활화산이다. 해당 지역은 워싱턴 주 시애틀에서 남쪽으로 154km 떨어져 있으며, 오리건 주 포틀랜드에서 북동쪽으로 80km 거리에 있다. 세인트헬렌스 산은 1980년 5월 18일 오전 8시 32분에 발생한 재앙적인 화산폭발로 유명하다. 그것은 미국 역사상 가장 치명적이며 경제적으로 파괴적인 화산 사건이었다. 57명이 사망하였으며, 250채의 주택, 47개의 교량, 철도 24km, 고속도로 298km가 파괴되었다. 리히터 축척으로 약 5.1 크기의 지진에 의해 촉발된 거대한 암설사태가 화산폭발의 원인이 되었으며, 산정상의 고도를 9,677ft.(2,950m)에서 8,365ft.(2,550m)로 감소시키고, 약 1mi.(1.6km) 너비의 편자형 분화구를 생성시켰다. 화산을 보존하고 화산의 여파를 과학적으로 연구하기 위하여 세인트헬렌스 산의 국가적인 화산기념물이 세워졌다.

a. 2000년 5월 3일에 촬영된 네바다 주 미드 호수의 Landsat ETM+ 자료(RGB = 밴드 4, 3, 2)

b. 2003년 4월 19일에 촬영된 ASTER 자료 (RGB = 밴드 3, 2, 1)

c. RGB 밴드를 각각 ASTER 밴드 3, ETM+ 밴드 4, ETM+ 밴드 4로 설정한 아날로그 육안 변화탐지

Landsat ETM+와 ASTER 영상을 이용한 네바다 주 미드 호수의 아날로그 육안 변화탐지

그림 12-11 a, b) Landsat ETM+와 ASTER에 의하여 수집된 네바다 주 미드 호수의 다중시기 영상. c) ASTER 밴드 3(0.76~0.86μm)과 ETM+ 밴드 4(0.75~0.90μm)를 이용한 아날로그 육안 변화탐지(영상 제공 : NASA).

79×79m의 공간해상도를 지닌 1975년의 Landsat MSS 영상을 화산 분출 전 영상으로 선택하였다(그림 12-12a). 분출 후 영상은 2010년에 취득된 30×30m 공간해상도의 Landsat TM 영상이다(그림 12-12b). 변화 영상(그림 12-12c)은 이들 두 시기의 영상으로부터 추출된 NDVI의 조합이다. 2010년 NDVI 영상은 녹색 그래픽 메모리 뱅크에 위치시켰으며, 1975년 NDVI 영상은 적색 및 청색 그래픽 메모리 뱅크에 위치시켰다(그림 12-12c)(Green, 2011). 미변화 지역은 전후 영상이 개략적으로 동일한 NDVI값을 가지기 때문에 회색의 색조로 나타난다. 전년도보다 후년도에서 높은 NDVI를 가지는 영역은 수위의 감소

그림 12-12 1975~2010년 세인트헬렌스 산의 변화를 확인하기 위하여 사용되는 Esri ChangeMatters®의 결과물. a) 1975년 Landsat MSS 영상(RGB = 밴드 4, 2, 1). b) 2010년 Landsat TM 영상(RGB = 밴드 4, 3, 2). c) 2010년 NDVI 영상은 녹색 그래픽 메모리에 위치하였으며, 1975년 NDVI 영상은 적색 및 청색 그래픽 메모리에 위치하였다. 미변화 영역은 전후 영상이 대략적으로 동일한 NDVI값을 가지기 때문에 회색 색조로 나타난다. NDVI 변화 영상의 식생 감소지역은 자주색으로 표현되며, 식생 증가지역은 밝은 녹색을 띠어 영역을 강조한다(영상 제공 : USGS와 NASA).

와 식생 활력의 증가를 나타내는 녹색으로 나타난다. 전년도보다 후년도에서 낮은 NDVI를 가지는 영역은 자주색으로 나타나며, 이는 식생 활력의 감소(아마도 도시 토지피복으로의 변화)나 수위의 증가를 의미한다. 웹 상에서 ChangeMatters®의 접속은 무료이며, http://changematters.esri.com/explore?tourid=10을 통하여 접속이 가능하다.

다른 ChangeMatters의 예는 이 장의 서두에 나와 있는 그림으로 설명된다. 해당 그림은 그랜드캐니언의 노스 림에 대한 1990년 및 2000년 Landsat TM 영상의 컬러-적외선 컬러조합으로 구성된다. NDVI 영상은 이들 두 TM 자료를 통하여 계산되었다. 2000년 NDVI 영상은 녹색 그래픽 메모리 뱅크에 할당되고, 1990년 NDVI 영상은 적색 및 청색 그래픽 메모리 뱅크에 위치시킨다. 아날로그 육안판독은 2000년 Landsat TM 영상에 존재하는 산불에 의한 피해상황을 강조한다.

아날로그 육안 변화탐지의 장점은 2개 혹은 3개 시기의 원격탐사 자료 혹은 파생물을 동시에 관찰할 수 있다는 것이다. 또한 일반적으로, 아날로그 육안 변화탐지에 사용되는 원격탐사 자료는 대기보정할 필요가 없다. 그러나 유감스럽게도 이 기법은 각 토지피복 분류항목별 변화된 면적에 대한 정보를 정량화할 수 없다. 그럼에도 불구하고 어떤 지역의 변화된 면적을 정성적으로 평가하는 데에는 탁월한 방법이며, 보다 정량적인 변화탐지 기법들 중 하나를 선택하는 데 도움을 줄 수 있다.

영상대수를 사용한 이진 변화탐지

두 시기의 영상을 이용하여 정량적인 이진의 '변화/미변화' 정보를 추출하는 것은 가장 많이 사용되는 변화탐지 기법 중의 하나이다(Im et al., 2009, 2011; Klemas, 2011). 2개의 기하보정된 영상 사이에서 이진 변화탐지는 일반적으로 영상차 혹은 영상비율 논리(Bruzzone and Prieto, 2000; Jensen and Im, 2007; Kennedy et al., 2009)와 같은 래스터 영상대수를 사용하여 수행되거나, 주성분 분석(PCA)(Exelis, 2013; Rokni et al., 2015) 및 다중시기 조합 영상자료들을 이용하여 수행된다.

영상차 변화탐지

이 기법은 두 밴드(k)가 모두 동일한 분광해상도를 가지고 있다고 할 때(예 : 근적외선 밴드 = 700~900nm), 시기 1 영상의 밴

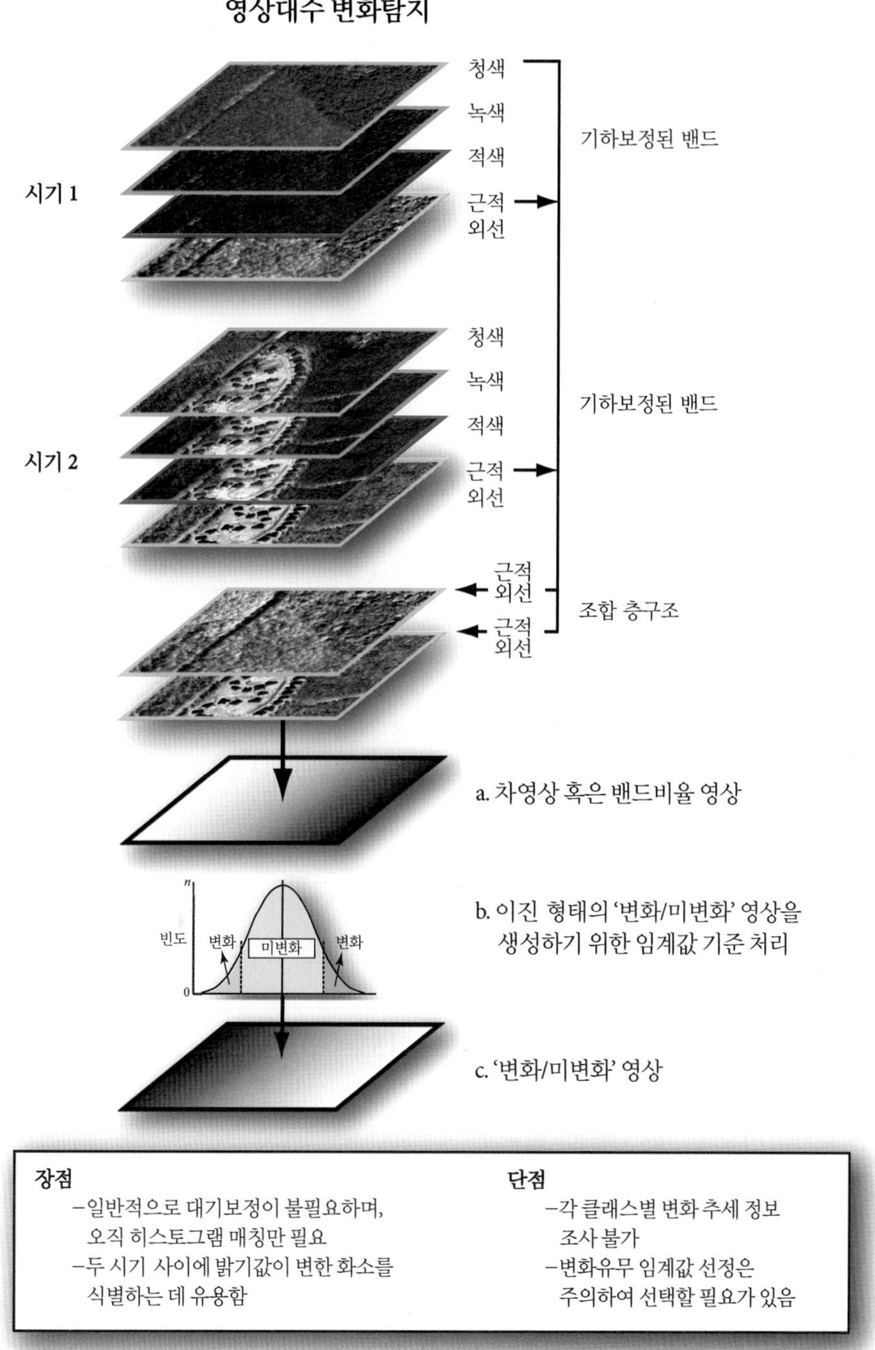

그림 12-13 영상차 혹은 밴드비율을 이용한 영상대수 변화탐지의 논리(영상 제공 : Richland County GIS Department)

드 *k*에서 시기 2 영상의 밴드 *k*를 빼는 것을 의미한다(그림 12-13). 두 영상(밴드)이 거의 동일한 방사 특성(예 : 밴드 *k* 자료는 정규화되거나 대기보정되었음)을 가진다면, 이상적으로 차 연산은 복사량이 변화된 지역에서 양수 혹은 음수를 가지게 되며, 변화영상에서 변화가 없는 지역에서는 0의 값을 가진다(그림 12-13a).

변화영상은 그림 12-13b에 나타나는 것과 같이 고유한 특성을 보이는 히스토그램을 지닌다(Im et al., 2011). 8비트 자료가 분석될 때, 변화영상에서 나올 수 있는 가능한 차이값의 범위는 −255~+255 사이가 될 것이다(그림 12-13b와 12-14). 이러한 결과는 상수(*c*)를 더함으로써 양의 값을 가지도록 변환될 수 있다. 식은 다음과 같다.

$$\Delta BV_{i,j,k} = BV_{i,j,k}(1) - BV_{i,j,k}(2) + c \qquad (12.1)$$

여기서

$\Delta BV_{i,j,k}$ = 변화화소의 밝기값
$BV_{i,j,k}(1)$ = 시기 1에서의 밝기값
$BV_{i,j,k}(2)$ = 시기 2에서의 밝기값
c = 상수(예 : 127)
i = 열 번호
j = 행 번호
k = 밴드 번호(예 : IKONOS 밴드 3)

영상차를 이용하여 만들어진 변화영상의 밝기값은 일반적으로 두 시기 사이의 밝기값이 변화가 없는 화소는 평균 주변에 분포하고, 변화가 있는 화소는 분포의 양쪽 꼬리부분에 위치하는 가우시안 분포에 근접한다(Song et al., 2001). 만약 영상차 자료가 부동소수 형태로 저장된다면 굳이 식 12.1에서처럼 상수를 더할 필요 없이 화소값은 −255에서 +255까지 가질 수 있다(그림 12-14a). 비율영상은 결과값으로 1/255에서 255까지 가질 수 있으며, 두 시기의 밝기값 사이에 변화가 없는 화소는 변화영상에서 1의 값을 가진다는 점을 제외하고 동일한 논리를 가진다.

2개의 데이터셋을 이용한 영상차 변화탐지를 살펴보자. 첫 번째 예는 미드 호수지역을 대상으로 2000년 5월 3일에 수집된 Landsat ETM$^+$ 영상(밴드 4 : 0.75~0.90μm)과 2003년 4월 19일에 수집된 ASTER 영상(밴드 3 : 0.76~0.86μm)을 이용한 것이다(그림 12-15a, b). 이 두 영상에 영상차 연산을 적용하여 산출된 변화영상의 히스토그램은 그림 12-15c에 나와 있다. 한 영상이 다른 영상에 히스토그램 매칭되어서, 변화영상의 히스토그램이 좌우대칭이라는 점에 주목하자(Kennedy et al., 2009). 대상지역의 대부분은 2000년과 2003년 사이에 변하지 않았다. 따라서 변화영상의 히스토그램을 보면 화소 대부분이 0의 값을 가지고 있다. 그러나 호수에서 수위강하가 일어나서 지반이 노출된 곳과 그곳에 새로운 식생이 자라난 지역에서는 그림 12-15d와 같이 변화영상에서 많은 변화가 있는 것으로 나타났다. 실제로 그림 12-15d에는 두 가지 형태의 변화가 존재하는데 밝은 녹색과 적색이다. 변화영상의 히스토그램에서 분석가가 정한 첫 번째 임계값보다 낮은 값을 가지는 모든 화소는 적색으로 할당되었고, 두 번째 임계값보다 높은 값을 가지는 모든 화소는 녹색으로 할당되었다.

영상대수 밴드비율 변화탐지

밴드비율을 이용한 이진 변화탐지는 이상적으로 동일한 분광해상도를 가지고 있는 밴드 k에 대하여 시기 1 영상의 밴드 k를 시기 2 영상의 밴드 k로 나누는 것을 의미한다.

$$\Delta BV_{i,j,k} = \frac{BV_{i,j,k}(1)}{BV_{i,j,k}(2)} \qquad (12.2)$$

Crippen(1988)은 다중시기 밴드비율을 위하여 사용되는 모든 자료는 대기보정이 수행되어야 하며, 임의의 센서 보정 문제(예 : 조정을 벗어난 감지기)로부터 자유로워야 함을 권고하였다. 만약 두 밴드가 거의 동일한 방사 특성을 가지고 있다면, 결과적인 변화영상은 1/255~+255의 범위를 가지는 값들을 포함하게 된다(그림 12-14a). 두 시기에서 밴드 k에 있어 최소 분광 변화를 나타내는 값은 1.0 부근에 분포한 값을 가질 것이다. 불행하게도, $BV_{i,j,k}=0$이 특정 시기 영상에서 가능하기 때문에 실제 계산은 항상 간단하지 않다. 따라서 $BV_{i,j,k}$가 0을 가지게 되면 일반적으로 1과 동일한 값으로 설정한다. 또한 만약 $BV_{i,j,k}$가 0이라면, 작은 값(예 : 0.1)을 분모에 더할 수도 있다.

표준 8비트 포맷(0~255의 값)을 가지는 변화영상자료의 범위를 나타내기 위하여 일반적으로 정규화함수가 적용된다. 정규화함수를 사용하여 비율값이 1인 화소는 127의 밝기값으로 할당된다. 변화영상비율이 1/255~1인 화소값은 정규화함수를 이용하여 1~127의 범위로 할당된다(Jensen et al., 2012).

$$\Delta BV_{i,j,k} = Int[(BV_{i,j,r} \times 126) + 1] \qquad (12.3)$$

변화영상비율이 1~255인 화소값은 정규화함수를 이용하여 128~255의 범위를 지니는 값으로 할당된다.

$$\Delta BV_{i,j,k} = Int\left(128 + \frac{BV_{i,j,r}}{2}\right) \qquad (12.4)$$

일반적으로, 127에 근접한 비율 변화영상의 화소값은 최소 변화지역을 의미하지만, 분포의 양 끝에 위치하는 화소값은 다중시기 동안에 명확하게 변화되었음을 의미한다(그림 12-14a).

밴드비율 혹은 영상차 변화탐지는 원격탐사 자료의 개개 밴드에 한해서 적용할 필요는 없다. 이들은 다중시기의 영상으로부터 추출된 식생지수나 다른 지수정보의 형태를 비교하는 것으로 확장될 수 있다. 예를 들어, 많은 과학자들이 두 시기의 영상으로부터 정규식생지수(NDVI)를 계산하고, 두 시기 사

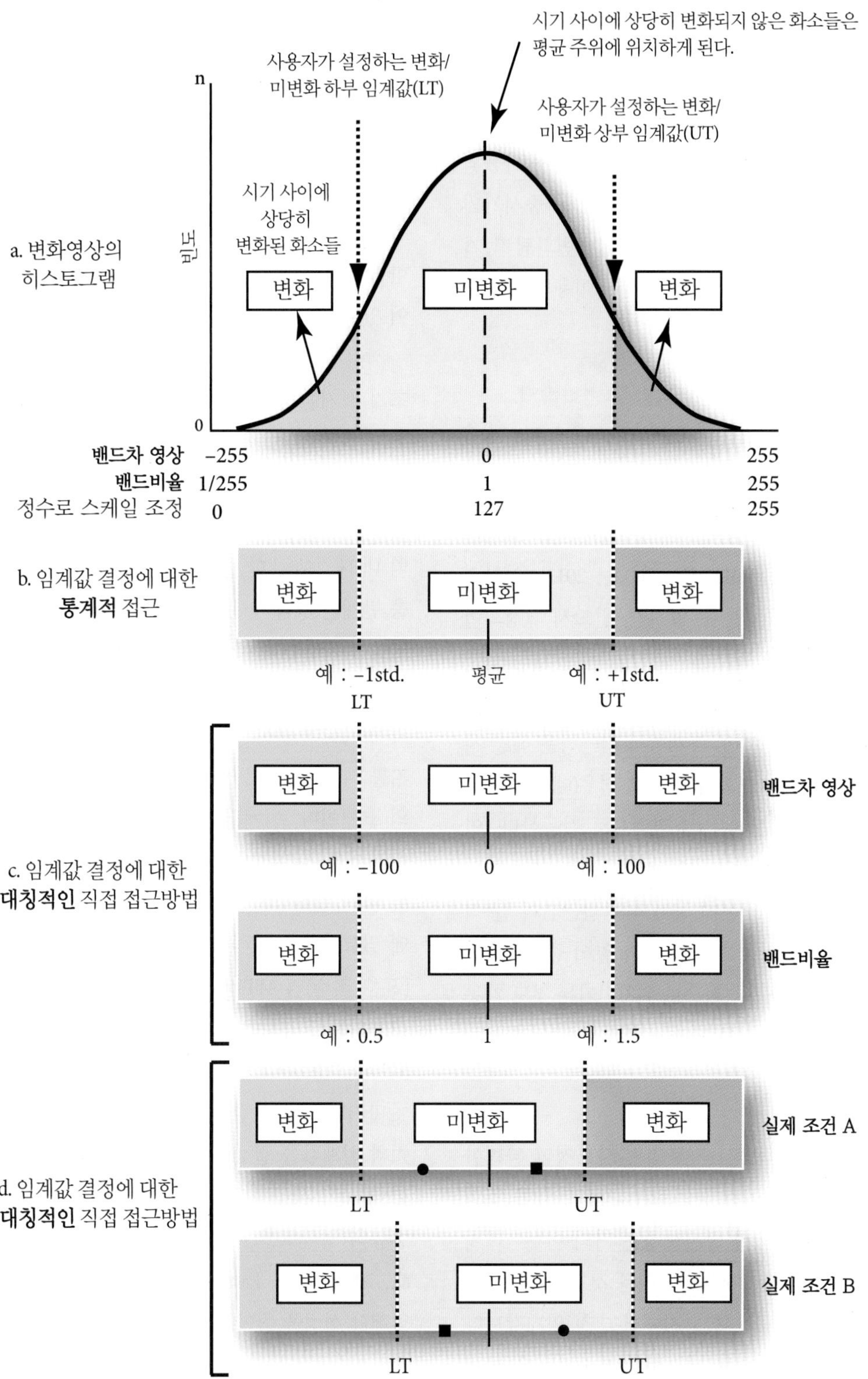

그림 12-14 밴드차 영상과 밴드비율을 이용한 다중시기 영상으로부터 생성된 변화영상은 b) 통계적, c) 대칭적, d) 비대칭적 접근법을 이용하여 변화지역을 확인하기 위하여 처리될 수 있다(Figure 1 from Im, J., Lu, Z., and J. R. Jensen, 2011, "A Genetic Algorithm Approach to Moving Threshold Optimization for Binary Change Detection," *Photogrammetric Engineering & Remote Sensing*, 77(2) : 167-180; and, Jensen et al., 2012에 기초).

이의 차이를 구하였다(예 : Lunetta et al., 2006; Green, 2011; Klemas, 2011).

$$\Delta \mathrm{NDVI}_{i,j} = \mathrm{NDVI}_{i,j}(1) - \mathrm{NDVI}_{i,j}(2) + c \qquad (12.5)$$

만약 영상차 결과 파일이 부동소수 형태로 저장된다면 식 12.5에서 상수 c는 사용할 필요가 없다. NDVI 변화탐지에 사용되는 개개 영상은 이상적으로 대기보정되어야 한다. 다중시기의 Kauth-Thomas 변환의 차영상을 기반으로 하는 변화탐지 기법(예 : 밝기, 녹색화, 습윤지수의 변화)도 널리 이용되어 왔다(예 : Franklin et al., 2002; Radke et al., 2005).

통계적 혹은 대칭 임계값을 이용한 영상대수 변화탐지

영상차 혹은 밴드비율 이진 변화탐지를 수행할 때 주요 고려사항은 변화영상 히스토그램과 연관된 '변화' 및 '미변화' 화소 사이의 하부 및 상부 임계값 경계가 어디에 위치하고 있는지를 결정하는 것이다(Im et al., 2011; Patra et al., 2013). 이상적인 임계값 경계는 거의 사전에 알 수 없지만, 반드시 결정되어야 한다. 때때로 평균에 의한 표준편차를 이용한 통계적 접근법이 사용되고, ±1의 표준편차를 이용하여 평가된다(그림 12-14b)(Morisette and Khorram, 2000). 통계학적 접근법은 해당 시기 사이에 제한적인 위치에서 변화가 발생할 경우(예 : 전체 영역에서 5% 미만에서 변화 발생)에는 효과적으로 작동한다. 연구영역의 매우 큰 부분에서 변화가 일어날 경우에는, 화소값의 분포가 일반적으로 편향되기 때문에 통계학적 접근법이 잘 적용되지 않는다. 그림 12-14c에서 보이는 것과 같이 중점에서부터 대칭적인 거리로 임계값을 직접적으로 위치시키는 것도 가능하다.

비대칭 임계값을 이용한 영상대수 변화탐지

직접적인 대칭 접근법은 원격탐사 자료의 방사보정이 완벽한 경우에 잘 적용된다. 그러나 이번 장의 초반부에 언급한 것과 같이 여러 요소에 의하여 완벽한 방사보정은 거의 이루어지지 않는다. 결과적으로, 그림 12-14d에서 설명된 것과 같이, 영상차 및 밴드비율을 사용한 이진 변화탐지에서 대칭 임계값보다 비대칭 임계값이 더욱 효과적이다. 대부분의 분석가들은 실제적인 변화지역의 크기가 발생할 때까지, 변화영상 히스토그램 분포의 양 끝의 비대칭적 위치에 임계값을 위치시킴으로써 경험적으로 실험하는 것을 더욱 선호한다(그림 12-14d). 따라서 최종적으로 표시를 위해 재부호화되어 선택되는 변화지역의 크기는 주관적이며, 연구영역의 관심도에 기반을 두어야만 한다.

이동 임계값 창(MTW)을 이용한 영상대수 변화탐지

이진 변화탐지의 연구는 변화영상을 생성할 때, 최적의 하부 및 상부 임계값을 찾기 위한 자동화된 기법의 개발에 초점을 맞추어 진행되었다. 예를 들어, Im 등(2009, 2011)은 임계값의 최적 위치를 찾기 위한 이동 임계값 창(Moving Threshold Windows, MTW) 기반 모델을 개발하였다. 이진 변화탐지에 대한 MTW 기반 처리기법과 관련된 논리는 그림 12-16에 설명되어 있다.

처리기법은 총 4개의 단계로 구성된다. 첫 번째로, MTW의 초기 크기를 찾는 것이 필요하다. 분석가는 초기 크기를 명시화하거나, 차연산 형태의 변화강조영상의 영역 안의 대칭에 대한 중심에 가장 가까운 값으로 설정된 내정된 초기 크기를 사용할 수 있다. 비율 형태의 영상에 대한 내정된 초기 크기는 영역 내 대칭에 대한 중심에서 가장 먼 값으로 설정되어 있다. 다음 단계는 영역 내에 임계값 창을 위치시키고 자동화된 검정 모델을 이용하여 다수의 창 위치에 대한 평가를 수행하는 것이다(그림 12-16). 2개의 변수(예 : MTW의 범위 및 이동률)는 분석가에 의하여 결정된다. 범위는 임계창이 어디로 이동할 수 있는지를 나타내며, 이동률은 범위 내에서 창이 이동할 수 있는 폭의 크기이다. 임계값 창의 크기가 두 번째 단계에서 보정됨에 따라서 다른(예 : 증가하거나 감소하는) MTW의 크기는 개선된 이진 변화탐지 보정 결과를 생성하는지 아닌지를 평가하는 데 필요하다. 이는 세 번째 과정에서 수행된다. 분석가는 최대(혹은 최소)의 MTW 크기를 결정할 수 있다. 변화강조영상에 대응되는 영역 내의 최댓(혹은 최소)값은 보통 내정값으로 설정되어 있다(그림 12-16).

마지막으로, 가장 높은 정확도를 보이는 MTW의 크기와 최적의 임계값을 결정한다(그림 12-16). MTW 기반의 모델은 변화에 대한 사용자 및 생산자 정확도, Kappa 계수를 포함한 세 종류의 정확도를 계산한다(Congalton and Green, 2009; Im et al., 2007, 2009). Patra 등(2013)은 영상차 변화탐지를 수행할 때 임계값 선정을 위한 부가적인 처리기법을 제공하였다.

다중시기 조합영상 변화탐지

수많은 연구가들은 다중시기의 원격탐사 영상들(예 : 동일 지역의 2장의 IKONOS 자료의 선택밴드)을 기하보정하여 하나의 데이터셋으로 만들어 왔다(그림 12-17). 이 조합된 데이터셋

영상차 변화탐지

a. 2000년 5월 3일에 획득한 네바다 주 미드 호수의 Landsat ETM⁺ 자료(RGB = 밴드 4, 3, 2)

b. 2003년 4월 19일에 획득한 ASTER 자료 (RGB = 밴드 3, 2, 1)

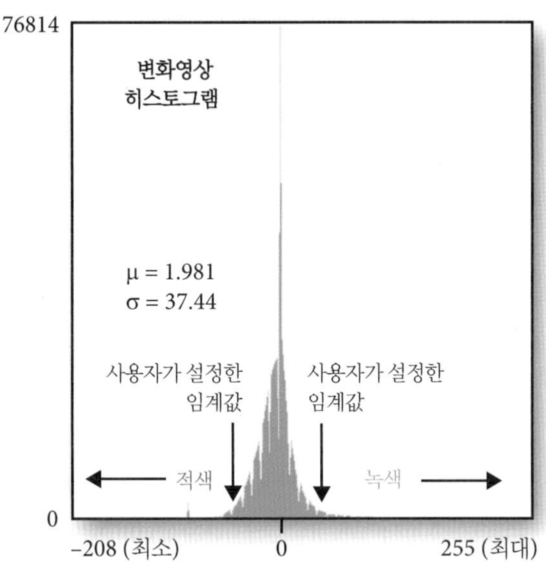

c. 2003년도 ASTER 자료에서 2000년도 ETM⁺ 자료를 빼서 만든 부동소수점 형태 영상의 히스토그램. 대칭적인 분포는 영상차를 수행하기 전에 히스토그램 매칭에 의한 영상이 표준화되었음을 의미한다.

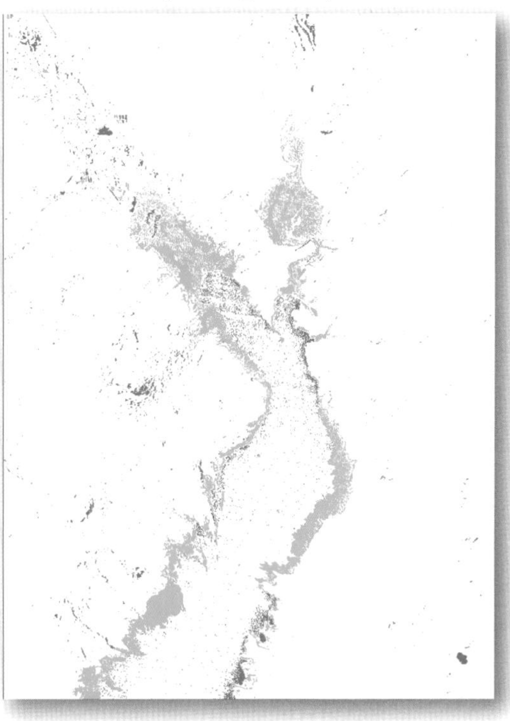

d. 영상차 변화탐지. 적색 및 녹색 변화 화소는 히스토그램의 꼬리 부분에 위치한 임계값과 관련되어 있다.

그림 12-15 a) 2000년 5월 3일에 획득한 네바다 주 미드 호수 일부분의 Landsat ETM⁺ 영상. b) 2003년 4월 19일에 획득한 미드 호수의 ASTER 영상. c) 2003년도 ASTER 밴드 3(0.76~0.86μm)에서 2000년도 ETM⁺ 밴드 4(0.75~0.90μm)를 빼서 만든 변화영상의 히스토그램. d) 변화영상 히스토그램에 두 임계값을 설정하여 변화된 지역을 보여 주는 지도(원본 영상 제공 : NASA Earth Observatory).

MTW 접근법을 이용한 이진 변화탐지

1. MTW의 초기 크기를 결정한다.

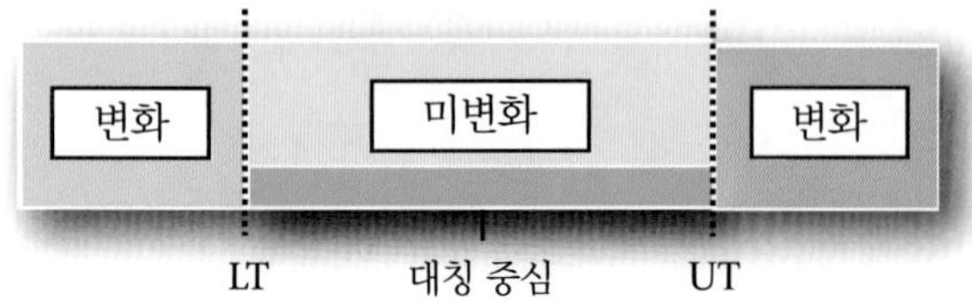

2. MTW의 초기 크기를 가지고 보정한다.

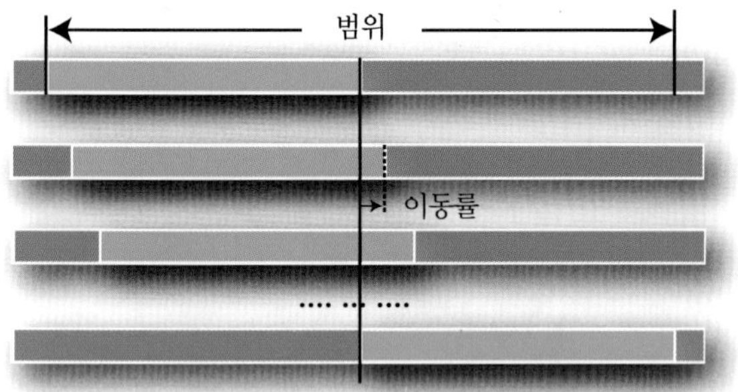

3. MTW의 크기를 다르게 하여 보정한다.
4. 가장 높은 Kappa 계수를 나타내는 MTW의 크기와 최적의 임계값을 결정한다.

그림 12-16 이진 변화탐지과정에서 최적의 임계값을 찾기 위한 이동 임계값 창을 이용하는 것과 관련된 논리(Figure 1 in Im et al., 2011에 기초. 그림 12-14에 인용)

은 여러 가지 방법으로 변화정보를 추출하기 위하여 분석될 수 있다(예 : Deng et al., 2008; Kennedy et al., 2009; Rokni et al., 2015).

변화탐지를 위한 다중시기 조합영상의 감독 및 무감독 분류

첫째, 데이터셋에 들어 있는 모든 n개의 밴드(그림 12-17b에 있는 예에서는 8개)를 이용한 전통적인 분류가 수행될 수 있다. 무감독 분류 기법은 수많은 군집을 생성할 것이다. 몇몇 군집은 변화정보를 포함하며, 일부는 변화정보를 포함하지 않을 것이다. 분석가는 각각의 군집에 적절한 범례를 붙이기 위하여 주의 깊게 판단해야 한다.

주성분 분석(PCA) 조합영상 변화탐지

PCA는 시기 1과 시기 2의 영상자료를 단일 다중시기 조합영상 데이터셋으로 병합하여 다중시기 원격탐사 자료 내 변화를 탐지하기 위하여 사용할 수 있다(그림 12-17a). 다중분광 데이터셋에 저장된 자료들은 일반적으로 서로 높은 상관관계가 있다.

PCA는 데이터셋에 n개의 밴드에 관련된 분산-공분산 행렬을 평가하거나(이를 비표준화 PCA라 함), n개의 밴드에 관련된 상관 행렬을 평가한다(이를 표준화 PCA라 함). PCA는 원자료의 평균을 지니며, 자료의 분산이 최대화되기 위하여 축이 회전된 새로운 직교축의 집합을 결정한다(Nielsen and Canty, 2008; Celik, 2009; Kennedy et al., 2009; Almutairi and Warner, 2010; Ecelis, 2013). 전통적인 PCA에 의한 결과는 점진적으로 분산의 크기가 감소되는 비상관의 n개의 성분 영상 집합이다(그림 12-17c).

결과 성분 영상은 두 종류의 방법을 사용하여 분석될 수 있다. 첫째로, n개의 성분 영상(그림 12-17d의 예에서는 6개)을 이용한 전통적인 분류가 수행될 수 있다. 무감독, 감독, 혹은 혼성 분류 기법은 변화와 관련된 개체 공간 내의 군집을 확인하기 위하여 사용된다(예 : Rokni et al., 2015). 그런 다음, 개개 군집을 명명해야 하는데 이 과정은 일반적으로 어렵다(Deng et al., 2008). 이 방법은 판독 가능하다면 어느 정도의 변화 추세 정보를 제공한다.

더욱 일반적인 처리기법은 가장 중요한 변화정보를 포함하는 PCA 성분(예 : 밴드)을 선택하고 분석하는 것이다(그림 12-17c, e). 다중분광 데이터셋으로부터 생성된 1개 혹은 2개의 PCA 영상은 토지피복 변화 때문이 아닌, 영상자료 내 변화를 설명하는 경향이 있다. 이들은 안정된 성분이라고 불린다. 모든 밴드가 사용될 때 변화정보는 종종 세 번째 혹은 네 번째 PCA 밴드에서 발견되지만, 이는 다중시기 영상 특성과 두 영상 내에 존재하는 변화지역의 양에 따라 다르다(Collins and Woodcock, 1996). 이상적인 변화지역을 확인하고 변화정보를 추출하고자 할 때 어려움이 발생할 수 있다(Almutairi and Warner, 2010). PCA 변화성분을 확인할 때, 일반적으로 해당 성분의 히스토그램과 더불어, 전에 토의한 것과 같이 변화지역을 분리하는 분포 끝부분의 '변화 대 미변화' 임계값을 결정하는 것이 필요하다(그림 12-17e). 변화영역은 일반적으로 밝거나 어두운 화소로 강조된다(그림 12-17f).

다중시기 조합영상 변화탐지의 한 예를 네바다 주 미드 호수지역 자료의 3개의 밴드(Landsat ETM$^+$와 ASTER 자료)를 이용하여 설명할 것이다. 자료를 6개 밴드로 구성된 단일 데이터셋으로 조합한 뒤 주성분 분석을 수행하였다. 이 결과, 그림 12-18에서도 알 수 있듯이 6개의 주성분 영상이 생성되었다. 두 번째 주성분(그림 12-18b)이 호수의 수위강하로 인해 노출된 지역에 대한 상세한 정보를 담고 있는 **변화 성분 영상**임에 주목하자. 그림 12-18b 내의 두 번째 주성분 영상의 히스토그램은 십

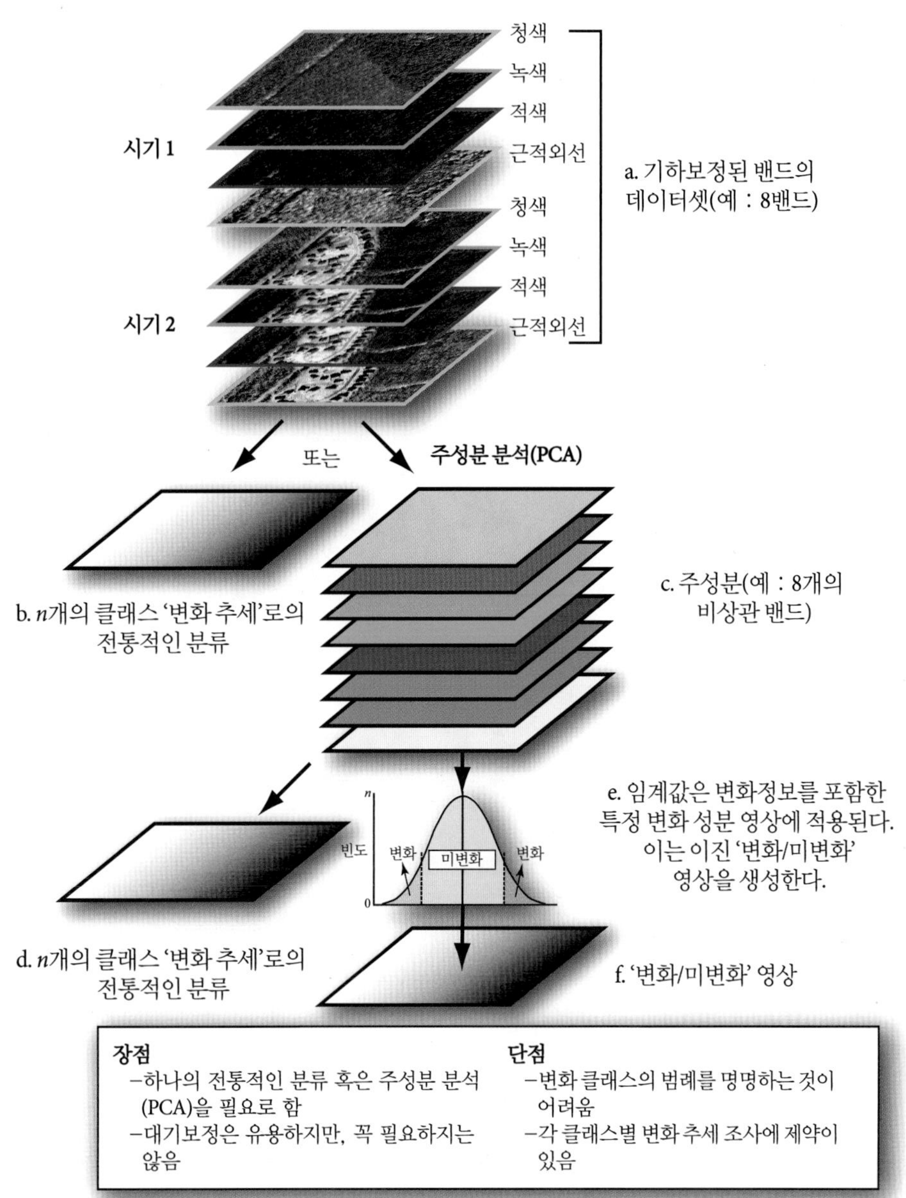

그림 12-17 단일 데이터셋에 위치한 다중시기 영상을 이용한 변화탐지 수행의 논리. 데이터셋은 b) 전통적인 무감독, 감독 분류 기술, c) 주성분 분석을 이용하여 분석될 수 있다(영상 제공 : Richland County GIS Department).

게 분석될 수 있으며, 그림 12-19에 보이는 것처럼 다양한 메모리 뱅크에 3개의 주성분을 위치시킴으로써 다중시기 성분 영상으로부터 변화정보도 시각적으로 추출할 수 있다.

MDA 정보시스템 LLC, 국가 도시 변화 지표(NUCI)®

변화탐지를 위한 Landsat 자료의 활용에 대한 다른 접근법은 MDA 정보시스템 LLC에 의하여 제공되었다(MDA, 2014). ChangeMatters 활용과는 다르게 NUCI®는 MDA의 특허인 상관성 있는 토지변화(CLC)® 처리를 이용하여 전처리된 래스터 및 벡터 GIS 자료를 활용한다(Dykstra, 2012). NUCI 과정은 언제 특정한 30×30m 공간해상도의 화소가 지속적인 변화를 지니는지를 결정하기 위하여 조직적으로 과거에 획득된 Landsat 자료의 분광 특성을 비교한다. 결과 GIS 자료 파일 중의 하나는 전체 인접한 48개 주 내에 각 30×30m 화소에 대하여 변화가 언제 발생하는지에 대한 정보를 포함한다.

CLC 처리를 위한 입력 자료는 그림 12-20a에 나타난 것과 같

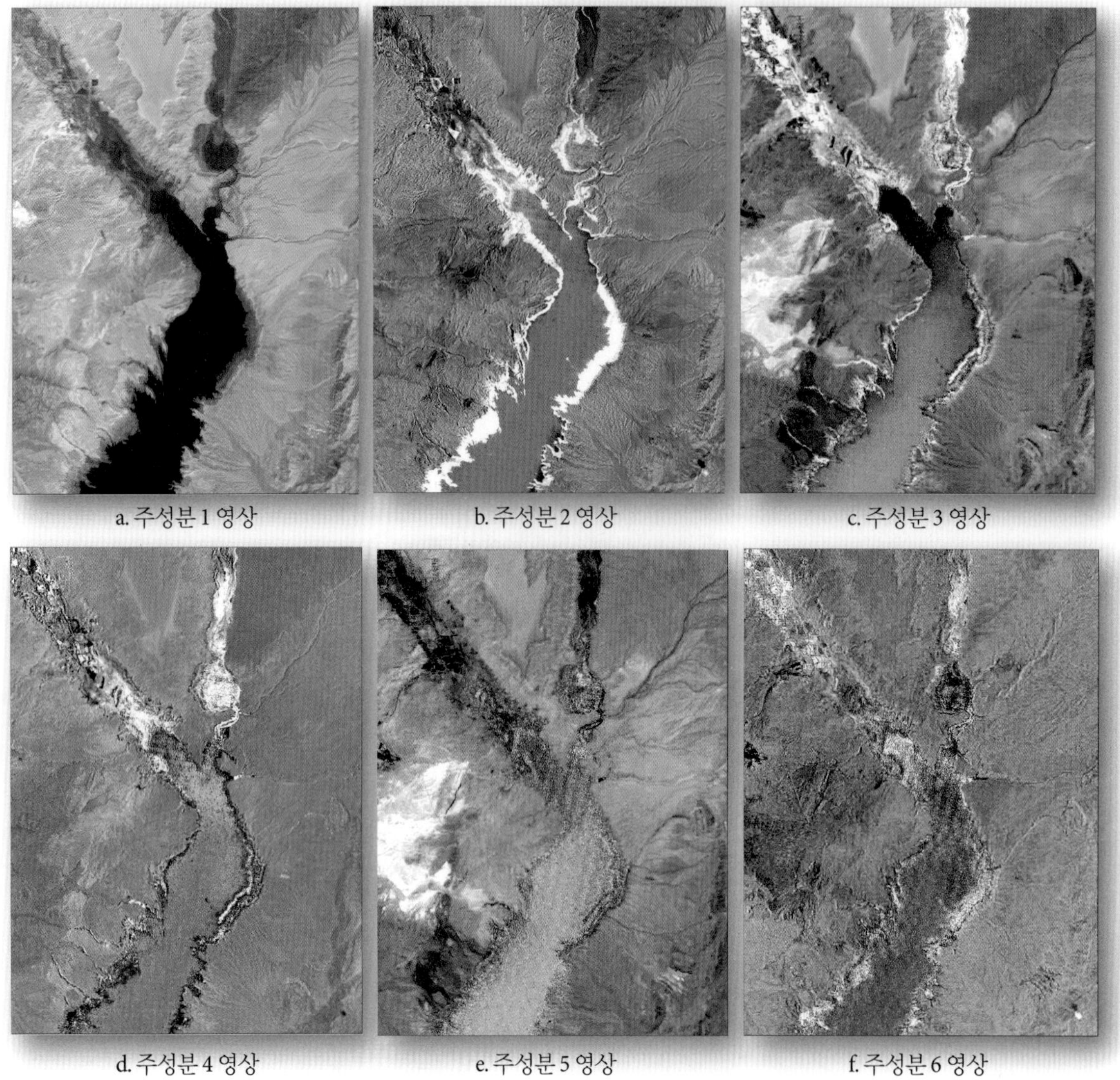

그림 12-18 Landsat ETM+와 ASTER 영상의 다중시기 데이터셋에서 유도된 주성분 요소. 주성분 2는 변화정보를 포함한다. 그림 12-19에 보이는 것처럼, 더욱 미묘한 변화지역들을 강조하기 위하여 처음 세 가지 성분을 다양한 메모리 뱅크에 위치시켰다(원본 영상 제공 : NASA).

은 상호 기하보정된 Landsat 다중분광 자료의 다중시기 단일 데이터셋이다. 상호 기하보정된 Landsat 다중분광 자료 단일 데이터셋에 대한 쌍별 치환에 대한 조직적인 조합으로 계산된 다중시기의 변화탐지 결과의 분석에 의한 화소단위의 변화를 결정하기 위하여 MDA는 교차상관분석(Cross Correlation Analysis, CCA)을 사용한다(그림 12-20b). 화소를 기준으로 하는 도심지 및 의인화된 변화를 매핑하고 결정하기 위하여 다중시기의 패턴인식 과정이 사용된다(그림 12-20c~e). NUCI 변화는 2개의 클래스로 기록될 수 있다.

1. '3-관측 변화'는 다중시기 영상층 구조 내 3연속 날짜 동안에 변화되지 않은 상태로 남아 있다가 다른 3연속 날짜 동안에 다른 상태로 변화가 발생한 화소들과 관련되어 있다. 이는 새로운 상태로 보이는 각 관측값이 앞선 상태의

아날로그 육안판독을 이용하여 나타낸 주성분을 기반으로 하는 다중시기 조합영상 변화탐지

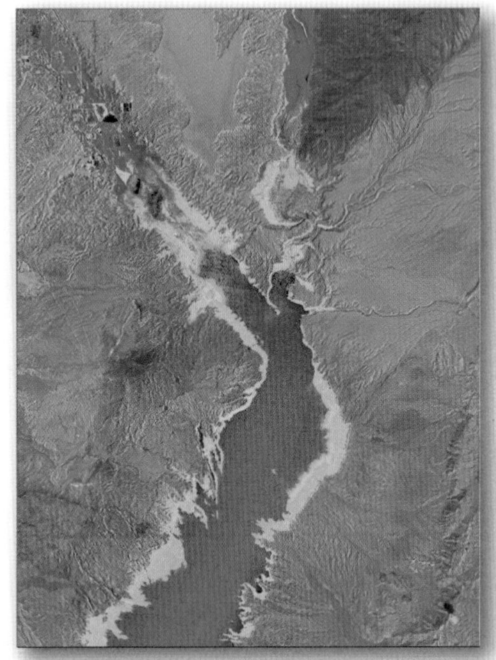

a. RGB = 주성분 3, 2, 1을 이용한 아날로그 육안 변화탐지

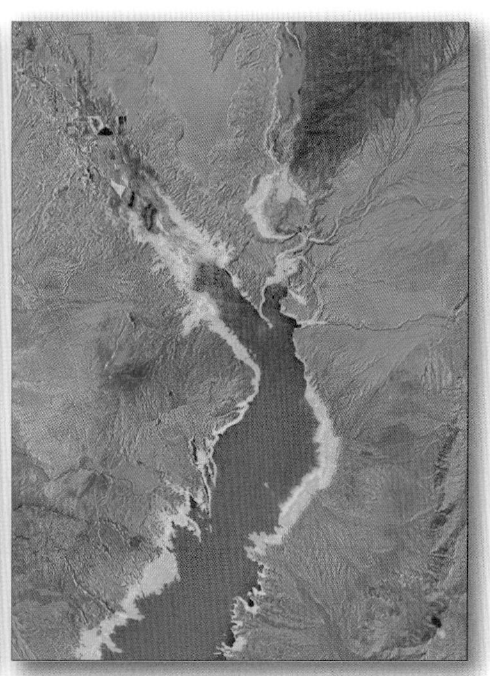

b. RGB = 주성분 1, 2, 3을 이용한 아날로그 육안 변화탐지

c. RGB = 주성분 2, 1, 3을 이용한 아날로그 육안 변화탐지

주성분 영상으로 구성되는 다중시기 조합자료로부터 얻은 주성분 영상

*2000년 5월 3일에 획득된
Landsat ETM+ 자료(밴드 2, 3, 4)
*2003년 4월 19일에 획득된
ASTER 자료(밴드 1, 2, 3)

그림 12-19 Landsat ETM+와 ASTER 자료로 구성된 다중시기 조합자료로 생성된 PCA 영상을 이용한 다중시기 조합영상 변화탐지. 다양한 주성분 영상의 정보 내용을 강조하기 위하여 아날로그 육안판독 기법이 사용되었다. 주성분 2, 3은 많은 변화정보를 포함한다(원본 영상 제공 : NASA).

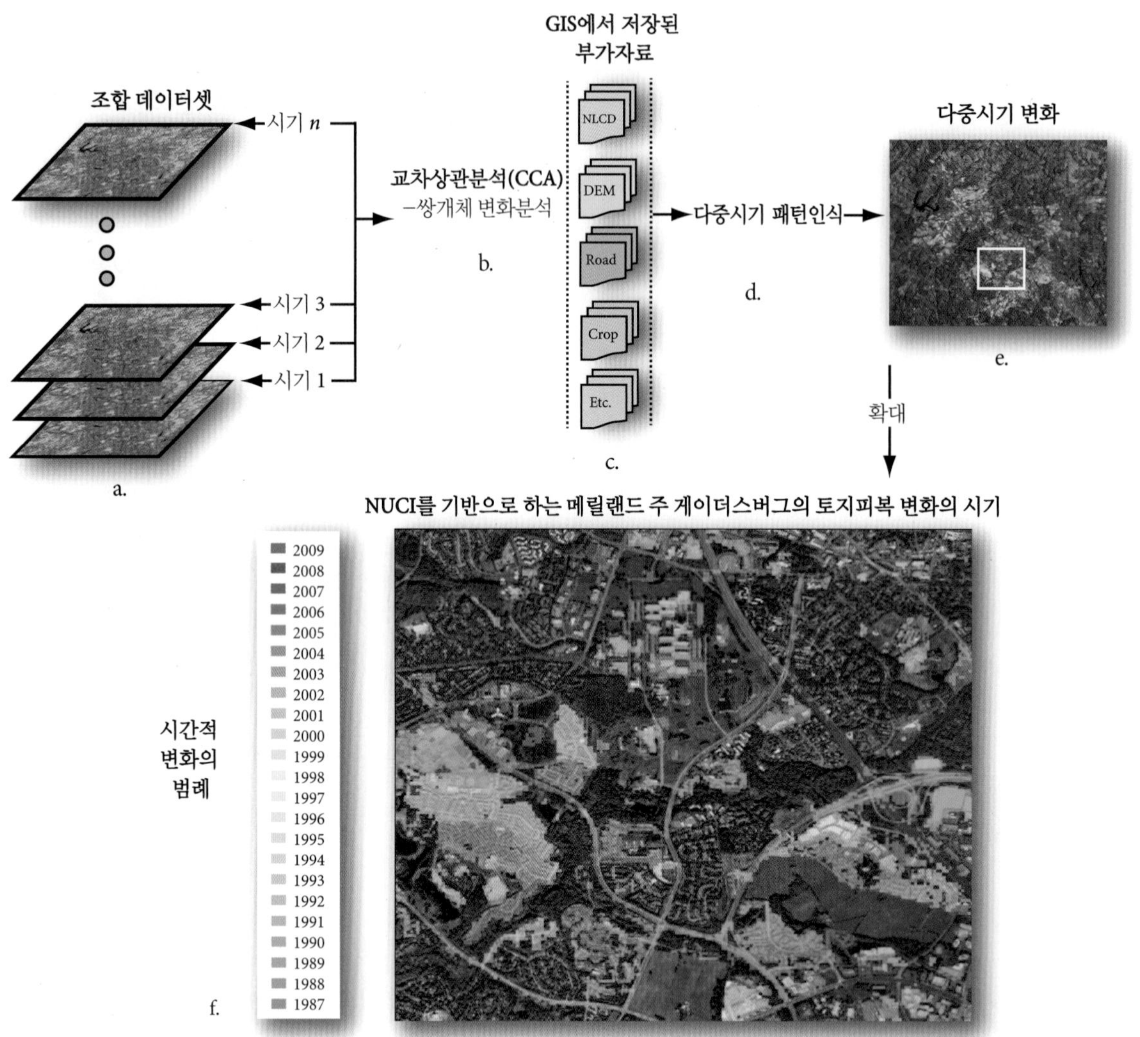

그림 12-20 a) MDA Information Systems사의 NUCI(National Urban Change Indicator) 프로그램은 기하보정된 Landsat(혹은 다른 영상) 자료를 사용한다. b~c) 영상과 보조 공간 자료를 이용하여 교차상관분석을 수행한다. d) 교차상관분석에서 추출된 자료와 보조자료를 이용한 패턴 인식. e) 메릴랜드 게이더스버그 지역의 다중시기 Landsat 자료의 NUCI 분석에 기초한 토지피복 변화 결과(시기별 컬러코드화가 되어 있음). f) 1987년부터 2009년까지 매년 변화된 지역의 확대된 모습(Dykstra, J., 2012, "Comparison of Landsat and RapidEye Data for Change Monitoring Applications," *11th Annual Joint Agency Commercial Imagery Evaluation Workshop*, Fairfax, VA, April 17-19, 32p에 기초함).

모든 관측값과 다르게 관측되며, 주어진 상태 내의 모든 화소값은 그들 자신의 상태 내에서는 변화가 발생하지 않는 것으로 결정된다.

2. '2-관측 변화'(잠재적인 변화) 자료는 다중시기 영상 구조층 내 최근 5개 관측시기 중에서 2개의 날짜에서 변화가 발생한 화소를 포함한다. 최근 관측치의 2개의 화소는 서로 변화가 없으며, 앞선 3개의 관측치와는 변화가 발생한 것으로 나타날 때, 해당 화소는 잠재되어 있던 변화가 최근에 일어난 것으로 표시된다. 만일 미래의 관측치가 시계열 자료 내에서 윗부분의 쌍과 변화가 없는 것으로 관측되고, 동시에 3개의 예전 관측쌍들과 변화가 발생한 것으로 관측된다면, 해당 화소는 '3-관측 변화'가 될 수 있다.

교차상관분석 과정은 지속되는 변화를 확인하기 위하여 MDA로 규정된 3중으로 확인되는 다중시기 검증을 사용한다(그림 12-20b). 대부분의 지속적인 변화는 도심지/문화적 특성과 관련된다. 한편 지속적인 변화를 유발할 수 있는 다른 현상들이 있다(예 : 저수지 수위의 변화, 최근에 치워진 식생, 계절에 의

표 12-3 주요 변화속성(Change Attribute Majority, CAM) 클래스(그림 12-20에 인용된 Dykstra, J., 2012에서 수정)

1. 예상되는 도심지의 변화
2. 예상되는 물의 변화
3. 예상되는 강/수계의 변화
4. 예상되는 그림자의 변화
5. 예상되는 농작물의 변화
6. 도로에서 떨어진 지역의 변화
7. 예상되는 도심지의 식생화 변화
8. 예상되는 물의 식생화 변화
9. 예상되는 강/수계의 식생화 변화
10. 예상되는 그림자의 식생화 변화
11. 예상되는 농작물의 식생화 변화
12. 도로에서 떨어진 지역의 식생화 변화

한 강한 그림자 등). 따라서 비도시 현상에 의하여 상당 부분 유발되는 화소 및 폴리곤들을 제거하고자 GIS 기능을 사용하여 추가적인 공간정보자료들을 분석한다(그림 12-20c~e).

예상되는 도심지 변화 화소들은 아래와 같이, GIS 중첩분석을 기반으로 하여 검증을 통과한 화소들이다.

- 물과는 가깝지만, NLCD-2006에서 규정된 도시와는 가깝지 않음
- 높은 지역적 기복을 가진 지역이 아님
- USDA/NASS 2009에 규정된 농경지와 일치하지 않음
- TIGER_2010 S1400 레벨의 도로에서 멀리 떨어져 있지 않음

NUCI 변화자료는 변화가 일어난 단일 혹은 인접한 셀의 래스터 혹은 폴리곤 구조로서 사용될 수 있다. 이들 변화지역은 NUCI에 의하여 변화가 감지된 가장 주요한 원인을 나타내는 범주이다. 주요 변화속성 클래스는 표 12-3에 요약되어 있다.

NUCI 분석을 기반으로 하는 1987~2009년의 메릴랜드 주 게이더스버그에 대한 토지피복 변화의 시기 및 공간분포는 그림 12-20f와 같다(Dykstra, 2012). 여러 기관들이 NUCI 자료를 활용한다. MDA 정보시스템 LLC는 NUCI 내에 Landsat 8 자료를 포함한다. NUCI 데이터베이스의 접근은 신청에 의하여 이루어진다.

Landsat 자료를 이용한 연속적인 변화탐지와 분류(CCDC)

지구 원격탐사는 40년 이상 동안 몇몇 위성(예 : Landsat 1~8)을 이용하여 일상적으로 수행되어 왔다. 과학자들은 특정 시기의 2개의 영상을 사용하는 것 대신 이용 가능한 모든 영상을 사용하여, 발생하는 변화를 인지하기 위한 다중시기 데이터셋을 조사하는 알고리듬을 개발하고 있다. 예를 들어, Zhu와 Woodcock(2014)은 모든 이용 가능한 Landsat 자료를 이용하여 토지피복의 연속적인 변화 및 분류(Continuous Change Detection and Classification, CCDC)를 위한 새로운 알고리듬을 개발하였다. 알고리듬은 새로운 영상들이 수집됨에 따라서 많은 종류의 토지피복 변화를 연속적으로 탐지할 수 있으며, 특정 시점에의 토지피복지도를 제공할 수 있다. 구름 및 눈에 대한 마스킹 알고리듬은 잡음이 포함된 관측값을 제거하기 위하여 사용된다. CCDC 알고리듬은 모든 7개의 Landsat 밴드로부터 얻어진 임계값을 사용한다. 다중시기 데이터셋에서 관측된 영상과 예측된 영상 사이의 차이가 3개의 연속된 시간 동안 임계값을 초과할 때 해당 화소는 토지표면 변화가 발생한 것으로 확인된다. 실제 토지피복 분류는 변화탐지 후에 랜덤 포레스트 분류자를 이용하여 수행된다.

Zhu와 Woodcock(2014)은 뉴잉글랜드의 Landsat 자료에 적용된 CCDC 결과가 토지표면 변화를 탐지하는 데 있어서 공간영역에서 98%의 생산자 정확도, 86%의 사용자 정확도를 보이며, 80%의 주기 정확도를 보이는 것을 확인하였다. CCDC 방법론은 계산적으로 집약적이다. 또한 해당 알고리듬은 높은 주기 빈도를 가지는 명확한 관측치를 요구한다. 계속적인 구름이나 눈이 존재하는 지역에서 CCDC 기법은 시계열 모델을 평가하기 위한 충분한 관측치가 없기 때문에 정확한 결과를 나타내지 못한다.

유사하게, Huang과 Friedl(2014)은 산림 토지피복 내 변화를 확인하기 위하여 10년 이상의 MODIS 자료를 활용하는 토지피복 변화탐지 알고리듬을 개발하였다. 이 기법은 온대 및 한대 산림지역 내 벌목 및 산불에 의하여 영향을 받는 화소를 성공적으로 인식할 수 있었다.

주제의 '변화 추세' 변화탐지 알고리듬

이진의 '변화 대 미변화' 정보는 많은 활용을 위하여 충분한 정보인 반면에, 토지 사용 및 피복이 무엇이고, 무엇으로 바뀌었

는지에 대한 정보를 수집하는 것은 활용하는 데 더욱 충분한 자료이다. 이는 보편적으로 주제의 '변화 추세' 탐지 정보를 획득하는 것으로 언급된다. 다중시기 원격탐사 자료로부터 변화 추세 정보를 추출하는 데 사용될 수 있는 다양한 과정과 알고리듬들이 있다. 우리는 사진측량학, LiDAR-측량학, 화소기반 및 객체기반(OBIA) 분류를 이용한 분류 후 비교 변화탐지, 근린 상관 영상(NCI) 변화탐지, 분광 변화각 분석 변화탐지 등에 초점을 맞출 것이다.

사진측량학 변화탐지

상업적 사진측량 공학업체는 공공과 상업적 활용을 위하여 일상적으로 고해상도의 스테레오 항공사진을 수집한다. 보정된 디지털 프레임 카메라가 전정색, 컬러, 근적외선 디지털 항공사진을 획득하기 위하여 사용된다. 사진은 일반적으로 60~80%의 종중복과 20%의 횡중복을 가지는 체계적인 비행경로로 수집된다(Jensen, 2007). WorldView-2와 같은 위성도 스테레오 영상을 수집한다.

수평 및 수직 지상기준점(ground control points, GCPs)은 자료수집의 도움을 위한 현장측량을 통하여 지상으로부터 획득된다. 스테레오 모델의 크기를 조정하고 유사하게 만들기 위한 내부 및 외부 표정을 수행하기 위하여 GCP, 부가적인 영상기반의 접합점, GPS 및 관성항법정보가 분석가에 의해 사용된다. 종종 3차원 LiDAR 자료도 기준을 위하여 사용된다(Mitishita et al., 2008). 디지털 항공사진, 카메라 보정 정보와 지상기준점은 정보 추출을 위한 항공사진의 블록을 마련하기 위한 엄밀 항공삼각측량과정에 필수적이다. 예를 들어, 그림 12-21a에서 볼 수 있는 것과 같이 3장의 수직항공사진(#251, #252, #253)의 블록이 내부표정, 외부표정, 항공삼각측량을 사용한 입체분석을 위하여 준비되어 있다(그림 12-21b). 각각의 결과로 생긴 입체모델은 여색입체안경을 사용하여 3차원으로 분석할 수 있다. 사진 #251, #252와 관련된 스테레오 쌍은 그림 12-21c에서 볼 수 있다. 입체모델을 구성하는 60%의 중첩영역이 있음에 주목하자. 적절히 마련된 입체항공사진은 영상의 개별 시기에 대한 건물영역, 도로망, 식생, 물의 분포 등을 추출하기 위하여 사진측량학 매핑 기술을 이용하여 분석될 수 있다(Elaksher et al., 2003). 예를 들어, 그림 12-22a에서 볼 수 있는 것과 같이 단일 가족거주주택으로 구성된 스테레오 쌍(사진 #251, #252)의 작은 일부분을 고려해 보자. 스테레오 모델 내 2장의 사진은 한 장은 청색, 다른 한 장은 적색으로 화면에 투영되었다. 분석가는 청색과 녹색에 대응하는 여색입체시 안경을 이용하여 스테레오 모델을 본다. 인간의 신경은 지상의 2개의 화면을 혼동함으로써 컴퓨터 화면 위의 지형에 대한 3차원 화면을 인식하게 된다(그림 12-22b). 그리고 분석가는 관심 개체를 확인하기 위하여 3차원 '부점'을 사용한다(그림 12-22b 내 노란색 원 내).

만약 건물영역을 원한다면, 분석가는 건물지붕경계의 꼭짓점의 높이에 대한 지형 위에 부점을 올린다. 그리고 부점은 데이터가 취득되는 주요 꼭짓점에 대한 건물둘레를 이동하게 된다. 완료 후에 폴리곤은 폐합되고, 측량가에 의하여 지상에서 관측된 것과 같은 건물경계를 표현하게 된다. 도로망 정보도 부점을 지형 주변에 위치시키고, 도로경계(혹은 도로중심선)를 따라 이동시켜 쉽게 획득된다. 수로학적 개체, 차도, 보도 등과 같이 영상 내의 어떠한 개체라도 지도화할 수 있다. 모든 관심 공간 개체는 정확한 평면(x, y) 위치 내로 매핑할 수 있다(그림 12-22c).

사진측량학적 편집은 시기 1에 획득된 항공사진으로 수행된다. 변화되지 않은 건물 및 도로와 같은 주제정보는 두 번째 시기의 항공사진 위에 재편집할 필요가 없다. 오히려 새로운 구조물과 도로가 시기 2 항공사진에서 추출되고 데이터베이스에 추가된다. 예를 들어, Pictometry International(2014) ChangeFindr®는 그림 12-23에서 설명된 것과 같이 건물영역의 변화를 자동으로 인식한다. 이와 같은 정보는 불법건축물의 추가가 이루어졌는지 여부를 결정하는 데 사용될 수 있다. 원한다면, 흙에서 포장된 도로로의 변화와 경관의 변경과 같은 다른 개체에 대한 추가적인 정보도 추출될 수 있다. 이러한 3차원 자료의 형태는 도시 변화탐지 계획 내에서 차후의 사용을 위하여 이상적이다(예를 들어, 도시 3D 건물 모델 내의 변화 인지)(Qin, 2014).

LiDAR 측량학 변화탐지

상업적 사진측량업체는 공공과 상업적 활용을 위하여 일상적으로 고해상도의 LiDAR(Light Detection and Ranging) 자료를 수집한다(그림 12-24). LiDAR 자료는 초당 백 혹은 천여 개의 근적외선(1,024nm) 레이저 에너지 펄스를 송수신하는 특수 장비를 사용하여 획득된다(Jensen, 2007). 일반적으로, 주어진 영역에 대하여 LiDAR 자료를 수집할 때, 현장측량을 이용하여 적절히 분포된 적은 수의 수직 및 수평 지상기준점들이 필요하다. LiDAR의 첫 번째 반환, 중간반환, 최종반환, 강도반환의 x, y, z축 위치를 정확하게 기록하기 위하여 GCP, GPS/관성항법정

Leica Photogrammetry Suite®을 이용한 항공사진측량의 블록 준비과정

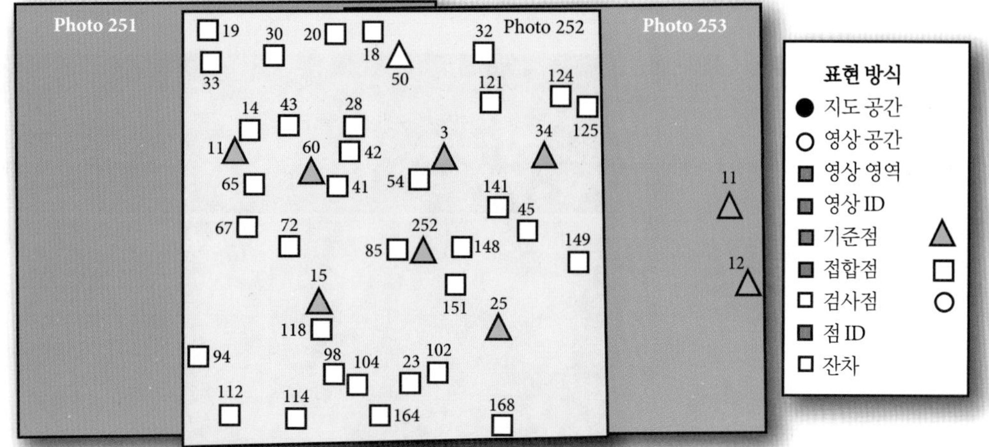

a. 3장의 항공사진의 블록 내 지상기준점 및 접합점의 분포(#251, #252, #253)

열 #	영상 ID	설명	영상 이름	활성화	피라미드	내부표정	외부표정	DTM	정사사진
1	1		251.img	●		완료			
2	2		252.img	●					
3	3		253.img	●					

b. 항공삼각측량 및 블록 조정 후 사진 블록의 상태

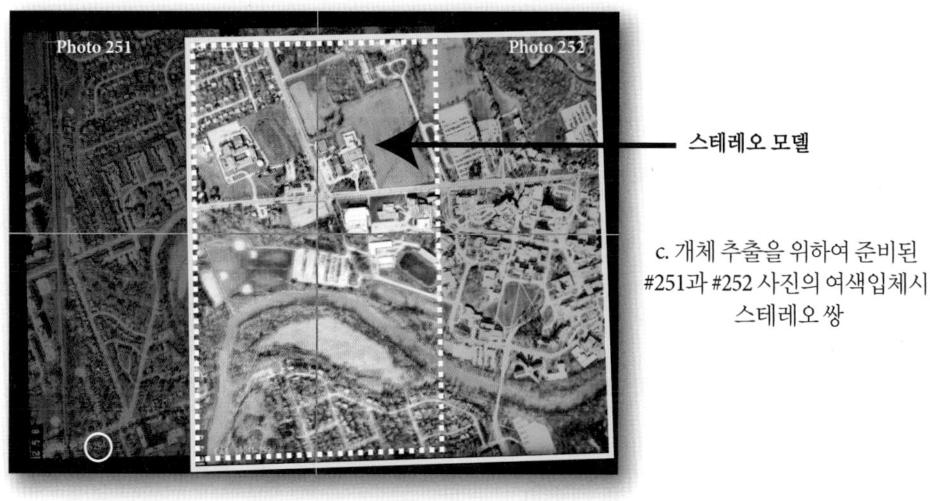

c. 개체 추출을 위하여 준비된 #251과 #252 사진의 여색입체시 스테레오 쌍

그림 12-21 a) 3장의 수직항공사진의 블록과 연계된 기준점. b) 사진 블록의 준비과정 상태. c) 처리된 스테레오 모델에 대한 #251, #252 사진의 여색입체시 스테레오 쌍(Leica Photogrammetry Suite® 소프트웨어를 이용하여 분석).

보를 사용한다. 이들 자료는 모든 나무, 덤불, 건물 및 도로에 대한 x, y, z 정보를 포함하는 지형의 수치표면모델에 적용된다. 이들 자료는 또한 아무것도 덮이지 않은 지구의 수치표고정보를 포함하는 수치지형모델(digital terrain model, DTM)을 생성하기 위하여 처리될 수 있다(Jensen, 2007).

적절히 마련된 DSM과 DTM은 개별 시기 1과 시기 2의 LiDAR 자료를 사용하여 개별 건물 및 도로망의 위치를 찾기 위하여 사용될 수 있다. 개체가 변화되지 않았다면, 한 시기에 추출된 건물영역과 도로망은 다음 시기에도 정확한 평면위치에 놓일 것이다. 시기 1의 LiDAR 자료로부터 추출된 건물, 도로 및 다른 개체들은 변화를 찾기 위하여 시기 2의 LiDAR로부터 추출된 건물, 도로 및 다른 개체들과 비교될 수 있다(예 : Sohn and Dowman, 2007).

많은 도시, 카운티 및 천연자원의 주 부서들은 현재 반복

ERDAS Stereo Analyst를 이용한 건물 및 도로의 개체 추출

b. #251, #252 사진의 여색입체시 스테레오 모델을 보는 동안에 부점(노란색 원으로 표시)을 이용한 개체 추출

c. #251, #252 사진을 놓은 소프트카피 사진측량을 통하여 추출된 건물 및 도로의 쉐이프 파일

그림 12-22 a) 적절히 준비된 스테레오 모델은 정확한 건물 및 도로망 정보를 추출하기 위하여 소프트카피 사진측량학 기술로 분석될 수 있다. 여기에서는 스테레오 모델의 아주 작은 부분만 분석되었다. b) 운영자는 건물영역과 도로를 지도화하기 위하여 부점을 사용한다. c) 2장의 항공사진 위에 쉐이프 파일의 중첩(ERDAS Stereo Analyst® 소프트웨어를 이용하여 분석).

사진측량적 구조 변화탐지

a. 시기 1과 시기 2 건물영역

b. 시기 2 건물영역

그림 12-23 a) 노란색으로 윤곽이 보이고, 추출된 건물영역을 가진 시기 1 항공사진. 시기 2 항공사진으로부터 취득된 동일한 건물의 영역은 적색으로 표시되어 있다. b) 적색으로 윤곽이 보이고, 추출된 건물영역을 가진 시기 2 항공사진(항공사진 제공 : Pictometry International, Inc.).

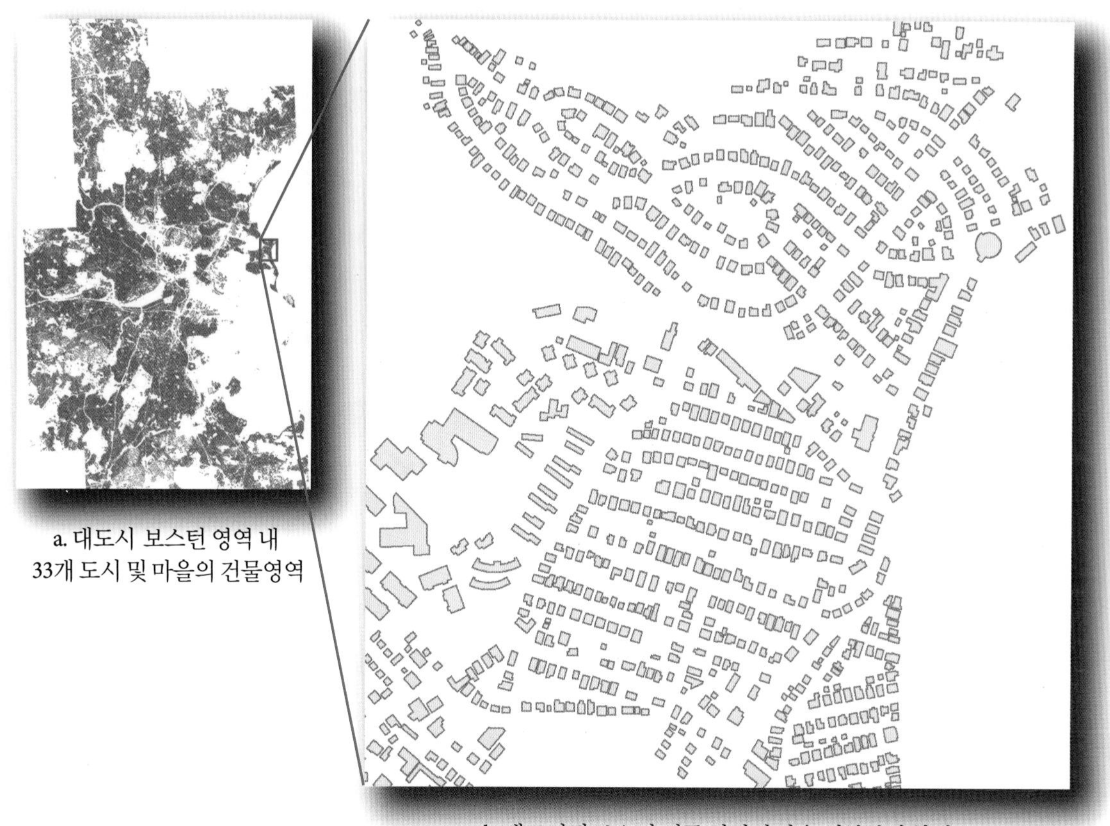

그림 12-24 a) LiDAR로부터 추출된 대도시권 매사추세츠 주 보스턴 내 33개 도시와 마을에 대한 건물영역. 건물들은 대부분 영역에서 밀집되어 있어서 소축척에서는 검은색으로 보인다. b) 연구 영역의 작은 일부분의 확대. 해당 다중시기 자료로부터 획득된 LiDAR 기반 정보는 일상적으로 변화를 모니터링하기 위하여 사용된다(자료 출처 : www.mass.gov/mgis/massgis.htm).

적으로 LiDAR 자료를 취득하고, 자료로부터 정보를 추출한다. 예를 들어, MassGIS(Massachusetts Office of Geographic Information)는 2002년에 대도시권 보스턴 영역 내 33개 도시 및 마을에 대한 모든 건물영역을 추출하였다(그림 12-24a). 연구 영역의 작은 부분의 확대는 그림 12-24b에 나타나 있다. LiDAR로부터 추출된 지형공간정보가 변화탐지 목적에 사용되는 것은 현재 흔한 일이다.

분류 후 비교 변화탐지

분류 후 비교 변화탐지는 가장 널리 사용되고 있는 변화탐지 방법 중에 하나이다(예 : Ahlqvist, 2008; Warner et al., 2009; Griffiths et al., 2010; Tsai et al., 2011; Rokni et al., 2015). 해당 기법은 두 시기 영상에 대하여 보통의 지도투영에서 RMSE ±0.5 화소 이내의 정확한 기하보정이 요구된다. 시기 1 영상과 시기 2 영상은 a) 화소기반 분석, b) 객체기반 영상분석(OBIA)을 이용하여 분류된다(Gladstone et al., 2012). 시기 1과 시기 2의 분류를 위해 사용된 분류 계획은 동일해야만 한다. 주제 변화지도는 간단한 GIS 중첩기능에 기반을 둔 변화탐지행렬을 사용하여 생성된다(van Oort, 2007; Taubenbock et al., 2012).

예를 들어, 그림 12-25에 보이는 변화탐지행렬 논리는 변화 주제도 내에 중요한 변화 클래스를 강조하기 위하여 사용될 수 있다. 예를 들어, 9의 값을 가지는 변화영상 내 모든 화소는 시기 1 분류에서 식생 클래스, 시기 2 분류에서 현재 건물의 특성을 가진다. 불행하게도, 시기 1 및 2 분류지도 내의 모든 분류 오차는 최종 변화탐지 주제도에서 발생한다(Rutchey and Velcheck, 1994; Jensen et al., 1995). 변화지도 내 변화오차의 최소량은 두 시기 영상의 개별 분류의 오차와 동일하다(van Oort, 2007; Warner et al., 2009). 그러므로 분류 후 변화탐지에 사용된 개별 시기의 분류지도는 가능한 정확해야 한다(Purkis and Klemas, 2011).

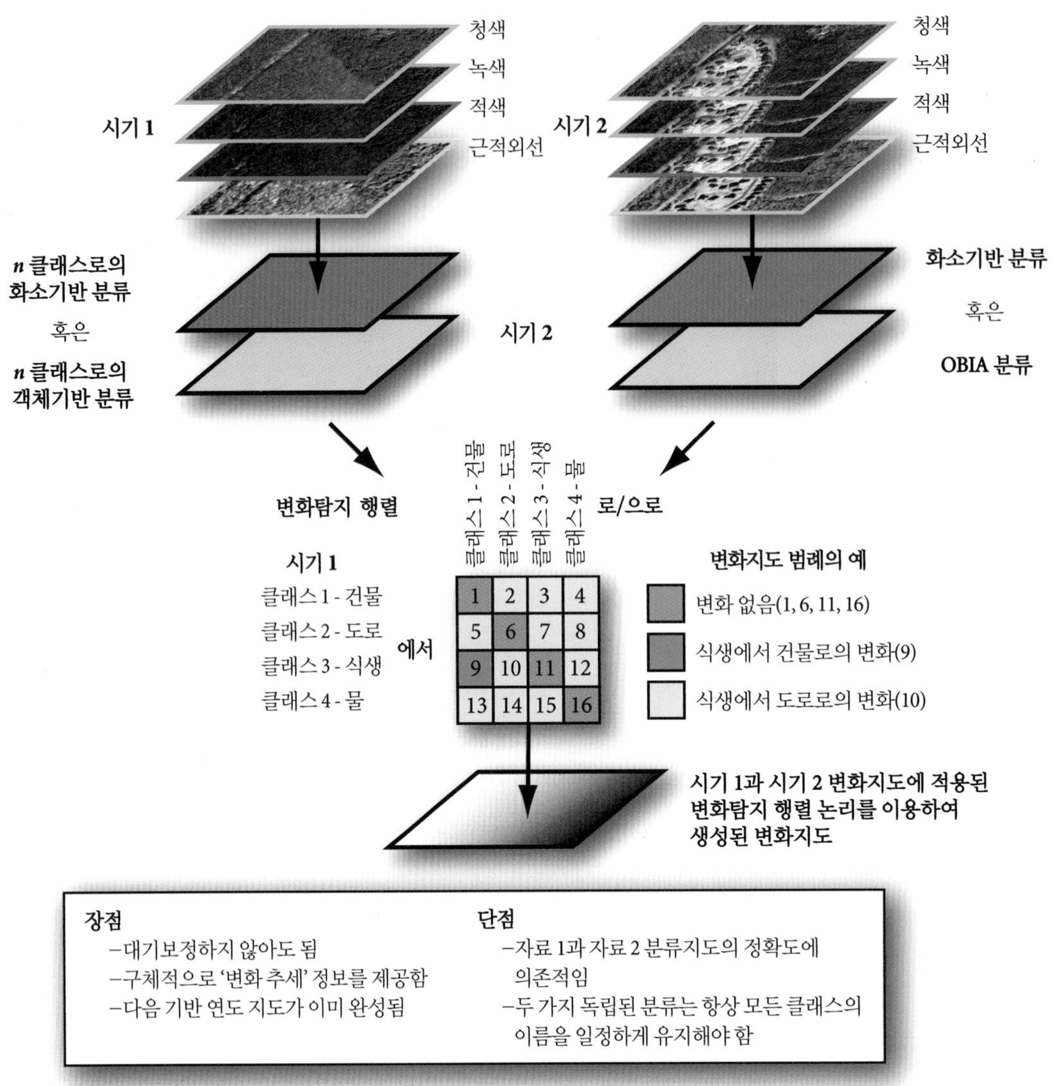

그림 12-25 화소기반 혹은 객체기반 영상분석(OBIA) 분류를 사용하여 분류된 다중시기 영상을 이용한 분류 후 비교 변화탐지 수행의 논리와 변화탐지 정보 요구를 만족하기 위하여 맞춘 변화탐지 행렬(영상 제공 : Richland County GIS Department)

화소기반 분류 후 비교

찰스턴 인근 사우스캐롤라이나 주 물트리 요새의 중심에 위치한 지역의 Landsat Thematic 영상을 이용하여 화소기반 분류를 적용한 분류 후 비교 변화탐지의 예는 그림 12-26과 12-27과 같다. 매 시기별 9개의 토지피복 클래스로 목록을 구성하였다(그림 12-26). 1982년과 1988년의 분류지도는 그림 12-27b에 나타나는 논리의 $n \times n$ GIS 행렬 알고리듬을 이용하여 화소 대 화소로 비교되었다. 이는 1~81까지의 밝기값으로 구성된 변화영상지도 생성 결과를 가져왔다. 그리고 분석가는 강조를 위하여 특정한 변화 추세 클래스를 선택했다. 그림 12-27a과 같이 변화탐지 지도를 생성하기 위하여 변화행렬에 요약된 대각선 방향을 제외한 총 72개의 토지피복의 변화 추세 클래스가 선택되었다. 예를 들어, 1982년에 임의의 토지피복에서 1988년에 개발지로 변화된 모든 화소는 변화탐지 행렬에서 적절한 변화 추세 셀들을 선택(10, 19, 28, 37, 46, 55, 64, 73)하여 적색(RGB＝255, 0, 0)으로 표현되었다. 변화 클래스들은 경향을 표시하기 위하여 연구 영역의 Landsat TM 4번째 밴드 영상에 표시된 것에 주목하자. 유사하게, 1988년 12월 19일에 하구의 비압밀 해안으로 변화된 1982년의 모든 화소(셀 9, 18, 27, 36, 45, 54, 63, 72)들은 황색으로 표시하였다(RGB＝255, 255, 0). 원한다면,

그림 12-26 a, b) 1982년 11월 9일과 1988년 12월 19일에 획득된 사우스캐롤라이나 주 물트리 요새의 중심에 위치한 영역의 보정된 Landsat TM 자료(RGB = 4, 3, 2 밴드). c, d) 1982년 11월 9일과 1988년 12월 19일의 Landsat TM 자료로부터 생성된 사우스캐롤라이나 주 물트리 요새 연구지역의 분류지도. 일부 불모지는 개발지 항목에 포함됨(원본 영상 제공 : NASA).

분석가는 고유의 컬러 조견표를 설정하여 개발지로부터 하구의 신생 습지(행렬에서 셀 5)로 변화된 모든 화소와 같은 특정 변화영역을 강조할 수 있다. 변화탐지 행렬의 색상 표시 형태는 효과적인 변화 추세 탐지의 범례로서 사용될 수 있다.

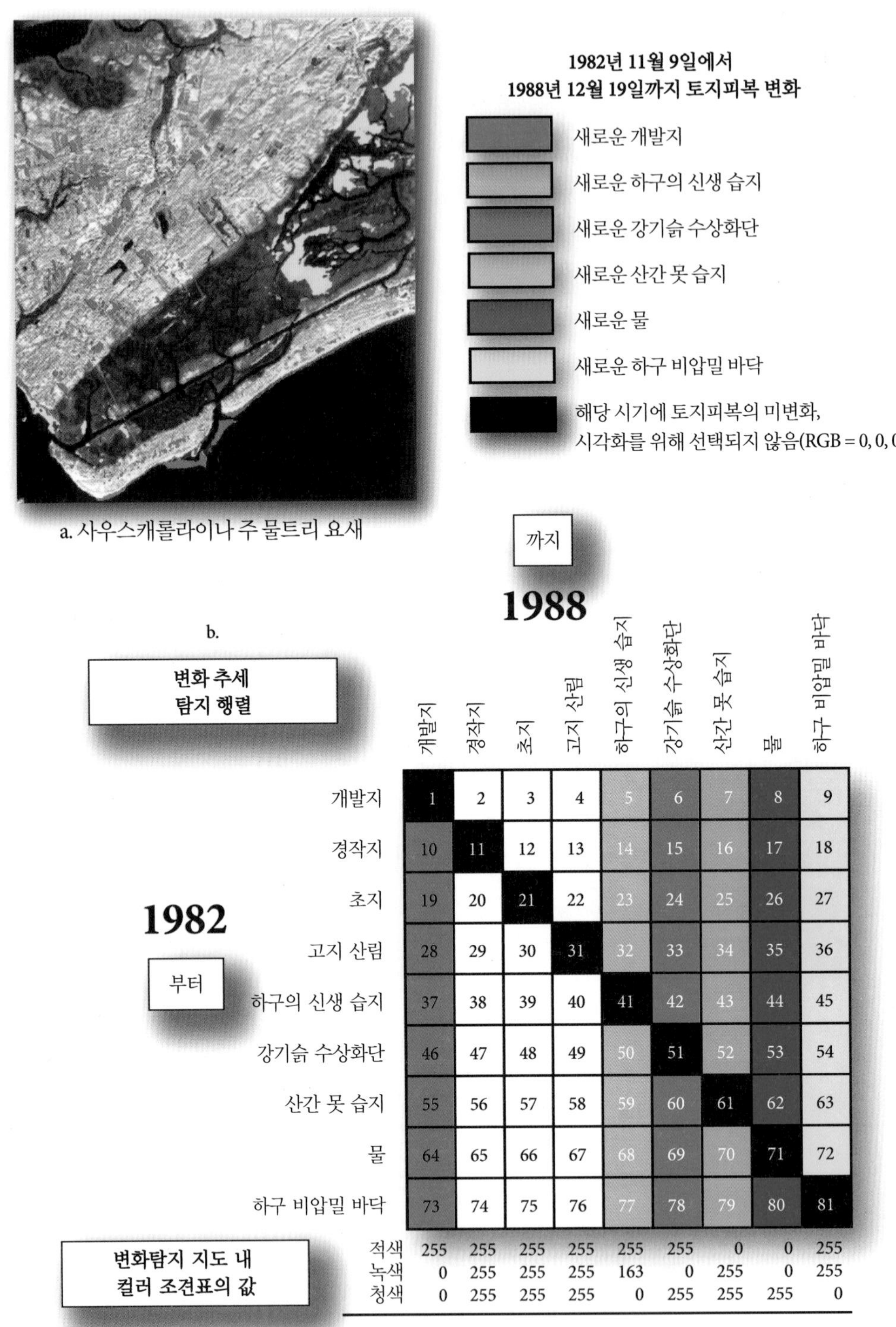

	개발지	경작지	초지	고지 산림	하구의 신생 습지	강기슭 수상화단	산간 못 습지	물	하구 비압밀 바닥
개발지	1	2	3	4	5	6	7	8	9
경작지	10	11	12	13	14	15	16	17	18
초지	19	20	21	22	23	24	25	26	27
고지 산림	28	29	30	31	32	33	34	35	36
하구의 신생 습지	37	38	39	40	41	42	43	44	45
강기슭 수상화단	46	47	48	49	50	51	52	53	54
산간 못 습지	55	56	57	58	59	60	61	62	63
물	64	65	66	67	68	69	70	71	72
하구 비압밀 바닥	73	74	75	76	77	78	79	80	81

그림 12-27 a) 1982년 11월 11일, 1988년 12월 19일 Landsat TM 자료의 분석을 통하여 도출된 사우스캐롤라이나 주 물트리 요새 연구 영역의 변화탐지 지도. 시각화를 위하여 선택된 변화 클래스의 유형은 b) 변화 추세 탐지 행렬에 요약되어 있음(Jensen et al., 1993a에 기초).

OBIA 분류 후 비교

객체기반 영상분석(OBIA)은 개별 시기의 고해상도 영상에 대한 토지피복정보를 추출할 수 있다(그림 12-28)(예 : Zhan et al., 2005; Hofmann et al., 2008; Stow et al., 2011). Hurskainen과 Pellikka(2004)는 3개의 다른 시기에 스캔된 항공사진을 이용하여 케냐 남동부의 일상 정착지에 대한 성장 및 변화를 연

OBIA를 이용한 분류 후 비교 변화탐지

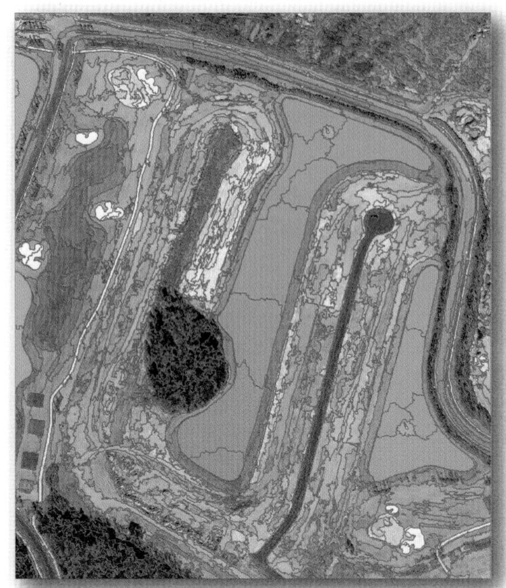

a. 40 축척으로 분할된 2007년
사우스캐롤라이나 주 블러프턴의 1×1ft. 영상

b. 40 축척으로 분할된 2011년
사우스캐롤라이나 주 블러프턴의 1×1ft. 영상

c. 120 축척으로 분할된 2007년 영상

d. 120 축척으로 분할된 2011년 영상

그림 12-28 분류 후 비교는 화소기반 혹은 객체기반 영상분석 분류를 이용하여 수행될 수 있다. 이것은 OBIA 분할의 예이다. 사우스캐롤라이나 주 블러프턴에 대한 Pictometry International의 2007년, 2011년 천연색 항공사진에 40 축척(a, b)과 120 축척(c, d)의 객체기반 분할이 선택되었다(영상 제공 : Beaufort County GIS Department).

구하기 위하여 OBIA를 사용하였다. 분류 후 비교 변화탐지 방법은 새로운 건물을 탐지하는 데 높은 정확도를 보였다. Moeller와 Blaschke(2006)는 애리조나 주 피닉스 내 새로운 건물을 탐지하기 위하여 다중시기 QuickBird 영상을 사용하였다. Matikainen 등(2010)은 LiDAR 자료를 이용하였으며, 자동화된 OBIA 기법을 적용하여 건물 변화를 인식하였다. 위의 연구자들은 건물 변화탐지의 주요 문제점이 새로운 혹은 철거된 건물과 인접 개체와의 혼동에 따른 오탐지라는 것을 설명했다. Tsai 등(2011)은 다중시기 고해상도 위성영상을 활용한 OBIA 접근법을 통합하여 새로운 건물을 기술하였다. 가나, 아크라에

OBIA를 이용한 분류 후 비교 변화탐지

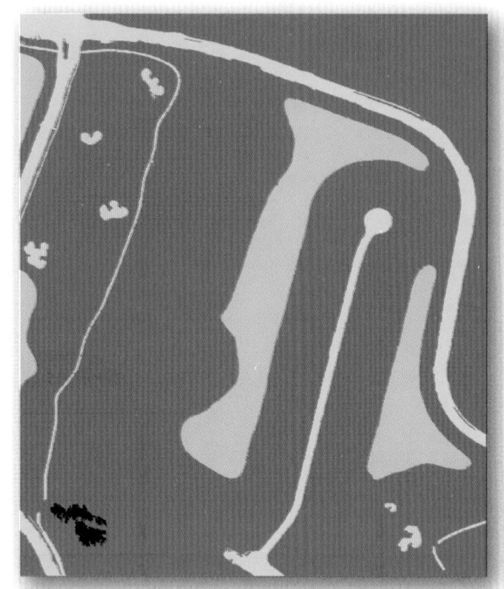

a. 2007년 사우스캐롤라이나 주 블러프턴의 분류지도

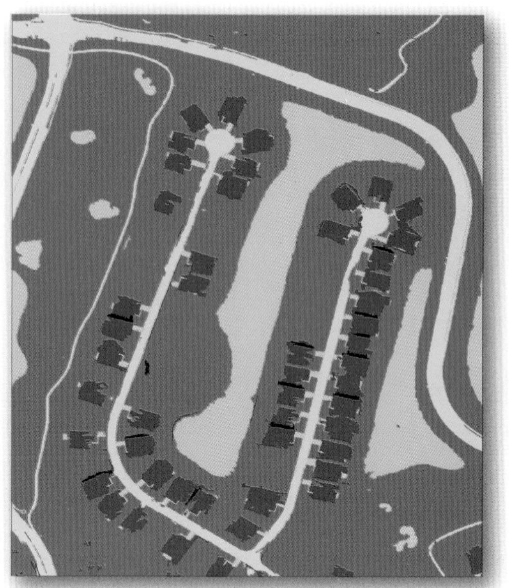

b. 2011년 사우스캐롤라이나 주 블러프턴의 분류지도

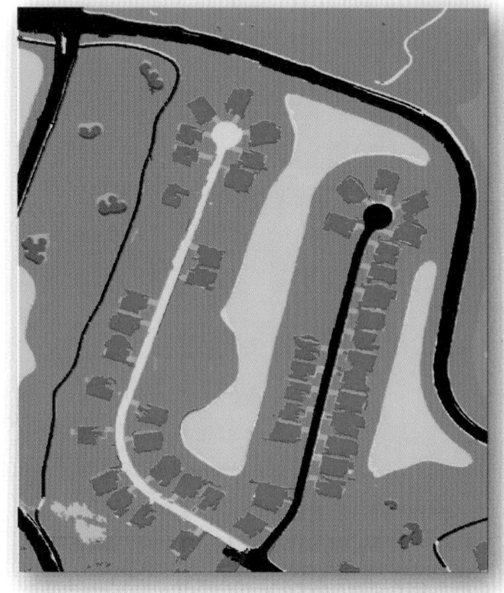

c. 주요 클래스가 강조된 2007년 및 2011년 분류지도의 통합

변화탐지 행렬

시기 2 (으로/로)

시기 1 (에서)	클래스 1 - 건물	클래스 2 - 도로	클래스 3 - 차도	클래스 4 - 식생	클래스 5 - 물	클래스 6 - 그림자
클래스 1 - 건물	1	2	3	4	5	6
클래스 2 - 도로	7	8	9	10	11	12
클래스 3 - 차도	13	14	15	16	17	18
클래스 4 - 식생	19	20	21	22	23	24
클래스 5 - 물	25	26	27	28	29	30
클래스 6 - 그림자	31	32	33	34	35	36

범례

- 19 식생에서 건물로
- 20 식생에서 도로로
- 21 식생에서 차도로

그림 12-29 Pictometry사의 2007년, 2011년 천연색 항공사진과 객체기반 영상분석을 기반으로 하는 사우스캐롤라이나 주 블러프턴의 분류 후 변화탐지. a) 2007년 항공사진의 분류(래스터화). b) 2011년 항공사진의 분류(래스터화). c) GIS 지도 중첩기능을 이용한 2007년 및 2011년의 선택된 변화 추세 클래스가 강조된 분류지도의 통합.

2002년에서 2010년 사이에 세워진 건물들이 묘사되고 정량화되었다. Taubenbock 등(2012)은 매우 큰 도시(천만 명 이상) 내 변화를 탐지하기 위하여 결정나무 분류와 분류 후 비교 방법을 사용하였다. Chen 등(2012)은 객체기반 변화탐지의 논리 및 고려사항에 대한 개요를 제공하였다. Gartner 등(2014)은 다중시기 위성영상 내 수관영역과 둘레를 추출하기 위하여 OBIA를 사용하였으며, 변화를 탐지하기 위하여 수관의 둘레를 비교하였다.

그림 12-28과 12-29에서 볼 수 있는 것처럼, OBIA를 이용한 분류 후 비교 변화탐지의 예가 사우스캐롤라이나 주 블러프턴

내 영역에 대한 Pictometry사의 1×1ft. 공간해상도를 지니는 2007~2011년의 디지털 항공사진에 적용되었다. 2007년과 2011년 항공사진은 *e*Cognition OBIA를 이용하여 다음의 축척으로 분할되었다 : 40, 50, 60, 70, 80, 90, 100, 110, 120. 40, 120 축척에 대한 분할 결과만 각각 그림 12-28a, b와 12-28c, d에 표시하였다. 2007년 항공사진은 개략적으로 120 축척 분할을 이용하여 분류되었는데, 이 레벨이 해당 시기에 존재하는 토지피복의 공간 및 분광 세부사항을 수집하는 데 충분하기 때문이다(그림 12-29a). 반대로 2011년 항공사진은 더욱 세세한 40 축척의 분할을 활용하여 분류되었으며, 이는 개별 거주주택 사이의 식생과 그림자를 인지하기 위함이다(그림 12-29b).

분류 후 변화탐지 지도는 GIS 중첩기능의 하나인 통합기능을 이용하여 2007년 및 2011년 OBIA 분류지도(래스터 형태로 변환된)를 분석하여 생성되었으며, 36개의 변화 추세 클래스가 그림 12-29와 같이 나타났다. 몇몇 중요한 변화 추세 클래스는 그림 12-29c에 강조하였다 : 식생에서 건물(적색), 식생에서 도로(황색), 식생에서 차도(오렌지). 두 시기 항공사진에 존재하는 도로 및 물은 설명에 도움을 줄 목적으로 흑색 및 청록색으로 보이도록 하였다. 시기 간 기하보정은 좁은 골프 카트 통로와 주도로의 경계를 따라 약간의 오차가 존재하게 잘 수행되었다는 점을 명시하자.

분류 후 비교 변화탐지는 널리 사용되고 있으며, 이해하기 쉽다. 능숙한 영상분석가에 의하여 실행될 때, 분류 후 비교 변화탐지는 변화탐지 산출물의 생성을 위하여 실현 가능한 기술이다. 해당 기술의 장점은 추출될 수 있는 세부적인 변화 추세 정보를 생성할 수 있으며, 다음 연도를 위한 분류지도가 사전에 준비될 수 있다는 점이다(Arzandeh and Wang, 2003; Jensen et al., 2012). 그러나 변화탐지의 정확도는 개별 분류지도의 정확도에 의존하게 된다.

근린 상관 영상(NCI) 변화탐지

근린 상관 영상(Neighborhood Correlation Image, NCI) 변화탐지는 다중시기 영상 내 변화와 관련되어 있을 수 있는 세 종류의 고유한 정보 형태를 포함하는 다음의 세 채널로 이루어진 NCI를 생성하는 것에 기반을 둔다(그림 12-30)(Im and Jensen, 2005; Im et al., 2007, 2008).

- 상관도
- 기울기

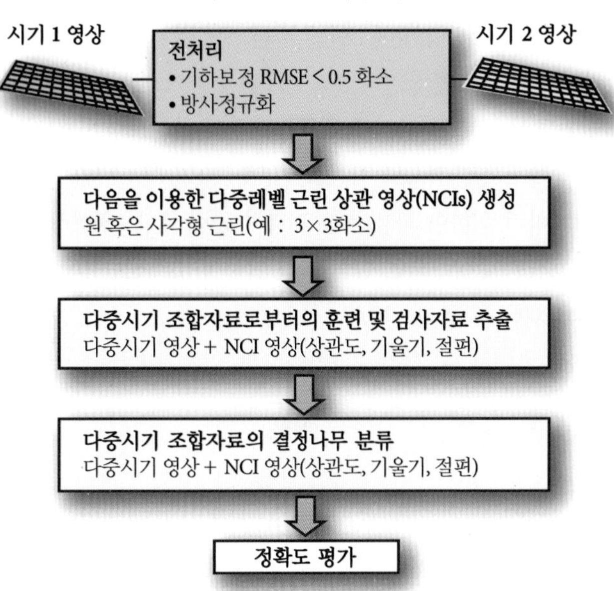

그림 12-30 근린 상관 영상(NCI) 분석과 결정나무 분류를 이용하여 변화탐지를 수행하기 위해 요구되는 단계(그림 12-31에 인용된 Im and Jensen, 2005 내 그림 2에 기초)

- 절편

특정한 인근 화소(예 : 3×3)로부터 추출된 상관정보는 중심화소와 해당 주변화소와 관련된 가치 있는 변화정보를 포함한다. 기울기 및 절편 영상은 상관도와 함께 변화탐지를 용이하게 하기 위한 보조적인 자료로서 사용될 수 있는 변화와 관련된 정보를 제공한다. 전문가 시스템(예 : 결정나무)이나 객체기반 분류 기술과 통합될 때 상관도, 기울기, 절편의 정도는 세부적인 변화 추세정보를 제공하기 위하여 사용될 수 있다.

NCI 분석은 두 다중분광 원격탐사 자료 사이에 특정 인근영역 내의 밴드에 의한 밝기값의 차이의 변화 크기 및 방향에 기반을 둔다. 만일 두 영상자료 사이의 특정 근린지역 내 화소의 분광 변화가 유의미하다면 근린지역 내 두 자료의 밝기값 사이의 상관계수는 작은 값 아래로 떨어질 것이다. 기울기와 절편 값은 분광 변화의 크기와 방향에 의존하여 증가하거나 감소할 수 있다. 이상적으로, 변화가 없다면 두 영상자료 사이의 밝기값 쌍은 $y=x$ 위에 위치해야만 한다. 만일 두 영상자료 사이에 변화가 일어났다면 두 영상자료 사이의 밝기값 쌍은 $y=x$에서 멀리 떨어져 위치하게 될 것이다. 결과적으로, 상관계수는 변화가 일어나면 값이 더욱 낮아지며, 변화의 크기가 작으면 값은 더욱 커진다. 중간의 상관값(예 : $r=0.7$)은 일반적으로 변화가 미소(예 : 넓어진 도로 및 확장된 건물)하거나 변화된 식생상태를 지니는 영역(예 : 약간 다른 생물계절학적 주기에서 수집된 식생)에서 발생한다.

상관분석은 다른 시기에 획득된 2개의 기하보정된 원격탐사 영상에서 상대적으로 작은 근린(예 : 3×3 화소) 내의 변화를 탐지하기 위하여 사용된다. 지역적 근린 내 두 영상자료의 밝기값 사이의 상관도는 다음 식을 이용하여 계산된다(Im and Jensen, 2005; Im et al., 2007).

$$r = \frac{cov_{12}}{s_1 s_2} \tag{12.6}$$

여기서

$$cov_{12} = \frac{\sum_{i=1}^{n}(BV_{i1}-\mu_1)(BV_{i2}-\mu_2)}{n-1} \tag{12.7}$$

r은 피어슨 상관계수, cov_{12}는 근린 내 두 시기 자료의 모든 밴드에 대한 밝기값 사이의 공분산, s_1과 s_2는 근린 내 두 시기 자료의 모든 밴드에 대한 밝기값 사이의 표준편차이다. BV_{i1}은 근린 내 영상 1의 모든 밴드에 대한 i번째 밝기값, BV_{i2}는 근린 내 영상 2의 모든 밴드에 대한 i번째 밝기값, n은 근린 내 각 자료의 모든 밴드에 대한 화소의 총수, μ_1과 μ_2는 근린 내 두 시기 자료의 모든 밴드에 대한 밝기값의 평균을 나타낸다.

기울기(a)와 y절편(b)은 최소제곱법으로부터 아래 수식을 이용하여 계산된다.

$$a = \frac{cov_{12}}{s_1^2} \tag{12.8}$$

$$b = \frac{\sum_{i=1}^{n} BV_{i2} - a\sum_{i=1}^{n} BV_{i1}}{n} \tag{12.9}$$

그림 12-30은 근린 상관 영상 분석과 결정나무 분류에 기반을 둔 변화탐지를 시행하는 데 요구되는 단계를 다음과 같이 요약한 그림이다.

- 다중시기 원격탐사 자료의 기하 및 방사학적 전처리(앞서 언급함)
- 다중레벨 근린 상관 영상(NCIs)의 생성[즉 지정된 근린 배치 형태에 기반을 둔 상관도, 기울기, 절편 영상(밴드)]
- 다중시기, 다채널 자료로부터의 훈련 및 검사자료의 추출(예 : 상관도, 기울기, 절편의 다중시기 NCI 개체와 8개의 분광밴드)
- 결정나무 논리에 의한 분류에 기반을 둔 추세 변화 정보 추출을 통한 생산물 규칙을 생성하기 위하여 훈련 및 검사자료 사용과 변화탐지 지도 생성
- 변화탐지모델의 효율성을 결정하기 위한 정확도 평가의 수행

변화탐지를 위한 근린 상관 영상의 효율성을 입증하기 위하여 사우스캐롤라이나 주 찰스턴 인근의 에피스토 비치 내 거주지역의 디지털 프레임 항공 영상이 사용되었다(그림 12-31a, b). 자료는 1999년 9월 23일, 2000년 10월 10일에 4개의 분광밴드(청색, 녹색, 적색, 근적외선)로 취득되었다. 두 시기의 영상 모두 UTM 투영 도법으로 0.5화소 이내의 RMSE를 가지도록 기하보정되었다. 또한 자료는 제6장에서 설명된 기술을 이용하여 의사불변화소로 인식되는 물 및 나지의 방사적 지상기준을 활용한 방사정규화과정을 거쳤다. 2000년 10월 10일의 다중분광 밴드로 방사정규화를 수행하기 위하여 1999년 9월 23일의 개별 다중분광밴드들에 회귀식이 적용되었다. 다중시기 영상으로부터 유도된 상관도, 기울기, 절편 영상은 그림 12-32와 같다.

상관계수(r)는 화소 대 화소 기준으로 두 영상 사이의 분광 변화를 나타낸다. 그러나 항상 높은 상관도가 변화가 일어나지 않음을 보장하지는 않는다. 예를 들어, 그림 12-33은 1999년과 2000년의 고해상도 영상의 세 위치를 검사한 결과를 나타낸다. 표본 A는 변화되지 않은 지역이다(두 시기 모두 개발지). 표본 B와 C는 변화된 지역(각각 초지에서 황무지, 황무지에서 개발지로 변화)이다. 세 위치 모두 높은 상관도를 보인다(즉 $r>0.8$). 따라서 B와 C의 위치는 $r=0.8$인 임계값을 이용하면 상관계수 정보만을 이용한 미변화지역으로부터 분리되지 않는다. 그러나 우리가 그림 12-33에 보이는 회귀선의 기울기와 y절편을 고려할 때 B와 C는 변화지역이 됨을 알 수 있다. 이상적으로, 미변화지역의 화소는 그림 12-33에서 보이는 것처럼, 표본 A와 유사한 1의 기울기와 0에 가까운 값을 가질 것이다. 반면에 B와 C와 같은 변화지역은 상대적으로 높거나 낮은 기울기와 y절편값을 가진다. 이와 같은 예에서 B의 위치는 1.8의 기울기값과 25가량의 y절편값을 가진다. C의 위치는 0.5 이하의 기울기와 음의 y절편값을 가진다. 결과적으로, 위치 A, B, C는 상관도 정보와 함께 기울기와 절편자료를 포함하여 변화 혹은 미

근린 상관 영상 분석 변화탐지에 사용된 영상

a. 1999년 9월 23일에 획득된 근적외선 밴드 영상

b. 2000년 10월 10일에 획득된 근적외선 밴드 영상

그림 12-31 1×1ft.의 공간해상도를 가지는 사우스캐롤라이나 주 에디스토 비치 내 영역의 약 1년 차 다중시기(1999년과 2000년) 근적외선 영상. 완전히 건설된 신주거주택은 적색으로 강조되었다. 새로운 개간지는 황색으로 강조되었다(Figure 1 in Im, J., and J. R. Jensen, 2005, "Change Detection Using Correlation Analysis and Decision Tree Classification," *Remote Sensing of Environment*, 99 : 326-340에 기초).

변화지역을 구분할 수 있다.

결정나무 논리는 3개의 NCI 개체(상관도, 기울기, 절편)와 두 시기의 영상자료로 구성되는 다중시기 조합영상자료를 분류하는 데 사용될 수 있다. C5.0 결정나무로부터 생성된 규칙은 화소 대 화소 기준으로 변화 추세 정보를 확인하기 위한 전문가 시스템에 사용되었다.

분광 변화 벡터 분석

두 시기 사이에 토지이용이 변화가 있거나 교란이 발생하면 그 분광 특성도 변하는 것이 보통이다. 예를 들어, 2차원의 개체 공간 상에 표시된 한 화소의 적색 및 근적외선 영역의 분광 특성을 고려해 보자(그림 12-35a). 이 특정 화소는 시기 2의 기간 중에 개체 공간 상의 위치가 상당히 변화되었기 때문에 시기 1로부터 시기 2로 이 화소와 관련된 토지피복이 변한 것으로 보인다. 두 지점 사이의 방향과 크기를 나타내는 벡터가 분광 변화 벡터이다(Malila, 1980; Warner et al., 2009; Carvalho et al., 2011; Kontoes, 2013; Yuan et al., 2015).

화소당 총 변화 크기(CM_{pixel})는 n차원 변화공간에서의 두 종점 간의 유클리디안 거리를 결정하여 계산된다(Michalek et al., 1993; Kontoes, 2013).

$$CM_{pixel} = \sum_{k=1}^{n} [BV_{ijk(\text{date2})} - BV_{ijk(\text{date1})}]^2 \quad (12.10)$$

여기서 $BV_{i,\,j,\,k(\text{date2})}$와 $BV_{i,\,j,\,k(\text{date1})}$는 밴드 k에서의 시기 1과 시기 2의 화소값이다.

만약 원한다면, 자료의 미세한 변화를 확대하기 위하여 축척인자(예 : 5)를 각 밴드에 적용할 수 있다. 각 화소에 대한 변화방향은 그 변화가 각 밴드에서 양인지 음인지에 의해 결정된다. 따라서 화소당 2^n가지의 가능한 변화방향이 결정될 수 있다(Virag and Colwell, 1987). 예를 들어, 만약 세 밴드를 사용한다면 표 12-4에 표시된 것과 같이 총 2^3, 즉 8가지의 변화방향 혹은 섹터코드가 가능하다. 일례로, 두 시기의 세 밴드(1, 2, 3)에 기록된 하나의 화소를 생각해 보자. 만약 밴드 1에서 변화가 양(예 : $BV_{i,\,j,\,1(\text{date2})}=45$, $BV_{i,\,j,\,1(\text{date1})}=38$, $BV_{\text{change}}=45-38=7$)이고 밴드 2에서 변화가 양(예 : $BV_{i,\,j,\,2(\text{date2})}=20$, $BV_{i,\,j,\,2(\text{date1})}$

그림 12-32 다중시기 영상으로부터 얻은 a) 상관도, b) 기울기, c) 절편을 포함하는 근린 상관 영상(Figure 4 in Im, J., and J. R. Jensen, 2005, "Change Detection Using Correlation Analysis and Decision Tree Classification," *Remote Sensing of Environment*, 99 : 326-340에 기초)

$=10$, $BV_{change}=20-10=10$)이고 밴드 3에서는 변화가 음(예 : $BV_{i,\ j,\ 3(date2)}=25$, $BV_{i,\ j,\ 3(date1)}=30$, $BV_{change}=25-30=-5$)이면, 그 화소의 변화 크기는 $CM_{pixel}=7^2+10^2-5^2=174$이고, 이 화소에 대한 변화 섹터코드는 '+, +, −'가 되며 표 12-4와 그림 12-35e와 같이 7의 값을 가진다. 드문 예이긴 하지만 화소값이 두 시기 사이에 전혀 변화가 없다면 모든 화소가 방향을 가지도록 하기 위하여 기본 방향을 +로 설정할 수 있다(Michalek et al., 1993).

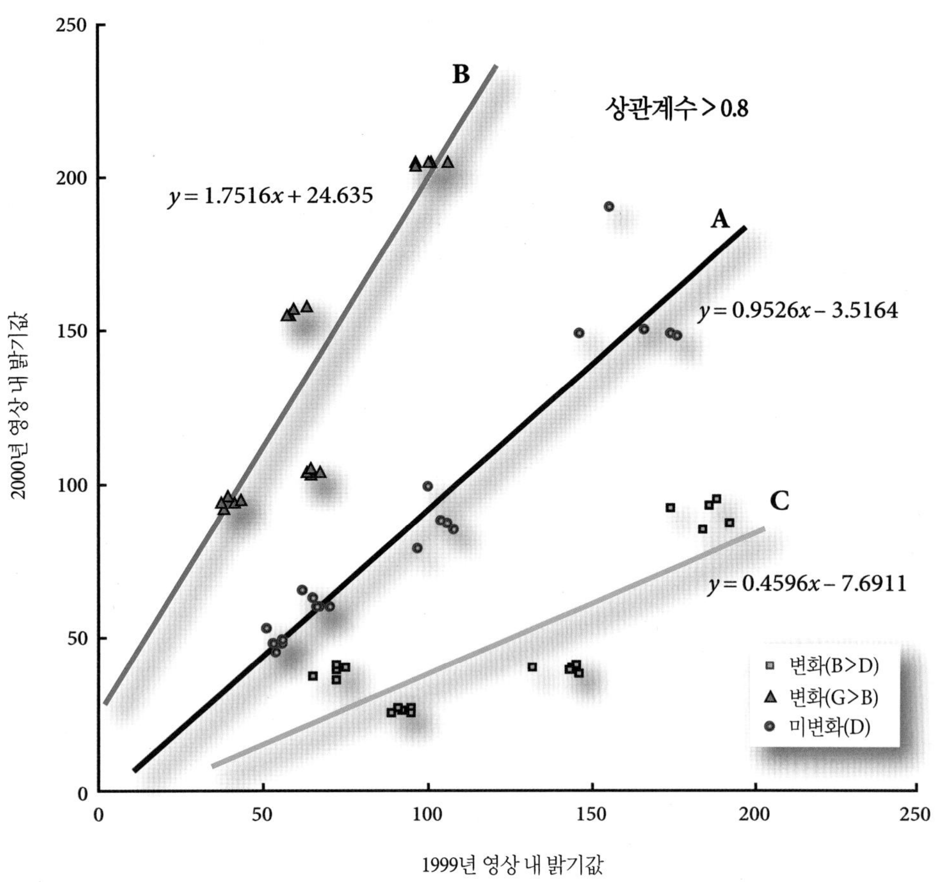

그림 12-33 다중시기(1999년과 2000년) 사우스캐롤라이나 주 에디스토와 관련된 상관 결과(Figure 3 in Im, J., and J. R. Jensen, 2005, "Change Detection Using Correlation Analysis and Decision Tree Classification," *Remote Sensing of Environment*, 99 : 326-340에 기초)

변화 벡터 분석은 2개의 기하보정된 파일을 생성한다. 하나는 섹터코드를 담고 있고, 다른 하나는 조정된 벡터 크기를 담고 있다. 변화정보는 섹터코드에 따라 컬러를 화소별로 변화시키면서 연구지역의 영상에 중첩시킬 수 있다. 이러한 다중분광 변화 크기 영상은 변화 크기와 방향정보를 모두 표현한다(그림 12-35a). 변화의 발생 여부는 임계값이 초과되었는지를 기준으로 한다(Virag and Colwell, 1987). 임계값은 변화 벡터 파일에서 깊은 바다와 같이 변화되지 않는 곳을 조사한 뒤 그 축척 크기를 추출하여 선택할 수 있다. 그림 12-35b는 임계값을 초과하지 않아서 변화가 없다고 판단되는 경우이다. 임계값을 초과해서 변화되었다고 판단되는 지역은 그림 12-35c와 d에 나와 있다. 변화 벡터가 담고 있는 또 다른 정보인 변화방향도 그림 12-35c와 d와 같다. 방향은 변화의 형태에 대한 정보를 담고 있다. 예를 들어, 벌채에 기인한 변화의 방향은 식생의 재성장에 의해 나타나는 변화와는 다른 형태이다.

분광 변화 벡터 분석은 아이다호 북부지역의 산림 변화탐지(Malila, 1980)와 도미니카 공화국의 해안을 따라 나타나는 홍수림과 산호초 생태계의 변화(Michalek et al., 1993), 브라질의 농업지역을 모니터링하는 데 성공적으로 응용되었다(Carvalho et al., 2011). 이 기법은 250m 해상도의 MODIS 표면 반사도 자료를 모아서 MODIS 식생피복변화(Vegetative Cover Conversion, VCC) 자료를 생성하기 위하여 선택되었다(Zhan et al., 2002). 이 방법은 두 시기 사이에 적색($\Delta\rho_{red}$)과 근적외선($\Delta\rho_{nir}$) 밴드에서의 반사도 변화를 측정하고, 이 정보를 사용하여 화소당 변화 크기를 계산한다.

$$CM_{pixel} = \sqrt{(\Delta\rho_{red})^2 + (\Delta\rho_{nir})^2} \qquad (12.11)$$

그리고 변화각(θ)은

$$\theta_{pixel} = \arctan\left(\frac{\Delta\rho_{red}}{\Delta\rho_{nir}}\right) \qquad (12.12)$$

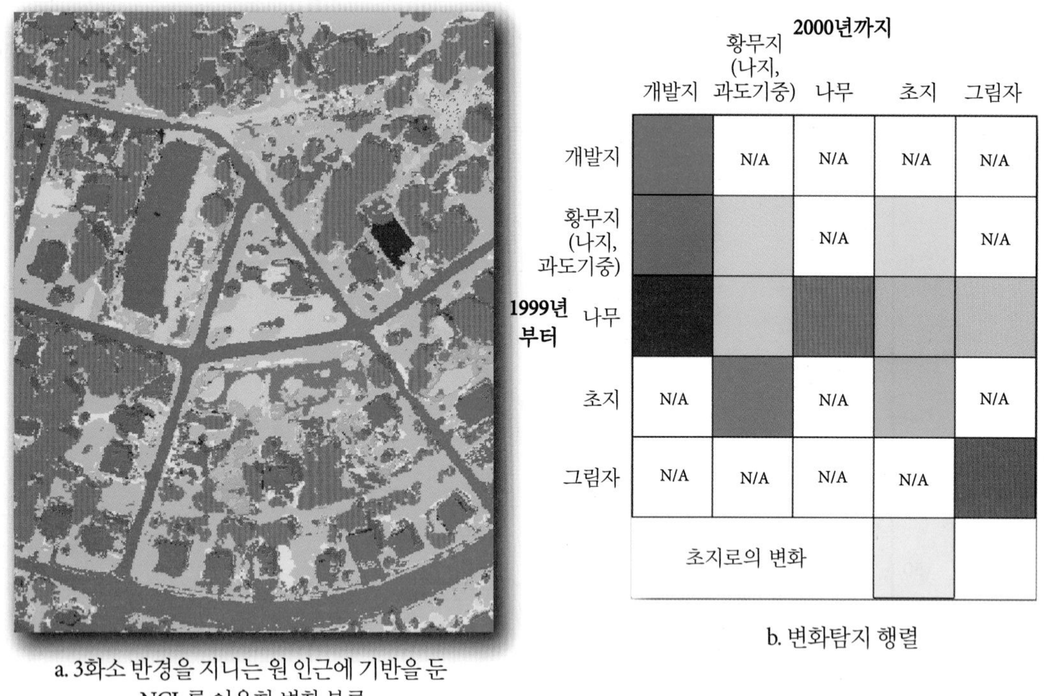

그림 12-34 근린 상관 영상(NCI) 분석과 결정나무 분류에 기반한 변화 추세 정보(Figure 8 in Im, J., and J. R. Jensen, 2005, "Change Detection Using Correlation Analysis and Decision Tree Classification," *Remote Sensing of Environment*, 99 : 326-340에 기초)

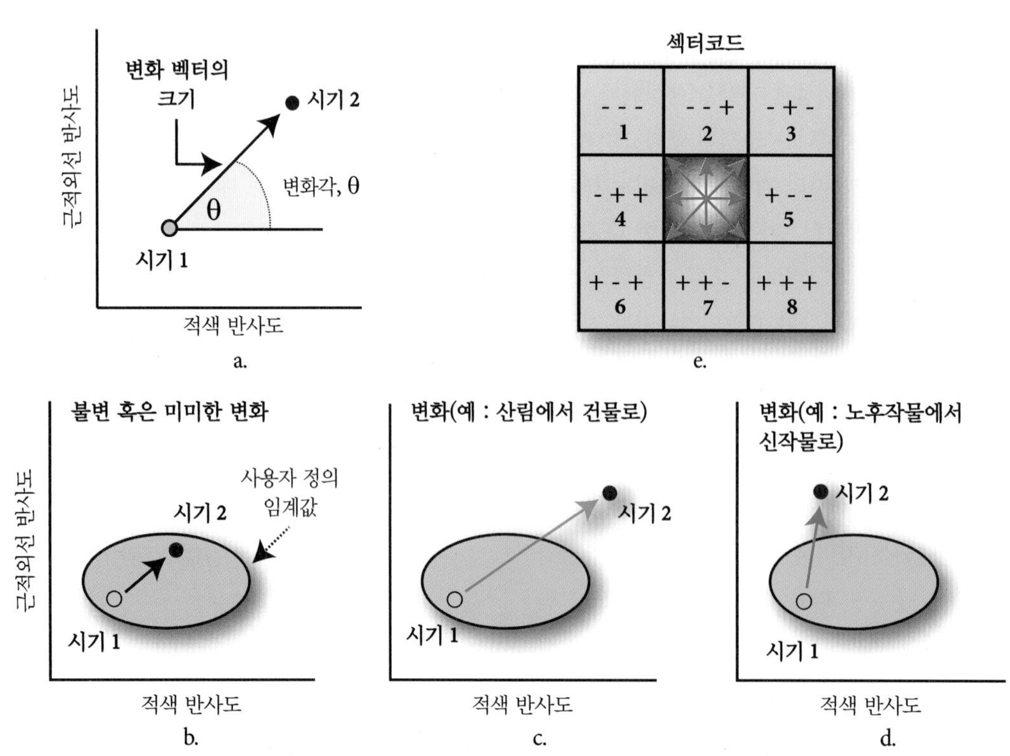

그림 12-35 a~d) 분광 변화 벡터를 이용한 변화탐지 기법의 개념도. e) 두 시기에 세 밴드 내에 측정된 화소에 대한 가능 변화 섹터코드.

표 12-4 세 밴드를 사용한 변화 벡터 분석을 위한 섹터코드의 정의(+는 시기 1에서 시기 2로 가면서 화소값이 증가하고, -는 시기 1에서 시기 2로 가면서 화소값이 감소)(Michalek et al., 1993)

	변화탐지		
섹터코드	밴드 1	밴드 2	밴드 3
1	-	-	-
2	-	-	+
3	-	+	-
4	-	+	+
5	+	-	-
6	+	-	+
7	+	+	-
8	+	+	+

변화 크기 및 각의 정보는 다중시기 MODIS 영상에서 중요한 변화 형태를 식별하기 위하여 결정나무 논리를 사용하여 분석된다(Zhan et al., 2002). Chen 등(2003)은 토지피복 변화지도를 만들 때 변화 크기와 변화방향 임계값을 결정하는 데 도움을 주는 향상된 변화 벡터 분석 방법을 개발하였다. Carvalho 등(2011)은 분광방향을 계산하기 위한 개선된 방법을 개발하였다. 이 기법의 주요 장점은 조도 변화에 민감하지 않은 단일 영상의 변화정보를 생성하는 것이다. Kontoes(2013)는 변화 벡터 분석의 운영버전을 개발하였다.

시기 1에 보조자료를 이용한 변화탐지

때때로 변화탐지과정에서 전통적인 원격탐사 영상의 자리에 사용될 수 있는 토지피복자료가 존재한다. 예를 들어, 미 어류 및 야생동물국(U.S. Fish and Wildlife Service)은 미국 전역의 1 : 24,000 축척 '국가습지목록(National Wetland Inventory, NWI)'을 제작하였다. 이들 자료 중 일부는 디지타이징되었다. 연안 지역의 변화탐지 프로젝트에서 원격탐사 영상을 시기 1의 자료 대신에 그 지역의 NWI 수치지도로 대체하는 것이 가능하다(그림 12-36). 이 경우에 NWI 수치지도는 사용된 분류체계와 호환이 될 수 있는 형태로 기록되어야 한다. 그런 다음 시기 2의 영상을 분류하고, 분류 후 비교 방법을 이용하여 시기 1 정보와 화소단위로 비교한다. 전통적인 추세 정보가 제공될 수 있다.

이 방법의 장점은 NWI 지도와 같이 잘 알려지고 신뢰할 수 있는 자료를 이용하며, 누락 및 수행오차 가능성을 줄일 수 있

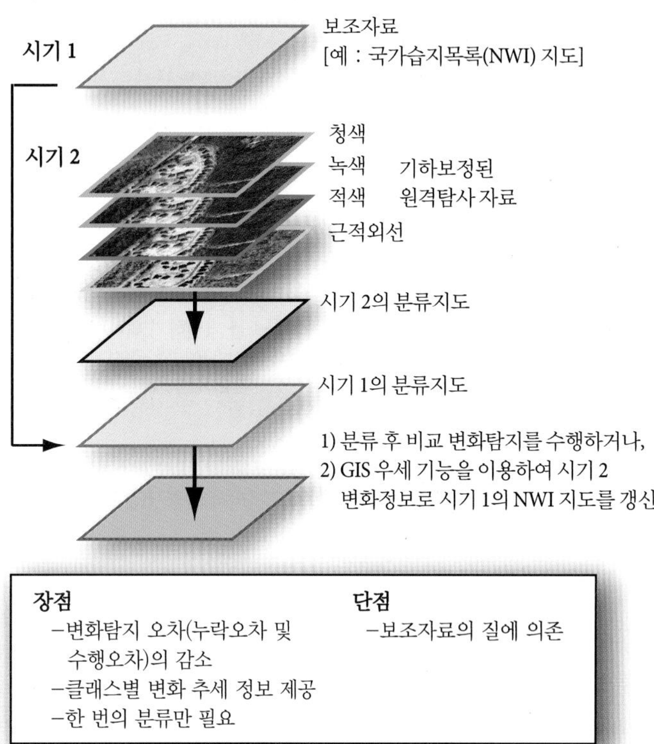

그림 12-36 보조자료를 시기 1에 사용한 변화탐지 기법의 개념도(영상 제공 : Richland County GIS Department)

다는 것이다. 이 기법을 이용하여 세부적인 변화 추세 정보를 획득할 수 있다. 시기 2 영상은 한 번만 분류하면 된다. 또한 최신의 습지정보를 가지는 NWI 지도(시기 1)를 갱신하는 것도 가능하다(이것은 시기 2 분류에서 발견된 새로운 습지 정보와 GIS 기능을 이용하여 이루어진다). 단점으로는 NWI 지도를 수치지도 형태로 변환시켜야 하고, 분류체계에 적합하게 일반화되어야 하며, 래스터 원격탐사 자료와 부합하도록 벡터자료를 래스터 형태로 변환해야 한다는 점이다. 수작업에 의한 디지타이징 및 과도한 변환은 받아들일 수 없는 데이터베이스 내 오류를 야기할 수도 있다(Lunetta et al., 1991).

Kennedy 등(2009)은 이러한 변화탐지 기법이 무기한 확장될 수 없음을 지적했다. 원본 지도의 토지피복 클래스는 변화, 시간경과에 따른 분광 정확도의 감소, 새로운 토지피복지도의 최종적인 생성 요구에 의하여 저하될 수 있다.

시기 2에 적용된 이진 마스크를 이용한 변화탐지

이 변화탐지 방법은 매우 효과적이다. 먼저 분석가는 시간 n일

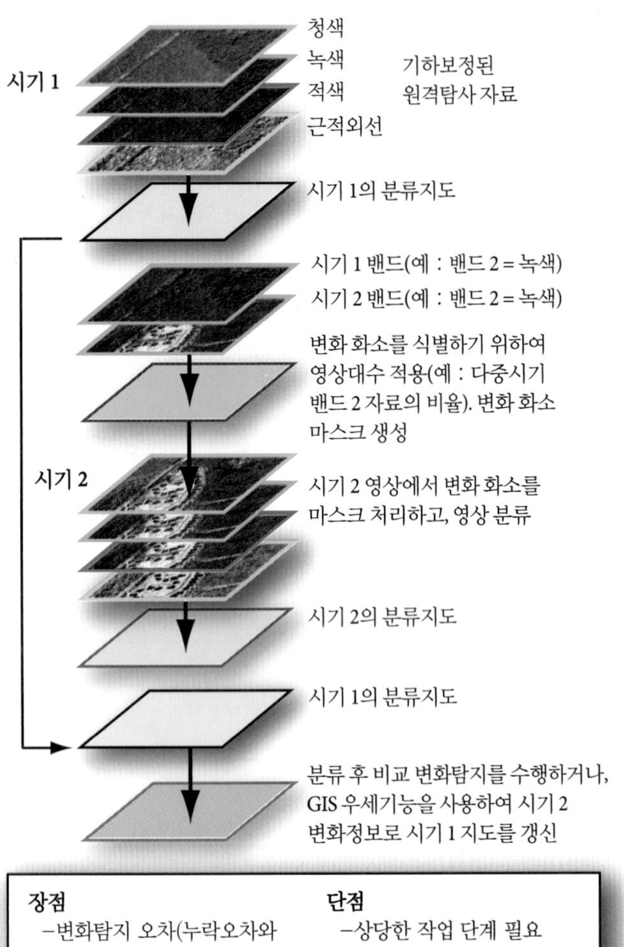

그림 12-37 시기 2 자료에 적용된 이진 변화 마스크를 이용한 변화탐지 기법의 개념도(영상 제공 : Richland County GIS Department)

때, 시기 1로 사용할 기본 영상을 선택한다. 시기 2는 이전 영상($n-1$)이거나 이후 영상($n+1$)이 될 수 있다. 시기 1의 원격탐사 자료를 기하보정하여 전형적인 피복 분류를 수행한다. 그런 다음 두 시기 영상에서 밴드들 중 하나씩(예 : 그림 12-37에서 밴드 2)을 새로운 데이터셋에 위치시킨다.

새로운 변화영상을 만들기 위하여 두 밴드로 이루어진 데이터셋은 다양한 영상대수 변화탐지 함수(예 : 비율영상 혹은 영상차 등)를 이용하여 분석된다. 분석가는 일반적으로 앞선 영상대수를 이용한 변화탐지에서 설명했던 대로 새로운 영상에서 변화지역과 미변화지역을 구분하기 위하여 임계값을 설정한다. 그런 다음 변화영상은 두 시기 사이에 변화한 지역만을 포함하는 이진 마스크 파일 형태로 기록된다. 변화 유무를 나타내는 이진 마스크를 만들 때에는 상당한 주의가 요구된다(Jensen et al., 1993a). 변화 마스크는 시기 2 자료에 중첩되고, 이로부터 변화되었다고 판단되는 화소들만 시기 2 영상에서 분류한다. 세부적인 변화 추세 정보를 추출하기 위하여 시기 1과 시기 2 분류를 사용한 분류 후 비교 방법이 적용될 수 있다.

이 기법은 변화탐지 오차(누락 및 수행오차)를 감소시킬 수 있으며, 세부적인 변화 추세 클래스 정보를 제공한다. 이 기술은 분석가가 두 시기 사이의 변화된 작은 부분에만 집중하여 분석할 수 있기 때문에 수고를 경감한다. 대부분의 지역 프로젝트에서 1~5년 기간 동안 실제로 변화된 부분은 전체 면적의 10%를 초과하지 않는다. 그러나 이 방법은 복잡하고, 많은 단계를 거쳐야 하며, 최종결과물은 분석에 사용된 변화 유무에 대한 이진 마스크의 품질에 의존한다.

USGS 과학자들은 Landsat TM 영상을 이용하여 2001년의 국가토지피복 데이터베이스(National Land Cover Database, NLCD)를 2006년 자료로 갱신하는 데 해당 기법을 사용하였다. 그들은 2001년 NLCD 자료를 시기 1의 분류지도로서 사용하였다. 2001년과 2006년 사이의 변화된 화소를 인식하기 위하여 2001년과 2006년 Landsat 영상을 처리하였다. 그리고 새로운 2006년 토지피복 데이터셋에서 변화된 화소들만 분류하였다. 2006년 토지피복지도에서 변화되지 않은 화소들은 2001년 NLCD의 토지피복으로 유지시켰다.

카이제곱 변환 변화탐지

Ridd와 Liu(1998)는 카이제곱(chi-square) 변환 변화탐지 기법을 소개하였다. 이 기법은 어떠한 형태의 영상에도 잘 적용되지만, 여기서는 두 시기에 수집된 Landsat TM 영상의 6개 밴드에 적용해 보겠다. 카이제곱 변환은 다음과 같다.

$$Y_{pixel} = (X - M)^T \Sigma^{-1} (X - M) \qquad (12.13)$$

여기서 Y_{pixel}은 결과 변화영상의 화소값, X는 각 화소에서 두 시기 사이의 6개 화소값의 차이 벡터, M은 전체 영상에서 각 밴드의 평균 잔차 벡터, T는 전치행렬, Σ^{-1}은 두 시기 사이의 6개 밴드의 역공분산 행렬이다. 이 변환의 유용함은 Y가 밴드 수 p의 자유도를 가지는 카이제곱 임의변수로서 분포한다는 사실에 있다. $Y=0$은 해당 화소가 미변화임을 나타낸다. 사용자는 결과 변화영상을 생성하고, Y값의 변화에 따라 화소를 강조할

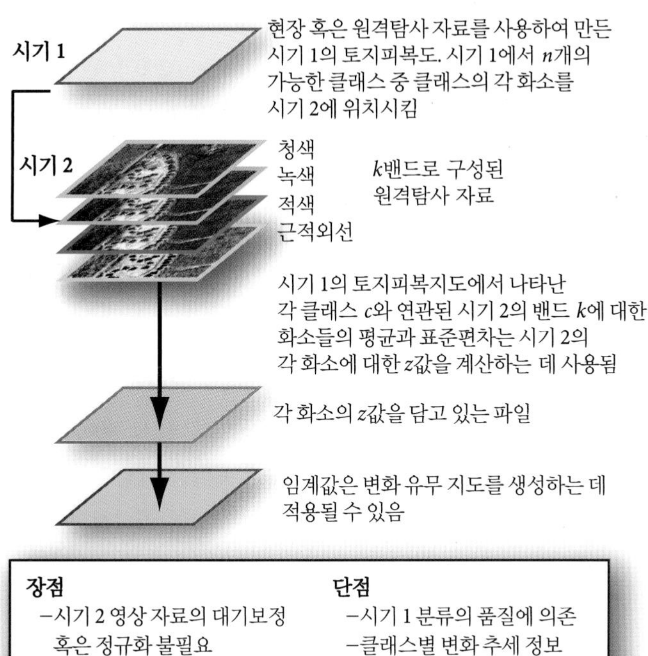

그림 12-38 교차상관 변화탐지 기법의 개념도(영상 제공 : Rchland County GIS Department)

수 있다.

교차상관 변화탐지

교차상관 기법 변화탐지는 존재하는 시기 1의 수치 토지피복지도와 시기 2의 미분류된 다중분광 데이터셋을 사용한다(Koeln and Bissonnette, 2000). 시기 2의 다중분광 데이터셋은 대기보정할 필요가 없으며, 백분율 반사도로 변환할 필요도 없고, 원래의 밝기값으로 충분하다. 교차상관 변화탐지를 수행하기 위하여 데이터셋에 대한 몇 가지 절차가 요구된다. 첫 번째로, 시기 1의 토지피복도 상에서 m개의 가능한 클래스 중에서 특정한 클래스 c(예 : 산림)와 관련된 모든 화소를 시기 2의 다중분광 데이터셋 상에 위치시킨다(그림 12-38). 이어서 시기 1의 토지피복도의 클래스 c와 연관된 시기 2의 다중분광 데이터셋 각 밴드 k의 모든 밝기값의 평균(μ_{ck})과 표준편차(σ_{ck})를 계산한다. 그런 다음, 클래스 c와 연관된 시기 2 영상에서의 모든 화소(BV_{ijk})를 그 평균(μ_{ck})과 비교하고, 표준편차(σ_{ck})로 나눈다. 이 값들을 합한 다음 모든 k밴드에 대해 세곱한다. 그 결과값은 영상 내의 각 화소와 연관된 Z값이 된다.

$$Z_{ijc} = \sum_{k=1}^{n}\left(\frac{BV_{ijk} - \mu_{c_k}}{\sigma_{c_k}}\right)^2 \qquad (12.14)$$

여기서

Z_{ijc} = 시기 1의 토지피복지도에 있는 특정 클래스 c와 연관된 시기 2의 다중분광 데이터셋의 i, j 위치에 있는 화소에 대한 Z값

c = 시기 1의 관심 대상 토지피복 클래스

n = 시기 2의 다중분광 영상에서 총 밴드의 수

k = 시기 2의 다중분광 영상에 있는 밴드 번호

BV_{ijk} = 시기 1의 토지피복지도에 있는 특정 클래스와 연관된 시기 2의 다중분광 데이터셋의 밴드 k에서 i, j 위치에 있는 화소의 밝기값(혹은 반사도)

μ_{ck} = 시기 1의 토지피복지도에 있는 특정 클래스 c와 연관된 시기 2의 다중분광 데이터셋의 밴드 k에 있는 모든 화소 밝기값의 평균

σ_{ck} = 시기 1의 토지피복지도에 있는 특정 클래스 c와 연관된 시기 2의 다중분광 데이터셋의 밴드 k에 있는 모든 화소 밝기값의 표준편차

4개의 클래스로 구성된 시기 1의 토지피복지도와 시기 2의 세 밴드로 구성된 다중분광 데이터셋의 교차상관으로부터 추출된 평균(μ_{ck})과 표준편차(σ_{ck})는 표 12-5와 같이 표의 형태로 저장되며 식 12.14에서 사용된다.

Z-통계값은 어떤 한 화소의 반응이 그에 대응되는 토지피복도 상의 클래스값의 예상 분광 반응과 얼마나 가까운지를 설명한다(Civco et al., 2002). 결과 파일에서 개별 화소의 Z값이 클수록 그에 해당하는 토지피복은 시기 1에서 시기 2로 가면서 변

표 12-5 네 클래스를 가진 시기 1의 토지피복도와 세 밴드로 구성된 시기 2의 다중분광 영상의 교차상관 변화탐지 분석과 관련된 가상 평균과 표준편차

토지피복 클래스	밴드 1		밴드 2		밴드 3	
1	$\mu_{1,1}$	$\sigma_{1,1}$	$\mu_{1,2}$	$\sigma_{1,2}$	$\mu_{1,3}$	$\sigma_{1,3}$
2	$\mu_{2,1}$	$\sigma_{2,1}$	$\mu_{2,2}$	$\sigma_{2,2}$	$\mu_{2,3}$	$\sigma_{2,3}$
3	$\mu_{3,1}$	$\sigma_{3,1}$	$\mu_{3,2}$	$\sigma_{3,2}$	$\mu_{3,3}$	$\sigma_{3,3}$
4	$\mu_{4,1}$	$\sigma_{4,1}$	$\mu_{4,2}$	$\sigma_{4,2}$	$\mu_{4,3}$	$\sigma_{4,3}$

했을 확률이 증가함을 알 수 있다. 만일 원한다면, 영상분석가는 *Z*값의 영상파일을 검사하고, 시기 1부터 시기 2에서 변화된 영상 내 모든 화소를 식별하기 위하여 일정한 임계값을 선택할 수 있다. 이러한 정보는 영역의 변화 유무 지도를 준비하기 위하여 사용될 수 있다.

교차상관 변화탐지 기법의 장점은 어떠한 데이터셋도 대기보정을 할 필요가 없다는 점이다. 또한 이 기법은 영상의 시기 차이에 따른 생물계절학적인 영향을 제거한다. 그러나 유감스럽게도, 이 변화탐지 기법은 시기 1의 토지피복 분류의 정확도에 상당히 의존한다. 만약 시기 1의 토지피복 분류에 심각한 오차가 있다면, 시기 1과 시기 2 사이의 교차상관의 경우에도 오차가 포함될 것이다. 시기 1 토지피복도 상의 모든 화소는 반드시 어떤 한 클래스에 할당되어야 한다. 이 기법은 어떠한 변화 추세 탐지 정보도 제공하지 않는다.

화면 상에서 육안판독을 이용한 변화탐지와 디지타이징

위성으로부터의 매우 많은 고해상도 원격탐사 자료가 현재 이용 가능하다(예 : IKONOS, GeoEye-1, WorldView-2, Pleiades) (Belward and Skoien, 2014). 또한 활용을 위하여 많은 도시, 카운티, 지역, 주의 디지털 항공사진이 계속 수집되고 있다. 주요 자연재난 혹은 인공재난 발생 후에 디지털 항공사진은 항상 빠르게 수집되고 있다. 앞에서 언급한 디지털 영상처리 변화탐지 기술을 사용하는 것은 항상 필요하거나 실용적이지는 않다. 오히려 덜 복잡한 기술들이 사용될 수 있다. 예를 들어, 컴퓨터 스크린 위에 2개의 기하보정된 영상을 표시하고, 변화 폴리곤을 인식하기 위하여 화면 상에서 디지타이징을 수행하는 것이 가능하다. 이는 디지털 영상처리 시스템이나 GIS를 이용하여 수행될 수 있다.

허리케인 휴고의 예

예를 들어, 그림 12-39a, b에 보이는 허리케인 휴고 전후에 대한 흑백 항공사진을 고려해 보자. 독자는 허리케인 휴고가 1989년 9월 21일 산사태를 유발하였을 때 파괴된 주택들을 인식하기 위하여 변화탐지 기술 중 하나의 방법(예 : 영상차, 변화 벡터 분석)을 사용하는 것이 간단할 것이라고 가정할 것이다. 불행하게도, 허리케인 발생 동안에 해안에서 씻긴 많은 양의 모래와 잔해로 인하여 디지털 기술들은 가치가 감소된다. 중요한 변화를 식별하기 위한 가장 유용한 기법은 스크린 상의 두 영상을 간단하게 판독하고 허리케인 휴고 후의 영상에 주요 정보를 디지타이징하는 것이다(그림 12-39c). 사진판독은 크기, 모양, 그림자, 색조, 색상, 질감, 장소와 관계와 같은 영상 판독의 기본적인 요소를 이용하여 수행되었다(Jensen, 2007). 완전히 파괴된 집들은 적색 윤곽, 일부 파괴된 집들은 황색, 기초로부터 옮겨진 집들은 화살표와 적색선으로 표시하였다(그림 12-39c).

허리케인 카트리나의 예

2005년 8월 29일에 산사태를 발생시킨 허리케인 카트리나와 관련된 주요 변화를 식별하기 위하여 동일한 논리가 적용되었다(그림 12-40a). 미시시피 주 걸프포트에서의 허리케인 카트리나의 영향지역의 저경사 및 수직 항공사진이 그림 12-40b, c에 나타나 있다. 허리케인 카트리나의 폭풍 해일은 해안지형학, 식생, 특히 인공구조물에 커다란 피해를 주었다. 미시시피 주 걸프포트 내 그랜드 카지노의 USGS 고해상도(1.2×1.2ft.) 컬러 수직 항공사진은 그림 12-40b와 같다. 그랜드 카지노의 약 1/4이 폭풍 해일에 의하여 파괴되었으며, 90번 고속도로로 이동되었음에 주목하자. 또한 수많은 해안 화물 컨테이너들이 현재 내륙으로 어떻게 위치해 있는지도 주목하자. 저경사 항공사진은 90번 고속도로 중앙에 위치한 그랜드 카지노의 커다란 부분에 어떠한 변화가 발생했는지 결정하기 쉽게 만들어 준다(그림 12-40c). 또한 잔해들이 뒤쪽 호텔 가까이에 쌓여 있는 것도 주목하자.

아랄 해의 예

때때로 간단하게 육안으로 다중시기 원격탐사 영상을 조사하는 것이 변화과정을 정확히 인식하는 데 유용하다. 예를 들어, 카자흐스탄의 아랄 해에서의 1973년에서 2000년 사이의 변화를 생각해 보자. 1973년과 1987년의 Landsat MSS 자료와 2000년에 수집된 Landsat ETM$^+$에 기록된 아랄 해 일부 해안선이 그림 12-41에 나타나 있다.

아랄 해는 실제로는 호수이고, 담수성의 물이다. 불행히도, 지난 30년 동안 호수의 60% 이상이 사라졌다. 우즈베키스탄, 카자흐스탄 및 중앙아시아 국가들의 농부들과 국가기관들은 목화밭과 논을 관개시키기 위하여 1960년대에 호수로 흘러 들어가는 강의 흐름을 바꾸었다. 1965년에는 매년 50km^{3}의 담수가 아랄 해로 흘러 들어갔지만 1980년대 초에는 모두 차단되고 말았다. 호수 내 염분과 광물질의 농도가 상승하기 시작했다. 화학성분의 변화는 호수의 생태계에 교란을 가져왔고, 어류 개체군의 급격한 감소를 초래했다. 어업관련 종사자들은 1960년

사우스캐롤라이나 주 설리번 섬 지역에서의 허리케인 휴고의 영향에 대한 화면 상의 육안판독에 의한 변화탐지

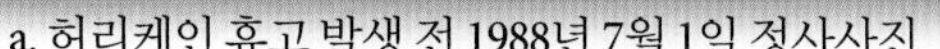

a. 허리케인 휴고 발생 전 1988년 7월 1일 정사사진

b. 허리케인 휴고 발생 후 1989년 10월 5일 정사사진

c. 1989년 10월 5일 정사사진 위에 표시된 변화정보

그림 12-39 a) 허리케인 휴고 이전인 1988년 7월 1일에 수집된 사우스캐롤라이나 주 설리번 섬 지역의 전정색 정사사진. 이 자료는 주 평면 좌표계에 맞춰 기하보정하였고, 0.3×0.3m 공간해상도로 재배열하였다. b) 허리케인 휴고 이후인 1989년 10월 5일에 수집된 설리번 섬 지역의 전정색 항공사진. c) 허리케인 휴고 이후인 1989년 10월 5일에 수집된 사우스캐롤라이나 주 설리번 섬 지역의 항공사진 상에 중첩된 변화정보. 완전히 파괴된 주택은 적색, 부분적으로 파괴된 주택은 황색으로 표시하였음. 적색 화살표는 원래 있던 위치에서 옮겨진 주택의 방향을 나타냄. 3개의 해변 관리용 건축선 후퇴선은 청록색으로 표시함(기본, 20년 빈도, 40년 빈도). 침식된 백사장은 흑색 실선으로 나타냄. 허리케인 휴고에 의해 모래가 퇴적된 해안지역은 흑색 점선으로 나타내었음.

미시시피 주 걸프포트의 허리케인 카트리나 피해에 대한 화면 상의 육안 변화탐지

a. MODIS 천연색 배경과 중첩된 2005년 8월 29일의 GOES-12 가시광 밴드 영상

b. 폭풍 해일에 의하여 이동된 그랜드 카지노의 일부분에 대한 저경사 사진

c. 37×37cm(1.2×1.2ft.)로 획득된 그랜드 카지노와 주변영역의 수직 항공사진

그림 12-40 a) MODIS 천연색 영상 위에 중첩된 2005년 8월 29일에 산사태를 야기한 허리케인 카트리나의 GOES-12 영상(영상 제공 : USGS Coastal and Marine Geology Program). b) 2005년 8월 29일의 미시시피 주 걸프포트 내 그랜드 카지노의 수직 고해상도 항공사진(영상 제공 : USGS Coastal and Marine Geology Program). c) 90번 고속도로에 놓인 그랜드 카지노의 일부 위치를 기록한 저경사 항공사진(사진 제공 : NOAA Remote Sensing Division).

대만 하더라도 60,000명에 이르렀다. 1977년에 어업생산량이 75% 이상 감소되었고, 1980년 초에는 상업적 어업은 사라졌다.

축소된 아랄 해는 그 지역의 기후에도 현저한 영향을 미쳤다. 식물 생육 기간이 점점 짧아졌기 때문에 많은 농부들은 목화에서 쌀로 농작물을 바꾸었고, 그 결과 농업용수 이용량은 더욱 증가되었다. 아랄 해의 전체 크기의 축소에 따른 부차적인 영향은 호수 바닥의 급격한 노출이다. 아시아의 이 지역을 가로지르면서 부는 강한 바람에 의해 노출된 호수 바닥으로부터 매년 엄청난 양의 토사가 날려 가고 퇴적되기를 반복하고 있다. 이는 주변 주거지의 대기환경 질을 떨어뜨리고, 농경지 위로 염분을 많이 함유한 토사가 떨어져서 농작물 생산량에도 상당한 영향을 미쳤다.

환경전문가들은 현재의 상황을 더 이상 방치하지 말아야 한다는 점에 동의한다. 그러나 그 지역이 빈곤지역이고 게다가 수출에 상당히 의존하고 있으므로 그 지역의 정부기관들은 이러한 상황을 막기 위한 어떠한 조치도 못해 왔으며, 아랄 해는 계속 줄어들고 있다(NASA Aral Sea, 2014).

중국 국가 토지이용/피복 데이터베이스의 예

화면 상에서 육안을 이용한 디지타이징 변화탐지는 주로 Landsat TM 영상을 이용하여 1 : 100,000 축척의 중국 국가 토지이용/피복 데이터베이스 내 변화를 식별하기 위한 목적으로 최근에도 사용되었다(Zhang et al., 2014).

변화탐지를 위한 대기보정

지금까지 가장 널리 이용되고 있는 변화탐지 알고리듬들을 살펴보았으며, 변화탐지과정에 사용되는 각 시기의 영상을 어느 시기에 대기보정하는 것이 필요한지에 대한 일반적인 지침을 제공하는 것이 유용하다.

대기보정이 필요할 때

변화탐지에 사용되는 각 시기의 개별 영상은, 예를 들어, 시기 1과 시기 2에 대하여 NDVI를 생성하는 것과 같은 선형변환에 기반을 둘 때 다중시기의 원격탐사 자료의 대기보정이 요구된다. 각 시기별 대기의 부가적인 효과는 NDVI값을 변화시키고 그 변화는 비선형적인 속성을 가진다(Song et al., 2001). 대기로부터 NDVI로의 영향은 상당히 커서 식생층이 얇거나 식생 사이사이에 비어 있는 부분에 대해서는 50% 이상에 상당하는 영향을 미친다(McDonald et al., 1998; Song et al., 2001). 이와 유사하게 만약 변화탐지가 다중시기의 적색/근적외선 영상비율(예 : Landsat TM 4/TM 3)에 기초한다면, 영상을 대기보정해야 한다. 이것은 목적이 시간에 따른 토지피복 변화가 아닌 시간에 따른 생물물리학적 변화 특성을 식별하는 것이라면 NDVI와 같은 선형 변환된 자료(예 : NDVI)를 계산하는 데 사용되는 다중시기의 영상을 정규화하거나 대기보정하는 것이 필요하다는 것을 의미한다(Yuan and Elvidge, 1998; Song et al., 2001; Du et al., 2002).

만약 임계값이 변화영상 히스토그램 내에 일정하게 유지된다면, 대기보정된 영상과 영상차 논리를 적용하여 만든 변화 유무 지도는 대기보정되지 않은 영상과 영상차 논리를 적용하여 만든 지도와 일반적으로 다르게 보인다. 그러나 만약 분석가가 변화탐지 영상 히스토그램의 양쪽 끝부분에 적절한 임계값을 선택하여 적용한다면 변화탐지 지도가 대기보정된 자료를 이용했는지는 그다지 문제되지 않는다. 그러나 만약 분석가가 변화영상 내의 모든 안정된 클래스가 변화영상의 히스토그램 상에서 0의 값을 가지기를 바란다면, 영상차 분석을 수행하기 전에 한 영상을 다른 영상에 정규화하거나 두 영상을 대기보정하는 것이 유용하다.

질 좋은 훈련자료를 수집하는 것은 일반적으로 인력과 현장작업을 필요로 하기 때문에 상당한 비용이 들며 시간 또한 많이 소요된다. 따라서 시공간적으로 훈련자료를 확장시킬 수 있느냐가 점점 중요해진다. 즉 시기 1 영상에서 추출된 훈련자료는 동일한 지리영역(시간적 확장)의 시기 2 영상에도 확장되어 사용될 수 있어야 하며, 심지어 시기 1 혹은 시기 2 영상의 근접한 지역(공간적 확장)에도 확장되어 사용될 수 있어야 한다. 훈련자료를 시공간적으로 확장하기 위해서는 평가된 영상을 제6장에서 설명된 기법 중 하나를 사용하여 표면 반사도 형태로 대기보정해야 한다. 그럼에도 불구하고 각 시기의 영상을 분류할 때나 변화탐지를 수행할 때에 항상 원격탐사 자료를 대기보정해야 하는 것은 아니다.

대기보정이 불필요할 때

수많은 연구들은 만약 분류 클래스를 특징짓는 분광신호가 분류될 영상으로부터 추출된다면 영상 분류 이전에 대기효과를 보정할 필요가 없다는 것을 입증했다. 이것은 단일시기의 영상을 대기보정하는 것은 종종 각 분광밴드의 모든 화소로부터 일정한 상수를 빼는 것과 동일하기 때문이다. 이러한 작업은 다

1973년부터 2000년까지의 카자흐스탄 아랄 해의 수위저하

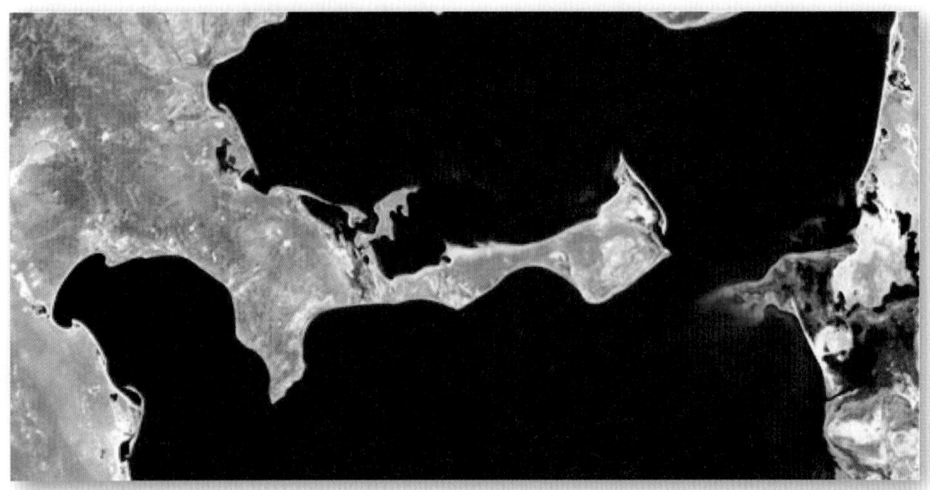

a. 1973년 5월 29일에 획득된 Landsat MSS

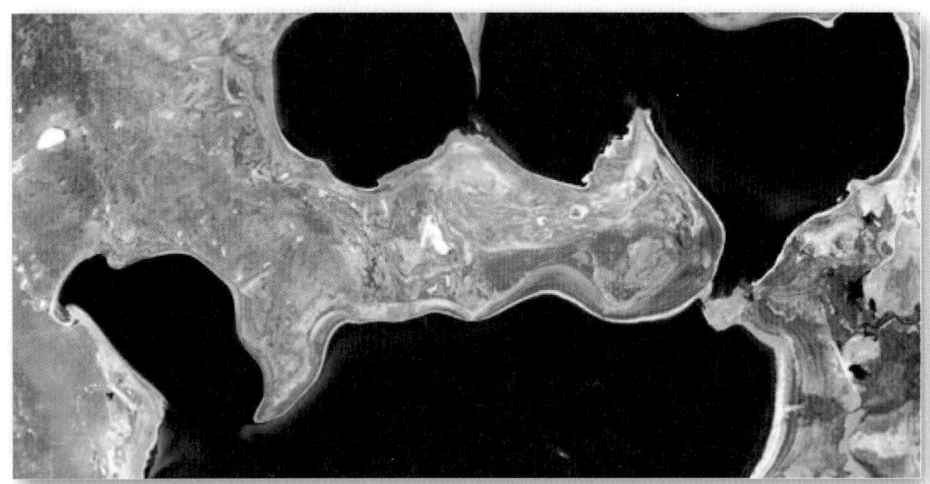

b. 1987년 8월 19일에 획득된 Landsat MSS

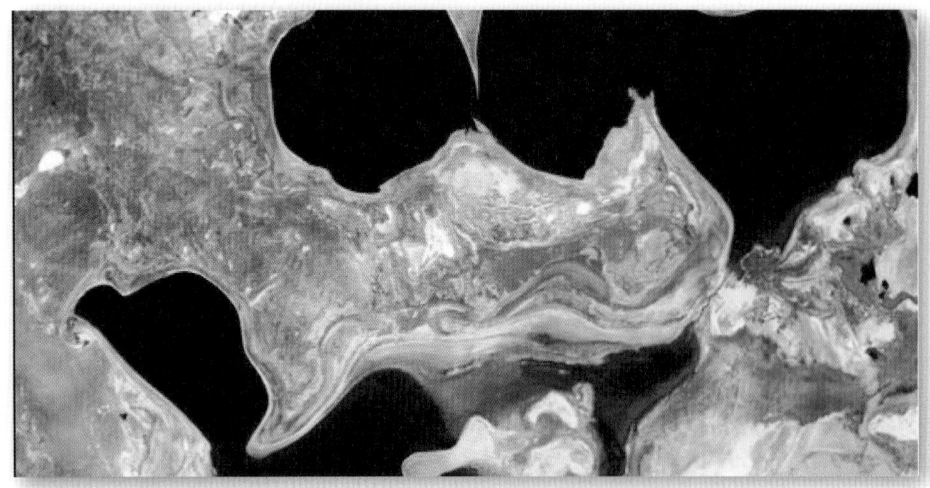

c. 2000년 7월 29일에 획득된 Landsat 7 ETM+ 영상

그림 12-41 1973년, 1987년, 2000년에 Landsat MSS와 Landsat ETM+에 의하여 기록된 아랄 해 연안 부분(영상 제공 : NASA Earth Observatory)

차원 개체 공간 내에서 원자료를 단순히 옮기는 것이다. 클래스의 평균은 변할지 모르지만, 분산-공분산 행렬은 대기보정과 상관없이 동일하다. 다시 말해서, 훈련자료와 분류될 영상이 동일한 척도(대기보정하거나 혹은 대기보정하지 않거나)에 있는 한 대기보정은 불필요하다(Song et al., 2001). 이는 최대우도분류 알고리듬을 이용하여 분류하고, 또한 사용되는 모든 훈련자료가 시기 1 영상으로부터 추출된다면, 시기 1에 획득된 Landsat TM 영상을 대기보정할 필요가 없다는 뜻이다. 동일한 원리로 시기 2에 수집된 영상 역시 그 영상으로부터 추출된 훈련자료로 분류된다면 대기보정할 필요가 없다. 각 시기의 영상으로부터 추출된 시기 1과 2의 분류지도 사이의 변화는 분류 후 비교 기법을 통해 쉽게 비교할 수 있다.

변화탐지가 다중시기의 원격탐사 자료를 기하보정하여 하나의 데이터셋으로 만든 다음 그것을 단일 영상인 것처럼 분류하는 다중시기 조합영상에 기반을 두는 경우(다중시기 주성분 변화탐지 기법)에도 대기보정이 불필요하다. 영상 분류와 많은 변화탐지 알고리듬을 위하여 한 시기 혹은 장소로부터 추출된 훈련자료가 다른 시기 혹은 장소에 적용하는 경우에는 대기보정을 해야 한다. 다중시기 영상의 밴드의 강도를 정규화하거나 상대 방사보정을 사용하는 것은 많은 변화탐지 활용에 있어서 충분하다(Song et al., 2001; Coppin et al., 2004; Chen et al., 2012).

요약

한 시기의 자연자원 목록을 만드는 것은 가치가 그다지 크지 않을 수 있다. 시간적으로 연속적인 영상과 변화를 탐지하는 것은 위험한 상태에 있는 자원에 대한 중요한 정보를 제공하며, 변화의 원인을 확인하는 특정한 사례에 사용될 수 있다. 변화 정보는 지방, 지역, 그리고 전지구적인 환경 모니터링에 있어 점점 중요해지고 있다(Woodcock et al., 2001; Olofsson et al., 2014). 이번 장에서는 원격탐사를 이용한 변화탐지 프로젝트를 수행할 때 고려되어야 하는 원격탐사 시스템과 환경변수들에 대해 상세히 살펴보았다. 몇몇 유용한 변화탐지 알고리듬들도 검토하였다. 과학자들은 정확한 변화탐지를 수행하기 위하여 이러한 원리들을 주의 깊게 살펴보고 이해하는 것이 권장된다.

참고문헌

Ahlqvist, O., 2008, "Extending Post-classification Change Detection using Semantic Similarity Metrics to Overcome Class Heterogeneity: A Study of 1992 and 2001 U.S. National Land Cover Database Changes," *Remote Sensing of Environment*, 112:1226-1241.

Almutairi, A., and T. A. Warner, 2010, "Change Detection Accuracy and Image Properties: A Study Using Simulated Data," *Remote Sensing*, 2:1508-1529.

Arzandeh, S., and J. Wang, 2003, "Monitoring the Change of *Phragmites* Distribution Using Satellite Data," *Canadian Journal of Remote Sensing*, 29(1):24-35.

Belward, A., and J. Skoien, 2014, "Who Launched What, When and Why? Trends in Global Land-cover Observation Capacity from Civilian Earth Observation Satellites," *ISPRS Journal of Photogrammetry & Remote Sensing*, http://dx.doi.org/10.1016/j.isprsjprs.2014.03.009.

Bruzzone, L., and D. F. Prieto, 2000, "Automatic Analysis of the Difference Image for Unsupervised Change Detection," *IEEE Transactions on Geoscience and Remote Sensing*, 38(3):1171-1182.

Carvalho, O. A., Guimaraes R. F., Gillespie, A. R., Silva, N. C., and R. A. T. Gomes, 2011, "A New Approach to Change Vector Analysis Using Distance and Similarity Measures," *Remote Sensing*, 3:2473-2493.

Celik, T., 2009, "Unsupervised Change Detection in Satellite Images Using Principal Component Analysis and k-Means Clustering," *IEEE Geoscience & Remote Sensing Letters*, 6(4):772-776.

Chen, G., Hay, G. J., Carvalho, L. M. T., and M. A. Wulder, 2012, "Object-based Change Detection," *International Journal of Remote Sensing*, 33(14):4434-4457.

Chen, J., Gong, P., He, C., Pu, R., and P. Shi, 2003, "Land-Use/Land-Cover Change Detection Using Improved Change-Vector Analysis," *Photogrammetric Engineering & Remote Sensing* 69(4):369-379.

Civco, D. L., Hurd, J. D., Wilson, E. H., Song, M., and Z. Zhang, 2002, "A Comparison of Land Use and Land Cover Change Detection Methods," *Proceedings, ASPRS-ACSM Annual Conference and FIG XXII Congress,* Bethesda: American Society for Photogrammetry & Remote Sensing, 10 p, CD.

Collins, J. B., and C. E. Woodcock, 1996, "An Assessment of Several Linear Change Detection Techniques for Mapping Forest Mortality Using Multitemporal Landsat TM Data," *Remote Sensing of Environment*, 56:66-77.

Congalton, R. G., and K. Green, 2009, *Assessing the Accuracy of Remotely Sensed Data—Drinciples and Practices*, (2nd Ed.), Boca Raton: CRC Press, 183.

Coppin, P., Jonckheere, I., Nackaerts, K., and B. Muys, 2004, "Digital

Change Detection Methods in Ecosystem Monitoring: A Review," *International Journal of Remote Sensing*, 25(9):1565-1596.

Coulter, L., Hope, A., Stow, D., Lippitt, C., and S. Lathrop, 2011, "Time-space Radiometric Normalization of TM/ETM$^+$ Images for Land Cover Change Detection," *International Journal of Remote Sensing*, 32(22):7539-7556.

Crippin, R. E., 1988, "The Dangers of Underestimating the Importance of Data Adjustments in Band Ratioing," *International Journal of Remote Sensing*, 9(4):767-776.

Deng, J. S., Wang, K., Deng, Y. H., and G. J. Qi, 2008, "PCAbased Land-use Change Detection and Analysis using Multitemporal Multisensor Satellite Data," *International Journal of Remote Sensing*, 29(16):4823-4838.

Dobson, J. E., Bright, E. A., Ferguson, R. L., Field, D. W., Wood, L. L., Haddad, K. D., Iredale, H., Jensen, J. R., Klemas, V. V., Orth, R. J., and J. P. Thomas, 1995, *NOAA Coastal Change Analysis Program (C-CAP)—Guidance for Regional Implementation*, Washington: NOAA, 92 p.

Du, Y., Teillet, P. M., and J. Cihlar, 2002, "Radiometric Normalization of Multitemporal High-resolution Satellite Images with Quality Control for Land Cover Change Detection," *Remote Sensing of Environment*, 82:123-134.

Dykstra, J., 2012, "Comparison of Landsat and RapidEye Data for Change Monitoring Applications," presented at the *11th Annual Joint Agency Commercial Imagery Evaluation (JACIE) Workshop*, Fairfax, VA, April 17-19, 32 p.

Elaksher, A. F., Bethel, J. S., and E. M. Mikhail, 2003, "Roof Boundary Extraction Using Multiple Images," *Photogrammetric Record*, 18(101):27-40.

Esri ChangeMatters, 2014, *Change Matters*, Redlands: Esri, Inc., http://changematters.esri.com/compare.

Exelis, 2013, *ENVI EX: Image Difference Change Detection*, Boulder: Exelis Visual Information Solutions, 9 p.

Foley, J., DeFries, R., Asner, G., Barford, C., Bonan, G., Carpenter, S., Chapin, F., Coe, M. Daily, C., Gibbs, H., Helkowski, J., Holloway, T., Howard, E., Kucharik, C., Monfreda, C., Patz, J., Prentice, I., Ramankutty, N., and P. Snyder, 2005, "Global Consequences of Land Use," *Science*, July 5, 309:570-574.

Foody, G. M., 2001, "Monitoring Magnitude of Land-Cover Change Around the Southern Limits of the Sahara," *Photogrammetric Engineering & Remote Sensing*, 67(7):841-847.

Franklin, S. E., Lavigne, M. B., Wulder, M. A., and T. M. McCaffrey, 2002, "Large-area Forest Structure Change Detection: An Example," *Canadian Journal of Remote Sensing*, 28(4):588-592.

Fry, J. A., Xian, G., Jin, S., Dewitz, J. A., Homer, C. G., Yang, L., Barnes, C. A., Herold, N. D., and J. D. Wickham, 2011, "National Land Cover Database for the Conterminous United States," *Photogrammetric Engineering & Remote Sensing*, 77(9):859-863.

Gartner, P., Forster, M., Kurban, A., and B. Kleinschmit, 2014, "Object Based Change Detection of Central Asian Tugai Vegetation with Very High Spatial Resolution Satellite Imagery," *International Journal of Applied Earth Observation and Geoinformation*, 31:110-121.

Gladstone, C. S., Gardiner, A., and D. Holland, 2012, "A Semi-Automatic Method for Detecting Changes to Ordinance Survey Topographic Data in Rural Environments," *Proceedings of the 4th GEOBIA Conference*, May 7-9, Rio de Janeiro, Brazil, 396-401.

Green, K., 2011, "Change Matters," *Photogrammetric Engineering & Remote Sensing*, 77(4):305-309.

Griffiths, P., Hostert, P., Gruebner, O., and S. van der Linden, 2010, "Mapping Megacity Growth with Multi-sensor Data," *Remote Sensing of Environment*, 114:426-439.

Hofmann, P., Strobl, J., Blaschke, T., and H. J. Kux, 2008, "Detecting Informal Settlements from QuickBird Data in Rio de Janeiro Using an Object-based Approach," in *Object-based Image Analysis: Spatial Concepts for Knowledge-Driven Remote Sensing Applications*, Blaschke, T., Lang, S. and G. J. Hay, Eds., Springer: Berlin, 531-554.

Huang, X., and M. A. Friedl, 2014, "Distance Metric-based Forest Cover Change Detection using MODIS Time Series," *International Journal of Applied Earth Observation and Geoinformation*, 29:78-92.

Hurskainen, P., and P. Pellikka, 2004, "Change Detection of Informal Settlements Using Multi-temporal Aerial Photographs—The Case of Voi, SE-Kenya," in *Proceedings of the AARSE Conference*, Nairobi, Kenya, 18-21 October.

Im, J., 2006, *A Remote Sensing Change Detection System Based on Neighborhood/Object Correlation Image Analysis, Expert Systems, and an Automated Calibration Model*, Ph.D. dissertation, Dept. of Geography, Univ. of South Carolina, Columbia, SC.

Im, J., and J. R. Jensen, 2005, "Change Detection Using Correlation Analysis and Decision Tree Classification," *Remote Sensing of Environment*, 99:326-340.

Im, J., Jensen, J. R., and J. A. Tullis, 2008, "Object-based Change Detection Using Correlation Image Analysis and Image Segmentation," *International Journal of Remote Sensing*, 29(2):399-423.

Im, J., Jensen, J. R., Jensen, R. R., Gladden, J., Waugh, J., and M. Serrato, 2012, "Vegetation Cover Analysis of Hazardous Waste Sites in Utah and Arizona using Hyperspectral Remote Sensing," *Remote Sensing*, (4):327-353.

Im, J., Rhee, J., and J. R. Jensen, 2009, "Enhancing Binary Change Detection Performance Using a Moving Threshold Window (MTW) Approach," *Photogrammetric Engineering & Remote Sensing*, 75(8):951-962.

Im, J., Rhee, J., Jensen, J. R., and M. E. Hodgson, 2007, "An Automated Binary Change Detection Model Using a Calibration Approach," *Remote Sensing of Environment*, 106:89-105.

Im, J., Rhee, J., Jensen, J. R., and M. E. Hodgson, 2008, "Optimizing the Binary Discriminant Function in Change Detection Applications,"

Remote Sensing of Environment, 112:2761-2776.

Im, J., Lu, Z., and J. R. Jensen, 2011, "A Genetic Algorithm Approach to Moving Threshold Optimization for Binary Change Detection," *Photogrammetric Engineering & Remote Sensing*, 77(2):167-180.

Jensen, J. R., 1981, "Urban Change Detection Mapping Using Landsat Digital Data," *The American Cartographer*, 8(2):127-147.

Jensen, J. R., 2007, *Remote Sensing of the Environment: An Earth Resource Perspective*, (2nd Ed.), Boston: Pearson, 592 p.

Jensen, J. R., and J. Im., 2007, "Remote Sensing Change Detection in Urban Environments," in R.R. Jensen, J. D. Gatrell and D. D. McLean (Eds.), *Geo-Spatial Technologies in Urban Environments Policy, Practice, and Pixels*, (2nd Ed.), Berlin: Springer-Verlag, 7-32.

Jensen, J. R., Cowen, D., Narumalani, S., Althausen, J., and O. Weatherbee, 1993a, "Evaluation of CoastWatch Change Detection Protocol in South Carolina," *Photogrammetric Engineering & Remote Sensing*, 59(6):1039-1046.

Jensen, J. R., Guptill, S., and D. Cowen, 2012, *Change Detection Technology Evaluation*, Bethesda: U.S. Bureau of the Census, Task T007, FY2012 Report, 232 p.

Jensen, J. R., Huang, X., and H. E. Mackey, 1997, "Remote Sensing of Successional Changes in Wetland Vegetation as Monitored During a Four-Year Drawdown of a Former Cooling Lake," *Applied Geographic Studies*, 1:31-44.

Jensen, J. R., Im, J., Hardin, P., and R. R. Jensen, 2009, "Chapter 19: Image Classification," in *Remote Sensing*, Warner, T., Nellis, D. and G. Foody, Eds., Los Angeles: Sage Publications, 269-296.

Jensen, J. R., Narumalani, S., Weatherbee, O., and H. E. Mackey, 1993b, "Measurement of Seasonal and Yearly Cattail and Waterlily Changes Using Multidate SPOT Panchromatic Data," *Photogrammetric Engineering & Remote Sensing*, 59(4):519-525.

Jensen, J. R., Rutchey, K., Koch, M., and S. Narumalani, 1995, "Inland Wetland Change Detection in the Everglades Water Conservation Area 2A Using a Time Series of Normalized Remotely Sensed Data," *Photogrammetric Engineering & Remote Sensing*, 61(2):199-209.

Kennedy, R. E., Townsend, P. A., Gross, J. E., Cohen, W. B., Bolstad, P., Wang, Y. Q., and P. Adams, 2009, "Remote Sensing Change Detection Tools for Natural Resource Managers: Understanding Concepts and Tradeoffs in the Design of Landscape Monitoring Projects," *Remote Sensing of Environment*, 113:1382-1396.

Kit, O., and M. Ludeke, 2013, "Automated Detection of Slum Area Change in Hyderabad, India using Multitemporal Satellite Imagery," *ISPRS Journal of Photogrammetry & Remote Sensing*, 83:130-137.

Klemas, V., 2011, "Remote Sensing of Wetlands: Case Studies Comparing Practical Techniques," *Journal of Coastal Research*, 27(3):418-427.

Koeln, G., and J. Bissonnette, 2000, "Cross-correlation Analysis: Mapping Land Cover Change with a Historic Land Cover Database and a Recent, Single-date Multispectral Image," *Proceedings, American Society for Photogrammetry & Remote Sensing*, Bethesda: ASP&RS, 8 p., CD.

Kontoes, C. C., 2013, "Operational Land Cover Change Detection using Change Vector Analysis," *International Journal of Remote Sensing*, 29(16):4757-4779.

Leprince, S., Barbot, S., Ayoub, F., and J. Avouac, 2007, "Automatic and Precise Orthorectification, Coregistration, and Subpixel Correlation of Satellite Images, Application to Ground Deformation Measurements," *IEEE Transactions on Geoscience and Remote Sensing*, 45(6):1529-1588.

Lu, D., Mausel, P., Brondizio, E., and E. Moran, 2004, "Change Detection Techniques," *International Journal of Remote Sensing*, 25(12):2365-2401.

Lunetta, R. S., and C. Elvidge, 2000, *Remote Sensing Change Detection: Environmental Monitoring Methods and Applications*, New York: Taylor & Francis, 340 p.

Lunetta, R. S., Congalton, R. G., Fenstermaker, L. K., Jensen, J. R., McGwire, K. C., and L. R. Tinney, 1991, "Remote Sensing and Geographic Information System Data Integration: Error Sources and Research Issues," *Photogrammetric Engineering & Remote Sensing*, 57(6):677-687.

Lunetta, R. S., Knight, J. F., Ediriwickrema, J., Lyon, J. G., and L. D. Worthy, 2006, "Land-cover Change Detection using Multi-temporal MODIS NDVI Data," *Remote Sensing of Environment*, 105:142-154.

Malila, W. A., 1980, "Change Vector Analysis: An Approach for Detecting Forest Changes with Landsat," *Proceedings, LARS Machine Processing of Remotely Sensed Data Symposium*, W. Lafayette, IN: Laboratory for the Applications of Remote Sensing, 326-336.

Matikainen, L., Hyyppa, J., Ahokas, E., Markelin, L., and H. Kaartinen, 2010, "Automatic Detection of Buildings and Changes in Buildings for Updating of Maps," *Remote Sensing*, 2010(2):1217-1248.

McDonald, A. J., Gemmell, F. M., and P. E. Lewis, 1998, "Investigation of the Utility of Spectral Vegetation Indices for Determining Information on Coniferous Forests," *Remote Sensing of Environment*, 66:250-272.

MDA, 2014, *National Urban Change Indicator (NUCI)*, Gaithersburg: MDA Information Systems LLC, (http://www.mdaus.com and http://www.mdaus.com/Geospatial/Global-Change-Monitoring.aspx).

Michalek, J. L., Wagner, T. W., Luczkovich, J. J., and R. W. Stoffle, 1993, "Multispectral Change Vector Analysis for Monitoring Coastal Marine Environments," *Photogrammetric Engineering & Remote Sensing*, 59(3):381-384.

Miller, R. B., Abbott, M. R., Harding, L. W., Jensen, J. R., Johannsen, C. J., Macauley, M., MacDonald, J. S., and J. S. Pearlman, 2003, *Using Remote Sensing in State and Local Government: Information for Management and Decision Making*, Washington: National Academy Press, 97 p.

Mitishita, E., Habib, A., Centeno, J., Machado, A., Lay, J., and C. Wong, 2008, "Photogrammetric and LiDAR Data Integration Using the Centroid of A Rectangular Roof as a Control Point," *Photogrammetric*

Record, 23(121):19-35.

Moeller, M. S., and T. Blaschke, 2006, "Urban Change Extraction from High Resolution Satellite Image," *Proceedings ISPRS Technical Commission II Symposium*, Vienna, Austria, 12-14 July, 151-156.

Morisette J. T., and S. Khorram, 2000, "Accuracy Assessment Curves for Satellite-based Change Detection," *Photogrammetric Engineering & Remote Sensing*, 66:875-880.

NASA Aral Sea, 2014, *The Shrinking Aral Sea*, Washington: NASA Earth Observatory, http://earthobservatory.nasa.gov/IOTD/view.php?id=1396.

Nielsen, A. A., and M. J. Canty, 2008, "Kernel Principal Component Analysis for Change Detection," in L. Bruzzone (Ed.), *Image and Signal Processing for Remote Sensing* XIV, *Proceedings* of the SPIE, Volume 7109:10 p.

NRC, 2010, *New Research Directions for the National Geospatial-Intelligence Agency*, Washington: National Research Council, 59 p.

Olofsson, P., Foody, G. M., Herold, M., Stehman, S., Woodcock, C. E., and M. A. Wulder, 2014, "Good Practices for Estimating Area and Assessing Accuracy of Land Change," *Remote Sensing of Environment*, 148:42-57.

Patra, S., Ghosh, S., and A. Ghosh, 2013, "Histogram Thresholding for Unsupervised Change Detection of Remote Sensing Images," *International Journal of Remote Sensing*, 32(12):6071-6089.

Pictometry International, 2014, *ChangeFindr*, http://www.eagleview.com/Products/ImageSolutionsAnalytics/PictometryAnalyticsDeployment.aspx#ChangeFinder.

Purkis, S., and V. Klemas, 2011, *Remote Sensing and Global Environmental Change*, New York: Wiley-Blackwell, 367 p.

Qin, R., 2014, "Change Detection on LOD 2 Building Models with Very High Resolution Spaceborne Stereo Imagery," *ISPRS Journal of Photogrammetry & Remote Sensing*, 96:179-192.

Radke, R. J., Andra, S., Al-Kofahi, O., and B. Roysam, 2005, "Image Change Detection Algorithms: A Systematic Survey," *IEEE Transactions on Image Processing*, 14(3):294-307.

Ridd, M. K., and J. Liu, 1998, "A Comparison of Four Algorithms for Change Detection in an Urban Environment," *Remote Sensing of Environment*, 63:95-100.

Rokni, K., Ahmad, A., Solaimani, K., and S. Hazini, 2015, "A New Approach for Surface Water Change Detection: Integration of Pixel Level Image Fusion and Image Classification Techniques," *International Journal of Applied Earth Observation and Geoinformation*, 34:226-234.

Roy, D. P., 2000, "The Impact of Misregistration Upon Composited Wide Field of View Satellite Data and Implications for Change Detection," *IEEE Transactions on Geoscience and Remote Sensing*, 38(4):2017-2032.

Rutchey, K., and L. Velcheck, 1994, "Development of an Everglades Vegetation Map Using a SPOT Image and the Global Positioning System," *Photogrammetric Engineering & Remote Sensing*, 60(6):767-775.

Schneider, A., 2012, "Monitoring Land Cover Change in Urban and Peri-urban Areas using Dense Time Stacks of Landsat Satellite Data and a Data Mining Approach," *Remote Sensing of Environment*, 124:689-704.

Sohn, G., and I. Dowman, 2007, "Data Fusion of High-resolution Satellite Imagery and LiDAR data for Automatic Building Extraction," *ISPRS Journal of Photogrammetry & Remote Sensing*, 62(1):43-63.

Song, C., Woodcock, C. E., Seto, K. C., Lenney, M. P., and S. A. Macomber, 2001, "Classification and Change Detection Using Landsat TM Data: When and How to Correct Atmospheric Effects," *Remote Sensing of Environment*, 75:230-244.

Stow, D., Toure, S. I., Lippitt, C. D., Lippitt, C. L., and C. R. Lee, 2011, "Frequency Distribution Signatures and Classification of Within-object Pixels," *International Journal of Applied Earth Observations and Geoinformation*, 15:49-56.

Taubenbock, H., Esch, T., Felbier, A., Wiesner, M., Roth, A., and S. Dech, 2012, "Monitoring Urbanization in Mega Cities from Space," *Remote Sensing of Environment*, 117:162-176.

Tsai, Y., Stow, D., and J. Weeks, 2011, "Comparison of Object Based Image Analysis Approaches to Mapping New Buildings in Accra, Ghana Using Multi-Temporal QuickBird Satellite Imagery," *Remote Sensing*, 3:2707-2726.

USGS, 2014, *Opening the Landsat Archive—Fact Sheet*, Washington: U. S. Geological Survey, http://pubs.usgs.gov/fs/2008/3091/pdf/fs2008-3091.pdf.

van Oort, 2007, "Interpreting the Change Detection Error Matrix," *Remote Sensing of Environment*, 108:1-8.

Virag, L. A., and J. E. Colwell, 1987, "An Improved Procedure for Analysis of Change in Thematic Mapper Image-Pairs," *Proceedings of the 21st International Symposium on Remote Sensing of Environment*, Ann Arbor: Environmental Research Institute of Michigan, 1101-1110.

Warner, T. A., Almutairi, A., and J. Y. Lee, 2009, "Remote Sensing of Land Cover Change," in Warner, T. A., Nelllis, M. D., and G. M. Foody (Eds.), *The Sage Handbook of Remote Sensing*, Los Angeles: Sage, 459-472.

Woodcock, C. E., Macomber, S. A., Pax-Lenney, M., and W. B. Cohen, 2001, "Monitoring Large Areas for Forest Change Using Landsat: Generalization Across Space, Time and Landsat Sensors," *Remote Sensing of Environment*, 78:194-203.

Xian, G., Homer, C., and J. Fry, 2009, "Updating the 2001 National Land Cover Database Land Cover Classification using Landsat Imagery Change Detection Methods," *Remote Sensing of Environment*, 113:1133-1147.

Yuan, D., and C. Elvidge, 1998, "NALC Land Cover Change Detection Pilot Study: Washington D.C. Area Experiments," *Remote Sensing of Environment*, 66:166-178.

Yuan, Y., Lv, H., and X. Lu, 2015, "Semi-supervised Change Detection

Method for Multi-temporal Hyperspectral Images," *Neurocomputing*, 148:363-375.

Zhan, Q., Molenaar, M., Tempfli, K., and W. Shi, 2005, "Quality Assessment for Geo-spatial Objects Derived from Remotely Sensed Data" *International Journal of Remote Sensing*, 2005(26):2953-2974.

Zhan, X., Sohlberg, R. A., Townshend, J. R. G., DiMiceli, C., Carroll, M. L., Eastman, J. C., Hansen, M. C., and R. S. DeFries, 2002, "Detection of Land Cover Changes Using MODIS 250 m Data," *Remote Sensing of Environment*, 83:336-350.

Zhang, Z., and 9 co-authors, 2014, "A 2010 Update of National Land Use/ Cover Database of China at 1:100,000-scale using Medium Spatial Resolution Satellite Images," *Remote Sensing of Environment*, 149:142-152.

Zhu, Z., and C. E. Woodcock, 2014, "Continuous Change Detection and Classification of Land Cover Using All Available Landsat Data," *Remote Sensing of Environment*, 144:152-171.

13 원격탐사기반 주제도의 정확도 평가

원격탐사 자료로부터 추출된 정보는 지역적 혹은 전 세계적인 규모의 계획, 생태계 모니터링, 식량 안보, 보건 평가, 치안 및 국방에서 점점 더 중요해지고 있다(NRC, 2007, 2009, 2012). 원격탐사에서 추출한 정보는 주제도의 형태일 수도 있고 표집 기법으로부터 추출된 통계값일 수도 있다. 주제정보(thematic information)는 그 정보를 사용하여 중요한 결정이 내려지므로 반드시 정확해야 한다(Jensen and Jensen, 2013; Wickham et al., 2013).

유감스럽게도, 원격탐사에서 추출한 주제정보는 오차를 가지고 있다. 원격탐사를 이용하여 주제정보를 만드는 분석가는 이러한 오차의 원인을 알아야 하며, 가능한 한 그 오차를 줄여야 하고, 사용자에게 주제정보가 어느 정도 정확한지를 알려야 한다. 원격탐사를 이용하여 생성된 주제도는 과학적 조사나 정책 결정에 사용되기 전에 일반적으로 철저한 정확도 평가를 수행하도록 되어 있다(Borengasser et al., 2008; Congalton and Green, 2009). 원격탐사에서 도출한 변화탐지도의 경우도 마찬가지이다(Foody, 2010; Burnicki, 2011).

개관

이 장은 원격탐사에서 도출한 주제도의 정확도를 평가하는 일반적인 과정을 소개한다(그림 13-1). 제7장에서 논의한 원격탐사기반 정보의 공간적 (*x*, *y*) 정확도는 고려하지 않는다. 원격탐사에서 도출한 결과물의 오차 원인을 다루며 오차행렬[상황표(contingency table) 혹은 혼동행렬이라고도 불림]을 소개하고 있다. 훈련 및 검증표본의 차이점을 설명하고 표본 크기와 설계를 살펴보며 반응설계를 이용한 지상참조정보 수집에 대한 중요한 정보를 제공한다. 정성평가 및 정량평가를 포함한 오차행렬을 분석하는 다양한 방법을 다룬다. 퍼지 정확도 평가를 소개하고 이원변화탐지도의 정확도 정량화 방법을 제공한다. 원격탐사에서 도출된 정보의 정확도 평가를 위한 지리통계적 분석을 살펴보고 최종적으로 원격탐사기반 결과물과 함께 제공되어야 하는 영상 메타데이터와 연혁정보에 대해 다룬다.

정확도 평가 단계

원격탐사 자료로부터 추출된 주제정보의 정확도를 평가하는 데 일반적으로 사용되는 단계는 그림 13-1에 요약되어 있다. 우선 주제정보 정확도 평가의 속성을 명확히 언급하는 것이 중요하다. 여기에는 다음이 포함된다.

- 정확도 평가의 목적

- 관심 클래스(이산 혹은 연속)
- 표집설계 및 표집률(지역률과 목록률로 구성)

정확도 평가의 목적은 명확하게 제시되어야 한다. 만약 원격탐사를 이용해 추출된 자료가 일반적인 비공식 정보로서 사용될 때에는 간단한 정성적인 조사만으로 충분할 수도 있다. 반대로, 만약 원격탐사를 이용해 추출된 주제정보가 인간의 삶이나 동식물에 영향을 미치게 된다면 철저하게 확률에 기초한 정확도 평가를 수행해야 한다.

정확도 평가를 위한 **표집설계**는 참조 표본 단위를 선택하는 지침이 된다(Stehman and Czaplewski, 1998; Stehman, 2009). 표집설계는 일반적으로 '대상 모집단 요소의 범위를 정하고 식별하는 물질이나 도구'로 구성된 **표집률**(sampling frame)을 필요로 한다. 표집률과 연관된 중요한 요소로 다음의 두 가지가 있다.

- 지역률
- 목록률

원격탐사 분야에서 **지역률**(area frame)은 전체 연구지역의 정확한 지리적 범위를 나타내며, **목록률**(list frame)은 단순히 지역률 내의 모든 가능한 **표집단위**의 목록이다. 실제 표본은 전적으로 이 표집단위의 목록으로부터 선택된다.

정확도 평가 과정은 **표집단위**의 선택에 의존한다(Stehman and Czaplewski, 1998). 원격탐사에서 정확도 평가를 수행할 때 분석가는 보통 세 가지 형태의 영역 표집단위 중 하나를 선택하는데, 이는 개개 화소(Congalton and Green, 2009는 권고하지 않음), 화소의 블록(권고됨), 폴리곤(Stehman and Wickham, 2011)이다. 일반적으로 정해진 이상적인 표집단위 형태는 없다. 만일 표집단위로 하나의 화소가 선택되면 이 토지피복은 각각의 화소가 정확히 하나의 클래스에 할당되는 범주형 분류 또는 화소가 각 클래스의 멤버십값을 가지는 퍼지 분류에 의해 정해진다(Stehman, 2009).

일단 정확도 평가 문제를 언급하고 나면 다음의 두 가지 방법을 사용하여 원격탐사에서 추출된 주제도의 정확도를 검증(혹은 오차를 평가)한다.

- 정성적인 신뢰도 구축 평가
- 통계적인 분석

신뢰도 구축 평가는 수체 속의 도시지역이나 산 정상에 나타난 비현실적 클래스와 같은 대형오차를 식별하기 위해 전문가에 의해 수행되는 전반적인 지역률과 연관되는 주제도의 시각적 조사를 포함한다. 만약 주요 오차들이 존재하고 주제도가 어떠한 정성적인 신뢰도를 가지지 못한다면 주제정보를 폐기하고 보다 적절한 논리를 사용하여 다시 분류해야 한다. 만약 주제도가 그럴듯하게 보인다면 분석가는 통계적인 신뢰도 구축 평가를 수행할 수 있다(Morisette et al., 2005).

통계적인 분석은 다음의 두 가지 형태로 나뉠 수 있다(Stehman, 2000, 2001).

- 모델기반 추론
- 설계기반 추론

모델기반 추론은 주제도의 정확도와는 관련되어 있지 않으며, 사실상 주제도를 만든 원격탐사 분류과정(혹은 모델)의 오차를 추정한다. 모델기반 추론은 사용자에게 각 분류 결정의 정량적 평가를 제공한다. 예를 들어, MODIS에서 추출된 토지피복 결과에서 각 화소는 그 화소가 분류자에게 제시된 훈련 예들에 얼마나 잘 들어맞는지를 측정하는 신뢰도값을 가지고 있다(Morisette et al., 2005).

설계기반 추론은 표집률에 기초한 한정된 모집단의 통계적 특성들을 추론하는 통계적 원리에 기초하고 있다. 몇몇 공통된 통계적 측정값으로는 생산자 오차, 사용자 오차, 전체 정확도, 그리고 Kappa 계수 등이 있다(Congalton and Green, 2009; Stehman, 2009). 설계기반 추론은 비용이 많이 들지만 훨씬 효과적인데, 이는 일관된 추정량을 이용하여 비편향된 지도 정확도 통계값을 제공하기 때문이다.

그러나 비편향된 통계적 측정값을 이끌어 내는 방법을 설명하기 전에 원격탐사에서 추출된 결과물(예 : 토지이용 및 토지피복도)에 발생할 수 있는 오차의 원인을 간략히 살펴볼 필요가 있다(그림 13-2). 이를 통해 원격탐사에서 추출된 정보가 의사결정에 사용될 때 정확도 평가가 왜 그렇게 중요한지를 알 수 있을 것이다.

원격탐사로부터 추출된 주제 결과물의 오차 원인

우선, 오차는 원격탐사 자료를 수집하는 과정에서 발생할 수 있다(그림 13-2). 원격탐사 시스템 감지기, 카메라, RADAR,

원격탐사 자료로부터 추출된 주제정보의 정확도를 평가하기 위한 일반적 단계

주제 정확도 평가 문제의 속성 제시
- 정확도 평가의 목적 제시
- 관심 클래스 식별(이산 혹은 연속)
- 표집설계 내의 표집률을 구체화
  - 지역률(지리적 관심 영역)
  - 목록률(점 혹은 면형 표집 단위로 구성)

주제 정확도 평가 기법 선택
- 신뢰도 구축 평가
  - 정성적
- 통계적 측정
  - 모델기반 추론(영상처리 방법론과 관련)
  - 주제정보의 설계기반 통계적 추론

표본에 필요한 총 관측 수 계산
- 클래스당 관측 수

표집설계(계획) 선택
- 임의 표집
- 계통 표집
- 층화임의 표집
- 층화계통 비할당 표집
- 군집 표집

반응설계를 사용하여 관측 위치에서 지상참조 정보 수집
- 평가 프로토콜
- 명명 프로토콜

오차행렬 구축 및 분석
- 오차행렬 구축
  - 지상참조 검증 정보(행)
  - 원격탐사 분류 결과(열)
- 단변량 통계 분석
  - 생산자 정확도
  - 사용자 정확도
  - 전체 정확도
- 다변량 통계 분석
  - Kappa 일치도 계수, 조건부 Kappa
  - 퍼지

이전에 언급한 가설을 수용할지 기각할지 결정

정확도가 수용 가능하면 결과 배포
- 정확도 평가 보고
- 디지털 결과물
- 아날로그(하드카피) 형태의 결과물
- 영상 및 지도 연혁 보고

그림 13-1 원격탐사를 이용해 추출한 주제정보의 정확도를 평가하는 데 사용되는 일반적 단계

LiDAR 등이 제대로 보정되지 않은 경우가 종종 있는데, 이런 경우 부정확한 원격탐사 측정(예 : 다중분광 방사도, RADAR 후방산란, LiDAR 레이저 강도)을 야기한다. 항공기 혹은 우주선 탑재체는 자료를 수집하는 동안 좌우회전, 전후회전, 수평회전 등에 의해 영향을 받는다. 지상통제소로부터의 잘못된 명령이 자료수집이나 관성궤도 항법 시스템에 영향을 미칠 수도 있다. 끝으로, 수집되는 영상은 원치 않은 연무, 안개, 먼지, 높은 상대습도, 혹은 섬광에 의해 임의적으로 영향을 받아 정보의 품질과 정확도에 심각한 영향을 미칠 수 있다.

원시 영상에 내재한 기하학적 및 방사적 오차를 제거하기 위

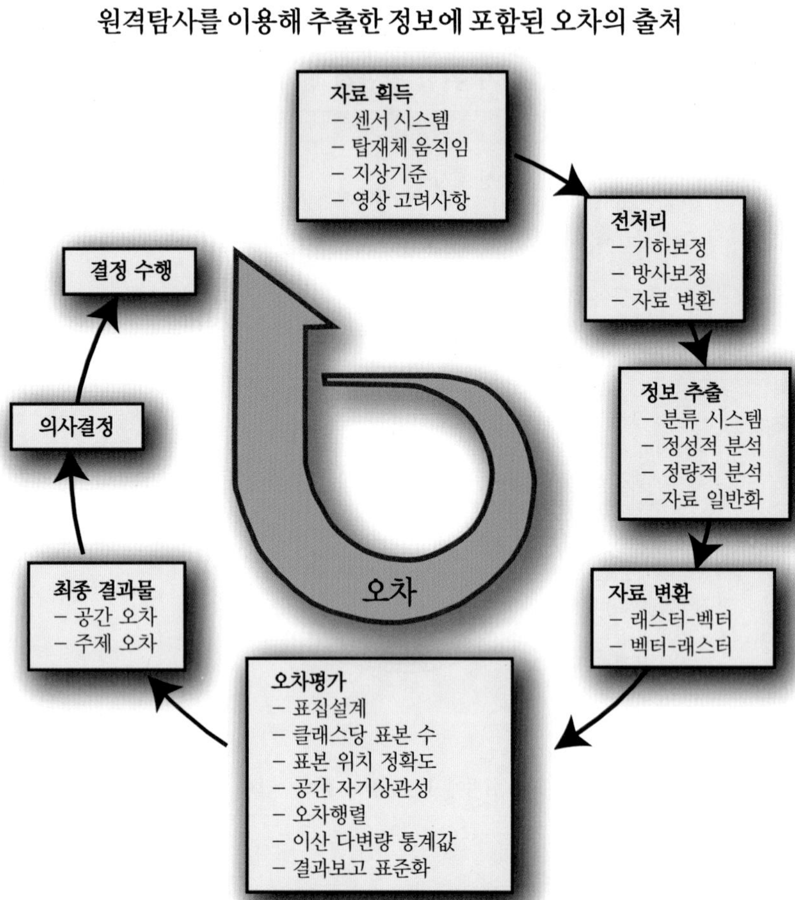

원격탐사를 이용해 추출한 정보에 포함된 오차의 출처

자료 획득
– 센서 시스템
– 탑재체 움직임
– 지상기준
– 영상 고려사항

전처리
– 기하보정
– 방사보정
– 자료 변환

정보 추출
– 분류 시스템
– 정성적 분석
– 정량적 분석
– 자료 일반화

자료 변환
– 래스터-벡터
– 벡터-래스터

오차평가
– 표집설계
– 클래스당 표본 수
– 표본 위치 정확도
– 공간 자기상관성
– 오차행렬
– 이산 다변량 통계값
– 결과보고 표준화

최종 결과물
– 공간 오차
– 주제 오차

의사결정

결정 수행

오차

그림 13-2 토지이용 및 토지피복도와 같은 원격탐사 결과물은 오차를 가지고 있다. 이러한 오차는 원격탐사 자료가 수집되는 과정에서, 그리고 다양한 형태의 처리과정을 통해 축적된다. 오차평가는 원격탐사를 통해 나온 결과물에서 오차의 양과 유형을 식별하는 데 필요하다(Figure 1 in Lunetta, R. S., Congalton, R. G., Fenstermaker, L. K., Jensen, J. R., McGwire, K. C., and L. R. Tinney, 1991, "Remote Sensing and Geographic Information System Data Integration : Error Sources and Research Issues," *Photogrammetric Engineering & Remote Sensing*, 57(6) : 677-687에 기초).

해 원격탐사 자료를 전처리하는 데에는 상당한 노력이 필요하다(제6장, 제7장, 제12장 참조). 유감스럽게도, 전처리가 끝난 후에도 어느 정도의 기하학적 및 방사적 오차는 항상 남아 있다. 예를 들어, 화소들은 잔여 기하학적 오차로 인해 여전히 부정확한 지리적 위치에 있을 수 있다. 이와 유사하게 최상의 대기보정 역시 동일한 지리적 영역에 대해 광학 원격탐사 시스템에 의해 측정된 퍼센트 반사도와 지상에서 측정된 퍼센트 반사도 사이의 완벽한 관계를 보여 주지는 못한다. 영상의 잔여 기하 및 방사 오차는 이후 일련의 영상처리 과정에 영향을 미치게 된다(Lunetta et al., 1991; Lunetta and Lyon, 2005; Jensen et al., 2009).

때때로 정성적 혹은 정량적 정보 추출 기법들은 자체적으로 결함이 있는 논리에 바탕을 두기도 한다. 예를 들어, 범주형 토지피복 분류 계획(표)이 상호 배제적이고 계층적인 클래스로 이루어져 있지 않을 수도 있다. 훈련지역들이 감독 분류의 훈련 단계에서 부정확하게 명명될 수도 있으며, 무감독 분류가 수행될 때 군집들의 이름이 부정확하게 붙여질 수도 있다(제9장 참조). 또한 시각적 영상 판독을 수행하는 판독가가 영상에서 도출한 폴리곤을 잘못 명명할 수 있다.

원격탐사 자료로부터 추출된 주제정보는 래스터(격자) 혹은 폴리곤 형태의 자료 구조를 가지기도 한다. 때때로 래스터의 벡터화 혹은 벡터의 래스터화와 같이 자료를 다른 자료 구조로 변환하는 것이 필요한데, 이러한 변환과정에서 오차가 발생할 수 있다.

이러한 오차들이 모두 토지이용도, 토지피복도와 같이 원격탐사에서 도출된 정보에 축적되어 있다. 따라서 원격탐사기반 정보에 신뢰도 범위를 제공하기 위한 오차평가(또는 정확도 평가) 수행이 필수적이다. 유감스럽게도, 오차평가를 수행하는 분석가는 지상참조자료 표본설계, 클래스당 표본 크기의 결정, 표본자료의 기하학적 정확도, 자료의 자기상관성 등과 관련하여 심각한 오차를 만들어 낼 수 있다. 게다가 현장에서 지상참조자료를 수집하는 과정에서 종종 오기 등의 실수가 발생하기도 한다. 따라서 거의 대부분의 지상참조자료는 오차를 포함하고 있으므로 **지상참값**(ground-truth)이라는 표현 대신에 **지상참조정보**(ground reference information)라는 표현을 사용해야 한다(Stehman and Wickham, 2011).

다행히 로버스트 다변수 통계분석이 사용되어 원격탐사에서 도출된 주제정보의 신뢰도 범위를 구할 수 있게 되었다(예를 들어 농경지나 삼림 면적 등의 단위로). 최종적인 원격탐사기반 결과물은 주제정보가 충분히 정확하다고 판단될 때 만들어질 수 있다. 그러나 여전히 축척이나 지도 범례와 같은 기본적인 지도학적 절차를 따르지 않음으로써 오차를 불러오기도 한다. 메타데이터 또한 오차를 담고 있을 수 있다.

끝으로, 실제 결정을 담당하는 사람들이 종종 원격탐사에서 추출된 주제 결과물에 축적된 오차의 양을 이해하거나 평가하지 못할 수도 있다(Meyer and Werth, 1990). 그들은 결과물의 오차에 대해 숙지하고 정확도를 과장하여 말하지 않도록 주의해야 한다.

분류 정확도(혹은 오차) 평가는 1970년대와 1980년대의 많은 원격탐사 연구에서 핵심적인 부분이라기보다는 부가적인 내용에 불과했다. 사실 아직까지도 많은 연구가 단순히 분류 정확도를 표현하기 위해 간단히 하나의 값(예 : 78%)을 보고하고 있다. 오차가 있는 지역을 구체화하지 않은 정확도 평가는 완전히 지역적인 정확도를 무시한 것이다. 즉 어떤 분류항목의 총량이 그 위치와는 무관하게 고려된다는 것이다. **지역을 구체화하지 않은** 정확도 평가는 일반적으로 높은 정확도를 산출하지만 모든 오차가 지역적으로 골고루 퍼져 있을 때에는 부정확한 결과를 보여 주게 된다.

 오차행렬

원격탐사에서 도출한 주제도의 정확도를 평가하기 위해서는 다음의 두 가지 정보원을 체계적으로 비교하는 것이 필요하다.

1. **원격탐사를 이용한 분류지도**에서의 화소 혹은 폴리곤
2. 동일한 *x*, *y* 위치에서 **지상참조 검증 정보**(실제로 오차를 내포하기도 함)

이들 두 정보 사이의 관계는 일반적으로 **오차행렬**(error matrix)(상황표 혹은 혼동행렬이라고도 불림)에 요약된다. 오차행렬은 분류 정확도를 기술하고 오차를 구체적으로 나타내기 때문에 분류 혹은 이로부터 추출된 예측값을 보다 돋보이게 하기도 한다(Congalton and Green, 2009; Stehman, 2009).

Stehman과 Foody(2009)는 분석가가 대상지역의 전체 모집단에 대한 참조자료를 가지고 있는 경우의 모집단에 기반한 오차행렬의 특성을 요약하였다(예를 들어 전체 지역에 대해 원격탐사에서 도출한 주제도와 비교할 수 있는 토지피복 참조도). 이는 상대적으로 드문 경우로 대부분 대상지역의 특정한 *x*, *y* 위치에 대해 동일한 지역의 원격탐사기반 주제도를 비교할 수 있도록 표본을 수집해야 한다. 오차행렬의 전형적인 예가 표 13-1에 나와 있다.

오차행렬은 원격탐사에서 도출한 주제도에서 *k*개의 클래스로 구성된 원격탐사 분류 결과의 정확도를 평가하는 데 사용된다. 오차행렬은 $k \times k$(예 : 3×3)의 정방배열로 구성된다. 행렬에서 행은 지상참조 검증 정보를 나타내고 열은 원격탐사 자료를 분석하여 만든 분류에 해당한다. 행과 열이 만나는 지점은 현장에서 증명된 실제 항목에 대한 특정 분류 항목의 표본단위수(즉 화소, 화소 군집, 혹은 폴리곤)를 요약하고 있다. 조사된 표본의 총수는 *N*이다.

$x_{1,1}$, $x_{2,2}$와 같은 행렬의 주대각선 부분은 정확한 클래스로 할당된 화소나 폴리곤을 나타내고 있다. 지상참조 정보에 대응하는 원격탐사 분류의 모든 오차는 $x_{1,2}$, $x_{2,1}$, $x_{2,3}$와 같이 행렬의 비대각선 셀에 요약되어 있다. 각 오차는 올바른 분류 항목으로부터 누락된 것과 잘못된 분류 항목에 포함된 것들이다. 행렬 가장자리의 행과 열 합계는 포함오차(수행오차)와 배제오차(누락오차)를 계산하는 데 사용되며 또한 생산자 및 사용자 정확도를 계산하는 데도 사용된다. 일부 연구자들은 각 행과 열을 실제 수보다 비율로 나타내는 오차행렬을 권고한다(Stehman and Czaplewski, 1998).

그러나 문제는 어떻게 원격탐사 분류지도와 비교하고 오차행렬에 사용할 비편향된 **지상참조 검증 정보**를 수집할 것인가와 어떻게 오차(혹은 정확도)평가를 수행할 것인가이다. 기본적인 방법 절차는 다음과 같다.

- 훈련 및 지상참조 검증 정보를 사용하는 것과 관련된 문제들을 숙지
- 각 주제 항목에 대해 수집해야 할 표본의 총수를 결정

표 13-1 원격탐사에서 도출된 주제도의 k개의 클래스와 N개의 지상참조 검증 표본으로 구성된 표본기반의 오차행렬

		지상참조 검증 정보 클래스 1~k(총 j개 행)					
		1	**2**	**3**		***k***	**열 합계** x_{i+}
지도 클래스 1~k (총 i개 열)	**1**	$x_{1,1}$	$x_{1,2}$	$x_{1,3}$	…	$x_{1,k}$	x_{1+}
	2	$x_{2,1}$	$x_{2,2}$	$x_{2,3}$	…	$x_{2,k}$	x_{2+}
	3	$x_{3,1}$	$x_{3,2}$	$x_{3,3}$	…	$x_{3,k}$	x_{3+}
	.	.	.	.	…	.	.
	k	$x_{k,1}$	$x_{k,2}$	$x_{k,3}$	…	$x_{k,k}$	x_{k+}
	행 합계 x_{+j}	x_{+1}	x_{+2}	x_{+3}	…	x_{+k}	N

이때
- x_{ij}는 참조자료에서 클래스 j로 분류되어 있는데 지도 클래스 i로 분류된 영역의 비율
- **열의 가장자리** x_{i+}는 클래스 i로 분류된 영역의 비율을 뜻하는 모든 i열 값 x_{ij}의 합
- **행의 가장자리** x_{+j}는 실제 클래스 j인 영역의 비율을 뜻하는 모든 j행 값 x_{ij}의 합
- **주대각선** x_{ii}는 바르게 분류된 화소를 나타냄
- 주대각선 이외의 값은 모두 잘못 분류된 화소를 나타냄

- (전형적인 혹은 지리통계적인 기법을 사용하여) 적절한 표집 계획 마련
- 반응설계를 사용하여 표본 위치에서 지상참조 정보를 수집
- 원격탐사에서 추출된 정보의 정확도를 평가하기 위해 적절한 기술적 및 다변량 통계값(일반/퍼지)을 적용

훈련 및 지상참조 검증 정보

일부 영상분석가는 단순히 감독 혹은 무감독 분류 알고리듬을 훈련하거나 초기화하는 데 사용되는 **훈련 화소**[인간의 시각적 판독에 의한 연구에서는 훈련 폴리곤 또는 객체기반 영상분석(OBIA)]에 기초하여 오차평가를 수행하고 있다. 유감스럽게도 이 훈련지역들의 위치는 일반적으로 임의적이지 않다. 훈련지역들은 특정 토지피복 형태가 영상 내에서 어디에 위치하고 있는지에 대한 분석가의 선험적인 지식에 의해 편향되기 마련이다. 이러한 편향성 때문에 훈련 클래스 자료가 얼마나 잘 분류되었느냐에 기초한 정확도 평가는 일반적으로 비편향된 지상참조 검증 정보에 기초한 정확도 평가보다 높은 분류 정확도를 야기한다(예 : Muchoney and Strahler, 2002).

이상적인 상황은 연구지역에 **지상참조 검증 화소**(또는 폴리곤)를 위치시키는 것이다. 검증을 위해 지정된 지역은 분류 알고리듬을 훈련하는 데 사용되지 않으며, 따라서 비편향된 참조 정보를 나타낸다. 분류하기 전이나 또는 훈련자료와 동시에 일부 지상참조 검증 정보를 수집하는 것이 가능하다. 그러나 검증을 위한 참조 정보의 대부분은 임의 표본을 사용하여 분류를 수행한 후에 수집되는데, 이는 각 분류 항목당 적절한 비편향 관측 수를 수집하기 위함이다(향후 논의됨).

경관은 종종 급속히 변한다. 그러므로 훈련 및 지상참조 검증 정보는 원격탐사 자료수집 시기와 가능한 한 비슷하게 맞춰 수집하는 것이 가장 좋다. 이는 특히 토지이용이나 토지피복 변화가 한 계절 내에 급변하는 지역에서는 매우 중요하다(Foody, 2010). 예를 들어, 불법 농작물은 비교적 짧은 재배기간을 가지거나 빨리 거둬들여서 한 계절 동안 반복적으로 재배된다. 만약 지상참조 검증 정보를 수집하는 데 시간이 오래 걸린다면, 원격탐사 자료를 수집한 당일에 실제 현장에 있었던 것이 무엇인지 구별하기란 쉽지 않다. 이는 정확한 정보를 가지고 오차행렬을 만드는 것을 어렵게 하므로 심각한 결과를 가져올 수 있다.

이상적으로 지상참조 검증 자료는 실제 현장을 방문해서 정확한 위치에 대해 원격탐사에서 추출된 정보와 비교될 수 있도록 매우 주의 깊게 관측하여 수집해야 한다(McCoy, 2005). 유감스럽게도, 때때로 임의 표본에서 모든 장소를 실제 방문하여 확인하는 것이 어렵다. 임의 표본에서 선택된 일부 지역은 험한 산악지형과 같이 완전히 접근하기 힘든 지형일 수도 있다. 혹

은 개인 소유의 땅이나 정부기관 혹은 불법 마약 재배지와 같은 범죄관련 지역 등에 의해 접근이 힘들 수도 있다.

이러한 경우, 많은 과학자들은 보다 높은 공간해상도의 원격탐사 자료를 수집하여 판독한 뒤 그것을 지상참조 검증 정보로 활용하기도 한다(예 : Morisette et al., 2005). 이러한 경우에는 보통 지상참조 검증 정보를 수집하는 데 사용된 영상이 원래 주제정보를 추출하는 데 사용된 영상보다 공간적으로나 분광적으로 상당히 높아야 한다. 예를 들어, 많은 연구가 높은 공간해상도의 항공사진(예 : 공간해상도 $< 1 \times 1$m)을 사용하여 지상참조 검증 정보를 추출한 뒤 Landsat TM 영상(30×30m)을 이용하여 만든 주제정보와 비교했다. 사실 이것이 최상의 해결책은 아니지만, 만약 오차행렬을 만들어서 정확도 평가를 수행하고자 할 때에는 때로 유일한 대안이기도 하다.

어쨌든 지상참조 검증 정보와 원격탐사에서 추출된 주제도의 적절한 위치에서의 정보를 비교해야 한다. 원격탐사에서 추출된 주제도에서 지상참조 단위를 화소 i, j에 위치시킬 때, 보통 그 화소와 해당 위치의 지상참조 검증 자료를 바로 비교하지는 않는다. 그 대신에 종종 해당 화소(i, j)의 주변 8개 화소까지 포함하여 살펴본 뒤에 발생빈도가 가장 높은 클래스에 따라 그 화소를 할당하기도 한다. 예를 들어, 만약 3×3 창에서 3개의 수수와 5개의 콩 화소가 있다면 오차행렬 평가용으로 해당 화소는 콩이라 명명할 수 있다. 이 과정은 일반적이며 원격탐사에서 추출된 결과물에서의 기하학적 오류에 대한 영향을 최소화한다(Jensen et al., 1993).

표본 크기

원격탐사 분류지도에서 개개 분류 항목의 정확도를 평가하는 데 사용되는 지상참조 검증 표본의 실제 수는 매우 중요하게 다루어져야 한다(Foody, 2009). 보통은 설계기반 추론 구조가 정확도 평가 프로그램에서 채택되는데(Stehman, 2000; 2009), 그러한 구조를 통해 적절한 크기의 표본이 일반적인 통계기법을 사용하여 추정될 수 있다(Foody, 2002).

어떤 분석가들은 필요한 표본 크기를 계산하기 위해 **이항분포**나 이항분포로의 정규근사에 기초한 식을 사용한다. 다른 분석가들은 표본 크기를 결정하는 데 **다항분포**를 사용하도록 제시하는데, 이는 일반적으로 토지피복도 상의 다중 클래스 정보의 정확도를 조사하기 때문이다(Congalton and Green, 2009). 또 다른 방법으로 모델기반 추론 구조가 효율적인 표본을 설계하기 위해 지리통계 분석에 기초하여 채택될 수도 있다(Stehman, 2000; Foody, 2002).

이항확률이론에 근거한 표본 크기

Fitzpatrick-Lins(1981)는 토지이용 분류도의 정확도를 평가하기 위해 표본 크기 N을 결정할 때 이항확률이론에 근거한 다음 식을 사용하도록 제시하고 있다.

$$N = \frac{Z^2(p)(q)}{E^2} \qquad (13.1)$$

여기서 p는 전체 지도의 기대되는 퍼센트 정확도이고, $q = 100 - p$, E는 허용가능 오차, 그리고 95% 양쪽꼬리 신뢰도에 대한 1.96 표준정규편차로부터 $Z = 2$이다. 5%의 허용오차 내에서 기대 정확도가 85%인 표본의 경우, 신뢰성 있는 결과를 위해 필요한 표본 크기는 다음과 같다.

$$N = \frac{2^2(85)(15)}{5^2} = \text{최소 } 204$$

마찬가지로 10%의 허용오차와 85%의 기대 정확도를 원하는 경우에는 표본 크기가 51이 될 것이다.

$$N = \frac{2^2(85)(15)}{10^2} = 51$$

이처럼, 기대 퍼센트 정확도(p)가 낮을수록, 그리고 허용오차(E)가 클수록 분류 정확도를 평가하기 위해 수집해야 하는 지상참조 검증 표본의 수는 적어진다.

초기 원격탐사 연구에서는 원격탐사기반 주제도의 85% 정확도를 강조하였다(Anderson et al., 1976). 그러나 Foody(2008)는 널리 사용되던 정확도 목표인 85%가 다른 분야와 비교하여 비관적으로 편향되고 너무 제한적일 수 있다는 점을 지적하였으며 Pontius와 Millones(2011)는 정확도의 기준이 특정 연구주제나 대상지역과 관계가 없기 때문에 보편적인 정확도 기준을 고려할 필요가 없다고 주장하였다.

다항분포에 근거한 표본 크기

분석가들은 일반적으로 식생 혹은 비식생과 같은 단순한 이진 정보가 아닌 다중 클래스(예 : 식생, 나지, 수계, 도시)를 포함하는 주제도를 만든다. 그러므로 일부 과학자들은 분류 정확도를 평가하기 위해 필요한 표본 크기를 결정하는 데 다항분포에 기초한 방정식을 사용하기를 선호한다. 다항분포로부터 추출된 표본 크기(N)는 다음 방정식을 이용하여 계산한다(Congalton and Green, 2009).

$$N = \frac{B\Pi_i(1-\Pi_i)}{b_i^2} \tag{13.2}$$

여기서 Π_i는 50%에 가장 근접한 비율을 가진 k 클래스 중 i번째 클래스의 모집단의 비율, b_i는 이 클래스에 대한 바람직한 정밀도(예 : 5%), B는 자유도 1을 가진 카이제곱(χ^2)분포의 상위 $(a/k)\times 100\%$, 그리고 k는 클래스 수이다.

예를 들어, 8개의 클래스($k=8$)를 포함하는 토지피복도가 있고 클래스 Π_i가 해당 지역의 대략 30%를 차지하며 이 비율이 50%에 가장 근접한 것이라고 가정하자. 또한 95%의 신뢰도와 5%의 정밀도(b_i)를 원한다고 하면, 카이제곱표로부터 $B(\chi^2_{(1,\ 0.99375)}=7.568)$가 결정된다(Congalton and Green, 2009).

$$1-\frac{\alpha}{k} = 1-\frac{0.05}{8} = 0.99375$$

$$N = \frac{7.568(0.30)(1-0.30)}{0.05^2}$$

$$N = \frac{1.58928}{0.0025} = 636 \text{ 표본}$$

그러므로 이 예에서 636개의 표본이 임의로 선택되어 오차행렬을 적절히 채워야 하며 클래스당 대략 80여 개의 표본이 필요하다(예 : $8\times 80=640$).

만약 토지피복도 상의 클래스들에 대한 비율 정보를 모른다면, 하나의 클래스가 연구지역의 50%를 차지한다는 최악의 경우에 해당하는 다항분포 알고리듬을 사용할 수 있다(Congalton and Green, 2009).

$$N = \frac{B}{4b^2} \tag{13.3}$$

모든 k 클래스에 대해 5%의 일정한 정밀도를 적용하면,

$$N = \frac{7.568}{4(0.05^2)} = 757 \text{ 표본}$$

따라서 757개의 무작위 표본이 수집될 수 있을 것인데, 왜냐하면 이 최악의 시나리오에서 k 클래스 중 어떤 것에 대해서도 실제 비율에 대한 선험 지식이 없기 때문이다.

때때로 95%의 신뢰구간은 비현실적이다. 예를 들어, 신뢰구간을 95%에서 많은 토지이용 및 토지피복도에 대한 표준이 되는 85%로 낮추기만 해도 B에 대한 새로운 $\chi^2_{(1,\ 0.98125)}$값은 5.695가 된다. 만약 동일한 정밀도(예 : 5%)를 유지한다면 필요한 총 표본의 수는 478개로 적어진다.

$$1-\frac{\alpha}{k} = 1-\frac{0.15}{8} = 0.98125$$

$$N = \frac{5.695(0.30)(1-0.30)}{0.05^2}$$

$$N = \frac{1.19595}{0.0025} = 478 \text{ 표본}$$

그러므로 대략 클래스당 60여 개의 표본이 필요하다(예 : $8\times 60=480$). 최악의 시나리오는 총 570개의 표본을 필요로 한다(Congalton and Green, 2009).

$$N = \frac{5.695}{4(0.05^2)} = 570 \text{ 표본}$$

혹은 대략 클래스당 71개의 표본($8\times 71=568$).

유감스럽게도 그렇게 많은 수의 임의 표본들을 수집하는 것이 항상 가능한 것은 아니다. 통계적으로 적합한 것과 실제로 수집 가능한 것 사이의 균형이 이루어져야 한다. Congalton(1991)과 Congalton과 Green(2009)은 일반적인 규칙으로 오차행렬 내 각 토지피복 클래스에 대해 최소 50개의 표본을 수집하는 것을 제시했다. Foody(2009)는 이러한 접근이 단순할 뿐 아니라 클래스별로 정확도를 평가할 수 있는 표본을 제공한다는 점에서 많은 장점이 있다고 평가하였다. 만약 연구지역이 특히 크거나(예 : 백만 ha 이상), 분류가 상당히 많은 수의 토지이용 항목(예 : 10 클래스 이상)을 가지고 있다면, 표본의 최소 수는 클래스당 75~100으로 증가되어야 한다. 표본의 수는 또한 연구 목적에 따른 분류 항목의 중요도나 각 항목에 내재된 변동성에 의해 조정될 수 있다. 수계나 산림과 같이 변화가 적은 항목에 대해서는 보다 적은 표본을 수집하는 것도 유용할 수 있다. 반대로 농경지와 같이 보다 변화가 심한 항목에 대해서는 표본 수를 증가시킬 수도 있다. 오차행렬에 사용될 수 있는 비편향된 그리고 대표적인 표본을 수집하는 것이 중요하며 이것이 표

집의 목적이다.

표집설계(계획)

총 표본 크기(N)와 클래스당 필요한 표본 수가 결정되면 이 표본들의 지리적인 위치(x, y)를 결정하는 것이 필요한데, 이를 통해 각 위치를 직접 방문하여 지상참조 검증 정보를 수집한다. **표본 위치는 반드시 편향성 없이 임의적으로 선택되어야 한다.** 어떠한 편향성이라도 오차행렬의 통계적 분석에서 주제도의 실제 정확도를 과대 혹은 과소평가하도록 할 수 있다. 그러므로 적절한 임의 **표집설계(계획)**를 선택하는 것이 필요하다. 각 표집계획은 각기 다른 표집모델과 다른 분산방정식을 가정한다.

원격탐사를 이용하여 생성된 주제도의 정확도를 평가하기 위해 지상참조 검증 자료를 수집하는 많은 표집설계가 있다(McCoy, 2005; Congalton and Green, 2009; Stehman, 2009).

- 임의 표집
- 계통 표집
- 층화임의 표집
- 층화계통 비할당 표집
- 군집 표집

단순 임의 표집

표본의 특성을 모집단에 정확히 투영시키는 핵심은 표본이 모집단을 정말로 대표할 수 있도록 주의 깊게 표집하는 것이다(Jensen and Shumway, 2010). 복원 없는 단순 **임의 표집**은 표본 크기가 충분한 경우, 모집단 매개변수를 적절하게 추정한다(그림 13-3a)(Congalton, 1988). 일반적으로 임의수 생성기는 연구지역 내의 임의 x, y 좌표를 식별하는 데 사용된다. 가상적 연구지역에 임의로 위치시킨 표본들이 그림 13-3a에 나와 있다. 동일한 선택 확률을 가진 모집단이 독립적으로 주어지고 하나의 표본 선택이 다른 표본의 선택에 영향을 주어서는 안 된다. 임의 표본을 이용하는 장점은 많은 통계적 기법들에 필요한 가정들이 충족되기 때문이다.

유감스럽게도, 단순 임의 표집은 표본 크기가 매우 크지 않다면, 작지만 매우 중요한 클래스(예 : 넓은 농업지역에서 아주 작은 지역을 차지하는 불법 경작지)에 대해 과소 표집할 수 있다(van Oort, 2007). 임의표본은 또한 황폐하거나 접근 불가능한 지역에 위치할 수도 있다. 끝으로, 임의표본들의 군집들이 일부 생성되어, 그 결과로서 종종 모집단의 중요한 공간적 속성이 간과될 수도 있다.

임의 표집의 예가 그림 13-4a에 나타나 있다. 100개의 화소로 구성된 원격탐사에서 도출된 주제도가 75% 옥수수, 25% 콩으로 분류되었다. 비용에 제한이 있으므로 현장에서 12개의 표본만을 수집할 수 있으며 각 표본위치에서의 원격탐사기반 주제도의 분류가 현장의 동일한 위치에서의 토지피복과 비교된다. 12개 중 10개가 옥수수에서(83%), 2개가 콩에서 임의 표집되었다. 원격탐사기반 주제도에서 콩이 25%를 차지하지만 더 적은 비율로 표집되었다(17%). 흥미롭게도 표본을 임의로 더 수집한다고 해서(예를 들어 100개 더 표집하는 경우) 콩에서 더 표집하게 된다는 보장이 없다.

계통 표집

한 연구지역에 대한 임의 표집의 단점을 피하기 위해 **계통 표집** 계획을 사용할 수 있다(Jensen and Shumway, 2010). 이 방법을 사용하기 위해서는 일정하고 규칙적인 방식으로 연구지역에서 작업하는 것이 가능해야 한다. 이 표집은 일반적으로 그림 13-3b에 나와 있는 것과 같이 x, y 좌표점(A)을 시작점으로 임의 선택한다. 유감스럽게도, 만약 애팔래치아 산맥의 능선과 계곡 지형과 같이 수집되는 자료 내에 주기성이 있다면, 규칙적으로 배열된 점들이 그 주기(예 : 계곡)마다 동일한 점이 되어 결과적으로 모집단의 편향된 표본을 산출한다. 계통 표집은 모집단 매개변수를 과대평가할 수 있기 때문에 주의 깊게 사용되어야 한다(Congalton, 1988). 임의 표집 및 계통 표집의 단점은 전체 표본의 수가 아주 크지 않으면 수가 적은 클래스의 표본 크기가 작아진다는 점이다. 다행히 임의 표집과 계통 표집은 등확률 표집설계이므로 표본 내의 각 클래스의 비율은 대상지역의 각 클래스의 비율과 대략적으로 일치한다(Stehman and Foody, 2009; Jensen et al., 2012).

가상의 농작물 사례에서 x, y방향으로 매 40m마다 계통 표집을 하였는데 대상지역에서 9개의 표본만을 얻을 수 있었다(그림 13-4b). 9개의 표본 중 8개는 옥수수에서(89%) 얻었으며 콩에서는 하나의 표본만을 표집하였다(11%). 계통 표본의 간격을 좁히면(예를 들어 x, y방향으로 20m마다 표집) 콩에서 좀 더 많은 표본을 좀 더 효과적으로 수집하게 될 것이다.

층화임의 표집

분석가들은 주제도가 만들어진 뒤에 각 층(항목), 즉 토지피복

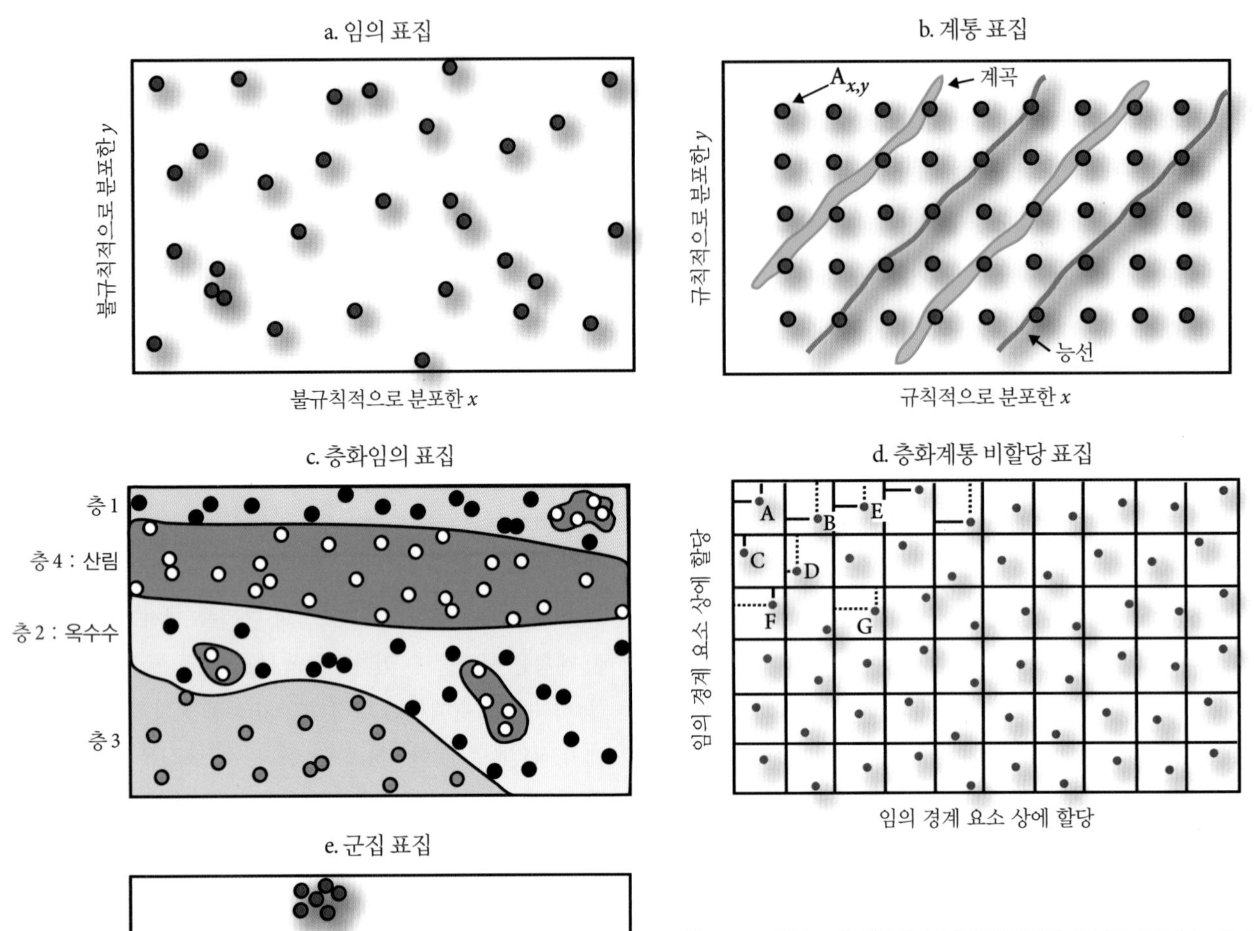

그림 13-3 일부 표집 방법은 모집단의 통계적 특성을 추론하는 데 사용될 수 있다 : a) 단순 임의 표집, b) 계통 표집으로 임의의 좌표를 이용해 지점을 선택한다. 만약 계통 표집이 위 그림에서 보이듯이 능선과 계곡을 가진 지형에 적용된다면 편향된 표본이 추출되기 쉽다. c) 층화임의 표집. 위 예에서는 연구지역이 4개의 층으로 구분되었다. d) 층화계통 비할당 표집, e) 군집 표집.

분류 항목으로부터 최소 표본 수를 선택하는 **층화임의 표집**을 수행한다(Jensen and Shumway, 2010). 예를 들어, 미 국가 토지피복 데이터베이스(NLCD) 및 불투수 면적의 정확도를 평가하기 위해 10곳의 지리적인 위치에서 층화임의 표집을 수행하였다(Wickham et al., 2010, 2013).

층화임의 표집은 두 단계를 포함한다. 첫 번째는 원격탐사를 이용해 만든 주제도를 기초로 토지피복 항목(층)별로 연구지역을 나누는 것이다. 하나의 층은 구체적인 클래스와 연관된 화소(혹은 폴리곤)만을 추출함으로써 만들어진다. 어떤 분석가들은 층 파일을 만들기 위해 모든 원치 않는 클래스들을 제거(마스크 처리)하는 것을 선호한다. 그런 다음 표본위치를 지리적 층에 임의로 분포시킨다. 예를 들어, 산림과 관련된 모든 화소(시각적 판독 프로젝트의 경우에는 폴리곤)는 그림 13-3c에서 층 (4)에 위치되어 있다. 임의수 생성기를 이용하여 이 산림층에 대한 충분한 양의 임의표본을 할당한다. 유사하게 수수 재배지와 관련된 모든 화소(혹은 폴리곤)는 그림 13-3c에서 층 2에 위치하고 있으며, 이 층에 대해 임의표본이 할당된다. 그림 13-3c에서 완전히 균질한 것은 층 3과 4밖에 없으며, 층 1과 2는 그 안에 층 4 지역을 가지고 있다. 이러한 일들은 종종 일어나며, 이 기법은 산림이 다른 층에 존재하더라도 산림으로 할

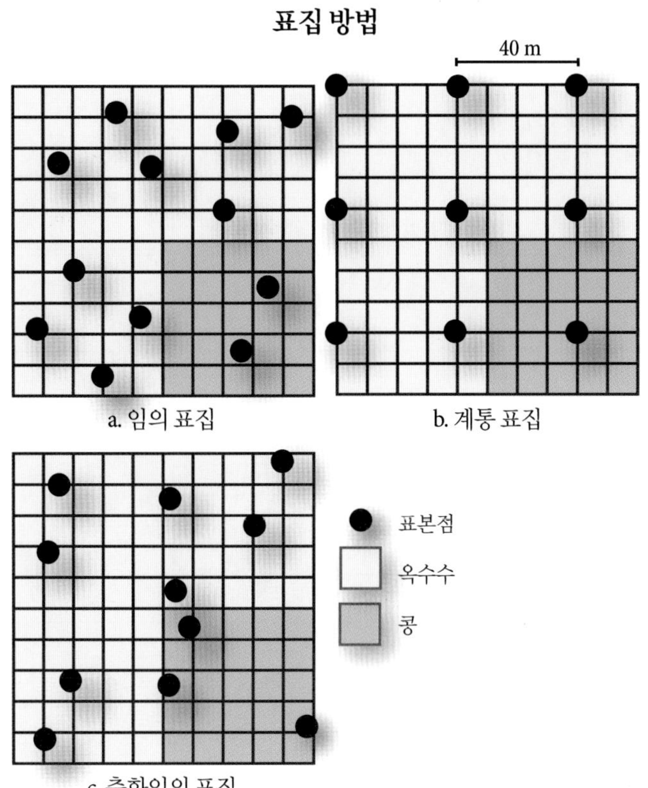

그림 13-4 75% 옥수수, 25% 콩의 100개 화소로 이루어진 가상의 원격탐사기반 주제도. a) 대상 지역에 12개의 표본이 임의로 분포되어 있다. 이상적으로는 3개의 표본이 콩에서 수집되어야 하나 유감스럽게도 2개의 표본만 콩에서 수집되었다. b) *x*, *y*방향으로 40m마다 계통 표집하였다. 유감스럽게도 1개의 표본만 콩에서 수집되었다. c) 층화임의 표집을 이용하여 12개의 표본을 임의로 할당하였다. 기대한 대로 75%인 9개의 표본이 옥수수에서, 25%인 3개의 표본이 콩에서 수집되었다. 양쪽 다 분류도에서 차지하는 면적의 비율과 같은 비율로 표집이 이루어졌다.

당하는 임의표본을 만들어 낸다.

층화임의 표집의 장점은 토지피복 클래스와 같은 모든 층이 전체 연구지역에서 그 구성비율이 얼마나 작은가에 상관없이 오차평가 목적으로 표본들을 각 항목에 할당한다는 것이다. 층화하지 않고서는 연구지역에서 매우 낮은 비율을 차지하는 클래스에 대해서 충분한 표본을 구하기가 어렵다. 층화임의 표집의 단점은 주제도가 다양한 토지피복층에 표본들을 할당하기 위해 미리 완성되어 있어야 한다는 것이다. 따라서 지상참조 검증 정보를 원격탐사 자료수집과 동일한 날짜에 수집하는 것이 힘들다.

층화임의 표집은 또한 다양한 토지피복 영역 폴리곤 경계가 유지되는 한 원격탐사 지역률 표집으로부터 추출된 결과물에 적용될 수 있다. 이는 지상참조 표본들이 앞서 설명한 대로 각 층 내에 할당되도록 한다(Wickham et al., 2010, 2013; Stehman et al., 2012).

가상의 농작물 예에서 층화임의 표집을 통해 기대한 대로 75%인 9개의 표본이 옥수수에서, 25%인 3개의 표본이 콩에서 수집되었다(그림 13-4b). 양쪽 다 분류도에서 차지하는 면적의 비율과 같은 비율로 표집이 이루어졌다.

층화계통 비할당 표집

층화계통 비할당 표집은 체계적인 간격을 가진 층화 기법과 임의성을 통합한 기법이다. 이는 각 층에서 첫 번째 표본에 대해 임의의 *x*, *y*좌표로 시작하는 것보다 더 임의성을 띠도록 한다. 그림 13-3d는 층화계통 비할당 표본이 어떻게 만들어지는지를 보여 주고 있다. 우선 점 *A*를 임의로 선택한다. *A*의 *x*좌표를 이용하여 *B*의 *y*좌표를 임의로 생성하고, 이어 *E*를 위치시키기 위해 두 번째 임의 *y*좌표를 만든다. 이러한 식으로 조사 중인 층의 첫 번째 열에 대한 임의 *y*좌표를 생성한다. *A*의 *y*좌표도 유사한 처리과정을 통해 점 *C*의 임의 *x*좌표 및 조사 중인 층의 첫 번째 행에 있는 모든 점의 좌표 선정에 사용된다. 그리고 *C*의 임의 *x*좌표와 B의 임의 *y*좌표가 *D*를 위치시키는 데 사용되고, 같은 방식으로 *E*와 *F*가 *G*를 위치시키는 데 사용된다. 이런 방식으로 모든 층에서 표본들이 정해진다.

군집 표집

때때로 임의로 선택된 현장에 나가서 필요한 정보를 수집하는 것이 어렵다. 그러므로 일부 표본이 하나의 임의적인 위치에서 수집될 수 있도록 하는 것이 군집 표집이다. 유감스럽게도, 군집에서 각 화소는 다른 것들과 상호 독립적이지 않다. 그러므로 Congalton(1988)은 군집이 25개의 화소를 절대로 넘지 않는 범위에서, 일반적으로 10개 내외의 화소들로 구성되어야 한다고 제시했는데, 왜냐하면 이 군집 크기보다 더 큰 경우에는 군집 내의 각 화소에 의해 추가되는 정보가 거의 없기 때문이다.

임의 표집과 층화 표집을 조합한 방법은 통계적인 유효성과 실용적인 응용성 사이의 균형을 가장 잘 맞춘 것이다. 그러한 시스템은 프로젝트의 초기에 몇몇 평가자료를 수집하기 위해 임의 표집을 사용할 수도 있으며, 층화 표집은 분류가 끝난 뒤 각 항목에 대해 충분한 표본들을 수집하고 자료 내의 주기성(공간적 자기상관)을 최소화하기 위해 사용될 수 있다(Congalton, 1988). 이상적으로 참조지역의 *x*, *y* 위치는 GPS 기기를 사용하여 결정한다.

표 13-2 그림 9-18a의 사우스캐롤라이나 주 찰스턴 지역의 Landsat TM 영상으로부터 추출된 토지피복 분류지도의 층화임의 표본에 기반한 오차행렬. 지도는 5개의 클래스와 수집된 407개의 지상참조 표본을 갖는다.

		지상참조 검증 정보 클래스 1~*k*(총 *j*개 행)					
		거주지	상업지	습지	산림	수계	열 합계 x_{i+}
지도 클래스 1~*k* (총 *i*개 열)	거주지	**70**	5	0	13	0	88
	상업지	3	**55**	0	0	0	58
	습지	0	0	**99**	0	0	99
	산림	0	0	4	**37**	0	41
	수계	0	0	0	0	**121**	121
	행 합계 x_{+j}	73	60	103	50	121	**407**

전체 정확도 = 382/407 = 93.86%

생산자 정확도(누락오차)			**사용자 정확도(수행오차)**		
거주지 = 70/73 =	96%	4% 누락오차	거주지 = 70/88 =	80%	20% 수행오차
상업지 = 55/60 =	92%	8% 누락오차	상업지 = 55/58 =	95%	5% 수행오차
습지 = 99/103 =	96%	4% 누락오차	습지 = 99/99 =	100%	0% 수행오차
산림 = 37/50 =	74%	26% 누락오차	산림 = 37/41 =	90%	10% 수행오차
수계 = 20/22 =	100%	0% 누락오차	수계 = 121/121 =	100%	0% 수행오차

Kappa 일치도 계수(K_{hat}) 계산

$$\hat{K} = \frac{N\sum_{i=1}^{k} x_{ii} - \sum_{i=1}^{k}(x_{i+} \times x_{+j})}{N^2 - \sum_{i=1}^{k}(x_{i+} \times x_{+j})}$$

여기서 $N = 407$

$$\sum_{i=1}^{k} x_{ii} = (70 + 55 + 99 + 37 + 121) = 382$$

$$\sum_{i=1}^{k}(x_{i+} \times x_{+j}) = (88 \times 73) + (58 \times 60) + (99 \times 103) + (41 \times 50) + (121 \times 121) = 36{,}792$$

따라서 $\hat{K} = \frac{407(382) - 36{,}792}{407^2 - 36{,}792} = \frac{155{,}474 - 36{,}792}{165{,}649 - 36{,}792} = \frac{118{,}682}{128{,}857} = 92.1\%$

사우스캐롤라이나 주 찰스턴의 사례연구 : 이러한 개념을 시범적으로 보이기 위해, 그림 9-18a에 나타나 있는 Landsat TM 영상으로부터 도출한 사우스캐롤라이나 주 찰스턴 지역의 토지피복도의 정확성을 평가하기 위해 407개의 참조 화소를 얻었다. 5개의 파일을 만들어서 각각 하나의 토지피복 클래스 화소만을 담았다. 즉 각 파일에서 분류된 토지피복 화소들은 1값으로 기록되어 있고 분류되지 않은 배경은 0값을 가지도록 했다. 임의수 생성기를 사용하여 각 층 파일 내에 임의의 *x*, *y*좌표를 식별하여 각 클래스당 최소 50개의 충분한 점을 확보하였다. 이렇게 하여 5개의 클래스에 대해 층화임의 표본을 추출하였다. 모든 위치에 대해 현장방문하거나 Landsat TM 자료를 수집한 시기와 동일한 달에 수집된 대축척 정사사진을 이용하여 평가하였다. 이를 통해 만들어진 오차행렬이 표 13-2에 나와 있다.

반응설계를 이용한 지상참조 정보 수집

정확도 평가에 사용하기 위해 지상참조 표본을 실제로 수집하는 것을 일컬어 **반응설계**(response design)라고 한다(Stehman and Czaplewski, 1998; Wickham et al., 2010). 실제로 반응설계는 표집설계에 대응하여 수행하는 자료수집으로, 평가 프로토콜과 명명 프로토콜로 나눌 수 있다. **평가 프로토콜**은 지상정보가 수집되는 지역(전형적으로 화소나 폴리곤과 연관)에 지지영역을 선택하는 것을 뜻한다. Atkinson과 Curran(1995)은 이를 '관측이 정의하는 공간의 크기, 기하 및 방위'로 구성되는 공간적 지지영역으로 정의했다. 일단 표집단위의 위치와 차원(면적)이 정의되면, **명명 프로토콜**을 통해 표집단위를 범주형 혹은 퍼지 지상참조명 등으로 할당한다. 이 지상참조명(예 : 산림)은 오차행렬에서 할당된 원격탐사에서 추출된 클래스명(예 : 산림)과 쌍을 이룬다.

오차행렬 평가

지상참조 검증 정보가 임의 지역으로부터 수집된 후에 그 정보는 원격탐사를 이용하여 추출된 분류지도에서의 클래스 정보와 화소별(원격탐사 자료를 시각적으로 판독하는 경우에는 폴리곤)로 비교된다. 일치도와 불일치도가 표 13-2와 같이 오차행렬의 각 셀에 요약되며, 오차행렬 내의 정보는 간단한 기술적 통계값이나 다변량 분석통계 기법을 이용하여 평가될 수 있다.

오차행렬의 기술적 평가

오차행렬에 기반한 주제도 정확도 평가를 위한 접근방식에 정해진 표준은 없다. 각각의 정확도 기준은 오차행렬의 다른 정보를 통합하여 저마다의 특정한 목적에 부합하도록 정해진다. 정확도 기준에 따라 다른, 때로는 상충되는 해석과 결과가 있을 수 있다(Foody, 2002; Liu et al., 2007).

Liu 등(2007)은 분류 정확도를 평가하기 위해 문헌에서 사용된 595개의 오차행렬을 분석하여 34개의 정확도 기준을 요약하였으며 다차원 척도분석을 통해 여러 기준의 적합성에 대한 상세한 정보를 제공하였다. 가장 많이 사용되는 세 기준이 여기에 소개되었다(예 : Wickham et al., 2010, 2013).

표본기반의 오차행렬과 관련된 용어가 표 13-1에 나타나 있다. 분류지도의 **전체 정확도**(overall accuracy)는 바르게 분류된 모든 화소(오차행렬에서 주대각선 방향의 합)를 오차행렬 내의 모든 화소 수(N)로 나눈 것이다(Story and Congalton, 1986; Congalton and Green, 2009).

$$\text{전체 정확도} = \frac{\sum_{i=1}^{k} x_{ii}}{N} \tag{13.4}$$

Liu 등(2007)은 전체 정확도가 오차행렬의 정확도를 평가하는 주요 기준이 되어야 한다고 하였다.

개개 분류 항목의 정확도를 계산하는 것은 보다 더 복잡한데 이는 분석가가 분류 항목에 바르게 분류된 화소 수를 해당 열이나 행의 모든 화소 수로 나누어야 하기 때문이다. 한 항목의 바르게 분류된 화소의 총수는 참조자료에서 그 항목에 해당하는 총 화소 수(즉 행 합계)로 나뉜다. 이 통계값은 또한 **생산자 정확도**(producer's accuracy)라고도 불리는데, 왜냐하면 분류의 생산자(분석가)가 어떤 지역이 얼마나 잘 분류될 수 있는가에 관심이 있기 때문이다(Story and Congalton, 1986; Congalton and Green, 2009).

$$\text{클래스 } j\text{의 생산자 정확도} = \frac{x_{jj}}{x_{+j}} \tag{13.5}$$

이 통계값은 바르게 분류된 참조화소의 확률을 나타내며 누락오차(omission error)라 한다.

만약 한 분류 항목에서 바르게 분류된 총 화소 수를 실제 그 항목으로 분류된 총 화소 수로 나눈다면 그 결과는 수행오차(commission error)를 나타낸다. 이 측정값은 **사용자 정확도**(user's accuracy) 또는 **신뢰도**라고 불린다(Story and Congalton, 1986; Congalton and Green, 2009).

$$\text{클래스 } i\text{의 사용자 정확도} = \frac{x_{ii}}{x_{i+}} \tag{13.6}$$

사용자 정확도는 지도 상에 분류된 하나의 화소가 실제로 지상에서 그 항목을 나타내는 확률을 뜻한다.

어떤 때는 분류지도의 생산자가 되기도 하고 혹은 사용자가 되기도 한다. 그러므로 항상 전체 정확도, 생산자 정확도, 사용자 정확도의 세 가지 측정값 모두 보고하는 것이 좋다. 왜냐하면 분류가 어떻게 사용될지 전혀 모르기 때문이다(Lu and Weng, 2007; Wickham et al., 2013; Pouliot et al., 2014).

예를 들어, 표 13-2에 나와 있는 원격탐사에서 추출된 오차행렬에서 전체 정확도는 93.86%이다. 그러나 만약 사우스캐롤라이나 주 찰스턴 지역의 Landsat TM 자료를 사용하여 토지이용이 주거지인 곳만 분류하는 데 관심이 있는 경우를 살펴보자. 이 항목에 대한 생산자 정확도는 96%로 상당히 좋은데, 이는 바르게 분류된 총 화소 수(70)를 참조자료에 의해 표시된 주거지 화소의 총수(73)로 나누어 계산된 것이다. 분류의 전체 정확도가 93.86%이고 주거지 토지이용 클래스의 생산자 정확도가 96%라고 해서 이 지역의 주거지를 식별하는 데 사용된 절차와 Landsat TM 자료가 적합하다고 결론지을 수도 있다. 그러나 그렇게 결론짓는 것은 잘못된 것이다. 주거지 항목의 사용자 정확도를 보면 겨우 80%로서, 바르게 분류된 주거지 항목(70)을 주거지로 분류된 총 화소 수(88)로 나누어 계산된 것이다. 즉 비록 96%의 주거지 화소가 주거지로 바르게 식별되었으나, 주거지로 분류된 지역의 단 80%만이 실제 주거지라는 것이다.

오차행렬을 주의 깊게 살펴보면 상업지와 산림피복으로부터 주거지를 구별해 내는 데 혼동이 있음을 알 수 있다. 그러므로 이 지도의 생산자는 주거지인 지역의 96%가 식별되었다고 주장하겠지만, 반대로 사용자는 실제 지도를 가지고 현장에 나가 살펴봤을 때 주거지인 경우가 80%에 불과한 것이다. 사용자는 80%의 사용자 정확도가 수용 가능하지 않다고 느낄 수도 있다.

오차행렬에 적용되는 이산 다변량 분석 기법

이산 다변량 기법들이 1983년 이래로 원격탐사를 이용해 만든 분류지도와 오차행렬의 정확도를 통계적으로 평가하는 데 사용되어 왔다(Congalton and Mead, 1983). 그러한 기법들은 원격탐사 자료가 연속적이라기보다는 이산적이며 또한 정규분포를 띠기보다는 이항 혹은 다항 분포를 띠기 때문에 적절하다. 정규분포에 기반을 둔 통계적 기법들은 적용되지 않는다. 그러나 단 하나의 보편적으로 수용되는 정확도는 없으며 대신에 다양한 지표들이 존재하여 각기 다른 구조물에 민감하다는 사실을 알아 둘 필요가 있다(Foody, 2002; Lu and Weng, 2007).

표 13-2에 나와 있는 오차행렬을 이용하여 몇 가지 다변량 오차평가 기법들을 살펴보도록 하자. 우선 원시 오차행렬의 각 행과 열의 합이 1이 되도록 비율을 맞춤으로써 행렬을 정규화(표준화)시킬 수 있다. 이러한 방식으로 오차행렬을 만드는 데 사용된 표본 크기의 차이가 없어지고 행렬 내의 개개 셀값은 직접적으로 비교 가능해진다. 게다가 행과 열이 반복적으로 합해지기 때문에, 결과적으로 생성되는 정규화 행렬은 비대각선 셀값(즉 누락 및 수행 오차)을 보다 더 잘 나타낸다. 즉 행렬 내의 모든 값이 행과 열에 의해 반복적으로 균형이 맞추어져서 행과 열로부터의 정보를 각 셀값 속에 통합한다. 이 과정은 올바르게 분류된 행렬의 주대각선을 따라 셀값을 변화시키고, 정규화된 전체 정확도는 주대각선의 합계를 전체 행렬의 합계로 나눔으로써 계산된다. 그러므로 정규화된 전체 정확도가 원시 오차행렬로부터 계산된 전체 정확도보다 정확도를 더 잘 나타낸다고 볼 수 있는데, 왜냐하면 그 값이 비대각선에 위치한 셀값에 대한 정보를 포함하고 있기 때문이다(예 : Congalton, 1991; Stehman and Foody, 2009).

정규화된 오차행렬은 또 다른 이유에서도 가치가 있다. 분석가 1이 분류 알고리듬 A를 사용하고 분석가 2가 동일한 연구지역에 대해 분류 알고리듬 B를 사용하여 동일한 4개의 분류 항목을 추출했다고 가정해 보자. 분석가 1은 250개의 임의 위치를 평가해서 오차행렬 A를 만들었고, 분석가 2는 300개의 임의 위치를 평가하여 오차행렬 B를 만들었다. 두 오차행렬이 정규화된 이후에는 두 행렬의 셀값들을 직접 비교해서 어떤 알고리듬이 더 나은지를 보는 것이 가능하다. 그러므로 정규화 과정은 오차행렬을 만드는 데 사용된 표본의 수에 상관없이 오차행렬들 사이의 개개 셀값을 비교하기에 편리하다.

Kappa 분석

Kappa 분석은 정확도 평가에 사용되는 이산 다변량 기법 중 하나이다. 이 방법은 1981년에 원격탐사 영역에 소개되어 1983년에 처음 원격탐사 학술지에 출간되었다(Congalton, 1981; Congalton et al., 1983).

K_{hat} 일치도 계수 : Kappa 분석은 Kappa라는 통계값($\hat{K}$)을 산출한다. Kappa값은 원격탐사를 이용하여 만든 분류지도와 참조자료 사이의 일치도나 정확도를 나타내는데, a) 주대각선과 b) 열과 행의 합계에 의해 표현되는 주변부를 이용하여 표현한다(Paine and Kiser, 2003; Congalton and Green, 2009). Kappa값은 다음과 같이 계산한다.

$$\hat{K} = \frac{N\sum_{i=1}^{k} x_{ii} - \sum_{i=1}^{k}(x_{i+} \times x_{+j})}{N^2 - \sum_{i=1}^{k}(x_{i+} \times x_{+j})} \tag{13.7}$$

여기서 k는 행렬에서 열의 수(예 : 토지피복 클래스), x_{ii}는 열 i와 행 i에서의 관측 수, x_{i+}와 x_{+i}는 각각 열 i와 행 i에 대한 합계이며, N은 총 관측 수이다. 0.80보다 큰 $\hat{K}$값(즉 80% 이상)은 분류지도와 지상참조 정보 사이의 정확도나 일치도가 강함을 나타낸다. 0.40~0.80 사이 $\hat{K}$값(즉 40~80%)은 보통 정도의 일치도를 나타내고, 0.40보다 작은 $\hat{K}$값(즉 40% 이하)은 그 일치도가 낮다고 볼 수 있다.

Congalton과 Green(2009)은 만약 정규화된 오차행렬이 사용되고 이 행렬의 비대각선 상의 셀에 0값이 많으면(즉 분류가 매우 잘되었다면), 정규화된 결과는 정규화 전의 전체 정확도 및 표준 Kappa 결과와 다를 수 있다고 하였다.

사우스캐롤라이나 주 찰스턴 지역의 사례연구 : 찰스턴 지역의 데이터셋에 대한 $\hat{K}$ 통계값의 계산 결과가 표 13-2에 요약되어 있다. 분류의 전체 정확도는 93.86%이고 $\hat{K}$ 통계값은 92.1%이다. 두 결과가 서로 다른데, 왜냐하면 두 측정값이 서로 다른 정보를 담고 있기 때문이다. 전체 정확도는 단지 주대각선만을 고려하여 누락 및 수행 오차는 제외시켰다. 반대로, $\hat{K}$값은 비대각선에 위치한 값들을 행과 열 합계의 곱의 형태로 통합하였다. 그러므로 행렬에 포함된 오차의 양에 따라 이들 두 측정값은 서로 다를 수 있다. Congalton(1991)은 전체 정확도, 정규화 정확도, 그리고 $\hat{K}$값을 각 행렬에 대해 계산하여 가능한 한 오차행렬로부터 많은 정보를 추출할 것을 제시했다. $\hat{K}$ 통계값의 계산은 또한 1) 오차행렬 내에 제시된 결과가 임의 결과보다 유의하게 나은지 알아보거나(즉 $\hat{K}=0$이라는 귀무가설), 2) 2개의 유사한 행렬(동일한 항목으로 구성)을 비교하여 서로 유의한 차이가 있는지를 결정하는 데 사용될 수도 있다.

사우스캐롤라이나 주 SRS의 사례연구 : 점토층으로 덮여 있는 유해 폐기물 매립지역의 피복을 주기적으로 모니터링하는 것은 중요하다(Jensen et al., 2003). 이는 사우스캐롤라이나 주 에이킨 근처의 웨스팅하우스 SRS에서 최근에 수행되었는데, 2002년 7월 31일에 수집된 DAIS 3715 초분광 영상을 이용하였고, 분광각 매퍼(SAM) 분류 알고리듬을 적용하였다. 분류 정확도는 그림 13-5a에 나타난 총 98개 지점에서 현장 토지피복 참조정보를 수집하여 수행되었다. 모든 검증 지역은 측량용 GPS 기기를 이용하여 오차범위 ±30cm 이내로 조사하였으며 각 위치에서의 토지피복은 그림 13-5b에 나타난 분류지도 상에서 식별하였다. 분류 정확도 결과는 표 13-3에 요약되어 있는데, 전체 정확도는 89.79%이고 $\hat{K}$ 통계값은 85.81%였다.

조건부 K_{hat} 일치도 계수 : 조건부 일치도 계수($\hat{K}_c$)는 참조정보와 원격탐사를 이용해 추출한 정보 사이의 일치도를 계산하는데, 계산식에서 사용자 정확도에 대한 개개 클래스의 변화 일치도만을 고려한 것이 Kappa 통계값과 다른 점이다(Paine and Kiser, 2003; Congalton and Green, 2009).

$$\hat{K}_i = \frac{N(x_{ii}) - (x_{i+} \times x_{+j})}{N(x_{i+}) - (x_{i+} \times x_{+j})} \tag{13.8}$$

x_{ii}는 특정 분류 항목에 대해 올바르게 분류된 관측 수(오차행렬에서 주대각선 상에 요약됨), x_{i+}와 x_{+i}는 각 분류 항목과 관련한 열 i와 행 i에 대한 합계이고, N은 전체 오차행렬 상의 총 관측 수이다. 예를 들어, 사우스캐롤라이나 주 찰스턴 지역의 주거지 토지이용 클래스에 대한 조건부 $\hat{K}$ 일치도 계수는 다음과 같다(표 13-2).

$$\hat{K}_{Resid} = \frac{407(70) - (88 \times 73)}{407(88) - (88 \times 73)} = \frac{28490 - 6424}{35816 - 6424} = 0.75$$

이 과정은 관심 있는 각 토지피복 클래스에 대해 적용될 수 있다.

Kappa에 대한 논쟁 : 수백 수천의 원격탐사 조사가 원격탐사에서 도출한 토지피복도의 정확도를 평가하기 위해 Kappa 분석을 사용해 왔다. 그러나 어떤 과학자들은 Kappa 분석이 원격탐사기반 주제도의 정확도를 평가하는 데 가장 적합하다고 믿지 않는다는 점도 알아야 한다. 예를 들어 Liu 등(2007)은 오차행렬에 적용된 34개의 기준을 평가하였으며 Kappa 기준의 사용을 권고하지 않았다. Foody(2009)는 Kappa의 사용을 권하는 어떤 주장들에는 오류가 있거나 또는 다른 기준에도 동일하게 적용된다고 보았다. Pontius와 Millones(2011)는 Pontius가 제안한 것들을 포함한 5개의 Kappa 지수를 평가하였으며 Kappa 지수에는 실제 적용하기에는 오류가 있다고 주장하였다. 또한 오차행렬을 정량 불일치(quantity disagreement)와 할당 불일치(allocation disagreement) 두 가지 매개변수를 이용하여 분석할 것을 제안하였다.

반면, Congalton(2005)과 Congalton과 Green(2009)은 Kappa 분석이 대부분의 정확도 분석의 기준이 되어 가고 있으며 대부분의 디지털 영상분석 소프트웨어 프로그램의 필수요소로 고려된다고 보았다. 원격탐사 커뮤니티는 새로 고안되는 정확도

**SRS의 혼합 폐기물 처리시설에서의
정확도 평가를 위한 현장관측 위치와 원격탐사에서 도출한 분류도**

a. 현장관측 위치

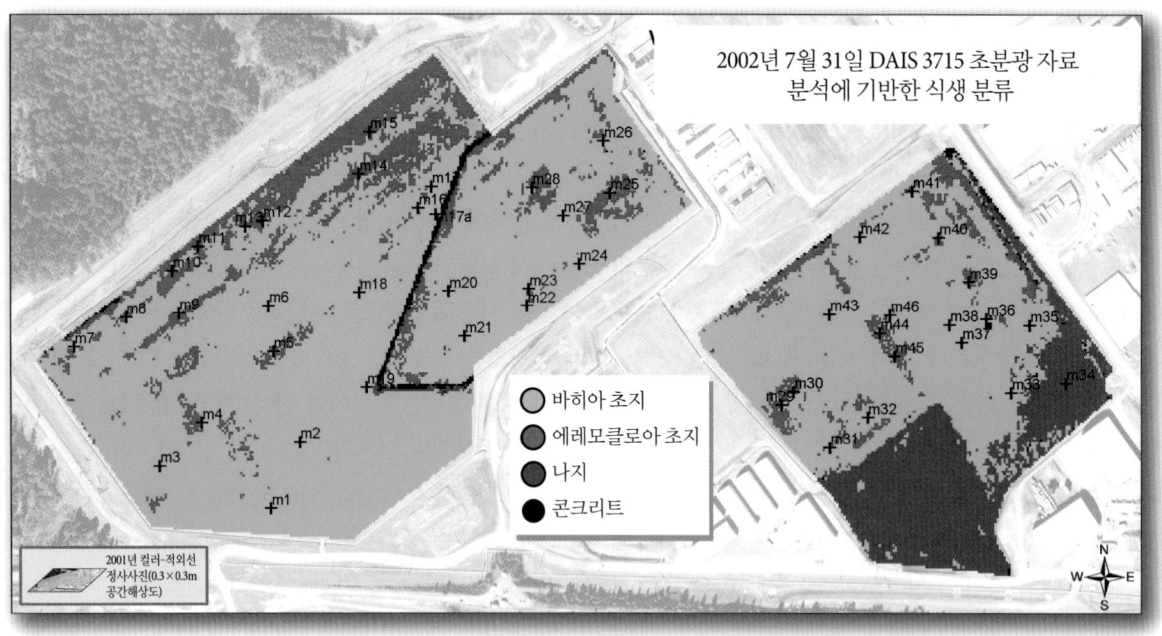

b. 초분광 자료의 분광각 매퍼(SAM) 분석으로 도출된 분류도

그림 13-5 DAIS 3715 초분광 자료와 현장관측 지상참조자료의 분석에 기반한 2002년 SRS의 혼합 폐기물 처리시설에서의 토지피복도 분류 정확도 평가. a) 바히아 초지의 위치와 에레모클로아 초지의 현장관측 지점 위치. b) 원격탐사로 도출된 분류도.

평가 접근을 모두 받아들이지는 않는다. 원격탐사 커뮤니티가 어느 쪽을 받아들이게 될지 지켜보는 것도 흥미로운 일이다.

오차행렬의 퍼지화

범주형 분류시스템은 모든 클래스가 포괄적이고 상호 배제적이어야 한다. 더군다나 클래스들은 일반적으로 계층적인데, 이는 보다 상세한 클래스들을 논리적으로 합쳐서 보다 일반적이

표 13-3 SRS의 혼합 폐기물 처리시설 주변의 초분광 영상으로부터 추출된 분류지도의 정확도 평가(Jensen et al., 2003)

		지상참조 검증 정보 클래스 1~k(총 j개 행)				
		바하아 초지	**에레모클로아 초지**	**나지**	**콘크리트**	**열 합계 x_{i+}**
지도 클래스 1~k (총 i개 열)	**바하아 초지**	**31**	2	0	0	33
	에레모클로아 초지	6	**7**	0	2	15
	나지	0	0	**30**	0	30
	콘크리트	0	0	0	**20**	20
	행 합계 x_{+j}	37	9	30	22	**98**

전체 정확도 = 88/98 = 89.79%

생산자 정확도(누락오차)
바하아 초지 = 31/37 = 84% 16% 누락오차
에레모클로아 초지 = 7/9 = 78% 22% 누락오차
나지 = 30/30 = 100% 0% 누락오차
콘크리트 = 20/22 = 91% 9% 누락오차

사용자 정확도(수행오차)
바하아 초지 = 31/33 = 94% 6% 수행오차
에레모클로아 초지 = 7/15 = 47% 53% 수행오차
나지 = 30/30 = 100% 0% 수행오차
콘크리트 = 20/20 = 100% 0% 수행오차

Kappa 일치도 계수(K_{hat}) 계산

$$\hat{K} = \frac{N\sum_{i=1}^{k} x_{ii} - \sum_{i=1}^{k}(x_{i+} \times x_{+j})}{N^2 - \sum_{i=1}^{k}(x_{i+} \times x_{+j})}$$

여기서 $N = 98$

$$\sum_{i=1}^{k} x_{ii} = (31 + 7 + 30 + 20) = 88$$

$$\sum_{i=1}^{k}(x_{i+} \times x_{+j}) = (33 \times 37) + (15 \times 9) + (30 \times 30) + (20 \times 22) = 2{,}696$$

따라서 $\hat{K} = \frac{98(88) - 2{,}696}{98^2 - 2{,}696} = \frac{8{,}624 - 2{,}696}{9{,}604 - 2{,}696} = \frac{5{,}928}{6{,}908} = 85.81\%$

지만 유용한 클래스를 만들 수 있다는 것이다. 단일 재배된 수수밭과 같은 실세계에서의 어떤 현상들은 균질한 것으로 간주될 수 있지만, 세상에는 범주형 분류 논리를 사용하여 지도로 만들기 힘든 현상들이 많이 존재한다. 때때로 어떤 영역이나 폴리곤은 다양한 물질을 담고 있다. 이러한 물질들은 종종 종점(endmember)으로 명명된다(예 : 건초와 함께 재배된 수수, 수수의 열 사이마다 보이는 나지, 그림자 등). 이러한 경우, 화소당 혹은 폴리곤당 클래스 멤버십은 범주형인 상호 배제적인 클래스에 할당하는 것이 아닌 퍼센트와 같은 정도로 표시될 수 있다(Foody, 2002). 예를 들어, 만약 단일 영역이나 폴리곤이 49%의 수수와 51%의 건초로 구성되어 있다면, 과연 이것을 건초지 혹은 다른 어떤 것으로 명명할 수 있을까? 사실 많은 자연경관들이 종종 하나에서 다른 것으로 점진적으로 변한다. 예를 들어, 일반적으로 목초지는 수풀로 변하고, 그 다음 수풀이 산림으로 변한다.

Gopal과 Woodcock(1994)은 퍼지 논리를 사용하여 실세계 퍼지도를 분류지도 정확도 평가과정에 적용한 초기 연구자에 포함된다. 지도 라벨은 맞음 혹은 틀림과 같은 이분법적인 분석 대신에 부분적으로 맞는(혹은 틀린) 것으로 간주될 수 있는데, 일반적으로 5가지 항목 스케일로 나타낸다. 다양한 통계값들이

지상참조 폴리곤 : 21

분석가 : Ryan

날짜 : 00.00.00

설명 : 주로 활엽수림에서 일부 침엽수림으로 퍼지 전이

참조자료 : Landsat TM 30×30m 영상. NTM 영상. 가용한 대규모 지형도.

이전 다음

퍼지 정확도 평가

분류	확률 높음	허용 가능	확률 낮음
■ 활엽수림	●	○	○
□ 상록수림	○	●	○
□ 관목	○	○	●
□ 초지	○	○	●
□ 나지	○	○	●
□ 도심지	○	○	●
□ 농경지	○	○	●
□ 수계	○	○	●

그림 13-6 NIMA에서 지원한 Landsat GeoCover 토지피복도의 정확도 평가에서 퍼지 참조 정보를 입력하는 데 사용된 서식. 사용하고자 하는 지상참조 검증 폴리곤(21)은 활엽수(낙엽수)로 할당되었다. 그러나 분석가는 그것이 상록수일 수도 있다고 믿으며, 그 외의 다른 항목들 중 하나는 아니라고 확신한다. 이 자료는 퍼지 및 범주형 정확도 평가 정보를 담고 있는 오차행렬을 만드는 데 사용된다(Green and Congalton, 2003에 기초).

퍼지정보로부터 추출되는데 여기에는 절대적으로 맞음을 뜻하는 Max(M)(5에 해당), 확률이 보통 이상인 항목의 수를 뜻하는 Right(R)(각각 3, 4, 5), Right과 Max 함수 사이의 차이를 뜻하는 Increase(R−M) 등이 포함된다(Jacobs and Thomas, 2003). 이를 통해 보다 향상된 퍼지 논리에 기초한 정확도 평가를 수행할 수 있다.

NIMA GeoCover 표지피복 사례연구 : Green과 Congalton(2003)은 지상참조 정보를 수집하고 이를 원격탐사에서 도출한 분류도 결과와 비교하는 과정에서 퍼지 논리를 사용하였다. 목적은 NIMA에서 지원한 Landsat(30×30m)을 이용하여 만든 전지구적 토지피복도의 정확도를 평가하는 것이다(Green and Congalton, 2003). 층화임의 표본에 선택된 세계의 모든 지역을 직접 방문하여 현장 표본을 구하는 것은 실용적이지 않다. 그러므로 NIMA는 선택된 표본지역에서 수집한 높은 공간해상도의 NTM(National Technical Mean) 영상을 제공하였고, 그 영상들을 판독하여 지상참조 검증 정보를 수집하였다.

숙련된 판독가는 그림 13-6에 나와 있는 퍼지 논리 양식을 사용하여 지상참조 검증 정보를 입력하였다. NTM 영상의 각 지상참조 검증 표본의 위치는 가능한 각 피복 형태로 식별될 수 있는 확률로 평가되었다. 분석가는 우선 표본지역에 대한 가장 적절한 항목을 결정하여(예 : 활엽수림) 양식의 분류란에 입력하였다(그림 13-6). 표본에 대한 범주형 항목을 할당한 다음에 남아 있는 가능한 지도 항목들이 해당 지역의 항목에 대해 '확률 높음', '허용 가능', 혹은 '확률 낮음' 등으로 평가된다. 예를 들어, 표본지역이 활엽수림과 침엽수림 사이의 경계 근처에 위치할 수도 있다. 이러한 경우, 분석가는 침엽수림을 가장 적절한 분류 항목으로 매길 수 있으나, 관목은 '확률 낮음'으로 매길 필요가 있다. 각 지역을 판독하여 범주형 혹은 퍼지 평가 참조명을 오차행렬에 입력한다(표 13-4)(Green and Congalton, 2003).

오차행렬에서(표 13-4) 비대각선 셀은 불확실한 클래스명이나 오차를 가질 수 있는 클래스 경계에 존재하는 클래스명을 구분하는 데 사용될 수 있는 2개의 값을 담고 있다(Green and Congalton, 2003; 2005). 첫 번째 숫자는 지도 항목이 퍼지 평가에서 '확률 높음' 혹은 '허용 가능' 참조명과 일치하는 지역을 나타낸다. 따라서 설사 어떤 클래스명이 가장 적절하다고 간주되지 않더라도 분류시스템의 퍼지화와 일부 지상참조 검증자료의 최소 품질에 의해 허용 가능하다고 간주된다. 이들 지역들은 퍼지 평가 정확도를 추정하는 것에 대한 '일치'로 간주된다. 셀(칸) 안의 두 번째 숫자는 해당 지역의 지도 클래스명이 '확률 낮음', 즉 오차로 간주된 것을 나타낸다.

표 13-4 NIMA에서 지원한 Landsat GeoCover 주제도 결과물의 분류 정확도를 평가하는 데 사용된 범주형 및 퍼지 정보를 담고 있는 오차행렬(Green and Congalton, 2003에 기초)

	지상참조 자료 클래스 1~k(총 j개 행)									
	활엽수림	**상록수림**	**관목**	**초지**	**나지**	**도심지**	**농경지**	**수계**	**사용자 열 합계 (범주형)**	**사용자 열 합계 (퍼지)**
활엽수림	**48**	24, 7	0, 1	0, 3	0, 0	0, 1	0, 11	0, 18	48/113 (42.5%)	72/113 (63.7%)
상록수림	4, 0	**17**	0, 1	0, 0	0, 0	0, 0	0, 1	0, 3	17/26 (65.4%)	21/26 (80.8%)
관목	2, 0	0, 1	**15**	8, 1	0, 0	0, 0	2, 2	0, 0	15/31 (48.4%)	27/31 (87.1%)
초지	0, 1	0, 0	5, 1	**14**	0, 0	0, 0	3, 0	0, 0	14/24 (58.3%)	22/24 (91.7%)
나지	0, 0	0, 0	0, 2	0, 0	**0**	0, 0	0, 1	0, 0	0/3 (0%)	0/3 (0%)
도심지	0, 0	0, 0	0, 0	0, 0	0, 0	**20**	2, 0	0, 0	20/22 (90.9%)	22/22 (100%)
농경지	0, 1	0, 1	7, 15	18, 6	0, 0	2, 0	**29**	1, 2	29/82 (35.4%)	57/82 (69.5%)
수계	0, 0	0, 0	0, 0	0, 0	0, 0	0, 0	0, 0	**8**	8/8 (100%)	8/8 (100%)
생산자 행 합계 (범주형)	48/56 (85.7%)	17/50 (34%)	15/47 (31.9%)	14/50 (28%)	na na	20/24 (83.3%)	29/51 (56.9%)	8/33 (24.2%)		
생산자 행 합계 (퍼지)	54/56 (96.4%)	41/50 (82%)	27/47 (57.4%)	40/50 (80%)	na na	22/24 (91.7%)	36/51 (70.6%)	10/33 (33.3%)		

전체 범주형 정확도 = 151/311 = 48.6%
전체 퍼지 정확도 = 230/311 = 74%

퍼지 평가를 통한 전체 정확도는 지도명이 '확률 높음' 혹은 '허용 가능' 참조명과 일치하는 지역들의 퍼센트로 측정된다. 개개 클래스 정확도는 해당 클래스의 열 혹은 행에 대해 일치하는 수의 합계를 그 열과 행의 합계로 나눔으로써 계산된다. 행에 의한 클래스 정확도는 생산자 클래스 정확도를 나타내며, 열에 의한 클래스 정확도는 사용자 정확도를 나타낸다(Green and Congalton, 2003; Congalton and Green, 2009).

이 예에서 행렬의 범주형 요소들에 대한 전체 정확도는 48.6%이다(151/311). 이 범주형 통계값은 참조자료의 판독과정에서 발생할 수 있는 오차와 클래스 경계에 내재된 퍼지화를 무시한 것이다. '확률 높음'과 '허용 가능'을 포함한 전체 퍼지 정확도는 74%(230/311)였다.

Gopal과 Woodcock(1994)은 참조 분류가 퍼지형이고 지도 분류가 범주형인 경우 정확도를 정량화하는 획기적인 방법을 소개하였다(Stehman, 2009). Pontius와 Cheuk(2006)은 오차행렬의 개념을 확장하여 지도와 참조 분류가 모두 퍼지형인 경우 정확도 기준을 제공하였다. Gomez 등(2008)은 퍼지형 또는 범주형 오차행렬을 통해 전체 정확도, 생산자 정확도, 사용자 정확도, Kappa 통계값을 모두 제공하는 새로운 정확도 기준을 개발하였다. 오차행렬과 이로부터 도출한 분류 정확도는 오차의 공간적 분포에 대해서는 아무런 정보도 제공하지 않는다(Foody, 2005). Comber 등(2012)은 지리적 가중 회귀 접근을 이용하여 범주형 및 퍼지 토지피복 클래스에 대해 정확도의 공간적 변이를 구하였다.

변화탐지 지도 정확도 평가

van Oort(2007)와 Warner 등(2009)은 변화탐지 결과물을 위한

표 13-5 건물, 도로, 기타의 세 가지 클래스로 구성된 가상의 원격탐사기반 주제도의 정확도 평가(Jensen et al., 2012에 기초)

		지상참조 정보 클래스 1~k(총 j개 행)			
		건물	**도로**	**기타**	**열 합계**
지도 클래스 1~k (총 i개 열)	**건물**	**49**	4	5	58
	도로	5	54	4	63
	기타	6	**6**	**59**	71
	행 합계	60	64	68	**192**
	전체 정확도 = 162/192 = 84.4%				
	생산자 정확도 건물 = 49/60 = 82% 도로 = 54/64 = 84% 기타 = 59/68 = 87%				
	사용자 정확도 건물 = 49/58 = 82% 도로 = 54/63 = 84% 기타 = 59/71 = 87%				
	Kappa 일치계수($\hat{K}$) = [192(162) − 12,340]/(36,864 − 12,340) = 76.5%				

오차행렬의 세 가지 기본 형태를 제안하였다.

1. 각 개별 날짜별 분류의 정확도 평가
2. 모든 가능한 변화, 미변화 클래스와 잠재적인 혼동 가능성을 포함한 완전한 변화전이 오차행렬
3. 단순한 이진 변화/미변화 분류의 정확도 평가

변화탐지 연구에서 사용된 개별 주제도의 정확도 평가

이 형태의 정확도 평가는 변화탐지 연구에서 사용된 각 분류도에 대해 수행된다. 표 13-5는 단순한 3×3 오차행렬이 단일 시기의 건물, 도로, 기타의 세 종류의 토지피복 분류도의 정확도를 평가하는 데 충분함을 보여 준다. 유감스럽게도 단일시기 주제도의 정확도 분석은 두 개별 시기 주제도를 이용하여 도출한 변화도 결과물에 대한 정확도 정보를 제공하지 않는다.

'변화 추세' 변화탐지 지도의 정확도 분석

분류 클래스의 '변화 추세' 정보를 포함한 변화탐지 지도의 정확도를 평가하는 것은 그리 간단하지 않다(Khorram et al., 1999; Foody, 2002; Jensen and Im, 2007). 예를 들어, 두 기간의 영상에서 도출한 세 클래스(건물, 도로, 기타)의 변화탐지 지도의 주제도 정확도를 평가할 때 표 13-6에 나타난 것과 같이 81 종류의 변화 클래스가 존재한다. 따라서 변화탐지에 사용된 각 지도에 k개의 클래스가 있다면 총 변화 클래스는 $k^2 \times k^2$개가 된다(Warner et al., 2009). 오차행렬을 작성하기 위해 충분한 수의 지상참조 표본을 수집하는 과정이 매우 복잡해지는 것이다(Congalton and Green, 2009; Warner et al., 2009).

반응설계

단일시기 주제도의 정확도를 평가하기 위해 사용된 반응설계(예 : 화소별, 폴리곤)에서 고려할 점들이 변화 지도에 나타난 정보를 분석할 때도 동일하게 적용된다(Jensen et al., 2012). 그러나 사용자는 변화탐지 지도 결과물의 용인할 만한 정확도 수준을 정하는 데 특히 주의를 기울여야 할 것이다. 단일시기 주제도의 정확도 평가에 사용된 것과 다를 수 있기 때문이다.

표집설계

변화 지도의 정확도를 평가할 때도 필요한 표본의 수를 정하는 경험법칙이 그대로 적용된다(즉 클래스당 대략 50개의 표본). 그러나 단순한 3개의 클래스를 가진 변화 지도의 정확도를 평가할 때 분석가는 이제 450개 임의 지점(9개의 변화 클래스×클래스당 50개의 표본 수)에 대해 토지피복을 알아야 한다(Congalton and Green, 2009). 이는 매우 어려운 일이다. 또한 건물을 해체하지 않는 이상 '건물'에서 '기타'로 변화하는 경우 등과 같은 몇몇 가능한 '변화 추세' 변화 클래스는 매우 낮은 발생 확률을 가지고 있다. 그럼에도 불구하고 변화탐지 지도의 정확도를 구하기 위해 필요한 참조 표본을 획득하는 방법은 앞서 개별 주제도의 정확도를 평가하기 위해 사용하는 방법과 같이 임의표집, 층화표집, 계통표집, 군집표집을 포함한다(Jensen et al., 2012).

표 13-6 단일시기 정확도 평가를 위해 사용한 세 지도 카테고리[(건물(B), 도로(R), 기타(O)]의 변화탐지 오차행렬(Macleod and Congalton, 1998; Jensen et al., 2012에 기초)

		지상참조 정보 클래스 1~k(총 j개 행)									
		BB	**RR**	**OO**	**BR**	**BO**	**RB**	**RO**	**OB**	**OR**	**열 합계**
변화탐지 지도 클래스 1~k (총 i개 열)	**BB**	|									
	RR										
	OO			|							
	BR										
	BO										
	RB										
	RO										
	OB								|		
	OR								|		
	행 합계										N

분석

주의 깊은 계획과 충분한 자원이 있어 두 시기 간의 충분한 지상참조자료를 얻었다면 변화탐지 오차행렬을 구하는 것이 가능하다. 변화행렬의 주대각선이 표 13-6에 검은색으로 강조되어 있는데 이는 시기 1의 화소나 폴리곤 분류가 시기 2의 화소 또는 폴리곤 분류와 일치하는 경우를 나타낸다(예 : 시기 1에 '건물'로 분류되었는데 시기 2에도 '건물'로 분류된 경우, BB). 유사하게 시기 1에 화소나 폴리곤이 '기타'로 분류되었는데 시기 2에도 '기타'로 분류되었다면 표에 나타난 바와 같이 ○○칸에 파이프 마크(|)가 표시된다.

이 행렬은 토지피복이 변화한 경우도 보여 주는데, 예를 들어 '기타'(예 : 식생)가 시기 1에 실제 존재하였고 시기 2에 '건물'로 변화한 경우 파이프 마크가 표 13-6의 주대각선의 OB에 표시될 수 있다. 반면 시기 1의 '기타' 화소나 폴리곤이 시기 2에서 '건물' 대신에 '도로'로 잘못 분류된 경우 파이프 마크는 주대각선을 벗어난 OR칸에 보인다. 비대각선 칸에 표시된 파이프 마크는 변화탐지 지도의 분류오차를 나타낸다. 변화탐지 오차행렬이 두 분류지도에서 얻은 비편향된 정보를 이용하여 충분히 만들어진 후에는 앞서 논의한 대로 전체 정확도, 생산자 정확도, 사용자 정확도를 얻을 수 있다.

표 13-6과 같은 완전한 변화전이 오차행렬은 가장 유용한 정보를 제공한다. 그러나 실제 변화 연구에서 제공되는 경우는 흔치 않은데, 이는 수많은 분류 카테고리가 존재하고 많은 카테고리의 경우 발생빈도가 매우 낮아 모든 카테고리에 대해 충분한 자료를 수집하는 데 어려움이 있기 때문이다. 이 경우 단순한 임의표집은 충분치 않으며 층화표집을 이용하여 어느 정도 문제점을 개선할 수 있다.

이진 변화탐지 지도의 정확도 평가

많은 변화탐지 연구는 시기 1과 시기 2 사이에 변화한 삼림 등과 같이 하나의 클래스에 대해 수행되는데(Im et al., 2008) 이를 이진 변화탐지라고 한다(Im et al., 2009, 2011). 시기 1과 시기 2의 원격탐사에서 도출된 주제도는 실제로 두 클래스(삼림, 비삼림. 이진 분류)만을 가지고 있다. 두 이진 주제도가 분류 후 비교 변화탐지를 통해 비교될 때(제12장 참조) 결과물은 표 13-7에 나타난 바와 같이 다중시기의 지상참조 정보를 이용하여 분석한 변화탐지 지도가 된다(Khorram et al., 1999; Foody, 2002).

Foody(2010)는 이러한 이진 오차행렬이 원격탐사에서 도출된 변화 지도의 민감도(sensitivity), 특이도(specificity), 만연도(prevalence)를 보이기 위해 사용될 수 있다고 제안하였다.

민감도는 변화한 것으로 제대로 분류된 비율을 나타낸다(Foody, 2010).

표 13-7 원격탐사로 도출된 변화탐지 지도의 특성을 계산하는 데 사용될 수 있는 이진 오차 행렬(Foody, G. M., 2010, "Assessing the Accuracy of Land Cover Change with Imperfect Ground Reference Data," Remote Sensing of Environment, 114:2271-2285에 기초).

		다중시기 이진 지상참조 정보		
		변화	미변화	열 합계
이진 지도 클래스	변화	*a*	*b*	*g*
	미변화	*c*	*d*	*h*
	행 합계	*e*	*f*	*N*

$$\text{민감도} = \frac{a}{a+c} = \frac{a}{e} \tag{13.9}$$

특이도는 미변화로 제대로 분류된 비율을 나타낸다.

$$\text{특이도} = \frac{d}{b+d} = \frac{d}{f} \tag{13.10}$$

민감도와 특이도 매개변수는 각각 변화, 미변화 클래스의 생산자 정확도와 같다.

이진 오차행렬을 수평적으로 평가하면 양의 추정값(Predicted$_{pos}$)과 음의 추정값(Predicted$_{neg}$)을 구할 수 있다(Foody, 2010).

$$\text{양의 추정값} = \frac{a}{a+b} = \frac{a}{g} \tag{13.11}$$

$$\text{음의 추정값} = \frac{d}{c+d} = \frac{d}{h} \tag{13.12}$$

양과 음의 추정값은 각각 변화 및 미변화 클래스의 사용자 정확도를 나타낸다(Lu and Weng, 2007; Liu et al., 2007).

만연도(θ)는 다음과 같이 산정한다(Foody, 2010).

$$\text{만연도}(\theta) = \frac{a+c}{a+b+c+d} = \frac{e}{N} \tag{13.13}$$

Foody(2010)는 이러한 기준을 지상참조 자료의 오차가 원격탐사에서 도출된 토지피복 변화탐지 지도의 정확도에 미치는 영향을 계산하기 위해 사용하였다.

Olofsson 등(2014)은 토지피복 변화 지도의 변화 면적을 추정하고 정확도를 평가하는 추가적인 방법을 제시하였다. 그들은 1) 표집설계, 2) 반응설계, 3) 분석을 수행해야 한다고 권고하였다.

객체기반 영상분석(OBIA) 분류지도의 정확도 평가

Lizarazo(2014)는 객체기반 영상분석(OBIA)을 이용하여 토지피복 지도의 정확도를 평가하는 방법을 소개하였다. 이는 분류된 지도 상의 '객체'를 참조된 '객체'와 비교하는 것이다. 이를 위해 1) 형태 유사도(shape similarity, S), 2) 주제 유사도(theme similarity, T), 3) 가장자리 유사도(edge similarity, E), 4) 위치 유사도(position similarity, P)의 네 가지 STEP 기준을 산정한다. 개별 객체의 유사 기준은 주제별로 묶어서 통합된 STEP 유사도 행렬로 표현한다. STEP 지수와 행렬은 객체기반 영상 분류의 주제 및 기하학적 정확도에 대한 유용한 정보를 제공할 수 있다. Moller 등(2014)은 OBIA를 통해 도출한 분류지도에서 분류된 객체의 기하학적 정확도를 평가하기 위한 틀을 제공한다.

정확도 평가를 위한 지리통계 분석

앞서 강조한 오차평가는 주로 **주제**(범주형)정보의 정확도에 국한되었다. 그러나 지구 표면과 그 표면에서 수집한 원격탐사 영상은 또한 구별되는 **공간 속성**들을 가지고 있다. 일단 정량화된 후에는 이들 속성은 원격탐사 분야에서 다양한 작업에 사용될 수 있으며, 여기에는 영상 분류, 영상과 지상참조 검증 자료의 표집 등이 포함된다(Curran, 1988).

원격탐사를 이용해 만든 토지피복도에서 공간적인 의존도(즉 자기상관성)가 있는 지역에 대해 주어진 신뢰도를 만족시키기 위해서 필요한 표본 수는 만약 그 연구가 완전한 임의 표집이 아닌 계통 표집에 기초하고 있다면 훨씬 적어질 수 있다(Curran, 1988). 경험적인 **준변동도**(semivariogram) 모델을 만들고, 그 **범위**(range)와 **문턱**(sill)을 평가함으로써 데이터셋의 자기상관 특성을 확인하고 고정된 표본 크기와 영역에 대해 주위의 서로 어느 정도 떨어져 있는 표본들이 실용적인지를 확인할 수 있다(Van der Meer, 2012). 이러한 종류의 표집계획은 일부 표본이 서로 매우 가까울 수 있는 임의 표집에서 종종 발생하는 정보의 중복을 최소화할 수 있다. Curran(1988)은 표집 오차와 표본 크기가 공간적 특성 속에서 간주되도록 다양한 격자공간의 표집설계들을 검증하는 방법을 설명하고 있다. 그는 지리통계 분석에 기초한 잘 계획된 계통 표집이 임의 표집보다 정밀도를 높일 수 있으며 때때로 임의 표집에 필요한 상당히 큰 표본 크기를 줄일 수 있다고 제시했다(Curran and Williamson, 1986).

예를 들어, 원격탐사를 이용해 만든 가상적 경작지 폴리곤

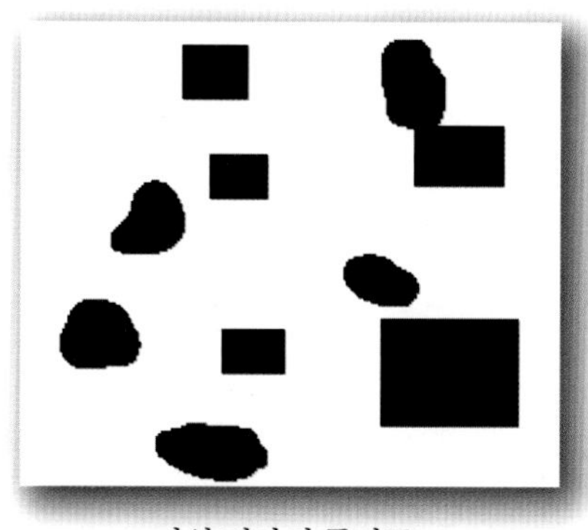

a. 가상 경작지 폴리곤

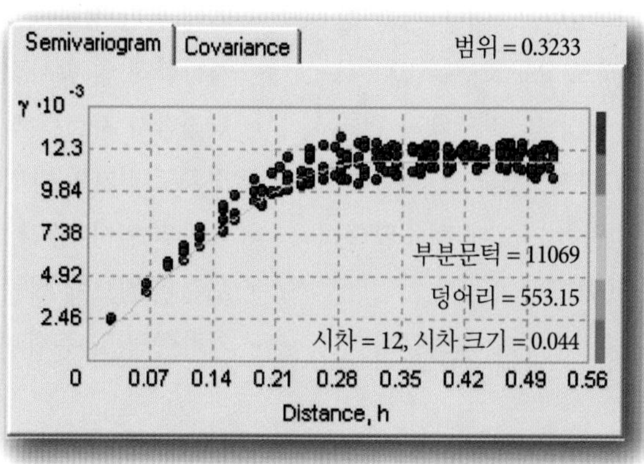

b. 준변동도

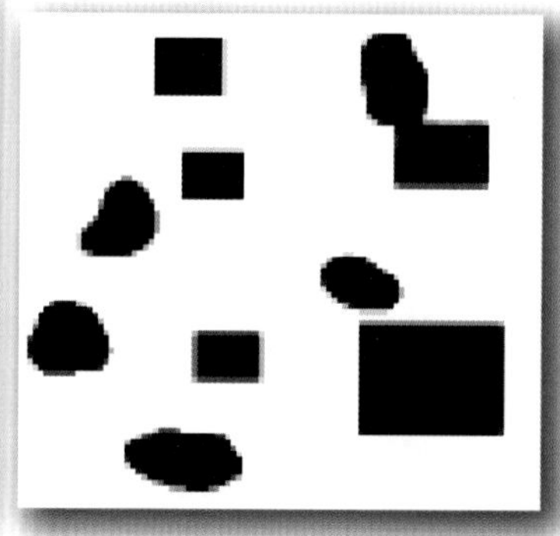

c. 예측된 경작지 폴리곤

그림 13-7 a) 경작지 폴리곤을 담고 있는 가상적 지도. b) 폴리곤 분포를 보여 주는 준변동도. c) 예측된 경작지 폴리곤. 준변동도 정보는 표집 설계 정확도 평가를 개선하는 데 사용될 수 있다.

지도를 보자(그림 13-7). 이 자료의 준변동도와 예측된 영상 또한 제공되어 있다(제4장에서 논의). 지리통계적 방법 중 구형(spherical) 크리깅 방법이 원래 표면을 예측하는 데 좋은 능력을 보여 주었다. 게다가 우리는 현재 데이터셋에 존재하는 농경지 자기상관성에 대한 상세한 정보를 가지고 있다. 만약 이러한 종류의 정보가 전체 지역에 대해 이용 가능하다면 최적의 표집 빈도를 식별하는 것이 가능할 것이다. 이러한 최적의 표집빈도는 a) 원격탐사 시스템의 최적 공간해상도를 식별하는 것, b) 만약 연구가 대상 지역을 직접 모두 조사하여 매핑하는 것이 아니라 표집계획을 포함하고 있다면 개개 영상 프레임의 공간적 배치간격을 주는 것, c) 분류 정확도 평가를 수행하기 위해 지상 참조 검증지역을 할당하는 것에 사용되어야 한다.

Jacobs와 Thomas(2003)는 퍼지 분석과 지리통계 기법(크리깅)을 사용하여 Arizona GAP Analysis의 일환으로 식생도의 정확도에 대한 공간적인 평가를 수행했다. Kyriakidis 등(2005)은 주제 분류 정확도를 나타내기 위해 지리통계적 접근방식을 시용하였으며 Zhu와 Stein(2006), Van der Meer(2012)는 표집설계에 지리통계가 어떻게 사용되며 현장에서의 관측 전에 추후에 얻어지는 크리깅 예측 분산값을 결정하는지 살펴보았다. Burnicki(2011)는 개별 지도 및 변화탐지 지도 시계열에 나타난 오차의 공간적 및 시간적 패턴을 살펴보기 위해 지리통계 분석을 이용하였다.

원격탐사 결과물에 대한 영상 메타데이터 및 연혁정보

a) 개개 원격탐사 영상을 만드는 것에 대한 모든 정보와 b) 최종 결과물을 만들고 그 정확도를 평가하는 데 적용된 다양한 절차와 과정을 기록하는 것이 점점 더 중요해지고 있다.

영상 메타데이터

현재 미국 정부는 공공용으로 수집된 모든 영상이 어떻게 수집되었는가와 같은 상세한 메타데이터(자료에 대한 자료)를 담고 있도록 하고 있다. 미 연방지리자료위원회(U.S. Federal Geographic Data Committee, FGDC)에 의해 래스터 영상 데이터셋에 대한 상세 메타데이터 표준이 개발되어 왔다. 이러한 종류의 정보는 영상분석가와 결정자로 하여금 영상의 원천 및 그 영상의 내재한 모든 특성을 기록하도록 한다. 메타데이터 표준은 국가적 및 전지구적 공간자료기반(SDI)의 필수적인 요소이다(Jensen et al., 2002).

원격탐사 결과물의 연혁

영상의 메타데이터를 수집하는 것만으로는 충분하지 못하다. 토지이용 및 토지피복도와 같은 최종 결과물에 사용된 원격탐사 자료에 수행된 모든 처리과정을 주의 깊게 기록하는 것 또한 필요하다. 이를 일컬어 **연혁기록**이라고 한다. 유감스럽게도, 최종 결과물을 만드는 데 사용된 절차들을 일일이 기록하는 것은 상당히 귀찮을 뿐 아니라 거의 실시되지 않고 있다. 몇몇 디지털 영상처리 시스템은 연혁 및 검사 파일을 제공하여 수행되었던 작업(기능)들을 알 수 있도록 하고 있다. 그러나 이들 방법들 중 어느 것도 진정한 연혁기록의 정보 요구조건을 만족시키지는 못하고 있는데, 이 조건들에는 영상 및 지도학적 원천 자료의 특성, 원천 자료 사이의 위상적 관계, 중간 및 최종 결과물, 그리고 결과물을 추출하기 위해 원천 자료에 적용된 변형에 대한 연혁 등이 포함된다(Lanter, 1991).

연혁정보는 원격탐사를 이용해 추출한 각 주제 결과물과 연관된 **품질 보증 기록**을 포함해야 한다.

- 주제정보를 추출하는 데 사용된 모든 영상 및 보조자료(예 : 토양 및 지질도, 디지털 지형모델)
- 주제정보를 만드는 데 사용된 지오이드, 기준점, 지도 투영법에 관한 정보
- 기하학적 및 방사적 보정 매개변수
- 원격탐사 자료를 정보로 변환하는 데 적용된 단계들
- 정확도 평가의 방법과 결과
- 보관된 원시, 중간, 최종 데이터셋의 위치
- 보관된 정보에 접근하는 절차
- 기하학적 및 주제 속성 정확도 평가

품질 보증은 오늘날에 있어 매우 중요한 부분이다. 원격탐사 자료로부터 주제정보를 추출하는 영상분석가는 이 연혁을 기록함으로써 결과물에 가치를 더해야 한다.

참고문헌

Anderson, J. R., Hardy, E., Roach, J., and R. Witmer, 1976, *A Land-Use and Land-Cover Classification System for Use with Remote Sensor Data*, Washington: U.S. Geological Survey, Professional Paper #964, 28 p.

Atkinson, P., and P. Curran, 1995, "Defining an Optimal Size of Support for Remote Sensing Investigations," *IEEE Transactions Geoscience Remote Sensing*, 33:768-776.

Borengasser, M., Hungate, W. S., and R. Watkins, 2008, *Hyperspectral Remote Sensing: Principles and Applications*, Boca Raton: CRC Press, 119 p.

Bossler, J. D., Jensen, J. R., McMaster, R. B., and C. Rizos, 2002, *Manual of Geospatial Science and Technology*, London: Taylor & Francis, 623 p.

Burnicki, A., 2011, "Spatio-temporal Errors in Land-Cover Change Analysis: Implications for Accuracy Assessment," *Intl. Journal of Remote Sensing*, 32(22):7487-7512.

Comber, A., Fisher, P., Brunsdon, C., and A. Khmag, 2012, "Spatial Analysis of Remote Sensing Image Classification Accuracy," *Remote Sensing of Environment*, 127:237-246.

Congalton, R. G., 1981, *The Use of Discrete Multivariate Analysis for the Assessment of Landsat Classification Accuracy*, Blacksburg: Virginia Polytechnic Institute and State University, Master's thesis.

Congalton, R. G., 1988, "Using Spatial Autocorrelation Analysis to Explore the Errors in Maps Generated from Remotely Sensed Data," *Photogrammetric Engineering & Remote Sensing*, 54(5):587-592.

Congalton, R. G., 1991, "A Review of Assessing the Accuracy of Classifications of Remotely Sensed Data," *Remote Sensing of Environment*, 37:35-46.

Congalton, R. G., 2005, "Chapter 1: Putting the Map Back in Accuracy Assessment," in Lunetta, R. L. and J. G. Lyon, (Eds.), *Remote Sensing and GIS Accuracy Assessment*, Boca Raton: CRC Press, 1-14 p.

Congalton, R. G., and K. Green, 2009, *Assessing the Accuracy of Remotely Sensed Data: Principles and Practices*, 2nd Ed., Boca Raton: CRC Press, 183 p.

Congalton, R. G., and R. A. Mead, 1983, "A Quantitative Method to Test for Consistency and Correctness in Photointerpretation," *Photogrammetric Engineering & Remote Sensing*, 49(1):69-74.

Congalton, R. G., Oderwald, R. G., and R. A. Mead, 1983, "Assessing Landsat Classification Accuracy Using Discrete Multivariate Statistical Techniques," *Photogrammetric Engineering & Remote Sensing*, 49(12):1671-1678.

Curran, P. J., 1988, "The Semivariogram in Remote Sensing," *Remote Sensing of Environment*, 24:493-507.

Curran, P. J., and H. D. Williamson, 1986, "Sample Size for Ground and Remotely Sensed Data," *Remote Sensing of Environment*, 20:31-41.

Fitzpatrick-Lins, K., 1981, "Comparison of Sampling Procedures and Data Analysis for a Land-use and Land-cover Map," *Photogrammetric Engineering & Remote Sensing*, 47(3):343-351.

Foody, G. M., 2002, "Status of Land Cover Classification Accuracy Assessment," *Remote Sensing of Environment*, 80:185-201.

Foody, G. M., 2005, "Local Characterization of Thematic Classification Accuracy through Spatially Constrained Confusion Matrices," *International Journal of Remote Sensing*, 26:1217-1228.

Foody, G. M., 2008, "Harshness in Image Classification Accuracy Assessment," *International Journal of Remote Sensing*, 29(11):3137-3158.

Foody, G. M., 2009, "Sample Size Determination for Image Classification Accuracy Assessment and Comparison," *International Journal of Remote Sensing*, 30(20):5273-5291.

Foody, G. M., 2010, "Assessing the Accuracy of Land Cover Change with

Imperfect Ground Reference Data," *Remote Sensing of Environment*, 114:2271-2285.

Gomez, D., Bigng, G., and J. Montero, 2008, "Accuracy Statistics for Judging Soft Classification," *International Journal of Remote Sensing*, 29(3):693-709.

Gopal, S., and C. Woodcock, 1994, "Theory and Methods for Accuracy Assessment of Thematic Maps Using Fuzzy Sets," *Photogrammetric Engineering & Remote Sensing*, 60(2):181-188.

Green, K., and R. G. Congalton, 2003, Chapter 12: "An Error Matrix Approach to Fuzzy Accuracy Assessment: The NIMA Geocover Project," in Lunetta, R. and J. Lyon, (Eds.), *Geospatial Data Accuracy Assessment*, EPA Report #600/R-03/064 (December, 2003; 339 p.), Washington: U.S. Environmental Projection Agency, 191-200.

Green, K., and R. G. Congalton, 2005, "An Error Matrix Approach to Fuzzy Accuracy Assessment－The NIMA Geocover Project," in Lunetta, R., and J. Lyon (Eds.), *Remote Sensing and GIS Accuracy Assessment*, Boca Raton: CRC Press, 204-215.

Im, J., Rhee, J., and J. R. Jensen, 2009, "Enhancing Binary Change Detection Performance Using a Moving Threshold Window (MTW) Approach," *Photogrammetric Engineering & Remote Sensing*, 75(8):951-962.

Im, J., Rhee, J., Jensen, J. R., and M. E. Hodgson, 2007, "An Automated Binary Change Detection Model Using a Calibration Approach," *Remote Sensing of Environment*, 106:89-105.

Im, J., Lu, Z., and J. R. Jensen, 2011, "A Genetic Algorithm Approach to Moving Threshold Optimization for Binary Change Detection," *Photogrammetric Engineering & Remote Sensing*, 77(2):167-180.

Im, J., Rhee, J., Jensen, J. R., and M. E. Hodgson, 2008, "Optimizing the Binary Discriminant Function in Change Detection Applications," *Remote Sensing of Environment*, 112:2761-2776.

Jacobs, S. R., and K. A. Thomas, 2003, "Fuzzy Set and Spatial Analysis Techniques for Evaluating the Thematic Accuracy of a Land-Cover Map," in Lunetta, R. L. and J. G. Lyons (Eds.), *Geospatial Data Accuracy Assessment*, Las Vegas: EPA, Report No. EPA/600/R-03/064, 335 p.

Jensen, J. R., and J. Im, 2007, "Remote Sensing Change Detection in Urban Environments," in R.R. Jensen, J. D. Gatrell and D. D. McLean (Eds.), *Geo-Spatial Technologies in Urban Environments Policy, Practice, and Pixels*, (2nd Ed.), Berlin: Springer-Verlag, 7-32.

Jensen, J. R., and R. R. Jensen, 2013, *Introductory Geographic Information Systems*, Boston: Pearson, 400 p.

Jensen, J. R., Botchway, K., Brennan-Galvin, E., Johannsen, C., Juma, C., Mabogunje, A., Miller, R., Price, K., Reining, P., Skole, D., Stancioff, A., and D. R. F. Taylor, 2002, *Down to Earth: Geographic Information for Sustainable Development in Africa*, Washington: National Research Council, 155 p.

Jensen, J. R., Cowen, D. J., Narumalani, S., Althausen, J. D., and O. Weatherbee, 1993, "An Evaluation of CoastWatch Change Detection Protocol in South Carolina," *Photogrammetric Engineering & Remote Sensing*, 59:1039-1046.

Jensen, J. R., Guptill, S., and D. Cowen, 2012, *Change Detection Technology Evaluation*, Bethesda: U.S. Bureau of the Census, Task 2007, FY2012 Report, 232 p.

Jensen, J. R., Hadley, B. C., Tullis, J. A., Gladden, J., Nelson, S., Riley, S., Filippi, T., and M. Pendergast, 2003, *2002 Hyperspectral Analysis of Hazardous Waste Sites on the Savannah River Site*, Aiken, SC: Westinghouse Savannah River Company, WSRC-TR-2003-0025, 52 p.

Jensen, J. R., Im, J., Hardin, P., and R. R. Jensen, 2009, "Chapter 19: Image Classification," in *The Sage Handbook of Remote Sensing*, Warner, T. A., Nellis, M. D. and G. M. Foody (Eds.), 269-296.

Jensen, R. R., and J. M. Shumway, 2010, "Sampling Our World," in B. Gomez and J. P. Jones III (Eds.), *Research Methods in Geography*, New York: Wiley Blackwell, 77-90.

Khorram, S., Biging, G. S., Chrisman, N. R., Colby, D. R., Congalton, R.G., Dobson, J. E., Ferguson, R. L., Goodchild, M. F., Jensen, J. R., and T. H. Mace, 1999, *Accuracy Assessment of Remote Sensing-derived Change Detection*, Bethesda: American Society for Photogrammetry & Remote Sensing, 78 p.

Kyriakidis, P. C., Liu, X., and M. F. Goodchild, 2005, "Geostatistical Mapping of Thematic Classification Uncertainty," in Lunetta, R. L. and J. G. Lyon (Eds.), *Remote Sensing and GIS Accuracy Assessment*, Boca Raton: CRC Press, 184-203.

Lanter, D. P., 1991, "Design of a Lineage-based Meta-database for GIS," *Cartography and Geographic Information Systems*, 18(4):255-261.

Liu, C., Frazier, P., and L. Kumar, 2007, "Comparative Assessment of the Measures of Thematic Classification Accuracy," *Remote Sensing of Environment*, 107:606-616.

Lizarazo, I., 2014, "Accuracy Assessment of Object-based Image Classification: Another STEP," *International Journal of Remote Sensing*, 35(16):6135-6156.

Lu, D., and Q. Weng, 2007, "A Survey of Image Classification Methods and Techniques for Improving Classification Performance," *International Journal of Remote Sensing*, 28, 823-870.

Lunetta, R. L., and J. G. Lyon (Eds.), 2003, *Geospatial Data Accuracy Assessment*, Las Vegas: EPA, Report No. EPA/600/R-03/064.

Lunetta, R. L., and J. G. Lyon, (Eds.), 2005, *Remote Sensing and GIS Accuracy Assessment*, Boca Raton: CRC Press, 380 p.

Lunetta, R. S., Congalton, R. G., Fenstermaker, L. K., Jensen, J. R., McGwire, K. C., and L. R. Tinney, 1991, "Remote Sensing and Geographic Information System Data Integration: Error Sources and Research Issues," *Photogrammetric Engineering & Remote Sensing*, 57(6):677-687.

Macleod, R. D., and R. G. Congalton, 1998, "A Quantitative Comparison of Change-Detection Algorithms for Monitoring Eelgrass from Remotely Sensed Data," *Photogrammetric Engineering & Remote Sensing*, 64(3):207-216.

McCoy, R., 2005, *Field Methods in Remote Sensing*, NY: Guilford, 159 p.

Meyer, M., and L. Werth, 1990, "Satellite Data: Management Panacea or Potential Problem?" *Journal of Forestry*, 88(9):10-13.

Moller, M., Birger, J., Gidudu, A., and C. Glaber, 2014, "A Framework for the Geometric Accuracy Assessment of Classified Objects," *International Journal of Remote Sensing*, 34(24):8685-8698.

Morisette, J. T., Privette, J. L., Strahler, A., Mayaux, P., and C. O. Justice, 2005, "Validation of Global Land-Cover Products by the Committee on Earth Observing Satellites," in Lunetta, R. L. and J. G. Lyon (Eds.), *Remote Sensing and GIS Accuracy Assessment*, Boca Raton: CRC Press, 36-46.

Muchoney, D. M., and A. H. Strahler, 2002, "Pixel- and Site-based Calibration and Validation Methods for Evaluating Supervised Classification of Remotely Sensed Data," *Remote Sensing of Environment*, 81:290-299.

NRC, 2007, *Contributions of Land Remote Sensing for Decisions About Food Security and Human Health – Workshop Report*, Washington: National Academy Press, 230 p.

NRC, 2009, *Uncertainty Management in Remote Sensing of Climate Date*, Washington: National Academy Press, 64 p.

NRC, 2012, *Ecosystem Services – Charting A Path to Sustainability*, Washington: National Academy Press, 121 p.

Olofsson, P., Foody, G. M., Herold, M., Stehman, S. V., Woodcock, C. E., and M. A. Wulder, 2014, "Good Practices for Estimating Area and Assessing Accuracy of Land Change," *Remote Sensing of Environment*, 148:42-57.

Paine, D. P., and J. D. Kiser, 2003, "Chapter 23: Mapping Accuracy Assessment," *Aerial Photography and Image Interpretation*, 2nd Ed., NY: John Wiley & Sons, 465-480.

Pontius, R. G., and M. L. Cheuk, 2006, "A Generalized Cross-tabulation Matrix to Compare Soft-classified maps at Multiple Spatial Resolutions," *International Journal of Geographical Information Science*, 20:1-30.

Pontius, R. G., and M. Millones, 2011, "Death to Kappa: Birth of Quantity Disagreement and Allocation Disagreement for Accuracy Assessment," *International Journal of Remote Sensing*, 32(15):4407-4429.

Pouliot, D., Latifovic, R., Zabcic, N., Guidon, L., and I. Olthof, 2014, "Development and Assessment of a 250 m Spatial Resolution MODIS Annual Land Cover Time Series (2000-2011) for the Forest Region of Canada Derived from Change-based Updating," *Remote Sensing of Environment*, 140:731-743.

Stehman, S. V., 1997, "Selecting and Interpreting Measures of Thematic Classification Accuracy," *Remote Sensing of Environment*, 62:77-89.

Stehman, S. V., 2000, "Practical Implications of Designbased Sampling for Thematic Map Accuracy Assessment," *Remote Sensing of Environment*, 72:35-45.

Stehman, S. V., 2001, "Statistical Rigor and Practical Utility in Thematic Map Accuracy Assessment," *Photogrammetric Engineering & Remote Sensing*, 67:727-734.

Stehman, S. V., 2009, "Sampling Designs for Accuracy Assessment of Land Cover," *International Journal of Remote Sensing*, 30(20):5243-5272.

Stehman, S. V., and G. M. Foody, 2009, "Accuracy Assessment," in Warner, T. A., Nelllis, M. D. and G. M. Foody (Eds.), *The Sage Handbook of Remote Sensing*, Los Angeles: Sage Publications, 297-309.

Stehman, S. V., and J. D. Wickham, 2011, "Pixels, Blocks of Pixels, and Polygons: Choosing A Spatial Unit for Thematic Accuracy Assessment," *Remote Sensing of Environment*, 115:3044-3055.

Stehman, S. V., and R. L. Czaplewski, 1998, "Design and Analysis for Thematic Map Accuracy Assessment: Fundamental Principles," *Remote Sensing of Environment*, 64:331-344.

Stehman, S. V., Olofsson, P., Woodcock, C. E., Herold, M., and M. A. Friedl, 2012, "A Global Land-cover Validation Data Set II: Augmenting a Stratified Sampling Design to Estimate Accuracy by Region and Land-cover Class," *International Journal of Remote Sensing*, 33(22):6975-6993.

Story, M., and R. Congalton, 1986, "Accuracy Assessment: A User's Perspective," *Photogrammetric Engineering & Remote Sensing*, 52(3):397-399.

Van der Meer, F., 2012, "Remote-sensing Image Analysis and Geostatistics," *International Journal of Remote Sensing*, 33(18):5644-5676.

van Oort, P. A. J., 2007, "Interpreting the Change Detection Error Matrix," *Remote Sensing of Environment*, 108:1-8.

Warner, T. A., Almutairi, A., and J. Y. Lee, 2009, "Remote Sensing of Land Cover Change," in Warner, T. A., Nelllis, M. D. and G. M. Foody (Eds.), *The Sage Handbook of Remote Sensing*, Los Angeles: Sage Publications, 459-472.

Wickham, J. D., Stehman, S. V., Fry, J. A., Smith, J. H., and C. G. Homer, 2010, "Thematic Accuracy of the NLCD 2001 Land Cover for the Conterminous United States," *Remote Sensing of Environment*, 114:1286-1296.

Wickham, J. D., Stehman, S. V., Gass, L., Dewitz, J., Fry, J. A., and T. G. Wade, 2013, "Accuracy Assessment of NLCD 2006 Land Cover and Impervious Surface," *Remote Sensing of Environment*, 130:294-305.

Zhu, Z., and M. Stein, 2006, "Spatial Sampling Design for Prediction with Estimated Parameters," *Journal of Agricultural, Biological, and Environmental Statistics*, 11:24-44.

찾아보기

【ㄱ】

가법 컬러 164
가법 컬러이론 164
가시광선 보정지수(Visible Atmospherically Resistant Index, VARI) 338
감독 분류(supervised classification) 362
감법이론 164
감법 컬러이론 164
감쇠 213
값싼 디스크의 중복 배열(Redundant Arrays of Inexpensive hard Disks, RAID) 125
강도내삽 252
강도-색조-채도 컬러 좌표시스템 173
강화식생지수 336
개인용 컴퓨터 117
객체기반 변화탐지 502
객체기반 영상분석 413
거리가중 *k*-최근린 분류법 397
거칠기(roughness) 414
겉보기 반사도 219
결정나무(decision-tree) 362, 431, 438
경계 강조 299
경계 보존 중앙값 필터(edge-preserving median filter) 298
경로 방사도 215, 217
경사-향 보정 232
경험적 선형보정 기법(Empirical Line Calibration, ELC) 224
경험적 준변동도 151, 153
경험적 통계 보정 233
계통표본 136
계통 표집 565
고대역 필터링(high-pass filtering) 298
고도 변화 242
고속 푸리에 변환(FFT) 307
고유값 313
고유벡터 313
고정주기잡음(stationary periodic noise) 304
공간 객체기반 영상분석 362, 413
공간내삽(spatial interpolation) 246
공간내삽법 135
공간사축메르카토르 도법 260
공간이동평균방법(spatial moving average) 296
공간 자기상관성 135
공간주파수(spatial frequency) 294
공간 프로파일(spatial profile) 277
공간 필터링 293
공간해상도(spatial resolution) 14, 503
공간 회선 필터링(spatial convolution filtering) 295
공동분광 평행육면체(cospectral parallelepiped) 384
공분산(covariance) 145, 146
공분산 행렬 310
공일차 내삽법 252, 253
과학적 시각화 157
관심영역(Area-Of-Interest, AOI) 184, 276
관측기구 보정오차(measurement-device calibration error) 3
광자 195
광전효과(photoelectric effect) 197
광합성 317
광합성 유효복사(Photosynthetically Active Radiation, PAR) 319
광화학 반사도 지수(photochemical reflectance index, PRI) 339
교차상관 변화탐지 545
구분적 선형 대비확장 286
국가공간자료기반(National Spatial Data Infrastructure, NSDI) 132
국지적 래스터 연산 293
군집 분할(cluster busting) 409
군집 표집 567
군집화(clustering) 402
굴절(refraction) 198
굴절계수(n) 198
귀납적 학습 438
그래픽 사용자 인터페이스(Graphical User Interface, GUI) 122
근린 상관 영상(Neighborhood Correlation Image, NCI) 537
기계학습 438
기하보정 26
기후지속위성 24

【ㄴ】

나침 기울기 매스크(compass gradient mask) 299
난반사(diffuse reflection) 204
내부기하오차 237
내부오차 189
논리 채널(logical channel) 421
농도분할 160
능동형 센서 12

【ㄷ】

다변량 통계분석 142
다중분광 44, 458
다중시기 영상 정규화 227
다층 퍼셉트론(MLP) 447
단면도(transect) 277
단변량 142
단순 비율(Simple Ratio, SR) 326
단순 임의 표집 565
단일 스펙트럼 향상(Single Spectrum Enhancement, SSE) 222
대기보정 215, 549
대기보정 식생지수(Atmospherically Resistant Vegetation Index, ARVI) 335
대기전달계수(atmospheric transmission coefficient) 203
대기창(atmospheric windows) 203
대기 투과도 218
대류 190
대비(contrast) 283
대비강조(contrast enhancement) 284
대비조작 176
대비확장(contrast stretching) 284
대상 215
덩어리 분산 153
도함수 분광학(derivative spectroscopy) 493
독립성분 분석(ICA) 179
둘레(perimeter) 183
들뜬상태 195

【ㄹ】

람베르트 도법 262
람베르트 방위 정적 도법 261
랜덤 포레스트 443

【ㅁ】

매개변수(parametric) 362
맨해튼 거리 182
메르카토르도법 257
메인프레임 컴퓨터 117
메타데이터(metadata) 138
멤버십 함수(membership function) 412
명명 프로토콜 569
모델기반 추론 558
모양지수 185
모자이크 영상 268
목록틀(list frame) 558
무감독 분류(unsupervised classification) 362, 402
문턱 153

【ㅂ】

반구반사도(hemispherical reflectance) 205
반구투과도(hemispherical transmittance) 205
반구흡수도(hemispherical absorptance) 205
반사(reflectance) 203
발산(divergence) 387
밝기값 37
밝기 지도 158
방법오차(method-produced error) 3
방사(복사)보정 26, 189, 466
방사전달 모델링 467
방사해상도(radiometric resolution) 17, 504
방위계(goniometer) 19
방위투영법 257
방출도(exitance) 206
밴드 비 291
범위 142, 153
범주형 변화탐지 500
범주형 분류(hard classification) 362
베이지안(Bayesian) 결정 401
변동지 150
변화 추세 정보 528
변화탐지 499
변환기(transducer) 1
변환발산 388
변환발산지수 470
변환 엽록소 흡수지수(Transformed Chlorophyll Absorption in Reflectance Index, TCARI) 338, 492
복사 190
복사속(radiant flux) 204
복사속 밀도 205
복사에너지 198
복사조도(irradiance) 206
복사휘도(radiance, 방사도) 206
부분화소 분류 478
분광각 매퍼(SAM) 477
분광공간 324
분광 라이브러리 매칭 482
분광반사도 205
분광 변화 벡터 539
분광연마 469
분광 클래스(spectral class) 365
분광 프로파일(spectral profile) 280
분광해상도(spectral resolution) 12, 504
분광혼합분석(Spectral Mixture Analysis, SMA) 413, 471, 478
분류체계(classification scheme) 365
분류 후 비교 변화탐지 531
분산(variance) 144
분자 산란(molecular scattering) 200
비계량(nonmetric) 362
비매개변수 362
비분자 산란 201
비선택적 산란(nonselective scattering) 201
비선형 경계 강조 301
비율 선형 대비확장(percentage linear contrast stretch) 285
비율 표면 반사도 215, 219
비트맵(betmapped) 영상 162

【ㅅ】

사용자 정확도 569
사진측량(photogrammetry) 3
사진측량학 26
산탄잡음(shot noise) 208
삼각식생지수 337
삼원색 계수 177
삼중분광 평행육면체(trispectral parallelepiped) 385
상관관계 145
상관관계 매트릭스 피처선택 388
상대 대기보정 215
상대 방사보정 215
상대포화(relative turgidity) 323
색도 컬러 좌표시스템 176
색소 317
생리반사도지수(PRI) 491
생물계절학적 주기(phenological cycles) 506
생물리적 변수 10
생산자 정확도(producer's accuracy) 569
생지화학적 순환 21
생피복률 325
서포트 벡터 머신 443

선택법칙 195
선형 경계 강조 299
선형 공간 필터(linear spatial filter) 295
선형 분광 순수화 478
선형 적색 경계 위치(REP) 491
설계기반 추론 558
섬유소 흡수지수(Cellulose Absorption Index, CAI) 340
성분 311
소산계수(extinction coefficient) 203
수동형 센서 12
수문학적 순환 21
수분함량 325
수정된 엽록소 흡수 비율지수(MCARI1) 492
수직식생지수 333
수치고도모델(Digital Elevation Model, DEM) 8
순간시야각 241
순방향 매핑 247
시간해상도(temporal resolution) 15, 502
시차거리 153
식물 생물량 325
식생조정 NTL 시가지지수 339
식생지수 315, 325
신경망(neural network) 361
신뢰도 구축 평가 558
심사도법 261

【ㅇ】

안토시아닌 318
알버스 정적 원투도법 262
약식투표(summary vote) 440
양각처리(embossing) 299
양방향반사분포함수(Bidirectional Reflectance Distribution Function, BRDF) 16, 20
양의 왜도 142
양자 도약 195
양자 이론 196
양자 점프 195
에너지 190
에어로졸보정 식생지수(Aerosol Free Vegetation Index, AFRI) 336
역거리 가중 기법 149
역방향 매핑 논리 248
역전파(BP) 445, 447
연방지리자료위원회(Federal Geographic Data Committee, FGDC) 132
연속체 제거 482
열손실 208
열시점(line-start) 오류 210
엽 가중반사 321
엽록소 317
엽록소 지수 492
엽록소 함량 325
엽록체 317
엽수분함량지수 334
영상강조 26
영상대수 밴드비율 변화탐지 518
영상 대 영상 등록 245
영상 대 지도 보정 244
영상 메타데이터 579
영상분할(image segmentation) 362
영상 융합(pansharpening) 172
영상자료 압축(image data compression) 161
영상차 변화탐지 516
영상 축소 275
영상 평활화(image smoothing) 296
영상 확대 276
오류화소 208
오차 135
오차행렬 557, 561
왜도(skewness) 145
외부기하오차 242
외부오차 189
요인부하량(factor loading) 313
우점도(dominance) 419
운영체제 123
울트라분광 44
원격탐사 1
원영상 파일(raw image file) 161
원추도법 262
원통도법 257
유클리디언 거리 180
음의 왜도 142
이웃 래스터 연산 293
이진 변화탐지 512
이진 분광 암호화 483
인공신경망 444
인공지능(Artificial Intelligence, AI) 427
읽기전용 기억장치 118
임의표본 136
입력 대 출력 247
입방 회선법 252, 253
잎면적지수 325

【ㅈ】

자기상관성 149
자료 차원 470
자세 변화 242
자연컬러(true-color) 127
잡음 135
저대역(low pass) 295
저주파수 295
적률 상관계수 147
적색 경계 식생스트레스지수(RVSI) 492
적색 경계 위치 339
적색-녹색-청색 컬러 좌표시스템 164
적지수인자(OIF) 470
전도 190
전문가 시스템 셸(shell) 429
전이도(contagion) 419
전자기 복사 191
전정색 458
전처리 189, 237
전체 정확도(overall accuracy) 569
절대 대기보정 215, 467
절대 방사보정 215
점연산(point operation) 275
접선방향 축척 왜곡(tangential scale distortion) 242
정각투영법 256
정거 방위도법 262
정거투영법 256
정규분포 136
정규수분지수(NDWI) 491
정규습윤 332
정규시가지지수 339
정규식생지수(Normalized Difference Vegetation Index, NDVI) 68, 214, 327, 490
정규연소비율(Normalized Burn Ratio, NBR) 340
정량평가 557
정반사(specular reflection) 204
정보 클래스(information class) 365
정사도법 261
정성평가 557

정확도 평가 557
조도 232
조밀도(compactness) 185, 414
종점(endmember) 573
종점 스펙트럼 471
주기억장치(Random-Access Memory, RAM) 118
주성분 분석(PCA) 177, 310, 470
주성분 분석(PCA) 조합영상 변화탐지 522
주성분 분석(PCA) 피처선택 392
주제정보(thematic information) 557
주파수(v) 191
주파수 스펙트럼(frequency spectrum) 302
주 평면좌표계 264
준분산 151
중앙값 142
중앙처리장치 114
지구기후변화 21
지도투영법 254
지리적 층화(geographical stratification) 376
지리통계학 149
지상관측폭(ground swath width, gsw) 240
지상기준점(GCP) 244, 246, 265
지식공학자 430
지식표현처리 431
지역률(area frame) 558
지역연산(local operation) 275
직렬 및 병렬 영상처리 118

【ㅊ】

첨도 145
체인 방법을 이용한 무감독 분류 402
초분광(hyperspectral) 27, 44, 457, 458
초분광 강화 식생지수(EVI) 490
초분광 영상 171
촬영각 503
최근린 내삽법 252
최근린 분류법 396
최근린 분류자 396
최근린 재배열법 470
최대우도 398
최대우도 분류 397
최빈수 142
최소잡음비율(Minimum Noise Fraction, MNF) 310, 470
최소-최대 대비확장 284
최적지수인자 168
최적 토양보정 식생지수(Optimized Soil-Adjusted Vegetation Index, OSAVI) 338, 492
추론 엔진 433
축소 단순 비율(Reduced Simple Ratio, RSR) 337, 490
출력 대 입력 248
층화계통 비할당 표집 567
층화임의 표집 565
층화 추출 표본 136
치환 176

【ㅋ】

카로틴 318
카이제곱 변환 변화탐지 544
컬러 조견표(color look-up table) 161, 164
컬러조합 127, 168
컬러해상도 127
컴퓨터 워크스테이션 117
코사인 보정 233
코호넨 자기조직화 맵(SOM) 448
크리깅 149
크산토필 318
클라우드 컴퓨팅(cloud computing) 125

【ㅌ】

토양 대기보정 식생지수(Soil and Atmospherically Resistant Vegetation Index, SARVI) 335
토양보정 식생지수(Soil Adjusted Vegetation Index, SAVI) 335
토지기반 분류표준 500
토지이용(land use) 364
토지피복(land cover) 364
투시방위도법 261

【ㅍ】

파장(l) 191
패턴인식 361
퍼지 ARTMAP 신경망 450
퍼지 변화탐지 500
퍼지 분류(fuzzy classification) 362, 412
퍼지집합 이론(fuzzy set theory) 412
페더링(feathering) 기법 269
평가 프로토콜 569
평균 142
평균발산 387
평균에서 최소거리(minimum distance to means) 395
평면도법 260
평사도법 261
평행육면체 분류 393
평활도(smoothness) 414
평활화 필터기반 강도조절 179
표본결정계수 147
표본 크기 563
표준 가법 컬러조합 168
표준편차 144
표준편차 대비확장(standard deviation contrast stretch) 285
표준화 PCA 314
표집률 558
표집설계 558
표집오차 136
표집이론 136
푸리에 변환 302
푸쉬브룸(pushbroom) 48, 458
프랙탈 차원(fractal dimension) 419
피처 148
피처공간 그래프 149
피처공간 도표 382
피처선택(feature selection) 382, 386
피코시아닌 318
피코에리트린 318

【ㅎ】

하드카피 159
행손실(line or column drop-outs) 208
허상 억제 222
현장사실자료(ground truth data) 3
현장참조자료(ground reference data) 3
혼성 변수 10
화소(pixel) 37
화소 근린(pixel neighborhood) 414
화소기반 변화탐지 502
화소기반 분류(per-pixel classification) 362
화소 순수도 지수 473
황색지수(YI) 490
회귀나무 438

회귀크리깅(regression kriging) 179
회선 매스크(convolution mask) 295
횡축메르카토르 도법 257
훈련지역(training sites) 362, 376
휘스크브룸(whiskbroom) 48, 458
흑체 192
흡수(absorption) 201
흡수 광합성 유효 복사 325
흡수밴드(absorption band) 202
히스토그램 135
히스토그램 균등화(histogram equalization) 288
히스토그램 조정을 이용한 단일영상 정규화 227

【기타】

ACORN 219
Airborne Visible/Infrared Imaging Spectrometer (AVIRIS) 97
ALI 73
ASTER 87
ATCOR(Atmospheric Correction) 222
AVHRR 66
Bhattacharyya 거리 388
BIL 포맷 108
BIP 포맷 107
Brovey 변환 177
BSQ 포맷 108
CartoSat 82
ceptometer 3
Compact Airborne Spectrographic Imager-1500 99
Cowardin 시스템 368
C 보정 233
EMR(electromagnetic radiation) 7
EO-1 73
EROS A 92
EROS B 92
FLAASH 219
FWHM(Full Width at Half Maximum) 12
GeoEye-1 90
GeoEye-2 90
GOES 63
Gram-Schmidt 영상 융합 179
HyMap 101
Hyperion 96
Hyperion Hyperspectral Imager 96
Hyperspectral Infrared Imager(HysplRI) 98
IHS-RGB 역변환 176
IRS-1A 82
IRS-1B 82
IRS-1C 82
IRS-1D 82
ISODATA 405
Jeffreys-Matusita 거리 388
Kappa 분석 570
Kauth-Thomas 변환 327
Kirsch 비선형 경계 강조(Kirsch nonlinear edge enhancement) 301
KOMPSAT 85
KONOS-2 90
k-최근린 분류법 396
Lambertian 표면 204
Landsat 1~7 50
Landsat 7 ETM^{+} 56
Landsat 8 61, 74
Landsat TM 55
Landsat 다중분광 스캐너 54
Laplacian 필터 299
LUT 161
MERIS 지상 엽록소지수(MERIS Terrestrial Chlorophyll Index, MTCI) 340, 492
Mie 산란 201
Minnaert 보정 233
MISR 89
MODIS 97
NigeriaSat-2 94
NOAA Suomi NPP 69
n라인 줄무늬 잡음(n-line striping) 211
*n*차원 종점 시각화 473
Pleiades 1A 82
Pleiades 1B 82
QUAC 220
QuickBird 91, 92
RapidEye 94
Rayleigh 산란 200
ResourceSat 84
RGB-IHS 변환 176
SeaWiFS(Sea-viewing Wide Field-of-view Sensor) 71
Sentinel-2 87
Sheffield 지수(SI) 171
SLIM-6 94
Snell의 법칙 199
Sobel 경계 탐지 연산자 301
SPOT 1호 76
SPOT 2호 76
SPOT 3호 76
SPOT 4호 79
SPOT 5호 79
SPOT 6호 81
SPOT 7호 81
Stefan-Boltzmann 법칙 192
tasseled cap 변환 327, 329
Turing 테스트 427
Wien의 변위 법칙 192
WorldView-1 91, 92
WorldView-2 91, 92
WorldView-3 91, 92
1차원 기복변위 242
2차원 회선 필터링 295

저자 소개

John R. Jensen은 풀러턴에 있는 캘리포니아주립대학교에서 지리학과 학사학위를 받았고, 브리검영대학교에서 석사학위를, 그리고 LA에 위치한 캘리포니아주립대학교(UCLA)에서 박사학위를 받았다. 그는 사우스캐롤라이나주립대학교 지리학과의 특훈명예교수이다. 또한 공인 사진측량학자이며 미국 사진측량 및 원격탐사학회(American Society for Photogrammetry & Remote Sensing : The Geospatial Information Society)의 회장직도 역임하였다.

그는 다양한 정부기관에서 지원받은 50여 개 이상의 원격탐사 관련 연구 프로젝트를 수행하였으며 120개 이상의 저널 논문을 출간하였다. 또한 34명의 박사와 62명의 석사를 배출하였다. 원격탐사와 GIS 분야에서의 교육과 멘토링에 대한 공로를 인정받아 미국 사진측량 및 원격탐사학회(SAIC/ASP&RS)의 John E. Estes Memorial Teaching Award를 수상하였다. 또한 연구 업적의 공로를 인정받아 NASA의 William T. Pecora Award를 수상하였으며 미국 지리학회에서 수여하는 Lifetime Achievement Award(평생공로상)도 수상하였다. 그는 2013년에 미국 사진측량 및 원격탐사학회의 명예회원이 되었다.

많은 저널의 편집위원으로 활동해 왔으며, Taylor & Francis에서 발간하는 저널 *GIScience & Remote Sensing*의 편집장을 역임하였다. 지리정보시스템 입문(*Introductory Geographic Information Systems*)의 공동 저자이며 Pearson에서 출간된 환경원격탐사(*Remote Sensing of Environment : An Earth Resource Perspective*)의 저자이다.

8개의 미국 국립연구의회(National Research Council) 원격탐사 관련 위원회에 소속되어 있으며 국립학술원에서 발간한 출판물 제작에도 참여하였다.

역자 소개

임정호

서울대학교 자연과학대학 해양학과 (학사)

서울대학교 환경대학원 환경계획학과 (석사)

University of South Carolina, Department of Geography (Ph.D.)

현재 울산과학기술원(UNIST) 도시환경공학부 부교수

손홍규

연세대학교 공과대학 토목환경공학과 (학사)

연세대학교 대학원 토목환경공학과 (석사)

The Ohio State University, Geodetic Science Program (Ph.D.)

현재 연세대학교 공과대학 사회환경시스템공학부 교수

박선엽

서울대학교 사회과학대학 지리학과 (학사)

서울대학교 대학원 지리학과 (석사)

University of Kansas, Department of Geography (Ph.D.)

현재 부산대학교 사범대학 지리교육과 부교수

김덕진

서울대학교 자연과학대학 지구시스템과학과 (학사)

서울대학교 자연과학대학 지구환경과학부 (석사)

서울대학교 자연과학대학 지구환경과학부 (박사)

현재 서울대학교 자연과학대학 지구환경과학부 부교수

최재완

서울대학교 공과대학 지구환경시스템공학부 (학사)

서울대학교 공과대학 건설환경공학부 (석사)

서울대학교 공과대학 건설환경공학부 (박사)

현재 충북대학교 공과대학 토목공학부 부교수

이진영

서울대학교 공과대학 응용화학부 (학사)

서울대학교 환경대학원 환경계획학과 (석사)

University of South Carolina, Department of Geography (Ph.D.)

현재 APEC기후센터 선임연구원

김창재

서울대학교 공과대학 토목공학과 (학사)

서울대학교 대학원 토목공학과 (석사)

University of Calgary, Department of Geomatics Engineering (Ph.D.)

현재 명지대학교 공과대학 토목환경공학과 부교수

지수 단위 접두 부호 표현(NIST, 2014)

자릿수	접두사	기호
10^{15}	페타	P
10^{12}	테라	T
10^{9}	기가	G
10^{6}	메가	M
10^{3}	킬로	k
10^{2}	헥토	h
10^{1}	데카	da
10^{-1}	데시	d
10^{-2}	센티	c
10^{-3}	밀리	m
10^{-6}	마이크로	μ
10^{-9}	나노	n
10^{-12}	피코	p
10^{-15}	펨토	f

지수의 측정 단위(NIST, 2014)

길이 단위		면적 단위	
10 밀리미터 (mm)	=1 센티미터 (cm)	100 제곱 밀리미터 (mm^2)	=1 제곱 센티미터 (cm^2)
10 센티미터	=1 데시미터 (dm) = 100 밀리미터	100 제곱 센티미터	=1 제곱 데시미터 (dm^2)
10 데시미터	=1 미터 (m) = 1,000 밀리미터	100 제곱 데시미터	=1 제곱 미터 (m^2)
10 미터	=1 데카미터 (dam)	100 제곱 미터	=1 제곱 데카미터 (dam^2) = 1 아르 (are)
10 데카미터	=1 헥토미터 (hm) = 100 미터	100 제곱 데카미터	=1 제곱 헥토미터 (hm^2) = 1 헥타르 (ha)
10 헥토미터	=1 킬로미터 (km) = 1,000 미터	100 제곱 헥토미터	=1 제곱 킬로미터 (km^2)

미국의 측정 단위(NIST, 2014)

길이 단위		면적 단위	
12 인치 (in)	=1 푸트 (ft)	144 제곱 인치 (in^2)	=1 제곱 푸트 (ft^2)
3 피트	=1 야드 (yd)	9 제곱 피트	=1 제곱 야드 (yd^2) =1,296 제곱 인치
16.5 피트	=1 로드 (rd), 폴 (pole), 퍼치 (perch)	272.25 제곱 피트	=1 제곱 로드 (rd^2)
40 로드	=1 펄롱 (fur) = 660 피트	160 제곱 로드	=1 에이커 = 43,560 제곱 피트
8 펄롱	=1 미국 육상 마일 (mi) = 5,280 피트	640 에이커	=1 제곱 마일 (mi^2)
1,852 미터	=6076.11549 피트 (대략적으로) =1 국제 해리	1 평방 마일	=1 섹션
		36 평방 마일	=1 조사 구획 = 36 섹션 = 36 제곱 마일

유용한 변환 계수(NIST, 2014 및 여러 자료 참조)

변환 전	변환 후	곱해야 하는 계수
에이커	헥타르 (ha)	0.4046873
에이커	제곱 미터 (m^2)	4046.873
도 (각도)	라디안 (rad)	0.0175
도 (화씨)	도 (섭씨, ℃)	℃ = 5/9 × (℉ − 32)
도 (섭씨)	도 (화씨, ℉)	℉ = ℃ × 9/5+32
에르그	줄 (J)	1×10^{-7}
피트 (미국)	미터 (m)	0.3048006
헥타르	제곱 미터 (m^2)	10,000
헥타르	에이커	2.471004
인치	미터 (m)	0.0254
인치	센티미터 (cm)	2.54
킬로미터	마일 (미국)	0.621
시간당 킬로미터	초당 미터 (m/sec)	0.2777778
미터	인치 (in)	39.37008
미터	야드 (yd)	1.093613
마일 (미국)	미터 (m)	1609.344
마일 (미국)	킬로미터 (km)	1.60934
시간당 마일	초당 미터 (m/sec)	0.4470409
해리 (국제)	킬로미터 (km)	1.852
포인트 (타이포그래피)	인치 (in)	0.013888 또는 대략 1/72
파운드	킬로그램 (kg)	0.4535924
라디안 (rad)	도 (각도)	57.2956
제곱 피트	제곱 미터 (m^2)	0.09290304
제곱 인치	제곱 미터 (m^2)	0.00064516
제곱 킬로미터	제곱 마일 (mi^2)	0.3861
제곱 마일	제곱 미터 (m^2)	2589988.110336
야드	미터 (m)	0.9144

여기에 기재된 단위 및 변환 표의 출처 : National Institute of Standards and Technology (NIST), 2014, *Specifications, Tolerances, and Other Technical Requirements for Weighing and Measuring Devices*, NIST Handbook 44, Washington : National Institute of Standards and Technology(http://www.nist.gov/manuscript-publication-search.cfm?pub_id=914435).